COMUNICAÇÃO GRÁFICA MODERNA

G455c Giesecke, Frederick E.
       Comunicação gráfica moderna / Frederick E. Giesecke, Alva Mitchel, Henry Cecil Spencer, Ivan Leroy Hill, John Thomas Dygdon, James Novak e Shawna Lockhart; trad. Alexandre Kawano ... [et al]. – Porto Alegre: Bookman, 2002.

       1. Engenharia gráfica – Desenho técnico. I. Mitchel, Alva. II. Spencer, Henry Cecil. III. Hill, Ivan Leroy. IV. Dygdon, John Thomas. V. Novak, James. VI. Lockhart, Shawna. VII. Título.

                    CDU 621.381.9 (084.11)

Catalogação na publicação: Mônica Ballejo Canto – CRB 10/1023

85-7307-844-8

Frederick E. Giesecke
Alva Mitchell / Henry Cecil Spencer
Ivan Leroy Hill / John Thomas Dygdon / James E. Novak
Shawna Lockhart

COMUNICAÇÃO GRÁFICA MODERNA

Tradução:

Alexandre Kawano
Doutor em Engenharia Industrial pela Yokohama National University (YNU) Japão
Professor na Universidade de São Paulo

Ana Magda Alencar Correia
Mestre em Engenharia Civil pela Escola Politécnica da Universidade de São Paulo
Professora na Universidade Federal de Pernambuco

Eduardo Toledo Santos
Doutor em Engenharia Elétrica pela Escola Politécnica da Universidade de São Paulo
Professor na Universidade de São Paulo

João Roberto Diego Petreche
Doutor em Engenharia Naval pela Escola Politécnica da Universidade de São Paulo
Professor na Universidade de São Paulo

Rovilson Mafalda
Mestre em Engenharia pela Escola Politécnica da Universidade de São Paulo
Professor na Universidade de São Paulo

Sérgio Ferreira Leal
Mestre em Engenharia Civil pela Escola Politécnica da Universidade de São Paulo
Professor na Universidade de São Paulo

Coordenação:

Liang-Yee Cheng
Doutor em Engenharia pela Yokohama National University (YNU) Japão
Professor na Universidade de São Paulo

Reimpressão

2002

Obra originalmente publicada sob o título
Modern graphics communication, 1/ed.
© 1998. Todos os direitos reservados
Publicado por acordo com a editora original, Prentice Hall, Inc., uma empresa Pearson Education.

ISBN 0-13-863838-1

Capa: *Mário Röhnelt*

Preparação do original: *Laura Bocco*

Leitura final: *Daniel Grassi*

Supervisão editorial: *Arysinha Jacques Affonso*

Editoração eletrônica: *Laser House*

Reservados todos os direitos de publicação, em língua portuguesa, à
ARTMED® EDITORA S.A.
(BOOKMAN® COMPANHIA EDITORA é uma divisão da ARTMED® EDITORA S. A.)
Av. Jerônimo de Ornelas, 670 – Santana
90040-340 – Porto Alegre – RS
Fone: (51) 3027-7000Fax: (51) 3027-7070

É proibida a duplicação ou reprodução deste volume, no todo ou em parte, sob quaisquer formas ou por quaisquer meios (eletrônico, mecânico, gravação, fotocópia, distribuição na Webe outros), sem permissão expressa da Editora.

SÃO PAULO
Av. Angélica, 1.091 – Higienópolis
01227-100 – São Paulo – SP
Fone: (11) 3665-1100Fax: (11) 3667-1333

SAC 0800 703-3444

IMPRESSO NO BRASIL
PRINTED IN BRAZIL

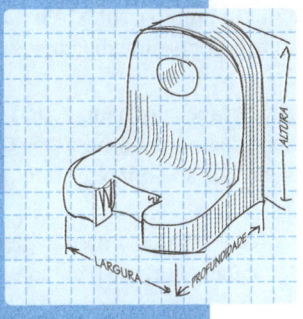

PREFÁCIO

■ SOBRE ESTE LIVRO

Durante décadas, os programas de desenho técnico para engenharia mudaram muito pouco. Os estudantes cursavam por um ou dois semestres uma disciplina voltada para técnicas de desenho manual e dedicavam-se ao estudo extensivo de tópicos, tais como letreiros e desenho instrumental. Os livros-textos para o curso refletiam essa organização tanto em relação aos conteúdos quanto à profundidade da abordagem. Eram livros adequados, pois os estudantes e professores tinham bastante tempo para o estudo detalhado da matéria. Mas, recentemente, este curso testemunhou profundas mudanças. A tecnologia CAD, antes uma ferramenta disponível para poucos, tornou-se um padrão educacional e industrial baseado em computadores pessoais, e a pressão para compactar os currículos tem forçado muitos cursos a cortar números de horas-aula dedicados ao estudo desta matéria. Em resumo, muitos programas agora devem incluir a habilidade para desenhar, instruções em CAD e modelamento de sólidos em um único semestre.

Elaboramos este *Comunicação Gráfica Moderna* para apresentar sucintamente as práticas e técnicas de esboço, visualização, projeto e sistemas CAD que são importantes para os programas modernos de desenho. Baseado em um texto conhecido sobre a matéria, o *Technical Drawing*, de Giesecke, este livro preserva grande parte das técnicas gráficas comprovadas ao longo do tempo que permanecem fundamentais e que foram claramente explicadas no volume original de Giesecke. Entretanto, reescrevemos este livro com a intenção de oferecer uma apresentação mais concisa e motivante que cubra as tendências dos cursos atuais e inclua uma metodologia apropriada aos alunos de hoje. Os tópicos sobre as habilidades de esboço e de visualização constituem os objetivos primordiais do livro e fornecem uma base conceitual sólida para o desenho informatizado. Empregamos um novo formato que se utiliza de atividades práticas incluídas diretamente na página para ajudar a visualizar e absorver os conceitos básicos, unificando ilustrações e textos como ferramentas poderosas, facilmente compreendidas. Os alunos que concluírem o aprendizado com *Comunicação Gráfica Moderna* terão um repertório completo de habilidades gráficas indispensáveis tanto na sua formação quanto na atividade profissional.

■ ELEMENTOS-CHAVES

O livro foi projetado para refletir um programa e um aluno em transformação. Nos elementos novos importantes incluem-se:

- *Nova ênfase em esboços, visualização, projeto e sistema CAD* – Escrevemos este texto mantendo o melhor da série de Giesecke, mas com uma nova ênfase nas modernas técnicas de desenho. Ao invés de um grande conteúdo sobre o uso de instrumentos, são cobertas técnicas de esboço e modelamento de sólidos. O tópico sobre projetos agora é apresentado no Capítulo 2, e a cada capítulo são propostos diversos projetos. Também incluímos folhas de exercícios de visualização no final do livro.
- *Animações* – Para auxiliar os estudantes a entender os conceitos gráficos mais complexos, criamos 17 animações instrucionais. As animações são mencionadas no texto e cobrem os seguintes tópicos: traçado de curvas tangentes, a caixa de vidro, usando uma linha de 45 graus para transporte de medidas, projetando uma terceira vista, curvas no espaço, esboço da perspectiva cavaleira, visualizando um corte, esboçando uma vista auxiliar, verdadeira grandeza de uma superfície elíptica inclinada, verdadeira grandeza de um segmento de reta, vista perpendicular a uma reta, vista paralela a uma reta, a verdadeira grandeza de uma superfície inclinada, planificando um prisma, cotagem pela decomposição geométrica e mostrando detalhes de uma rosca. As animações estão indicadas com o ícone CD ( ) e são fornecidas aos professores em um CD gratuito que pode ser distribuído livremente aos alunos por quaisquer meios. Também estão disponíveis no *site* deste livro.
- *Nova metodologia* – Criamos uma nova metodologia que integra ilustrações e textos em unidades de ensino modulares. Esses elementos foram projetados de modo que o aluno não

precise procurar as figuras mencionadas no texto, ou os textos que discutem uma determinada figura. Alguns desses módulos são os seguintes:

PASSO A PASSO — Explicam detalhadamente técnicas e processos essenciais em um formato visual de fácil leitura. São ferramentas vitais para o aprendizado e devem receber a mesma importância que o corpo do texto.

DICAS PRÁTICAS — Estes módulos contêm dicas úteis sobre técnicas de esboço ou procedimentos voltados para os sistemas CAD.

MÃOS À OBRA — Oferecem oportunidade aos alunos para a prática de uma técnica aprendida naquele momento, através de uma atividade fácil e rápida incluída diretamente na página. São atividades que aumentam a confiança do aluno.

FOLHAS DE TRABALHO DESTACÁVEIS — 16 atividades direcionadas para a visualização e retenção do conteúdo apresentado no texto. Todas as folhas estão localizadas no final do livro.

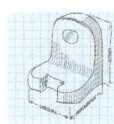

CAD EM SERVIÇO — Destacam informações atualizadas sobre a utilização do sistema CAD em serviço. Aparecem em todos os capítulos e incluem os seguintes tópicos:

Da concepção ao produto
CAD no cinema
Esboço e modelamento paramétrico
Object snaps
Vistas ortográficas a partir de um modelo 3-D
Tonalização fotorrealística
Modelando superfícies irregulares
Leiaute automático de peças metálicas planas
Cotagem semi-automática usando sistemas CAD
Tolerâncias geométricas com AutoCAD R.13
Bibliotecas de elementos de fixação
Sistemas de gerenciamento de documentos técnicos

***LINKS* NA WEB** — São incluídos endereços de *sites* da Web para fornecer pontos de partida para pesquisas independentes que se apliquem ao conteúdo da matéria.

- Cada capítulo contém *visão geral*, *introdução*, *objetivos*, *palavras-chaves*, *resumo* e *questões de revisão* para auxiliar o aluno a organizar sua leitura e revisar o que aprendeu.

- Os *projetos* e *problemas* fornecem um amplo contexto para a prática de resolução de problemas gráficos, localizados no final de cada capítulo.

- Um *anexo colorido de oito páginas* fornece um meio econômico e efetivo para que o estudante perceba como a cor é usada no sistema CAD, sem se sobrepor ao contexto básico do texto.

- Um *apêndice e índice completos* fornecem ferramentas de referência de rápido acesso, bastante úteis durante o curso e, posteriormente, no meio profissional.

■ SUPLEMENTOS

O livro contém diversos suplementos importantes que podem ser úteis aos professores e estudantes. Esperamos que se tornem parte integrante do currículo e que sejam atualizados e melhorados a cada ano.

CD-ROM PARA PROFESSORES

Este livro conta com um CD-Rom de apoio aos professores que o adotarem. O CD contém 1) animações vinculadas ao texto para uso na sala de aulas e distribuição, 2) um grande conjunto de apresentações em Power Point para uso do professor, 3) soluções CAD da maioria dos problemas apresentados no texto e 4) textos selecionados em formato pdf. Este CD é compatível com as plataformas MAC e PC. O material foi preparado por Tom Kane, do Pueblo Community College, e Shawna Lockhart. Os professores interessados em receber o CD podem escrever para divulgacao@artmed.com.br

HTTP://WWW.PRENHALL.COM/GIESECKE

A fim de fornecer aos professores e estudantes informações atualizadas continuamente, a Prentice Hall criou o *site* Giesecke, com informações completas sobre a série de textos Giesecke. Quarenta animações (20 das quais vinculadas diretamente a este texto) são visualizáveis *on-line* ou permitem *downloads* para um PC ou rede local. Uma seção de perguntas e respostas permite ao aluno responder questões *on-line* e submeter sua resposta aos professores via *e-mail*. Estudos de caso enfocam como projetos reais são executados por empresas da área. Uma seção em VRML 3-D permite o *download* de um navegador 3-D e a exploração de vários *sites* da Web. Finalmente, uma extensa lista de *sites* da Web, incluindo aqueles citados no livro, auxilia o aluno a navegar na World Wide Web.

■ AGRADECIMENTOS

Gostaríamos de agradecer a Frederick E. Giesecke, Alva Mitchell, Henry Cecil Spencer, Ivan Leroy Hill, John Thomas Dygdon e James E. Novak por seu importante trabalho na criação das bases para este texto. Apreciamos as séries Giesecke por anos e estamos felizes pela chance de trabalhar com este excelente material.

Gostaríamos de agradecer as excelentes sugestões dos revisores:

Abdul B. Sadat — California Polytechnic Institute, em Pomona
Carol L. Hoffman — University of Alabama
Jim Hardell — Virginia Tech
Karla D. Kalasz — Washington State University
Tim Hougue — Oklahoma University
Michael Pleck — University of Illinois
Nick DiPirro — SUNY Buffalo
Dan Hiett — Shoreline Community College
Tom Sawasky — Oakland Community College
Dennis Lambert — Georgia Southern University
Hank Metcalf — University of Maine
Julia Jones — University of Washington
Fred Brasfield — Tarrant County Junior College

Gostaríamos de expressar nossa afeição ao New Media Group, Cindy Harford, Phyllis Bregman e Erik Unhjem, cujo projeto do *site* da Web e trabalho de animação constituem uma importante parte deste pacote de ensino.

Também gostaríamos de agradecer às seguintes empresas que contribuíram com ilustrações, recomendações e interesse no projeto: Bridgeport Machines, Intel, Logitech, Inc., Chartpak, Ritter Manufacturing e Autodesk.

Shawna Lockhart e Marla Goodman agradecem especialmente a Gene e Cecelia Goodman, Bob Knebel, Catey Lockhart, Nick Lockhart, Todd Radel, Wren Goodman e Billy Ray Harvey por seu apoio e assistência.

NOTA À EDIÇÃO BRASILEIRA

A editora optou por manter nas figuras deste livro, a representação das medidas igual à utilizada no original, não substituindo por vírgula o ponto que separa a parte inteira da parte decimal de um número. Ao longo do texto, no entanto, foi utilizado o padrão brasileiro.

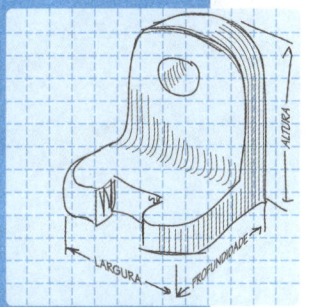

SUMÁRIO GERAL

1 Projeto e comunicação gráfica   15

2 Introdução ao CAD   33

3 Técnicas de esboço à mão livre e letreiros   53

4 Construções geométricas e fundamentos do modelamento   78

5 Esboço de vistas ortográficas e projeções   104

6 Desenho de perspectiva   154

7 Vistas em corte   187

8 Vistas auxiliares, desenvolvimento de superfícies e interseções   217

9 Cotagem e processos de fabricação   258

10 Tolerâncias   319

11 Roscas, dispositivos de fixação e molas   349

12 Desenhos de execução   387

Apêndice   457

Índice   529

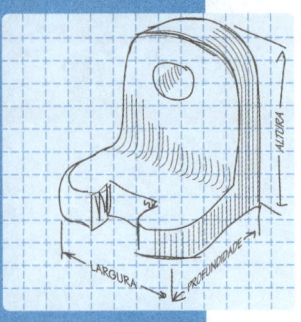

SUMÁRIO

1 Projeto e comunicação gráfica 15
  1.1 Princípios do projeto 16
  1.2 Concepção de projetos 16
  1.3 O processo de projeto 16
  1.4 Estágio 1 – identificação do problema 17
  1.5 Estágio 2 – conceitos e idéias 18
  1.6 Estágio 3 – soluções de compromisso 20
  1.7 Estágio 4 – modelos e protótipos 20
  1.8 Projeto de um novo produto 21
  1.9 Comunicação através de desenhos 24
  1.10 Os primeiros desenhos técnicos 24
  1.11 Primórdios da geometria descritiva 25
  1.12 Desenho técnico moderno 26
  1.13 Normas de desenhos 26
  1.14 Definições 26
  1.15 Benefícios das habilidades gráficas 27
  1.16 Projeções 27
  CAD EM SERVIÇO - Do esboço à peça 28

2 Introdução ao CAD 33
  2.1 Sistemas de computação e componentes 34
  2.2 Tipos de computadores 35
  2.3 Desenho assistido por computador 35
  2.4 Configurações de sistemas CAD 37
  2.5 Unidade central de processamento 37
  2.6 Dispositivos de exibição 38
  2.7 Dispositivos de entrada 40
  2.8 Dispositivos de saída 42
  2.9 Dispositivos de armazenamento de dados 44
  2.10 Programas CAD 47
  2.11 Características comuns dos programas CAD 48
  2.12 Usando um sistema CAD 48
  2.13 Selecionando um sistema CAD 49
  2.14 Resumo 50
  CAD EM SERVIÇO - CAD no cinema 39

3 Técnicas de esboço à mão livre e letreiros 53
  3.1 Esboços técnicos 54
  3.2 Instrumentos para o desenho de esboços 54
  3.3 Tipos de esboços 55
  3.4 Escala 56
  3.5 Técnicas de linhas 56
  3.6 Estilos de linhas 56
  3.7 Esboçando circunferências, arcos e elipses 58
  3.8 Mantendo as proporções 59
  3.9 Letreiro à mão livre 63
  3.10 Padrões de letreiros 64
  3.11 Letreiros por computador 64
  3.12 Técnicas de letreiros 65
  3.13 Letras e numerais verticais 66
  3.14 Letras e numerais inclinados 67
  3.15 Linhas-guia 68
  3.16 Linhas-guia para números inteiros e frações 68
  3.17 Espaçamento de letras e palavras 71
  3.18 Títulos 71
  CAD EM SERVIÇO - Esboços e modelamento paramétrico 72

4 Construções geométricas e fundamentos do modelamento 78
  4.1 Pontos e linhas 79
  4.2 Ângulos 79
  4.3 Triângulos 80
  4.4 Quadriláteros 80
  4.5 Polígonos 80
  4.6 Círculos e arcos 80
  4.7 Construções e CAD 80
  4.8 Traçando um triângulo dadas as medidas dos lados 81
  4.9 Traçando um triângulo retângulo dados a hipotenusa e um lado 82
  4.10 Construindo uma mediatriz 82
  4.11 Construção de circunferências 83
  4.12 Tangência 84
  4.13 Construindo uma elipse 88
  4.14 Encontrando os eixos de uma elipse dados os diâmetros conjugados 88
  4.15 Traçando uma tangente a uma elipse 91
  4.16 Desenhando uma falsa elipse 91
  4.17 Desenhando uma espiral de Arquimedes 91
  4.18 Desenhando uma hélice 92

4.19 Desenhando uma evolvente 93
4.20 Desenhando uma ciclóide 93
4.21 Epiciclóides e hipociclóides 94
4.22 Sólidos 94
4.23 Modelamento sólido 95
4.24 Operadores booleanos 95
CAD EM SERVIÇO - *Object Snaps* 98

5 Esboço de vistas ortográficas e projeções 104

5.1 Vistas de objetos 105
5.2 As seis vistas principais 105
5.3 Dimensões principais 106
5.4 Método de projeção 107
5.5 A caixa de Projeção 107
5.6 Espaçamento entre vistas 109
5.7 Transferindo medidas de profundidade 109
5.8 Vistas necessárias 110
5.9 Orientação da vista frontal 112
5.10 Posições alternativas das vistas 113
5.11 Visualização 113
5.12 Faces, arestas e vértices 114
5.13 Vistas de faces 114
5.14 Faces normais 115
5.15 Faces inclinadas 115
5.16 Faces quaisquer 115
5.17 Arestas 115
5.18 Arestas normais 115
5.19 Arestas inclinadas 115
5.20 Arestas quaisquer 115
5.21 Ângulos 116
5.22 Vértices 116
5.23 Significado de pontos 116
5.24 Significado de linhas 118
5.25 Formatos similares de faces 118
5.26 Interpretando vistas 119
5.27 Modelos 120
5.28 Projetando uma terceira vista 122
5.29 Mostrando outros detalhes 122
5.30 Contornos e arestas invisíveis 123
5.31 Linhas de centro 127
5.32 Superfícies curvas 127
5.33 Superfícies cilíndricas 128
5.34 Cilindros e elipses 128
5.35 Interseções e concordância 130
5.36 Filetamentos e arredondamentos 131
5.37 *Runouts* 131
5.38 Arestas por convenção 133
5.39 Vistas necessárias 134
5.40 Vistas parciais 134
5.41 Vistas deslocadas 134
5.42 Alinhamento de vistas 135
5.43 Projeções no primeiro e terceiro diedros 137
5.44 Peças simétricas 140
5.45 Convenções de rebatimento 140
5.46 Ajustando as vistas no papel 141
5.47 Materiais para desenho 141
5.48 Folhas padronizadas 142
5.49 Escala 142
5.50 Escalas decimais 142
5.51 Escalas métricas 142
5.52 Escalas de polegadas e pés 144
5.53 Escala dos arquitetos 144
5.54 Escala dos engenheiros mecânicos 144
5.55 Especificando a escala em um desenho 145
CAD EM SERVIÇO - Vistas ortográficas de um modelo 3-D 123

6 Desenho de perspectiva 154

6.1 Métodos de projeção 155
6.2 Perspectivas axonométricas 155
6.3 Perspectiva isométrica 155
6.4 Superfícies normal e inclinada em vista isométrica 156
6.5 Superfícies oblíquas em vista isométrica 158
6.6 Outras posições dos eixos isométricos 158
6.7 Medidas por deslocamento 160
6.8 Elipses isométricas 160
6.9 Arcos em vista isométrica 160
6.10 Gabarito para elipses isométricas 160
6.11 Desenhando em papel isométrico 160
6.12 Contornos e arestas invisíveis 162
6.13 Linhas de centro 162
6.14 Linhas não-isométricas 162
6.15 Ângulos em vista isométrica 163
6.16 Objetos irregulares 164
6.17 Curvas em vistas isométricas 165
6.18 Superfícies roscadas em isométrica 166
6.19 A esfera em isométrica 166
6.20 Cotagem em isométrica 166
6.21 Conjuntos explodidos 166
6.22 Usando o CAD 167
6.23 Perspectiva cavaleira 167
6.24 Escolhendo o ângulo das fugantes 168
6.25 Comprimento das linhas fugantes 168
6.26 Perspectiva cônica 171
6.27 Princípios gerais 171
6.28 Os três tipos de perspectivas 173
6.29 Perspectiva cônica com um ponto de fuga 173
6.30 Perspectiva cônica com dois pontos de fuga 173
6.31 Perspectiva cônica com três pontos de fuga 173
6.32 Sombreado 175
6.33 Computação gráfica 177
CAD EM SERVIÇO - Sombreamento fotorrealístico 176

7 Vistas em corte 187

7.1 Corte 188
7.2 Corte pleno 188
7.3 O plano secante 188
7.4 Padrão de linha de corte 188
7.5 Interpretando planos secantes e cortes 188
7.6 Hachuras 190
7.7 Visualizando um corte 192
7.8 Meio corte 197
7.9 Cortes parciais 197
7.10 Seção dentro das vistas 197
7.11 Seção fora da vista 198
7.12 Cortes compostos 199
7.13 Nervuras em cortes 199
7.14 Cortes rebatidos 199
7.15 Vistas parciais 204
7.16 Interseções em cortes 205

7.17 Linhas de ruptura convencionais 205
7.18 Corte em perspectiva isométrica 206
7.19 Cortes em perspectiva cavaleira 207
7.20 Computação gráfica 207
CAD EM SERVIÇO - Modelando superfícies irregulares 203

8 Vistas auxiliares, desenvolvimento de superfícies e interseções 217

8.1 Definições 218
8.2 O plano auxiliar 218
8.3 Planos de referência 218
8.4 Classificação de vistas auxiliares 221
8.5 Vistas auxiliares de profundidade 221
8.6 Vistas auxiliares de altura 223
8.7 Vistas auxiliares de largura 223
8.8 Curvas plotadas e elipses 223
8.9 Construção reversa 224
8.10 Vistas auxiliares parciais 225
8.11 Meias vistas auxiliares 226
8.12 Contornos e arestas invisíveis nas vistas auxiliares 226
8.13 Cortes auxiliares 227
8.14 Vistas auxiliares sucessivas 227
8.15 Uso de vistas auxiliares 227
8.16 A verdadeira grandeza de segmento de reta 228
8.17 Vista de topo de um segmento de reta 228
8.18 Vista de perfil de um plano 228
8.19 A verdadeira grandeza de uma face oblíqua 230
8.20 Ângulos diédricos 231
8.21 Desenvolvimento e interseções 232
8.22 Terminologia 233
8.23 Sólidos 233
8.24 Princípios para interseções 233
8.25 Desenvolvimentos 234
8.26 Bainhas e juntas para chapas de metal e outros materiais 235
8.27 Achando a interseção de um plano e um prisma e desenvolvendo um prisma 237
8.28 Achando a interseção de um plano e um cilindro e desenvolvendo o cilindro 237
8.29 Mais exemplos de desenvolvimentos e interseções 238
8.30 Peças de transição 242
8.31 Triangulação 242
8.32 O desenvolvimento de uma peça de transição conectando tubulações retangulares no mesmo eixo 243
8.33 Achando a interseção entre um plano e uma esfera e determinando o desenvolvimento aproximado da esfera 243
8.34 Computação gráfica 245
CAD EM SERVIÇO - Leiaute automático de peças de chapas metálicas 239

9 Cotagem e processos de fabricação 258

9.1 O sistema internacional de unidades 259
9.2 Descrição da cotagem 259
9.3 Escala do desenho 259
9.4 Aprendendo a cotar 260
9.5 Tolerância 260
9.6 Linhas usadas na cotagem 260
9.7 Setas 261
9.8 Indicadores 261
9.9 Orientação das cotas 262
9.10 Cotas fracionais, decimais e métricas 262
9.11 Sistemas decimais 263
9.12 Valores das cotas 264
9.13 Milímetros e polegadas 267
9.14 Posicionamento das linhas de cotas e de chamada 267
9.15 Cotando ângulos 269
9.16 Cotando arcos 270
9.17 Arredondamentos 270
9.18 Decomposições geométricas 270
9.19 Cotas de dimensão: prismas 272
9.20 Cotas de dimensão: cilindros 272
9.21 Cotando as dimensões de furos 272
9.22 Cotas de posição 274
9.23 Símbolos e cotas de dimensão: formas diversas 276
9.24 Cotas de encaixe 277
9.25 Cotas para usinagem, para modelagem e para forjamento 278
9.26 Cotando curvas 279
9.27 Cotando formas com extremidades arredondadas 280
9.28 Cotas supérfluas 281
9.29 Marcas de acabamento 283
9.30 Aspereza, ondulação e cortes da superfície 284
9.31 Notas 287
9.32 Cotagem de roscas 287
9.33 Cotagem das conicidades 287
9.34 Cotagem de chanfros 290
9.35 Centros de eixos 290
9.36 Cotando chavetas 290
9.37 Cotagem de superfícies recartilhadas 291
9.38 Cotagem ao longo de superfícies curvas 291
9.39 Dobras de chapas metálicas 291
9.40 Cotas tabulares 292
9.41 Normas 292
9.42 Cotagem por coordenadas 292
9.43 Acertos e erros de cotagem 293
9.44 Acertos e erros da prática do projeto 295
9.45 Processos de produção 298
9.46 Métodos de fabricação e o desenho 298
9.47 Fundição em molde de areia 299
9.48 O fabricante do modelo e o desenho 300
9.49 Arredondamentos 300
9.50 Processos de fundição 301
9.51 Metalurgia do pó 301
9.52 Equipamentos de usinagem 302
9.53 Torno 302
9.54 Furadeira de coluna 302
9.55 Fresadora 302
9.56 Plaina limadora 303
9.57 Plaina de mesa 304
9.58 Fresa de broquear 304
9.59 Central de torneamento vertical e horizontal 305
9.60 Retificadora 305
9.61 Brochamento 305

- 9.62 Furos 306
- 9.63 Dispositivos de medição usados na fabricação 307
- 9.64 Usinagem sem cavacos 308
- 9.65 Soldagem 309
- 9.66 Perfis pré-fabricados 310
- 9.67 Gabaritos 310
- 9.68 Forjamento 311
- 9.69 Tratamento térmico 311
- 9.70 Processamento de plásticos 311
- 9.71 Moldagem por extrusão 311
- 9.72 Moldagem a sopro 311
- 9.73 Moldagem por compressão 312
- 9.74 Moldagem por transferência 312
- 9.75 Moldagem por injeção 313
- 9.76 *Thermoforming* 313
- 9.77 Prototipagem rápida 313
- CAD EM SERVIÇO - Cotagem semi-automática usando CAD 282

10 Tolerâncias 319
- 10.1 Cotagem de tolerâncias 320
- 10.2 Denominação de tamanhos 320
- 10.3 Ajustes entre peças 320
- 10.4 Montagem seletiva 322
- 10.5 Sistema furo-base 322
- 10.6 Sistema eixo-base 322
- 10.7 Especificação de tolerâncias 323
- 10.8 Limites e ajustes-padrão da norma americana 325
- 10.9 Acúmulo de tolerncias 326
- 10.10 Tolerâncias e processos de usinagem 327
- 10.11 Sistema métrico de tolerâncias e ajustes 328
- 10.12 Tamanhos preferenciais 329
- 10.13 Ajustes preferenciais 329
- 10.14 Tolerâncias geométricas 330
- 10.15 Símbolos para tolerâncias de posição e forma 330
- 10.16 Tolerâncias posicionais 333
- 10.17 Condição de máximo material 336
- 10.18 Tolerância de ângulos 338
- 10.19 Tolerâncias de forma para características individuais 338
- 10.20 Tolerâncias de forma para características relacionadas 341
- 10.21 Computação gráfica 343
- CAD EM SERVIÇO - Tolerância geométrica com o AutoCAD R.14 339

11 Roscas, dispositivos de fixação e molas 349
- 11.1 Roscas de parafusos padronizadas 350
- 11.2 Roscas de parafusos: terminologia 350
- 11.3 Perfis de rosca de parafuso 351
- 11.4 Séries de roscas 353
- 11.5 Especificações de rosca 353
- 11.6 Ajustes de roscas norte-americanas 353
- 11.7 Ajustes de roscas métricas e unificadas 355
- 11.8 Passos de roscas 355
- 11.9 Roscas direitas e roscas esquerdas 355
- 11.10 Roscas simples e múltiplas 356
- 11.11 Simbologia de roscas 356
- 11.12 Simbologia para roscas externas 357
- 11.13 Simbologia para roscas internas 357
- 11.14 Representações detalhadas: roscas métricas, unificadas e americanas 359
- 11.15 Representação detalhada da rosca Acme 359
- 11.16 Uso de linhas-fantasma 363
- 11.17 Roscas em montagens 363
- 11.18 Roscas americanas para tubos 363
- 11.19 Parafusos com porca, parafusos-prisioneiros e parafusos de cabeça 365
- 11.20 Furos rosqueados 366
- 11.21 Parafusos com porca e porcas padronizadas 367
- 11.22 Desenhando parafusos padronizados 369
- 11.23 Especificação para parafusos com porca e porcas 369
- 11.24 Contraporcas e outros dispositivos de travamento 372
- 11.25 Parafusos de cabeça padronizados 374
- 11.26 Parafusos padronizados de máquinas 374
- 11.27 Parafusos de fixação padronizados 376
- 11.28 Parafusos para madeira da norma americana 376
- 11.29 Miscelânea de dispositivos de fixação 377
- 11.30 Chaveta 377
- 11.31 Pinos 378
- 11.32 Rebites 379
- 11.33 Molas 380
- 11.34 Desenhando molas helicoidais 382
- 11.35 Computação gráfica 383
- CAD EM SERVIÇO - Bibliotecas de dispositivos de fixação 370

12 Desenhos de execução 387
- 12.1 Desenhos de execução 388
- 12.2 Desenhos de detalhe 388
- 12.3 Número de detalhes por folha 389
- 12.4 Desenhos de conjunto 389
- 12.5 Desenho de conjunto geral 389
- 12.6 Lista de peças 392
- 12.7 Vistas seccionais no desenho de conjunto 394
- 12.8 Desenho de conjunto para execução 396
- 12.9 Desenhos de instalação ou de montagem 396
- 12.10 Desenhos para verificação de montagem 396
- 12.11 Legenda 397
- 12.12 Números dos desenhos 399
- 12.13 Zoneamento 399
- 12.14 Verificação 399
- 12.15 Revisões 399
- 12.16 Representação simplificada 402
- 12.17 Desenhos para patente 402
- CAD EM SERVIÇO - Sistemas de gerenciamento de desenhos técnicos 400

Apêndice 449

Índice 527

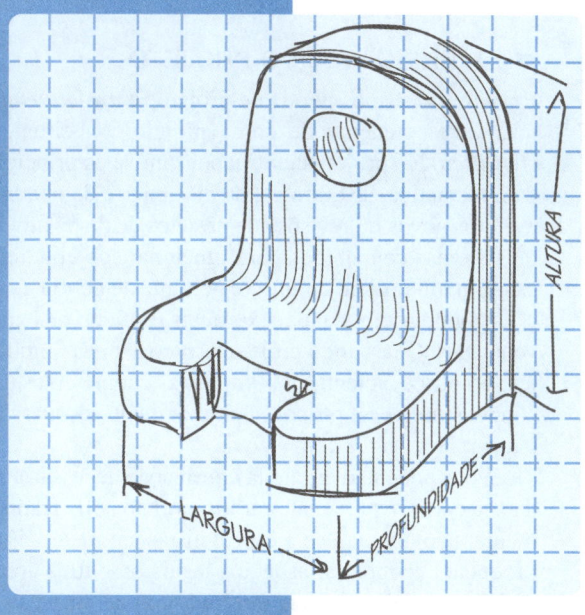

CAPÍTULO 1

PROJETO E COMUNICAÇÃO GRÁFICA

OBJETIVOS

Após estudar o conteúdo deste capítulo, você será capaz de:

1. Descrever o papel do engenheiro dentro de uma equipe de projeto.
2. Explicar por que a normalização é importante.
3. Identificar exemplos de projeções cônica e cilíndrica.
4. Definir o plano de projeção e as projetantes.
5. Identificar os usos do desenho técnico.
6. Esboçar um diagrama mostrando os passos do processo de projeto.
7. Criar exemplos de cada estágio do processo de projeto.

VISÃO GERAL

Uma nova máquina, estrutura ou sistema deve existir na cabeça do engenheiro ou projetista antes de se tornar realidade. O processo de projeto é um esforço excitante e desafiador durante o qual o engenheiro-projetista usa o desenho como meio para criar, registrar, analisar e comunicar conceitos e idéias.

Todos os integrantes da equipe de engenharia e projeto devem ser capazes de se comunicar rápida e precisamente de modo a competir no mercado globalizado. Da mesma forma que carpinteiros aprendem a usar as ferramentas do seu ofício, engenheiros, projetistas e desenhistas devem aprender a usar as ferramentas do desenho técnico. Durante o processo de projeto, a equipe progride através de 5 estágios. Para ser um membro bem-sucedido da equipe, você precisa entender o processo e conhecer seu papel dentro dela.

Os conceitos do projeto são geralmente comunicados através de esboços à mão livre ou desenhos criados por meio de sistemas de Projeto Assistido por Computador (CAD, *computer-aided design*). À medida que a idéia vai sendo mais bem desenvolvida, os esboços preliminares serão acompanhados por esboços mais detalhados e desenhos. Um sistema CAD pode ajudar, mas é preciso ter habilidade para saber quais os desenhos e qual nível de detalhes é necessário em cada estágio do projeto. Mesmo que os sistemas CAD tenham substituído as ferramentas tradicionais de desenho, para muitas equipes de projeto, os conceitos básicos da comunicação gráfica permanecem os mesmos. A proficiência em se comunicar usando gráficos será valiosa para você e para seu futuro empregador.

■ INTRODUÇÃO

No desenvolvimento de qualquer nova máquina, estrutura, sistema ou no aperfeiçoamento de um sistema já existente, a idéia precisa existir na sua mente antes de se tornar realidade. Na profissão de engenheiro, você é freqüentemente requisitado para comunicar idéias ou conceitos a outros membros da equipe de projetistas ou clientes usando esboços à mão livre, como mostrado na Figura 1.1.

Para progredir de uma idéia para o projeto final, você precisa criar esboços das idéias, calcular tensões, analisar movimentos, dimensões, especificar materiais e métodos de produção e elaborar leiautes do projeto. Você também precisa saber como preparar os desenhos e especificações que controlarão os numerosos detalhes da fabricação, da montagem e da manutenção do produto. Para realizar ou supervisionar todas essas tarefas, os engenheiros e técnicos usam esboços à mão livre para registrar e comunicar idéias rapidamente. Tanto o esboço à mão livre quanto a habilidade de trabalhar com as técnicas de desenho por computador requerem conhecimento de **normas** para a comunicação gráfica. Os engenheiros e projetistas que usam o computador para o trabalho de desenho e projeto ainda precisam saber como criar e interpretar os desenhos.

Projetos são processos interativos de refinamento contínuo da idéia original. Os esboços e a **gráfica computacional** são usados para muitos propósitos durante o processo de projeto.

■ 1.1 PRINCÍPIOS DO PROJETO

Existem dois tipos gerais de projeto: o ***projeto empírico***, algumas vezes mencionado como projeto conceitual, e o ***projeto científico***. No projeto científico, usam-se os princípios da física, da matemática, da química, da mecânica e de outras ciências em projetos novos ou revisões de projetos de dispositivos, estruturas ou sistemas concebidos para funcionar sob condições específicas. Em um projeto empírico, geralmente confia-se em informações contidas em manuais, os quais resultam de experiências vivenciadas. Quase todo projeto técnico é uma combinação de projeto empírico e científico. Projetistas competentes usam tanto os conhecimentos empíricos quanto os científicos, assim como manuais relacionados com a área.

Você pode não ter ainda a formação necessária neste estágio da sua carreira para elaborar um projeto sofisticado e, provavelmente, não tem acesso a especialistas em materiais, métodos de produção, economia, aspectos legais ou outras áreas vitais que podem estar disponíveis em uma grande empresa. Entretanto, pode proceder a criação ou aperfeiçoamento de algum dispositivo, sistema, ou serviço que funcione e que seja genuinamente seu, aplicando a sua habilidade para projetos e usando as fontes de informação disponíveis.

■ 1.2 CONCEPÇÃO DE PROJETOS

Novas idéias ou conceitos de projetos devem existir inicialmente na cabeça do projetista. Para capturar, preservar e desenvolver essas idéias, o projetista usa esboços à mão livre. Esses esboços devem ser revisados ou redesenhados à medida que o conceito é desenvolvido. Todos os esboços devem ser preservados para referência e datados como registro do desenvolvimento do projeto.

Em algum ponto do desenvolvimento da idéia, você provavelmente irá trabalhar em uma equipe que inclua especialistas em materiais, produção, *marketing*, e assim por diante. Na indústria, o projeto torna-se um trabalho de equipe muito antes das etapas de produção e de comercialização do produto. Para trabalhar efetivamente em um grupo ou equipe, você deve ser capaz de se expressar clara e concisamente e ser capaz de expressar suas idéias verbalmente (escrevendo ou falando), simbolicamente (através de equações, fórmulas, etc.) e graficamente.

A habilidade gráfica inclui a capacidade de apresentar informações e idéias clara e efetivamente em forma de esboços, desenhos, modelos, gráficos, e assim por diante. Este livro foi projetado para ajudá-lo a desenvolver a habilidade de se comunicar através de desenhos.

■ 1.3 O PROCESSO DE PROJETO

Projetar é a habilidade de combinar idéias, princípios científicos, recursos e, freqüentemente, produtos já existentes para a solução de um problema. Essa habilidade para resolver problemas em um projeto é o resultado de uma abordagem organizada e clara do problema, conhecida como ***processo de projeto***. O processo de projeto não é a operação casual de um inventor que trabalha em uma garagem ou porão, embora possa muito bem começar dessa maneira. Quase todas as empresas de sucesso enfatizam projetos

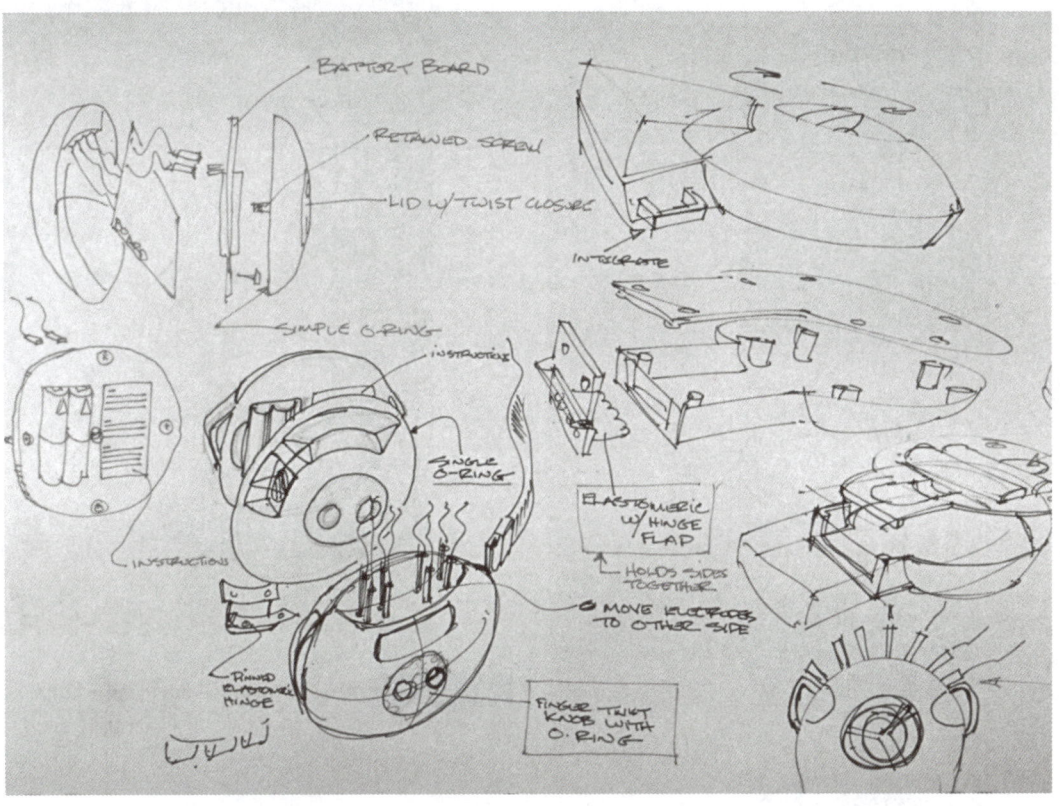

FIGURA 1.1 O esboço inicial de uma idéia. *(Cortesia de Ratio Design Lab, Inc.)*

bem-organizados, e a vitalidade da empresa depende em grande parte da produção planejada dos seus projetistas.

O processo de projeto leva à manufatura, à montagem, ao *marketing*, aos serviços e a muitas atividades necessárias para um produto de sucesso, sendo composto de diversos estágios. Embora muitos grupos industriais possam identificá-lo de forma particular, segue abaixo um procedimento de cinco estágios que pode ser adotado para um projeto ou aperfeiçoamento de um produto:

1. Identificação do problema
2. Conceitos e idéias
3. Soluções de compromisso
4. *Modelos* e/ou *protótipos*
5. Produção e/ou desenhos de execução

Idealmente, o projeto se desenvolve através dos estágios mostrados na Figura 1.2, mas, com a disponibilização de novas informações, pode ser necessário voltar a um estágio anterior e repetir o procedimento indicado no trajeto de linhas tracejadas. Esse procedimento repetitivo é freqüentemente denominado **looping** ou processo de projeto interativo.

1.4 ESTÁGIO 1 – IDENTIFICAÇÃO DO PROBLEMA

A atividade de projeto começa com a identificação de uma necessidade ou de um desejo para um produto, serviço, ou sistema e a determinação da viabilidade econômica de realização dessa necessidade. Os problemas de projeto de engenharia podem variar desde a necessidade de um dispositivo simples e barato para abrir um recipiente, tal como o anel "puxador" comumente usado em latas de bebidas (Figura 1.3), até problemas complexos associados a viagens aéreas e terrestres, exploração do espaço, controle ambiental, etc. Embora o produto possa ser muito simples, tal como o anel "puxador", a manufatura do produto requer considerável trabalho de engenharia e de projeto.

Um outro exemplo de um problema de projeto de engenharia é o projeto do sistema de trânsito automatizado em um aeroporto, como mostrado na Figura 1.4. Existe a necessidade de deslocar eficientemente 3300 passageiros a cada 10 minutos entre as áreas dos terminais. O carro lunar, mostrado na Figura 1.5, é a solução para uma necessidade do programa espacial de explorar áreas maiores na superfície lunar. Esse veículo exigiu uma grande quantidade de trabalho de projeto para o desenvolvimento dos sistemas de apoio e dos equipamentos relacionados.

No estágio de identificação do problema, o projetista pode reconhecer uma necessidade ou, talvez mais freqüentemente,

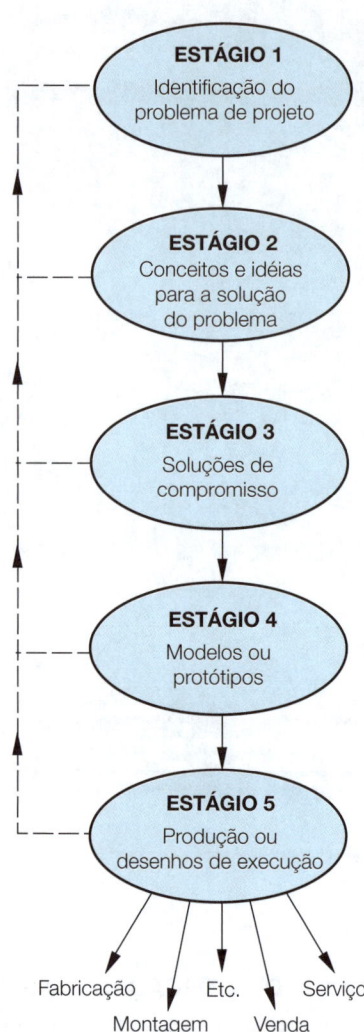

FIGURA 1.2 Estágios do processo de projeto.

FIGURA 1.3 Anel "puxador" para abrir latas de bebidas. *(John Schultz – PAR/NYC)*

FIGURA 1.4 Sistema de trânsito do aeroporto. *(Cortesia da Westinghouse Electric Corp.)*

uma diretiva vinda da administração da empresa. Neste ponto, não se faz nenhuma tentativa de estabelecer objetivos ou critérios para a solução do problema. As informações relativas ao problema identificado tornam-se a base para uma proposta de solução, que pode ser um parágrafo ou um relatório de múltiplas páginas apresentado para considerações formais. Uma proposta é um plano para ação que pode ser seguido para a solução do problema. A proposta, se aprovada, torna-se um acordo entre as partes envolvidas no planejamento.

Após a aprovação da proposta, outros aspectos da questão são explorados. São coletadas as informações disponíveis sobre o problema e definidas diretrizes em função de tempo, custos, funções, e assim por diante. Por exemplo, o que se espera do projeto? Qual é o limite de custos estimado? Qual é o potencial do mercado? Qual é o preço justo e aceitável? Quando o protótipo estará pronto para os testes? Quando os desenhos para a produção devem estar prontos? Quando começará a produção? Quando o produto estará disponível no mercado?

Os parâmetros de um problema de projeto, incluindo o cronograma, são estabelecidos neste estágio. Quase todos os projetos representam um compromisso, e o tempo despendido para o projeto não representa uma exceção.

1.5 ESTÁGIO 2 – CONCEITOS E IDÉIAS

Neste estágio, muitas idéias são coletadas – sensatas ou não – para possíveis soluções do problema. As idéias são amplas e irrestritas para permitir a possibilidade de soluções novas e excepcionais. As idéias podem ser individuais ou advirem de um grupo ou

FIGURA 1.5 **Carro lunar.** *(Cortesia da NASA)*

de sessões de *brainstorming* da equipe, nas quais uma sugestão freqüentemente gera muitas idéias. À medida que as idéias são extraídas, elas são registradas para futuras considerações e refinamento. Neste estágio, não são feitas tentativas para se avaliar as idéias. Todas as notas e todos os esboços são assinados, datados e guardados para possível prova de patente.

Quanto maior a coleção de idéias, maiores as chances de encontrar uma ou mais idéias satisfatórias para futuro refinamento. Todas as fontes de idéias, tais como a literatura técnica, relatórios, revistas ou periódicos sobre negócios e projetos, patentes e produtos existentes, são exploradas. As idéias podem vir de fontes como o Museu Greenfield Village em Dearborn, Michigan, o Museu da Ciência e Indústria, em Chicago, feiras de negócios, a World Wide Web, lojas de equipamentos ou de suprimentos e catálogos de compras pelo correio. Até mesmo o usuário de um produto já existente é uma excelente fonte, porque geralmente ele tem sugestões para o seu aperfeiçoamento. O usuário em potencial também pode ajudar com reações específicas para a solução proposta.

Excelentes recursos para engenharia e projetos estão disponíveis na World Wide Web. Pesquise os termos *projeto*, *engenharia*, *tecnologia*, ou termos mais específicos, dependendo do seu interesse. Os seguintes *sites* da Web são muito úteis para projetos de engenharia:

- http://www.ssnewslink.com/demo/eng.html
    Site de notícias de Simon & Schuster, com páginas para ciência e engenharia.
- http://www.yahoo.com/headlines/
    As mais recentes notícias sobre tecnologias com os assuntos da semana.
- http://www.techweb.com/
    Site da Tech Web.
- http://www.uspto.gov/
    Escritório de patentes dos Estados Unidos que permite pesquisa *on-line*.

1.6 ESTÁGIO 3 – SOLUÇÕES DE COMPROMISSO

Muitos aspectos das idéias conceituais geradas nos estágios anteriores são selecionados após cuidadosas considerações e combinados em uma ou mais soluções promissoras de compromisso. Neste ponto, a melhor solução é detalhadamente avaliada e são feitas as tentativas para sua simplificação, de modo que tenha desempenho eficiente, seja de fácil fabricação, reparo e tratamento quando o seu ciclo de vida útil estiver esgotado.

Os esboços de projeto refinados são geralmente seguidos por um estudo de materiais adequados e dos problemas de movimento que podem estar envolvidos. Qual a fonte de força que deve ser usada – manual, motor elétrico, ou qual outra? Que tipo de movimento é necessário? É necessário transformar movimento rotativo em movimento linear ou vice-versa? Muitos desses problemas são resolvidos graficamente usando-se desenhos esquemáticos nos quais vários componentes são mostrados de forma esquemática. Por exemplo, polias e engrenagens são representadas por círculos, um braço por uma única linha e um caminho de movimento por linhas de centro. Certos cálculos básicos, tais como os relacionados com velocidade e aceleração, podem também ser feitos nesse momento.

Estudos preliminares são acompanhados por um *desenho de leiaute* – geralmente em um desenho CAD preciso, mostrando as dimensões reais de modo que proporções e espessuras possam ser claramente visualizadas – ou por um *esboço de leiaute* cotado com clareza. Um exemplo é mostrado na Figura 1.6. Neste momento, todos os componentes são cuidadosamente projetados considerando-se sua resistência e função. A questão de custos deve estar sempre em mente, uma vez que não importa apenas quão bom seja o desempenho do dispositivo, ele deve gerar lucro; caso contrário, o tempo e os custos de desenvolvimento terão sido perdidos.

Durante o processo de leiaute, a experiência fornece um senso de proporção, tamanho e ajuste que permite projetar elementos ou aspectos não-críticos visualmente ou com o auxílio de dados empíricos. A análise de tensões e cálculos detalhados pode ser necessária com relação a altas velocidades, grandes carregamentos, ou exigências e condições especiais.

A Figura 1.7 mostra o leiaute das proporções básicas dos componentes e como eles se integram no desenho de um conjunto. É dada especial atenção para o movimento das partes móveis, facilidade de montagem e de manutenção. Sempre que possível, são usados componentes-padrão, uma vez que são mais baratos que os feitos sob medida. A maioria das empresas mantêm algum tipo de *manual de padronização de engenharia*, que contém muitos dos dados empíricos e informações detalhadas que são considerados como "padrão da empresa". Os materiais e custos são cuidadosamente analisados. Embora as considerações funcionais devam vir primeiro, os problemas de manufatura devem ser mantidos constantemente em mente.

1.7 ESTÁGIO 4 – MODELOS E PROTÓTIPOS

Com freqüência, é construído um modelo em escala para estudar, analisar e refinar um projeto. Para instruir o artesão de uma oficina de modelos na construção do protótipo ou modelo, são necessários desenhos cotados ou modelos computacionais. Um modelo em tamanho real para as especificações finais, exceto possivelmente para materiais, é conhecido como *protótipo*. O

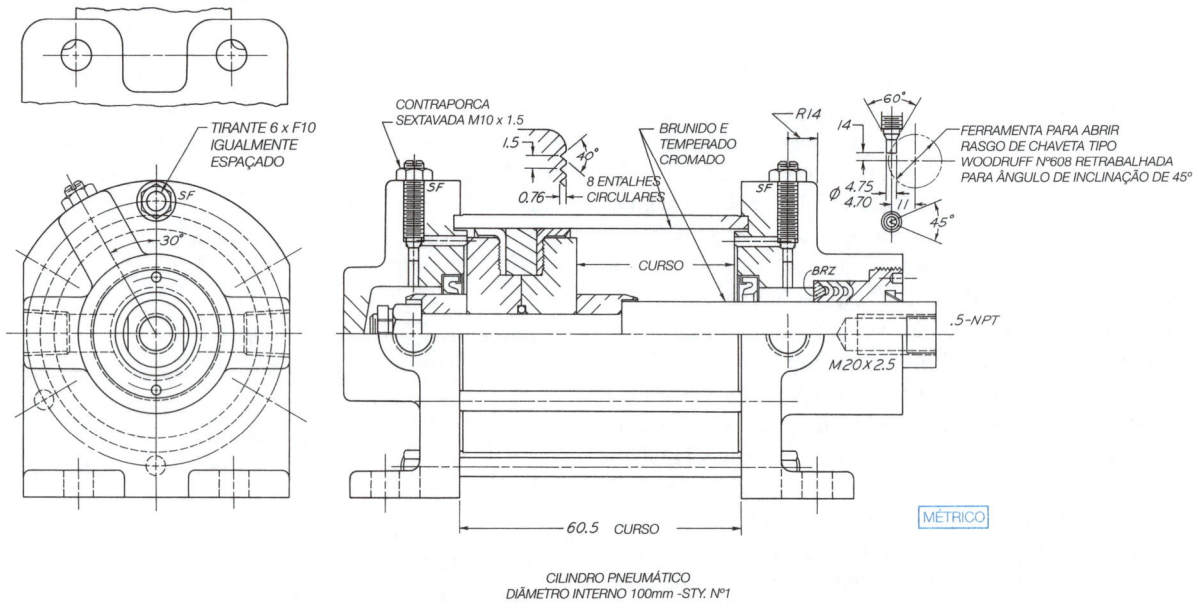

FIGURA 1.6 Leiaute do projeto.

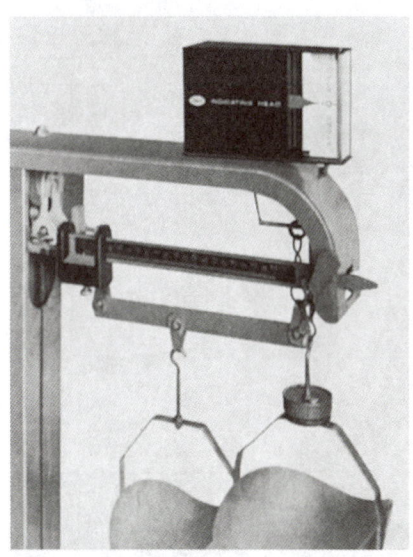
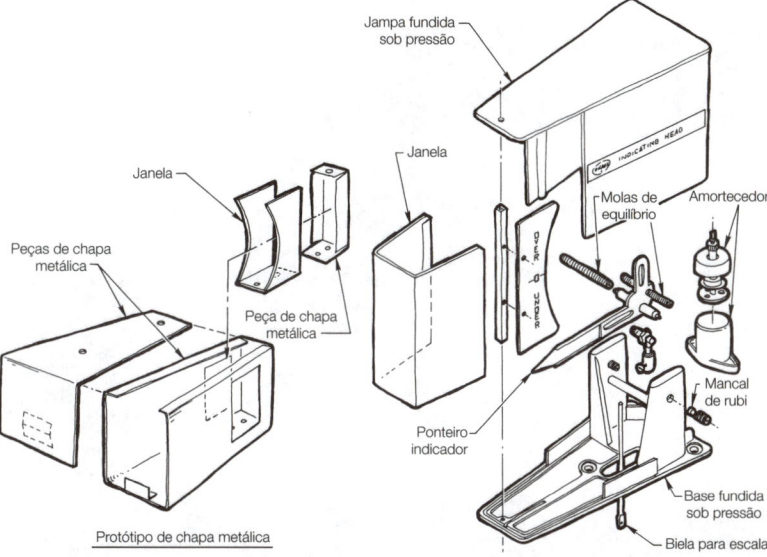

(a) CABEÇOTE INDICADOR (b) ENVÓLCULO DE CHAPA METÁLICA (c) ENVÓLCULO DE PEÇA FUNDIDA

FIGURA 1.7 Projeto de aperfeiçoamento de um cabeçote indicador. *(Cortesia de Ohaus Scale Corp. and Machine Design)*

protótipo é testado e modificado naquilo que for necessário, e os resultados são observados na revisão dos esboços e desenhos de execução. A Figura 1.8 mostra um protótipo de um trem de levitação magnética.

Se o protótipo é insatisfatório, pode ser necessário retornar a um estágio anterior no processo e repetir os procedimentos. Deve-se lembrar que tempo e despesas sempre limitam a duração deste ciclo. Mais cedo ou mais tarde, uma decisão deve ser tomada para o modelo de produção.

Os sistemas CAD, especialmente aqueles que permitem o modelamento sólido paramétrico (no qual os parâmetros do projeto controlam a geometria do modelo), contribuem significativamente para a diminuição do tempo do ciclo de projeto. Por exemplo, permitem projetos concorrentes nos quais membros da equipe de projeto, membros das divisões de manufatura e *marketing* da empresa trabalham juntos e, ao mesmo tempo, para encontrar uma solução global para o projeto. Nos modelos paramétricos, restrições e dimensões paramétricas controlam a geometria do modelo. À medida que são feitas alterações no projeto, assim como nas restrições e dimensões, o modelo e os desenhos são atualizados automaticamente. Os modelos tridimensionais podem também ser exportados para um equipamento de prototipagem rápida e para fabricação direta, a fim de permitir a passagem rápida do projeto para o produto (ver Figura 1.9).

1.8 PROJETO DE UM NOVO PRODUTO

Um exemplo do projeto e desenvolvimento de um novo produto é o computador ThinkPad 701C subnotebook da IBM, mostrado na Figura 1.10.

FIGURA 1.8 Protótipo de um trem de levitação magnética durante um teste.

FIGURA 1.9 O modelamento sólido permite que você agilize o processo do projeto à fabricação do produto. *(Cortesia de Solid Concepts, Inc.)*

FIGURA 1.10 O computador ThinkPad 701C subnotebook da **IBM.** *(Cortesia da International Business Machines Corporartion. Proibido o uso não-autorizado)*

ESTÁGIO 1 *Identificação do problema* Quando uma empresa quer determinar a viabilidade de um novo produto, solicita opiniões e idéias de muitas fontes, incluindo engenheiros, projetistas, desenhistas, administradores e consumidores potenciais. A faixa de preço e a estimativa de vendas são também cuidadosamente exploradas.

No caso do ThinkPad, a IBM queria produzir um computador de tamanho *subnotebook* com um teclado de tamanho normal ou *full-size* – ou seja, que tivesse as teclas do mesmo tamanho e com o mesmo espaçamento que um computador de mesa. Eles também queriam que o computador tivesse a maior tela possível, mas que pudesse ser delgado, leve e barato para ser competitivo.

ESTÁGIO 2 *Conceitos e idéias* Para obter um teclado *full-size* em um *subnotebook*, um engenheiro mecânico, envolvido no projeto, propôs a idéia de dividir o teclado em duas partes que ficariam unidas quando o computador estivesse aberto para uso. As duas partes poderiam ficar parcialmente suspensas nas laterais do estojo aberto, de modo a proporcionar espaço extra para o teclado relativamente grande. Para fechar o estojo do computador, as duas partes do teclado precisariam ser separadas e movidas para novas posições dentro do estojo.

Uma vez que a idéia do teclado dividido em duas partes foi aceita, a equipe passou para a fase do modelamento sólido, deixando para trás os esboços e os esquemas primários.

ESTÁGIO 3 *Solução de compromisso* Usando o *software* CATIA CAD/CAM da IBM e um estação IBM RISC System/6000, a equipe de desenvolvimento criou uma grande variedade de projetos de teclados possíveis para o ThinkPad. Este sistema permitiu, então, a produção de protótipos virtuais sem a construção e reconstrução de uma série de modelos 3-D reais. Por exemplo, eles tinham que projetar um sistema para mover as duas partes quando o estojo do computador estivesse aberto e fechado. Entretanto, as metades do teclado não poderiam ser movidas pelo próprio estojo, porque, se o sistema emperrasse, forçando a abertura do estojo, o teclado se quebraria. Um aspecto interessante do *software* CATIA é que ele pode identificar áreas de possíveis interferências físicas entre as partes de um modelo. Assim, a equipe poderia ver na tela de um computador onde as partes sólidas do novo computador poderiam colidir entre si.

Quando o estojo do ThinkPad é aberto, o teclado Track-Write é deslocado para sua posição de uso por um mecanismo acionado por molas que move as duas metades do teclado assimetricamente. Ao se fechar o estojo do computador, o mecanismo move as duas metades do teclado para a sua posição de armazenamento por meio de um came axial e arma novamente as molas (ver Figuras 1.11 e 1.12).

ESTÁGIO 4 *Protótipos* Embora no passado os protótipos se referissem aos modelos reais, na produção do computador de ThinkPad, muitos dos protótipos só existiram como imagens computacionais 3-D. Por exemplo, os primeiros protótipos projetados para o teclado – na forma de arquivos CATIA – foram enviados para a unidade IBM, onde foram desenvolvidos outros elementos do computador até que todas as partes pudessem ser integradas em um conjunto funcional.

ESTÁGIO 5 *Produção* Nos estágios finais do processo de projeto, os modelos CATIA completos foram enviados para empresas subcontratadas que os usaram para controlar as ferramentas de controle numérico (NC, *numerically control*) que criaram os moldes dos componentes do computador. Os mesmos modelos

Mãos à obra 1.1
Estágios do processo de projeto

A seguir, estão as descrições do processo que poderia ocorrer durante o projeto de um mecanismo de fixação de botas em uma *snowboard*. Leia cada passo e decida em qual estágio do processo de projeto ele ocorreria. Escreva a letra correspondente à descrição no espaço apropriado no diagrama do processo de projeto, à direita. O estágio 1 já foi respondido para você.

a) Os resultados da análise de tensões mostram que a anexação de um mecanismo de trava para as botas já existentes é inseguro. O conceito é projetado novamente como uma bota integrada.

b) Existe demanda para um mecanismo de fixação de botas em *snowboards* que permite ao usuário liberdade para subir e descer de teleféricos ou de carros e que, ao mesmo tempo, forneça um mecanismo de trava e de desengate mais seguro.

c) A modelagem 3-D do sistema formado pela bota e pelo mecanismo de fixação de botas em *snowboards* são exportados de um sistema CAD para a fabricação.

d) Um modelo de tamanho real é construído e testado no laboratório. A seguir, um grupo de praticantes de snowboard testam o desempenho do protótipo em vários terrenos e situações.

e) Inspirado em um sistema de travamento do pedal da sua bicicleta, o projetista esboçou uma idéia para uma bota e para seu mecanismo de fixação em um *snowboard* que servirá para as botas de snowboard já existentes.

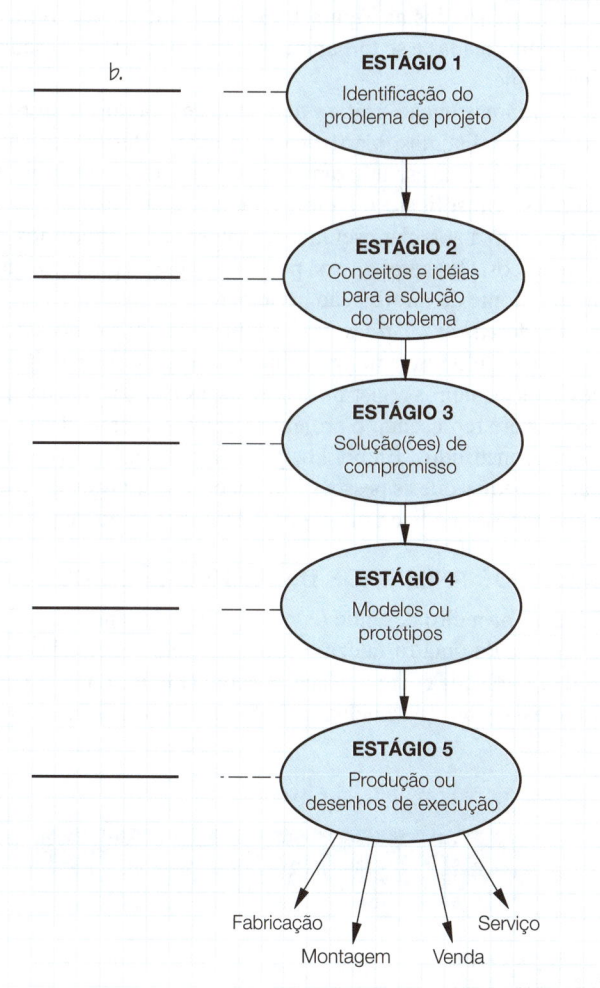

FIGURA 1.11 ThinkPad da IBM. Ao se fechar o estojo do computador, as duas metades do teclado se movem para sua posição de armazenamento, por meio de um came axial. *(Cortesia da International Business Machines Corporation. Proibido o uso não-autorizado)*

FIGURA 1.12 ThinkPad da IBM. O teclado de TrackWrite é guiado para a sua posição por um mecanismo armado por molas. *(Cortesia da International Business Machines Corporation. Proibido o uso não-autorizado)*

criados pelo processo de projeto funcionaram através dos vários estágios do projeto.

1.9 COMUNICAÇÃO ATRAVÉS DE DESENHOS

Embora as pessoas falem idiomas diferentes, a **comunicação gráfica** existe desde o início dos tempos. As primeiras expressões da escrita foram em forma de figuras, como os hieróglifos egípcios mostrados na Figura 1.13. Mais tarde, essas formas foram simplificadas e se tornaram os símbolos abstratos usados na escrita hoje.

A representação gráfica tem se desenvolvido ao longo de duas linhas distintas: a artística e a técnica. Desde o início dos tempos, os artistas se utilizam de desenhos para expressar idéias estéticas, filosóficas, ou outras idéias abstratas. As pessoas aprenderam a apreciar esculturas, pinturas e desenhos nos lugares públicos. Qualquer pessoa podia entender as pinturas, que eram uma fonte de informação principal.

Os **desenhos técnicos**, que comunicam informações de projeto, entretanto, transmitem as informações de forma diferente. Desde os primeiros registros históricos, as pessoas têm usado desenhos para representar o projeto de objetos a serem desenvolvidos ou construídos. Embora os primeiros desenhos não existam mais, sabemos que as pessoas não poderiam ter projetado e construído tudo o que fizeram sem usar desenhos bastante precisos.

1.10 OS PRIMEIROS DESENHOS TÉCNICOS

Talvez o primeiro desenho técnico executado tenha sido a vista em planta de uma fortaleza, desenhada pelo engenheiro caldeu Gudea e gravada em uma placa de pedra (Figura 1.14). É notável como essa planta é semelhante às feitas pelos arquitetos modernos, embora tenha sido criada milhares de anos antes de o papel ter sido inventado.

Em muitos museus, podemos encontrar alguns dos primeiros *instrumentos de desenho*. Os compassos de bronze, mostrados na Figura 1.15, eram aproximadamente do mesmo tamanho que os tipos modernos. Canetas eram feitas de cana, junco, haste, flauta, palhetas e lâminas cortados.

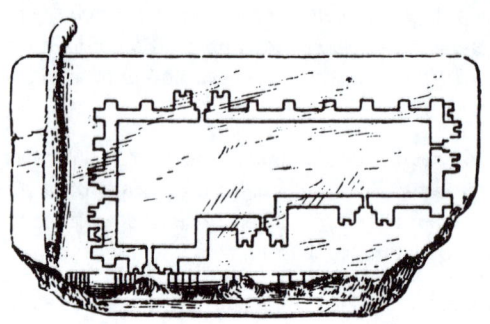

FIGURA 1.14 Planta de uma fortaleza. Esta placa de pedra faz parte de uma escultura do acervo do Louvre, em Paris, e é datada do início do período da arte caldeu, cerca de 4000 a. C. *(Do Transactions ASCE, May 1891)*

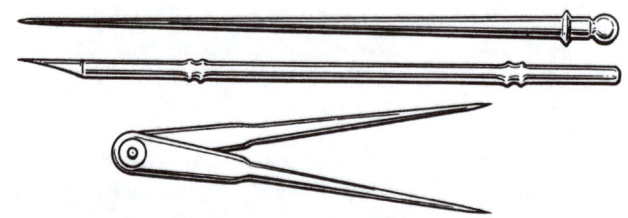

FIGURA 1.13 Hieróglifos egípcios.

FIGURA 1.15 Estilete, pena e compasso romanos. *(Do Historical Note on Drawing Instruments, publicado por V & E Manufacturing Co.)*

Em Mount Vernon, desde 1749, estão os instrumentos de desenho usados pelo grande engenheiro civil George Washington. Esse conjunto é muito similar aos instrumentos de desenho convencionais usados durante o século XX. Consiste em um compasso de pontas secas e um compasso com acessório para lápis e penas, mais um tira-linhas com lâminas paralelas (Figura 1.16).

Uma única vista de uma parte de um projeto é tecnicamente conhecida como uma *projeção*. A teoria das projeções dos objetos em planos de vista imaginários aparentemente não foi desenvolvida até o início do século XV pelos arquitetos italianos Alberti, Brunelleschi e outros. É sabido que Leonardo da Vinci usou desenhos para registar suas idéias e projetos para construções mecânicas, e muitos desses desenhos ainda existem. A Figura 1.17 mostra o desenho de Leonardo para um arsenal. Ele pode inclusive ter feito desenhos mecânicos, como os que são executados hoje.

1.11 PRIMÓRDIOS DA GEOMETRIA DESCRITIVA

A *geometria descritiva* utiliza projeções para resolver problemas no espaço. Gaspard Monge (1746-1818) é considerado o inventor da geometria descritiva. Enquanto era professor na Escola Politécnica na França, Monge desenvolveu os princípios da projeção que são agora a base do desenho técnico. Na época, os princípios da geometria descritiva foram reconhecidos como de importância militar, de modo que Monge foi obrigado a mantê-los em segredo. Seu livro, *La Géométrie Descriptive*, publicado em 1795, ainda é considerado o primeiro texto sobre desenho de projeções. No

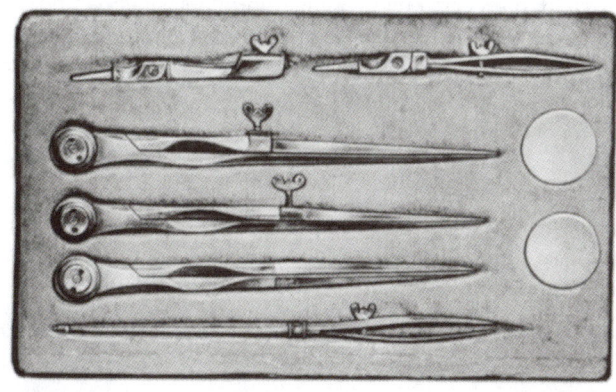

FIGURA 1.16 **Instrumentos de desenho de George Whashington.** *(Do Historical Note on Drawing Instruments, publicado por V & E Manufacturing Co.)*

FIGURA 1.17 **Um arsenal, de Leonardo da Vinci.** *(Cortesia do Bettmann Archive)*

início do século XIX, essas idéias foram adotadas nos Estados Unidos e ensinadas nas universidades. Também foram usadas na manufatura de componentes intercambiáveis, particularmente na indústria bélica.

■ 1.12 DESENHO TÉCNICO MODERNO

Em 1876, o processo que permitia tirar cópias heliográficas foi introduzido na Philadelphia Centennial Exposition. Até essa época, a execução de desenhos técnicos era considerada uma arte, caracterizada pelas linhas finas feitas para parecer uma gravura em cobre, por sombreados e por aquarela. Essas técnicas tornaram-se desnecessárias após a introdução das copiadoras heliográficas, e os desenhos tornaram-se gradualmente menos ornamentais para que fosse possível a obtenção de melhores resultados na reprodução. Esse foi o início do desenho técnico moderno. O desenho técnico transformou-se em um método de representação exato, tornando freqüentemente desnecessária a existência de um modelo antes da construção de um dispositivo.

■ 1.13 NORMAS DE DESENHOS

As normas para a aparência dos desenhos técnicos foram desenvolvidas para assegurar que sejam facilmente interpretadas no país e no mundo. À medida que você aprender a criar os desenhos técnicos, entenderá essas normas. Isso permite que você crie desenhos que comuniquem claramente e que não sejam interpretados erroneamente por outras pessoas. Nos Estados Unidos, o American National Standards Institute (ANSI), a American Society for Engineers Education, o Society of Automotive Engineers e a American Society of Mechanics Engineer vêm sendo as principais organizações envolvidas no desenvolvimento de normas atualmente em uso nos Estados Unidos. Como patrocinadores, eles prepararam o *American National Standard Drafting Manual–Y14*, que consiste em um certo número de seções separadas que são atualizadas com frequência (veja Apêndice 2).

Visite a página da ANSI no *site* http://www.ansi.org para informações sobre como solicitar as normas atualizadas para suas aplicações específicas.

■ 1.14 DEFINIÇÕES

Antes que você comece a criar esboços e desenhos técnicos, alguns termos precisam ser definidos:

DESENHO FEITO MECANICAMENTE Desenhos feitos com instrumentos mecânicos ou desenhos para a indústria em geral, sendo ou não desenhados mecanicamente.

GRÁFICA COMPUTACIONAL Desenhos criados através da utilização de programas computacionais para representar, analisar, modificar e finalizar uma grande variedade de soluções gráficas.

CAD/CADD Projeto assistido por computador (CAD, *computer-aided design*) e projeto e desenho assistido por computador (CADD, *computer-aided design and drafting*). Veja a Figura 1.18. Você pode usar CAD para criar um banco de dados que descreva com precisão a geometria 3-D da peça de uma máquina, estrutura ou sistema que estiver projetando. O banco de dados pode ser usado para analisar e usinar a peça diretamente ou criar ilustrações para catálogos e manuais de serviço.

DESENHO DE ENGENHARIA Comunicação gráfica técnica em geral; mas o termo não inclui claramente todas as pessoas nas diversas áreas que lidam com o trabalho técnico e a produção industrial.

DESENHO TÉCNICO Qualquer desenho utilizado para expressar idéias técnicas ou, em geral, no âmbito da comunicação gráfica técnica. O termo vem sendo usado por vários autores desde os tempos de Monge, sendo ainda largamente utilizado.

REPRESENTAÇÃO GRÁFICA PARA ENGENHARIA OU REPRESENTAÇÃO GRÁFICA DE PROJETOS DE ENGENHARIA Desenhos para uso técnico, mais precisamente os desenhos técnicos que representam projetos e especificações para objetos físicos e relações entre dados, como usados na engenharia e na ciência.

ESBOÇO TÉCNICO Uma ferramenta valiosa para engenheiros e outros profissionais relacionados com a área técnica que lhes permite expressar a maioria das idéias técnicas rapidamente e com eficiência sem a utilização de instrumentos especiais.

LEITURA DE DESENHOS Interpretação de desenhos feitos por outras pessoas. Também é chamado de leitura ou interpretação de cópias heliográficas (*blueprint reading*), embora o processo de reprodução heliográfica tenha sido substituído por outros processos. Em inglês, cópias heliográficas ou outras repro-

FIGURA 1.18 Estação de trabalho Personal Workstation da **DIGITAL.** *(Cortesia da Digital Equipment Corporation)*

duções de um desenho são freqüentemente mencionadas como *prints*. Muitas empresas estão adotando o conceito de *paperless offices*, o qual utiliza inteiramente arquivos eletrônicos para transferência, assinatura e armazenamento. Ler um desenho significa interpretar suas idéias e especificações, sendo ou não o desenho uma reprodução.

GEOMETRIA DESCRITIVA Fundamentos que permitem a resolução dos problemas de engenharia que envolvem relações espaciais; é, deste modo, a base do desenho técnico.

1.15 BENEFÍCIOS DAS HABILIDADES GRÁFICAS

Os desenhos têm acompanhado e possibilitado avanços técnicos através da história. Atualmente, a conexão entre engenharia e ciência e a habilidade para visualizar e comunicar graficamente ainda é vital. Os engenheiros, os cientistas e os técnicos precisam ser fluentes ao expressar suas idéias através de desenhos técnicos, usando esboços e sistemas CAD. O treinamento e o desenvolvimento da habilidade gráfica são exigidos virtualmente em todas as escolas de engenharia no mundo.

O talento artístico não é um pré-requisito para a aprendizagem do desenho técnico. Para produzir desenhos técnicos, você precisa das mesmas atitudes, habilidades e destreza computacional usadas pelos outros cursos de ciências e engenharia.

Como engenheiro, cientista ou técnico, você precisará criar e interpretar representações gráficas de estruturas, projetos e relações entre dados de engenharia, entender os princípios fundamentais de modo a poder se comunicar através de desenhos técnicos e ser capaz de realizar esse trabalho com razoável perícia, de maneira que os outros profissionais possam entender seus esboços e representações do projeto. Essa habilidade também é benéfica como posição inicial na área de engenharia. Quando você começar, provavelmente trabalhará com revisão de desenhos CAD ou preparação de esboços sob a direção de um engenheiro experiente.

Na maioria das profissões técnicas, a capacidade de ler um desenho técnico é uma necessidade, tenha sido ou não o desenho produzido por você. Os desenhos técnicos são encontrados em quase todos os livros-textos de engenharia, e os professores geralmente solicitam que complemente cálculos com esboços técnicos, tais como *diagramas de corpo livre*. Dominar os conteúdos do desenho técnico, usando esboços e sistemas CAD, ajudará não apenas no seu campo profissional, mas também em muitas outras áreas.

Além da necessidade de produzir e interpretar desenhos técnicos, a conscientização sobre nitidez, velocidade e precisão é útil para qualquer engenheiro, cientista ou técnico.

A habilidade de raciocinar em três dimensões é uma das mais importantes em qualquer profissão técnica. Aprender a visualizar objetos no espaço é um dos maiores benefícios de se estudar desenho técnico. Muitas pessoas extraordinariamente criativas possuem essa extraordinária habilidade para visualizar, mas qualquer pessoa pode desenvolvê-la.

1.16 PROJEÇÕES

O desenho técnico moderno utiliza vistas individuais ou projeções para comunicar a forma de um objeto 3-D, ou projeto em uma folha de papel. Você pode considerar todo desenho como uma relação espacial que envolve quatro elementos:

1. Os olhos do observador, ou o ponto de vista
2. O objeto
3. O *plano de projeção*
4. As projetantes, também chamadas de raios visuais ou linha de visada.

Existem dois tipos principais de projeção – a cônica e a cilíndrica. A Figura 1.19 mostra uma *projeção cônica*. A vista projetada da casa é mostrada no plano de projeção como é vista por um observador. Você pode pensar em raios ou projetantes imaginários partindo do olho do observador, para passar pelos vértices do objeto (os cantos da casa, neste caso) e interceptar o plano de projeção. A aparência de uma projeção cônica é similar ao que você realmente vê.

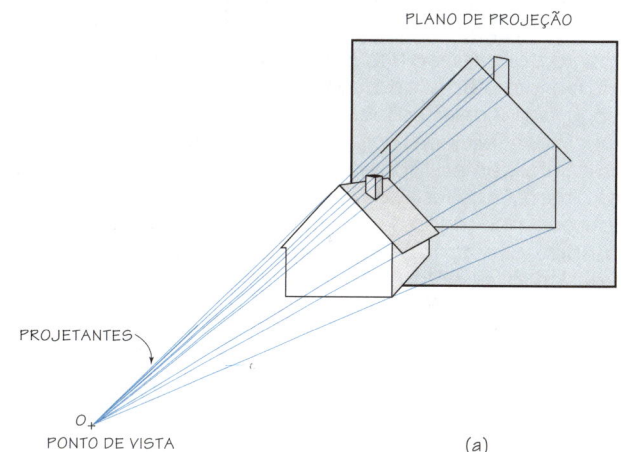

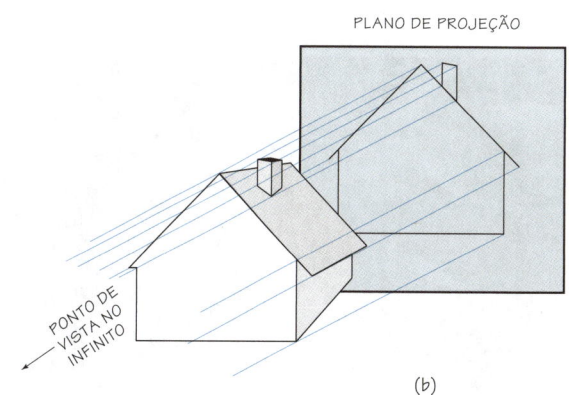

FIGURA 1.19 Projeções.

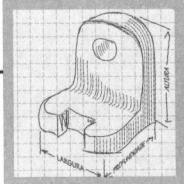

CAD EM SERVIÇO
Do esboço à peça

BASE DE DADOS ÚNICA
Você pode usar uma única base de dados CAD para projetar, documentar, analisar, criar protótipos e enviar para a fabricação as peças já concluídas pelo projeto.

ESBOÇO LIVRE
As idéias iniciais para o projeto são freqüentemente esboçadas à mão livre, como mostrado na Figura A. Para conceber alternativas para o projeto, é importante ser capaz de gerar rapidamente idéias criativas sem ficar restrito ao uso do computador. O esboço à mão livre é geralmente a melhor ferramenta para auxiliar nesse processo.

MODELOS INTELIGENTES
Após gerar as idéias iniciais, as melhores alternativas para o projeto serão posteriormente desenvolvidas. Nesse momento, o engenheiro pode criar a geometria do desenho 3-D, como você pode ver na Figura B, possivelmente utilizando um programa de modelamento paramétrico. O *modelamento paramétrico* utiliza variáveis para restringir a geometria da forma estudada. Usando o modelamento paramétrico, o engenheiro esboça as formas iniciais e aplica as dimensões e restrições ao desenho para criar modelos que sejam "inteligentes". Posteriormente, o projetista pode alterar as dimensões e restrições à medida que o projeto for sendo refinado, não sendo necessária a criação de novos modelos a cada alteração. A apresentação realística do modelo (*rendering*) ajuda na visualização do projeto.

OTIMIZANDO O PROJETO
Você pode exportar o modelo refinado diretamente para um programa de análise por método de elementos finitos

(B)

(MEF) para efetuar análise estrutural, térmica e modal, como mostrado na Figura C. O modelo paramétrico pode ser facilmente alterado se a análise mostrar que as condições iniciais do projeto não se adequam aos requisitos. Os programas de simulação podem testar o desempenho e as funções do sistema antes da construção de um protótipo. As tolerâncias e ajustes entre as peças que se encaixam podem ser verificadas como o modelamento paramétrico e o *software* de projeto. A Figura D mostra um modelo 3-D com efeitos de sombreamento que se aproxima do aspecto final da peça.

(A)

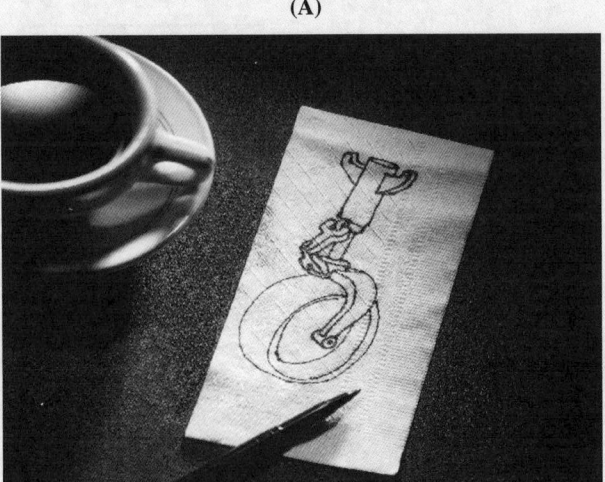

(C)

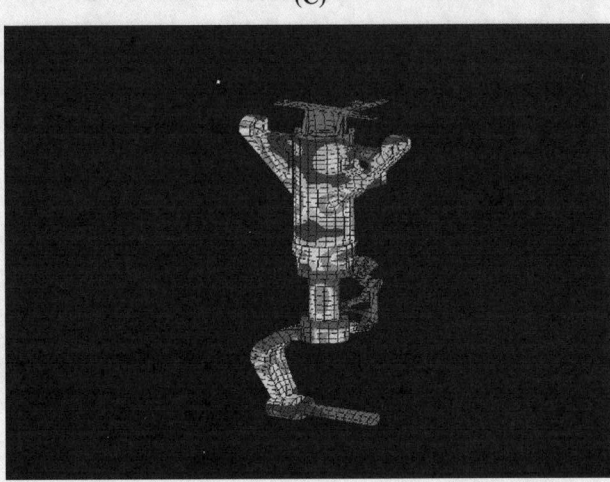

(D)

(E)

PROTOTIPAGEM RÁPIDA

Enquanto estão refinando as idéias, os engenheiros geralmente trabalham simultaneamente com o processo de manufatura para determinar o melhor modo para produzir e montar as peças necessárias. Após diversos ciclos de refinamento, análise e síntese das melhores idéias, o projeto final está pronto para passar para o estágio de produção. O sistema de prototipagem rápida permite que peças sejam geradas diretamente de modelos 3-D para maquetes e testes. A Figura E mostra uma peça gerada por prototipagem rápida. Quando o projeto é aprovado, as peças acabadas podem ser criadas usando-se máquinas de comando numérico que geram o caminho de corte de suas ferramentas diretamente do modelo 3-D.

LANÇANDO NOVOS PRODUTOS PARA O MERCADO RAPIDAMENTE

A documentação necessária para o projeto, os manuais e outros documentos podem ser criados diretamente a partir da mesma geometria utilizada para projetar e fabricar o produto. A diminuição do tempo do ciclo do projeto, aperfeiçoamento da comunicação e melhores oportunidades para analisar e efetuar alterações no projeto são algumas das vantagens para as empresas que se utilizam de programas de CAD integrados para o projeto, documentação e manufatura dos seus produtos.

Material fotográfico reimpresso com permissão e sob os direitos autorais da Autodesk, Inc.

Na *projeção cilíndrica*, mostrada na Figura 1.19b, você pode pensar nas projetantes ou nos raios saindo perpendicularmente ao plano de projeção, sendo, deste modo, paralelas entre si e passando pelos cantos de casa. O resultado disto é uma projeção ortográfica (com ângulos retos). As projeções ortográficas podem descrever com precisão as medidas do objeto. Projeções oblíquas são um tipo de projeção cilíndrica em que os raios ou os projetantes interceptam o plano de projeção sob um ângulo diferente de 90 graus.

A classificação das principais projeções é mostrada na Figura 1.20, e será estudada nos capítulos seguintes.

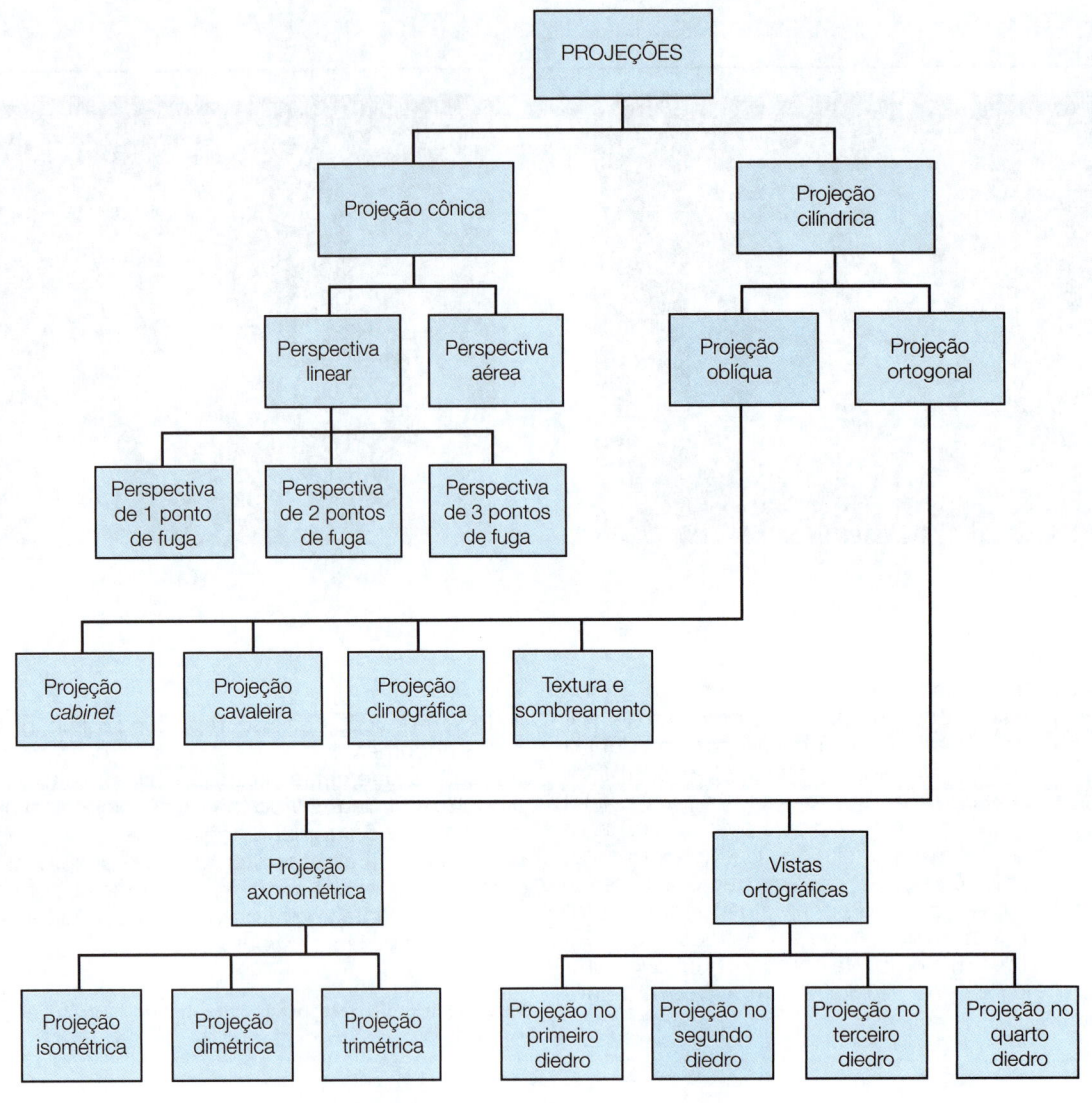

FIGURA 1.20 Classificação das projeções.

Classes de projeções	Distância do observador ao plano de projeção	Direção das projetantes
Cônica	Finita	Convergem para um ponto fixo
Cilíndrica	Infinita	Paralelas entre si
Cilíndrica ortogonal		
Projeção ortográfica	Infinita	Paralelas entre si e perpendiculares ao plano de projeção
Múltiplas vistas	Infinita	idem ao anterior
Axonométrica	Infinita	idem ao anterior
Cilíndrica oblíqua	Infinita	Paralelas entre si e oblíquas em relação ao plano de projeção

TABELA 1.1 Classificação pelas projetantes.

PALAVRAS-CHAVES

comunicação gráfica	gráfica computacional	normas	projeto científico
desenho técnico	*looping*	plano de projeção	projeto empírico
equipe de projeto	modelamento paramétrico	projeção	protótipos
esboço de leiaute	de sólido	projeção cônica	
geometria descritiva	modelos	projeção cilíndrica	

RESUMO DO CAPÍTULO

- Os membros de uma equipe de projeto de engenharia devem ser capazes de se comunicar entre eles e com os demais membros da equipe, de modo a contribuir para o sucesso do projeto.
- A equipe de projeto passa por cinco estágios durante o processo de projeto. Cada estágio auxilia a equipe no refinamento do projeto até que sejam atendidos todos os requisitos do produto.
- Os modelos são importantes para testar a maneira como os componentes serão montados. Para testar o projeto, a equipe utiliza os modelos em escala criados em uma oficina de modelos ou gerados por computador.
- Durante o processo de projeto, todos os membros da equipe devem entender suas funções específicas e como eles devem se relacionar e interagir com os demais integrantes. Uma equipe de trabalho eficiente é um componente essencial para o processo de projeto.
- A comunicação gráfica é uma linguagem universal usada por todas as equipes de engenharia para projetar e desenvolver produtos no mundo inteiro.
- O desenho técnico baseia-se nos princípios universais da geometria descritiva, desenvolvidos no final do século XVIII, na França.
- O desenho técnico baseia-se em normas que descrevem o significado de cada símbolo e o elemento do desenho.
- Um computador munido de um programa CAD é uma ferramenta atualmente usada para criar com precisão desenhos em escala, mas os princípios do desenho são os mesmos usados há centenas de anos.
- Os desenhos baseiam-se na projeção de uma imagem em um plano de projeção. Existem dois tipos de projeção: a cilíndrica e a cônica.
- Empresas de sucesso contratam pessoas capacitadas que possam contribuir para sua equipe de projeto. As habilidades de se comunicar com clareza através da linguagem verbal, simbólica e de desenhos técnicos são requeridas pelos empregadores.

QUESTÕES DE REVISÃO

1. Qual é o papel do engenheiro na equipe de projeto?
2. Quais são os cinco estágios do processo de projeto? Descreva cada estágio.
3. Qual é a diferença entre desenho mecânico e esboço?
4. Descreva as principais diferenças entre projeção cilíndrica e projeção cônica.
5. Quando podemos dizer que o esboço é uma maneira adequada de comunicação?
6. Por que as normas são importantes para os membros de uma equipe de um projeto de engenharia?
7. Qual é a ferramenta mais moderna e importante usada pelos desenhistas?
8. O que é um plano de projeção?
9. O que são projetantes e como são desenhadas?

PROJETOS DO CAPÍTULO

Se necessário, consulte a seção apropriada do capítulo para verificar suas respostas.

Proj. 1.1 Defina os seguintes termos de acordo com sua aplicação ao processo de projeto: requisitos, conceitos, soluções de compromisso, protótipo e esboço de leiaute.

Proj. 1.2 Esboce um fluxograma que descreve o processo de projeto como você o compreende.

Proj. 1.3 A empresa hipotética de acessórios para pesca "Flies R Us" contratou seus serviços para reestruturar o processo de projeto e aumentar a lucratividade da empresa. Leia as descrições do trabalho e o fluxograma desenhado na Figura 1.21 e decida em quais estágios do processo de projeto cada membro da equipe deve estar envolvido. Esboce um fluxograma que ilustre o novo modo de relacionamento para esses indivíduos ou grupos.

Proj. 1.4 Usando a Figura 1.21 e seu fluxograma do Proj. 1.3 como guia, responda as seguintes questões:

De que tipo de informações Randy Edwards necessita antes que ele possa pesquisar as matérias-primas para a fabricação de um novo produto?

Até que ponto Todd Benson poderia ser envolvido no processo de projeto, e por quê?

O que poderia acontecer se Rick Cooper estivesse fora do laço de comunicação?

Annette Stone seria uma pessoa indicada para ver o protótipo? Que membros da equipe você acha que Monte VanDyke incluiria na memória automática do telefone de seu escritório?

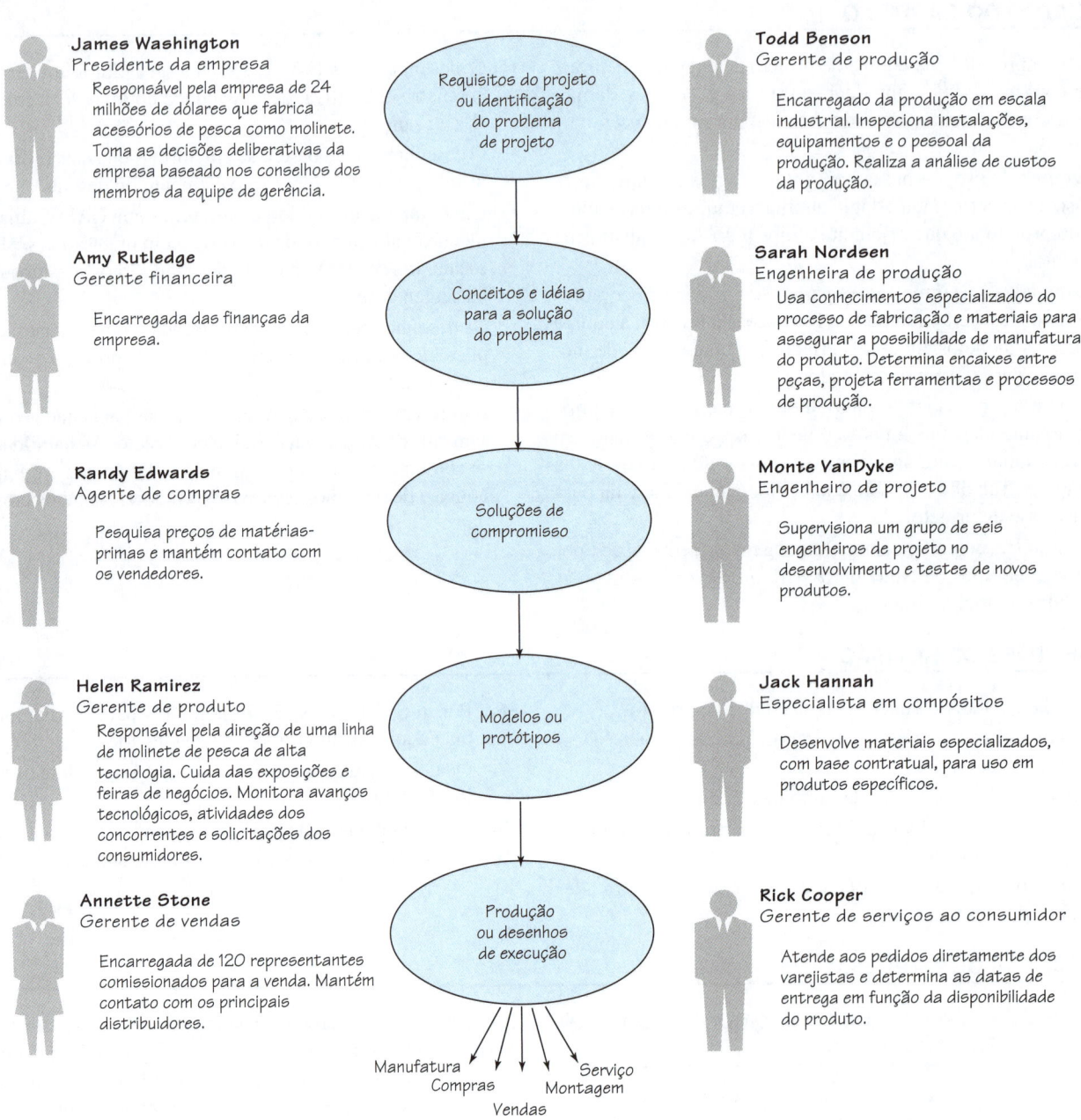

FIGURA 1.21 Descrição das atribuições e fluxograma do projeto da "Flies R Us".

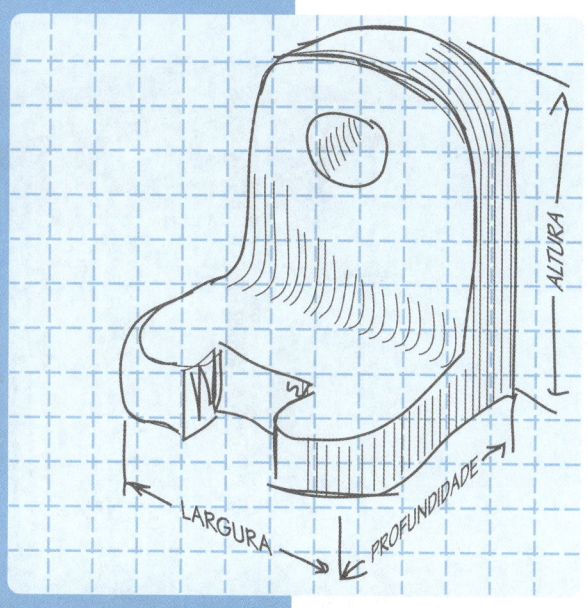

CAPÍTULO 2

INTRODUÇÃO AO CAD

OBJETIVOS

Após estudar o conteúdo deste capítulo, você será capaz de:

1. Listar os componentes básicos de uma estação de trabalho para projetos assistidos por computador (CAD).
2. Listar as principais partes de um computador e descrever suas funções.
3. Descrever a finalidade de um sistema operacional.
4. Citar diversos dispositivos de entrada e saída.
5. Descrever maneiras pelas quais um computador armazena informação.
6. Usar a terminologia comum aos sistemas CAD.
7. Descrever o relacionamento entre CAD e manufatura assistida por computador (CAM).
8. Compreender os fatores que afetam a escolha de um sistema CAD.
9. Explicar os recursos comuns à maioria dos programas CAD.

VISÃO GERAL

O uso de computadores – em quase todas as atividades da engenharia, da ciência, dos negócios e da indústria – é hoje bem conhecido. O computador alterou procedimentos de contabilidade e fabricação, bem como as práticas de engenharia. A integração de computadores nos processos industriais – do projeto à prototipagem, fabricação e *marketing* – está mudando os métodos usados em educação e treinamento de técnicos, desenhistas, projetistas e engenheiros.

A engenharia, em particular, é um campo em constante mudança. Com a evolução de novas teorias e práticas, ferramentas mais poderosas são desenvolvidas e aperfeiçoadas para permitir que o engenheiro e o projetista se mantenham atualizados com o corpo de conhecimento técnico em expansão. O computador tornou-se uma ferramenta indispensável para o projeto e para a solução de problemas práticos. O uso de computadores na engenharia e na indústria vem resultando em novos métodos para análise e projeto, criação de desenhos técnicos, modelos 3-D e solução de problemas de engenharia, bem como o desenvolvimento de novos conceitos em automação e robótica.

Computadores não são novidade. Charles Babbage, um matemático inglês, desenvolveu um computador digital mecânico na década de 1830. Muitos dos princípios usados no projeto de Babbage, mostrado na Figura 2.1, são usados nos computadores de hoje. O computador surgiu na literatura e na ciência como uma máquina misteriosa, sem limitações, capaz de executar seus próprios planos; mas, na realidade, o computador não é nada mais que uma ferramenta capaz de armazenar dados, realizar funções lógicas básicas e cálculos matemáticos. As aplicações computacionais expandiram as capacidades humanas a tal ponto que virtualmente todos os tipos de negócio e de indústria utilizam um computador direta ou indiretamente.

2.1 SISTEMAS DE COMPUTAÇÃO E COMPONENTES

Engenheiros e técnicos vêm utilizando computadores há muitos anos para executar cálculos matemáticos. Apenas muito recentemente os computadores se tornaram poderosos e baratos o suficiente para serem usados na criação de modelos e de desenhos técnicos. Antes, os desenhos eram feitos à mão, traçados a lápis ou a tinta usando-se instrumentos tradicionais de desenho. Revisar e reproduzir esses desenhos era freqüentemente custoso e consumia tempo. Agora você pode usar computadores para produzir, revisar, armazenar e transmitir modelos e desenhos originais.

A computação gráfica é um campo muito amplo. Ela inclui a criação e a manipulação de imagens geradas por computador em áreas como fotografia, negócios, cartografia, animação e editoração, bem como desenho e projeto. A manufatura assistida por computador (**CAM** – *computer-aided manufacturing*), a manufatura integrada por computador (**CIM** – *computer-integrated manufacturing*) e a engenharia assistida por computador (**CAE** – *computer-aided engineering*) são freqüentemente usadas em conjunto com projeto ou desenho assistido por computador (**CAD** – *computer-aided design / drafting*). CAD/CAM é a integração de computadores no processo de projeto e produção (Figura 2.2). CAD, CAE, CAM e CIM formam o processo completo com uso de computadores, incluindo projeto, produção, publicação de material técnico, propaganda e contabilidade de custos.

Um sistema de computação compõe-se de ***hardware*** e de ***software***. O equipamento físico que integra um sistema de computação é conhecido como *hardware*, e os programas que instruem o sistema de computação a como operar são o *software*. O

FIGURA 2.1 Um modelo funcional da "máquina diferencial" de Charles Babbage projetada originalmente em 1833. *(Da Coleção de Fotos da Biblioteca Pública de Nova York)*

FIGURA 2.2 Máquina de usinagem integrante de um sistema CAD/CAM. *(Cortesia de David Sailors)*

software é categorizado como ***programas aplicativos*** (ou aplicativos) ou ***sistemas operacionais*** (SO). Sistemas operacionais, tais como Windows 95, Windows NT, OS2 e UNIX, são conjuntos de instruções que controlam as operações do computador e de dispositivos periféricos, bem como a execução de programas específicos. Os sistemas operacionais também oferecem suporte para atividades tais como controle de entrada e saída (E/S), edição, armazenamento, gerenciamento de dispositivos, ligação em rede, gerenciamento de dados, diagnósticos e manuseio de comandos de sistema. Os aplicativos são sua ligação entre o sistema e as tarefas que você deseja executar – tais como projeto, desenho e editoração eletrônica (Figura 2.3).

 A PC Webopaedia é um ótimo lugar para procurar terminologia de computação e de CAD: http://www.pcwebopaedia.com/CAD.htm. Talvez você queira adicionar marcadores ou *links* para *sites* de referência práticos como este para acessá-los facilmente.

2.2 TIPOS DE COMPUTADORES

Os computadores podem ser de dois tipos diferentes: analógicos ou digitais. Os ***computadores analógicos*** fornecem medidas de forma contínua, sem intervalos. Relógios de parede elétricos com ponteiros e velocímetros radiais, por exemplo, são dispositivos analógicos. Os computadores analógicos, que medem propriedades físicas contínuas, são freqüentemente usados para monitorar e controlar equipamentos eletrônicos, hidráulicos ou mecânicos. Os ***computadores digitais*** contam em dígitos – de um para dois, para três e assim por diante – em passos distintos. Um ábaco e um relógio digital são exemplos de dispositivos digitais. Os computadores pessoais (PCs) de hoje são digitais, não analógicos. Eles são extensivamente utilizados em negócios e finanças, engenharia, controle numérico e computação gráfica. Um exemplo é mostrado na Figura 2.4. Os sistemas CAD utilizam computadores digitais, de forma que eles serão nosso tema daqui por diante.

A evolução da tecnologia do ***circuito integrado*** (CI) é provavelmente o avanço individual mais importante na tecnologia de computação. O *chip* de circuito integrado substituiu milhares de componentes em ***placas de circuito impresso*** (placas PC), levando ao desenvolvimento dos microprocessadores. No processador estão as instruções de um computador que são executadas. A diferença de tamanho entre uma placa de circuito impresso com componentes individuais e um *chip* de CI é mostrada na Figura 2.5. Um sistema de computação pessoal típico, capaz de executar programas de CAD, é mostrado na Figura 2.6.

2.3 DESENHO ASSISTIDO POR COMPUTADOR

A primeira demonstração do computador como ferramenta de desenho e projeto foi feita no Massachusetts Institute of Technology, em 1963, pelo Dr. Ivan Sutherland. Seu sistema, chamado Sketchpad, utilizava um tubo de raios catódicos e uma caneta óptica para desenhar. Um sistema anterior chamado SAGE foi de-

FIGURA 2.4 Tecnologia CAM avançada usada em projetos industriais. *(Cortesia da Boling Corporation)*

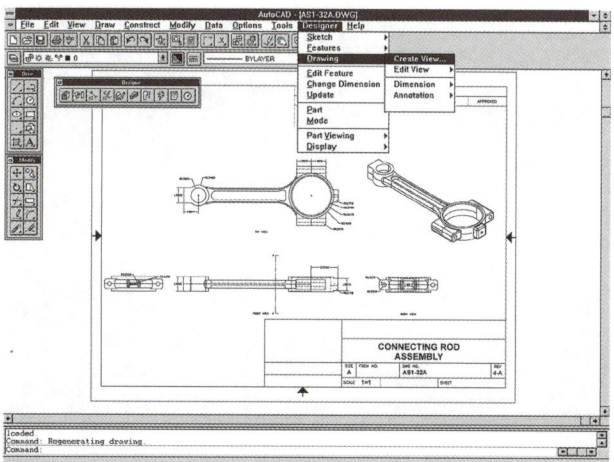

FIGURA 2.3 Software AutoCAD executando sob Sistema Operacional Windows 95. *(Este material foi reproduzido com a permissão e sob o copyright da Autodesk, Inc.)*

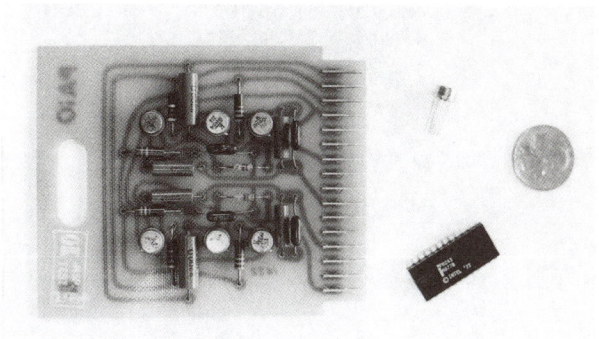

FIGURA 2.5 Comparação de tamanho entre uma placa de microcomputador e um circuito integrado.

senvolvido na década de 1950 para o Comando de Defesa Aérea americano, o qual usava uma caneta óptica para entrada de dados. O primeiro sistema CAD comercial foi introduzido em 1964 pela IBM.

Houve muitas mudanças desde que os primeiros sistemas CAD foram lançados, devido à viabilidade econômica de microprocessadores mais poderosos, de programas mais sofisticados de dispositivos de entrada e saída melhores. Agora você pode facilmente criar, revisar, imprimir e armazenar desenhos. O CAD, originalmente, foi usado somente para criar desenhos de execução 2-D, mas o advento de programas CAD 3-D gerou avanços na fabricação dos produtos e também no teste de projetos usando programas de análise como o Método dos Elementos Finitos (MEF). A Figura 2.7 mostra um modelo CAD 3-D, e a Figura 2.8 ilustra uma malha para análise por elementos finitos.

Adicionalmente, você pode combinar ilustrações CAD e texto para criar manuais técnicos e outros tipos de documentações. Com a base de dados 3-D do projeto, você pode produzir diretamente modelos tonalizados e animações para usar em propaganda. Se implementado corretamente, um sistema CAD pode incrementar a produtividade, reduzir custos, melhorar a comunicação e diminuir tempos de produção. O sistema CAD pode ser ligado a equipamentos de **comando numérico** (CN) ou a robôs para fabricação ou controle de sistemas, tanto diretamente quanto através de uma *rede local* (LAN), veja a Figura 2.9.

Os sistemas CAD são usados intensamente em engenharia mecânica, projetos eletrônicos, engenharia civil e cartografia. Antes de 1976, o projeto e o leiaute de circuitos impressos era o maior uso para CAD. A engenharia mecânica, desde então, suplantou a eletrônica e continua a expandir o uso de sistemas

FIGURA 2.6 **O poder dos microcomputadores de hoje ajudou a popularizar os sistemas CAD nas indústrias.** *(Cortesia da NEC Tecnologies, Inc)*

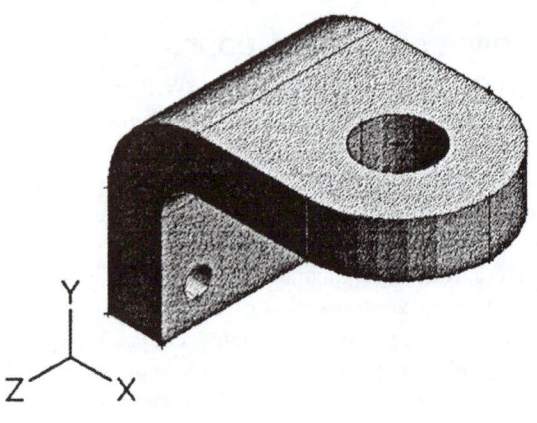

FIGURA 2.7 **Um modelo sólido do suporte da esfera de um reboque de *trailer* gerado por um sistema CAD.** *(Retirado de* Machine Design: An Integrated Approach *de Robert Norton, © 1996. Reproduzido com autorização da Prentice-Hall, Inc., Upper Saddle River, NJ.)*

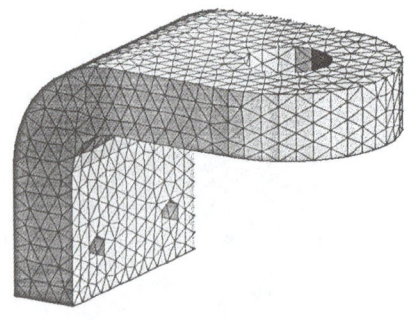

FIGURA 2.8 **Uma malha para análise por método dos elementos finitos aplicada ao modelo do suporte de esfera.** *(Retirado de* Machine Design: An Integrated Approach *de Robert Norton, © 1996. Reproduzido com autorização da Prentice-Hall, Inc., Upper Saddle River, NJ.)*

FIGURA 2.9 **Computadores trabalham com máquinas de comando numérico nas indústrias modernas. Este é um exemplo de uma central CNC (comando numérico por computador) de torneamento em quatro eixos.**

CAD e suas aplicações em projeto, análise e comando numérico. Sua utilização vem crescendo em várias áreas, entre elas a cartografia, a visualização de dados sísmicos, a análise demográfica, o planejamento urbano, os diagramas de tubulação e, especialmente, o projeto arquitetônico. Uma área relativamente nova na computação gráfica é o ***processamento de imagens***, que inclui animação, preparação de eslaides 35 mm, realce da cor em fotografias e geração de fontes e caracteres para televisão e indústria de artes gráficas.

2.4 CONFIGURAÇÕES DE SISTEMAS CAD

Todos os sistemas CAD consistem em componentes de *hardware* similares. A Figura 2.10 mostra periféricos típicos para entrada de dados, uma unidade central de processamento e dispositivos para saída e armazenamento. Os dispositivos típicos de entrada incluem teclado, *mouse*, *trackball*, mesa digitalizadora, *tablet* e caneta óptica. Para saída, sistemas CAD típicos possuem *plotters*, impressoras e algum tipo de monitor. O sistema também deve ter alguma forma de armazenamento de dados como fita, disco rígido, disquete ou um disco óptico. Finalmente, uma unidade central de processamento (CPU) faz a manipulação numérica e controla os outros dispositivos. Freqüentemente, alguns dispositivos são combinados. Por exemplo, uma estação de trabalho pode conter teclado, monitor, disquetes e uma CPU, tudo em um só gabinete, como mostrado na Figura 2.11.

2.5 UNIDADE CENTRAL DE PROCESSAMENTO

A CPU recebe dados, gerencia e controla as funções do sistema CAD. Computadores compatíveis com o IBM PC têm usado o 386, 486, Pentium (P5), P6 e outras CPUs em um único circuito integrado. Computadores Macintosh usam CPUs Motorola ou PowerPC. Computadores Silicon Graphics e Sun usam seus próprios *chips*. A tarefa de um microprocessador é executar as instruções do *software* computador. Em computadores digitais, toda a informação é convertida em forma binária usando apenas uns e zeros. Um *bit* é um dígito binário que pode ser ligado (1) ou desligado (0). *Bits* são agrupados em instruções maiores chamadas ***palavras***. O comprimento da palavra (usualmente expresso em número de *bits*) difere entre os vários computadores. Os comprimentos de palavra mais comuns são 16, 32 e 64 *bits*. O comprimento da palavra indica o tamanho da informação que pode ser processada, como uma unidade, durante um ciclo de instrução. Quanto maior o comprimento da palavra, maior o poder de processamento. Um grupo seqüencial de *bits* adjacentes é chamado de ***byte***, sendo que, no padrão atual, 8 *bits* constituem um *byte*. Um *byte* representa um caractere processado pela CPU como uma unidade. O comprimento da palavra na maioria dos sistemas de computação atuais é de 4 *bytes*. Significa que cada palavra em qualquer desses sistemas de armazenamento ocupam uma posição de 32 *bits*. A capacidade de memória é normalmente expressa em número de *bytes*, não *bits*. A velocidade do microprocessador é expressa em megahertz (MHz), e sua capacidade de processamento, em milhões de instruções por segundo (MIPS).

A ***placa-mãe*** (placa de circuito principal) liga todos os outros componentes à CPU: os *chips* de memória, a fonte de energia, as portas de conexão (onde os cabos externos são conectados) e os conectores de barramento para dispositivos como *modems* internos, placas de vídeo, placas de rede, placas de som e controladores de discos especiais. A Figura 2.12 mostra uma placa-mãe e os tipos de conexões que podem ser feitos. Placas para rede, *modems*, som e outros dispositivos comunicam-se com o microprocessador através de um canal elétrico chamado ***barramento***. O barramento é como uma rodovia que permite que informação na forma de pulsos elétricos seja compartilhada entre os dispositivos conectados à placa-mãe. Como uma rodovia, os

FIGURA 2.10 Sistemas CAD completos requerem dispositivos de entrada, de saída, de armazenamento e uma unidade central de processamento. *(Cortesia da Hewlett-Packard Company)*

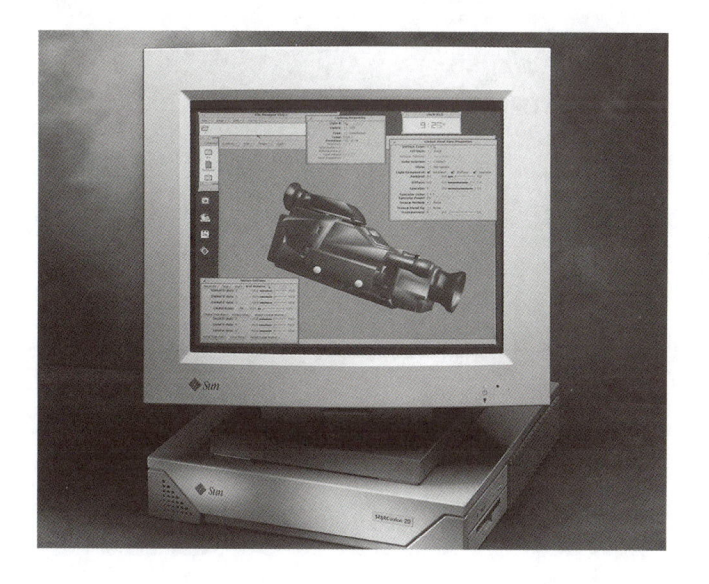

FIGURA 2.11 Uma potente estação de trabalho. *(Cortesia da Sun Microsystems)*

barramentos de computador têm limites de velocidade. Eles são expressos em megahertz como a CPU. Quanto mais rápido é o barramento, mais rapidamente a informação pode ser transportada no computador.

O painel traseiro da CPU contém uma série de portas de conexão ou tomadas para conectores. Diferentes tipos de portas de conexão transferem dados de formas diferentes. Esses pontos de conexão são freqüentemente ligados a placas dentro da CPU. Por exemplo, o monitor é conectado à saída da placa de vídeo. A linha telefônica é conectada a uma porta na parte de trás da placa de *modem* interno. O cabo da rede local é conectado à porta na parte de trás da placa de rede.

A memória do computador é armazenada em pequenas placas de circuito chamadas de módulos de memória em alinhamento simples ou **SIMMs** (*single inline memory modules*). A maioria das SIMMs são usadas para a memória principal, chamada de **memória de acesso aleatório** (*RAM, random access memory*). Essa memória é normalmente temporária, de forma que, quando você desliga o computador, a informação na RAM desaparece. Programas e arquivos do usuário são armazenados em RAM quando o programa está efetivamente sendo executado. Mais RAM em um computador significa que o computador pode executar mais de um programa ou vários programas de uma só vez. Sem memória suficiente, mesmo um único programa pode ter dificuldades para ser executado.

Há também uma pequena quantidade de memória permanente na placa-mãe chamada de **memória apenas de leitura** (ROM, *read only memory*). Quando o computador é desligado, os *chips* de ROM não perdem o que está armazenado neles. A ROM armazena informações básicas de operação e programas simples de diagnóstico para assegurar-se de que todos os componentes estão operacionais quando o computador é ligado. A **BIOS** (sistema básico de entrada/saída [*basic input/output system*]) é um desses sistemas que são armazenados em ROM. Uma **Flash ROM** pode ser reprogramada, mas uma ROM normal não pode.

2.6 DISPOSITIVOS DE EXIBIÇÃO

Os **monitores**, que geram imagens em uma tela, evoluíram muito desde o início da utilização de CAD. Eles empregam uma grande variedade de princípios da criação de imagens. Os monitores têm características definidas em relação a brilho, nitidez, resolução, tempo de resposta e cor. As imagens em um monitor podem ser alfanuméricas (texto, símbolos, letras e algarismos) ou gráficas (símbolos gráficos ou linhas), e os monitores podem apresentar figuras animadas, gráficos, diagramas codificados por cores, texto ou conjuntos de linhas simples, entre outros. Um monitor de 21 polegadas de alta resolução é mostrado na Figura 2.13.

A maioria dos sistemas CAD usam **monitores de varredura matricial**, que são similares a telas de televisão. Eles produzem uma imagem com linhas de pontos de imagem chamados *píxeis*. Tal como na televisão convencional, um feixe de elétrons varre toda a tela, linha por linha, de cima para baixo – um processo chamado varredura matricial. Um sinal liga ou ilumina um píxel de acordo com um padrão armazenado na memória. A tela é varrida por volta de 60 vezes por segundo para atualizar a imagem antes que o fósforo escureça. Imagens coloridas são obtidas pela combinação de três píxeis de cores diferentes: vermelho, azul e verde.

A maioria dos computadores para sistemas CAD utiliza um monitor de 17 ou 21 polegadas. Estes tamanhos são medidos diagonalmente na parte frontal da tela. A imagem no monitor é gerada pela placa de vídeo. A placa de vídeo e o monitor definem a resolução e o número de cores apresentadas. A **resolução VGA** (*Vi-*

FIGURA 2.12 Uma placa-mãe com 10 conectores de barramento para adicionar ao computador recursos como placas de vídeo.
(*Cortesia da International Business Machines*)

FIGURA 2.13 Monitor de 21 polegadas para imagens CAD de alta resolução. (*Cortesia da NEC Technologies, Inc.*)

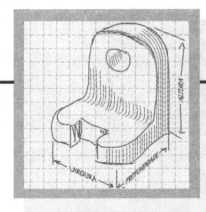

CAD EM SERVIÇO
CAD no cinema

FILMES GERADOS POR COMPUTADOR

De efeitos especiais a filmes de longa metragem completos, os produtores estão usando computação gráfica para criar efeitos e cenas 2-D e 3-D. *Toy Story*, lançado em 1995 pela Walt Disney Pictures, foi o primeiro longa-metragem no mundo criado inteiramente em um computador. *Toy Story* conta as aventuras de Buzz Lightyear, um astronauta de brinquedo, e Woody, um boneco vaqueiro. Em todo o filme de 77 minutos, até mesmo os personagens humanos são complexos modelos 3-D manipulados pelo computador.

117 ESTAÇÕES DE TRABALHO GERAM *TOY STORY**

Cada um dos 114.000 quadros do filme foram criados e desenhados em um aglomerado de 117 estações Sun SPARCstation T20, chamado de Renderfarm (veja Figura A). *Rendering* é o nome para o processo de geração de iluminação realística, texturas e tonalização em um modelo 3-D computadorizado. Um quadro é uma só imagem de uma animação. Para produzir a aparência de movimento sem cintilação, os quadros gerados são apresentados à taxa de 30 quadros por segundo. Pixar, a empresa que criou o programa de animação e a Renderfarm usados para criar *Toy Story*, calcula que para gerar *Toy Story* usando um único computador monoprocessado demoraria 43 anos. Na verdade, levou 800.000 horas de computador para produzir a versão final. Cada quadro usou até 300 *megabytes* de dados e levou de 2 a 13 horas para processar.

PRIMEIRO FILME CRIADO EM PC — *GENERATION WAR: NEAR DEAD*

Do outro lado da escala de equipamentos, está *Generation War: Near Dead* (veja Figura B), o primeiro filme de longa-metragem criado inteiramente em um computador pessoal[1]. Phil Flora criou o roteiro deste filme que foi gerado em

(A) *Cortesia dos Estúdios Pixar Animation.*

(B) *Cortesia de Phil Flora*, **The WebMovie Network,** *www.webmovie.com.*

três PCs similares ao que você deve ter. Levou dois anos e aproximadamente 15.000 horas para fazê-lo. Estudantes de artes dramáticas foram atores voluntários digitalizados contra um fundo para efeitos especiais com um gravador Intel Smart Video. Os cenários foram criados como modelos 3-D usando o programa 3-D Studio da Autodesk. No filme, 40 diferentes cenários mostram visões da América do século XXI. Dublês virtuais, gerados por computador, fazem parte da ação, e explosões foram criadas digitalmente. Você pode comprar *Generation War: Near Dead* em CD-ROM para rodar em qualquer computador 486 ou superior, com Windows 3.1 ou Windows 95. Procure por vídeo digital na Web em http://www.dv.com.

EFEITOS ESPECIAIS EM PC

Muitos outros efeitos especiais para filmes foram criados em computadores pessoais. Alguns dos efeitos dos filmes *Johnny Mnemonic* e *Virtuosity* foram criados usando o programa 3-D Studio. Os programas da Autodesk 3D Studio e 3D Studio Max tornaram-se alternativas populares de baixo custo às plataformas topo de linha. Eles são usados para criar efeitos especiais para filmes e propagandas, títulos, treinamento, reconstituição de acidentes e muitas outras finalidades. Com a redução de preço dos computadores pessoais e o aumento de sua capacidade, novos lançamentos serão ofertados por talentosos iniciantes deste campo, que poderão estar criando mundos completamente novos em suas garagens.

---

*N. de T. *Toy Story* partiu de modelos de argila e texturas digitalizadas. *Generation War* utilizou atores digitalizados. Por outro lado, os 80 minutos do longa-metragem brasileiro *Cassiopéia*, produzido por Nello d'Rossi e dirigido por Clóvis Vieira, foi totalmente gerado em microcomputador, sem o uso de nenhum modelo ou textura digitalizados. Foi lançado em abril de 1996 e é, portanto, o primeiro longa-metragem feito totalmente em computador.

deo Graphics Array) padrão é 640 x 480 píxeis. Quanto mais píxeis por polegada, maior a resolução e mais fácil será ler detalhes no monitor. Muitos monitores de tela grande suportam até 1.600 píxeis horizontalmente e 1.200 píxeis verticalmente.

Além da resolução, as placas de vídeo geram uma gama de cores. A densidade típica de cores é 256, mas para obtenção de qualidade fotográfica é necessário 16,7 milhões de cores. Com alta resolução e muitas cores na tela, é necessária muita capacidade de processamento para desenhar uma imagem no monitor. A CPU nem sempre pode atender a essa demanda, de modo que a placa de vídeo freqüentemente tem seu próprio processador, chamado acelerador de vídeo, e sua própria memória. Os sistemas CAD usualmente têm um acelerador gráfico rápido para atender à demanda de alta resolução e o grande número de cores requeridas.

Monitores de vídeo são classificados pela velocidade com que podem refrescar a tela. Há duas especificações: taxa de refrescamento horizontal e taxa de refrescamento vertical. Quanto mais rápida a taxa de refrescamento, melhor será o monitor para os olhos. Por exemplo, se você estiver usando um monitor com somente 60 Hz de taxa de refrescamento vertical, você pode notar a tela cintilando. Taxas de refrescamento maiores reduzem esta cintilação incômoda. Monitores de tela grande de alta qualidade podem custar tanto quanto a CPU, mas eles podem alterar sua produtividade e permitem que você use um número maior de janelas ou de programas na tela ao mesmo tempo.

■ 2.7 DISPOSITIVOS DE ENTRADA

Os sistemas CAD podem usar um dispositivo ou uma combinação de dispositivos de entrada para criar desenhos, modelos e outras informações refletidas na tela: (1) teclado e dispositivos sensíveis ao toque, (2) dispositivos dependentes de tempo e (3) dispositivos dependentes de coordenadas.

O *teclado* é o dispositivo de entrada mais comum para a introdução de dados e comandos. Um teclado típico consiste em teclas com caracteres alfanuméricos para digitação de letras, números e símbolos comuns; teclas de controle do cursor e teclas de funções especiais que são usadas por alguns programas para a entrada de comandos. Freqüentemente, o teclado é a maneira mais rápida de entrar comandos para seu sistema CAD.

O *mouse*, mostrado na Figura 2.14, é também um dispositivo de entrada popular, tanto para grandes sistemas CAD quanto para pequenos. O *mouse* pode ser mecânico, ao usar roletes, ou óptico, ao perceber movimento e posição através da luz refletida de uma superfície especial. O *mouse* tem um ou mais botões para selecionar posições ou para escolher comandos. É fácil de usar, custa pouco e requer área de trabalho pequena.

Um *tablet de digitalização*, mostrado na Figura 2.15, é outro dispositivo de entrada comum. Você pode usá-lo para criar desenhos CAD originais ou para converter desenhos já existentes para o formato CAD. Mesas digitalizadoras variam em tamanho de 8 x 16 polegadas até 36 x 48 polegadas. A resolução de digitalização – baseada no número de fios por polegada na malha do *tablet* – é uma característica importante porque determina o menor movimento que o dispositivo é capaz de detectar (usualmente expresso na forma de milésimos de polegada). Um *tablet* também pode ter áreas que são usadas para selecionar comandos para o sistema CAD. Ligado a um *tablet*, há um cursor ou uma caneta. Um cursor é um dispositivo de mão que possui uma janela de plástico transparente com uma mira que indica ao sistema de computação a posição do cursor sobre o *tablet*. Os botões na parte superior do cursor são usados para selecionar pontos ou comandos. A caneta digitalizadora se parece com uma esferográfica com um cabo a ela conectado. A ponta da caneta sente sua posição na malha do *tablet* e, sendo sensível à pressão, permite ao usuário selecionar pontos ou comandos pressionando-a contra o *tablet*.

Desenhos já existentes em papel podem também ser convertidos para formato CAD usando um *escaneador* (mostrado na Figura 2.16), que cria arquivos de imagens matriciais ou em mapa

FIGURA 2.14 Um *mouse*. *(Cortesia da Logitech, Inc)*

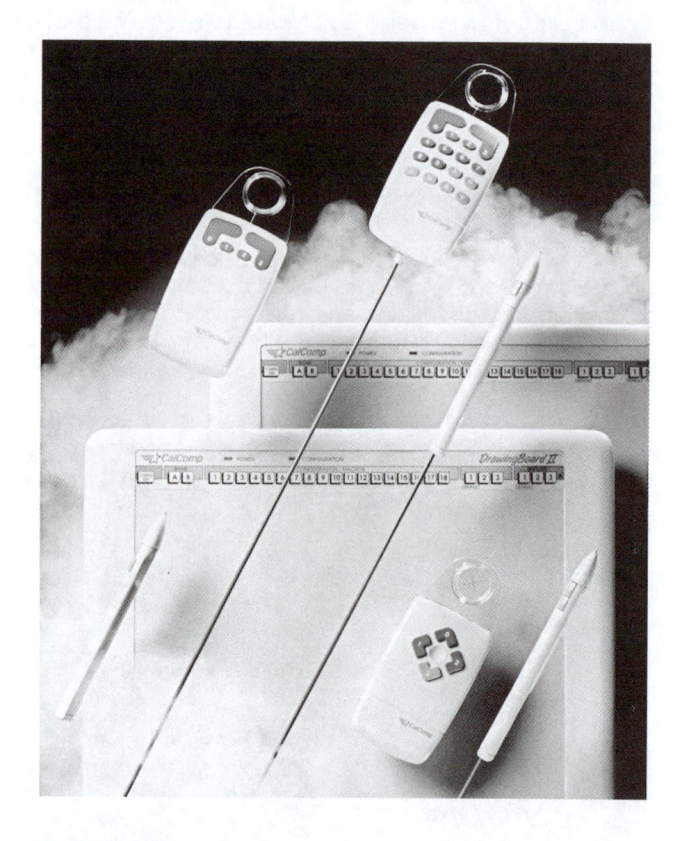

FIGURA 2.15 *Tablets* com dispositivos de seleção – cursor e caneta – com e sem fio. *(Cortesia da CalComp Digitizer Division)*

de *bits*. Imagens escaneadas podem necessitar ser convertidas para formatos vetoriais (linhas) para serem úteis para CAD. Vários programas de conversão matricial para vetorial estão disponíveis para automatizar este processo.

Um dos dispositivos de entrada mais antigos usados em sistemas CAD é a **trackball**. As *trackballs* foram usadas em muitos sistemas CAD baseados em computadores de grande porte e eram freqüentemente incorporadas ao teclado. Agora elas são um dispositivo popular em computadores portáteis. A *trackball* consiste em uma bola aninhada em um suporte ou copo, muito parecido com a parte de baixo de um *mouse* mecânico, com botões para entrada de coordenadas para o sistema. Dentro do suporte, estão sensores que captam o movimento da bola. A bola pode ser movida em qualquer direção com os dedos ou com a mão para controlar o movimento do cursor na tela, e o usuário pode configurar a velocidade do cursor e as funções dos botões através de *software*. O *mouse* de polegar é similar a uma *trackball* de mão. Dispositivos de entrada 3-D que permitem ao usuário controlar objetos gráficos em seis graus de liberdade estão disponíveis para uso com CAD (veja Figura 2.17).

O *joystick*, mostrado na Figura 2.18, é mais usado em video games do que em sistemas CAD. Ele tem uma alavanca manual para controlar o cursor na tela e para entrar coordenadas e tem botões para marcar posições e selecionar comandos. Esses dispositivos são baratos e requerem área de trabalho pequena, mas podem ser inadequados para posicionamento preciso. A **caneta óptica**, mostrada na Figura 2.19, é o mais antigo tipo de dispositivo de entrada para CAD ainda em uso. Ela se parece muito com uma caneta esferográfica ou com a caneta de um *tablet* digitalizador,

FIGURA 2.16 Escaneadores de formato largo para capturar documentos eletronicamente. *(Cortesia da CalComp Digitizer Division)*

FIGURA 2.17 Este controlador 3-D Magellan permite ao usuário manipular objetos gráficos com movimentos de translação e rotação nos eixos *x, y* e *z*. *(Cortesia da Logitech, Inc.)*

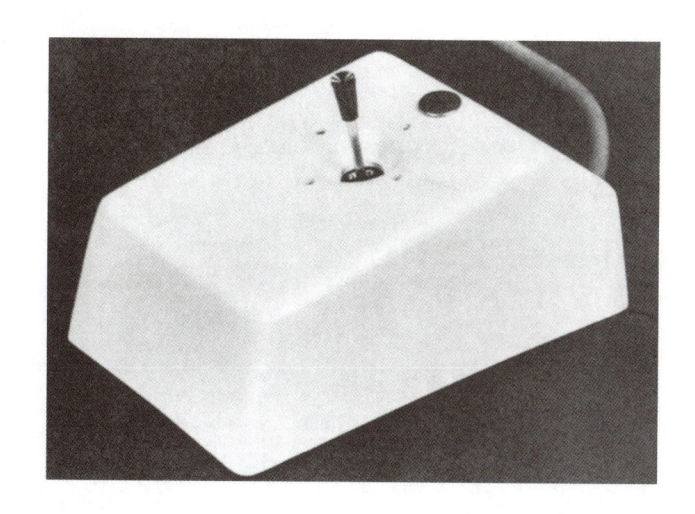

FIGURA 2.18 *Joystick*. *(Cortesia de C. Baker)*

FIGURA 2.19 Caneta óptica. *(Cortesia da HEI, Inc)*

mas a caneta óptica é um dispositivo manual fotossensível que funciona com monitores de varredura matricial ou vetorial, selecionando posições ou comandos diretamente na tela. A caneta percebe a luz criada pelo feixe de elétrons quando ele varre a superfície da tela, e isso permite ao computador determinar a posição da caneta no monitor. O uso de uma caneta óptica é semelhante ao de um lápis. É fácil de usar para selecionar comandos ou áreas genéricas da tela, mas sua precisão para localizar pontos depende da resolução do monitor.

As *telas sensíveis ao toque*, apesar de não usadas amplamente com sistemas CAD, são outro tipo de dispositivo de entrada. Esses dispositivos permitem ao usuário tocar uma área na tela com um dedo para ativar comandos ou funções. Essa área na tela contém uma malha sensível que captura a posição tocada e a transfere para o computador. Esses dispositivos funcionam bem para entrada de funções e comandos, mas não têm precisão suficiente para a entrada de dados geométricos precisos, necessários aos sistemas CAD.

Um desenvolvimento recente para entrada de dados é a *tecnologia de reconhecimento de voz*, que usa uma placa de som e programas especiais para reconhecer comandos vocais. O sistema deve primeiro ser treinado para entender o operador que repete comandos em um microfone. O computador converte os comandos vocais do operador para a forma digital e, então, armazena as características da voz do operador. Quando o operador dá um comando verbal, o sistema compara o som com as palavras armazenadas na memória e executa o comando. Sistemas de reconhecimento de voz podem reconhecer um vocabulário ativo de mais de 80.000 palavras. Armazenar sons complexos ou padrões de voz requer uma grande quantidade de memória, e o tempo entre a palavra falada e a ativação do comando pode levar vários segundos. Se a voz do operador muda de alguma maneira ou se não há pausa suficiente entre as palavras, o sistema pode não reconhecer corretamente os comandos.

2.8 DISPOSITIVOS DE SAÍDA

Uma imagem em papel, filme ou outra mídia é chamada de *cópia impressa*. Cópias impressas podem ser produzidas com diversos tipos de dispositivos de saída.

Os *plotters de pena* são dispositivos comuns para reproduzir desenhos executados em sistemas CAD. A maioria cria desenhos movendo o papel, o papel velino ou o filme ao longo de um eixo e movendo a pena ou caneta ao longo do outro. O carrossel de um plotter tipicamente comporta até oito canetas, permitindo plotagens multicoloridas e com linhas de várias espessuras. Esses *plotters* aceitam papel de até 48 polegadas de largura em folhas simples ou em rolos, que são cortados depois que o desenho é plotado. A Figura 2.20 mostra um *plotter* de rolo, cujo nome advém dos pequenos rolos que seguram as margens da mídia e movem-na para frente e para trás sob o carrossel da pena.

Os *plotters* são especificados por sua precisão, aceleração, repetibilidade e velocidade. Precisão é a grandeza do desvio na geometria que o *plotter* de pena desenha (usualmente variando de 0,0010 a 0,0050 polegada). Aceleração é a taxa na qual a caneta atinge a velocidade de plotagem e é expressa em Gs (aceleração gravitacional). A velocidade da pena é importante porque baixas velocidades usualmente produzem linhas mais escuras. Quanto mais rápido a pena atinge uma velocidade constante, mais consistente é a qualidade da linha. Repetibilidade é a habilidade de um *plotter* de retraçar sobrepondo o mesmo desenho repetidas vezes. O desvio da pena ao redesenhar a linha é a medida de repetibilidade e usualmente varia de 0,0010 a 0,0050 polegada. A velocidade dos *plotters* de pena determina quão rápido a pena se move através da folha de desenho. A maioria dos programas CAD permite ao operador ajustar a velocidade da pena para alcançar a máxima qualidade e consistência nas linhas. Baixas velocidades das penas normalmente produzem plotagens de melhor qualidade do que altas velocidades. Outros fatores, tais como o tipo de caneta e de mídia de desenho, também ajudam a determinar a qualidade dos desenhos plotados.

A *plotagem matricial* é outro método para produzir cópias impressas. Esses dispositivos usam um processo denominado "rasterização" ou matriciação para converter imagens em uma série de pontos. A imagem é transferida opticamente (ou algumas vezes por um laser) para a superfície da mídia ou para um cilindro carregado eletrostaticamente. Algumas vezes, a imagem pode ser criada por uma fileira de penas que carregam eletricamente pequenos pontos na mídia. Um *plotter* matricial de alta qualidade pode produzir uma imagem tão fina e de tal qualidade que é necessário uma lente de aumento para determinar como a imagem foi produzida.

Os *plotters eletrostáticos*, mostrados na Figura 2.21, produzem cópias impressas carregando a superfície de um papel especial com carga eletrostática e fazendo com que o *toner*, ou a tinta, se adiram a área carregada eletrostaticamente. A geometria do desenho é convertida, através de matriciação, em uma série de pontos que representam a área carregada. A resolução desses *plotters* é determinada pelo número de pontos por polegada (dpi), usualmente na faixa de 300 a 600 dpi. Esses *plotters* podem imprimir em uma única cor ou em múltiplas cores mais rápido do que *plotters* de pena e permitem imprimir áreas preenchidas, mas são normalmente mais caros que os *plotters* de pena.

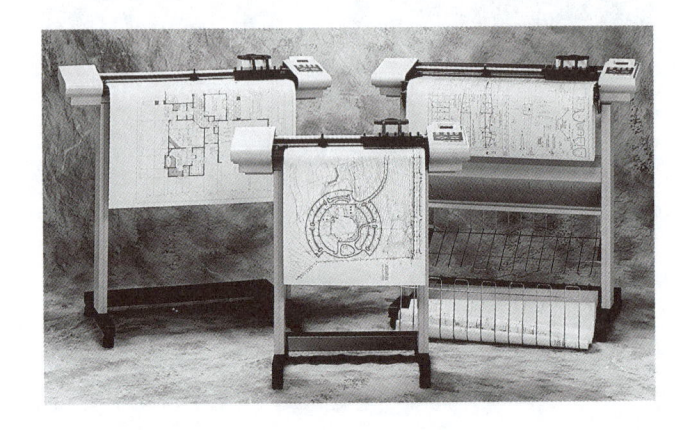

FIGURA 2.20 *Plotter* de rolo.

Dicas práticas
Como organizar seus arquivos usando o Windows Explorer

Quando se usa sistemas CAD e computadores em geral, é importante gerenciar e fazer cópias de segurança dos arquivos que você cria. Uma estrutura de diretórios bem-planejada pode ajudar a manter seus arquivos organizados de forma que sejam fáceis de localizar e restaurar. Você pode pensar no seu disco rígido como um arquivo de pastas suspensas. Um diretório é similar a uma pasta. Dentro de cada diretório, você pode armazenar arquivos (como se fossem folhas de papel) ou ter diretórios dentro de outros diretórios para manter seus registros mais organizados.

Uma estrutura típica de diretórios listada no Windows 95/NT 4.0 é mostrada na Figura A. Os diretórios ou arquivos têm um ícone semelhante a uma pasta próxima a eles. Alguns diretórios contêm arquivos de programas como o AutoCAD R14 e o Netscape, outros contêm os arquivos de um sistema operacional, tal como o Winnt (o diretório-padrão da instalação do Windows NT). Outros podem conter os seus arquivos de trabalho, como cartas escritas para um cliente. Não é uma boa idéia, geralmente, manter seus arquivos de trabalho juntos aos arquivos de programa porque quando você atualiza ou reinstala um programa ele pode sobrescrever seus arquivos de trabalho. É mais prudente fazer uma cópia de segurança dos arquivos de programa antes de instalá-los. Geralmente, você não precisa fazer cópias de segurança dos arquivos de programas de seu disco rígido porque, se eles forem corrompidos ou perdidos, você pode reinstalá-los a partir de seus discos originais. Faça cópias de segurança de arquivos de desenhos CAD, planilhas e outros arquivos de trabalho regularmente, de forma que eles não sejam perdidos.

Uma boa forma de organizar seus arquivos é criar um diretório separado em que seus arquivos de projeto sejam armazenados. Quando você está trabalhando em uma firma de engenharia, provavelmente terá vários projetos e clientes ao mesmo tempo. Você pode ter até mesmo um cliente para o qual está fazendo vários projetos. Dentro do seu diretório de projeto, crie subdiretórios para cada tarefa. Conserve todos os arquivos relacionados àquela tarefa dentro do seu diretório, como mostrado na Figura B.

Para lembrar-se mais facilmente de salvar seu trabalho nos arquivos de projeto, você pode usar as seleções da Barra de Tarefas e do Menu Iniciar para especificar um diretório onde o programa deve iniciar, como mostrado na Figura C. Esse se tornará o diretório-padrão onde você salvará seus arquivos quando usar aquele programa.

Manter seus arquivos organizados e regularmente fazer cópias de segurança de seu diretório de projetos poupará tempo na localização de arquivos e impedirá a perda de arquivos e informações importantes.

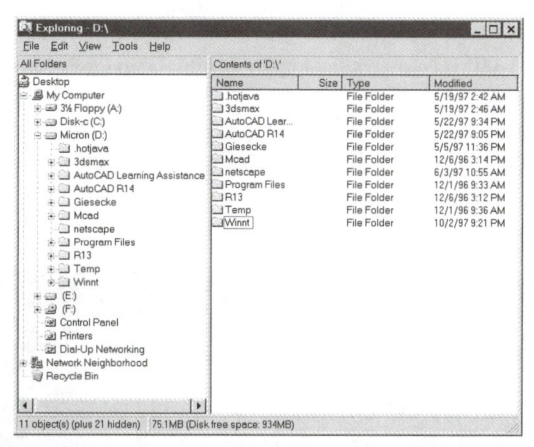

(A) Estrutura de diretórios listada no Windows 95/NT 4.0

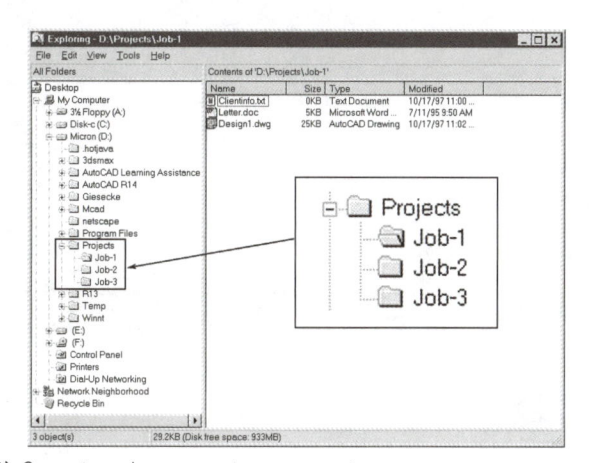

(B) Organizando os arquivos por projeto

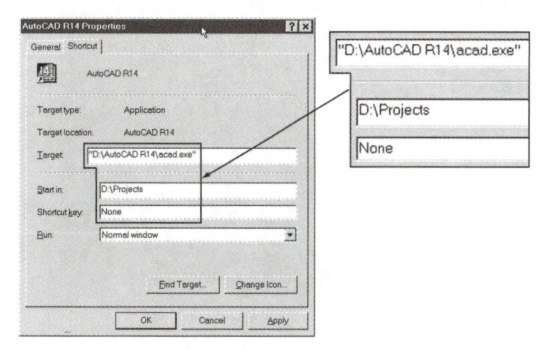

(C) Usando a Barra de Tarefas para especificar um diretório-padrão para o AutoCAD R14

Impressoras a jato de tinta, mostradas na Figura 2.22, produzem imagens pela deposição de gotículas de tinta no papel. Estas gotículas correspondem aos pontos criados pela matriciação. Impressoras a jato de tinta aplicam uma carga na tinta em vez de no papel, como no processo eletrostático. Impressoras a jato de tinta podem produzir imagens coloridas renderizadas de boa qualidade e desenhos técnicos em papel de 8,5 a 36 polegadas de largura.

Impressoras laser, mostradas nas figuras 2.23 e 2.24, usam um raio de luz para criar imagens. Esses dispositivos usam cargas eletrostáticas e matriciação para produzir imagens impressas de alta qualidade.

Impressoras matriciais, mostradas na Figura 2.25, produzem imagens por um de dois processos: através de impacto em uma fita carbono ou entintada, ou através de um processo térmico. Cada método usa um conjunto de agulhas em uma configuração específica – tais como 5x7, 7x9 ou 9x9 – montadas na cabeça de impressão. Os comandos da máquina controlam a seqüência na qual as agulhas atingem a mídia para produzir uma imagem. Impressoras matriciais são normalmente mais baratas que as demais, mas sua resolução (número de pontos por polegada) é geralmente baixa.

2.9 DISPOSITIVOS DE ARMAZENAMENTO DE DADOS

Já que todos os dados que se encontram na memória RAM são perdidos quando o computador é desligado, os dados devem ser armazenados. Dispositivos de armazenamento guardam e man-

FIGURA 2.21 Impressora eletrostática.

FIGURA 2.22 Impressora a jato de tinta. *(Cortesia da CalComp)*

FIGURA 2.23 Impressora Laserjet. *(Cortesia da Hewlett-Packard)*

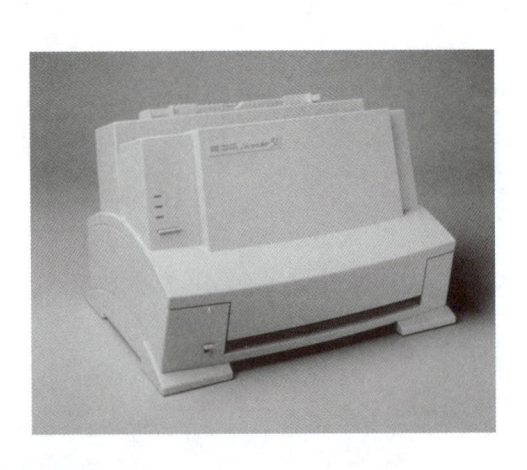

FIGURA 2.24 Impressora Laser para formatos grandes. *(Cortesia da CalComp)*

têm informação permanentemente para uso posterior. Quando você está trabalhando em um desenho CAD, os dados daquele desenho são mantidos na RAM, mas periodicamente você deve salvar o arquivo de desenho e todos os dados associados em um dispositivo de armazenamento. Dispositivos de armazenamento são como arquivos eletrônicos de pastas suspensas.

Discos, discos ópticos e fita magnética são diferentes tipos de dispositivos de armazenamento. Os *discos* representam o dispositivo mais comum usado para armazenar dados e incluem disquetes (discos flexíveis), discos fixos (rígidos) e discos ópticos. Os discos armazenam e lêem dados em ordem aleatória, que significa que escreve dados em qualquer parte do disco que esteja vazia, e é capaz de localizar dados quase instantaneamente porque consegue acessar rapidamente o disco inteiro. Os discos são classificados de acordo com seu tipo, tempo de acesso, capacidade e taxa de transferência.

Os *discos rígidos*, ou fixos, mostrados na Figura 2.26, são o dispositivos mais comum de armazenamento de dados. Podem ser internos (fixados dentro do gabinete do computador) ou externos (montados em uma caixa externa). Uma placa controladora de discos permite ao computador e ao acionador de discos comunicarem-se entre si. A capacidade de armazenamento desses discos varia de 200 MB a vários *gigabytes* (1.000 MB)*. O tempo de acesso é expresso em milissegundos (ms) e varia de 6 a 80 ms. Quanto menor o número em milissegundos, mais rápido é o tempo de acesso.

Os *disquetes*, ou discos flexíveis, mostrados na Figura 2.27, têm a origem de seu nome nos discos de plástico flexíveis usados nesse dispositivo. Os discos usados nesse acionador têm em 3-1/2 polegadas de diâmetro. A densidade de um disco refere-se à quantidade de dados que o disco pode armazenar. Um disquete típico pode armazenar 1,44 MB de dados no formato de duas faces e alta densidade. Novos discos estão sendo desenvolvidos e permitirão armazenar muito mais dados em pequenos discos removíveis. O disquete é barato e prático de usar, mas armazena menos dados e é mais lento que os discos fixos.

Os *discos Zip*, mostrados na Figura 2.28, são discos magnéticos de alta capacidade, similares aos disquetes, mas que podem armazenar até 100 MB em um disco de 3-1/2 polegadas*. Os discos usados em acionadores Zip são feitos de um material especial de alta capacidade, diferente dos disquetes convencionais. Os acionadores Zip são populares porque os modelos podem ligar-se na porta paralela ou em interfaces SCSI (*small computer system interface*), permitindo a transferência fácil de grandes quantidades de dados de uma máquina para outra. Eles também

FIGURA 2.25 **Formação de caractere em impressora matricial – cada caractere é formado em uma matriz, enquanto o cabeçote de impressão se move através do papel.** *(Foto extraída de* Computers, *4/E por Long/Long. © 1996. Reproduzida com permissão da Prentice-Hall, Inc., Upper Saddle River, NJ)*

FIGURA 2.26 **Interior de um disco fixo ou rígido.** *(Cortesia da Western Digital Corporation)*

FIGURA 2.27 **Acionador e disquete de 3,5 polegadas.** *(Foto extraída de* Computers, *4 E por Long/Long. © 1996. Reproduzida com permissão da Prentice-Hall, Inc., Upper Saddle River, NJ)*

---

* N. de T. A rigor, 1 GB = 1.024 MB

* N. de T. Já estão no mercado versões de 250 MB, no mesmo formato.

FIGURA 2.28 Acionador e disquete Zip. *(Cortesia da Iomega Corporation)*

podem ser usados eficazmente para armazenar cópias de segurança temporárias (os discos podem permanecer armazenados durante 10 anos).

A crescente necessidade de maiores capacidades de armazenamento impulsionou o desenvolvimento de novas tecnologias. A mais nova, geralmente chamada de armazenamento óptico, utiliza laseres para ler e escrever dados e é capaz de armazenar muitos *gigabytes* de dados.

O **CD-ROM** é um tipo de disco óptico que usa um laser para ler e escrever* em um disco de alumínio revestido quimicamente, mostrado na Figura 2.29. Diferentemente dos discos magnéticos, os dados são "gravados" permanentemente na superfície do disco, mas, como nos disquetes, o disco é removível, tornando os CDs especialmente adaptados para o arquivamento de dados. Os discos de CD-ROM eram criados anteriormente a partir de uma matriz e somente vendidos com informação digital já escrita neles, mas atualmente disponíveis CD-ROMs graváveis, permitindo salvar dados em discos WORM*. Entretanto, apesar de os dispositivos WORM permitirem salvar informações, os dados são permanentes e não podem ser apagados. CD-ROMs graváveis podem armazenar aproximadamente 650 MB de informação em um único disco.

Os *discos ópticos*, mostrados na Figura 2.30, permitem que os dados sejam apagados e sobrescritos. Estes acionadores usam um laser para mudar o estado da mídia opto-magnética e os dados podem ser mudados muitas vezes. Como a mídia opto-magnética não é sensível à poeira – como os discos rígidos – discos ópticos podem ser removidos do acionador e substituídos por um novo disco quando for necessário armazenamento adicional. Devido ao fato de que eles podem ser reescritos, os discos ópticos nem sempre são adequados para arquivamento permanente.

O armazenamento em *fita magnética*, mostrada na Figura 2.31, usa uma fita plástica coberta com partículas magnéticas. Quando os dados são escritos na fita, uma cabeça no acionador de fita grava um série de cargas nas partículas ao longo da fita e, uma vez carregadas, as partículas permanecem naquele estado até que a cabeça escreva sobre elas novamente ou se tornem desmagnetizadas. Acionadores de fita arquivam e lêem dados em ordem seqüencial, de forma que é necessário avançar ou retroceder a fita para procurar dados (tal como você iria avançar ou rebobinar a fita em um videocassete para procurar uma cena específica ou uma fita de áudio para tocar uma determinada música). Algumas fitas podem armazenar *gigabytes* de dados; os cassetes têm o tamanho e a aparência de cassetes de áudio. O armazenamento em fita é usado essencialmente para gravar cópias de segurança

FIGURA 2.29 Acionador e disco CD-ROM. *(Cortesia da NEC Technologies, Inc.)*

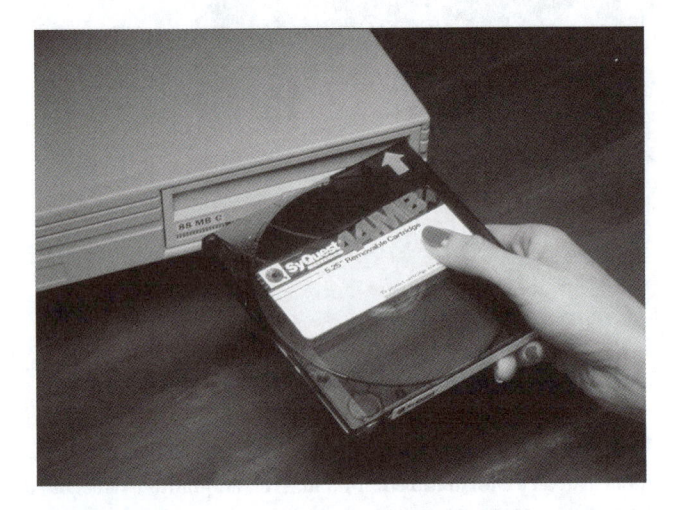

FIGURA 2.30 Acionador e cartucho de disco óptico. *(Cortesia da SyQuest Technology)*

---

* N. de T. Os CDs que permitem leitura e escrita são denominados CD-R ou CD-ROM. A designação ROM indica apenas leitura.

* N. de R. *Write Once, Read Many*. Em português "escreva uma vez, leia muitas".

CAPÍTULO 2 • INTRODUÇÃO AO CAD 47

Mãos à obra 2.1
As especificações de seu sistema CAD

Você utilizará um sistema CAD?

Preencha as informações nas lacunas abaixo. Você pode utilizar seu sistema operacional ou perguntar a seu suporte técnico.

Resolução do monitor _____ x _____ píxeis.

Espaço total em disco rígido _____

Espaço livre em disco rígido _____

Velocidade da CPU _____ megahertz.

RAM _____ megabytes.

Dispositivo(s) de saída _____
_____

Dispositivo(s) de entrada _____

FIGURA 2.31 Sistema de gravação em fita. *(Cortesia da Iomega Corporation)*

de um disco rígido ou para arquivamento, já que as fitas podem ser removidas e armazenadas para uso posterior.

2.10 PROGRAMAS CAD

Os programas CAD dizem ao computador como interagir com os dados introduzidos por um usuário através de um dispositivo de entrada. Eles podem manipular processos de desenho como a criação de diferentes modelos ou vistas de um objeto automaticamente (Figura 2.32). Você pode usar programas CAD para ajudá-lo a organizar dados, tais como encontrar símbolos de desenho previamente armazenados ou criar novos. Programas CAD podem ser usados para contar, medir e comandar dispositivos para imprimir ou plotar desenhos, criar listas de materiais ou trocar arquivos com outros programas. Existem programas CAD especializados para realizar muitas tarefas diferentes em diversas áreas da engenharia.

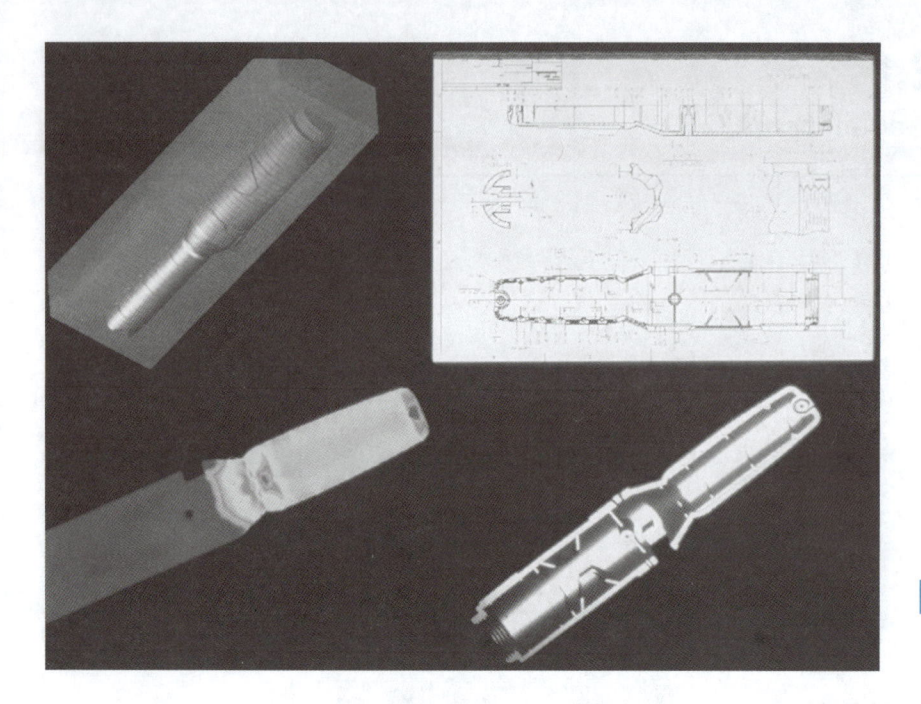

FIGURA 2.32 O sistema CAD cria diferentes visualizações de um mesmo objeto com facilidade. *(Cortesia da SDRC, Milford, OH)*

■ 2.11 CARACTERÍSTICAS COMUNS DOS PROGRAMAS CAD

Todos os programas CAD geram geometrias tradicionais para a criação de desenhos armazenados em um sistema cartesiano de coordenadas. Mas, apesar de a geometria ser comum e os procedimentos de construção serem similares, cada pacote CAD tem uma estrutura diferente de comandos, e alguns têm opções nos menus selecionadas pelo teclado, enquanto outros usam um *tablet* ou *mouse* para essa finalidade. A estrutura de comandos está relacionada à facilidade de uso, que é a base para a escolha de um programa em detrimento de outro.

Quatro recursos – acessados interativamente através de comandos e opções de menu – são encontrados em todos os programas CAD:

1. Comandos para geração de geometria (construção geométrica básica);
2. Funções para controlar a visualização da geometria do desenho;
3. Modificadores para alteração ou edição da geometria do desenho (rotação, espelhamento, supressão, agrupamento, etc.);
4. Comandos de anotação para adicionar texto, dimensões, notas e outros dados não-geométricos ao desenho.

■ 2.12 USANDO UM SISTEMA CAD

Para usar um sistema CAD de modo eficaz, você deve adquirir algumas habilidades e um vocabulário básico. Para se beneficiar do sistema, você deve ser capaz de criar desenhos precisos, controlar sua visualização e plotá-los em diferentes escalas. Você deve desenvolver boas práticas para armazenar, copiar e salvar desenhos, assim como para gerar cópias de segurança de modo a não perder os dados. Para facilitar o aprendizado do programa, os fabricantes de sistemas CAD freqüentemente oferecem programas de treinamento e tutoriais (Figura 2.33). Eles oferecem instrução, manuais de treinamento, auxílio *on-line* e outros recursos de que você precisa para usar o sistema eficazmente.

A maioria dos sistemas CAD podem ser especializados para automatizar tarefas repetitivas. Eles freqüentemente fornecem bibliotecas de símbolos como relês elétricos, chaves, transformadores, resistores, parafusos, porcas, chaves, tubulação e símbolos de arquitetura. Sistemas CAD normalmente permitem que os usuários criem seus próprios símbolos e editem os já existentes.

FIGURA 2.33 Treinamento em CAD ajuda o usuário a aprender o funcionamento do programa rapidamente. *(Cortesia de Jeff Kaufman e da FPG International)*

2.13 SELECIONANDO UM SISTEMA CAD

Alguns sistemas CAD contêm somente os recursos necessários para produzir entidades 2-D simples; outros podem criar objetos realmente desenhados em 3-D; outros, ainda, possuem ligações com aplicações de análise e manufatura – quase diariamente a indústria de informática anuncia novos avanços. Você precisa selecionar um sistema CAD que seja adequado para o trabalho que você faz, mas lembre-se de que algumas vezes os últimos avanços não são necessários para esse trabalho e podem ser difíceis e caros de usar. Há também, algumas vezes, a tendência de se exagerar o que certos sistemas podem fazer. Assim, é imprescindível avaliar todas as afirmações com algum ceticismo até que sejam provadas.

Se você determinar as necessidades para o seu sistema e avaliar diferentes sistemas metodicamente, você não acabará desapontado, dono de um sistema que não tem o desempenho esperado. Antes de comprar um sistema CAD, desenvolva um plano cuidadoso para selecioná-lo, seguindo estes cinco passos:

1. Determine a necessidade de um sistema CAD;
2. Pesquise e selecione os recursos dos sistemas;
3. Peça demonstrações de sistemas CAD;
4. Analise e selecione um sistema;
5. Compre e instale o sistema e treine os usuários.

DETERMINE A NECESSIDADE DE UM SISTEMA CAD Consulte todos os usuários em potencial de um sistema CAD com relação a como, quando e onde um sistema seria usado e se seria eficiente em relação ao custo para aquelas operações. É importante investigar e avaliar as afirmações dos fabricantes em relação aos ganhos de tempo e custo, contatando tantas empresas usuárias de sistemas CAD quanto possível, especialmente aquelas com ampla experiência. Prepare um breve questionário para pesquisar nessas empresas, perguntando sobre custos, períodos de treinamento, operação do sistema e assim por diante. Também pergunte em que ponto, após a instalação, o sistema torna-se eficiente em termos de custo. Avalie as respostas a essas questões e compare-as com suas necessidades específicas. Todas essas informações o ajudarão a decidir se um sistema CAD pode ser benéfico em sua empresa.

Já que muito tempo do desenho manual é dedicado ao traçado ou à prática de redesenhar, sistemas CAD podem poupar até 50 por cento do tempo de desenho em relação aos métodos tradicionais. Apesar de que, inicialmente, ele pode requerer tanto tempo quanto o desenho manual, com o CAD só é necessário desenhar alguma coisa uma única vez. Depois que um símbolo ou peça são desenhados, você só precisa recuperar essa informação a partir dos dados armazenados, o que é extraordinariamente rápido em um sistema CAD.

É difícil estabelecer um valor monetário para os muitos benefícios do uso do CAD. Esses benefícios intangíveis incluem aspectos como ciclos de projeto mais curtos, melhor visualização de encaixes complexos entre peças, capacidade para estabelecer ligações para fabricação direta, mais facilidade para reutilizar desenhos e projetos já existentes e melhores análises no início da fase de projeto.

PESQUISE E SELECIONE OS RECURSOS DOS SISTEMAS Normalmente, existe um consenso em relação ao fato de que os programas devem ser escolhidos antes dos equipamentos, de forma que você deve examinar cuidadosamente todos os recursos necessários em seu sistema antes de escolher qualquer equipamento em particular. Analise se o sistema deverá ser multiuso ou se será utilizado estritamente para CAD. Outras atividades de escritório como processamento de texto ou contabilidade serão realizadas com essa máquina? A resposta a essa questão pode adicionar ou eliminar programas CAD com base em seus sistemas operacionais, em padrões da empresa ou no custo destas aplicações.

Uma consideração importante é a capacidade do sistema CAD para trocar informações com outros sistemas CAD e com outras aplicações de engenharia. Muitos sistemas não têm essa capacidade. Aqueles que a têm utilizam vários padrões para esse intercâmbio, incluindo o IGES (*Initial Graphics Exchange Especification*). Certifique-se de que o sistema que você for selecionar pode exportar dados em formatos comuns, particularmente para outras aplicações que você está planejando usar.

Consulte as pessoas que vão usar o sistema e certo número de fornecedores e, então, determine o que você vai precisar em um sistema CAD. A partir dessa consulta, desenvolva uma lista de verificação cujos itens são os recursos dos programas e dos equipamentos que seu sistema deve ter e outros que são opcionais.

PEÇA DEMONSTRAÇÕES DE SISTEMAS CAD Depois que a lista de verificação for criada e aprovada, faça preparativos para ver vários sistemas CAD em operação. Uma lista de fornecedores pode ser compilada a partir de anúncios em jornais e revistas, de *sites* da Web ou de catálogos de fabricantes da área de Computação Gráfica. Entre em contato com esses fornecedores para marcar demonstrações, explicando-lhes o que você espera exatamente do sistema. Se os fornecedores estiverem completamente cientes dos seus requisitos, eles serão capazes de fazer uma apresentação mais realística.

Acima de tudo, esteja preparado para fazer perguntas. Após cada demonstração, suas perguntas serão mais eficazes e as respostas que você vai receber terão mais significado. É uma boa idéia pedir que um de seus projetos seja demonstrado. Alguns sistemas CAD podem executar bem alguns exemplos específicos, mas podem não ser flexíveis o suficiente para atender às suas necessidades. Ter o seu próprio projeto usado na demonstração também permite que você compare eficientemente os diferentes sistemas.

Você deve fazer perguntas como estas:

1. Quais são as marcas dos vários componentes usados no equipamento? Elas estão disponíveis no mercado ou são específicas da empresa?

2. Há contratos de manutenção disponíveis? Caso positivo, quais são os detalhes e o custo do contrato? Na maioria dos casos, contratos de manutenção são muito caros. Você é obrigado a contratar os serviços? Se assim for, pode não ser eficiente em termos de custo comparado a requisitar reparos somente quando eles forem necessários. Você tem condições de ficar algum tempo sem o sistema caso ocorra algum problema com ele? Caso negativo, pode ser realmente necessário um contrato de manutenção. Também é possível, em algumas situações, obter contratos de manutenção de terceiros que se especializam neste tipo de negócio. Os serviços fornecidos por essas firmas para manutenção preventiva e corretiva podem ser menos custosos que aqueles oferecidos pelo fabricante.
3. Qual é o período de garantia (ou os períodos, se partes do sistema são fornecidos por fabricantes diferentes)? A garantia é totalmente paga pelo fabricante ou o custo é dividido entre o fabricante e o usuário?
4. Que programa CAD é fornecido e quais operações ele é capaz de executar?
5. De que tipo e com que duração será o treinamento fornecido aos usuários? Quanto tempo depois da instalação vai demorar para que a equipe se torne proficiente no uso do sistema para que este se torne eficiente em termos de custo?
6. O fabricante disponibiliza atualizações para os programas? Caso positivo, com qual freqüência e custo?
7. O programa é comprado ou é licenciado anualmente?
8. Qual é a reputação do fornecedor quanto a prover suporte ao usuário através de chamadas telefônicas gratuitas ou outros métodos de comunicação? O fornecedor está rapidamente disponível quando o usuário encontra problemas com os programas ou com o equipamento e precisa de assistência?
9. Quem utiliza atualmente aquele sistema específico? O fornecedor providenciará uma lista dos atuais usuários? Fale com usuários em negócios similares ao seus que têm vários meses de experiência com um sistema CAD. Eles são melhor qualificados para responder à questão número oito.

Localize a Folha de trabalho 2.1 na seção destacável na parte final do livro. Esta folha, ou uma lista de avaliação similar de sistemas CAD, pode ser útil durante demonstrações. Os itens nessa folha podem ser ordenados de acordo com as especificações do programa e dos equipamentos. Os recursos dos equipamentos vão estar normalmente em cinco categorias: (1) processador central, (2) dispositivos de entrada, (3) monitores, (4) armazenamento de dados e (5) dispositivos de saída. Uma amostra de uma folha de trabalho está incluída na seção folha de trabalho destacável parte final do livro, mas você pode querer criar uma folha similar própria para anotar os recursos dos sistemas CAD durante as demonstrações. A folha de trabalho pode ser expandida ou modificada para refletir necessidades particulares. Você deve também desenvolver uma folha similar listando requisitos de programas CAD.

Faça uma lista dos sistemas que merecem análise mais séria. Você pode querer pedir outra demonstração ou requisitar informações adicionais relativas ao desempenho do equipamento, treinamento de pessoal, suporte e assim por diante.

SELECIONE, COMPRE E INSTALE O SISTEMA CAD
Sua decisão dependerá de como você planeja usar o sistema e quanto você pode pagar por ele. Você pode querer considerar uma aquisição através de aluguel ou *leasing*, a qual pode ser eficiente para manter-se com a tecnologia atualizada. Novas tecnologias são disponibilizadas constantemente, e a vida útil de um computador é, normalmente, de três anos. Se seu sistema não pode se pagar em três anos, talvez não seja um bom investimento. Você deve planejar atualizar ou comprar novos equipamentos e programas regularmente. Se é tomada a decisão de se comprar um sistema, determine custos, escolha uma data para a entrega e providencie instalação e treinamento.

■ 2.14 RESUMO
Você deve estar agora familiarizado com os conceitos básicos, equipamentos, os periféricos e os sistemas utilizados em sistemas CAD. Não é possível em um capítulo apresentar uma comparação de sistemas CAD ou descrever todos os comandos usados em sistemas CAD. Novas tecnologias estão sendo constantemente desenvolvidas. É possível visitar departamentos de engenharia e desenho na vizinhança que têm sistemas CAD em operação. Há também excelentes recursos na Web. A maioria dos principais fornecedores disponibilizam *sites* atualizados mostrando as últimas configurações e preços.

Os sistemas CAD em computadores pessoais substituíram muitos instrumentos de desenho, pranchetas e arquivos de desenho. No entanto, como nenhuma outra ferramenta de desenho antes, um sistema CAD aumenta a produtividade na engenharia sem substituir as funções básicas do projetista, do engenheiro e do técnico. Desenvolvedores de CAD, em sua tentativa de dominar as tecnologias computacionais, têm afetado as equipes de alta tecnologia que resolvem problemas na pesquisa, no desenvolvimento, no projeto, na produção e na operação. O usuário de um sistema CAD é responsável por preparar documentos de engenharia que são uma parte essencial do processo de fabricação (Figura 2.34).

Habilidades aprendidas "na prancheta" estão relacionadas e são complementares àquelas necessárias ao usuário de sistema CAD. Desenvolver as habilidades necessárias para criar rapidamente desenhos com ferramentas CAD leva tempo e requer prática e destreza manual. Ambos os métodos de desenho usam terminologia geométrica simples e familiar para a estruturação da produção gráfica de documentos técnicos, e ambos têm o mesmo objetivo – desenhos que seguem os padrões industriais e comunicam seu objetivo.

Os princípios básicos para desenhar são comuns ao desenho tradicional e ao desenho assistido por computador. O American

National Standards Institute (ANSI) tem normas bem-estabelecidas para dar forma aos desenhos de engenharia. Deste modo, o conhecimento dos princípios de desenho – do alfabeto de linhas à cotagem e procedimentos de cortes – continuam a ser essenciais na formatação de documentos CAD.

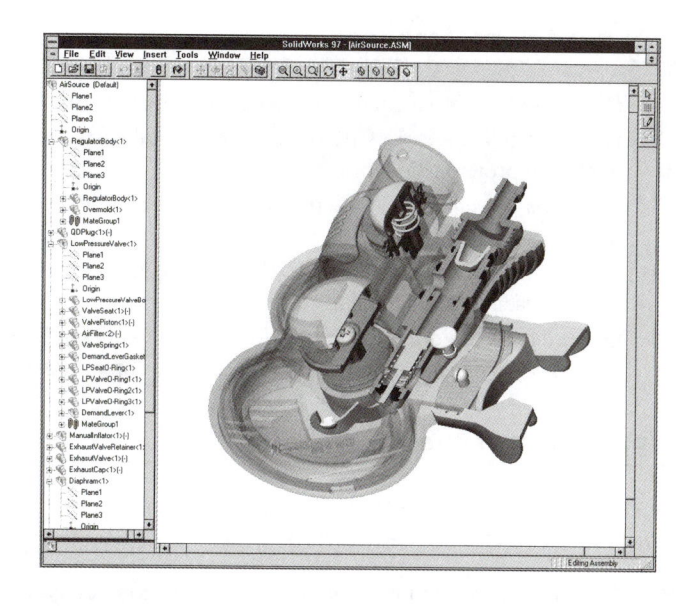

FIGURA 2.34 Computadores pessoais com sistema operacional Windows agora têm capacidade de criar modelos sólidos paramétricos. *(Cortesia da Solidworks Corporation)*

■ PALAVRAS-CHAVES

acionador de CD-ROM	circuito integrado	matricial	programas
acionador de disco	computador analógico	memória de acesso aleatório	reconhecimento de voz
acionador de disco óptico	computadores digitais	memória somente de leitura	rede local
aplicativo	comando numérico	monitor	SIMM
armazenamento em fita	cópia impressa	monitor de varredura	sistema operacional
barramento	disco rígido	*mouse*	teclado
BIOS	disco Zip	palavra	tela sensível ao toque
bit	disquete	píxel	*trackball*
byte	equipamentos	placa de circuito impresso	VGA
CAD	*flash* ROM	placa-mãe	
CAE	impressora a jato de tinta	*plotter* de pena	
caneta óptica	impressora laser	*plotter* eletrostático	
CIM	*joystick*	processamento de imagens	

■ RESUMO DO CAPÍTULO

- Os computadores revolucionaram o processo de desenho. Novas tecnologias são constantemente inventadas, tornando esse processo mais rápido, mais versátil e mais poderoso.

- O CAD é a ferramenta escolhida pelas empresas de projeto de engenharia. O uso eficaz dessa ferramenta requer uma compreensão dos fundamentos técnicos do desenho, bem como um bom treinamento no programa CAD.

- O microprocessador, a memória e o disco rígido do computador são componentes essenciais de um sistema de computação. O teclado e o *mouse* são dispositivos de entrada típicos. Impressoras e *plotters* imprimem desenhos em papel para revisão e aprovação. O monitor mostra o que está sendo desenhado e oferece escolha de comandos.

- Programas CAD podem modelar objetos em três dimensões (largura, altura e profundidade) de uma forma diferente dos desenhos em papel, os quais consistem somente em duas dimensões em uma única vista.

- Diferentes pacotes CAD oferecem procedimentos operacionais diferentes e diferentes pontos fortes e fracos.

- Três recursos encontrados em todos os programas CAD são comandos para criação de geometria, para controlar a visualização e para editar a geometria desenhada.

- A operação de um sistema CAD em geral exigia longo treinamento. Os novos sistemas CAD estão se tornando mais amigáveis, mas não se deve acreditar, sem demonstração, nas afirmações que são atribuídas aos pacotes CAD. É importante avaliar cada pacote completamente e tomar uma decisão consciente.

QUESTÕES DE REVISÃO

1. Quais são os componentes básicos de um sistema CAD?
2. Discuta a relação entre CAD e CAM em instalações modernas de projeto e de fabricação.
3. Arrole as semelhanças e diferenças entre um *mouse* e um digitalizador com cursor.
4. Quais são as três vantagens do CAD em relação aos métodos de desenho tradicionais?
5. O que é mais rápido, um computador com um processador de 100 MHz e disco rígido de 500 MB ou um computador de 500 MHz com um disco de 100 MB? Qual vai armazenar mais informação?
6. Qual é a diferença entre armazenamentos em RAM e em disco rígido? Que partes do computador são encontradas em geral na placa-mãe?
7. Qual é a diferença entre impressão e plotagem?
8. Quais são as especificações dos equipamentos e programas do sistema CAD de sua escola?
9. Quais as questões você deve perguntar sobre qualquer sistema CAD que esteja pensando em comprar?

PROJETOS EM CAD

Quando necessário, consulte a seção apropriada do capítulo para conferir suas respostas.

Proj. 2.1 Defina os seguintes termos: sistema de computação, *hardware*, *software*, analógico, digital, computação gráfica, CAD, CADD e CAM.

Proj. 2.2 Quais são os principais componentes de um sistema de computação? E de um sistema CAD? Desenhe um fluxograma que ilustre a seqüência de operações para cada um dos sistemas.

Proj. 2.3 Prepare uma lista de componentes de equipamentos de um sistema CAD e dê exemplos de cada um.

Proj. 2.4 Telefone para uma empresa de equipamentos de CAD e compare os preços de três monitores gráficos de diferentes resoluções e tamanhos. Qual compra você recomenda? Mostre seus argumentos.

Proj. 2.5 Consiga uma visita ao centro de computação de sua escola ou a um escritório de projetos de engenharia e prepare um relatório escrito sobre o uso de computadores em projeto e desenho nessas instalações.

Proj. 2.6 Prepare uma lista de comandos de modificação (ou de edição) disponíveis no sistema CAD que você vai usar.

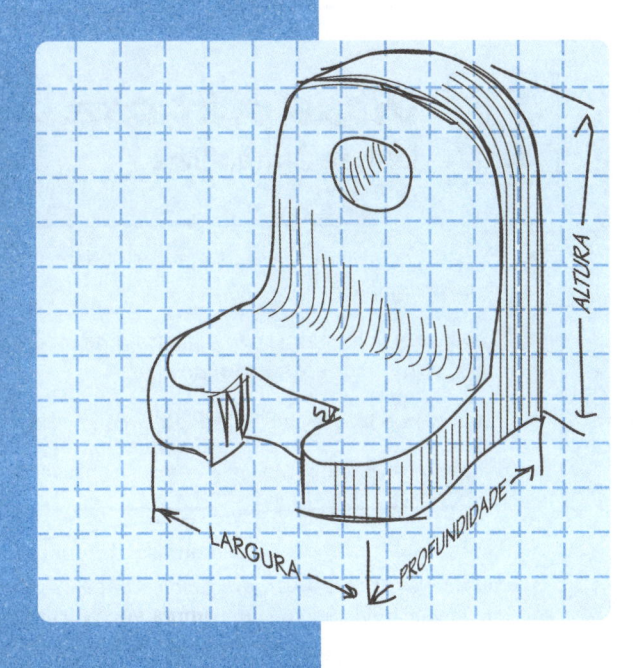

CAPÍTULO 3

TÉCNICAS DE ESBOÇO À MÃO LIVRE E LETREIROS

OBJETIVOS

Após estudar o conteúdo deste capítulo, você será capaz de:

1. Criar esboços à mão livre usando técnicas apropriadas.
2. Desenhar linhas paralelas, perpendiculares e espaçadas uniformemente.
3. Desenhar uma circunferência e um arco de um dado diâmetro.
4. Usar técnicas para manter os esboços proporcionais.
5. Ampliar uma figura usando papel quadriculado.
6. Esboçar vários tipos de linhas.
7. Desenhar letreiros em um esboço.

VISÃO GERAL

A técnica de esboço é um dos mais importantes instrumentos para a habilidade de visualização na engenharia. Esboçar é uma maneira rápida de trocar idéias com outros membros da equipe de projeto. Uma imagem vale mil palavras (ou 1k de palavras, por assim dizer). Esboçar é uma maneira de usar o tempo eficientemente para planejar o processo de desenho que é necessário para criar formas complexas. Os esboços funcionam como um mapa para a conclusão de um documento definitivo ou um desenho CAD. Ao esboçar primeiro as idéias básicas, geralmente você consegue concluir o projeto mais rapidamente e com poucos erros. Letreiros legíveis executados à mão livre são usados nos esboços para especificar informações importantes.

3.1 ESBOÇOS TÉCNICOS

Os esboços executados à mão livre ajudam a organizar pensamentos e a registrar idéias. São uma maneira rápida e de baixo custo para explorar várias soluções de um problema de modo que a melhor escolha possa ser feita. Investir muito tempo fazendo um desenho de leiaute em escala antes de explorar suas opções por esboços pode ser um erro caro. Os esboços são também utilizados para esclarecer informações sobre mudanças no projeto ou fornecer informações sobre reparos em equipamentos já existentes.

O grau de precisão necessário em um esboço depende da sua aplicação. Esboços rápidos para complementar informações verbais podem ser aproximados e incompletos. Entretanto, deverão ser desenhados o mais cuidadosamente possível quando se espera que tragam informações importantes e precisas.

A expressão *esboço à mão livre* não significa desenho malfeito. Como mostrado na Figura 3.1, um esboço à mão livre mostra preocupação com proporções, clareza e espessura correta das linhas.

3.2 INSTRUMENTOS PARA O DESENHO DE ESBOÇOS

Uma das vantagens do esboço à mão livre é que ele requer apenas lápis, papel e borracha. Pequenos cadernos ou blocos de desenho são úteis para tarefas de campo ou quando é necessário um registro cuidadoso. Papel quadriculado pode ser útil quando se faz um esboço organizado, como na Figura 3.2. Um papel com 4, 5, 8 ou 10 quadrados por polegada é apropriado para manter proporções corretas.

Escolha o tipo de lápis que melhor se adapte ao seu objetivo. A Figura 3.3 mostra três tipos que são indicados para a preparação de esboços. As lapiseiras automáticas (mostradas em a e b na ilustração) são fabricadas para grafites de 0,3 mm, 0,5 mm, 0,7 mm e 0,9 mm; avançam automaticamente e são fáceis de usar. A grafite de 0,5 mm é de boa espessura para uso geral; a de 0,7 mm é adequada para linha espessa e 0,3 mm para linhas finas. A lapiseira mostrada em b requer um apontador especial, por isso normalmente não é usada em trabalhos de campo. Lápis comuns de madeira também são eficientes. São baratos e facilitam o traçado de linhas espessas ou finas de acordo com o modo como forem apontados.

Dicas práticas
Linhas à mão livre

- Para esboçar linhas longas, marque suas extremidades com um lápis 6H.
- Desenhe a linha mantendo o olhar na direção da marca para a qual você está movendo o lápis.
- Faça vários traços, melhorando a precisão da linha.
- Finalmente, escureça a linha com a grafite HB.

- Se a linha traçada se parecer com esta, você pode estar segurando o lápis com muita força ou tentando imitar com excessiva diligência as linhas traçadas com instrumentos.

- São permitidas pequenas ondulações desde que a linha continue em um traçado reto.

- São permitidos intervalos eventuais uma vez que facilitam o traçado em linha reta.

A qualidade da linha é fundamental para um bom esboço. Para muitas pessoas, o principal problema na obtenção da qualidade de uma linha é não traçá-la grossa e escura o bastante. Trace linhas escuras e relativamente grossas.

Prática com marcadores

- Os engenheiros freqüentemente necessitam manter registros permanentes durante o processo de projeto em um caderno de projeto. Isso pode ajudar quando da solicitação de patentes e da divulgação dos passos percorridos pelo projeto. Esses registros precisam ser feitos a tinta. Pratique com canetas de ponta porosa de modo que você possa desenhar esboços definitivos tais como aqueles que serão exigidos em seu caderno de projeto.

- Marcadores para engenharia estão disponíveis em várias larguras e podem ser usados à mão livre ou com gabaritos para elaboração de esboços definitivos.

Um bloco de desenho de papel em branco com uma folha-mestre quadriculada embaixo funciona bem como substituto para o papel quadriculado. Você pode criar as folhas com grades para diferentes propósitos usando um programa CAD. Para esbo-

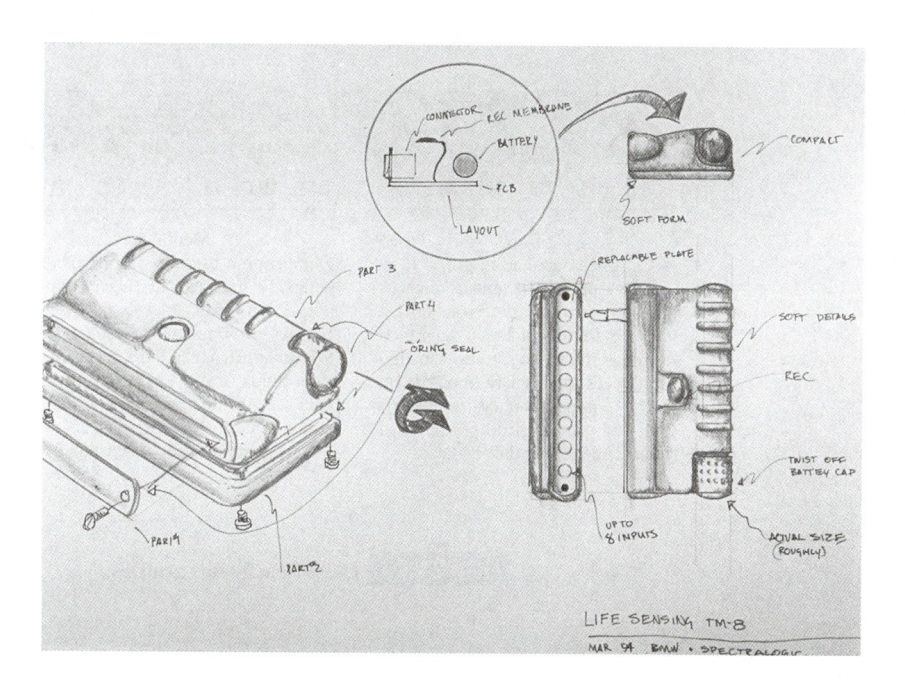

FIGURA 3.1 Grandes idéias geralmente começam como um esboço em papel de desenho.
(Cortesia da ANATech, Inc.)

ços isométricos, são utilizados papéis especialmente traçados com este fim.

A Figura 3.4 mostra a classificação das grafites e seus usos. Para esboços à mão livre, são indicados alguns lápis, como HB ou F. São recomendadas borrachas macias de vinil.

3.3 TIPOS DE ESBOÇOS

Os esboços técnicos de objetos 3-D geralmente são obtidos através de um dos quatro tipos de projeção, mostrado na Figura 3.5:

- Projeção ortográfica;
- Projeção axonométrica (isométrica);
- Projeção oblíqua;
- Esboços em projeção cônica.

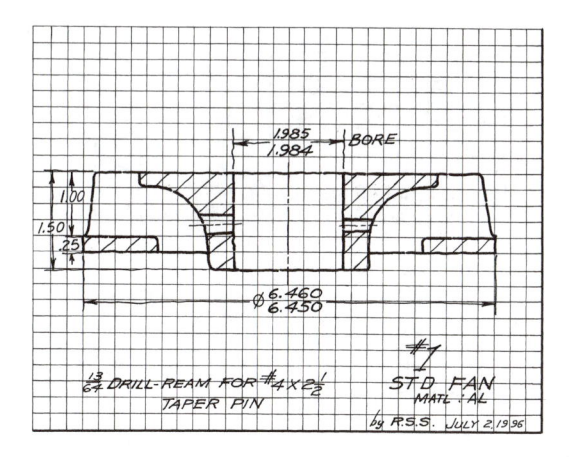

FIGURA 3.2 Esboço em papel quadriculado.

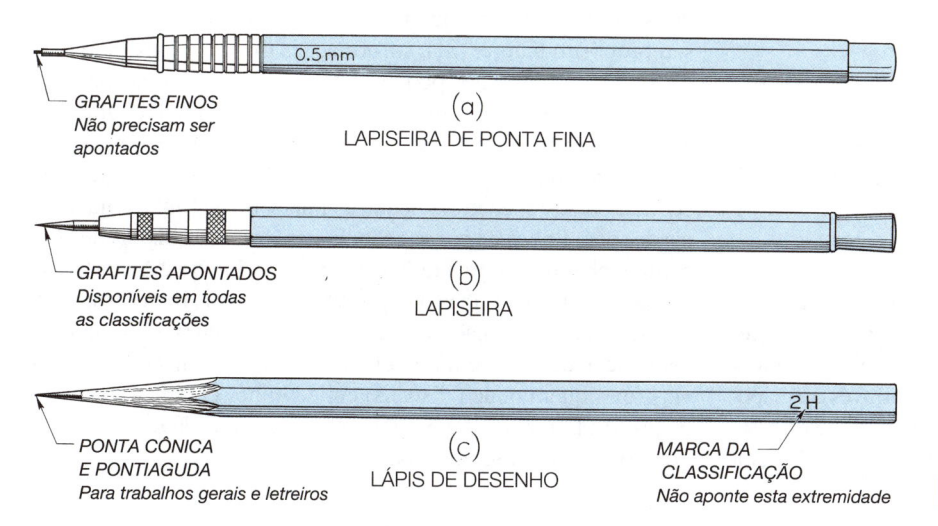

(a) LAPISEIRA DE PONTA FINA — GRAFITES FINOS, Não precisam ser apontados

(b) LAPISEIRA — GRAFITES APONTADOS, Disponíveis em todas as classificações

(c) LÁPIS DE DESENHO — PONTA CÔNICA E PONTIAGUDA, Para trabalhos gerais e letreiros — MARCA DA CLASSIFICAÇÃO, Não aponte esta extremidade

FIGURA 3.3 Lápis e lapiseiras de desenho.

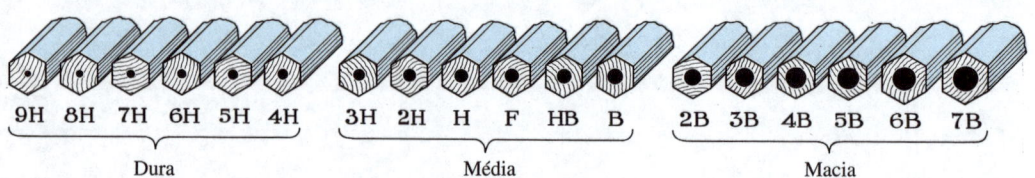

9H 8H 7H 6H 5H 4H	3H 2H H F HB B	2B 3B 4B 5B 6B 7B
Dura	**Média**	**Macia**
As grafites duras neste grupo (à esquerda) são usadas quando é necessária extrema precisão, como em cálculos gráficos, quadros e diagramas. As mais macias (à direita) são algumas vezes usadas para linhas de trabalho em desenho de engenharia, mas seu uso é restrito porque as linhas tendem a ser muito claras.	Este grupo é usado para propósitos gerais. As grafites mais suaves (à direita) são usadas para esboços técnicos, letreiros, pontas de setas e outros trabalhos à mão livre. As grafites mais duras (à esquerda) são usadas para desenho de máquinas e desenho arquitetônico. As grafites H e 2H são usadas na reprodução de desenhos.	Estas grafites são macias demais para serem usadas em desenho mecânico. Seu uso para tal finalidade resulta em manchas e linhas grosseiras que são difíceis de apagar; além disso, devem ser apontadas constantemente. Este grupo é usado para trabalhos artísticos de vários tipos e para detalhes em tamanho natural do desenho arquitetônico.

FIGURA 3.4 Classificação das grafites.

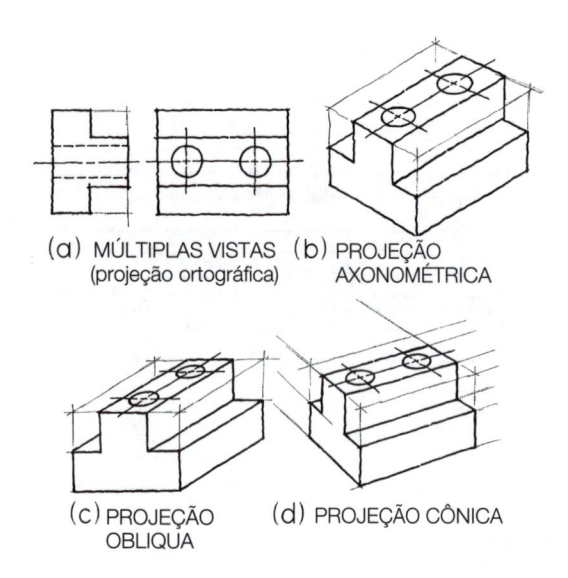

(a) MÚLTIPLAS VISTAS (projeção ortográfica)
(b) PROJEÇÃO AXONOMÉTRICA
(c) PROJEÇÃO OBLIQUA
(d) PROJEÇÃO CÔNICA

FIGURA 3.5 Tipos de projeção.

A projeção ortográfica pode ser usada para mostrar uma ou mais vistas da forma, se necessário. Você vai aprender sobre vistas ortográficas no Capítulo 5. As projeções axonométrica, oblíqua e cônica mostram o objeto por meio de uma única vista. Esses conteúdos serão discutidos no Capítulo 6.

3.4 ESCALA

Os esboços geralmente não são elaborados em uma escala determinada. Faça o esboço do objeto mantendo as suas proporções corretas a olho tão precisas quanto possível. O papel quadriculado pode ajudar a manter as proporções corretas através da disposição de uma escala já estabelecida (pela contagem de quadrados). O tamanho do esboço fica a seu critério e depende da complexidade da figura e do formato do papel disponível. Figuras pequenas podem ser ampliadas para mostrar melhor seus detalhes.

3.5 TÉCNICAS DE LINHAS

A principal diferença entre um desenho feito com instrumento e um esboço à mão livre está no estilo ou na execução das linhas. De uma linha de boa qualidade desenhada à mão livre não se espera que seja precisamente reta ou exatamente uniforme, como obtida através de um sistema CAD ou no desenho por instrumentos. Linhas à mão livre apresentam liberdade e variedade. Linhas de construção à mão livre são muito leves e aproximadas. Todas as outras linhas devem ser escuras e bem definidas.

3.6 ESTILOS DE LINHAS

Cada linha em um desenho técnico tem um significado próprio. Os desenhistas usam duas larguras de linhas diferentes – grossa e fina – e diferentes estilos para indicar seu significado. Uma pessoa que lê um desenho depende do estilo da linha para entender se a linha é visível ou invisível, se representa um eixo, ou se seu propósito é apresentar informações dimensionais. Sem tais distinções, os desenhos podem se transformar em uma confusão de linhas. Para tornar seus desenhos claros e de fácil leitura, faça o contraste entre duas larguras de linhas distintas. Linhas grossas, tais como linhas visíveis e linhas de plano seccionais, devem ser duas vezes mais grossas que as linhas finas. Linhas finas são usadas para linhas de construção, linhas invisíveis, linhas de chamada, linhas de centro e linhas-fantasma. A Figura 3.6 mostra diferentes estilos de linhas que podem ser usados. Todas as linhas, exceto as de construção, devem ser nítidas e escuras. As linhas de construção devem ser muito claras de modo que não sejam visíveis (ou fiquem pouco visíveis) em desenhos completos ou acabados. As Figuras 3.7 e 3.8 mostram exemplos de técnicas para esboços usando diferentes padrões de linhas.

Dicas práticas
Desenhando linhas à mão livre

Pesos das linhas

- Trace linhas de dimensionamento, prolongamento e linhas de centro finas, nítidas e escuras.

- Trace linhas invisíveis escuras e com espessura média.

- Trace linhas visíveis e de plano seccional grossas e escuras.

- Trace linhas de construção grossas e claras.

FINA E ESCURA
MÉDIA E ESCURA
LEVEMENTE OPACA E ESCURA
MUITO OPACA E ESCURA

Linhas horizontais

- Segure o lápis naturalmente, a cerca de 1 polegada da ponta, fazendo aproximadamente um ângulo reto em relação à linha a ser desenhada.

- Desenhe linhas horizontais da esquerda para a direita com um movimento livre e natural do pulso e do braço.

Desenhando linhas verticais

- Desenhe linhas verticais de cima para baixo com movimentos do dedo e do pulso.

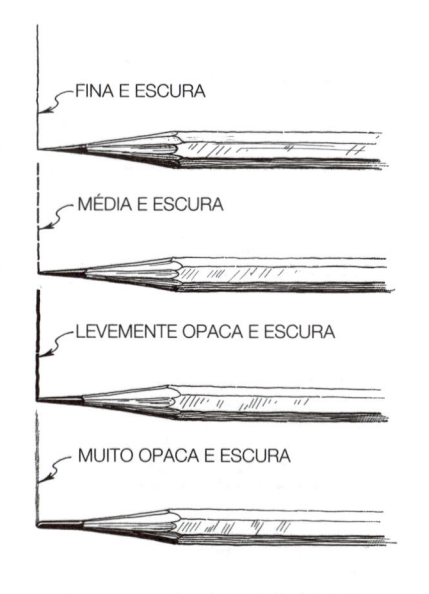

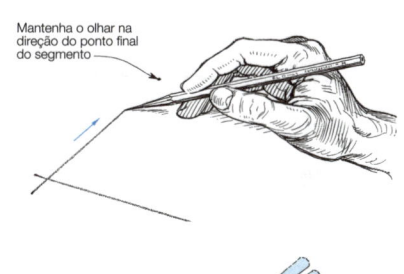

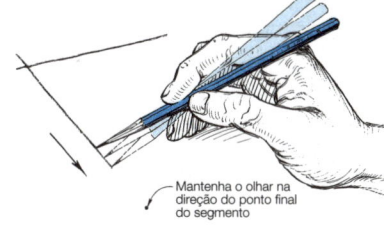

Mantenha o olhar na direção do ponto final do segmento

Dois métodos para esboçar linhas horizontais e verticais

Método A
Segure o lápis firmemente, deslizando um dedo ao longo da extremidade do papel para manter uma borda uniforme.

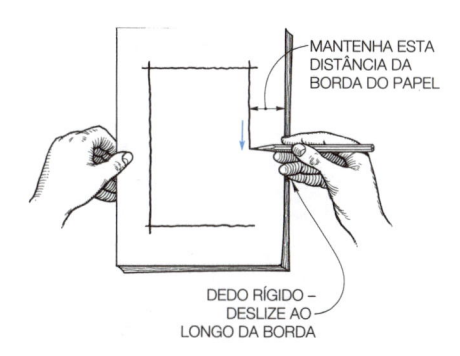

MANTENHA ESTA DISTÂNCIA DA BORDA DO PAPEL
DEDO RÍGIDO – DESLIZE AO LONGO DA BORDA

Método B
Marque a distância em uma tira de papel e use-a como régua. Segure o lápis como mostrado na figura e faça marcas de distância inclinando o lápis na direção do papel. Mova sua mão para a próxima posição.

TIRA DE PAPEL

Dois métodos para encontrar os pontos médios

Método A
Estime a posição do ponto médio com o lápis. Tente fazer com que as medidas da esquerda e da direita fiquem iguais ajustando a posição do ponto médio.

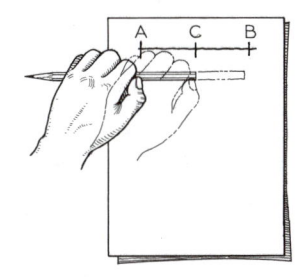

Método B
Marque as extremidades do segmento em uma tira de papel. Dobre a tira, fazendo com que os extremos do segmento se encontrem. Use a marca da dobra como ponto médio.

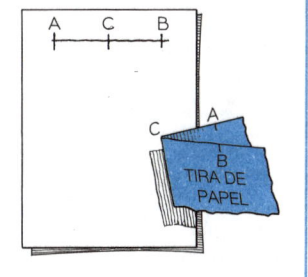

TIRA DE PAPEL

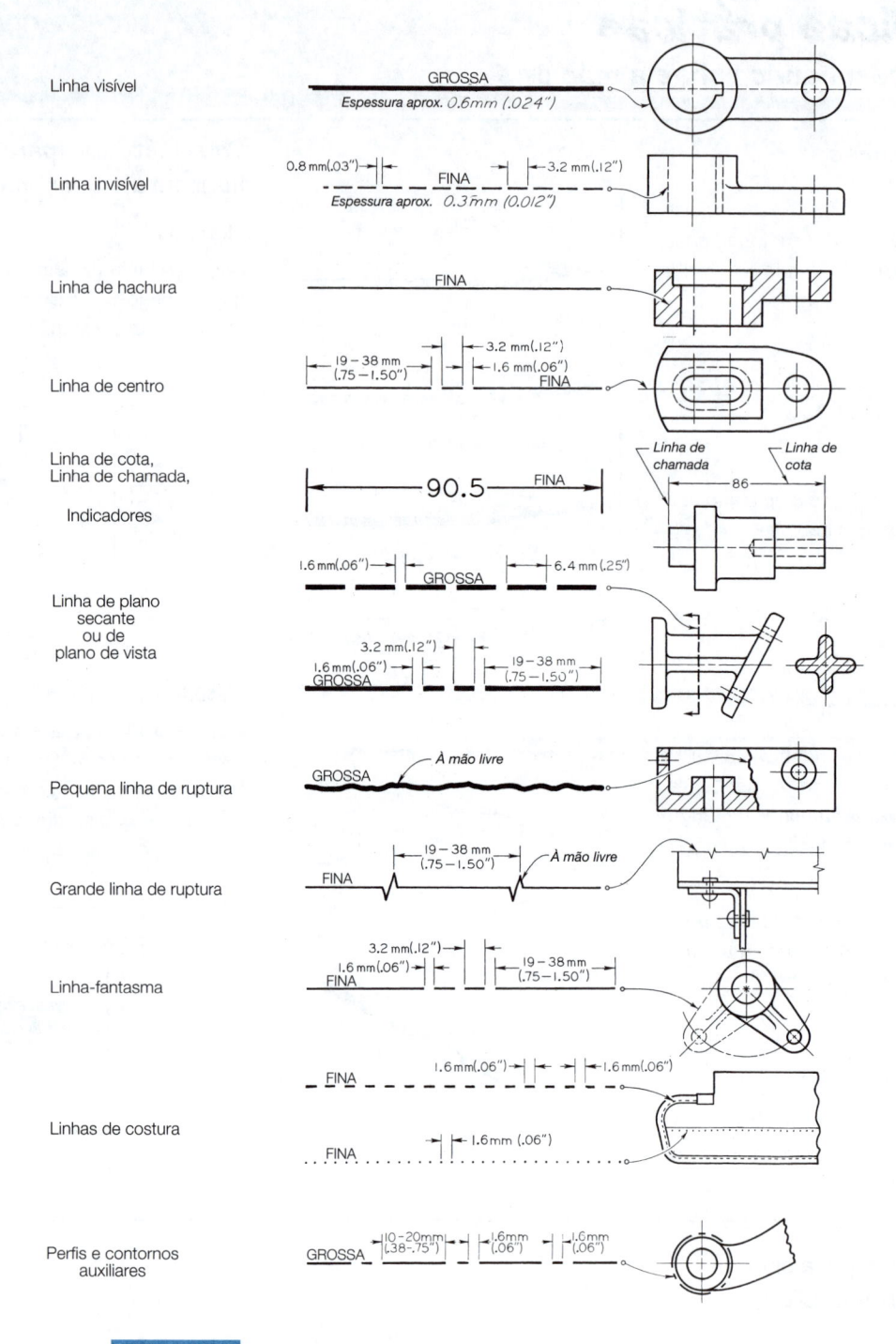

FIGURA 3.6 Tipos de linhas (tamanho natural).

Encontre a Folha de trabalho 3.1 destacável na parte final do livro e pratique o traçado de linhas à mão livre. Para práticas complementares, utilize algumas folhas avulsas.

3.7 ESBOÇANDO CIRCUNFERÊNCIAS, ARCOS E ELIPSES

Pequenas circunferências e arcos podem ser esboçados com um ou dois traços sem qualquer traçado preliminar. O desenho de ar-

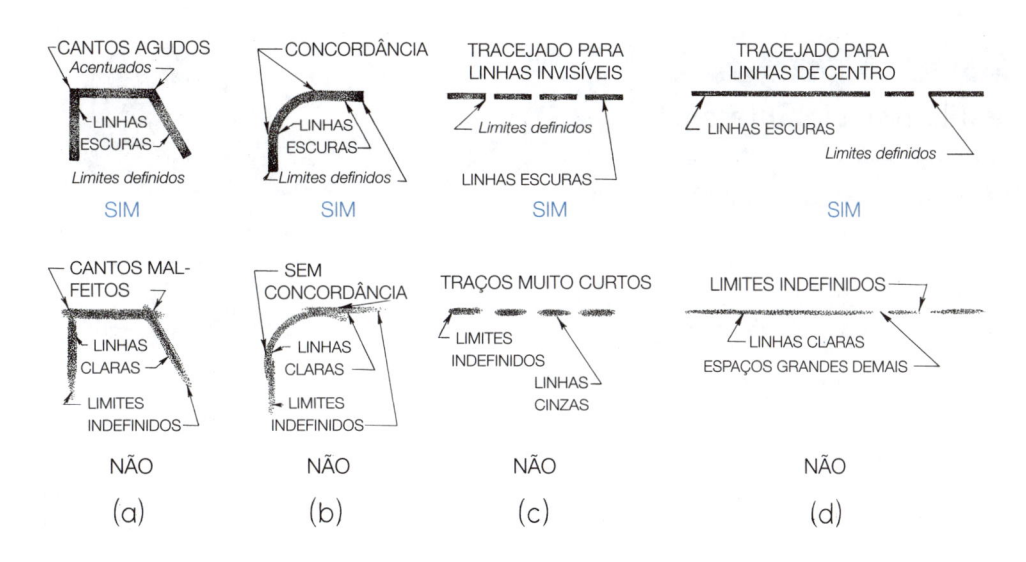

FIGURA 3.7 Técnicas para o traçado de linhas (ampliação).

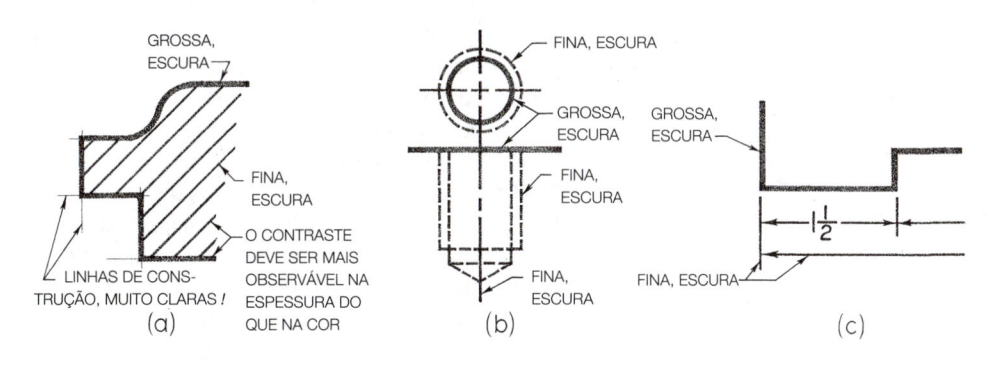

FIGURA 3.8 Contraste entre as linhas (ampliação).

cos é similar ao desenho de circunferências. Em geral, é mais fácil esboçar arcos segurando o lápis internamente à curva. Ao desenhar arcos, observe as construções geométricas e aproxime cuidadosamente todos os pontos de tangência de modo que o arco toque a linha ou outras entidades nos pontos certos. O uso de gabaritos facilita o desenho de circunferências de vários tamanhos com maior precisão.

Uma circunferência desenhada em um plano inclinado em relação aos seus olhos se projeta em uma elipse. A Figura 3.9 mostra a projeção de uma moeda. Pequenas elipses podem ser esboçadas com um movimento livre do braço, similar ao esboço de circunferências; ou, mais facilmente, através de gabaritos. Os gabaritos são geralmente agrupados de acordo com o ângulo que uma circunferência poderia ser inclinada para formar a elipse. Em cada gabarito, é fornecido um certo número de tamanhos de elipses, mas normalmente apenas uma ou duas rotações típicas.

Encontre a Folha de trabalho 3.2 destacável na parte final do livro e pratique o esboço de circunferências e elipses. A prática em papel branco ou quadro de giz o ajudará a criar circunferências e elipses rapidamente e com precisão.

Após ter exercitado o esboço de circunferências, elipses e arcos mostrados no Passo a passo 3.1, 3.2 e 3.3, encontre a Folha de trabalho 3.3 destacável na parte final do livro. Aplique as técnicas para desenho de linhas e curvas que você aprendeu ao esboço de peças reais.

3.8 MANTENDO AS PROPORÇÕES

A regra mais importante no esboço à mão livre é manter suas proporções. Não importa quão brilhante seja a técnica ou bem desenhado um pequeno detalhe: se o esboço estiver despropor-

Passo a passo 3.1
Desenhando circunferências

Três métodos para desenhar circunferências

Método A

1. Esboce levemente o quadrado circunscrito à circunferência e marque os pontos médios de cada lado.
2. Desenhe os arcos levemente, unindo os pontos médios dos lados do quadrado.
3. Escureça a circunferência.

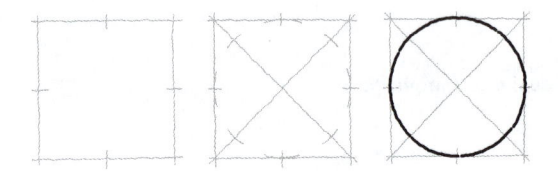

Método B

1. Trace duas linhas de centro.
2. Trace levemente linhas radiais a 45 graus. Desenhe levemente os arcos que cruzam com estas linhas com uma medida estimada do raio, a partir do centro.
3. Escureça a circunferência.

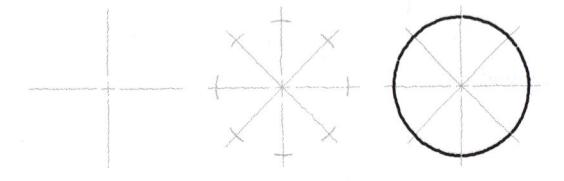

Método C

1. Marque o raio estimado na aresta de um cartão ou tira de papel e obtenha a partir do centro tantos pontos quantos necessários.
2. Esboce a circunferência que passa por estes pontos.

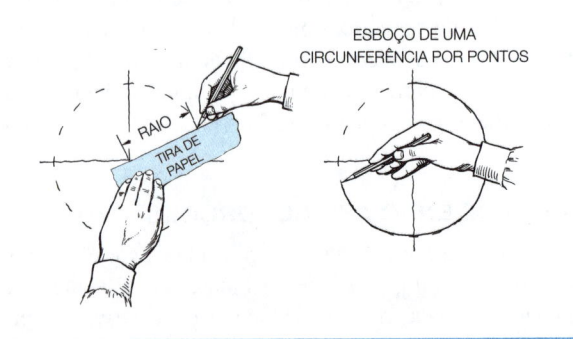

ESBOÇO DE UMA CIRCUNFERÊNCIA POR PONTOS

FIGURA 3.9 Circunferência vista como elipse.

cional, será de pouca utilidade. Para manter o esboço proporcional, primeiro determine as proporções relativas entre a altura e a largura e esboce-as levemente. A seguir, esboce levemente as áreas de tamanho médio e os pequenos detalhes.

Compare cada nova distância estimada com as já estabelecidas. Uma maneira de estimar distâncias é marcar uma unidade arbitrária na aresta de um cartão ou uma tira de papel e compará-la em relação à altura e largura do objeto.

Para desenhar um objeto com muitas curvas em uma escala diferente, use o método dos quadrados. Na figura original, trace quadrículas precisas de tamanho adequado. É mais apropriado que seja usada uma escala e uma graduação conveniente, tal como 1/2 polegada ou 10 mm. Em uma nova folha de papel, trace um quadriculado similar, tornando o espaçamento entre as linhas proporcional ao original, mas reduzindo ou ampliando, de acordo com a necessidade. Desenhe os contornos dos objetos na folha e através do quadriculado o mais precisamente possível.

Encontre a Folha de trabalho 3.4 destacável na parte final do livro. Utilize a área quadriculada para ampliar a ilustração de um carro e um detalhe fotográfico de sua escolha.

No esboço de um objeto real, você pode comparar várias distâncias no objeto usando o lápis como mira (Figura 3.10). Segure seu lápis no comprimento do braço e não mude a sua posição.

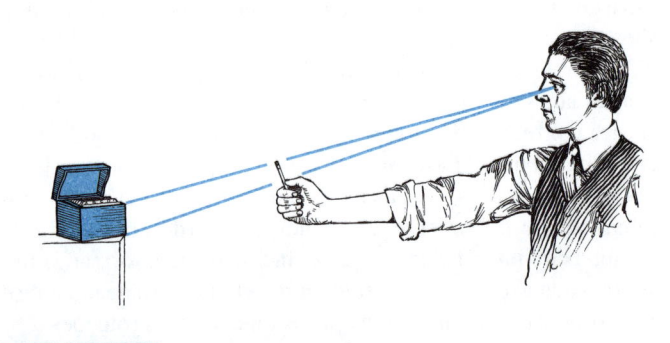

FIGURA 3.10 Estimando dimensões.

Passo a passo 3.2
Três maneiras para esboçar uma elipse

Método A

1. Segure o lápis naturalmente, descansando seu peso em seu antebraço superior, e mova o lápis rapidamente por cima do papel no caminho elíptico desejado.

2. Abaixe o lápis para desenhar levemente várias elipses sobrepostas.

3. Escureça a elipse final.

Método B

1. Esboce levemente um retângulo envoltório.

2. Marque os pontos médios dos lados e esboce arcos tangentes aos lados do retângulo nesses pontos, como mostrado.

3. Complete a elipse com traçados leves e escureça o resultado final.

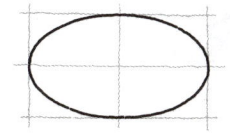

Método C

1. Para esboçar uma elipse, conhecidos os seus eixos, trace levemente os eixos principal e secundário.

2. Marque as medidas dos eixos e desenhe levemente a elipse.

3. Escureça o resultado final.

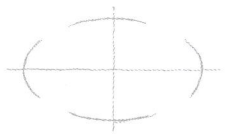

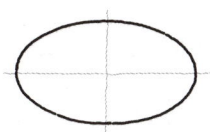

Dicas práticas
Usando um calibrador

O método do calibrador é uma boa maneira de desenhar elipses com precisão.

Para fazer um calibrador, marque a metade da medida do eixo secundário na aresta de um cartão ou tira de papel (A-B). Usando o mesmo ponto inicial, marque a metade da medida do eixo principal (A-C). As medidas ficarão sobrepostas.

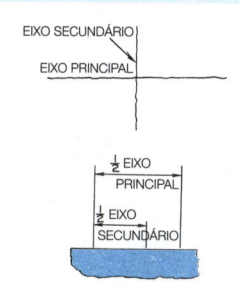

A seguir, alinhe os dois últimos pontos do calibrador (B e C) nos eixos e marque um ponto na posição de A. Mova o calibrador para diferentes posições mantendo B e C nos eixos e marque diferentes posições de A para definir a elipse.

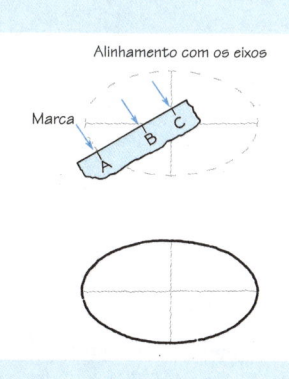

Esboce a elipse final por estes pontos.

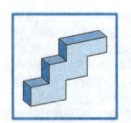

Passo a passo 3.3
Três métodos para esboçar arcos

Método A

1. Localize o centro do arco e esboce levemente linhas perpendiculares. Marque a distância radial ao longo das linhas.

2. Desenhe uma linha a 45 graus que passe no centro e marque a distância radial ao longo dela.

3. Esboce levemente o arco como mostrado. Escureça o resultado final.

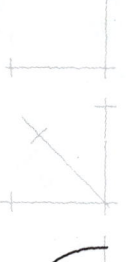

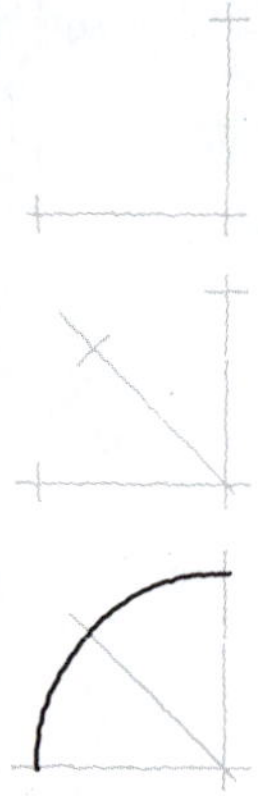

Método B

1. Localize o centro do arco e esboce levemente linhas perpendiculares. Marque a distância radial ao longo das linhas.

2. Marque a distância radial em uma tira de papel e use como calibrador.

3. Esboce levemente um arco como mostrado e escureça o resultado final.

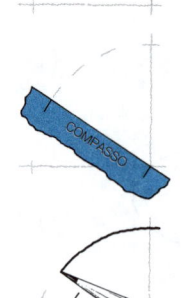

Método C

Use estes passos para desenhar arcos vinculados a pontos de tangência.

1. Localize o centro do arco e esboce linhas às quais o arco é tangente.

2. Desenhe perpendiculares às tangentes passando pelo centro.

3. Desenhe arcos tangentes às linhas, terminando nas linhas perpendiculares.

4. Escureça o arco a partir dos pontos de tangência.

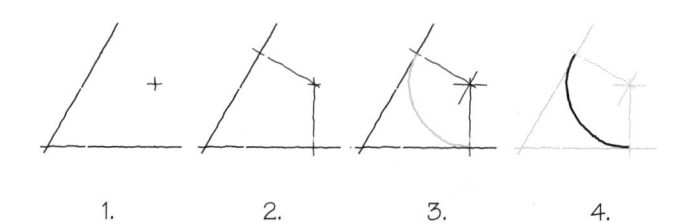

Dicas práticas
Circunferências à mão livre

Este método de desenhar circunferências à mão livre é particularmente rápido e fácil.

Usando sua mão como compasso, desenhe circunferências e arcos com surpreendente precisão após poucos minutos de prática.

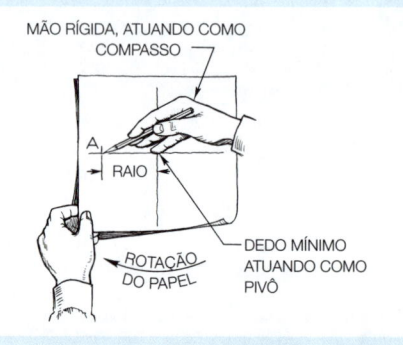

1. Posicione a ponta do seu dedo mínimo ou a articulação do dedo no centro da circunferência que deseja traçar.

2. Segure o lápis de modo que a ponta fique distante do centro da circunferência da medida do raio, como você poderia fazer com o compasso.

3. Fixe essa posição e gire o papel com sua mão livre.

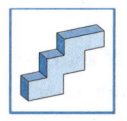

Passo a passo 3.4
Esboçando um gaveteiro

1. Se você está trabalhando a partir de uma figura dada, tal como este gaveteiro, primeiro estabeleça a largura relativa comparada à altura. Um modo de fazer isso é usar o lápis como escala. Neste caso, a altura é cerca de 1 3/4 vez a largura.

2. Esboce um retângulo envoltório nas proporções corretas. Esse esboço deve ser um pouco maior que a figura dada.

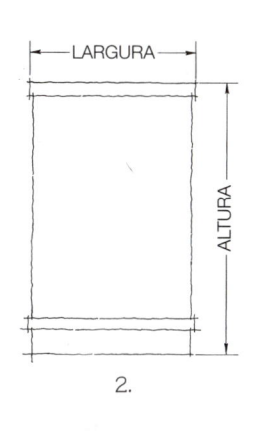

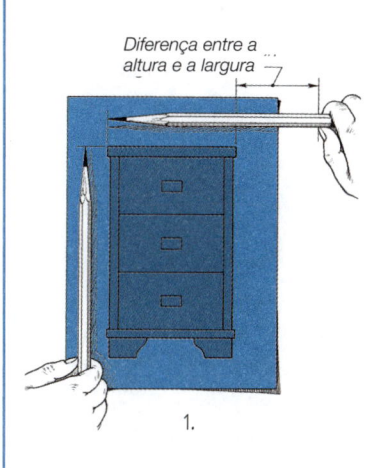

3. Divida o espaço disponível para as gavetas em três partes, usando o lápis, por tentativa. Segure o lápis aproximadamente no lugar onde você pensa que será um terço da altura e experimente a medida. Se estiver muito curta ou longa, ajuste a medida e tente novamente. Esboce levemente as diagonais para localizar os centros das gavetas e esboce os puxadores das gavetas. Esboce todos os demais detalhes.

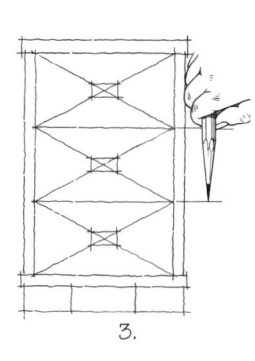

4. Escureça as linhas finais, traçando-as limpas, grossas e escuras.

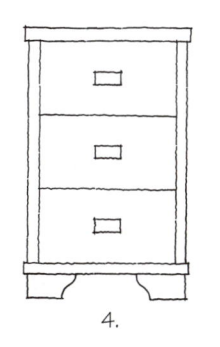

Compare o comprimento da sua visada com outras dimensões do objeto para manter as proporções corretas. Se o objeto é pequeno, tal como uma peça de uma máquina, compare as distâncias diretamente com o lápis contra a máquina. No estabelecimento de proporções, use o método de esboço mostrado no Passo a passo 3.5, especialmente para formas irregulares.

LETREIROS

Os letreiros são necessários para descrever completamente um objeto ou fornecer especificações detalhadas. Devem ser legíveis, fáceis de criar e devem usar estilos que se adaptem tanto ao desenho tradicional quanto ao desenho em um sistema CAD.

■ 3.9 LETREIRO À MÃO LIVRE

A maioria dos letreiros em engenharia utiliza fonte gótica de traço simples. Uma fonte é uma forma particular de letras. A Figura 3.11 mostra algumas das fontes mais comuns. A maioria das legendas desenhadas à mão livre têm 1/8 de polegada de altura e são esboçadas entre linhas horizontais claras. As notas em

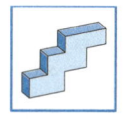

Passo a passo 3.5
Como esboçar um objeto irregular

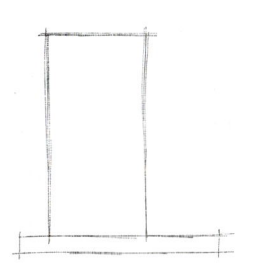

1. Capture as proporções principais com linhas simples.

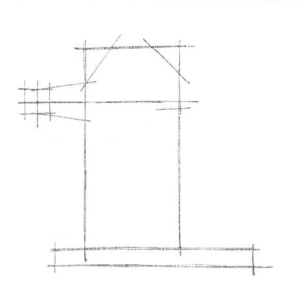

2. Esboce os tamanhos gerais e a direção do traçado das linhas curvas.

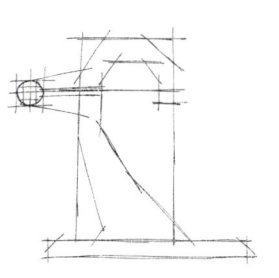

3. Esboce levemente os detalhes adicionais.

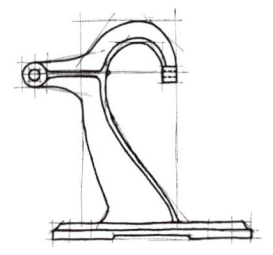

4. Escureça as linhas do esboço acabado.

programas CAD são digitadas a partir do teclado, e o seu tamanho é definido de acordo com o tamanho do desenho a ser impresso. No Capítulo 9, serão discutidas certas regras que se aplicam à colocação de letreiros e de notas utilizando programas CAD.

3.10 PADRÕES DE LETREIROS

Os estilos modernos de letras derivaram-se dos desenhos de letras maiúsculas romanas, cujas origens nos remetem aos hieróglifos egípcios. O termo *romano* se refere a qualquer letra que tenha traços verticais largos unidos por traços estreitos e extremidades terminando em protuberâncias denominadas serifa. No final do século XIX, o desenvolvimento do desenho técnico criou a necessidade de um alfabeto simplificado, legível e que pudesse ser desenhado rapidamente com uma caneta comum. Letras góticas sem serifa de traços simples são usadas atualmente porque são muito legíveis.

3.11 LETREIROS POR COMPUTADOR

Os programas para gráfica computacional dispõem de letreiros padronizados. Usando um *software* CAD, é possível adicionar títulos, notas e informações de cotagem a um desenho. Diversas fontes e uma variedade de tamanhos podem ser selecionadas. Qualquer modificação é facilmente executada através da edição do texto.

Os desenhos CAD geralmente usam o letreiro de estilo gótico; entretanto, a fonte Roman é freqüentemente escolhida para títulos. Ao adicionar letreiros a um desenho CAD, uma boa regra é não usar mais que duas fontes, uma para os títulos e outra diferente para notas e outros textos. Contudo, podem-se usar letreiros de diferentes tamanhos e talvez alguns inclinados, todos com a mesma fonte. É algumas vezes tentador usar diferentes fontes tendo em vista a grande variedade disponível nos sistemas CAD, mas os desenhos que usam muitas fontes diferentes são jocosamente comparados ao estilo de um bilhete de resgate.

FIGURA 3.11 Alfabetos com e sem serifa.

Mãos à obra 3.1
Esboçando um objeto irregular

Esboce a peça à direita seguindo a seqüência mostrada no Passo a passo 3.5.

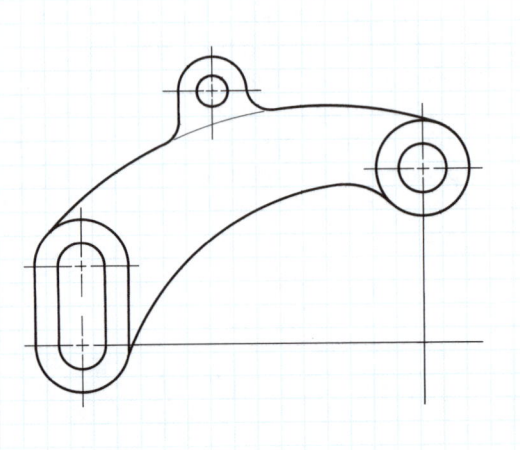

3.12 TÉCNICAS DE LETREIROS

Os letreiros são mais similares ao desenho à mão livre do que ao próprio ato de escrever. Assim, os seis traços fundamentais do desenho e suas direções são básicos para o desenho de letreiros. Traços horizontais são desenhados da esquerda para a direita. Traços verticais, inclinados e curvos são desenhados de cima para baixo. O desenhista canhoto pode usar uma sistemática que melhor se adapte às suas necessidades

A habilidade de desenhar letreiros está pouco relacionada com a habilidade de escrever. Você pode aprender a traçar letreiros de qualidade, mesmo que tenha uma letra ininteligível. Existem três aspectos fundamentais para aprender a desenhar letreiros:

- Proporções e formas das letras (para desenhar boas letras, é imprescindível ter uma imagem mental clara da sua forma);
- Composição – o espaçamento entre letras e palavras;
- Prática.

Dicas práticas
Letreiros a lápis

- Use um lápis macio, tal como F, H ou HB. O letreiro deve ser escuro e nítido, não-cinzento e borrado.
- Mantenha seu lápis apontado.
- Aponte o lápis de madeira até que fique com uma ponta aguda; em seguida, atenue ligeiramente a ponta.
- Gire o lápis freqüentemente ao traçar o letreiro para usar a grafite uniformemente e manter o letreiro nítido.
- Não se preocupe em fazer os traços exatos das letras, a não ser que você esteja tendo problemas para fazer as letras parecerem corretas. Se você tem problemas, os traços das letras são projetados para ajudá-lo a desenhar letras uniformes e simétricas.
- A altura das letras deve ser regulada por linhas-guia extremamente claras, espaçadas de 1/8 de polegada (32 mm). Use algumas linhas verticais ou inclinadas, traçadas ao acaso, para ajudar a manter as letras uniformemente verticais ou inclinadas.

LINHAS-GUIA VERTICAIS DESENHADAS ALEATORIAMENTE

DESENHAR LETREIROS É MAIS FÁCIL SE VOCÊ SE LEMBRAR DE UTILIZAR LINHAS-GUIA

O ESPAÇO ENTRE AS LINHAS É GERALMENTE 3/5 DA ALTURA TOTAL DAS LETRAS

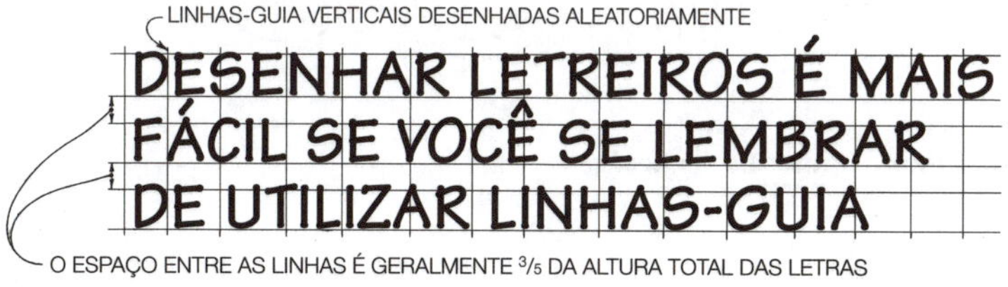

- Uma vez que praticamente todos os letreiros a lápis serão reproduzidos, as letras devem ser escuras e nítidas.

- Desenhe traços verticais de cima para baixo, ou na sua direção, com um movimento do dedo.
- Desenhe traços horizontais da esquerda para a direita com um movimento do pulso e sem girar o papel.

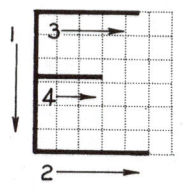

- Desenhe traços curvos e inclinados com um movimento para baixo.

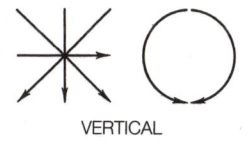

VERTICAL

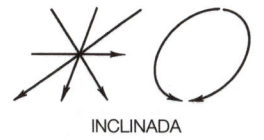

INCLINADA

Canhotos:
Estes traços tradicionais foram projetados para pessoas destras. Os canhotos devem praticar o traçado de cada letra e desenvolver um sistema de traços a que se adaptem melhor.

3.13 LETRAS E NUMERAIS VERTICAIS

As proporções de letras maiúsculas e numerais verticais são mostradas na Figura 3.12 em uma grade com seis unidades de altura. As setas numeradas indicam a ordem e a direção dos traços. As larguras das letras podem ser lembradas facilmente: a letra I e o número 1 têm apenas a largura da ponta do lápis. O W tem largura de oito unidades na grade (1-1/3 vez sua altura) e é a letra mais larga do alfabeto. Todas as outras letras ou numerais têm cinco ou seis unidades de largura na grade e é fácil lembrar as letras que têm seis unidades porque, quando juntas, podem ser soletradas TOM Q. VAXY. Isso significa que a maioria das letras têm altura igual à largura, e são provavelmente mais largas que a sua escrita usual. Todos os números exceto o 1 têm cinco unidades de largura.

As letras em caixa baixa (minúsculas) são raramente usadas em esboços de engenharia, exceto quando o desenho tem um grande volume de notas. Letreiros em caixa baixa estão mostrados na Figura 3.13. Letras minúsculas verticais são usadas em mapas. A parte inferior da letra é normalmente dois terços da altura da letra maiúscula.

LETRAS EM LINHAS RETAS

I L T F E H V A W M N K X Y Z

O "W" é a única letra com mais de 6 unidades de largura. As letras em "TOM Q. VAXY" têm seis unidades de largura – todas as outras têm cinco, exceto "I" e "W".

LETRAS COM LINHAS CURVAS

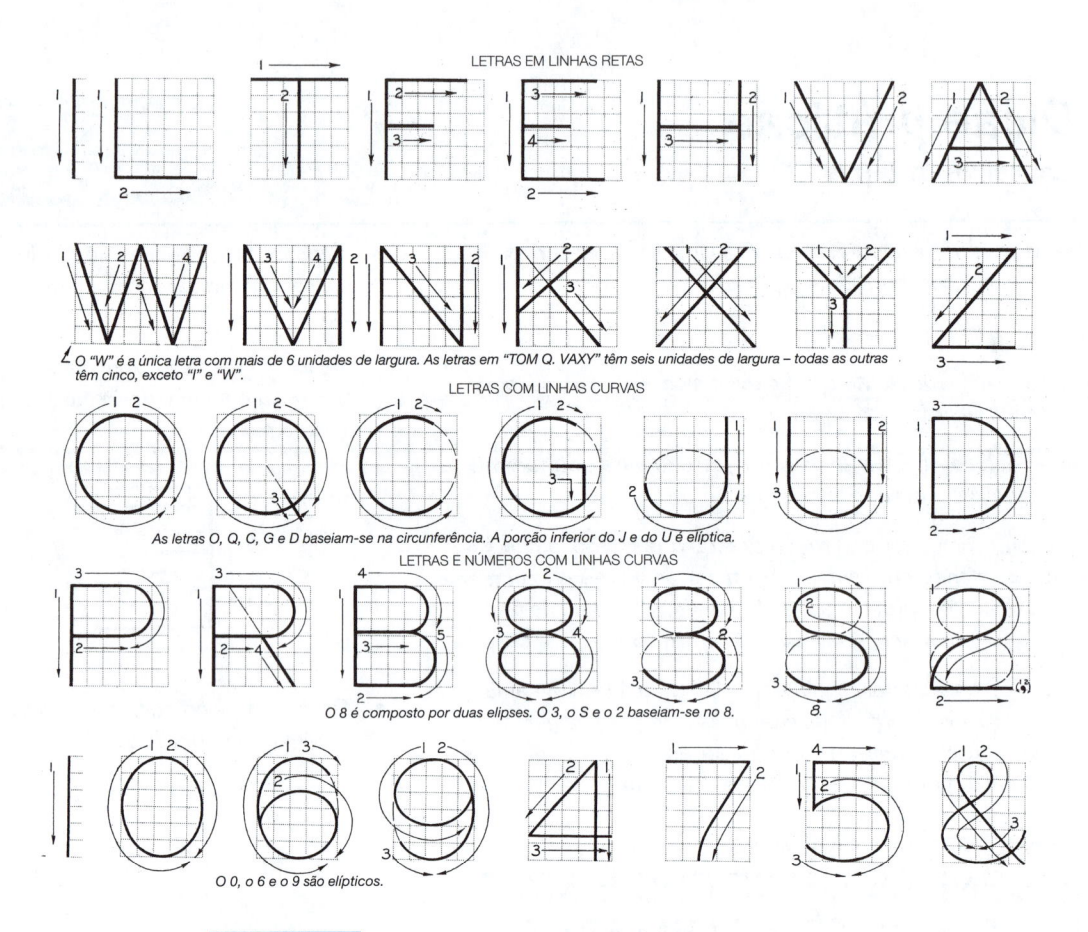

O Q C G J U D

As letras O, Q, C, G e D baseiam-se na circunferência. A porção inferior do J e do U é elíptica.

LETRAS E NÚMEROS COM LINHAS CURVAS

P R B 8 3 S 2

O 8 é composto por duas elipses. O 3, o S e o 2 baseiam-se no 8.

1 0 6 9 4 7 5 &

O 0, o 6 e o 9 são elípticos.

FIGURA 3.12 Letras maiúsculas e numerais verticais.

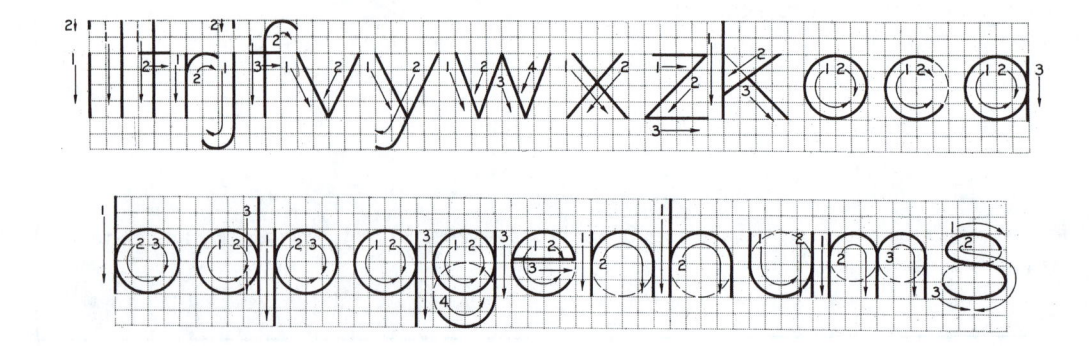

i l t r j f v y w x z k o c a

b d p q g e n h u m s

FIGURA 3.13 Letras minúsculas verticais.

Mãos à obra 3.2
Prática de letreiros à mão livre

Use o espaço fornecido para repetir cada letra ou palavra mostrada.

A B C D E F G H I J K L M N O P Q R S T U V W X Y Z

A B C D E F G H I J K L M N O P Q R S T U V W X Y Z

TREINE DESENHAR LETREIROS À
MÃO USANDO VÁRIOS TAMANHOS.

LETREIROS DE 1/8 DE POLEGADA SÃO FREQÜENTEMENTE USADOS

EM ESBOÇOS À MÃO LIVRE. DESENHE AS LETRAS SEMPRE ESCURAS

E NÍTIDAS — NUNCA IMPRECISAS OU INDEFINIDAS.

$1\frac{1}{2}$ 1.500   45'-6   32°   15.489   1" = 20'   3,75

QUANDO VOCÊ TIVER DOMINADO O DESENHO DE LETRAS VERTICAIS,

É FÁCIL ACRESCENTAR UMA INCLINAÇÃO PARA AS LETRAS INCLINADAS.

Encontre a Folha de trabalho 3.5 destacável na parte final do livro e pratique letreiros maiúsculos verticais na grade fornecida. Atenção às setas indicando a direção dos traços.

3.14 LETRAS E NUMERAIS INCLINADOS

As letras maiúsculas e os numerais inclinados, mostrados na Figura 3.14, são similares aos caracteres verticais, exceto em relação à inclinação. A inclinação das letras é de cerca de 68 graus em relação à horizontal. Você pode praticar o desenho de letreiros inclinados à mão livre aproximadamente com esse ângulo, mas é importante, nos desenhos CAD, configurar sempre a inclinação das letras no mesmo valor para um mesmo desenho, de modo que o letreiro seja consistente. Letras em caixa baixa inclinadas, mostradas na Figura 3.15, são similares a letras em caixa baixa verticais.

3.15 LINHAS-GUIA

Use linhas-guia horizontais bem leves para manter a altura das letras uniforme, como mostrado na Figura 3.16. Letras maiúsculas são comumente desenhadas com altura de 1/8 de polegada (32 mm), com espaço entre as linhas do letreiro sendo de 3/5 da altura das letras. O tamanho do letreiro pode variar dependendo do tamanho da folha. (Veja Capítulo 5 para os tamanhos-padrão de folhas e as alturas de letreiros correspondentes.) Não use linhas-guia verticais para espaçar as letras – isso deve ser feito a olho enquanto você traça as letras. Use uma linha-guia vertical no início de uma coluna de texto para ajudar a manter alinhadas as arestas esquerdas das colunas seguintes, ou use linhas-guia espaçadas ao acaso para manter a inclinação correta.

Um método simples de espaçar linhas-guia horizontais é usar uma escala para marcar uma série de espaços de 1/8 de polegada, fazendo as letras e os espaços entre as linhas de letras com 1/8 de polegada de altura. Um outro método rápido de criar linhas-guia é usar um gabarito de linhas-guia como o Berol Rapidesign 925 mostrado na Figura 3.17.

Quando maiúsculas grandes e pequenas são usadas combinadas, as maiúsculas pequenas podem ter de 3/5 a 2/3 da altura das maiúsculas.

3.16 LINHAS-GUIA PARA NÚMEROS INTEIROS E FRAÇÕES

Os iniciantes podem usar linhas-guia para números inteiros e frações. Desenhe cinco linhas-guia espaçadas igualmente para números inteiros e frações, como mostrado na Figura 3.18. As fra-

FIGURA 3.14 Letras maiúsculas e numerais inclinados.

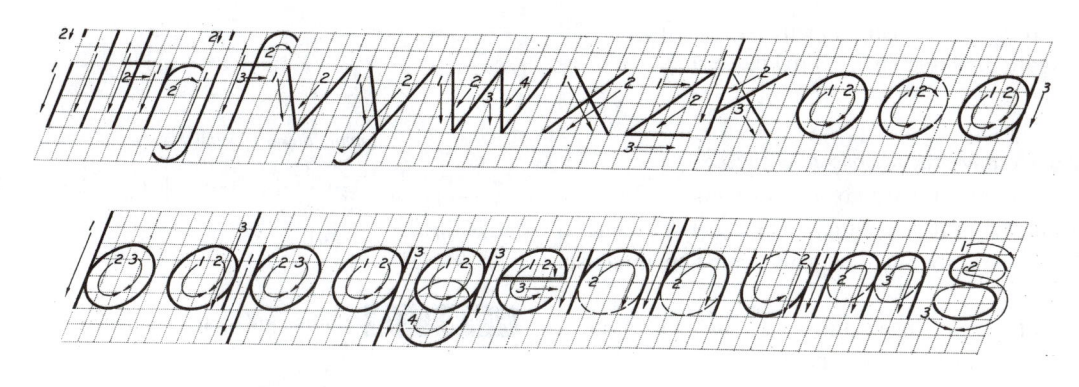

FIGURA 3.15 Letras minúsculas inclinadas.

FIGURA 3.16 Letreiro a lápis (tamanho real).

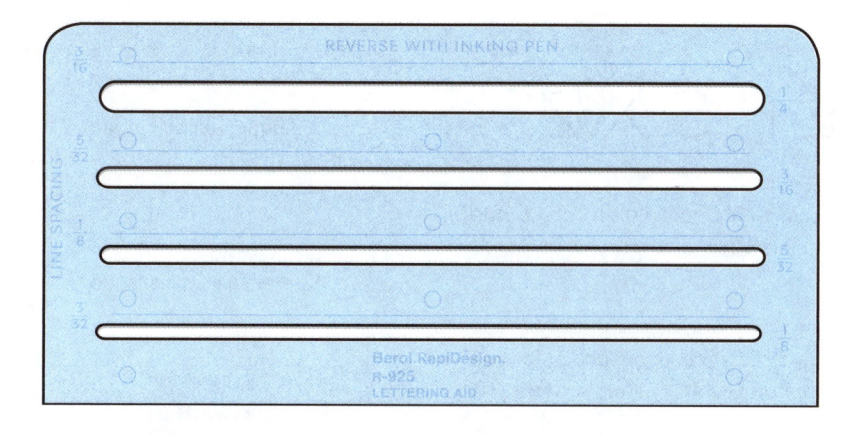

FIGURA 3.17 O gabarito Berol Rapidesign 925 é utilizado para traçar rapidamente linhas-guia para letreiros.

ções são duas vezes a altura dos números inteiros correspondentes. Trace o numerador e o denominador com cerca de 3/4 da altura do número inteiro correspondente para deixar espaço suficiente entre eles e a barra da fração. Para cotagem, a altura mais comumente utilizada para números inteiros é 1/8 de polegada (32 mm) e, para frações, 1/4 (6,4 mm), como mostrado na figura.

Alguns dos erros mais comuns em letreiros com frações são mostrados na Figura 3.19. Para que as frações apareçam corretamente:

- Nunca deixe o número tocar a barra de fração;
- Centralize o denominador abaixo do numerador;
- Nunca use uma barra de fração inclinada, exceto quando o espaço para o letreiro for muito reduzido, como em uma lista de peças;
- Trace a barra de fração apenas um pouco mais longa que a maior largura do numerador ou denominador.

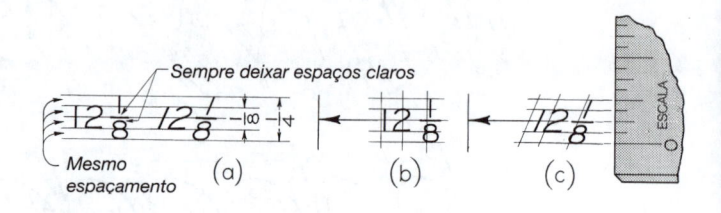

FIGURA 3.18 Linhas-guia para valores de cota.

Dicas práticas
Criando letras que parecem estáveis

- Algumas letras e numerais parecem mais pesados na parte superior, mesmo quando são desenhados com as porções superior e inferior iguais, como no exemplo abaixo:

- Para corrigir isso, reduza o tamanho da porção superior para dar uma aparência balanceada, como neste exemplo:

- Se você desenhar os traços horizontais do centro das letras B, E, F e H à meia altura, elas parecerão estar abaixo do centro.

- Para corrigir essa ilusão de óptica, ao fazer os letreiros desenhe os traços para B, E, F e H um pouco acima do centro e mantenha a uniformidade, como mostrado no segundo exemplo acima.

- A mesma prática se aplica aos numerais. O primeiro exemplo parece ter a parte superior mais pesada. Observe como no segundo os números parecem mais balanceados.

À direita, temos um bom exemplo de um letreiro uniforme.

Observe abaixo os exemplos **do que não fazer**. Eles apresentam falta de uniformidade de:

- Estilo (tipo de fonte)
- Altura das letras
- Ângulo de inclinação
- Espessura dos traços
- Espaçamento das letras
- Espaçamento das palavras

FIGURA 3.19 Erros comuns.

■ 3.17 ESPAÇAMENTO DE LETRAS E PALAVRAS

O espaçamento uniforme de letras pode ser feito a olho. As áreas entre as letras, não as distâncias entre elas, poderiam ser aproximadamente iguais. Distâncias iguais de letra para letra faz com que as letras pareçam inadequadamente espaçadas. Áreas iguais entre letras resultam em um espaçamento uniforme e agradável.

Algumas combinações, tais como LT e VA, podem até mesmo ser levemente sobrepostas para garantir um bom espaçamento. Em alguns casos, a largura de uma letra pode ser diminuída. Por exemplo, o traço inferior da letra L pode ser diminuído quando seguido pelo A. Esses pares de letras que necessitam de um espaçamento menor para parecerem corretamente são denominados *composição* em tipografia.

Insira um espaço entre as palavras para deixá-las bem separadas, mas mantenha os espaços entre letras reduzidos em uma palavra. Faça de cada palavra uma unidade compacta bem separada das palavras adjacentes. Tanto para maiúsculas quanto para minúsculas, use o espaço entre as palavras aproximadamente igual à maiúscula O. Assegure-se de ter espaço entre linhas, normalmente igual à altura da letra.

Linhas pouco espaçadas são de difícil leitura. Linhas que estão muito separadas não parecem se relacionar. A WWW oferece recursos para letreiros e esboços. Você pode localizar os fornecedores de materiais gráficos de engenharia, ou procurar na história da tipografia. Você também pode encontrar informações mais específicas, tais como fontes para uso com seu sistema CAD. Algumas empresas de reprografia para engenharia oferecem catálogos *on-line* e permitem encomendas diretas.

Visite os *sites* abaixo para encontrar materiais e instrumentos gráficos para engenharia:

- http://www.reprint-draphix.com/
- http://www.eclipse.net/~essco/draft/draft.htm
- http://www.seventen.com/art_eng/index.html

Estes *sites* se destacam por informações tipográficas:

- http://www.graphic-design.com/type/
- http://www.webcom.com/cadware/letease2.html

Para encontrar outros *sites* como esses, use palavras-chaves tais como materiais reprográficos (*reprographic supplies*) ou tipos de fontes para engenharia (*engineering type fonts*).

■ 3.18 TÍTULOS

Na maioria dos casos, o título e as informações relacionadas aos desenhos são escritos em ***legendas***, que podem ser impressas diretamente na folha de desenho ou em filme de poliéster, como mostrado na Figura 3.20. O título do desenho principal é geralmente centrado em um espaço retangular, que é muito fácil de executar através de um programa CAD. Quando o letreiro for executado manualmente, distribua o título simetricamente em torno de uma linha de centro imaginária, como mostrado na Figura 3.21. Em qualquer tipo de título, às palavras mais importantes é dada maior proeminência fazendo-as maiores, mais acentuadas, ou ambas. Outros dados, tais como escala e data, podem ser menores.

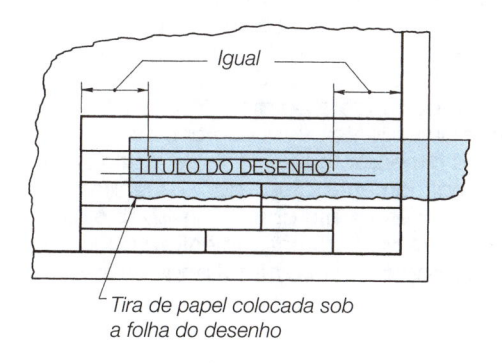

FIGURA 3.20 Centralizando o título na legenda.

FIGURA 3.21 Título centralizado para desenho de máquinas.

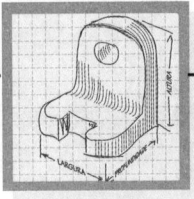

CAD EM SERVIÇO
Esboços e modelamento paramétrico

O PROCESSO DE PROJETO

A utilização de modelamento paramétrico através de sistemas CAD espelha de muitas maneiras o processo de projeto. Para expressar suas idéias preliminares, o projetista começa fazendo esboços à mão livre. Com o refinamento das idéias, são criados desenhos mais precisos com instrumentos ou através do uso de um sistema CAD. O projeto pode então ser alterado em resposta à análise efetuada. Na medida do necessário, os desenhos são revisados de modo a se atender aos novos requisitos. Finalmente, os desenhos são aprovados de modo que as peças possam ser manufaturadas.

ESBOÇOS PRELIMINARES

Usando *softwares* de modelamento paramétrico, inicialmente o projetista desenha o esboço básico preliminar na tela. Esses esboços não precisam ter linhas retas perfeitas ou vértices precisos. O *software* interpreta o esboço do mesmo modo que você interpretaria um esboço preliminar dado a você por um colega. Se as linhas estão aproximadamente horizontais ou verticais, o *software* assume que você os quis assim. Se a linha parece ser perpendicular, é assumida desse modo.

RESTRIÇÕES DO ESBOÇO

Usando um sistema CAD paramétrico, é possível esboçar na tela do computador como no esboço à mão livre. O esboço é refinado pela adição das restrições geométricas, que indicam como interpretá-lo, e pela adição das dimensões paramétricas, que controlam a sua geometria.

Uma vez que o esboço é refinado, pode ser criado como um elemento 3-D ao qual outras características podem ser adicionadas. À medida que o projeto muda, as dimensões e restrições que controlam a geometria do esboço podem ser alteradas, e o modelo paramétrico será atualizado para refletir o novo projeto.

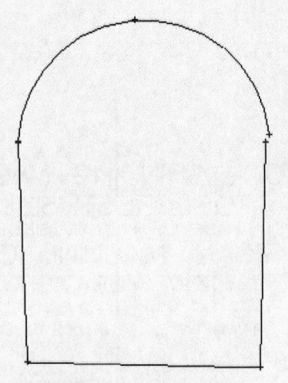

(A) Esboço preliminar

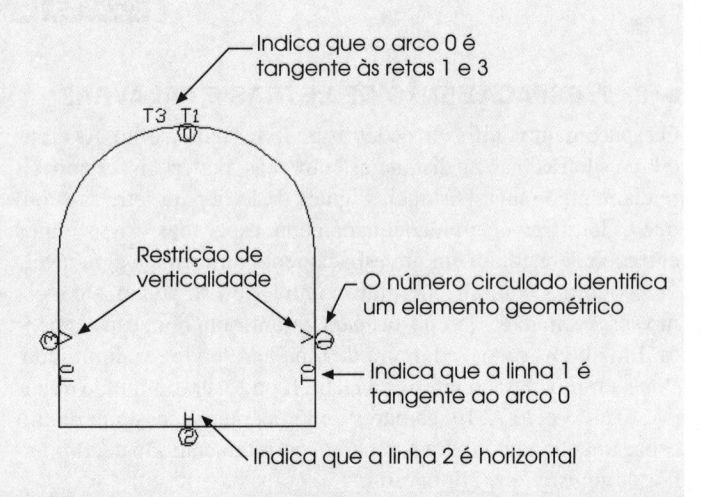

(B) Esboço com restrições

Quando você estiver criando esboços manualmente ou por modelamento paramétrico, pense nas implicações geométricas do seu desenho. O esboço subentende que as linhas são perpendiculares? Os arcos devem ser tangentes ou secantes? Ao ser criado um modelo paramétrico, o *software* faz suposições sobre como você pretende restringir a geometria do modelo, baseado no esboço. É possível remover, alterar ou adicionar novas restrições na medida em que for necessário.

Usando o *software* AutoCAD Mechanical Desktop, pode ser criado um esboço preliminar como na Figura A. O comando PROFILE (perfil) deve ser selecionado para que o *software* execute as restrições no esboço automaticamente. O resultado da aplicação das restrições ao esboço é mostrado na Figura B. Os símbolos mostram as restrições assumidas. A caixa de diálogo mostrada na Figura C, na página seguinte, lista os tipos de restrições geométricas que podem ser usadas para controlar a geometria do esboço com o AutoCAD DESIGNER. A caixa de diálogo rotulada como Figura D apresenta as restrições que podem ser usadas para controlar o modo de ajuste das partes de um conjunto.

Ao obter o modelo paramétrico completo, você tem uma peça "inteligente". Para alterar o projeto, você pode mudar uma dimensão ou restrição de modo que o modelo seja automaticamente atualizado. Desenhos ortográficos mostrando corretamente as linhas invisíveis e as dimensões podem ser gerados automaticamente. A peça pode ser exportada diretamente para prototipagem rápida ou manufatura.

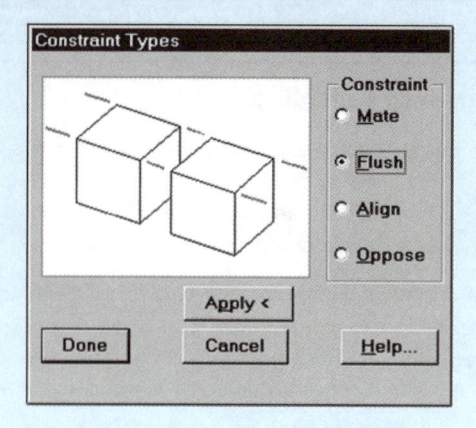

(C) Restrições de montagem

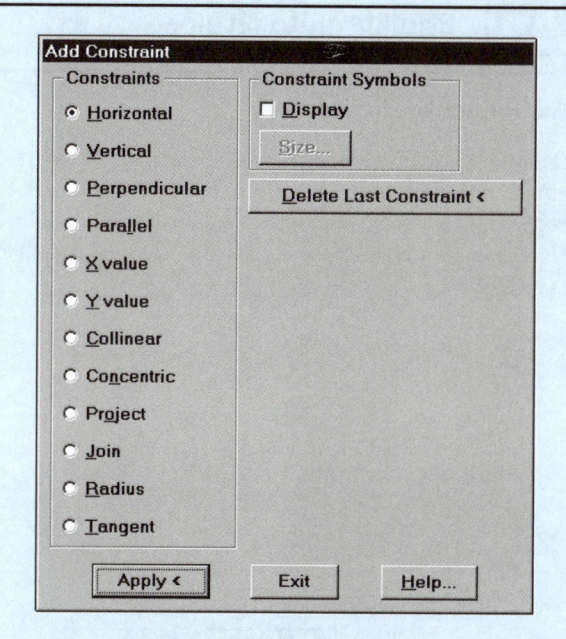

(D) Restrições do esboço

Mãos à obra 3.3
Prática de composição

Usar espaçamentos iguais entre as letras não faz com que pareçam ser iguais, como nestes exemplos:

LATHING
literate

Espace seu letreiro de modo que as áreas entre as letras pareçam iguais, como no exemplo abaixo:

LATHING
literate

Escreva as seguintes palavras nas linhas-guia fornecidas para conseguir um visual equilibrado. Ajuste os espaços entre as letras como mostrado nos exemplos acima.

ELLIPSES
ANCHOR BRACKET
INVOLUTE
UTILITY
EQUILATERAL
VARIGRAPH
SUPERFACE WAVINES
DRILL
COUNTERSINK
COUNTERBORE
SPOTFACE
SUPERFACE FINISH
UNIFIED THREAD
DRAWINGS
ENGINEERING
LOCATIONAL FIT
VISUALIZATION

Dicas práticas
Equilibrando títulos

Alinhamento direito

Quando for necessário desenhar um letreiro que exija uma linha de parada, espace cada letra da direita para a esquerda, estimando a largura das letras a olho. Desenhe as letras da esquerda para a direita e, finalmente, apague as marcas de espaçamento.

Alinhamento centralizado

Quando for necessário espaçar as letras simetricamente em torno de uma linha de centro – o que é freqüente no caso de títulos – numere as letras como mostrado, com o espaço entre as palavras considerado como uma letra.

Coloque a letra mediana no centro, fazendo a diferença para as letras estreitas (por exemplo, I) ou letras largas (por exemplo, W) em qualquer lado. A letra X, no exemplo, está desenhada ligeiramente à esquerda do centro para compensar a letra I que é estreita.

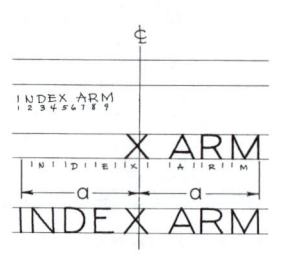

■ PALAVRAS-CHAVES

composição	Gothic	linhas de construção	proporções
esboço	inclinado	linhas invisíveis	Roman
esboço à mão livre	legenda	linhas-guia	serifa
espaçamento	letreiro	oblíquo	sombreamento
estabilidade	linhas de centro	papel quadriculado	

■ RESUMO DO CAPÍTULO

- Esboçar é uma maneira rápida de visualizar e de resolver problemas de projeto.
- Existem técnicas especiais para esboçar linhas, circunferências e arcos. Essas técnicas devem ser praticadas para adquirir a habilidade.
- Mover seu dedo ao longo do comprimento de um lápis com o antebraço estendido é um método fácil para calcular o medidas proporcionais.
- O uso de uma quadrícula facilita esboçar com dimensões proporcionais. O papel em quadrículas pode ser encontrado em grande variedade de tipos, incluindo a quadrada e a isométrica.
- O esboço de circunferências pode ser executado construindo-se um quadrado e localizando os quatro pontos onde a circunferência tangencia o quadrado.
- Uma linha esboçada não precisa se parecer com uma linha traçada a instrumento. A principal diferença entre o desenho instrumental e o esboço à mão livre é o caráter ou técnica aplicada à linha trabalhada.
- Esboços à mão livre são traçados proporcionalmente, mas não necessariamente em uma determinada escala.
- Notas e cotas são adicionadas aos esboços usando-se letras maiúsculas desenhadas manualmente.
- As formas-padrão das letras usadas no desenho de engenharia foram desenvolvidas para serem legíveis e de traçado rápido.

QUESTÕES DE REVISÃO

1. Quais são os quatro tipos de projeção?
2. Quais são as vantagens de usar um papel quadriculado para esboçar?
3. Quais são as técnicas corretas para esboçar uma circunferência ou um arco?
4. Esboce o alfabeto das linhas. Quais linhas são grossas? Quais são finas? Quais são muito suaves e podem não ser reproduzidas quando copiadas?
5. Quais as vantagens de esboçar um objeto antes de usar um sistema CAD?
6. Qual é a diferença entre proporção e escala?
7. Que fonte fornece a forma do letreiro-padrão em engenharia?
8. Descreva as caraterísticas de um bom letreiro à mão livre.
9. Por que sempre devemos usar linhas-guia para letreiros?
10. Como os esboços são usados no processo de projeto?

PROJETO

Projete ou aperfeiçoe um equipamento para um *playground*, prática de esportes ou recreação. Por exemplo, o brinquedo de uma criança pode ser educacional ou recreacional. Esboce um leiaute para um *playground*, ou área de recreação, que forneça um bom acesso, segurança e fluxo de pessoas na área. Use a técnica de traçado de linhas. Use um manual arquitetônico ou a WWW, pesquise padrões para quanto espaço fornecer em torno de certas partes dos equipamentos.

PROJETOS DE ESBOÇOS À MÃO LIVRE E LETREIROS

Desenhe linhas-guia horizontais e verticais ou suavemente inclinadas. Desenhe as linhas-guia verticais ou inclinadas por toda a altura da folha. Na parte final do livro, são encontradas folhas quadriculadas e uma folha para traçado de letreiros. As linhas de grade são bastante escuras, de modo que as folhas podem ser destacadas e usadas inúmeras vezes sob uma folha de papel branco para auxiliar o traçado de esboços ou de letreiros. Guarde as folhas para posterior reutilização.

Proj. 3.1 Use uma folha de papel branco ou com quadrículas bem claras (oito quadrados por polegada facilita o traçado de letreiros). Trace linhas-guia espaçadas de 1/8 de polegada da altura e trace o alfabeto três vezes.

Proj. 3.2 Faça o leiaute de uma folha conforme a Figura I do lado interno da capa deste livro. Desenhe uma legenda como mostrado na Figura IX. Escreva a informação na legenda.

Proj. 3.3 Prepare um esboço para representar o parquímetro mostrado na Figura 3.22 ou desenhe um objeto para uso doméstico com curvas irregulares, como uma lâmpada ou seu sapato.

Proj. 3.4 Projete, através de esboço, o logotipo para uma empresa de engenharia imaginária. Use as técnicas adequadas de desenho à mão livre.

Proj. 3.5 Use linhas-guia para letras de 1/8 de polegada e escreva a letra da sua música favorita ou um texto de sua inspiração.

Proj. 3.6 Use seu sistema CAD para criar uma folha com leiaute mostrada na Figura I do lado interno da capa deste livro. Crie uma legenda como na Figura IX ou como descrito por seu professor.

Proj. 3.7 Esboce os diagramas de corpos livres mostrados na Figura 3.23.

Proj. 3.8 Esboce os objetos mostrados nas Figuras 3.24-3.29 em proporção. Não é necessário fazer o esboço em uma escala determinada. Omita as dimensões do esboço. Use o tamanho da folha da Figura I (lado interno da capa deste livro) e a legenda da Figura II.

FIGURA 3.22 Parquímetro.

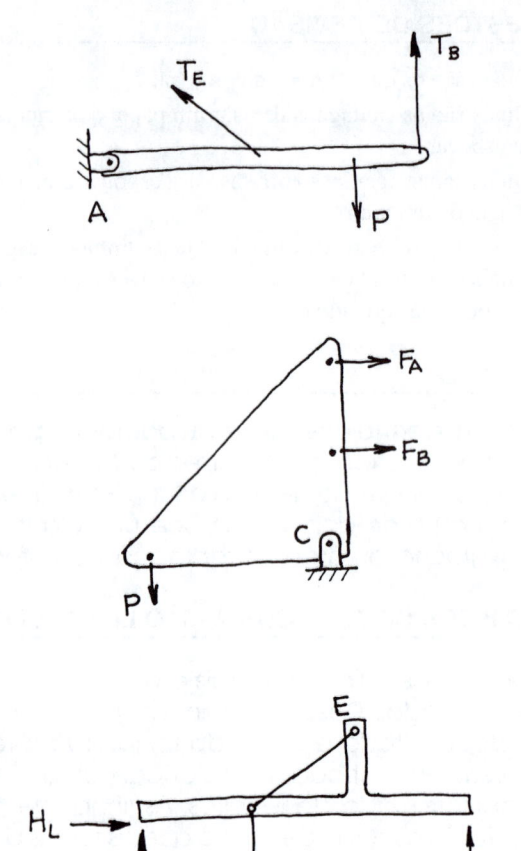

FIGURA 3.23 Esboços do diagrama do corpo livre.

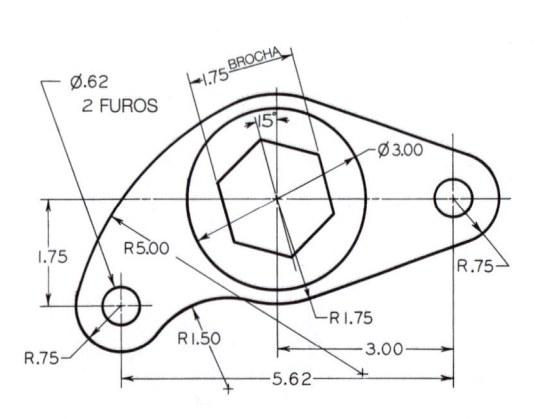

FIGURA 3.24 (Proj. 3.8) Braço do balancim.

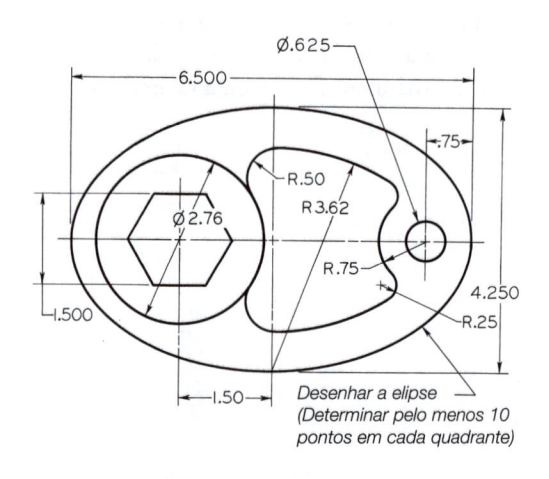

FIGURA 3.25 (Proj. 3.8) Came especial.

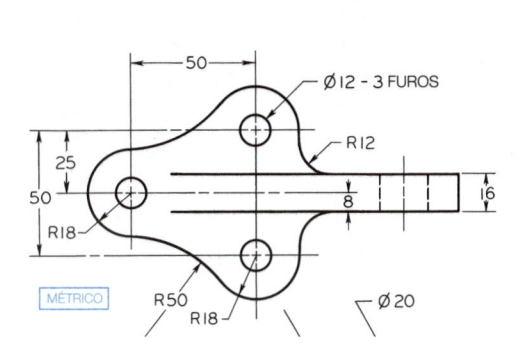

FIGURA 3.26 (Proj. 3.8) Estai da caldeira.

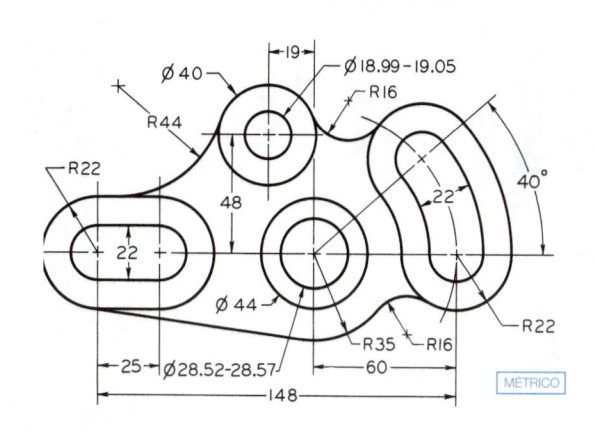

FIGURA 3.27 (Proj. 3.8) Braço de engrenagem.

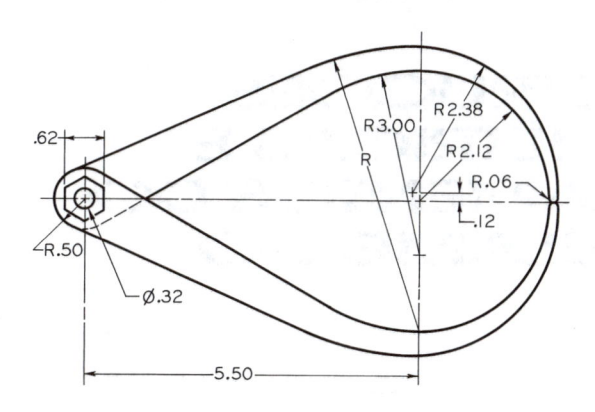

FIGURA 3.28 (Proj. 3.8) Calibre externo.

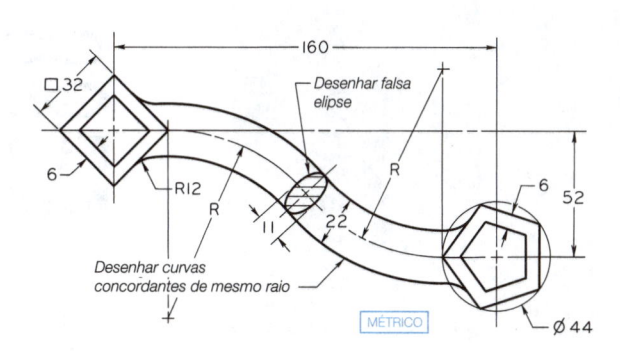

FIGURA 3.29 (Proj. 3.8) Chave inglesa especial.

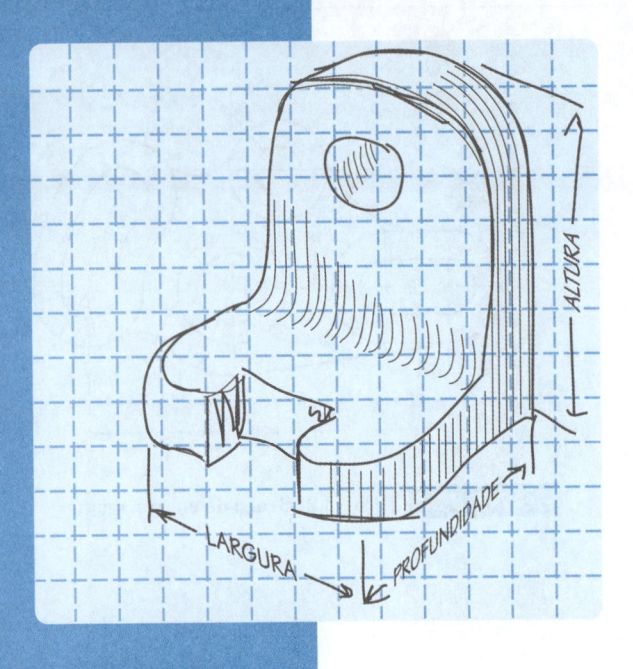

CAPÍTULO 4

CONSTRUÇÕES GEOMÉTRICAS E FUNDAMENTOS DO MODELAMENTO

OBJETIVOS

Após estudar o conteúdo deste capítulo, você será capaz de:

1. Usar a terminologia para as construções geométricas básicas.
2. Definir tangência e construir retas, círculos e arcos tangentes.
3. Identificar vários tipos de sólidos.
4. Desenhar os diagramas de Venn mostrando os três operadores booleanos.
5. Decompor uma peça em sólidos elementares unidos por operadores booleanos.

VISÃO GERAL

Todas as técnicas de desenho tradicional e de desenho por sistemas CAD baseiam-se na construção de elementos geométricos básicos. Pontos, retas, arcos e círculos são os elementos básicos usados para criar os mais complexos desenhos bidimensionais. Você deve entender as técnicas de construções geométricas para que seja possível desenhar no papel ou com sistemas CAD, ou para aplicar técnicas geométricos na solução de problemas.

Usando um sistema CAD, é possível criar modelos de objetos tridimensionais que possam ser usados diretamente para a produção de peças. Técnicas de modelamento sólido em CAD requerem o entendimento dos sólidos geométricos e de como eles são criados e combinados para formar peças mais complexas. Esse mesmo entendimento é útil na interpretação e visualização de desenhos. Provavelmente, você usará programas CAD em vez das técnicas de desenho com instrumentos ilustradas nesta seção; assim, relacione estes conhecimentos com as técnicas de CAD quando necessário. Algumas construções geométricas são mais fáceis usando um sistema CAD, mas para a maioria dos casos a dificuldade é a mesma. A diferença é que você estará usando ferramentas atualizadas.

Para técnicas de esboço, tenha em mente que seu esboço deve manter as relações geométricas. Por exemplo, linhas que parecem perpendiculares em um esboço serão interpretadas como perpendiculares, a menos que sejam cotadas de outro modo. É possível usar o símbolo ⊥ como indicativo que duas linhas devem ser perpendiculares. Do mesmo modo, elementos que pareçam ser tangentes em um esboço são assumidos deste modo, a menos que apresentem uma notação diferente na cotagem e nas notas.

Primitivas geométricas – como pontos, retas, círculos e arcos – são elementos básicos com os quais você deve estar familiarizado quando fizer esboços ou usar um programa CAD. A compreensão da geometria de um desenho permitirá a construção de esboços claros e geometricamente precisos utilizando sistemas CAD.

■ 4.1 PONTOS E LINHAS

Um *ponto* representa uma localização no espaço ou em um desenho e não tem largura, altura ou profundidade. Em um esboço, um ponto é representado pela interseção de duas linhas, por uma pequena barra transversal sobre uma linha, ou uma pequena cruz. O ponto nunca é representado por uma simples marca no papel com a ponta do lápis, uma vez que são mais facilmente mal interpretados e tornam o esboço sujo e amador. Exemplos de esboços de pontos são mostrados na Figura 4.1.

Uma *linha* foi definida por Euclides como "a que tem comprimento sem largura". Uma linha reta é a menor distância entre dois pontos e é comumente referida apenas como uma linha. Se a linha se estender indefinidamente, você pode desenhar o comprimento da sua conveniência e deixar suas extremidades sem marcação. Quando as extremidades são indicadas em uma linha com pequenas barras transversais, é então determinado um segmento desta linha. Os termos comumente usados para descrever as linhas são ilustrados na Figura 4.2.

Conjuntos de linhas retas ou curvas são *paralelas* se a menor distância de cada ponto de uma linha à outra linha for constante. O símbolo comumente utilizado para representar linhas paralelas é ||, e para linhas perpendiculares é ⊥. A maioria dos sistemas CAD permite especificar que duas linhas serão perpendiculares usando algum tipo de ferramenta de *snap*; permite ainda o traçado de linhas paralelas passando em um ponto ou a uma distância específica de uma outra linha. No esboço, a indicação de que duas linhas são perpendiculares pode ser feita através de um quadrado desenhado junto ao ponto de interseção das linhas.

■ 4.2 ÂNGULOS

Um *ângulo* é formado por duas linhas que se interceptam. O símbolo ∠ é normalmente utilizado para indicar um ângulo. A medida de um ângulo é geralmente expressa em graus. Existem 360 graus (360º) em uma circunferência (Figura 4.3).

Um grau é dividido em 60 minutos (60') e um minuto é dividido em 60 segundos (60"). O ângulo designado por 37º 26' 10" é lido como 37 graus, 26 minutos e 10 segundos. Para indicar apenas minutos, coloca-se 0º em frente do número de minutos, como em 0º 30'. Os ângulos também podem ser medidos em graus decimais, por exemplo 45,20º. Outros sistemas, tais como grados e radianos, também são usados para medir ângulos.

Diferentes tipos de ângulos são ilustrados na Figura 4.3. Dois ângulos são ditos complementares se somam 90 graus e são suplementares se somam 180 graus. Os ângulos podem ser desenhados por aproximação, utilizando um transferidor, ou com um programa CAD quando um desenho de precisão é necessário. Os sistemas CAD especificam o ângulo exato para uma linha usando uma variedade de métodos, por exemplo graus decimais, graus, minutos, e segundos; radianos, grados e rumo.

FIGURA 4.1 Pontos.

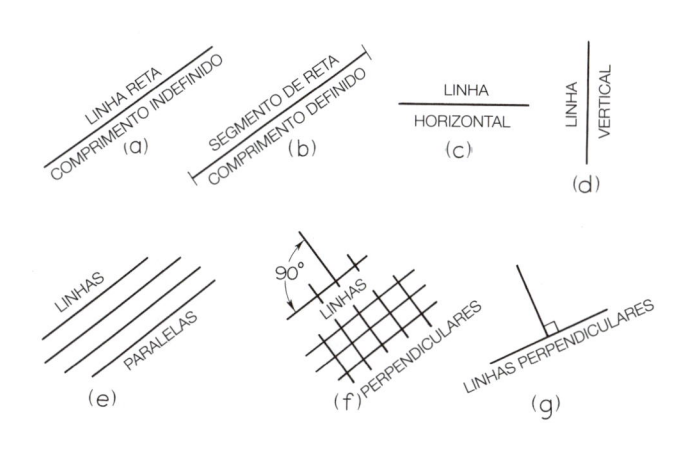

FIGURA 4.2 Linhas.

4.3 TRIÂNGULOS

Um *triângulo* é uma figura plana limitada por três lados retos. A soma dos ângulos internos de um triângulo é sempre 180 graus. Um triângulo retângulo tem um ângulo de 90 graus, e o quadrado da hipotenusa é igual à soma do quadrado dos outros dois (catetos). Qualquer triângulo inscrito em um semicírculo é um triângulo retângulo e a hipotenusa coincide com o diâmetro. Essa informação pode ser útil em esboços e construções. Exemplos de triângulos são mostrados na Figura 4.4.

4.4 QUADRILÁTEROS

Um *quadrilátero* é uma figura plana limitada por quatro lados retos. Se os lados opostos são paralelos, o quadrilátero é também um *paralelogramo*. Alguns quadriláteros são mostrados na Figura 4.5.

4.5 POLÍGONOS

Um *polígono* é uma figura plana limitada por linhas retas. Se o polígono tem ângulos e lados iguais, é denominado *polígono regular*. Alguns polígonos são mostrados na Figura 4.6.

FORMAS INSCRITAS E CIRCUNSCRITAS

Os polígonos regulares são freqüentemente descritos e dimensionados por sua característica de inscrição ou circunscrição em um círculo. Exemplos de polígonos inscritos e circunscritos são mostrados na Figura 4.7. Se uma forma hexagonal tal como a cabeça de um parafuso está inscrita em um círculo, o diâmetro do círculo será a medida entre os vértices opostos do hexágono. Se é circunscrito ao círculo, o diâmetro do círculo é a distância entre os lados dos opostos do hexágono.

4.6 CÍRCULOS E ARCOS

Um *círculo* é uma curva fechada em que todos os pontos estão a uma mesma distância de um ponto denominado centro. A expressão *circunferência* se refere à linha que limita o círculo. O comprimento da circunferência é igual ao seu diâmetro multiplicado por π (chamado pi, que é igual a aproximadamente 3,1416). Outros elementos do círculo estão ilustrados na Figura 4.8.

4.7 CONSTRUÇÕES E CAD

A maioria dos sistemas CAD têm um conjunto de ferramentas que lhe permite encontrar rapidamente e com facilidade o ponto médio de um segmento ou arco, ou desenhar uma linha perpendicular ou paralela a outra linha. Essas operações básicas não serão descritas aqui. Construções complexas, entretanto, requerem uma série de passos, a criação de uma geometria de construção precisa, ou funções que o sistema CAD não pode fornecer. Nesses casos, o entendimento dos métodos de construção básica é

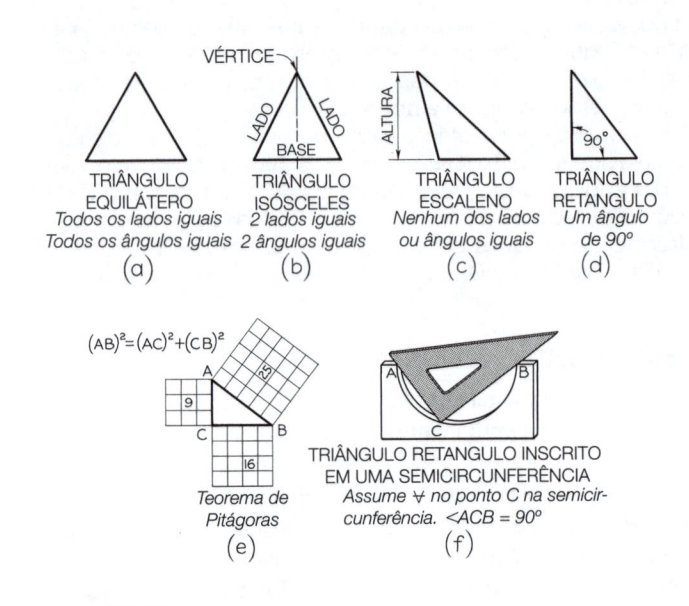

FIGURA 4.3 Ângulos.

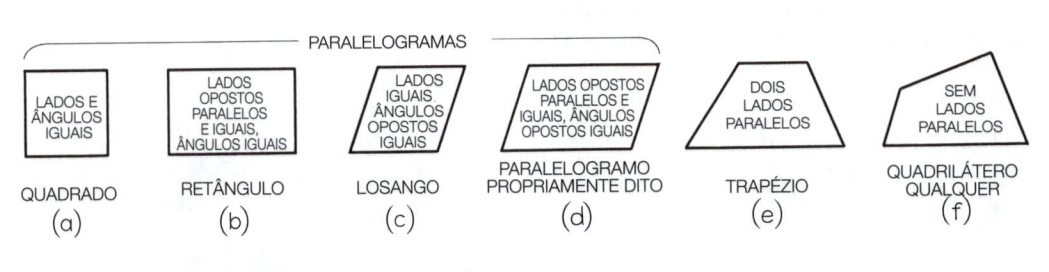

FIGURA 4.4 Triângulos.

FIGURA 4.5 Quadriláteros.

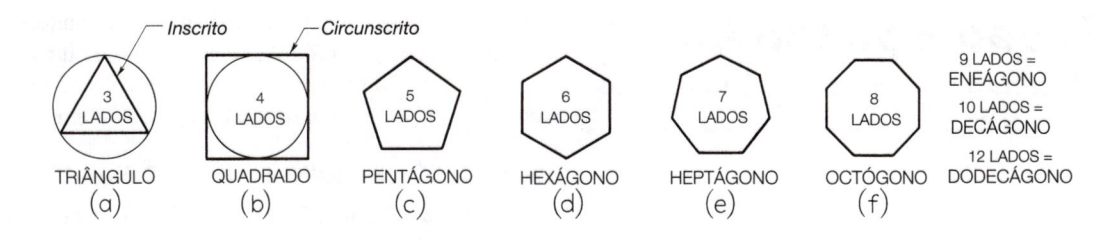

FIGURA 4.6 Polígonos regulares.

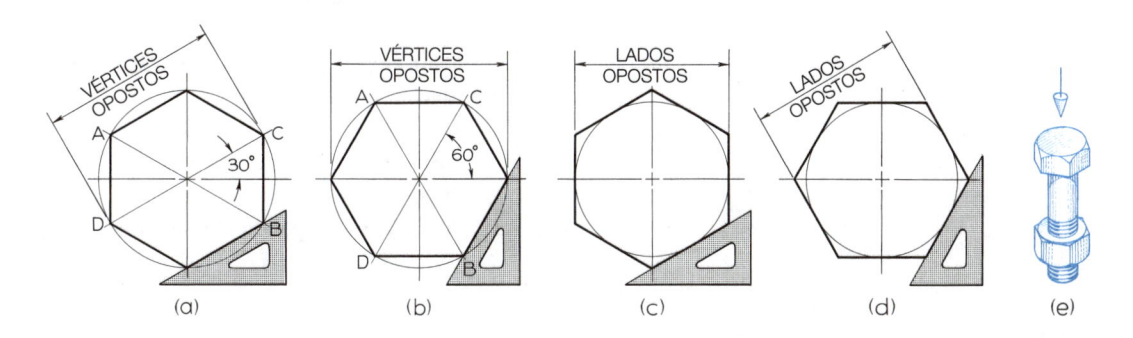

FIGURA 4.7 Hexágonos inscritos e circunscritos.

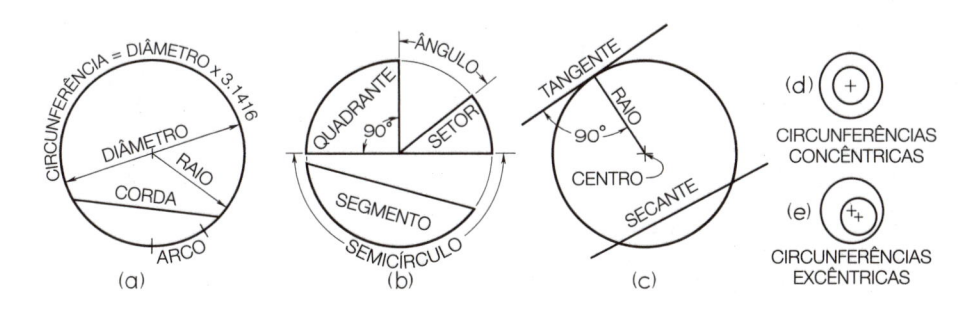

FIGURA 4.8 O círculo/a circunferência.

útil. Os exemplos a seguir apresentam ferramentas para o desenho manual. Você pode relacioná-las com qualquer sistema CAD que estiver usando. Para propósito de esboço é fundamental o entendimento da geometria implícita no esboço, mas não há necessidade de grande precisão. Se necessário, você pode usar símbolos ou notas para maior clareza do esboço.

4.8 TRAÇANDO UM TRIÂNGULO DADAS AS MEDIDAS DOS LADOS

Sejam os lados a, b e c, como na Figura 4.9:

I. Desenhe um dos lados, por exemplo c. Desenhe um arco com raio igual ao lado a.
II. Desenhe um segundo arco com raio igual ao lado b.
III. Desenhe os lados a e b a partir da interseção dos arcos.

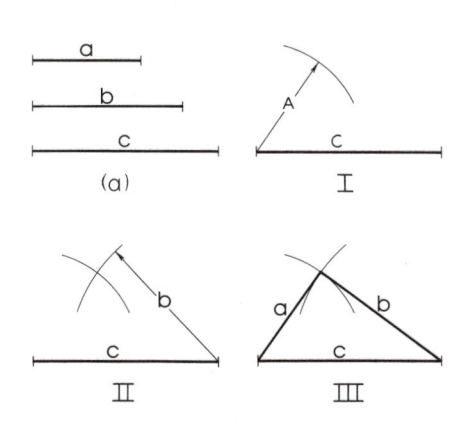

FIGURA 4.9 Traçando um triângulo dados os lados.

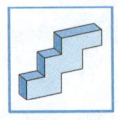

Passo a passo 4.1
Obtendo a bissetriz de um ângulo

A figura da direita mostra o ângulo BAC a ser dividido.

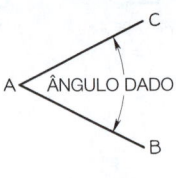

1. Crie um arco de raio grande r.

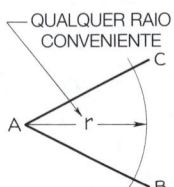

2. Crie arcos com raios r' ligeiramente maiores que metade do segmento BC, para se encontrarem em D.

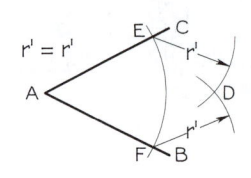

3. Crie a linha AD, que é a bissetriz do ângulo.

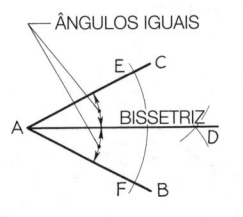

Um triângulo também pode ser definido pelas medidas de dois lados e o ângulo entre eles, ou pela medida de um lado e os dois ângulos adjacentes. Uma vez que estas são construções facilmente executadas usando um sistema CAD ou um transferidor, não serão apresentadas.

4.9 TRAÇANDO UM TRIÂNGULO RETÂNGULO DADOS A HIPOTENUSA E UM LADO

Para desenhar um triângulo retângulo conhecendo-se a hipotenusa e um dos lados, como na Figura 4.10, desenhe um semicírculo com o diâmetro $\overline{AB}$ igual ao lado dado s. Usando A como centro e a medida de r como raio, desenhe um arco ou círculo que intercepta o primeiro semicírculo em C. Desenhe os segmentos de reta $\overline{AC}$ e $\overline{CB}$ para completar o triângulo retângulo.

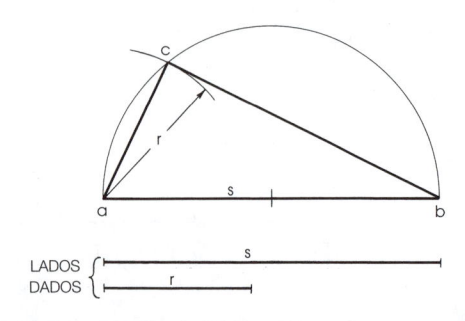

4.10 CONSTRUINDO UMA MEDIATRIZ

Uma *mediatriz* é uma *linha perpendicular* que divide um segmento em duas partes iguais. Esta é uma construção muito útil porque a mediatriz de qualquer corda de um círculo passa no seu centro. A Figura 4.11 mostra um segmento $\overline{AB}$ a ser dividido em duas partes iguais por uma linha perpendicular.

I. Com centro em A e em B, desenhe arcos iguais com raio maior que a metade de $\overline{AB}$.
II. Una os pontos de interseção dos arcos (D e E) através de uma reta. A linha DE intercepta o segmento $\overline{AB}$ em C, seu ponto médio.
III. A linha DE será a perpendicular no ponto médio de $\overline{AB}$.

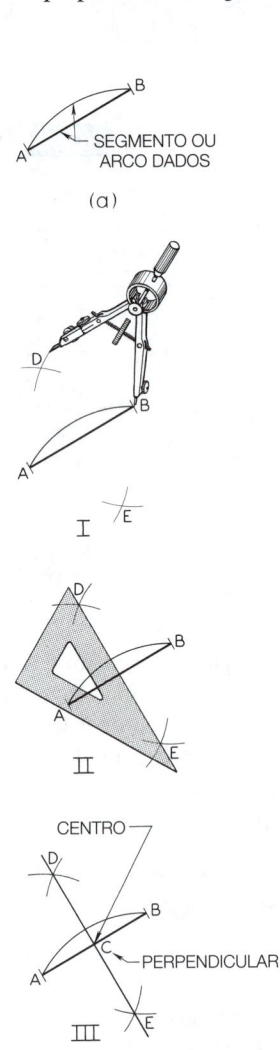

FIGURA 4.10 Traçando um triângulo retângulo.

FIGURA 4.11 Dividindo um segmento de reta e um arco de circunferência em duas partes iguais.

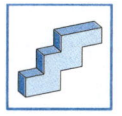

Passo a passo 4.2
Dividindo um segmento em partes iguais

1. Desenhe uma linha de construção vertical em um dos extremos do segmento dado.

2. Fixe o zero da escala no outro extremo do segmento.

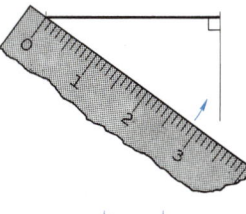

3. Gire a escala até que o número de divisões necessárias coincida na linha vertical (por exemplo, três unidades para dividir em três partes).

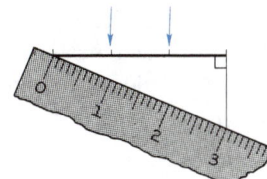

4. Faça marcas leves em cada posição.

5. Desenhe linhas de construção verticais passando em cada posição.

A divisão de segmentos em partes iguais tem aplicação, por exemplo, para o desenho de (a) roscas de parafusos, (b) arranjo de estruturas e (c) degrau de escadas.

Dicas práticas
Partes proporcionais

Dividindo um segmento em partes proporcionais

Imagine que seja necessário dividir um segmento $\overline{AB}$ em três partes proporcionais a 2, 5 e 9.

Desenhe uma linha vertical no ponto B. Escolha uma escala conveniente para um total de 9 unidades e fixe o zero da escala em A.

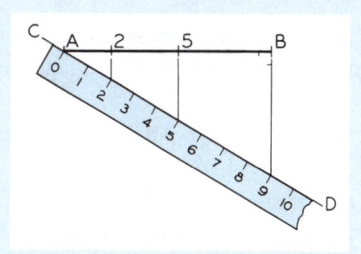

Rotacione a escala até que a nona unidade coincida com a linha vertical. Ao longo da escala, marque as posições correspondentes a 2, 5 e 9 unidades. Desenhe linhas verticais por esses pontos.

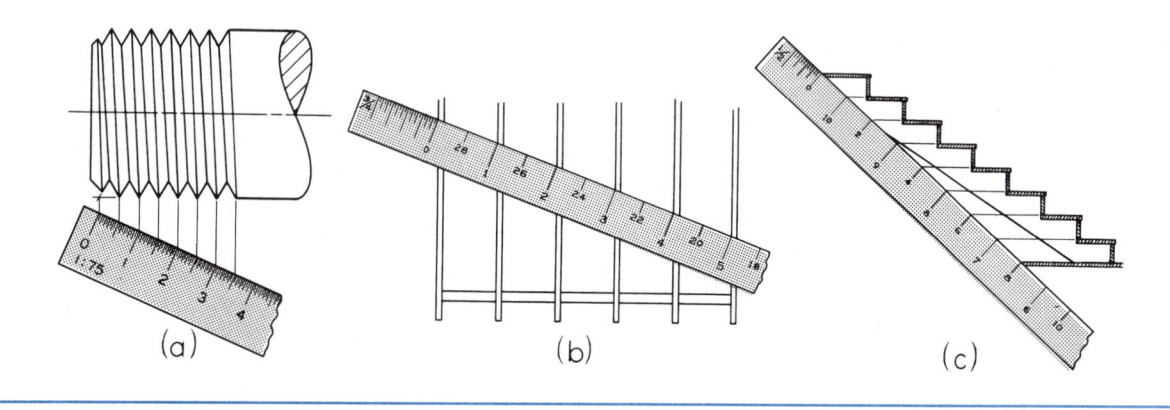

Os sistemas CAD permitem o traçado rápido de mediatrizes. Uma maneira de traçar a mediatriz é desenhar uma reta perpendicular ao segmento dado em um ponto qualquer. Depois, basta movê-la para o ponto médio do segmento usando uma ferramenta tal como *snap-to-midpoint*.

4.11 CONSTRUÇÃO DE CIRCUNFERÊNCIAS

A maioria dos sistemas CAD possuem ferramentas fáceis de usar para o traçado de uma circunferência que passe por três pontos, para determinar o centro de um círculo ou traçar uma tangente. A familiaridade com as seguintes construções de circun-

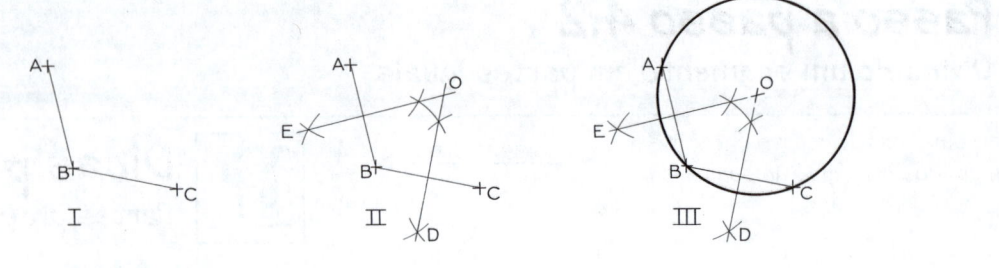

FIGURA 4.12 Traçando uma circunferência que passa por 3 pontos.

ferências podem ajudar a interpretar melhor os desenhos, a criar esboços à mão livre e a produzir a geometria em um sistema CAD com precisão.

UMA CIRCUNFERÊNCIA QUE PASSA POR TRÊS PONTOS

I. Sejam A, B e C três pontos dados, como na Figura 4.12. Desenhe os segmentos $\overline{AB}$ e $\overline{BC}$, que serão cordas do círculo.
II. Trace as mediatrizes EO e DO que se interceptam no ponto O.
III. Com centro em O e raio $\overline{OA}$, $\overline{OB}$ ou $\overline{OC}$, desenhe a circunferência que passa pelos pontos dados.

O CENTRO DE UM CÍRCULO

Por princípio, qualquer triângulo retângulo inscrito em uma circunferência determina um semicírculo. Desenhe uma corda qualquer $\overline{AB}$, preferencialmente horizontal, como na Figura 4.13. Construa perpendiculares em A e B, que interceptam a circunferência em D e E. A interseção entre DB e EA se dá no centro do círculo.

Outro método é desenhar quaisquer duas cordas não-paralelas e traçar suas mediatrizes. A interseção entre as mediatrizes será o centro do círculo.

■ 4.12 TANGÊNCIA

Linhas, circunferências e arcos de um mesmo plano são ditos *tangentes* quando têm apenas um ponto comum, mesmo que necessitem ser prolongados. Podemos comprovar se uma reta é tangente a uma circunferência ou arco, prolongando-a. Se, quando prolongada, a reta ainda interceptar a circunferência ou arco em apenas um ponto, é uma tangente. Caso contrário, a reta é secante. Figuras tridimensionais também são tangentes a uma reta se a tocarem em apenas um ponto. A Figura 4.14 mostra exemplos de tangentes na geometria bi e tridimensional.

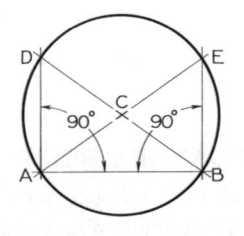

FIGURA 4.13 O centro de uma circunferência.

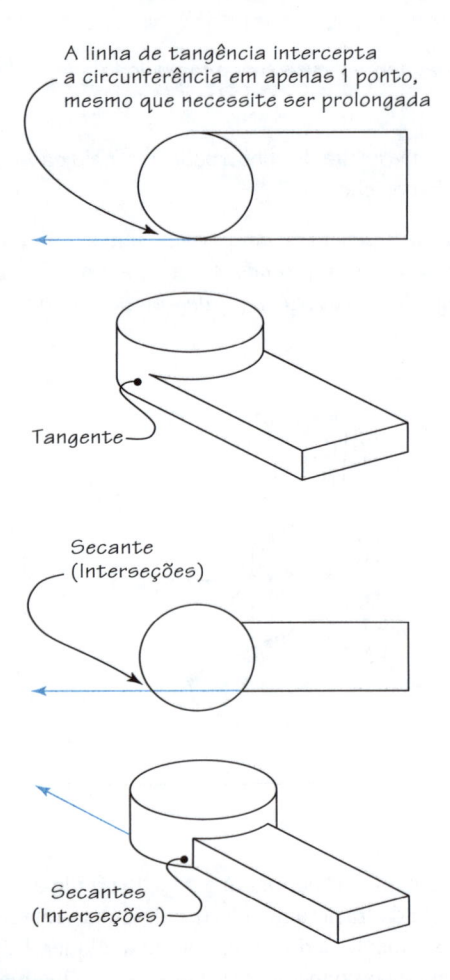

FIGURA 4.14 Tangência.

Dada uma reta tangente a uma circunferência ou um arco, uma *reta radial* (linha que passa pelo centro do círculo) é perpendicular à reta tangente no ponto de tangência.

DESENHANDO UMA TANGENTE A UMA CIRCUNFERÊNCIA QUE PASSA EM UM PONTO DETERMINADO

Conforme mostra a Figura 4.15, dada uma reta AB e um ponto P pertencente à reta, uma circunferência de raio r tangente a AB no ponto P pode ser desenhado da seguinte maneira:

I. Desenhar uma perpendicular à reta, no ponto P.
II. Com centro no ponto P, traçar um arco com raio r e marcar o ponto C na perpendicular.
III. Traçar o círculo com raio r e centro em C.

DESENHANDO UM ARCO TANGENTE A DUAS RETAS PERPENDICULARES

I. São dadas duas retas perpendiculares como na Figura 4.16.
II. Trace um arco com raio r que intercepta as retas dadas nos pontos de tangência T.
III. Com o mesmo raio e tomando os pontos T como centros, trace os arcos que se interceptam em C.
IV. Com centro em C e raio r, o arco tangente às retas pode então ser traçado.

Muitos programas de CAD possuem o comando *fillet* que possibilita o traçado de arcos tangentes a retas e arcos rapidamente. Entender essas técnicas pode ajudar a desenvolver a habilidade em esboços, mesmo que não seja necessário construir uma geometria CAD.

DESENHANDO UM ARCO TANGENTE A DUAS RETAS QUE FORMAM ENTRE SI ÂNGULO AGUDO OU OBTUSO

I. Sejam duas retas que se interceptam não perpendicularmente, como na Figura 4.17.
II. Trace retas paralelas às retas dadas a igual distância, r, entre elas. A interseção dessas retas, C, será o centro do arco tangente.
III. Em C, trace perpendiculares às retas dadas para determinar os pontos de tangência T.
IV. Com centro em C e com o raio r, trace o arco tangente às retas.

TRAÇANDO UM ARCO TANGENTE A DOIS ARCOS

I. São dados os arcos com centros A e B e o raio r, como na Figura 4.18.
II. Com A e B como centros, trace arcos concêntricos aos arcos dados com raios iguais aos dos arcos dados acrescidos de r; a interseção C é o centro do arco tangente procurado.
III. Trace retas dos centros AC e BC para determinar os pontos de tangência T e trace o arco tangente entre os pontos de tangência.

TRAÇANDO ARCOS TANGENTES CONCORDANTES EM UMA CURVA.

Esboçe uma curva suave, como mostrada na Figura 4.19. Determine o radio r e o centro C que produzirá o arco AB que se aproxima daquela porção da curva. Os demais centros, D, E e assim por diante, estarão nas retas que unem os centros com os pontos de tangência.

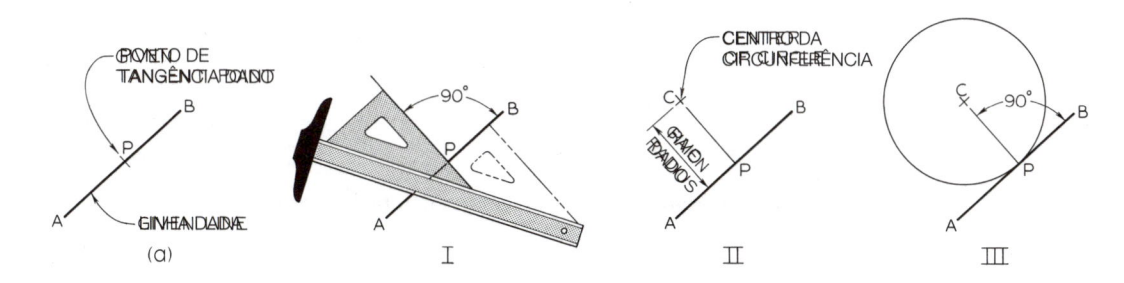

FIGURA 4.15 Traçando uma circunferência tangente a uma reta.

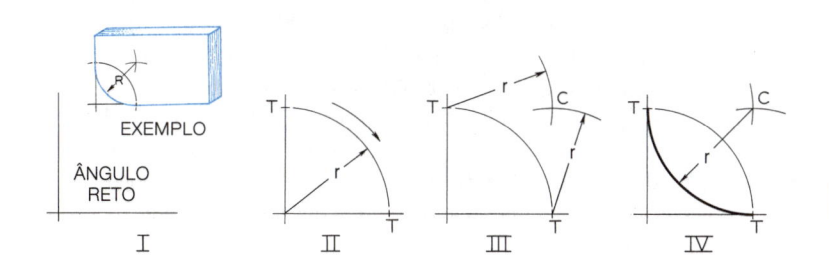

FIGURA 4.16 Traçando um arco tangente a duas retas ortogonais.

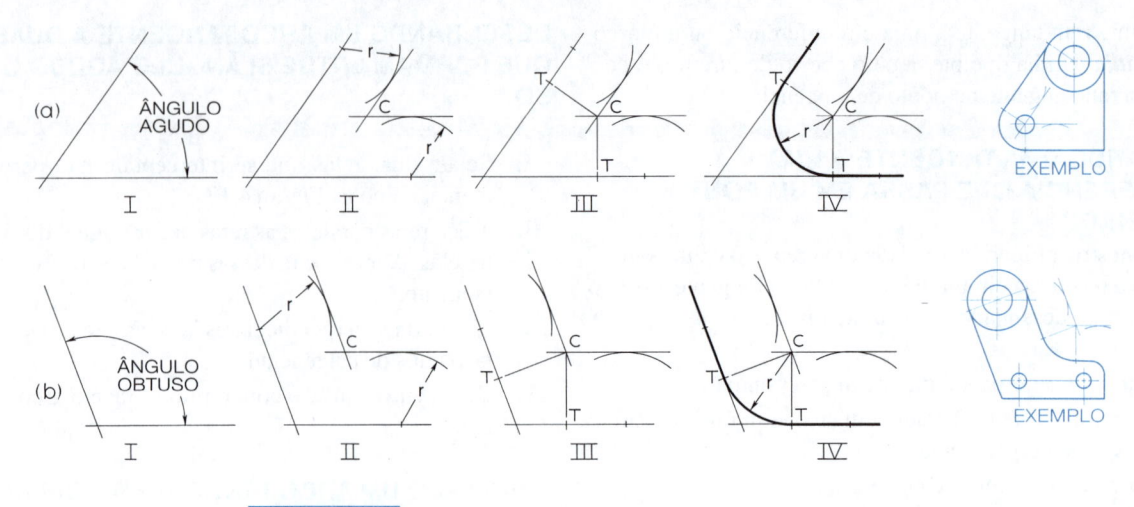

FIGURA 4.17 Traçando arcos tangentes.

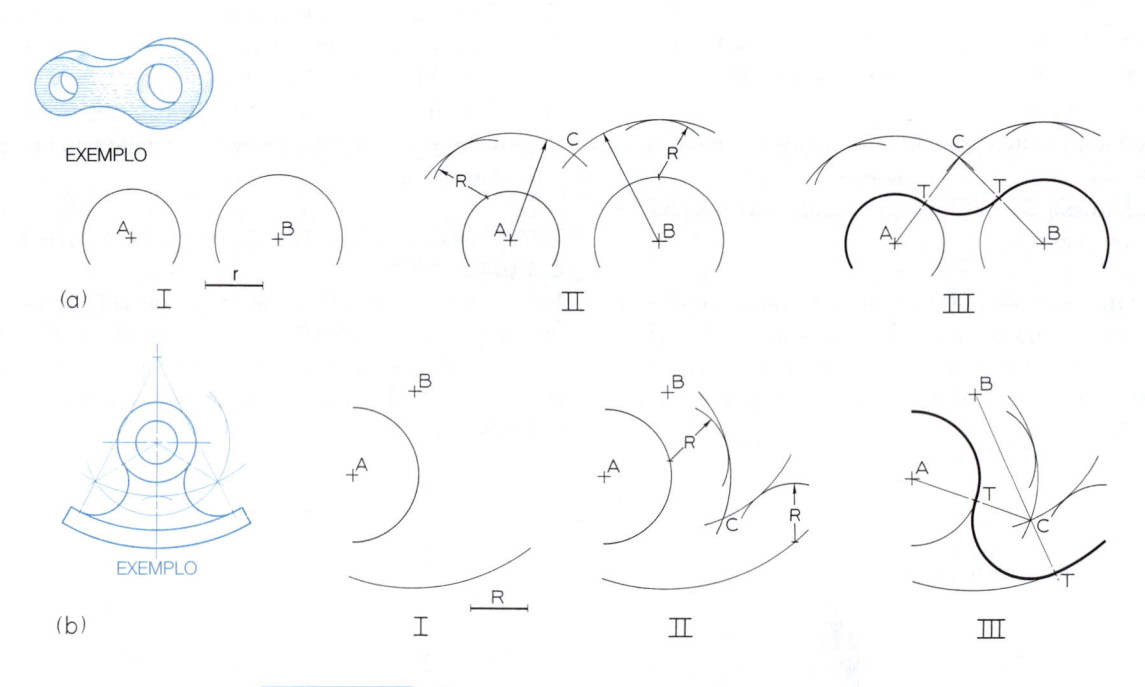

FIGURA 4.18 Traçando um arco tangente a dois outros arcos.

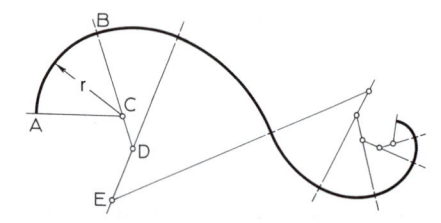

FIGURA 4.19 Traçando uma curva formada para uma série de arcos concordantes.

TRAÇANDO UMA CURVA "ARCO DE GOLA" CONCORDANTE COM DUAS LINHAS PARALELAS

Curvas que concordam com duas retas paralelas são denominadas "arco de gola" se cada uma tiver 90 graus como medida do ângulo central. A Figura 4.20a mostra as linhas paralelas NA e BM. Para desenhar um arco de gola, trace a reta AB e escolha T como ponto de inflexão (no ponto médio de $\overline{AB}$ para dois arcos iguais). Em A e B, trace as perpendiculares AF e BC e, a seguir, as mediatrizes de $\overline{AT}$ e $\overline{BT}$. As interseções F e C entre as mediatrizes e as perpendiculares são os centros dos arcos tangentes.

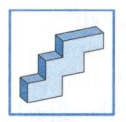

Passo a passo 4.3
Traçando arcos tangentes

Um arco tangente a uma reta e passando em um ponto:

Sejam dados a reta AB, o ponto P e o raio r:

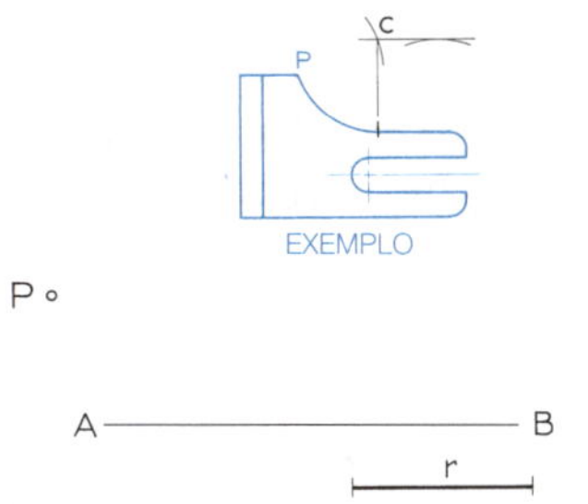

1. Trace a reta DE paralela e distante de r da reta dada.

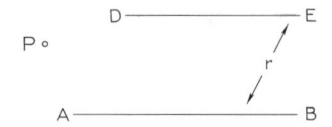

2. De P, trace um arco com raio r. O ponto onde o arco intercepta a reta DE será o centro do arco tangente.

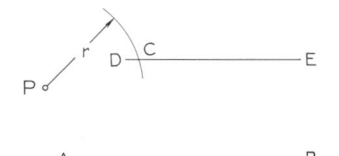

3. Trace o arco tangente usando C como centro.

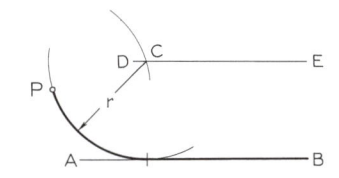

Um arco tangente a uma reta e passando em um ponto:

Sejam dados a reta AB, o ponto de tangência Q na reta e o ponto P.

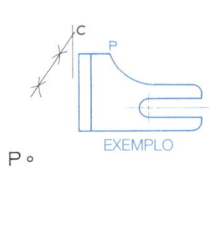

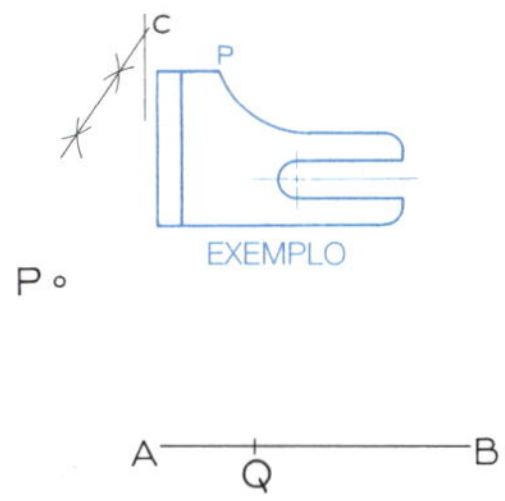

1. Trace o segmento $\overline{PQ}$ que será uma corda do arco.

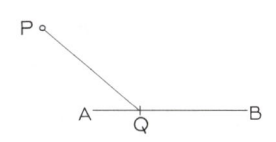

2. Trace a mediatriz DE de $\overline{PQ}$, e uma perpendicular à reta AB em Q, determinando o ponto F.

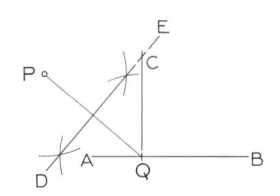

3. Trace o arco tangente usando F como centro.

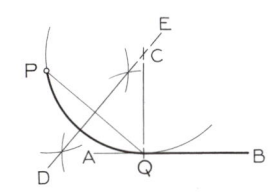

Um arco tangente a um arco e passando em um ponto.

Sejam dados um arco com centro Q, o ponto P e o raio r.

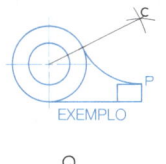

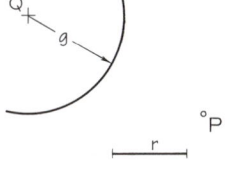

1. Com centro em P, trace um arco com raio r.

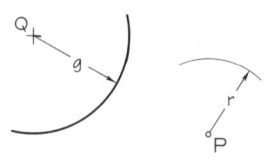

2. Com centro em Q, trace um arco com raio igual ao do arco dado mais r.

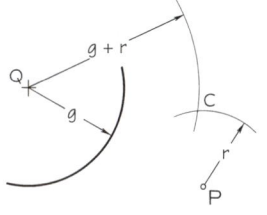

3. A interseção C dos dois arcos é o centro do arco tangente procurado

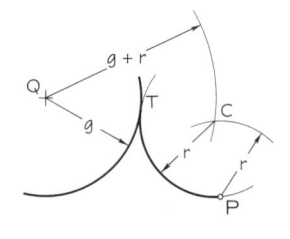

No exemplo da Figura 4.20b, AB e CD são duas linhas paralelas, o ponto B é um extremo da curva e r, o raio dado. Em B, trace uma perpendicular a AB, com $\overline{BG}$ igual a r, e trace o arco como exemplificado. Trace a reta SP paralela a CD a uma distância r. Com centro em G, trace um arco de raio 2r, que intercepta SP em O. Desenhe a perpendicular OJ para localizar o ponto tangente J e una os centros G e O para localizar o ponto de tangência T. Usando os centros G e O e o raio r, trace os dois arcos tangentes.

Dicas práticas
Esboçando em diferentes superfícies

Agora que você aprendeu as técnicas para o esboço de ângulos e curvas, é necessário praticá-las em um caderno, em folhas sem margens ou em papel quadriculado. Você precisará ser capaz de traçar esboços limpos em diferentes superfícies. Se você tem acesso a uma lousa ou quadro-branco, pratique o desenho de esboços na posição vertical traçando desenhos maiores com linhas nítidas, usando giz e canetas apropriadas para quadro-branco. Mantenha o marcador apontado para traçar linhas mais finas, como linhas invisíveis e de centro.

CONCORDANDO DUAS RETAS CONCORRENTES

Sejam dadas AB e CD como na Figura 4.20c, duas retas concorrentes. Trace uma reta perpendicular a $\overline{AB}$ em B. Marque o ponto G na perpendicular de modo que $\overline{BG}$ seja igual ao raio desejado e trace o arco. Trace a perpendicular a CD em C e faça $\overline{CE}$ igual a $\overline{BG}$. Una G e E e trace a sua mediatriz. A interseção F da mediatriz e da perpendicular CE prolongada é o centro do segundo arco. Una os centros dos dois arcos para localizar o ponto tangente T, o ponto de inflexão da curva.

4.13 CONSTRUINDO UMA ELIPSE

Uma elipse é gerada por um ponto que se move, de modo que a soma das suas distâncias, em cada posição, a dois pontos fixos do plano (os focos) é constante e igual ao eixo maior da curva. O eixo maior de uma elipse é o seu eixo principal e o eixo menor é o eixo secundário (Figura 4.21). Os focos E e F são determinados traçando-se arcos com raio igual ao semi-eixo principal com centro em um dos extremos do eixo secundário. Também pode ser determinado traçando-se um semicírculo com o eixo principal como diâmetro, a reta GH paralela ao eixo principal e as retas GE e HF paralelas ao eixo secundário. Uma elipse pode ser desenhada utilizando-se um lápis laçado por um cordão, com fixação nos focos E e F e, a partir de C, um dos extremos do eixo menor, mover o lápis ao longo da maior órbita possível enquanto o cordão é mantido tensionado.

4.14 ENCONTRANDO OS EIXOS DE UMA ELIPSE DADOS OS DIÂMETROS CONJUGADOS

Os diâmetros conjugados $\overline{AB}$ e $\overline{CD}$ e a elipse são dados, como na Figura 4.22a. Com a interseção O dos diâmetros conjugados (centro da elipse) como centro e um raio qualquer conveniente, trace uma circunferência que intercepte a elipse em 4 pontos. Una estes pontos com linhas retas. O resultado será um retângulo cujos lados são paralelos aos eixos principal e secundário da elipse. Trace os eixos $\overline{EF}$ e $\overline{GH}$ paralelos aos lados do retângulo.

Quando apenas a elipse é dada, como na Figura 4.22b, use o seguinte método para encontrar o centro da elipse: primeiro, trace um retângulo ou paralelogramo circunscrito à elipse. Trace as diagonais que se interceptam no centro O e localize os eixos de modo similar à Figura 4.22a.

Quando os diâmetros conjugados $\overline{AB}$ e $\overline{CD}$ são dados (Figura 4.22c), use o seguinte método: trace uma circunferência com centro em O e diâmetro $\overline{CD}$. Pelo centro O e perpendicular a $\overline{CD}$, trace uma reta EF. Nos pontos E e F (onde esta perpendicular intercepta a circunferência), trace as retas FA e EA, determinando o ângulo FÂE. Trace a bissetriz AG desse ângulo. O eixo principal $\overline{JK}$ será paralelo a essa bissetriz, e o eixo secundário $\overline{LM}$ será perpendicular a ele. O comprimento da $\overline{AH}$ será a metade do eixo principal e $\overline{HF}$, a metade do secundário. Os eixos principal e secundário são $\overline{JK}$ e $\overline{LM}$, respectivamente.

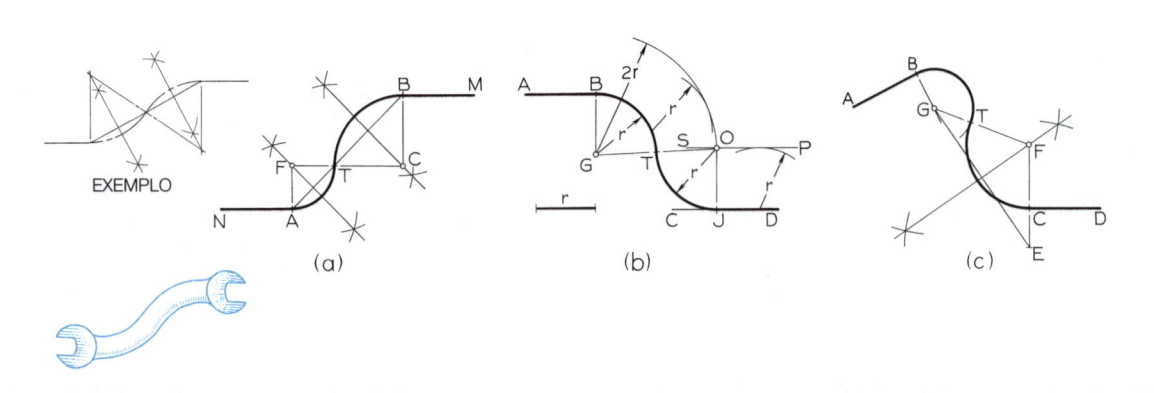

FIGURA 4.20 Arcos concordantes com duas retas paralelas.

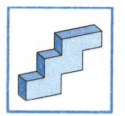

CAPÍTULO 4 • CONSTRUÇÕES GEOMÉTRICAS E FUNDAMENTOS DO MODELAMENTO

Passo a passo 4.4
Traçando um arco tangente a um arco e a uma linha reta

Arcos tangentes

Os passos para o traçado de arcos internos e externos são essencialmente os mesmos. As figuras da coluna da esquerda ilustram os passos para os arcos internos; a coluna da esquerda, para os arcos externos.

arcos internos   arcos externos

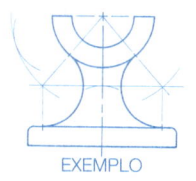

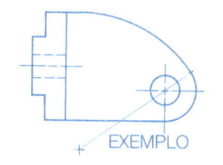

EXEMPLO   EXEMPLO

1. São apresentados dois exemplos com um arco de raio g e uma linha reta AB.

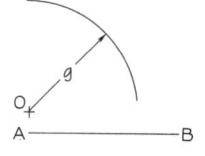

2. Trace uma reta e um arco paralelos à reta AB e ao arco dado, à distância r, para interceptar em C, o centro procurado.

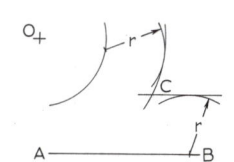

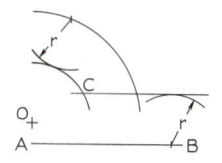

3. Por C, trace uma perpendicular a AB para determinar o ponto de tangência T. Una os centros C e O com uma reta para encontrar o outro ponto de tangência.

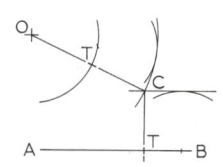

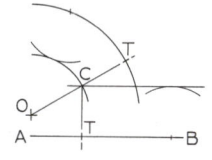

4. Com o centro C e o raio r, trace o arco tangente procurado entre os pontos de tangência.

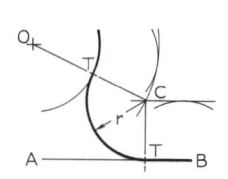

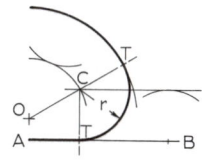

Traçado à mão livre

Quando você está esboçando à mão livre, escureça primeiro as curvas e depois as retas de conexão. É mais fácil concordar os arcos esboçados com uma reta do que desenhar uma curva precisa concordando com as retas.

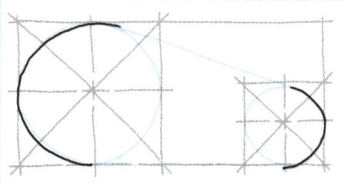

Escureça primeiro as curvas 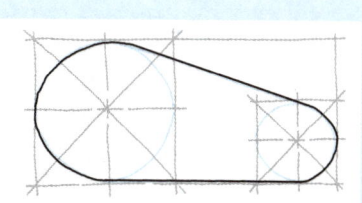   Escureça as retas tangentes

Passo a passo 4.5
Traçando curvas tangentes

Siga os passos abaixo para aprender como traçar uma curva tangente a três retas que se interceptam duas a duas.

1. Sejam dadas as retas AB, BC e CD.

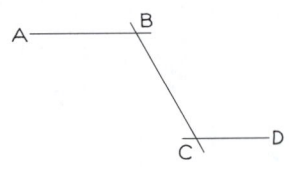

2. Escolha um ponto de tangência P qualquer na reta BC.

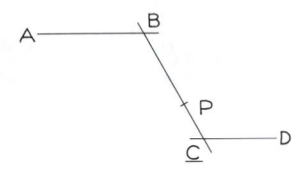

3. Trace $\overline{BT}$ igual a $\overline{BP}$, $\overline{CS}$ igual a $\overline{CP}$ e as perpendiculares nos pontos P, T e S.

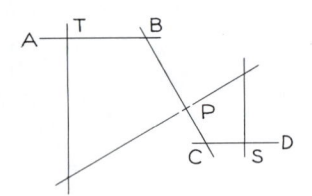

4. Suas interseções O e Q são os centros dos arcos tangentes procurados.

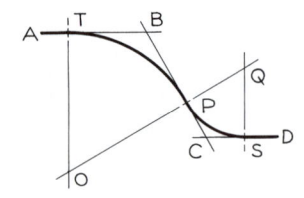

Outro exemplo de uma curva tangente a três retas que se interceptam é mostrado abaixo. O mesmo processo foi usado, mas apresentamos apenas o resultado final.

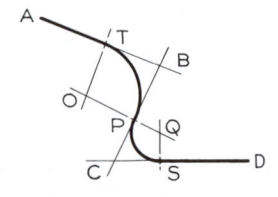

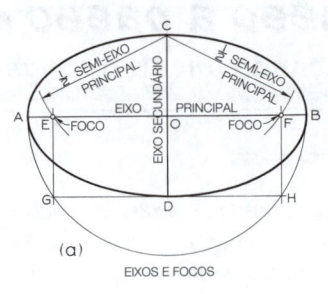

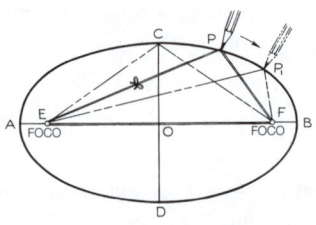

FIGURA 4.21 Construções da elipse.

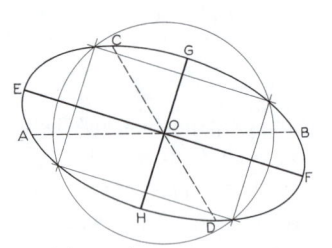

(a) EIXOS E FOCOS

(b) MÉTODO DO ALFINETE E CORDÃO

(a) OS DIÂMETROS CONJUGADOS E A ELIPSE SÃO DADOS

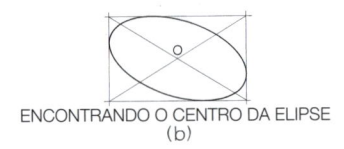

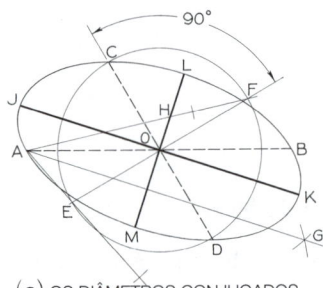

(b) ENCONTRANDO O CENTRO DA ELIPSE

(c) OS DIÂMETROS CONJUGADOS SÃO DADOS

FIGURA 4.22 Determinando os eixos de uma elipse.

■ 4.15 TRAÇANDO UMA TANGENTE A UMA ELIPSE

CONSTRUÇÃO PELO CÍRCULO CONCÊNTRICO

A Figura 4.23 mostra como desenhar uma tangente a uma elipse. Para traçar uma tangente em qualquer ponto de uma elipse, tal como E, encontre a interseção (V) da ordenada traçada em E com a circunferência circunscrita à elipse. Trace a tangente ao círculo circunscrito em V e prolongue até interceptar o prolongamento do eixo principal em G. A reta GE é a tangente procurada.

Para traçar uma tangente de um ponto exterior à elipse, tal como o ponto P, trace a ordenada PY e prolongue-a. Determine a interseção da ordenada DP com o eixo principal em X. Trace a reta FX e prolongue até interceptar a ordenada que passa em P, no ponto Q. Por semelhança de triângulos, $\overline{QY}:\overline{PY} = \overline{OF}:\overline{OD}$. Trace uma tangente ao círculo passando em Q, encontre o ponto de tangência R e trace a ordenada em R para interceptar a elipse em Z. A reta ZP é a tangente procurada. Para verificação do traçado, considere que as tangentes RQ e ZP devem interceptar-se em um ponto do prolongamento do eixo principal. Duas tangentes à elipse podem ser traçadas do ponto P.

■ 4.16 DESENHANDO UMA FALSA ELIPSE

Para muitos propósitos, particularmente onde apenas é necessária uma pequena elipse, o método da aproximação por circunferência e arco pode ser satisfatório. Alguns sistemas CAD não traçam elipses verdadeiras; em vez disso, usam este método. O método da falsa elipse é mostrado na Figura 4.24.

Dados os eixos $\overline{AB}$ e $\overline{CD}$:

I. Trace a linha AC. Com centro em O e raio $\overline{OA}$, trace o arco AE. Com centro em C e raio $\overline{CE}$, trace o arco EF.
II. Trace a mediatriz GH de $\overline{AF}$; os pontos K e J nos quais a mediatriz intercepta os eixos são os centros dos arcos.
III. Encontre os centros M e L fazendo $\overline{OL} = \overline{OK}$ e $\overline{OM} = \overline{OJ}$. Usando os centros K, L, M e J, trace os arcos circulares, como mostrado. Os pontos de tangência T estão na interseção dos arcos com as retas que unem os centros.

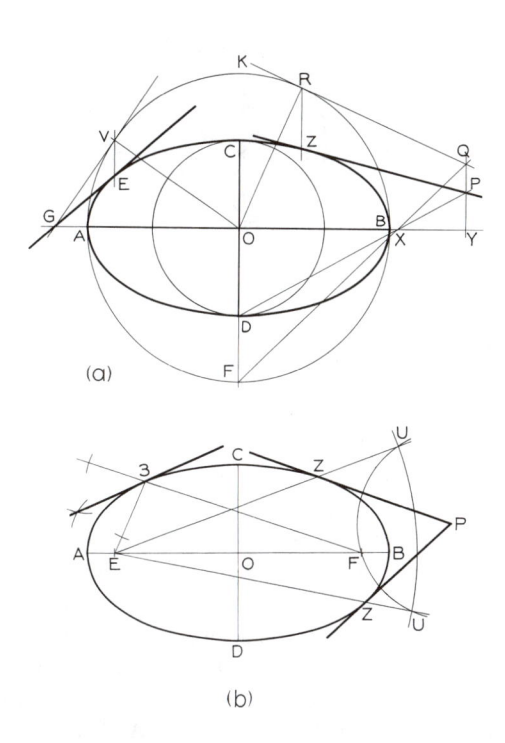

FIGURA 4.23 Tangentes a uma elipse.

■ 4.17 DESENHANDO UMA ESPIRAL DE ARQUIMEDES

Para encontrar pontos na curva, desenhe retas que passam no pólo C, formando ângulos iguais entre si, tais como ângulos de 30 graus, como na Figura 4.25. Começando em qualquer uma das retas, marque uma distância qualquer, tal como 2 mm, a partir de C. Na reta seguinte, marque duas vezes a distância estabelecida, três vezes na terceira reta, e assim por diante. Desenhe a curva que passa nos pontos determinados.

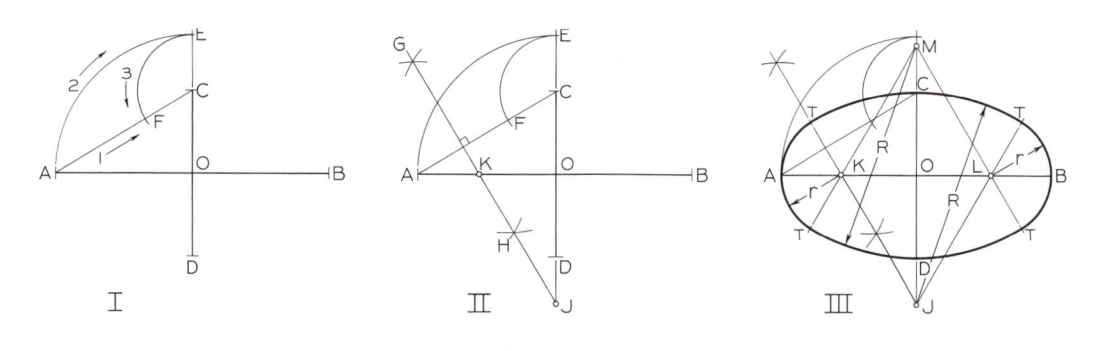

FIGURA 4.24 Traçando uma falsa elipse.

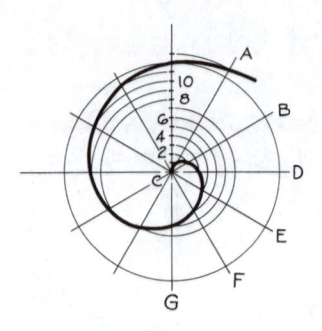

FIGURA 4.25 Espiral de Arquimedes.

■ 4.18 DESENHANDO UMA HÉLICE

Uma **hélice** é a curva gerada por um ponto que se move em torno e ao longo da superfície de um cilindro ou cone, com uma velocidade angular uniforme em torno do eixo e uma velocidade linear uniforme na direção do eixo. Uma hélice cilíndrica é geralmente conhecida apenas como hélice. A distância entre dois pontos da curva medida paralelamente ao eixo após uma revolução é denominada passo. A hélice encontra muitas aplicações na indústria, como roscas de parafusos, rosca sem fim, transportadores, escadas helicoidais, entre outras. As faixas do poste de barbearia estão dispostas helicoidalmente. Formas helicoidais podem ser criadas usando-se máquinas de Comando Numérico, movendo a ferramenta de corte nas direções X, Y e Z ao mesmo tempo.

Se a superfície cilíndrica na qual a hélice é gerada for planificada, a hélice transforma-se em uma linha reta, como mostrado na Figura 4.26a. A porção abaixo da hélice é, assim, um triângulo retângulo, onde sua altura é igual ao passo da hélice: a medida da base é igual ao comprimento da circunferência do cilindro. Uma hélice desse tipo pode ser definida como a menor linha na superfície de um cilindro que une dois pontos que não pertençam à mesma geratriz.

Para traçar a hélice, primeiro desenhe duas vistas do cilindro no qual a hélice será gerada, como na Figura 4.26b. Divida a circunferência da base em um número qualquer de partes iguais.

Dicas práticas
Usando gabaritos de elipses

Gabaritos de plástico delgado podem ser usados para economizar tempo no desenho de elipses. Os gabaritos são identificados de acordo com o ângulo que uma circunferência é inclinada para gerar a elipse.

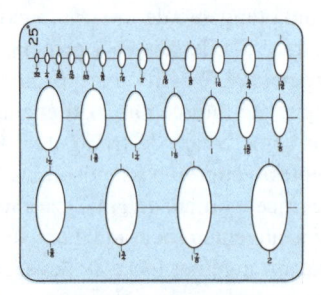

GABARITO DE ELIPSES

Os gabaritos de elipses estão geralmente disponíveis com elipses a intervalos de 5 graus, tal como 15 graus, 20 graus e 25 graus. Neste exemplo, o ângulo entre a linha visual e o plano da circunferência é em torno de 49 graus. Neste caso, você poderia usar um gabarito de elipse de 50 graus, visto que possuem forma bem próxima. Os gabaritos de 50 graus fornecem uma variedade de tamanhos de elipses; selecione a que melhor se ajusta à sua curva.

Se o ângulo da elipse não pode ser facilmente determinado, você pode sempre encontrar uma elipse que tenha as medidas dos eixos principal e secundário aproximados aos da elipse a ser desenhada.

Na vista retangular do cilindro, marque a medida do passo, divida-o no mesmo número de partes iguais que a base e numere as divisões (16 neste caso). Quando o ponto gerador tiver se movido 1/16 avos da distância em torno do cilindro, ele terá subido

(a)   (b)   (c) UMA HÉLICE SINISTRÓGIRA   (d)

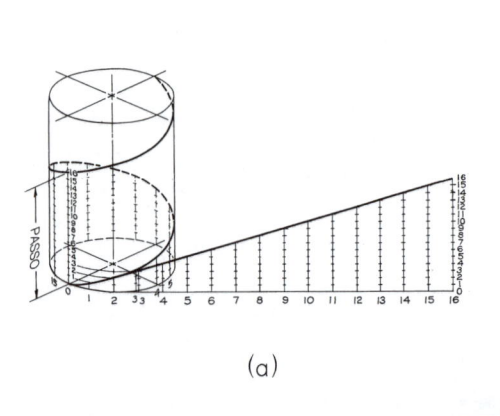

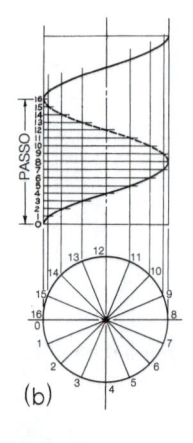

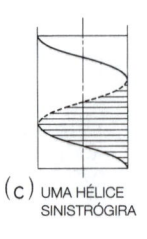

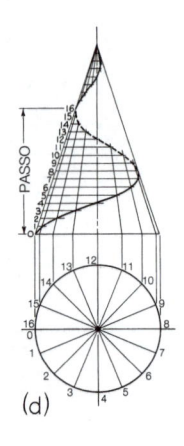

FIGURA 4.26 Hélice.

1/16 avos do passo; quando estiver a meio caminho em torno do cilindro, terá subido a metade do passo, e assim por diante. Os pontos na hélice são encontrados projetando-se cada ponto da vista transversal (circular) na vista de lateral (retangular) 1-1, 2-2, e assim por diante.

A hélice da Figura 4.26b é dita destrógira. O ponto que descreve a curva, no seu movimento, desloca-se para a frente e para a direita. Na hélice sinistrógira, (Figura 4.26c), as porções visíveis da hélice aparecem na direção oposta. No desenho, uma hélice destrógira pode ser convertida em sinistrógira apenas alternando as linhas visíveis e os escondidas.

A construção de uma hélice cônica destrógira é mostrada na Figura 4.26d.

■ 4.19 DESENHANDO UMA EVOLVENTE

Uma *evolvente* é a curva gerada por um ponto em uma linha que se desenrola em torno de um segmento de reta, um polígono, ou uma circunferência. A evolvente de um circunferência é usada na construção de dentes de engrenagem. Nesse sistema, a evolvente forma a face e uma parte do flanco dos dentes da engrenagem; os contornos dos dentes de cremalheiras são linhas retas.

DESENHAR A EVOLVENTE DE UM SEGMENTO DE RETA

Considere $\overline{AB}$ o segmento dado. Com $\overline{AB}$ como raio e B como centro, trace o semicírculo AC (Figura 4.27a). Com $\overline{AC}$ como raio e A como centro, trace o semicírculo CD. Com $\overline{BD}$ como raio e B como centro, trace o semicírculo DE. Continue, do mes-

DESENHAR A EVOLVENTE DE UM CÍRCULO

Você pode pensar em um círculo como um polígono com um número infinito de lados (Figura 4.27d). A evolvente é construída dividindo-se a circunferência em um número qualquer de partes iguais e traçando-se uma tangente em cada ponto de divisão. Ao longo de cada tangente, marque o comprimento do arco circular correspondente. Desenhe a curva desejada passando pelos pontos que você determinou nas diversas tangentes.

Uma evolvente pode ser gerada por um ponto em um segmento que é enrolado em uma circunferência fixa (Figura 4.27e). Os pontos na curva podem ser determinados tomando-se as medidas 0-1, 1-2, 2-3, e assim por diante, ao longo da circunferência e traçando-se uma tangente em cada ponto de divisão. Assim, procede-se como explicado para a Figura 4.27d.

■ 4.20 DESENHANDO UMA CICLÓIDE

Uma *ciclóide* pode ser gerada por um ponto P na circunferência de um círculo que rola, sem deslizamento, ao longo de uma linha reta.

Dada uma circunferência geradora e uma linha reta AB tangente à circunferência, marque as distâncias CA e CB iguais ao comprimento da semicircunferência do círculo. Divida essas distâncias e a semicircunferência em um mesmo número de partes iguais (seis, por exemplo) e numere consecutivamente, como na Figura 4.28. Suponha que o círculo role para a esquerda; quando o ponto 1 do círculo alcança o ponto 1' da reta, o centro da circunferência estará no ponto D, o ponto 7 será o ponto mais alto do círculo e o ponto gerador 6 estará na mesma distância da reta

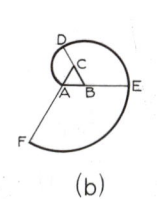

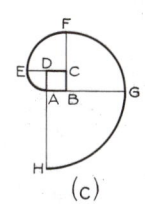

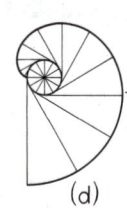

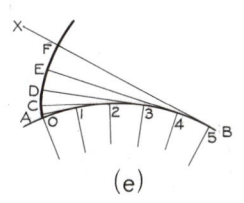

FIGURA 4.27 Evolventes.

mo modo, alternando os centros entre A e B, até que tenha completado o tamanho desejado para a figura.

DESENHAR A EVOLVENTE DE UM TRIÂNGULO

Considere ABC o triângulo dado. Com $\overline{CA}$ como raio e C como centro, trace o arco AD (Figura 4.27b). Com $\overline{BD}$ como raio e B como centro, trace o arco DE. Com $\overline{AE}$ como raio e A como centro, trace o arco EF. Continue do mesmo modo até que a figura esteja com o tamanho desejado.

DESENHAR UMA EVOLVENTE DE UM QUADRADO

Considere ABCD o quadrado dado. Com $\overline{DA}$ como raio e D como centro, trace um arco de 90 graus AE (Figura 4.27c). Proceda como para a evolvente do triângulo até que a figura tenha o tamanho necessário.

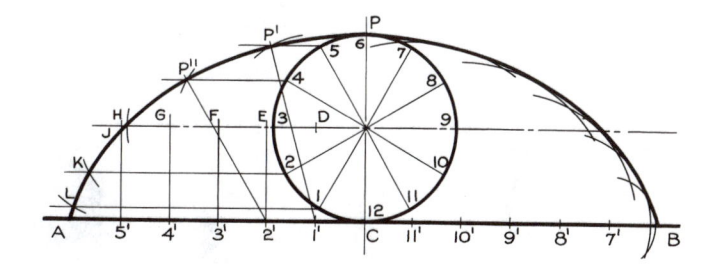

FIGURA 4.28 Ciclóide.

AB que o ponto 5 quando o círculo está em sua posição central. Para encontrar o ponto P', trace uma reta paralela a AB no ponto 5 e determine a sua interseção com um arco de centro D e raio igual ao do círculo gerador. Para encontrar o ponto P", trace uma reta paralela a AB no ponto 4 e determine a sua interseção com um arco de centro E e raio igual ao do círculo. Os pontos J, K e L são encontrados de maneira similar.

Um outro método que pode ser usado está ilustrado na metade direita da Figura 4.28. Com centro em 11' e raio igual à corda 11-6, trace um arco. Com 10' como centro e raio igual à corda 10-6, trace um outro arco. Continue do mesmo modo com centros 9', 8' e 7'. A ciclóide é a curva tangente a esses arcos.

Embora qualquer um dos dois métodos possa ser usado, o segundo é mais rápido. A reta que une o ponto gerador da curva e o ponto de contato do círculo com a reta AB é uma normal à ciclóide (pense no método usado para traçar os arcos tangentes no método anteriormente descrito). As retas 1'-P" e 2'-P', por exemplo, são normais. Essa propriedade torna a ciclóide apropriada para o contorno de dentes de engrenagens.

■ 4.21 EPICICLÓIDES E HIPOCICLÓIDES

Se o ponto gerador P está na circunferência do círculo que rola externamente ao longo de uma circunferência maior, a curva gerada é uma *epicicloide* (Figura 4.29a). Se o círculo rola internamente ao longo do lado côncavo de uma circunferência maior, a curva gerada é uma *hipocicloide* (Figura 4.29b). Essas curvas são desenhadas de modo similar à ciclóide e são usadas para gerar o traçado dos dentes de certos tipos de engrenagens; são, deste modo, de importância prática em projetos de máquinas.

■ 4.22 SÓLIDOS

Os sólidos limitados por superfícies planas são denominados *poliedros*. As superfícies são denominadas *faces*; se as faces são polígonos regulares e iguais, os sólidos são denominados *poliedros regulares* (Figura 4.30).

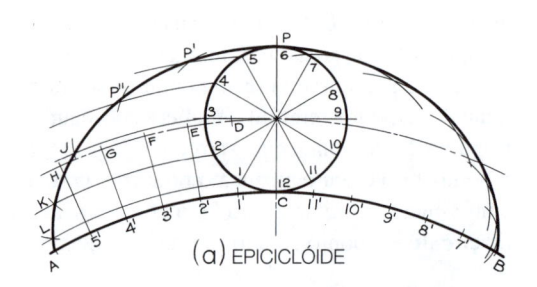

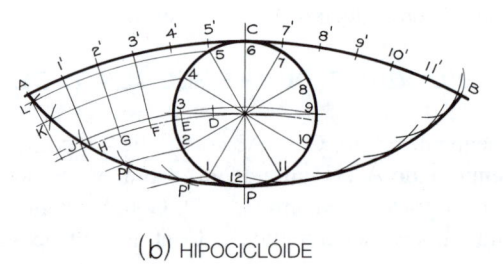

FIGURA 4.29 Epicicloide e hipocicloide.

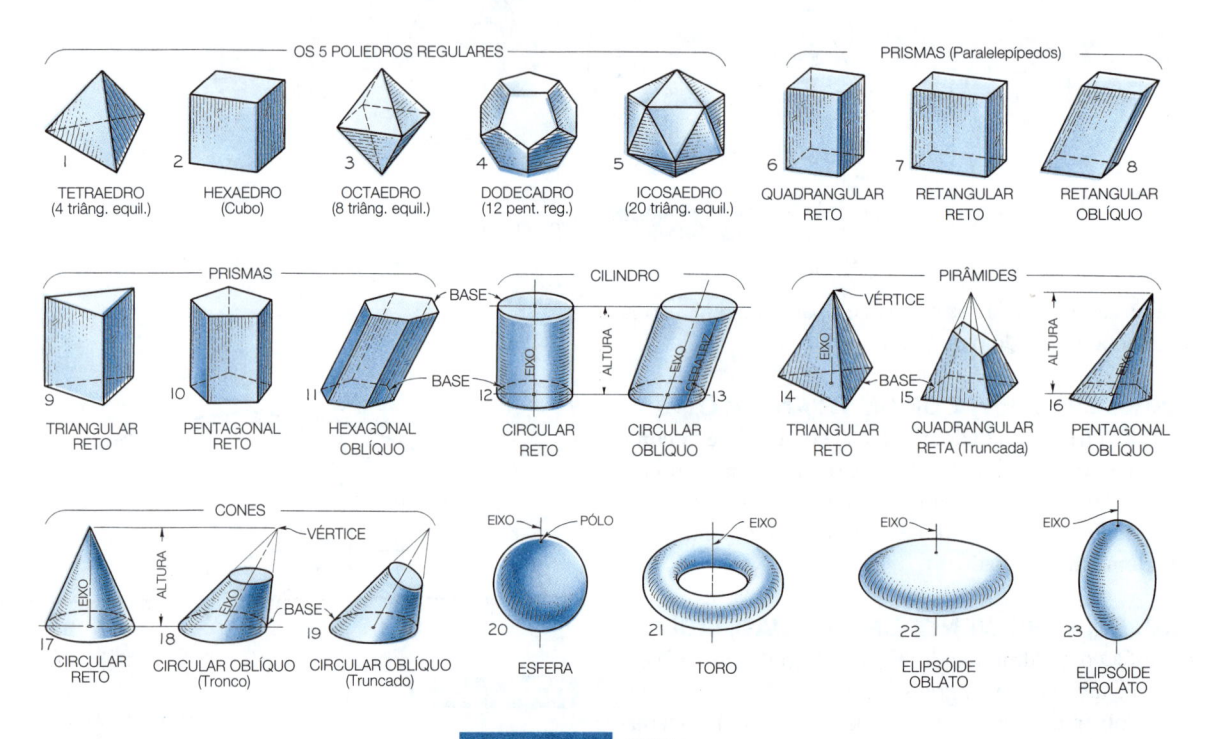

FIGURA 4.30 Sólidos.

Um *prisma* tem duas bases, que são polígonos iguais e paralelos, e três ou mais faces laterais, que são paralelogramos. Um prisma triangular tem bases triangulares, um prisma retangular tem bases retangulares, e assim por diante. Se as bases são paralelogramos, o prisma é um *paralelepípedo*. Um prisma reto tem faces e arestas laterais perpendiculares às bases; um prisma oblíquo tem faces e arestas laterais oblíquas em relação às bases. Se as bases não são paralelas, as arestas laterais não são todas do mesmo tamanho e o prisma é dito *truncado*.

Uma *pirâmide* tem um polígono para base e faces laterais triangulares que se interceptam em um ponto denominado *vértice*. A linha que une o centro da base ao vértice é o *eixo*. Se o eixo é perpendicular à base, a pirâmide é reta; de outro modo, é uma pirâmide oblíqua. Uma pirâmide triangular tem uma base triangular, uma pirâmide quadrada tem uma base quadrada, e assim por diante. Se uma porção próxima ao vértice for secionada, a pirâmide está truncada, ou é chamada de tronco de pirâmide.

Um *cilindro* é gerado por uma linha reta, denominada geratriz, que se move apoiada em uma curva e permanece sempre paralela à sua posição inicial ou ao eixo. Cada posição da geratriz é um elemento do cilindro.

Um *cone* é gerado por uma linha reta, geratriz, que se move apoiada em uma curva e em um ponto fixo. Cada posição da geratriz é um elemento do cone.

Uma *esfera* é gerada pela rotação de um círculo em torno de um dos seus diâmetros. Esse diâmetro torna-se o eixo da esfera, e os extremos do eixo são denominados *pólos*.

Um *toro* ou *toróide*, que é uma forma parecida com uma rosquinha, é gerado por um círculo (ou outra curva) que se gira em torno de um eixo excêntrico à curva.

Um *elipsóide oblato* ou *prolato* é gerado pela revolução de uma elipse em torno do seu eixo secundário (menor) ou principal (maior), respectivamente.

4.23 MODELAMENTO SÓLIDO

Os sistemas CAD que permitem *modelamento sólido* geralmente oferecem opções ou comandos para a criação de sólidos complexos usando formas *primitivas*, incluindo paralepípedos, prismas, cilindros, esferas, cones, toros e, em alguns casos, cunhas e pirâmides. A Figura 4.31 mostra exemplos de alguns sólidos gerados usando um sistema CAD. Muitos sistemas CAD também utilizam o comando *primitive* para a geração de sólidos regulares. Se não existe um comando específico para criar o sólido desejado, geralmente existe a opção de gerar objetos sólidos novos por processos de extrusão e revolução (ambos geralmente denominados sólidos de varredura).

Extrusão é o processo de fabricação que conforma o material através da passagem de material por uma abertura com o formato desejado. Você também pode considerar a extrusão como um deslocamento da seção transversal ao longo de um caminho para compor um volume sólido.

As formas que apresentem seção transversal constante ao longo de um eixo podem ser geradas através da extrusão. Alguns *softwares* CAD podem apenas fazer a extrusão de formas ao longo de um caminho em linha reta, enquanto outros podem traçar caminhos retos ou curvos. A maioria tem a opção de afinar o objeto que sofreu extrusão durante a geração. Um exemplo de um modelo sólido que sofreu extrusão é mostrado na Figura 4.32.

Revolução é o processo de geração de um sólido girando sua seção em torno de um eixo até compor o volume. A maioria dos sólidos que não podem ser gerados por extrusão podem ser gerados por revolução. A Figura 4.33 mostra um sólido gerado pela revolução de uma forma em 270 graus.

4.24 OPERADORES BOOLEANOS

Modelos sólidos complexos podem ser criados pela união de primitivas e de sólidos gerados por extrusão e revolução através de operadores booleanos. Os *operadores booleanos* foram estudados pelo matemático Charles Boole, no século XVIII. A maioria

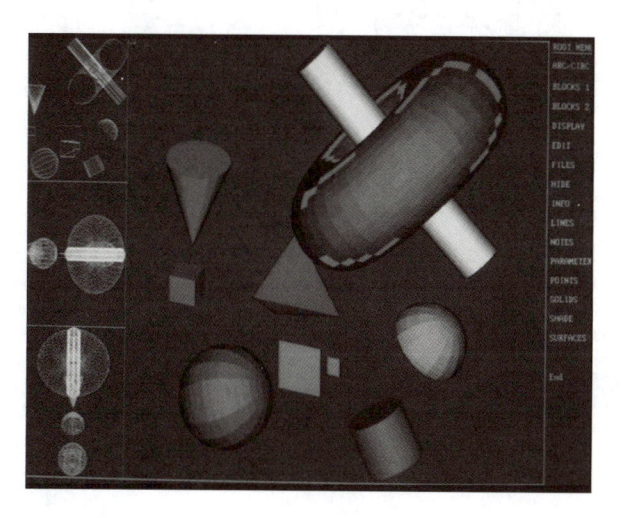

FIGURA 4.31 Sólidos gerados em um sistema CAD.

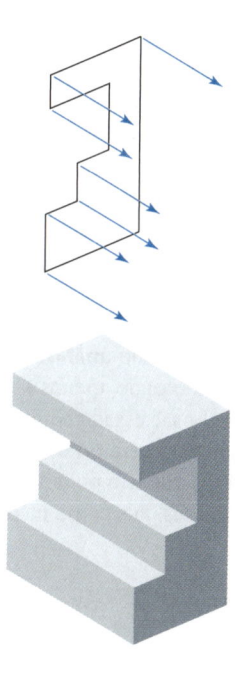

FIGURA 4.32 Sólido gerado por extrusão.

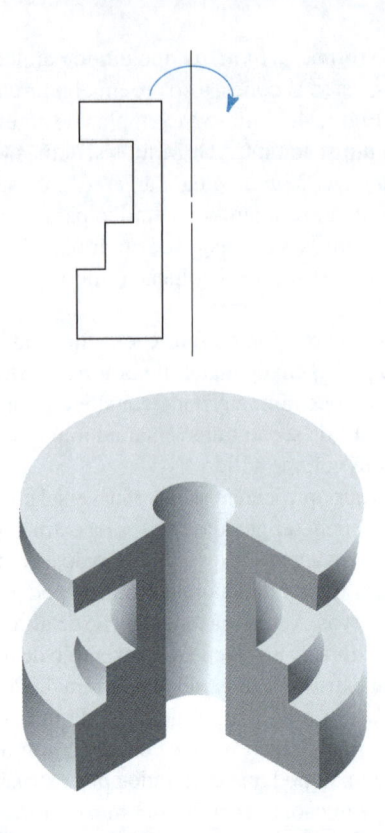

FIGURA 4.33 Sólido revolucionado.

dos programas CAD que permitem o modelamento de sólidos suporta três operadores booleanos: *união* (ou adição), *diferença* (ou subtração) e *interseção*. Os diagramas de Venn são freqüentemente usados para mostrar como as partes são unidas usando-se os operadores booleanos. A Figura 4.34 mostra o diagrama de Venn para a união, a diferença e a interseção. Operadores booleanos também podem ser usados para unir sólidos gerados por extrusão ou revolução de outros sólidos ou primitivas.

A união do sólido A e o sólido B determina um único novo sólido que é seu volume combinado sem qualquer duplicação onde eles foram sobrepostos. Efetuar a diferença entre o sólido A e o sólido B é similar a subtrair B de A. A ordem da operação faz a diferença no resultado (ao contrário da união). Para A diferença B, qualquer volume de B que se sobreponha ao sólido A é eliminado e tem como resultado um novo sólido. A interseção B resulta em um novo sólido onde apenas o volume comum a A e B é mantido. É possível usar essas primitivas, extrusão, revolução e operadores booleanos para criar modelos sólidos para diferentes objetos. Objetos que não podem ser criados deste modo são superfícies topográficas, tais como na fuselagem de automóveis e aviões.

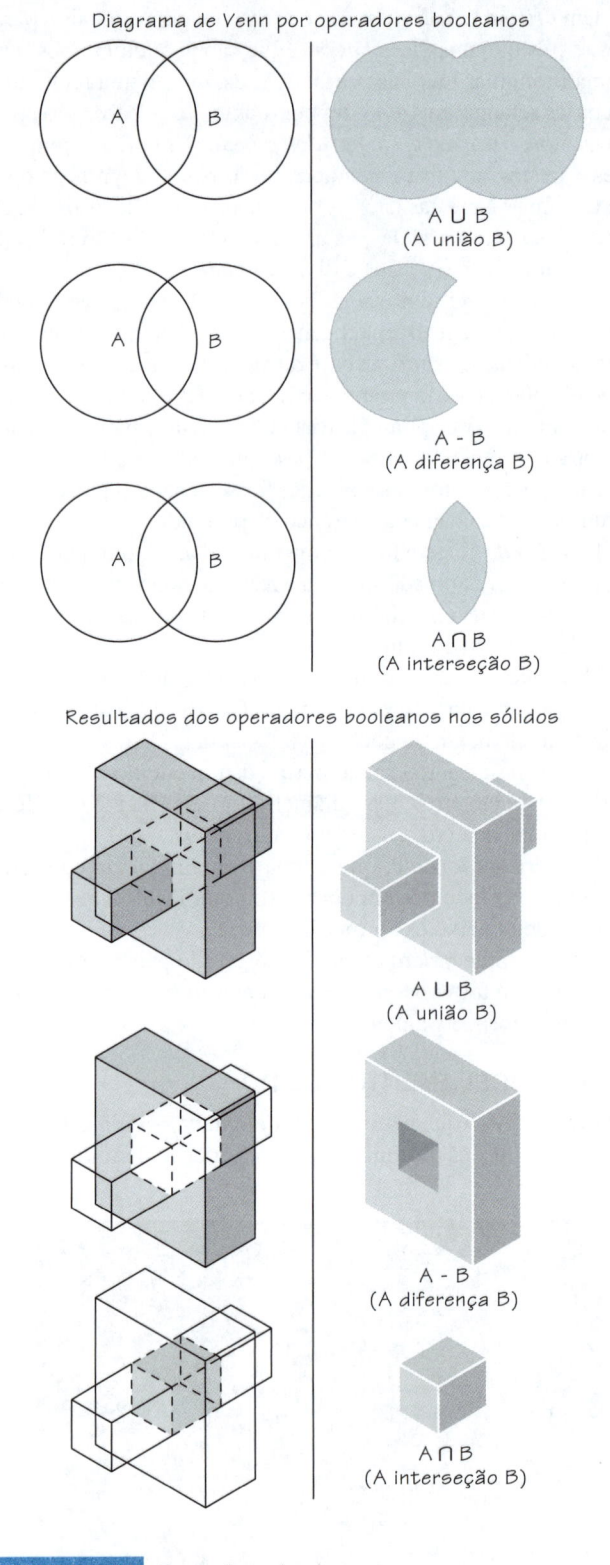

FIGURA 4.34 Operadores booleanos.

Mãos à obra 4.1
Usando operadores booleanos

Paralepípedo   Cone   Cilindro   Esfera   Cunha

Dadas as primitivas de modelamento sólido acima e os operadores booleanos para união, diferença e interseção, descreva os passos necessários para construir cada um dos sólidos à direita, ou use uma folha de papel para esboçar os passos como no exemplo abaixo.

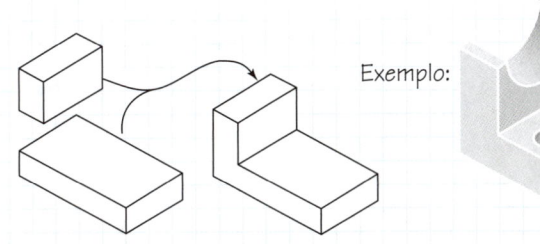

Exemplo:

Paralepípedo U Paralepípedo = Objeto 1

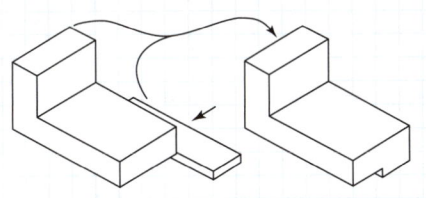

Objeto 1 U Paralepípedo = Objeto 2

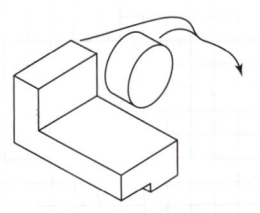

Objeto 2 - Cilindro = Objeto 3

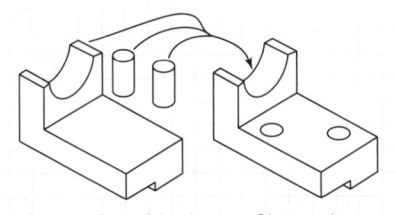

Objeto 3 - Cilindros = Objeto 4

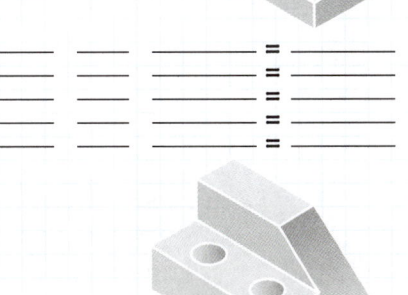

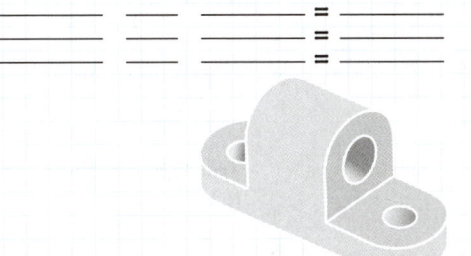

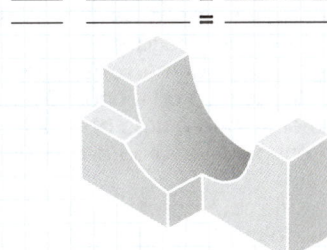

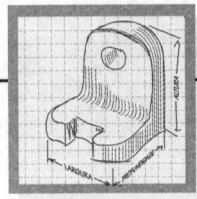

CAD EM SERVIÇO
Object Snaps

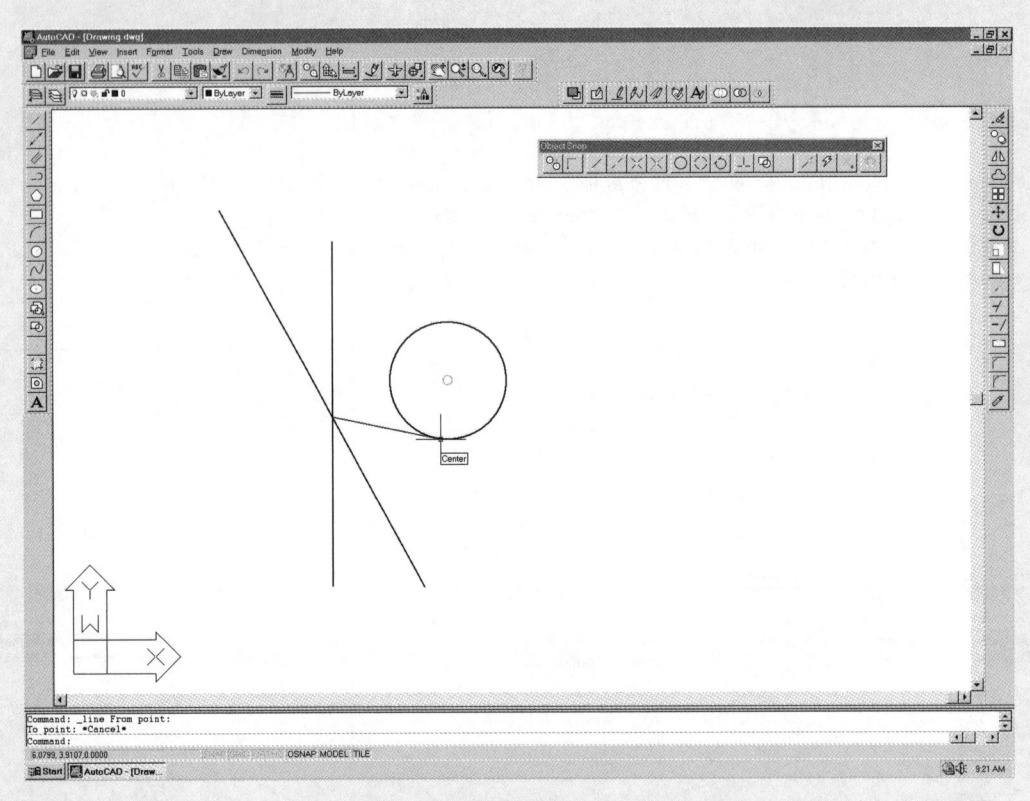

Traçando uma linha que possa pelo centro de um círculo, através do recurso 'Autosnap' do AutoCAD R.14.

PRECISÃO

Como no desenho com instrumentos, é muito importante construir com precisão seu desenho quando se usa um sistema CAD. Quando você está criando um desenho manualmente, a precisão de 1/40 avos da escala do desenho é considerada aceitável. Se o seu desenho é criado na escala de 1":400', as medidas tomadas no desenho devem estar dentro de mais ou menos 10 pés. Tenha em mente que, geralmente, não é uma boa idéia tomar medidas a partir do desenho. Em vez disso, deve-se ler as cotas fornecidas no desenho.

Crie seus desenhos usando o sistema CAD com precisão, de modo que possam ser úteis. Quando você imprimir os desenhos definitivos, a precisão do seu dispositivo de saída pode introduzir uma pequena variação. A maioria das impressoras apresenta uma precisão de, pelo menos, 1/300 de polegada e a maioria dos *plotters*, na faixa de 1/1000 de polegada.

OBJECT SNAPS

A maioria dos sistemas CAD oferecem uma ferramenta para criar e selecionar com precisão a geometria do desenho – chamada de "*object snaps*" em AutoCAD e algo similar na maioria dos outros *softwares*. Por exemplo, quando você quer encontrar o extremo exato de um segmento de reta ou arco, você pode selecionar a ferramenta "*object snap*" para "*endpoint*" e, então, clicar na linha ou arco. O programa CAD usará a informação armazenada no banco de dados do desenho para encontrar o ponto exato, e o cursor do sistema CAD será automaticamente movido para aquela posição.

Com a finalidade de criar desenhos precisos, você deve usar esta ferramenta ou algum outro método, tal como digitar as coordenadas exatas, para desenhar com precisão.

USANDO "*SNAPS*"

O AutoCAD Versão 14 para Windows fornece os seguintes *object snaps* que você pode usar para criar rapidamente a geometria do desenho com precisão:

Tracking — Desloca o cursor para o ponto imaginário de interseção de caminhos restringidos de x e y a partir de um ponto. A posição é determinada pela direção na qual você mo-

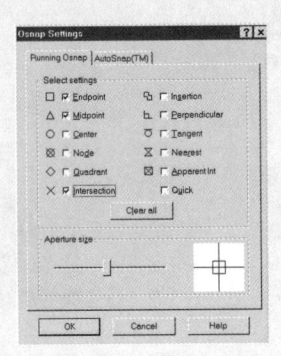

Caixa de diálogo das configurações do recurso Autosnap do AutoCAD R. 14

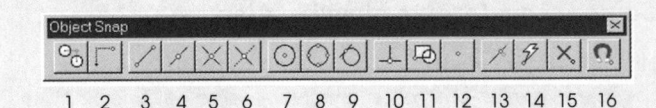

1	Tracking	9	Snap to Tangent
2	Snap to From	10	Snap to Perpendicular
3	Snap to Endpoint	11	Snap to Insertion
4	Snap to Midpoint	12	Snap to Node
5	Snap to Intersection	13	Snap to Nearest
6	Snap to Apparent intersection	14	Snap to Quick
7	Snap to Center	15	Snap to None
8	Snap to Quadrant	16	Object Snap Setting

	ve o cursor após especificar o primeiro ponto.
From	Estabelece um ponto de referência temporário a partir do qual outro ponto deverá ser selecionado.
Endpoint	Encontra os extremos de um elemento geométrico, tal como segmentos de retas e arcos.
Midpoint	Encontra o ponto médio de elementos geométricos.
Intersection	Encontra a interseção de dois elementos geométricos.
Apparent intersection	Encontra a interseção real ou visual (onde uma linha pode interceptar a outra no espaço 3-D).
Center	Encontra o centro de um arco, círculo ou elipse.
Quadrant	Encontra os pontos a 0, 90, 180 ou 270 graus (quadrantes) de um arco, círculo ou elipse.
Perpendicular	Desloca o cursor para o ponto que formaria um alinhamento perpendicular com outro objeto.
Tangent	Desloca o cursor para o ponto de um objeto que tangencia um outro objeto.
Node	Desloca o cursor para um ponto definido no desenho.
Insertion	Desloca o cursor para um ponto (ponto de inserção) onde foi inserido texto ou grupo de objetos chamados de *block*.
Nearest	Desloca o cursor para um ponto definido no desenho ou ponto de um objeto que esteja mais próximo do ponto relacionado.
Quick	Usado em conjunto com outros *object snaps* para encontrar o primeiro ponto selecionável em vez de um ponto mais próximo do centro do cursor, aumentando assim a velocidade de seleção.
Autosnap	Permite selecionar várias características para as quais se aplica o *object snap*. Durante a seleção, o marcador do Autosnap mostra na tela quando seu cursor está próximo de uma possível característica geométrica. Ao aceitar, a característica é selecionada. Autosnap pode ser ligado ou desligado para facilitar a seleção de outros pontos, se for necessário.

Object snaps são uma das mais importantes ferramentas que se deve aprender a aplicar quando se aprende a usar um sistema CAD. Através da construção da geometria exata, seus desenhos tornam-se modelos do seu projeto que podem ser usados para tomar medidas, determinar se as partes se encaixarão na montagem, calcular áreas, volumes e propriedades de massa.

Dicas práticas
Modelamento de sólidos

Comece com formas simplificadas

No início, utilize modelos sólidos mais genéricos. Não modele roscas pequenas e arredondamentos até o estágio final do projeto. Isso evita a necessidade de se fazer mudanças repetitivas e mantém o arquivo em tamanho menor, de modo que o trabalho se torne mais rápido.

Roscas de parafuso geralmente não são modeladas porque acrescentam grande complexidade ao arquivo CAD. São geralmente representadas de modo simplificado. As suas especificações são, via de regra, apresentadas em uma nota.

Uma vez que é uma boa prática sempre fazer backup dos seus arquivos em progresso, manter seus arquivos de trabalho em um tamanho gerenciável também ajuda a economizar tempo para fazer backups.

Use operações booleanas para economizar tempo modelando o sólido por partes

Usuários iniciantes em CAD geralmente não percebem a utilidade da operação booleana de interseção. Você pode economizar tempo criando muitas partes pela extrusão de vistas padronizadas na engenharia, interceptando-as posteriormente.

Por exemplo, primeiro desenhe a vista superior do objeto e faça sua extrusão para criar um sólido.

Desenhe a vista frontal e faça sua extrusão para criar um outro sólido. A interseção booleana desses dois sólidos provavelmente criará a forma de que você necessita.

Você também pode fazer a extrusão de três vistas, por exemplo, a superior, de frente e uma lateral, e interceptar as três para criar modelos mais complexos.

Tenha em mente que existem muitas formas que você pode ser capaz de modelar com este processo.

Dois sólidos a serem interceptados

Interseção booleana

PALAVRAS-CHAVES

ângulo	evolvente	paralelogramo	raio (linha radial)
ciclóide	extrusão	pirâmide	reta
cilindro	faces	poliedro	revolução
círculo	hélice	poliedro regular	tangente
circunferência	hipociclóide	polígono	toro
cone	interseção	polígono regular	triângulo
diferença	mediatriz	pólos	truncado
eixo	modelamento sólido	ponto	união
elipsóide oblato	operador booleano	primitiva	vértice
epiciclóide	paralela	prisma	
esfera	paralelepípedo	quadrilátero	

RESUMO DO CAPÍTULO

- O entendimento das técnicas e da terminologia das construções geométricas básicas é fundamental para o sucesso do desenho tradicional e do desenho por sistemas CAD.
- Todos os desenhos são constituídos por pontos, linhas, arcos e círculos de vários tamanhos e construídos segundo orientações específicas para cada um.
- As vantagem que o sistema CAD fornece para as construções geométricas está na precisão do desenho. Apenas você sabe onde um ponto, uma linha, um arco ou um círculo precisa ser desenhado. É do mesmo modo fácil criar um desenho com definições geométricas fracas usando um sistema CAD como à mão livre.
- É importante mostrar as tangências corretamente em seus desenhos manuais e em desenhos feitos por sistemas CAD.

- As técnicas de modelamento sólido usando sistemas CAD requerem o conhecimento dos sólidos geométricos e dos operadores booleanos. Usando boas estratégias, você pode criar modelos sólidos mais eficientes usando sistemas CAD.

■ QUESTÕES DE REVISÃO

1. Como é possível dividir um segmento em partes iguais manualmente? E usando um sistema CAD?
2. De quantos modos é possível trocar um arco tangente a uma reta? E a duas retas? A uma reta e um arco? Dois arcos? Desenhe um exemplo para cada uma das situações.
3. Esboce um triângulo equilátero, um triângulo retângulo e um triângulo isósceles.
4. Dada uma reta, desenhe uma outra reta (1) paralela à primeira, (2) perpendicular à primeira. Então, desenhe uma reta horizontal que passa pela interseção de duas das retas. Por fim, desenhe uma reta vertical passando pela mesma interseção.
5. Desenhe um diagrama de Venn mostrando os três operadores booleanos.
6. Quais primitivas de modelamento sólido seu sistema CAD oferece, se oferecer?
7. Qual é a diferença entre extrusão e revolução?

■ PROJETOS DE CONSTRUÇÃO GEOMÉTRICA

As contruções geométricas devem ser feitas com muita precisão, usando um sistema CAD, caso encontre-se disponível. Ao resolver os seguintes problemas, use leiaute A2 ou leiaute A4-2 (ajustado) como mostrado no lado interno da capa do livro. Defina bem cada problema a fim de fazer o melhor uso do espaço disponível e produzir uma aparência agradável. Anote os principais pontos de todas as construções de modo similar às ilustrações deste capítulo. Você deve conseguir mostrar quatro problemas por folha. Muitos problemas são cotados no sistema métrico. Seu professor pode pedir-lhe que converta os problemas remanescentes em medidas métricas. Visto que muitos problemas neste capítulo são genéricos, eles também podem ser resolvidos na maioria dos sistemas gráficos computacionais.

Proj. 4.1 Desenhe um segmento de reta $\overline{AB}$ inclinado medindo 65 mm e determine a sua mediatriz.

Proj. 4.2 Desenhe um ângulo qualquer com vértice em C e trace a sua bissetriz.

Proj. 4.3 Desenhe uma reta inclinada qualquer EF. Trace uma linha paralela distante 5 polegadas ou 42 mm de EF.

Proj. 4.4 Desenhe um segmento de reta $\overline{JK}$ medindo 95 mm e divida-o em cinco partes iguais. Desenhe um segmento $\overline{LM}$ medindo 58 mm e divida-o em três partes iguais.

Proj. 4.5 Desenhe um segmento de reta $\overline{OP}$ medindo 92 mm e divida-o em três partes proporcionais a 3:5:9.

Proj. 4.6 Desenhe um triângulo de lados iguais a 76 mm, 86 mm e 65 mm. Trace as bissetrizes dos seus ângulos internos. As três bissetrizes se encontram em um ponto. Desenhe a circunferência inscrita ao triângulo, tendo o ponto de interseção das bissetrizes internas como centro.

Proj. 4.7 Desenhe um triângulo retângulo com hipotenusa medindo 65 mm e um dos lados 40 mm, e desenhe a circunferência que passa pelos três vértices.

Proj. 4.8 Desenhe um segmento de reta inclinado $\overline{QR}$ medindo 84 mm. Trace uma perpendicular no ponto P de $\overline{QR}$, distante 32 mm de Q. Gere um ponto S a 45,5 mm da reta e desenhe uma perpendicular à reta passando por S.

Proj. 4.9 Desenhe um triângulo equilátero de lados 63,5 mm. Trace as bissetrizes dos seus ângulos internos. Trace a circunferência inscrita ao triângulo usando a interseção das bissetrizes como centro.

Proj. 4.10 Desenhe um círculo com 54 mm de diâmetro. Inscreva e circunscreva um quadrado no círculo.

Proj. 4.11 Desenhe um círculo com 65 mm de diâmetro. Inscreva um pentágono regular e una seus vértices de modo a formar uma estrela de 5 pontas.

Proj. 4.12 Desenhe um círculo com 65 mm de diâmetro. Inscreva e circunscreva um hexágono.

Proj. 4.13 Desenhe um quadrado com 63,5 mm de lado e inscreva um octógono.

Proj. 4.14 Desenhe um círculo com 48 mm de diâmetro. Escolha um ponto S no lado esquerdo da circunferência e desenhe uma tangente nesse ponto. Escolha um ponto T distante 50 mm do centro no lado direito da circunferência. Desenhe as duas tangentes ao círculo que passam nesse ponto.

Proj. 4.15 Desenhe dois círculos com diâmetros de 50 e 38 mm, com centros em uma linha horizontal, distantes 54 mm. Posicione os círculos de modo que fiquem centrados na folha de desenho. Desenhe tangentes externas aos círculos.

Proj. 4.16 Repita o desenho do Projeto 4.15 desenhando as tangentes internas aos círculos.

Proj. 4.17 Desenhe uma reta vertical VW centralizada na sua área disponível para o desenho. Posicione um ponto P 44 mm à direita e 25 mm para baixo em relação ao ponto extremo dessa reta. Desenhe uma circunferência de 56 mm de diâmetro que passe em P e seja tangente a VW.

Proj. 4.18 Desenhe uma reta vertical XY centralizada na sua área disponível para o desenho. Posicione um ponto P 44 mm à direita e 25 mm para baixo em relação ao ponto extremo superior dessa reta. Localize um ponto Q na reta XY a 50 mm de P. Desenhe uma circunferência que passe em P e seja tangente a XY em Q.

Proj. 4.19   Desenhe uma circunferência de 64 mm de diâmetro com centro C a 16 mm à esquerda do centro da área de desenho. Localize o ponto P localizado 60 mm abaixo e à direita do ponto C. Desenhe um arco de raio 25 mm que passe em P e seja tangente à circunferência.

Proj. 4.20   Desenhe um segmento vertical e um horizontal com 65 mm de comprimento. Desenhe um arco com raio igual a 38 mm tangente a esses segmentos ou a seus prolongamentos.

Proj. 4.21   Desenhe duas retas concorrentes que formam entre si um ângulo de 60 graus. Posicione um ponto P em uma das retas a uma distância de 45 mm da interseção. Desenhe um arco tangente às duas retas, sendo P um dos pontos de tangência.

Proj. 4.22   Desenhe uma reta vertical AB a 32 mm da margem esquerda do seu espaço de desenho. Desenhe um arco de 42 mm de raio com seu centro a 75 mm à direita da reta no canto direito inferior do espaço de desenho. Desenhe um arco de 25 mm de raio tangente a AB e ao primeiro arco.

Proj. 4.23   Com centros 20 mm acima do extremo inferior do seu espaço de desenho e separados 86 mm, desenhe arcos de 44 e 24 mm de raios, respectivamente. Desenhe um arco de 32 mm de raio tangente aos dois arcos.

Proj. 4.24   Desenhe duas retas paralelas inclinadas distantes 45 mm entre si. Escolha um ponto em cada reta e una-os com uma curva tipo arco de gola tangente às duas retas paralelas.

Proj. 4.25   Usando o centro do espaço como um pólo, desenhe uma espiral de Arquimedes gerada por um ponto que se move na direção anti-horária e se afasta do pólo na taxa de 25 mm em cada volta.

Proj. 4.26   No centro do espaço para o desenho, desenhe uma linha de centro horizontal e construa uma hélice destrógira com 50 mm de diâmetro, 64 mm de comprimento e passo de 25 mm. Desenhe somente a vista de meia volta.

Proj. 4.27   Desenhe a evolvente de um triângulo equilátero de lados 15 mm.

Proj. 4.28   Desenhe a evolvente de uma circunferência de 20 mm de diâmetro.

Proj. 4.29   Desenhe uma ciclóide gerada por uma circunferência de 30 mm de diâmetro que rola ao longo de uma linha reta horizontal.

Proj. 4.30   Desenhe uma epiciclóide gerada por uma circunferência de 38 mm de diâmetro que rola ao longo de um arco circular de raio 64 mm.

Proj. 4.31   Desenhe uma hipociclóide gerada por uma circunferência de 38 mm de diâmetro que rola ao longo de um arco circular de raio 64 mm.

Proj. 4.32   Usando uma folha A4, desenhe a chave inglesa mostrada. Omita dimensões e notas a menos que seja especificado (Figura 4.35).

Proj. 4.33   Usando uma folha A4, desenhe o gancho mostrado da Figura 4.36. Omita dimensões e notas a menos que seja especificado.

Proj. 4.34   Usando uma folha A4, desenhe a alavanca de deslocamento da Figura 4.37. Omita dimensões e notas a menos que seja especificado.

Proj. 4.35   Usando uma folha A4, desenhe a alavanca de rolo de laminar da Figura 4.38. Omita dimensões e notas a menos que seja especificado.

Proj. 4.36   Usando uma folha A4, desenhe a base de prensa a Figura 4.39. Omita dimensões e notas a menos que seja especificado.

Proj. 4.37   Usando uma folha A4, desenhe o refletor da lâmpada *photo flood* da Figura 4.40. Omita dimensões e notas a menos que seja especificado.

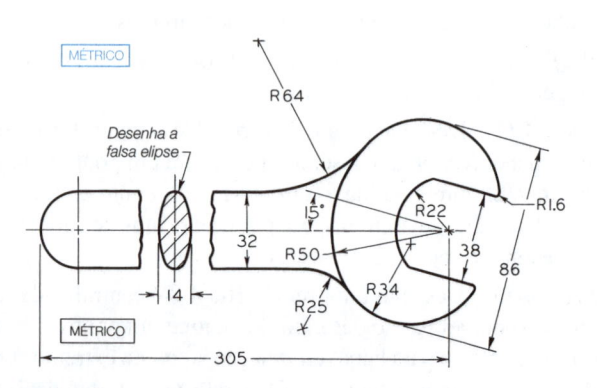

FIGURA 4.35   (Proj. 4.32) Chave inglesa.

FIGURA 4.36   (Proj. 4.33) Gancho.

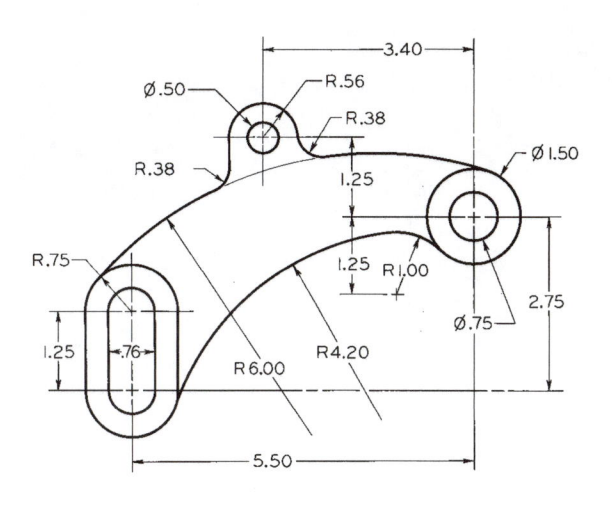

FIGURA 4.37 (Proj. 4.34) Alavanca de deslocamento.

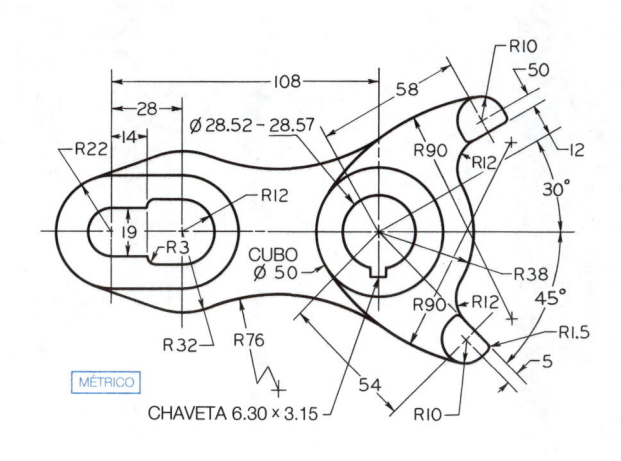

FIGURA 4.38 (Proj. 4.35) Alavanca de rolo de laminar.

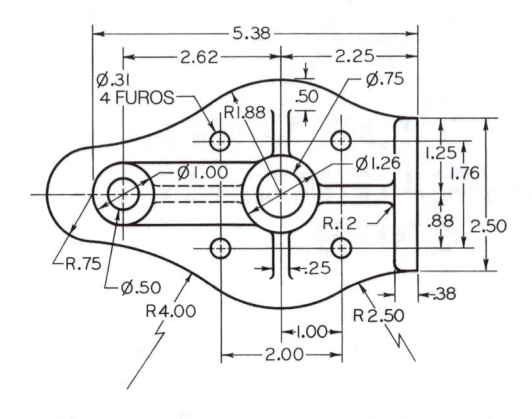

FIGURA 4.39 (Proj. 4.36) Base de prensa.

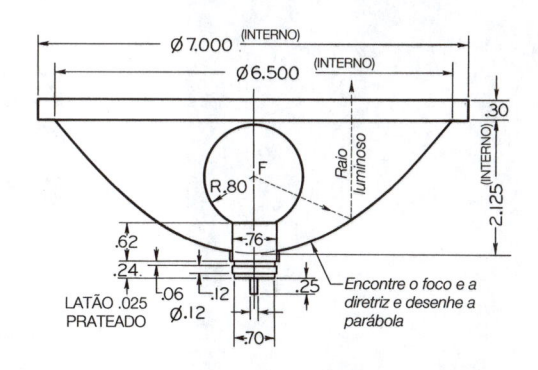

FIGURA 4.40 (Proj. 4.37) Refletor da lâmpada *photo flood*.

■ PROJETO

Existe necessidade de iluminação para uma residência de modo que seja atraente, barata, fácil de instalar e de usar. Projete uma única luminária fixa para parede que use um suporte vertical de linhas linhas elegantes e curvas suaves. Analise diferentes mecanismos para a operação da luminária e para o uso criativo de materiais. Esforce-se para obter um projeto acabado dando atenção à função e ao estilo. Represente o projeto com precisão, usando as técnicas de construção geométrica que você aprendeu no Capítulo 4.

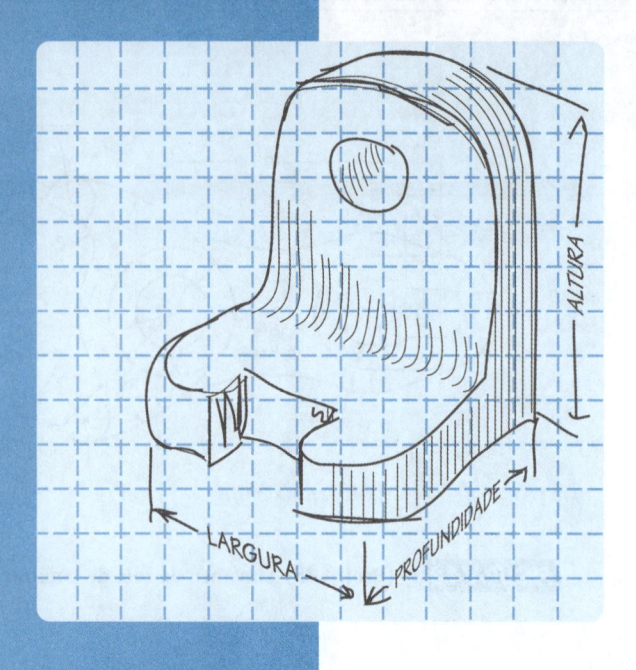

CAPÍTULO 5

ESBOÇO DE VISTAS ORTOGRÁFICAS E PROJEÇÕES

OBJETIVOS

Após estudar o conteúdo deste capítulo, você será capaz de:

1. Esboçar e posicionar as seis vistas-padrão de um objeto.
2. Esboçar quaisquer três vistas usando as convenções, o posicionamento e o alinhamento adequados.
3. Ler e medir usando uma escala de arquitetura, de engenharia ou métrica.
4. Transferir dimensões entre vistas.
5. Centralizar um esboço de três vistas na folha de desenho.
6. Descrever projeções no primeiro e no terceiro diedros.
7. Identificar e projetar superfícies normais, inclinadas e oblíquas em todas as vistas.
8. Esboçar cilindros positivos e negativos em todas as vistas.
9. Plotar secções cônicas e curvas irregulares em todas as vistas.
10. Entender convenções de desenho, tratamento de furos e processos de fabricação.
11. Aplicar convenções para o rebatimento de nervuras, pinos e cunhas.

VISÃO GERAL

A projeção de um objeto em um plano é chamada de vista. Projetando múltiplas vistas de direções diferentes de forma sistemática, você pode descrever completamente a forma de objetos 3-D. Há muitas convenções que você deve aprender para criar esboços e desenhos que podem ser interpretados por outros. A norma publicada em ANSI/ASME Y14.3M-1994 é comum nos Estados Unidos, onde a projeção no terceiro diedro é usada. Europa, Ásia e muitos outros lugares usam o sistema de projeção no primeiro diedro.

Para criar e interpretar desenhos, você precisa saber como criar projeções e entender o posicionamento-padrão das vistas. Você também deve entender a geometria de objetos sólidos e como visualizar um objeto através de um esboço ou desenho. Entender quando as superfícies têm posição normal, inclinada ou oblíqua pode ajudar a visualizar objetos. Detalhes comuns como vértices, arestas, contornos, furos e arredondamentos são mostrados de forma padronizada. Esses detalhes devem ser mostrados claramente escolhendo-se uma escala apropriada.

■ 5.1 VISTAS DE OBJETOS

Uma foto mostra um objeto como ele parece ao observador, mas não necessariamente como ele é. Ela não pode descrever o objeto precisamente, não importa de que distância ou direção ela é tirada, porque não mostra as formas exatas e tamanho das partes. Seria impossível criar um modelo tridimensional preciso usando somente uma fotografia como referência, porque ela mostra apenas uma vista. É uma representação bidimensional de um objeto tridimensional.

Na engenharia e em outros campos, é necessária uma descrição completa e clara da forma e do tamanho de um objeto para certificar-se de que ele é fabricado exatamente como o projetista pretendeu. Para fornecer essa informação, usa-se um conjunto de vistas sistematicamente arranjadas. Esse sistema de vistas é chamado de *projeção em vistas principais*. Cada vista fornece determinadas informações. Por exemplo, a vista frontal mostra a verdadeira grandeza e forma de superfícies que são paralelas à frente do objeto. Um exemplo mostrando a direção de visada e a vista frontal resultante é mostrado na Figura 5.1.

■ 5.2 AS SEIS VISTAS PRINCIPAIS

Qualquer objeto pode ser observado a partir dos dois sentidos de três direções mutuamente perpendiculares, como mostrado na Figura 5.2, que determinam as seis vistas principais. Três das vistas são alinhadas com as outras três e mostram essencialmente a mesma informação sobre o objeto, exceto pelo fato de que elas são vistas exatamente do sentido oposto. Por exemplo, a vista superior é oposta à vista inferior, a vista lateral esquerda é oposta à lateral direita e a vista frontal é oposta à posterior.

Você pode pensar nas seis vistas como o que um observador veria movendo-se ao redor do objeto. Como mostrado na Figura 5.3, o observador pode caminhar ao redor de uma casa e ver sua frente, laterais e fundos. Imagine a vista superior como sendo a enxergada por um observador em um avião e a inferior como vista por baixo. O termo planta também pode ser usado para a vista superior. O termo elevação é usado para todas as vistas mostrando a altura de uma construção. Estes termos são normalmente usados em desenhos de arquitetura e ocasionalmente em outros campos.

Você pode produzir diferentes vistas girando um objeto, como mostrado na Figura 5.4. Primeiro, segure o objeto na posição da vista frontal (mostrada em a). Para obter a vista superior (mostrada em b), incline o objeto em sua direção para fazer a parte superior do objeto ficar à vista. Para obter a vista lateral direita (mostrada em c), segure o objeto com a parte frontal de frente para você e rotacione-o para trazer a parte direita para sua direção. Para obter vistas posterior, inferior ou lateral direita, simplesmente gire o objeto para mostrar esses lados em sua direção.

Para facilitar a leitura de desenhos, as vistas são posicionadas no papel de forma padronizada. As vistas na Figura 5.5 mostram o posicionamento segundo a projeção no primeiro diedro. As vistas superior, frontal e inferior alinham-se verticalmente. A

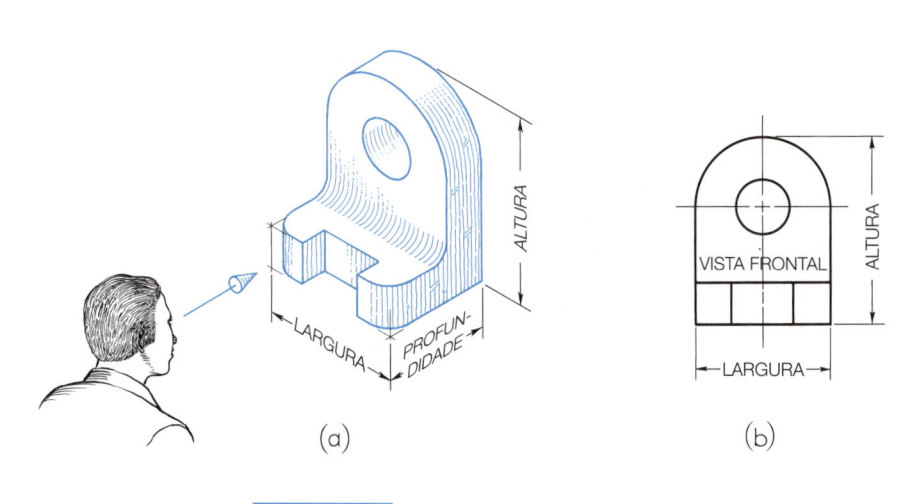

FIGURA 5.1 Vista frontal de um objeto.

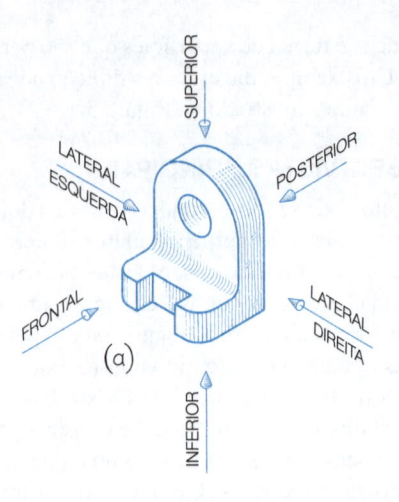

FIGURA 5.2 As seis vistas principais.

posterior, lateral esquerda, frontal e lateral direita alinham-se horizontalmente. Desenhar uma vista fora de lugar é um erro sério e geralmente é considerado uma das piores falhas do desenhar.

5.3 DIMENSÕES PRINCIPAIS

As três dimensões principais de um objeto são **largura**, **altura** e **profundidade**. No desenho técnico, esses termos são usados para dimensões mostradas em certas vistas, qualquer que seja a forma do objeto. Os termos comprimento e espessura não são usados porque não podem ser aplicados em todos os casos.

A vista frontal mostra apenas a altura e a largura de um objeto, e não a profundidade. De fato, qualquer vista principal de um objeto 3-D mostra somente duas das três dimensões principais; a terceira é encontrada em uma vista adjacente. A altura é mostrada nas vistas posterior, lateral esquerda, frontal e lateral

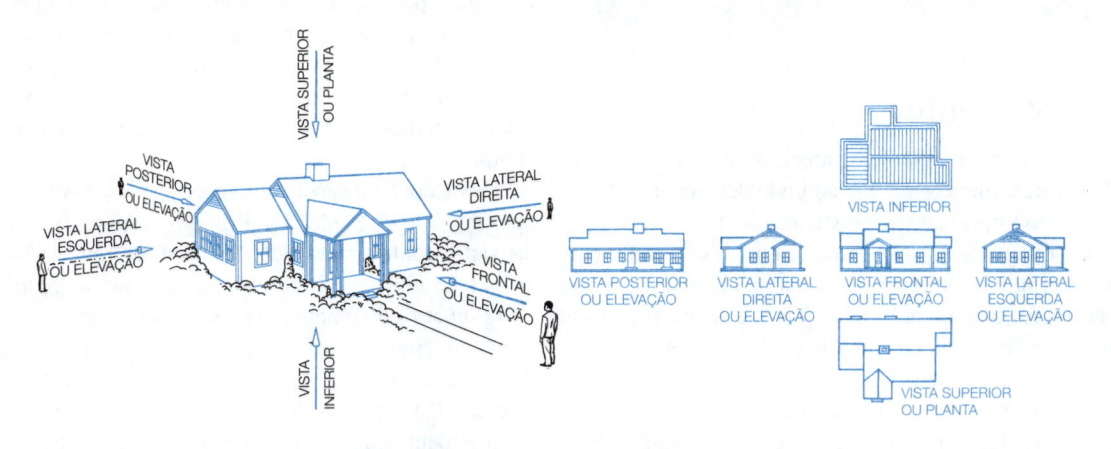

FIGURA 5.3 Seis vistas de uma casa.

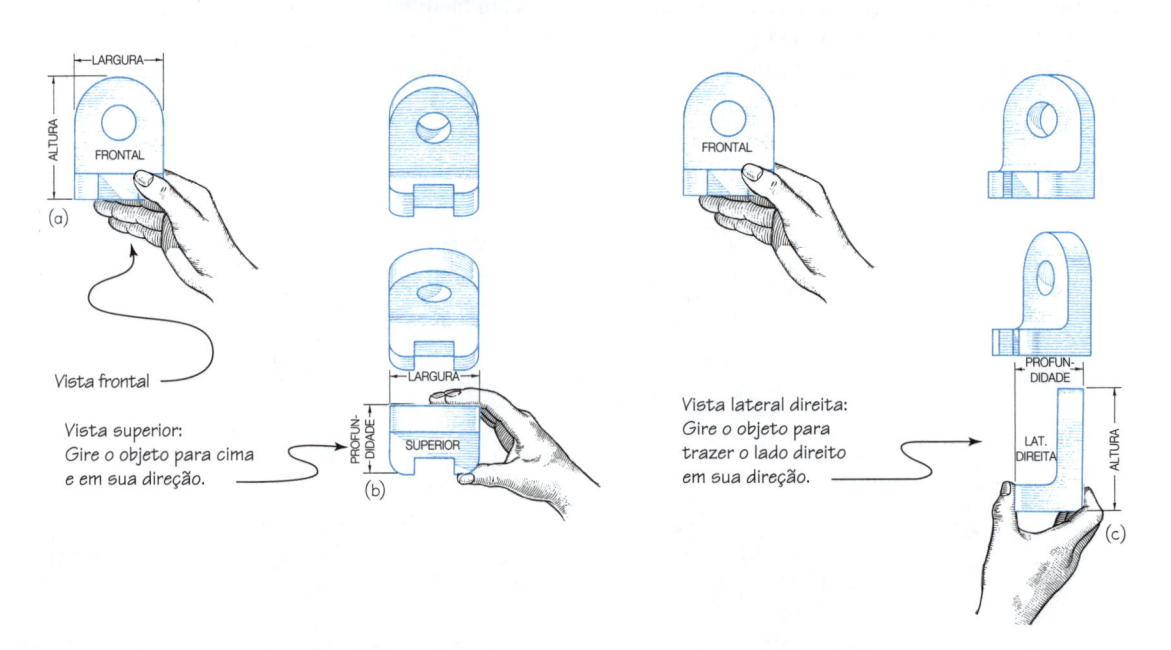

FIGURA 5.4 Girando o objeto para produzir vistas.

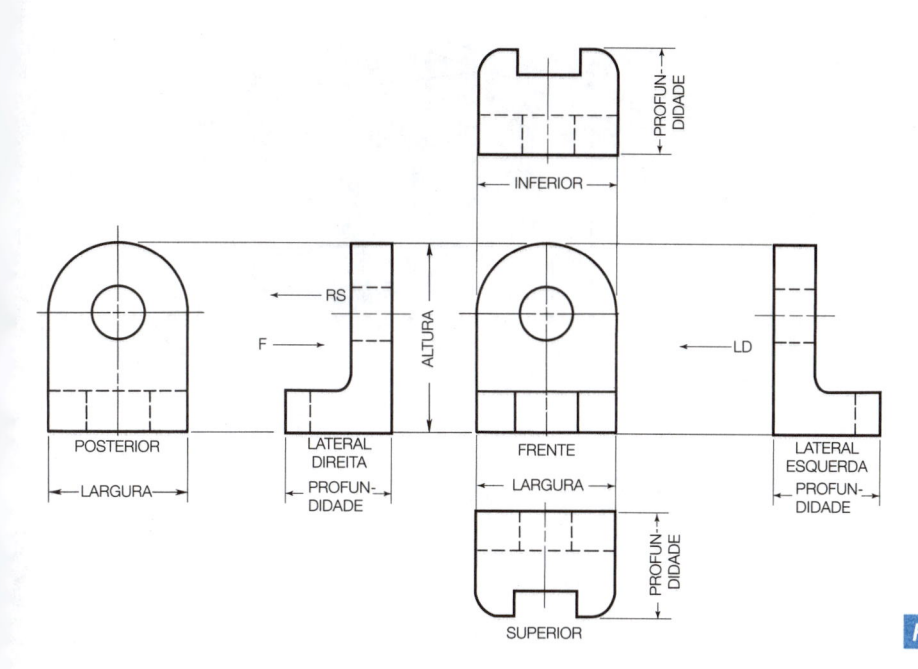

FIGURA 5.5 Posicionamento-padrão das vistas.

direita. A largura é mostrada nas vistas posterior, superior, frontal e inferior. A profundidade é mostrada nas vistas lateral esquerda, superior, lateral direita e inferior.

5.4 MÉTODO DE PROJEÇÃO

A Figura 5.6 mostra como criar uma vista frontal de um objeto usando projeção em vistas principais. Imagine uma tela de projeção paralela às superfícies frontais do objeto; ela representa o *plano de projeção*. O contorno no plano de projeção mostra como o objeto é visto pelo observador. Na projeção *ortográfica*, raios visuais (ou *projetantes*) de todos os pontos das arestas ou contornos do objeto estendem-se paralelos uns aos outros e perpendicularmente ao plano de projeção.

Exemplos similares para as vistas superior e lateral são mostradas na Figura 5.7. O plano de projeção no qual a vista frontal é projetada é chamado de plano frontal de projeção, o plano no qual a vista superior é projetada é o plano horizontal e o plano no qual a vista lateral é projetada é o plano lateral.

5.5 A CAIXA DE PROJEÇÃO

Uma forma de entender o arranjo-padrão das vistas na folha de papel é a *caixa de projeção**. Se os planos de projeção fossem colocados paralelos a cada face principal do objeto, eles formariam uma caixa, como mostrado na Figura 5.8. Dentro da caixa, o objeto é projetado em cada uma das seis faces, no lado oposto do objeto, formando as seis vistas principais.

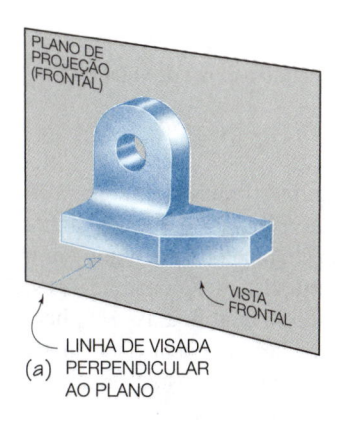

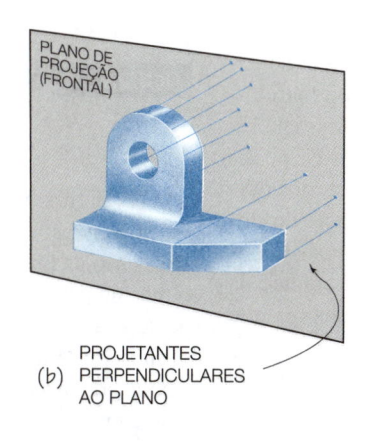

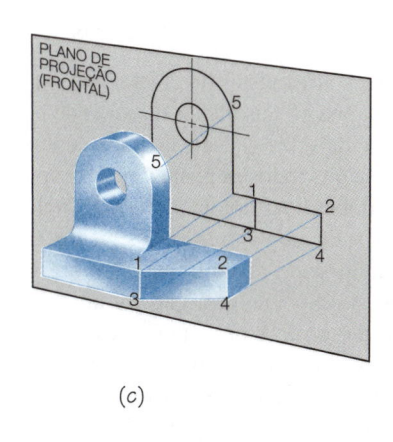

FIGURA 5.6 Projeção de um objeto.

---

*N. de T. Para projeção no 3º diedro, deve-se pensar no conceito da "caixa de vidro", onde as vistas são observadas diretamente por um observador do lado externo da caixa.

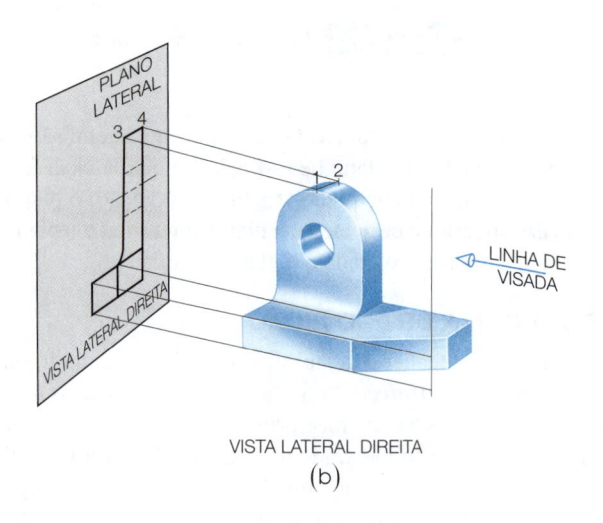

FIGURA 5.7 Vista superior e lateral direita.

(a) VISTA SUPERIOR

(b) VISTA LATERAL DIREITA

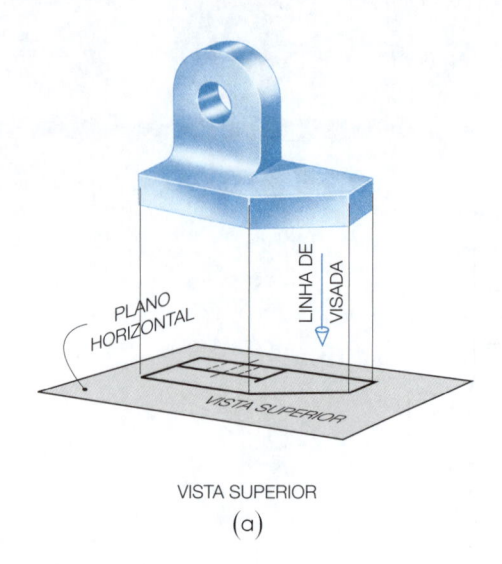

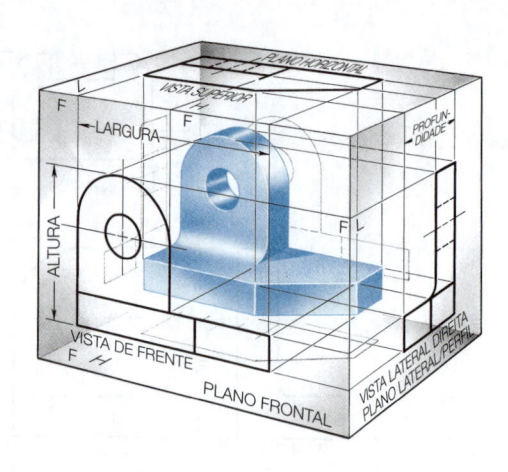

FIGURA 5.8 A caixa de vidro.

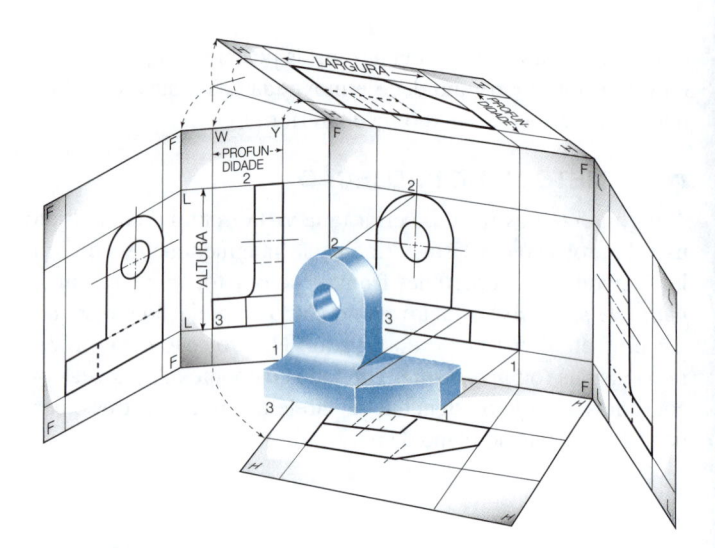

FIGURA 5.9 Desdobrando a caixa de vidro.

Para organizar as vistas do objeto 3-D em uma folha de papel plana, imagine os seis planos da caixa de projeção rebatidos, e esta desdobrada sobre o plano do papel, como mostrado na Figura 5.9. Pense que todos os planos, exceto o plano posterior, são fixados com dobradiças do plano frontal. O plano posterior normalmente é fixado ao plano lateral esquerdo. Cada plano desdobra-se afastando-se do plano frontal. A representação das linhas de dobradura da caixa de projeção em um desenho é conhecida como linhas de terra. A posição desses seis planos depois que eles foram rebatidos é mostrada na Figura 5.10.

Identifique cuidadosamente cada um desses planos e vistas correspondentes com as posições originais dos planos na caixa de projeção.

Localize a Folha de trabalho 5.1 destacável, a caixa de projeção, na parte final do livro. Siga as instruções na folha para visualizar a caixa de projeção e o conceito de linhas de terra.

Na Figura 5.9, algumas linhas estendem-se ao redor da caixa de projeção de uma vista para outra nos planos de projeção. Essas são as linhas de chamada de um ponto em uma vista para o mesmo ponto em outra vista. O tamanho e a posição do objeto na caixa de projeção não se modifica. Isso explica por que a vista superior tem a mesma largura que a vista frontal e por que ela é colocada diretamente abaixo da vista frontal. A mesma relação existe entre a vista frontal e a vista inferior. Portanto, as vistas frontal, superior e inferior alinham-se verticalmente e têm a mesma largura. As vistas posterior, lateral esquerda, frontal e lateral direita alinham-se horizontalmente e têm a mesma altura.

Os objetos não mudam de posição na caixa; portanto, a vista inferior deve estar à mesma distância da linha de terra OZ que

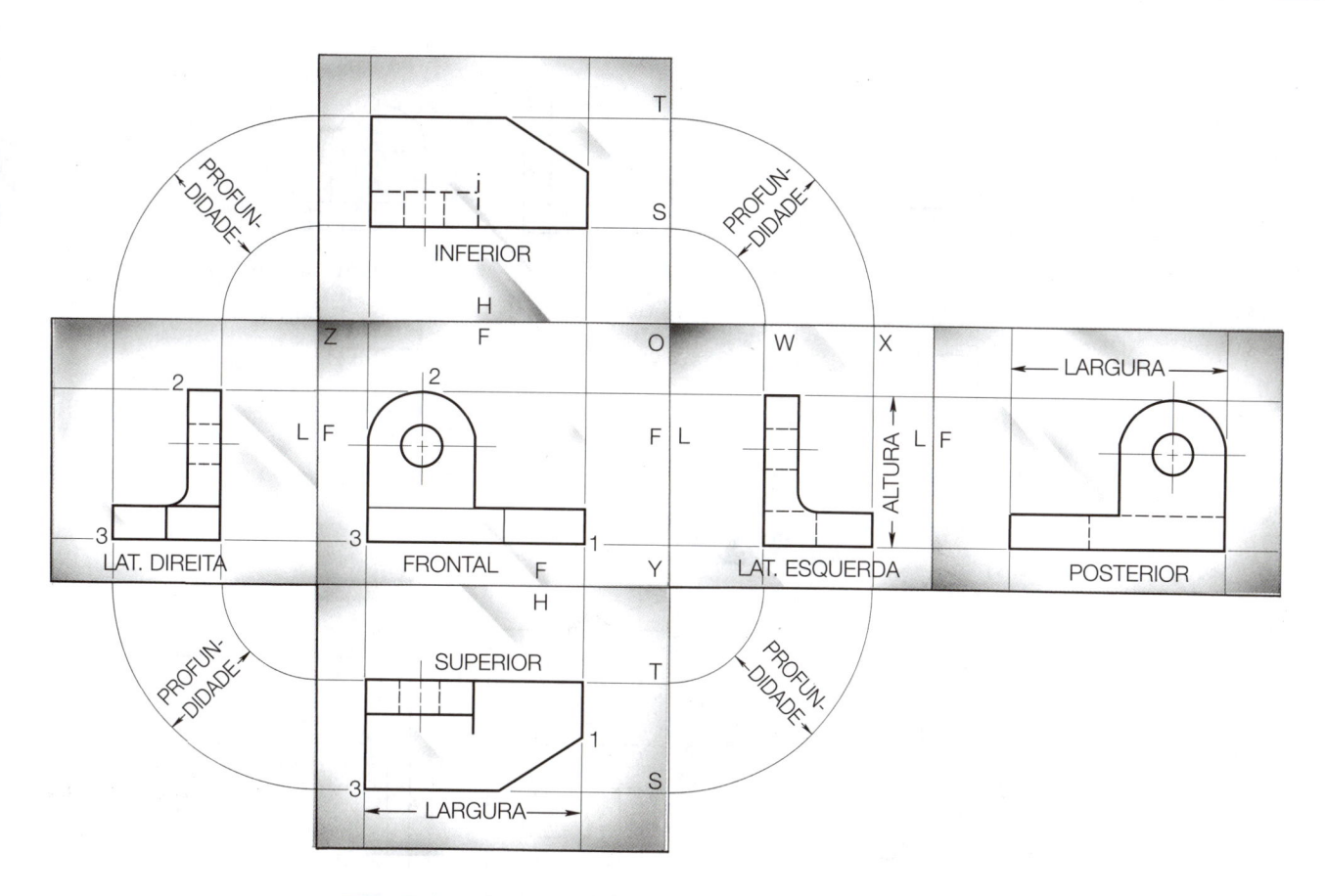

FIGURA 5.10 A caixa de vidro aberta.

a vista lateral esquerda está da linha de terra OY. As vistas superior e lateral direita estão à mesma distância das suas respectivas linhas de terra, assim como as vistas lateral esquerda e inferior. As vistas superior, lateral direita, inferior e lateral esquerda têm a mesma distância de suas respectivas linhas de terra e mostram a mesma profundidade.

As vistas frontal, superior e lateral direita do objeto mostrado nas figuras anteriores são mostradas na Figura 5.11a com as linhas de terra entre as vistas. Essas linhas de terra correspondem às linhas de dobradura da caixa de projeção. A linha de terra H/F, entre as vistas superior e frontal, é a intersecção dos planos horizontal e frontal. A linha de terra F/L, entre as vistas frontal e lateral, é a intersecção dos planos frontal e lateral. Embora você deva entender as linhas de terra, particularmente porque elas são úteis na resolução de problemas em geometria descritiva, elas usualmente são deixadas fora do desenho, como mostrado na Figura 5.11b. Em vez de utilizar as linhas de terra como linhas de referência para marcar medidas de profundidade nas vistas superior e lateral, você pode usar a superfície frontal A do objeto como uma linha de referência. Dessa forma, D1, D2 e todas os outras medidas de profundidade correspondem nas duas vistas como se as linhas de terra fossem usadas.

5.6 ESPAÇAMENTO ENTRE VISTAS

O espaçamento entre vistas é principalmente uma questão de aparência. As vistas devem ser bem espaçadas, mas perto o suficiente para parecer relacionadas umas às outras. Você pode precisar deixar espaço entre as vistas para adicionar dimensões.

5.7 TRANSFERINDO MEDIDAS DE PROFUNDIDADE

As dimensões de profundidade das vistas superior e laterais devem corresponder ponto a ponto. Quando usar CAD ou instrumentos, transfira essas medidas com precisão.

As dimensões entre as vistas superior e lateral podem ser transferidas com compasso ou com uma escala, como mostrado nas Figuras 5.12a e 5.12b. Marcar as dimensões em uma fita de papel e usá-la como uma escala para transferir a distância para outra vista também funciona bem durante o esboço.

Você pode achar conveniente usar uma linha de rebatimento a 45 graus para projetar dimensões entre as vistas superior e lateral, como mostrado na Figura 5.12c. Devido ao fato de a linha de rebatimento ser desenhada a 45 graus, ou Y = X, as profundidades mostradas verticalmente na vista superior Y podem ser transferidas para serem mostradas como profundidades horizontais na vista lateral X, e vice-versa.

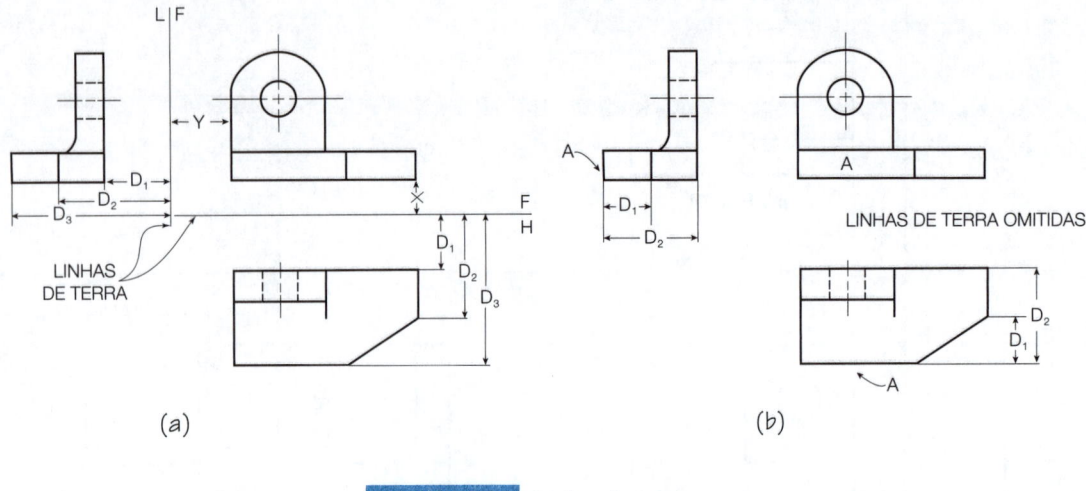

FIGURA 5.11 Linhas de terra.

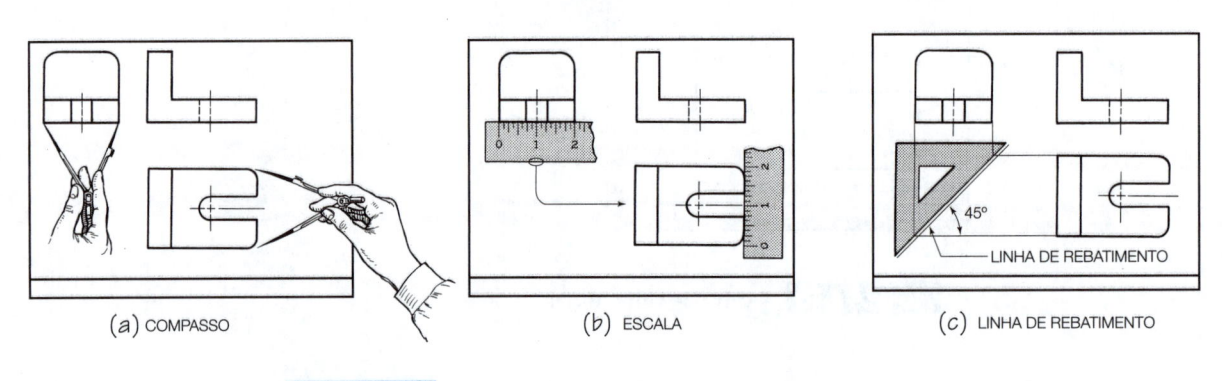

FIGURA 5.12 Transferindo dimensões de profundidade.

■ 5.8 VISTAS NECESSÁRIAS

As vistas laterais direita e esquerda são essencialmente imagens espelhadas uma da outra, somente com linhas diferentes aparecendo escondidas. Arestas e contornos ocultos usam um padrão de linha tracejada para representar partes do objeto que não são diretamente visíveis daquela direção de observação. Não é necessário mostrar ambas as vistas laterais direita e esquerda; assim, normalmente somente a vista lateral direita é desenhada. O mesmo é verdade para as vistas superior e inferior e para as vistas frontal e posterior. As vistas superior, frontal e lateral direita, posicionadas juntas, são mostradas na Figura 5.13. Elas são chamadas de três vistas-padrão, pois são as vistas mais freqüentemente usadas.

Um esboço ou desenho deve somente conter as vistas necessárias para descrever clara e completamente o objeto. Essas vistas minimamente exigidas são conhecidas como vistas necessárias. Escolha as vistas que tenham o menor número de contornos e arestas invisíveis e que mostrem os contornos essenciais ou formas mais claramente. Objetos complicados podem exigir mais do que três vistas ou vistas especiais, tais como vistas parciais.

Muitos objetos podem precisar de somente duas vistas para descreverem claramente sua forma. Se um objeto requer apenas duas vistas e as vistas laterais direita e esquerda mostram o objeto igualmente bem, use a lateral direita. Se um objeto requer somente duas vistas e as vistas superior e inferior mostram o objeto igualmente bem, escolha a vista superior. Se somente duas vistas

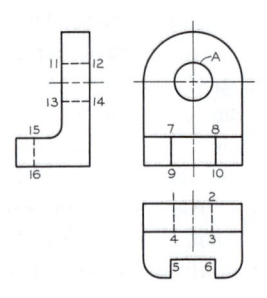

FIGURA 5.13 As três vistas-padrão.

Passo a passo 5.1
Usando uma linha de rebatimento

Dadas duas vistas completas, você pode usar uma linha de rebatimento para transferir as profundidades e desenhar a vista lateral do objeto mostrado à direita.

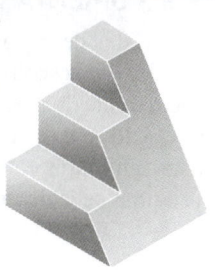

1. Posicione a linha de rebatimento em uma distância conveniente, longe do objeto, para produzir o espaçamento desejado entre as vistas.

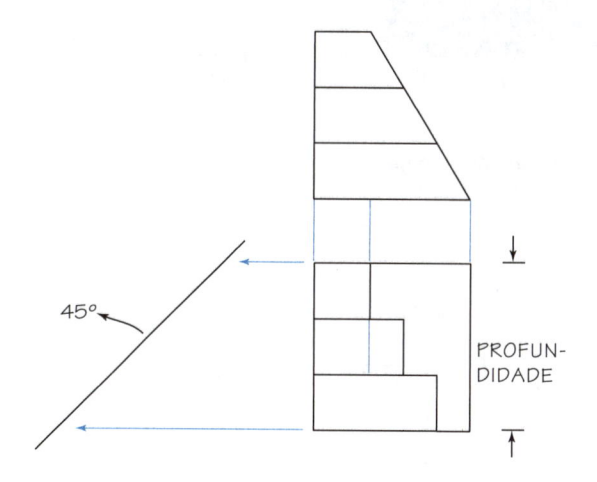

2. Esboce linhas leves projetando as posições de profundidade dos pontos para a linha de rebatimento e, então, projete para cima na vista lateral como mostrado.

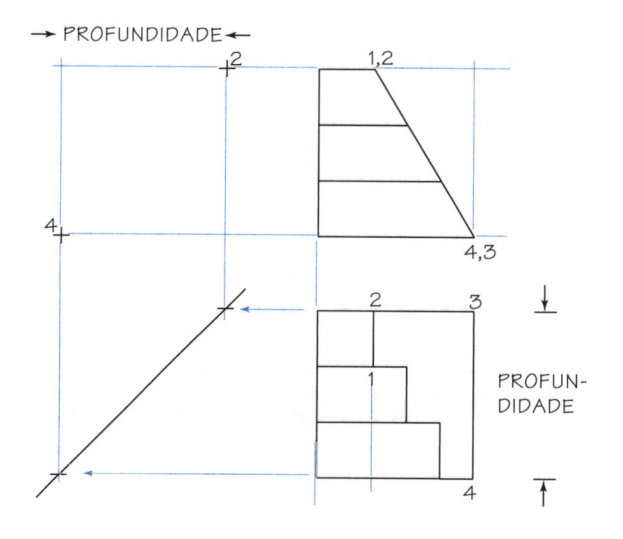

3. Projete os demais pontos.

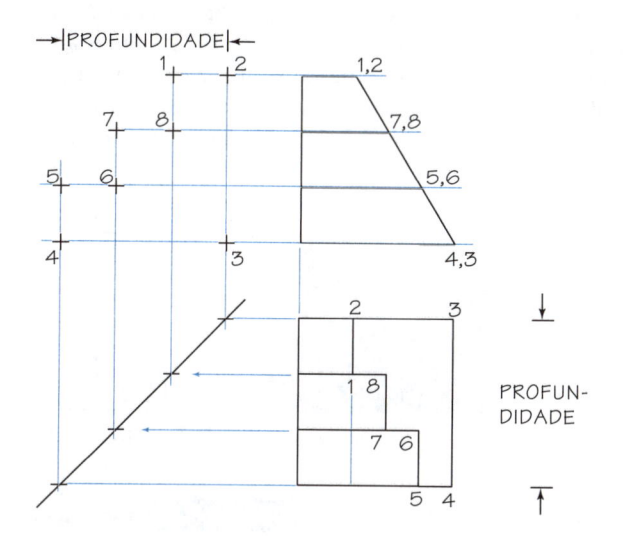

4. Desenhe a vista localizando cada vértice da superfície sobre a linha de chamada e a linha de rebatimento.

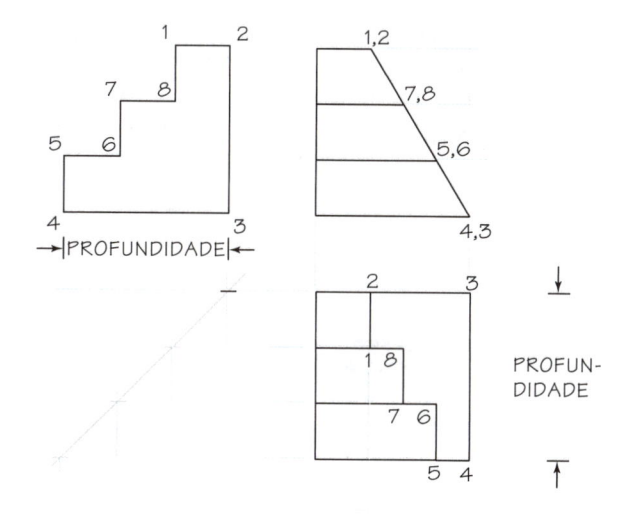

Você pode mover a vista lateral direita para a direita ou para a esquerda, ou mover a vista superior para cima ou para baixo posicionando a linha de rebatimento mais perto ou longe da vista. Não precisa desenhar linhas contínuas entre as vistas superior e lateral através da linha de rebatimento. Em vez disso, faça pequenos traços na linha de rebatimento e projete essas marcas. O método da linha de rebatimento a 45 graus é também conveniente para transferir um grande número de pontos, como ao plotar uma curva.

são necessárias e a vista superior e a lateral direita mostram o objeto igualmente bem, escolha a combinação que melhor se ajustar no seu papel. Alguns exemplos são mostrados na Figura 5.14.

Freqüentemente, uma única vista suplementada por uma nota ou por símbolos é suficiente. Os objetos que podem ser mostrados usando uma única vista usualmente têm espessura uniforme, como a junta mostrada na Figura 5.15a. Uma vista da junta mais uma nota indicando que a espessura é 0,25 mm é suficiente. Na Figura 5.15b, a extremidade esquerda é quadrada com 65 mm de lado, a parte seguinte tem 49,22 mm de diâmetro, a seguinte tem diâmetro de 31,75 mm e a parte com a rosca tem 20 mm de diâmetro – como indicado na nota. Quase todas as chavetas, pinos, parafusos e peças similares são representados por vistas únicas e notas.

5.9 ORIENTAÇÃO DA VISTA FRONTAL

Seis vistas de um automóvel pequeno são mostradas na Figura 5.16. A vista escolhida para a vista frontal é, neste caso, a lateral, não a frente do automóvel. Em geral, a vista frontal deve mostrar os objetos em sua posição de operação, particularmente para objetos familiares como uma casa e um automóvel. Quando possível, uma peça de uma máquina é desenhada na posição que ela

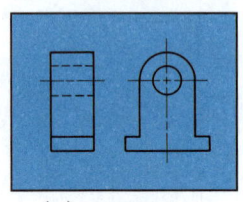

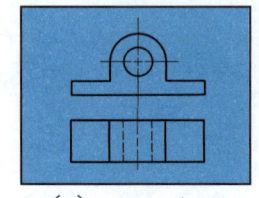

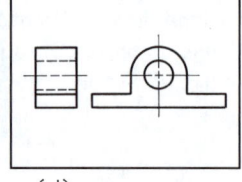

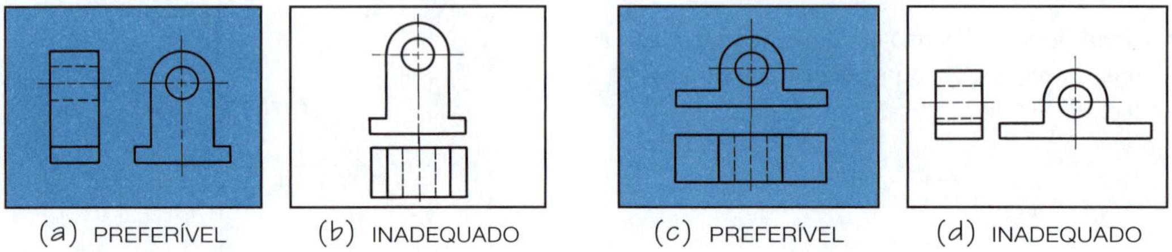

(a) PREFERÍVEL (b) INADEQUADO (c) PREFERÍVEL (d) INADEQUADO

FIGURA 5.14 Escolha de vistas para bom ajuste no papel.

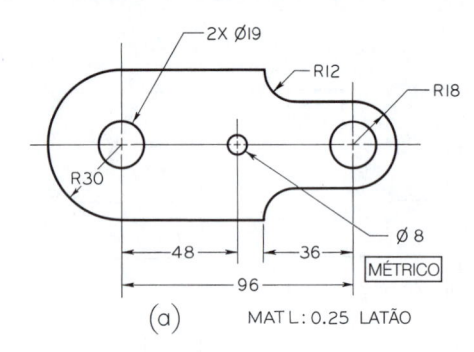

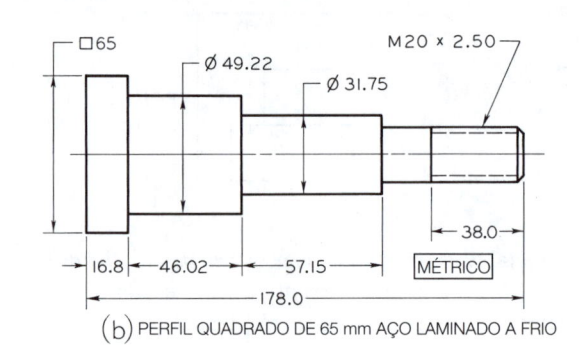

FIGURA 5.15 Desenhos de uma única vista de uma junta e de uma barra de conexão.

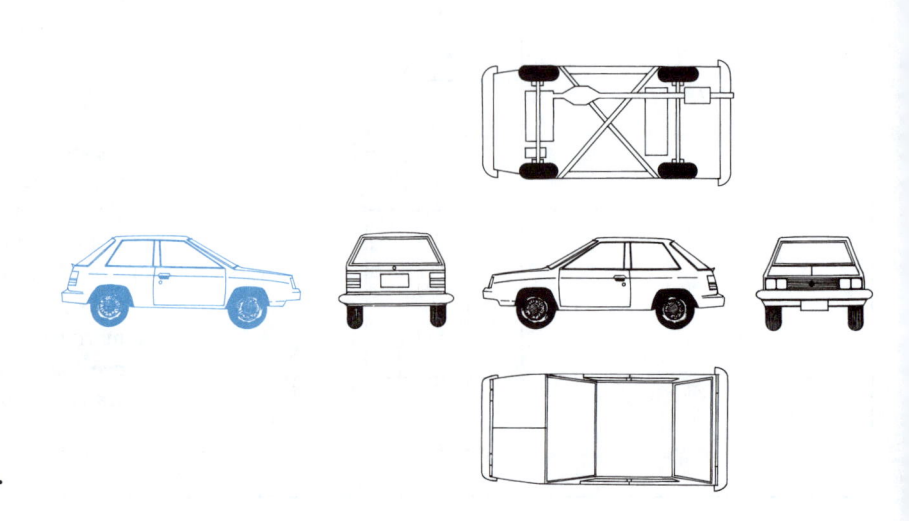

FIGURA 5.16 Seis vistas de um carro pequeno.

ocupa na montagem. Usualmente, parafusos, pinos, chavetas, tubos e outras partes alongadas são desenhados na posição horizontal. Por exemplo, a biela de automóvel mostrada na Figura 5.17 é desenhada horizontalmente na folha.

5.10 POSIÇÕES ALTERNATIVAS DAS VISTAS

Se três vistas de um objeto delgado são desenhadas usando o posicionamento convencional das vistas, uma grande parte do papel não pode ser usada como mostrado na Figura 5.18a. Um uso melhor do espaço disponível torna desnecessário o uso da escala reduzida. Nesse caso, você pode pensar no plano lateral (vista lateral) conectado com dobradiça ao plano horizontal (vista superior) em vez de junto ao plano frontal (vista frontal), de forma que a vista lateral fique ao lado da vista superior quando rebatida, como mostrado na Figura 5.18b. Repare que a vista lateral está rotacionada 90 graus em relação à sua orientação na vista lateral quando ela está nessa posição.

Você pode usar a caixa que você recortou anteriormente para ajudar a visualizar este arranjo. Corte fora as vistas entre os planos frontal e lateral e cole a caixa com fita adesiva de forma que o plano lateral dobre junto ao plano superior. Dobre a caixa e visualize como um objeto colocado no interior da caixa pareceria. Agora desdobre a caixa novamente. Observe como agora você pode projetar diretamente a dimensão da profundidade da vista frontal na vista lateral.

Se necessário, é também aceitável posicionar a vista lateral horizontalmente junto à vista inferior. Nesse caso, considera-se que o plano de perfil dobra junto ao plano inferior da projeção. Similarmente, a vista posterior pode ser colocada diretamente acima da vista superior ou sob a vista inferior, se necessário. O plano posterior dobra junto ao plano horizontal ou ao plano inferior. Tente esses arranjos usando sua caixa de papel.

5.11 VISUALIZAÇÃO

Além do entendimento básico do sistema para projetar vistas, você deve ser capaz de interpretar um conjunto de vistas e desenhar o objeto representado. O esboço técnico é uma habilidade indispensável para ajudar a capturar e comunicar suas idéias e, ao mesmo tempo, uma maneira para os outros lhe apresentarem suas idéias.

Nem mesmo engenheiros experientes e projetistas conseguem olhar todas as vezes para um esboço de vistas principais e instantaneamente visualizar o objeto representado. Você deve aprender a estudar o esboço e interpretar as linhas de forma lógica para montar parte a parte uma idéia do todo. Esse processo é às vezes chamado de visualização.

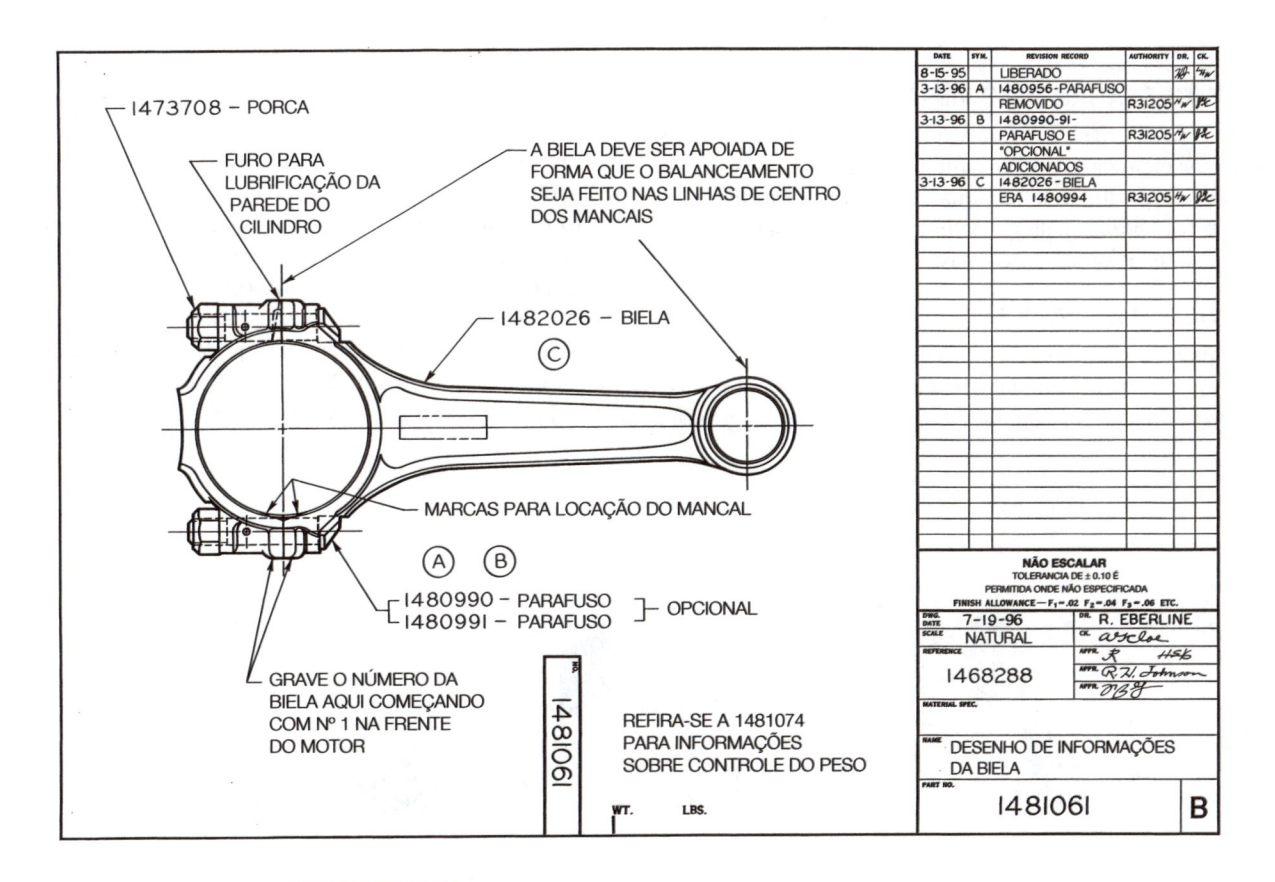

FIGURA 5.17 Um desenho de conjunto de uma biela.

(a) ARRANJO DE VISTAS DEFICIENTE

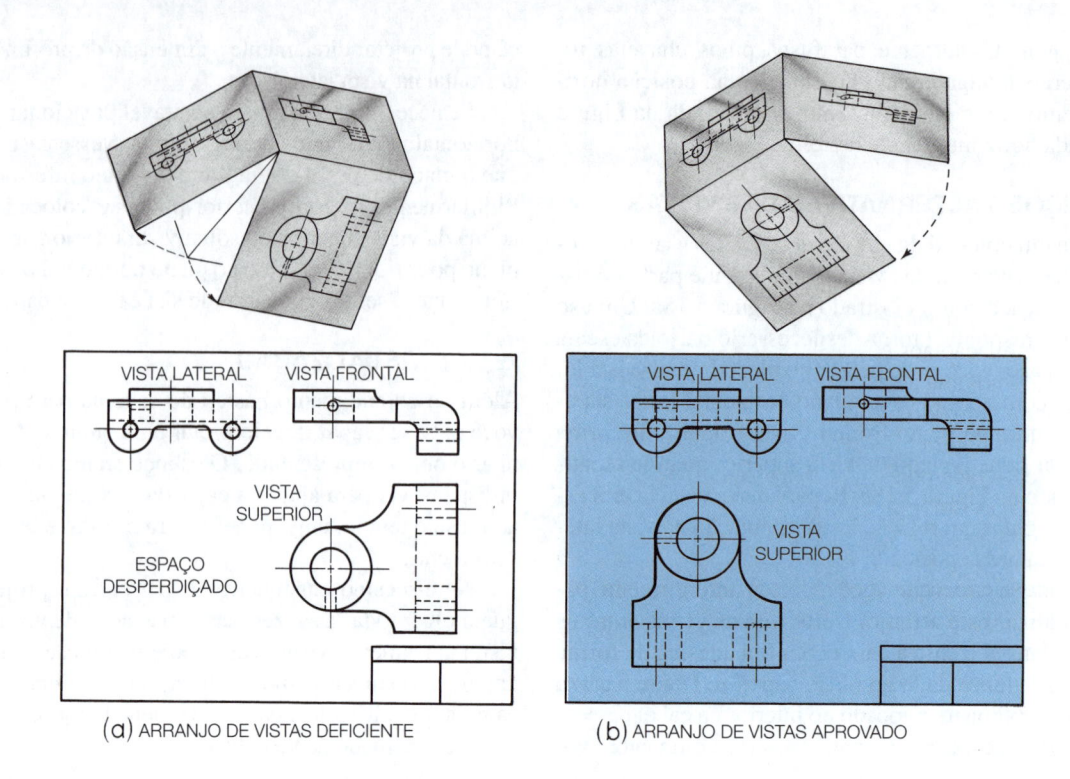

(b) ARRANJO DE VISTAS APROVADO

FIGURA 5.18 Posições alternativas das vistas.

5.12 FACES, ARESTAS E VÉRTICES

Para efetivamente criar e interpretar vistas principais, você deve considerar os elementos que constituem a maioria dos sólidos. Um objeto sólido é limitado por uma *superfície*, constituída por faces. Uma face *plana* pode ser delimitada por segmento de retas, curvas ou uma combinação delas.

5.13 VISTAS DE FACES

Uma face plana que é perpendicular a um plano de projeção aparece de perfil como um segmento de reta (Figura 5.19a). Se ela é paralela ao plano de projeção, projeta-se em verdadeira grandeza (Figura 5.19b). Se é inclinada em relação ao plano, sua projeção é menor que sua grandeza verdadeira (Figura 5.19c). Uma face plana sempre se projeta ou de perfil (aparecendo como um segmento) ou como um polígono, mostrando características da sua forma, em qualquer vista. Ela pode aparecer reduzida, mas nunca maior que seu tamanho real em qualquer vista.

Expressões especiais são usadas para descrever a orientação de uma face em relação aos planos principais de projeção. As três orientações que uma face plana pode ter em relação a estes planos são: normal, inclinada e qualquer. Entender esses termos pode ajudar a desenhar e descrever objetos.

VP = VISTA DE PERFIL
VG = VERDADEIRA GRANDEZA
VE = VISTA ENCURTADA

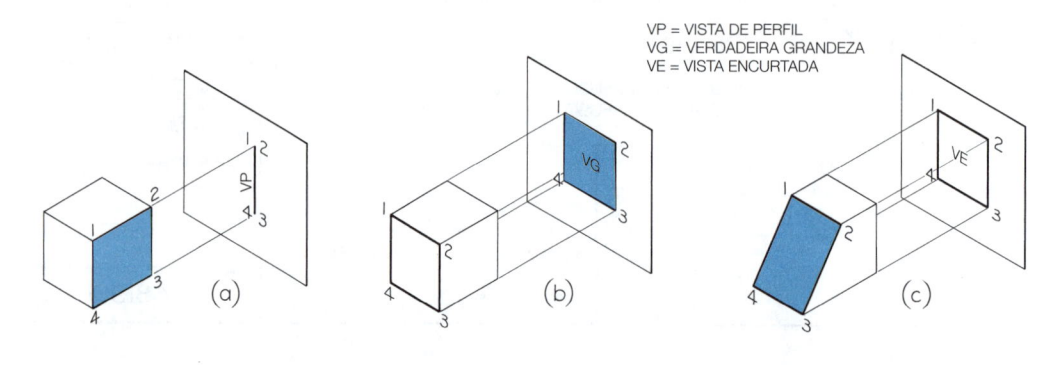

FIGURA 5.19 Projeções de faces.

5.14 FACES NORMAIS

Uma *face normal* é paralela a um plano principal de projeção. Ela se projeta em verdadeira grandeza, preservando formas e dimensões, no plano ao qual ela é paralela e como um segmento vertical ou horizontal nos planos de projeção adjacentes. A Figura 5.20 mostra uma ilustração de faces normais.

5.15 FACES INCLINADAS

Uma *face inclinada* é perpendicular a um plano de projeção, mas é inclinada em relação aos planos adjacentes. Uma face inclinada se projeta como uma aresta no plano em relação ao qual ela é perpendicular e reduzido nos demais planos. Uma face inclinada é mostrada na Figura 5.21. O grau de redução é proporcional à inclinação. A face pode não se projetar em verdadeira grandeza em nenhuma vista, mas ela terá a mesma forma característica e o mesmo número de arestas nestas vistas.

Pratique a identificação de faces normais em desenhos CAD. Você pode obter vistas ortográficas de temas que mostram muitas faces normais nos seguintes *sites* da Web:
http://www.constructionsite.com/harlen/8001-81.htm e
http://user.mc.net/hawk/ca.htm

5.16 FACES QUAISQUER

Uma *face qualquer* é inclinada em relação a todos os planos de projeção principais. Como ela não é perpendicular nem paralela a nenhum dos planos de projeção, ela não se projeta de perfil em qualquer vista principal. Como ela não é paralela a nenhum plano de projeção, ela não se projeta em verdadeira grandeza em nenhuma vista principal. Uma face qualquer sempre aparece reduzida em todas as três vistas-padrão. A Figura 5.22 mostra uma face qualquer.

5.17 ARESTAS

A interseção de duas faces planas do objeto produz uma *aresta*, que é representada por um segmento de reta no desenho. A aresta é comum a ambas as faces. Se uma aresta é perpendicular ao plano de projeção, ela se projeta como um ponto; caso contrário, ela se projeta como um segmento de reta. Se uma aresta é paralela ao plano de projeção, ela se projeta em verdadeira grandeza; caso contrário, será reduzida. Uma linha reta sempre se projeta como uma linha reta ou um ponto. Os termos *normal*, *inclinada* e *qualquer* são também usados para descrever o relacionamento de arestas com os planos principais de projeção.

5.18 ARESTAS NORMAIS

Uma *aresta normal* é um segmento de reta que é perpendicular a um plano de projeção. Ela se projeta como um ponto naquele plano de projeção e como uma linha em verdadeira grandeza nos planos de projeção adjacentes. A Figura 5.23 mostra arestas normais e suas projeções.

5.19 ARESTAS INCLINADAS

Uma *aresta inclinada* é paralela a um plano principal de projeção, mas é inclinada em relação aos adjacentes. Ela se projeta como um segmento de reta em verdadeira grandeza no plano ao qual ela é paralela e como um segmento reduzido nos planos adjacentes. Neste caso, a aresta em verdadeira grandeza se projeta em um segmento inclinado e, nos planos em que se projeta reduzida, aparece como segmento horizontal ou vertical. A Figura 5.24 mostra as projeções de uma aresta inclinada.

5.20 ARESTAS QUAISQUER

Uma *aresta qualquer* é inclinada em relação a todos os planos principais de projeção. Como ela não é perpendicular a nenhum dos planos principais de projeção, ela não se projeta como um

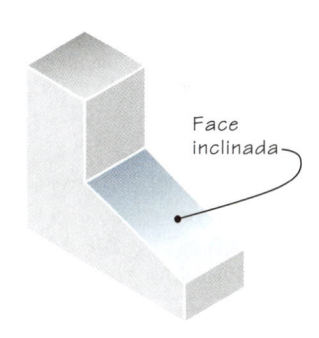

FIGURA 5.21 Face inclinada.

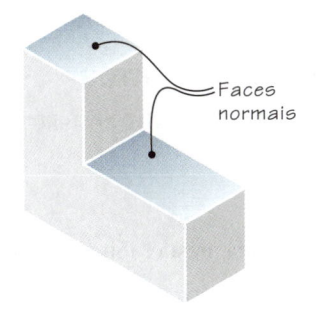

FIGURA 5.20 Faces normais.

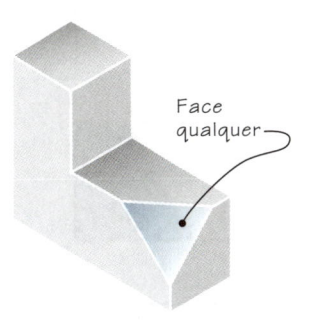

FIGURA 5.22 Face qualquer.

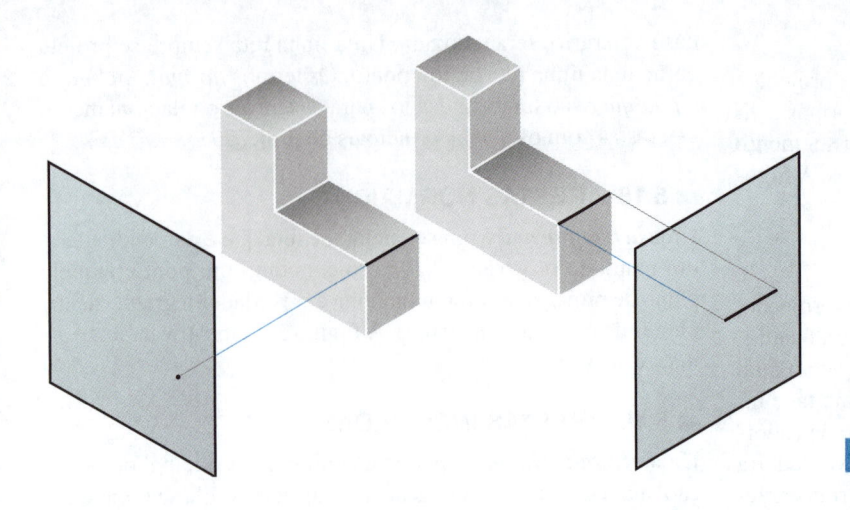

FIGURA 5.23 Projeções de uma aresta normal.

Mãos à obra 5.1
Faces normais e inclinadas quaisquer

A face inclinada qualquer C aparece nas vistas superior e frontal com seus vértices numerados 1-2-3-4.

- Localize os mesmos vértices e numere-os na vista lateral.
- Sombreie a face inclinada qualquer C na vista lateral. (Repare que qualquer face aparecendo como uma linha em qualquer vista não pode ser uma face qualquer.)
- Quantas faces inclinadas existem na peça mostrada? _____
- Quantas faces normais? _____

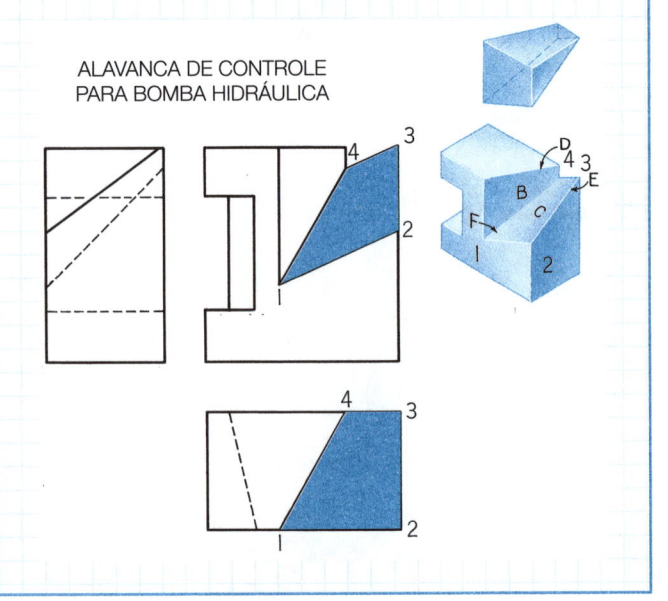

ALAVANCA DE CONTROLE PARA BOMBA HIDRÁULICA

ponto em nenhuma das vistas principais. Como não é paralela a nenhum dos planos principais de projeção, não se projeta em verdadeira grandeza em nenhuma vista principal. Uma aresta qualquer aparece reduzida e como um segmento inclinado em todas as vistas. A Figura 5.25 mostra uma aresta qualquer.

5.21 ÂNGULOS

Se um ângulo pertence a um plano – paralelo ao plano de projeção – será projetado em verdadeira grandeza, como mostrado na Figura 5.26. Se o ângulo pertence a um plano inclinado, a sua projeção será maior ou menor que o ângulo real, dependendo de sua posição. Na Figura 5.26b, a projeção do ângulo de 45 graus é maior na vista frontal, enquanto na Figura 5.26c a projeção do ângulo de 60 graus é menor em ambas as vistas.

Um ângulo de 90 graus será projetado em verdadeira grandeza, mesmo que ele esteja em um plano inclinado, desde que um lado do ângulo seja uma reta normal. Na Figura 5.26d, a projeção do ângulo de 60 graus é que o ângulo real maior e a projeção do ângulo de 30 graus é menor. Verifique isso você mesmo usando seu esquadro de 30-60 graus como modelo ou mesmo usando o vértice em 90 graus de uma folha de papel. Incline o esquadro ou o papel para obter uma vista qualquer.

5.22 VÉRTICES

Um vertice, ou ponto, é a interseção comum de três ou mais faces. Um ponto se projeta como um ponto em todas as vistas. Um exemplo de um ponto em um objeto é mostrado na Figura 5.27.

5.23 SIGNIFICADO DE PONTOS

Um ponto localizado em um esboço pode representar duas coisas no objeto:

- um vértice;
- a vista de perfil de uma aresta (dois vértices cujas projeções são coincidentes).

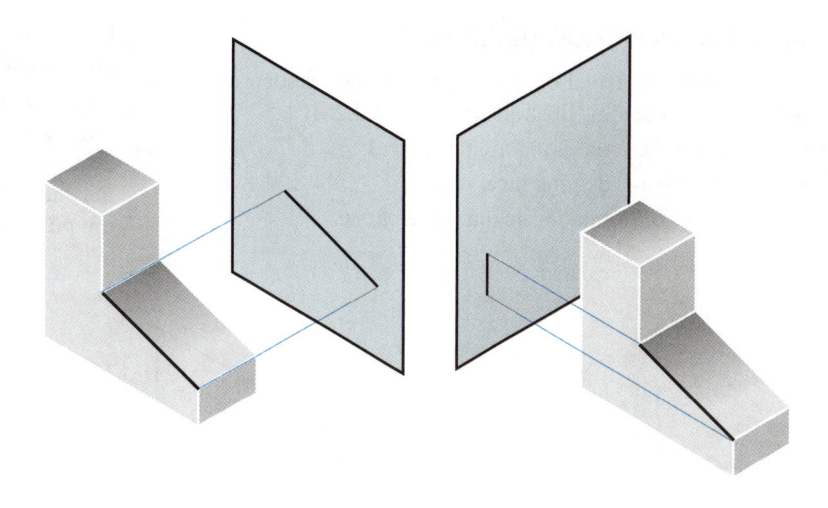

CAPÍTULO 5 • ESBOÇO DE VISTAS ORTOGRÁFICAS E PROJEÇÕES

FIGURA 5.24 Projeções de uma aresta inclinada.

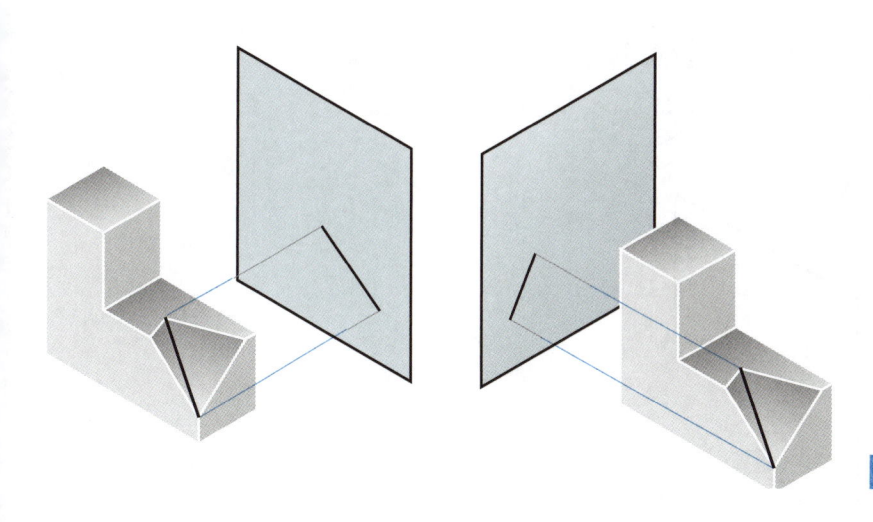

FIGURA 5.25 Projeções de uma aresta oblíqua.

(a) ÂNGULO EM PLANO NORMAL

(b) ÂNGULO EM PLANO INCLINADO

(c) ÂNGULO EM PLANO INCLINADO

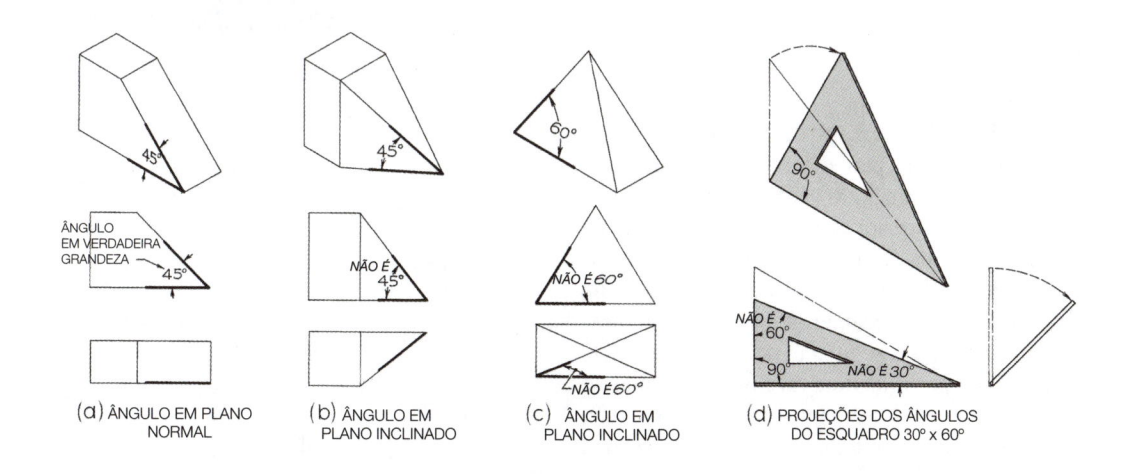

(d) PROJEÇÕES DOS ÂNGULOS DO ESQUADRO 30° x 60°

FIGURA 5.26 Ângulos.

5.24 SIGNIFICADO DE LINHAS

Uma linha reta, visível ou escondida, em um esboço tem três possíveis significados, ilustrados na Figura 5.28:
- uma aresta (interseção) entre duas faces;
- a vista de perfil de uma face;
- o elemento delimitador de uma face curva.

Essa repetição de formas é útil na análise de vistas. Por exemplo, a face em forma de "L" mostrada na Figura 5.29 é projetada como um "L" em todas as vistas onde ela não aparece como um segmento. Uma face em forma de "T", de "U" ou hexagonal terá, em cada caso, o mesmo número de lados e vértices e a mesma forma característica onde quer que ela se projete como um polígono.

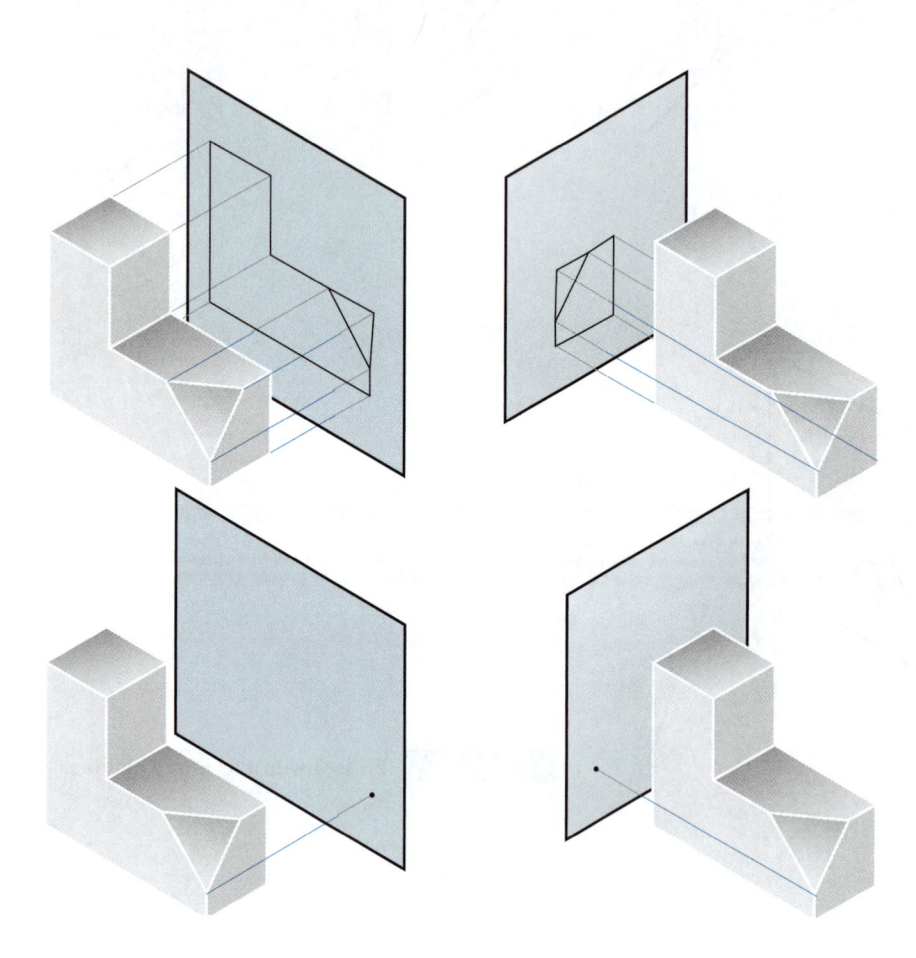

FIGURA 5.27 Vistas de um ponto.

Já que não é usado sombreamento em um desenho de execução, é preciso examinar todas as vistas para determinar o significado das linhas. Por exemplo, na Figura 5.28, você pode pensar que o segmento de reta $\overline{AB}$ na parte superior da vista frontal é a vista de perfil de uma face plana, se olhasse apenas as vistas frontal e superior. Mas da vista lateral direita é possível perceber que, na verdade, há uma face curva na parte superior do objeto. Do mesmo modo, é possível pensar que o segmento de reta vertical $\overline{CD}$ na vista frontal é a vista de perfil de uma face plana, se olhasse apenas as vistas frontal e lateral. No entanto, um exame da vista superior revela que o segmento de reta, na verdade, representa a interseção de uma face inclinada.

5.25 FORMATOS SIMILARES DE FACES

Se uma face plana é vista de diversas posições diferentes, cada vista mostrará o mesmo número de lados e um formato similar.

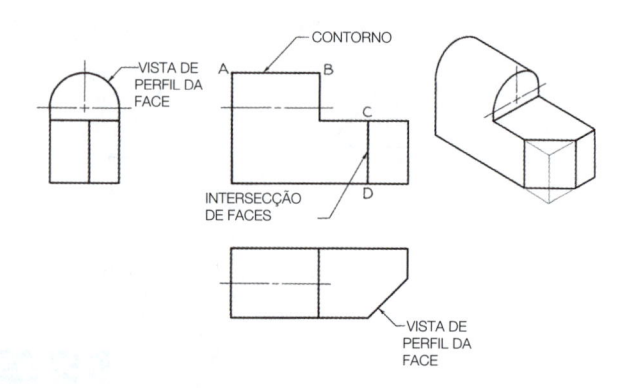

FIGURA 5.28 Significado de linhas.

Dicas práticas
Planos paralelos

Retas paralelas no espaço serão projetadas como retas paralelas em qualquer vista, a menos que elas estejam no mesmo plano e as projeções se coincidirem, aparecendo como uma única reta.

As figuras à direita mostram três vistas de um objeto depois de ser cortado por um plano passado pelos pontos A, B e C.

Somente os pontos que caem no mesmo plano foram unidos.

Na vista frontal, você poderia unir pontos A e C que estão no mesmo plano, estendendo a reta até P na aresta frontal estendida do bloco.

Na vista lateral, você poderia unir P a B e, na vista superior, unir B a A.

As retas restantes são desenhadas paralelas às retas AP, PB e BA.

Outro exemplo que ilustra retas paralelas interceptadas por um plano é mostrado à direita. As vistas projetadas mostram que, quando duas retas são paralelas no espaço, suas projeções são paralelas.

Na Figura b, o plano superior do objeto intercepta os planos frontal e posterior para criar as arestas paralelas 1-2 e 3-4.

Esse é um exemplo do caso especial no qual as duas retas aparecem como pontos em uma vista e suas projeções na outra vista são coincidentes. Apesar de ser um caso especial, ele não deve ser considerado como uma exceção à regra.

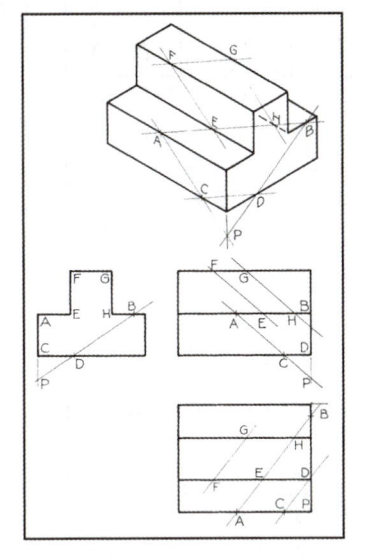

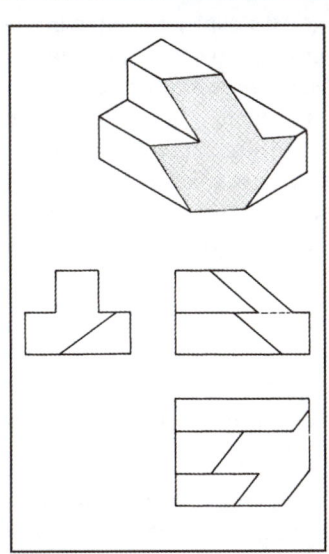

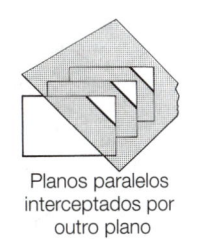

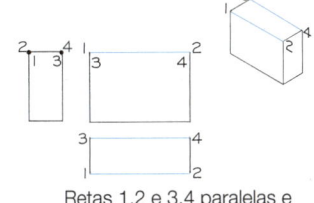

Planos paralelos interceptados por outro plano
(a)

Retas 1,2 e 3,4 paralelas e paralelas ao plano horizontal
(b)

5.26 INTERPRETANDO VISTAS

Um método para auxiliar a interpretação de esboços é reverter o processo mental usado para projetá-los. As vistas de uma peça são mostradas na Figura 5.30a.

A vista frontal na Figura 5.30(I) mostra a forma em "L" do objeto, sua altura, largura e espessura. O significado dos contornos e arestas invisíveis (linhas invisíveis ou linhas escondidas) e das linhas de centro ainda não está claro e você não sabe qual a profundidade do objeto.

A vista superior na Figura 5.30(II) mostra que o contorno horizontal é arredondado do lado direito e tem um furo passante. Algum tipo de rasgo é indicado na extremidade esquerda. São mostradas a profundidade e a largura do objeto.

A vista lateral direita na Figura 5.30(III) mostra que a extremidade esquerda do objeto tem cantos arredondados na parte su-

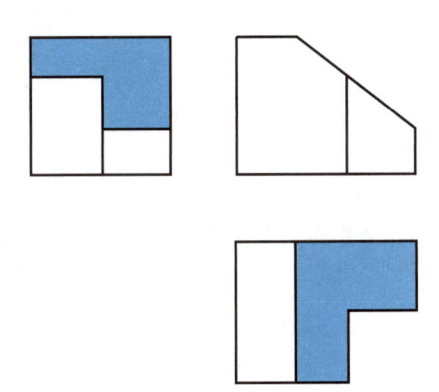

FIGURA 5.29 Formatos similares.

Mãos à obra 5.2
Vistas adjacentes

Na vista superior mostrada aqui, as linhas dividem a vista em três áreas adjacentes. Nenhum par de áreas adjacentes está no mesmo plano porque cada linha representa uma aresta (ou interseção) entre faces. Apesar de cada área representar uma face em um nível diferente, você não pode dizer se A, B ou C é a face mais alta, ou quais são as formas das faces até que você veja as outras vistas necessárias do objeto.

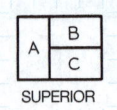

O mesmo raciocínio aplica-se às áreas adjacentes em qualquer vista dada. Já que uma área ou face em uma vista pode ser interpretada de diferentes maneiras, são necessárias outras vistas para se determinar qual interpretação é correta.

Abaixo estão várias formas que a vista superior acima pode representar. Combine as descrições abaixo com as formas que elas descrevem à direita. Em seu próprio papel, faça um esboço da vista frontal para cada descrição. Esboce mais duas interpretações possíveis para esta vista superior e escreva suas descrições.

- A face B é a mais alta e C e A são mais baixas.

- Uma ou mais faces são cilíndricas.

- Uma ou mais faces são inclinadas.

- A face A é a mais alta e as faces B e C estão mais baixas.

- A face A é a mais alta e B é mais baixa que C.

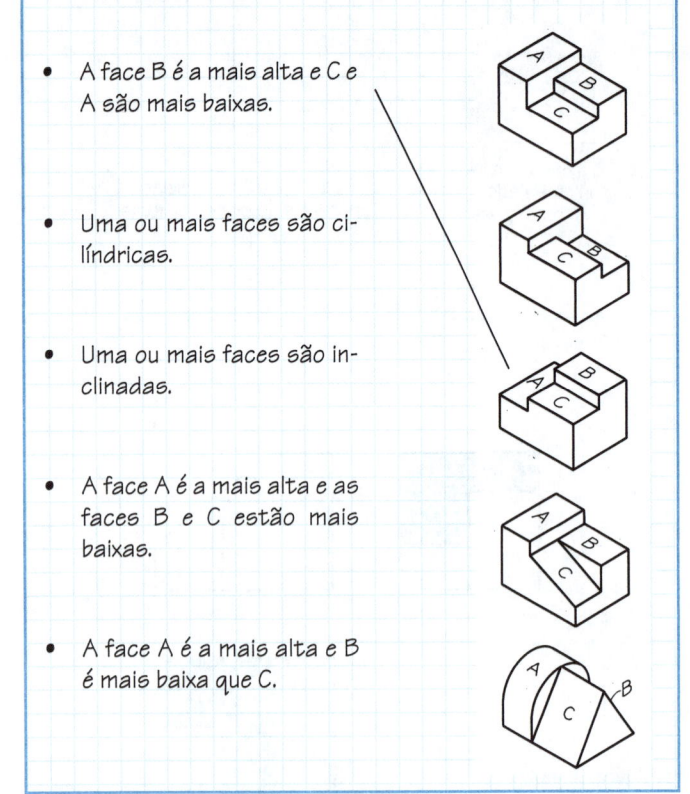

Mãos à obra 5.3
Identificando faces

Cada conjunto de três vistas mostra uma face preenchida que está de perfil ou aparece como uma linha reta em uma vista e mostra sua forma característica nas outras duas vistas. Preencha a face na outra vista onde você vê sua forma e destaque a mesma face onde ela aparece de perfil. Note como o ato de reconhecer as faces similares o auxilia a criar uma imagem mental melhor do objeto tridimensional.

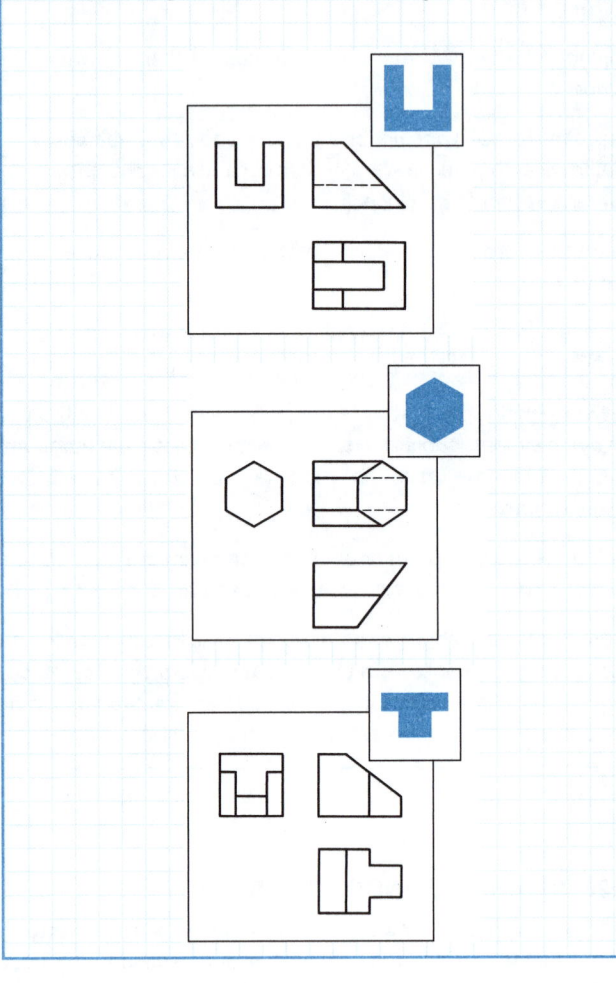

Na Figura 5.30, cada vista proporciona certas informações definidas sobre a forma do objeto e todas são necessárias para visualizar o objeto completamente.

■ 5.27 MODELOS

Um dos melhores auxílios à visualização é um modelo real do objeto. Modelos não têm de ser feitos necessariamente com precisão ou em escala. Eles podem ser feitos de qualquer material conveniente, como argila de modelar, sabão, madeira, fio, *styrofoam* (espuma) ou qualquer material que possa ser facilmente

perior e tem um rasgo aberto em posição vertical. São mostradas a altura e a profundidade do objeto.

Passo a passo 5.2
Lendo um desenho

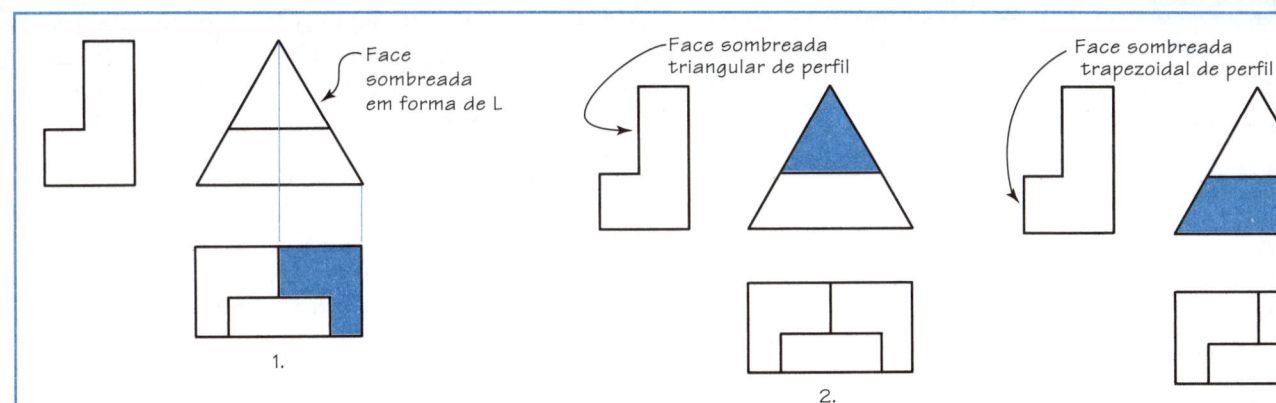

1. Visualize o objeto mostrado pelas três vistas à esquerda. Como nenhuma linha é curva, sabemos que o objeto é feito de faces planas.

   A face sombreada na vista superior é uma forma em "L" com seis lados. Como você não vê esta forma na vista frontal – e toda face aparece ou com sua forma ou como um segmento de reta – ela deve estar aparecendo como uma linha na vista frontal. A linha indicada na vista frontal também se projeta para alinhar-se com os vértices da face em forma de "L".

   Devido ao fato de vermos essa forma na vista superior, e porque ela é uma linha inclinada na vista frontal, ela deve ser uma face inclinada no objeto. Significa que ela também mostrará sua forma encurtada na vista lateral, aparecendo em forma de "L" e com seis lados. A face em "L" na vista lateral direita deve ser a mesma face que foi sombreada na vista superior.

2. Na vista frontal, vemos a parte superior como uma face em forma de triângulo, mas nenhuma face triangular aparece na vista superior nem na lateral. A face triangular deve aparecer como um segmento de reta na vista superior e na vista lateral. Trace linhas de chamada dos vértices da face onde você vê suas formas. A mesma face nas outras vistas deve alinhar-se ao longo das linhas de chamada. Na vista lateral, ela deve ser a linha indicada. Isso pode ajudar a identificá-la como a linha horizontal no meio da vista superior.

3. A superfície trapezoidal preenchida na vista frontal é fácil de se identificar, mas não há trapézios nas vistas superior e lateral. Novamente, a face deve estar de perfil nas vistas adjacentes.

4. Por sua conta, identifique as faces restantes usando o mesmo raciocínio. Quais faces são inclinadas, quais são normais? Há algumas faces inclinadas quaisquer?

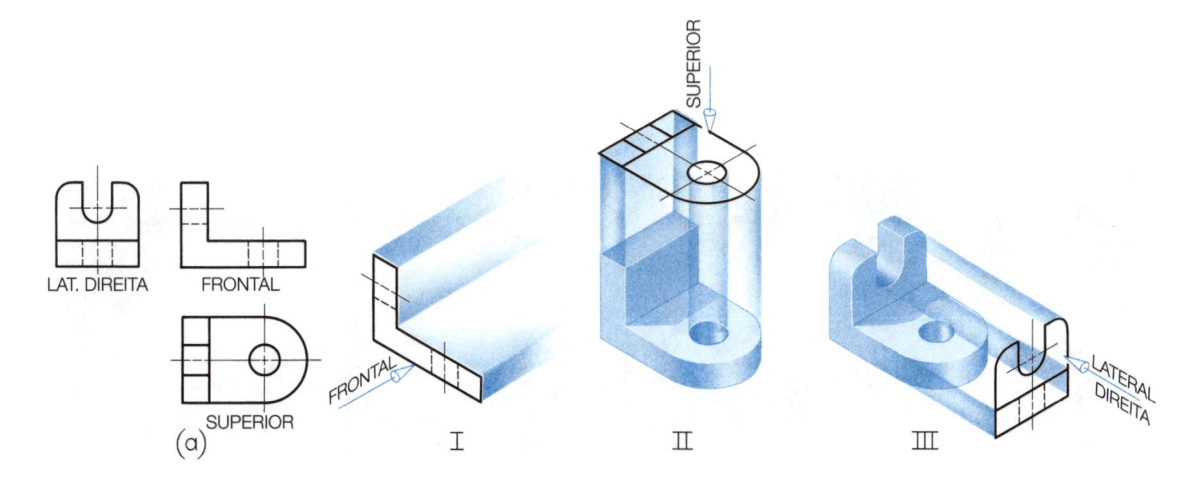

FIGURA 5.30 Visualizando a partir de vistas dadas.

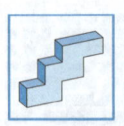

Passo a passo 5.3
Fazendo um modelo

Siga estes passos para fazer um modelo de sabão ou argila a partir das vistas projetadas:

1. Primeiro, olhe as três vistas do objeto dado. Faça seu bloco de argila com as mesmas dimensões principais (altura, largura e profundidade), como mostrado nas vistas.

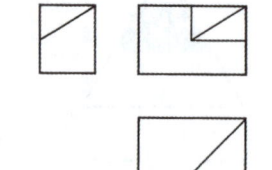

2. Marque linhas na superfície frontal do seu bloco de argila para corresponder com aquelas mostradas na vista frontal no desenho. Depois, faça o mesmo para as vistas superior e lateral direita.

3. Corte reto ao longo de cada linha marcada no bloco de argila para obter um modelo 3-D que represente as vistas projetadas.

modelado, esculpido ou cortado. Alguns exemplos de modelos em sabão são mostrados na Figura 5.31.

5.28 PROJETANDO UMA TERCEIRA VISTA

Normalmente, quando você está projetando um produto ou sistema, você tem uma boa imagem mental de como o objeto que está sendo esboçado será, olhando-o por diferentes direções. No entanto, a habilidade de projetar uma terceira vista pode ser útil por duas razões: uma é que as vistas devem ser mostradas alinhadas no desenho e projetadas corretamente. A segunda é que ter prática em projetar uma terceira vista a partir de outras duas vistas dadas é um excelente modo de desenvolver suas habilidades visuais.

Numerar os vértices do objeto facilita a projeção de uma terceira vista. Os pontos que você numera no desenho representam pontos no objeto no qual três faces se juntam para formar um vértice (e algumas vezes um ponto em um contorno ou no centro de uma curva).

Uma vez que você localizou um ponto em duas vistas do desenho, sua localização na terceira vista é conhecida. Em outras palavras, se um ponto está identificado nas vistas frontal e superior, sua localização na vista lateral é questão de projetar a altura e a profundidade do ponto nas vistas fontral e superior, respectivamente, na caixa de projeção.

Para numerar os pontos ou vértices do objeto e mostrar esses números nas diferentes vistas, você deve ser capaz de identificar as faces no objeto. A seguir, projete (ou encontre) os pontos em cada nova vista, face por face. Utilize o que você sabe sobre arestas e faces para identificar faces no objeto quando desenhar vistas. Isso vai ajudá-lo a interpretar desenhos criados por outros, bem como saber como projetar seus próprios desenhos corretamente.

5.29 MOSTRANDO OUTROS DETALHES

Até este ponto, foram apresentadas informações sobre como projetar e interpretar faces planas. Agora você está pronto para começar a representar faces que estão escondidas da direção de visada e superfícies que são curvas.

PRECEDÊNCIA DE LINHAS Linhas visíveis, linhas invisíveis (escondidas) e linhas de centro (mostrando os eixos de simetria de formas como furos) freqüentemente coincidem em um desenho, e você deve decidir que linha mostrar. Uma linha visível sempre tem precedência e cobre uma linha de centro ou uma linha escondida quando elas caem umas sobre as outras em uma vista, como mostrado em A e B na Figura 5.32. Uma linha escondida tem precedência sobre uma linha de centro, como mostrado em C. Em A e C, as extremidades da linha de centro são mostradas separadas da vista por pequenos espaçamentos, mas também pode ser eliminado do desenho.

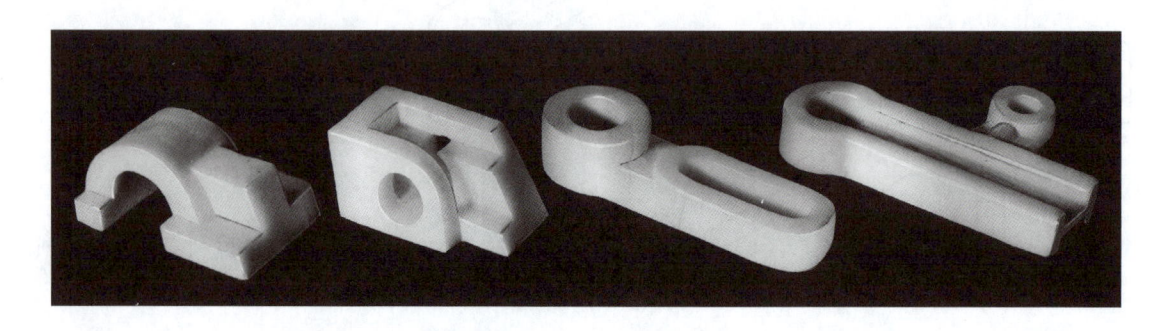

FIGURA 5.31 Modelos em sabão.

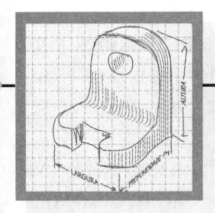

CAD EM SERVIÇO
Vistas ortográficas de um modelo 3-D

VISUALIZAÇÃO 3-D
Visualizar um objeto tridimensional é um processo complexo, na maior parte do qual você nunca precisa pensar em sua vida diária, porque seu cérebro é muito eficiente para organizar e interpretar informação tridimensional.

Quando você cria um modelo tridimensional, usando um sistema CAD, você controla os fatores que determinam como o modelo aparece na tela. Diversos fatores determinam como o modelo aparece: a distância do modelo até você (o *zoom*), a direção ou ângulo do qual você o está observando e até a iluminação. Algumas vezes, pode ser desafiador produzir a vista desejada. Nós não estamos acostumados a dar instruções específicas sobre como ver objetos cotidianos apenas nos movendo para mudar nosso ponto de vista.

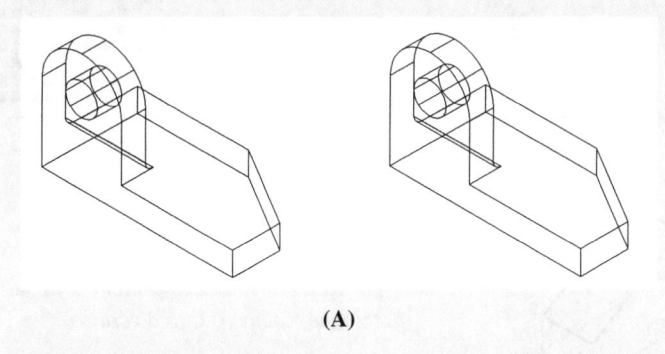

(A)

Alguns sistemas CAD automaticamente mostram o objeto em um arranjo-padrão de vistas para desenhos de engenharia. Em outros, você deve controlar cada fator, a distância do objeto (ou *zoom*), o ângulo de visão, a iluminação e onde cada vista é colocada no monitor. Outros sistemas CAD permitem escolher entre arranjos padronizados e controle personalizado das vistas.

VISUALIZAÇÃO EM ESTRUTURA DE ARAME (*WIREFRAME*)
A maioria dos sistemas CAD 3-D apresentam o objeto na tela como um desenho em estrutura de arame. Eles são chamados de estrutura de arame (*wireframe*), porque as interseções ou faces do objeto são representadas com linhas, círculos e arcos na tela, resultando na aparência de uma escultura feita de arames. Pode ser muito difícil dizer se está

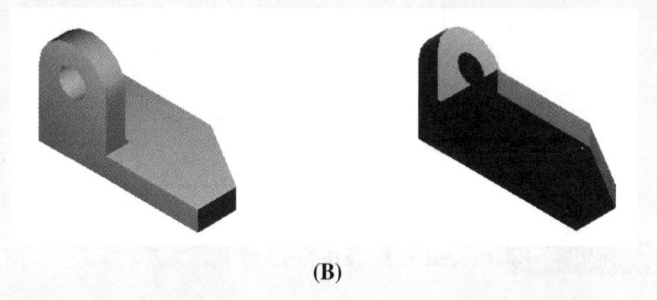

(B)

olhando um modelo de arame por cima ou por baixo. A Figura A mostra exemplos de dois desenhos em arame diferentes. Eles parecem ser iguais, mas são na verdade dois modelos diferentes vistos de posições diferentes. Você pode dizer qual é a diferença entre eles?

Quando está criando um modelo 3-D em um computador, a tela é plana e somente vistas 2-D planas do objeto podem ser vistas na tela. Você deve interpretar múltiplas vistas do objeto para entender o modelo 3-D, da mesma maneira que faz com desenhos em papel. Felizmente, a maioria dos sistemas CAD 3-D podem tornar isso mais fácil permitindo sombrear ou tonalizar as vistas do objeto na sua tela para facilitar a visualização.

Os mesmos dois objetos são mostrados na Figura B tonalizados de modo que você possa facilmente interpretar a direção de visualização. Como pode ver, o modelo da direita foi visto por baixo. Ainda assim, ele parece a imagem espelhada do modelo visto de cima.

COM CAD 3-D QUALQUER VISTA PODE SER CRIADA
Uma vez que você aprendeu como criar modelos 3-D usando seu sistema CAD, pode produzir quaisquer vistas que quiser do objeto. Isso pode poupar-lhe muito tempo na criação de desenhos. Você pode gerar qualquer vista que deseje observando o objeto da direção apropriada. Pode querer observar o objeto de um ângulo para mostrar a verdadeira grandeza de uma face inclinada. Enquanto isso pode ser um processo moroso para desenhar uma projeção 2-D, você pode geralmente fazê-lo em um ou dois passos usando um CAD 3-D. Além de poupar tempo, o modelamento 3-D pode ser uma ferramenta útil para visualização. Os modelos sombreados são normalmente mais fáceis de interpretar para pessoas não-familiarizadas com desenhos de engenharia.

■ 5.30 CONTORNOS E ARESTAS INVISÍVEIS

Uma vantagem das vistas em relação a fotografias é que as vistas podem mostrar o objeto inteiro a partir de sua direção de observação. Enquanto uma fotografia mostra somente as superfícies visíveis de um objeto, uma vista mostra através do objeto, como se ele fosse transparente. Linhas grossas e escuras são usadas para representar detalhes do objeto que são diretamente visíveis. Linhas tracejadas são usadas para representar detalhes ocultos atrás de outras superfícies.

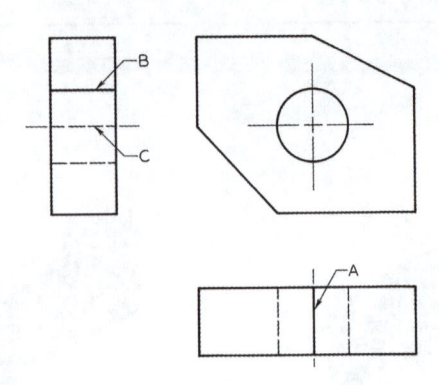

FIGURA 5.32 Precedência de linhas.

Lembre-se de escolher vistas que mostrem detalhes com contornos e arestas visíveis se puder. Use contornos e arestas invisíveis (linhas invisíveis ou escondidas) onde quer que elas sejam necessárias para tornar claro o desenho.

Você pode poupar tempo e reduzir o detalhamento excessivo não traçando linhas invisíveis que não são necessárias, desde que tenha certeza de que as linhas invisíveis restantes descrevem o objeto clara e completamente. Em uma nota, indique ao leitor que as linhas não foram desenhadas intencionalmente e que não é um erro de desenho.

Esboce arestas escondidas a olho usando traços finos e escuros de aproximadamente 5 mm de comprimento e espaçados em aproximadamente 1 mm. Linhas invisíveis devem ser tão escuras quanto as outras no desenho, mas desenhadas com linhas finas.

Quando linhas invisíveis se interceptam, seus traços devem se encontrar. Em geral, linhas invisíveis devem interceptar linhas visíveis na aresta de um objeto.

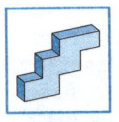

Passo a passo 5.4
Projetando uma terceira vista

Siga os passos para projetar uma terceira vista.

A figura à direita é um desenho em perspectiva de um objeto. Os números identificam cada canto (vértice) do objeto e as letras identificam algumas das principais faces. São dadas as vistas superior e frontal. Você vai usar os números dos vértices para determinar a vista lateral.

1. Para numerar os pontos eficientemente, você primeiro precisa identificar faces e interpretar as vistas que são dadas. Primeiro, rotule as faces visíveis que têm forma fácil de identificar em uma vista. A seguir, localize a mesma face na vista adjacente. (As faces na perspectiva foram rotuladas para tornar isso mais fácil.)

2. A face A na vista frontal é uma face normal. Ela vai aparecer como um segmento de reta horizontal na vista superior. As duas faces retangulares, B e C na vista superior, são uma face normal e uma inclinada. Elas aparecerão como um segmento de reta horizontal e um segmento de reta inclinada na vista frontal, respectivamente.

3. Uma vez que você identificou as faces, rotule os vértices de uma face que tenha um forma-

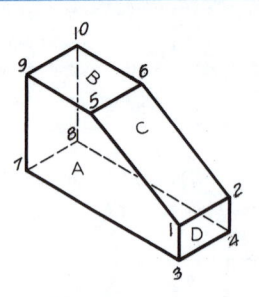

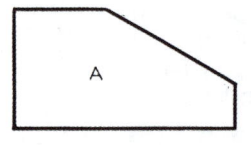

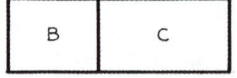

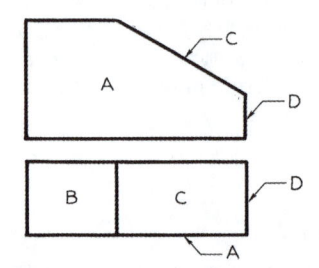

to fácil de reconhecer, neste caso, a superfície A.

Rotule seus vértices com números em cada canto, como mostrado. Se um ponto é diretamente visível na vista, coloque o número fora do canto.

Se o ponto não é diretamente visível naquela vista, coloque o número dentro do canto. Usar os mesmos números para identificar os mesmos pontos em diferentes vistas o auxilia a projetar pontos conhecidos em duas vistas para posições desconhecidas em uma terceira vista.

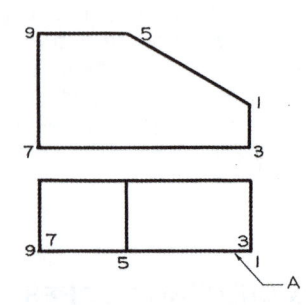

Siga os passos 4 a 9, mostrados na página seguinte ⟶

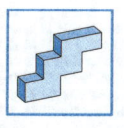

Passo a passo 5.4
Continuação

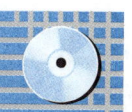

4. Continue, face por face, até que você tenha numerado todos os vértices nas vistas dadas, como mostrado abaixo. Não use dois números diferentes para o mesmo vértice, pois poderá confundir-se.

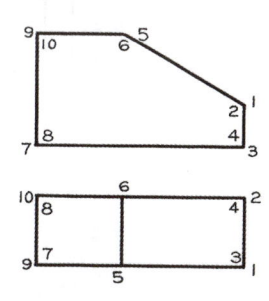

5. Tente visualizar a vista lateral direita que você vai criar. Então, construa a vista lateral direita ponto por ponto, usando linhas bem leves. Localize o ponto 1 na vista lateral traçando uma linha de projeção horizontal bem leve do ponto 1 da vista frontal. Use a vista de perfil da face A na vista superior como um plano de referência para transferir a profundidade do ponto 1 para a vista lateral, como mostrado na figura abaixo.

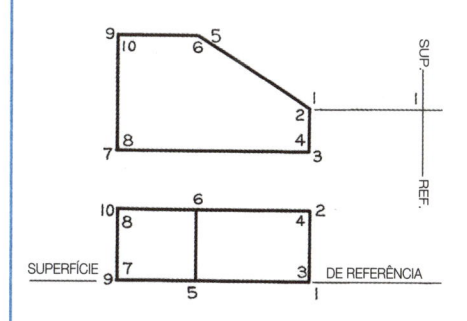

6. Projete os pontos 2, 3 e 4 de maneira similar para completar a extremidade vertical do objeto.

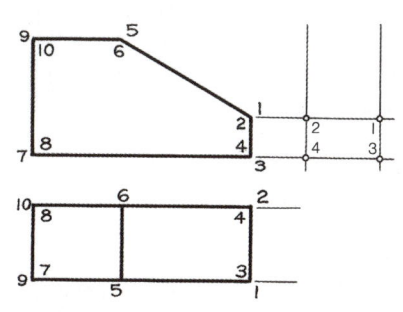

7. Projete os pontos restantes usando o mesmo método, indo de face em face.

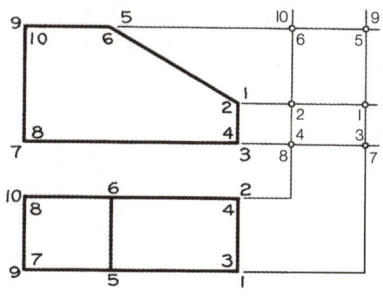

8. Use os pontos que você projetou na vista lateral para desenhar as faces do objeto como no exemplo à direita.

   Se a face A se estende entre os pontos 1-3-7-9-5 na vista frontal em que você pode ver sua forma claramente, ela se estenderá entre esses mesmos pontos em todas as outras vistas.

   Quando você conecta esses pontos na vista lateral, eles formam um linha vertical.

   Isso faz sentido porque A é uma face normal. Como é a regra com faces normais, você verá sua forma em uma vista principal (a frontal, neste caso) e ela aparecerá como um segmento de reta vertical ou horizontal nas outras vistas.

   Continue conectando vértices para definir as faces do objeto, e completar a terceira vista.

9. Inspecione seu desenho para ver se todas as faces são mostradas e escureça as linhas finais.

   Você deve também analisar a visibilidade das faces. As faces que estão escondidas atrás de outras faces devem ser mostradas com linhas escondidas.

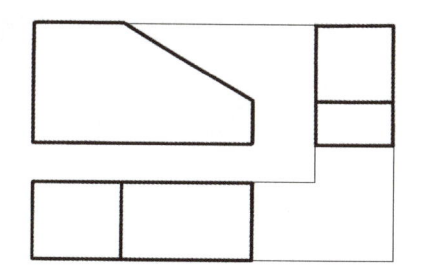

Algumas das práticas que você vai aprender para representar interseções de linhas invisíveis com outras linhas podem ser difíceis de seguir ao usar CAD. Quando usar CAD, ajuste os padrões de linha de forma que as linhas invisíveis de seu desenho tenham a melhor aparência possível. O Passo a passo 5.5 fornece detalhes adicionais sobre como mostrar interseções de linhas escondidas corretamente.

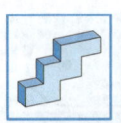

Passo a passo 5.5
Práticas corretas e incorretas para linhas invisíveis

- Faça uma linha invisível unir-se a uma linha visível, exceto quando isso fizer a linha visível se estender demasiadamente, como mostrado aqui.

- Deixe um espaço quando a linha invisível for uma continuação da linha visível.

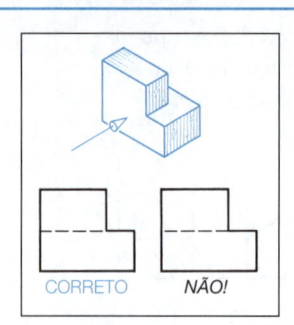

- Faça linhas invisíveis interceptarem-se formando cantos em "L" e em "T".

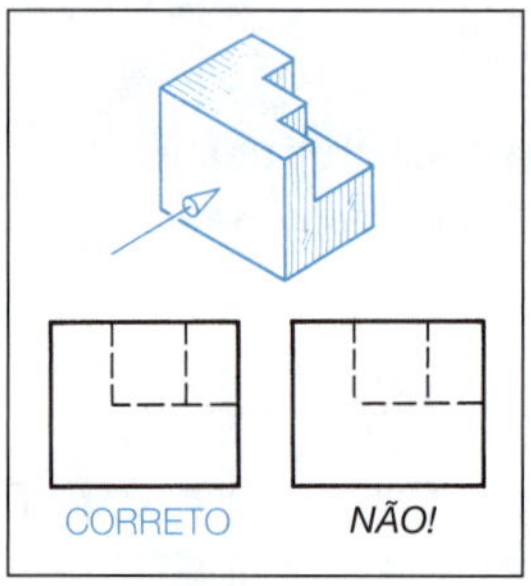

- Faça uma linha invisível "saltar" uma linha visível quando possível.

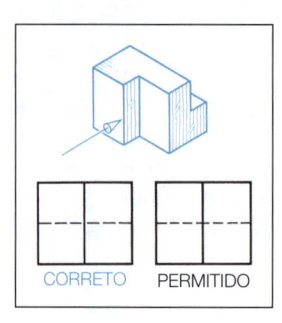

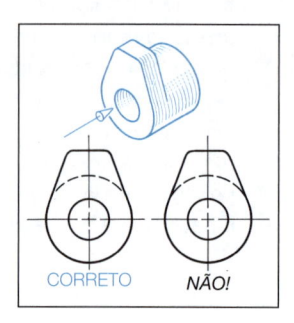

- Desenhe linhas invisíveis paralelas de forma que o tracejado seja alternado, como tijolos em uma parede.

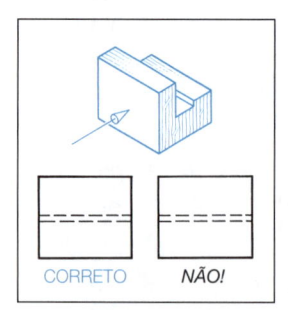

- Quando duas ou três linhas invisíveis se juntam em um ponto, una os traços, como mostrado para o fundo deste furo de broca.

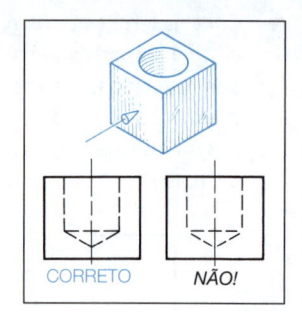

- A mesma regra de união dos traços quando duas ou três linhas invisíveis se juntam aplica-se para o topo deste furo para parafuso com embutimento da cabeça.

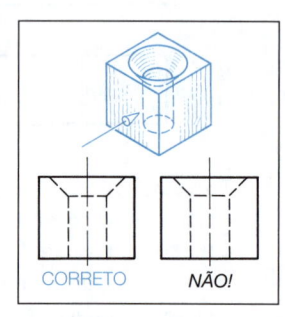

- Linhas invisíveis não devem tocar linhas visíveis quando isso der a impressão de que as linhas visíveis foram prolongadas.

- Desenhe arcos invisíveis como os exemplos de cima, não como os de baixo.

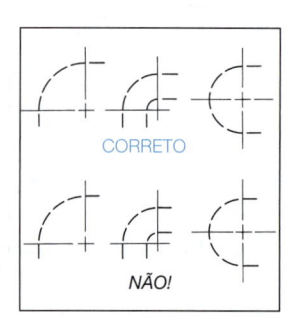

Acentuando os traços

Acentue o começo e o fim de cada traço pressionando a ponta do lápis contra o papel. Faça linhas invisíveis tão bem quanto possível, de forma que elas sejam fáceis de interpretar. Certifique-se de fazer os traços das linhas invisíveis mais longos que os espaçamentos, de forma a deixar claro que eles representam linhas.

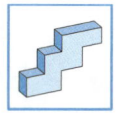

Passo a passo 5.6
Esboçando linhas de centro

- Como mostrado nos exemplos, esboce uma linha de centro simples na vista longitudinal e linhas de centro cruzadas na vista circular.

- Certifique-se de que os traços pequenos se cruzem nas interseções das linhas de centro.

- Faça as linhas de centro estenderem-se uniformemente cerca de 8 mm para fora do detalhe para o qual foram desenhadas.

- Os traços longos das linhas de centro podem variar de 20 a 40 mm ou mais em comprimento, dependendo do tamanho do desenho.

- Faça os traços curtos com aproximadamente 5 mm de comprimento e os espaçamentos com aproximadamente 2 mm.

- Sempre comece e termine linhas de centro com traços longos.

- Sempre deixe um espaço quando uma linha de centro formar uma continuação de uma linha visível ou invisível.

- Faça linhas de centro finas o suficiente para contrastar bem com as linhas visíveis e invisíveis, mas escuras o suficiente para que elas possam ser vistas claramente e ser bem reproduzidas.

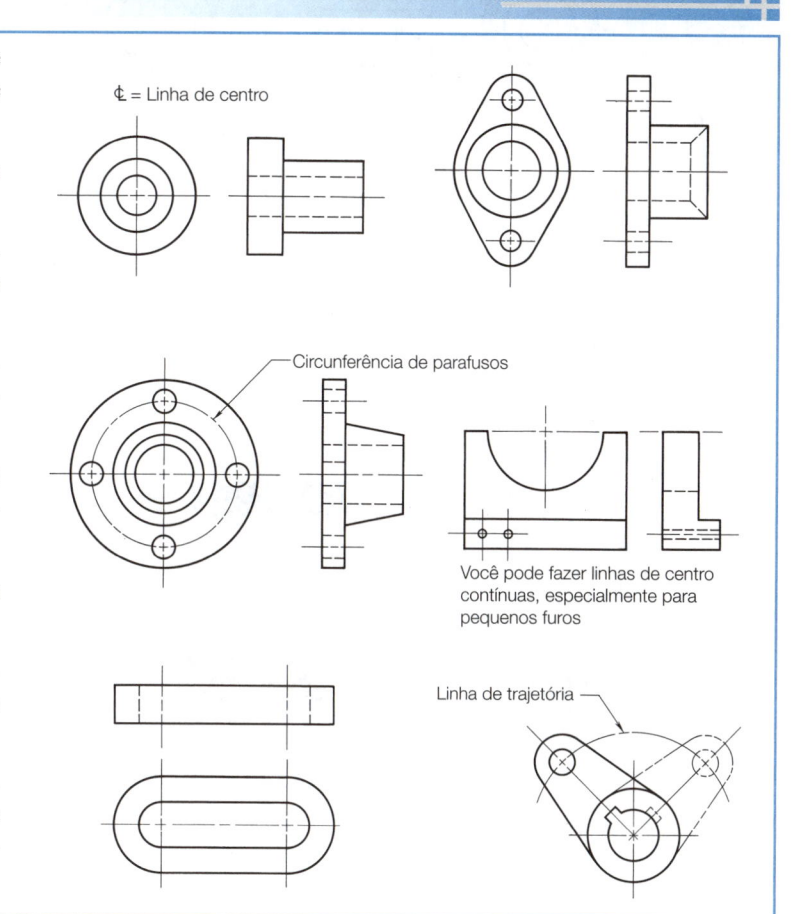

Mãos à obra 5.4
Praticando esboços de linhas de centro

Pratique esboçando linhas de centro nos detalhes mostrados.

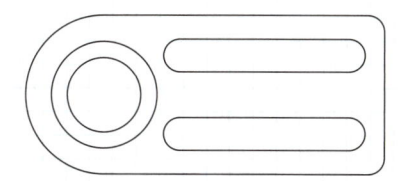

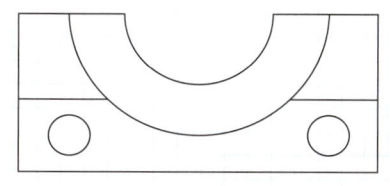

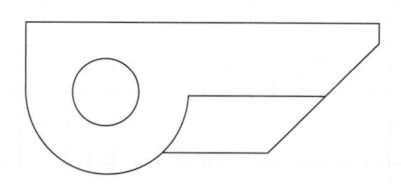

5.31 LINHAS DE CENTRO

As linhas de centro ₵ são usadas para identificar eixos de simetria de objetos ou detalhes, circunferências de parafusos e trajetórias de movimento. Aplicações típicas são mostradas na Figura 5.33. As linhas de centro são úteis na cotagem de desenhos. Elas não são necessárias em cantos arredondados ou em outras formas cuja posição do centro é explícita.

5.32 SUPERFÍCIES CURVAS

Alguns exemplos das superfícies curvas mais comuns encontradas na engenharia – o cilindro, o cone e a esfera – são mostrados na Figura 5.34. O cilindro é a forma arredondada mais comum. Formas cilíndricas são facilmente produzidas com equipamentos de fabricação comuns como furadeiras e tornos.

FIGURA 5.33 Aplicações das linhas de centro.

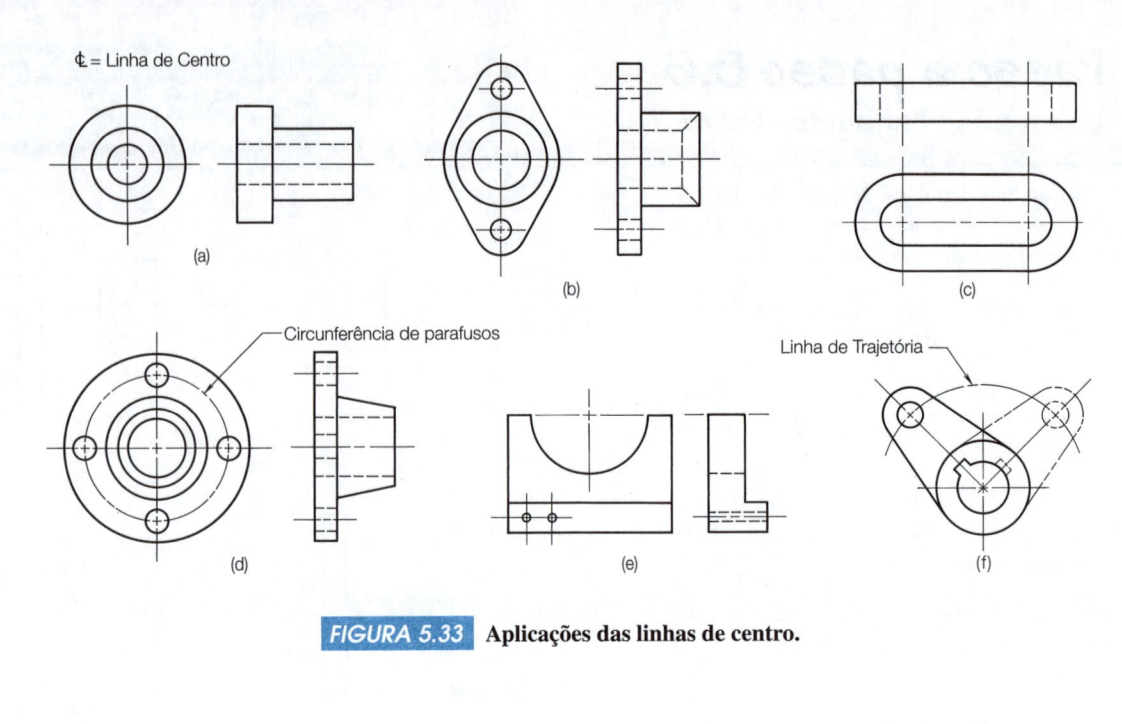

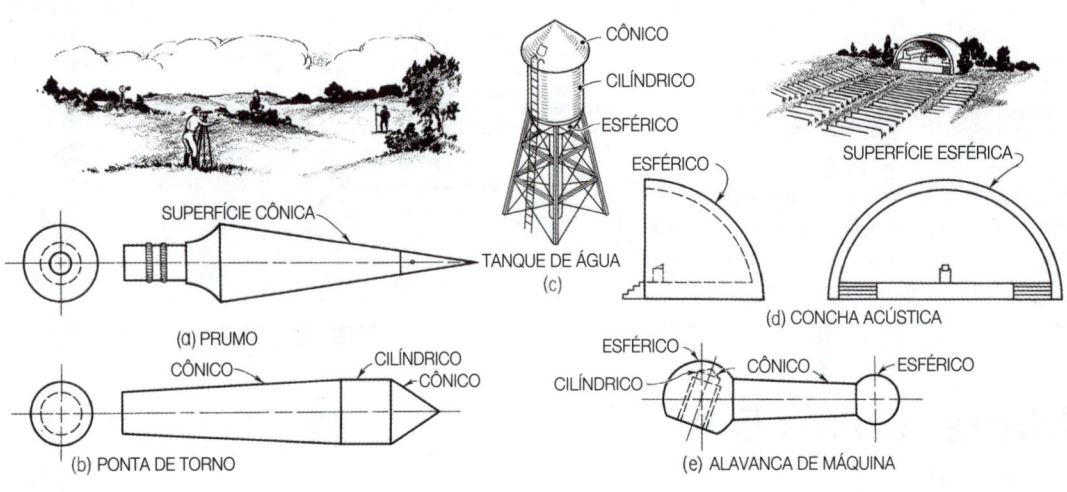

FIGURA 5.34 Superfícies curvas.

5.33 SUPERFÍCIES CILÍNDRICAS

Três vistas de um cilindro reto são mostradas na Figura 5.35a. A área do cilindro tem faces planas no topo e na base, as quais são delimitadas por arestas circulares, sendo estas as únicas arestas reais do cilindro.

A Figura 5.35b mostra três vistas de um furo cilíndrico em um prisma reto de base quadrada. O cilindro é representado no desenho por suas arestas circulares e pelas geratrizes. Uma geratriz é uma linha reta na superfície cilíndrica, paralela ao eixo. Uma geratriz de cilindro está indicada na perspectiva da Figura 5.35a. As arestas circulares do cilindro aparecem nas vistas superiores como circunferências A e nas vistas frontal e lateral como retas horizontais.

As geratrizes do cilindro aparecem como pontos na vista superior. As geratrizes nas vistas laterais aparecem como pontos nas vistas superiores.

5.34 CILINDROS E ELIPSES

Se um cilindro é cortado por um plano inclinado, como mostrado na Figura 5.36a, a face inclinada é delimitada por uma elipse. Essa elipse aparecerá como uma circunferência na vista superior, como uma linha reta na vista frontal e como uma elipse na vista lateral. Repare que a circunferência 1 continuaria sendo uma circunferência independentemente do ângulo do corte. Se o corte for de 45 graus em relação à horizontal, ela também aparecerá como uma circunferência na vista lateral.

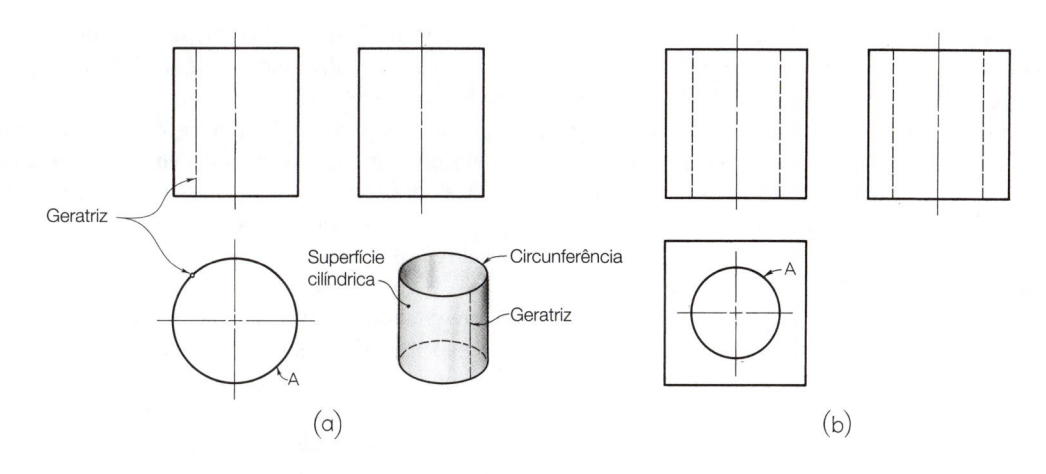

FIGURA 5.35 Superfícies cilíndricas.

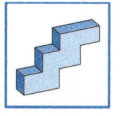

Passo a passo 5.7
Curvas no espaço

Siga os passos abaixo para traçar uma curva no espaço (uma curva irregular).

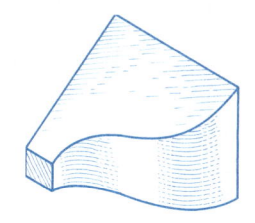

1. Determine as vistas de uma curva no espaço identificando pontos arbitrários ao longo da curva, onde sua forma aparece claramente. Neste caso, é na vista superior.

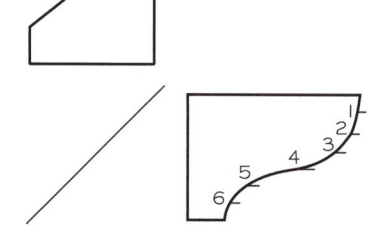

2. Projete esses mesmos pontos na vista adjacente.

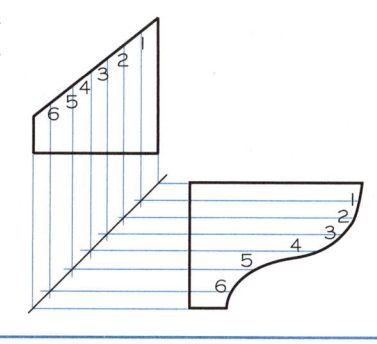

3. Projete cada ponto das duas vistas marcadas na vista restante. O ponto estará localizado onde as linhas de projeção se interceptam.

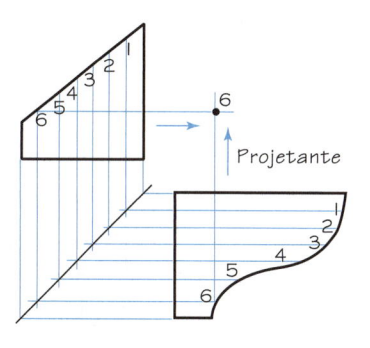

4. Trace a curva resultante através dos pontos. Identifique e projete as demais superfícies.

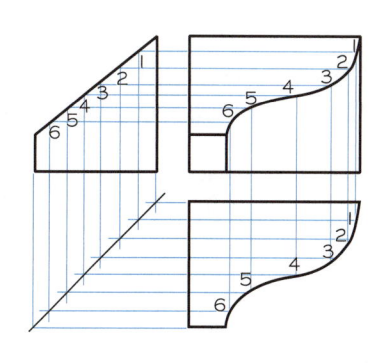

Quando uma forma circular é mostrada inclinada em outra vista, projete-a na vista adjacente como mostrado na Figura 5.36 e use as técnicas que você aprendeu no Capítulo 4 para traçar a elipse. As vistas principais não mostram a verdadeira grandeza de faces inclinadas como a elipse na Figura 5.36. Você aprenderá no Capítulo 8 como criar vistas auxiliares para mostrar a verdadeira grandeza de faces inclinadas como essas.

5.35 INTERSEÇÕES E CONCORDÂNCIAS

Nenhuma reta é desenhada onde uma face curva é concordante com uma face plana, como na Figura 5.37a, mas, quando uma face intercepta uma face plana como na Figura 5.37b, é formada uma aresta definida. Se as curvas juntam-se uma à outra ou a faces planas suavemente (ou seja, elas são concordantes), nenhuma reta é desenhada para mostrar onde elas se juntam, como mostrado na Figura 5.37c. Se uma combinação de curvas cria uma face vertical, como na Figura 5.37d, a face vertical é mostrada como uma reta.

Quando superfícies planas encontram uma superfície de contorno (curva), elas não formam uma aresta se forem concordantes, mas formarão uma aresta se elas se interceptarem. Exemplos de planos encontrando superfícies de contorno são dados nas Figuras 5.37e e 5.37f.

A Figura 5.38a mostra um exemplo de um pequeno cilindro interceptando um cilindro maior. Quando a interseção é pequena, não se desenha sua fórmula curva com precisão porque ela adiciona pouco ao esboço ou desenho considerando-se o tempo que toma. Em vez disso, ela é mostrada como uma linha reta. Quando a interseção é grande, ela pode ser aproximada desenhando-se um arco com um raio igual ao do cilindro maior, co-

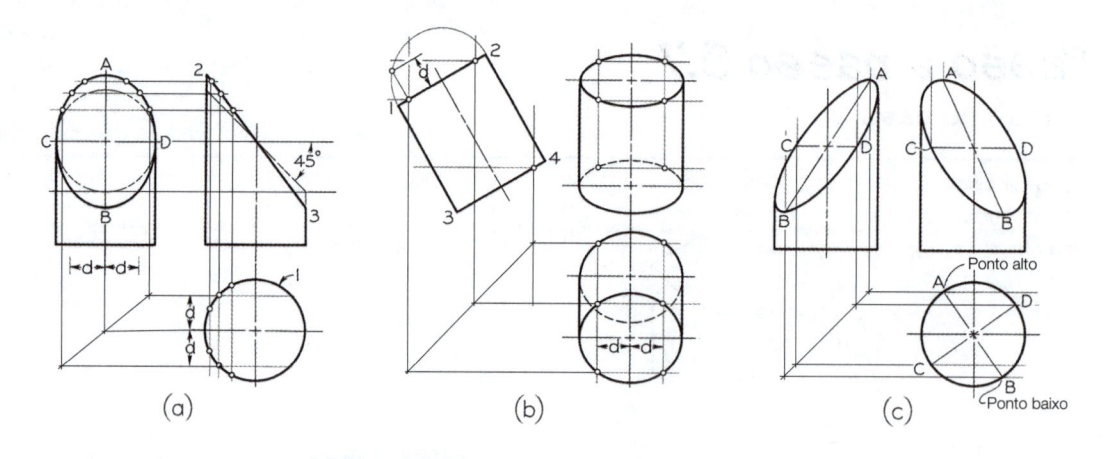

FIGURA 5.36 Irregularidade em cilindros.

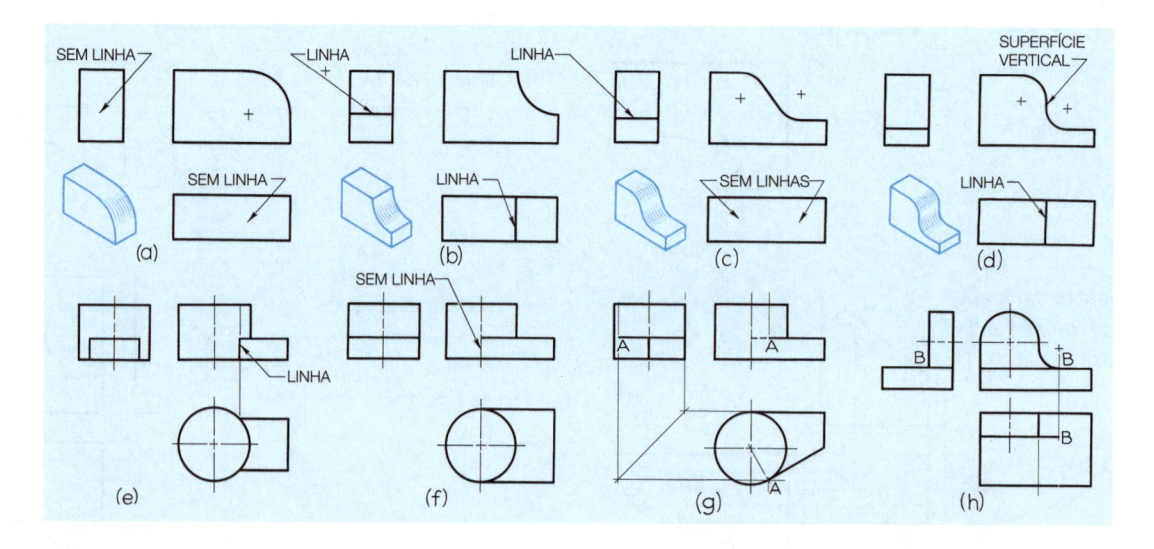

FIGURA 5.37 Interseções e tangências.

mo mostrado na Figura 5.38b. Interseções grandes podem ser desenhadas com precisão selecionando-se pontos ao longo da curva a projetar, como mostrado na Figura 5.38c. Quando os cilindros são do mesmo diâmetro, sua interseção aparece como linhas retas na vista adjacente, como mostrado na Figura 5.38d.

As Figuras 5.39a e 5.39b mostram exemplos similares de um prisma estreito interceptando um cilindro. As Figuras 5.39c e 5.39d mostram as interseções de um rasgo e um cilindro e de um furo pequeno e um cilindro.

■ 5.36 FILETAMENTOS E ARREDONDAMENTOS

Um canto interno arredondado é chamado de *filete*. Um canto externo arredondado é chamado de *arredondamento* (Figura 5.40a). Geralmente, evitam-se cantos vivos quando se projetam peças para serem moldadas ou forjadas porque são difíceis de produzir e enfraquecem a peça.

Duas faces inacabadas que se interceptam produzem um canto arredondado (Figura 5.40b). Se uma dessas faces recebe acabamento, como mostrado na Figura 5.40c, ou se ambas as faces são acabadas, como mostrado na Figura 5.40d, o canto torna-se vivo. Em desenhos, um canto arredondado significa que ambas as faces são ásperas. Um canto vivo significa que uma ou ambas as faces sofreram acabamento. Não sombreie filetes ou arredondamentos em vistas ortográficas. A presença de faces curvas é indicada apenas onde elas aparecem como arcos, a menos que isso seja feito para chamar atenção sobre elas, como mostrado na Figura 5.44.

■ 5.37 RUNOUTS

Pequenas curvas denominadas *runouts* são usadas para representar filetes que se conectam com faces planas concordantes a cilindros, como mostrado na Figura 5.41a-5.41d. Os *runouts*, in-

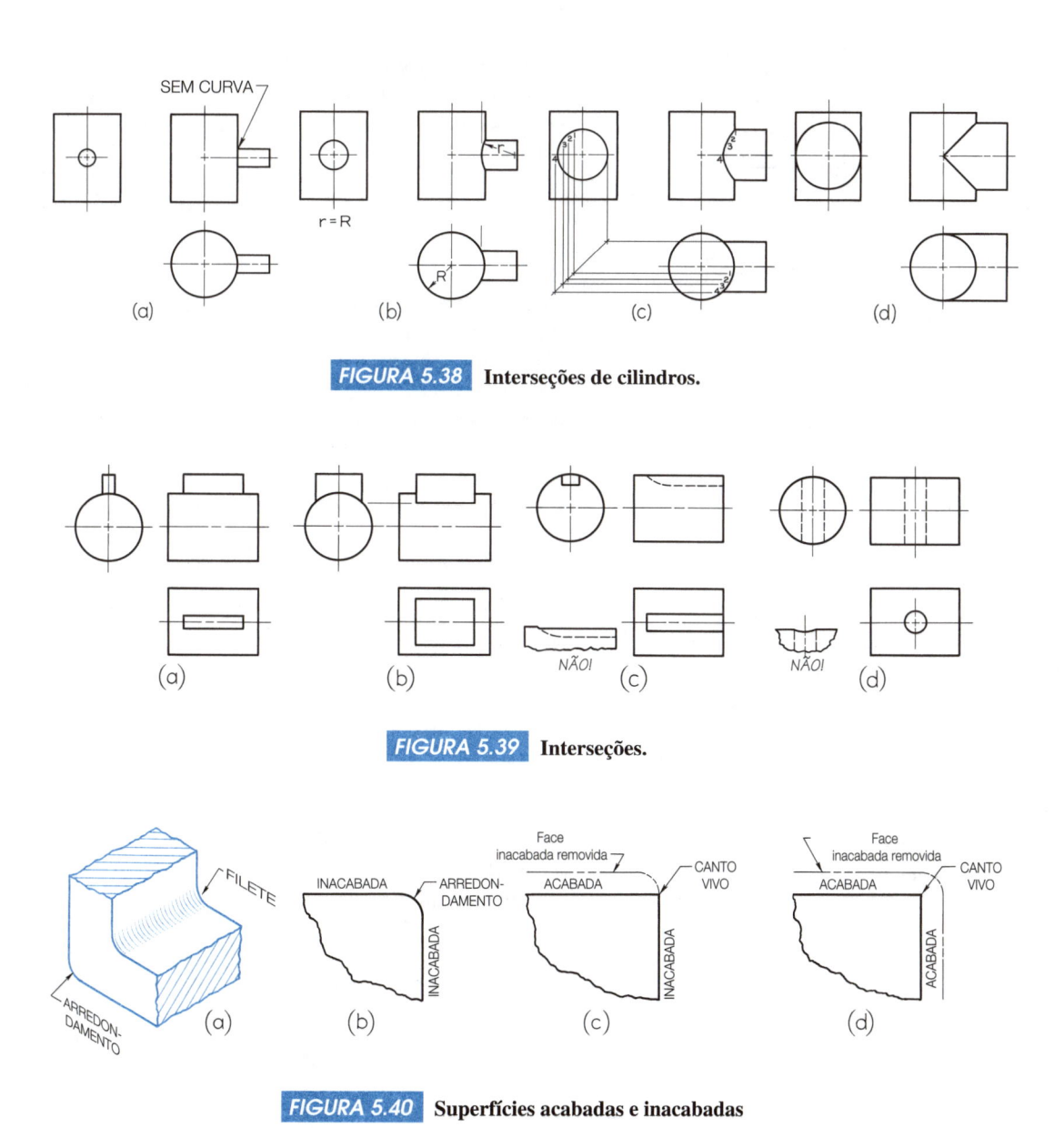

FIGURA 5.38 Interseções de cilindros.

FIGURA 5.39 Interseções.

FIGURA 5.40 Superfícies acabadas e inacabadas

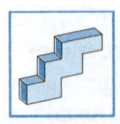

Passo a passo 5.8
Representando furos

Aqui estão os métodos para representar os furos a máquina mais comuns. Em geral, você não precisa dar instruções ao operador sobre como fazer os furos. A menos que você precise de um processo específico, é melhor deixar um técnico experiente de fabricação determinar qual será o meio mais eficiente e barato de produzir a peça. Se você realmente precisa de um processo específico, use notas para dizer o que fazer e em que ordem fazê-lo.

- Sempre especifique o tamanho dos furos pelo diâmetro – nunca pelo raio.

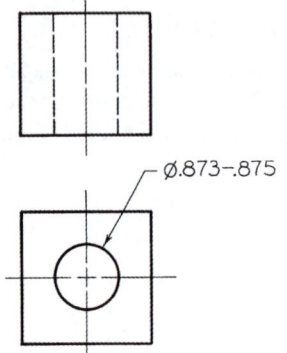

- Um furo que atravessa uma peça é chamado de furo passante.

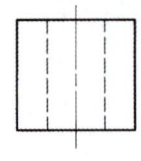

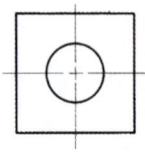

- Um furo com uma profundidade especificada é chamado de furo cego. Em um furo cego, a profundidade inclui somente a parte cilíndrica do furo. A ponta da broca deixa um fundo cônico no furo, desenhado aproximadamente com ângulo de 30 graus.

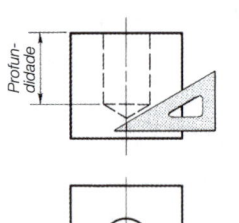

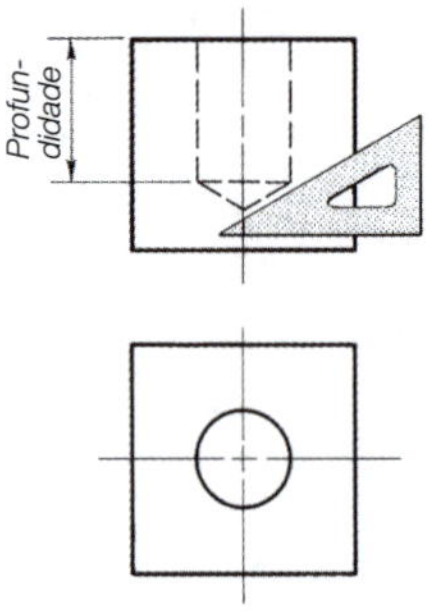

FURO POR BROCA

- Se um furo deve ser perfurado com a parte superior alargada conicamente com ângulo e diâmetro especificados – chamado de escareamento – o ângulo é normalmente 82 graus, mas é desenhado a 90 graus por simplicidade.

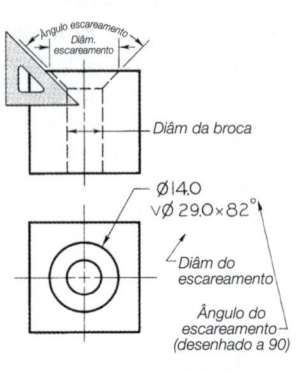

FURO POR BROCA E ESCAREAMENTO

- Se um furo deve ser perfurado com a parte superior alargada cilindricamente com diâmetro especificado, para produzir uma superfície lisa de contato (chamada de faceamento pontual), a profundidade normalmente não é especificada; em vez disso, é determinada na oficina. Para situações normais, desenhe a profundidade como 1,5 mm (1/16").

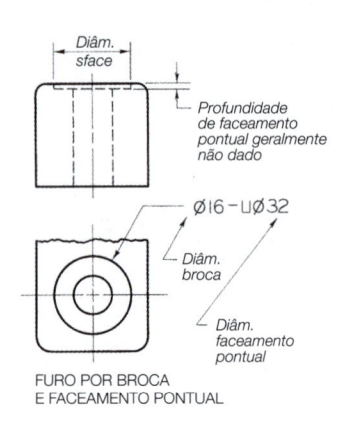

FURO POR BROCA E FACEAMENTO PONTUAL

- Se um furo deve ser perfurado e a parte superior deve ser alargada cilindricamente com diâmetro e profundidade especificados, chamado de rebaixo, ele deve ser especificado deste modo:

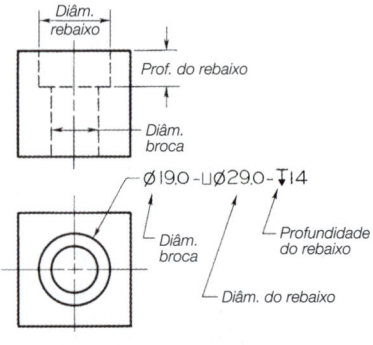

FURO POR BROCA E REBAIXAMENTO

dicados por F, devem ter um raio igual ao do filete e uma curvatura de aproximadamente um oitavo de circunferência, como mostrado na Figura 5.41d.

Os *runouts* de diferentes interseções filetadas aparecerão de modo diferente devido às formas das partes horizontais que se interceptam. A Figura 5.42 mostra mais exemplos da representação convencional para filetes, arredondamentos e *runouts*. Nas Figuras 5.42e e 5.42f, os *runouts* são diferentes porque a face superior da nervura é plana na Figura 5.42e, enquanto a face superior da nervura na Figura 5.42f é consideravelmente arredondada.

Quando dois filetes de tamanhos diferentes se interceptam, a direção do *runout* é ditada pelo filete maior, como mostrado nas Figuras 5.42g e 5.42j.

5.38 ARESTAS POR CONVENÇÃO

Interseções arredondadas e filetadas eliminam arestas vivas e podem dificultar a apresentação de forma clara. Em alguns casos, como mostrado na Figura 5.43a, a projeção verdadeira pode levar a erros. Linhas adicionais mostrando arestas arredondadas e filetadas, como mostrado nas Figuras 5.43b e 5.43c, proporcionam uma representação mais clara, apesar de não serem a

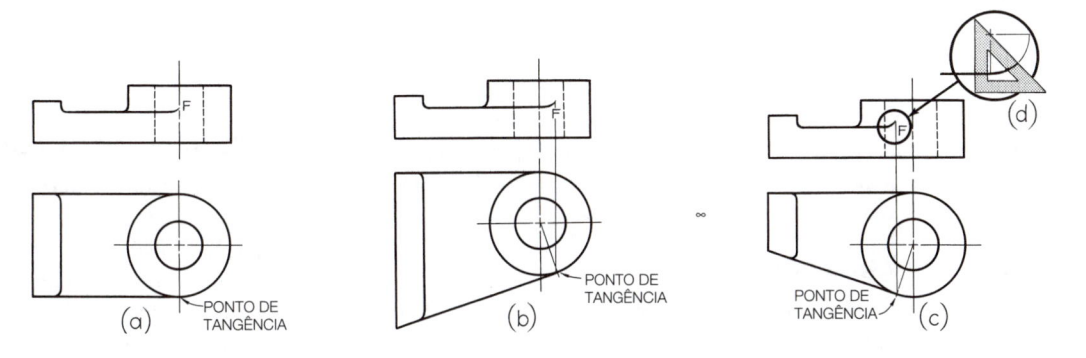

FIGURA 5.41 Runouts.

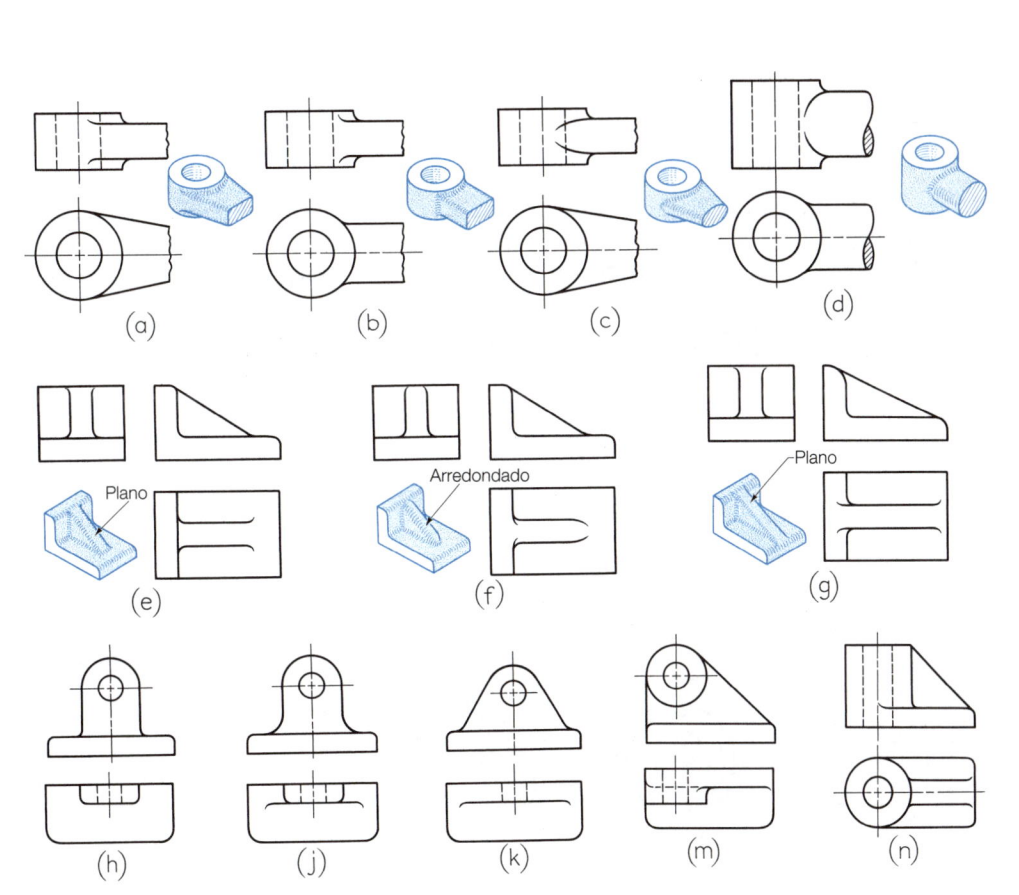

FIGURA 5.42 Filetes, arredondamentos e *runouts* convencionais.

projeção verdadeira. Projete as linhas adicionais das interseções das faces como se os filetes e arredondamentos não estivessem presentes.

A Figura 5.44 mostra as vistas superiores para cada vista frontal dada. O primeiro conjunto de vistas superiores tem muito poucas linhas, apesar de serem a projeção verdadeira. O segundo conjunto de vistas superiores, em que algumas linhas são adicionadas para representar as arestas arredondadas e filetadas, é bastante claro. Repare no uso de pequenos V onde as arestas arredondadas ou filetadas encontram uma superfície inacabada. Se uma aresta intercepta uma face acabada, o V não é mostrado.

5.39 VISTAS NECESSÁRIAS

Quais são as vistas minimamente necessárias para descrever um objeto completamente? Por exemplo, na Figura 5.45, a vista superior pode ser omitida, deixando apenas as vistas frontal e lateral direita. No entanto, é mais difícil ler as duas vistas ou visualizar o objeto porque a forma característica em Z da vista superior foi omitida. Além disso, você deve pressupor que os cantos A e B na vista superior são quadrados e não arredondados. Neste exemplo, são necessárias todas as três vistas.

5.40 VISTAS PARCIAIS

Uma vista pode não precisar ser completa, mas precisa apenas mostrar o que é necessário para descrever claramente o objeto. Isso é chamado de vista parcial e é usada para poupar tempo de desenho. Você pode usar uma linha de quebra para limitar a vista parcial, como mostrado na Figura 5.46a, ou limitar a vista pelo contorno da peça mostrada, como ilustrado na Figura 5.46b. Se a vista é simétrica, pode desenhar metade da vista em um lado da linha de simetria, como mostrado na Figura 5.46c, ou quebrar a vista parcial, como mostrado na Figura 5.46d. As meias-vistas devem estar do lado mais próximo, como mostrado.

Quando desenhar uma vista parcial, não coloque uma linha de quebra onde ela coincide com uma linha visível, pois isso pode causar má interpretação do desenho.

Ocasionalmente, os detalhes diferentes de um objeto estão em lados opostos. Em ambas as vistas laterais completas haverá considerável sobreposição de formas. Em casos como esse, duas vistas laterais representam em geral a melhor solução, como mostrado na Figura 5.47. As vistas são vistas parciais, e certas linhas visíveis e invisíveis foram omitidas para maior clareza.

5.41 VISTAS DESLOCADAS

Uma vista deslocada é uma vista parcial ou completa que foi movida para outra parte da folha de forma que ela não está mais na direção de projeção direta com qualquer outra vista, como mostrado na Figura 5.48. Uma vista deslocada pode ser usada para mostrar um detalhe do objeto mais claramente, possivelmente em escala maior, ou para poupar o desenho de uma vista

FIGURA 5.43 Representação convencional de um rolo.

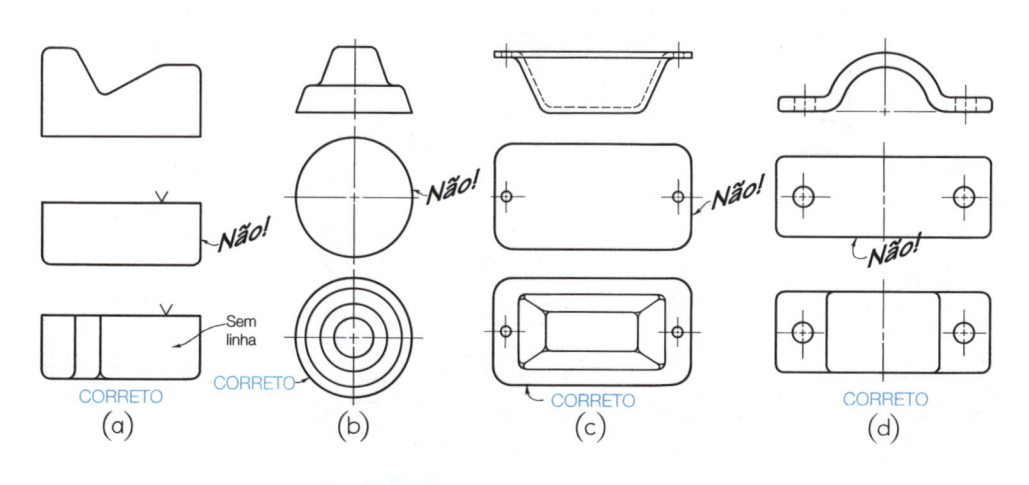

FIGURA 5.44 Arestas convencionais.

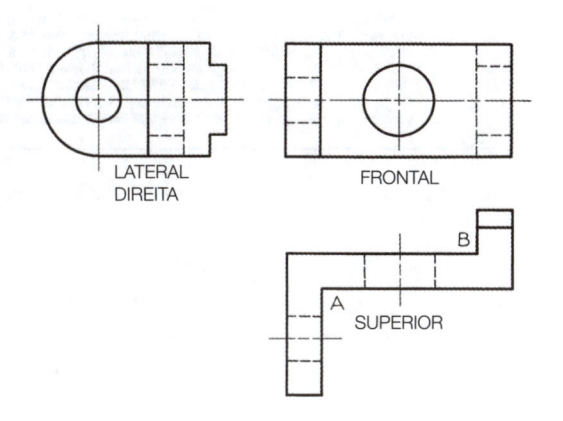

FIGURA 5.45 Três vistas.

normal completa. Uma linha de plano de visualização é usada para indicar a parte observada. As setas nas extremidades mostram a direção de visada. As vistas deslocadas devem ser indicadas como vista A-A ou vista B-B, e assim por diante; as letras referem-se àquelas colocadas nos cantos da linha de plano de visualização.

5.42 ALINHAMENTO DE VISTAS

Sempre desenhe vistas com a disposição-padrão mostrada na Figura 5.2 para ter certeza de que seus desenhos não serão interpretados erroneamente. A Figura 5.49a mostra uma guia de deslocamento que requer três vistas. Seu posicionamento correto é mostrado na Figura 5.49b. A vista superior deve estar diretamente abaixo da vista frontal e a vista lateral direita diretamente à esquerda da vista frontal – e não fora de alinhamento, como na Figura 5.49c. Nunca desenhe as vistas em posições invertidas, com a vista inferior abaixo da frontal ou a lateral direita à direita da vista frontal, como mostrado na Figura 5.49d. Apesar de as vistas estarem alinhadas com a vista frontal, esta disposição pode provocar interpretações equivocadas.

Depois que os esboços de projeto estão completos, normalmente você vai prosseguir com desenhos em CAD detalhados. Nos desenhos em CAD terminados, você deve aplicar as mesmas regras para disposição de vistas, mostrando claramente o assunto do desenho, usando os padrões e espessuras de linha adequados e seguindo todas as normas necessárias usadas em desenhos criados manualmente (Figura 5.50). Muitos programas permitem selecionar uma disposição-padrão para as vistas produzidas diretamente do seu modelo CAD 3-D. Uma vez que o CAD torna fá-

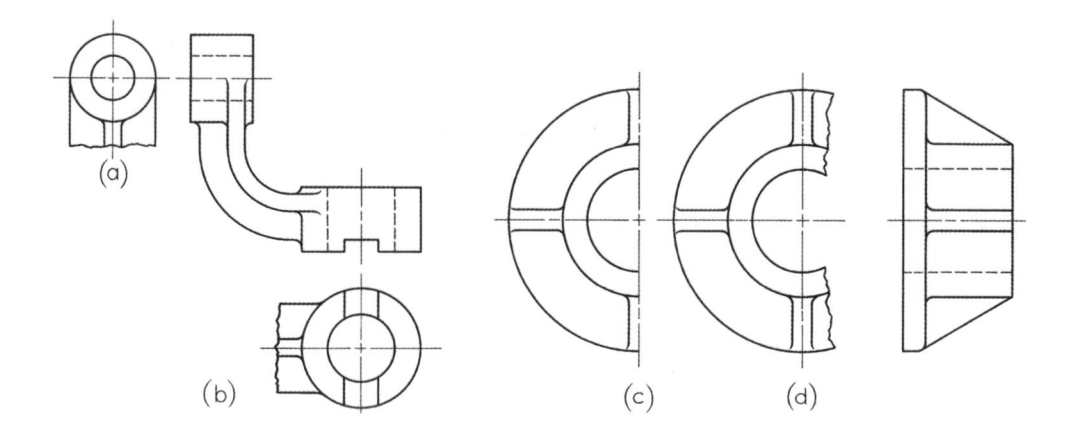

FIGURA 5.46 Vistas parciais.

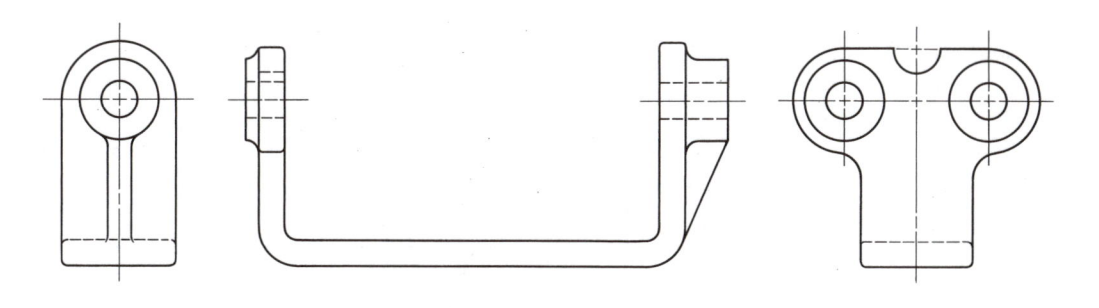

FIGURA 5.47 Vistas laterais incompletas.

Mãos à obra 5.5
Esboçando três vistas

É mostrada aqui uma perspectiva de um suporte de alavanca que requer três vistas. Siga os passos necessários para esboçá-las:

1. Trace os retângulos envolventes para as três vistas. Você pode usar proporções tomadas a olho ou; se você conhecer as dimensões, pode usar sua régua para desenhar vistas com medidas precisas. Espace igualmente os retângulos envolventes das vistas. Desenhe linhas horizontais para definir a altura da vista frontal e a profundidade da vista superior. Desenhe linhas verticais para definir a largura das vistas superior e frontal e a profundidade da vista lateral. Certifique-se de que isso esteja na proporção correta em relação à altura e lembre-se de manter um espaçamento uniforme entre as vistas. Transfira a dimensão de profundidade da vista superior para a vista lateral, use a borda de uma tira de papel ou um lápis como instrumento de medida. A profundidade nas vistas superior e lateral devem sempre ser iguais.

2. Trace retângulos leves para todos os detalhes.

3. Desenhe de leve todos os arcos e circunferências com traços leves.

4. Escureça todas as linhas finais.

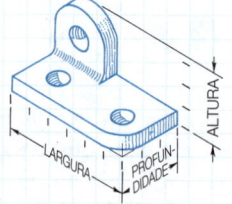

SUPORTE DE ALAVANCA

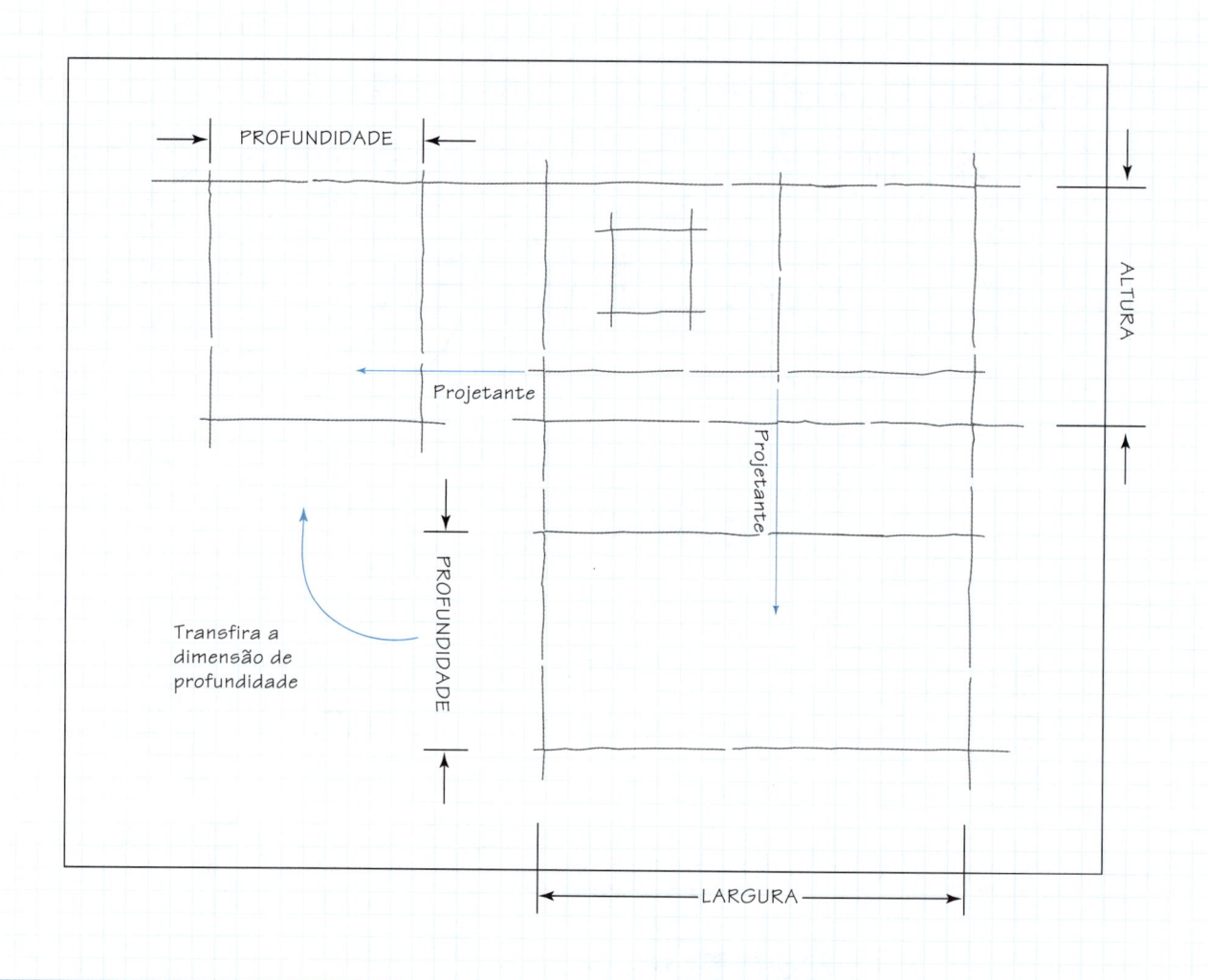

CAPÍTULO 5 • ESBOÇO DE VISTAS ORTOGRÁFICAS E PROJEÇÕES

Passo a passo 5.9
Eliminando as vistas desnecessárias

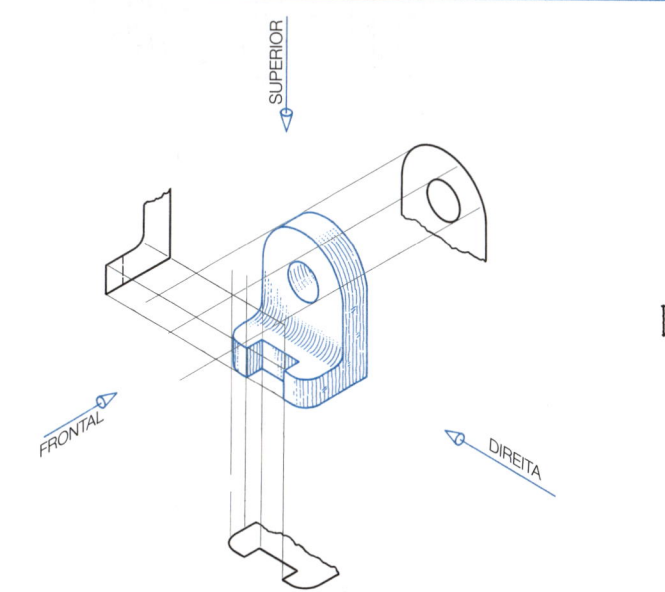

Três detalhes importantes deste objeto precisam ser mostrados no desenho:

1. O topo arredondado e o furo, visto de frente.
2. O rasgo retangular e cantos arredondados, vistos de cima.
3. O ângulo reto com cantos filetados, vistos pelo lado.

Tanto a vista frontal quanto a posterior mostram as formas verdadeiras do furo e o topo arredondado, mas a vista frontal é preferida porque não contém linhas escondidas. Elimine a vista posterior.

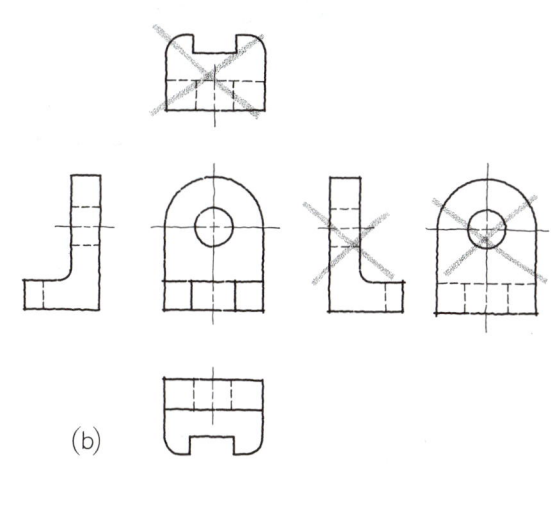

As vistas superior e inferior mostram o rasgo retangular e os cantos arredondados, mas a vista superior é preferida porque tem menos linhas escondidas. Elimine a vista inferior.

Tanto a vista lateral direita quanto a lateral esquerda mostram o ângulo reto com o canto filetado. Na verdade, neste caso, as vistas laterais são idênticas, exceto pela inversão; assim, a vista lateral direita é escolhida. Elimine a vista lateral esquerda.

Neste exemplo, as três vistas restantes devem ser a superior, a frontal e a lateral direita – as três vistas regulares.

---

cil mover vistas inteiras, é tentador colocar vistas onde elas se ajustam melhor na tela ou no papel e não na disposição padronizada. Essa não é uma prática aceitável.

5.43 PROJEÇÕES NO PRIMEIRO E TERCEIRO DIEDROS

Conforme visto anteriormente neste capítulo, você pode pensar no sistema de projeção de vistas como o desdobramento de uma caixa de projeção feita com os planos de projeção. Há dois sistemas principais usados para projeção e rebatimento dos planos: o *terceiro diedro*, que é usado nos Estados Unidos, Canadá e alguns outros países, e o *primeiro diedro*, que é principalmente usado na Europa e Ásia. Por causa da natureza global das carreiras em engenharia, você deve compreender completamente ambos os métodos. A Figura 5.51 mostra uma comparação entre a projeção ortográfica no primeiro diedro e a projeção ortográfica no terceiro die-

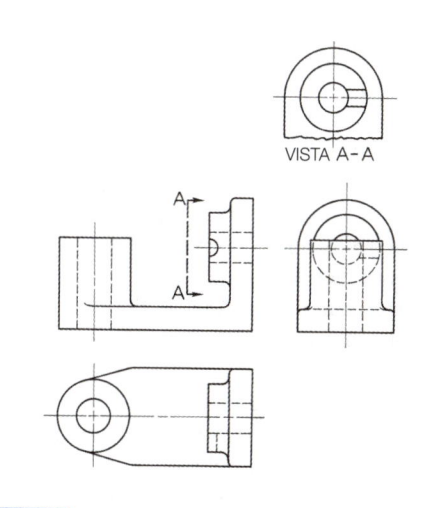

FIGURA 5.48 Vistas deslocadas.

(a) GUIA DE DESLOCAMENTO (b) Correto (c) Nunca! (d) Nunca!

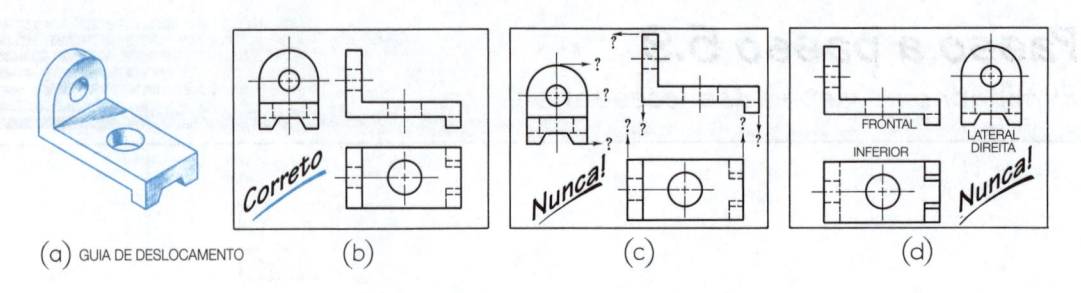

FIGURA 5.49 Posição das vistas.

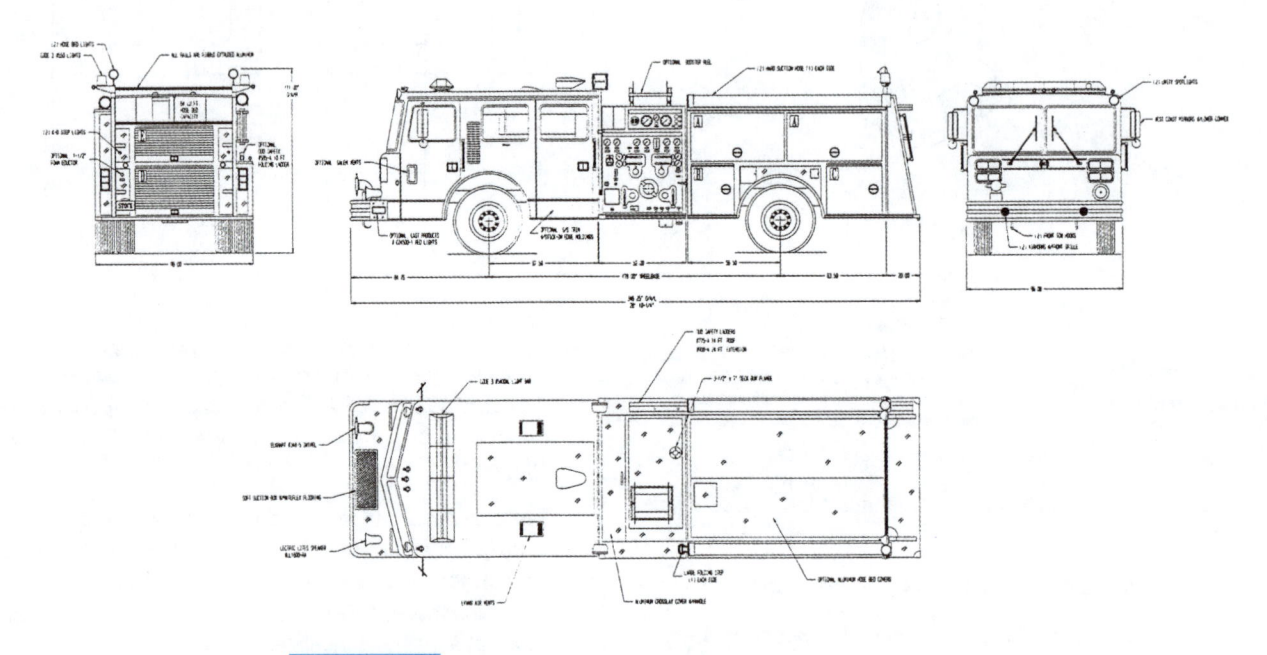

FIGURA 5.50 Desenho de múltiplas vistas de um caminhão MAXIM Fire feito em CAD. *(Cortesia de CADKEY)*

dro. Podem ocorrer dificuldades na interpretação do desenho e até mesmo erros de fabricação quando um desenho de primeiro diedro é confundido com um desenho de terceiro diedro.

Para evitar enganos, símbolos internacionais de projeção foram desenvolvidos para distinguir entre projeções no primeiro e no terceiro diedros nos desenhos. O símbolo na Figura 5.51 mostra duas vistas de um tronco de cone. Você pode examinar a disposição das vistas no símbolo para determinar se foi usada uma projeção no primeiro ou no terceiro diedro. Em desenhos internacionais, você deve certificar-se de incluir esse símbolo.

Para entender os dois sistemas, pense nos planos de projeção vertical e horizontal, mostrados na Figura 5.52a como indefinidos em extensão e interceptando-se em 90 graus um ao outro. Os quatro semi-espaços produzidos são chamados de primeiro, segundo, terceiro e quarto diedros (similar aos quadrantes de um gráfico). O plano de perfil é colocado de forma que intercepte esses dois planos a 90 graus. Se o objeto a ser desenhado é colocado abaixo do plano horizontal e atrás do plano vertical, diz-se que o objeto está no terceiro diedro. Na projeção no terceiro diedro, as vistas são produzidas como se o observador estivesse do lado de fora, olhando para dentro de uma caixa de vidro, dentro da qual está o objeto.

Se o objeto é colocado acima do plano horizontal e na frente do plano vertical, o objeto está no primeiro diedro. Na projeção no primeiro diedro, o observador olha através do objeto para os planos de projeção. A vista lateral direita ainda é obtida olhando-se na direção do lado direito do objeto, a frontal olhando-se pela frente e a superior olhando-se para baixo, de cima; mas as vistas são projetadas do objeto para um plano em cada caso. A maior diferença entre a projeção no terceiro diedro e no primeiro diedro é como os planos da caixa de projeção são rebatidos como mostrado na Figura 5.52b. Na projeção em primeiro diedro, a vista lateral direita está à esquerda da vista frontal e a vista superior está abaixo da vista frontal como mostrado.

CAPÍTULO 5 • ESBOÇO DE VISTAS ORTOGRÁFICAS E PROJEÇÕES   139

Mãos à obra 5.6
Elimine as vistas desnecessárias

Usando o Passo a passo 5.9 como exemplo, observe cuidadosamente as projeções mostradas e decida quais vistas são necessárias para descrever com precisão o objeto.

Elimine todas as vistas desnecessárias.

(a) PROJEÇÃO NO PRIMEIRO DIEDRO

VISTA LATERAL DIREITA
VISTA FRONTAL
SÍMBOLO
VISTA SUPERIOR

(b) PROJEÇÃO NO TERCEIRO DIEDRO

VISTA SUPERIOR
SÍMBOLO
VISTA FRONTAL
VISTA LATERAL DIREITA

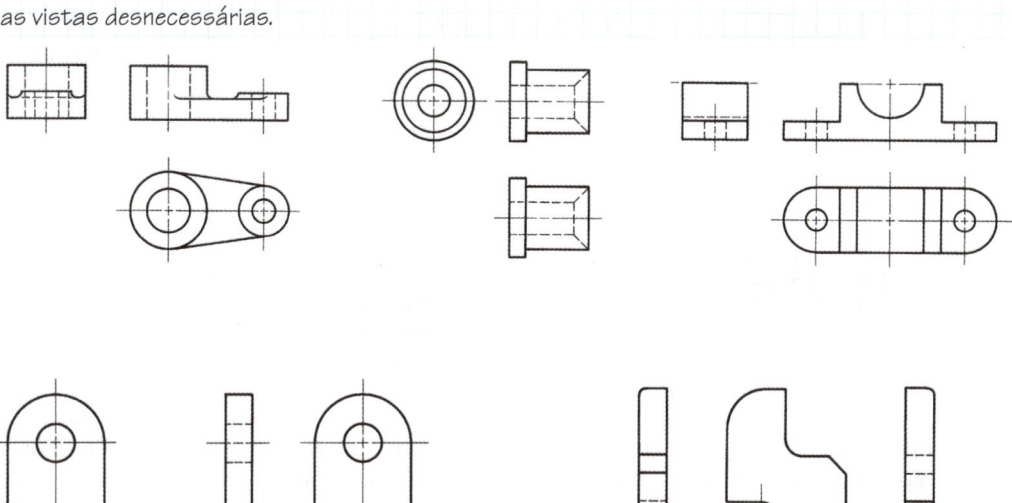

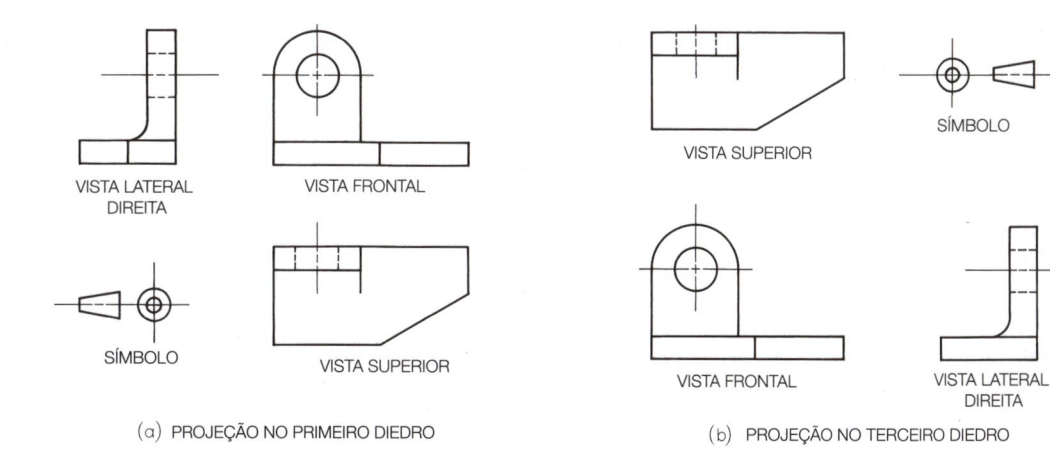

FIGURA 5.51 Projeção no primeiro diedro comparada com a projeção no terceiro diedro.

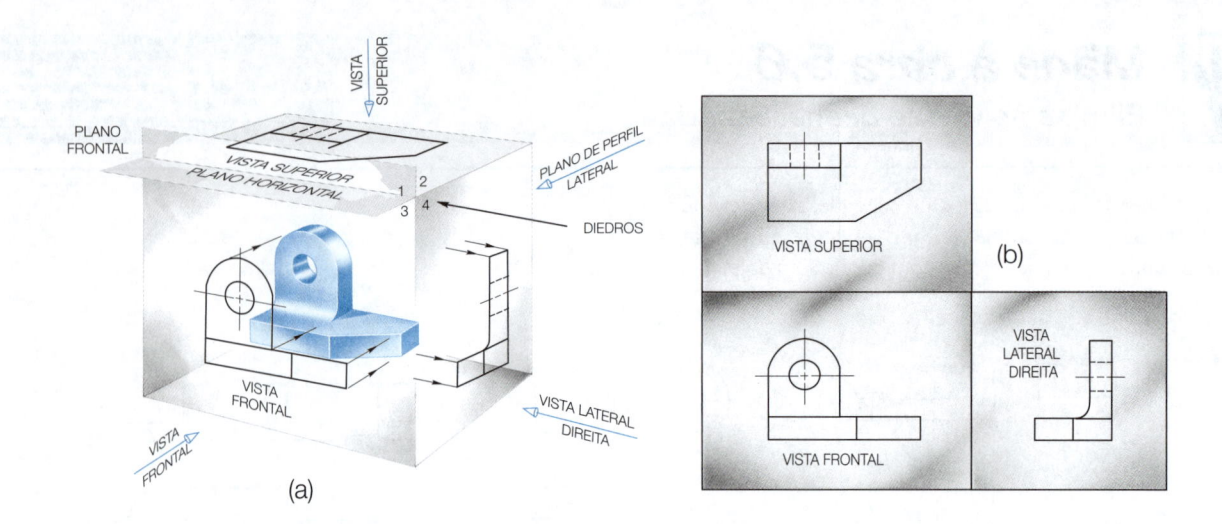

FIGURA 5.52 Projeção no terceiro diedro. Um objeto que está abaixo do plano horizontal e atrás do plano vertical está no terceiro diedro. Um observador olha através dos planos de projeção para o objeto.

Você deve entender a diferença entre os dois sistemas e conhecer o símbolo que é colocado nos desenhos para indicar qual sistema foi usado. Tenha em mente que você deve usar sempre o primeiro diedro neste livro.

5.44 PEÇAS SIMÉTRICAS

Freqüentemente, peças individuais funcionam em pares nos locais em que peças opostas são similares. Mas peças opostas não são exatamente iguais. Por exemplo, o pára-lama dianteiro direito de um automóvel não pode ter a mesma forma que o pára-lama dianteiro esquerdo. Uma peça da esquerda não é simplesmente uma peça da direita virada. As duas peças são como imagens no espelho e não são intercambiáveis.

Em esboços e desenhos, uma peça esquerda é anotada como LH (*left-hand*) e uma peça para o lado direito como RH (*right-hand*). Na Figura 5.53a, a peça em frente ao espelho é para a direita e a imagem mostra a peça da esquerda. As Figuras 5.53b e 5.53c mostram desenhos para as versões da esquerda e da direita do mesmo objeto.

Normalmente, você desenha somente uma das duas partes opostas e marca a que foi desenhada com uma nota tal como PEÇA ESQUERDA MOSTRADA, PEÇA DIREITA SIMÉTRICA. Se a parte oposta não é clara, você deve fazer um esboço ou desenho separado para mostrá-la clara e completamente.

5.45 CONVENÇÕES DE REBATIMENTO

Vistas ortográficas normais são algumas vezes complexas, confusas ou, na verdade, enganadoras. Por exemplo, a Figura 5.54a mostra um objeto que tem três nervuras triangulares, três furos igualmente espaçados na base e uma chaveta. A vista lateral direita é uma projeção normal e não é recomendada – a nervura inferior aparece em uma posição encurtada, os furos não aparecem na sua verdadeira relação no aro da base e a chaveta é projetada como uma confusão de linhas escondidas.

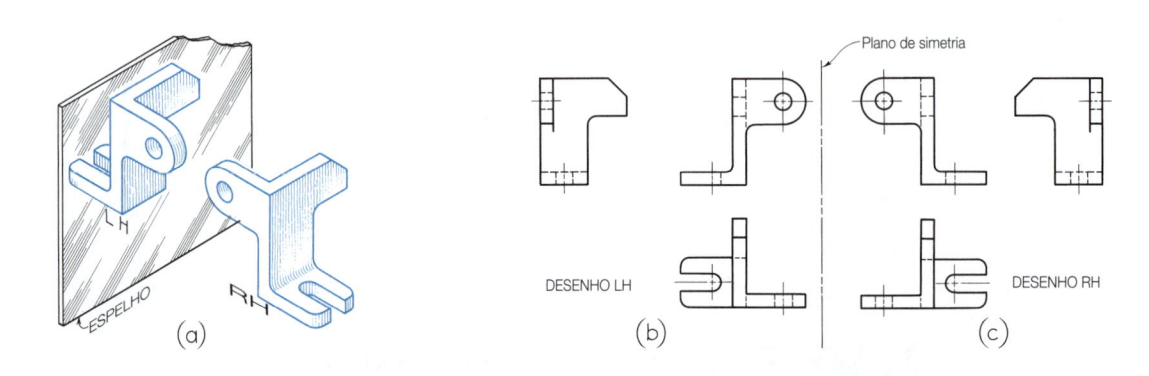

FIGURA 5.53 Partes esquerda (LH) e direita (RH).

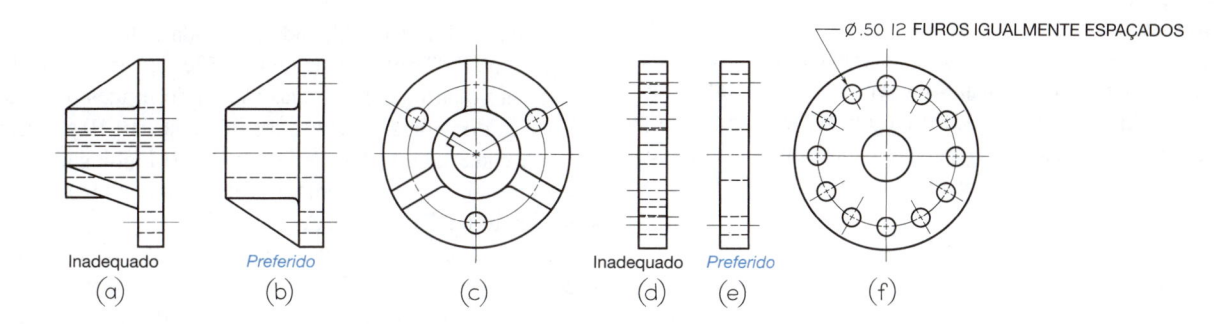

FIGURA 5.54 Convenções de rotação.

O método convencional mostrado na Figura 5.54c é preferido, porque é mais simples de ler e requer menos tempo para esboçar. Cada um dos detalhes mencionados foi rotacionado na vista frontal para cair ao longo da linha de centro vertical, de onde eles são projetados para a vista lateral correta.

As Figuras 5.54d e 5.54e mostram vistas normais de uma flange com muitos furos pequenos. Os furos escondidos são confusos e tomam tempo desnecessário para desenhar. A representação preferida, da Figura 5.54f, mostra os furos rotacionados com mais clareza.

A Figura 5.55 mostra uma projeção normal com um confuso encurtamento do braço inclinado. Para tornar clara a simetria do objeto, o braço inferior é rebatido (rotacionado) para alinhar-se verticalmente na vista frontal de forma que ele projete seu comprimento real na vista lateral, como mostrado na Figura 5.55b.

Os rebatimentos do tipo discutido aqui é freqüentemente usado em conjunto com cortes. Tais vistas em corte são chamadas de cortes rebatidos.

5.46 AJUSTANDO AS VISTAS NO PAPEL

Com os muitos detalhes que devem ser mostrados para representar objetos complexos com clareza, você precisa usar *tamanhos de folha de papel* e escalas de desenho que permitam que sua informação chegue claramente ao leitor. Por exemplo, se a peça que você está desenhando é muito pequena, você deve mostrá-la maior. Se você estiver desenhando um sistema grande, você pode precisar representar os detalhes em uma escala e o plano geral em uma escala menor.

5.47 FOLHAS PARA DESENHO

Você deve encontrar uma folha de desenho que sirva para seu trabalho. Há muitos tipos diferentes de papel, velino e outras mídias de desenho disponíveis. O velino e o papel quadriculado azul, que desaparece na cópia, são populares e vêm em uma variedade de tamanhos. Algumas empresas fornecem papel velino, papel e cadernos de anotações de engenharia em tamanhos padronizados, impressos com a margem e a legenda da empresa.

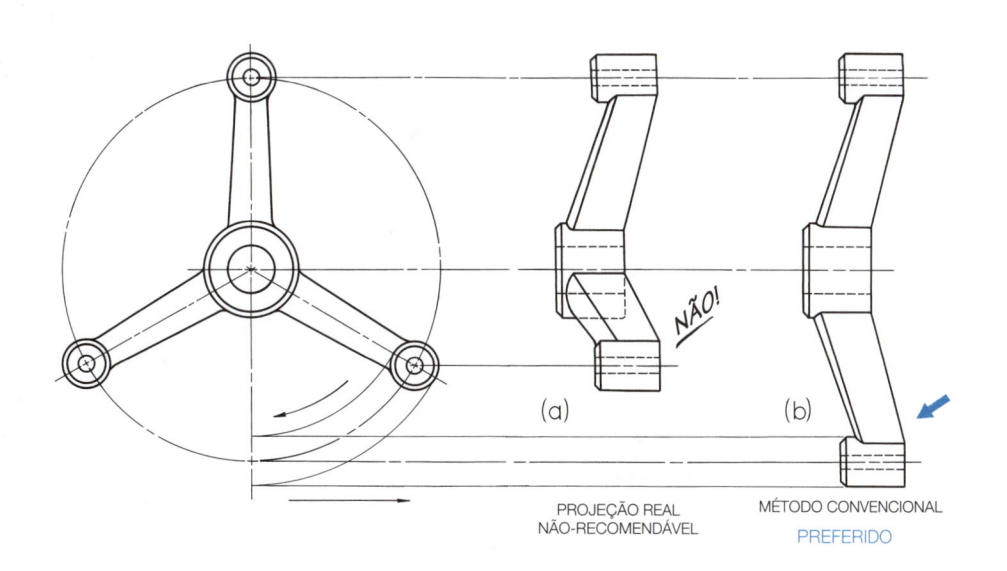

FIGURA 5.55 Convenções de rotação.

O filme poliéster, ou *Milar* (filme de tereftalado de polietileno), é um material de desenho de qualidade superior porque ele apaga sem vestígios, é transparente, é durável e tem grande estabilidade dimensional, não esticando ou encolhendo. Muitas empresas plotam seus desenhos CAD finais em filme de poliéster e armazenam-nos em um local central em que podem ser feitas cópias heliográficas ou xerográficas rapidamente para distribuição.

5.48 FOLHAS PADRONIZADAS

Papel e Milar vêm em rolos e folhas de tamanhos padronizados. Dois sistemas de tamanhos de folhas de papel, junto com os seus comprimentos, larguras e designações, são listados na Tabela 5.1.

O uso do tamanho básico de folha-padrão, 8-1/2 x 11 polegadas ou 210 x 297 mm e seus múltiplos, permite o arquivamento de pequenos desenhos e de impressões dobradas, com ou sem correspondência. Esses tamanhos podem ser cortados em fichários-padrão de rolos padronizados de papel, tecido ou filme, sem desperdício.

Para conhecer as designações de leiaute, legendas, tabelas de revisões e de lista de materiais, veja os leiautes de folhas no final deste livro.

5.49 ESCALA

Um desenho de um objeto pode ser do mesmo tamanho que o objeto (tamanho natural) ou ele pode ser maior ou menor que o objeto. A escala que você escolhe depende do tamanho do objeto e do tamanho da folha de papel que você vai usar. Por exemplo, uma peça de máquina pode ser desenhada com metade de seu tamanho, um edifício pode ser desenhado com 1/50 de seu tamanho, um mapa pode ser desenhado com 1/1000 o de seu tamanho ou uma placa de circuito impresso pode ser desenhada cinco vezes maior que seu tamanho (Figura 5.56).

São usadas escalas de desenho para fazer desenhos técnicos em escala natural, ampliada ou reduzida. A Figura 5.57 mostra (a) a escala métrica, (b) a escala dos engenheiros civis, (c) a escala decimal, (d) a escala dos engenheiros mecânicos e (e) a escala dos arquitetos. Em escalas completamente graduadas, as unidades básicas são divididas em todo o comprimento da escala. Em escalas parcialmente graduadas, tais como a dos arquitetos, somente a unidade final é subdividida.

5.50 ESCALAS DECIMAIS

Na escala natural decimal, cada polegada é dividida em 1/50 de polegada ou 0,02 polegada (Figura 5.58c) e, nas escalas de metade e de um quarto, as polegadas são comprimidas para metade e um quarto do tamanho e então são divididas em 10 partes, de forma que cada subdivisão corresponde a 0,1 polegada. Você vai aprender mais sobre o sistema de polegadas decimais para dimensionamento no Capítulo 9. As escalas dos engenheiros representam um tipo de escala decimal. Suas unidades de 1 polegada são subdivididas em 10, 20, 30, 40, 50 e 60 partes, sendo útil para dimensões decimais. Para medir 1,65 polegada em tamanho natural na escala 10, use uma divisão principal mais seis subdivisões (Figura 5.58a). Para mostrar a mesma dimensão em metade da escala, use a escala 20, que é metade da escala 10 (Figura 5.58b). Para mostrá-la em um quarto do tamanho, use a escala 40.

A escala dos engenheiros é utilizada também no desenho de mapas em escalas de 1 polegada = 50 pés, 1 polegada = 500 pés e 1 polegada = 5 milhas e em desenhos de diagramas de esforços ou outras construções gráficas em escalas como 1 polegada = 20 libras e 1 polegada = 4000 libras.

5.51 ESCALAS MÉTRICAS

Alguns equivalentes métricos encontram-se listados abaixo:

```
1 mm  = 1 milímetro (1/1000 de um metro)
 1 cm  = 1 centímetro (1/100 de um metro)
       = 10 mm
 1 dm  = 1 decímetro (1/10 de um metro)
       = 10 cm = 100 mm
  1 m  = 1 metro
       = 100 cm = 1.000 mm
 1 km  = 1 quilômetro = 1000 m
       = 100.000 cm = 1.000.000 mm
```

Padrão internacional Série A (mm)	Padrão norte-americano (pol.)
A4 210 × 297	A 8.5 × 11.0
A3 297 × 420	B 11.0 × 17.0
A2 420 × 594	C 17.0 × 22.0
A1 594 × 841	D 22.0 × 34.0
A0 841 × 1189	E 34.0 × 44.0

[a] ANSI Y 14,1m-1992.

TABELA 5.1 *Tamanhos de folha.*

FIGURA 5.56 **Placa de circuito impresso.** *(United Nations/Guthrie)*

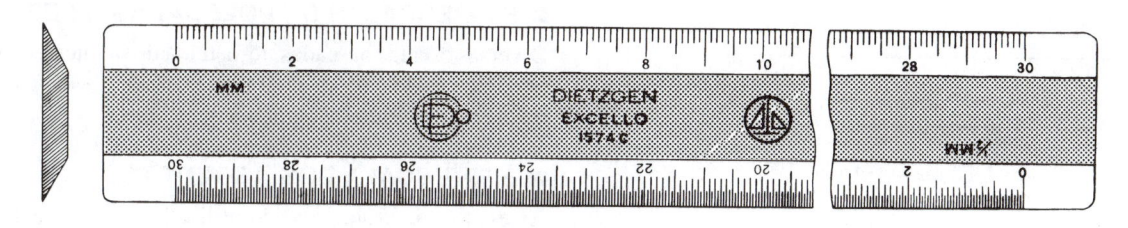

CAPÍTULO 5 • ESBOÇO DE VISTAS ORTOGRÁFICAS E PROJEÇÕES 143

(a) Escala métrica

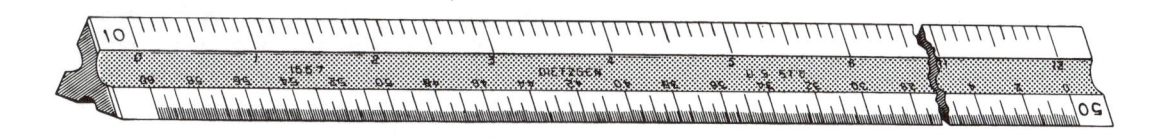

(b) Escala dos engenheiros civis

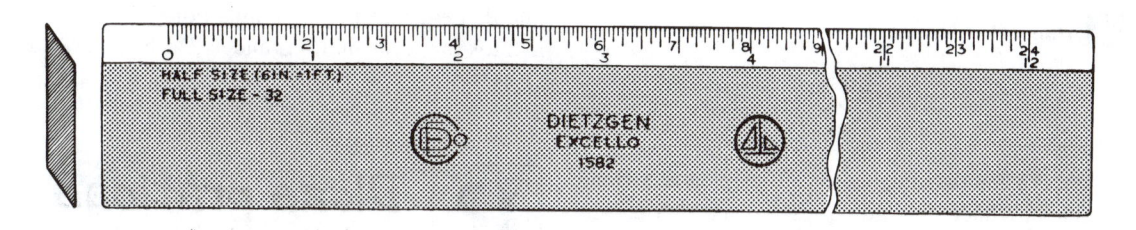

(c) Escala decimal

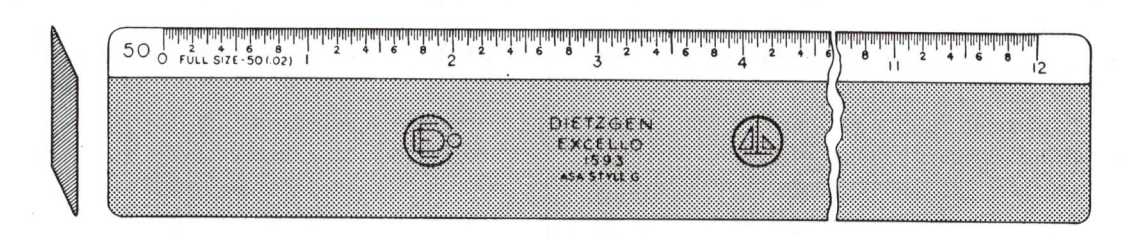

(d) Escala dos engenheiros mecânicos

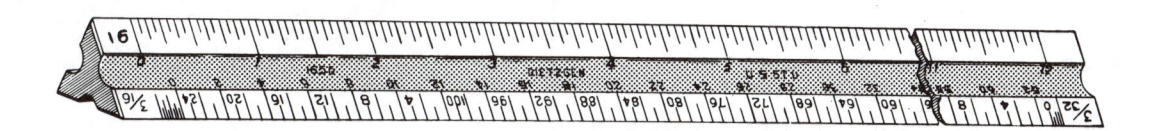

(e) Escala dos arquitetos

FIGURA 5.57 Tipos de escalas.

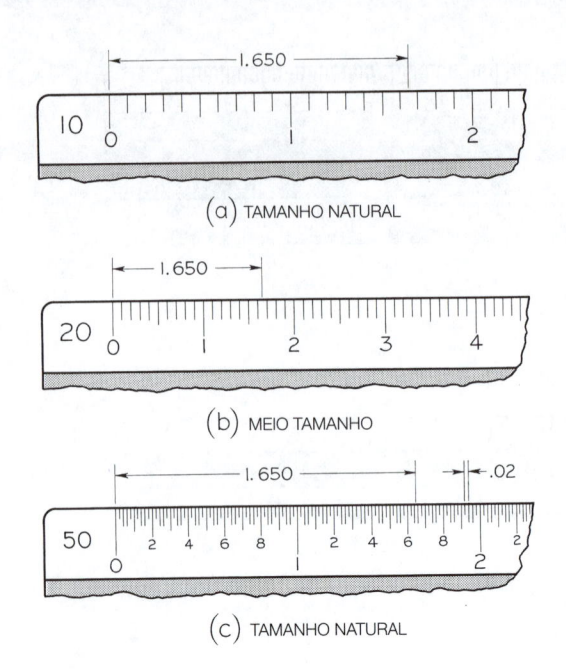

FIGURA 5.58 Dimensões decimais.

■ 5.52 ESCALAS DE POLEGADAS E PÉS

Diversas escalas baseadas no sistema de medição de polegadas e pés ainda estão em uso atualmente, apesar do sistema métrico ser mais comum e internacionalmente aceito.

■ 5.53 ESCALA DOS ARQUITETOS

As escalas de arquitetos são utilizadas para desenhar edifícios, tubulações e outras estruturas grandes. A escala natural mostrada na Figura 5.60a é também útil no desenho de objetos relativamente pequenos.

A escala dos arquitetos tem uma escala natural e 10 escalas de redução sobrepostas. Você pode usar estas escalas para fazer um desenho em vários tamanhos, de natural até 1/128. *Em todas as escalas reduzidas, as divisões principais representam pés e suas subdivisões representam polegadas e suas frações.* Por exemplo, a escala marcada "1/2" significa 1/2 polegada = 1 pé, e *não* 1/2 polegada = 1 polegada.

■ 5.54 ESCALA DOS ENGENHEIROS MECÂNICOS

Os objetos representados em desenhos técnicos variam em tamanho de pequenas peças de uma polegada ou menor até equipamentos ou peças muito grandes. Desenhando esses objetos em

As escalas métricas estão disponíveis em estilos planos e triangulares com uma variedade de graduações de escala. A escala triangular ilustrada na Figura 5.59 tem uma escala natural e cinco escalas de redução, todas completamente subdivididas. Usando essas escalas, você pode fazer um desenho em escala natural, ampliada ou reduzida.

A escala 1:1, mostrada na Figura 5.59a, é a escala natural e cada divisão tem 1mm de largura, com as divisões na escala em intervalos de 10 mm. A mesma escala é também conveniente para relações de 1:10, 1:100, 1:1.000 e assim por diante.

A escala 1:2, mostrada na Figura 5.59a, é a escala de meio tamanho e cada divisão é igual a 2 mm, com divisões na escala a intervalos de 20 unidades. Essa escala também é conveniente para relações de 1:20, 1:200, 1:2.000 e assim por diante.

As quatro escalas restantes nesta escala métrica triangular incluem as relações típicas de 1:5, 1:25, 1:33-1/3 e 1:75, mostradas nas Figuras 5.59b e 5.59c. Essas relações também podem ser ampliadas ou reduzidas à vontade multiplicando-se ou dividindo-se por um fator de 10. Estão também disponíveis escalas métricas com outras relações para usos específicos.

A escala métrica é usada em desenhos de mapas, no desenho de diagramas de forças e partes de máquinas ou para outras coisas que utilizem unidades como 1 mm = 1kgf e 1 mm = 50kgf. Muitas das dimensões nas ilustrações e problemas neste texto são dadas em unidades métricas.

As dimensões que são dadas em polegadas e pés podem ser convertidas em valores métricos usando a conversão 1 polegada = 25,4 mm. Podem ser encontradas tabelas de equivalentes decimais no verso da contracapa deste livro.

Dicas práticas
Medições precisas

- O método que você utiliza para fazer medidas pode afetar a precisão de seu desenho porque mesmo um pequeno erro pode tornar-se maior quando ele é ampliado.

- Coloque a escala no desenho com a aresta paralela à linha na qual a medida deve ser feita. Use um lápis apontado para fazer um traço curto em ângulos retos com a escala.

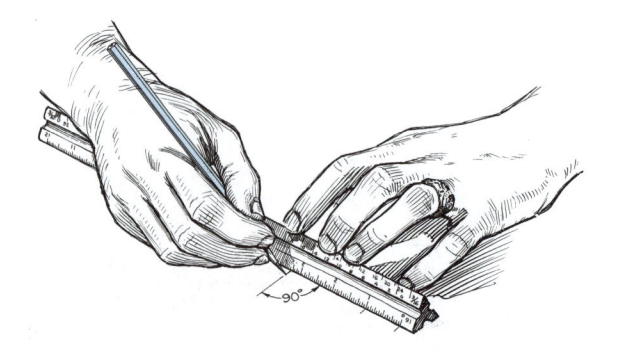

- Você pode evitar erros cumulativos em distâncias consecutivas somando cada medida à anterior em vez de mover a escala a cada vez. Dessa forma, diversos erros pequenos não se transformarão em um erro grande.

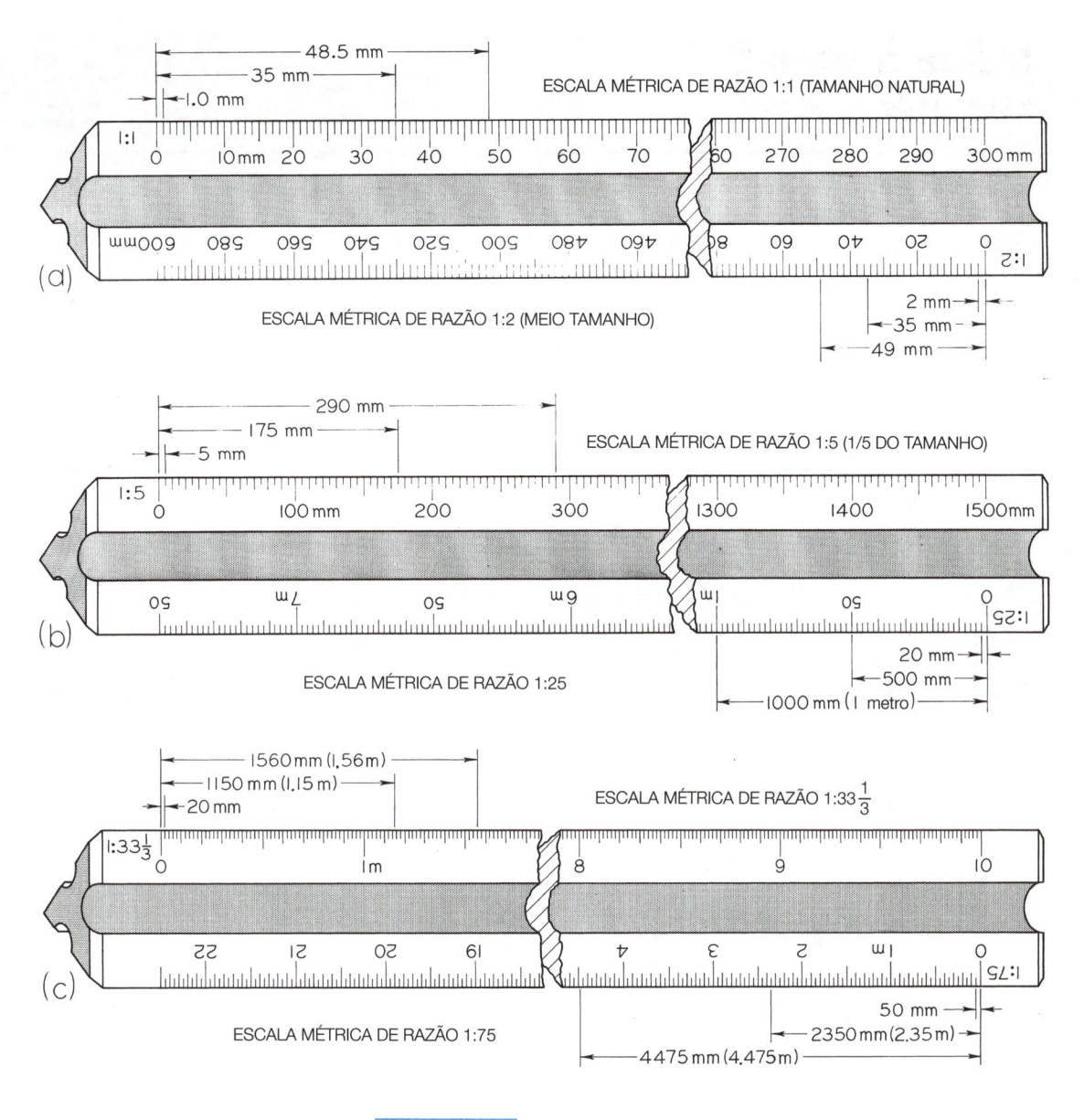

FIGURA 5.59 Escalas métricas.

tamanho natural, metade, um quarto ou um oitavo do tamanho, você pode acomodá-los em uma folha de papel padronizada. As escalas dos engenheiros mecânicos são subdivididas em unidades representando polegadas em tamanho natural, metade, um quarto ou um oitavo, como mostrado na Figura 5.59b. Para escalar um desenho para metade do tamanho, use a escala de engenheiro mecânico marcada "metade", a qual é graduada de forma que cada meia polegada represente uma polegada.

As combinações de escala em modelos triangulares incluem as escalas de engenheiros mecânicos natural e metade, diversas escalas de arquitetos e uma escala de engenheiros.

5.55 ESPECIFICANDO A ESCALA EM UM DESENHO

Para desenhos técnicos, a escala indica a razão do tamanho do objeto desenhado para seu tamanho real, não importando qual unidade de medida é usada. Escreva as escalas como segue: TAMANHO NATURAL ou 1:1, 1:2 e assim por diante. Especifique a ampliação como 2:1 ou 2×, 3:1 ou 3×, 5:1 ou 5×, 10:1 ou 10× e assim por diante. As razões preferidas nas escalas métricas são 1:1, 1:2, 1:5, 1:10, 1:20, 1:50, 1:100 e 1:200.

Escalas de mapas são indicadas em termos de frações como ESCALA 1/62500 ou, graficamente, como:

Mãos à obra 5.7
Esboçando em escala

Meça as dimensões dos objetos abaixo em unidades métricas. Esboce cada objeto na escala listada abaixo. Especifique a escala corretamente em seus desenhos. Antes de esboçar, escolha qual das caixas ao lado vai melhor acomodar cada item quando ele for esboçado na escala especificada.

- Esboce o clipe de papel na escala 2:1.
- Esboce o percevejo na escala 5:1.
- Esboce o copo na escala 1:2.

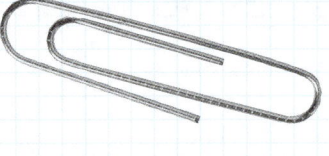

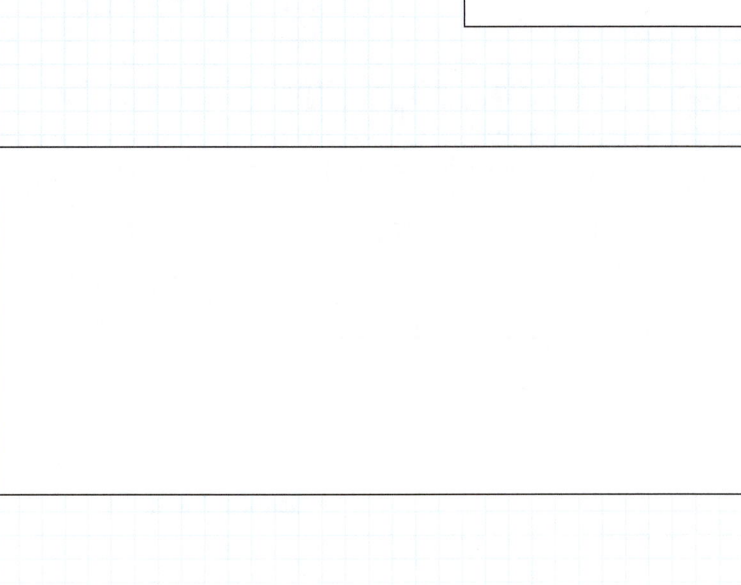

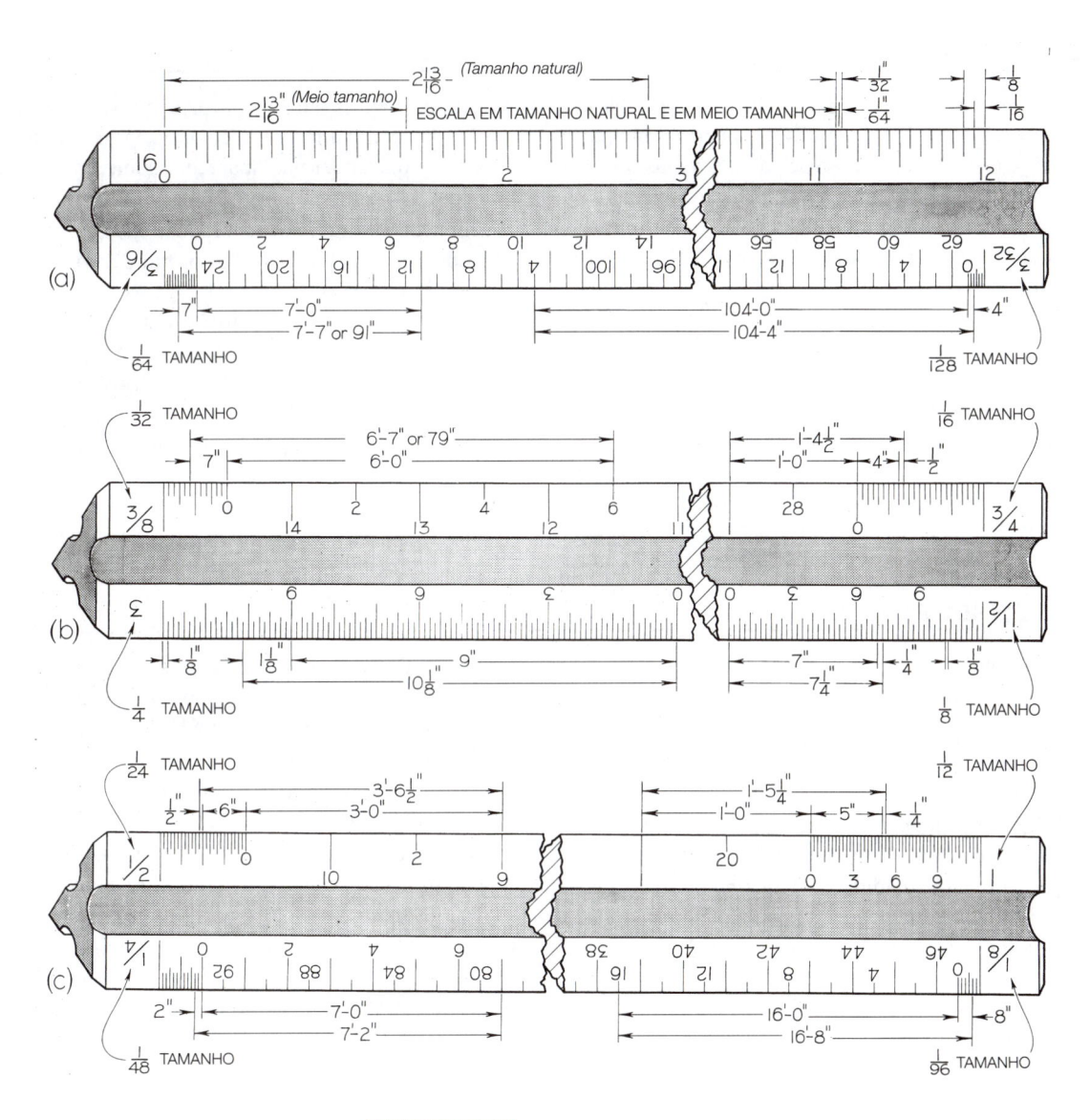

FIGURA 5.60 Escalas dos arquitetos.

■ PALAVRAS-CHAVES

alinhamento de vistas	escala dos arquitetos	furo cego	projeção no terceiro diedro
altura	escala dos engenheiros	furo passante	projetantes
aresta	escala dos eng. mecânicos	largura	rebaixo
aresta inclinada	escala métrica	linhas de terra	*runout*
aresta normal	faceamento pontual	Milar	tamanho de folha
aresta oblíqua	face	ortográfica	vistas ortográficas
arredondamento	face inclinada	plano	
caixa de projeção	face normal	plano de projeção	
escariado	face qualquer	profundidade	
escala decimal	filete	projeção no primeiro diedro	

RESUMO DO CAPÍTULO

- As vistas ortográficas representam o resultado de projetar-se a imagem de um objeto 3-D em um dos seis planos principais de projeção. Freqüentemente, pensa-se nas seis vistas principais como uma caixa desdobrada. A disposição das vistas em relação umas às outras é importante. As vistas devem projetar-se alinhando-se com vistas adjacentes de forma que qualquer ponto em uma vista seja projetado para alinhar-se com o mesmo ponto na vista adjacente. A disposição-padrão das vistas mostram os lados superior, frontal e lateral direito do objeto.
- A visualização é uma habilidade importante para os engenheiros. Você pode desenvolver suas habilidades espaciais através da prática e através da compreensão da terminologia de descrição de objetos. Por exemplo, as faces podem ser normais, inclinadas ou quaisquer. As faces normais aparecem em verdadeira grandeza em uma vista principal e como uma aresta nas outras duas vistas principais. As faces inclinadas aparecem como uma aresta em uma das três vistas principais. As faces quaisquer não aparecem como aresta em nenhuma das três vistas principais.
- As convenções definem as práticas usuais para a representação de detalhes como furos, protuberâncias, nervuras, cunhas, pinos, filetes e arredondamentos. A escolha da escala é importante para representar objetos claramente na folha de desenho.
- A criação de desenhos em CAD envolve aplicar os mesmos conceitos usados no desenho em papel. A principal diferença é que a geometria do desenho é armazenada mais precisamente usando um computador que em qualquer desenho manual. A geometria dos desenhos CAD pode ser reutilizada de muitas formas e plotada em qualquer escala necessária.

QUESTÕES DE REVISÃO

1. Esboce o símbolo da projeção em terceiro diedro.
2. Liste as seis vistas principais de projeção.
3. Esboce as vistas superior, frontal e lateral direita de um objeto que você tenha projetado tendo faces normais, inclinadas e quaisquer.
4. Em um desenho que mostre as vistas superior, frontal e lateral direita, quais duas vistas mostram a profundidade? Que vista mostra a profundidade verticalmente na folha? Que vista mostra a profundidade horizontalmente na folha?
5. Qual é a definição de face normal? E de uma face inclinada? E de face qualquer?
6. Indique três semelhanças entre usar um programa CAD para criar desenhos 2-D e esboçar em uma folha de papel. Indique três diferenças.
7. Quais dimensões são as mesmas entre as vistas superior e frontal: largura, comprimento ou profundidade? Entre as vistas frontal e lateral direita? Entre a superior e a lateral direita?
8. Liste duas formas de transferir profundidade entre as vistas superior e lateral direita.
9. Se a face A contém os cantos 1, 2, 3, 4 e a face B contém os cantos 3, 4, 5, 6, qual é o nome da reta em que as faces A e B se interceptam?
10. Se a vista frontal de um objeto mostra um furo passante, quantas linhas invisíveis devem ser necessárias na vista frontal para descrever o furo?

PROJETOS DE VISTAS PRINCIPAIS

Os seguintes problemas devem ser esboçados à mão livre em papel quadriculado ou liso. Sugere-se o uso de folhas em formatos como A1, mas seu professor pode preferir um tamanho diferente de papel ou disposição. Use escala métrica ou polegadas decimais conforme estabelecido. As marcas mostradas indicam unidades tanto de 1/2 polegada, e 1/4 polegada, quanto de 10 mm e 5 mm. Todos os furos são passantes.

Para os problemas seguintes, use um leiaute similar à Figura 5.61 ou 5.62.

PROJETO

Dispositivos portáteis como CD-player, telefones e computadores portáteis são cada vez mais populares. Projete outro item portátil que você ache que seria útil ou melhore um produto existente. No seu projeto, esforce-se para incorporar conveniência, função e durabilidade com uma aparência atraente. Considere materiais leves e mecanismos para fechar e carregar o aparelho. Represente sua idéia usando projeções ortográficas.

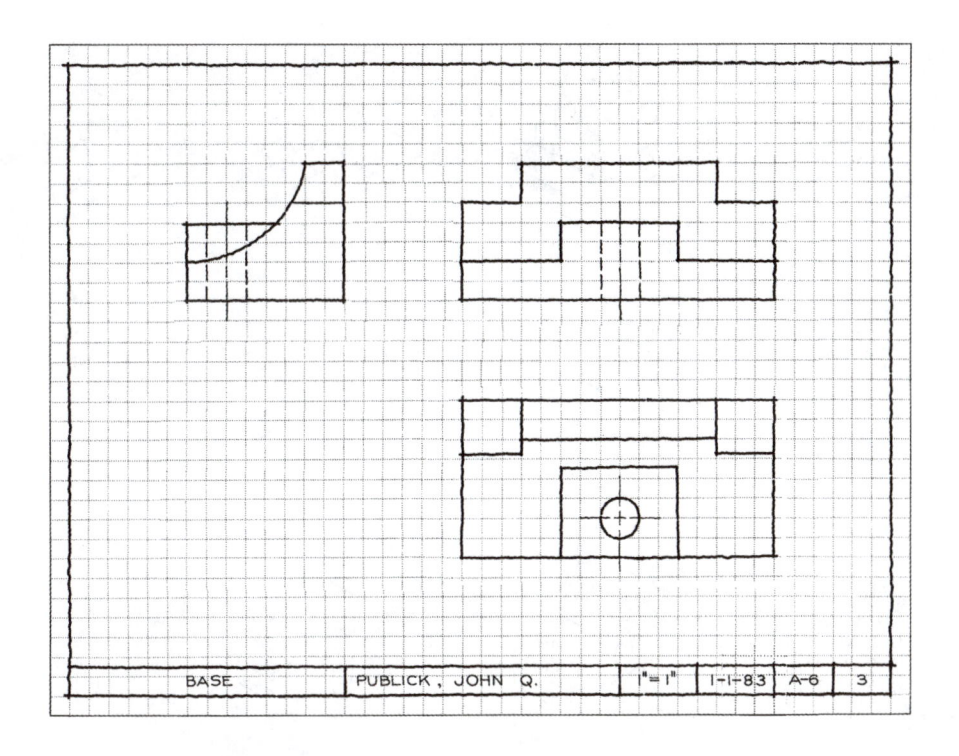

FIGURA 5.61 Leiaute sugerido para esboço à mão livre.

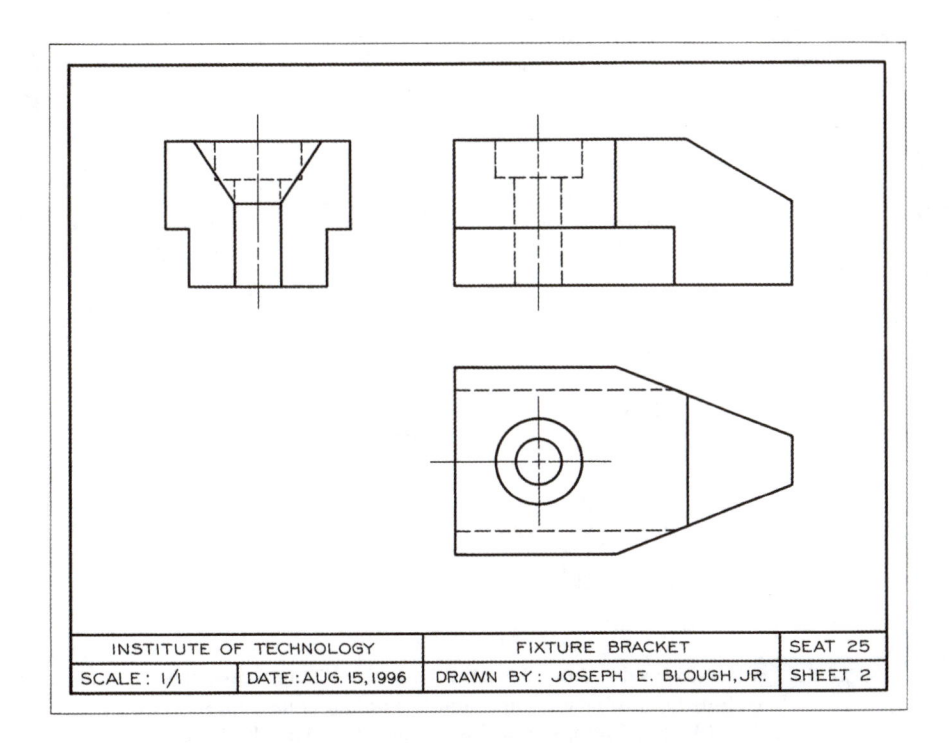

FIGURA 5.62 Leiaute sugerido para desenho mecânico.

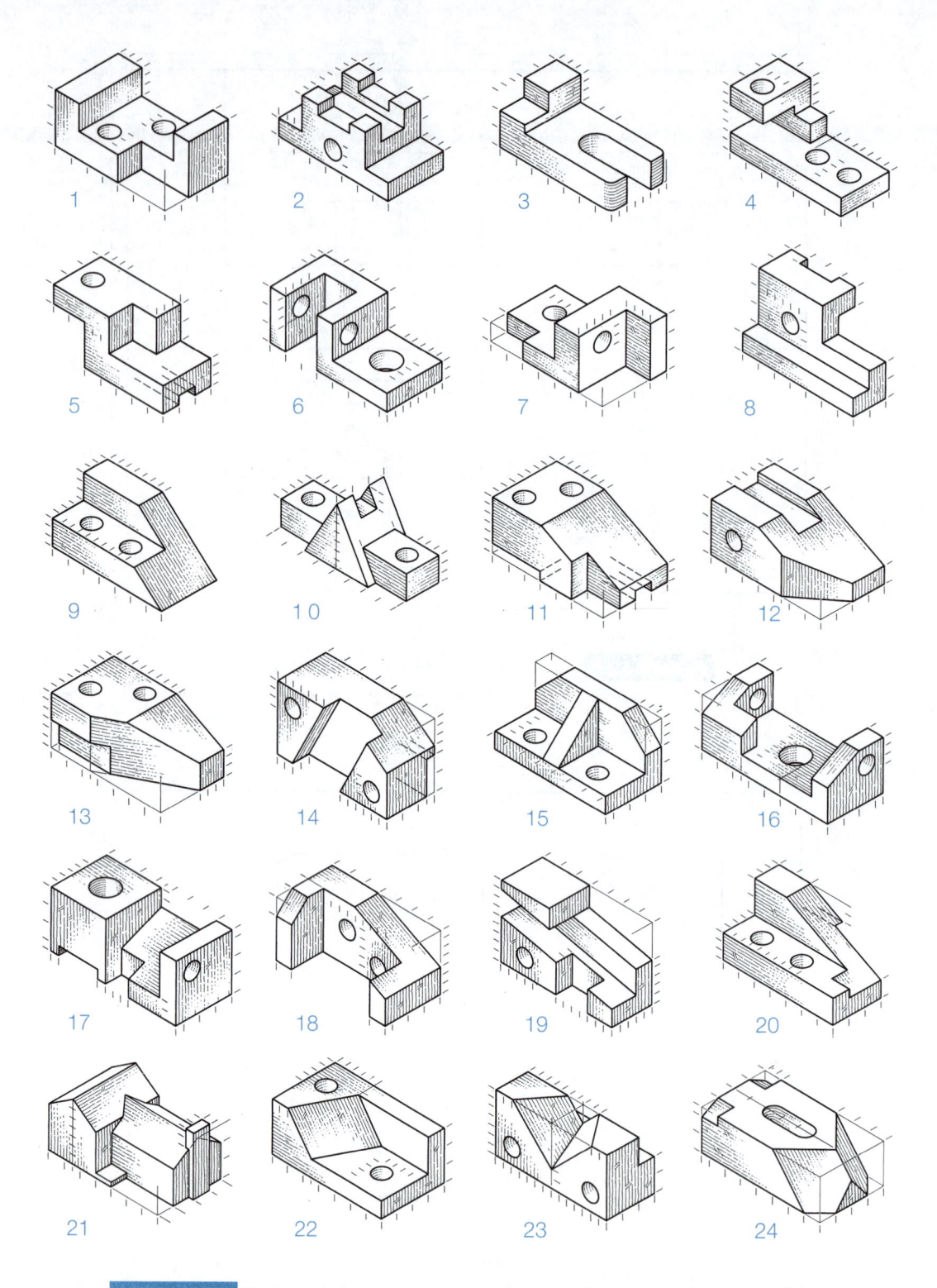

FIGURA 5.63 Problemas de esboço de vistas. Esboce as vistas necessárias em papel quadriculado ou liso, dois problemas por folha. As unidades mostradas podem ser tanto 0,500 e 0,250 ou 10 mm e 5 mm. Veja as instruções na página 149. Todos os furos são passantes.

CAPÍTULO 5 • ESBOÇO DE VISTAS ORTOGRÁFICAS E PROJEÇÕES   151

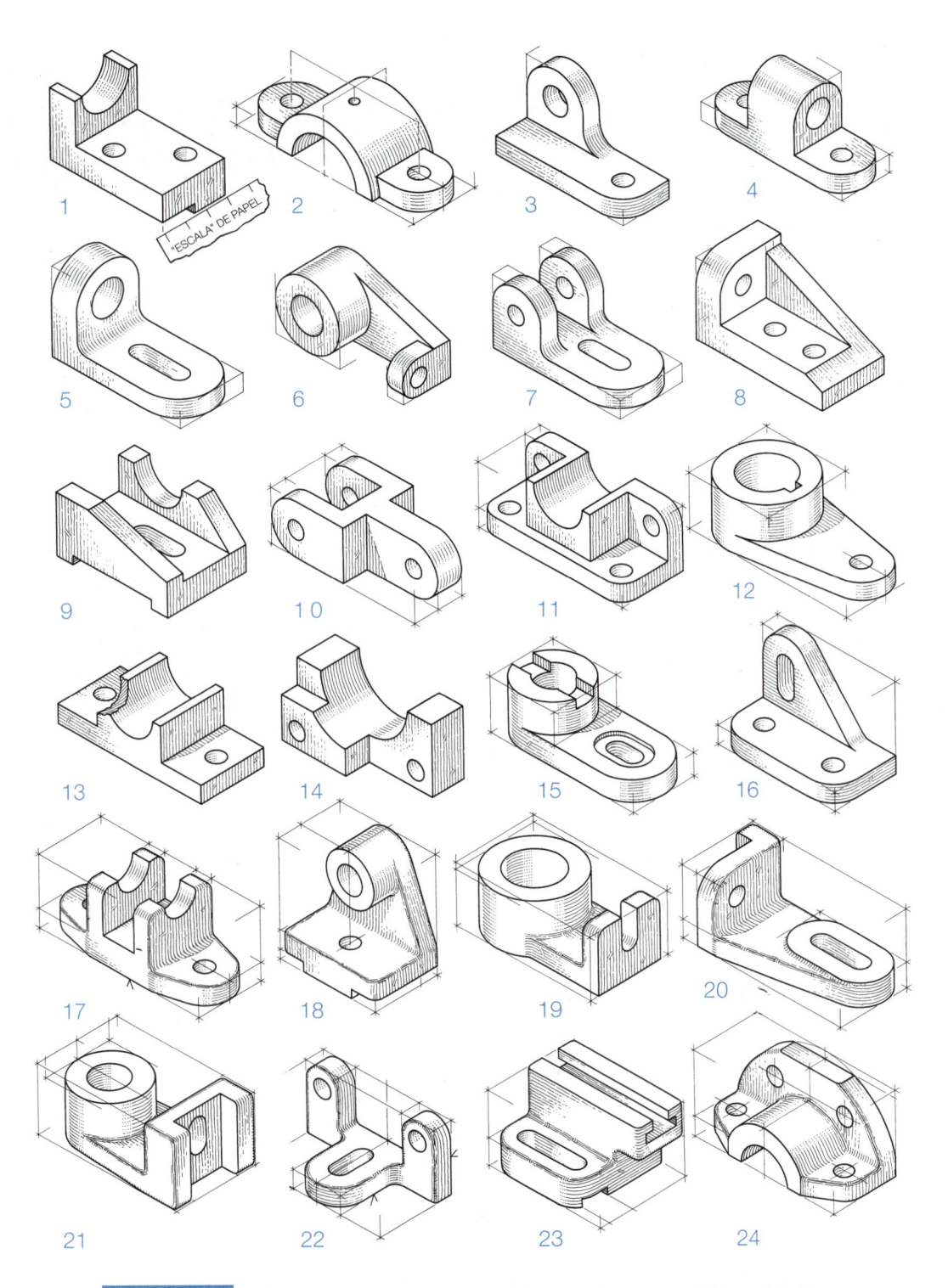

FIGURA 5.64 Problemas de esboço de vistas. Esboce as vistas necessárias em papel quadriculado ou liso, dois problemas por folha. Prepare escalas de papel com divisões iguais as do problema 1 e aplique-as aos problemas para obter tamanhos aproximados. Faça cada divisão igual a 0,500 ou 10 mm no seu esboço. Veja as instruções na página 149.

Prob. 1-7: Nenhuma face inclinada ou oblíqua.

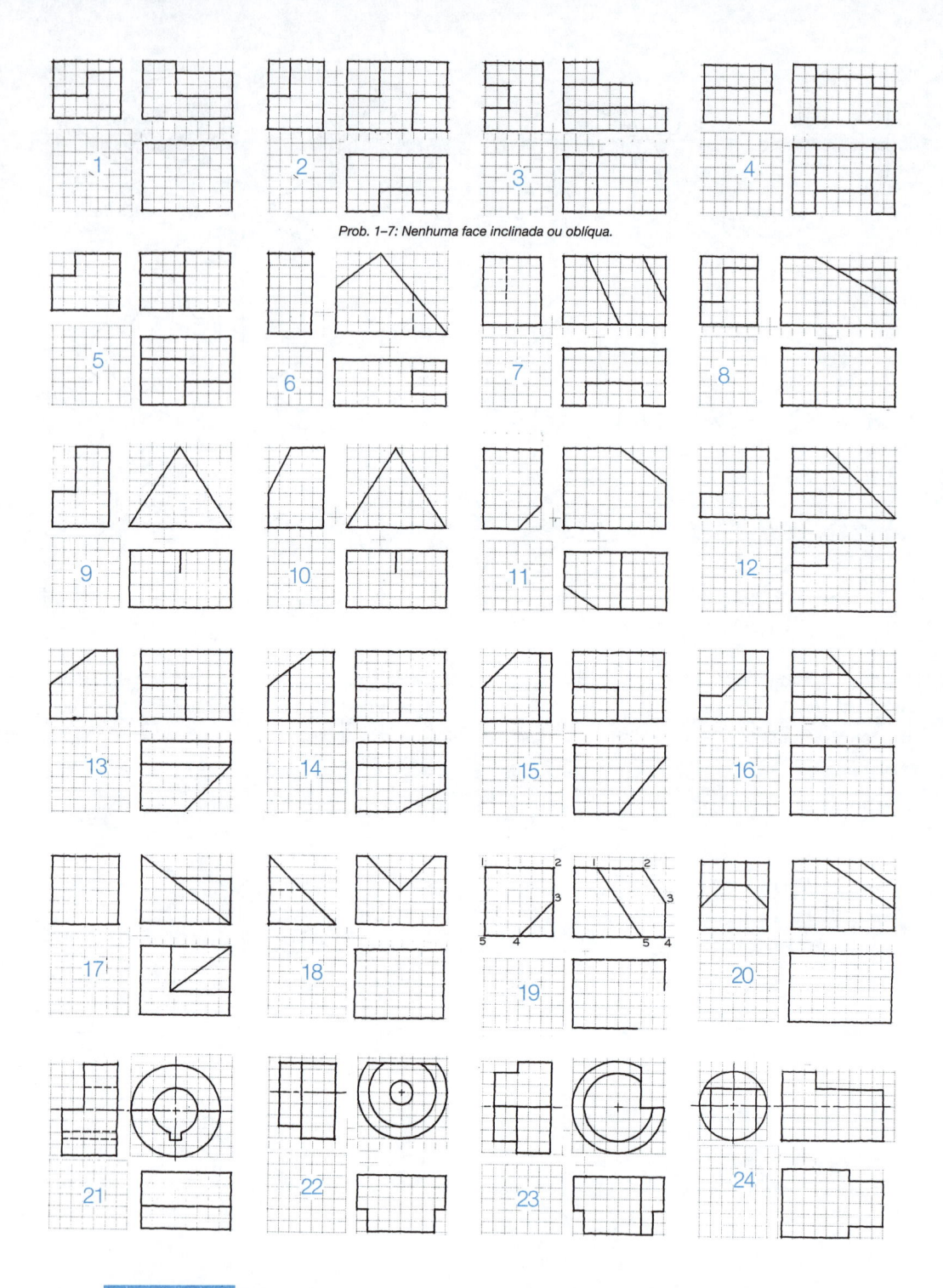

FIGURA 5.65 Problemas de esboço com linhas faltantes. (1) Esboce as vistas dadas em papel quadriculado ou liso, dois problemas por página. Adicione as linhas faltantes. Os quadrados podem ser tanto 0,250 quanto 5 mm. Veja as instruções na página 149. (2) Esboce em perspectiva isométrica, em papel isométrico ou em cavaleira em papel quadriculado.

CAPÍTULO 5 • ESBOÇO DE VISTAS ORTOGRÁFICAS E PROJEÇÕES 153

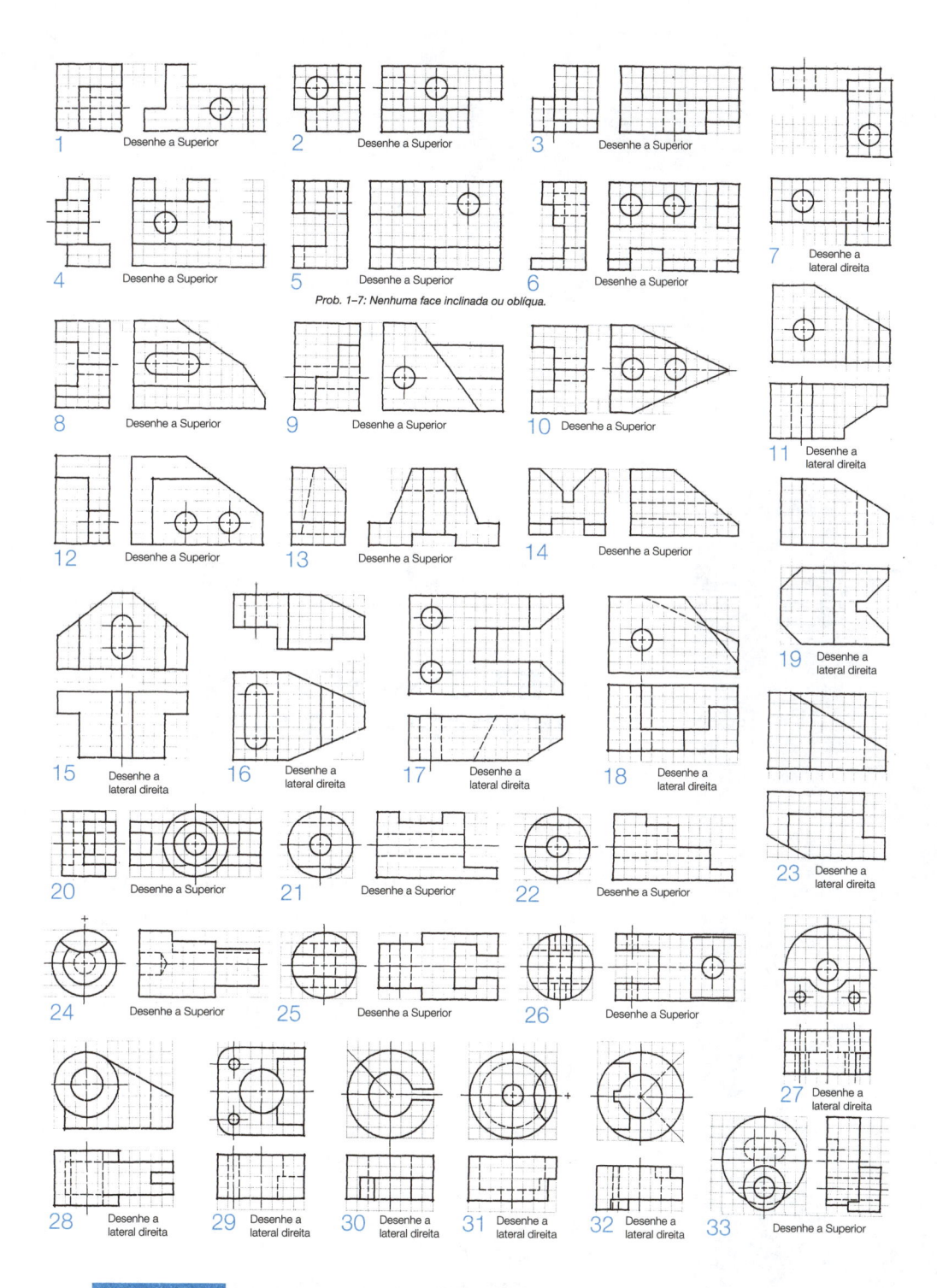

1 Desenhe a Superior
2 Desenhe a Superior
3 Desenhe a Superior
4 Desenhe a Superior
5 Desenhe a Superior
6 Desenhe a Superior
7 Desenhe a lateral direita

Prob. 1–7: Nenhuma face inclinada ou oblíqua.

8 Desenhe a Superior
9 Desenhe a Superior
10 Desenhe a Superior
11 Desenhe a lateral direita
12 Desenhe a Superior
13 Desenhe a Superior
14 Desenhe a Superior
15 Desenhe a lateral direita
16 Desenhe a lateral direita
17 Desenhe a lateral direita
18 Desenhe a lateral direita
19 Desenhe a lateral direita
20 Desenhe a Superior
21 Desenhe a Superior
22 Desenhe a Superior
23 Desenhe a lateral direita
24 Desenhe a Superior
25 Desenhe a Superior
26 Desenhe a Superior
27 Desenhe a lateral direita
28 Desenhe a lateral direita
29 Desenhe a lateral direita
30 Desenhe a lateral direita
31 Desenhe a lateral direita
32 Desenhe a lateral direita
33 Desenhe a Superior

FIGURA 5.66 Problemas de esboço de terceira vista. Esboce as duas vistas dadas e adicione as vistas faltantes. Os quadrados podem ser ou 0,250 ou 5 mm. Veja as instruções na página 149. As vistas dadas são ou frontal e lateral direita ou frontal e superior. Os furos escondidos com linhas de centro são furos feitos com brocas.

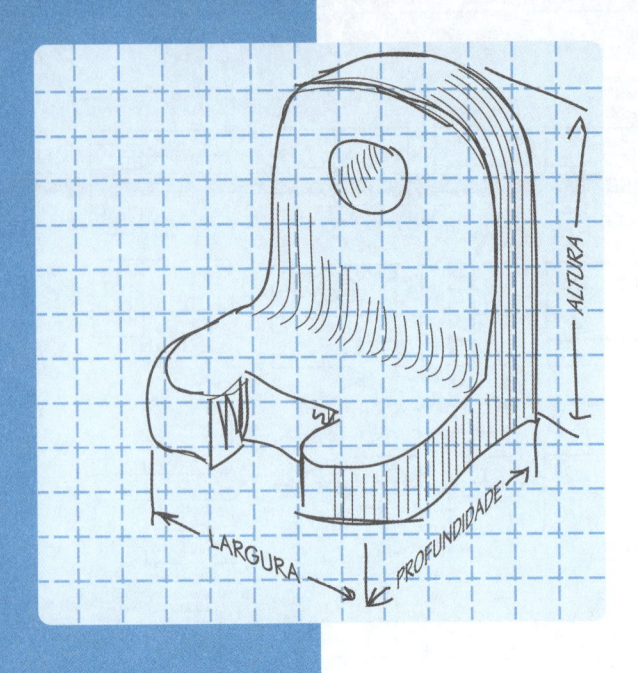

CAPÍTULO 6

DESENHO DE PERSPECTIVA

OBJETIVOS

Após estudar o conteúdo deste capítulo, você será capaz de:

1. Descrever as diferenças entre vista ortográfica, perspectiva axonométrica, perspectiva cavaleira e perspectiva cônica.
2. Listar as vantagens da vista ortográfica, da perspectiva axonométrica, da perspectiva cavaleira e da perspectiva cônica.
3. Criar um esboço de perspectiva isométrica dado um desenho em vistas ortográficas.
4. Medir ao longo de cada eixo isométrico.
5. Esboçar superfícies inclinadas e oblíquas na perspectiva isométrica.
6. Esboçar ângulos, elipses e curvas irregulares na perspectiva isométrica.
7. Descrever como é criada uma perspectiva cavaleira.
8. Esboçar perspectivas cavaleiras.
9. Saber desenhar círculos na perspectiva cavaleira.
10. Explicar por que os *softwares* CAD não criam a perspectiva cavaleira automaticamente.
11. Esboçar perspectivas cônicas com um e dois pontos de fuga.

VISÃO GERAL

Desenhos de vistas ortográficas tornam possível representar objetos complexos com precisão através de uma série de vistas onde cada uma só mostra duas das três dimensões principais, não mostrando comprimento, largura e altura simultaneamente. *Desenhos de perspectiva (Pictorial Drawing)* (ANSI/ASME Y1 4.4M-1989 (R1994)), que se parecem mais com uma ilustração do que com vistas ortográficas, são usados para comunicar suas idéias com rapidez, desenvolver seus próprios pensamentos durante o processo de projeto e, às vezes, esclarecer desenhos que seriam de difícil leitura em outras representações. Desenhos de perspectivas podem ser entendidos facilmente sem treinamento técnico.

Vários tipos de desenho de perspectiva são extensivamente usados em catálogos, publicações de vendas e trabalhos técnicos. Por exemplo, são usados desenhos de perspectiva para obter patentes, representar projetos de tubulações em plantas de processo e para representar projetos de máquinas, projetos estruturais, arquitetônicos e de mobília. Desenhos de perspectivas criados usando-se técnicas de modelagem 3-D em computador podem ser utilizados com muita eficiência para apresentar idéias de projeto, ajudar no *marketing* do produto e ajudar a inspecionar visualmente ajustes, montagens e outros aspectos do projeto. Desenhos de perspectiva normalmente não são cotados porque não mostram o objeto com precisão. Os desenhos de perspectivas são uma ajuda inestimável no processo de projeto.

■ 6.1 MÉTODOS DE PROJEÇÃO

O Capítulo 1 descreveu os tipos principais de sistemas de projeção – cilíndrico e cônico – os quais podem ser decompostos em subtipos, como mostrado na Figura 6.1. Desenhos de perspectiva podem ser criados tanto usando-se projeção cônica quanto projeção paralela. Neste capítulo, você aprenderá a criar perspectivas isométricas, perspectivas cavaleiras e perspectivas cônicas. Os quatro tipos principais de representação por projeção estão ilustrados na Figura 6.2, e todos, exceto a representação por vistas ortográficas, são tipos de perspectiva, já que mostram vários lados do objeto em uma única vista. Em todos os casos, as representações são formadas por projeção, a qual já foi descrita em capítulos anteriores. Somente na perspectiva cônica as retas projetantes convergem para um ponto; todos os demais tipos de representação mostrados usam projeção paralela.

Na projeção das *vistas ortográficas* e das *perspectivas axonométricas*, os raios visuais são paralelos entre si e perpendiculares ao plano de projeção. Portanto, ambas são classificadas como *projeções ortográficas*.

Na *perspectiva cavaleira*, os raios visuais são paralelos entre si, mas oblíquos (não a 90 graus) ao plano de projeção. Isto produz uma representação perspectiva na qual a superfície frontal normalmente é mostrada em verdadeira grandeza e as outras superfícies aparecem em tamanho reduzido. Perspectivas cavaleiras são fáceis de desenhar e têm a vantagem de não distorcer em elipses as formas circulares na face em verdadeira grandeza. Mas as perspectivas cavaleiras não são muito realistas porque esse tipo de representação em particular nunca é visto na vida real.

Nas *perspectivas cônicas*, os raios visuais estendem-se de todos os pontos do objeto até o olho do observador, formando um cone de raios. Esse tipo de desenho de perspectiva é o mais realista, mas o mais difícil de desenhar. Em geral, os sistemas CAD podem gerar perspectivas isométricas e *cônicas* automaticamente a partir de modelos 3-D.

■ 6.2 PERSPECTIVAS AXONOMÉTRICAS

A característica que distingue a perspectiva axonométrica quando comparada às vistas ortográficas é que o objeto é inclinado em relação ao plano de projeção, como na Figura 6.2b. Como o objeto é inclinado em relação ao plano de projeção, o comprimento das linhas, a dimensão dos ângulos e as proporções gerais dependem da orientação exata que o objeto tem em relação ao plano de projeção. Três perspectivas axonométricas de um cubo são mostradas na Figura 6.3.

Nesses casos, as arestas do cubo são inclinadas em relação ao plano de projeção e têm, portanto, tamanho reduzido. O fator de redução de qualquer segmento de linha depende de seu ângulo com o plano de projeção: quanto maior o ângulo, maior a redução. As três arestas do cubo que se encontram no canto mais próximo ao observador são consideradas os *eixos axonométricos*. Depois que o fator de redução para cada eixo é determinado, podem ser construídas escalas para medir ao longo dessas arestas ou ao longo de qualquer outra aresta paralela a elas. Como mostrado na Figura 6.3, as perspectivas axonométricas são classificadas como *perspectivas isométricas* (todos os eixos se reduzem igualmente), *perspectivas dimétricas* (dois eixos se reduzem igualmente) e *perspectivas trimétricas* (todos os três eixos se reduzem diferentemente e requerem escalas diferentes para cada eixo).

O termo *isométrico* significa igual medida. Nos desenhos de perspectiva isométrica, o objeto é inclinado em relação ao plano de projeção de forma que todas as dimensões principais do objeto são reduzidas igualmente em cada direção dos eixos. Perspectivas isométricas são relativamente fáceis de traçar e existe um papel especial que já possui uma grade isométrica.

■ 6.3 PERSPECTIVA ISOMÉTRICA

Quando uma superfície no objeto é inclinada em relação ao plano de projeção, ela aparecerá reduzida nas vistas principais. Quando você está esboçando perspectivas isométricas, você não precisa se preocupar em calcular a redução de tamanho da superfície. Apenas desenhe-as no tamanho real. Como todas as superfícies normais do objeto são reduzidas igualmente, o desenho ainda aparecerá em proporção. Isso é chamado de *esboço isométrico* ou *perspectiva isométrica simplificada*. Quando uma vista isométrica é feita usando-se uma escala isométrica reduzida, ou quando o objeto é realmente projetado em um plano de projeção, é chamado de projeção isométrica.

A Figura 6.4 mostra o contraste entre uma perspectiva isométrica simplificada e uma projeção isométrica. (Você aprenderá a desenhar vistas auxiliares no Capítulo 9). Uma projeção isométrica é uma vista auxiliar secundária. A perspectiva isométrica simplificada é aproximadamente 25 por cento maior que a

FIGURA 6.1 Classificação das projeções.

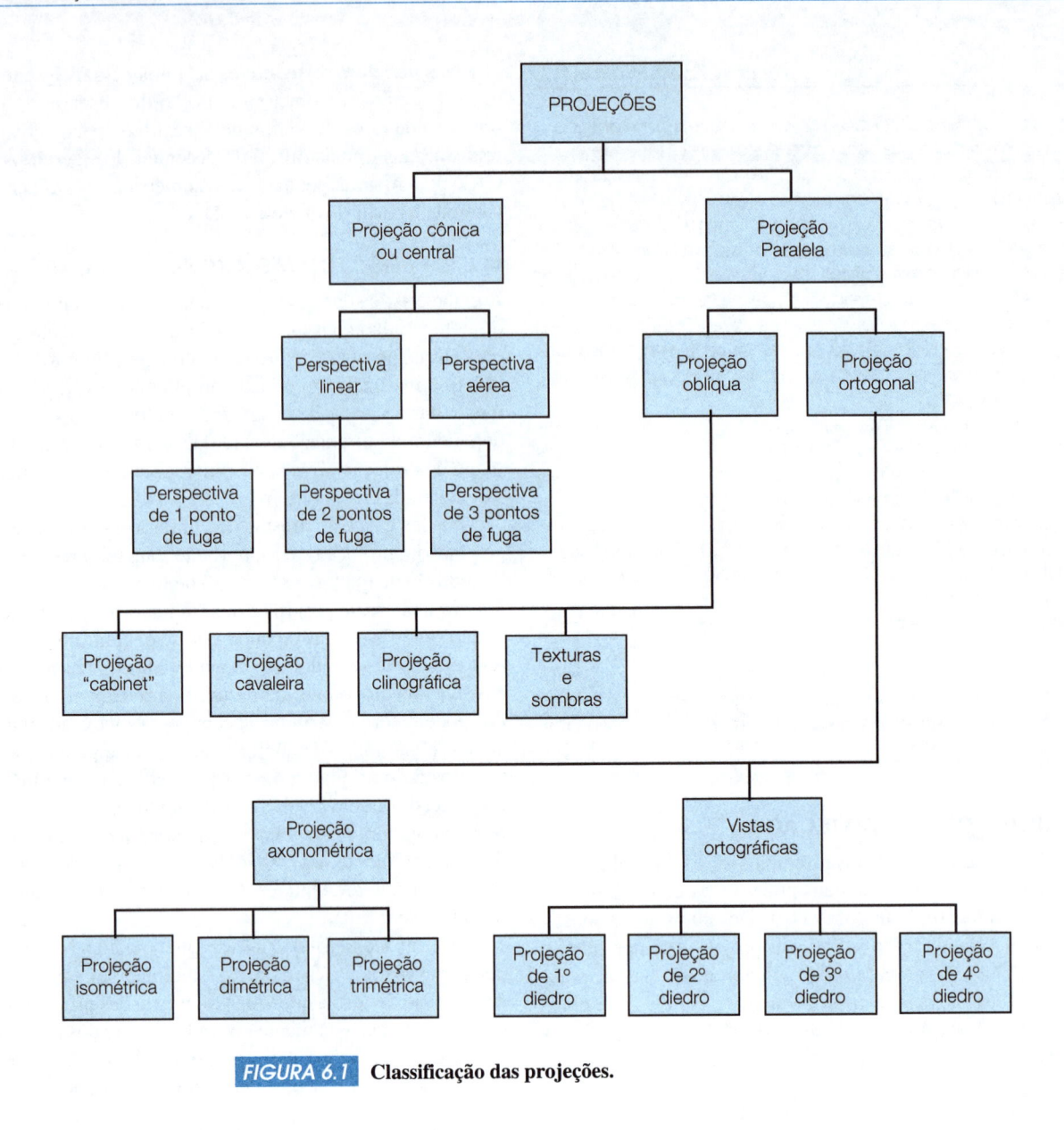

projeção isométrica, mas o valor ilustrativo é obviamente o mesmo em ambos. Perspectivas isométricas simplificadas são muito mais fáceis de fazer e são tão úteis quanto uma projeção isométrica.

Quando você está criando perspectivas isométricas, você nem sempre tem que fazer medidas precisas para localizar cada ponto exatamente no desenho. Em vez disso, mantenha seu desenho em proporção. Se a altura do objeto parece ser duas vezes a profundidade, faça parecer assim em seu desenho. Use as técnicas que você aprendeu no Capítulo 3 para ajudá-lo a calcular distâncias e desenhar mantendo as proporções. Muitos dos exemplos seguintes discutem o uso de medidas precisas, mas, quando você está desenhando, a coisa mais importante é que as proporções gerais do objeto e as relações entre os detalhes sejam mostradas com clareza e corretamente. Perspectivas isométricas são ótimas para mostrar leiautes de tubulações e projetos estruturais.

6.4 SUPERFÍCIES NORMAL E INCLINADA EM VISTA ISOMÉTRICA

A construção de um esboço isométrico de um objeto que tem apenas superfícies normais é mostrada na Figura 6.5. Repare que todas as medidas são tomadas paralelas às arestas da caixa envolvente, isto é, paralelas aos eixos isométricos. Nenhuma medida ao longo de uma diagonal (linha não-isométrica) de qualquer superfície ou através do objeto pode ser medida diretamente. O objeto pode ser desenhado na mesma posição começando no vértice Y, ou qualquer outro vértice, ao invés do vértice X. A construção de um objeto que tem superfícies inclinadas (e arestas oblíquas) é mostrada na Figura 6.6. Repare que a posição das superfícies inclinadas são indicadas medindo-se coordenadas ao longo de linhas isométricas. Por exemplo, as distâncias E e F são usadas para posicionar a superfície M, e as distâncias A e B são usadas para posicionar a superfície N.

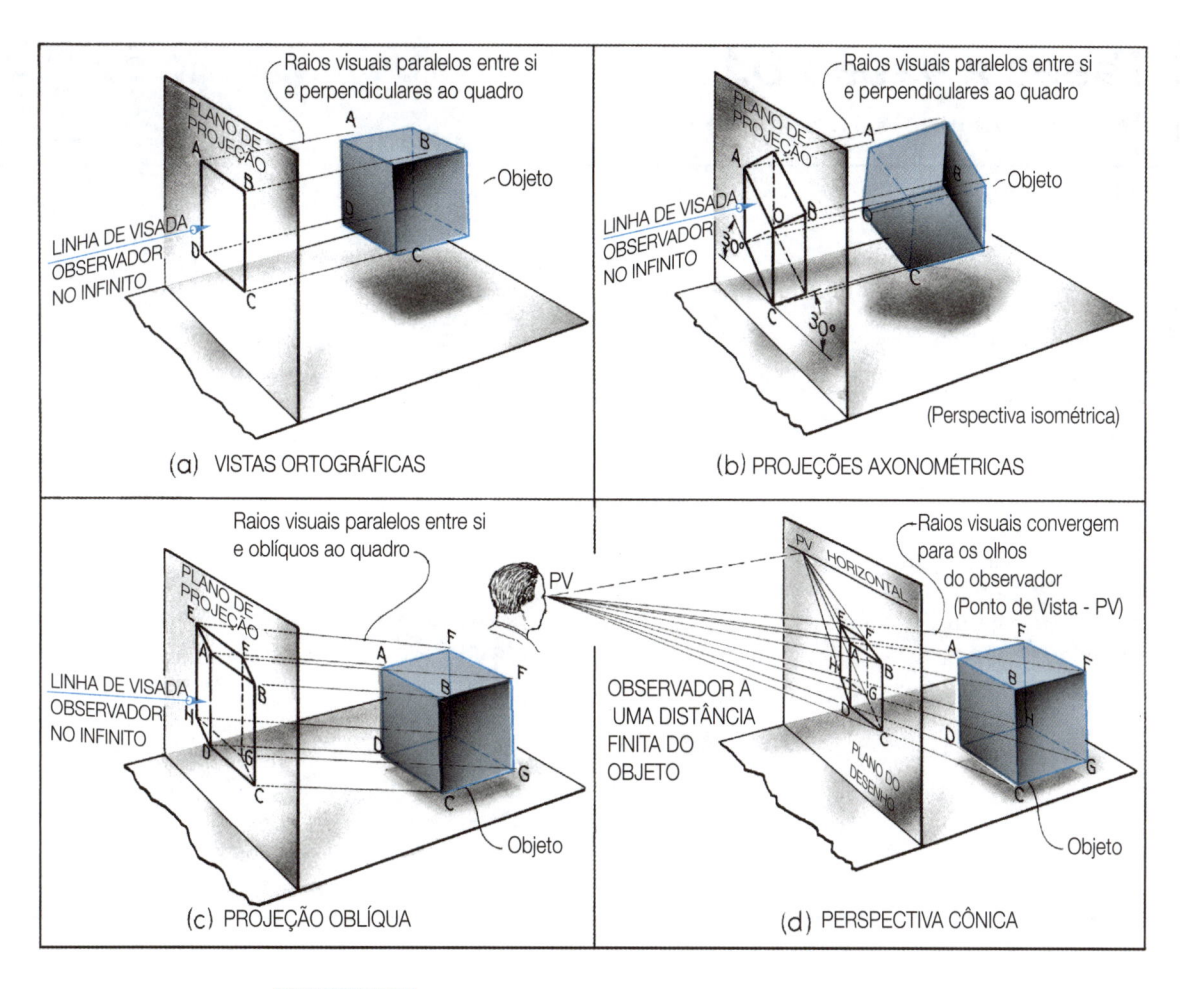

FIGURA 6.2 Quatro tipos de representação por projeção.

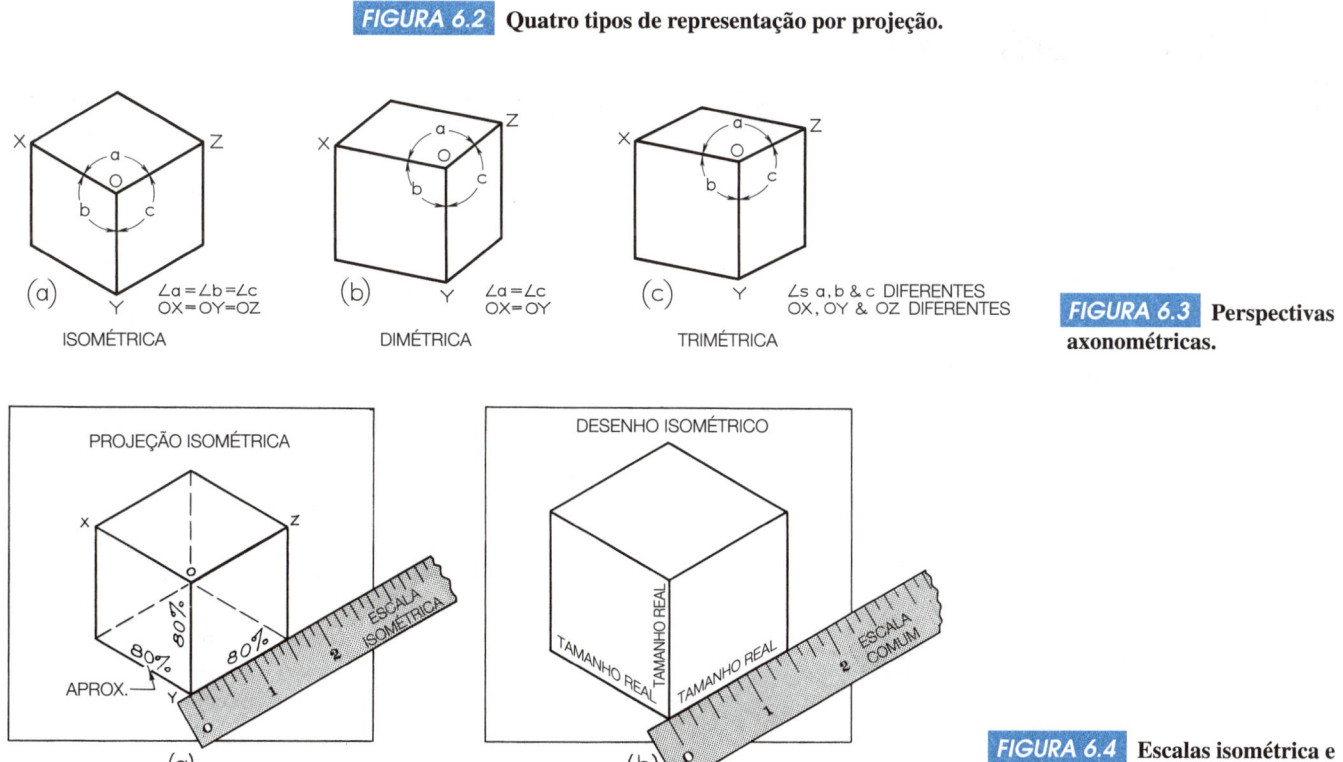

(a) VISTAS ORTOGRÁFICAS
(b) PROJEÇÕES AXONOMÉTRICAS (Perspectiva isométrica)
(c) PROJEÇÃO OBLÍQUA
(d) PERSPECTIVA CÔNICA

(a) ISOMÉTRICA — ∠a=∠b=∠c; OX=OY=OZ
(b) DIMÉTRICA — ∠a=∠c; OX=OY
(c) TRIMÉTRICA — ∠s a, b & c DIFERENTES; OX, OY & OZ DIFERENTES

FIGURA 6.3 Perspectivas axonométricas.

(a) PROJEÇÃO ISOMÉTRICA — 80% APROX.; ESCALA ISOMÉTRICA
(b) DESENHO ISOMÉTRICO — TAMANHO REAL; ESCALA COMUM

FIGURA 6.4 Escalas isométrica e comum.

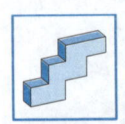

Passo a passo 6.1
Perspectiva isométrica de um objeto

Posicionando o objeto

Para fazer uma perspectiva isométrica de um objeto real, primeiro segure o objeto em sua mão e incline-o em sua direção, como mostrado na ilustração à direita. Nessa posição, uma aresta do canto da frente aparecerá vertical. As duas arestas inferiores que retrocedem e as demais arestas paralelas a estas devem parecer estar em aproximadamente 30 graus com a horizontal. Os passos para desenhar o objeto são os seguintes:

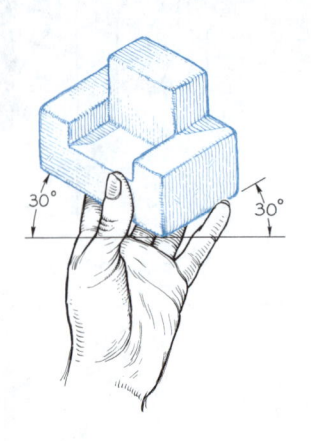

1. Esboce a caixa envolvente com traços leves e faça AB vertical e AC e AD aproximadamente a 30 graus com a horizontal. Essas três linhas são os eixos isométricos. Faça AB, AC e AD proporcionais ao comprimento real das arestas correspondentes no objeto. Esboce as linhas restantes paralelas a estas três linhas.

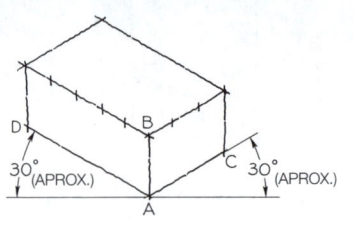

2. Faça as caixas envolventes do assento e do encosto.

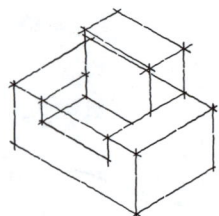

3. Escureça todas as linhas finais.

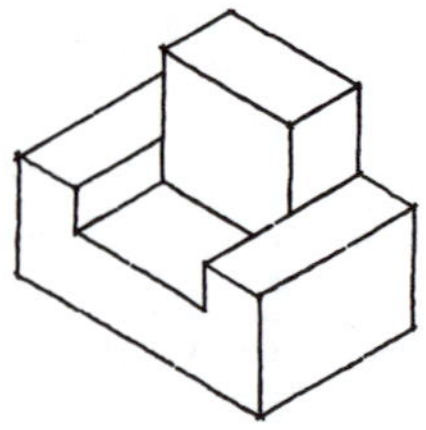

Dicas práticas
Vistas isométricas em CAD

Quando você faz uma vista isométrica com o CAD, ela aparecerá reduzida, por ser uma projeção exata.

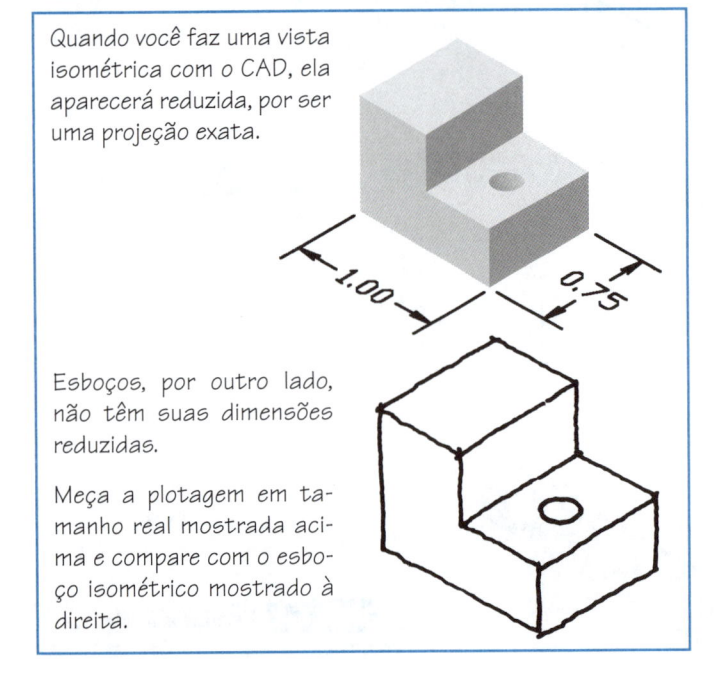

Esboços, por outro lado, não têm suas dimensões reduzidas.

Meça a plotagem em tamanho real mostrada acima e compare com o esboço isométrico mostrado à direita.

6.5 SUPERFÍCIES OBLÍQUAS EM VISTA ISOMÉTRICA

Superfícies oblíquas em vista isométrica podem ser desenhadas encontrando-se as intersecções da superfície oblíqua com planos isométricos. Por exemplo, na Figura 6.7a, o plano oblíquo contém os pontos A, B e C. Localize o plano estendendo a linha AB até X e Y, pontos que estão nos mesmos planos isométricos que o ponto C, como mostrado na Figura 6.7b. Desenhe as linhas XC e YC para localizar os pontos E e F. Então, desenhe as linhas AD e ED, usando a regra de que as projeções das linhas paralelas do objeto permanecem paralelas em perspectiva isométrica. O desenho completo é mostrado na Figura 6.7c.

6.6 OUTRAS POSIÇÕES DOS EIXOS ISOMÉTRICOS

Oriente seu desenho dos eixos isométricos de forma que mostre a peça mais claramente, sem a necessidade de arestas invisíveis. A Figura 6.8 mostra uma perspectiva isométrica de uma casinha de pássaros com duas orientações diferentes. A de baixo mostra mais detalhes de sua construção e, portanto, pode ser melhor, dependendo do propósito. Se o objeto é particularmente longo, oriente-o horizontalmente para um efeito melhor, como mostrado na Figura 6.9.

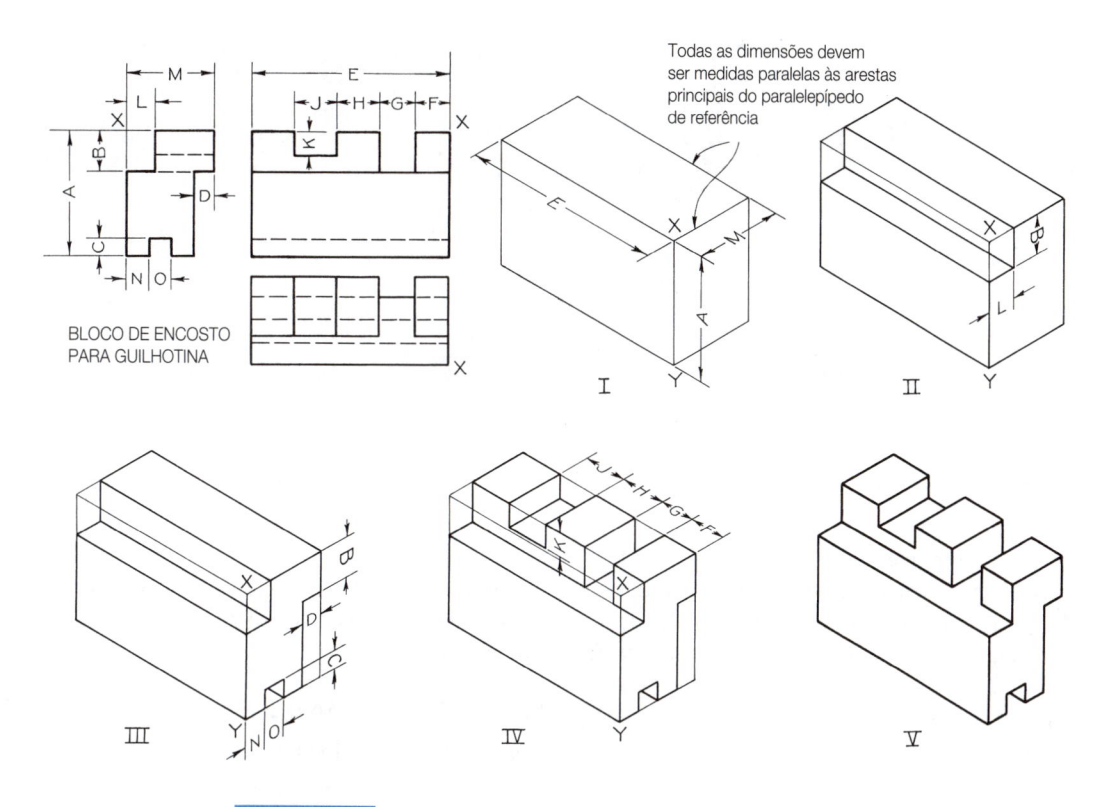

FIGURA 6.5 Desenho isométrico de superfícies normais.

FIGURA 6.6 Superfícies inclinadas em isométrica.

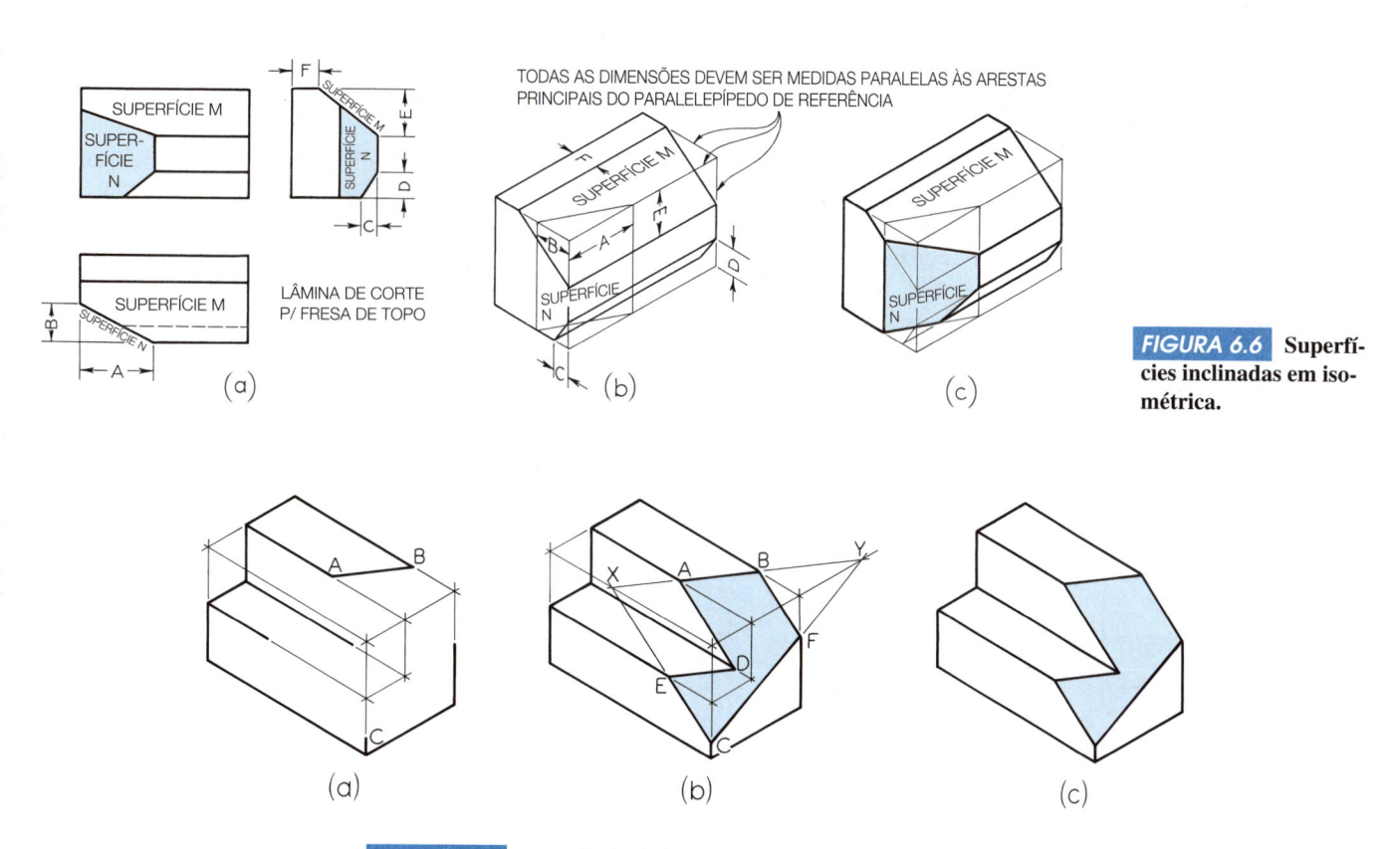

FIGURA 6.7 Superfícies oblíquas em isométrica.

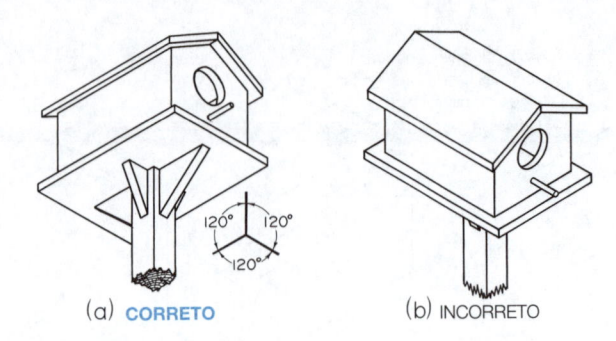

FIGURA 6.8 Um objeto visto naturalmente de baixo.

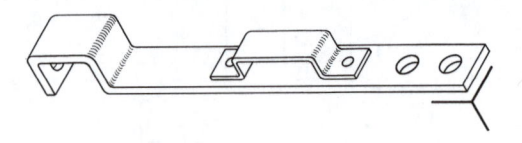

FIGURA 6.9 Eixo comprido na horizontal.

■ 6.7 MEDIDAS POR DESLOCAMENTO

Pode-se posicionar um novo ponto a partir de vértices já existentes, como ilustrado nas Figuras 6.10 e 6.11. Primeiro, desenhe a caixa envolvente do bloco principal, então desenhe as linhas de deslocamento CA e BA para posicionar o vértice A do bloco menor ou do rebaixo retangular. Elas são chamadas de *medidas de deslocamento* (ou de *offset*) e, visto que são paralelas às arestas nos eixos principais do objeto, serão paralelas a estas mesmas arestas na isométrica.

■ 6.8 ELIPSES ISOMÉTRICAS

Quando objetos com formas cilíndricas ou cônicas são postos em isométrica ou outras posições inclinadas, os círculos aparecem como elipses, como mostrado na Figura 6.12.

Quando for desenhar elipses em isométrica, tenha em mente que o eixo maior da elipse forma sempre ângulo reto com a linha de centro do cilindro e que o eixo menor forma um ângulo reto com o eixo maior, coincidindo com a linha de centro.

■ 6.9 ARCOS EM VISTA ISOMÉTRICA

A Figura 6.13 mostra uma vista isométrica de um objeto que tem cantos arredondados. Para desenhar arcos em uma vista isométrica, use os raios e desenhe o paralelogramo envolvente da elipse ao longo das linhas dos eixos isométricos apropriados. Nesse caso, o raio R é medido do vértice já construído para posicionar o centro do arco elíptico. Repare que o raio R não tem um valor constante quando se mostra o arco em uma vista isométrica.

■ 6.10 GABARITO PARA ELIPSES ISOMÉTRICAS

O gabarito mostrado na Figura 6.14 combina ângulos, escalas de redução isométricas e elipses no mesmo instrumento. As elipses são fornecidas com marcas que coincidem com as linhas de centro dos furos – uma característica conveniente para o traçado em isométrica.

■ 6.11 DESENHANDO EM PAPEL ISOMÉTRICO

Duas vistas de um bloco-guia são mostradas na Figura 6.15a. Os passos do traçado ilustram o uso do papel isométrico. Comece com planos ou faces individuais para construir a representação de um ponto de vista dado:

1. Desenhe a isométrica da caixa envolvente, contando os espaços da grade isométrica para igualar os retângulos das vistas correspondentes, como mostrado na Figura 6.15I. Desenhe a superfície A como mostrado.
2. Desenhe as superfícies adicionais B e C e a elipse pequena, como mostrado na Figura 6.15II.

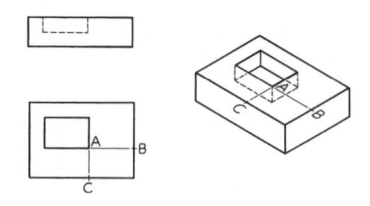

FIGURA 6.11 Medição de posições por deslocamento.

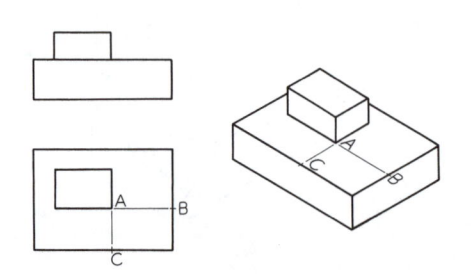

FIGURA 6.10 Medição de posições por deslocamento.

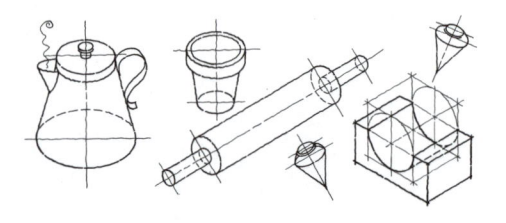

FIGURA 6.12 Elipses isométricas.

Passo a passo 6.2
Desenhando elipses isométricas

São mostradas duas vistas de um bloco com um grande furo cilíndrico. Os passos para desenhar o objeto são os seguintes:

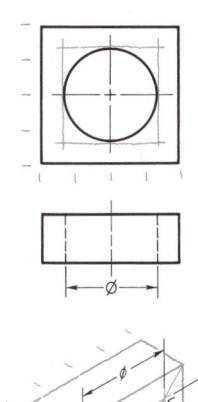

1. Desenhe o bloco e o paralelogramo para a elipse, construindo os lados do paralelogramo paralelos às arestas do bloco e iguais em comprimento ao diâmetro do furo. Desenhe as diagonais para posicionar o centro do furo e então desenhe as linhas de centro AB e CD. Os pontos A, B, C e D serão pontos médios dos lados do paralelogramo e a elipse será tangente aos lados nesses pontos. O eixo maior estará na diagonal EF, que forma ângulo reto com a linha de centro do furo, e o eixo menor vai cair sobre a diagonal menor. Desenhe os arcos longos CA e BC da elipse, conforme mostrado.

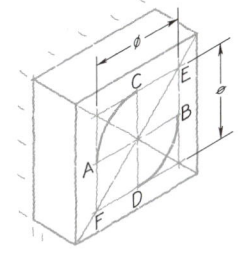

2. Desenhe os arcos curtos, de raio menor CB e AD para completar a elipse. Evite construir as extremidades da elipse quadradas ou pontudas como uma bola de futebol americano.

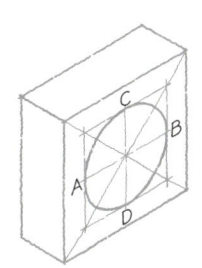

3. Trace levemente o paralelogramo para a elipse que fica no plano de trás do objeto e desenhe a elipse da mesma forma que a elipse da frente.

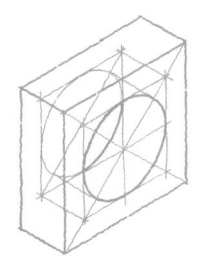

4. Desenhe as linhas GH e JK tangentes às duas elipses. Escureça as linhas finais.

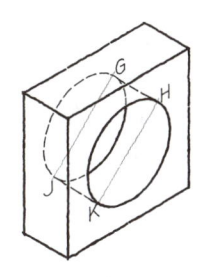

Um outro método para determinar a elipse de trás é mostrado à direita:

1. Selecione pontos aleatoriamente na elipse da frente e desenhe linhas com comprimento igual à profundidade do bloco.

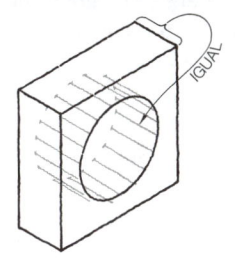

2. Desenhe a elipse passando pelas extremidades dessas linhas.

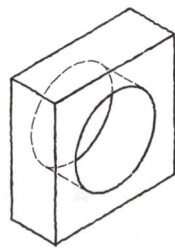

Duas vistas de um suporte com uma abertura semicilíndrica são mostradas abaixo. Os passos para desenhá-lo são os seguintes:

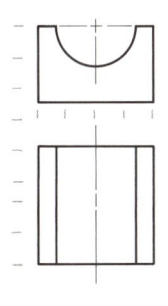

1. Desenhe a caixa envolvente do objeto, incluindo o espaço retangular para o semicilindro.

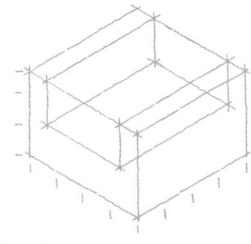

2. Desenhe a caixa envolvente do cilindro completo. Desenhe com linha suave o cilindro completo.

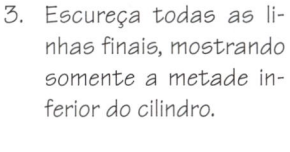

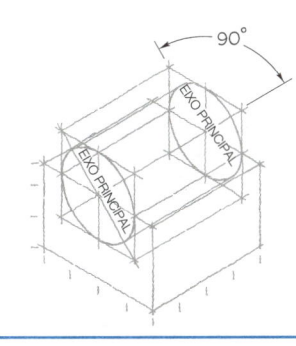

3. Escureça todas as linhas finais, mostrando somente a metade inferior do cilindro.

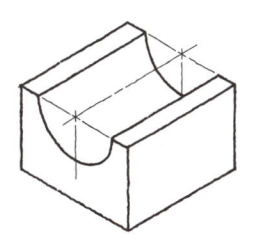

3. Desenhe as superfícies E, F, G e H para completar o desenho, como mostrado na Figura 6.15III.

6.12 CONTORNOS E ARESTAS INVISÍVEIS

Omitem-se os contornos e arestas invisíveis em perspectivas a menos que sejam necessárias para esclarecer o desenho. A Figura 6.16 mostra um caso em que contornos e arestas invisíveis são necessários. Nesse caso, os contornos e arestas invisíveis mostram a projeção de uma peça que não pode ser representada de maneira apropriada sem elas.

6.13 LINHAS DE CENTRO

Linhas de centro são desenhadas em perspectivas se forem necessárias para indicar simetria ou para cotagem. Use as linhas de centro somente quando são estritamente necessárias e, na dúvida, omita-as. Usar muitas linhas de centro torna a aparência do desenho confusa. A Figura 6.16 mostra um exemplo em que são necessárias linhas de centro para propósitos de cotagem.

6.14 LINHAS NÃO-ISOMÉTRICAS

Como as únicas linhas de um objeto que são desenhadas em verdadeira grandeza em uma perspectiva isométrica são os eixos isométricos ou linhas paralelas a eles, as linhas não-isométricas não podem ser medidas diretamente. Por exemplo, na Figura 6.17, as linhas inclinadas BA e CA são mostradas em verdadeira grandeza (54 mm) na vista superior, mas, como não são paralelas aos eixos isométricos, não têm comprimento real na perspectiva isométrica. Use a construção de caixas ou retângulos envolventes e medidas de deslocamentos (*offset*) para desenhar linhas não-isométricas como essas. As distâncias 44 mm, 18 mm e 22 mm podem ser medidas diretamente ao longo de linhas isométricas, como mostrado na Figura 6.17I. A distância não-isométrica (54 mm) não pode ser medida diretamente, mas pode-se determinar a dimensão X da vista superior. Essa dimensão é paralela a um eixo isométrico e pode ser medida na perspectiva isométrica, como mostrado na Figura 6.17II. As distâncias restantes (24 mm e 9 mm) são paralelas a linhas isométricas que podem ser medidas diretamente, como mostrado na Figura 6.17III.

Pessoas de diversos campos usam perspectivas para visualizar objetos antes que eles existam na realidade. A *World Wide Web* (WWW) é um dos lugares onde se podem encontrar ótimos exemplos de perspectivas. Você pode encontrar exemplos de perspectivas produzidas pela equipe gráfica do NASA Glenn Research Center no URL: http://ltid.grc.nasa.gov/Publishing/graphics/.

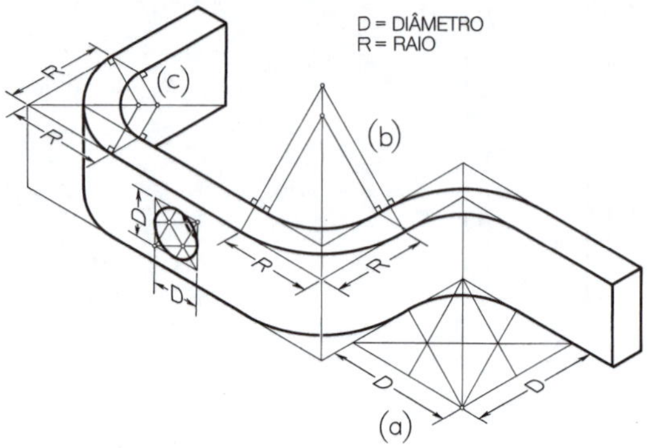

FIGURA 6.13 Arcos em isométrica.

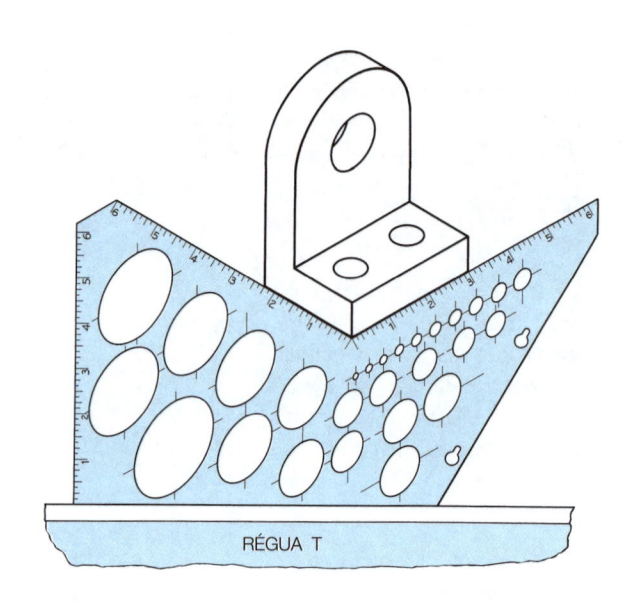

FIGURA 6.14 Gabarito isométrico.

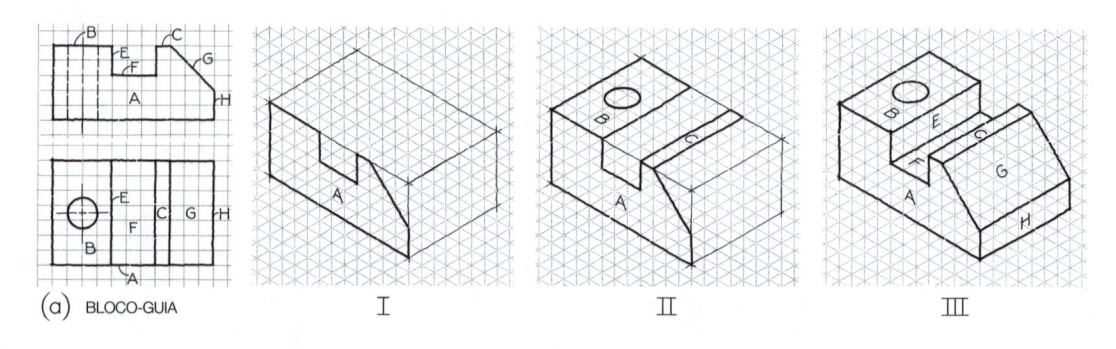

FIGURA 6.15 Desenhando em papel isométrico.

6.15 ÂNGULOS EM VISTA ISOMÉTRICA

Um transferidor normal não pode ser usado para medir ângulos em isométrica[1]. Medidas angulares devem ser convertidas para medidas lineares ao longo de linhas isométricas. Os ângulos se projetam em verdadeira grandeza somente quando o plano do ângulo é paralelo ao plano de projeção. Um ângulo pode projetar-se maior ou menor que o seu tamanho real, dependendo de sua posição. Como as várias superfícies de um objeto são geralmente inclinadas com relação ao plano de projeção em uma perspectiva isométrica, ângulos em geral não se projetam em verdadeira grandeza. Por exemplo, na representação por vistas ortográficas da Figura 6.18a, nenhum dos três ângulos de 60 graus terão 60 graus na perspectiva isométrica. Use um pedaço de papel, meça cada ângulo na isométrica da Figura 6.18II e compare essas medidas com o valor real de 60 graus. Nenhum dos ângulos é igual ao outro; dois são menores e um é maior que 60 graus.

Para mostrar o ângulo, primeiro desenhe a caixa envolvente a partir das dimensões dadas, como mostrado na Figura 6.18I, exceto a de X, que não é dada. Para achar X, desenhe em tamanho real o triângulo BDA conforme aparece na vista superior da Figura 6.18b. Use a distância X para completar a caixa envolvente na perspectiva isométrica. Encontre a distância K usando o mesmo raciocínio e posicione-a na isométrica como mostrado na Figura 6.18II. A isométrica completa é mostrada na Figura 6.18III, onde o ponto E é posicionado usando-se a distância K.

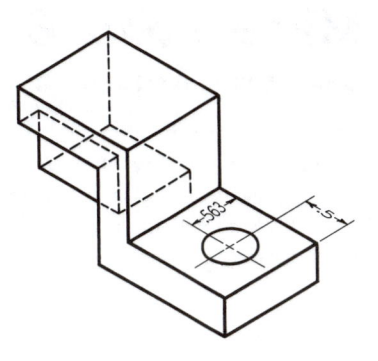

FIGURA 6.16 Uso de contornos e arestas invisíveis.

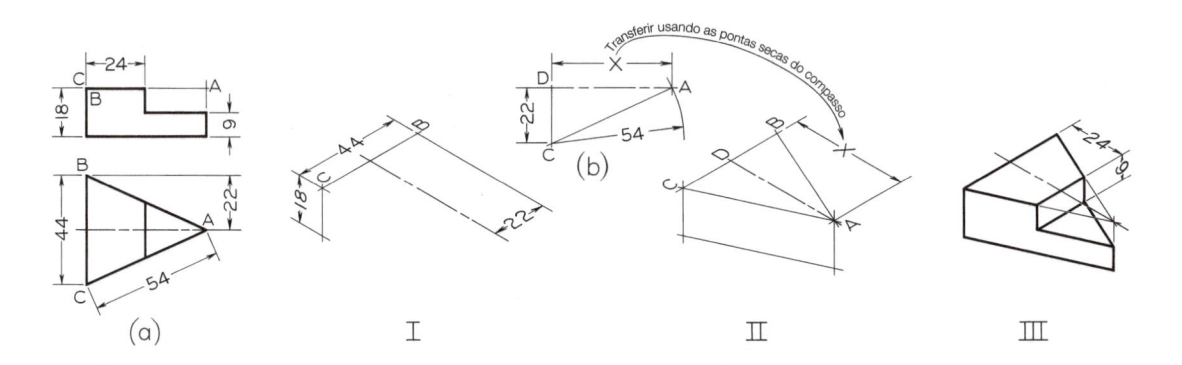

FIGURA 6.17 Linhas não-isométricas (medidas em metros).

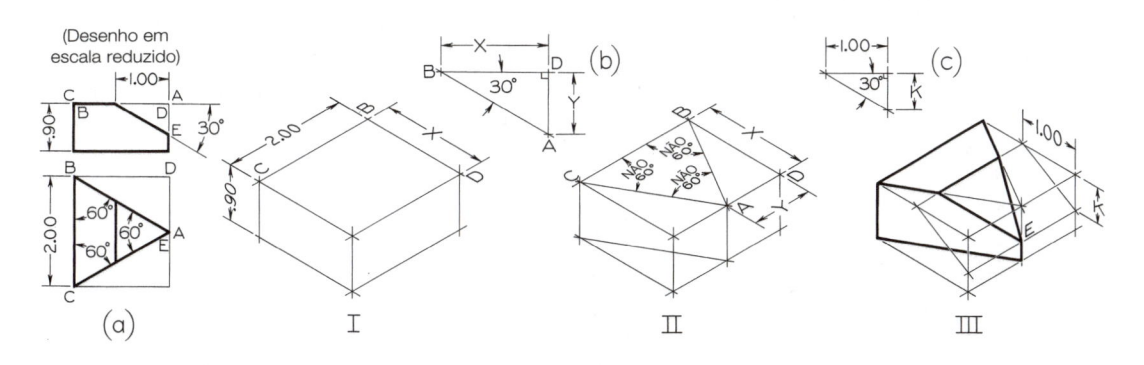

FIGURA 6.18 Ângulos em isométrica.

---
[1] Podem-se encontrar transferidores isométricos para determinar ângulos em superfícies isométricas nos fornecedores de material de desenho.

Mãos à obra 6.1
Caixas envolventes

Objetos retangulares são desenhados facilmente usando-se caixas envolventes, nas quais se imagina o objeto estando envolvido em uma caixa retangular cujos lados coincidem com as faces principais do objeto.

Desenhe o objeto mostrado nas duas vistas, imaginando-o envolvido em uma caixa.

- Uma caixa envolvente e as distâncias a, b, c, d, e e f já foram representadas para você.
- Use as vistas dadas como referência e termine de construir os detalhes do objeto.
- Escureça suas linhas finais.

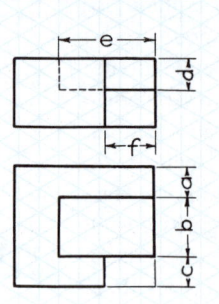

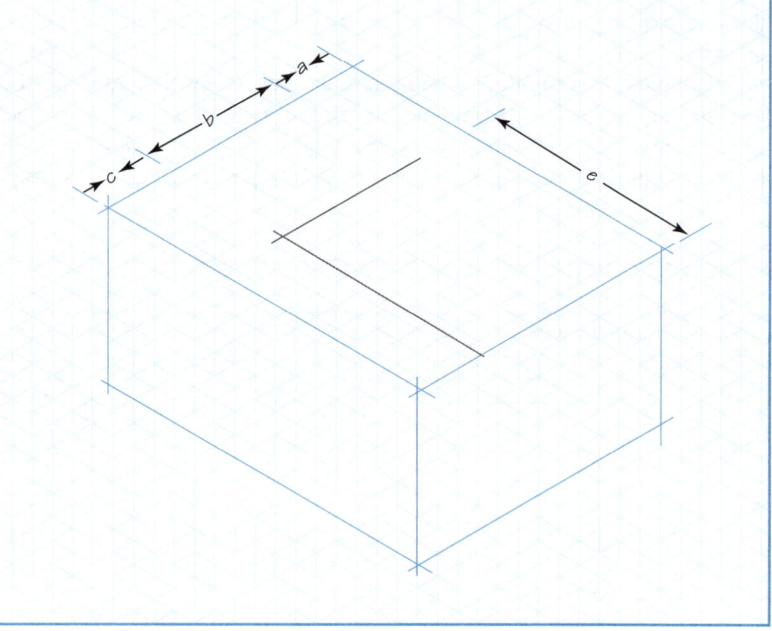

6.16 OBJETOS IRREGULARES

Se o formato geral de um objeto não é de alguma forma retangular, ele pode ser desenhado construindo-se a caixa envolvente. Como mostrado na Figura 6.19, vários pontos da base triangular são posicionados usando-se os deslocamentos a e b sobre as arestas do fundo da caixa envolvente. O vértice é localizado por meio dos deslocamentos OA e OB no topo da caixa envolvente.

Não é sempre necessário desenhar a caixa envolvente completa. Pode-se desenhar a base triangular usando-se somente o fundo da caixa, como mostrado na Figura 6.19b. O vértice O' na base pode, então, ser localizado pelos deslocamentos O'A e O'B, como mostrado, e a medida C pode ser usada para desenhar a linha vertical O'O.

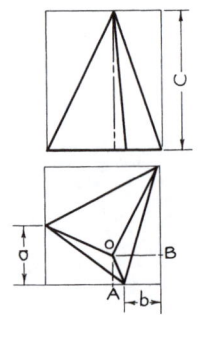

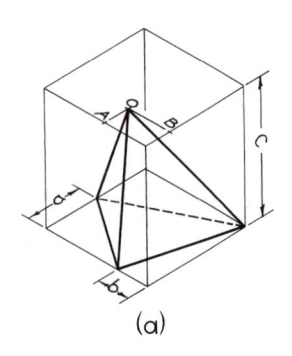

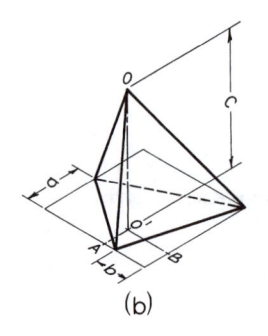

FIGURA 6.19 Objeto irregular em isométrica.

Mãos à obra 6.2
Ângulos na isométrica

São dadas duas vistas de um objeto a ser desenhado em isométrica.

O Ponto A pode ser posicionado facilmente na isométrica medindo-se 0,88 polegada para baixo a partir do ponto O, como mostrado.

No entanto, o ponto B é definido pelo ângulo de 30 graus. Para localizar o ponto B na isométrica, deve-se encontrar a dimensão X.

Você pode resolver este problema graficamente usando o CAD para desenhar um triângulo com ângulos de 30 e 90 graus e um lado de 0,88 polegada, pedindo, então, que o computador mostre o valor da dimensão X.

Meça a distância X em verdadeira grandeza na resolução gráfica mostrada à direita, ou use trigonometria para achar a distância. Uma vez encontrada a dimensão X, use-a para posicionar o ponto B na perspectiva isométrica como mostrado e para terminar o desenho ao pé da página.

Você também pode desenhar a isométrica de forma que pareça proporcional e, se necessário, cote o ângulo de 30 graus para chamar a atenção sobre ele.

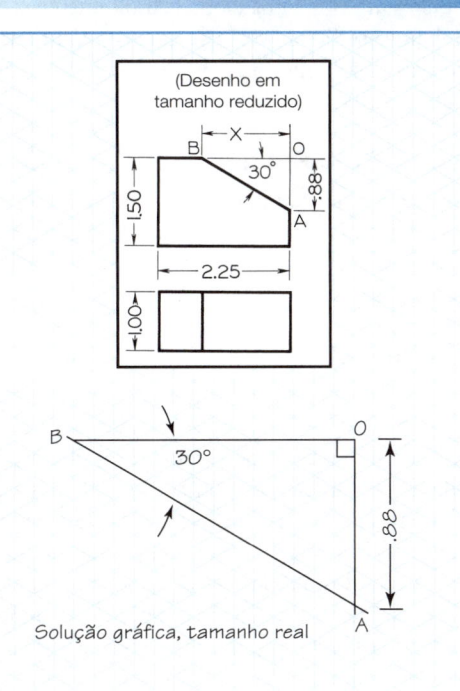

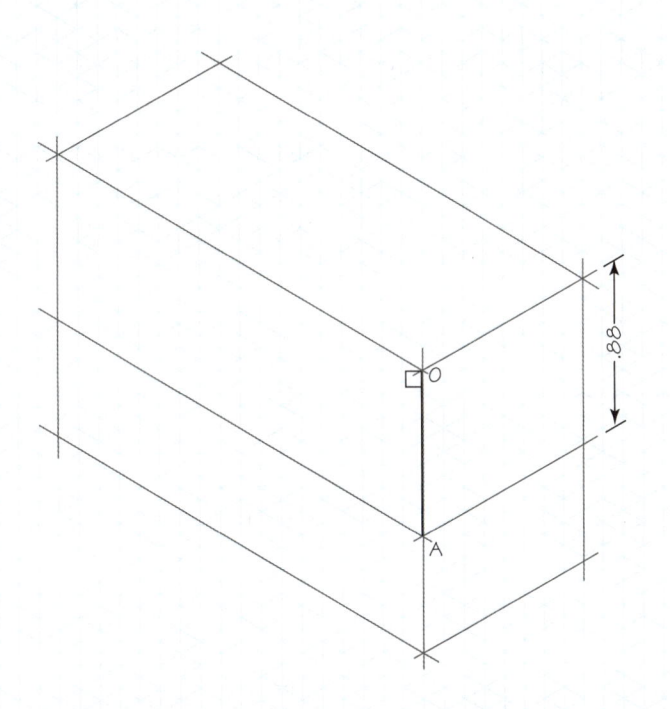

Solução gráfica, tamanho real

■ 6.17 CURVAS EM VISTAS ISOMÉTRICAS

Trace curvas em perspectivas isométricas usando uma série de medidas de deslocamento. Selecione qualquer número de pontos, tais como A, B e C, aleatoriamente sobre a curva, como mostrado na vista superior na Figura 6.20a. Quanto mais pontos usar, melhor a precisão.

Use as medidas a e b na isométrica para posicionar o ponto A na curva, como mostrado na Figura 6.20I. Posicione os pontos B, C e D de maneira similar, como mostrado na Figura 6.20II. Desenhe uma linha fraca à mão livre passando de maneira suave através dos pontos, como mostrado na Figura 6.20III. A curva inferior é posicionada diretamente sobre A, B, C e D desenhando-se linhas verticais iguais à altura do bloco (c), como mostrado na Figura 6.20IV. Escureça o desenho final, como na Figura 6.20V.

6.18 SUPERFÍCIES ROSCADAS EM ISOMÉTRICA
Elipses parciais paralelas são usadas para representar apenas as cristas de uma superfície roscada em isométrica como mostrado na Figura 6.21. As elipses podem ser desenhadas à mão livre ou com gabaritos para elipses.

6.19 A ESFERA EM ISOMÉTRICA
A projeção isométrica de uma esfera é um círculo cujo diâmetro é o eixo maior de uma elipse isométrica. Pense em uma perspectiva isométrica de qualquer superfície curva como se envolvesse todas as linhas que podem ser desenhadas naquela superfície. Para uma esfera, os círculos maiores (aqueles cortados por qualquer plano através do centro) são linhas na superfície. Como todos os círculos maiores – exceto aqueles que são perpendiculares ou paralelos ao plano de projeção – são mostrados como elipses tendo os eixos maiores iguais, sua curva envolvente é um círculo cujo diâmetro é o eixo maior das elipses.

A Figura 6.22a mostra duas vistas de uma esfera dentro de um cubo envolvente. Na Figura 6.22I, o cubo está desenhado junto com a isométrica de um círculo maior que é paralelo a uma face do cubo. Na Figura 6.22II, o resultado é uma perspectiva isométrica, e seu diâmetro é a raiz quadrada de 3/2 vez o diâmetro real da esfera. A projeção isométrica da esfera, mostrada na Figura 6.22III, é um círculo cujo diâmetro é igual ao diâmetro verdadeiro da esfera.

6.20 COTAGEM EM ISOMÉTRICA
Perspectivas isométricas não são geralmente cotadas porque não mostram os detalhes dos objetos em verdadeira grandeza. (Você vai aprender mais sobre técnicas de cotagem no Capítulo 9). A ANSI aprovou dois métodos de cotagem – especificamente, o sistema do plano da figura, ou alinhado, e o sistema unidirecional – ambos mostrados na Figura 6.23. Repare que letras verticais são usadas em ambos os sistemas: letras inclinadas não são indicadas para dimensionar perspectivas. No sistema alinhado, mostrado na Figura 6.23a, as linhas de extensão, as linhas de cota e as letras são todas desenhadas no plano isométrico de uma face do objeto. As linhas de guia "horizontais" para os letreiros são desenhadas paralelas às linhas de cota, e as linhas de guia "verticais" são desenhadas paralelas às linhas de extensão. As extremidades posteriores das setas devem alinhar-se paralelas às linhas de extensão.

No sistema unidirecional, mostrado na Figura 6.23b, as linhas de extensão e as linhas de cota são todas desenhadas no plano isométrico de uma das faces do objeto, e as extremidades posteriores das setas devem estar paralelas às linhas de extensão. Entretanto, os letreiros das cotas são verticais e são lidos no sentido da base da folha. Esse sistema mais simples é freqüentemente empregado em perspectivas feitas para uso em produção. A Figura 6.23c mostra a má aparência que resulta de linhas de guia verticais para letreiros perpendiculares às linhas de cota, levando a cotas que não estão nem em um plano isométrico e nem podem ser lidas verticalmente da base do desenho. Repare na aparência desagradável da cota de 20 mm. A Figura 6.24 mostra cotagens em isométrica feitas de maneira correta e incorreta.

6.21 CONJUNTOS EXPLODIDOS
Conjuntos explodidos são geralmente usados na representação de projetos, em catálogos, em publicações para vendas e nas lo-

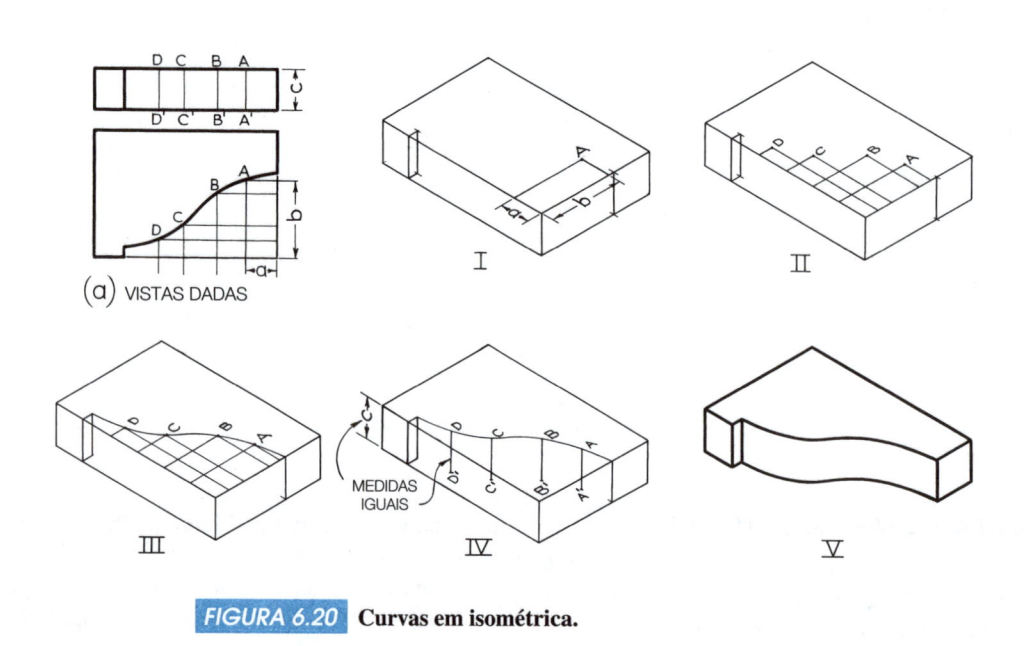

FIGURA 6.20 Curvas em isométrica.

jas para mostrar todas as partes de um conjunto e como elas se ajustam. Podem ser desenhadas por qualquer método de representação em perspectiva, incluindo a isométrica (Figura 6.25). (O Capítulo 12 apresenta mais informações sobre desenhos de conjunto.)

6.22 USANDO O CAD

Desenhos em perspectiva de todos os tipos podem ser criados usando-se CAD 3D. Para criar perspectivas usando CAD 2D, deve-se usar técnicas de projeção similares às apresentadas neste capítulo. Uma vantagem do CAD 3D é que, uma vez feito o modelo 3-D de uma peça ou conjunto, pode-se mudar a direção de observação a qualquer momento para gerar vistas ortográficas, isométricas ou cônicas. Podem-se também aplicar diferentes materiais ao objeto desenhado e tonalizá-los para se obter um alto grau de realismo na perspectiva, como mostrado na Figura 6.25.

6.23 PERSPECTIVA CAVALEIRA

As projeções oblíquas fornecem um método fácil de desenhar detalhes circulares que são paralelos ao plano de projeção. Com uma projeção oblíqua, a vista frontal é a mesma que a vista frontal em vistas ortográficas. Círculos e ângulos paralelos ao plano de projeção ficam com a forma e o tamanho reais e, portanto, são fáceis de construir. Perspectivas cavaleiras não são tão realísticas quanto as isométricas porque a profundidade aparece distorcida, e o CAD não é, em geral, usado para criar cavaleiras, pois perspectivas isométricas de melhor aparência podem ser criadas facilmente a partir dos modelos 3-D. Enquanto formas circulares podem ser desenhadas facilmente no plano frontal, elas apare-

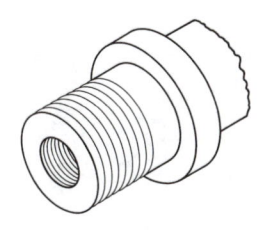

FIGURA 6.21 Superfícies roscadas em isométrica.

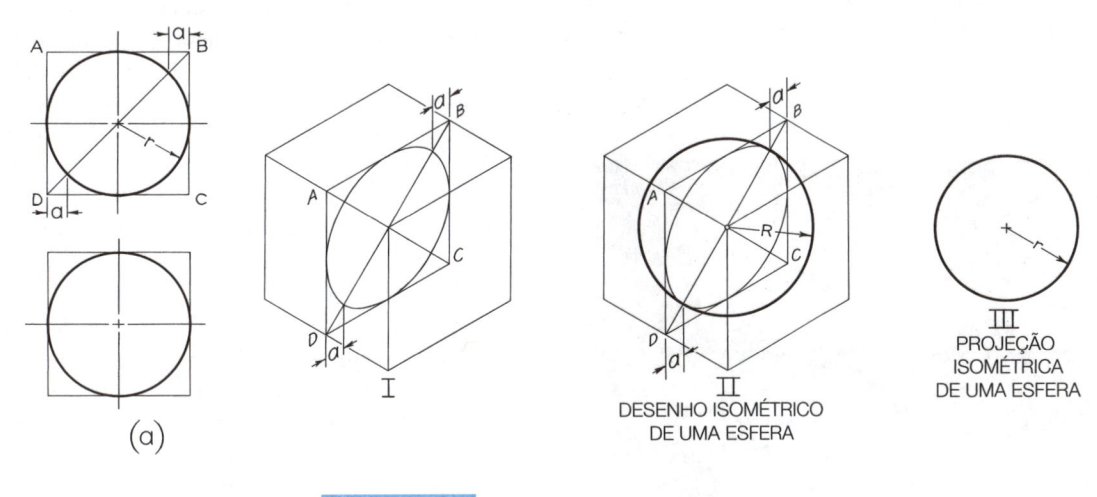

FIGURA 6.22 Isométrica de uma esfera.

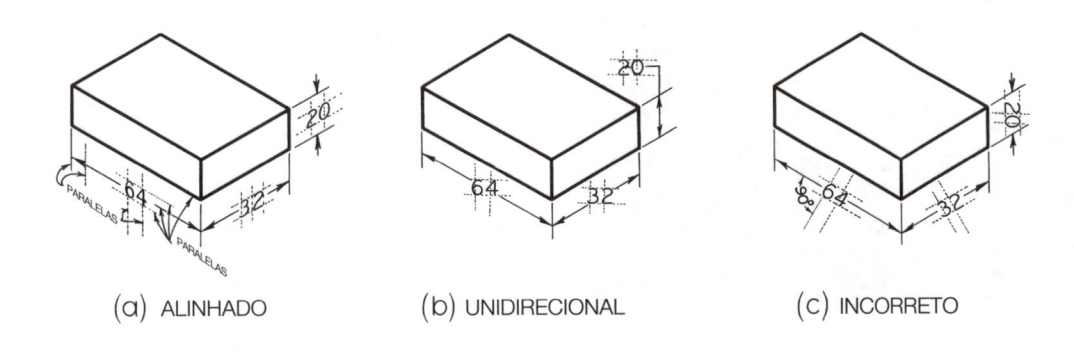

FIGURA 6.23 Números e setas em isométrica (medidas em metros).

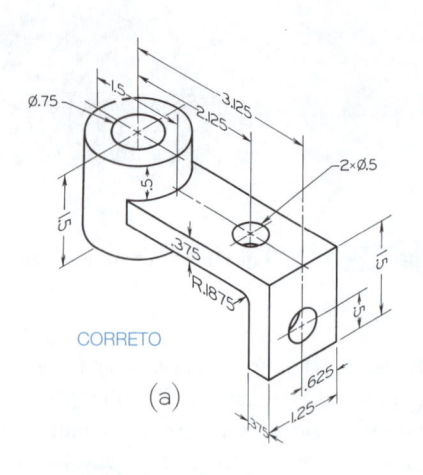

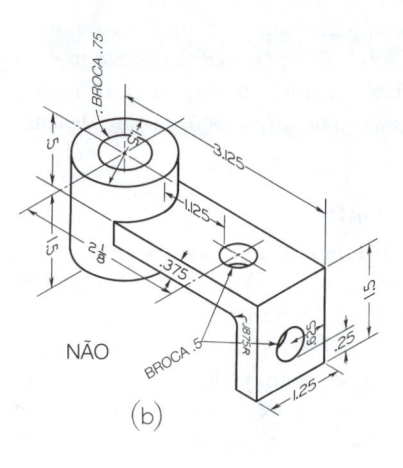

FIGURA 6.24 Cotagens correta e incorreta em isométrica (sistema alinhado).

cem como elipses nos planos superior ou lateral. As cavaleiras são principalmente uma técnica de desenho usada quando a maioria das formas circulares aparece na vista frontal ou quando o objeto pode ser rotacionado a fim de posicionar os círculos na vista frontal.

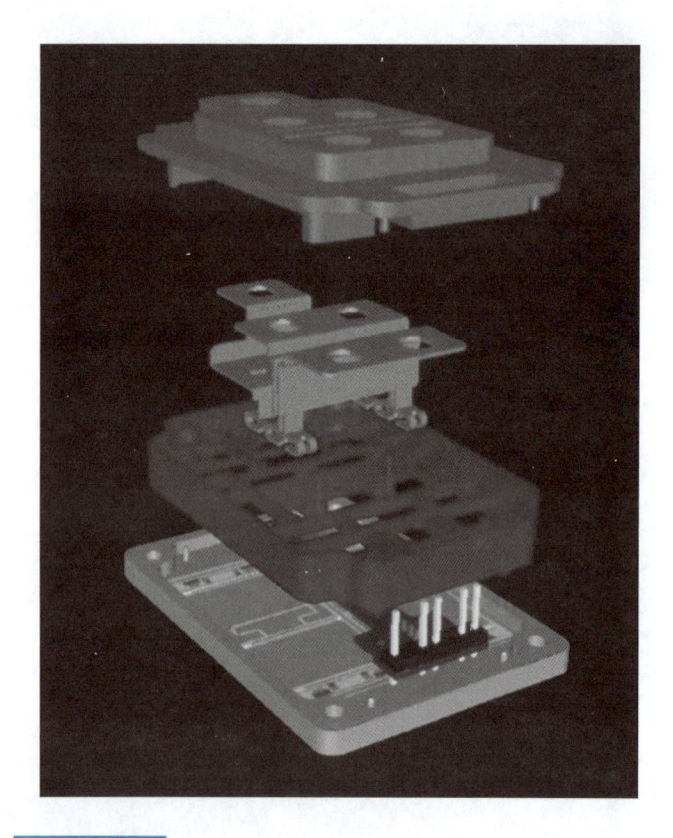

FIGURA 6.25 Conjunto explodido de um módulo de potência para automóveis não-poluentes. *(Cortesia de SDRC, Milford OH)*

6.24 ESCOLHENDO O ÂNGULO DAS FUGANTES

As linhas fugantes podem ser desenhadas com qualquer ângulo conveniente. Alguns exemplos são mostrados na Figura 6.26. O ângulo que deve ser usado depende da forma do objeto e da posição de seus detalhes. Por exemplo, na Figura 6.27a, um ângulo grande foi usado por fornecer uma visão melhor do rebaixo retangular superior, enquanto na Figura 6.27b um ângulo pequeno foi escolhido para mostrar um detalhe semelhante na lateral.

6.25 COMPRIMENTO DAS LINHAS FUGANTES

Perspectivas cavaleiras apresentam um aspecto pouco natural, com distorções mais ou menos sérias, dependendo do objeto mostrado. O aspecto da distorção pode ser reduzido diminuindo-se o comprimento das linhas fugantes. Na Figura 6.28, um cubo com um furo frontal é mostrado em cinco perspectivas cavaleiras diferentes com vários graus de redução das linhas fugantes.

Quando as linhas fugantes estão em verdadeira grandeza – isto é, quando as visuais formam um ângulo de 45 graus com o plano de projeção – tem-se o tipo mais comum da ***perspectiva cavaleira***. As perspectivas cavaleiras originaram-se nos desenhos de fortificações medievais e eram feitas sobre planos horizontais de projeção. Nessas fortificações, a parte central era mais alta que as demais e era chamada cavaleira por sua posição dominante.

Quando as linhas fugantes são desenhadas com metade do seu tamanho, a perspectiva cavaleira é comumente conhecida como ***projeção cabinet*** (gabinete). Esse termo vem do uso inicial desse tipo de perspectiva oblíqua nas indústrias de móveis. A Figura 6.29 mostra a comparação entre a perspectiva cavaleira e a *Cabinet*.

Um exemplo notável da aparência pouco natural de uma perspectiva cavaleira quando comparada com a aparência real de uma perspectiva cônica é mostrado na Figura 6.30. Esse exemplo demonstra que objetos compridos não devem ser mostrados em cavaleiras com a maior dimensão na direção das fugantes.

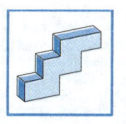

Passo a passo 6.3
Traçado de perspectiva cavaleira no papel quadriculado

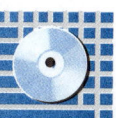

É conveniente utilizar papel quadriculado comum para o traçado de cavaleiras. Duas vistas de um suporte de eixo são mostradas abaixo. As dimensões podem ser determinadas contando-se os quadrados, e as linhas fugantes podem facilmente ser desenhadas a 45 graus traçando-se diagonalmente sobre o quadriculado.

1. Trace com linhas claras a caixa envolvente para a vista frontal. Para determinar a profundidade para uma escala de redução t, desenhe as linhas fugantes diagonalmente com metade do número de quadrados mostrados na vista lateral.

2. Desenhe todos os arcos e círculos.

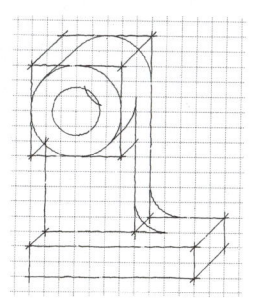

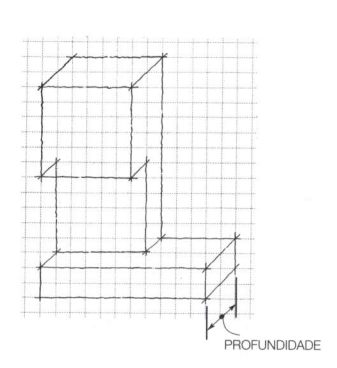

3. Escureça as linhas finais.

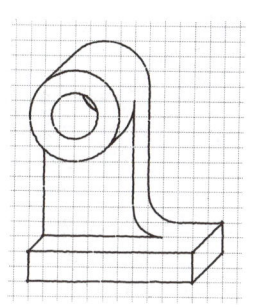

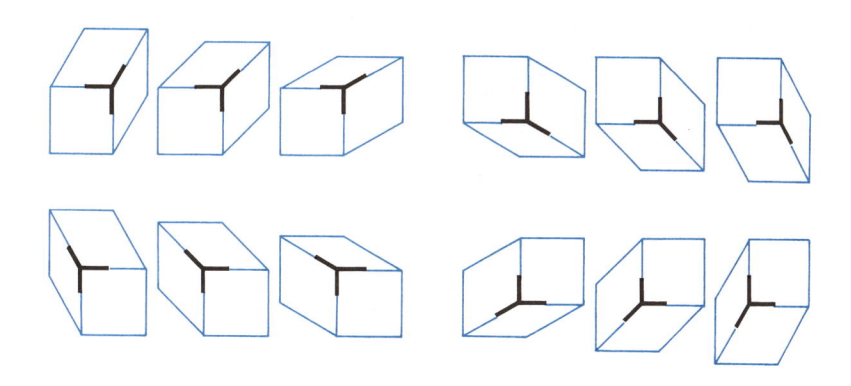

FIGURA 6.26 Variações na direção do eixo das fugantes.

(a) (b)

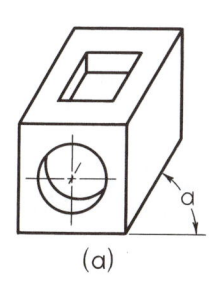

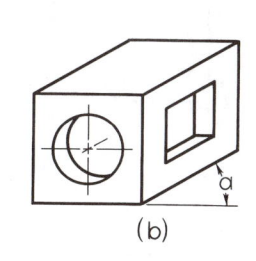

FIGURA 6.27 Ângulo das fugantes.

Mãos à obra 6.3
Criando uma perspectiva cavaleira de um objeto

Diretrizes:

Segure o objeto em suas mãos.

Oriente o objeto de forma que a maioria ou todas as formas circulares estejam voltadas para você. Desta forma elas aparecerão como círculos e arcos na perspectiva cavaleira.

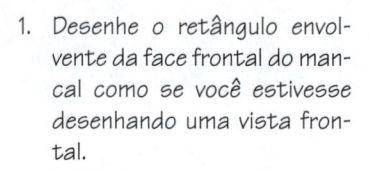

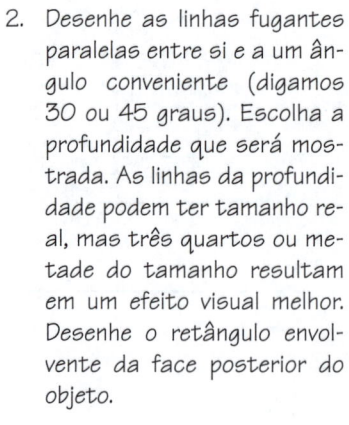

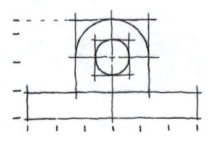

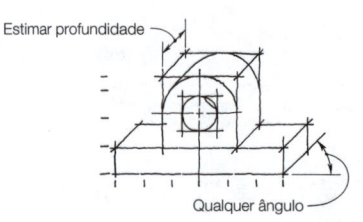

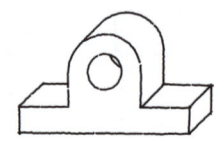

1. Desenhe o retângulo envolvente da face frontal do mancal como se você estivesse desenhando uma vista frontal.

2. Desenhe as linhas fugantes paralelas entre si e a um ângulo conveniente (digamos 30 ou 45 graus). Escolha a profundidade que será mostrada. As linhas da profundidade podem ter tamanho real, mas três quartos ou metade do tamanho resultam em um efeito visual melhor. Desenhe o retângulo envolvente da face posterior do objeto.

3. Escureça as linhas finais.

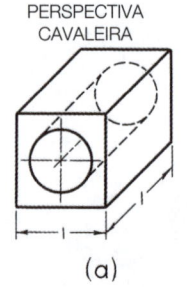

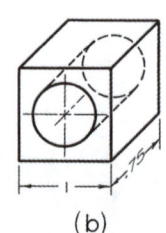

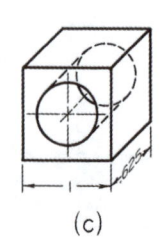

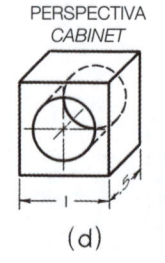

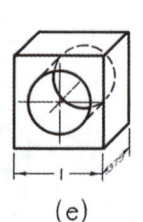

Use este espaço para criar uma perspectiva cavaleira de um objeto de uso comum como seu relógio, uma maçaneta, um microondas, ou desenhe outro objeto conforme indicado por seu instrutor.

Estimar profundidade

Qualquer ângulo

PERSPECTIVA CAVALEIRA

(a) (b) (c)

PERSPECTIVA CABINET

(d) (e)

FIGURA 6.28 Redução das linhas fugantes.

(a) PERSPECTIVA CAVALEIRA

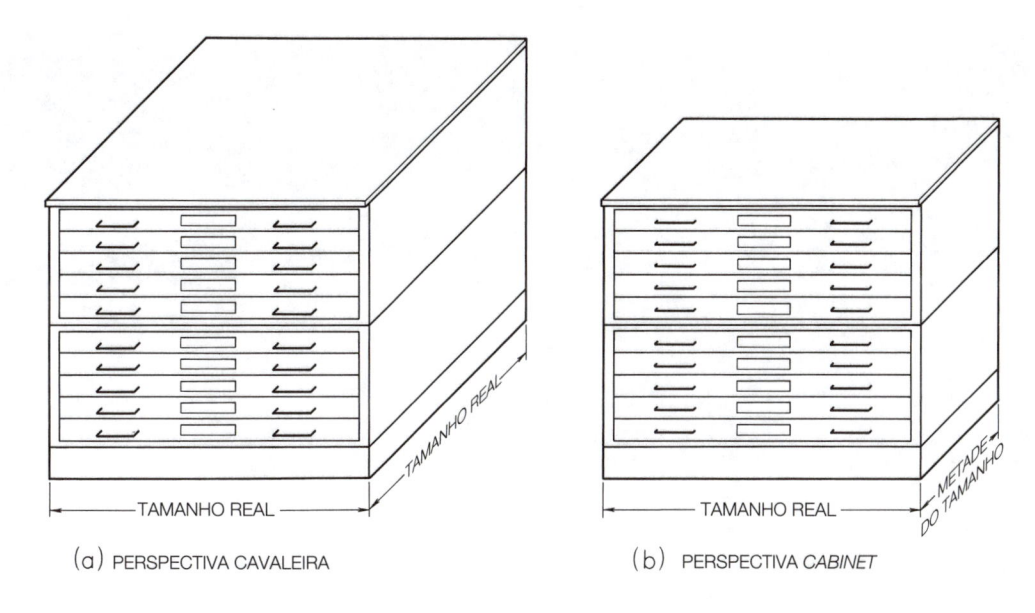

(b) PERSPECTIVA *CABINET*

FIGURA 6.29 Comparação de tipos de perspectiva cavaleira e *cabinet*.

(a) PERSPECTIVA CÔNICA

(b) PERSPECTIVA CAVALEIRA

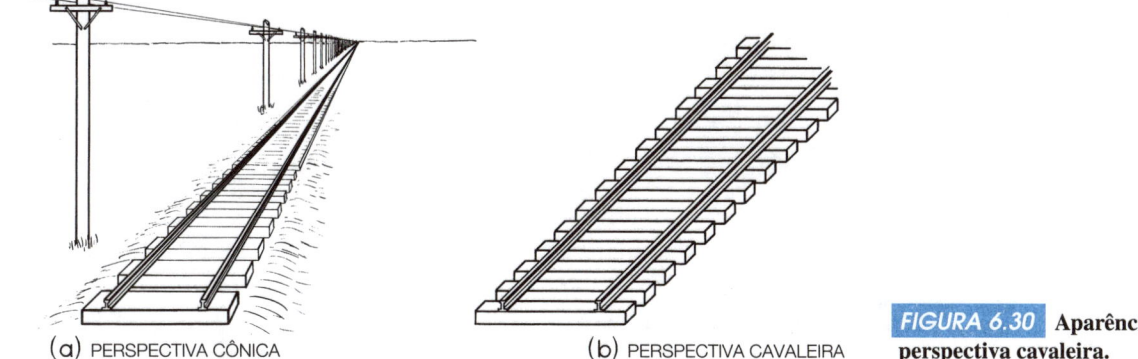

FIGURA 6.30 Aparência não-natural de uma perspectiva cavaleira.

Outras práticas são similares à perspectiva isométrica. Se o objeto não pode ser representado com facilidade em uma perspectiva cavaleira, deve-se considerar a possibilidade de usar uma perspectiva isométrica.

6.26 PERSPECTIVA CÔNICA

Desenhos de perspectivas cônicas são os que mais se aproximam da visão produzida pelo olho humano. A Figura 6.31 mostra uma perspectiva cônica de um aeroporto produzida com CAD.

Fotografias também mostram perspectivas cônicas. Perspectivas cônicas são importantes na arquitetura, no desenho industrial e em ilustrações. Os engenheiros freqüentemente também precisam mostrar perspectivas de objetos e devem entender os princípios básicos da perspectiva cônica (veja ANSI/ASME Y14.4M-1989 (R1994)). Se, por um lado, as perspectivas cônicas levam tempo para serem desenhadas, por outro, são fáceis de serem geradas a partir dos modelos 3-D no CAD.

Diferentemente das perspectivas axonométricas, as perspectivas cônicas fazem as arestas paralelas convergirem para pontos de fuga. Os três tipos de cônica são as perspectivas de um ponto, de dois pontos e de três pontos, dependendo do número de pontos de fuga.

6.27 PRINCÍPIOS GERAIS

A cônica envolve quatro elementos principais: (1) o olho do observador, (2) o objeto que está sendo visto, (3) o plano de projeção e (4) as retas projetantes partindo de todos os pontos do objeto para o olho do observador.

Na Figura 6.32, o observador é mostrado olhando para uma avenida e, através de um plano de projeção imaginário, o ***plano do desenho***. A posição do olho do observador é chamada de ***ponto de vista***, e as linhas passando pelo ponto de vista até os pontos na cena são as ***projetantes*** ou ***raios visuais***. No conjunto, os pontos onde os raios visuais interceptam o plano do desenho são a perspectiva cônica do objeto como visto pelo observador, que é mostrada na Figura 6.33.

Repare como cada poste de luz sucessivo, à medida em que se afasta do observador, aparece menor que o anterior. Um poste

FIGURA 6.31 Perspectiva de um aeroporto feita com CAD. *(O material foi reimpresso com a permissão e sob copyright da Autodesk. Inc.)*

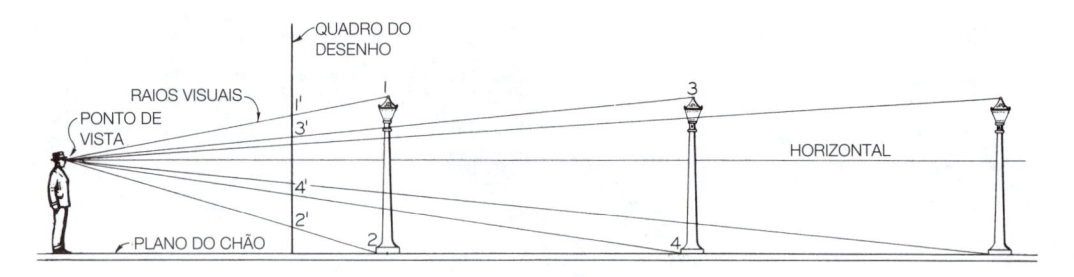

FIGURA 6.32 Olhando através do plano do desenho.

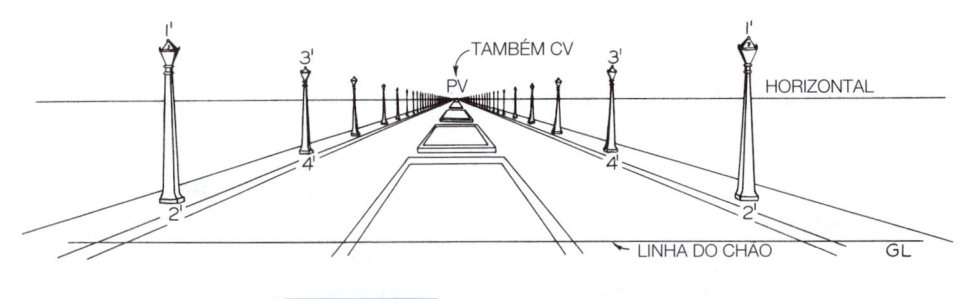

FIGURA 6.33 Uma perspectiva.

de luz a uma distância infinita do observador apareceria como um ponto no plano da perspectiva. Um poste de luz na frente do plano de projeção iria projetar-se mais alto do que seu tamanho real, e um poste de luz no plano de projeção projetar-se-ia em verdadeira grandeza.

A linha representando o *horizonte* é a vista de perfil do *plano do horizonte*, o qual é paralelo ao *plano geometral* e passa pelo ponto de vista. O horizonte é a linha de intersecção desse plano com o plano da perspectiva e representa o nível do olho do observador. O plano geometral é o limite do chão, onde os objetos estão colocados. A *linha de terra* é a interseção do plano geometral como o plano de projeção.

Repare que as linhas que são paralelas entre si, mas não são paralelas ao plano de projeção – como as linhas das guias, as linhas das calçadas e as linhas sobre os topos e as bases dos postes de luz – convergem para um único ponto na linha do horizonte – o *ponto de fuga* das linhas. A primeira regra da perspectiva cônica é que todas as linhas paralelas que não forem paralelas ao plano de projeção fogem para um único ponto de fuga, e se essas linhas são paralelas ao chão, o ponto de fuga estará no horizonte. Linhas paralelas que são também paralelas ao plano de projeção, como as dos postes de luz, permanecem paralelas e não convergem para um ponto de fuga.

■ 6.28 OS TRÊS TIPOS DE PERSPECTIVAS CÔNICAS

Perspectivas cônicas são classificadas de acordo com o número de pontos de fuga necessários, que por sua vez dependem da posição do objeto em relação ao plano da perspectiva.

Se o objeto está com uma face paralela ao plano de projeção, é necessário somente um ponto de fuga. O resultado é uma *perspectiva cônica com um ponto de fuga*, ou *perspectiva cônica paralela*.

Se o objeto está formando um ângulo com o plano da perspectiva, mas com as arestas verticais paralelas ao plano da perspectiva, são necessários dois pontos de fuga, e o resultado é uma *cônica com dois pontos de fuga*, ou uma *perspectiva cônica angular*. Este é o tipo mais comum de perspectiva cônica.

Se o objeto está colocado de forma que nenhum sistema de arestas paralelas seja paralelo ao plano do desenho, são necessários três pontos de fuga, e o resultado é uma *perspectiva cônica com três pontos de fuga*.

■ 6.29 PERSPECTIVA CÔNICA COM UM PONTO DE FUGA

Para desenhar uma perspectiva cônica com um ponto de fuga, oriente o objeto de forma que uma face principal esteja paralela ao plano do desenho. Se desejado, essa face pode ser colocada no plano do desenho. As outras faces principais serão perpendiculares ao plano de projeção e suas linhas convergirão para um único ponto de fuga.

■ 6.30 PERSPECTIVA CÔNICA COM DOIS PONTOS DE FUGA

A cônica com dois pontos de fuga é mais observada no dia-a-dia do que a cônica com um ponto de fuga. Para desenhar uma perspectiva cônica com dois pontos de fuga, oriente o objeto de forma que as arestas principais sejam verticais e, portanto, não tenham ponto de fuga; arestas nas outras duas direções terão pontos de fuga. As cônicas com dois pontos são especialmente adequadas para representar edifícios e grandes estruturas civis, como represas e pontes.

■ 6.31 PERSPECTIVA CÔNICA COM TRÊS PONTOS DE FUGA

Na cônica com três pontos de fuga, o objeto é colocado de forma que nenhuma aresta principal seja paralela ao plano do desenho. Cada um dos três conjuntos de arestas paralelas têm um ponto de fuga distinto. Neste caso, use um plano de desenho que seja aproximadamente perpendicular à linha de centro do cone de raios visuais. A Figura 6.34 mostra a construção de uma

Passo a passo 6.4
Perspectiva cônica com um ponto

Para desenhar um mancal em uma cônica com um ponto – isto é, com um ponto de fuga –, siga os passos ilustrados abaixo:

1. Desenhe a face frontal real do objeto, da mesma forma que na perspectiva cavaleira. Escolha um ponto de fuga para as linhas fugantes. Na maioria dos casos, é desejável colocar o ponto de fuga acima e à direita da figura, como mostrado, embora ele possa ser posto em qualquer lugar do desenho. No entanto, se o ponto de fuga for colocado muito próximo ao centro, as linhas convergirão muito abruptamente e o desenho ficará distorcido.

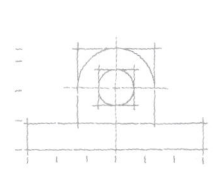

2. Desenhe as linhas fugantes em direção ao ponto de fuga.

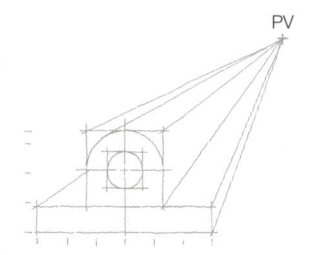

3. Estime a profundidade para ter um aspecto agradável e desenhe a parte de trás do objeto. Note que o círculo e o arco de trás serão ligeiramente menores que o círculo e o arco da frente.

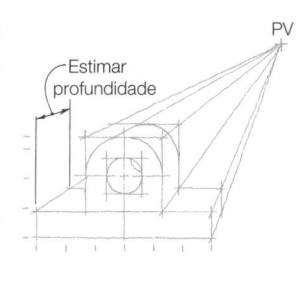

4. Escureça todas as linhas finais. Repare na semelhança entre a perspectiva cônica e a cavaleira vista anteriormente neste capítulo.

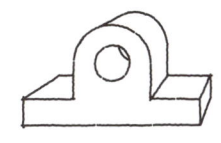

cônica com três pontos. Pense no papel como o plano de projeção, com o objeto atrás do papel e colocado de forma que todas as suas arestas formem um ângulo com o plano do desenho. Localize os pontos de fuga P, Q e R traçando linhas de um ponto de vista no espaço e que sejam paralelas aos eixos principais do

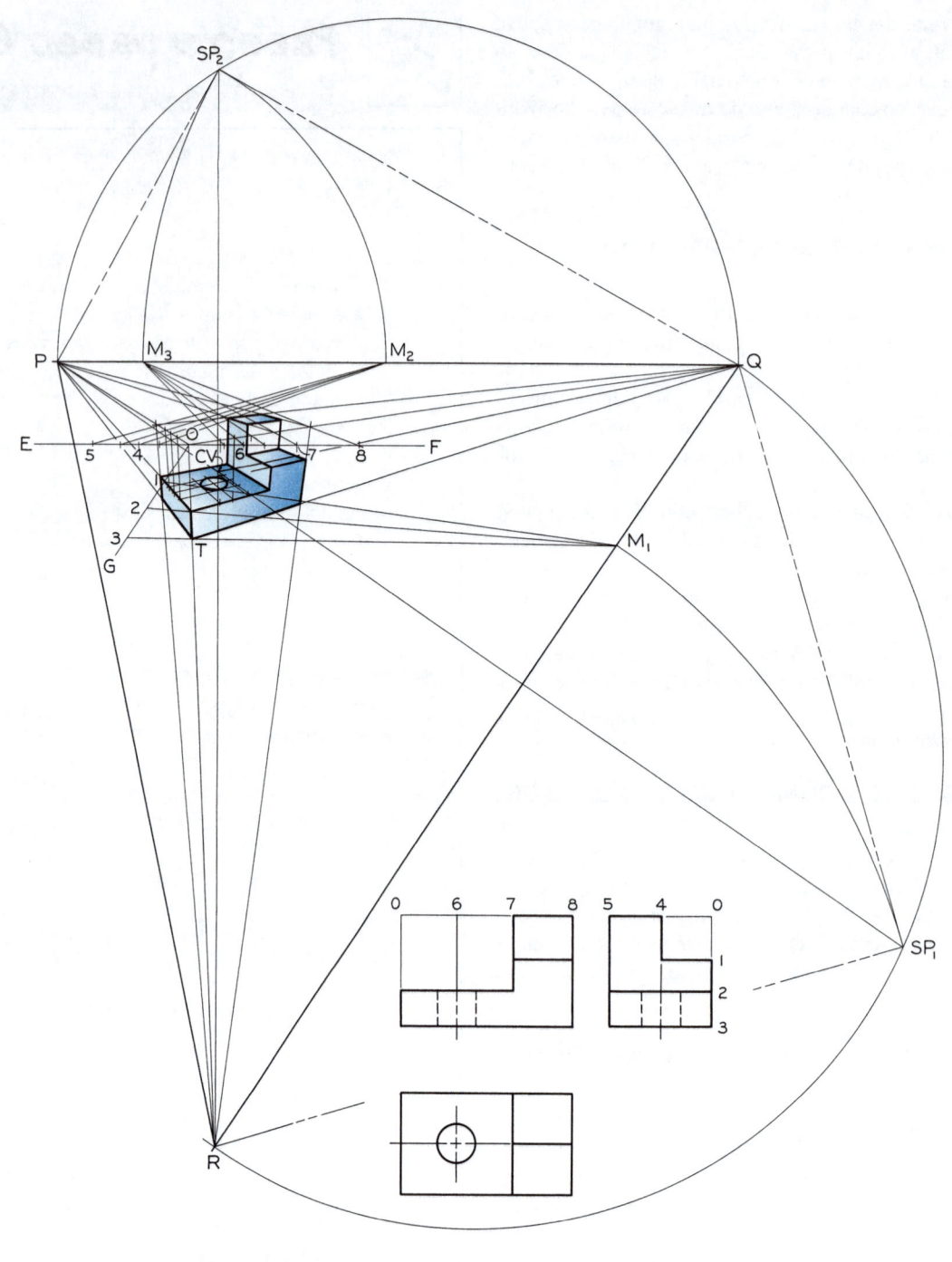

FIGURA 6.34 Perspectiva cônica com três pontos.

objeto, achando seus pontos de interseção com o plano do desenho.

O vértice imaginário O está no plano do desenho e deve coincidir com CV, mas, como regra, o vértice frontal é colocado de um lado próximo ao ponto principal do desenho (CV), determinando quão próximo o observador estará posicionado diretamente em frente a este vértice.

Neste método, a cônica é desenhada diretamente a partir das medidas e não projetada a partir das vistas ortográficas. As dimensões do objeto são dadas pelas três vistas e serão usadas nas linhas de medida GO, EO e OF. As linhas de medida EO e OF são desenhadas paralelas à reta de fuga PQ, e a linha de medida GO é desenhada paralela a RQ. Essas linhas de medida são, na realidade, as linhas de interseção das superfícies principais do objeto, estendidas, com o plano de projeção. Como estas linhas estão no plano do desenho, verdadeiras grandezas do objeto podem ser colocadas sobre elas.

Três pontos de medida – M_1, M_2 e M_3 – são usados em conjunto com as linhas de medida. Para encontrar M_1, rotacione o triângulo CV-R-Q em relação ao eixo RQ. Como este é um triângulo retângulo, pode ser construído em tamanho real usando-se um semicírculo, como mostrado. Com R como centro e R-SP_1 como raio, faça o arco SP_1-M_1, como mostrado. M_1 é o ponto de medida para a linha de medida GO. Os pontos de medida M_2 e M_3 são encontrados de maneira semelhante.

Dimensões de altura são medidas em tamanho real ou em qualquer escala desejada sobre a linha de medida GO nos pontos 3, 2 e 1. Desses pontos, traçam-se linhas para M_1, e as alturas na perspectiva são as intersecções destas linhas com a aresta frontal OT do objeto. De maneira semelhante, a verdadeira profundidade do objeto é colocada sobre a linha de medida OF de O a 8. Pontos intermediários podem ser obtidos de forma semelhante.

■ 6.32 SOMBREADO

O sombreado pode facilitar a visualização dos desenhos de perspectiva – tais como desenhos de propaganda, desenhos de patente e desenhos de catálogos. Vistas ortográficas e desenhos de conjunto não são sombreados. O sombreado deve ser simples, de boa reprodução e deve produzir um desenho fácil de entender. Alguns dos tipos comuns de sombreamento são mostrados na Figura 6.35. Dois métodos para sombrear arredondamentos e superfícies curvas são mostrados nas Figuras 6.35c e 6.35d. Um sombreamento feito usando pontos é mostrado na Figura 6.35e, e o sombreamento usando tonalização com lápis é mostrado na Figura 6.35f. Tonalização com lápis em desenhos de perspectiva em papel vegetal produzem boas cópias heliográficas, mas não quando se usa uma copiadora.

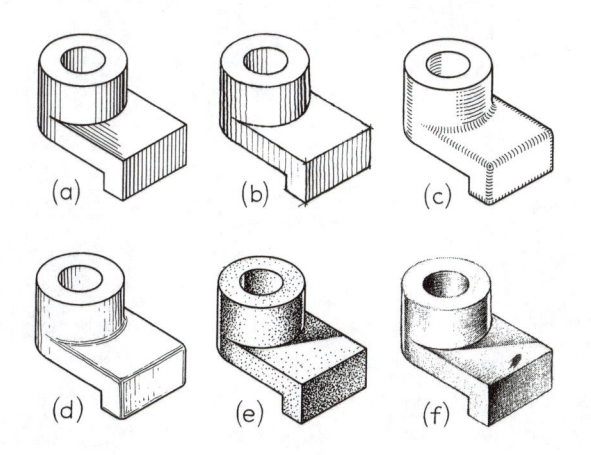

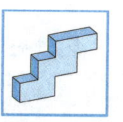

FIGURA 6.35 Métodos de sombreamento.

Passo a passo 6.5
Perspectiva cônica com dois pontos

Para desenhar uma escrivaninha usando dois pontos de fuga, siga os seguintes passos:

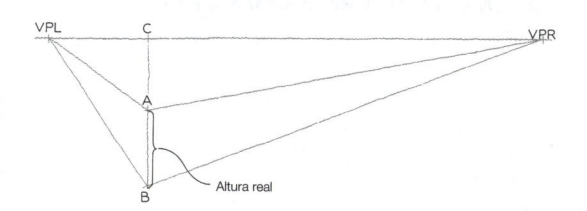

1. Como mostrado acima, desenhe a aresta frontal da escrivaninha com sua altura real. Posicione dois pontos de fuga (VPL e VPR) na linha de horizonte (na altura dos olhos). A distância CA pode variar – quanto maior ela for, mais alto estará o observador e mais de cima estaremos olhando a parte superior do objeto. Uma regra prática é fazer C-VPL de um terço a um quarto de C-VPR.

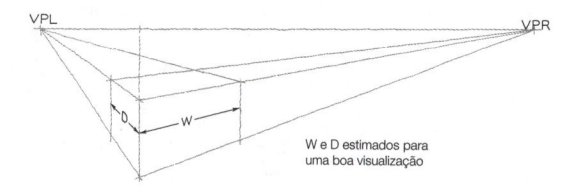

2. Estime a profundidade e largura, e desenhe a caixa envolvente.

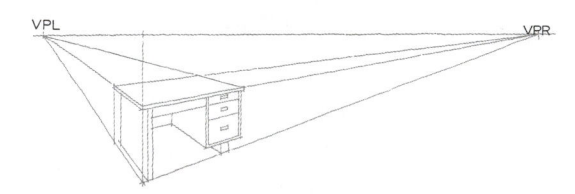

3. Desenhe as caixas (e retângulos) envolventes de todos os detalhes. Repare que todas as linhas paralelas convergem para o mesmo ponto de fuga.

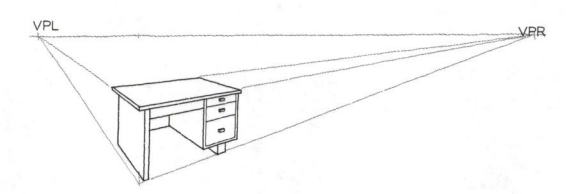

4. Escureça todas as linhas finais. Faça as linhas do contorno mais grossas e as linhas internas mais finas, especialmente onde elas estiverem muito próximas.

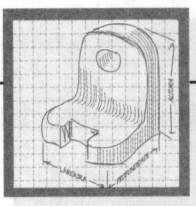

CAD EM SERVIÇO
Sombreamento fotorrealístico

ALGORITMOS PARA RENDERIZAÇÃO

Renderização é o processo de calcular uma única vista de um objeto 3-D usando iluminação, materiais e fundo para criar uma aparência realística. Existem diferentes algoritmos que são empregados para gerar a imagem de um objeto. Cada um tem suas vantagens e desvantagens. Os algoritmos mais simples levam menos tempo para gerar as vistas renderizadas, mas geralmente produzem resultados menos precisos. Algoritmos que produzem resultados mais sofisticados, em geral, levam um longo tempo para terminar a renderização, adicionando um tempo considerável ao seu projeto. Alguns dos algoritmos de sombreamento mais populares são o *flat shading*, *Gouraud shading*, *Phong shading* e *ray tracing*.

FLAT SHADING

O *flat shading* calcula uma única cor para cada face poligonal plana que compõe o objeto (veja Figura A). Este método de tonalizar objetos pode ser muito efetivo quando eles são compostos principalmente por faces planas. O *flat shading* é geralmente o menos realístico dos algoritmos de tonalização, mas é bastante rápido. Isso pode ser uma vantagem quando você está nos estágios iniciais de seu trabalho. Se você quer verificar rapidamente a aparência, mas não quer esperar por muito tempo, o *flat shading* pode ser exatamente o que você precisa. O objeto é geralmente segmentado em faces triangulares ou poligonais que irão definir a sua superfície. Repare que, em uma figura obtida com *flat shading*, cada face triangular é sombreada completamente com uma única cor. Isso cria, algumas vezes, uma aresta entre duas áreas do objeto onde ela realmente não existe. Pode-se ver também que, usando *flat shading*, o cilindro alto no objeto não lança uma sombra.

GOURAUD SHADING

O *Gouraud shading* recebeu seu nome do criador do algoritmo. É mais realístico que o *flat shading* (veja Figura B). Basicamente, o *Gouraud shading* calcula uma cor para cada vértice do objeto baseado na quantidade de luz que chega até ele. Então, cada conjunto de vértices é combinado para determinar a cor para os píxeis (um único ponto iluminado na tela do computador) que compõem a superfície plana. Calcula-se a média das cores dos vértices de uma aresta, e aquela cor média é usada para mostrar a aresta. Uma figura obtida com o *Gouraud shading* não tem as arestas que aparecem com o *flat shading*, mas o cilindro continua não lançando sombras.

PHONG SHADING

Como o *Gouraud shading*, o *Phong shading* recebeu o nome de seu inventor. É mais realístico do que o *Gouraud shading*, pois, usando-o, a cor de cada pixel é calculada individualmente (veja Figura C). Por ser mais complexo, leva-se mais tempo para renderizar objetos usando *Phong shading* do que *Gouraud shading* ou *flat shading*. Pode-se ver a forma correta da área iluminada e a sombra lançada pelo cilindro sobre a figura obtida com o *Phong shading*.

RAY TRACING

Os algoritmos de *ray tracing* são suficientemente sofisticados para produzirem reflexão, refração e sombras complexas. O *ray tracing* gera a imagem do objeto seguindo o caminho da luz a partir de sua fonte (veja Figura D). Dessa forma, os raios de luz podem ser desviados quando passam por materiais que refratam a luz. Eles podem ser refletidos por materiais que são brilhantes e refletem luz. Seguir o caminho dos raios de luz à medida em que estes ricocheteiam nos obje-

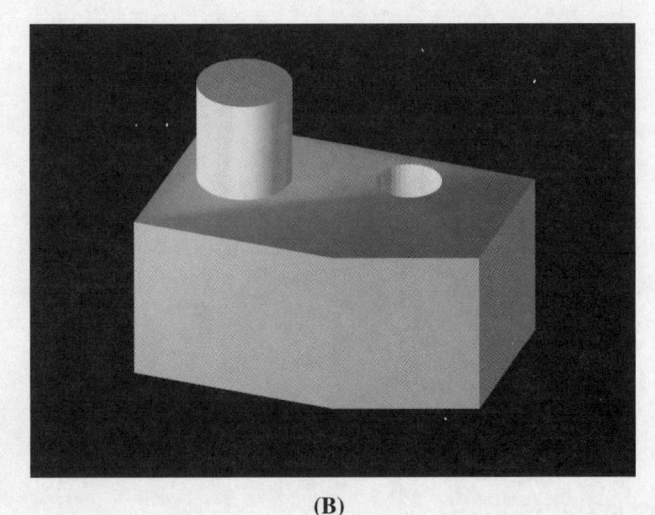

(A)

(B)

(C) (D)

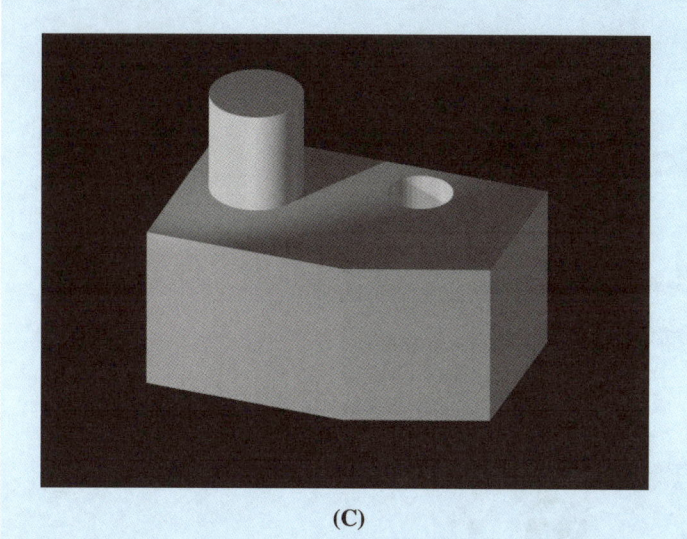

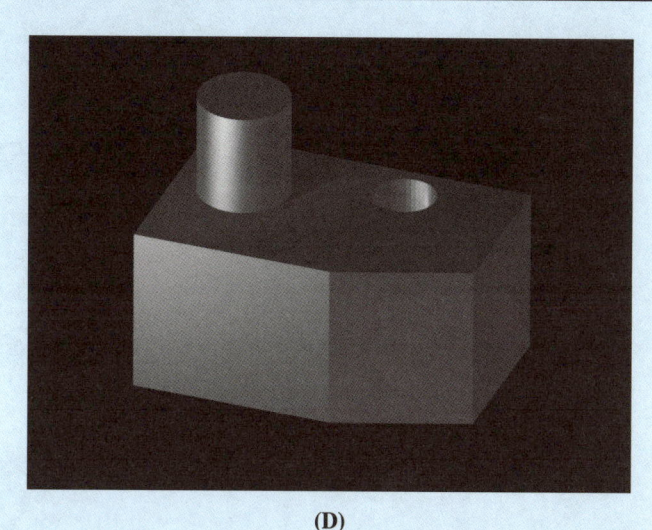

tos da cena ou passam através de objetos transparentes requer uma grande quantidade de cálculos, o que justifica ser o *ray tracing* um dos métodos que mais consomem tempo. Sua sofisticação também produz os melhores resultados. Na figura renderizada com o *ray tracing*, as partes mais iluminadas do cilindro aparecem corretamente. Para muitos objetos, pode-se achar que o *Phong shading* parece quase igualmente bom, pois, a menos que se tenha luz refletida ou refratada, pode-se não notar a diferença.

Exemplos de sombreamento com linhas em desenhos de perspectivas usados nas publicações de vendas industriais são mostrados nas Figuras 6.36 e 6.37.

6.33 COMPUTAÇÃO GRÁFICA

Desenhos de perspectivas cônicas, que geram imagens mais parecendo fotografias, são também os que mais tempo levam para serem desenhados. Existem programas de CAD que produzem tanto representações por estrutura de arame (*wireframe*) (Figura 6.38) como também representações por perspectivas sólidas, nas quais o usuário escolhe a distância do observador, o ponto focal, o agrupamento e a escala de resolução dos arcos. Historicamente, as perspectivas cônicas têm tido aplicação muito maior em desenhos arquitetônicos do que naqueles de engenharia. Hoje em dia, a disponibilidade de rotinas gráficas computacionais tornam o desenho de perspectivas cônicas uma alternativa viável para o desenhista que deseja empregar uma representação ilustrativa de um objeto.

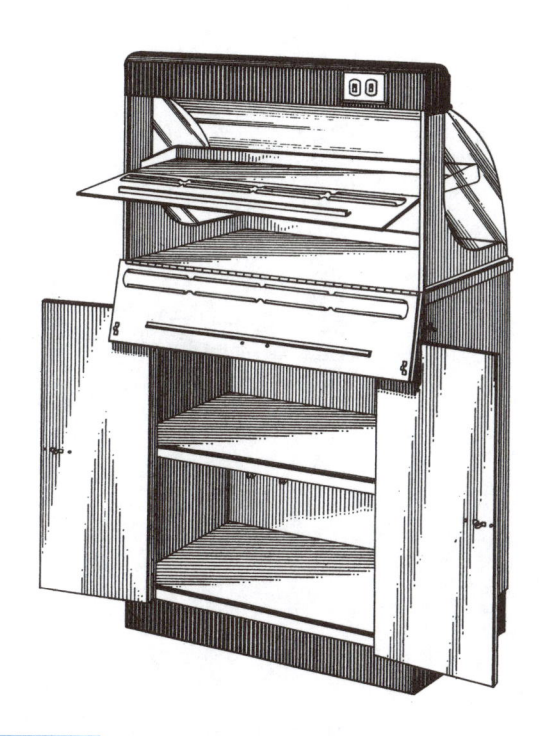

FIGURA 6.36 Sombreamento de superfície aplicado à ilustração de um mostruário.

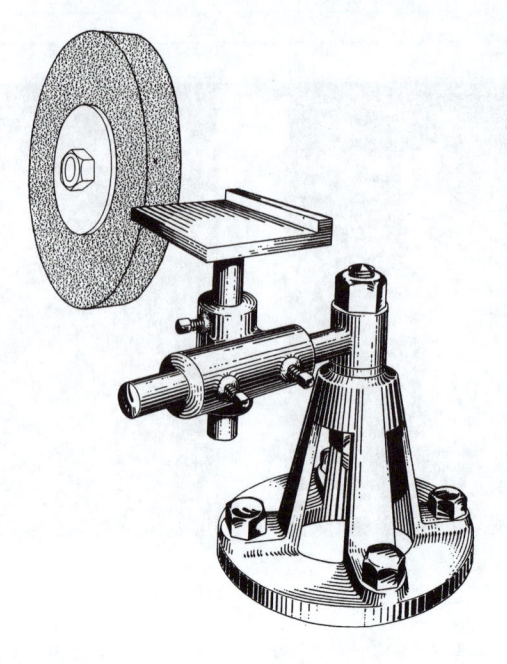

FIGURA 6.37 Desenho com sombreamento por linhas de um suporte ajustável para esmeril. *(Cortesia de A.M. Byers Co.)*

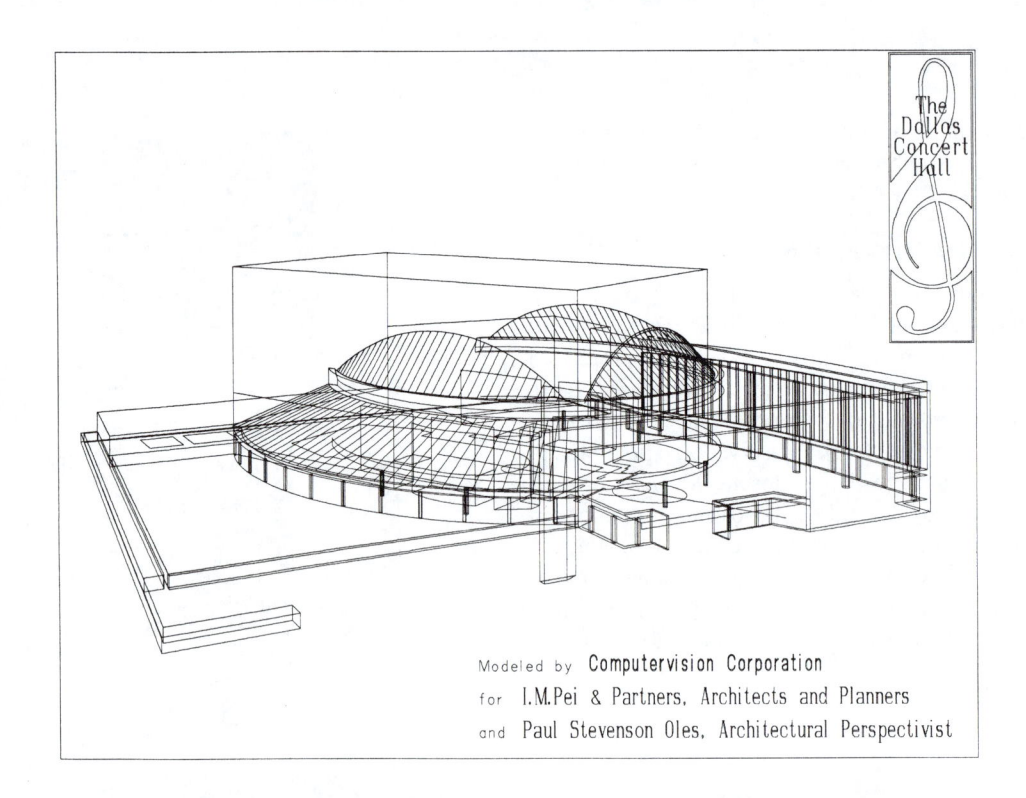

FIGURA 6.38 Perspectiva cônica produzida com o uso do Computervision Designer System for Building and Management (BDM). *(Cortesia da Computervision Corporation, subsidiária da Prime Computer, Inc.)*

PALAVRAS-CHAVES

cônica angular	linha de terra	perspectiva trimétrica	projeção ortogonal
cônica com dois pontos	medidas de deslocamento	perspectivas	projetantes
cônica com três pontos	(*offset*)	plano de projeção	raios visuais
cônica com um ponto	perspectiva axonométrica	plano do horizonte	vista em perspectiva
cônica paralela	perspectiva *cabinet*	plano geometral	vistas ortográficas
desenho de perspectiva	perspectiva cavaleira	ponto de fuga	
eixos axonométricos	perspectiva cônica	ponto de vista	
horizonte	perspectiva dimétrica	projeção isométrica	
isométrica	perspectiva isométrica	projeção oblíqua	

RESUMO DO CAPÍTULO

- A perspectiva axonométrica é uma forma de se criarem representações gráficas de um objeto. Mostra todas as três dimensões de comprimento, largura e altura em uma única vista.
- A perspectiva isométrica é a mais fácil de ser desenhada dentre as perspectivas axonométricas e é, portanto, a técnica de desenho de uso mais comum.
- O espaçamento entre os eixos de uma perspectiva isométrica é de 120 graus cada. Os eixos isométricos são desenhados formando 30 graus com a horizontal e a vertical.
- As únicas linhas de uma projeção isométrica que se reduzem igualmente são as linhas paralelas aos três eixos isométricos.
- Superfícies inclinadas e oblíquas devem ser determinadas localizando-se os pontos extremos de cada aresta da superfície sobre linhas de eixos isométricos.
- Um método comum para desenhar um objeto em isométrica é criando-se uma caixa envolvente isométrica e desenhando-se os detalhes do objeto dentro da caixa.
- Diferentemente da perspectiva cônica, na qual linhas paralelas convergem para um ponto de fuga, nas perspectivas isométricas as linhas paralelas permanecem paralelas.
- A perspectiva cavaleira torna fácil desenhar objetos que apresentam formas circulares e outros detalhes paralelos à vista frontal.

- É comum a perspectiva cavaleira mostrar a profundidade do objeto em tamanho real e as linhas fugantes formando 45 graus.
- A perspectiva cavaleira tipo *cabinet* mostra as linhas fugantes com metade do tamanho, usando geralmente 30 graus com o ângulo das fugantes.
- As vistas em perspectiva cônica são mais parecidas com o que é visto pelo olho humano.
- Existem três tipos de perspectivas cônicas: com um ponto, com dois pontos e com três pontos de fuga.
- Na perspectiva cônica, as arestas paralelas convergem para um ou mais pontos de fuga, reproduzindo a imagem de objetos vistos pelo olho humano.
- A localização e a relação entre os pontos de fuga, o plano de projeção e o objeto determinam o aspecto da vista em perspectiva cônica.
- Na perspectiva cônica com um ponto, o objeto é colocado de forma que uma superfície principal do objeto seja paralela ao plano do desenho.
- Na perspectiva cônica com dois pontos, o objeto é colocado de forma que as arestas principais do objeto sejam orientadas verticalmente, mas as superfícies não sejam paralelas ao plano do desenho.
- Na perspectiva cônica com três pontos, o objeto é colocado de forma que nenhum dos eixos principais do objeto seja paralelo ao plano do desenho.

QUESTÕES DE REVISÃO

1. Por que perspectivas isométricas são mais comuns que perspectivas cônicas na engenharia?
2. Quais são as diferenças entre perspectivas axonométricas e perspectivas cônicas?
3. Em que ângulos são desenhados os eixos isométricos?
4. Quais são as três vistas que são geralmente mostradas em uma perspectiva isométrica?
5. Qual é a principal vantagem de uma perspectiva cavaleira?
6. Qual é a mais realística: isométrica, cônica ou cavaleira?
7. Por que as perspectivas cavaleira raramente são criadas com a utilização de CAD?
8. Qual é a vantagem principal de uma perspectiva cônica?
9. Por que a perspectiva cônica é raramente usada na engenharia?
10. Qual é a função do plano de projeção?
11. O que é o ponto de vista?
12. Como a distância entre o ponto de vista e a linha de terra afeta a perspectiva cônica resultante?
13. Qual é a relação entre o ponto de vista e o horizonte?

PROJETOS AXONOMÉTRICOS

As Figuras 6.39-6.43 consistem em problemas para serem desenhados axonometricamente. Use a perspectiva isométrica ou a cavaleira, conforme seu instrutor determinar. Escolha um leiaute de folha e escala apropriada. Use papel isométrico ou papel branco.

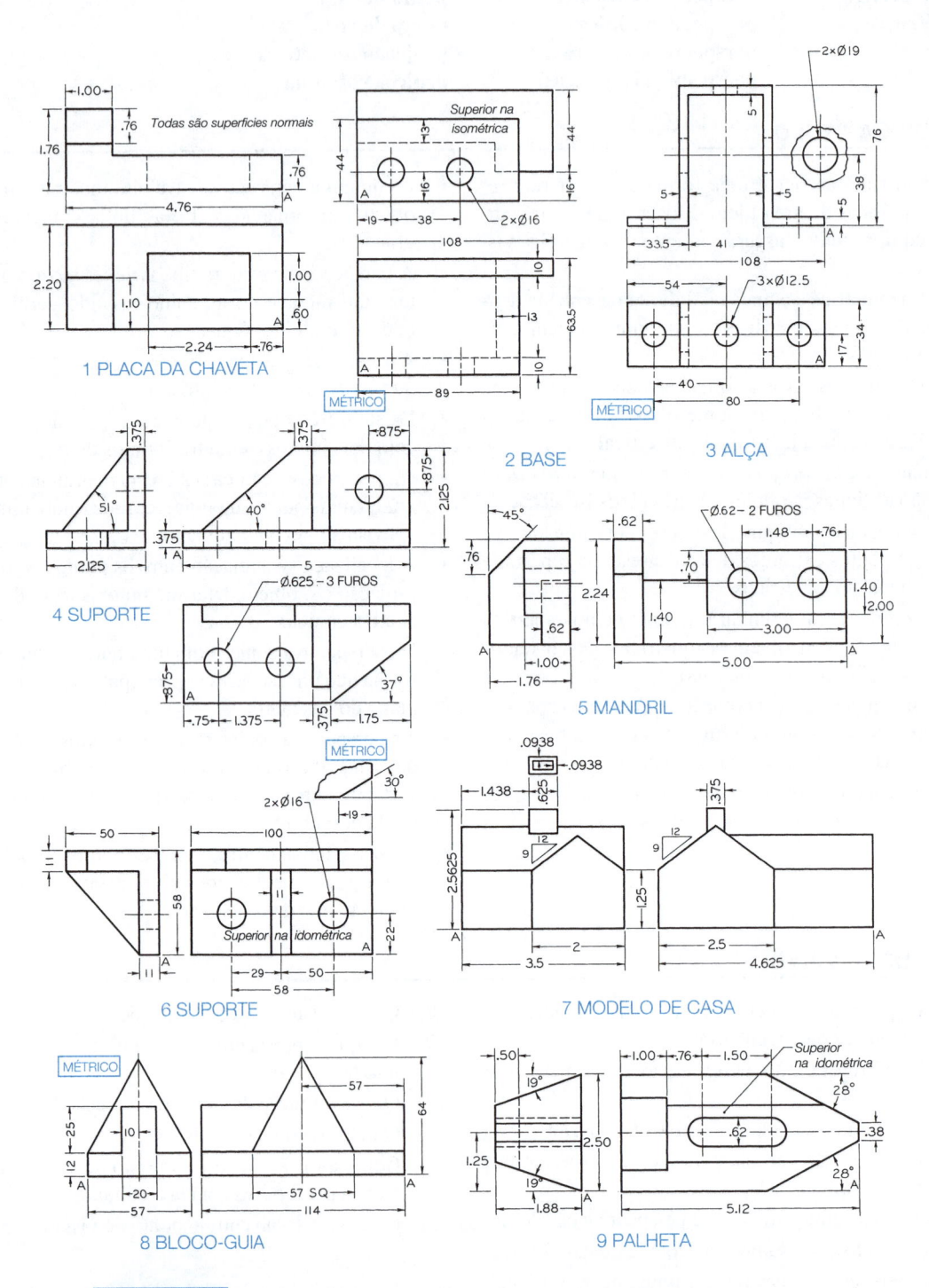

1 PLACA DA CHAVETA

2 BASE (MÉTRICO)

3 ALÇA (MÉTRICO)

4 SUPORTE

5 MANDRIL

6 SUPORTE (MÉTRICO)

7 MODELO DE CASA

8 BLOCO-GUIA (MÉTRICO)

9 PALHETA

FIGURA 6.39 (1) Faça esboços isométricos, com os eixos escolhidos para mostrar os objetos da forma mais favorável.

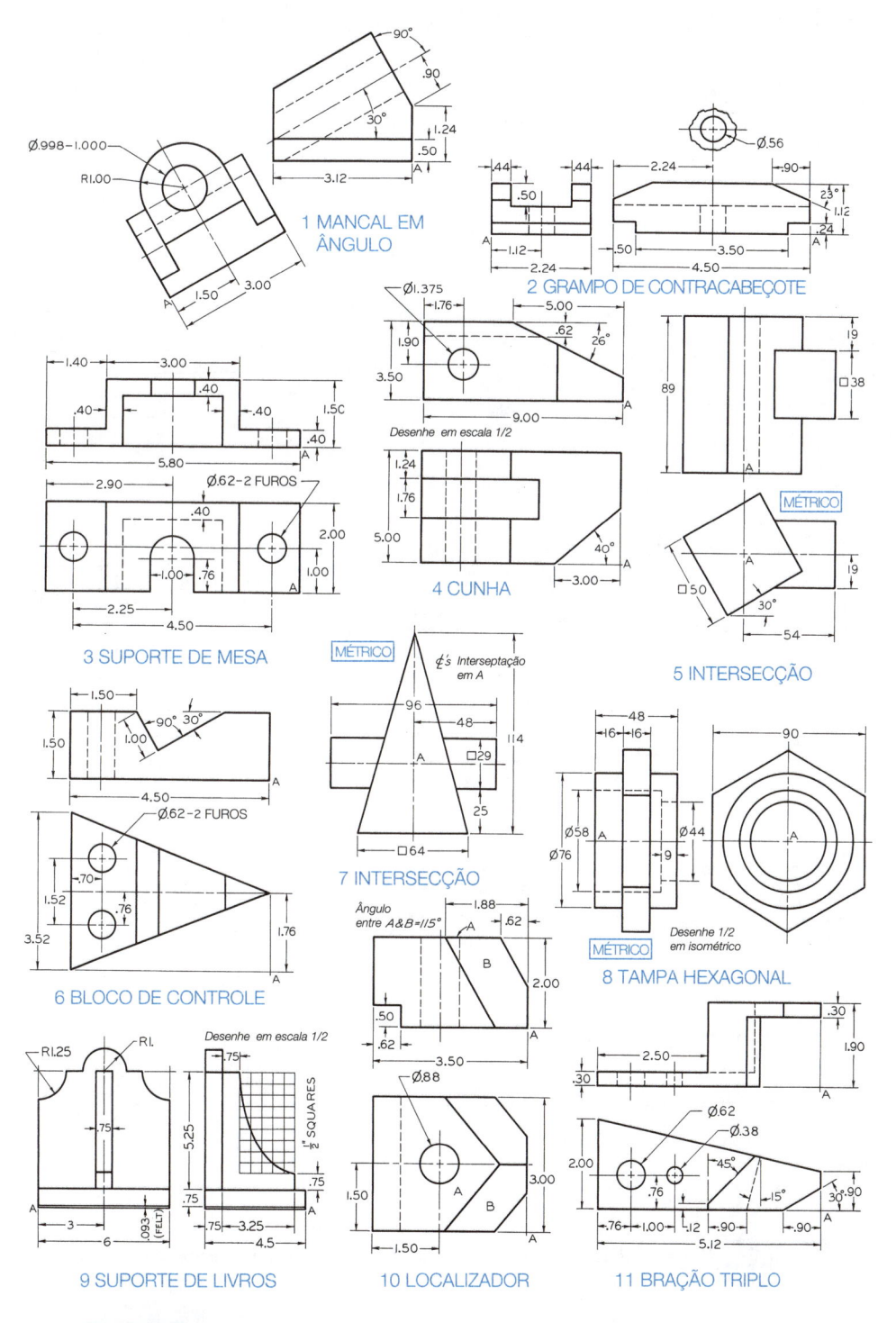

FIGURA 6.40 Faça esboços isométricos ou cavaleiros, conforme determinado. Se for necessário cotar, consulte §6.20.

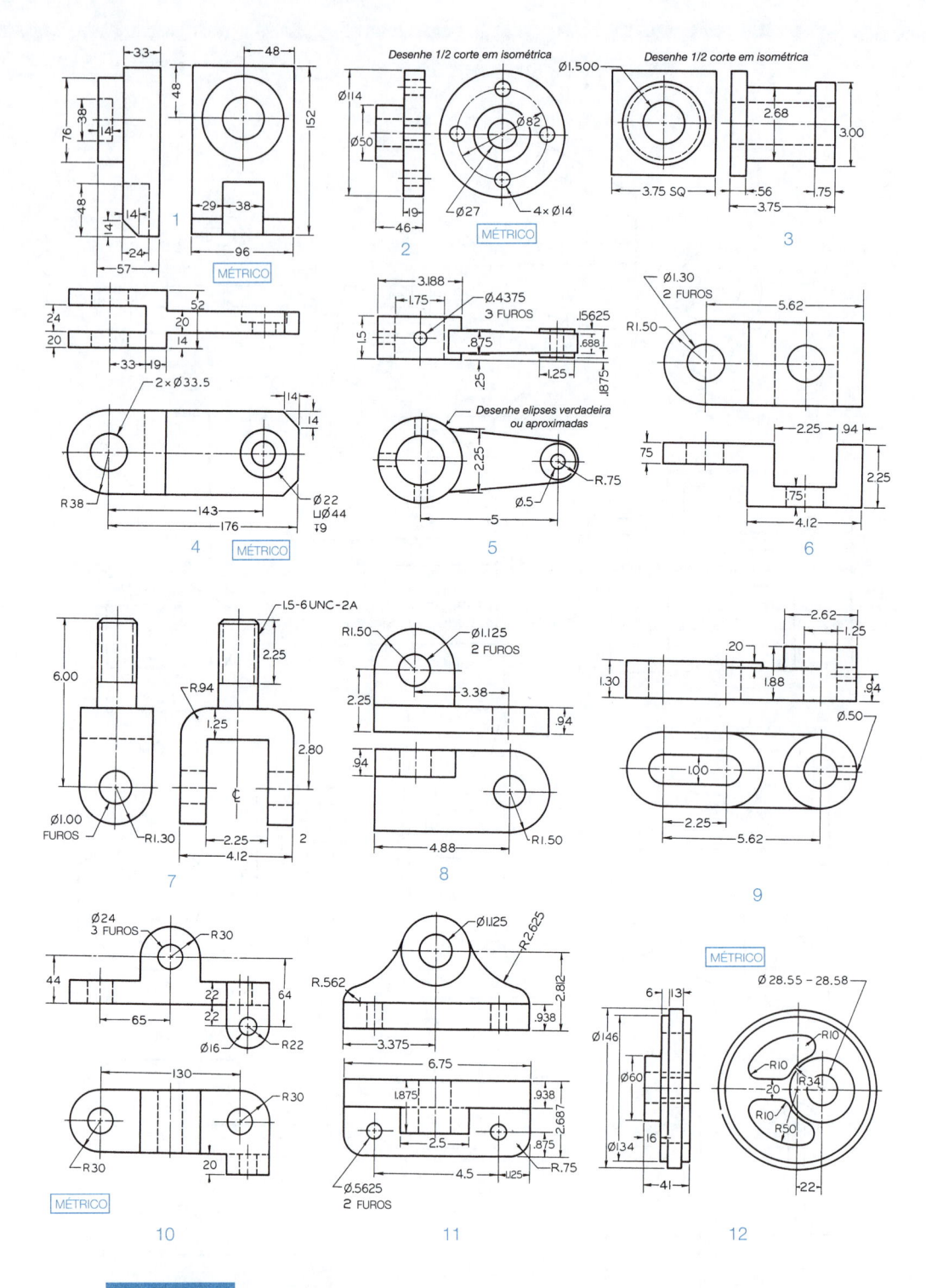

FIGURA 6.41 Faça esboços isométricos ou cavaleiros, conforme determinado. Se for necessário cotar, consulte §6.20.

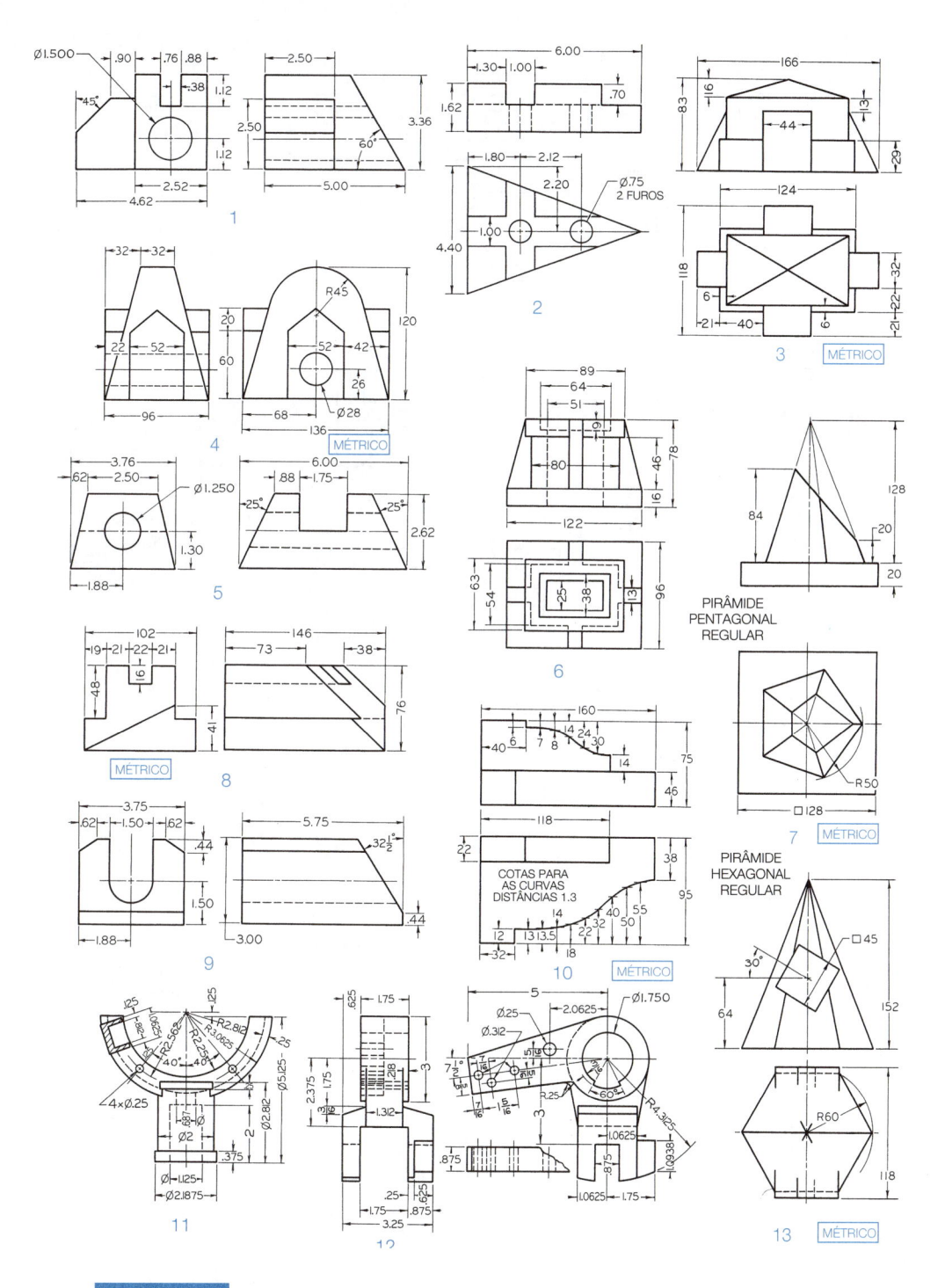

FIGURA 6.42 Faça esboços isométricos ou cavaleiros, conforme determinado. Se for necessário cotar, consulte §6.20.

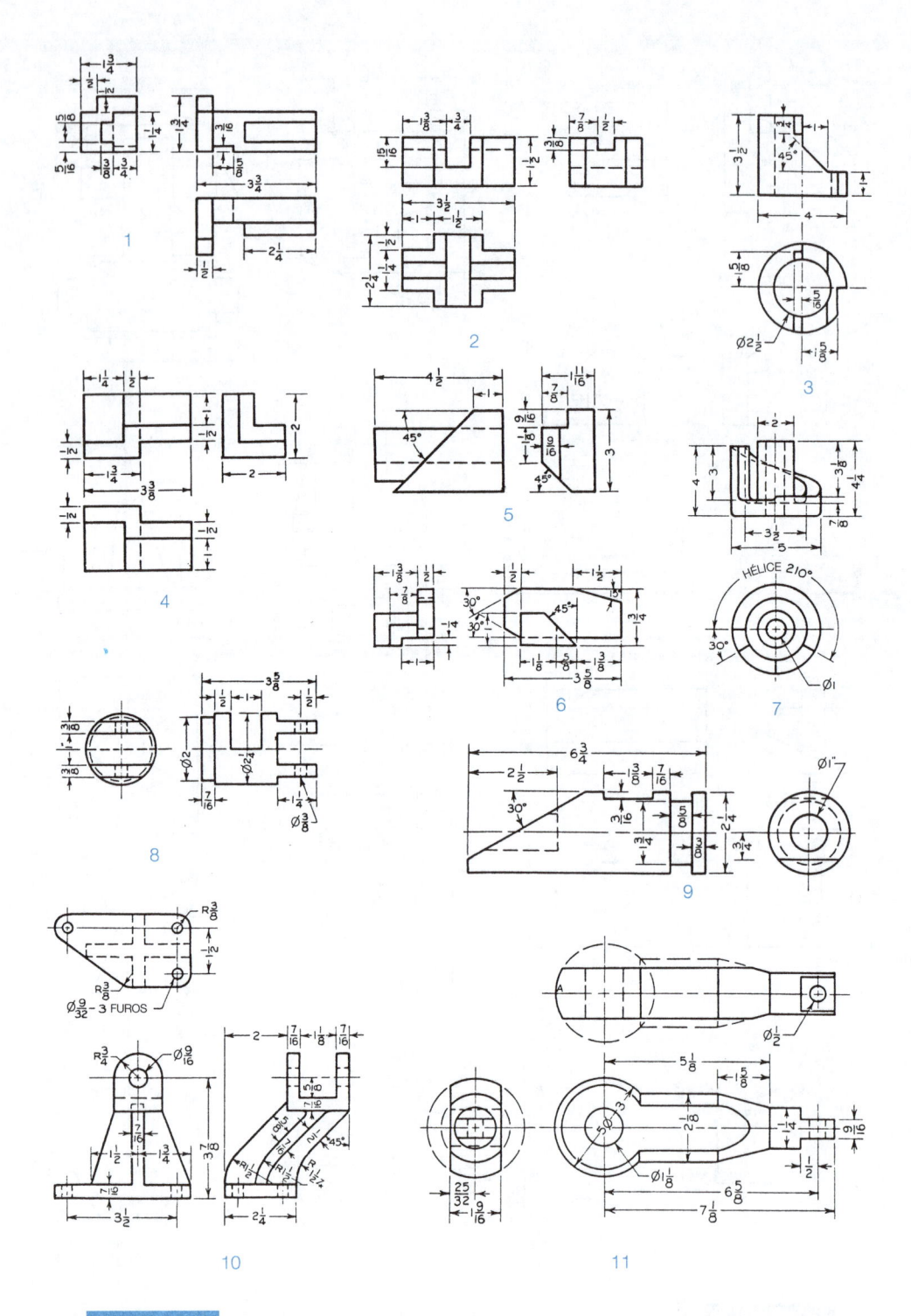

FIGURA 6.43 Faça esboços isométricos ou cavaleiros, conforme determinado. Se for necessário cotar, consulte §6.20.

CAPÍTULO 6 • DESENHO DE PERSPECTIVA

■ PROJETOS EM CÔNICA

Desenhe duas vistas ortográficas e uma perspectiva cônica de cada figura mostrada em 6.44 e 6.45. Escolha o tamanho da folha e escala apropriados.

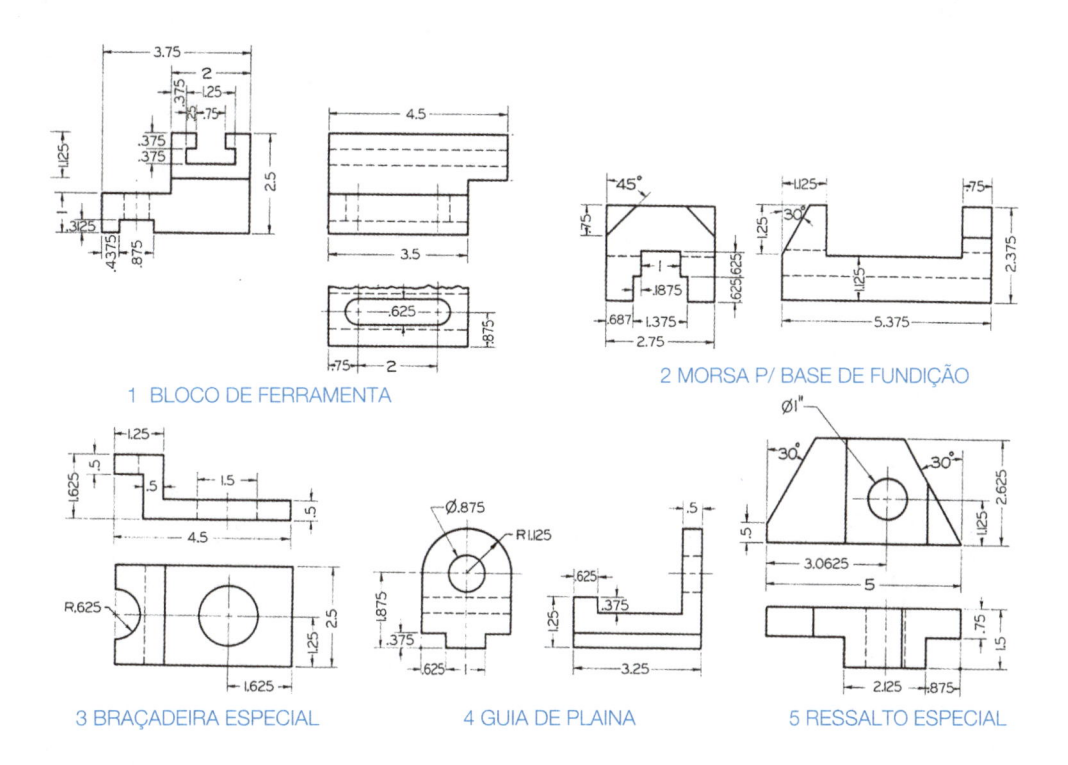

1 BLOCO DE FERRAMENTA
2 MORSA P/ BASE DE FUNDIÇÃO
3 BRAÇADEIRA ESPECIAL
4 GUIA DE PLAINA
5 RESSALTO ESPECIAL

FIGURA 6.44 Desenhe duas vistas e uma cônica dos problemas propostos. Omitir cotas. Escolha o tamanho da folha e a escala.

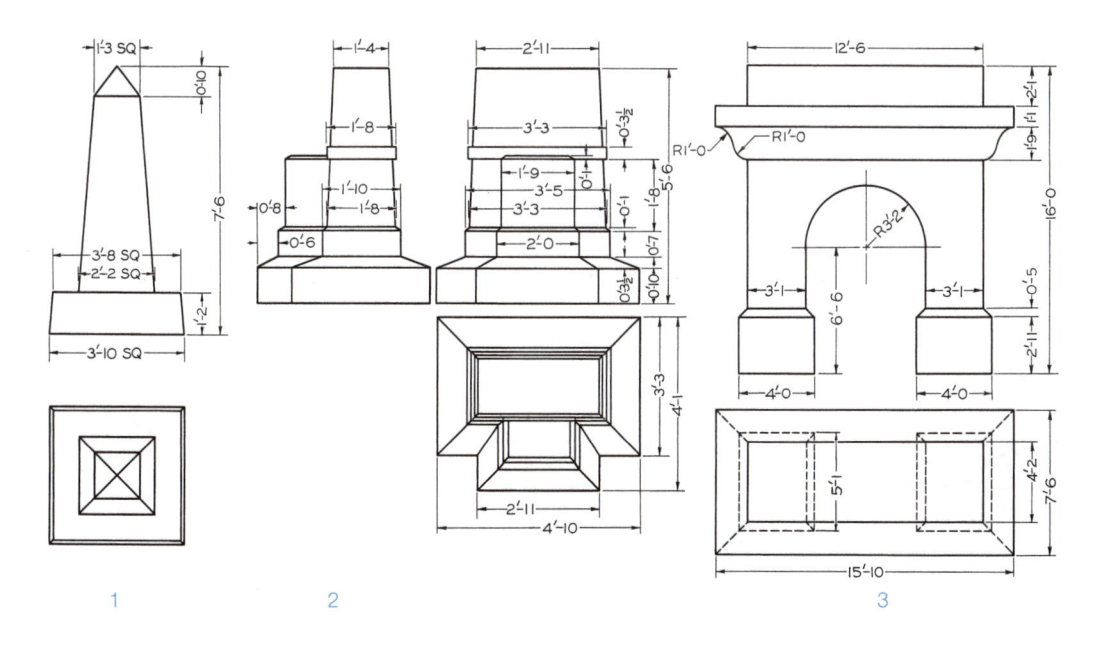

1 2 3

FIGURA 6.45 Desenhe duas vistas e uma cônica dos problemas propostos. Omitir cotas. Escolha o tamanho da folha e a escala.

■ PROBLEMA DE PROJETO

Use perspectivas para mostrar seu projeto de uma ratoeira. Decida se você quer que sua ratoeira seja barata e eficiente ou cheia de detalhes e imaginativa. Pressuponha que o tamanho seja o tradicional, grande ou miniatura. Use escala apropriada para mostrar com clareza todos os detalhes.

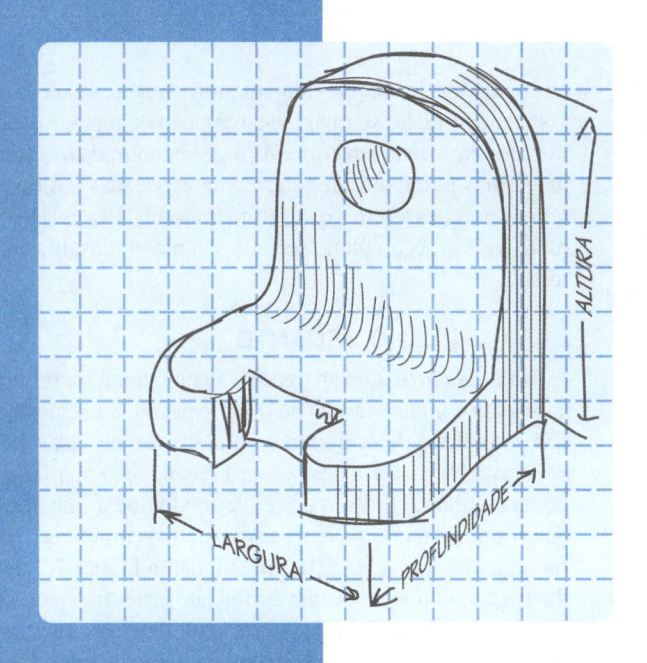

CAPÍTULO 7

VISTAS EM CORTE

OBJETIVOS

Após estudar o conteúdo deste capítulo, você será capaz de:

1. Entender o significado de cortes e linhas de corte.
2. Identificar sete tipos de cortes.
3. Desenhar uma vista em corte dado o desenho de duas vistas.
4. Demonstrar as técnicas apropriadas para cortes de nervuras, reforços, raios de roda ou braços de polia.
5. Demonstrar a técnica apropriada para cortes rebatidos.
6. Reconhecer os padrões de hachuras para 10 materiais diferentes.
7. Desenhar símbolos de interrupção convencionais para objetos longos.

VISÃO GERAL

Até agora, você aprendeu os métodos básicos para representar objetos por vistas ou projeções. Você pode descrever projetos complexos desenhando vistas cuidadosamente selecionadas. Porém, arestas invisíveis que mostram características interiores são freqüentemente difíceis de interpretar. Vistas em cortes – freqüentemente chamadas de cortes transversais ou simplesmente de cortes – mostram o interior do objeto imaginando como se fosse fatiado, tal como quando você corta uma maçã ou um melão. Você pode usar cortes quando precisar mostrar com clareza a estrutura interna de objetos complexos que, de outro modo, necessitariam de muitas arestas invisíveis. Há muitos tipos de vistas em corte. Você deverá se familiarizar com os tipos diferentes de vistas em corte e deverá saber quando usá-los. Os cortes substituem freqüentemente uma das vistas primárias no desenho.

A linha de corte mostra onde o objeto está sendo hipoteticamente cortado. Linhas finas inclinadas e paralelas entre si (hachuras) ressaltam as partes sólidas do objeto cortadas pelo plano secante. Arestas que eram previamente ocultas podem ser expostas através de cortes no objeto. Normalmente não são desenhadas as linhas que permanecem ocultas nas vistas em corte. Convenções especiais, como não hachurar nervuras, reforços e outros elementos semelhantes, são usadas para facilitar a interpretação do corte. Criar uma vista em corte pode ser uma operação complicada quando você está usando programas CAD. Você deverá entender os conceitos descritos neste capítulo para criar vistas em corte claras e de fácil interpretação ao usar um sistema CAD. Veja ANSI/ASME Y14.2M-1992 e Y14.3M-1994* para obter padrões completos de desenhos de vistas em corte.

■ 7.1 CORTE

Para produzir uma *vista em corte*, imagina-se um *plano secante* cortando o objeto na posição escolhida, como mostrado na Figura 7.1a. As duas metades do objeto cortado e os detalhes interiores são mostrados na Figura 7.1b. Nesse caso, você olhará para a metade esquerda do objeto na vista em corte. Em outras palavras, o sentido da visão para a vista em corte será a da metade esquerda, com a metade direita mentalmente descartada. Nesse caso, a vista em corte substitui a vista lateral direita.

■ 7.2 CORTE PLENO

O resultado de um corte através do objeto inteiro é chamado de *corte pleno*, como mostrado na Figura 7.2a. Compare esse corte com a vista lateral esquerda na Figura 7.2c e observe como a vista em corte mostra melhor os detalhes interiores. (Normalmente, você não mostraria a vista de lateral esquerda neste caso porque isso duplica a informação que é mais bem mostrada pelo corte. Está mostrado aqui como exemplo.) Observe que a metade direita do objeto não é removida em outros lugares exceto na própria vista em corte. Só se imagina a remoção da metade escolhida para produzir a vista em corte. As áreas hachuradas, criadas com linhas finas paralelas e regularmente espaçadas a olho, representam as porções sólidas que foram cortadas. Partes do objeto agora visíveis atrás do plano secante são mostradas, mas não hachuradas.

■ 7.3 O PLANO SECANTE

A *linha de corte*, que aparece na vista frontal na Figura 7.2b, se apresenta com um padrão de linha especial. As setas nas extremidades da linha de corte indicam a direção de visão para a vista em corte. Na maioria dos casos, a localização do plano secante é óbvia devido ao próprio corte, de modo que a linha de corte pode ser omitida, mas deverá ser mostrada sempre que for necessária uma maior clareza. Ela é mostrada na Figura 7.2 apenas para ilustração. O plano secante é indicado em uma vista adjacente à vista em corte. Você pode pensar na linha de corte como uma linha que representa a vista de topo do plano secante. Quando uma linha de corte coincide com uma linha de centro, a linha de corte tem precedência.

■ 7.4 PADRÃO DE LINHA DE CORTE

A Figura 7.3 mostra dois padrões de linha usados para desenhar a linha de corte. Um dos estilos usa pequenos traços iguais, com aproximadamente 6 mm (l/4 polegada) ou mais de comprimento, e as setas nas extremidades da linha de corte. O outro utiliza uma alternância de traços longos e pares de traços pequenos e as pontas em seta. Esse padrão tem sido usado por muito tempo. Os dois tipos de linha são desenhados com linhas grossas, semelhante às espessuras de linhas visíveis em seu desenho. As pontas em seta indicam o sentido no qual é visto o objeto cortado. Uma variação da linha de corte mostra somente os finais do plano secante com as setas. Quando for usado esse estilo, deixe um pequeno espaço entre o plano secante e o objeto, como mostrado na Figura 7.4c. Esse estilo é útil para desenhos complicados onde mostrar o plano secante inteiro atrapalharia parte do desenho. Letras maiúsculas são usadas nas extremidades da linha de corte para identificar o corte indicado, como em desenhos de cortes múltiplos ou cortes removidos, que serão descritos mais adiante neste capítulo.

■ 7.5 INTERPRETANDO PLANOS SECANTES E CORTES

Vistas em corte substituem freqüentemente as vistas ortográficas principais. Na Figura 7.4a, o plano secante é um plano frontal – quer dizer, paralelo à vista frontal – e aparece como uma linha na vista superior. Imagina-se a metade da frente do objeto removida. As setas nas extremidades da linha de corte apontam no sentido da visão do corte frontal. Observe que as setas não apontam no sentido de retirada da porção removida, mas apontam para a porção restante do objeto e indicam o sentido que você olhará para desenhar a vista em corte. O resultado é chamado de corte frontal, ou vista frontal em corte, já que substitui a vista frontal no desenho.

---

*N. de T. ANSI/ASME Y14.2M-1992 e Y14.3M-1994 são normas americanas. A norma brasileira correspondente é ABNT – NBR 10.067/1987.

FIGURA 7.1 Um corte.

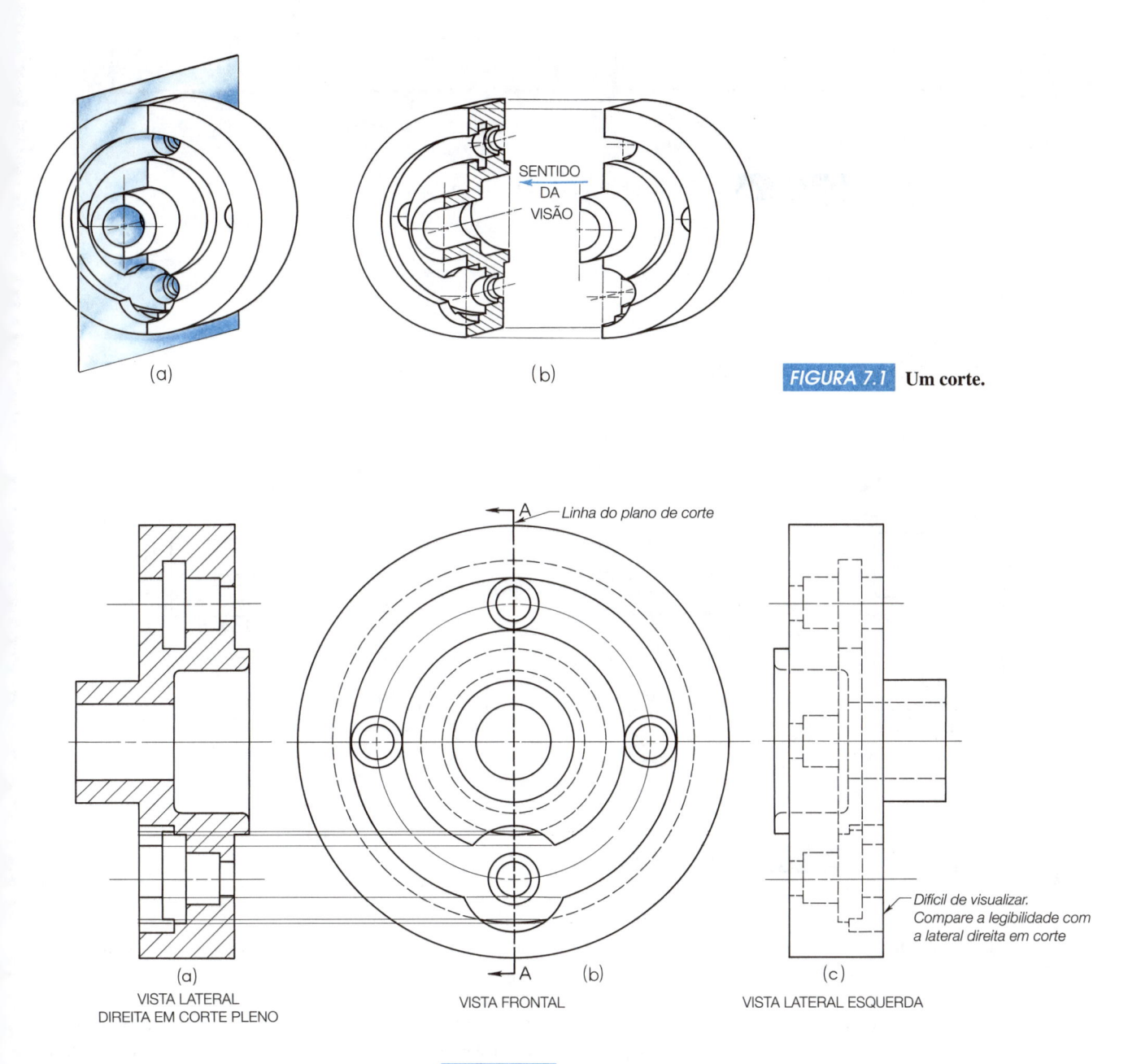

FIGURA 7.2 Corte pleno.

Na Figura 7.4b, o plano secante é um plano horizontal e aparece como uma linha na vista frontal. A metade superior do objeto é imaginada removida. As setas apontam para a metade inferior no mesmo sentido da vista superior. O resultado é uma vista superior em corte.

Na Figura 7.4c, dois planos secantes são mostrados – um é um plano frontal e o outro, um plano de perfil, ou paralelo a uma vista lateral – e ambos aparecem indicados na vista superior. Cada corte é completamente independente e desenhado como se o outro não estivesse presente. Para o corte A-A, a metade da frente do objeto é imaginada removida, a metade posterior é vista no sentido das setas para uma vista frontal, e o resultado é um corte frontal. Para o corte B-B, a metade direita do objeto é imaginada removida e a metade esquerda é vista no sentido das setas, produzindo um corte lateral direito. As linhas de corte são desenhadas preferencialmente em uma vista exterior (neste caso, a vista superior) em vez de uma vista em corte.

As linhas de corte na Figura 7.4 são mostradas a título de ilustração. Elas geralmente são omitidas em casos como estes, em que a sua localização é óbvia.

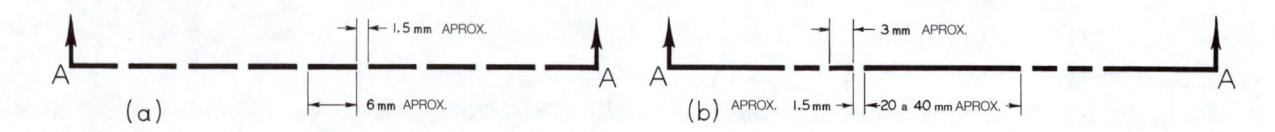

FIGURA 7.3 Linhas de plano de corte (escala natural).

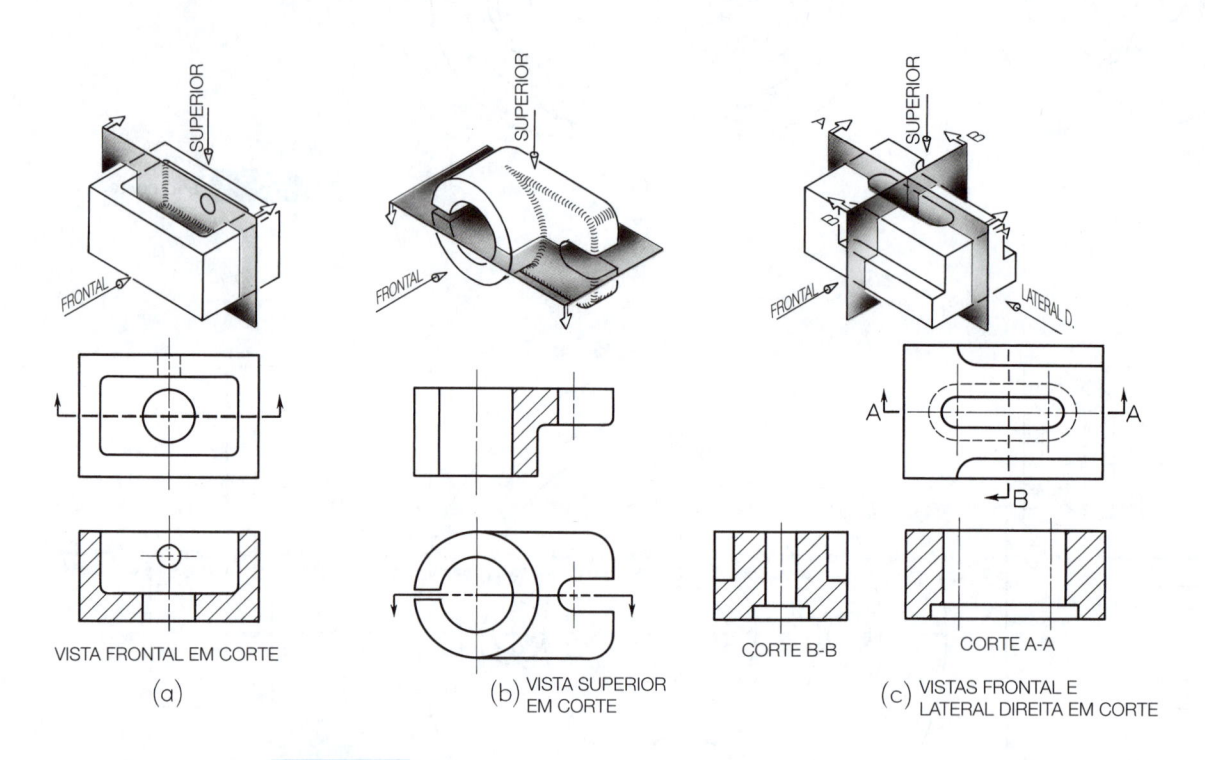

FIGURA 7.4 Planos de corte e cortes.

Tenha os seguintes tópicos em mente quando estiver desenhado vistas em corte:

- *Arestas visíveis e contornos dentro do plano secante devem ser mostrados*; caso contrário, um corte parecerá feito de partes desconectadas e não relacionadas. No entanto, ocasionalmente, algumas linhas visíveis dentro do plano secante não serão necessárias para a clareza e poderão ser omitidas.
- *Contornos ou arestas invisíveis devem ser omitidas em vistas em corte*. Cortes são usados primordialmente para substituir representações de contornos ou arestas invisíveis, que exigem um tempo a mais para serem desenhadas e ainda podem tornar-se confusas. Algumas vezes, as arestas invisíveis são necessárias em função da clareza da representação – por exemplo, quando uma característica do objeto pode não ficar claramente definida em uma outra vista. Mostrar algumas arestas invisíveis no corte pode possibilitar a omissão de uma vista e, nesse caso, elas devem ser representadas. Um exemplo é dado na Figura 7.5.
- *Uma área em corte é sempre delimitada por completo por uma aresta visível – nunca por uma aresta invisível*. Em qualquer caso, as superfícies cortadas e as linhas do seu contorno serão visíveis porque elas são, então, as partes mais próximas do objeto. Além disso, uma linha visível nunca cruza uma superfície cortada porque toda a área do plano secante está em um plano único. (Você aprenderá a usar planos secantes com desvio e planos secantes rebatidos mais adiante neste capítulo. Também nesses casos, a superfície cortada é imaginada como parte do mesmo plano).
- *Em uma vista em corte de um único objeto, todas as áreas hachuradas devem ser traçadas paralelas*. Usar hachuras com direções diferentes indica peças diferentes, quando duas ou mais peças são adjacentes em um desenho de conjunto.

7.6 HACHURAS

As *hachuras*, mostradas na Figura 7.6, representam diferentes tipos de material, como ferro fundido, metal e aço. Pelo fato de haver hoje tantos tipos diferentes de materiais, cada um com inú-

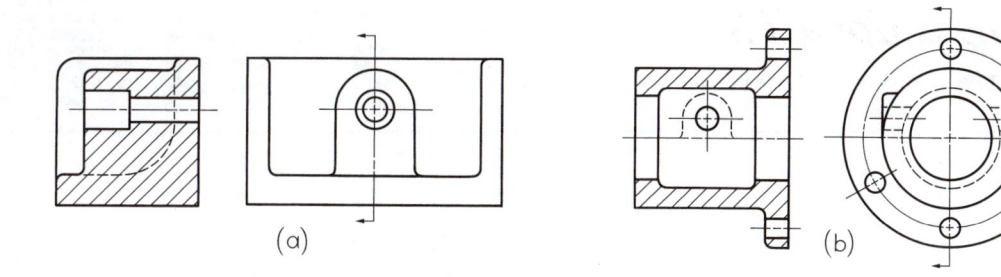

FIGURA 7.5 Linhas invisíveis nos cortes.

meros subtipos, um nome geral ou símbolo não é suficientemente descritivo. Por exemplo, há centenas de tipos diferentes de aço. Assim, normalmente se fornecem especificações detalhadas de material em uma nota ou em um local da legenda, e a hachura de propósito geral para ferro fundido é usada para todos os materiais nos desenhos de detalhes.

Podem ser usadas simbologias de hachuras diferentes em desenhos de conjunto quando se deseja distinguir entre materiais; caso contrário, a simbologia de propósito geral é usada. Programas CAD normalmente incluem uma biblioteca de hachuras-padrão e tornam fácil indicar vários tipos de materiais.

A olho, espace as hachuras tão uniformemente quanto possível, de aproximadamente 1,5 mm (1/16 polegada) a 3 mm (1/8 polegada) ou mais, dependendo do tamanho do desenho ou da área em corte. Para a maioria dos desenhos, o espaçamento pode ser de aproximadamente 2,5 mm (3/32 polegada) ou ligeiramente maior. Como regra, espace as linhas tão generosamente quanto possível de forma que, no entanto, fiquem próximas o bastante para distinguir claramente as áreas em corte.

Faça linhas de hachuras a 45 graus com a horizontal, a menos que elas apareçam melhor em um ângulo diferente. Por exemplo, na Figura 7.7, as linhas de hachuras a 45 graus com a

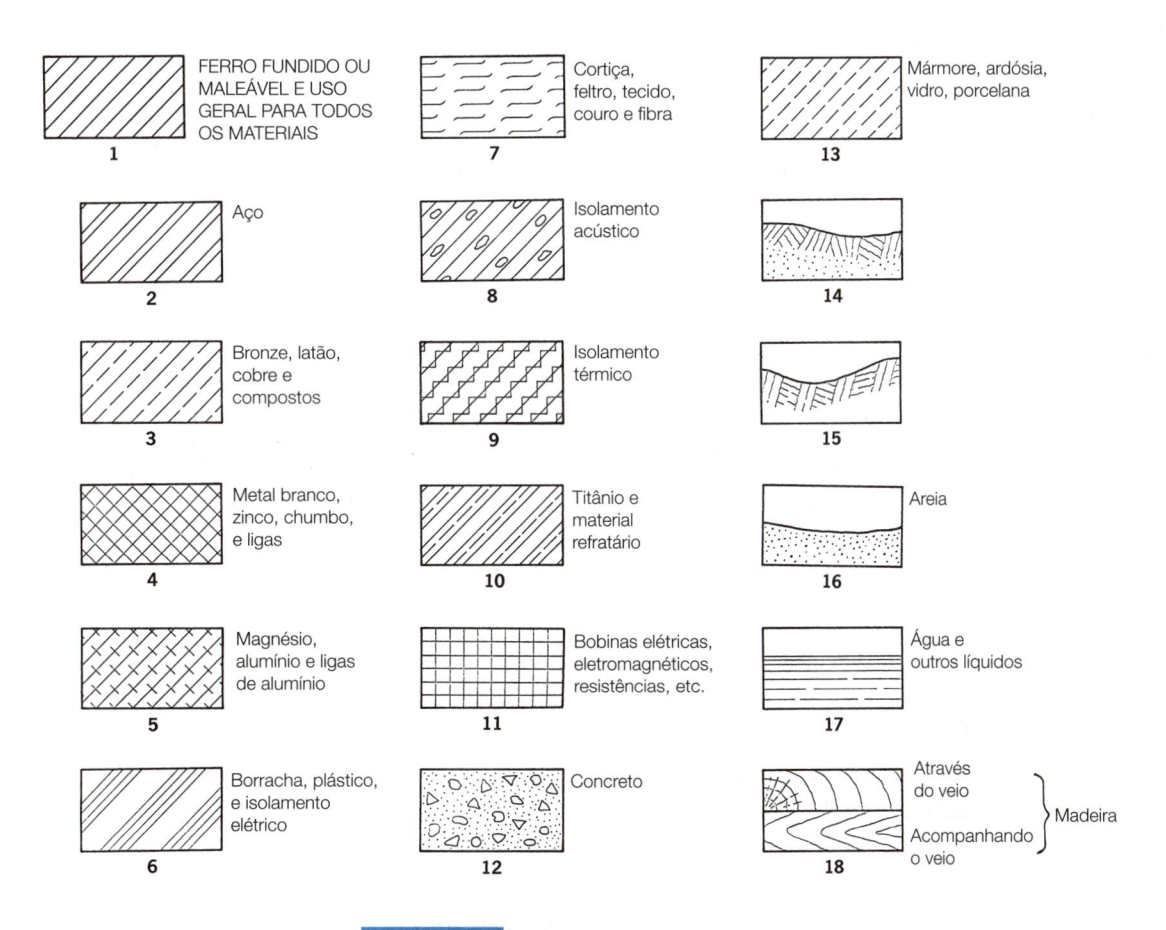

Nº	Material
1	FERRO FUNDIDO OU MALEÁVEL E USO GERAL PARA TODOS OS MATERIAIS
2	Aço
3	Bronze, latão, cobre e compostos
4	Metal branco, zinco, chumbo, e ligas
5	Magnésio, alumínio e ligas de alumínio
6	Borracha, plástico, e isolamento elétrico
7	Cortiça, feltro, tecido, couro e fibra
8	Isolamento acústico
9	Isolamento térmico
10	Titânio e material refratário
11	Bobinas elétricas, eletromagnéticos, resistências, etc.
12	Concreto
13	Mármore, ardósia, vidro, porcelana
14	
15	
16	Areia
17	Água e outros líquidos
18	Madeira (Através do veio / Acompanhando o veio)

FIGURA 7.6 Padrões de hachuras.

Mãos à obra 7.1
Encontre os erros nas vistas em corte

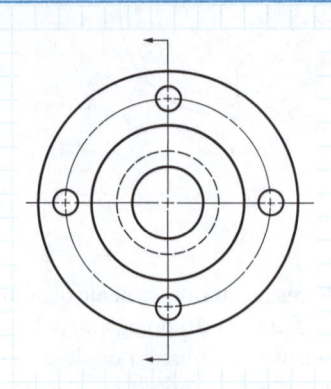

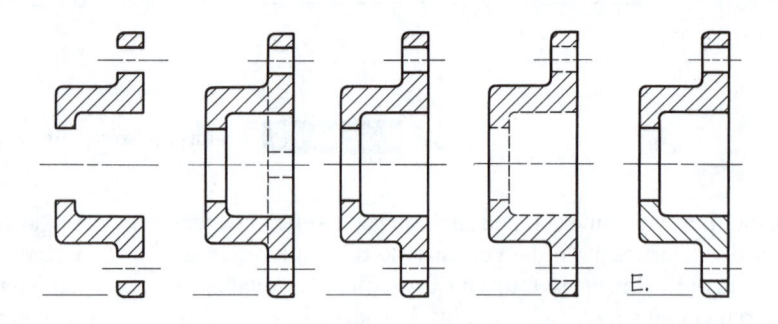

Roteiro:

Cada um dos desenhos mostrados à direita representa uma vista em corte da vista frontal mostrada acima. Uma delas está corretamente desenhada e as demais estão incorretas por vários motivos. Assinale a descrição da que está errada escrevendo a sua letra no espaço reservado para isso. Uma delas já está feita para você como exemplo.

A. Faltam linhas do objeto que estão visíveis atrás do plano secante.

B. Correto.

C. Áreas hachuradas são visíveis, nunca delimitadas por arestas invisíveis.

D. Arestas invisíveis não são usualmente mostradas.

E. Hachuras sempre são feitas em uma só direção quando tratam do mesmo objeto.

---

horizontal seriam quase paralelas ou quase perpendiculares a uma característica predominante da peça. Nesse caso, a hachura aparece mais bem desenhada a 30 graus, 60 graus, ou algum outro ângulo.

Devem ser evitadas cotas em áreas hachuradas, mas, quando isto for inevitável, a hachura deve ser omitida onde a cota é colocada. Um exemplo de omissão de hachura onde cotas são necessárias é mostrado na Figura 7.8.

Para áreas grandes de hachura, use um hachurado externo. No hachurado externo, as porções internas do hachuramento são omitidas e as hachuras são desenhadas apenas próximo ao contorno da área hachurada. Assegure-se de que o desenho ainda pode ser lido claramente. Um bom exemplo é mostrado na Figura 7.9.

7.7 VISUALIZANDO UM CORTE

Como o propósito de uma vista em corte é eliminar arestas invisíveis e mostrar claramente características interiores de um objeto, o plano secante deverá ser colocado de forma que revele os detalhes que se quer mostrar.

Antes de que você possa desenhar um corte pleno, é necessário visualizar como o objeto aparecerá quando o plano secante

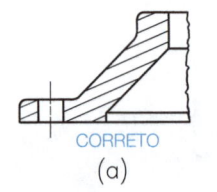

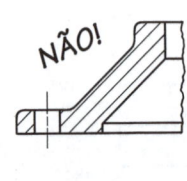

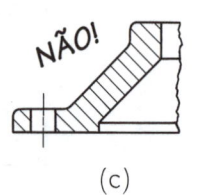

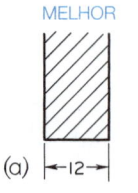

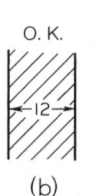

FIGURA 7.7 Direção do hachuramento.

FIGURA 7.8 Cotas e hachuras. Métrico.

Mãos à obra 7.2
Linhas de corte e vistas em corte

Roteiro:

Das linhas de corte e vistas em corte correspondentes mostradas abaixo, duas estão incorretas e uma está correta.

1. Use as vistas em perspectiva à direita para ajudar a determinar qual desenho mostra o relacionamento correto entre a linha de corte e a vista em corte correspondente. Escreva "correto" na linha reservada para isso ao lado do desenho.

2. Próximo ao desenho que mostra o relacionamento incorreto, escreva "incorreto". Esboce o correto no espaço reservado ao lado.

Consulte a Seção 7.5 para obter ajuda na interpretação de planos secantes e cortes.

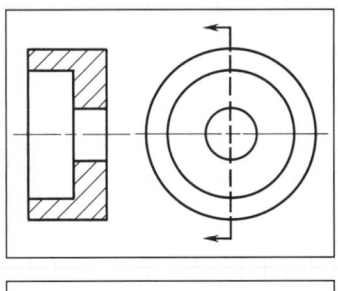

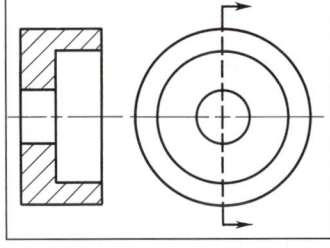

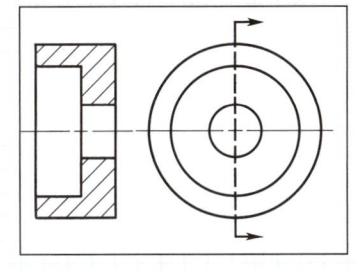

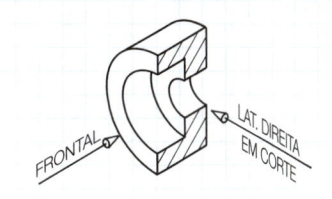

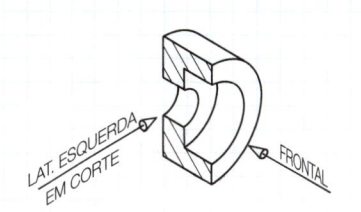

tiver passado por ele. O Passo a passo 7.1 detalha o processo de visualização e desenho de um corte de uma braçadeira furada e com rebaixamento.

Identificar as superfícies do objeto em cada uma das vistas é um passo importante que torna o processo de gerar a vista em corte menos confuso. Determine a localização para o plano se-

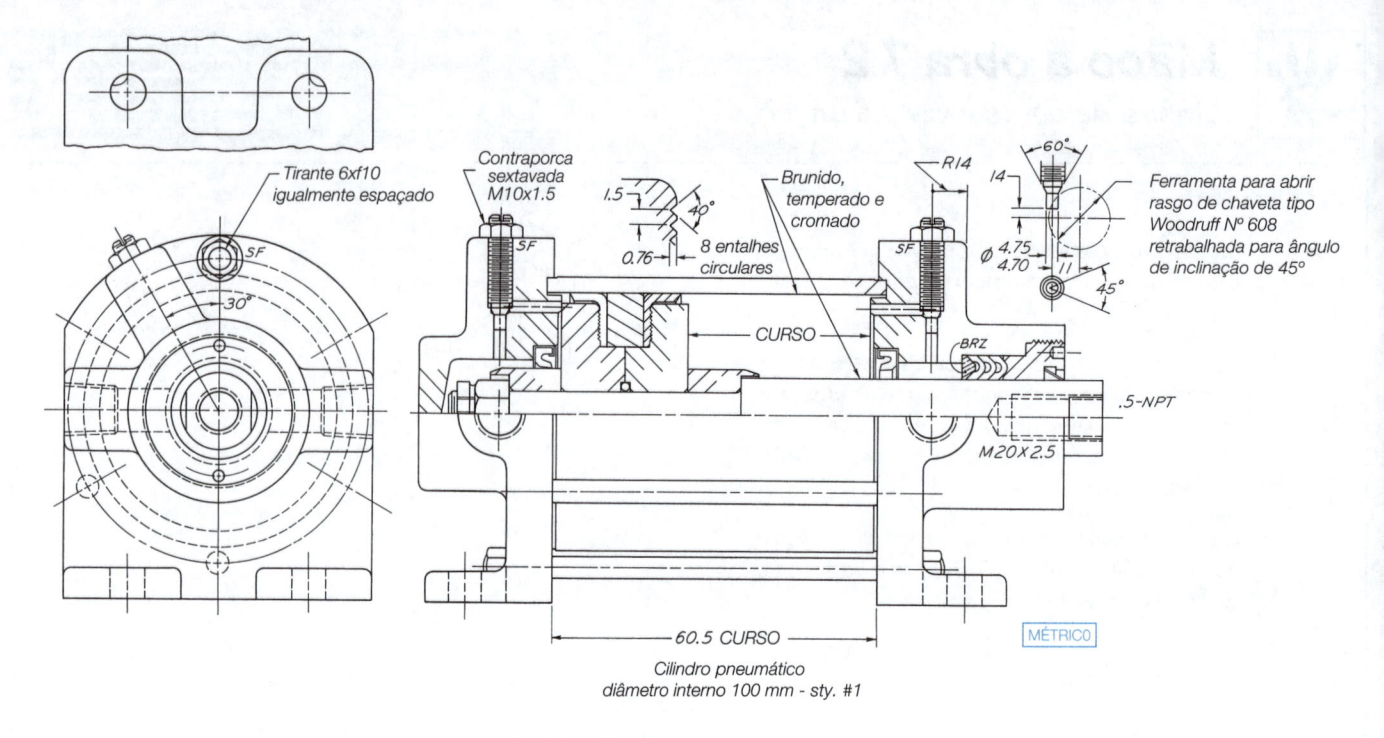

FIGURA 7.9 Leiaute do projeto.

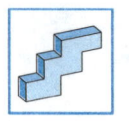

Passo a passo 7.1
Visualizando um corte pleno

Passo 1: escolha o plano secante

A ilustração abaixo mostra duas vistas de uma braçadeira a ser cortada. Ela tem um furo menor e um furo maior com rebaixamento. Para produzir um corte claro mostrando tanto o furo com rebaixamento quanto o furo menor próximo ao topo do objeto, escolha um plano secante que passe através da linha de centro vertical na vista frontal e imagine a metade do objeto sendo removida.

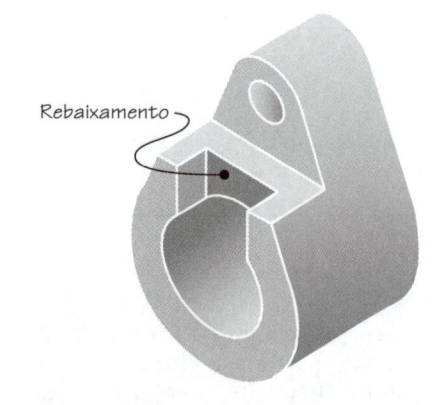

Passo 2: identifique as superfícies

Abaixo está uma perspectiva da metade remanescente. O primeiro passo para projetar a vista em corte é ter certeza da interpretação correta do objeto. Identificar as superfícies no objeto pode ajudar. As superfícies R, S, T, U e V foram marcadas nas vistas dadas e na perspectiva. Qual superfície é a R na vista frontal? Que superfície é a U na vista superior? Elas são superfícies normais ou inclinadas? Você pode identificar o rebaixamento em cada vista?

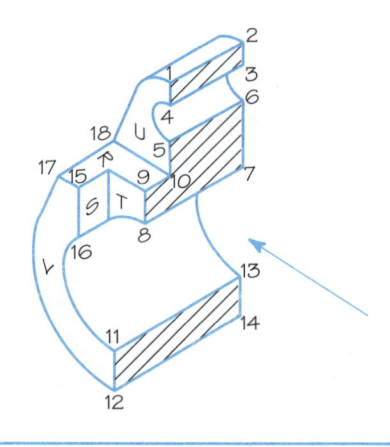

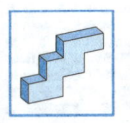

Passo a passo 7.1
Continuação

Passo 3: desenhando a vista em corte

Para desenhar a vista em corte, omita a parte do objeto na frente do plano secante. Você só desenhará a parte remanescente.

Determine quais são as partes sólidas do objeto pelas quais o plano secante passa. Sugestão: a parte externa de um objeto não pode ser nunca um furo, deve ser sempre sólido.

Os pontos que serão projetados para criar a vista em corte foram identificados no exemplo apresentado.

As três superfícies produzidas pelo plano secante são delimitadas pelos pontos 1-2-3-4, 5-6-7-8-9-10 e 13-14-12-11. Essas áreas são mostradas hachuradas.

Cada área secionada é completamente fechada por um contorno de linha visível. Além das partes cortadas, a vista em corte deve mostrar todas as partes visíveis restantes que estão além do plano secante.

As arestas invisíveis não são mostradas. No entanto, o corte correspondente mostrado neste passo está incompleto porque estão faltando linhas visíveis.

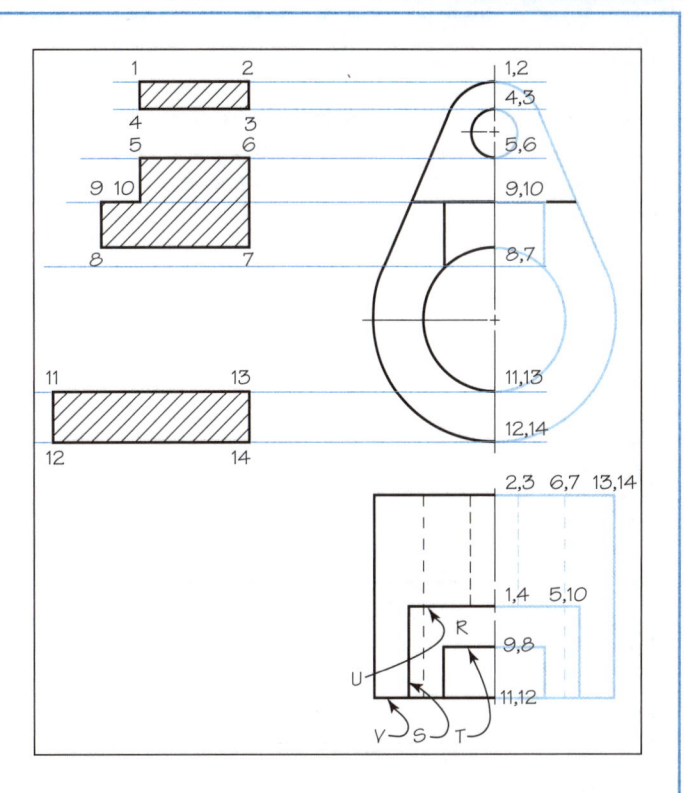

Passo 4: projetando as linhas visíveis

A partir do sentido de onde o corte é visto, a superfície superior (V) do objeto aparece no corte como uma linha visível (12-11-16-15-17).

A superfície inferior do objeto aparece de forma semelhante ao 14-13-7-6-3-2. A superfície inferior do rebaixamento aparece no corte como uma linha 19-20.

Também a metade de trás do rebaixamento e o furo menor aparecerão como retângulos no corte em 19-20-15-16 e 3-4-5-6. Esses pontos devem ser projetados. A vista resultante é mostrada à direita.

Observe que, como todas as superfícies cortadas são partes do mesmo objeto, a hachura deve seguir sempre a mesma direção e o mesmo distanciamento entre as linhas.

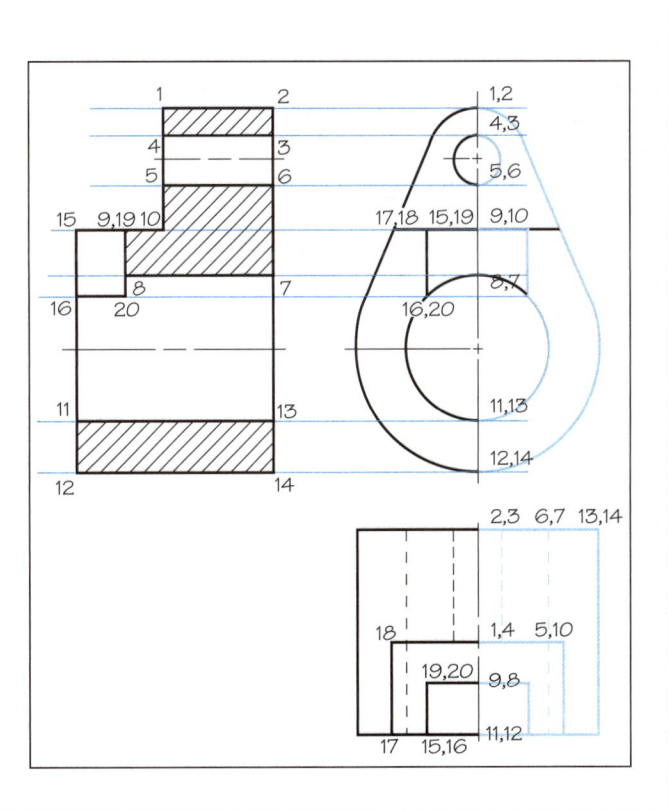

Mãos à obra 7.3
Hachuramento

Roteiro:

O que está errado em cada exemplo de hachuramento abaixo? Olhe para os tópicos nas Dicas práticas à direita. Escreva as respostas nos espaços reservados. A primeira já está feita para você como exemplo.

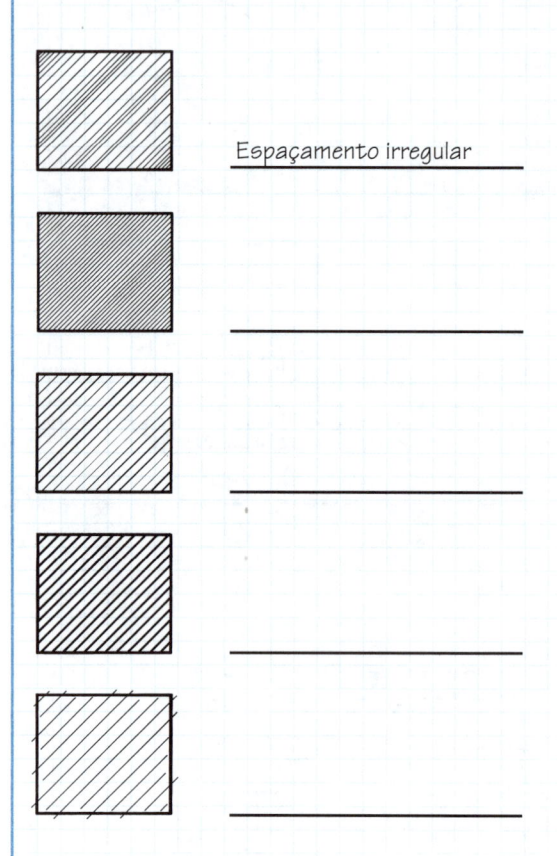

Espaçamento irregular

_____

_____

_____

_____

Dicas práticas
Métodos de hachuramento

O método correto para desenhar hachuras é mostrado à direita. Desenhe a hachura com um lápis apontado de dureza mediana como H ou 2H. Aqui vão algumas dicas para ajudar:

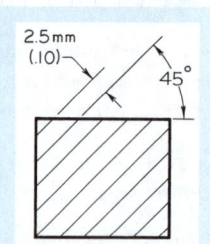

- Depois que as primeiras linhas tiverem sido desenhadas, volte a elas repetidas vezes para evitar o aumento ou a diminuição gradual dos intervalos.

- Os iniciantes quase invariavelmente desenham hachuras muito próximas. Isso não apenas demora muito como torna as imprecisões no espaçamento óbvias.

- As hachuras devem ter espessura constante. Deve haver um contraste bem aparente de espessura entre as hachuras e dos contornos visíveis.

- Evite prolongar as hachuras além dos contornos visíveis ou parar antes de chegar a eles.

Prática:

Pratique sua técnica de hachuramento nos quadrados abaixo. Depois disso, hachure o desenho à direita.

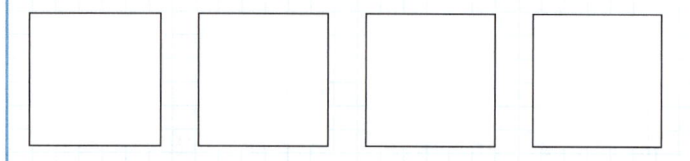

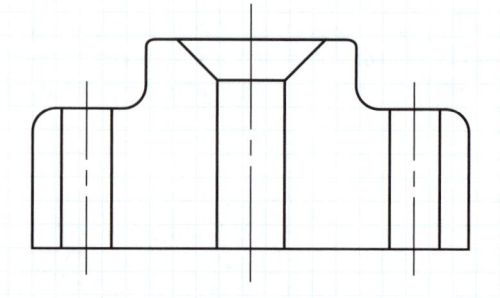

cante e imagine que a porção do objeto entre você e o plano secante foi removida.

Para localizar os pontos que você usará para gerar uma projeção do corte, identifique o lugar em que o plano secante passa por partes sólidas do objeto, começando com as superfícies externas do objeto. Projete os pontos que limitam as áreas pelos quais passa o plano secante. Use hachuras para representar as superfícies secionadas na vista em corte. Lembre-se de mostrar também qualquer parte do objeto que seja visível por trás do plano secante. Não mostre arestas invisíveis.

Na Internet, você pode encontrar exemplos de vistas em corte aplicadas a assuntos diversos, tais como sistemas de aquecimento complexos, edificação, a plataforma espacial Mir e até mesmo um corpo humano.

- http://www.dryair.com/dahp6b.jpg
- http://www.hebel.com/cutaway.htm
- http://shuttle.nasa.gov/sts-71/pob/sts71/slmir/cutaway.html
- http://ucarwwv.ucar.edu/staffnotes/12.94/vizmanvid.mpg

Você pode encontrar também padrões de hachuras, sugestões e programas *shareware* para uso com seu sistema de CAD no *site*:

- http://www.cadsyst.com

7.8 MEIO CORTE

Objetos simétricos podem ser cortados usando-se um plano secante passando apenas até a metade do objeto, resultando em um *meio corte*. Um meio corte expõe o interior da metade de um objeto e ainda mostra o exterior da outra metade. Um exemplo é mostrado na Figura 7.10. O meio corte não é muito usado em desenhos de detalhes – vistas cotadas mostrando peças únicas – porque pode ser difícil cotar completamente uma peça quando são mostradas características internas só na metade secionada. Porém, o meio corte é muito útil em desenhos de conjunto não cotados (Capítulo 12), porque eles mostram a construção interna e externa na mesma vista.

Em geral, são omitidas as arestas invisíveis de ambas as metades em um meio corte. Entretanto, podem ser usadas na parte não-secionada se for necessário para a cotagem. Como mostrado na Figura 7.10b, o American National Standards Institute recomenda o uso de uma linha de centro como divisória entre a metade secionada e a não-secionada de um meio corte. Uma representação em corte parcial também pode ser usada.

7.9 CORTES PARCIAIS

Freqüentemente, só é necessário o corte de uma parte da vista para expor detalhes interiores. Esses cortes, limitados por uma linha de ruptura, é chamado de *corte parcial*. Na Figura 7.11, um corte pleno ou um meio corte não são necessários. Um corte parcial é suficiente para explicar a sua construção. Na Figura 7.12, o meio corte teria causado a remoção de metade do rasgo da chaveta. O rasgo da chaveta é preservado por uma quebra em torno dele. Nesse caso, o corte está em parte limitado por uma linha de ruptura e, em parte, por uma linha de centro.

Dicas práticas
Esboçando seções dentro das vistas

- As linhas visíveis adjacentes a uma seção dentro da vista podem ser interrompidas, se desejado, como mostrado abaixo:

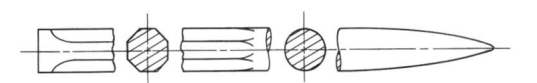

- Remova todas as linhas originais que foram cobertas pela seção. Exemplos de corte correto e de incorreto são mostrados abaixo:

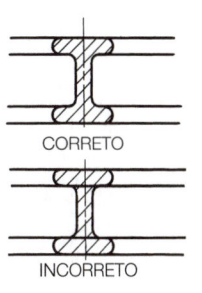

- O verdadeiro formato da seção deve ser mantido depois do rebatimento do plano secante, mesmo que a direção das linhas da vista não sejam concordantes. Exemplos de corte correto e de incorreto são mostrados abaixo:

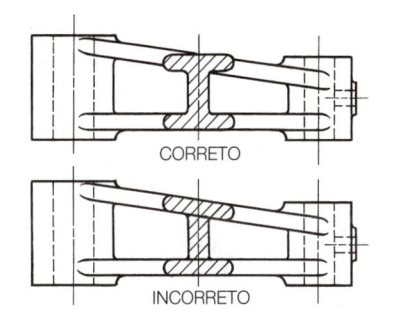

7.10 SEÇÃO* DENTRO DAS VISTAS

A forma do corte transversal de uma barra, braço, raio ou outro objeto comprido pode ser mostrado por meio de uma *seção rebatida*. As seções rebatidas são feitas assumindo-se um plano per-

---

* N. de T. No texto original, as diferenças entre seção e corte não são muito claras. Entretanto, vistas em corte são classificadas em cortes e seções. O corte tem como resultado a representação da intersecção com o plano secante e os detalhes que aparecem a partir do sentido da observação escolhida. A seção só representa a intersecção.

(a) PLANO SECANTE

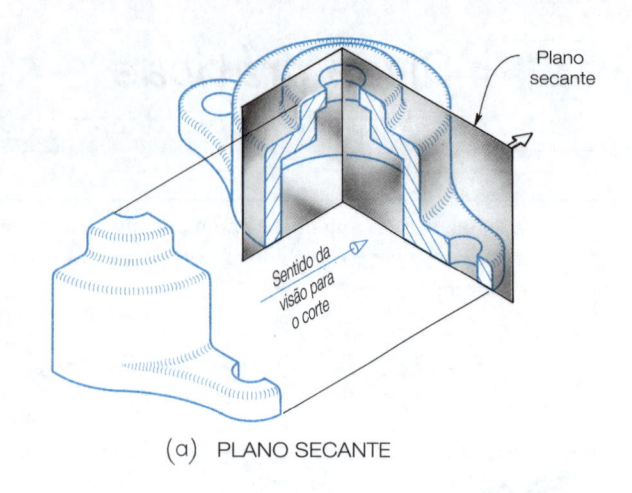

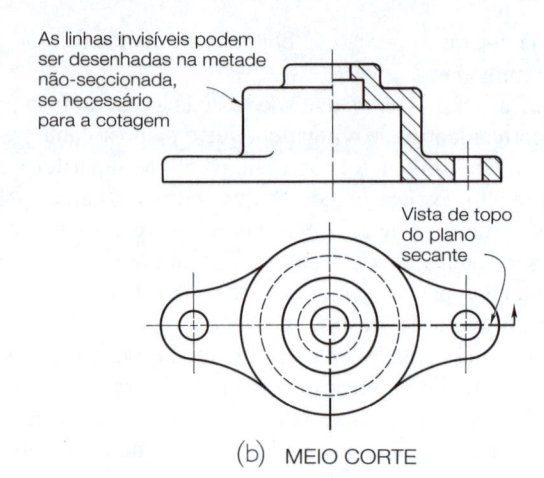

(b) MEIO CORTE

FIGURA 7.10 Meio corte.

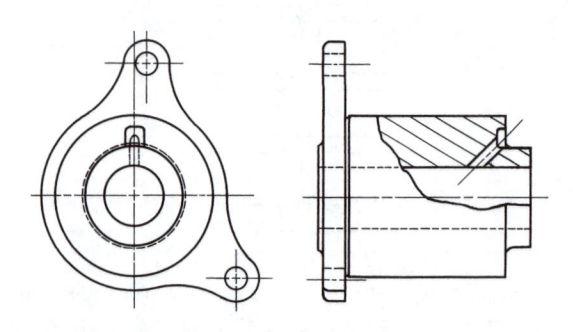

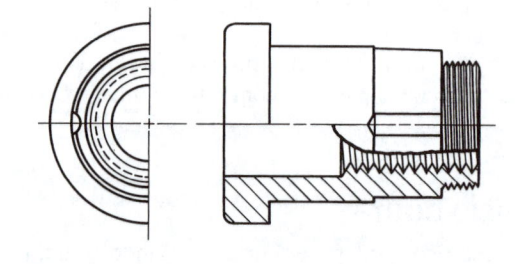

FIGURA 7.11 Corte parcial.

FIGURA 7.12 Linha de quebra em torno da rasgo da chaveta.

pendicular à linha de centro ou eixo da barra ou outro objeto, girando-se ou rebatendo-se então o plano 90 graus sobre a linha de centro. A Figura 7.13 descreve o processo de criar uma seção rebatida. São mostrados vários exemplos de seções rebatidas na Figura 7.14.

7.11 SEÇÃO FORA DA VISTA

Uma *seção fora da vista* é uma seção que não está na projeção direta da vista que contém o plano secante – é localizada em algum outro lugar no desenho. Se você tem que localizar seções em uma posição diferente, a orientação delas deverá permanecer igual à que seria se fosse localizada adjacente à vista com as linhas de corte. Seções fora da vista não devem ser rotacionadas (pois, às vezes, a tentação é fazer isto para ajustá-las melhor na folha de desenho), já que isso torna a seção de mais difícil interpretação. Uma seção fora da vista deverá ser posicionada de modo que não se alinhe com qualquer outra vista. Deverá ser separada claramente do arranjo-padrão de vistas. Sempre que possível, seções fora da vista deverão estar na mesma folha que as vistas regulares. A Figura 7.15 mostra seções fora da vista corretamente desenhadas.

Nomeie as seções fora da vista, tais como SEÇÃO A-A e SEÇÃO B-B, correspondendo às letras associadas às extremidades da linha de corte. Organize seções fora da vista em ordem alfabética da esquerda para a direita na folha. As letras das seções deverão ser usadas em ordem alfabética, mas não deverão ser usa-

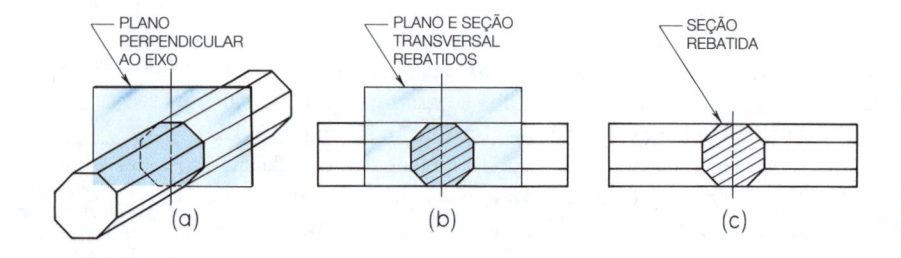

FIGURA 7.13 Uso do plano secante em seções dentro da vista.

das as letras I, O e Q porque elas são facilmente confundidas com os números 1 e 0. Se você precisar colocar uma seção em uma folha diferente, faça uma referência da folha em que estará. Uma nota deverá ser colocada embaixo do título da seção, como SEÇÃO B-B NA FOLHA 4, ZONA A3. Coloque uma nota semelhante na folha onde a linha de corte é mostrada, com uma seta apontando a linha de corte e a referência à folha na qual o desenho da seção será encontrado.

Uma seção fora da vista é, com freqüência, um corte parcial e é desenhada em uma escala ampliada, como mostrado na Figura 7.16. Isso mostra mais claramente detalhes pequenos e proporciona espaço suficiente para as cotas. A escala de ampliação deverá ser indicada abaixo do título da seção. Às vezes, é conveniente colocar seções fora da vista em linhas de centro estendidas a partir dos cortes de seção, como mostrado na Figura 7.17.

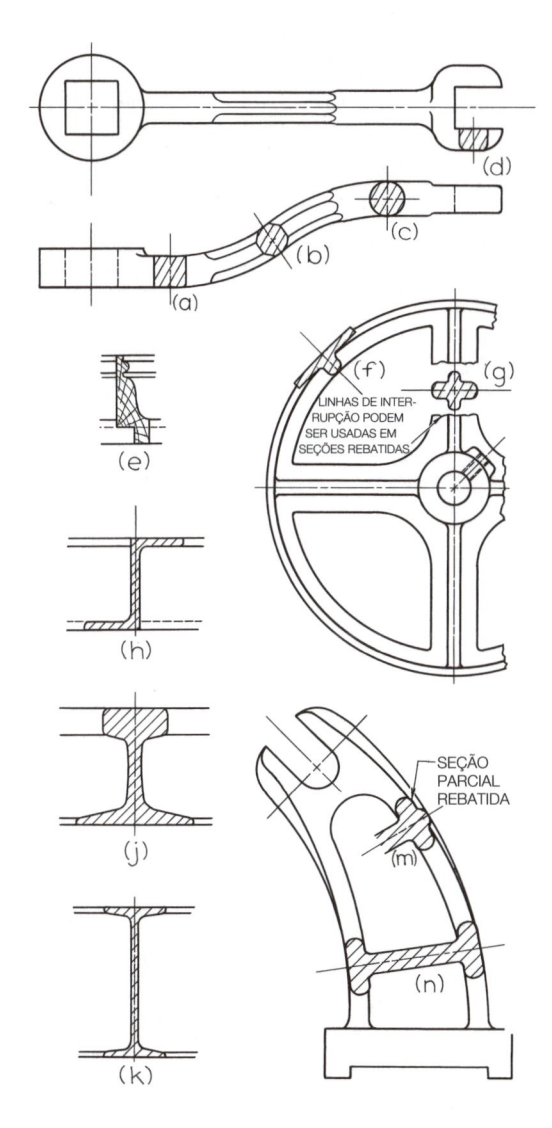

FIGURA 7.14 Seções dentro da vista.

7.12 CORTES COMPOSTOS

Ao cortar objetos irregulares, você pode mostrar características que não estão alinhadas através de desvios ou dobrando o plano secante. Tal corte é chamado de *corte composto*. Na Figura 7.18a, o plano secante é desviado em vários lugares para incluir o furo na extremidade esquerda, um furo das aberturas paralelas, o rebaixo retangular e um dos furos na extremidade direita. A porção frontal do objeto é imaginariamente removida, como mostrado na Figura 7.18b. O caminho do plano secante é mostrado pela linha de corte na vista superior da Figura 7.18c, e o corte composto resultante é mostrado na vista frontal. Os desvios ou dobras no plano secante são sempre de 90 graus e nunca são mostrados na vista em corte.

Também a Figura 7.18 ilustra como as arestas invisíveis no corte eliminam a necessidade de uma vista adicional. Se não fossem mostradas arestas invisíveis, uma vista extra seria necessária para mostrar a pequena protuberância na parte posterior da peça.

A Figura 7.19 mostra um exemplo de múltiplos cortes compostos. Observe que as superfícies visíveis ao fundo, sem arestas invisíveis, aparecem em cada vista em corte.

7.13 NERVURAS EM CORTES

Para evitar uma falsa impressão de densidade e solidez, nervuras, reforços, dentes de engrenagem e outros elementos planos similares não são cortados, embora o plano secante passe ao longo do plano central desses elementos. Por exemplo, na Figura 7.20, o plano secante A-A passa ao longo do reforço vertical, ou nervura, mas, como mostra a Figura 7.20a, a nervura não é hachurada. Tais elementos delgados não devem ser hachurados, embora passem planos secantes por eles. O corte incorreto, mostrado na Figura 7.20b, dá a falsa impressão de espessura ou solidez.

Se planos secantes passam transversalmente por uma nervura ou qualquer elemento delgado, como o plano B-B na Figura 7.20, o elemento deverá ser hachurado da maneira habitual, como mostrado na Figura 7.20c.

Se uma nervura não é hachurada, pode ser difícil levar-se em conta que a nervura está presente, como mostrado na Figura 7.21a. É difícil distinguir entre espaços abertos (indicação B) e nervuras (indicação A). Em tais casos, devem ser usadas hachuras alternadas nos reforços como mostrado na Figura 7.21b.

7.14 CORTES REBATIDOS

Para incluir em um corte certos elementos inclinados, o plano secante pode ser dobrado para atravessar esses elementos. Logo em seguida, o plano e os elementos são imaginados rebatidos no plano original. Por exemplo, na Figura 7.22, o plano secante é dobrado para atravessar o braço inclinado e então é alinhado a uma posição vertical onde é projetado para a vista em corte.

Na Figura 7.23c, o plano secante está rotacionado de forma que tanto o furo passante quanto o furo com rebaixamento serão incluídos na vista em corte. A vista em corte correta, mostrada na Figura 7.23b, está mais clara e mais completa que a em corte pleno, mostrada na Figura 7.23a. O ângulo de rebatimento sempre deve ser menor que 90 graus.

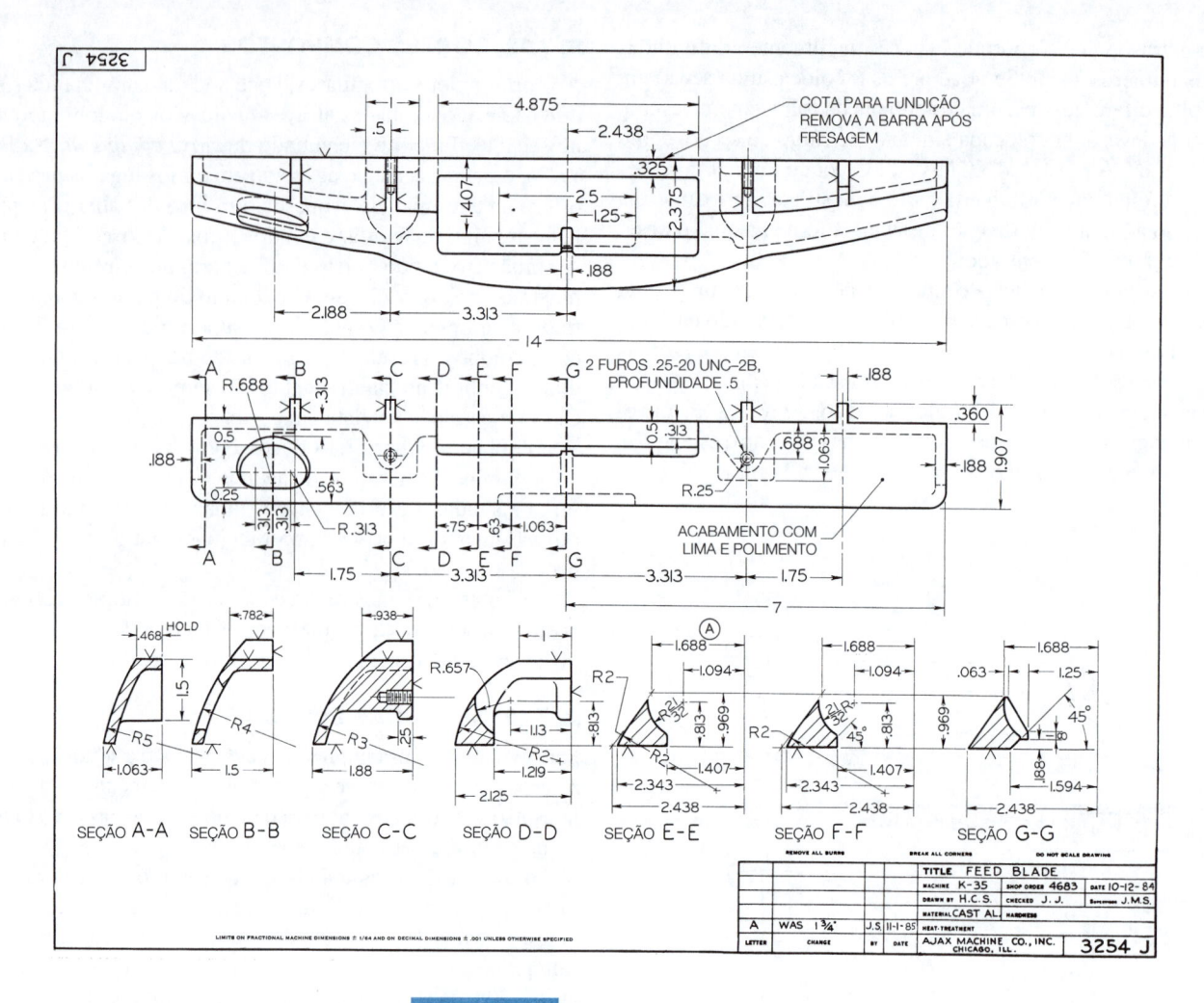

FIGURA 7.15 Seções fora da vista.

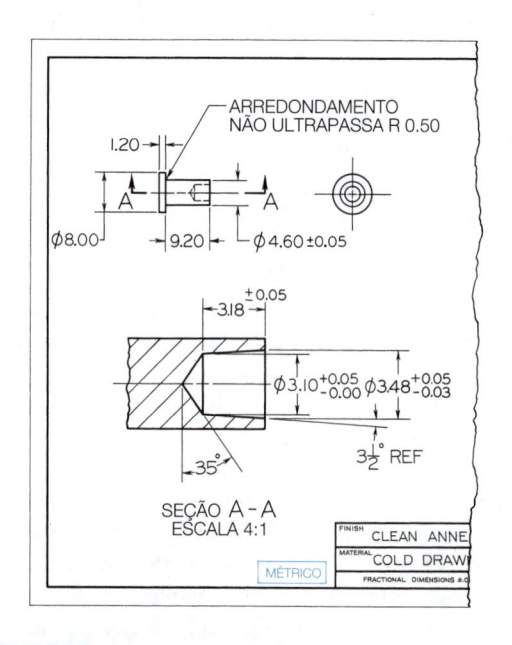

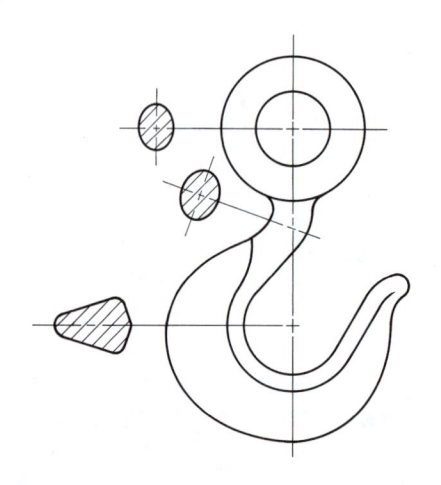

FIGURA 7.16 Seção fora da vista.

FIGURA 7.17 Seções fora da vista.

FIGURA 7.18 Corte composto.

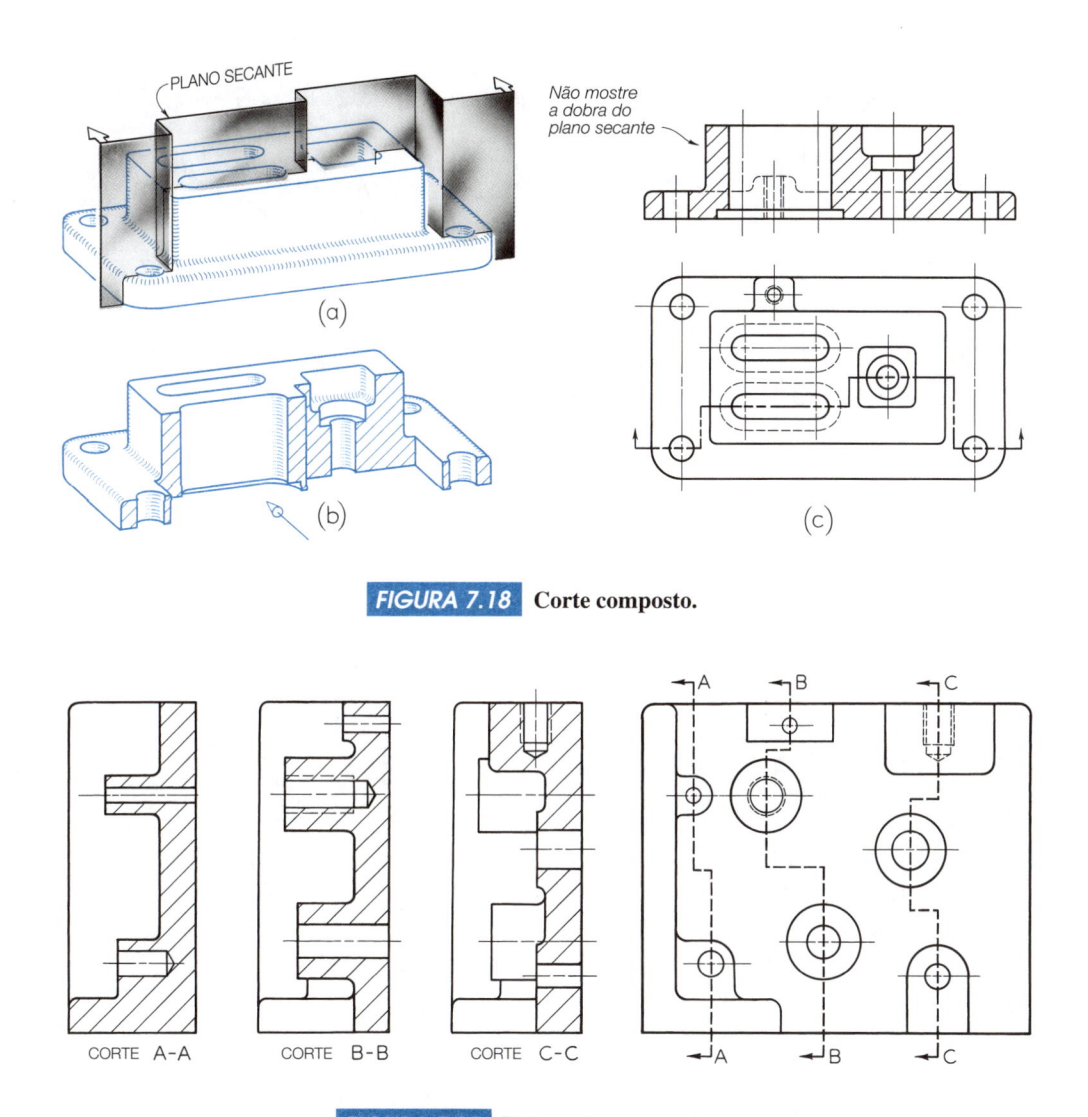

FIGURA 7.19 Três cortes compostos.

Na Figura 7.24a, as alças projetadas não são cortadas pela mesma razão que os reforços não o são. Na Figura 7.24b, as alças projetadas são localizadas de tal forma que o plano secante passa através delas transversalmente e, portanto, são cortadas.

Outro exemplo que envolve o corte rebatido de nervuras é mostrado na Figura 7.25. Na vista circular (frontal), o plano secante é desviado em um segmento de arco para incluir o furo superior e a nervura superior, o rasgo de chaveta e o furo do centro, a nervura e um dos furos mais embaixo. Esses elementos são imaginados sendo rebatidos até que eles se alinham verticalmente e são então projetados a partir daquela posição a fim de obter o corte mostrado na Figura 7.25b. Note que as nervuras não são hachuradas. Se um corte pleno regular do objeto fosse feito sem usar as convenções discutidas aqui, o corte resultante, mostrado na Figura 7.25c, estaria incompleto e confuso e levaria mais tempo para ser desenhado.

Ao cortar uma polia ou qualquer roda com raios, como mostrado na Figura 7.26a, é uma prática padronizada rebater os raios

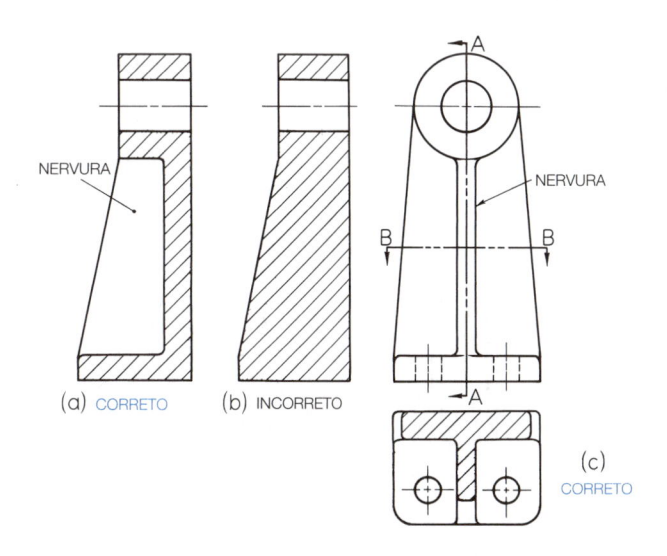

FIGURA 7.20 Nervura em corte.

Observe no uso da linha invisível

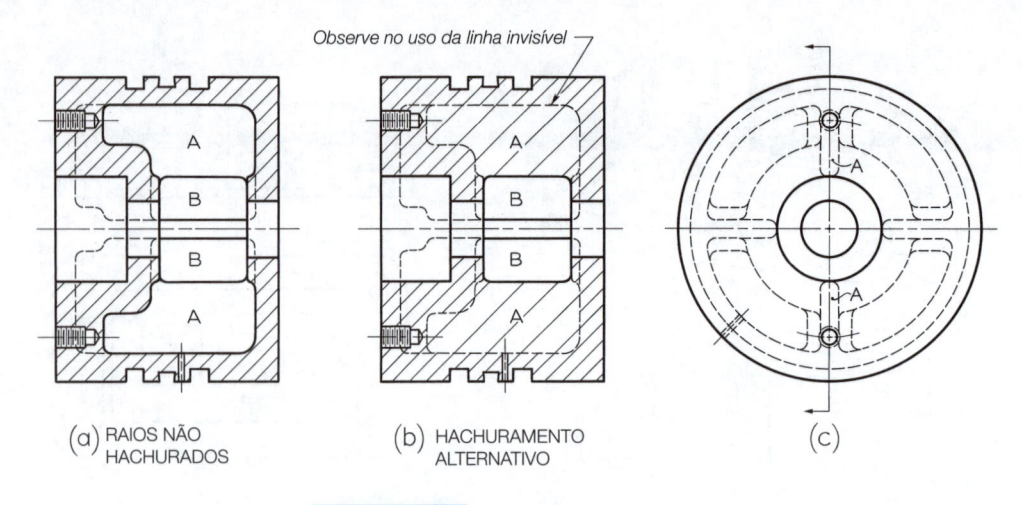

(a) RAIOS NÃO HACHURADOS
(b) HACHURAMENTO ALTERNATIVO
(c)

FIGURA 7.21 Hachura alternada.

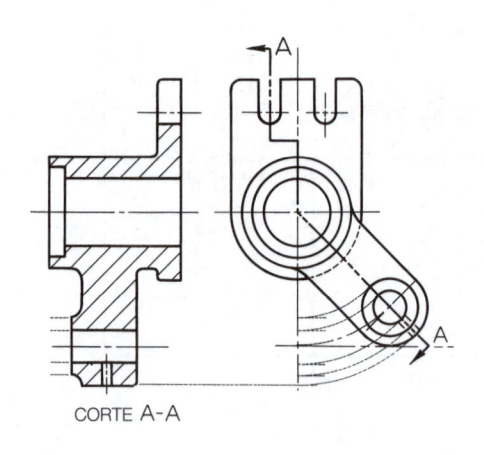

CORTE A-A

FIGURA 7.22 Corte rebatido.

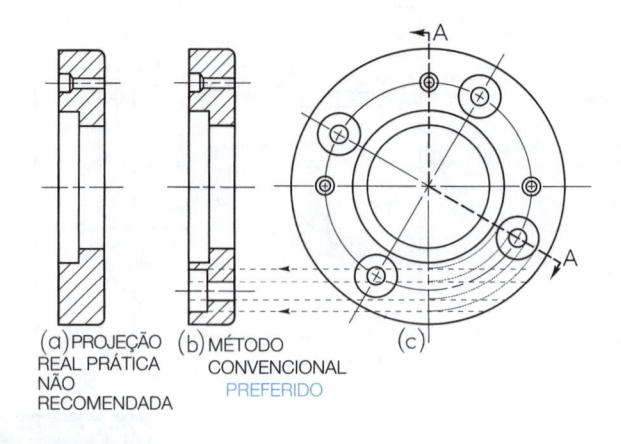

(a) PROJEÇÃO REAL PRÁTICA NÃO RECOMENDADA
(b) MÉTODO CONVENCIONAL PREFERIDO
(c)

FIGURA 7.23 Corte rebatido.

(a)

(b)

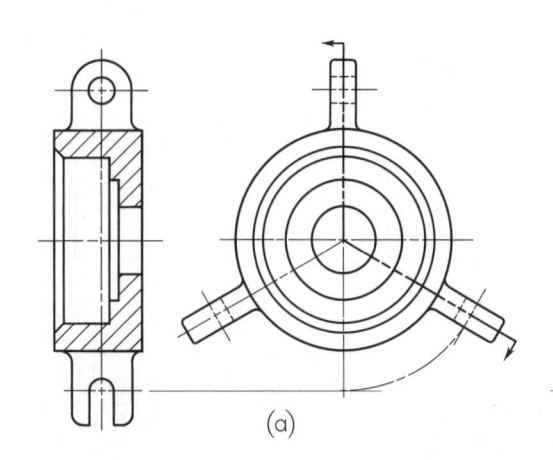

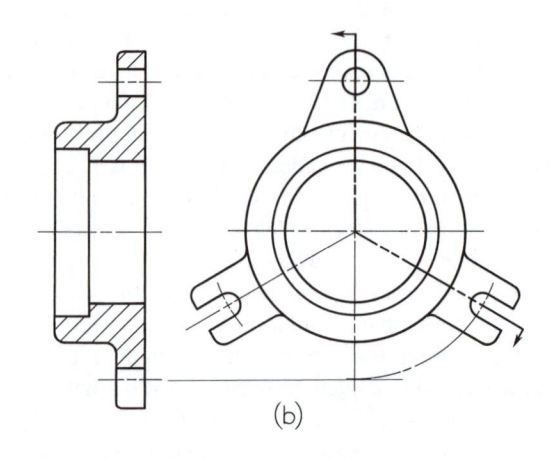

FIGURA 7.24 Cortes rebatidos.

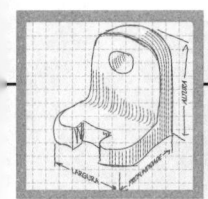

CAD EM SERVIÇO
Modelando superfícies irregulares

EMPUNHADURA DE ESQUI PROJETADA COM CAD

Projetistas da Life-link International em Jackson Hole, Wyoming, usam modelagem de superfície com sistema CAD para projetar a empunhadura ajustável do bastão de esqui. A empunhadura do bastão de esqui que eles queriam tinha que ser ergonômica – deveria ajustar-se à mão humana confortavelmente. Também precisava ter os ajustes corretos junto a outras partes do conjunto para um bastão de esqui de comprimento ajustável usado por esquiadores experientes em condições variáveis de terreno e neve. Dentro da empunhadura, um came e uma pinça são acoplados juntos e permitem que o usuário vire a empunhadura e estenda o comprimento do bastão mais 2 polegadas.

NENHUM DESENHO MANUAL FEITO

De acordo com Rick Liu, gerente de desenvolvimento de produtos da Life-link International, a forma complexa da empunhadura de esqui, mostrada na Figura A, fez com que ela fosse uma boa candidata para o projeto usando modelagem de superfície com um sistema CAD. Muitos cortes transversais da superfície teriam sido necessários para projetar e fabricar a peça usando desenhos tradicionais feitos à mão. Cada corte transversal teria que ser cuidadosamente interpretado para criar o molde. Em vez disso, a modelagem da superfície computacionalmente e uma máquina controlada numericamente (NC) foram usadas para eliminar a etapa de interpretar os desenhos feitos à mão.

REFINANDO O MODELO DE SUPERFÍCIE

Liu começou desenhando cortes transversais da empunhadura usando o programa AutoCAD. Estes foram usados para criar um modelo de superfície simplificado. Uma companhia da Califórnia refinou o modelo para a Life-link. Nos últimos minutos da transferência do modelo refinado para a Life-link por *modem*, um terremoto esmagou o computador onde o arquivo fora armazenado. Felizmente, a transferência do modelo tinha terminado antes.

O modelo refinado mostrado na Figura B foi enviado à Jungst Scientific em Bozeman, Montana, para a fabricação direta. Um protótipo foi criado exportando-se o modelo para um computador rodando o *software* Gibbs. Deste modo, Jungst gerou o percurso da ferramenta para a máquina NC executar o protótipo. Máquinas NC têm que receber instruções que elas possam interpretar, normalmente chamadas de códigos g (*g-codes*). Essas instruções são interpretadas em código de máquina específico para esta máquina. O primeiro protótipo foi aceito conforme o projetado, sem necessidade de modificações.

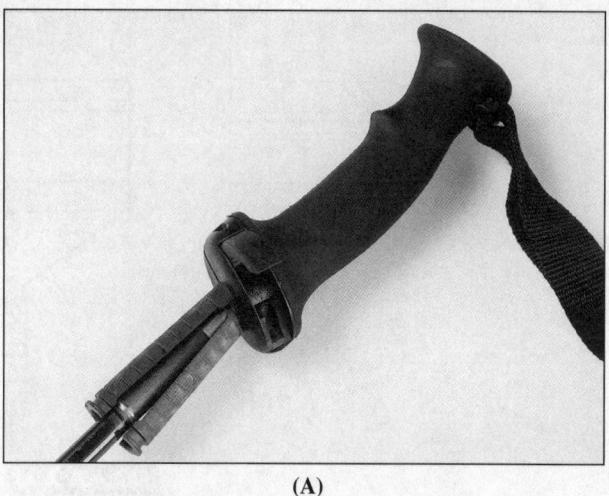

(A)

FABRICAÇÃO DIRETA

Foi necessário um molde de injeção para a fabricação final da empunhadura de esqui. Para criar um molde, Jungst produziu negros-de-fumo da empunhadura diretamente a partir do modelo. Os negros-de-fumo foram usados como eletrodos no processo de eletroerosão (EDM) para produzir as cavidades com a forma da empunhadura na base de molde de alumínio. Para usar EDM, são necessários vários negros-de-fumo para cada cavidade criada. O EDM pode ser usado para trabalhar materiais muito duros e produzir formas precisas e complexos.

A seguir, Jungst projetou os ejetores e esfriadores para o molde. Os encaixes dentro da empunhadura para o came de ajuste da altura eram fundamentais. Devido à contração dos plásticos quando esfriam, um sistema especial de refrigeração foi projetado para refrigerar a cavidade de dentro da empunhadura, onde o came se encaixa, antes que a parte externa da empunhadura esfriasse. Isso evitou que a cavidade em que o came se encaixa se contraísse de modo impróprio.

PRODUÇÃO EM MASSA

Com o molde completo, as empunhaduras de esqui puderam ser fabricadas usando-se uma prensa de molde de injeção de uma companhia no Colorado. Finalmente, elas foram montadas em Bozeman, Montana, e são vendidos por todo o mundo aos esquiadores.

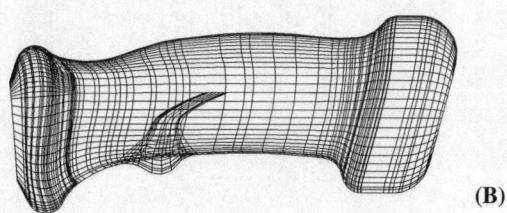

(B)

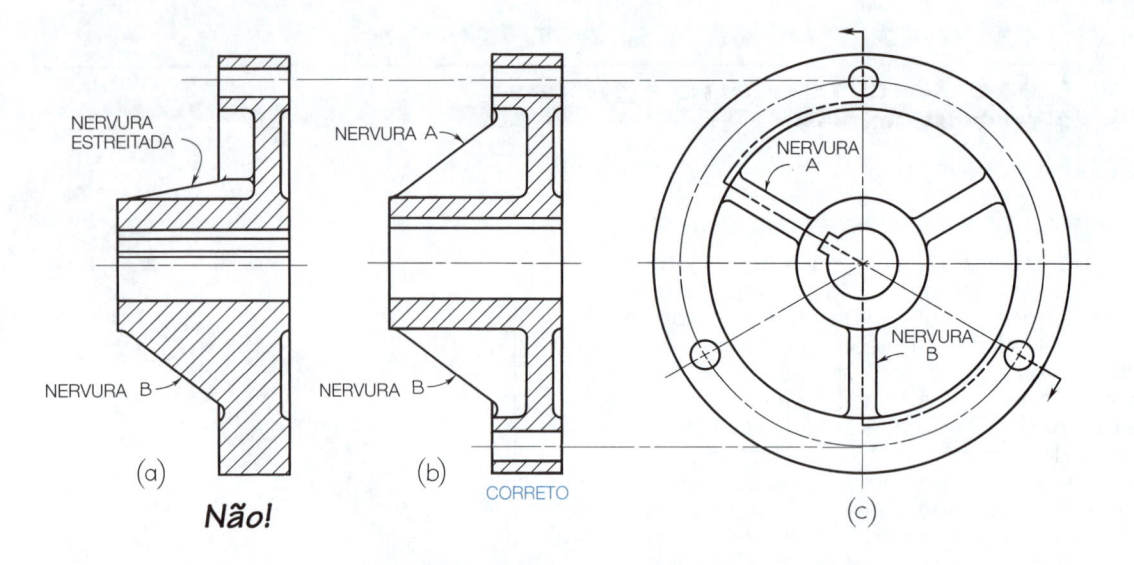

FIGURA 7.25 Simetria de nervuras.

se necessário, conforme quando há um número ímpar e sem linha de corte, como mostrado na Figura 7.26b. Se o raio é cortado, o corte dá uma falsa impressão de uma concha de metal contínua, como mostrado na Figura 7.26a. Se o raio mais abaixo não for rebatido, ele ficará estreitado na vista em corte, na qual aparecerá de forma truncada e enganosa.

A Figura 7.26 também ilustra a prática correta ao omitir linhas visíveis na vista em corte. Observe que o raio B é omitido na Figura 7.26b. Se fosse incluído, como mostrado na Figura 7.26a, o raio seria reduzido, tornando difícil e demorado o desenho e confundindo quem tiver que interpretá-lo.

Lembre-se de não rebater elementos a menos que isso melhore a clareza. Em alguns casos, rebater os elementos resulta em uma perda de clareza. A Figura 7.27 mostra um exemplo no qual o rebatimento não deverá ser feito.

7.15 VISTAS PARCIAIS

Por limitação de espaço no papel ou para economizar tempo de traçado, podem ser utilizadas *vistas parciais* juntamente com os cortes. Somente metade da vista é mostrada na vista superior nas Figuras 7.28a e 7.28b. Em cada caso, a metade posterior do objeto na vista circular é mostrado a fim de que possa ser visto no

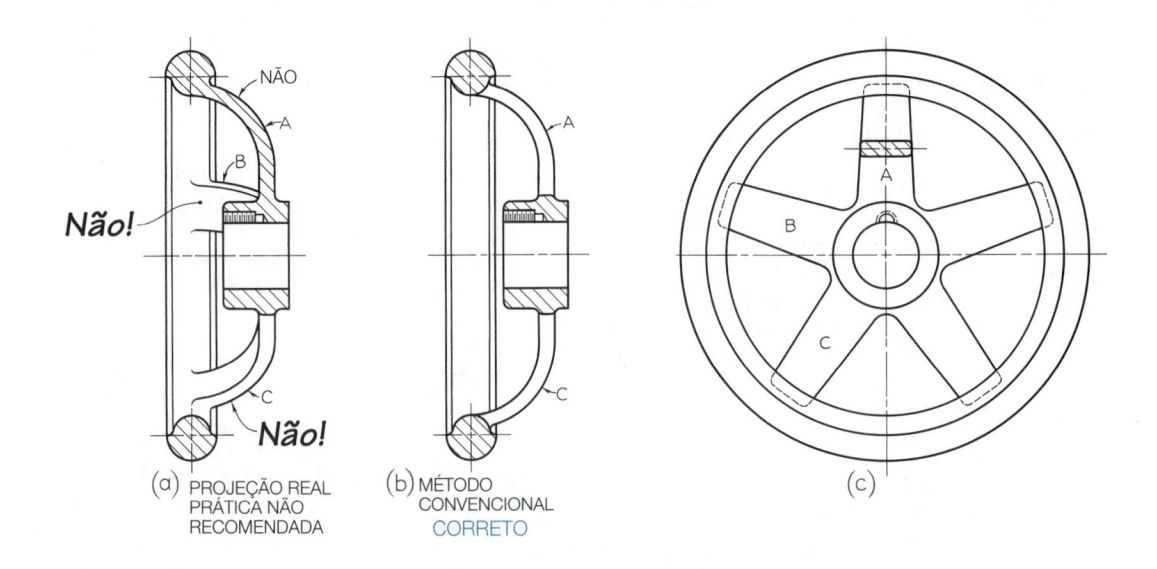

FIGURA 7.26 Raios em corte.

corte. Quando é desenhada uma vista parcial em que a vista adjacente não será cortada, a parte frontal do objeto é mostrada para elucidar a razão para as arestas invisíveis na vista adjacente.

Outro método para desenhar uma vista parcial é retirar uma grade parte da vista circular, mantendo só as características que são necessárias para a representação mínima, como mostrado na Figura 7.28c.

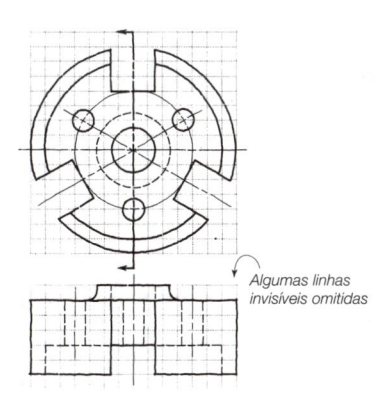

FIGURA 7.27 Componentes simétricos cujos elementos não devem ser mostrados rebatidos quando cortados.

■ 7.16 INTERSEÇÕES EM CORTES

Onde uma interseção é pequena ou sem importância em um corte, é uma prática-padrão desconsiderar a verdadeira projeção da interseção, como mostrado nas Figuras 7.29a e 7.29c. Interseções maiores podem ser projetadas, como aparece na Figura 7.29b, ou aproximadas através de arcos circulares, como mostrado para o furo menor na Figura 7.29d. Observe que o furo maior K é do mesmo diâmetro que o furo vertical. Em tais casos, as curvas de interseção, ou elipses, aparecem como linhas retas.

■ 7.17 LINHAS DE RUPTURA CONVENCIONAIS

Para encurtar uma vista de um objeto comprido, em corte ou não, são recomendadas *linhas de ruptura convencionais*, como mostrado na Figura 7.30. Por exemplo, são desenhadas as duas vistas de um ancinho de jardinagem na Figura 7.31a em uma escala pequena para ajustá-las no papel. Na Figura 7.31b, a haste é "quebrada", e uma porção central longa é removida. O ancinho é então desenhado em uma escala maior produzindo uma traçado mais claro. As partes a serem retiradas devem ter o mesmo perfil em toda a extensão, ou, se há um estreitamento, devem ser uniformes. Repare, na Figura 7.31b, que a cota do tamanho real é dada, da mesma maneira como se o ancinho inteiro fosse mostrado.

As linhas de ruptura usadas em perfis cilíndricos ou tubos são freqüentemente chamadas de ruptura em "S" e, normalmente, são esboçadas à mão livre. Excelentes rupturas em "S" são

FIGURA 7.28 Vistas parciais.

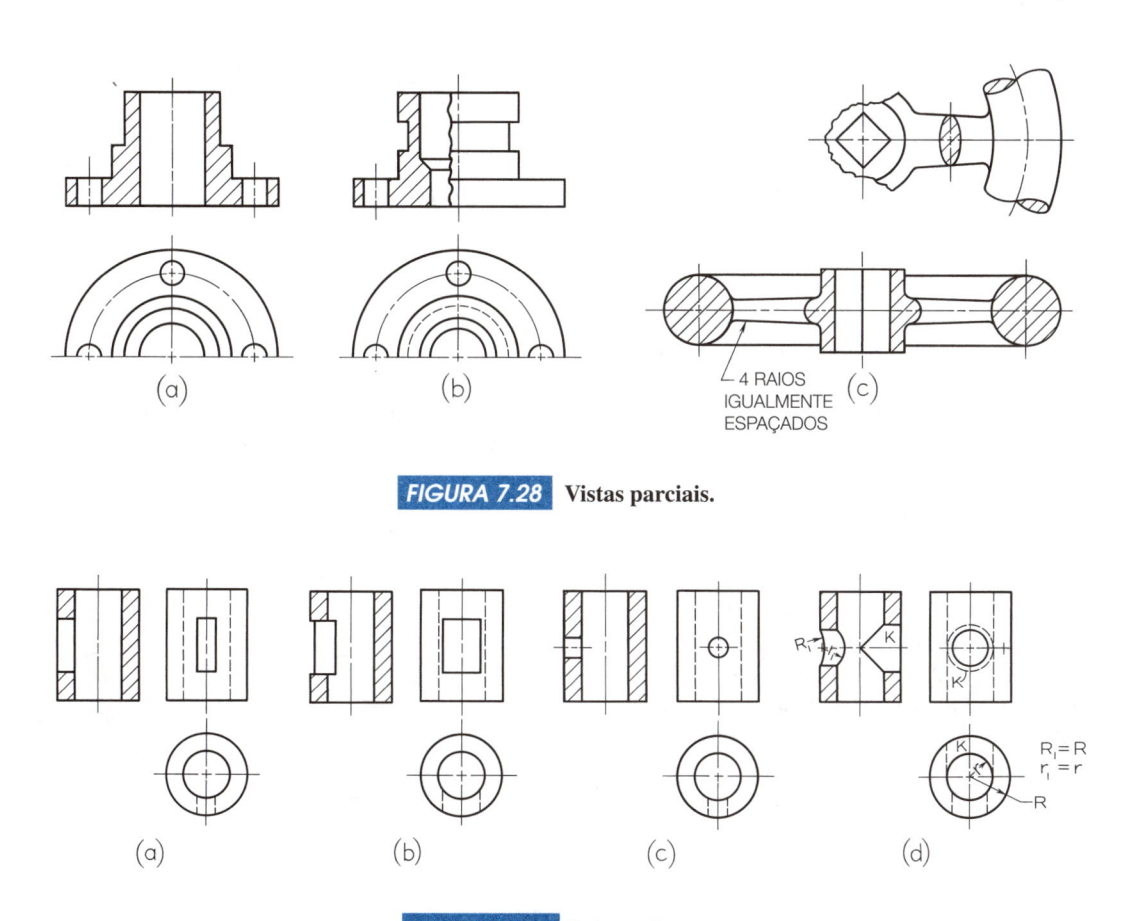

FIGURA 7.29 Interseções.

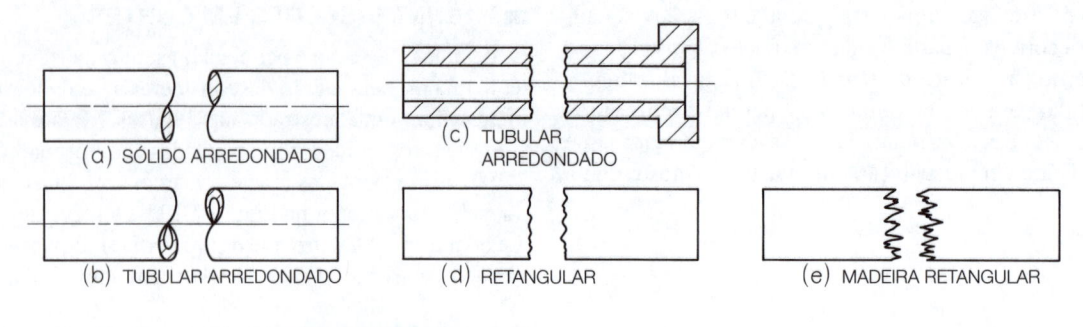

(a) SÓLIDO ARREDONDADO
(b) TUBULAR ARREDONDADO
(c) TUBULAR ARREDONDADO
(d) RETANGULAR
(e) MADEIRA RETANGULAR

FIGURA 7.30 Linhas de ruptura convencionais.

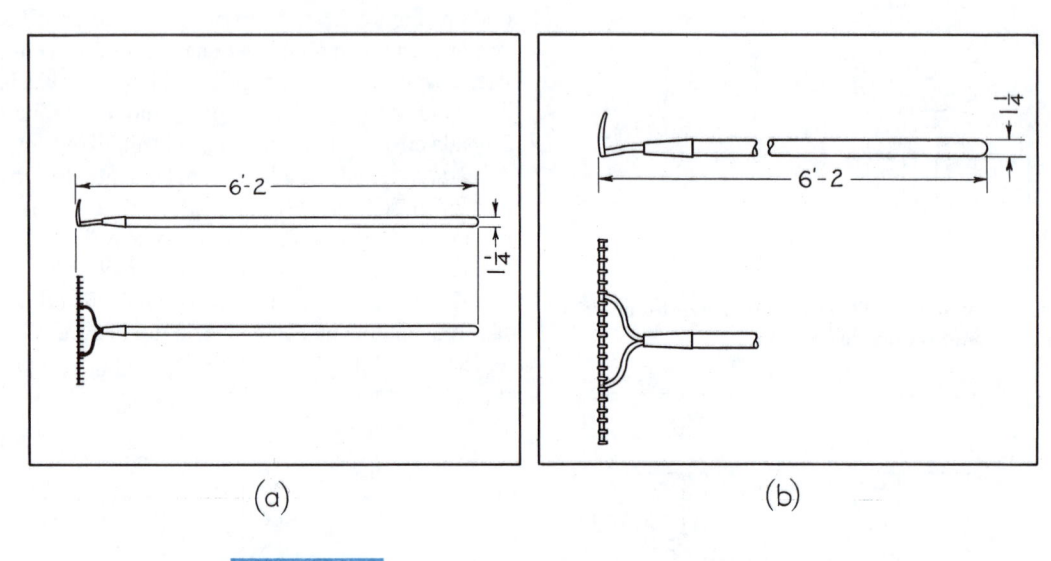

FIGURA 7.31 Uso de linhas de ruptura convencionais.

também obtidas com um gabarito apropriado. As linhas de ruptura para bloco de metal ou de madeira são sempre traçadas à mão livre, como mostrado na Figura 7.30.

7.18 CORTE EM PERSPECTIVA ISOMÉTRICA

Você pode criar vistas em corte mostrando o objeto cortado em uma perspectiva isométrica ou perspectiva oblíqua (cavaleira), hachurando as superfícies cortadas. Um *corte pleno em perspectiva isométrica* é mostrado na Figura 7.32. Normalmente, é melhor desenhar a superfície cortada primeiro e então desenhar a porção do objeto que se encontra atrás do plano secante.

Um *meio corte em perspectiva isométrica* é mostrado na Figura 7.33. Para esboçar meio corte em perspectiva isométrica, é normalmente mais fácil esboçar o objeto inteiro primeiro e então as superfícies cortadas. Como apenas um quarto do objeto é removido em um meio corte, o esboço em perspectiva resultante é mais útil que um corte pleno, pois mostra tanto formas exteriores como interiores. Às vezes, também são usados cortes parciais em perspectiva isométrica.

Hachurar um esboço isométrico é semelhante a hachurar um esboço de vistas. Recomenda-se um ângulo de 60 graus com a horizontal, mas a direção deverá ser mudada se esse ângulo fizer com que as hachuras fiquem paralelas às linhas visíveis principais.

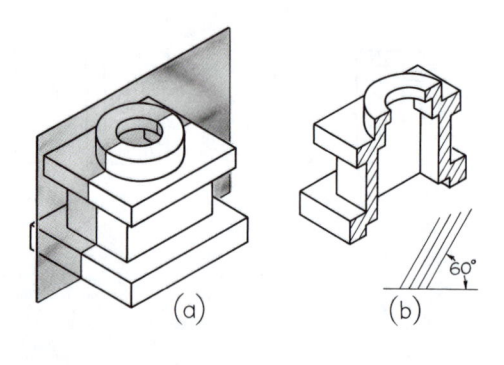

FIGURA 7.32 Corte pleno em perspectiva isométrica.

7.19 CORTES EM PERSPECTIVA CAVALEIRA

Você também pode mostrar vistas em corte em perspectiva cavaleira, especialmente para mostrar formas interiores. Um *meio corte em perspectiva* cavaleira é mostrado na Figura 7.34. *Cortes plenos em perspectiva* cavaleira raramente são usados porque não mostram formas exteriores com clareza. Em geral, cortes em perspectiva cavaleira são semelhantes a cortes em perspectiva isométrica.

7.20 COMPUTAÇÃO GRÁFICA

Você pode criar vistas 2-D e 3-D em corte usando programas CAD. A maioria dos sistemas CAD possuem um comando de hachuramento que gera hachuras-padrão para preencher uma área automaticamente. Uma variedade grande de padrões de hachuramento encontra-se geralmente disponível para indicar materiais como aço, bronze, areia e concreto.

Criar uma vista em corte pleno de um modelo 3-D geralmente é muito fácil. Você só precisa definir o plano secante. Freqüentemente, o hachuramento para as superfícies cortadas é gerado automaticamente. Vistas em corte diferentes dos cortes plenos podem ser mais difíceis de se criar. Para criar bons desenhos em corte usando um sistema CAD, como mostrado na Figura 7.35, você deverá ter uma clara compreensão dos padrões existentes a fim de mostrar as vistas em corte.

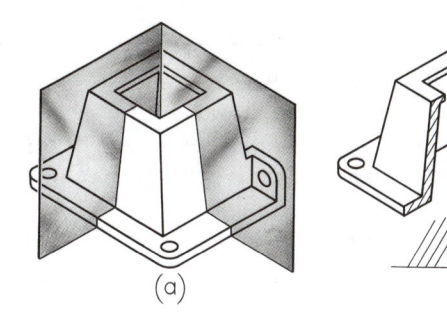

FIGURA 7.33 Meio corte em perspectiva isométrica.

FIGURA 7.34 Meio corte em perspectiva cavaleira.

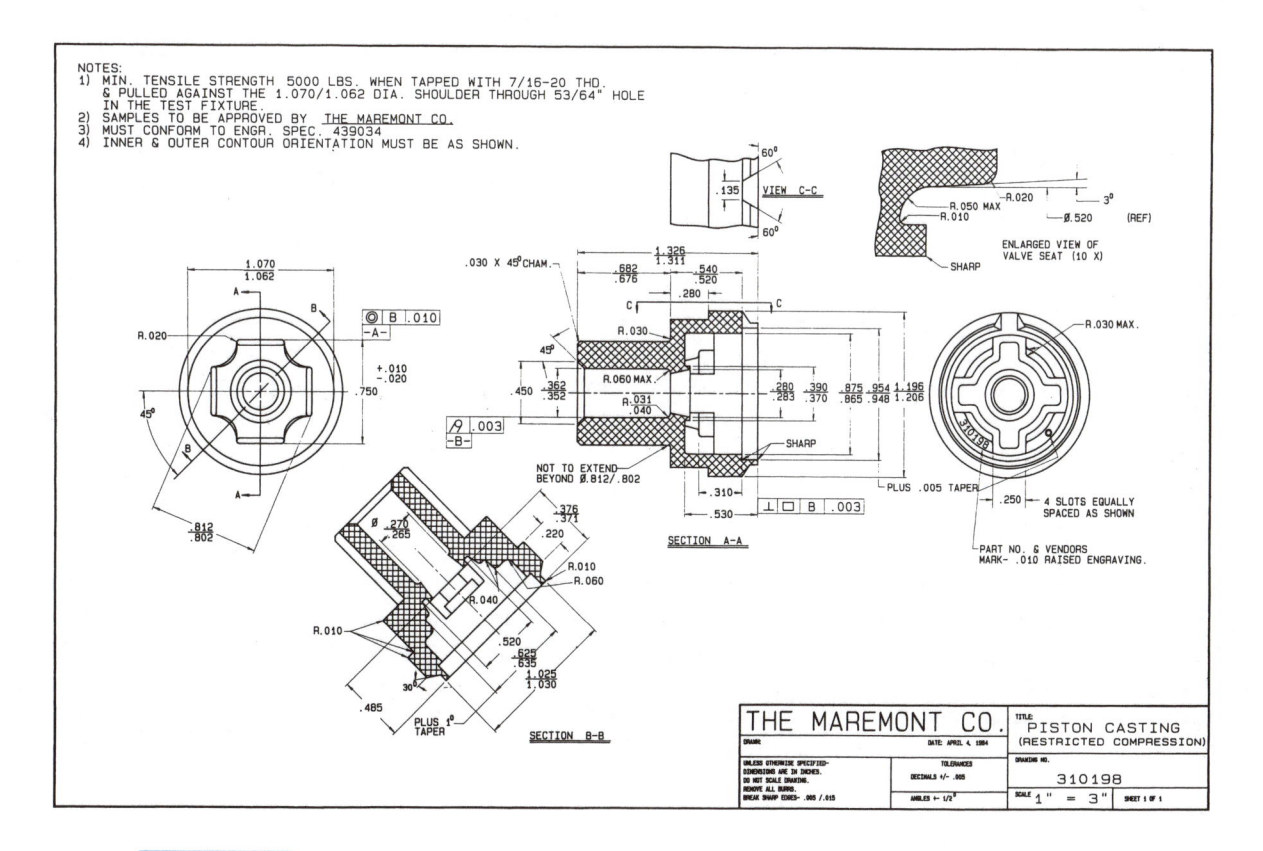

FIGURA 7.35 Desenho de detalhe usando o VersaCAD Advanced System. *(Cortesia VersaCAD)*

PALAVRAS-CHAVES

- corte composto
- corte parcial
- corte pleno
- corte pleno em perspectiva cavaleira
- corte pleno em perspectiva isométrica
- cortes rebatidos
- hachuras
- linha de corte
- linhas de ruptura convencionais
- meio corte
- meio corte em perspectiva cavaleira
- meio corte em perspectiva isométrica
- plano secante ou plano de corte
- seção dentro da vista
- seção fora da vista
- vista em corte
- vistas parciais

RESUMO DO CAPÍTULO

- O corte é uma técnica de representação gráfica em que o objeto é hipoteticamente cortado para expor detalhes interiores que, caso contrário, seriam mostrados usando-se arestas invisíveis.
- Os cortes mostram detalhes internos sem a necessidade de se utilizar arestas invisíveis.
- Os objetos são imaginariamente cortados ao longo da linha de corte.
- A parte sólida do objeto cortado pelo plano secante é mostrada hachurada com linhas finas desenhadas a 45 graus na vista em corte.
- Em uma vista em corte, muitas arestas invisíveis são substituídas por linhas do objeto, uma vez que as superfícies internas estão visíveis.
- Os símbolos de hachuramento podem ser usados para indicar o material do qual o objeto é constituído.
- Nervuras, reforços e raios não são apresentados com hachuras quando os planos secantes passam por eles no sentido longitudinal.
- Os raios e as nervuras simétricas em um objeto são rebatidos, de forma que a vista em corte mostre suas reais características.
- As linhas de ruptura convencionais são usadas para representar objetos cilíndricos longos de uma forma mais sintética.

QUESTÕES DE REVISÃO

1. O que representa a linha de corte?
2. Esboce os padrões de hachura para 10 materiais diferentes.
3. Arrole sete tipos diferentes de cortes e um exemplo de quando cada um é utilizado.
4. Quais vistas em corte são usadas para substituir uma vista primária existente? Quais vistas em corte são usadas além das vistas primárias?
5. Qual a parte de um objeto é imaginada sendo removida em um meio corte?
6. Que tipo de linha é usado para mostrar o limite de um corte parcial?
7. Por que geralmente as arestas invisíveis são omitidas em uma vista em corte?
8. Por que algumas características simétricas, como raios e nervuras, são rebatidas na vista em corte?
9. Por que um reforço é desenhado com linhas visíveis e não é hachurado?

PROJETOS DE VISTAS EM CORTE

Quaisquer dos exercícios seguintes, mostrados nas Figuras 7.36–7.66, podem ser desenhados à mão livre ou usando um sistema CAD. Porém, os exercícios na Figura 7.36 foram especialmente elaborados para serem esboçados em papel quadriculado. Dois problemas podem ser desenhados em uma folha A-4, com margens desenhadas à mão livre. Os exercícios podem ser esboçados em papel de desenho. Caso sejam requeridas dimensões métricas ou decimais, você deverá estudar primeiro o capítulo referente à cotagem.

PROJETO

Projete um dispositivo de entrada de dados. Ele pode ser um melhoramento ergonômico de um *mouse* de uso geral ou um controlador altamente especializado para uso com seu jogo favorito ou com um programa aplicativo. Tenha em mente características como durabilidade, conforto e precisão. Use vistas em corte para mostrar detalhes do interior do dispositivo.

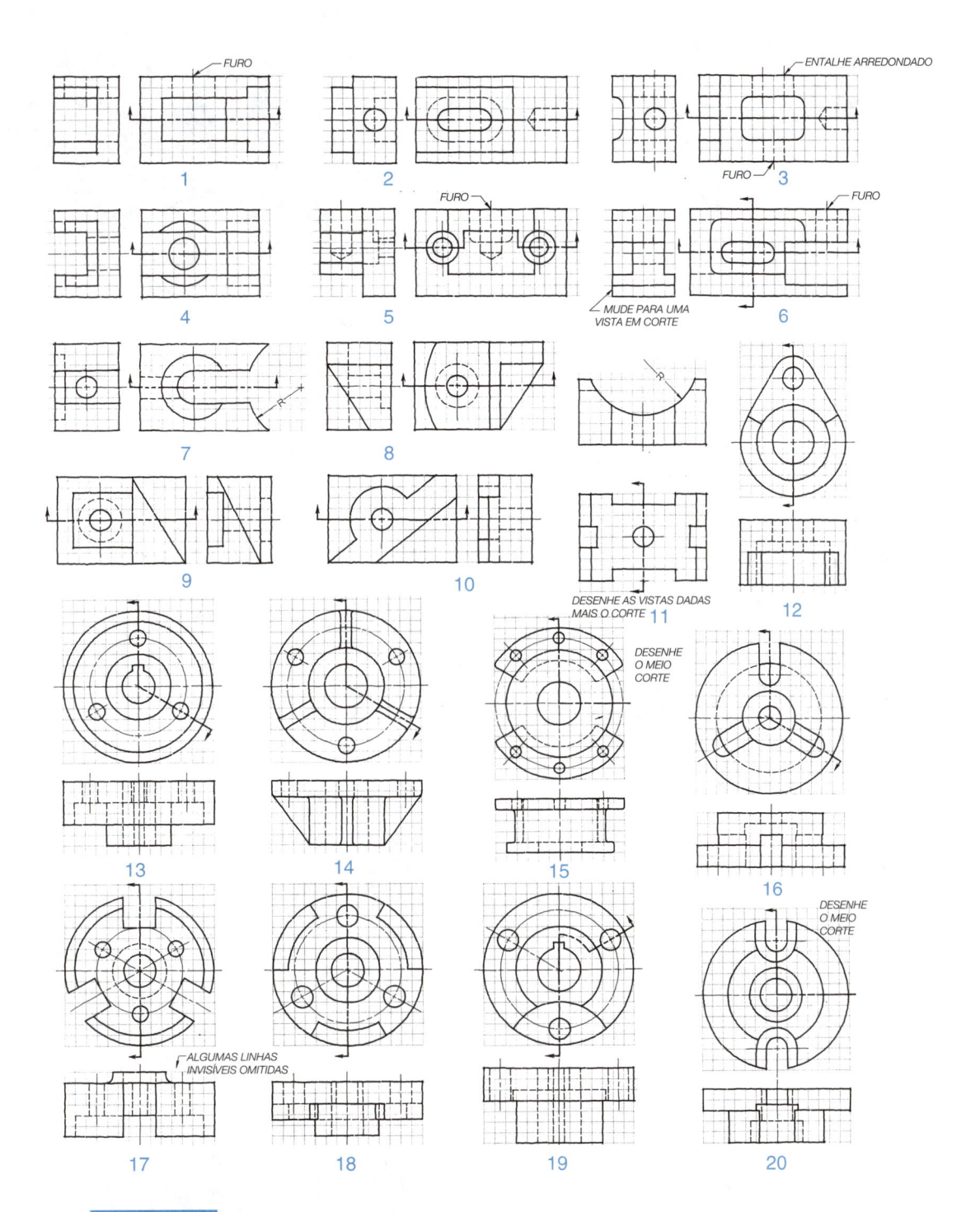

FIGURA 7.36 Exercícios de cortes à mão livre. Usando uma folha A4, em papel gráfico ou papel comum, dois exercícios por folha, esboce vistas com os cortes indicados. Cada malha quadrada = 5 mm. Nos exercícios 1-10, são dadas as vistas superior e lateral direita. Esboce as vistas frontais em corte e, então, mova as vistas laterais direitas para se alinharem horizontalmente com as vistas frontais em corte. Omita os planos secantes exceto nos exercícios 5 e 6.

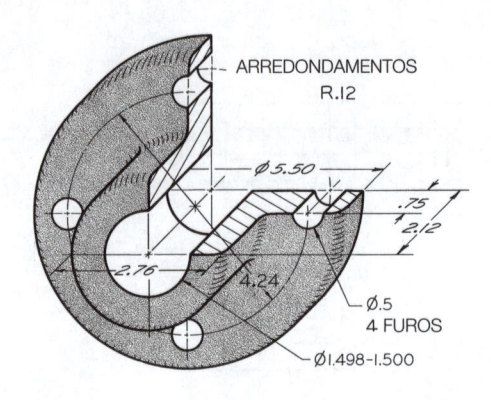

FIGURA 7.37 Mancal. Desenhe as vistas necessárias com corte pleno (folha A4).

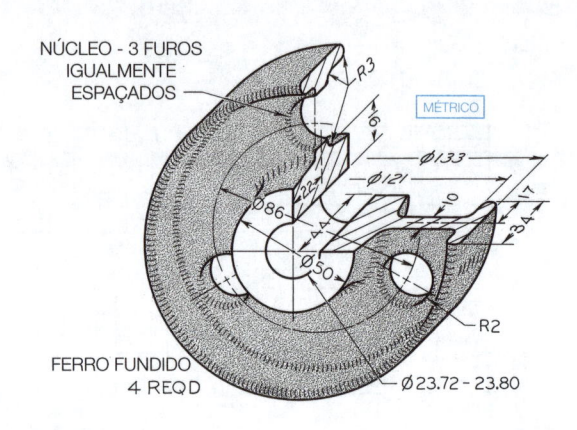

FIGURA 7.38 Roda de caminhão. Desenhe as vistas necessárias com meio corte (folha A4).

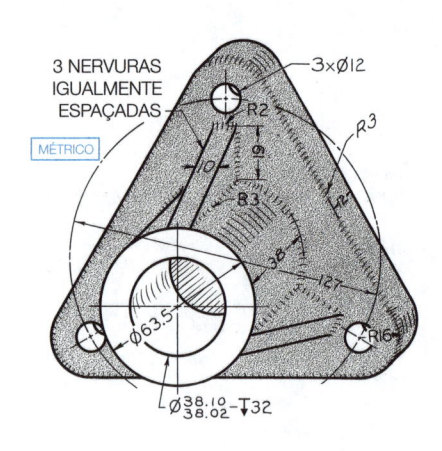

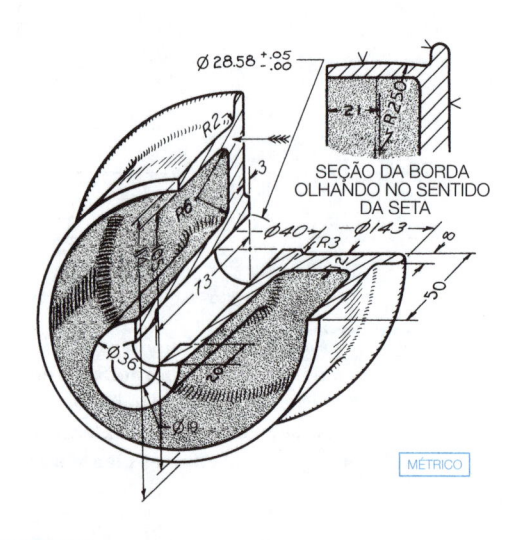

FIGURA 7.39 Suporte de coluna. Desenhe as vistas necessárias com corte pleno (folha A4).

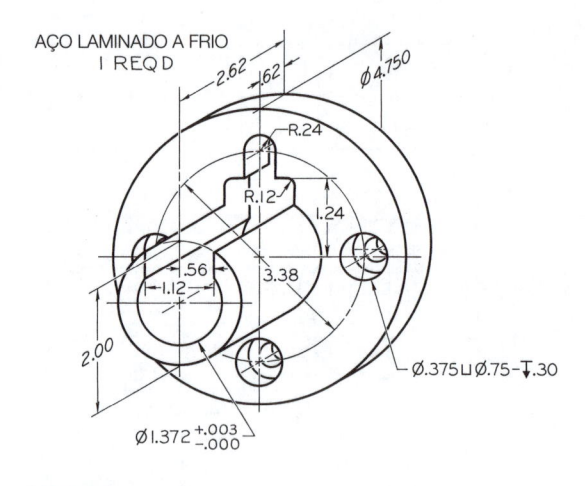

FIGURA 7.40 Bucha de centralização. Desenhe as vistas necessárias com corte pleno (folha A4).

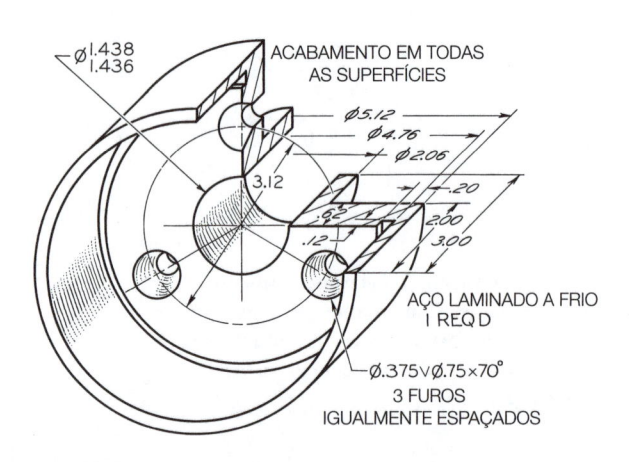

FIGURA 7.41 Mancal especial. Desenhe as vistas necessárias com corte pleno (folha A4).

FIGURA 7.42 Polia intermediária. Desenhe as vistas necessárias com corte pleno (folha A4).

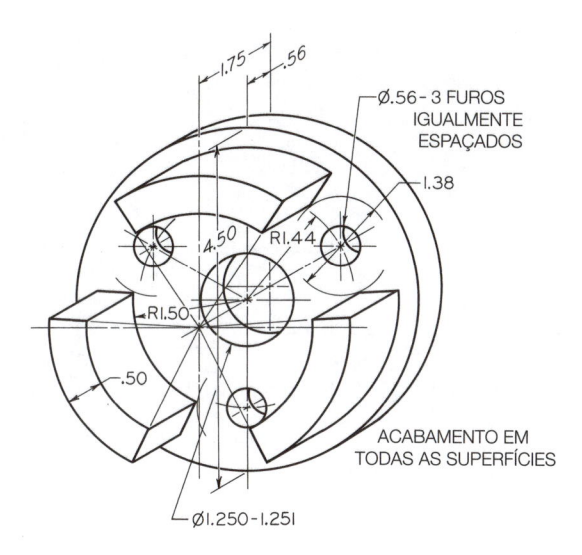

FIGURA 7.43 Arruela hemisférica. Desenhe as vistas necessárias com corte pleno (folha A4).

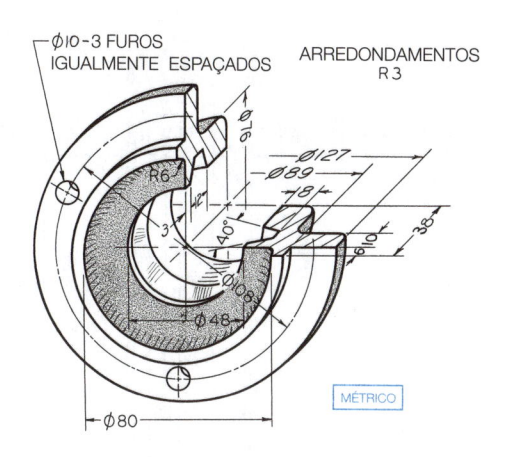

FIGURA 7.44 Carcaça de mancal fixo. Desenhe as vistas necessárias com corte pleno (folha A4).

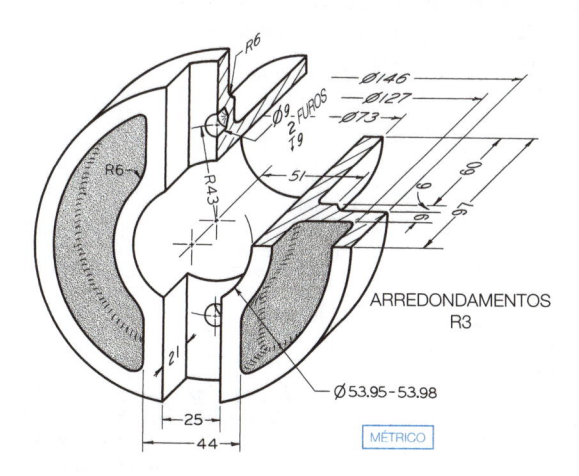

FIGURA 7.45 Guia de tarraxa. Desenhe as vistas necessárias com meio corte (folha A3).

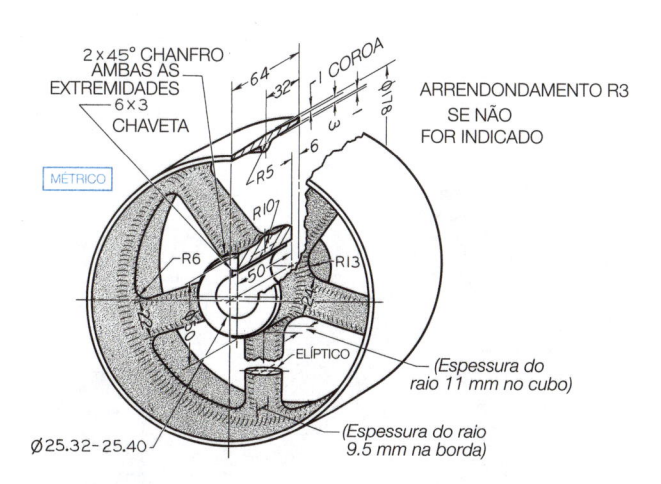

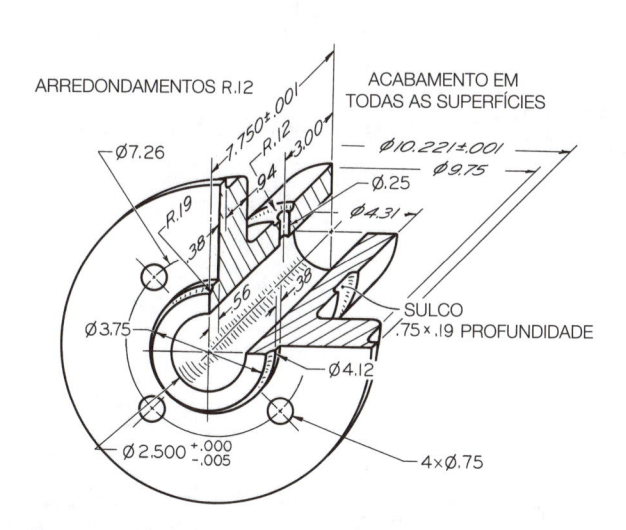

FIGURA 7.46 Mancal. Desenhe as vistas necessárias com meio corte. Escala: metade do tamanho (folha A3).

FIGURA 7.47 Polia. Desenhe as vistas necessárias com corte pleno (folha A3).

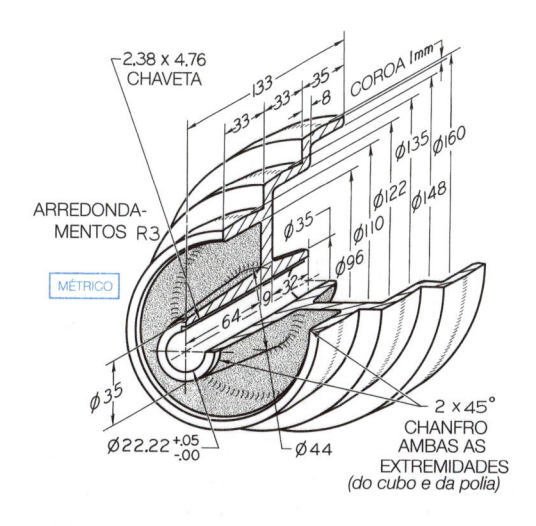

FIGURA 7.48 Polia escalonada. Desenhe as vistas necessárias com corte pleno (folha A3).

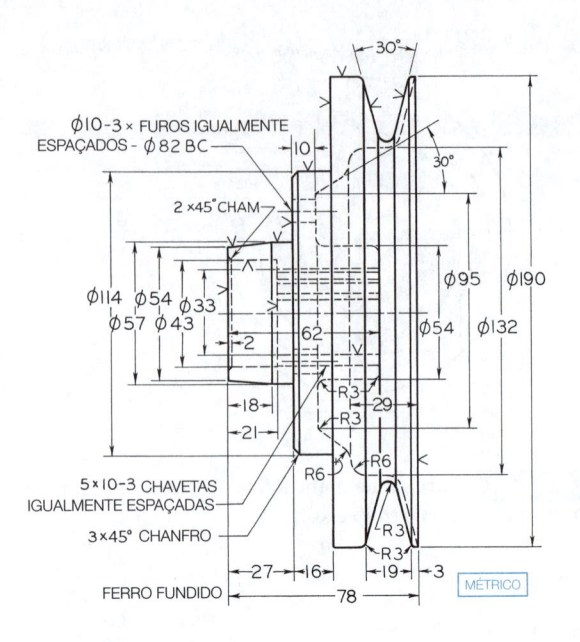

FIGURA 7.49 Polia. Desenhe duas vistas, incluindo meio corte (folha A3).

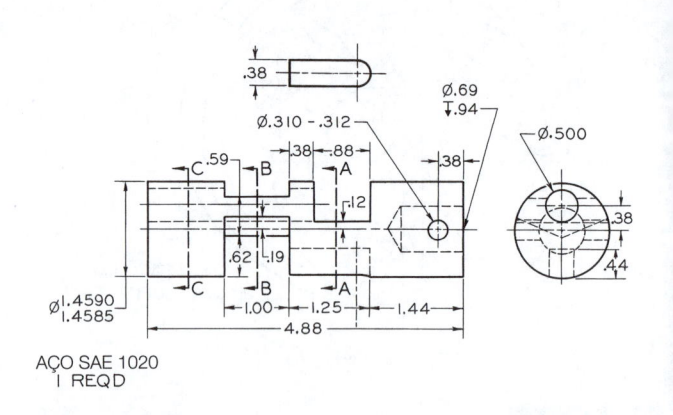

FIGURA 7.50 Válvula de operação. Dados: vista frontal, lateral esquerda e parte da vista inferior. Pede-se: frontal, lateral direita e vista inferior completa, mais a indicação da seção fora da vista (folha A3).

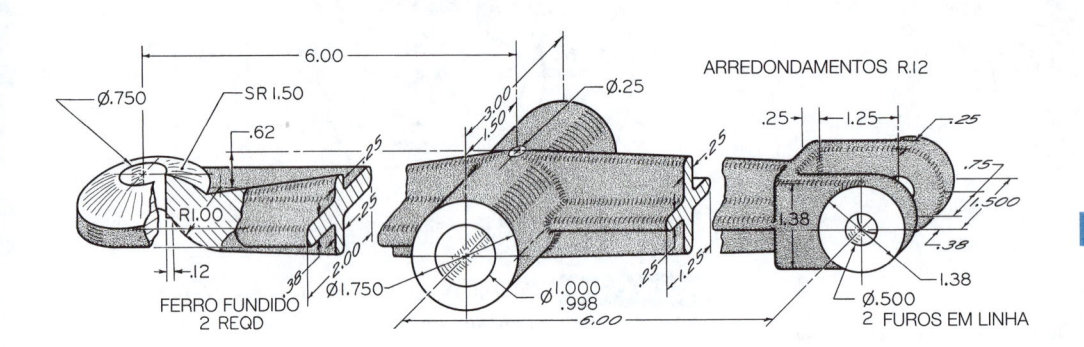

FIGURA 7.51 Braço basculante. Desenhe as vistas necessárias, com seções dentro das vistas (folha A3).

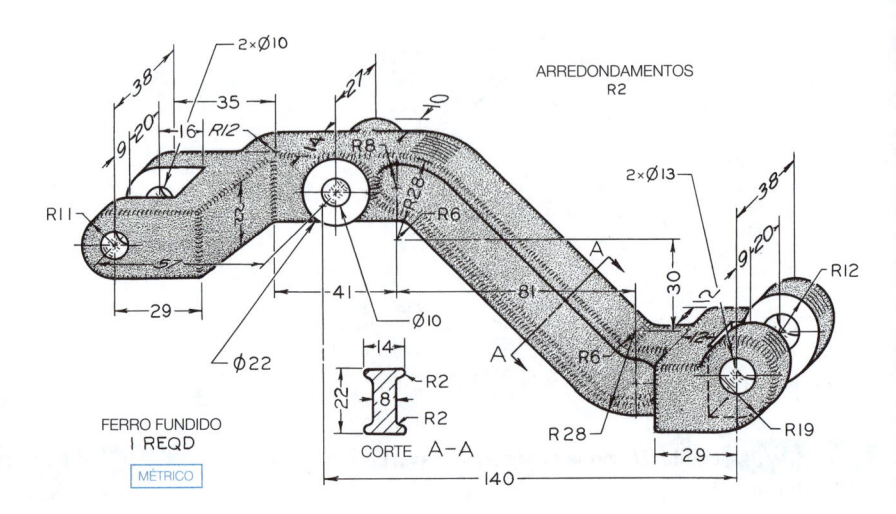

FIGURA 7.52 Alavanca do amortecedor. Desenhe as vistas necessárias, usando seções dentro das vistas em vez de fora delas (folha A3).

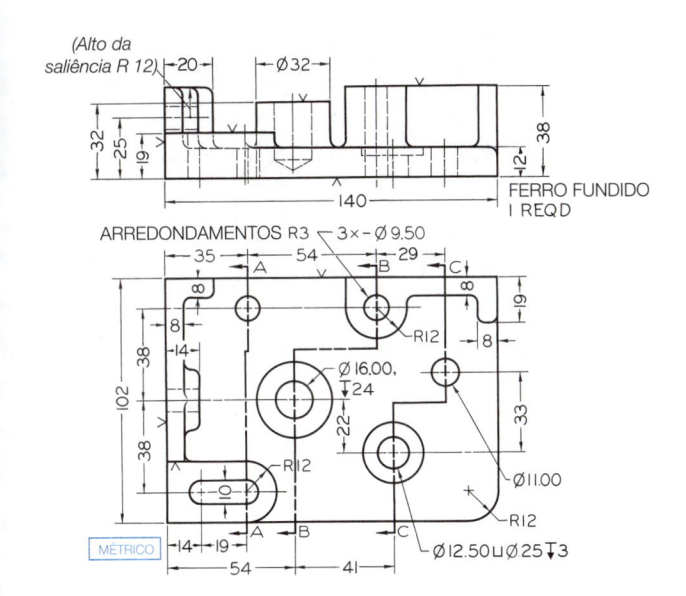

FIGURA 7.53 Base de ajustador. Dados: vistas frontal e lateral esquerdas. Pede-se: vistas frontal e superior e cortes segundo A-A, B-B e C-C. Mostre todas as linhas visíveis (folha A3).

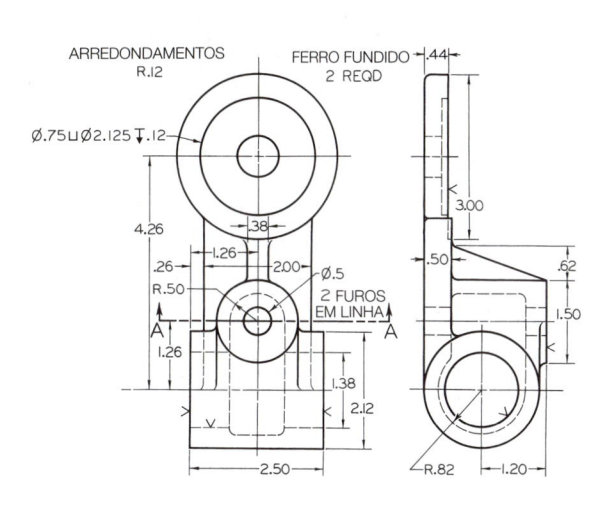

FIGURA 7.54 Carcaça móvel. Dados: vistas frontal e lateral esquerdas. Pede-se: vistas frontal, lateral direita em corte pleno e seção fora da vista segundo A-A (folha A3).

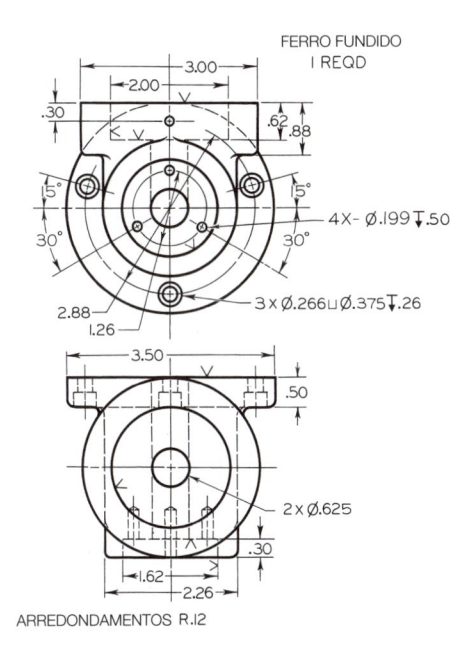

FIGURA 7.55 Junta hidráulica. Dados: vistas frontal e superior. Pede-se: vistas frontal, superior lateral direita em corte pleno (folha A3).

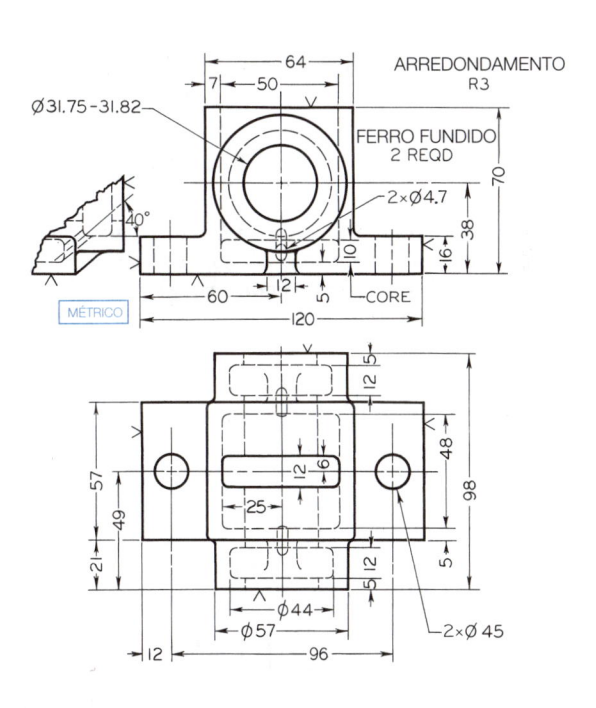

FIGURA 7.56 Mancal auxiliar de eixo. Dados: vistas frontal e superior. Pede-se: vistas frontal, superior e lateral direita em corte pleno (folha A3).

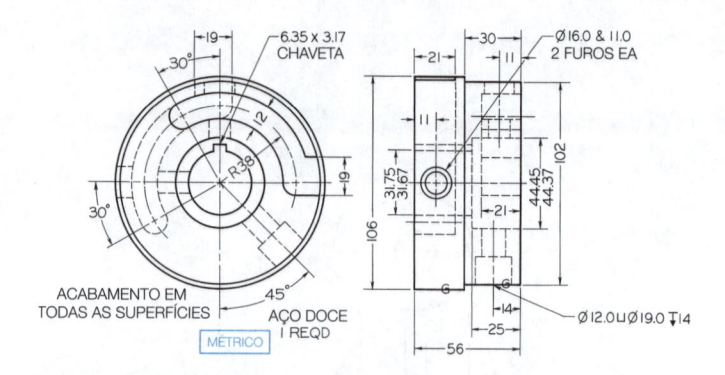

FIGURA 7.57 Aranha transversal. Dados: vistas frontal e lateral esquerdas. Pede-se: vistas frontal, lateral direita e superior em corte pleno (folha A3).

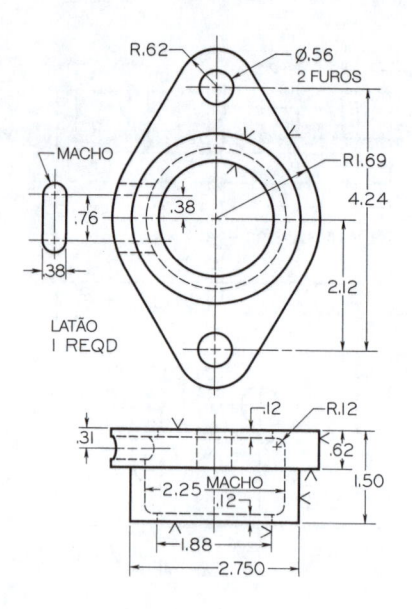

FIGURA 7.58 Bucha. Dados: vistas frontal, superior e lateral direita parcial. Pede-se: vistas frontal e lateral esquerdas em corte pleno (folha A4).

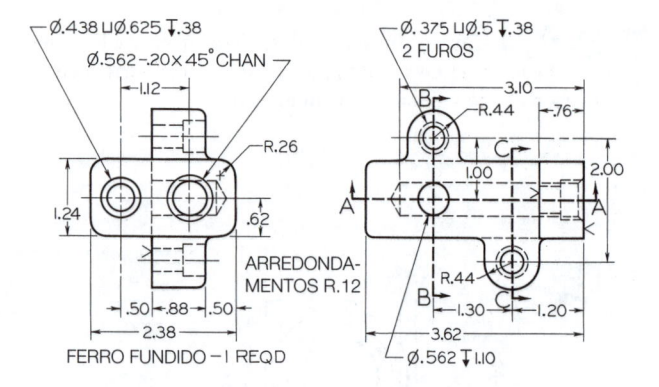

FIGURA 7.59 Suporte. Dados: vistas frontal e lateral direitas. Pede-se: faça da vista frontal uma nova vista superior, então acrescente vista lateral direita, frontal em corte pleno A-A e cortes segundo B-B e C-C (folha A4).

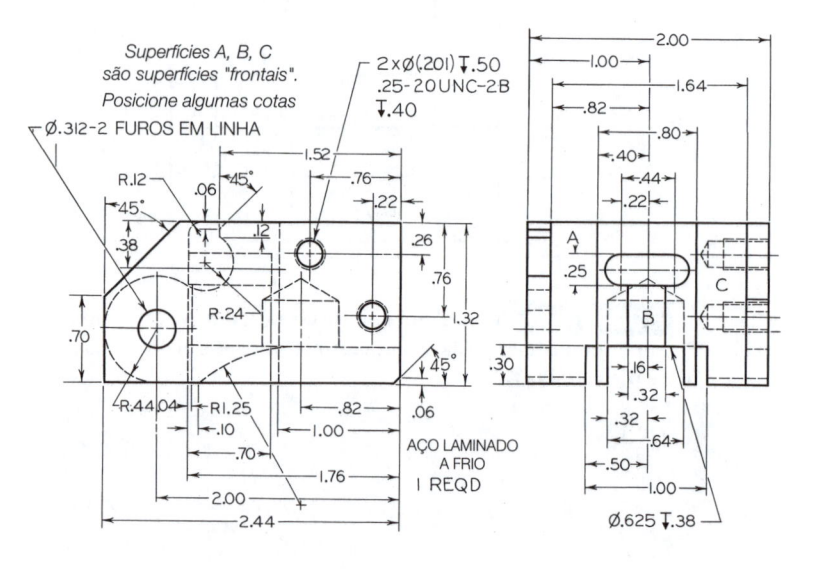

FIGURA 7.60 Bloco do gatilho. Dados: vistas frontal e lateral direitas. Pede-se: faça da vista frontal uma nova vista superior, então acrescente nova vista frontal e lateral direita em corte pleno. Desenhe com o tamanho duplicado (folha A2).

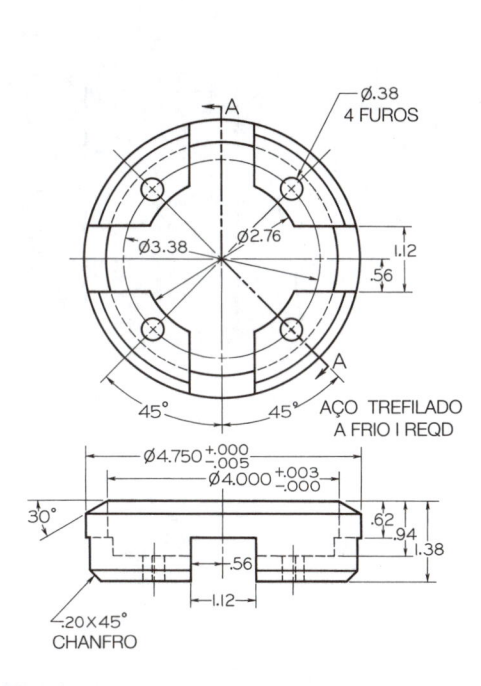

FIGURA 7.61 Anel de graxeta. Dados: vistas frontal e superior. Pede-se: vista frontal e corte segundo A-A (folha A4).

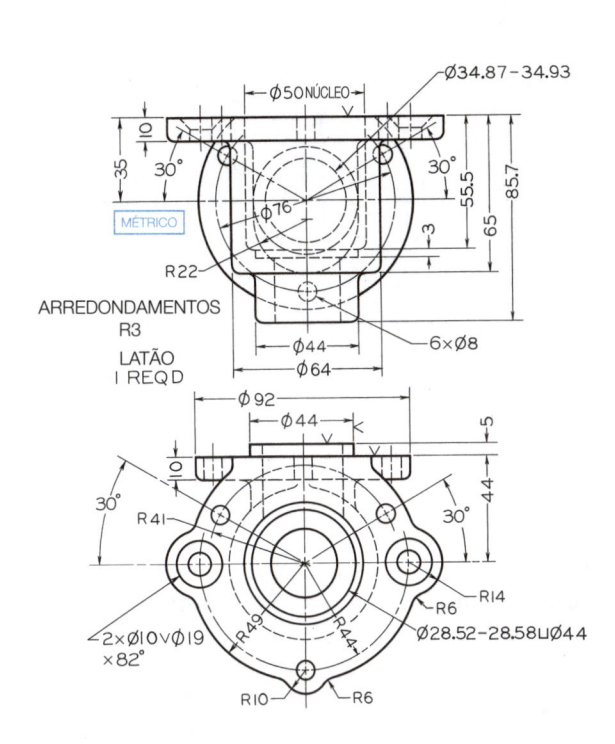

FIGURA 7.62 Corpo do filtro. Dados: vistas frontal e inferior. Pede-se: vistas frontal, superior e lateral direita em corte pleno (folha A2).

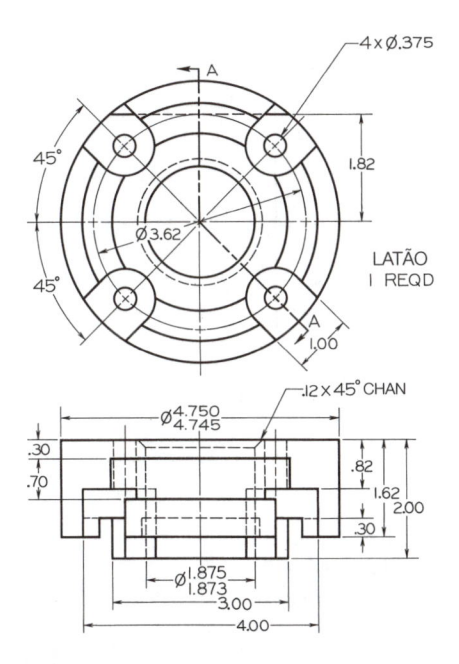

FIGURA 7.63 Retentor de óleo. Dados: vistas frontal e superior. Pede-se: vista frontal e corte segundo A-A (folha A3).

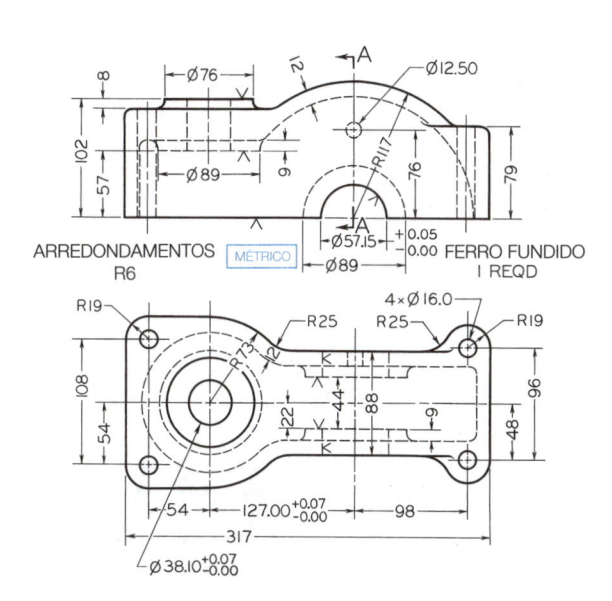

FIGURA 7.64 Cárter. Dados: vistas frontal e superior. Pede-se: vista frontal em corte pleno, vista inferior e lateral esquerda em corte segundo A-A. Desenhe com a metade do tamanho (folha A3).

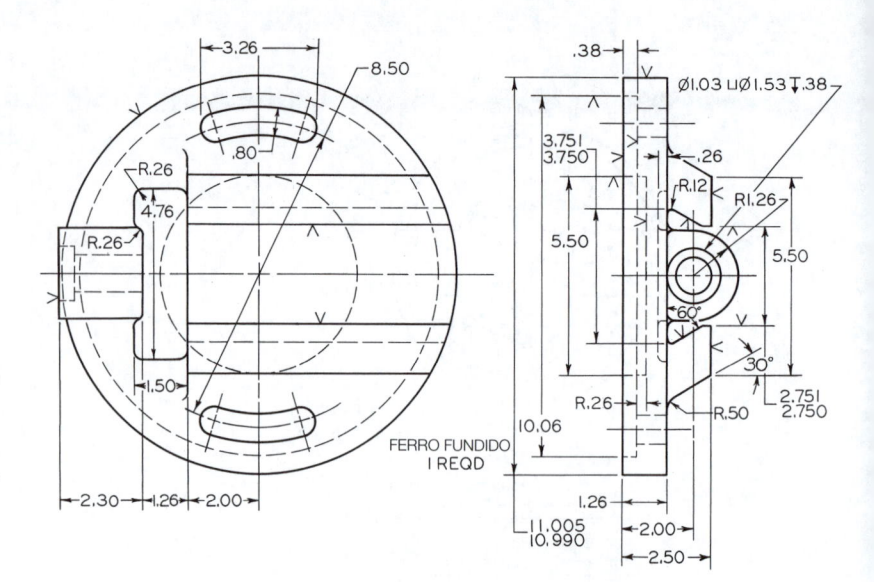

FIGURA 7.65 Disco encastelado para máquina de atarraxar. Dados: vistas frontal e lateral esquerdas. Pede-se: vistas frontal, lateral direita e superior em corte pleno. Desenhe com a metade do tamanho (folha A3).

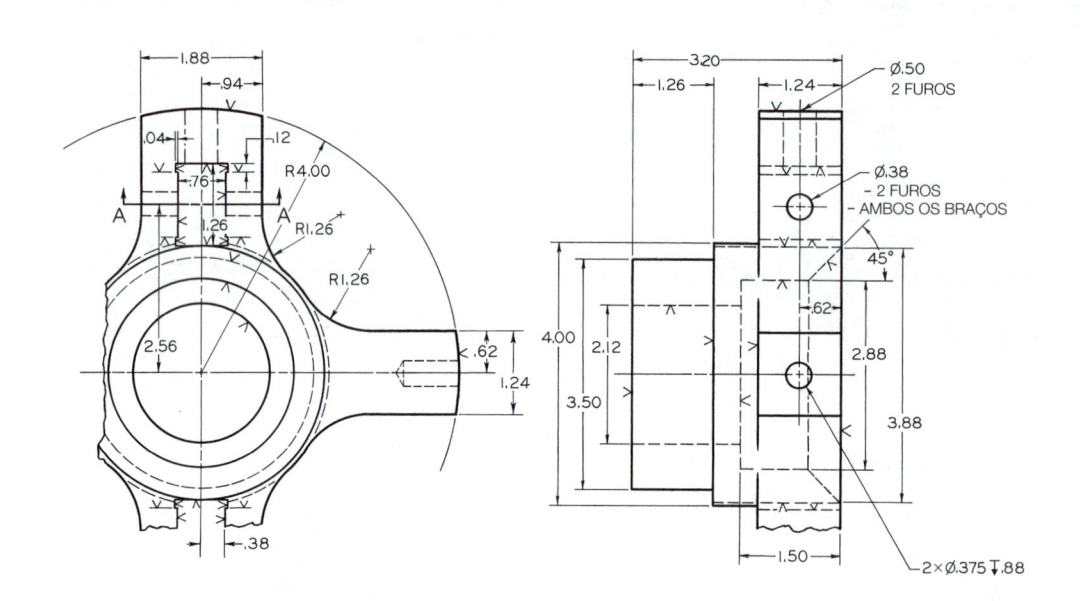

FIGURA 7.66 Braço de manivela para engrenagem de torno. Dados: vistas frontal parcial e lateral esquerda parciais. Pede-se: vistas frontal completa, lateral direita em corte pleno e seção fora da vista segundo A-A (folha A2).

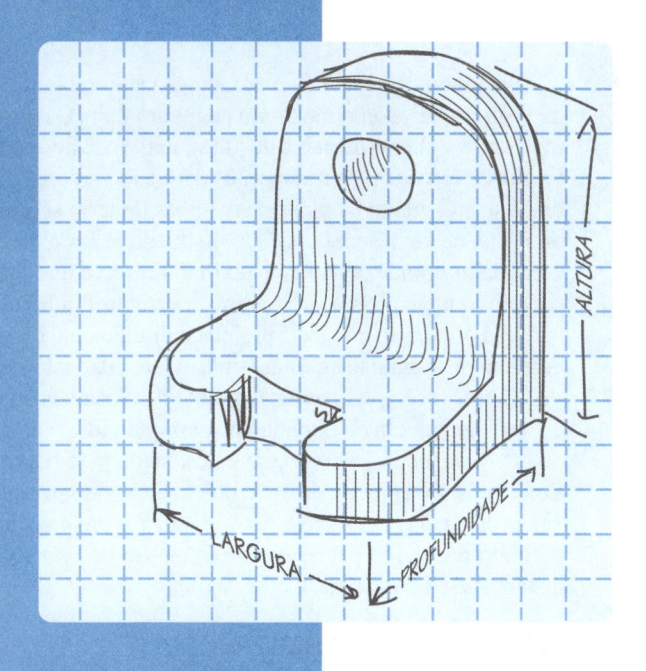

CAPÍTULO 8

VISTAS AUXILIARES, DESENVOLVIMENTO DE SUPERFÍCIES E INTERSEÇÕES

OBJETIVOS

Após estudar o conteúdo deste capítulo, você será capaz de:

1. Criar uma vista auxiliar a partir de uma projeção ortográfica à mão livre ou através de sistemas CAD.
2. Desenhar linhas de interseção (linha de terra) entre planos de quaisquer duas vistas adjacentes.
3. Construir vistas auxiliares de profundidade, altura ou largura.
4. Desenhar curvas em vistas auxiliares.
5. Construir vistas auxiliares parciais.
6. Criar vistas auxiliares em corte.
7. Produzir vistas para mostrar a verdadeira grandeza de um segmento de reta, a vista de topo de uma reta, a vista de aresta de uma superfície e a verdadeira grandeza de uma face.
8. Construir o desenvolvimento de prismas, pirâmides, cilindros e cones.
9. Usar a triangulação para transferir a forma das faces para a figura desenvolvida.
10. Criar o desenvolvimento de peças de transição.
11. Determinar graficamente a interseção de sólidos.

VISÃO GERAL

Planos inclinados e linhas oblíquas não aparecem com suas dimensões reais em nenhum dos planos principais de projeção. Para mostrar a verdadeira grandeza de um segmento de uma linha oblíqua ou uma face em um plano inclinado, deve ser criada uma vista auxiliar. Os princípios para a criação de vistas auxiliares são os mesmos independentemente de se estar utilizando o desenho tradicional, esboço ou em sistema CAD: devem ser definidos uma linha de visada e um plano de referência. Com o desenho tradicional, a vista é manualmente criada ao longo das projetantes da linha de visada. Com o desenho em CAD, o computador gera a vista automaticamente, se originalmente foi criado uma forma em 3-D.

■ INTRODUÇÃO

Muitos objetos são criados sem que suas faces principais sejam paralelas aos principais planos de projeção. Por exemplo, na Figura 8.1a, a base do projeto para o mancal é mostrada em sua *verdadeira grandeza*, mas a parte superior arredondada é situada em ângulo que não aparece em verdadeira grandeza e forma em nenhuma das três vistas regulares. Para mostrar a verdadeira grandeza dos círculos, use uma direção de visada perpendicular aos planos dessas curvas, como mostrado na Figura 8.1b. O resultado é conhecido como *vista auxiliar*. Esta vista, e a vista superior, descrevem completamente o objeto. A vista frontal e a lateral direita não são necessárias.

■ 8.1 DEFINIÇÕES

Qualquer vista obtida por uma projeção em um plano que não o horizontal, frontal ou de perfil é uma vista auxiliar. Uma *vista auxiliar primária* é projetada em um plano perpendicular a um dos planos principais de projeção e é inclinada em relação aos outros dois. Uma *vista auxiliar secundária* é projetada a partir de uma vista auxiliar primária em um plano que é inclinado com relação aos três planos principais de projeção.

■ 8.2 O PLANO AUXILIAR

O objeto mostrado na Figura 8.2a tem uma face inclinada (P) que não aparece em sua verdadeira grandeza nas vistas regulares. Para mostrar a verdadeira grandeza da face inclinada, a direção de visada precisa ser perpendicular ao plano inclinado. Usando um modelo de caixa de vidro, o plano auxiliar é posicionado paralelamente à face inclinada P para a obtenção de uma vista em verdadeira grandeza. O plano auxiliar, neste caso, é perpendicular ao plano frontal de projeção e rebatido em sua direção.

Localize a Folha de trabalho 8.1 (a caixa de vidro de plano de visualização auxiliar) destacável na parte final do livro. Corte o modelo da caixa de vidro com o plano de visualização auxiliar e siga as instruções da folha. Use esse modelo como um auxílio visual para ajudar a entender o relacionamento entre as vistas básicas e as vistas auxiliares. Responda as questões na folha na medida em que for lendo o capítulo.

Os planos horizontais e auxiliares estão rebatidos no plano da vista frontal, como mostrado na Figura 8.2b. Os desenhos não mostram os planos da caixa de vidro, mas você pode imaginar as *linhas de terra* (ou de interseção) (H/F e F/1) representando dobradiças que unem os planos. As linhas de terra são usualmente omitidas neste desenho. A face inclinada P é mostrada em sua verdadeira grandeza na vista auxiliar. Observe que tanto a vista superior quanto a vista auxiliar mostram a profundidade do objeto. Uma dimensão da face é projetada diretamente da vista, frontal e sua profundidade é transferida a partir da vista superior.

Como você aprendeu no Capítulo 5, a localização das linhas de terra dependem do tamanho da caixa de vidro e da posição do objeto dentro dela. Se o objeto é deslocado para baixo na caixa, a distância Y é aumentada. Se o objeto é movido para trás na caixa, as distâncias em X crescem, mas em Y permanecem igual. Se o objeto é movido para a esquerda dentro da caixa de vidro, a distância Z é aumentada.

■ 8.3 PLANOS DE REFERÊNCIA

Na vista auxiliar mostrada na Figura 8.2c, a linha de terra representa a vista de perfil do plano frontal de projeção. Nesse caso, o plano frontal é usado para transferir distâncias – isto é, as medidas de profundidade – a partir da vista superior para a vista auxiliar.

Em vez de usar um dos planos de projeção, você pode usar um *plano de referência* paralelo ao plano de projeção que toca ou atravessa o objeto. Por exemplo, na Figura 8.3a, um plano de referência contém a face frontal do objeto. Esse plano aparece como uma linha na vista superior e na vista auxiliar. As duas linhas de referência são usadas da mesma maneira como uma linha de terra. A dimensão D na vista superior e na vista auxiliar são iguais. A vantagem do método do plano de referência é que são necessárias menos medições, porque alguns pontos do objeto se projetam no plano de referência. Trace o plano de referência usando linhas leves semelhantes às linhas de construção.

Você pode usar um plano de referência que coincida com a face frontal do objeto, como mostrado na Figura 8.3a. Quando um objeto é simétrico, é útil selecionar o plano de referência que atravesse o objeto, como mostrado na Figura 8.3b. Desse modo, é necessária apenas metade das várias medidas a serem transferidas porque elas são as mesmas em cada lado do plano de referência.

Se você está usando um sistema CAD, você pode desenhar metade da vista e então espelhar o objeto. Pode também usar a face posterior do objeto, como mostrado na Figura 8.3c, ou qualquer ponto intermediário que possa se apresentar vantajoso.

Posicione o plano de referência de modo que ele seja conveniente para transferir distâncias. Lembre-se do seguinte:

1. As linhas de referência, como as linhas de terra, formam sempre ângulos retos com as linhas de projeção entre as vistas.
2. Um plano de referência se projeta como uma linha em duas vistas alternadas, nunca entre vistas adjacentes.

CAPÍTULO 8 • VISTAS AUXILIARES, DESENVOLVIMENTO DE SUPERFÍCIES E INTERSEÇÕES 219

FIGURA 8.1 Vistas principais e vistas auxiliares.

(a) VISTAS REGULARES

(b) VISTA AUXILIAR

FIGURA 8.2 Uma vista auxiliar.

(a) PLANO DE REFERÊNCIA EM UM LADO

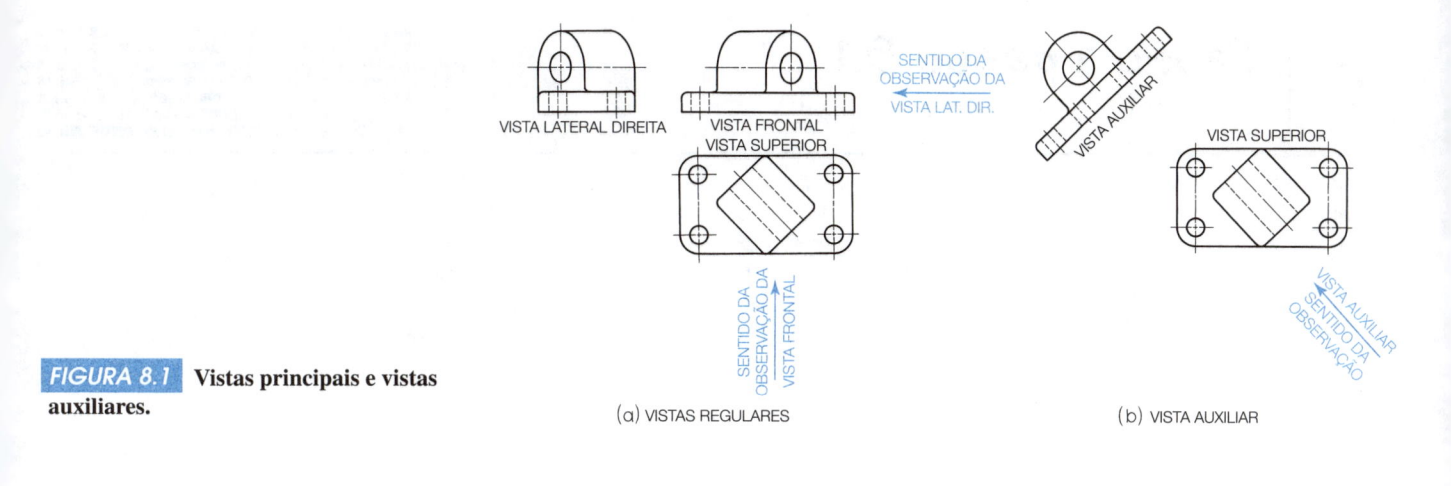

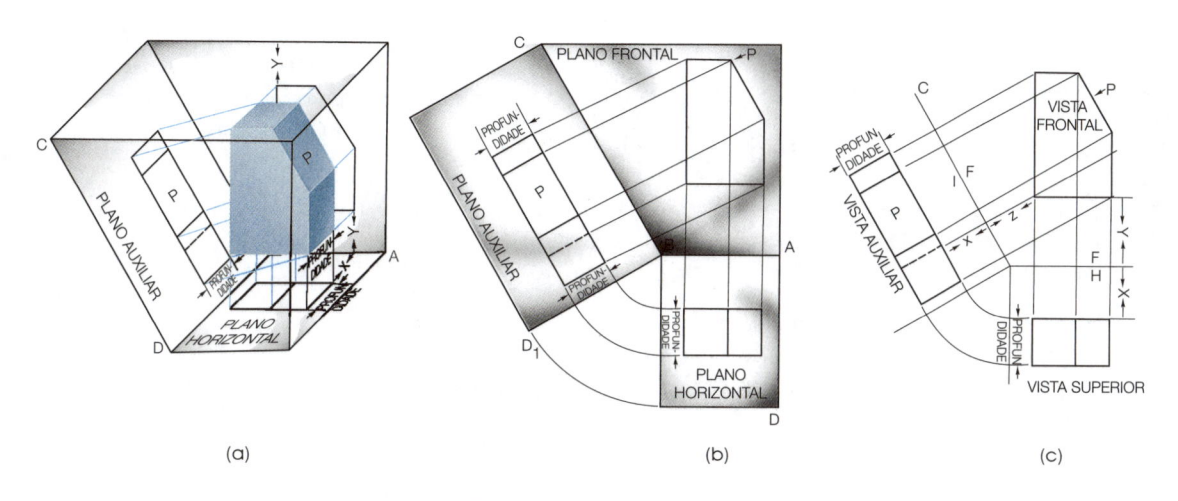

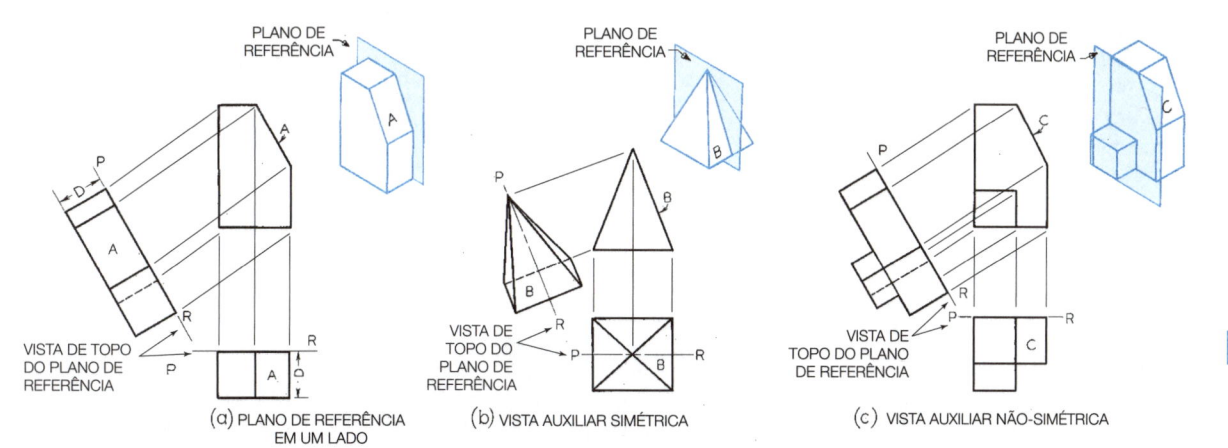

(b) VISTA AUXILIAR SIMÉTRICA

(c) VISTA AUXILIAR NÃO-SIMÉTRICA

FIGURA 8.3 Posições do plano de referência.

3. As medidas são sempre tomadas em ângulos retos em relação às linhas de referência ou paralelas às linhas de projeção.

4. Nas vistas auxiliares, todos os pontos estão à mesma distância da linha de referência, assim como os pontos correspondentes estão à mesma distância da linha de referência na vista alternativa.

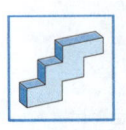

Passo a passo 8.1
Desenhando uma vista auxiliar

Os passos seguintes são usados para desenhar uma vista auxiliar utilizando o rebatimento dos planos através das linhas de terra. Neste exemplo, são dadas as vistas superior e frontal.

1. Para desenhar uma vista auxiliar mostrando a verdadeira grandeza de uma face inclinada P, a direção do observador deve ser perpendicular à vista de perfil da face inclinada. Para produzir essa vista, desenhe a linha de terra H/F entre as vistas, ortogonalmente às linhas de projeção. A distância escolhida para colocar entre a linha de terra e as vistas não é relevante. Essa distância representa a relação entre a localização do objeto e os planos da caixa de vidro.

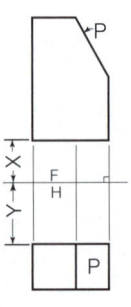

   Nota: nos passos seguintes, use esquadros (veja nas Dicas práticas, na página seguinte) para desenhar linhas paralelas ou perpendiculares à face inclinada, ou use técnicas de esboço à mão livre.

2. Estabeleça a direção do observador perpendicular à face P. Desenhe linhas de projeção leves a partir da vista frontal (paralela à seta) perpendicular à face P.

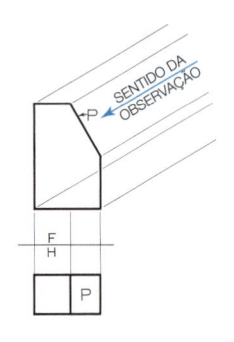

3. Desenhe a linha de terra F/1 para a vista auxiliar adjacente, ortogonalmente às linhas de projeção, a uma distância conveniente da vista frontal.

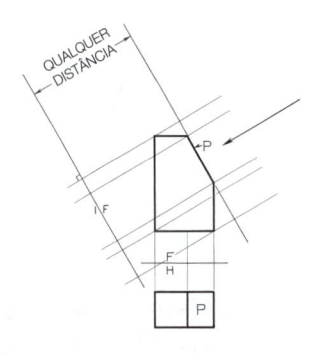

4. Identifique as faces do objeto mentalmente ou nomeando-as. Numere os vértices do objeto para facilitar a projeção dos vértices na vista auxiliar. Neste caso, a vista auxiliar mostra a altura e a profundidade do objeto. Posicione cada ponto na sua linha de projeção para transferir sua altura para a vista auxiliar. Então localize os pontos na vista medindo a distância a partir da linha de terra até o ponto na vista superior e posicione-os na linha de projeção correta na vista auxiliar.

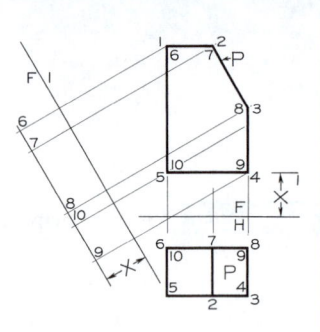

5. Posicione todos os pontos de modo que a distância da linha de terra F/1 seja a mesma da linha de terra H/F na vista superior. Por exemplo, os pontos de 1 a 5 têm distância X da linha de terra nas vistas superior e auxiliar, e os pontos de 6 a 10 estão à distância D das correspondentes linhas de terra. Como o objeto é visto no sentido da seta, a aresta 5-10 ficará oculta na vista auxiliar.

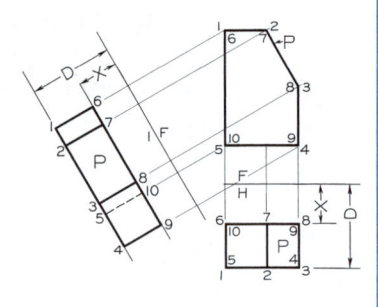

   Nota: se uma linha de projeção atravessa uma parte do objeto, a linha na vista projetada é normalmente oculta atrás da outra face. Se uma linha de projeção não atravessa a vista do objeto, a superfície resultante será visível.

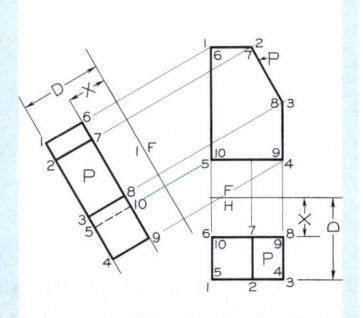

Dicas práticas
Desenhando vistas auxiliares

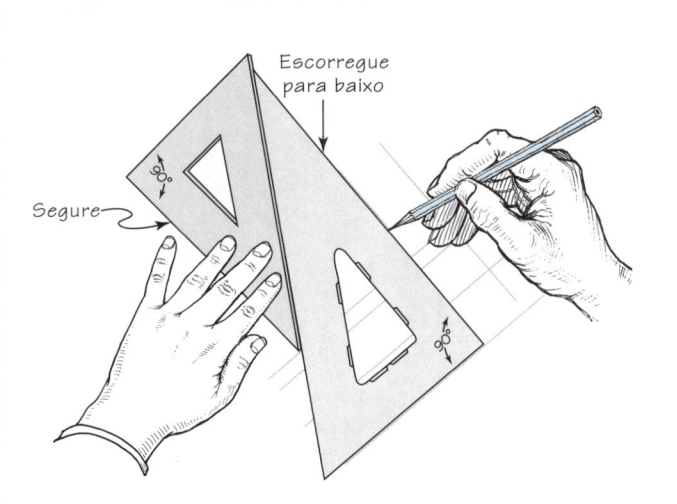

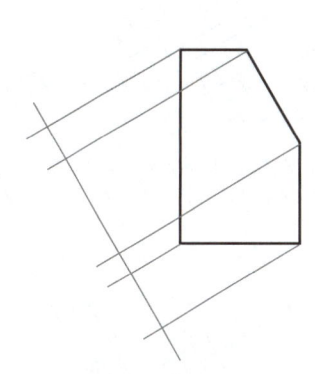

Usando esquadros:

Você pode usar o par de esquadros para desenhar rapidamente linhas paralelas e linhas perpendiculares para esboços precisos.

- Posicione os dois esquadros juntos, de tal forma que os ângulos de 90 graus fiquem em lados opostos.

- Deslize-os em seu desenho até que o lado de um deles esteja sobre uma linha cuja paralela você deseja desenhar.

- Segurando firmemente o esquadro que não está sobre a linha, deslize o outro esquadro ao longo dele.

- Desenhe linhas paralelas ao longo do lado do esquadro. Desenhe linhas perpendiculares ao longo do outro lado do esquadro.

- Esta técnica é um bom incremento para o esboço à mão livre, quando você quer mostrar uma vista auxiliar.

Usando papel quadriculado

Você pode usar uma folha de papel quadriculado para ajudar a esboçar vistas auxiliares utilizando as linhas do papel quadriculado debaixo da folha do seu desenho, ou de outra folha de desenho semitransparente para orientar o traçado das linhas inclinadas paralelas. Use o quadriculado para ajudar no esboço de linhas paralelas e perpendiculares ao lado em questão.

Usando CAD

A maioria dos sistemas CAD permite a rotação da malha ou a criação de um novo sistema de coordenadas (geralmente chamado de sistema de coordenadas do usuário) que se alinhe à face inclinada. Se você está usando um sistema CAD 3-D, pode criar vistas auxiliares com uma visualização do objeto perpendicularmente à face que se quer mostrar em verdadeira grandeza.

■ 8.4 CLASSIFICAÇÃO DE VISTAS AUXILIARES

As vistas auxiliares são nomeadas de acordo com a principal dimensão mostrada na vista auxiliar. Por exemplo, as vistas auxiliares da Figura 8.4 são vistas auxiliares de profundidade porque mostram a profundidade do objeto. Qualquer vista auxiliar projetada a partir da vista frontal, também conhecida como vista frontal adjacente, é uma vista auxiliar de profundidade.

■ 8.5 VISTAS AUXILIARES DE PROFUNDIDADE

Um número infinito de planos auxiliares pode ser rebatido perpendicularmente ao plano frontal (F) de projeção. Cinco desses planos são mostrados na Figura 8.4a. O plano horizontal está incluído para mostrar que é similar aos outros. Todas essas vistas mostram a profundidade do objeto e, portanto, todas são vistas auxiliares de profundidade.

Os planos auxiliares rebatidos e apresentados na Figura 8.4b mostram como as medidas de profundidade são projetadas a partir da vista superior para todas as vistas auxiliares. As setas indicam o sentido de observação.

O desenho completo, com as linhas que limitam os planos de projeção omitidas, é mostrado na Figura 8.4c. Note que a vista frontal mostra a altura e a largura do objeto, mas não a profundi-

Mãos à obra 8.1
Como projetar vistas auxiliares usando um plano de referência

O objeto foi numerado para você na vista em perspectiva à direita. Para criar uma vista auxiliar:

1. Desenhe duas vistas do objeto e determine a direção do observador necessária para produzir uma vista que mostrará a verdadeira grandeza da face A. Esse passo já foi feito para você.

2. Em seguida, esboce as linhas de projeção paralelas à direção de visada do observador. Algumas delas já foram desenhadas. Complete todas as linhas de projeção.

3. Estabeleça um plano de referência paralelo à face posterior do objeto. As linhas de referência nas vistas superior e auxiliar estão em ângulo reto com as linhas de projeção e já foram desenhadas. Essas são as vistas de topo do plano de referência.

4. Desenhe a vista auxiliar da face A. Ela estará em verdadeira grandeza porque a direção do observador está perpendicular a esta face. Transfira as medidas de profundidade da vista superior para a vista auxiliar com o compasso ou com uma régua. Cada ponto na vista auxiliar estará em sua linha de projeção, que parte da vista frontal, e terá a mesma distância da linha de referência que tem na vista superior da linha de referência correspondente. Os pontos 1, 2 e 7 já foram projetados. Finalize a projeção dos pontos 5 e 8. Desenhe a verdadeira grandeza da face A na vista auxiliar conectando os vértices na mesma ordem em que eles são conectados na vista superior (1-7-8-5-2-1).

5. Complete a vista auxiliar traçando as outras arestas visíveis e as outras faces do objeto. Cada ponto numerado na vista auxiliar pertence à sua linha de projeção que parte da vista frontal e está à mesma distância da linha de referência que na vista superior. Note que duas faces do objeto aparecem como linhas na vista auxiliar.

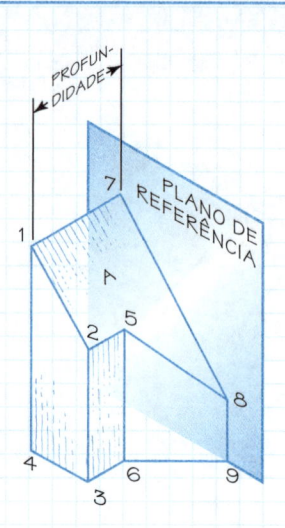

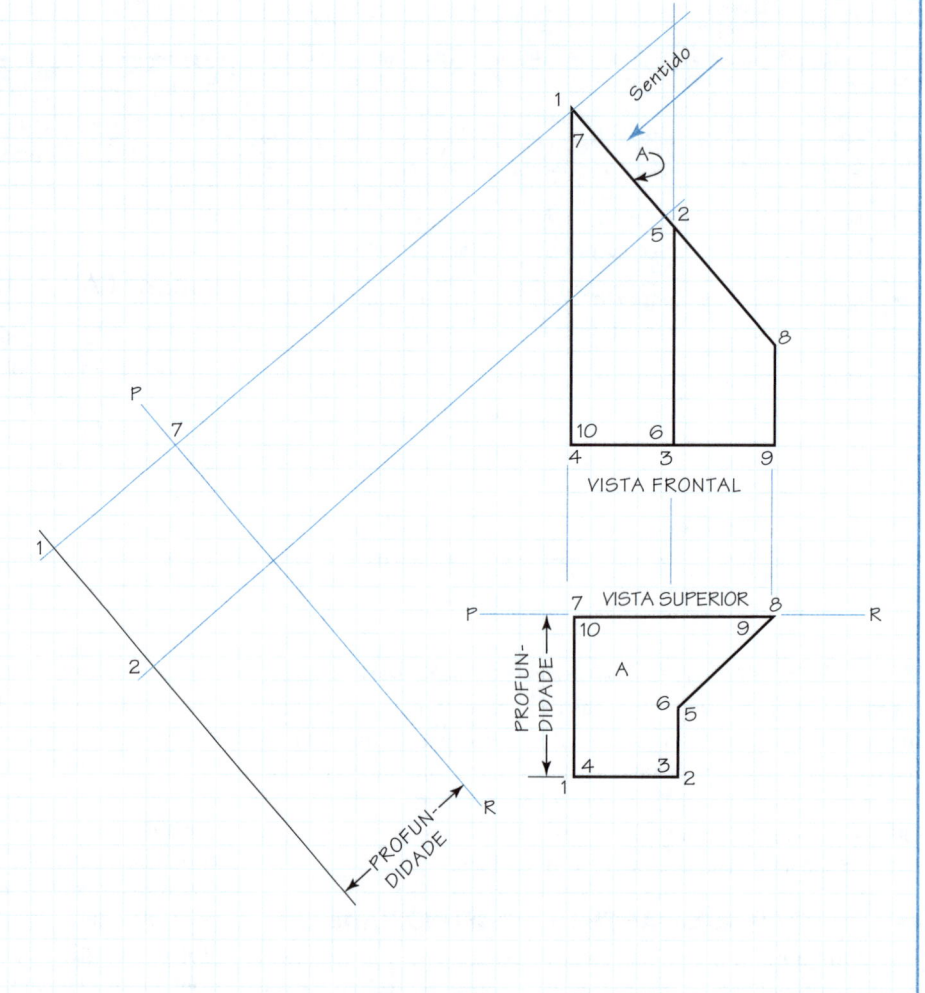

dade. *A principal dimensão mostrada em uma vista auxiliar é a que não é mostrada na vista adjacente a partir da qual a vista auxiliar é projetada.*

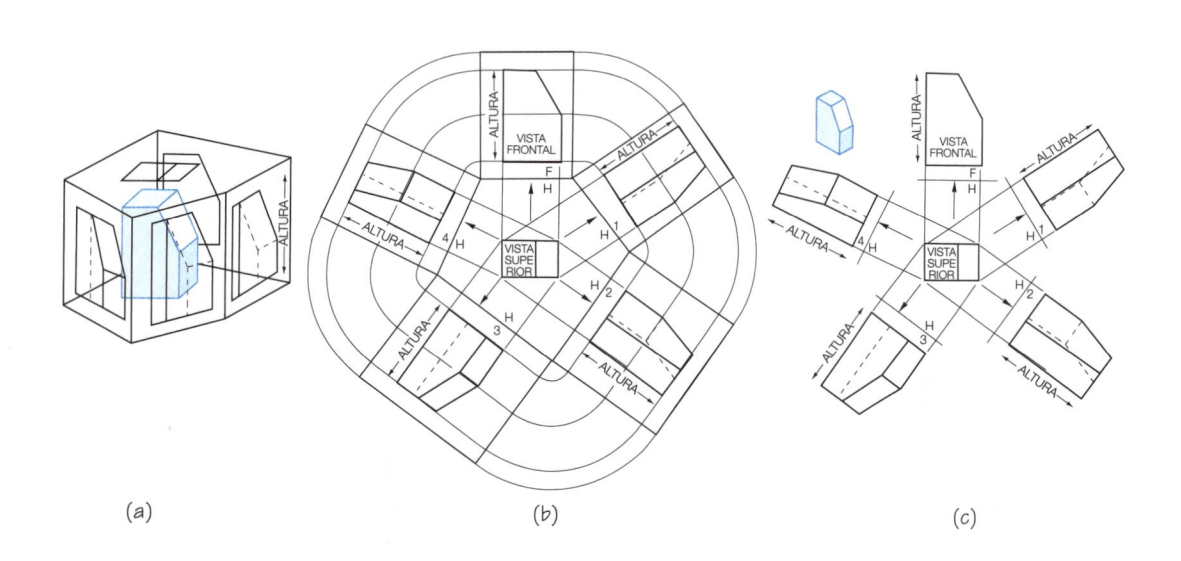

8.6 VISTAS AUXILIARES DE ALTURA

Um número infinito de planos auxiliares pode ser rebatido perpendicularmente ao plano horizontal (H) de projeção. Vários são mostrados na Figura 8.5a. A vista frontal e todas essas vistas auxiliares mostram a altura do objeto. Portanto, todas essas vistas auxiliares são denominadas vistas auxiliares de altura.

Os planos de projeção rebatidos são apresentados na Figura 8.5b e o desenho completo é apresentado na Figura 8.5c. Note que, na vista superior, a única medida que *não é mostrada* é a altura.

8.7 VISTAS AUXILIARES DE LARGURA

Um número infinito de planos auxiliares também podem ser rebatidos perpendicularmente ao plano de perfil (P) de projeção. Alguns estão mostrados na Figura 8.6a. A vista frontal e todas essas vistas auxiliares são denominadas vistas auxiliares de largura.

Os planos rebatidos são apresentados na Figura 8.6b, e o desenho completo é mostrado na Figura 8.6c. Na vista lateral direita, a partir da qual as vistas auxiliares são projetadas, *somente* a medida da largura *não é* apresentada.

8.8 CURVAS PLOTADAS E ELIPSES

Quando um cilindro é seccionado por um plano inclinado, é gerada uma elipse na face inclinada. Para mostrar a sua verdadeira grandeza, é necessário que seja desenhada uma vista auxiliar em

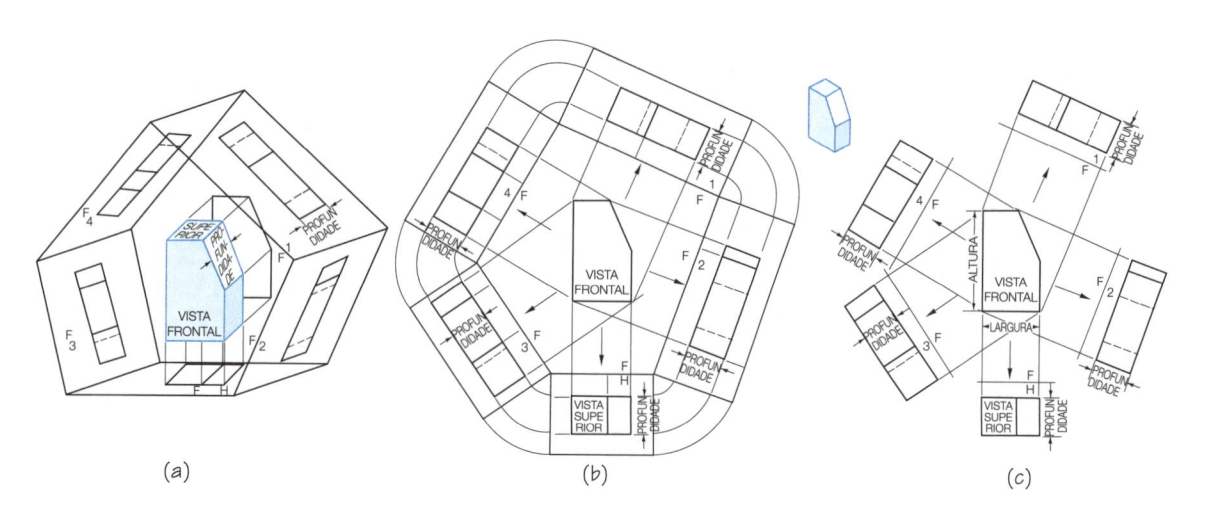

FIGURA 8.4 Vistas auxiliares de profundidade.

FIGURA 8.5 Vistas auxiliares de altura.

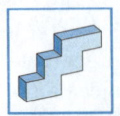

Passo a passo 8.2
Mostrando uma face elíptica inclinada em verdadeira grandeza

Dadas as vistas frontal e lateral, projete uma vista auxiliar mostrando a verdadeira grandeza da face elíptica.

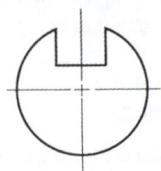

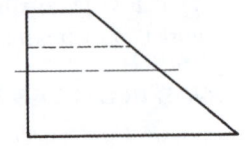

1. Uma vez que é um objeto simétrico, use um plano de referência que passa pelo centro do objeto.

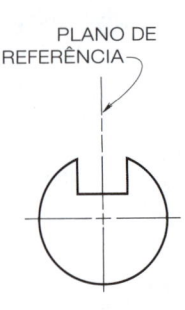

2. Selecione pontos sobre o círculo na vista lateral.

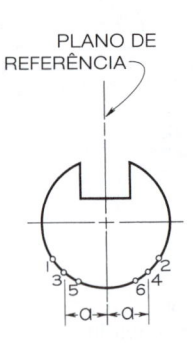

3. Posicione os mesmos pontos na face inclinada e na outra face vertical do segmento cilíndrico.

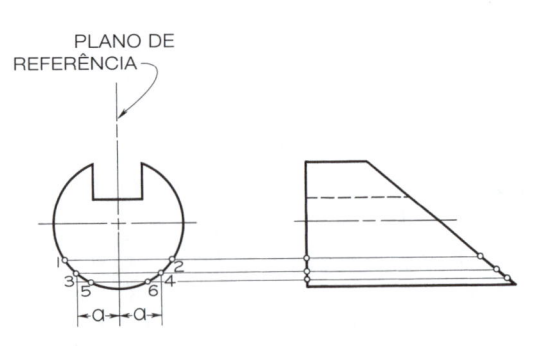

Dicas práticas
Criando elipses em CAD

Uma vez que o eixo maior e o menor são conhecidos, você pode desenhar rapidamente elipses semelhantes usando um sistema CAD através do posicionamento dos eixos maior e menor ou do centro e dos eixos. Para desenhar à mão livre, você pode utilizar gabaritos de elipses.

4. Projete cada ponto para a vista auxiliar ao longo da sua linha de projeção.

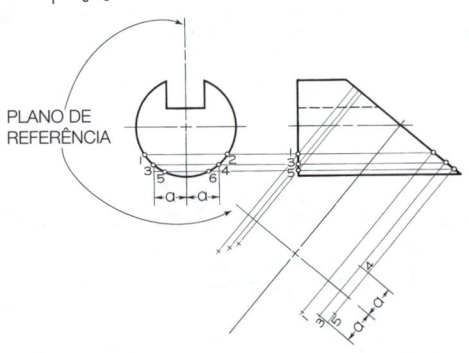

5. Transfira as medidas da vista lateral para a vista auxiliar. Como o objeto é simétrico, dois pontos podem ser marcados com cada medida, conforme mostrado para os pontos 1-2, 3-4 e 5-6. Projete pontos suficientes para esboçar a curva com uma precisão razoável.

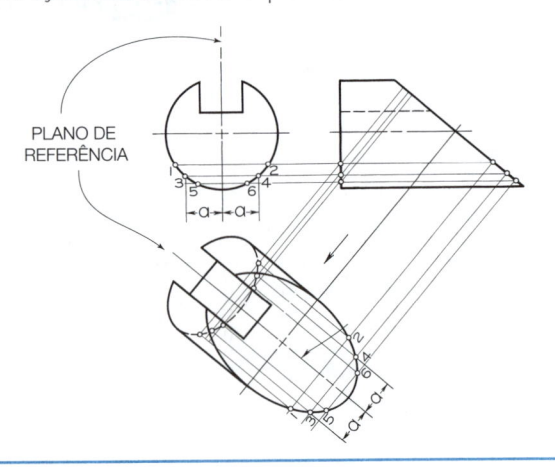

que a direção de visada do observador seja perpendicular à vista de topo da face inclinada. O resultado é uma elipse mostrada em verdadeira grandeza na vista auxiliar. O eixo maior da elipse aparece em verdadeira grandeza na vista frontal, mas a elipse toda está em topo. O eixo menor é igual ao diâmetro do cilindro.

8.9 CONSTRUÇÃO REVERSA

Para completar as vistas regulares, é necessário com freqüência construir primeiro uma vista auxiliar na qual medidas importantes apareçam em verdadeira grandeza. Por exemplo, na Figura 8.7a, a parte superior da vista lateral não pode ser construída até que a vista auxiliar seja desenhada. Primeiro, determinam-se pontos sobre as curvas e, então, estes são projetados na vista frontal, conforme mostrado.

Na Figura 8.7b, são dados o ângulo de 60° e a posição da linha 1-2 na vista frontal. Para posicionar a linha 3-4 na vista frontal e as linhas 2-4, 3-4 e 4-5 na vista lateral, é necessário primeiro construir o ângulo de 60° na vista auxiliar e projetá-lo nas vistas frontal e lateral, conforme apresentado.

8.10 VISTAS AUXILIARES PARCIAIS

O uso de uma vista auxiliar normalmente possibilita a omissão de uma ou mais vistas ortográficas regulares. Na Figura 8.8, são mostrados três desenhos de vistas auxiliares completas. Esses desenhos demandam muito tempo para serem executados e podem até mesmo causar confusões por causa do emaranhado de linhas. No entanto, nenhuma vista pode ser completamente eliminada.

Geralmente, as vistas parciais são suficientes e fáceis de compreender. As vistas regulares parciais e as ***vistas auxiliares parciais*** são apresentadas na Figura 8.9. Uma linha de ruptura é usualmente utilizada para indicar a quebra imaginária nas vistas. *Não desenhe uma linha de ruptura coincidindo com uma aresta visível ou invisível.*

A fim de que as vistas auxiliares parciais não pareçam sem relação com qualquer outra vista, elas são conectadas a vistas a partir das quais elas são projetadas por linhas de centro ou por uma ou duas linhas de projeção finas.

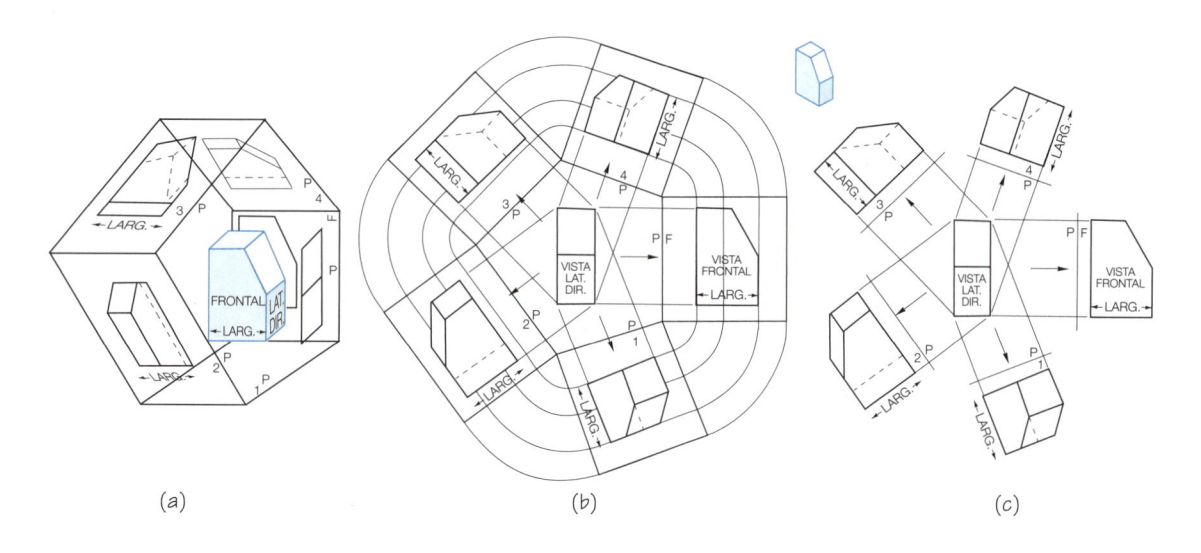

FIGURA 8.6 Vistas auxiliares de largura.

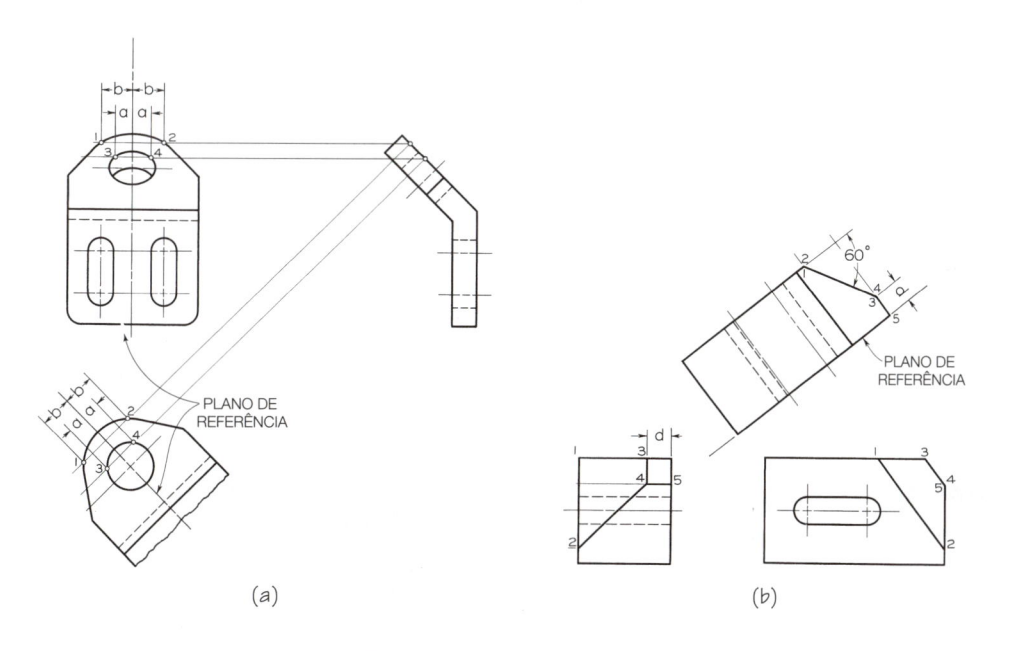

FIGURA 8.7 Construção reversa.

Mãos à obra 8.2
Traçando curvas

A vista auxiliar mostra a verdadeira grandeza e forma de um corte inclinado executado em um pedaço de moldura. O método de representação dos pontos é semelhante ao explicado para a elipse no Passo a passo 8.2.

1. Identifique alguns pontos sobre a curva que aparece na vista lateral. Esse passo já foi feito para você.

2. Posicione esses mesmos pontos na vista frontal. A parte curva está na face inclinada. Alguns desses pontos já foram posicionados.

3. Projete os pontos na vista auxiliar. O plano de referência já foi posicionado e vários pontos projetados.

4. Finalize projetando todos os pontos na face inclinada e desenhe a sua forma real na vista auxiliar.

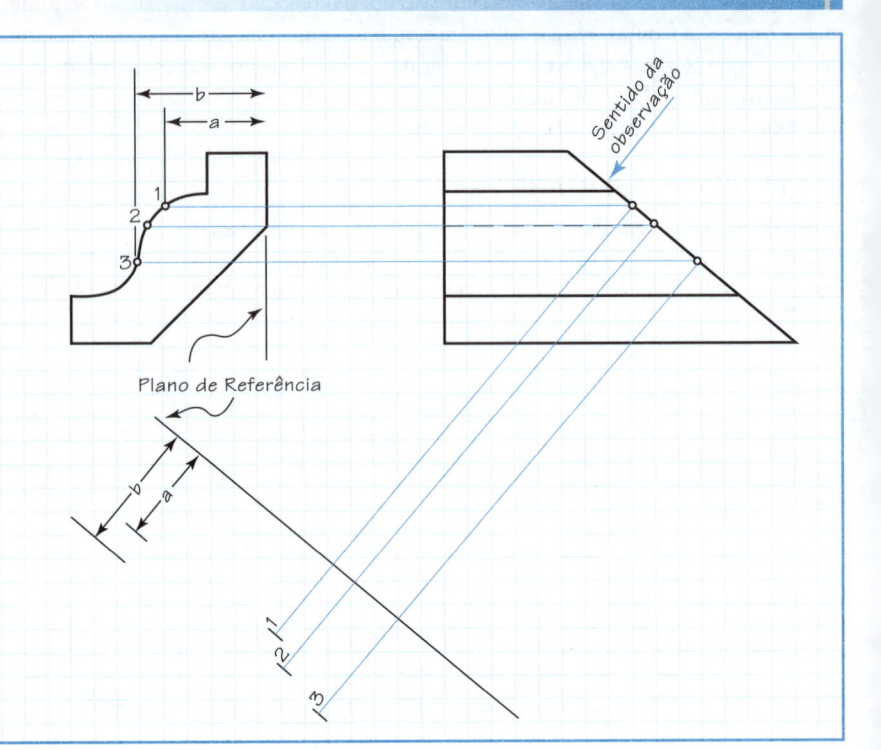

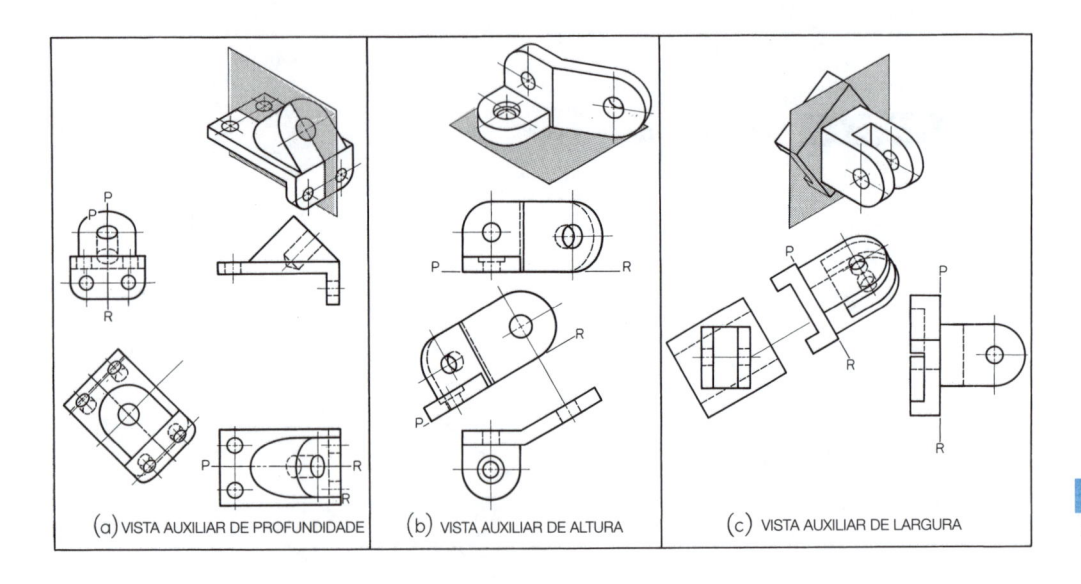

FIGURA 8.8 Vistas auxiliares primárias.

(a) VISTA AUXILIAR DE PROFUNDIDADE
(b) VISTA AUXILIAR DE ALTURA
(c) VISTA AUXILIAR DE LARGURA

8.11 MEIAS VISTAS AUXILIARES

Se uma vista auxiliar é simétrica e se é necessário poupar espaço no desenho ou ainda poupar tempo, somente metade da vista auxiliar pode ser desenhada, conforme mostrado na Figura 8.10. Neste caso, metade da vista regular também é mostrada, uma vez que a flange inferior também é simétrica. Observe que em cada caso é mostrada a metade mais próxima.

8.12 CONTORNOS E ARESTAS INVISÍVEIS NAS VISTAS AUXILIARES

Geralmente, os contornos e as arestas invisíveis podem ser omitidos nas vistas auxiliares, a não ser que elas sejam necessárias para comunicar mais claramente a intenção do desenho. Para praticar, mostre todas as arestas invisíveis, especialmente se a vista auxiliar de todo o objeto é apresentada. Quando você estiver mais familiarizado com o desenho de vistas auxiliares, omita arestas invisíveis quando elas não acrescentarem informações relevantes ao desenho.

8.13 CORTES AUXILIARES

Um *corte auxiliar* é simplesmente uma vista auxiliar em corte. Um corte auxiliar típico é apresentado na Figura 8.11. Nesse exemplo, não há espaço suficiente para uma seção rebatida, embora uma seção fora da vista possa ser usada em vez de um corte auxiliar. Observe na linha do plano secante e nas setas nas extremidades que indicam o sentido de observação para o corte auxiliar. Em um desenho de corte auxiliar, toda a parte do objeto que está atrás do plano secante pode ser mostrada (corte), ou somente a interseção com o plano secante (seção).

8.14 VISTAS AUXILIARES SUCESSIVAS

Neste ponto, você já deve ter aprendido a projetar vistas auxiliares primárias – isto é, vistas auxiliares projetadas a partir de uma das vistas principais. Na Figura 8.12, a vista auxiliar 1 é uma vista auxiliar primária projetada a partir de uma vista superior.

A partir da vista auxiliar primária 1, uma vista auxiliar secundária 2 pode ser desenhada; a partir dela, uma *vista auxiliar ternária*, e assim por diante. Um número infinito dessas vistas auxiliares sucessivas pode ser desenhado. No entanto, a vista auxiliar secundária 2 não é a única que pode ser projetada a partir da vista auxiliar primária 1. Conforme indicado pelas setas em torno da vista 1, um número infinito de vistas auxiliares secundárias, com diferentes direções de observação, podem ser geradas. Qualquer vista auxiliar gerada a partir de uma vista auxiliar primária é uma vista auxiliar secundária. Além disso, qualquer vista auxiliar sucessiva pode ser usada para gerar uma série infinita de vistas a partir dela.

8.15 USO DE VISTAS AUXILIARES

Geralmente, as vistas auxiliares são usadas para mostrar as verdadeiras grandezas, formas e ângulos de características que apa-

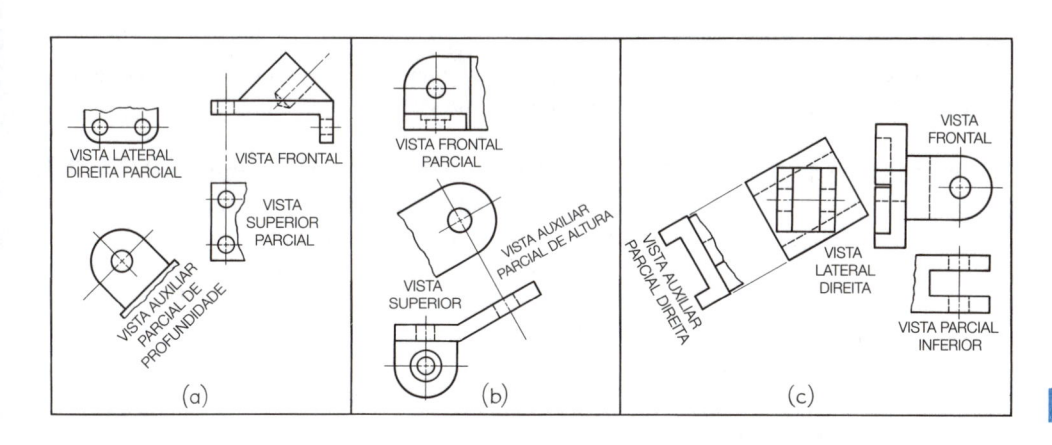

FIGURA 8.9 Vistas parciais.

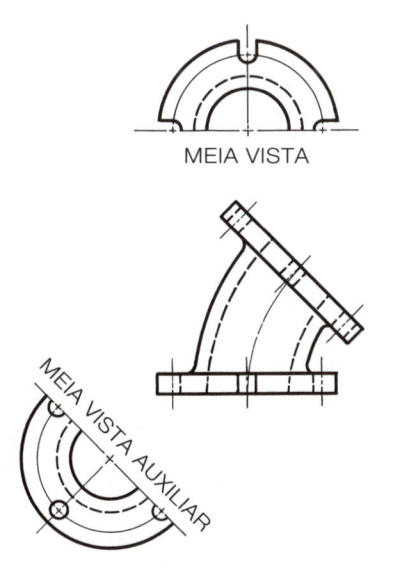

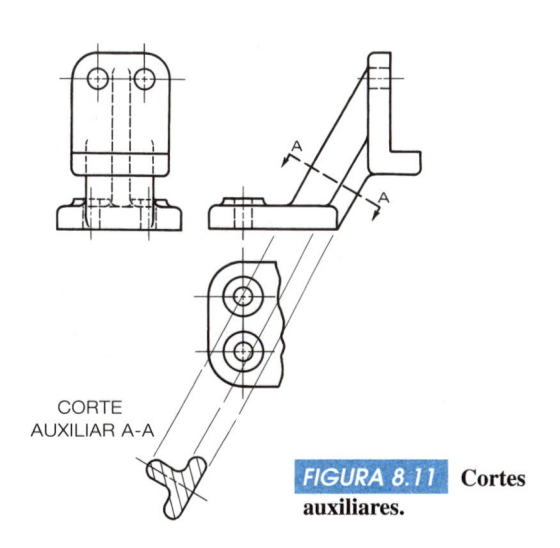

FIGURA 8.10 Meias vistas.

FIGURA 8.11 Cortes auxiliares.

FIGURA 8.12 Sucessivas vistas auxiliares.

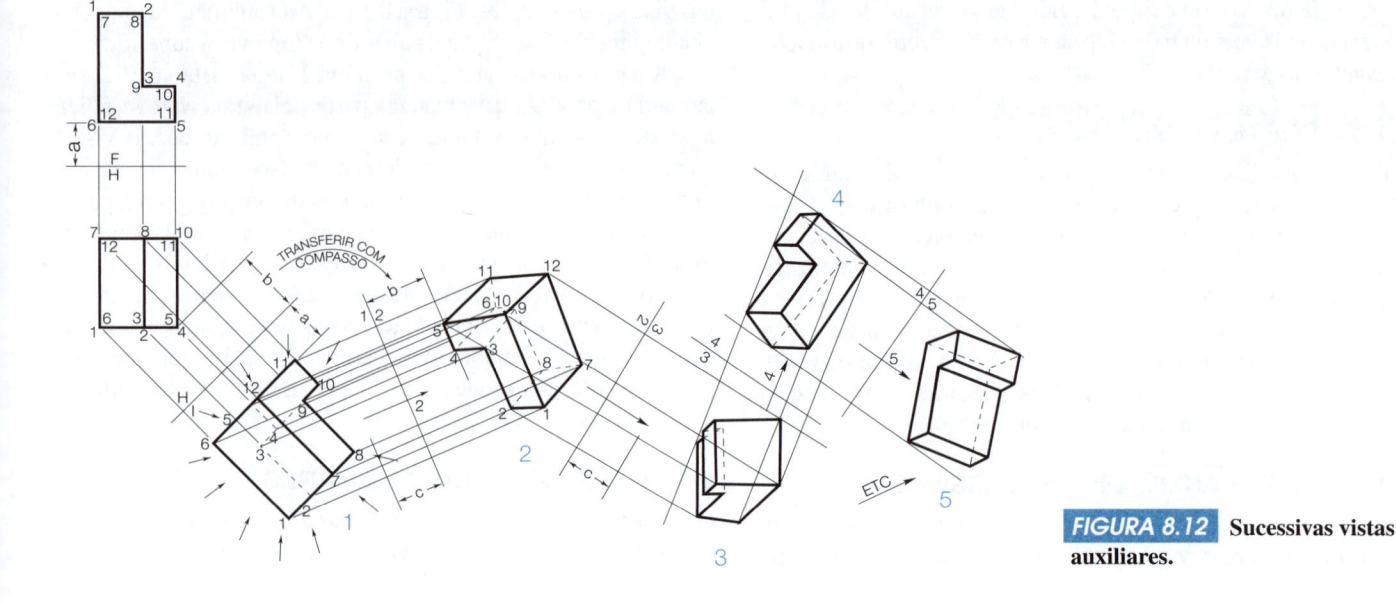

recem distorcidas nas vistas regulares. Vistas auxiliares são comumente usadas para produzir vistas que mostram o seguinte:

1. O verdadeiro comprimento de um segmento de reta
2. A vista de topo de uma reta
3. A vista de topo de um plano
4. A verdadeira grandeza de uma face

Você pode usar a capacidade de gerar vistas que mostram os elementos específicos listados acima para resolver uma variedade de problemas de engenharia. Geometria descritiva é o termo usado para a resolução de problemas de engenharia através de desenhos precisos. Um banco de dados preciso de um desenho feito utilizando-se um sistema CAD pode ser usado para resolver muitos problemas de engenharia quando você compreende as quatro vistas básicas da geometria descritiva. Usando um sistema CAD 3-D, você pode modelar com precisão e solicitar ao banco de dados medidas e ângulos. Mesmo assim, você precisará compreender as técnicas descritas abaixo para produzir vistas que o ajudarão a visualizar, criar ou apresentar a geometria de desenhos em 3-D.

8.16 A VERDADEIRA GRANDEZA DE UM SEGMENTO DE RETA

Conforme apresentado na Figura 8.13, um segmento de reta será mostrado em sua verdadeira grandeza em um plano de projeção que é paralelo à reta que o contém. Em outras palavras, um segmento de reta será mostrado em verdadeira grandeza em uma vista auxiliar em que a direção do observador seja perpendicular à reta que contém o segmento. Para mostrar a verdadeira grandeza, trace a linha de terra, paralela a uma das projeções do segmento que você deseja mostrar, em verdadeira grandeza, na vista auxiliar. Sempre que uma das projeções de uma reta é paralela à linha de terra entre duas vistas, os seus segmentos estarão em verdadeira grandeza na vista adjacente.

8.17 VISTA DE TOPO DE UM SEGMENTO DE RETA

Conforme apresentado na Figura 8.14, uma reta aparecerá em uma vista de topo quando projetada em um plano perpendicular a ela. Para mostrar a vista de topo de um segmento de reta, escolha a direção do observador paralela à projeção do segmento em verdadeira grandeza.

Acompanhe na Figura 8.15 os seguintes passos:

1. Escolha a direção do observador paralela à 1-2.
2. Desenhe a linha de terra F/H entre a vista superior e a frontal, conforme apresentado.
3. Desenhe a linha de terra F/I perpendicular à 1-2 onde ela está em verdadeira grandeza, e a uma distância conveniente de 1-2 (vista frontal).
4. Desenhe as linhas de chamada dos pontos 1 e 2 para criar a vista auxiliar.
5. Transfira os pontos 1 e 2 para a vista auxiliar com a mesma distância da linha de terra que eles estão na vista superior e sobre a sua linha de chamada. Eles cairão exatamente um sobre o outro formando uma vista de topo do segmento.

8.18 VISTA DE TOPO DE UM PLANO

Conforme apresentado na Figura 8.16, um plano qualquer será projetado como uma reta quando projetado em um plano que mostre a projeção de qualquer ponto do plano contido na reta. Para conseguir uma vista de topo de uma reta, a direção do observador deve ser paralela à projeção que apresenta a verdadeira grandeza da reta.

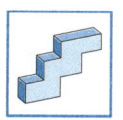

Passo a passo 8.3
Mostrando o verdadeiro comprimento de um espigão

São apresentadas as vistas frontal e superior do espigão (reta 1-2). Use uma vista auxiliar para mostrar a verdadeira grandeza da reta.

1. Escolha a direção do observador perpendicularmente à reta 1-2 (vista frontal).

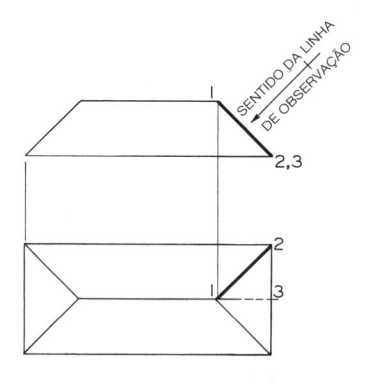

2. Desenhe a linha de terra H/F entre a vista superior e a frontal, conforme apresentado.

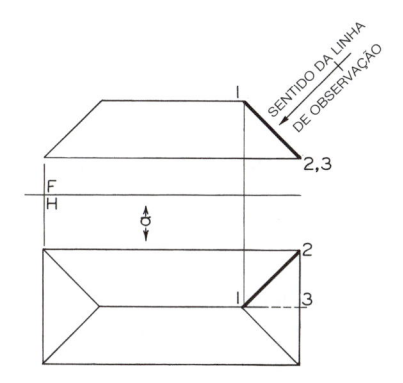

3. Desenhe a linha de terra F/1 paralela à reta 1-2 e a uma distância conveniente da reta 1-2 (vista frontal).

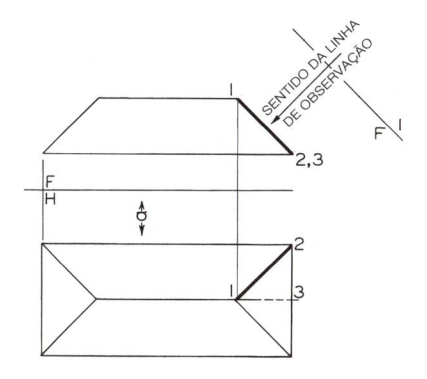

4. Desenhe as linhas de chamada dos pontos 1, 2 e 3 para começar a criar a vista auxiliar.

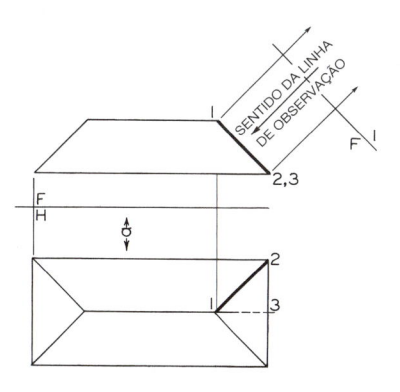

5. Transfira os pontos 1 e 2 para a vista auxiliar com a mesma distância da linha de terra que está na vista superior e sobre suas respectivas linhas de chamada. O espigão (reta 1-2) é mostrado em verdadeiro comprimento na vista auxiliar. Além disso, o triângulo 1-2-3 na vista auxiliar apresenta a verdadeira grandeza daquela parte do telhado porque a direção do observador para a vista auxiliar é perpendicular ao triângulo 1-2-3.

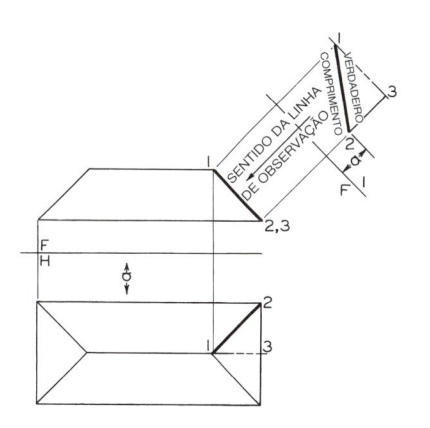

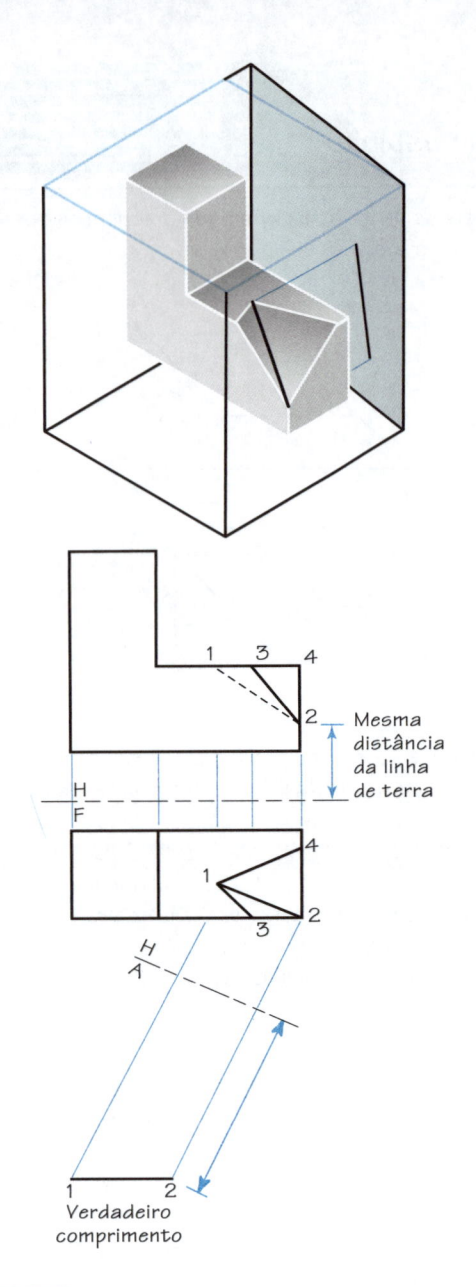

FIGURA 8.13 O verdadeiro comprimento de um segmento de reta.

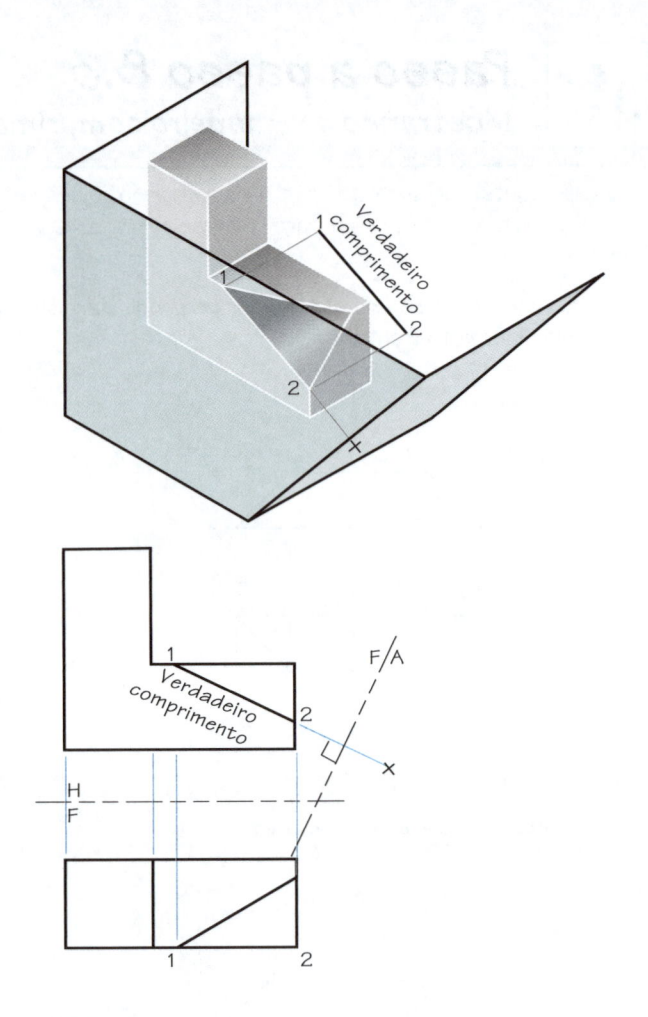

FIGURA 8.14 Vista de topo de um segmento de reta.

Para mostrar uma vista de topo de um plano, escolha a direção do observador paralela à projeção, em verdadeira grandeza, da reta que está contida no plano.

Acompanhe na Figura 8.17 os seguintes passos:

1. Escolha a direção do observador paralela à projeção da reta 1-2 na vista frontal onde ela já é mostrada em verdadeira grandeza.
2. Desenhe a linha de terra F/H entre a vista superior e a vista frontal, conforme mostrado.
3. Desenhe a linha de terra F/I perpendicular à reta 1-2 em verdadeira grandeza a uma distância conveniente
4. Desenhe as linhas de chamada dos pontos 1, 2, 3 e 4 para criar a vista auxiliar.
5. Transfira os pontos 1, 2, 3 e 4 para a vista auxiliar à mesma distância da linha de terra em que eles estão na vista superior e sobre as suas respectivas linhas de chamada. A face 1-2-3-4 aparecerá em topo quando finalizar a vista auxiliar.

8.19 A VERDADEIRA GRANDEZA DE UMA FACE OBLÍQUA

Conforme apresentado na Figura 8.18, uma face será mostrada em verdadeira grandeza quando o plano de projeção for paralelo a ela. *Para mostrar a vista em verdadeira grandeza de uma face, escolha a direção do observador perpendicular à vista de topo da face.* Você já praticou a representação de faces inclinadas em verdadeira grandeza usando este método, quando a vista de topo já foi dada. Mas, para mostrar uma face oblíqua em verdadeira grandeza, você precisará construir uma vista auxiliar secundária.

Mãos à obra 8.3
Observando uma reta como um ponto

Desenhe uma reta em um plano – por exemplo, uma linha reta em uma folha de papel. Então, incline o papel para ver a reta como um ponto. Você verá que, quando a reta aparece como um ponto, o plano que a contém aparece como uma reta. (Uma vez que seu papel acaba sendo visto pela borda, pode ser um pouco difícil ver se a reta está corretamente orientada.)

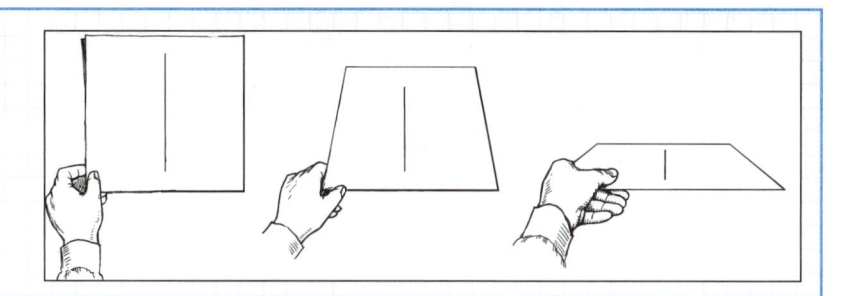

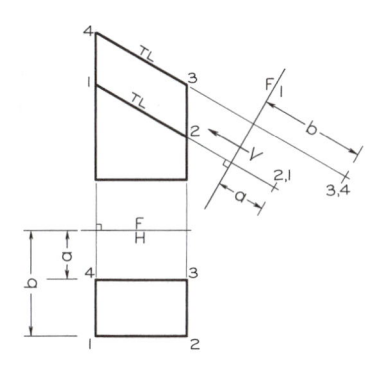

FIGURA 8.15 Vista de topo de um segmento de reta.

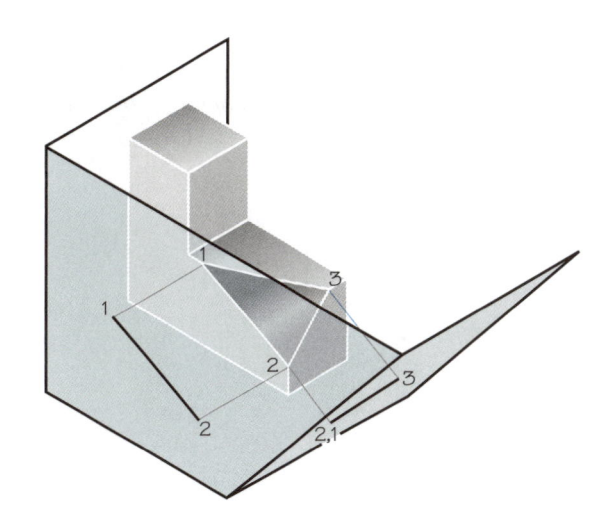

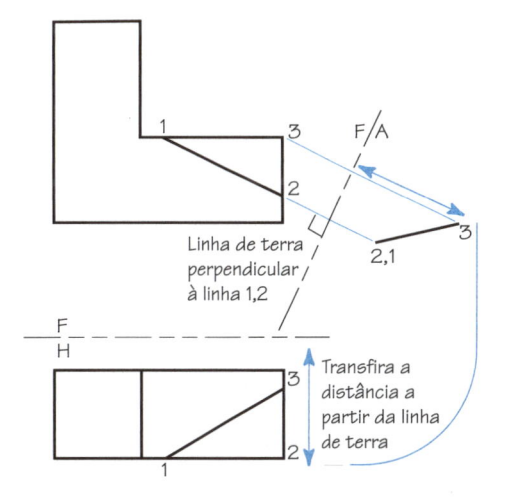

Para mostrar a verdadeira grandeza de uma face oblíqua, como a face 1-2-3-4 na Figura 8.18, desenhe uma vista auxiliar secundária. Nesse exemplo, são usadas as linhas de terra, mas você pode obter os mesmos resultados para todos os próximos exemplos usando linhas de referência.

1. Desenhe a vista auxiliar mostrando a face 1-2-3-4 em topo, conforme explicado anteriormente.
2. Trace uma vista auxiliar secundária com a direção do observador perpendicular à vista de topo do plano 1-2-3-4 na vista auxiliar primária. Projete linhas paralelas à seta. Desenhe a linha de terra 2/1 perpendicular a essas linhas de chamada, a uma distância conveniente da vista auxiliar primária.
3. Desenhe a vista auxiliar secundária. Transfira a distância de cada ponto a partir da linha de terra F/1 para a vista auxiliar secundária – por exemplo, as medidas c e d. A verdadeira grandeza (VG) da face 1-2-3-4 é mostrada na vista auxiliar secundária, uma vez que a direção do observador é perpendicular a ela.

FIGURA 8.16 Vista de topo de um plano.

8.20 ÂNGULOS DIÉDRICOS

Um ângulo entre dois planos é denominado **ângulo diédrico**. Normalmente, é necessário desenhar vistas auxiliares para mostrar ângulos em verdadeira grandeza, principalmente com o propósito de cotá-los. Na Figura 8.19a, um bloco com um sulco em forma de "V" é mostrado onde o ângulo diédrico entre as faces A e B pode ser visto em verdadeira grandeza na vista frontal.

Na Figura 8.19b, o sulco em "V" no bloco está oblíquo em relação à face frontal, o que faz com que a verdadeira grandeza não seja mostrada. Assuma que este ângulo seja o mesmo que o da Figura 8.19a. O ângulo mostrado é maior ou menor do que na Figura 8.19a? Para mostrar o verdadeiro ângulo diédrico, a reta de interseção (neste caso 1-2) deve aparecer como um ponto (ou em vista de topo). Uma vez que a reta de interseção para o ângulo diédrico pertence aos dois planos, mostrá-la como um ponto produz uma vista que mostra ambos os planos em perfil. Isso fornecerá a verdadeira grandeza do ângulo diédrico.

Na Figura 8.19a, a reta 1-2 é a reta de interseção dos planos A e B. A reta 1-2 pertence aos dois planos; logo, uma vista de topo dessa reta mostrará ambos os planos como retas (ou em vista de topo), e o ângulo entre elas é o ângulo diédrico entre os dois planos. *Para obter a verdadeira grandeza entre dois planos, ache a vista de topo da reta de interseção entre planos.*

Na Figura 8.19c, a direção do observador é paralela à linha 1-2; assim, 1-2 se projeta em um ponto, os planos A e A se projetam como retas e a verdadeira grandeza do ângulo diédrico é mostrada na vista auxiliar.

■ 8.21 DESENVOLVIMENTO E INTERSEÇÕES

Um *desenvolvimento* é uma representação ou um padrão planificado que, quando dobrado, gera formas tridimensionais. Uma *interseção* é o resultado de duas formas que se interceptam. Construções a partir de chapa metálica representam a aplicação mais comum para o desenvolvimento de superfícies e de interseções. O desenvolvimento de superfícies como aquelas encontradas em artefatos construídos com chapas metálicas é um padrão plano que representa a superfície desdobrada ou desenrolada. O padrão plano resultante fornece a verdadeira grandeza de cada área conectada que pode existir, de modo que aquela peça ou estrutura possa ser fabricada. As vistas auxiliares são ferramentas básicas no desenvolvimento de superfícies. Muitos pacotes de *software* especializados estão disponíveis para automatizar desenvolvimentos e interseções entre superfícies. Você também pode apli-

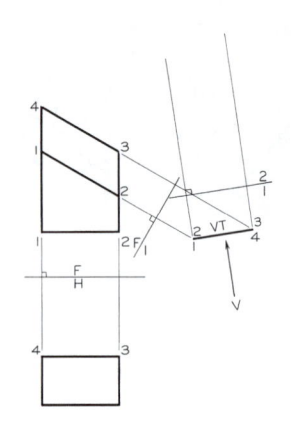

FIGURA 8.17 Vista de topo de uma superfície.

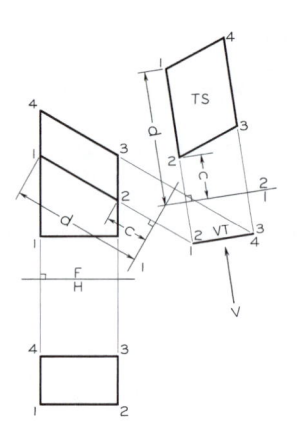

FIGURA 8.18 Verdadeira grandeza de uma superfície oblíqua.

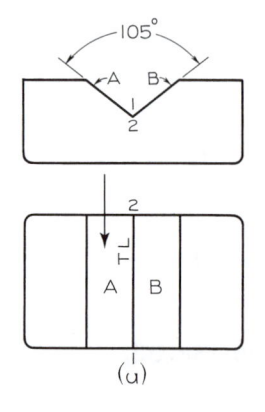

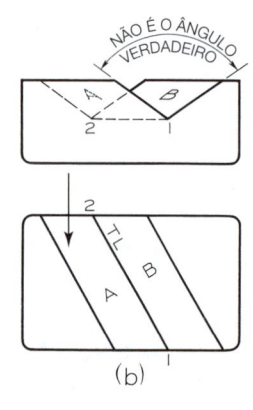

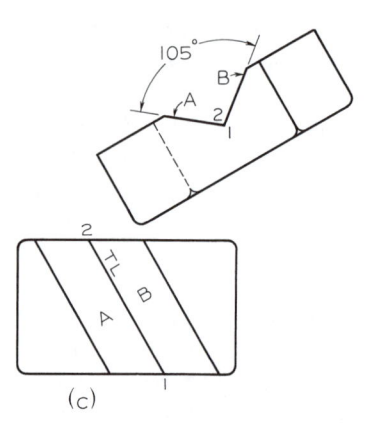

FIGURA 8.19 Ângulos diédricos.

car o que aprendeu sobre vistas auxiliares para executar desenvolvimentos e interseções usando seu sistema CAD.

8.22 TERMINOLOGIA

A seguinte terminologia descreve objetos e conceitos usados para o desenvolvimento e interseção entre superfícies:

Uma *superfície regrada* é uma superfície que pode ser gerada fazendo-se percorrer uma linha reta, chamada *geratriz*, ao longo de um caminho, que pode ser reto ou curvo. Qualquer posição da geratriz é um *elemento* da superfície. Uma superfície regrada pode ser um plano, uma superfície curva simples, ou uma superfície curva reserva.

Um plano é uma superfície regrada que é gerada por uma reta (geratriz), que se move apoiada em um de seus pontos, mantendo-se paralela à sua posição original, ao longo de uma outra linha reta. Muitos sólidos geométricos são delimitados por superfícies planas.

Uma *superfície curva simples* é uma superfície regrada desenvolvível, ou seja, ela pode ser desenrolada de modo a ficar contida em um plano. Quaisquer duas posições adjacentes da geratriz pertencem ao mesmo plano. O cilindro e o cone são exemplos deste tipo de superfície.

Uma *superfície curva reversa* é uma superfície regrada que não é desenvolvível. Alguns exemplos são apresentados na Figura 8.20. Duas posições adjacentes da geratriz não determinam um plano. Superfícies reservas não podem ser desenroladas ou desdobradas para tornar-se plassificadas. Muitas regiões externas da carenagem de um avião ou de um automóvel são superfícies reversas.

Uma *superfície de dupla curvatura* é gerada por uma linha curva e não tem elementos retos. Uma superfície gerada pela revolução de uma linha curva em torno de uma linha reta no plano da curva é denominada *superfície de dupla curvatura de revolução*. Exemplos comuns são a esfera, o *toro*, o *elipsóide* e o *hiperbolóide*.

Uma *superfície desenvolvível* pode ser desdobrada ou desenvolvida ficando inteiramente contida em um plano. Superfícies compostas de superfícies curvas simples, de planos ou de combinações desses tipos são desenvolvíveis. Superfícies reversas e as superfícies de dupla curvatura não são diretamente desenvolvíveis. Elas podem ser desenvolvidas se aproximarmos a sua forma usando superfícies desenvolvíveis. Se o material usado na manufatura for suficientemente flexível, as chapas podem ser estreitadas, comprimidas, ou forçadas de outra maneira a fim de moldar a forma desejada. As superfícies não-desenvolvíveis são normalmente produzidas por uma combinação de superfícies desenvolvíveis que são então conformadas para produzir a superfície. A Figura 8.21 mostra exemplos de superfícies desenvolvíveis.

8.23 SÓLIDOS

Poliedros são sólidos que são delimitados inteiramente por superfícies planas – por exemplo: cubos, pirâmides e prismas. Os sólidos convexos são os que não se dobram sobre si mesmos; em outras palavras, eles não têm concavidade. Sólidos convexos com todas as faces iguais são chamados de *poliedros regulares*. Exemplos de sólidos regulares são mostrados na Figura 8.22. As superfícies planas que delimitam um poliedro são chamadas de faces. A linha de interseção entre as faces são chamadas de arestas.

Um sólido gerado pela revolução de uma figura plana em torno de um eixo no plano da figura é um *sólido de revolução*. Os sólidos delimitados por superfícies reversas não possuem uma denominação específica. O exemplo mais comum desses sólidos é a rosca do parafuso.

8.24 PRINCÍPIOS PARA INTERSEÇÕES

Uma necessidade típica de um desenho de precisão mostrando as interseções dos planos e dos sólidos é no corte de aberturas na superfície de um telhado para a instalação de dutos e chaminés; nas paredes para inserção de tubos, calhas e assim por diante; e na construção de estruturas com chapas de metal, como tanques e caldeiras. Nesses casos, você geralmente precisa determinar a verdadeira grandeza da interseção do plano e um ou mais sólidos geométricos. A Figura 8.23 mostra um exemplo em que se deve determinar a interseção de um sólido e um plano para criar corretamente a abertura formada no prisma vertical – o duto principal – onde o prisma horizontal se acopla.

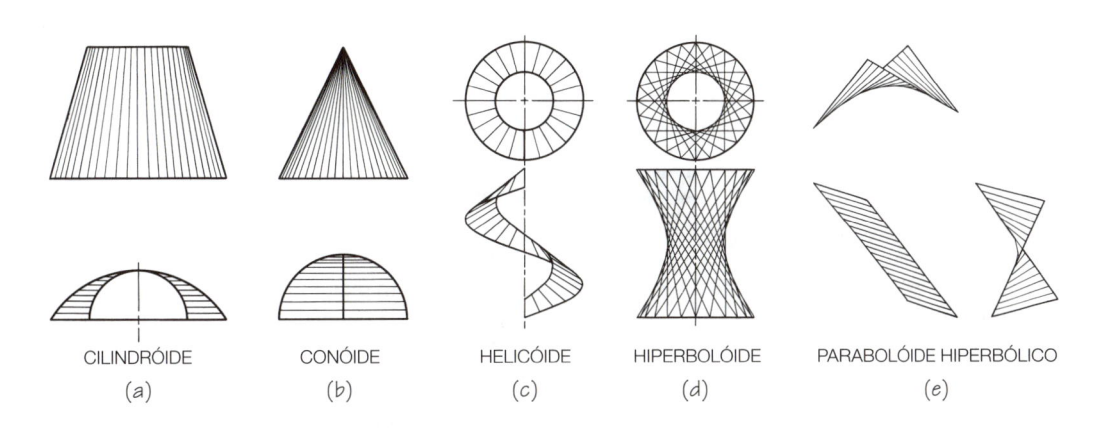

CILINDRÓIDE (a)   CONÓIDE (b)   HELICÓIDE (c)   HIPERBOLÓIDE (d)   PARABOLÓIDE HIPERBÓLICO (e)

FIGURA 8.20 Superfícies curvas.

FIGURA 8.21 Desenvolvimento de superfícies.

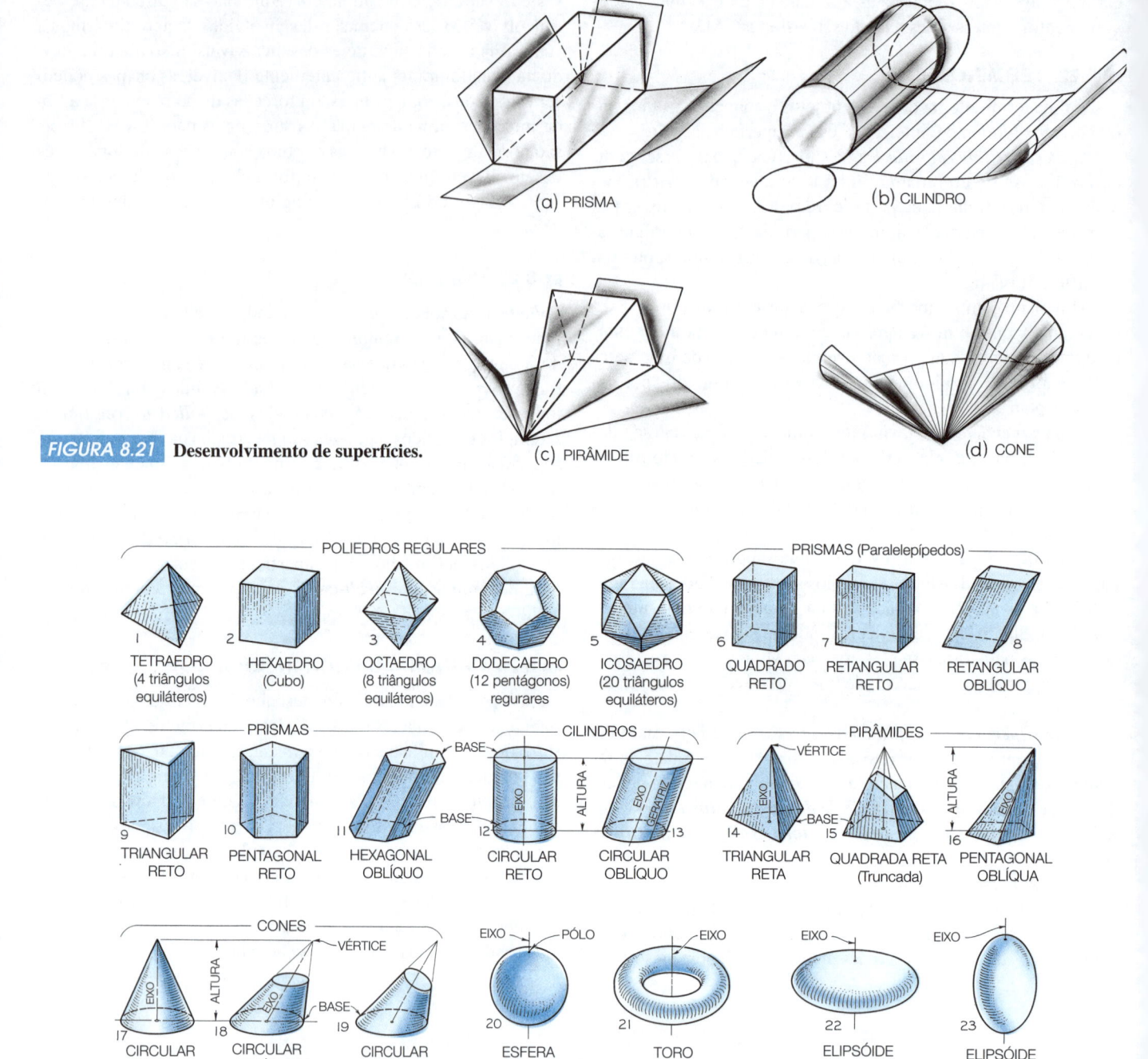

(a) PRISMA
(b) CILINDRO
(c) PIRÂMIDE
(d) CONE

POLIEDROS REGULARES
1. TETRAEDRO (4 triângulos equiláteros)
2. HEXAEDRO (Cubo)
3. OCTAEDRO (8 triângulos equiláteros)
4. DODECAEDRO (12 pentágonos regurares)
5. ICOSAEDRO (20 triângulos equiláteros)

PRISMAS (Paralelepípedos)
6. QUADRADO RETO
7. RETANGULAR RETO
8. RETANGULAR OBLÍQUO

PRISMAS
9. TRIANGULAR RETO
10. PENTAGONAL RETO
11. HEXAGONAL OBLÍQUO

CILINDROS
12. CIRCULAR RETO
13. CIRCULAR OBLÍQUO

PIRÂMIDES
14. TRIANGULAR RETA
15. QUADRADA RETA (Truncada)
16. PENTAGONAL OBLÍQUA

CONES
17. CIRCULAR RETO
18. CIRCULAR OBLÍQUO (Tronco)
19. CIRCULAR OBLÍQUO (Tronco)

20. ESFERA
21. TORO
22. ELIPSÓIDE ACHATADO
23. ELIPSÓIDE ALONGADO

FIGURA 8.22 Sólidos.

Para sólidos delimitados por superfícies planas, você precisa somente achar os pontos de interseção das arestas do sólido com o plano e ligar esses pontos em ordem consecutiva com linhas retas.

Para sólidos delimitados por superfícies curvas, é necessário achar os pontos de interseção de várias geratrizes do sólido com o plano e traçar uma curva concordante com esses pontos. A interseção de um plano e um cone é chamada de *seção cônica*. Algumas seções cônicas típicas são mostradas na Figura 8.24.

8.25 DESENVOLVIMENTOS

O desenvolvimento de uma superfície é a sua representação disposta em um plano. Aplicações práticas de desenvolvimentos aparecem em trabalhos com chapas metálicas, cortes de pedras,

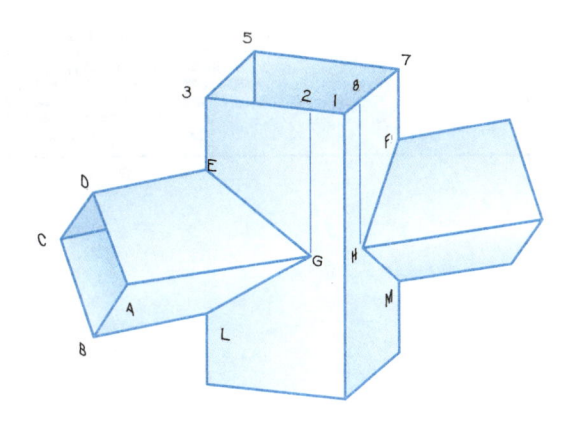

FIGURA 8.23 Interseção de prismas.

gar as bases às arestas que lhe correspondem: isso economizará soldagem, costuras e rebitagens.

É prática comum desenhar leiautes de desenvolvimento com a *superfície interna para cima*. Dessa forma, todas as linhas de dobra e outras marcas são diretamente relativas às medidas internas, que são as dimensões importantes em todos os dutos, tubos, tanques e outros recipientes. Nessa posição, eles também são convenientes para o uso nas oficinas de fabricação.

8.26 BAINHAS E JUNTAS PARA CHAPAS DE METAL E OUTROS MATERIAIS

A Figura 8.25 mostra uma grande variedade de bainhas e juntas usadas para fabricar peças de chapas metálicas e outros elementos. As bainhas são usadas para eliminar a aresta viva e para enrijecer o material. Juntas e bainhas podem ser feitas em chapas metálicas por dobragem, costura, rebitagem e soldagem e para materiais de embalagem por colagem ou por grampos.

Deve-se acrescentar material para as bainhas e juntas no leiaute de desenvolvimento. A quantidade a ser acrescida depende da espessura do material e do equipamento utilizado. Uma boa maneira de encontrar mais informações é conversar com os fabricantes. Eles podem ajudar a identificar as especificações relativas ao processo exato que será usado no projeto da peça.

confecção de matrizes, empacotamento e projeto de embalagens.

Superfícies curvas simples e superfícies poliédricas podem ser desenvolvidas. Os desenvolvimentos de superfícies reversas e das duplas curvaturas podem ser apenas aproximados.

No leiaute de chapas metálicas, deve-se prever um acréscimo de material para as voltas e as costuras. Se o material é grosso, a espessura pode ser um fator relevante, e o acúmulo de metal nas dobras deve ser considerado. Também deve-se levar em conta os tamanhos comercialmente disponíveis e elaborar leiautes que economizem material e trabalho. Ao preparar os desenvolvimentos, o melhor é colocar as costuras na menor aresta e li-

Uma boa maneira de localizar fabricantes e produtos é através do Registro Thomas *on-line*: http://www.thomasregister.com/index.html

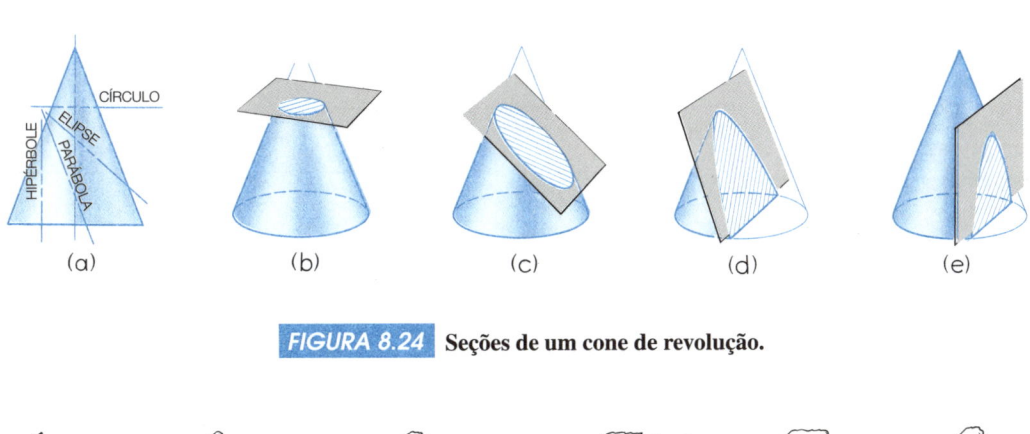

FIGURA 8.24 Seções de um cone de revolução.

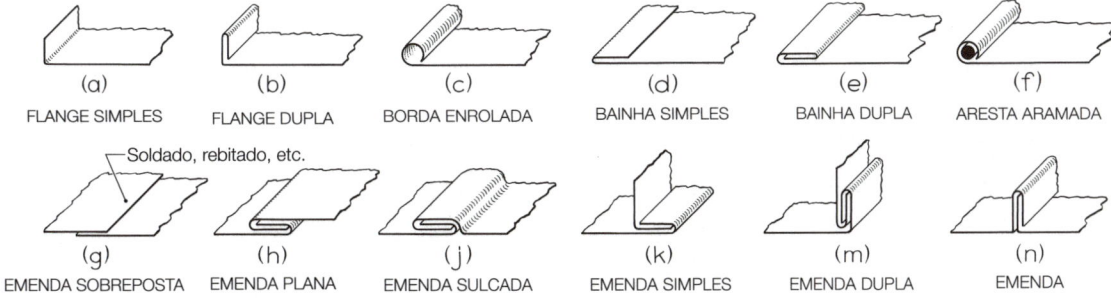

FIGURA 8.25 Dobras e juntas em folhas de metal.

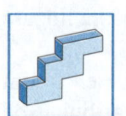

Passo a passo 8.4
Desenvolvendo um prisma

Estes são os passos para o desenvolvimento do prisma reto:

1. Desenhe uma linha de referência que representa o eixo ao longo do qual a peça é desdobrada ou desenrolada. Na linha retificada, transfira as verdadeiras grandezas dos segmentos 1-2 e 2-3, que são mostradas em verdadeira grandeza na vista superior. Lembre-se de que um segmento aparece em verdadeira grandeza quando a vista é perpendicular à reta que o contém. Em outras palavras, quando a projeção de uma reta é paralela à linha de terra em uma das duas vistas, a projeção da reta está em verdadeira grandeza na vista adjacente.

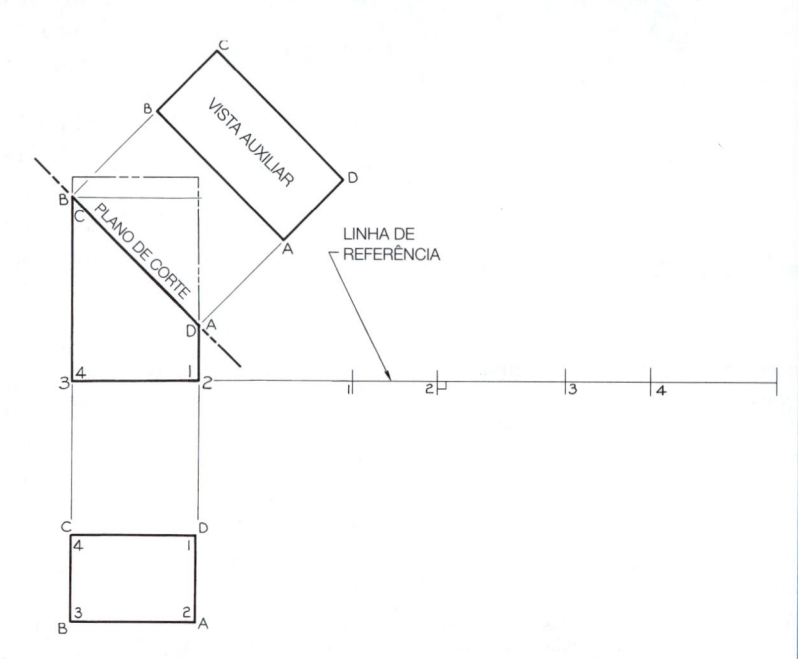

2. Onde duas superfícies se unem, desenhe perpendiculares à linha retificada e transfira a verdadeira grandeza da altura de cada aresta respectiva. A vista frontal mostra as verdadeiras grandezas das alturas neste caso. Projete as alturas a partir da vista frontal, conforme mostrado. Complete o desenvolvimento destas superfícies usando linhas retas para unir os pontos encontrados. Identifique outras superfícies que estão conectadas a estas e acrescente as suas verdadeiras grandezas ao desenvolvimento da base inferior e da base superior. Use uma vista auxiliar para encontrar a verdadeira grandeza da face e, então, desenhe-a na posição conveniente.

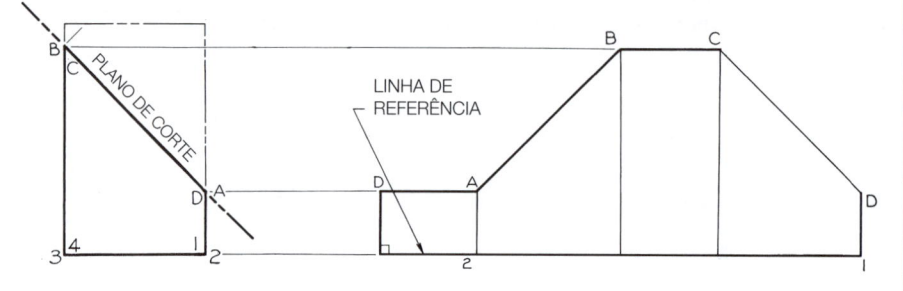

3. Quando você terminar o traçado, terá desenhado o desenvolvimento do prisma inteiro. Se necessário, acrescente abas para fazer a colagem na montagem da peça.

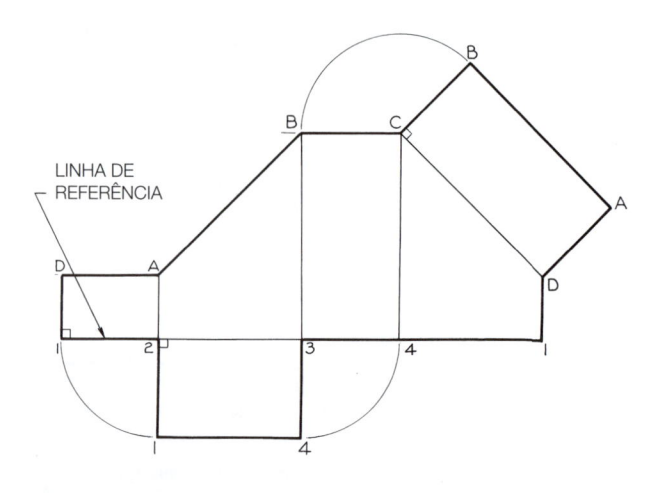

Encontre a Folha de trabalho 8.2 na seção destacável e recorte o desenvolvimento de um prisma. Dobre-o de acordo com as instruções e use-o para ajudá-lo a visualizar este desenvolvimento.

8.27 ACHANDO A INTERSEÇÃO DE UM PLANO E UM PRISMA E DESENVOLVENDO UM PRISMA

A verdadeira grandeza de uma interseção de um plano e um prisma é mostrada na vista auxiliar da Figura 8.26. O comprimento $\overline{AB}$ é o mesmo que $\overline{AB}$ na vista frontal, e a largura $\overline{AD}$ é a mesma que $\overline{AB}$ na vista superior.

8.28 ACHANDO A INTERSEÇÃO DE UM PLANO E UM CILINDRO E DESENVOLVENDO O CILINDRO

A interseção entre um plano e um cilindro é uma elipse cuja verdadeira grandeza é mostrada na vista auxiliar da Figura 8.27. Os passos para o desenvolvimento do cilindro são os seguintes:

1. Desenhe várias geratrizes do cilindro. Normalmente, é melhor dividir a base do cilindro em partes iguais, mostradas na vista superior e então projetadas na vista frontal.
2. Na vista auxiliar, as larguras $\overline{BC}$, $\overline{DE}$, etc. são transferidas da vista superior em 2-16, 3-15, respectivamente, e a elipse é desenhada por esses pontos, como foi praticado antes neste capítulo. O eixo principal (maior) $\overline{AH}$ é mostrado em verdadeira grandeza na vista frontal, e o eixo secundário (menor) $\overline{JK}$ é mostrado em verdadeira grandeza na vista superior. Pode-se usar esta informação para desenhar rapidamente a elipse usando um sistema CAD.
3. Desenhe a **linha de referência** para o cilindro. Ela será igual à circunferência da base retificada, cujo comprimento é determinado pela fórmula $C = \pi \cdot d$ (onde d = diâmetro).
4. Divida a linha de referência no mesmo número de partes iguais que a circunferência da base e desenhe uma geratriz em cada divisão, perpendicularmente à linha.
5. Transfira a verdadeira grandeza da altura projetando-a da vista frontal.

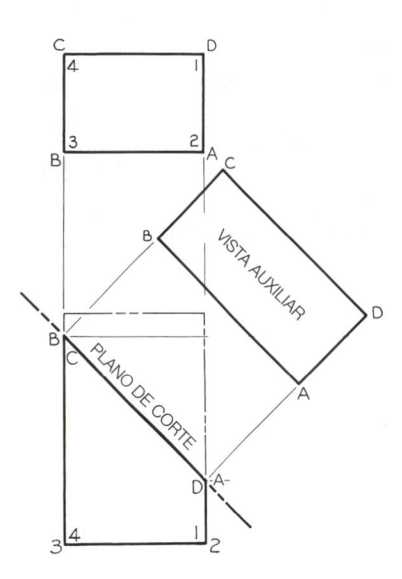

FIGURA 8.26 Vista auxiliar mostrando a verdadeira grandeza e forma da interseção de um plano e um prisma.

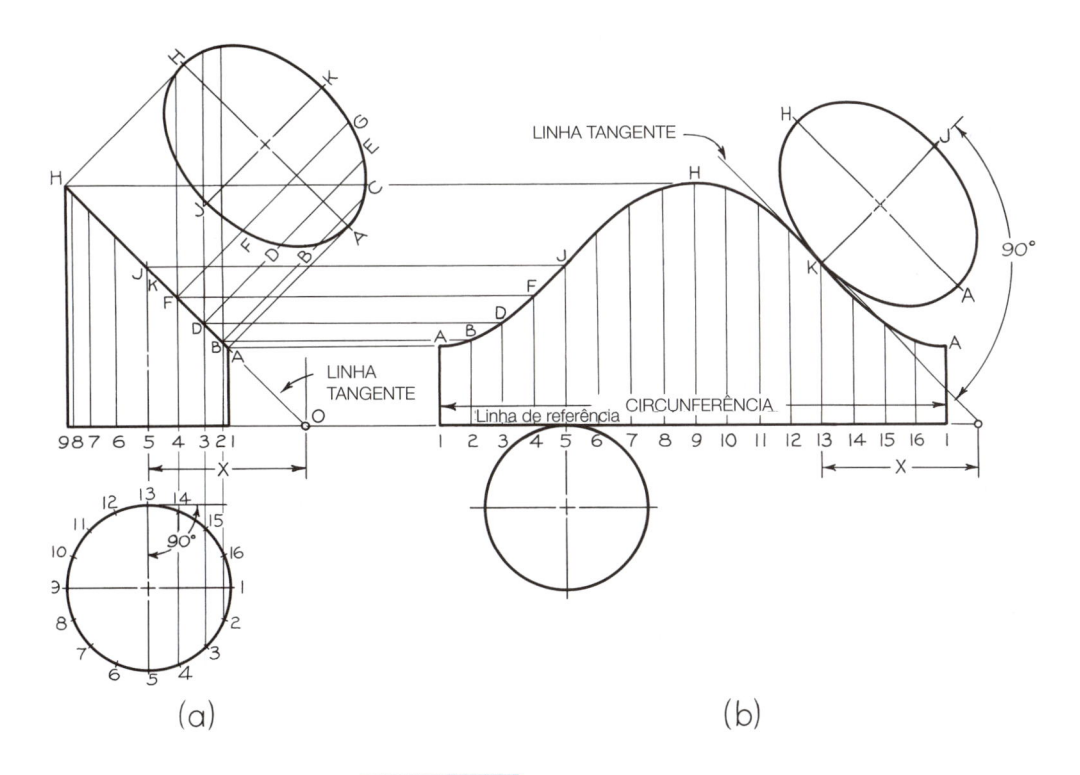

FIGURA 8.27 Plano e cilindro.

6. Desenhe a curva concordante através dos pontos A, B, D e assim por diante.
7. Desenhe as retas tangentes e acrescente as bases conforme apresentado.

Encontre a Folha de trabalho 8.3 na seção destacável. Dobre-a de acordo com as instruções e use-a para ajudá-lo a visualizar o desenvolvimento do cilindro.

8.29 MAIS EXEMPLOS DE DESENVOLVIMENTOS E INTERSEÇÕES

USANDO UM PLANO E UM PRISMA OBLÍQUO E DESENVOLVENDO O PRISMA A interseção entre um plano e um prisma oblíquo é mostrada na Figura 8.28a. Onde o plano é normal em relação ao prisma formado pelo plano WX (chamado de seção reta), ele aparece como um hexágono regular conforme mostrado na vista auxiliar rotulada SEÇÃO RETA. A seção oblíqua que corta por um plano horizontal YZ é mostrada em verdadeira grandeza na vista superior.

O desenvolvimento deste prisma oblíquo é mostrado na Figura 8.28b. Use a seção reta para criar a linha de referência WX. Na linha de referência, marque as medidas 1-2, 2-3 e assim por diante, que são mostradas em verdadeira grandeza na vista auxiliar. Desenhe perpendiculares passando por cada divisão. Transfira as alturas das arestas respectivas, que são mostradas em verdadeira grandeza na vista frontal. Una os pontos A, B, C, etc. com linhas retas. Finalmente, desenhe as bases do prisma que aparecem em suas verdadeiras grandezas na vista superior, na posição mais conveniente.

DESENVOLVENDO UM PLANO E UM CILINDRO OBLÍQUO A interseção entre um plano e um cilindro oblíquo é determinado de modo similar ao mostrado na Figura 8.29.

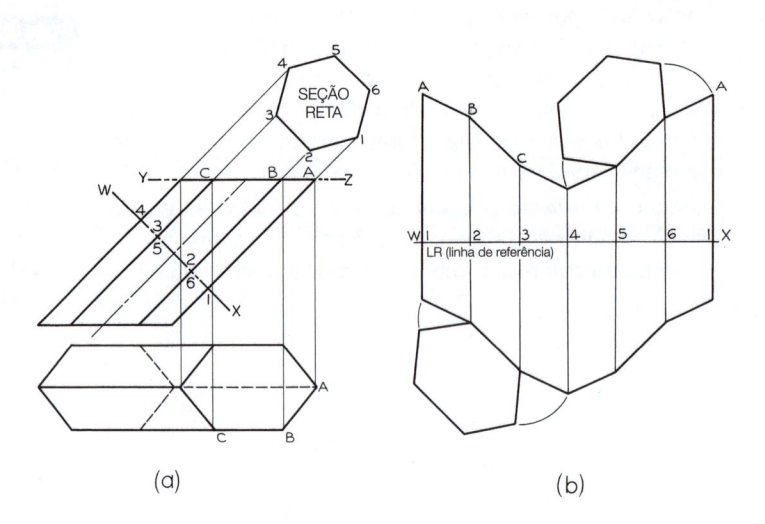

FIGURA 8.28 Plano e prisma oblíquo.

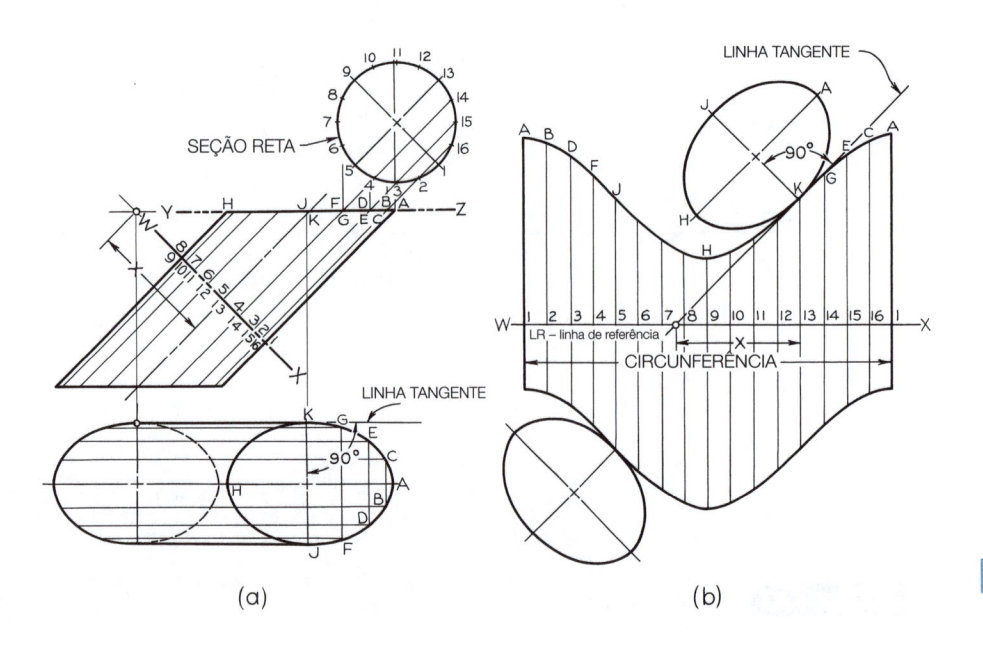

FIGURA 8.29 Plano e cilindro circular oblíquo.

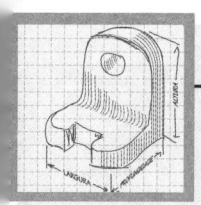

CAD EM SERVIÇO
Leiaute automático de peças de chapas metálicas

CAD 3-D AJUDA A AUTOMAÇÃO DE PROJETOS COM CHAPAS METÁLICAS

Alan Hooker é um engenheiro mecânico que atualmente projeta invólucro e mecanismos para vídeo games. A maioria dos invólucros é feita de chapas metálicas dobradas, unidas por parafusos, rebites ou solda. Usando CAD 2-D ou desenhos com caneta e papel, o projetista pode ter que projetar muitas vistas auxiliares da peça para mostrar a verdadeira grandeza das superfícies inclinadas. Essas vistas auxiliares podem ser importantes para tornar claro que os ajustes necessários foram conseguidos e para posicionar os moldes planificados do metal de tal forma que possa ser curvado ou dobrado de modo correto. Agora, usando a representação em estrutura de arame (*wireframe*) em 3-D com um sistema CAD, Alan cria o contorno 3-D da peça e usa o *software* ProFold para ajudar a automatizar o processo de criação da forma 3-D da peça e do seu molde planificado. O *software* ProFold é um programa barato para projetos com chapas metálicas que trabalha junto com uma variedade de programas CAD, incluindo o AutoCAD® e o CadKey®.

Aqui está como o Profold® e o AutoCAD® trabalham para Alan. Primeiro ele criou o desenho da estrutura de arame em 3-D usando AutoCAD conforme mostrado na Figura A.

PROFOLD CRIA A ESPESSURA DAS PEÇAS

A seguir, ele usou o ProFold para criar a espessura da peça em 3-D. As caixas de diálogo do ProFold permitiram determinar a espessura do material; neste caso aço 18 galvanizado. A espessura da chapa era 0,047". Então, ele selecionou uma das arestas no desenho (chamada de linha de molde) onde haveria uma dobra na chapa metálica. Isso foi feito para informar ao ProFold se ele quer a espessura do material para dentro ou para fora da forma que ele tinha desenhado. Depois da seleção das linhas remanescentes para informar ao ProFold o restante da forma, ele produz a peça com espessura em 3-D, como mostra a Figura B.

LEIAUTE AUTOMÁTICO DO PADRÃO CHAPADO

Em seguida, Alan usou o objeto com espessura como uma Xref (*external reference* – referência externa) no desenho de conjunto do AutoCAD para verificar como as peças se encaixam umas com as outras. Se o encaixe for correto, ele pode gerar os perfis em 2-D da forma pela projeção das vistas no *paperspace*. Ele também usou ProFold para planificar a forma dobrada em 3-D e para criar um molde planificado. Vendo o molde planificado, ele pode ter certeza de que as peças do molde não se sobrepõem quando desdobradas, o que pode criar uma peça que seria impossível de

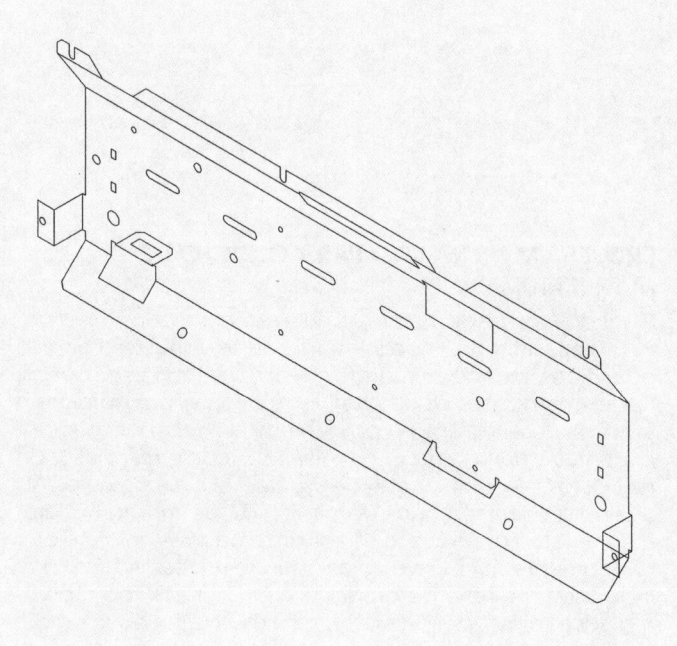

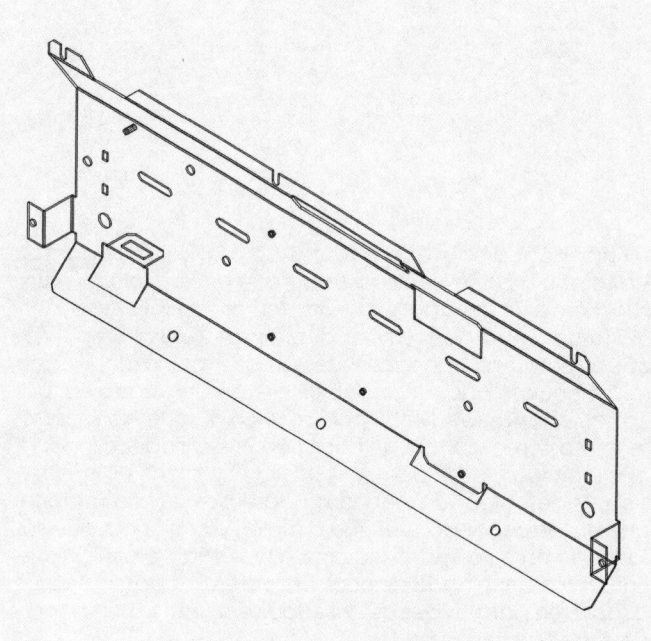

(A)

(B)

```
Units: Inches
Thickness: 0.0470

Bnd    Angle     Radius    K-Fact     Allow     OutComp    InComp
 1    -33.00     0.0000    0.4200     0.0114    -0.0165    0.0114
 2     45.00     0.0000    0.4200     0.0155    -0.0234    0.0155
 3     33.00     0.0000    0.4200     0.0114    -0.0165    0.0114
 4     90.00     0.0000    0.4200     0.0310    -0.0630    0.0310
 5    -90.00     0.0000    0.4200     0.0310    -0.0630    0.0310
 6    -90.00     0.0000    0.4200     0.0310    -0.0630    0.0310
 7     90.00     0.0000    0.4200     0.0310    -0.0630    0.0310
 8    -90.00     0.0000    0.4200     0.0310    -0.0630    0.0310
```

(C)

ser planificada através do ProFold, como mostra a Figura C. Ele também pode certificar-se de que as abas deixam um mínimo de espaço para as ferramentas. O ProFold proporciona uma lista de todas as dobras, fatores k, compensações e outras informações necessárias. O molde planificado será manufaturado por um fabricante especializado em peças de chapas metálicas; por isso, Alan diz que ele simplesmente assume um raio de dobra de 0. Isso pode fazer com que o molde planificado de teste fique fora entre 5 a 10 milésimos de polegada por causa da espessura do material que ele está usando. Quando o molde planificado, que será usado para prensar o material, é projetado, o raio da curvatura é determinado de acordo com as chapas metálicas disponíveis para as peças, baseadas em uma combinação de experiência e fórmulas.

PROJETO MAIS RÁPIDO PARA O CICLO DE MANUFATURA

Quando Alan acaba o projeto, ele envia o arquivo CAD para o fabricante de chapas metálicas, que finaliza o arranjo do molde planificado usando o ProFold e fabrica as peças. Ele também é capaz de criar vistas ortográficas cotadas a partir do desenho em 3-D para serem utilizados por outros fabricantes, que não usam o CAD/CAM, conforme mostrado na Figura D. A combinação de uso de ProFold e do AutoCAD 3-D para criar desenhos de conjunto que mostram claramente como as peças se encaixam ajudam Alan a projetar rapidamente novos invólucros quando necessário. Ele também usa uma série de programas em AutoLISP para automatizar tarefas repetitivas de forma a aumentar a sua produtividade de engenharia.

(D)

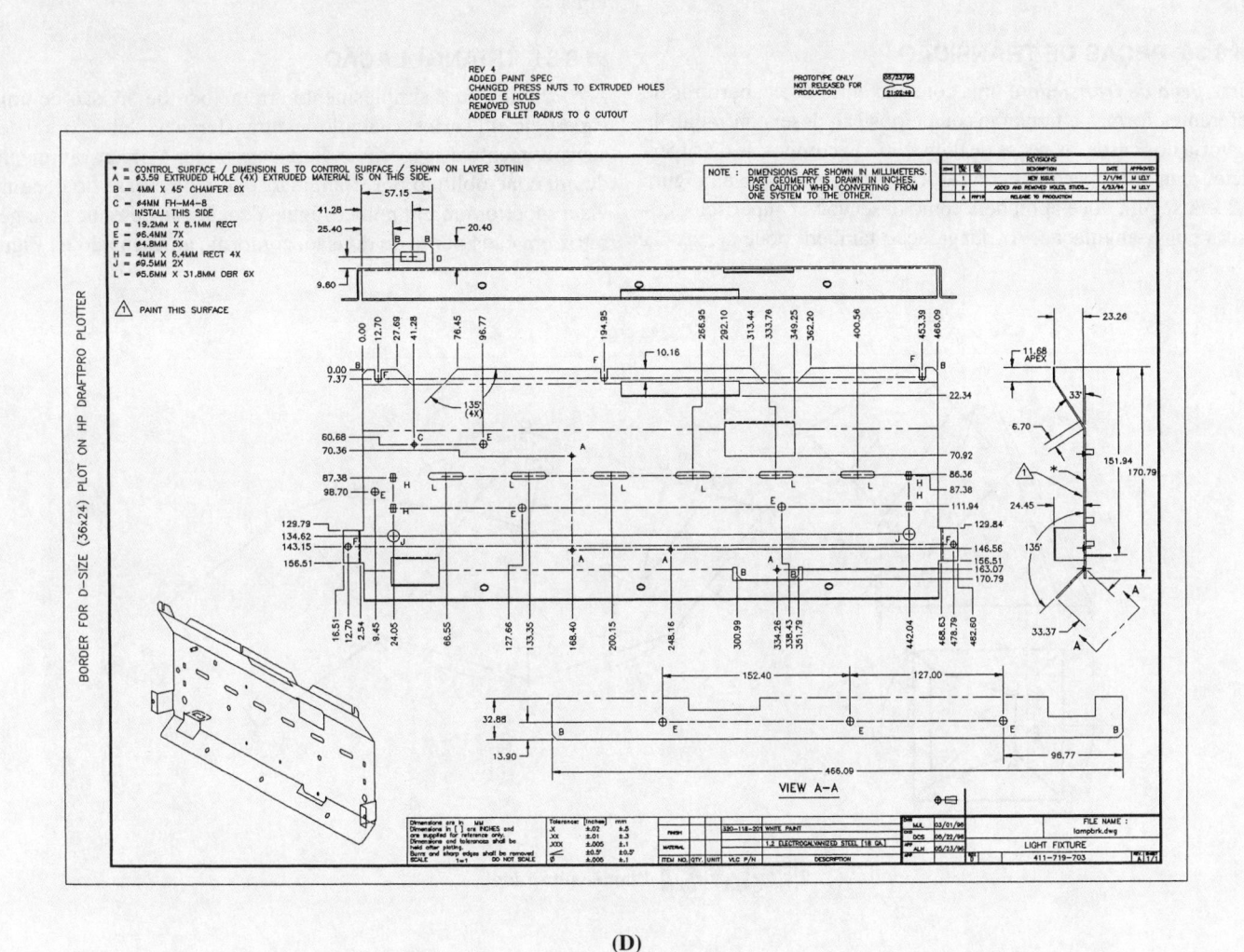

A INTERSEÇÃO DE UM PLANO E UMA PIRÂMIDE E O SEU DESENVOLVIMENTO A interseção entre um plano e uma pirâmide é um trapezóide, conforme apresentado na Figura 8.30.

INTERSEÇÃO E DESENVOLVIMENTO DE UM PLANO E UM CONE A interseção entre um plano e um cone é uma elipse, conforme apresentado na Figura 8.31. Se um feixe de planos horizontais de seção passam perpendicularmente ao eixo principal do cone, cada plano cortará um círculo do cone, que será mostrado em verdadeira grandeza na vista superior. Os pontos em que esses círculos interceptam o plano de seção original são pontos na elipse. Uma vez que o plano de seção é mostrado de topo na vista frontal, todos esses pontos que furam podem ser projetados para as outras vistas.

Para o desenvolvimento da superfície lateral de um cone, pode-se considerar o cone como uma pirâmide tendo um número infinito de faces. O desenvolvimento é semelhante ao da pirâmide.

O DESENVOLVIMENTO DE UMA COIFA E UMA CHAMINÉ O desenvolvimento de uma coifa e uma chaminé é mostrado na Figura 8.32. Uma vez que a coifa é uma superfície cônica, ela deve ser desenvolvida conforme mostrado acima. As duas seções das extremidades do cotovelo são superfícies cilíndricas, mas suas bases não são perpendiculares aos eixos; dessa forma, elas não serão desenvolvidas em linhas retas. Desenvolva-as de modo similar ao cilindro oblíquo. Trace planos auxiliares AB e DC perpendiculares aos eixos, e eles cortarão seções retas do cilindro que se projetarão nas linhas retas AB e CD. De acordo com o traçado para o desenvolvimento, o cotovelo pode ser construído a partir de uma chapa metálica retangular sem perda de material. As matrizes são apresentadas separadamente depois do corte.

8.30 PEÇAS DE TRANSIÇÃO

Uma *peça de transição* é uma conexão entre duas aberturas de diferentes formas e tamanhos ou de posição desencontrada. Na maioria dos casos, as peças de transição são compostas de superfícies planas e superfícies cônicas, conforme mostrado na Figura 8.33. A seguir, você aprenderá como desenvolver superfícies cônicas por triangulação. A triangulação também pode ser usada para desenvolver, aproximadamente, certas superfícies reversas. As peças de transição são muito usadas em sistemas de condicionamento de ar, aquecimento, ventilação e construções similares.

8.31 TRIANGULAÇÃO

A *triangulação* é simplesmente um método de divisão de uma superfície em vários triângulos e a transferência deles para o desenvolvimento da superfície. Para determinar o desenvolvimento de um cone oblíquo por triangulação, divida a base do cone na vista superior em um número igual de partes e desenhe uma geratriz em cada ponto de divisão, conforme apresentado na Figu-

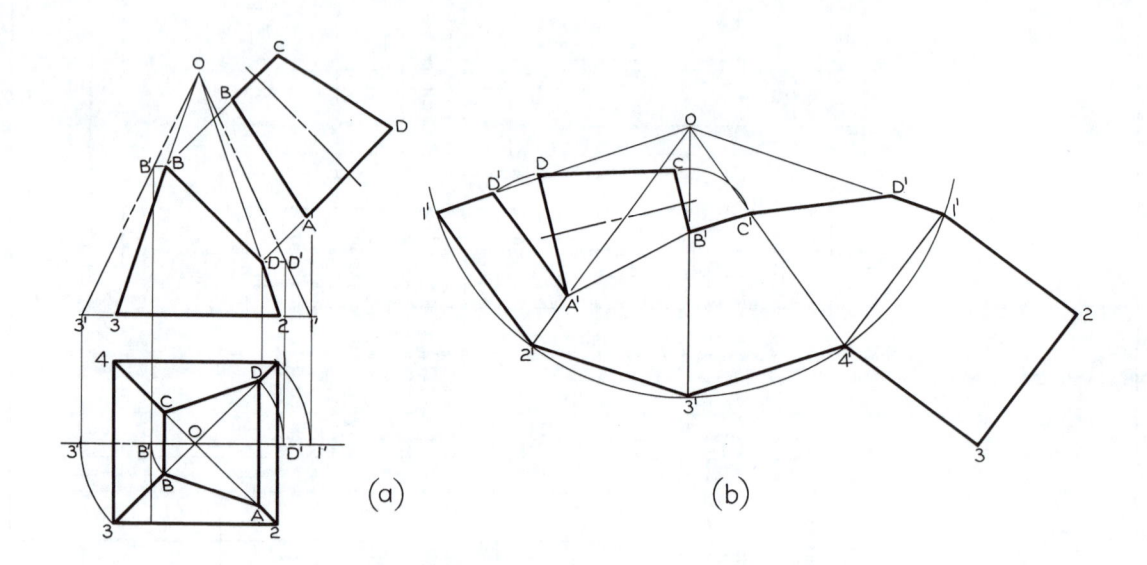

FIGURA 8.30 Plano e pirâmide.

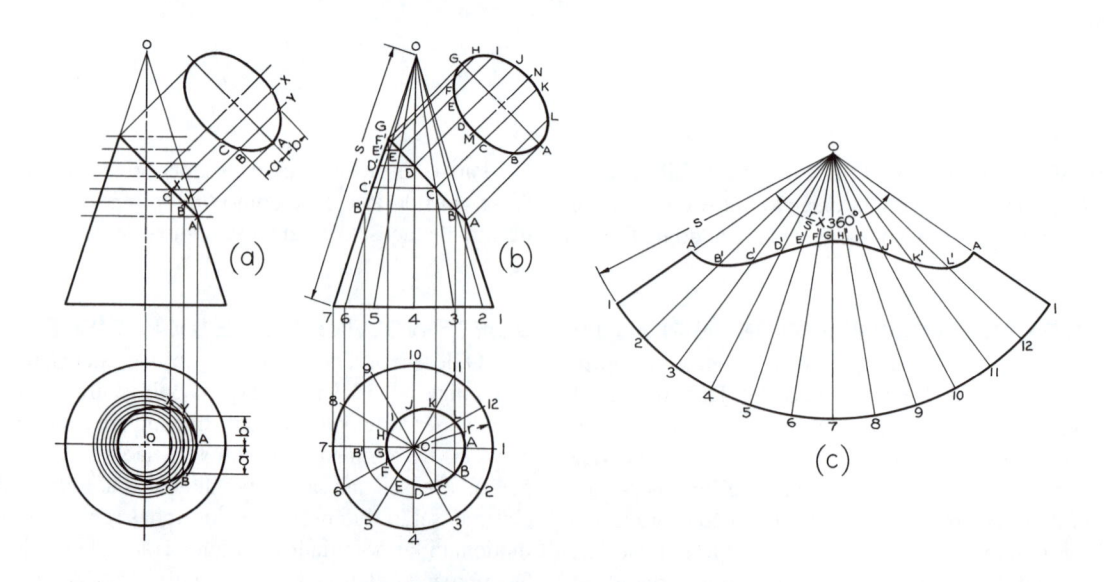

FIGURA 8.31 Plano e cone.

FIGURA 8.32 Coifa e chaminé.

FIGURA 8.33 Peças de transição.

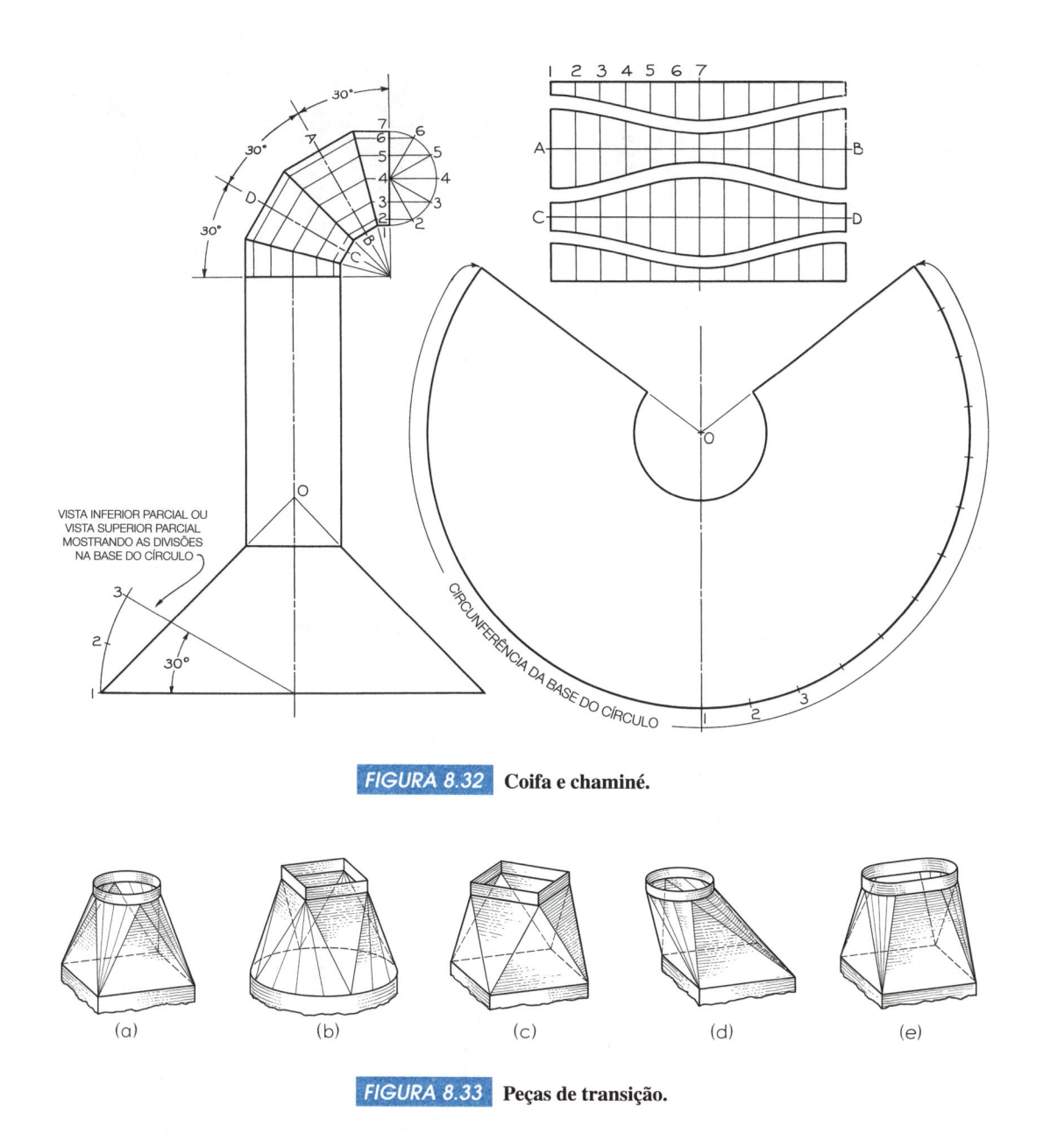

ra 8.34. Determine a verdadeira grandeza de cada geratriz. Se as divisões da base forem relativamente pequenas, os comprimentos das cordas podem ser usados no desenvolvimento para representar os comprimentos dos respectivos arcos. Uma vez que o desenvolvimento é simétrico, só é necessário posicionar metade do desenvolvimento, conforme mostrado.

8.32 O DESENVOLVIMENTO DE UMA PEÇA DE TRANSIÇÃO CONECTANDO TUBULAÇÕES RETANGULARES NO MESMO EIXO

A peça de transição pode ser um tronco de pirâmide que conecta as tubulações retangulares no mesmo eixo (Figura 8.35). Como estratégia para verificação durante o traçado, observe que as linhas paralelas na superfície devem também ser paralelas no desenvolvimento.

8.33 ACHANDO A INTERSEÇÃO ENTRE UM PLANO E UMA ESFERA E DETERMINANDO O DESENVOLVIMENTO APROXIMADO DA ESFERA

A interseção entre um plano e uma esfera é uma circunferência, cujo diâmetro depende da posição do plano de seção. Quando o plano contém o centro da espera, a circunferência resultante é, então, uma circunferência maior. Se o plano passa através do centro e é perpendicular ao eixo, a circunferência maior é denominada *equador*. Se um plano contém o eixo, a circunferência maior se chamará *meridiano*.

A superfície da esfera é de dupla curvatura e não é desenvolvível. Pode ser desenvolvida aproximadamente por sua divisão em uma série de zonas e através da substituição de cada zona por uma porção de um cone reto circular. Se as superfícies cônicas são inscritas na esfera, o desenvolvimento é menor do que a su-

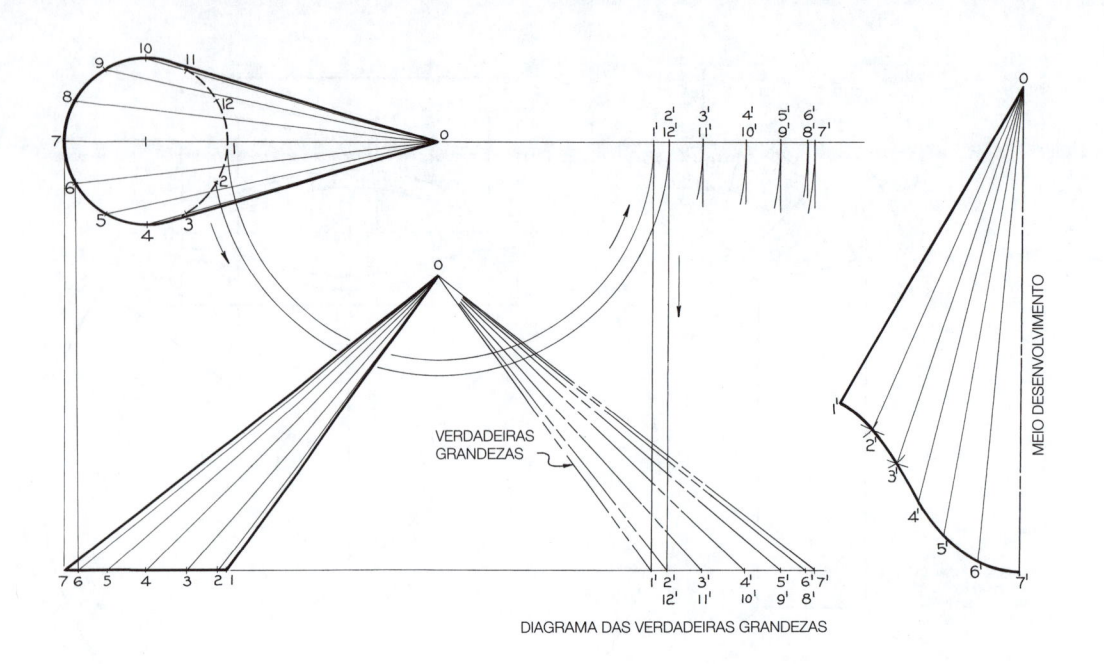

FIGURA 8.34 Desenvolvimento de um cone oblíquo por triangulação.

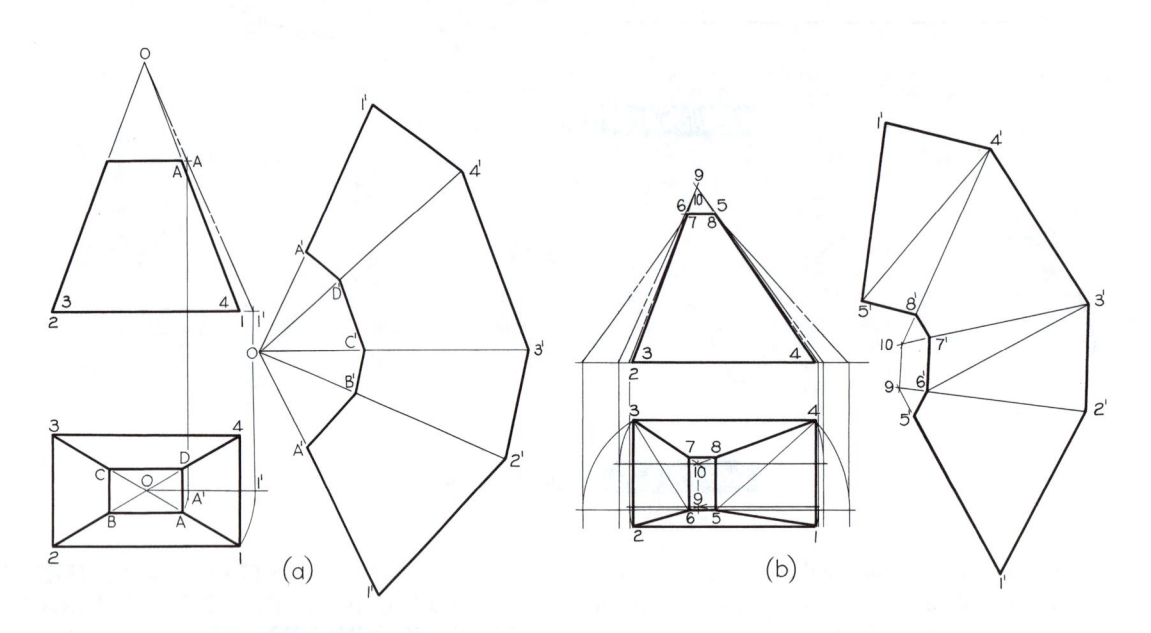

FIGURA 8.35 Desenvolvimento de uma peça de transição; conectando tubos retangulares no mesmo eixo.

perfície esférica, mas se as superfícies cônicas são circunscritas à esfera, o desenvolvimento é maior. Se as superfícies cônicas estiverem parcialmente dentro e parcialmente fora, o desenvolvimento resultante estará aproximadamente perto da superfície esférica. Esse método de desenvolvimento de uma superfície esférica é o método *policônico* e é apresentado na Figura 8.36. Ele é usado nos mapas governamentais dos Estados Unidos.

Outro método de marcação de um desenvolvimento aproximado de superfícies de dupla curvatura de uma esfera consiste em dividir a superfície em seções iguais com planos meridianos e substituir por superfícies cilíndricas as seções esféricas. As superfícies cilíndricas podem ser inscritas na esfera, circunscritas ou localizadas parcialmente fora. O desenvolvimento de séries de superfícies cilíndricas é um desenvolvimento aproximado da

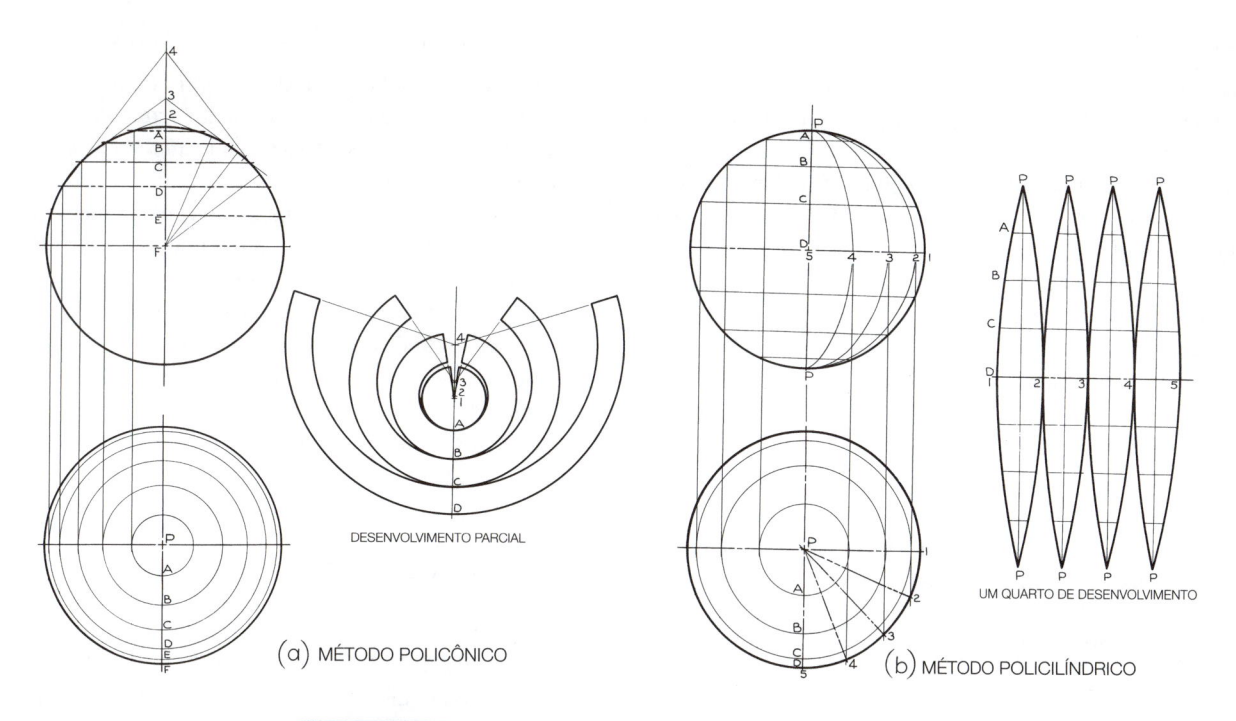

FIGURA 8.36 Desenvolvimento aproximado de uma esfera.

superfície esférica. Esse método é o método *policilíndrico*, conforme apresentado na Figura 8.36b.

8.34 COMPUTAÇÃO GRÁFICA

Usando um sistema CAD 3-D, qualquer vista pode ser gerada em um ou dois passos, eliminando a necessidade de se projetar vistas auxiliares manualmente. Continua a ser muito importante ter um claro entendimento de que a direção de visada do observador produzirá a vista em verdadeira grandeza ou uma vista que mostre também em verdadeira grandeza um ângulo diédrico. Ao medir ou cotar uma vista na tela, usando um sistema CAD, se a superfície ou o ângulo não estiver em verdadeira grandeza, a cotagem automática do sistema de CAD será da distância aparente ou projetada. Ângulos diédricos incorretamente cotados podem ser um erro comum em desenhos CAD criados por operadores inexperientes. Podem ser usadas técnicas de modelagem sólida para determinar interseções precisas entre vários sólidos. Alguns programas CAD têm comandos que criam peças de transição que misturam sólidos de diferentes formas – por exemplo, uma operação de varredura / transição.

■ PALAVRAS-CHAVES

ângulo diédrico	linha de referência	seção cônica	superfície reversa
círculo maior	meridiano	sólido de revolução	toro
desenvolvimento	peça de transição	superfície de simples curvatura	triangulação
elemento	plano		verdadeira grandeza
elipsóide	plano de referência	superfície de revolução	vista auxiliar
equador	policilíndrico	superfície desenvolvível	vista auxiliar parcial
geratriz	policônico	superfície de dupla curvatura	vista auxiliar primária
hiperbolóide	poliedro		vista auxiliar secundária
interseção	poliedro regular	superfície de dupla curvatura de revolução	vista auxiliar ternária
linha de terra	seção auxiliar		

RESUMO DO CAPÍTULO

- Uma vista auxiliar pode ser usada para criar uma projeção que mostre a verdadeira grandeza de um segmento de reta ou de uma face plana.
- Uma vista auxiliar pode ser diretamente produzida usando-se um sistema CAD se o objeto original for desenhado como um modelo 3-D.
- Linhas de terra ou linhas de referência representam as vistas de topo de planos de projeção.
- Pontos são projetados entre vistas, paralelos à direção de visada do observador e perpendiculares às linhas de terra.
- Um uso comum de vistas auxiliares é mostrar ângulos diédricos em verdadeira grandeza.
- Curvas são projetadas nas vistas auxiliares pelo posicionamento dos seus pontos.
- Uma vista auxiliar secundária pode ser construída a partir de uma vista auxiliar (primária) previamente desenhada.
- A técnica utilizada para o desenvolvimento de sólidos é determinada pela geometria básica da forma. Prismas, pirâmides, cilindros e cones possuem cada qual a sua técnica de desenvolvimento particular.
- A interseção de dois sólidos é determinada pelo posicionamento da interseção de cada superfície e a transferência dos pontos de interseção para cada sólido desenvolvido.
- Cones e pirâmides usam desenvolvimento radial. Prismas e cilindros usam desenvolvimento paralelo.
- Sólidos truncados, cones e pirâmides são obtidos pelo desenvolvimento de todo o sólido e, então, pelo posicionamento dos pontos truncados em cada elemento radial.
- Peças de transição são desenvolvidas pela criação de superfícies triangulares que aproximam a transição de retangular para circular. Quanto menor for a superfície triangular, mais preciso será o desenvolvimento.

QUESTÕES DE REVISÃO

1. O que significa verdadeira grandeza?
2. Por que a verdadeira grandeza de uma linha é sempre paralela a uma linha de referência adjacente?
3. Se uma vista auxiliar é desenhada a partir de uma vista frontal, suas medidas de profundidade podem ser as mesmas em quais outras vistas?
4. Descreva o método para transferir as medidas de profundidade entre as vistas.
5. Qual é a diferença entre uma vista auxiliar completa e uma vista auxiliar parcial?
6. Quantas vistas auxiliares são necessárias para desenhar a verdadeira grandeza de um plano inclinado? E de um plano oblíquo?
7. Qual é o ângulo entre o plano de referência (ou a linha de terra) e as linhas da direção de visada do observador?
8. Qual a semelhança entre o desenvolvimento de uma pirâmide e o desenvolvimento de um cone?
9. Ao desenvolver um cone truncado ou uma pirâmide truncada, por que o sólido completo é desenvolvido primeiro?
10. Que técnicas da geometria descritiva são usadas para determinar os pontos de interseção entre dois sólidos?
11. O que é uma peça de transição?
12. O que é uma linha de referência?
13. Quais as aplicações, desenvolvimentos e interseções na construção civil?

PROJETOS DE VISTAS AUXILIARES

Os projetos nas Figuras 8.37–8.68 podem ser desenhados com um sistema CAD ou à mão livre. Se não forem indicadas como vistas auxiliares parciais, as vistas auxiliares precisam ser feitas para o objeto inteiro, incluindo as arestas invisíveis.

Geralmente é difícil prever o espaço para um esboço de uma vista auxiliar. Certifique-se de prever espaço suficiente para as vistas auxiliares através do esboço de blocos com todas as dimensões e, posteriormente, o esboço de todas as dimensões da vista auxiliar. Acrescente mais detalhes depois que tiver estabelecido o leiaute básico do desenho. Se algumas medidas métricas ou decimais devem ser incluídas, consulte o capítulo de cotagem.

Uma ampla seleção de projetos de interseções e desenvolvimentos é dada nas Figuras 8.69–8.74. Esses projetos devem ser desenhados em folhas tamanho A3 (297 x 420 mm). Uma vez que os desenvolvimentos são usados para criar matrizes, eles devem ser desenhados com precisão ou cotados. Também podem ser resolvidos na maioria dos sistemas CAD usando-se tanto modelamento 2-D quanto modelamento sólido.

PROJETO

O projeto de embalagens para produtos de higiene pessoal, como pasta de dente, sabonete, shampoo, pode ser um fator determinante para o sucesso das vendas. Os recipientes de pastas de dente variam desde o tradicional tubinho de apertar até as elaboradas bombas que produzem misturas de pasta de dente multicoloridas.

Projete um recipiente para pasta de dente ou um produto semelhante, novo ou aperfeiçoado. Analise a facilidade do uso e a adequação de seu projeto à função primordial do conteúdo. Por exemplo, um recipente usado por portadores de artrite tem que ser particularmente fácil de abrir. Um recipente usado por uma criança deve incorporar um elemento lúdico. Os recipientes também devem manter o produto limpo e fresco.

Faça o seu projeto visando à produção em massa, esforçando-se para oferecer um preço baixo ao consumidor final e minimizar o uso de matérias-primas. Seu recipiente pode ser descartável, reutilizável ou recarregável? Utilize as ferramentas de comunicação gráfica que você aprendeu para representar claramente seu projeto.

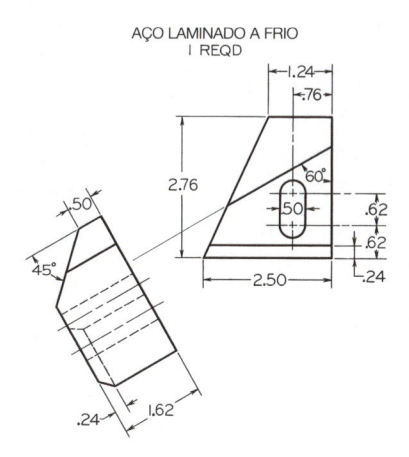

FIGURA 8.37 Lingüeta. Dados: vistas frontal e auxiliar. Pede-se: vistas frontal, lateral esquerda e superior completas. (folha A3).

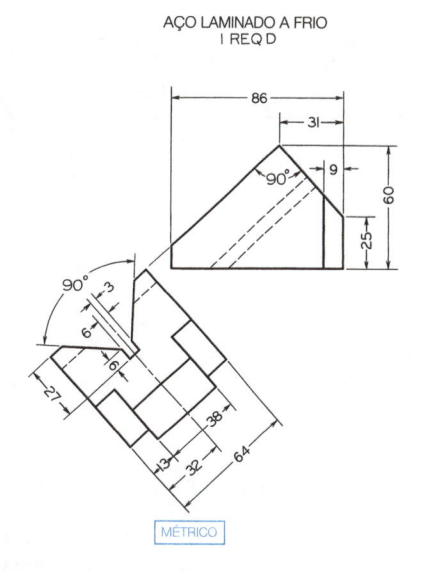

FIGURA 8.38 Bloco em V. Dados: vistas frontal e auxiliar. Pede-se: vistas frontal, superior e auxiliar completas. (folha A3).

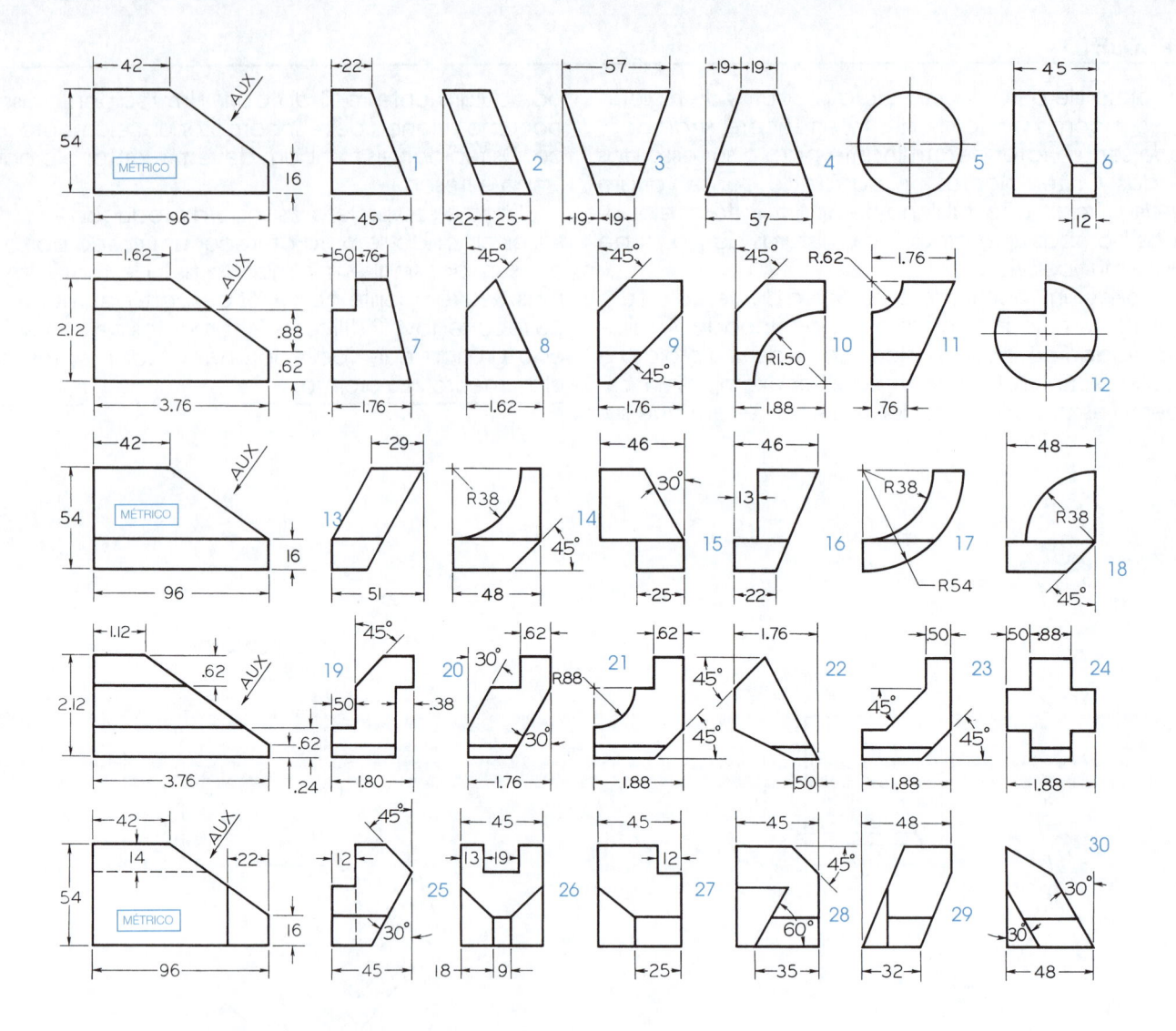

FIGURA 8.39 Problemas de vistas auxiliares. Faça à mão livre ou em um sistema CAD o desenho dos problemas selecionados conforme indicado. Desenhe as vistas frontal e lateral direita dadas e acrescente as vistas auxiliares incompletas, incluindo todas as linhas invisíveis (folha A3). Se for indicado, projete a sua própria vista lateral direita coerente com a vista frontal dada e, então, acrescente a vista auxiliar completa.

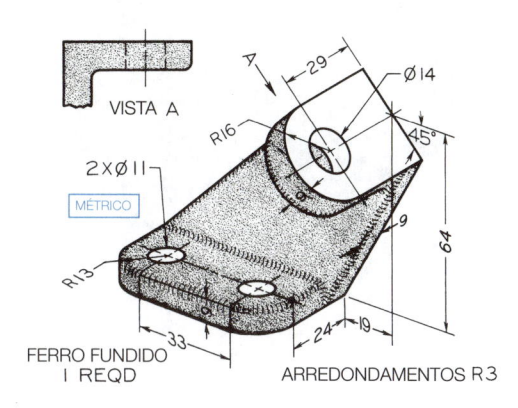

CAPÍTULO 8 • VISTAS AUXILIARES, DESENVOLVIMENTO DE SUPERFÍCIES E INTERSEÇÕES 249

FIGURA 8.40 Braçadeira de ancoragem. Desenhe as vistas necessárias ou as parciais. (folha A3).

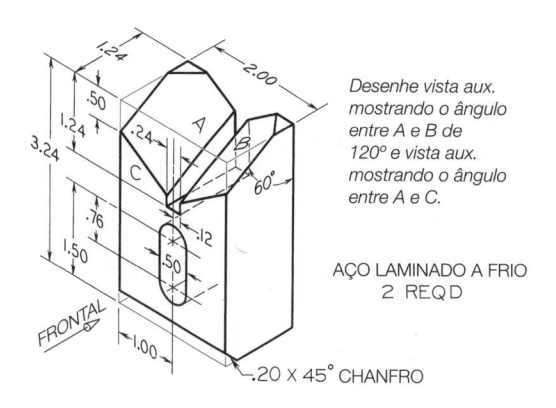

FIGURA 8.41 Bloco de centralização. Desenhe as vistas frontal, superior e lateral direita completas, mais a vista auxiliar indicada. (folha A3).

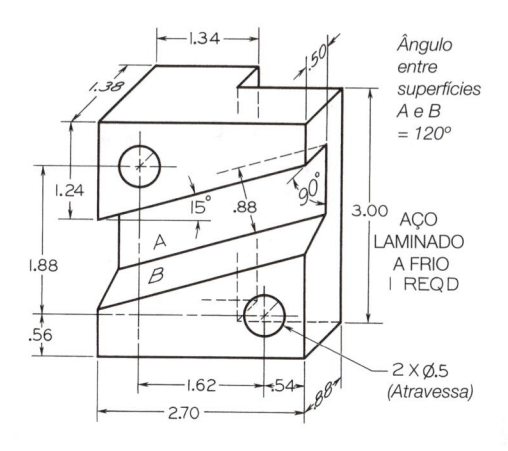

FIGURA 8.42 Grampo deslizante. Desenhe as vistas completas necessárias. (folha A3).

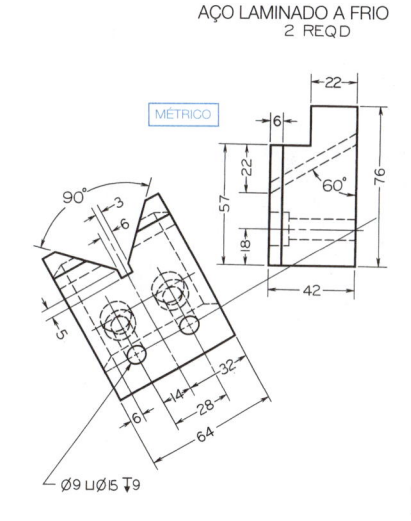

FIGURA 8.43 Bloco-guia. Dados: vistas lateral direita e auxiliar. Pede-se: vistas lateral direita, auxiliar, mais a vista frontal e superior – todas completas. (folha A3).

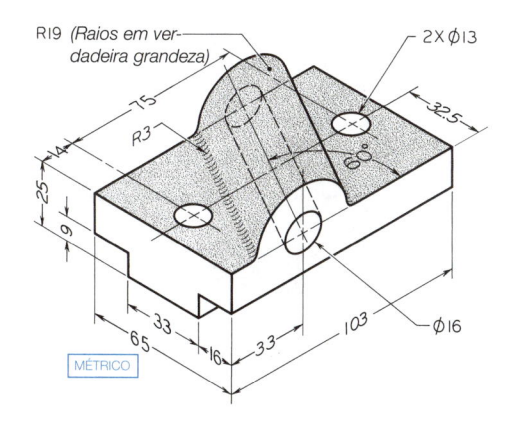

FIGURA 8.44 Suporte angulado. Desenhe as vistas necessárias incluindo a vista auxiliar completa. (folha A3).

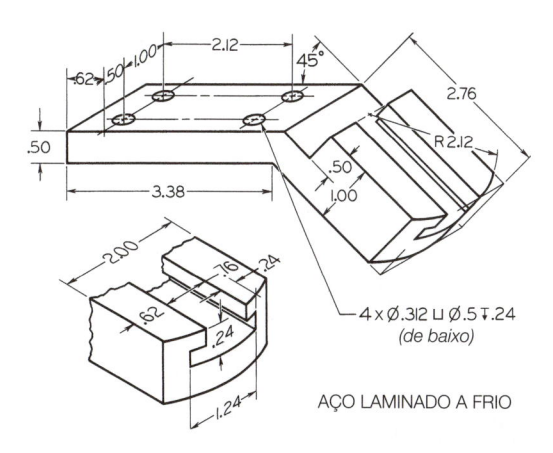

FIGURA 8.45 Braçadeira-guia. Desenhe as vistas necessárias ou as parciais. (folha A3).

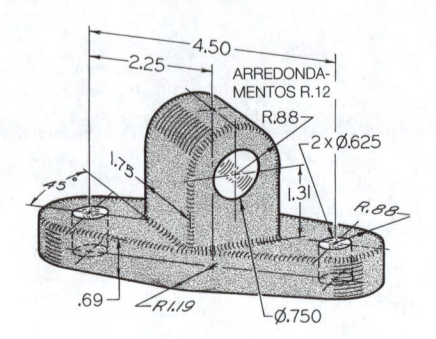

FIGURA 8.46 Guia de haste. Desenhe as vistas necessárias incluindo a vista auxiliar completa, mostrando a verdadeira grandeza da parte superior arredondada. (folha A3).

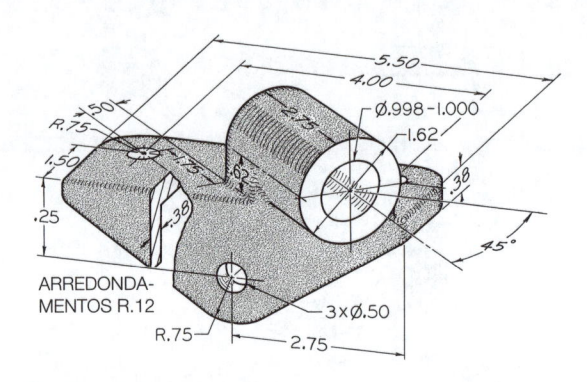

FIGURA 8.47 Braçadeira de fixação. Desenhe as vistas necessárias, incluindo a vista auxiliar parcial mostrando a verdadeira grandeza da parte cilíndrica. (folha A3).

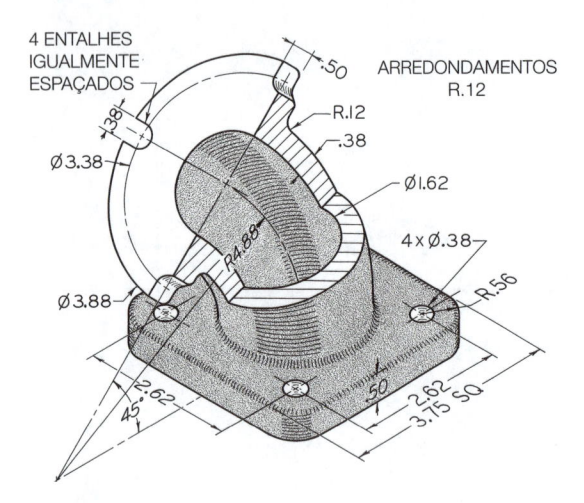

FIGURA 8.48 Cotovelo 458. Desenhe as vistas necessárias, incluindo a vista em corte parcial e duas meias vistas dos flanges. (folha A3).

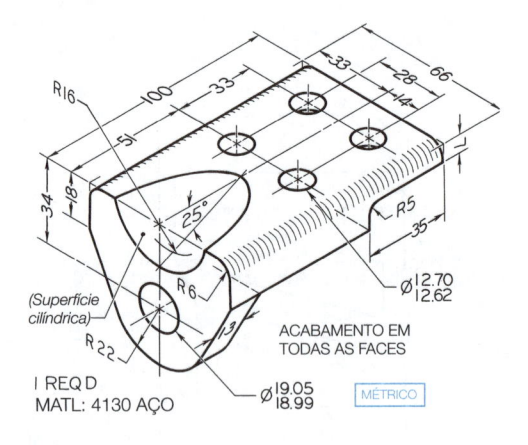

FIGURA 8.49 Guia angulado. Desenhe as vistas necessárias, incluindo a vista auxiliar parcial do vão cilíndrico. (folha A3).

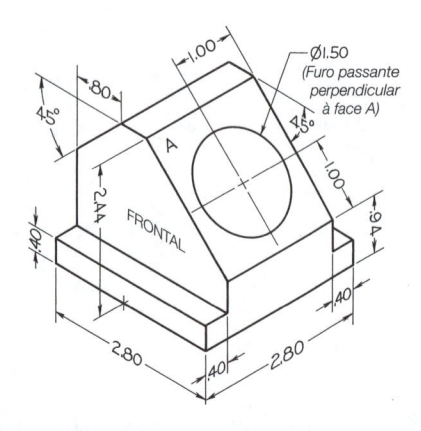

FIGURA 8.50 Bloco fixador. Desenhe as vistas frontal e lateral direita (afastado 2.800) e a vista auxiliar completa do objeto todo, mostrando a verdadeira grandeza da superfície A e todas as linhas invisíveis. (folha A3).

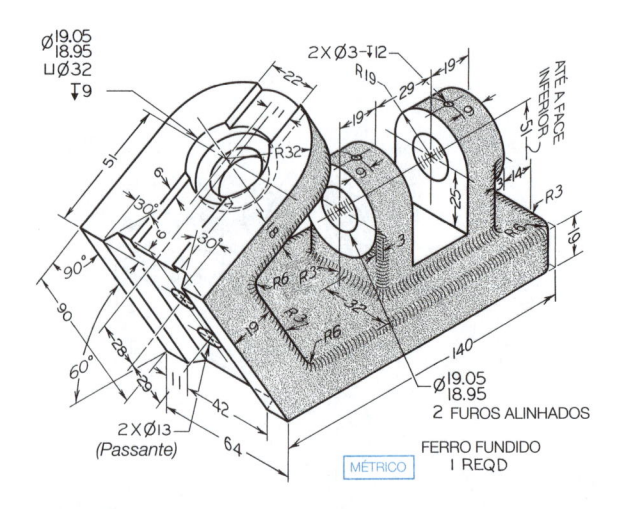

FIGURA 8.51 Braçadeira de controle. Desenhe as vistas necessárias, incluindo as vistas auxiliares parciais e vistas regulares. (folha A2).

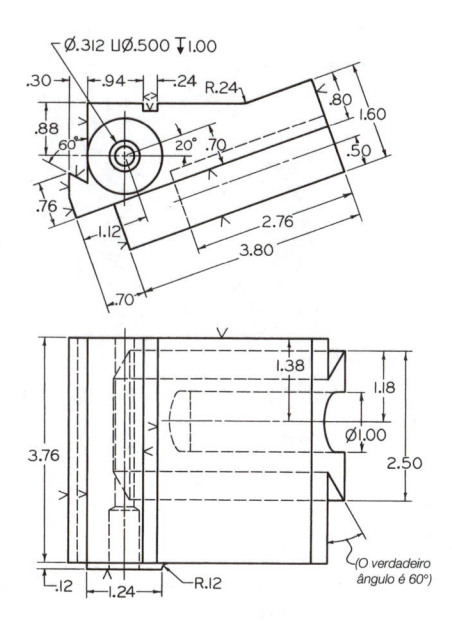

FIGURA 8.52 Porta-ferramenta deslizante. Desenhe as vistas dadas e acrescente a vista auxiliar completa mostrando a verdadeira curvatura da abertura embaixo. (folha A3).

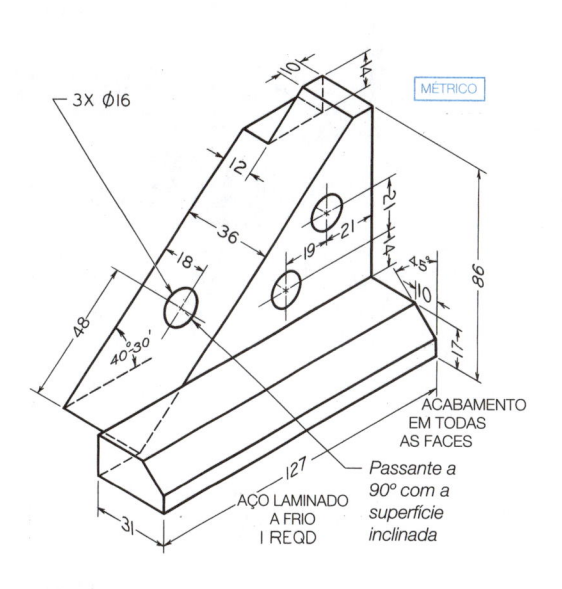

FIGURA 8.53 Bloco de ajustagem. Desenhe as vistas necessárias, incluindo a vista auxiliar completa mostrando a verdadeira grandeza da superfície inclinada. (folha A3).

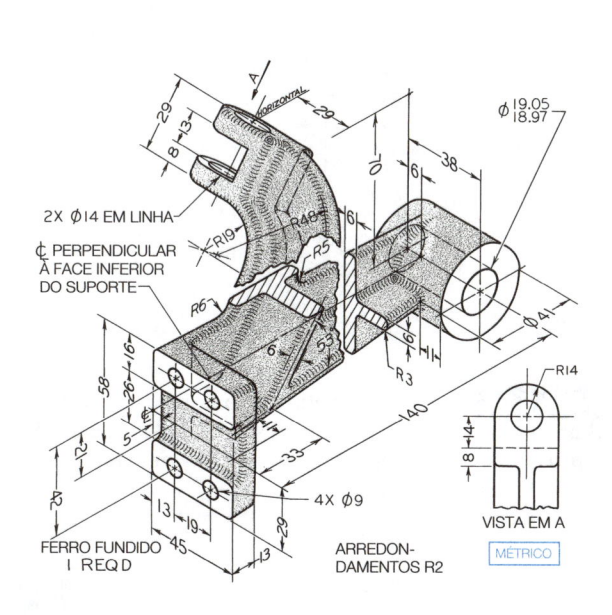

FIGURA 8.54 Suporte-guia. Desenhe as vistas necessárias e vistas parciais, incluindo duas vistas auxiliares parciais. (folha A2).

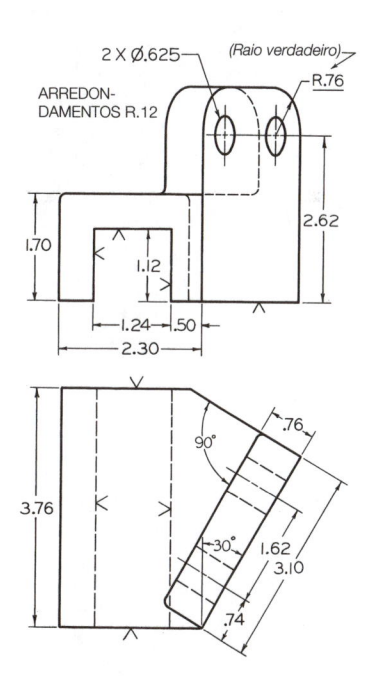

FIGURA 8.55 Suporte de furadeira de coluna. Desenhe as vistas dadas e acrescente a vista auxiliar completa mostrando a verdadeira grandeza da face inclinada. (folha A3).

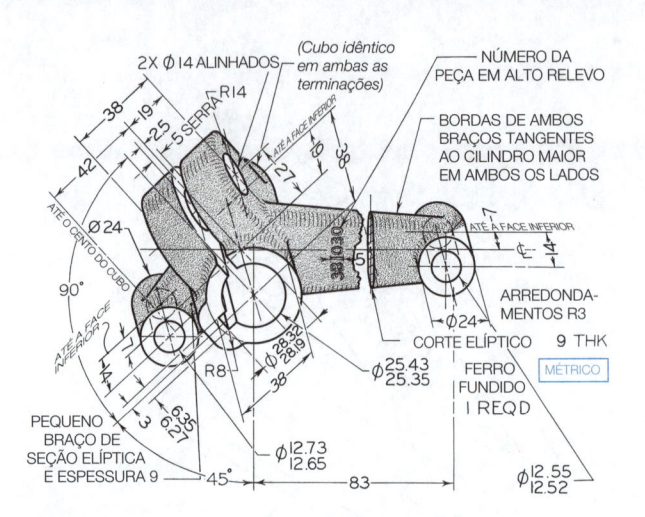

FIGURA 8.56 Alavanca de controle de freio. Desenhe as vistas necessárias e vistas parciais. (folha A3).

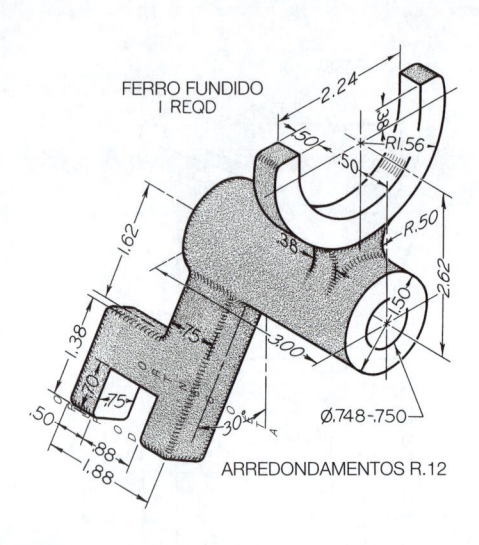

FIGURA 8.57 Garfo de câmbio. Desenhe as vistas necessárias, incluindo a vista auxiliar parcial mostrando a verdadeira grandeza do braço inclinado. (folha A3).

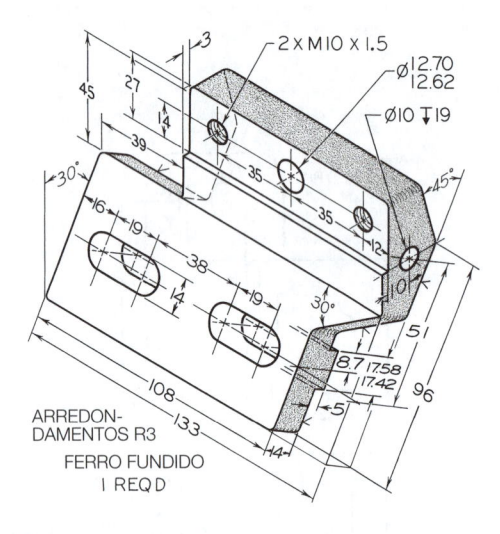

FIGURA 8.58 Suporte de came. Desenhe as vistas necessárias ou vistas parciais conforme a necessidade. Sobre as roscas, veja §§ 11.12 e 11.13. (folha A3).

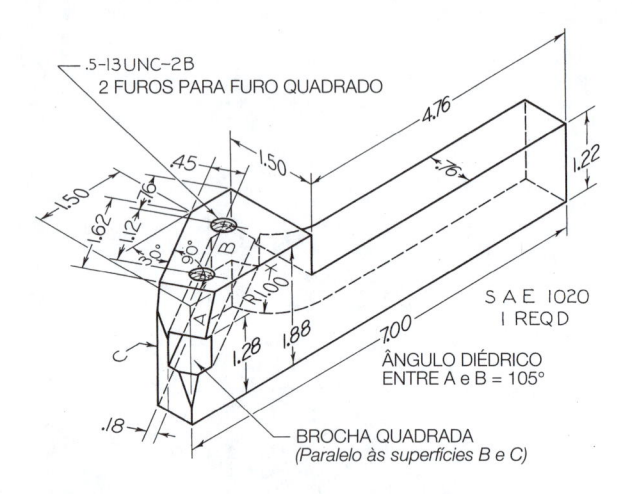

FIGURA 8.59 Porta-ferramenta. Desenhe as vistas necessárias, incluindo as vistas auxiliares parciais mostrando o ângulo de 105° e o furo quadrado em verdadeira grandeza. Para roscas, veja §§ 11.12 e 11.13. (folha A3).

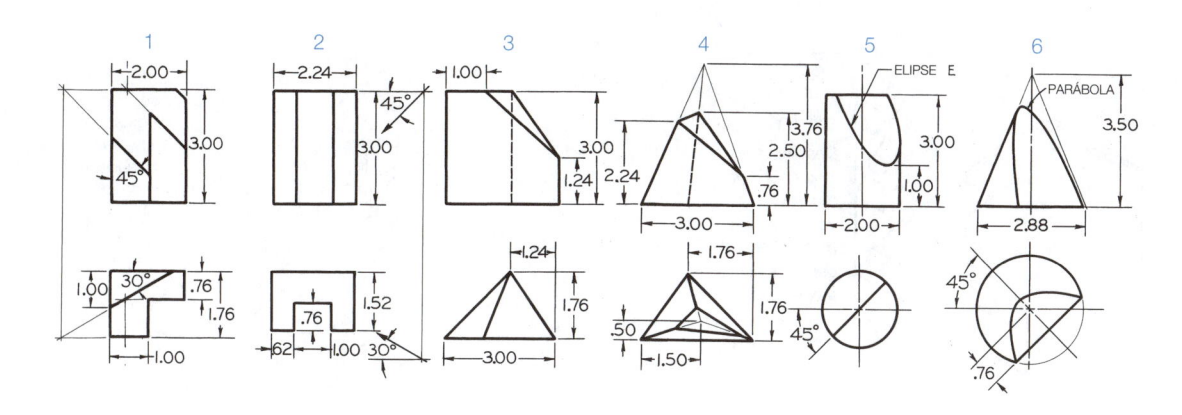

FIGURA 8.60 Desenhe vistas auxiliares secundárias, completas, que (com exceção do Proj. 2) mostrarão a verdadeira grandeza das superfícies inclinadas. No Proj. 2, desenhe a vista auxiliar secundária seguindo o sentido da flecha. (folha A3).

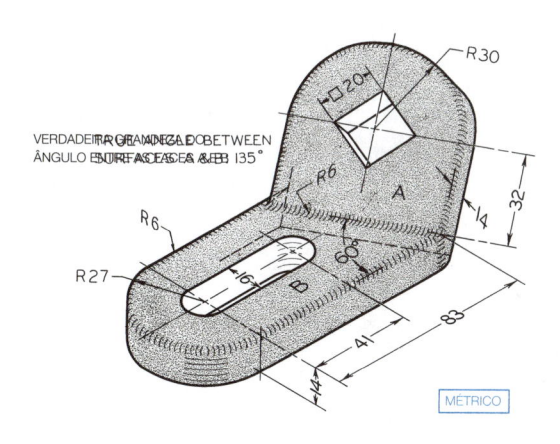

FIGURA 8.61 Suporte de controle. Desenhe as vistas necessárias incluindo as vistas auxiliares primária e secundária, de tal forma que esta última mostre a verdadeira grandeza da superfície oblíqua A. (folha A3).

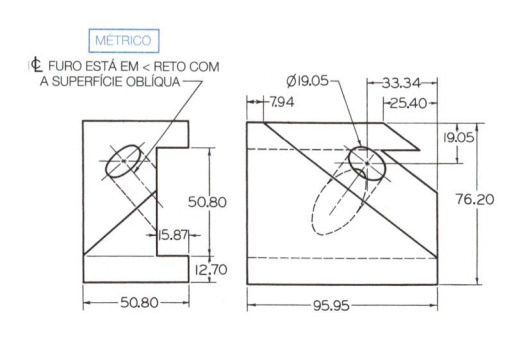

FIGURA 8.62 Bloco fixador. Desenhe as vistas dadas e as vistas auxiliares primárias e secundárias de tal forma que esta última mostre a verdadeira grandeza da superfície oblíqua. (folha A3).

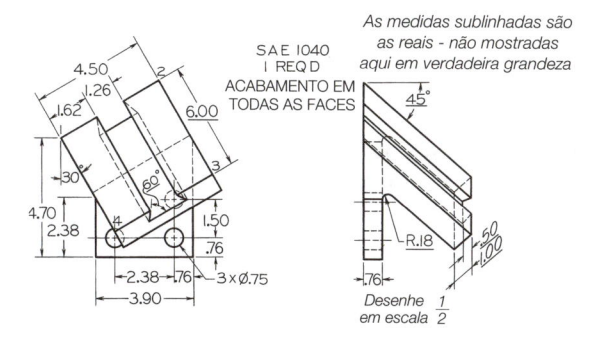

FIGURA 8.63 Prisma deslizante. Desenhe as vistas completas dadas e vistas auxiliares, incluindo a vista mostrando a verdadeira grandeza da superfície 1-2-3-4. (folha A3).

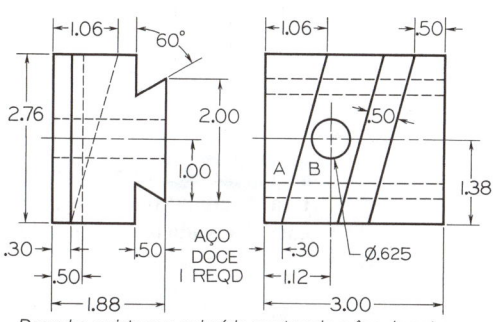

FIGURA 8.64 Prisma. Desenhe as vistas dadas mais as vistas auxiliares completas conforme indicado. (folha A3).

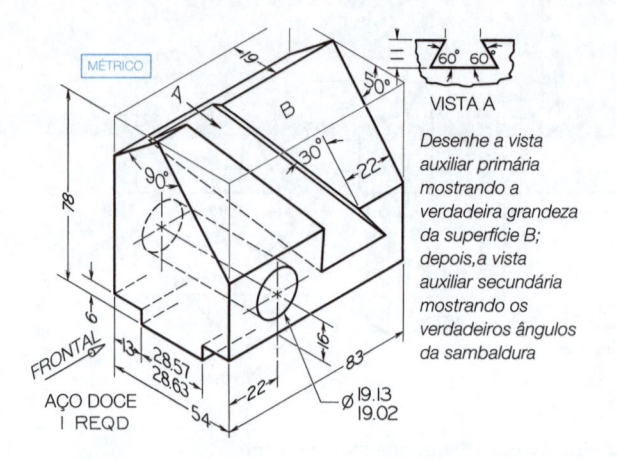

FIGURA 8.65 Batente ajustável. Desenhe as vistas frontal e auxiliares completas mais a vista lateral direita parcial. Mostre todas as linhas invisíveis. (folha A2).

Desenhe a vista auxiliar primária mostrando a verdadeira grandeza da superfície B; depois, a vista auxiliar secundária mostrando os verdadeiros ângulos da sambaldura.

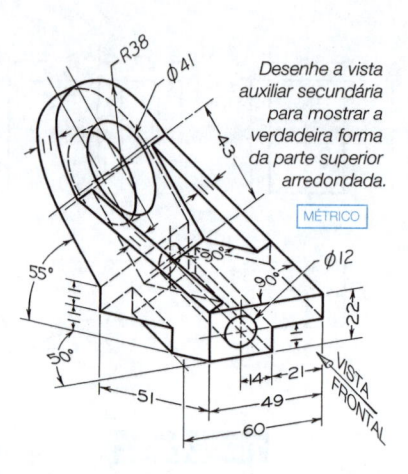

FIGURA 8.66 Porta-ferramenta. Desenhe as vistas frontal e auxiliares primária e secundária completas, como indicado. (folha A3).

Desenhe a vista auxiliar secundária para mostrar a verdadeira forma da parte superior arredondada.

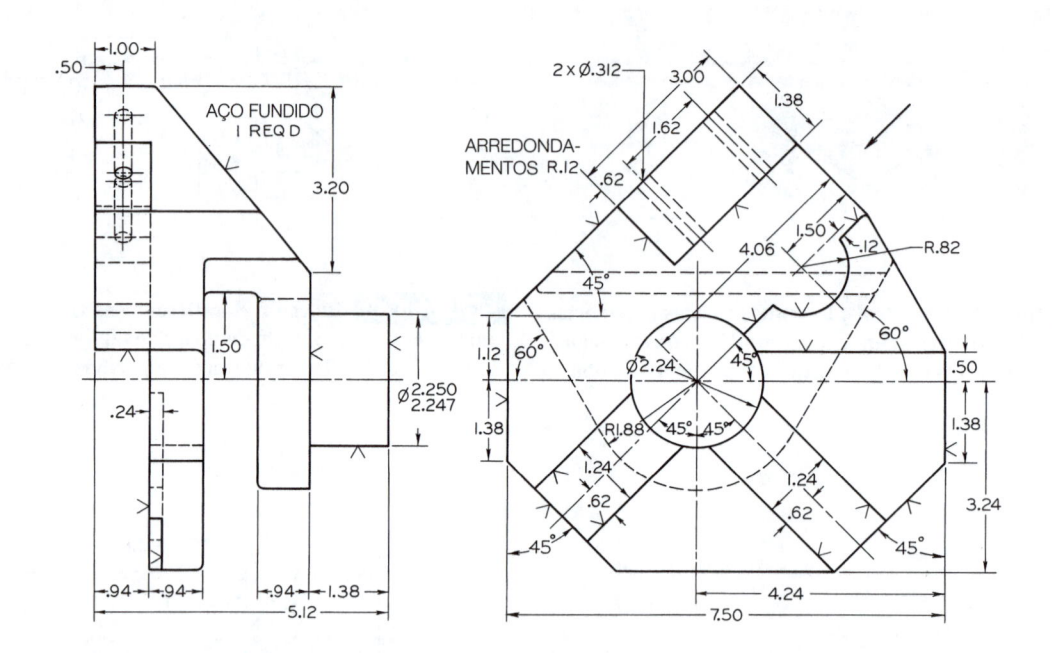

FIGURA 8.67 Porta-ferramenta para torno de revólver. Dados: vistas frontal e lateral direita. Pede-se: vistas frontal e lateral esquerda e vistas auxiliares completas, como indicado pela flecha. (folha A2).

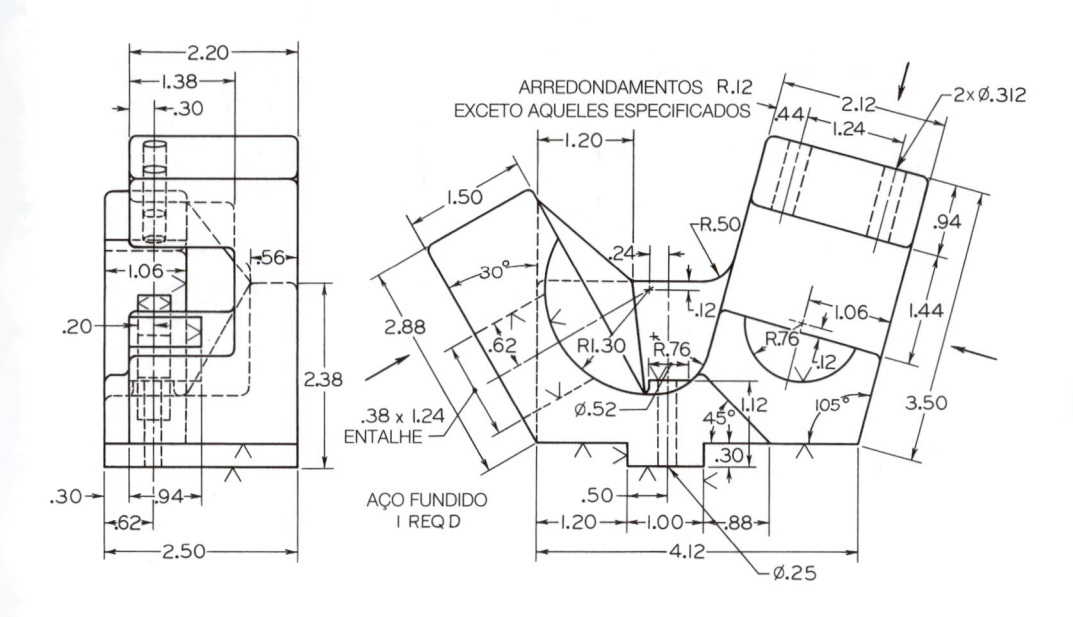

CAPÍTULO 8 • VISTAS AUXILIARES, DESENVOLVIMENTO DE SUPERFÍCIES E INTERSEÇÕES 255

FIGURA 8.68 Porta-ferramenta para máquinas de aparafusamento automático. Dados: vistas frontal e lateral direita. Pede-se: vistas frontal e três vistas auxiliares parciais. (folha A2).

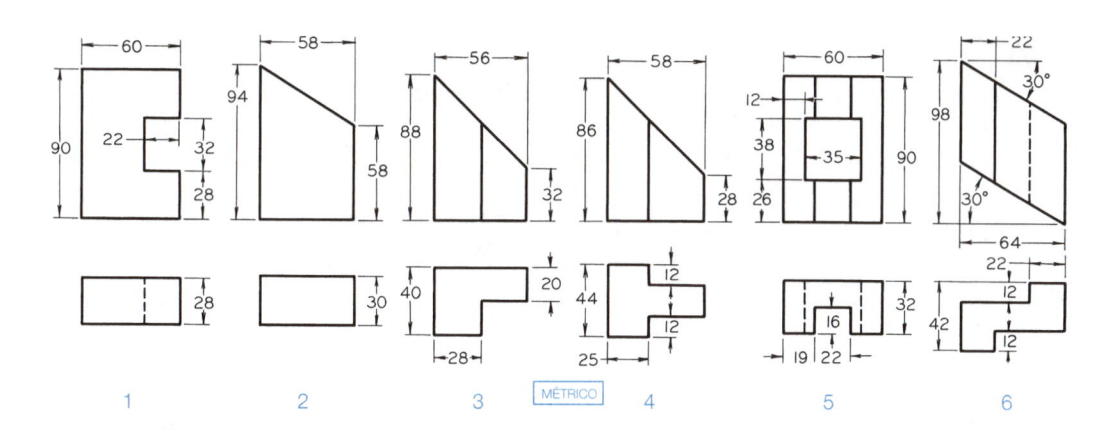

FIGURA 8.69 Desenhe as vistas dadas e desenvolva a superfície lateral. (folha A3).

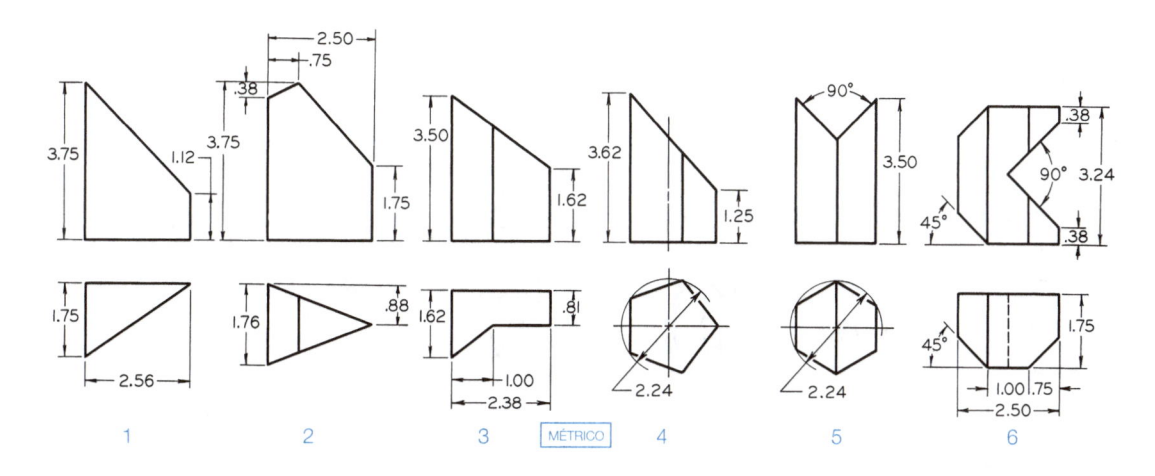

FIGURA 8.70 Desenhe as vistas dadas e desenvolva a superfície lateral. (folha A3).

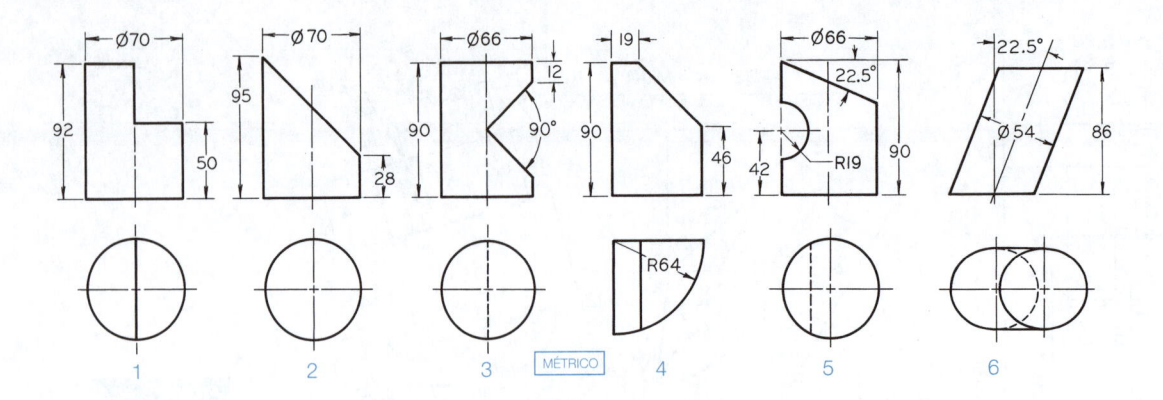

FIGURA 8.71 Desenhe as vistas dadas e desenvolva a superfície lateral. (folha A3).

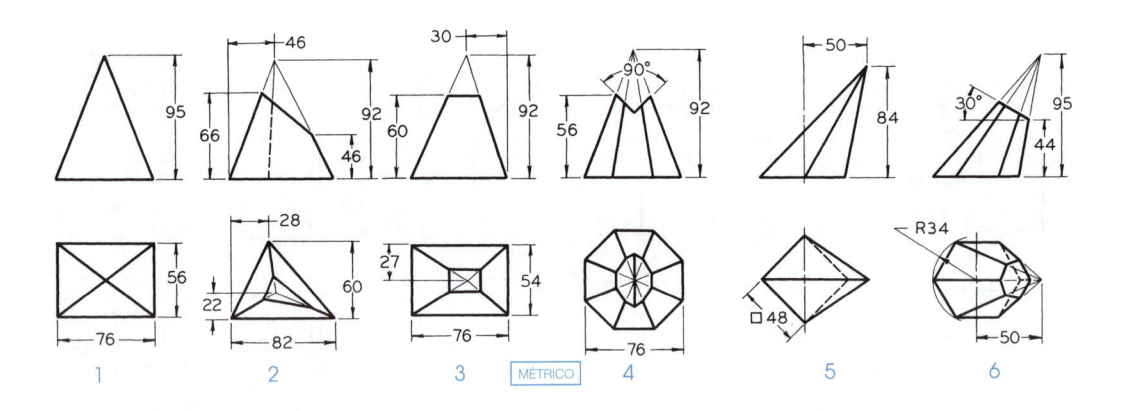

FIGURA 8.72 Desenhe as vistas dadas e desenvolva a superfície lateral. (folha A3).

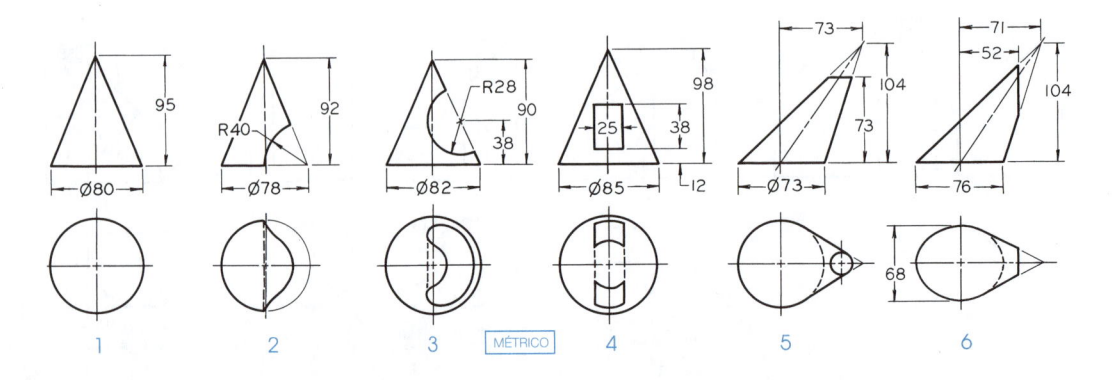

FIGURA 8.73 Desenhe as vistas dadas e desenvolva a superfície lateral. (folha A3).

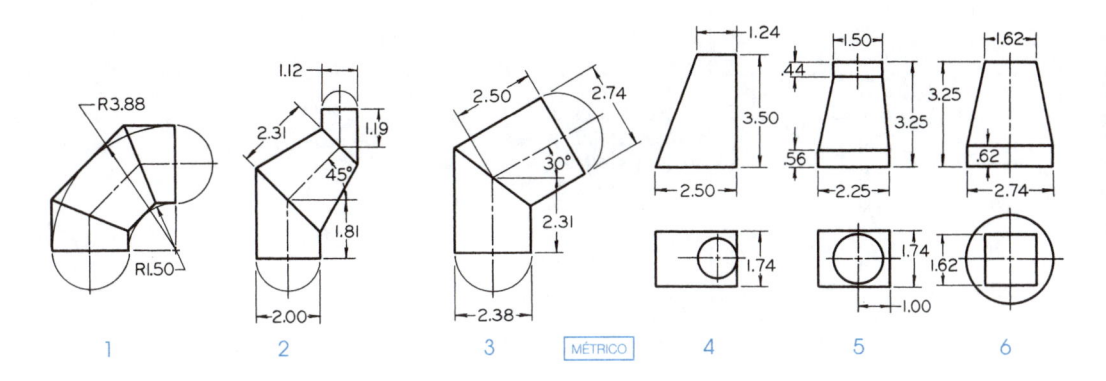

CAPÍTULO 8 • VISTAS AUXILIARES, DESENVOLVIMENTO DE SUPERFÍCIES E INTERSEÇÕES   257

FIGURA 8.74 Desenhe as vistas dadas das formas e desenvolva a superfície lateral. (folha A3).

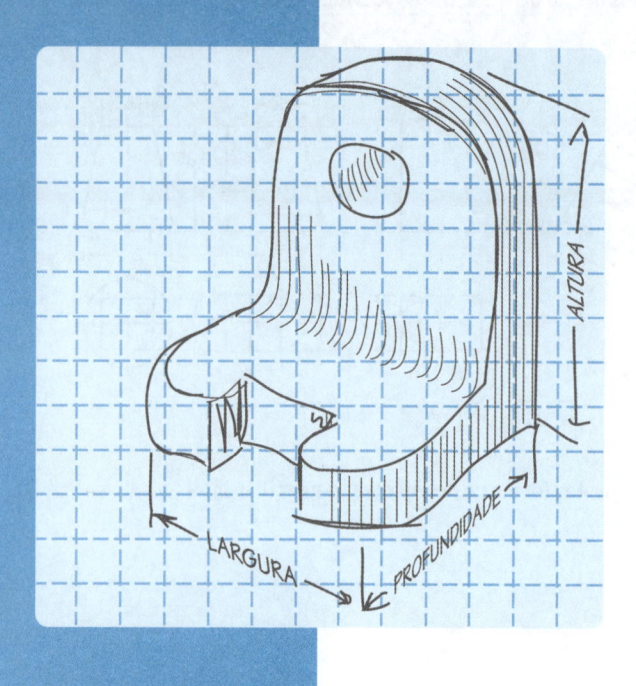

CAPÍTULO 9

COTAGEM E PROCESSOS DE FABRICAÇÃO

OBJETIVOS

Após estudar o conteúdo deste capítulo, você será capaz de:

1. Usar técnicas convencionadas de cotagem para descrever tamanho e formato com precisão em um desenho de engenharia.
2. Criar e ler um desenho em uma escala especificada.
3. Colocar corretamente as linhas de cota, linha de chamada, ângulos e notas.
4. Usar sistemas de cotagem alinhada e unidirecional.
5. Cotar círculos, arcos e superfícies inclinadas.
6. Identificar faixas de precisão para operações típicas de manufatura.
7. Aplicar simbologia de acabamento e notas a um desenho.
8. Relacionar processos típicos de manufatura.
9. Identificar operações que podem ser executadas com um torno, uma furadeira de coluna, uma fresadora, uma retificadora e um mandril.
10. Identificar vários tipos de furação.
11. Identificar formas usuais de perfis pré-fabricados.
12. Descrever a utilidade dos gabaritos e das ferragens de fixação.

VISÃO GERAL

Com certeza já ouvimos falar de algumas formas práticas de se fazer as coisas. Antigamente, uma polegada era definida como a largura de um dedo polegar, e um pé era simplesmente o comprimento do pé de um homem. Na antiga Inglaterra, uma polegada costumava representar "três grãos de cevada, redondo e seco". No tempo de Noé e da arca, o côvado era o comprimento do antebraço de um homem, ou cerca de 18 polegadas.

Em 1791, a França adotou o **metro** (1 metro = 39,37 polegadas; 1 polegada = 25,4 mm), a partir do qual desenvolveu-se o sistema métrico. Nesse meio tempo, a Inglaterra estava estabelecendo uma medida mais precisa para a **jarda**, que foi definida legalmente em 1824 por decreto do Parlamento. Um pé era um terço de uma jarda, e uma polegada era um trinta e seis avos de uma jarda. Baseados nessas especificações, réguas graduadas, escalas e muitos tipos de dispositivos de medição têm sido desenvolvidos, possibilitando a obtenção de medidas e inspeções mais precisas.

Até o século XX, frações comuns eram consideradas adequadas para indicar dimensões. Em seguida, como os projetos se tornaram mais complexos e peças intercambiáveis se tornaram necessárias para dar suporte à produção em massa, eram necessárias especificações mais precisas levando ao uso do sistema de polegada decimal ou do sistema SI.

Até aqui, você aprendeu a criar desenhos, descrever a forma e a posição dos objetos no seu projeto. Cotas e notas indicam a dimensão, o acabamento e os processos de fabricação, de modo que o desenho defina por completo o que você pretende fabricar. As cotas descrevem a dimensão e a localização dos elementos característicos de um objeto. Organizações de padronização prescrevem com exatidão como devem ser apresentadas as cotas e as regras genéricas para sua seleção e colocação no desenho, mas é necessário se ter habilidade para cotar desenhos de modo que sua interpretação seja clara e não-ambígua.

A habilidade de sistemas CAD para cotar automaticamente desenhos melhorou substancialmente. Os sistemas CAD se destacam na cotagem de acordo com a norma, mas não são bons em selecionar a cota a ser indicada ou o lugar onde colocá-la no desenho. Isso requer um nível de inteligência que não faz parte da maioria dos sistemas CAD.

■ 9.1 O SISTEMA INTERNACIONAL DE UNIDADES

O rápido crescimento global da ciência e do comércio na atualidade tem resultado em um sistema internacional de unidades (*sistema SI*) adequado para medições em ciências físicas e biológicas e em engenharia.

As sete unidades básicas de medida são: metro (comprimento), quilograma (massa), segundo (tempo), ampère (corrente elétrica), kelvin (temperatura termodinâmica), mol (quantidade de substância) e candela (iluminação).

O sistema internacional está sendo gradualmente adotado nos Estados Unidos, especialmente por muitas empresas multinacionais nas indústrias química, eletrônica e mecânica. Um grande esforço está sendo feito no momento para converter todas as normas americanas (do American National Standards Institute – ANSI) para unidades SI, em concordância com as normas internacionais (da International Standards Organization – ISO).

■ 9.2 DESCRIÇÃO DA COTAGEM

Você aprendeu até agora como descrever completamente a forma dos objetos. A necessidade de partes intercambiáveis é a base da *cotagem* moderna (ver ANSI/ASME Y14.5M-1994). Hoje em dia, os desenhos devem ser cotados de modo que as equipes de produção em qualquer parte do mundo possam fabricar peças conjugadas que vão se encaixar apropriadamente quando montadas ou quando usadas para substituir peças.

O crescimento da demanda pela precisão de fabricação e intercambiabilidade tem transferido a responsabilidade do controle da dimensão para os engenheiros de projeto. A equipe da produção não deve mais assumir a responsabilidade de garantir o encaixe das peças, ela deve somente interpretar apropriadamente as instruções dadas nos desenhos. Você deve se familiarizar com materiais e métodos de construção e com requisitos de produção a fim de criar desenhos que definam exatamente o que você quer que seja fabricado.

Um desenho submetido à produção deve apresentar o objeto de uma forma completa e deve conter todas as especificações da peça final. Ao cotar um desenho, tenha em mente a peça acabada, o processo de produção requerido e, acima de tudo, a função da peça no conjunto. Sempre que possível, indique as cotas que são convenientes para a fabricação da peça. Dê cotas suficientes de modo que não seja necessário tomar medidas do desenho ou pressupor alguma medida. Não cote pontos ou superfícies que não sejam acessíveis para os trabalhadores. Cotas não devem ser duplicadas ou supérfluas. Devem ser dadas somente aquelas medidas necessárias para fabricar e inspecionar as peças com relação às especificações do projeto. Tenha em mente que as medidas que você usa para *desenhar* não são necessariamente as medidas requeridas para facilmente *fabricar ou inspecionar as peças*. Forneça cotas funcionais que possam ser interpretadas para fabricar as peças do modo que você quer que elas sejam feitas.

■ 9.3 ESCALA DO DESENHO

Os desenhos são normalmente feitos em escala, que é indicada na legenda. Isso ajuda a visualizar o objeto se você tiver uma idéia aproximada do seu tamanho, apesar de que não deve jamais aplicar a escala no desenho para obter a medida de que precisa. Muitas legendas padronizadas incluem uma observação como NÃO APLICAR ESCALA NO DESENHO PARA OBTER MEDIDAS.

Uma linha grossa deve ser traçada sob qualquer cota que não possa ser obtida usando-se a escala, ou deve ser usada a abreviação NTS (*not to scale* – não aplicar escala). Quando uma modificação feita em um desenho não é importante o suficiente para justificar a correção do desenho, a prática é mudar somente a cota. Se a cota não corresponder ao que aparenta no desenho, a peça é fabricada de acordo com a cota, e não com a imagem do desenho. Muitos fabricantes vão confirmar que o desenho está correto mesmo que pareça existir um erro; contudo, é de sua responsabilidade especificar exatamente o que você quer que seja construído. Quando o desenho é gerado em um sistema

CAD, certifique-se de que as cotas sejam definidas de acordo com as normas apropriadas. Devido à facilidade de editar os desenhos no CAD, geralmente você deve corrigir a geometria do desenho e não mudar meramente o valor da cota quando for feita alguma alteração.

9.4 APRENDENDO A COTAR

As cotas são dadas na forma de distâncias, ângulos e notas, independente da unidade de medida que está sendo utilizada. Tanto para o desenho manual como para CAD, a habilidade de cotar apropriadamente em milímetros, polegadas decimais ou polegadas fracionais requer:

1. *Técnica de cotagem*: as normas para a apresentação das linhas, o espaçamento das cotas, o tamanho das setas, etc. permitem que outros interpretem seu desenho. Um desenho típico com cotas é mostrado na Figura 9.1. Repare no forte contraste entre as linhas visíveis do objeto e as linhas finas usadas para a cotagem.
2. *Localização das cotas*: use uma localização lógica das cotas de acordo com as práticas recomendadas, de modo que sejam legíveis, fáceis de encontrar e de interpretar.
3. *Escolha das cotas*: as cotas que você escolhe para mostrar afetam a maneira em que seu projeto é fabricado. No passado, alguns processos de fabricação eram considerados o fator preponderante da cotagem. Atualmente, a função é considerada em primeiro lugar e o processo de fabricação, em segundo. Cote primeiro de acordo com a função e, então, revise a cotagem verificando se você pode aperfeiçoá-la para o propósito de produção sem afetar negativamente o resultado final. O uso do método de "decomposição geométrica" o ajuda a selecionar cotas. Geralmente, cotas determinadas a partir da decomposição geométrica serão definidas pela função da peça, mas você deve analisar logicamente os requisitos funcionais da peça no conjunto.

9.5 TOLERÂNCIA

Quando se mede uma peça acabada, ela pode desviar ligeiramente do valor exato da cota especificada. A **tolerância** é o valor total do desvio permitido entre as características na peça real e as especificadas pela cota. Você vai aprender várias maneiras de especificar tolerâncias no próximo capítulo. Um bom entendimento da tolerância é importante para entender a cotagem, especialmente quando se escolhe a cota a ser mostrada. Por enquanto, lembre-se de que geralmente a tolerância pode ser especificada através de uma nota no desenho como TODAS AS TOLERÂNCIAS SÃO ±0,1 CM, EXCETO QUANDO ESPECIFICADA DE OUTRA MANEIRA.

9.6 LINHAS USADAS NA COTAGEM

Uma **linha de cota** é uma linha fina, escura e contínua delimitada por setas nas 2 extremidades, indicando a direção e a extensão de uma cota. No desenho de máquinas, a linha de cota é normalmente interrompida perto do seu ponto médio para colocar o valor da cota na linha. Nos desenhos estruturais e arquitetônicos, a cota é colocada sobre uma linha de cota contínua.

Conforme mostra a Figura 9.2b, a linha de cota mais próxima do contorno do objeto deve ser espaçada no mínimo 10 mm do contorno. As demais linhas paralelas de cota devem estar no mínimo 6 mm afastadas, e o espaçamento deve ser maior caso tenha espaço disponível. *O espaçamento das linhas de cota deve ser uniforme em todo o desenho.*

Uma **linha de chamada** é uma linha fina, escura e contínua que se estende de um ponto no desenho ao qual a cota se refere. A linha de cota encontra a linha de chamada em ângulo reto, exceto em casos especiais. Uma folga de aproximadamente 1,5 mm deve ser deixada no lugar onde a linha de chamada deve juntar-se ao contorno do objeto. A linha de chamada deve estender-se aproximadamente 3 mm além da ponta da seta.

As medidas mencionadas anteriormente para a altura, espaçamento, etc. das letras devem ser aumentadas em aproximadamente 50 por cento para os desenhos cujo tamanho será reduzi-

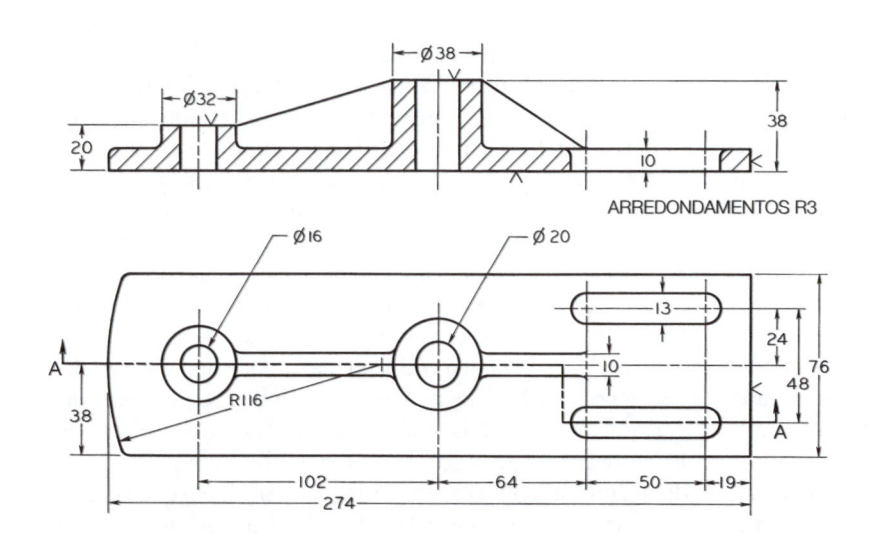

FIGURA 9.1 Técnicas de cotagem. Cotagem em milímetros.

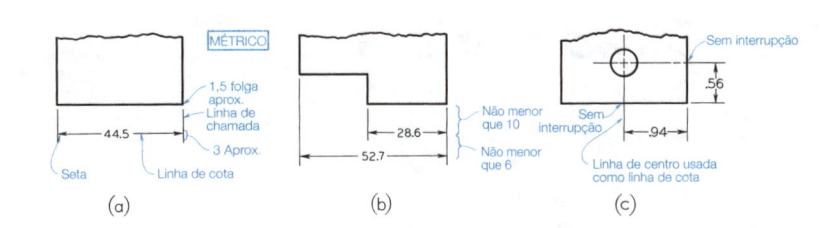

FIGURA 9.2 Técnica de cotagem.

do pela metade para a impressão. Caso contrário, as letras e as cotas freqüentemente se tornam ilegíveis.

Uma **linha de centro** é uma linha do tipo traço ponto, fina e escura. As linhas de centro são comumente utilizadas como linhas de chamada para a localização de furos ou outros elementos simétricos. Quando estendidas para fazer cotagem, as linhas de centro cruzam com outras linhas do desenho sem interrupções. Sempre se termina a linha de centro com um traço longo. Consulte a Figura 9.2 para obter exemplos de linhas usadas na cotagem.

9.7 SETAS

As setas, mostradas na Figura 9.3, indicam a extensão das cotas. Elas devem ser uniformes no tamanho e no estilo em todo o desenho, não variando de acordo com o tamanho do desenho ou o comprimento das cotas. Esboce as setas à mão livre, de modo que o comprimento e a largura tenham uma razão de 3:1. O comprimento da seta deve ser igual a altura do valor da cota (em torno de 3 mm). Para melhorar a aparência, preencha as setas como mostra a Figura 9.3d.

9.8 INDICADORES

Um *indicador* é uma linha final e contínua que direciona a atenção para uma nota ou uma medida e começa com uma seta ou ponto. Use uma seta no começo de um indicador quando você conseguir apontar uma linha no desenho, como a aresta de um furo; use um ponto para começar um indicador quando localizar algo dentro do contorno do objeto. Um indicador deve ser uma reta inclinada fazendo um ângulo grande com a horizontal, com exceção do seu curto traço horizontal (em torno de 6 mm) que se estende do centro da primeira ou da última linha de letras da anotação. Um indicador para um círculo deve ser uma linha radial que, se estendida, passaria através do centro do círculo. Veja a Figura 9.4 para obter exemplos.

Para uma boa aparência, desenhe indicadores:

- próximos uns dos outros e paralelos;
- cruzando o menor número de linhas possível.

Não desenhe indicadores:

- paralelos às linhas do desenho que estão próximas;
- passando pelo canto da vista;
- cruzando uns com os outros;
- mais longos que o necessário;
- horizontais ou verticais.

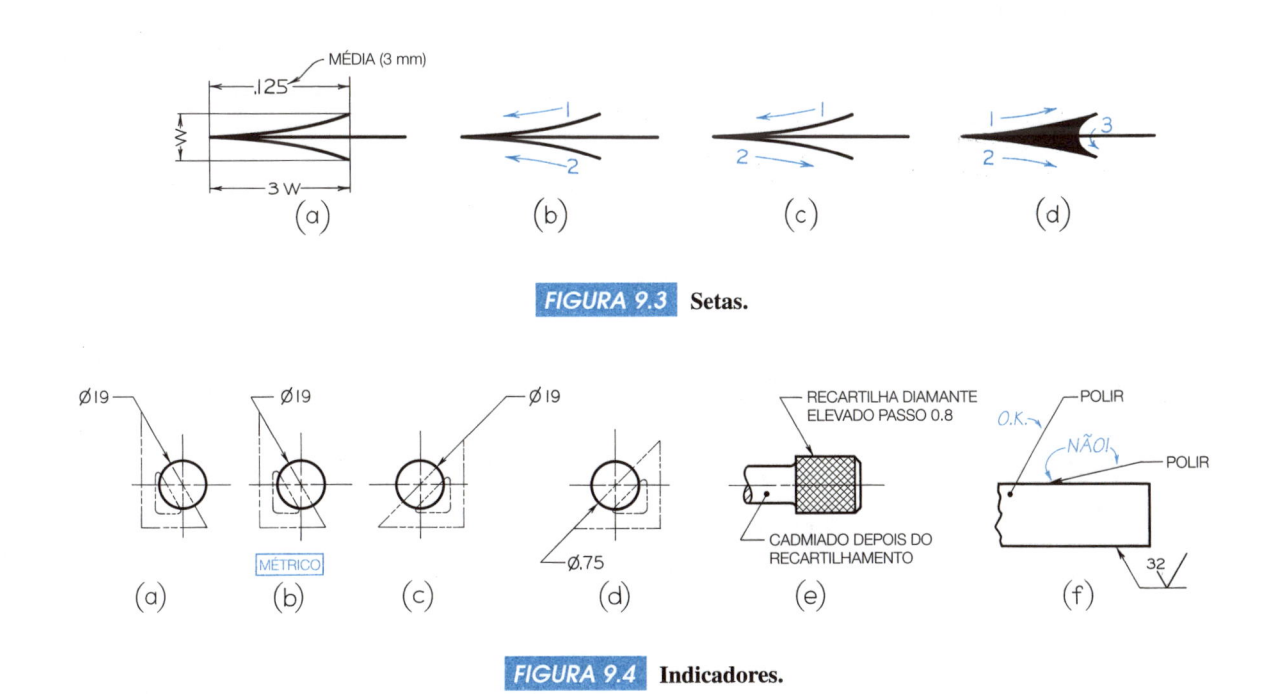

FIGURA 9.3 Setas.

FIGURA 9.4 Indicadores.

Dicas práticas
Setas

Ao utilizar o método de desenhar setas em que ambos os traços são direcionados à ponta da seta, é mais fácil fazer os traços direcionados a você.

Mãos à obra 9.1
Tolerâncias

Você pode entender o conceito de tolerância analisando alguns exemplos. Qual é a tolerância mais razoável nos casos listados abaixo?

Caso:	Abertura de uma janela em um edifício		
Tolerância:	± 1 m	± 1 cm	± 1 mm
Caso:	Molde para sabonete		
Tolerância:	± 0,03 mm	± 0,3 mm	± 3 mm
Caso:	Soquete para lâmpada		
Tolerância:	± 15 cm	± 1,5 cm	± 0,15 cm
Caso:	Engrenagem para uma bicicleta		
Tolerância:	± 12,5 mm	± 1,25 mm	± 0,125 mm
Caso:	Encaixe para um tubo de chaminé		
Tolerância:	± 0,1 mm	± 1 mm	± 10 mm
Caso:	Dobradiça para carro		
Tolerância:	± 50 mm	± 5 mm	± 0,5 mm
Caso:	Cabo de pá		
Tolerância:	± 30 mm	± 3 mm	± 0,3 mm

■ 9.9 ORIENTAÇÃO DAS COTAS

A Figura 9.5 mostra os dois sistemas de orientação para a leitura dos valores da cota. No preferido *sistema unidirecional*, aprovado pelo ANSI, todas as cotas e anotações são escritas horizontalmente e são lidas com base no lado inferior da folha. É mais fácil de usar e de ler, especialmente em desenhos grandes. No *sistema alinhado*, todas as cotas estão alinhadas com as linhas da cota, de modo que possam ser lidas do lado inferior ou do lado direito da folha. Se possível, as linhas de cota nesse sistema não devem ter inclinação dentro da faixa indicada na área sombreada da Figura 9.6.

Em ambos os sistemas, as cotas e anotações mostradas com indicadores são alinhadas com a parte inferior da folha. Anotações sem indicadores também devem estar alinhadas com a parte inferior da folha.

■ 9.10 COTAS FRACIONAIS, DECIMAIS E MÉTRICAS

Nos primórdios da fabricação de máquinas nos Estados Unidos, os operários precisavam medir desenhos de projetos sem cotas para encontrar as medidas de que precisavam. Era de sua respon-

(a) SISTEMA UNIDIRECIONAL

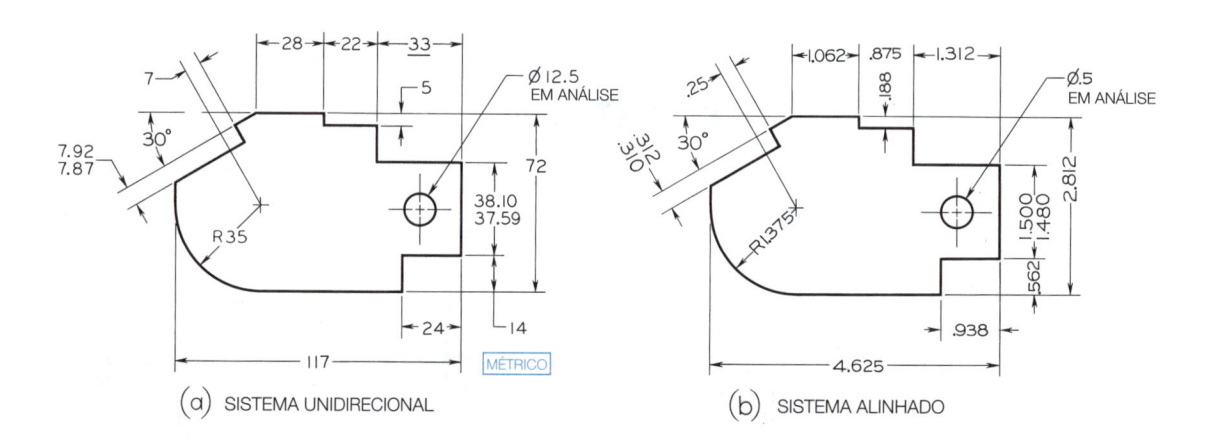

(b) SISTEMA ALINHADO

FIGURA 9.5 Direções dos elementos das cotas.

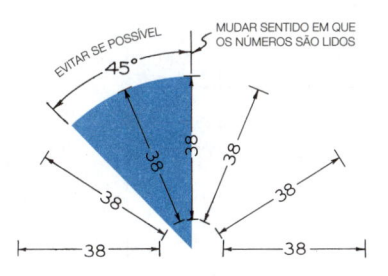

FIGURA 9.6 Direções das cotas.

sabilidade verificar se as peças se encaixavam apropriadamente. Os operários eram hábeis e muito precisos e conseguiam encaixes excelentes. As máquinas fabricadas à mão eram freqüentemente belos exemplos de artesanato de precisão.

Sistemas de unidades e frações comuns são ainda usadas nas obras arquitetônicas e estruturais nas quais uma grande precisão não é tão importante e nas quais a trena ou os esquadros de aço são usados para tomar medidas. Desenhos arquitetônicos e estruturais são freqüentemente cotados dessa maneira, e artigos como tubos e madeira cortada são identificados pelas dimensões nominais padronizadas que são próximas às medidas reais.

Com o avanço tecnológico, a demanda pela especificação mais precisa de medidas funcionais importantes tem aumentado cada vez mais – mais precisa que 1/64 polegada (0,4 mm) permitida no uso da escala de engenheiros, arquitetos e torneiros. Visto que era inconveniente usar frações menores que 1/64 polegada, tornou-se uma prática comum fornecer cotas decimais como 4,2340 e 3,815 para medidas que requerem maior precisão. Porém, algumas medidas, tais como dimensões nominais padronizadas de materiais, furos, roscas, rasgos de chaveta e outros elementos ainda são expressas em números inteiros e frações comuns.

Os desenhos podem ser cotados inteiramente com números inteiros e frações comuns, ou inteiramente com decimais, ou com uma combinação dos dois. Porém, a prática mais recente é usar o sistema de polegada decimal e o sistema métrico, tal como recomendado pelo ANSI. Milímetros e polegadas na forma decimal podem ser adicionados, subtraídos, multiplicados e divididos mais facilmente que frações. Veja na contracapa deste livro a equivalência para polegada-milímetro de decimal e frações comuns.

9.11 SISTEMAS DECIMAIS

Um sistema decimal baseado em polegada decimal ou em milímetro tem muitas vantagens e é compatível com a maioria dos instrumentos de medição e das ferramentas de usinagem. O milímetro é a unidade normalmente utilizada para a maioria dos desenhos técnicos que adotam o sistema métrico. A fim de facilitar a conversão para medidas métricas, muitos desenhos são cotados duplamente em milímetros e polegadas decimais.

A *cotagem decimal completa* utiliza decimais para todas as medidas, exceto em certos produtos como tubos e madeiras, que são identificados por designações nominais padronizadas. Nesses sistemas, polegadas com 2 casas decimais ou milímetros com uma casa decimal são usados quando uma fração comum é considerada como suficientemente precisa. A *cotagem combinada* utiliza decimais para todas as medidas, exceto para dimensões nominais das peças ou elementos, tais como parafusos, roscas, rasgo de chavetas ou outros itens que usam designações fracionais padronizadas (ANSI/ASME Y14.5M-1994).

Cotas em milímetro com uma casa decimal são usadas quando podem ser permitidos limites de tolerâncias de ±0,1 mm ou mais. Cotas em milímetro com duas (ou mais) casas decimais são usadas para limites de tolerância menores que ±0,1 mm. Frações são consideradas como tendo a mesma tolerância de cotas em polegadas com duas casas decimais quando se determina o número de casas decimais a serem preservadas durante a conversão para milímetros. Mantenha em mente que 0,1mm é aproximadamente igual a 0,004 polegada.

Utilizam-se cotas em polegada com duas casas decimais quando podem ser permitidos limites de tolerâncias de ± 0,010 ou mais. Cotas em polegada com três (ou mais) casas decimais são usadas para limites de tolerância menores que ± 0,010. Nas cotas com duas casas decimais, a segunda casa decimal deve ser preferivelmente de um dígito par (por exemplo, 0,02, 0,04 e 0,06 são preferíveis em vez de 0,01, 0,03 ou 0,05), de modo que, quando a cota é dividida por 2 (por exemplo, quando se determina o raio a partir de um diâmetro), o resultado continua sendo uma cota de duas casas decimais. Entretanto, são usados valores ímpares com duas casas decimais quando é exigido pelos propósitos de projeto, tais como cotagem de pontos em uma curva suave ou quando se expressa a resistência ou folga em termos de um fator.

Um exemplo típico de uso do sistema de polegada decimal é mostrado na Figura 9.7. O uso do sistema milímetro decimal, o mais preferido, é mostrado na Figura 9.8.

Utilize as seguintes regras para arredondar um valor decimal, reduzindo o número de casas decimais, independentemente do sistema ser polegada decimal ou métrico:

- Se o número seguinte à posição de arredondamento é 5, arredonde para um número par.
- Se o número seguinte à posição de arredondamento é menor que 5, não há alteração.
- Se o número seguinte à posição de arredondamento é maior que 5, arredonde para cima.

Aqui estão alguns exemplos:

- 3,46325 torna-se 3,463 quando arredondado para três casas decimais.
- 8,37652 torna-se 8,377 quando arredondado para três casas decimais.
- 4,365 torna-se 4,36 quando arredondado para duas casas decimais.
- 4,366 torna-se 4,37 quando arredondado para duas casas decimais.

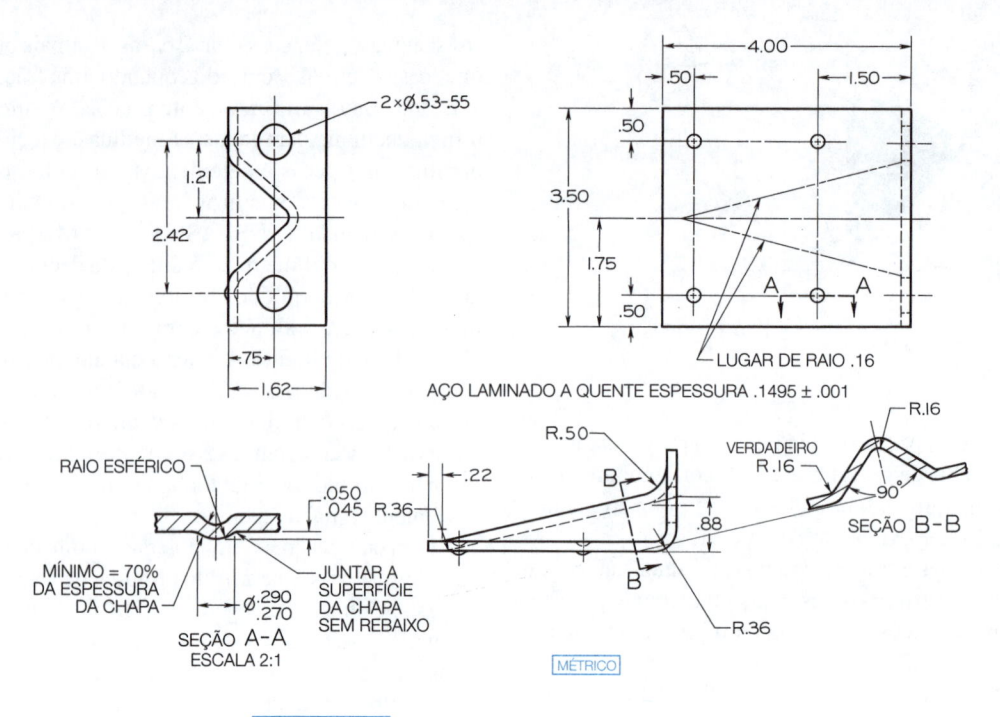

FIGURA 9.7 Cotagem completamente decimal.

9.12 VALORES DAS COTAS

Uma boa caligrafia é importante para os valores das cotas em esboços. A oficina produz de acordo com as orientações dadas no desenho e, para economizar tempo e prevenir erros onerosos, todas as letras devem ser perfeitamente legíveis.

Não amontoe os números das cotas em um espaço limitado, tornando-os ilegíveis. Existem técnicas para mostrar os valores das cotas no lado externo das linhas de chamada ou em combinação com os indicadores. Use os métodos mostrados na Figura 9.9 quando não existir espaço suficiente entre as linhas de chamada para acomodar tanto os números como as linhas de cota. Se necessário, uma vista parcial removida (ou detalhada) pode ser desenhada em uma escala amplificada a fim de prover espaço necessário para uma cotagem clara.

Deixe um espaço amplo e realce as vírgulas decimais. Quando a cota métrica é um número inteiro, não mostre nem a vírgu-

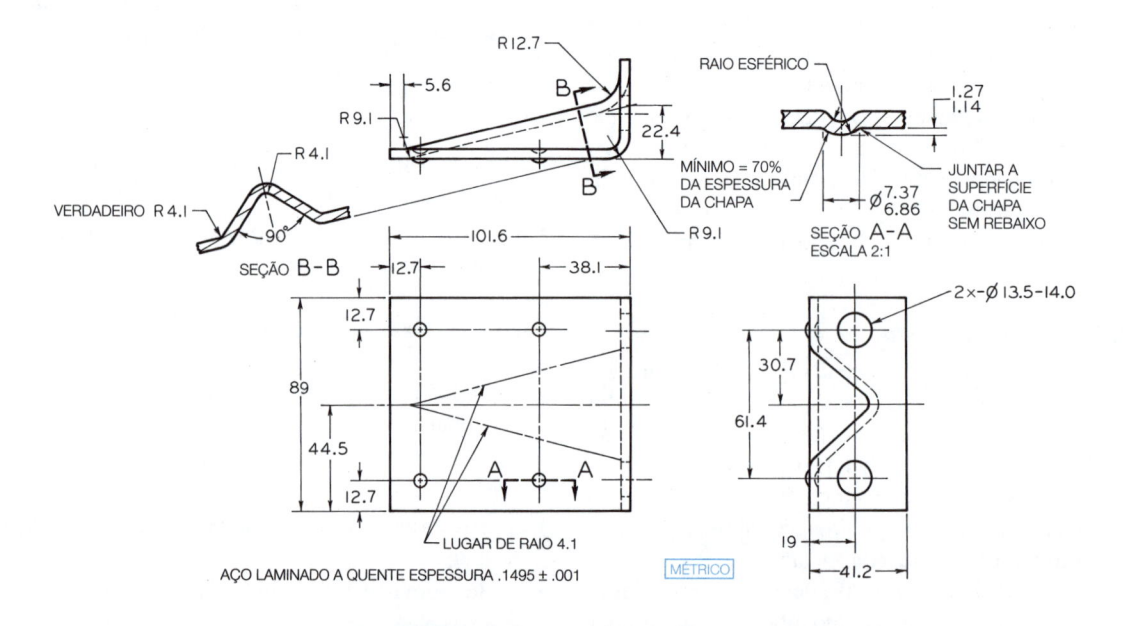

FIGURA 9.8 Cotagem completamente métrica.

Mãos à obra 9.2
Técnica de cotagem

Desenhe linhas, setas, indicadores, valores de cota, folgas e tamanhos similares aos exemplos mostrados na esquerda.

- Ø 19 PASSANTE
- 120
- Ø 0.75
- 4.375 ± 0.003
- 30∞
- 0.76R
- 3 FURO M18 × 2.5

la nem o zero. Quando a cota métrica é menor que 1 mm, um zero precede a vírgula decimal. Quando a cota excede um valor inteiro por uma fração de 1 mm, o último dígito à direita da vírgula decimal não é seguida por um zero, exceto quando se expressam tolerâncias. As Figuras 9.10a-d mostram exemplos dos valores de cotas métricas em uso.

Quando são utilizadas as cotas de polegada decimal, não se coloca zero antes da vírgula decimal dos valores menores que 1 polegada. As cotas de polegada decimal são expressas com o mesmo número de casas decimais da sua tolerância. Adicionam-se zero à direita da vírgula decimal de acordo com a necessidade. As Figuras 9.10e-j mostram os valores corretos das cotas decimais.

Mãos à obra 9.4
Arredondamento dos valores das cotas

Usando as regras de arredondamento que você aprendeu, pratique arredondando os números abaixo:

Número	Arredondar para duas casas decimais	Arredondar para três casas decimais
4,2885		
76,4935		
23,2456		
11,7852		
9,0348		

FIGURA 9.9 Elementos das cotas. Cotas métricas (c) – (f).

FIGURA 9.10 Elementos da cotagem decimal. Cotas métricas (a) – (d).

Jamais coloque os valores das cotas sobrepondo-os a qualquer linha; se necessário, interrompa a linha. Posicione os valores das cotas fora das áreas seccionadas, se possível. Quando uma cota precisa ser colocada sobre uma área seccionada, deixe um espaço em branco na hachura para o número da cota. Consulte a Figura 9.11 para mostrar cotas em vistas seccionais.

Em um grupo de linhas de cotas paralelas, os números devem ser dispostos escalonados, como mostra a Figura 9.12a, e não empilhados um em cima do outro, como na Figura 9.12b.

COTAGEM DUAL

A cotagem dual é utilizada para mostrar medidas métricas e polegadas decimais em um mesmo desenho. Dois métodos de apresentar a cotagem dual são mostrados a seguir:

MÉTODO DE POSIÇÃO A cota em milímetro é colocada sobre a cota em polegada, e as duas cotas são separadas pela linha de cota ou por uma linha adicional quando o sistema de cotagem unidirecional é utilizado. Um arranjo alternativo é a cota em mi-

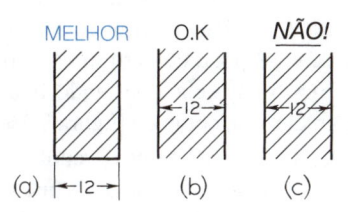

FIGURA 9.11 Linhas de cota e hachuras de corte. Métrico.

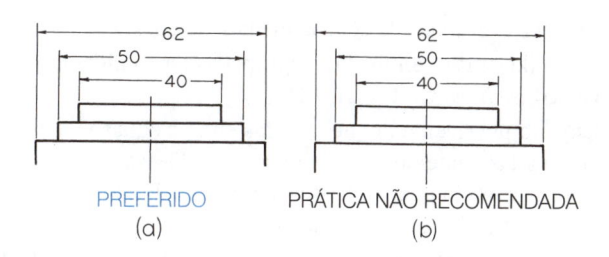

FIGURA 9.12 Disposição dos números. Métrico.

límetro colocada à esquerda da cota em polegada, com os dois separados por uma barra diagonal ou vírgula. O posicionamento da cota em polegada sobre ou à esquerda da cota em milímetro também é aceitável. Cada desenho deve ilustrar a identificação da cota dual como   ou MILÍMETRO/POLEGADA.

EXEMPLOS

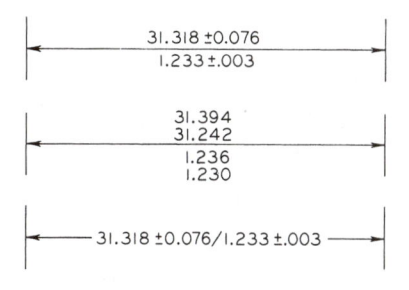

MÉTODO DE COLCHETES Neste método, a cota em milímetro é delimitada por colchetes ( ). A localização desta cota é facultativa, mas deve ser uniforme em qualquer desenho – ou seja, acima, abaixo, à esquerda ou à direita da cota em polegada. Cada desenho deve incluir uma nota para identificar os valores da cota, como COTAS EM ( ) SÃO MILÍMETROS.

EXEMPLOS

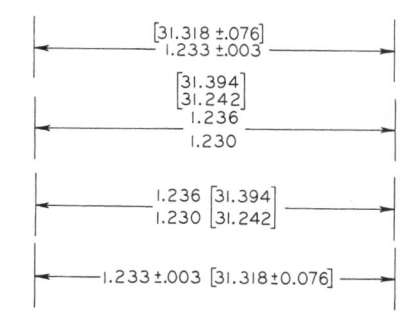

9.13 MILÍMETROS E POLEGADAS

Milímetros são indicados pelas letras minúsculas mm colocadas um espaço à direita dos algarismos, como em 12,5 mm. *Metros* são indicados pela letra minúscula m posicionada de uma forma similar, como em 50,6 m. As *polegadas* são identificadas pelo símbolo " colocado um pouco acima e à direita do algarismo: 2-1/2". Os *pés* são indicados pelo símbolo ' posicionado de uma forma similar: 3' – 0, 5' – 6, 10' – 0-1/4. É comum se omitir a marca da polegada nesta notação.

É uma regra prática omitir designações de milímetro e marcas de polegada em um desenho, exceto quando existe a possibilidade de um mal-entendido. Por exemplo, 1 VALVE deve ser 1″ VALVE. Quando algumas cotas em polegada são mostradas em um desenho cotado em milímetros, a abreviatura pol. segue os valores em polegada.

Em algumas indústrias, todas as cotas, independentemente do tamanho, são dadas em polegadas; em outras, cotas abaixo de e incluindo 72 polegadas são dadas em polegadas, e cotas maiores que 72 polegadas são dadas em pés e polegadas. Em esboços de estrutura ou arquitetura, todas as cotas de 1 pé ou mais são expressas em pés e polegadas.

Se for adequado, o desenho deve conter uma nota declarando A NÃO SER QUANDO ESPECIFICADO DE OUTRA FORMA, TODAS AS COTAS SÃO EM MILÍMETROS (ou em polegadas, se aplicável).

9.14 POSICIONAMENTO DAS LINHAS DE COTAS E DE CHAMADA

O posicionamento correto das linhas de cotas e das linhas de chamada é mostrado na Figura 9.13a. Regras para o posicionamento de cotas ajudam a cotar seus desenhos, de modo que eles sejam claros e de fácil leitura. Elas também ajudam a localizar cotas em lugares-padrão, de modo que a pessoa que fabrica a peça não precisa ficar procurando em todo um desenho complicado para descobrir onde uma cota deve estar indicada. Além disso, as regras podem ajudar a evitar erros através do uso de práticas genéricas para boa cotagem. Não é possível seguir as regras à risca sempre; por isso, tenha em mente que o objetivo final é cotar o desenho com clareza, de modo que as peças sejam fabricadas de acordo com as suas especificações. Estas regras genéricas vão ajudá-lo a posicionar as cotas adequadamente:

- Linhas de cota não podem cruzar linhas de chamada, como mostra a Figura 9.13b. É perfeitamente normal cruzar uma linha de chamada com uma outra, mas elas não devem ser encurtadas como aquelas mostradas na Figura 9.13c.
- Coloque mais próximas da linha de contorno as medidas mais curtas.
- Linhas de cota não devem coincidir ou ser continuação de qualquer linha do desenho, como na Figura 9.13d.

- Evite cruzar linhas de cota na medida do possível.
- Cotas devem ser alinhadas e agrupadas na medida do possível, como mostra a Figura 9.14.
- Quando possível, coloque as cotas entre as duas vistas, mas vinculadas somente a uma única vista. Dessa maneira, fica claro que as cotas são relativas a uma característica que pode ser visualizada em mais de uma vista.
- Linhas de chamada e linhas de centro podem cruzar arestas visíveis de um objeto para localizar cotas de elementos internos. Não interrompa essas linhas deixando um espaço em branco quando elas cruzam com as arestas do objeto, como mostra a Figura 9.15b. Para colocar cotas dentro de uma área congestionada, você pode deixar um espaço entre as linhas de chamada, perto das setas, de modo que as cotas sejam mostradas com clareza, como na Figura 9.16.
- Linhas de cotas são normalmente desenhadas perpendicularmente às linhas de chamada, a não ser que sejam mostradas de outra maneira para melhorar a clareza do desenho, como na Figura 9.17.
- Evitar cotar as linhas escondidas (Figura 9.18).
- *As cotas não devem ser colocadas sobre uma vista a não ser que isso favoreça a clareza do desenho*, como mostra a Figura 9.19. Em desenhos complicados, muitas vezes é necessário colocar cotas sobre a vista.
- Quando uma cota deve ser colocada em uma área hachurada ou sobre a vista, deixe um espaço em branco na hachura ou uma interrupção nas linhas para colocar os valores da cota, como mostra a Figura 9.11b e 9.19c.

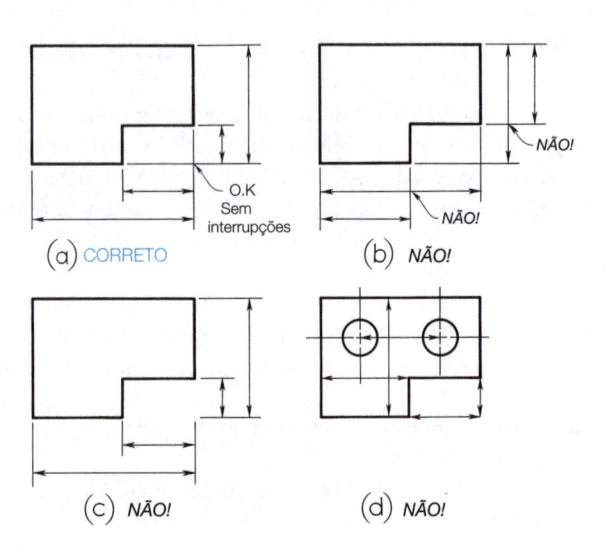

FIGURA 9.13 Linhas de cota e linhas de chamada.

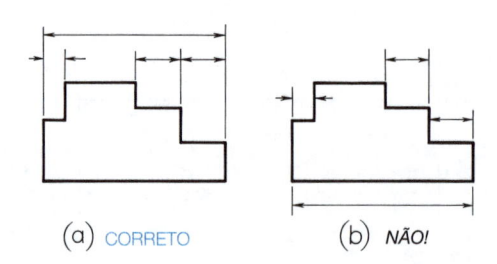

FIGURA 9.14 Cotas agrupadas.

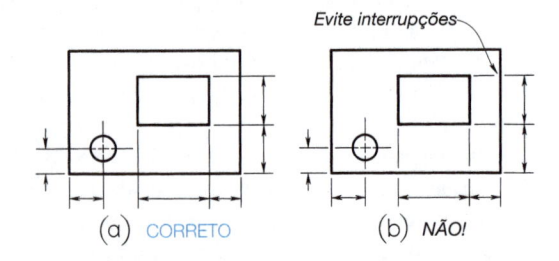

FIGURA 9.15 Linhas cruzadas.

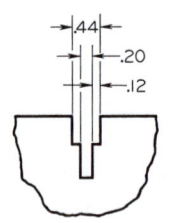

FIGURA 9.16 Posicionamento das cotas.

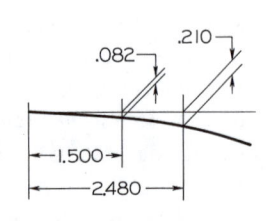

FIGURA 9.17 Posicionamento das cotas.

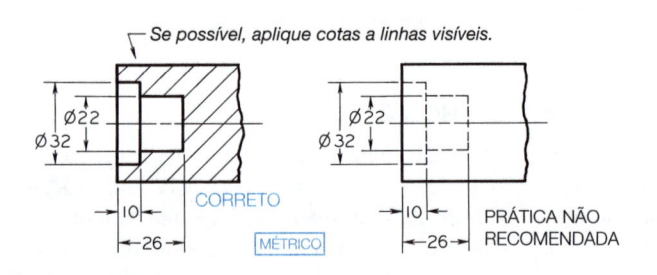

FIGURA 9.18 Posicionamento das cotas.

- Coloque as cotas nas vistas em que as formas são mostradas – onde os contornos do objeto são definidos – como é mostrado na Figura 9.20. Não atribua cotas às linhas visíveis cujo significado não é claro, tal como a cota 20 mostrada na Figura 9.20b.
- As anotações para os furos são normalmente colocadas na vista em que você enxerga o formato circular do furo, como na Figura 9.20a, mas forneça o diâmetro de uma forma cilíndrica externa na vista em que ela aparece como retângulo.
- Posicione as cotas dos furos na vista que mostra o formato do furo claramente.

9.15 COTANDO ÂNGULOS

Você deve cotar ângulos através da especificação do ângulo em graus e de uma cota linear, como mostra a Figura 9.21a. Você também pode dar as medidas das duas arestas de um triângulo retângulo, como mostra a Figura 9.21b. O segundo método é melhor quando se precisa de um elevado grau de precisão. Variações em graus de ângulo são difíceis de controlar porque a quantidade da variação aumenta com a distância do ângulo ao vértice. Alguns métodos de indicação de ângulos são mostrados na Figura 9.21. A tolerância dos ângulos é discutida no Capítulo 10.

Em desenhos da engenharia civil, o *talude* representa o ângulo com a horizontal, ao passo que o *talude de muralha* (*batter*) é o ângulo relativo à vertical. Ambos são expressos fazendo-se um dos membros da razão ser igual a 1, como mostra a Figura 9.22. A declividade, como a de uma estrada, é similar ao talude, mas é expressa em porcentagem. Uma declividade de 20 por cento significa subir 20 metros a cada 100 metros caminhados na horizontal. Em desenhos estruturais, medidas angulares são dadas como

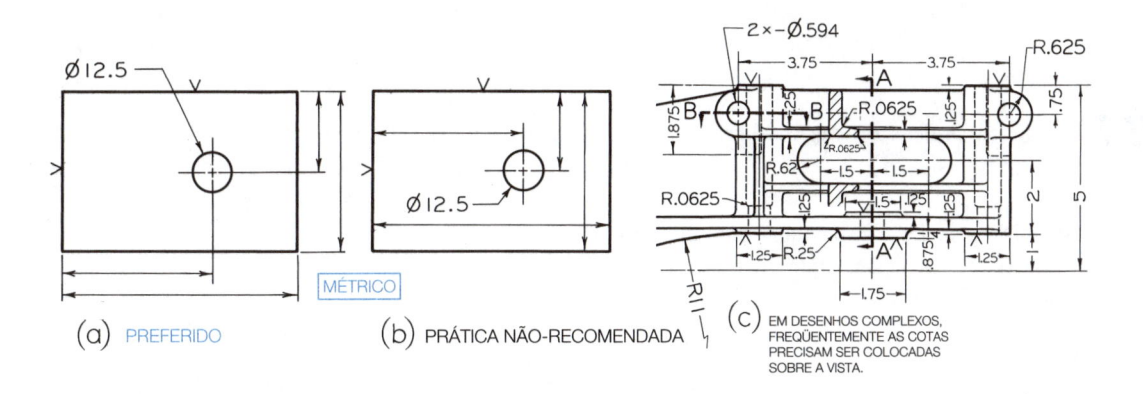

FIGURA 9.19 Cotas posicionadas dentro ou fora de uma vista.

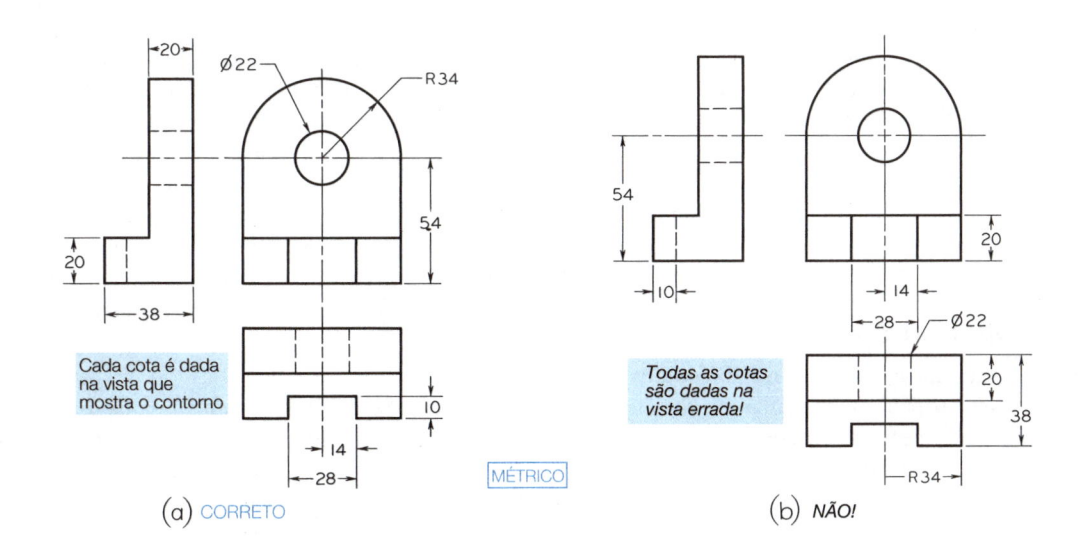

FIGURA 9.20 Cotando o contorno.

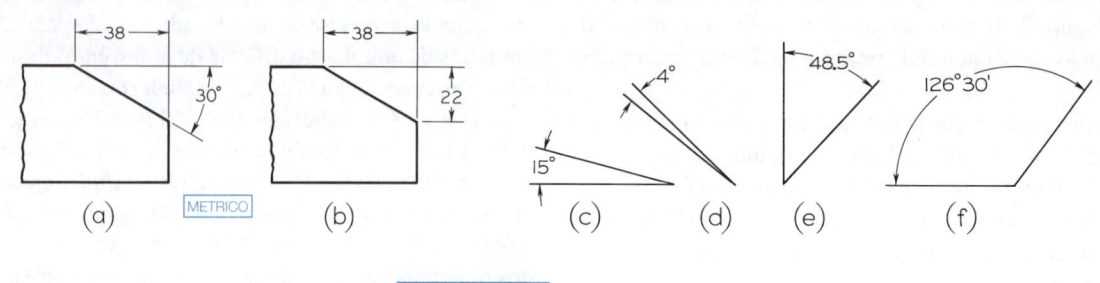

FIGURA 9.21 Ângulos.

FIGURA 9.22 Ângulos em projetos de engenharia civil.

a razão entre a distância vertical e a distância horizontal, com o lado maior sendo de 12 polegadas. Esses triângulos retos são chamados de *esquadros*.

9.16 COTANDO ARCOS

Um arco circular é cotado na vista em que você o vê em verdadeira grandeza, através do fornecimento do valor do seu raio precedido pela abreviatura R. Você pode marcar o centro com uma pequena cruz para tornar o desenho mais claro, mas não para raios pequenos ou sem importância, ou ainda arcos não-cotados. Quando existe espaço suficiente, tanto o valor do raio como a seta são colocados internamente ao arco. Senão, a seta é deixada no lado interno, mas o valor é posicionado no lado externo, ou ambos são colocados no lado externo. Quando existem linhas de seção ou outras linhas atrapalhando, você pode usar um indicador e colocar o valor e o indicador no lado externo da área congestionada. No caso de um raio grande, quando o centro cai fora do espaço disponível, a linha de cota é desenhada apontando para o centro do arco; mas um centro falso pode ser indicado e uma linha de cota "serpenteia" para ele.

9.17 ARREDONDAMENTOS

Os arredondamentos individuais dos cantos são cotados como arcos. Se existissem apenas poucos arredondamentos cujas dimensões são obviamente as mesmas, é preferível dar um raio típico. No entanto, geralmente existem muitos arredondamentos em um desenho e normalmente possuem medidas padronizadas, como R3 e R6 métricos, ou R.125 e R.250 em polegadas deci-

mais. Nesse caso, coloca-se uma observação genérica na parte inferior do desenho, como:

ARREDONDAMENTOS SÃO R6 A NÃO SER QUE SEJA ESPECIFICADO DE OUTRA MANEIRA

ou

TODOS OS RAIOS DE FUNDIÇÃO SÃO R6 A NÃO SER QUANDO INDICADO

ou simplesmente

TODOS OS ARREDONDAMENTOS SÃO R6

9.18 DECOMPOSIÇÕES GEOMÉTRICAS

As estruturas de engenharia são compostas na sua grande maioria por formas geométricas simples, como prismas, cilindros, pirâmides, cones e esferas, como é mostrado no Passo a passo 9.1. Elas podem ser formas exteriores (positivas) ou interiores (negativas). Por exemplo, um eixo de aço é um cilindro positivo e um furo é um cilindro negativo.

Essas formas resultam diretamente da necessidade do projeto – manter as formas simples na medida do possível – e dos requisitos das operações fundamentais de manufatura. Formas possuindo superfícies planas são produzidas por aplainamento, retificação, fresagem, etc., enquanto formas possuindo superfícies cilíndricas, cônicas e esféricas são produzidas por torneamento, furação, alargamento, escareamento e outras operações rotatórias que você vai aprender mais adiante neste capítulo.

A cotagem das estruturas de engenharia envolve dois passos básicos:

1. Fornecer as cotas que mostram as dimensões das formas geométricas simples, chamadas de *cotas de dimensão*.
2. Fornecer as cotas que definem a localização desses elementos, um em relação ao outro, chamadas de *cotas de posição*. Repare que a cota de posição localiza um elemento

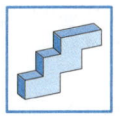

Passo a passo 9.1
Cotando através da decomposição geométrica

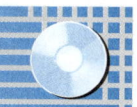

Para cotar o objeto mostrado à direita em perspectiva isométrica, utilize a decomposição geométrica como segue:

1. Analise os elementos geométricos da peça.

Neste caso, os elementos a serem cotados incluem:

- dois prismas positivos;
- um cilindro positivo;
- um cone negativo;
- cinco cilindros negativos.

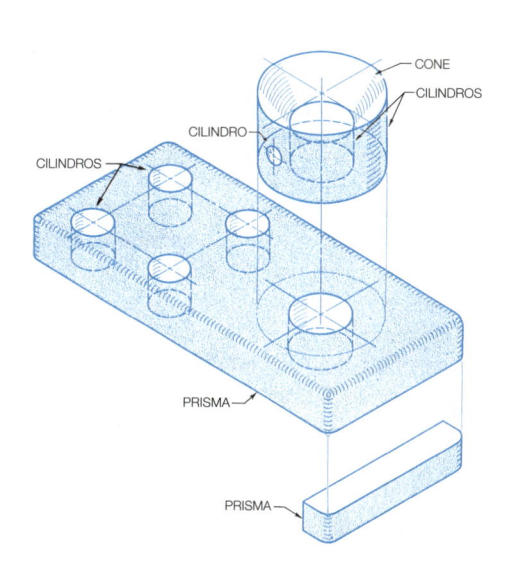

2. Especifique as medidas para cada elemento colocando os valores das cotas conforme o indicado (nesta ilustração, a palavra "dimensão" indica os vários valores de cota). Repare que os quatro cilindros de mesmo tamanho podem ser especificados com uma só cota.

3. Finalmente, localize os elementos geométricos uns em relação aos outros. (Os valores das cotas substituiriam a palavra "posição" nesta ilustração.) Sempre verifique se o objeto está totalmente cotado.

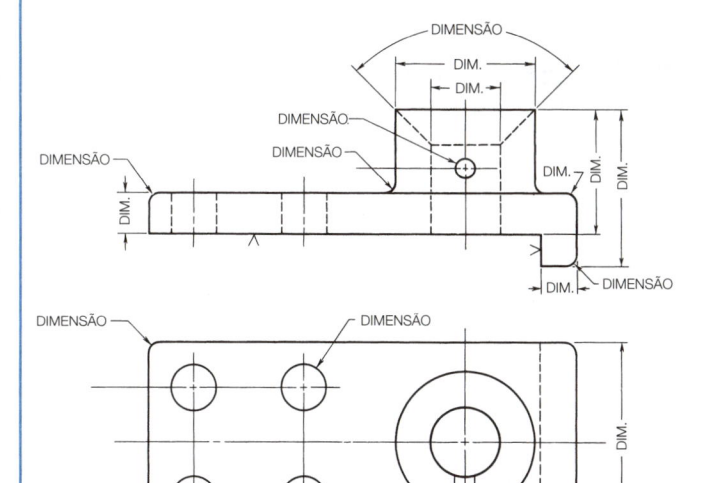

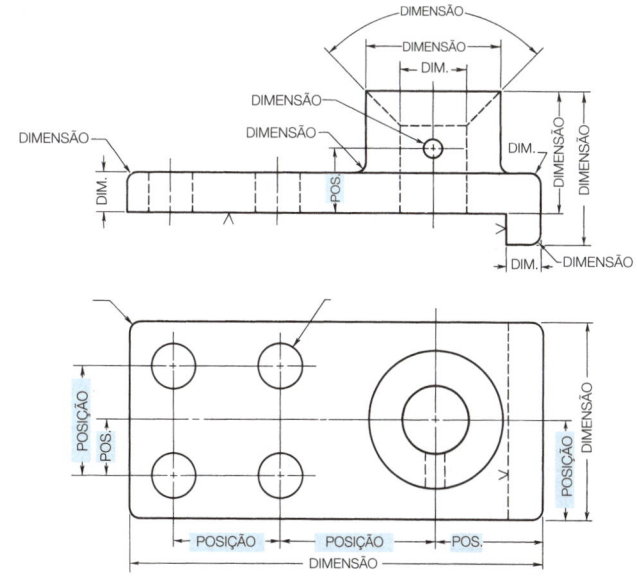

geométrico 3D e não somente uma superfície; caso contrário, todas as cotas deveriam ser classificadas como cotas de posição.

Esse processo de análise geométrica ajuda a determinar as características do objeto e as relações entre elas, mas não são suficientes para cotar a geometria. Você também deve considerar a função da peça no conjunto e os requisitos de fabricação na oficina.

9.19 COTAS DE DIMENSÃO: PRISMAS

O prisma retangular reto é provavelmente o formato geométrico mais comum. Vistas frontais e superiores são cotadas como mostrado nas Figuras 9.23a e 9.23b. A altura e a largura são geralmente dadas na vista frontal e a profundidade na vista superior. As cotas verticais podem ser colocadas na esquerda ou na direita, geralmente alinhadas. Coloque as cotas horizontais entre as vistas, conforme o mostrado. Vistas frontais e laterais devem ser cotadas conforme mostram as Figuras 9.23c e 9.23d. Um exemplo da cota de dimensão de uma peça mecânica feita inteiramente de prismas retangulares é mostrado na Figura 9.24.

9.20 COTAS DE DIMENSÃO: CILINDROS

O formato geométrico mais comum que vem a seguir é o cilindro circular reto, que é facilmente encontrado em um eixo ou em um furo. Os cilindros geralmente são cotados dando-se o diâmetro e o comprimento na vista em que o cilindro aparece como retângulo. Se o cilindro for desenhado verticalmente, cota-se o comprimento na esquerda ou na direita do desenho, conforme a Figura 9.25. Se o cilindro for desenhado horizontalmente, cota-se o comprimento acima ou abaixo da vista retangular, conforme a Figura 9.26. Não use uma linha diagonal dentro da vista circular, exceto quando conseguir melhorar a clareza. Usar várias linhas diagonais em um mesmo centro deixa o desenho confuso.

O raio de um cilindro nunca deve ser dado porque instrumentos de medição, como micrômetros e paquímetros, são projetados para verificar os diâmetros. Os furos geralmente são cotados por meio de notas especificando o diâmetro e a profundidade, como mostra a Figura 9.26, com ou sem operações de fabricação.

O símbolo de diâmetro ⌀ deve ser dado antes de todas as cotas de diâmetro, como mostra a Figura 9.27a (ANSI/ASME Y14.5M-1994). Em alguns casos, o símbolo ⌀ pode ser usado para eliminar a vista circular, como mostra a Figura 9.27b. A abreviação DIA, seguida de valor numérico, poderá ser encontrada em desenhos mais antigos em polegada decimal.

9.21 COTANDO AS DIMENSÕES DE FUROS

A Figura 9.28 mostra símbolos-padrão usados na cotagem. Por exemplo, furos com rebaixo, escareamento ou com rosca são geralmente especificados pelos símbolos ou abreviaturas padronizadas, como mostram as Figuras 9.29 e 9.31. A ordem dos itens em uma nota corresponde à ordem do procedimento para usinar o furo na oficina. O indicador de uma nota deve apontar para a vista circular do furo, se possível. Quando a vista circular do fu-

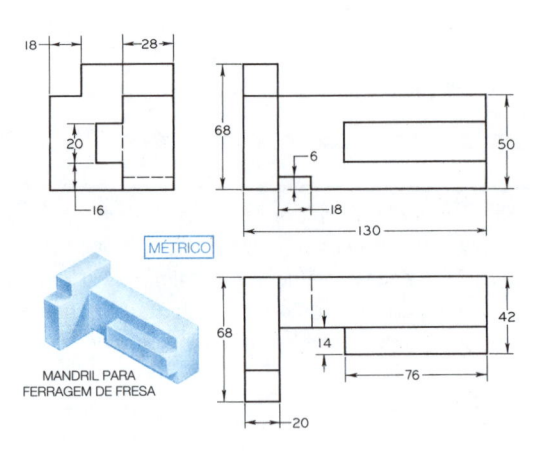

FIGURA 9.24 Cotando uma peça mecânica composta de formas prismáticas.

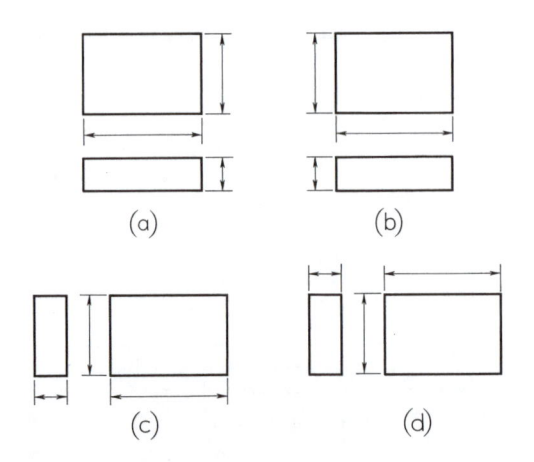

FIGURA 9.23 Cotando prismas retangulares.

FIGURA 9.25 Cotando cilindros.

LÂMINA 1

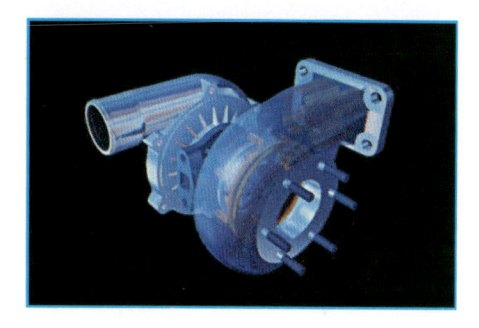

a
Perspectiva de uma turbina montada e completamente renderizada.
(Todas cortesias de Autodesk, Inc.).

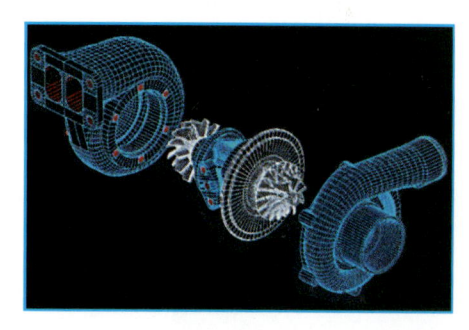

b
Perspectiva explodida em modelo de arame (*wireframe*).

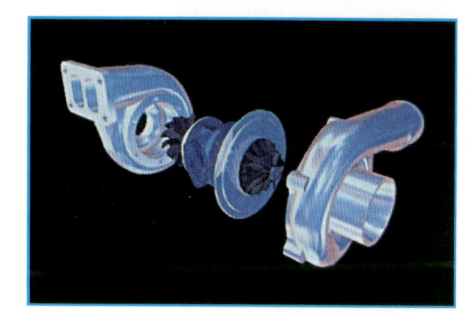

c
Perspectiva explodida com renderização de superfície.

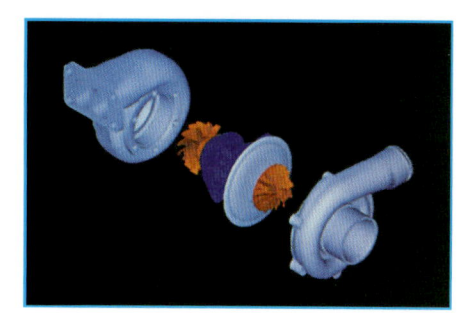

d
Perspectiva codificada por cor com renderização de superfície.

LÂMINA 2

a, b, c

Imagens de VRML encontrados no *site* da Dynojet Research Incorporated. Quando vistas em um navegador VRML, tais imagens possuem qualidade 3-D. *(Todas cortesias de Dynojet Research, Inc.).*

LÂMINA 3

a. b.

O uso de CAD acelera o processo do projeto e reduz o custo. Os modelos em 3-D de um robô de soldagem e de uma unidade Zip permitem que os fabricantes simulem seus produtos antes que eles sejam produzidos. *(Reproduzido com permissão de SDRC, Inc.)*

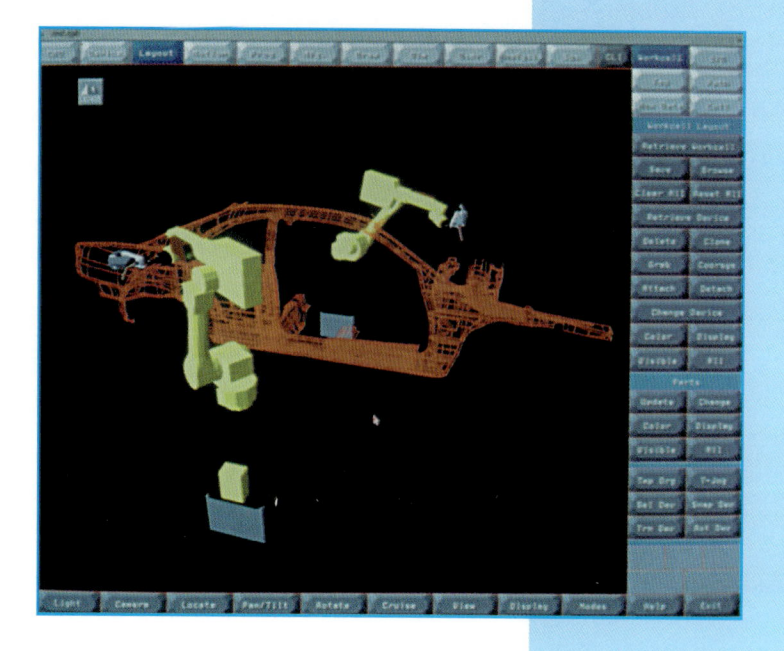

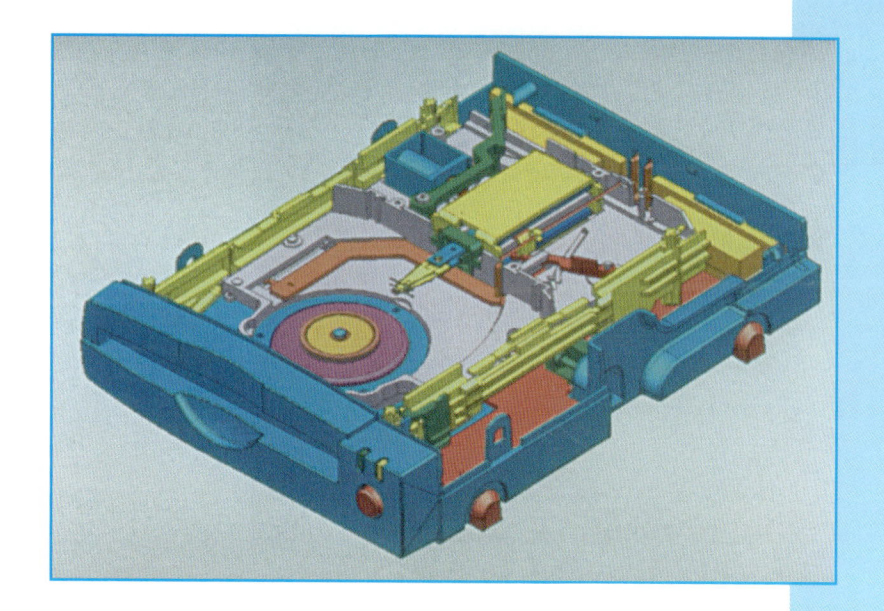

LÂMINA 4

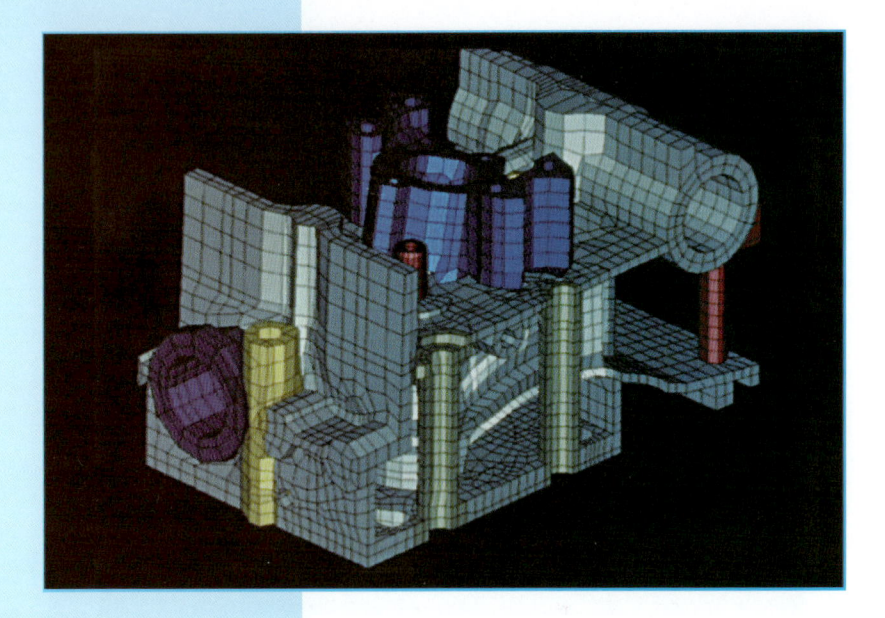

a
Modelo de Elementos Finitos de componentes de motor a diesel criado com o *software* I-DEAS.
(Cortesia de SDRC, Inc.)

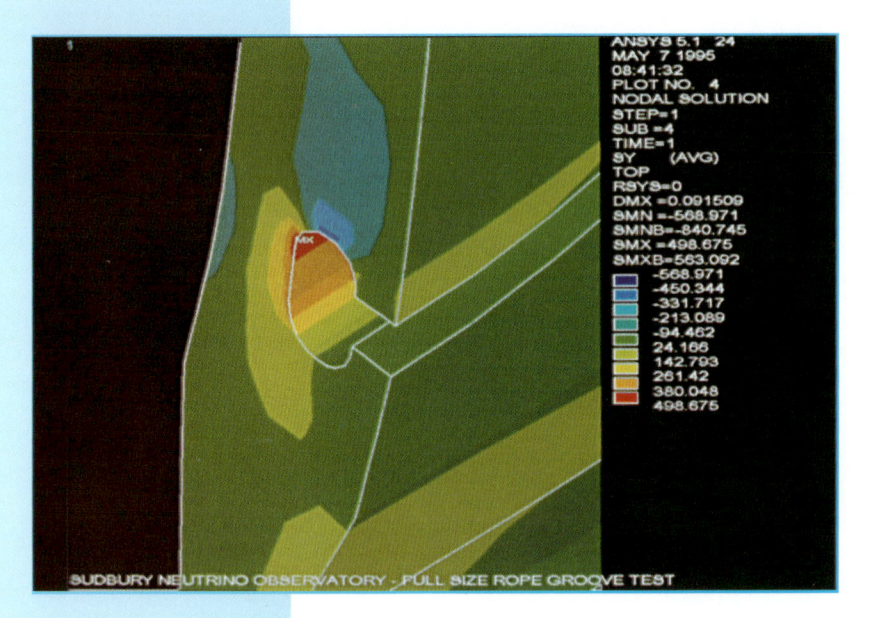

b
Análise de esforço estrutural do Sudbury Neutrino Observatory criado com Auto FEA por ANSYS.
(Cortesia de ANSYS)

LÂMINA 5

a
Uma aplicação em engenharia da realidade virtual para ajudar no projeto de automóvel. Capacete, óculos e luvas especiais permitem o engenheiro simule a experiência de dirigir, como se observa na figura abaixo. *(Cortesia de Ford Motor Company)*

b
O *software* de CAD e alguns equipamentos de realidade virtual permitem aos usuários experimentarem 'salas virtuais' e decidirem como desejam o projeto antes da construção. *(Cortesia de Truevision)*

LÂMINA 6

a
O sistema de corte automático usa gabarito projetado com software de CAD para produzir peças precisas.
(Cortesia de Gerber Scientific, Inc)

b
A manufatura moderna depende fortemente de robôs controlados por computador. Nesta fábrica da Chrysler, 66 robôs aplicam soldas de ponto. *(Cortesia de Chrysler Motor Corp.)*

LÂMINA 7

a, b, c

Exemplos de modelos de sólidos criados com software I-DEAS. O modelamento de sólido pode ajudar na visualização e análise. *(Todas cortesias de SDRC, Inc)*

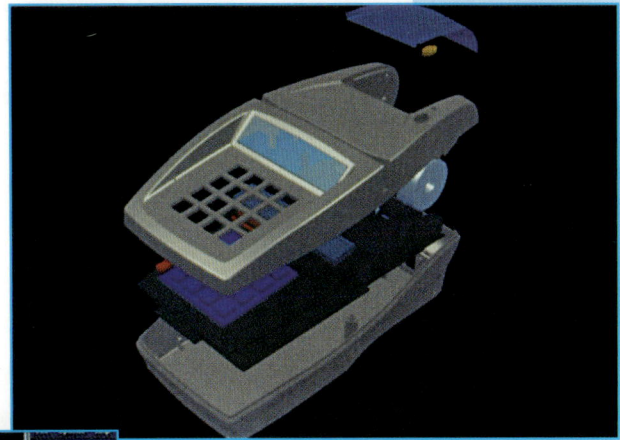

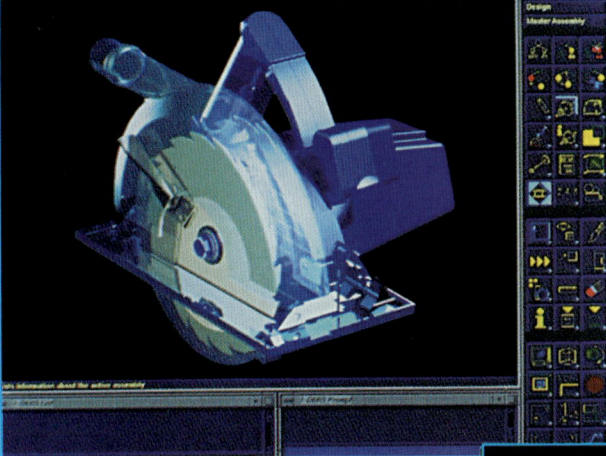

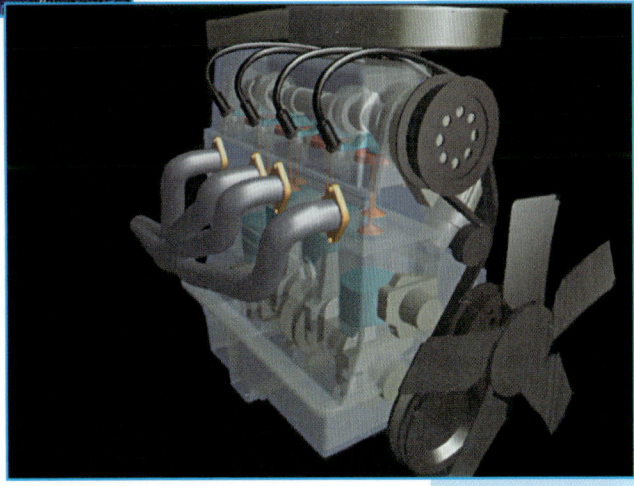

a. b. c

O *software* de CAD é uma ferramenta muito útil para visualizar projetos arquitetônicos. Todas estas imagens são criadas em AutoCAD.

(Todas cortesias de Autodesk, Inc.)

CAPÍTULO 9 • COTAGEM E PROCESSOS DE FABRICAÇÃO

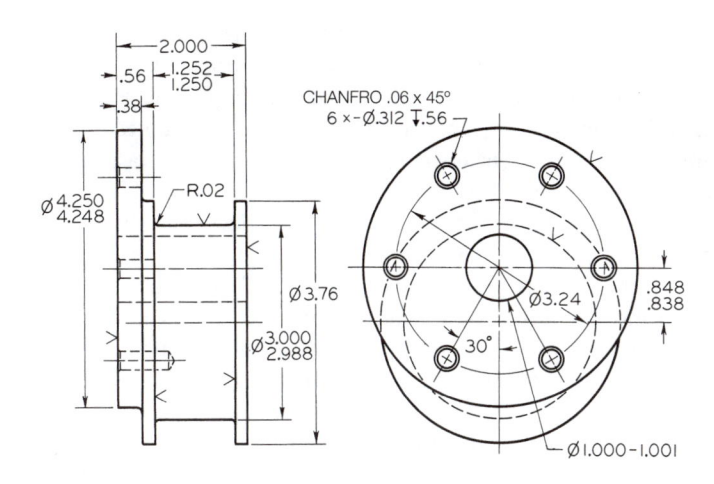

FIGURA 9.26 Cotando uma peça mecânica composta de formas cilíndricas.

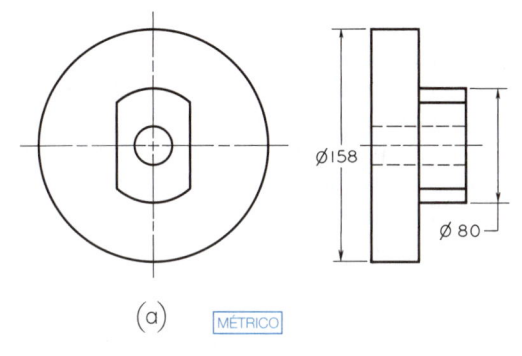

EXCÊNTRICO PARA MÁQUINA DE ENLATAR

USO DE " Ø " PARA INDICAR FORMAS CIRCULARES

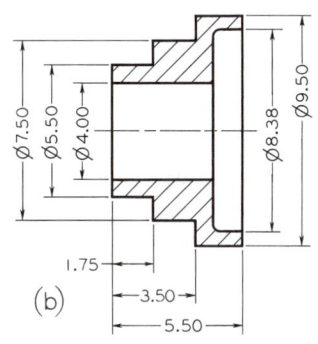

USO DE " Ø " PARA OMITIR VISTA DA FORMA CIRCULAR

FIGURA 9.27 O uso de Ø na cotagem de cilindros.

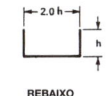

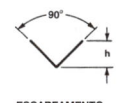

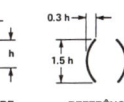

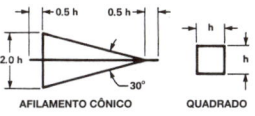

REBAIXO — ESCAREAMENTO — PROFUNDIDADE — REFERÊNCIA — COMPRIMENTO DO ARCO — INCLINAÇÃO

ORIGEM DE COTA — AFILAMENTO CÔNICO — QUADRADO — VEZES POR — RAIO — RAIO ESFÉRICO — DIÂMETRO ESFÉRICO

h = ALTURA DA LETRA

FIGURA 9.28 Forma e proporção dos símbolos de cotagem (ANSI.ASME Y14.5M-1995).

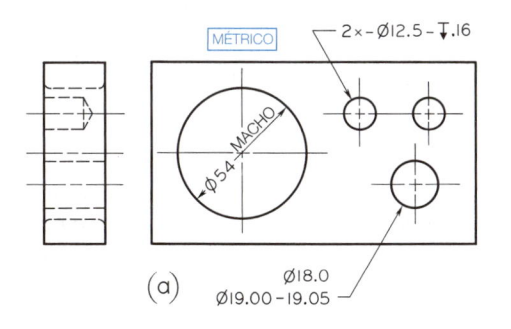

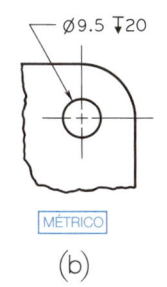

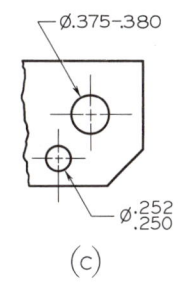

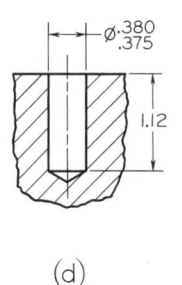

FIGURA 9.29 Cotando furos.

ro tem dois ou mais círculos concêntricos, como nos casos dos furos com rebaixo ou escareamento, ou com rosca, a seta deve tocar no círculo externo. São mostrados exemplos na Figura 9.31. Dois ou mais furos podem ser cotados por uma única nota através da especificação do número de furos, como mostra a parte superior da Figura 9.29.

É amplamente aceitável o uso de frações decimais tanto para as medidas métricas como para as inglesas, como mostra a Figura 9.29b. Para brocas cujo tamanho é classificado em número ou em letras, especifica-se a medida decimal ou se fornece designação em número ou em letra seguida pela medida decimal entre parênteses – por exemplo #28(0.1405) ou "P"(0.3230). Brocas cujas medidas são dadas em sistema métrico não possuem designação por número ou por letra.

Especifique somente as cotas dos furos, sem colocar uma nota indicando se o furo deve ser perfurado, mandrilado ou puncionado, como mostram as Figuras 9.29c e 9.29d. O engenheiro ou o técnico da produção são geralmente mais adequados para determinar o processo mais econômico a ser usado para atingir a tolerância requerida.

9.22 COTAS DE POSIÇÃO

Depois de especificar as dimensões do elemento geométrico que compõe a estrutura, forneça as cotas de posição para mostrar as posições relativas desses elementos geométricos. A Figura 9.30a mostra uma forma retangular posicionada pelas faces. Na Figura 9.30b, furos cilíndricos ou cônicos, protuberâncias ou outras formas simétricas são posicionadas pelos seus centros. Cotas de posição para furos são preferivelmente dadas na vista em que o furo aparece como círculo, como mostra a Figura 9.32.

Em geral, cotas de posição devem ser definidas a partir de uma superfície acabada, ou a partir de um centro ou linha de centro importante. Cotas de posição devem levar a uma superfície com acabamento na medida do possível, porque superfícies rugosas resultantes dos processos de fundição ou de forja variam em dimensão, e superfícies sem acabamento não são confiáveis para medições precisas. A *cota inicial*, usada para posicionar a primeira superfície usinada de uma peça fundida ou forjada, deve ser necessariamente definida a partir de uma superfície rugosa ou a partir de um centro ou linha de centro da peça bruta.

Quando várias superfícies cilíndricas possuem a mesma linha de centro, como na Figura 9.27b, você não precisa de cotas de posição para mostrar que elas são concêntricas: a linha de centro já é suficiente. Furos equiespaçados em torno de um centro podem ser cotados fornecendo o diâmetro da *circunferência dos centros*, ou *circunferência de parafusos*. Use uma nota tal como .750 X 3 para indicar medidas ou características repetitivas, onde a marca X significa vezes e 3, o número de elementos repetidos. Coloque um espaço em branco entre X e as cotas conforme o mostrado. Furos não igualmente espaçados são posicionados através do diâmetro da circunferência de parafusos mais as medidas angulares em relação a *apenas uma* das linhas de centro. São mostrados exemplos na Figura 9.33.

Nos lugares onde é requerida grande precisão, devem ser dadas cotas lineares, conforme mostra a Figura 9.33c. Nesse caso, o diâmetro da circunferência de parafusos é colocado entre parênteses para indicar que ele deve ser usado apenas como *cota de referência*. Cotas de referência são dadas somente como informações ilustrativas. A intenção não é de usá-las para medição nem para as operações de fabricação. Elas representam cotas calculadas e são freqüentemente úteis para mostrar as medidas almejadas do projeto.

Quando vários furos sem precisão são posicionados em um arco comum, eles são cotados através do raio e da medida angular relativa a uma **linha de base** de referência, conforme mostra a Figura 9.34a. Nesse caso, a linha de base é a linha de centro horizontal.

Na Figura 9.34b, os três furos estão em uma mesma linha de centro. Uma cota posiciona um furo pequeno a partir do centro; a outra cota dá a distância entre os furos pequenos. Note que a cota no X é omitida. Este método é usado quando a distância entre os furos pequenos é uma consideração importante. Se a relação entre o furo do centro e cada um dos furos pequenos é mais importante, então inclui-se a distância no X e transforma-se a dimensão total em uma medida de referência.

A Figura 9.34c mostra outro exemplo de cota linear. Os três furos pequenos estão em uma circunferência de parafusos cujo diâmetro é dado com a finalidade única e exclusiva de referência. Do centro principal, os furos pequenos estão posicionados em duas direções mutuamente perpendiculares.

Outro exemplo de posicionamento de furos por cotas lineares é mostrado na Figura 9.34d. Neste caso, uma das medidas é feita em uma direção inclinada em relação à horizontal por causa da relação funcional direta entre os dois furos.

Na Figura 9.34e, os furos são posicionados a partir de duas linhas de base, ou *referências*. Quando todos os furos forem posicionados a partir de uma única referência, a seqüência de medições ou operações de usinagem será mais bem controlada, o acúmulo dos erros de medição poderá ser evitado e o funcionamento apropriado dos componentes acabados será garantido. As superfícies de referência selecionadas devem ser mais precisas do que qualquer outra medida feita a partir delas, devem ser acessíveis durante a fabricação e devem ser arranjadas para facilitar o proje-

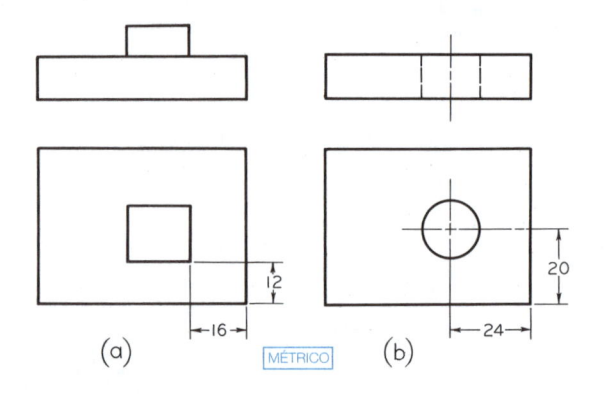

FIGURA 9.30 Cotas de posição.

FIGURA 9.31 Anotações locais.

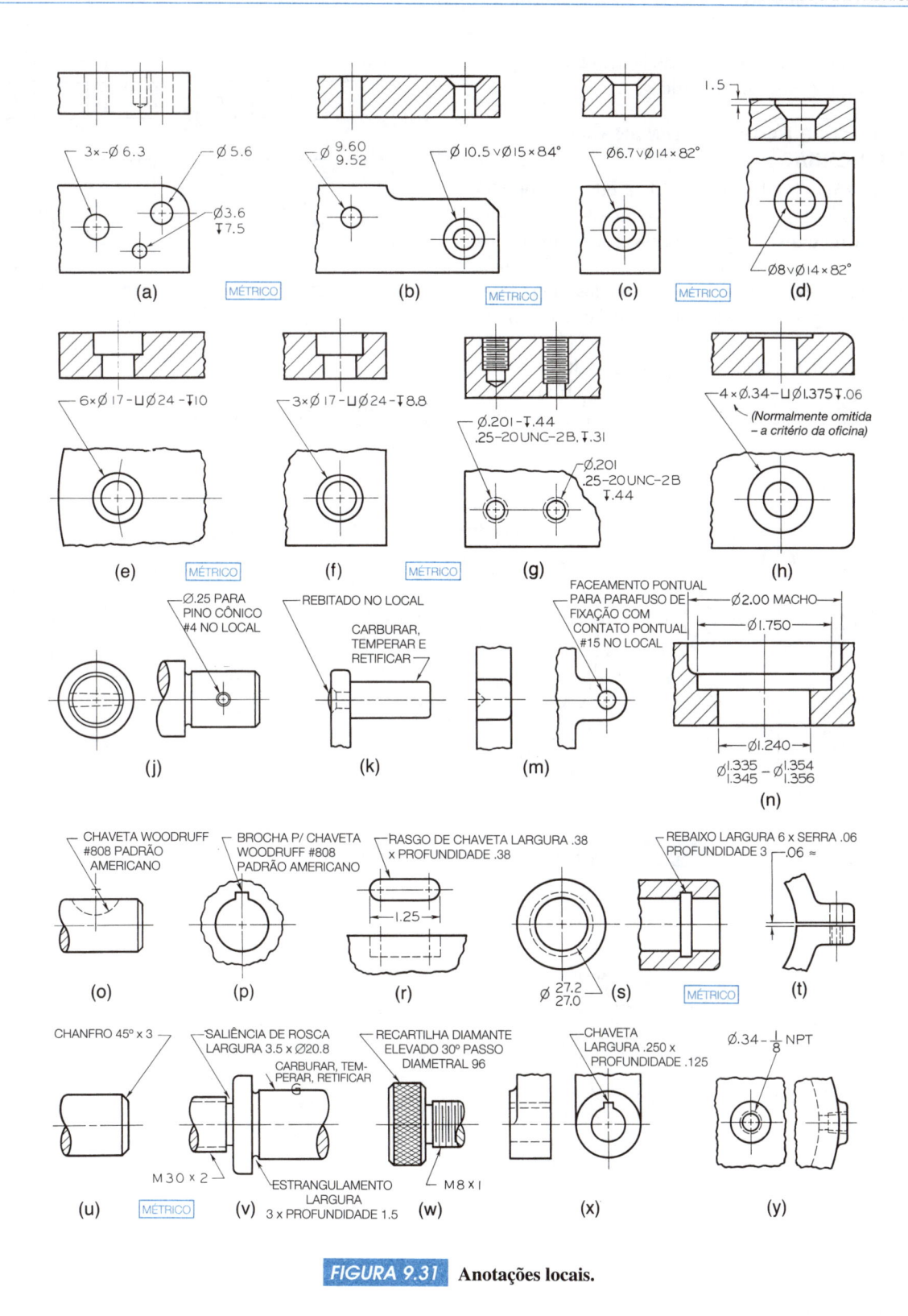

to e a fixação das ferramentas. Pode ser necessário especificar a precisão das superfícies de referência em termos de linearidade, circularidade, planicidade e assim por diante, sobre os quais você vai aprender no próximo capítulo.

A Figura 9.34f mostra um método de fornecer, em uma única linha, todas as cotas a partir de uma referência comum. Cada cota, exceto a primeira, possui uma única seta e o valor é acumulativo. A cota total é mostrada em separado.

Esses métodos de posicionar furos são aplicáveis para posicionar pinos ou outros elementos simétricos.

9.23 SÍMBOLOS E COTAS DE DIMENSÃO: FORMAS DIVERSAS

Uma variedade de símbolos de cotagem foi introduzida por ANSI/ASME (Y14.5M-1994) para substituir os termos tradicionais ou abreviaturas. A Figura 9.28 apresenta esses símbolos juntos aos detalhes de construção. Termos e abreviaturas tradicionais são adequados ao uso nos lugares onde os símbolos são indesejáveis. Exemplos de alguns desses símbolos são dados na Figura 9.35.

Um prisma triangular é cotado através de sua altura, de sua largura, do deslocamento da aresta superior na vista frontal e da profundidade na vista superior, como mostra a Figura 9.36a.

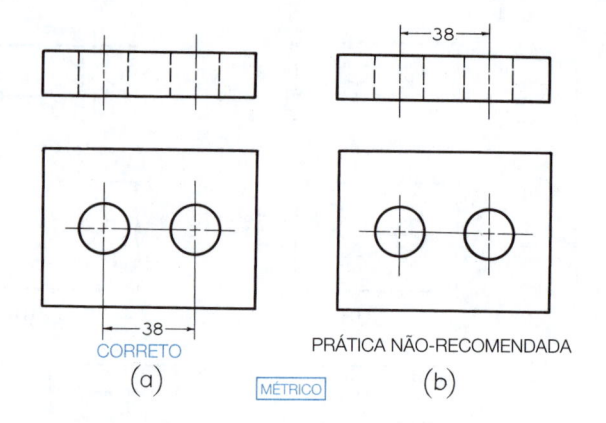

FIGURA 9.32 Localizando os furos.

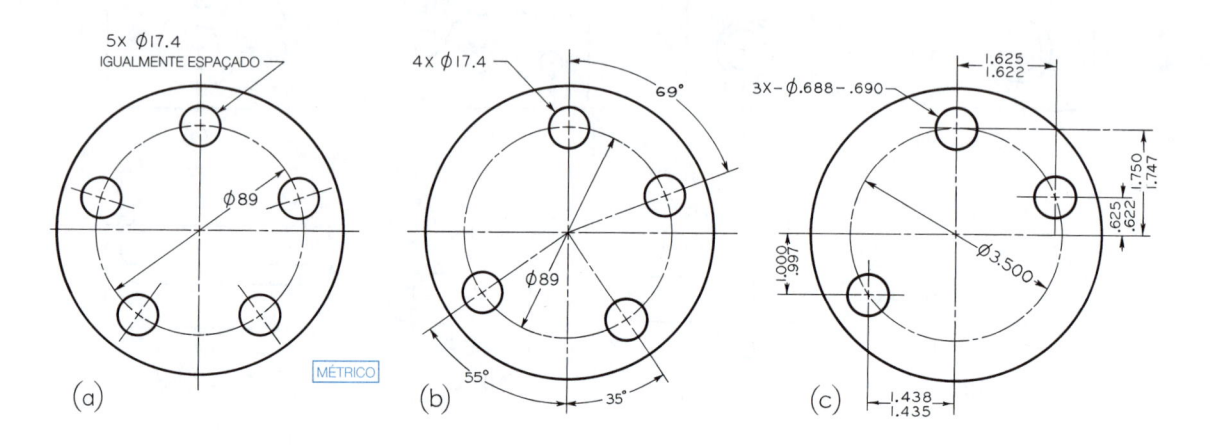

FIGURA 9.33 Localizando os furos em torno de um centro.

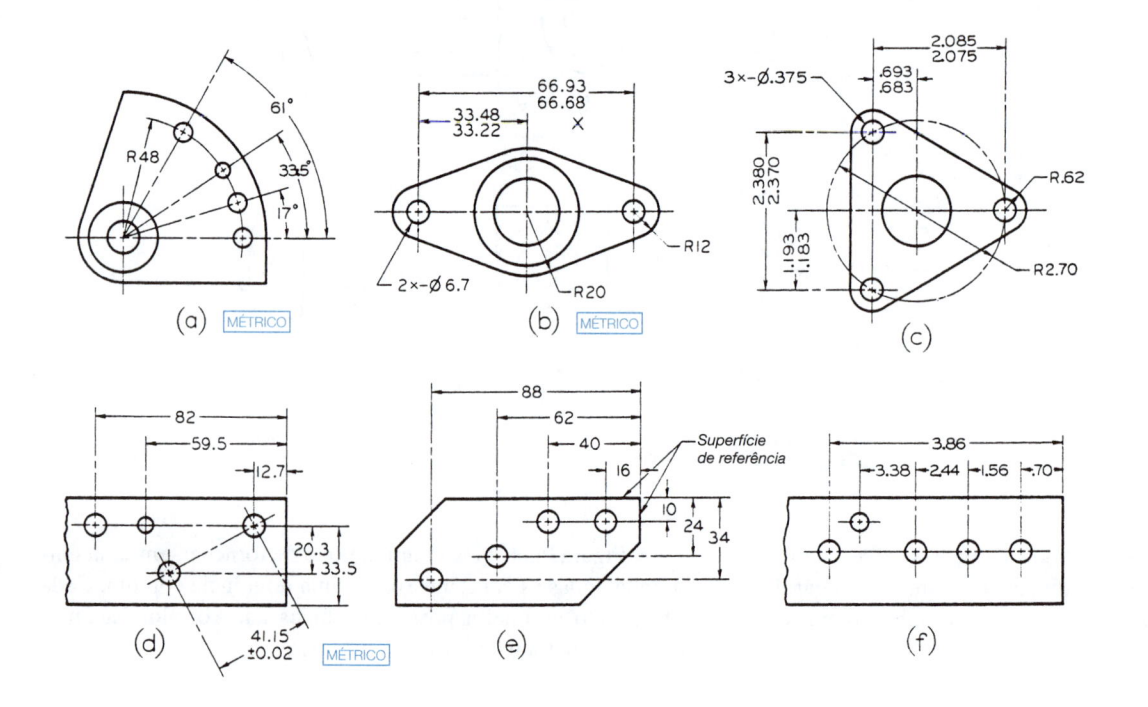

FIGURA 9.34 Localizando os furos.

Uma pirâmide é cotada através da altura na vista frontal e através das cotas da base, e o centro do vértice na vista superior, como mostra a Figura 9.36b. Se a base for quadrada, seria necessário fornecer a cota de um dos lados da base, visto que ela é rotulada com SQ ou precedida de um símbolo de quadrado, como mostra a Figura 9.36c.

Um cone é dimensionado através da sua altura e do diâmetro da base na vista triangular, conforme mostra a Figura 9.36d. Um tronco de cone pode ser cotado através do ângulo vertical e do diâmetro de uma das bases, como mostra a Figura 9.36e. Outro método é fornecer o comprimento e o diâmetro de ambas as extremidades na vista frontal. Ainda existe outro método que fornece o diâmetro em uma extremidade e fornece o valor da conicidade por unidade de comprimento em uma nota.

A Figura 9.36f mostra um desenho de duas vistas de uma maçaneta de plástico. De forma geral, ela é esférica e é cotada através do seu diâmetro precedido pela abreviação e pelo símbolo para diâmetro esférico, SØ, ou você pode ver a notação mais antiga nos locais em que ela é seguida pela abreviação SPHER. O anel ao redor da maçaneta é na forma de um toróide e é cotada através da espessura do anel e do diâmetro externo, como mostrado. Na Figura 9.36g, a extremidade abaulada é cotada por um raio precedido pela abreviação SR. Formas internas que correspondem às formas externas na Figura 9.36 poderiam ser cotadas de maneira similar.

9.24 COTAS DE ENCAIXE

Ao cotar uma peça, a relação desta peça com as outras peças de encaixe deve ser levada em consideração. Por exemplo, na Figu-

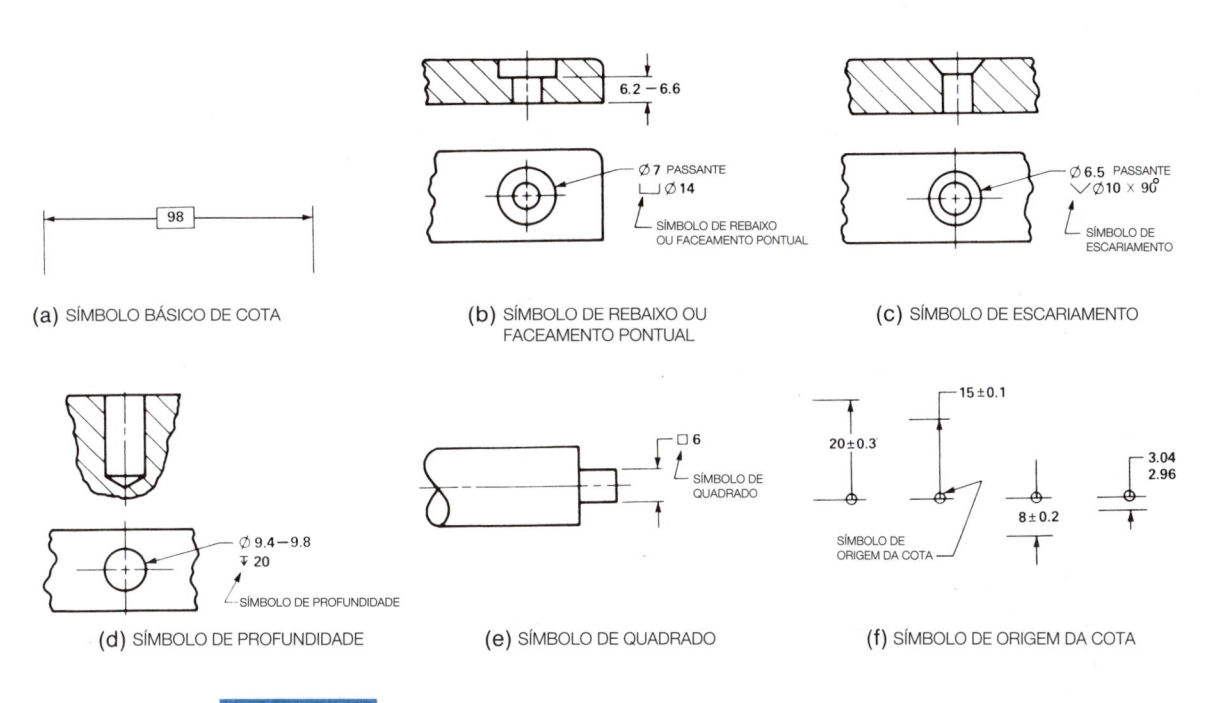

FIGURA 9.35 Uso dos símbolos de cotagem (ANSI/ASME Y14.5M-1994).

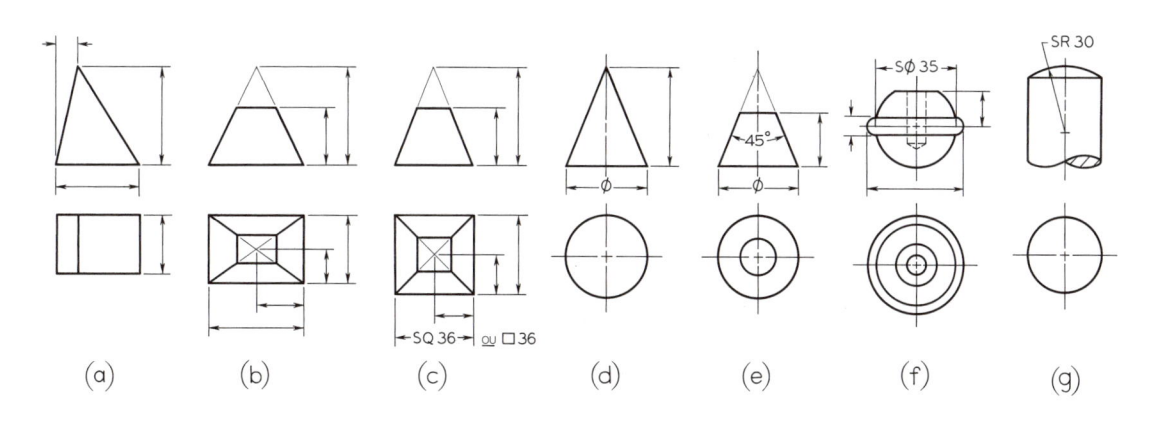

FIGURA 9.36 Cotando várias formas.

ra 9.37a um bloco de guia encaixa-se em um entalhe de uma base. Essas cotas comuns a ambas as peças são *cotas de encaixe*, conforme o indicado.

Essas cotas de encaixe devem ser dadas nas posições correspondentes das vistas ortográficas, como mostram as Figuras 9.37b e 9.37c. Outras cotas não são de encaixe, visto que elas não controlam o ajuste preciso entre as duas peças. Os valores reais das duas cotas correspondentes de encaixe poderiam não ser exatamente as mesmas. Por exemplo, a largura do entalhe na Figura 9.37b pode ser 1/32 polegada (0,8 mm) ou milésimos de uma polegada maior que a largura do bloco da Figura 9.37c, mas são cotas de encaixe calculadas a partir de uma única largura básica. As cotas de encaixe precisam ser especificadas nos lugares correspondentes nas duas peças e com tolerância para garantir um ajuste apropriado entre as peças.

Na Figura 9.38a, a cota A é uma cota de encaixe e deve aparecer nos desenhos do suporte e do chassi. Na Figura 9.38b, que mostra um projeto revisado do suporte em duas peças, a cota A não é usada em nenhuma das peças porque não é necessária para controlar rigorosamente a distância entre os dois parafusos de cabeça. Mas a cota F é essencial agora devido ao encaixe e deveria aparecer nos desenhos de ambas as peças. As demais cotas E, D, B e C não são consideradas como cotas de encaixe, visto que não afetam diretamente a montagem das peças.

9.25 COTAS PARA USINAGEM, PARA MODELAGEM E PARA FORJAMENTO

Na Figura 9.37a, a base é usinada a partir de uma peça fundida: o fabricante do modelo para molde de fundição precisa de certas medidas para construir o modelo, e o torneiro precisa de outras medidas para a usinagem. Em alguns casos, uma mesma cota será usada por ambos. Na maioria dos casos, essas cotas serão as mesmas daquelas resultantes de uma decomposição geométrica, mas para atribuir valores é importante identificá-las.

A Figura 9.39 mostra a mesma peça da Figura 9.37 com as cotas para usinagem e as cotas para modelagem identificadas pelas letras M e P, respectivamente. O fabricante de modelo está interessado somente nas cotas necessárias para construir o modelo, e o torneiro, geralmente, está preocupado só com as cotas necessárias para usinar as peças. Muitas vezes, uma cota que é conve-

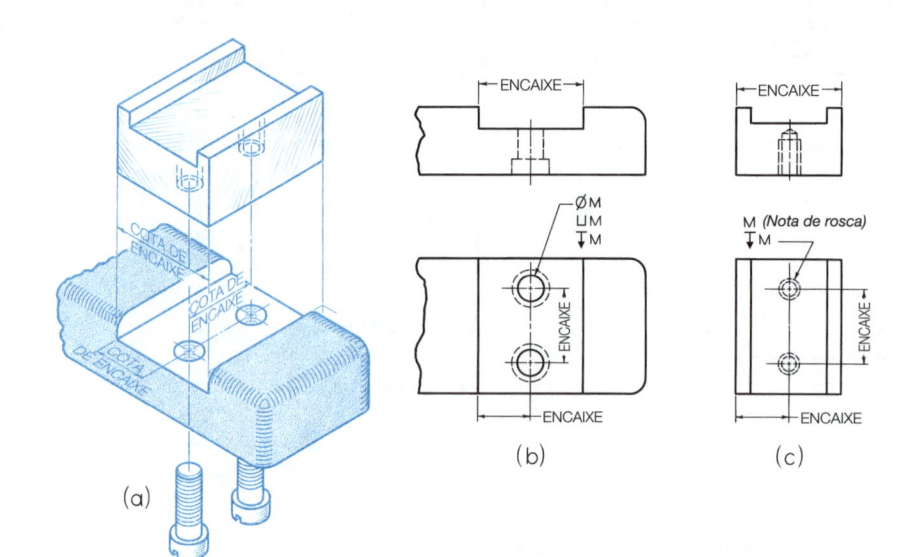

FIGURA 9.37 Cotas de encaixe.

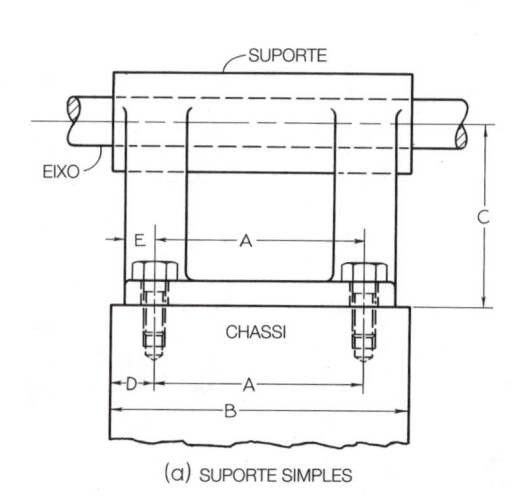

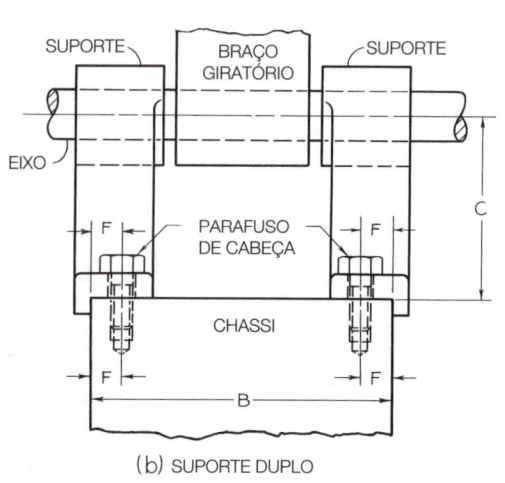

FIGURA 9.38 Montagem de um suporte.

(a) SUPORTE SIMPLES

(b) SUPORTE DUPLO

niente para o torneiro não é conveniente para o fabricante do modelo, ou vice-versa. Visto que o fabricante do modelo utiliza o desenho só uma vez, enquanto constrói o modelo, e o torneiro consulta o desenho continuamente, as cotas devem ser dadas com prioridade para a conveniência dos torneiros.

Se a peça é grande e complicada, às vezes dois desenhos separados são feitos ao mesmo tempo – um mostrando as cotas para modelagem e o outro mostrando as cotas para usinagem. A prática usual, entretanto, é preparar um único desenho para o fabricante do modelo e para o torneiro.

Para o forjamento, é uma prática comum fazer desenhos de forjamento e desenhos de usinagem separados. Um desenho para forjamento de uma biela somente com as cotas necessárias na oficina de forja é mostrado na Figura 9.40. Um desenho de usinagem da mesma peça, mas contando somente as cotas necessárias para a oficina de usinagem, é mostrado na Figura 9.41.

A não ser que o sistema decimal seja usado, as cotas para modelagem são nominais, usualmente ao 1/16 de polegada mais próximo, e dadas em números inteiros e frações comuns. Se uma cota para usinagem for dada em números inteiros e frações comuns, geralmente é permitido ao torneiro uma tolerância de ±1/16 polegada. Algumas empresas especificam uma tolerância de ± 0,010 polegada em todas as frações comuns. Se for necessária uma precisão maior, as cotas são dadas na forma decimal.

9.26 COTANDO CURVAS

Formas curvas podem ser cotadas através de um grupo de raios, como mostra a Figura 9.42a. Observe que, cotando o arco de R126 cujo centro é inacessível, a indicação do centro pode ser

FIGURA 9.39 Cotas para usinagem e cotas para modelagem.

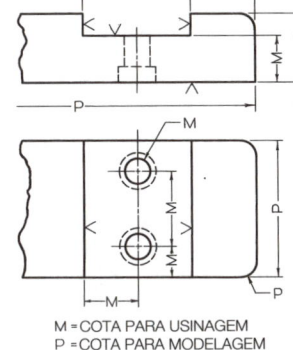

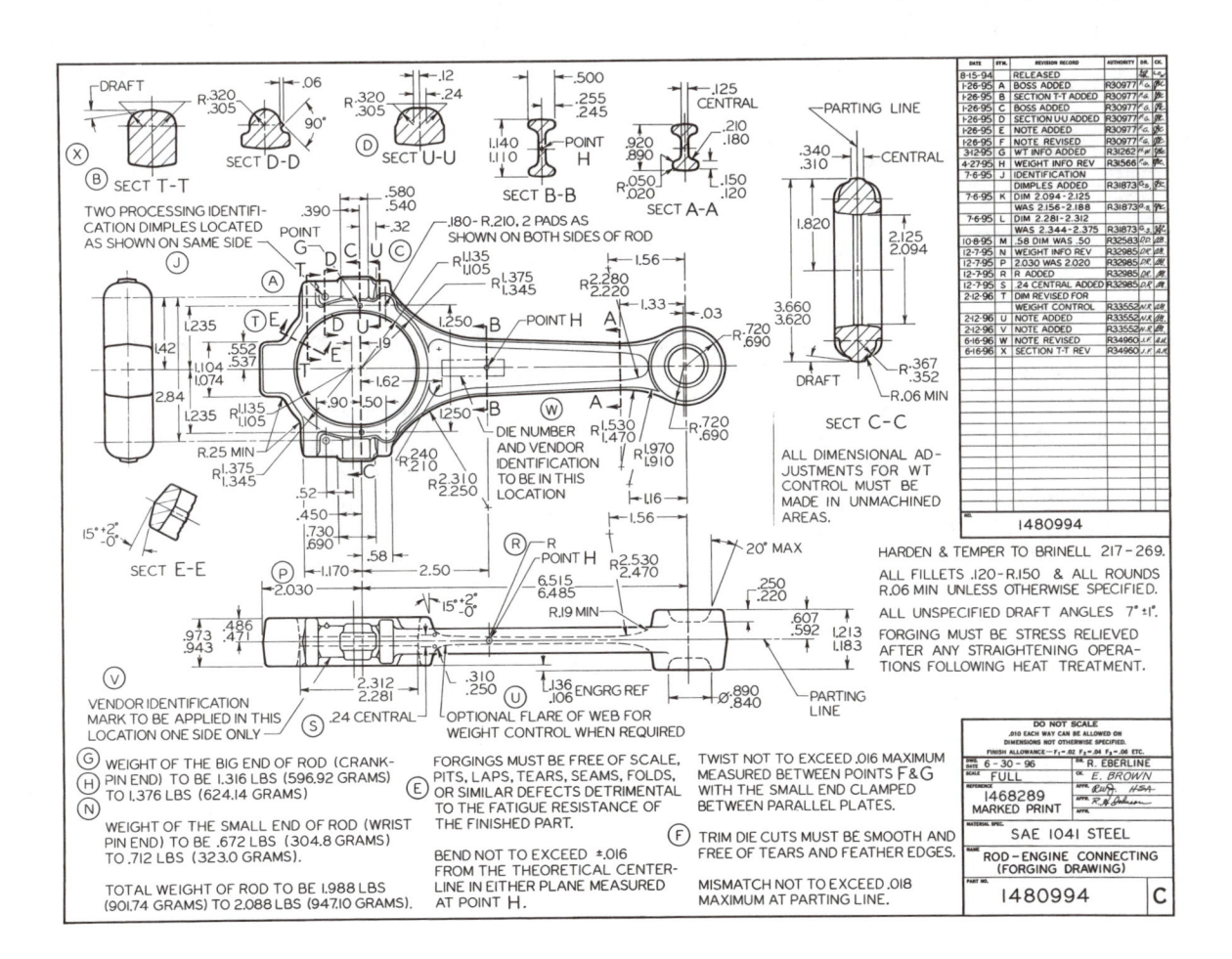

FIGURA 9.40 Desenho de detalhe de uma biela. *(Cortesia de Cadillac Motor Car Division.)*

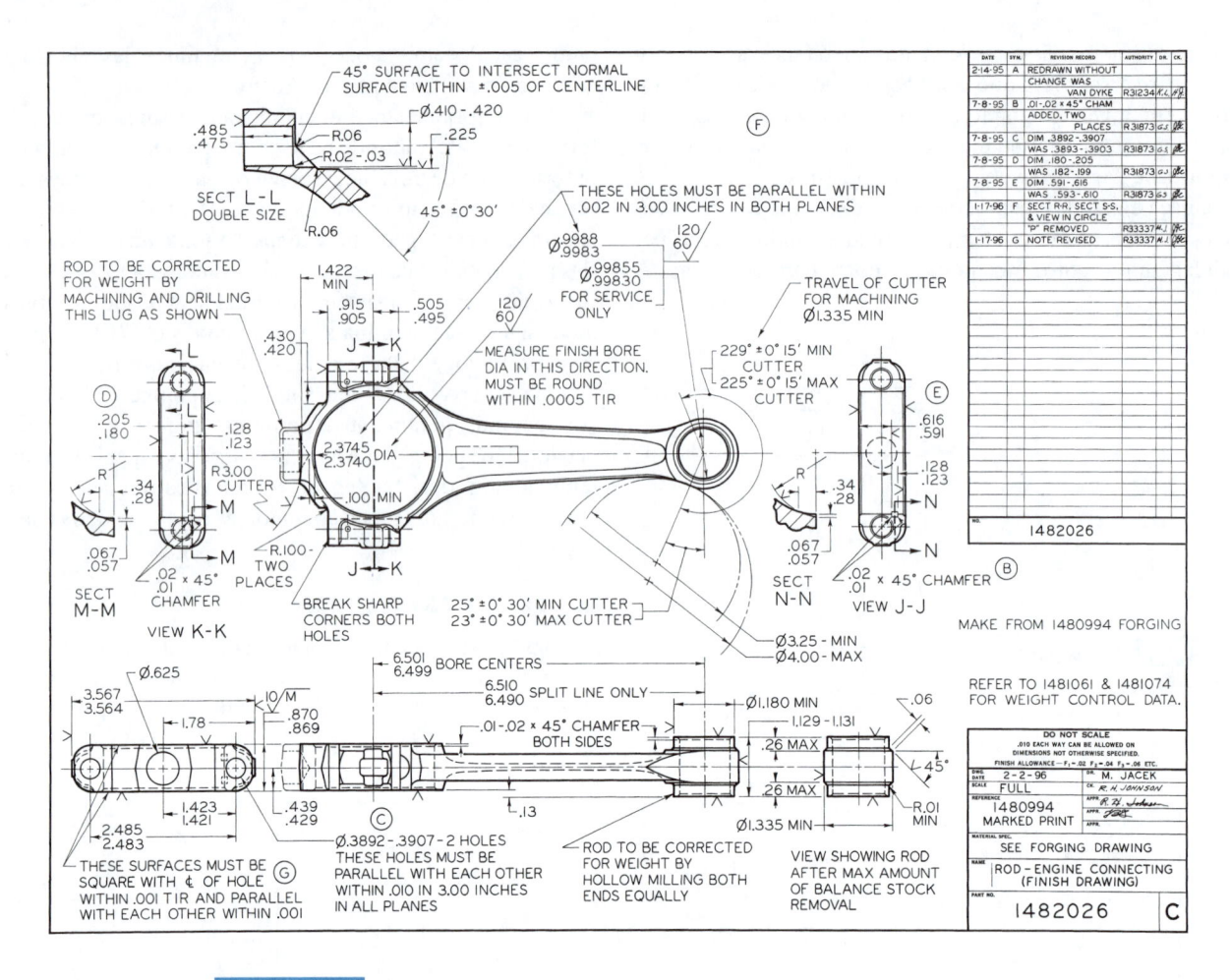

FIGURA 9.41 Desenho de detalhe de uma biela. *(Cortesia de Cadillac Motor Car Division)*

feita deslocando-o para dentro da folha do desenho e posicionando-o ao longo da linha do centro e poderia "serpentear" a linha da cota. Outro método é cotar a linha envoltória de uma forma curvilínea, de modo que os vários raios sejam autoposicionados a partir de "centros flutuantes", conforme mostra a Figura 9.42b. Tanto um arco de circunferência como uma curva qualquer poderiam ser cotadas por meio de cotas lineares a partir de uma referência, como na Figura 9.42c.

9.27 COTANDO FORMAS COM EXTREMIDADES ARREDONDADAS

O método usado para cotar as formas com extremidades arredondadas depende da precisão requerida. Quando a precisão não é necessária, os métodos usados são aqueles mais convenientes para a fabricação, como nas Figuras 9.43a a 9.43c.

Na Figura 9.43a, o elo a ser fundido ou a ser cortado a partir de uma metálica é cotado da forma como ele seria arranjado pa-

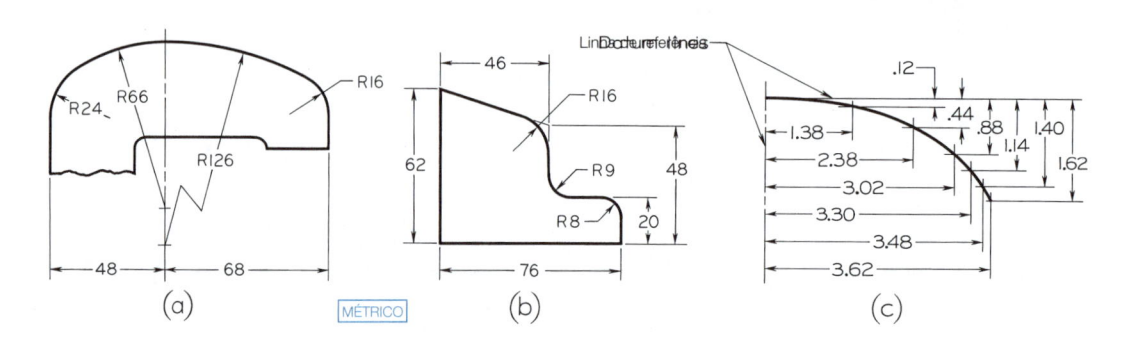

FIGURA 9.42 Cotando curvas.

ra manufatura, através da distância entre os centros e os raios das extremidades. Somente uma cota desses raios é necessária, mas o número de vezes deve ser incluído na cota de dimensão.

Na Figura 9.43b, o coxim em uma peça fundida com um entalhe fresado é cotado a partir da distância entre os centros no leiaute para a conveniência tanto dos fabricantes do modelo como do torneiro. Uma razão adicional para a distância entre os centros é que ela fornece o curso total da fresadora, que pode ser facilmente controlado pelo torneiro. A cota da largura do entalhe indica o diâmetro da fresadora, portanto é melhor fornecer o diâmetro usinado. Por outro lado, um entalhe macho deve ser cotado pelo raio de acordo com o procedimento de leiaute do fabricante de modelo.

Na Figura 9.43c, o coxim semicircular é arranjado de uma maneira similar ao coxim da Figura 9.43b, exceto quando são usadas cotas angulares. Tolerâncias angulares poderiam ser usadas se necessário.

Quando se requer precisão, recomendam-se os métodos mostrados nas Figuras 9.43d-g. Comprimentos totais das formas com extremidades arredondadas são dados em cada caso, e os raios são indicados, mas sem valores específicos. A distância entre os centros poderia ser necessária para um posicionamento preciso de alguns dos furos.

Na Figura 9.43g, a posição do furo é mais crítica que a posição do raio de arredondamento; portanto, os dois são posicionados independentemente, conforme o mostrado.

9.28 COTAS SUPÉRFLUAS

Todas as cotas necessárias devem ser mostradas, mas deve-se evitar colocar cotas desnecessárias ou supérfluas, conforme mostram as Figuras 9.44a-l. Não repita a cota em uma vista ou em diferentes vistas, ou forneça a mesma informação de duas maneiras diferentes.

Conforme mostra a Figura 9.44b, pode ser impossível entender como o projetista pretende aplicar a tolerância quando uma cota é dada de duas maneiras diferentes. Ao se aplicar cotas em série, uma das cotas da cadeia deve ser deixada de fora, confor-

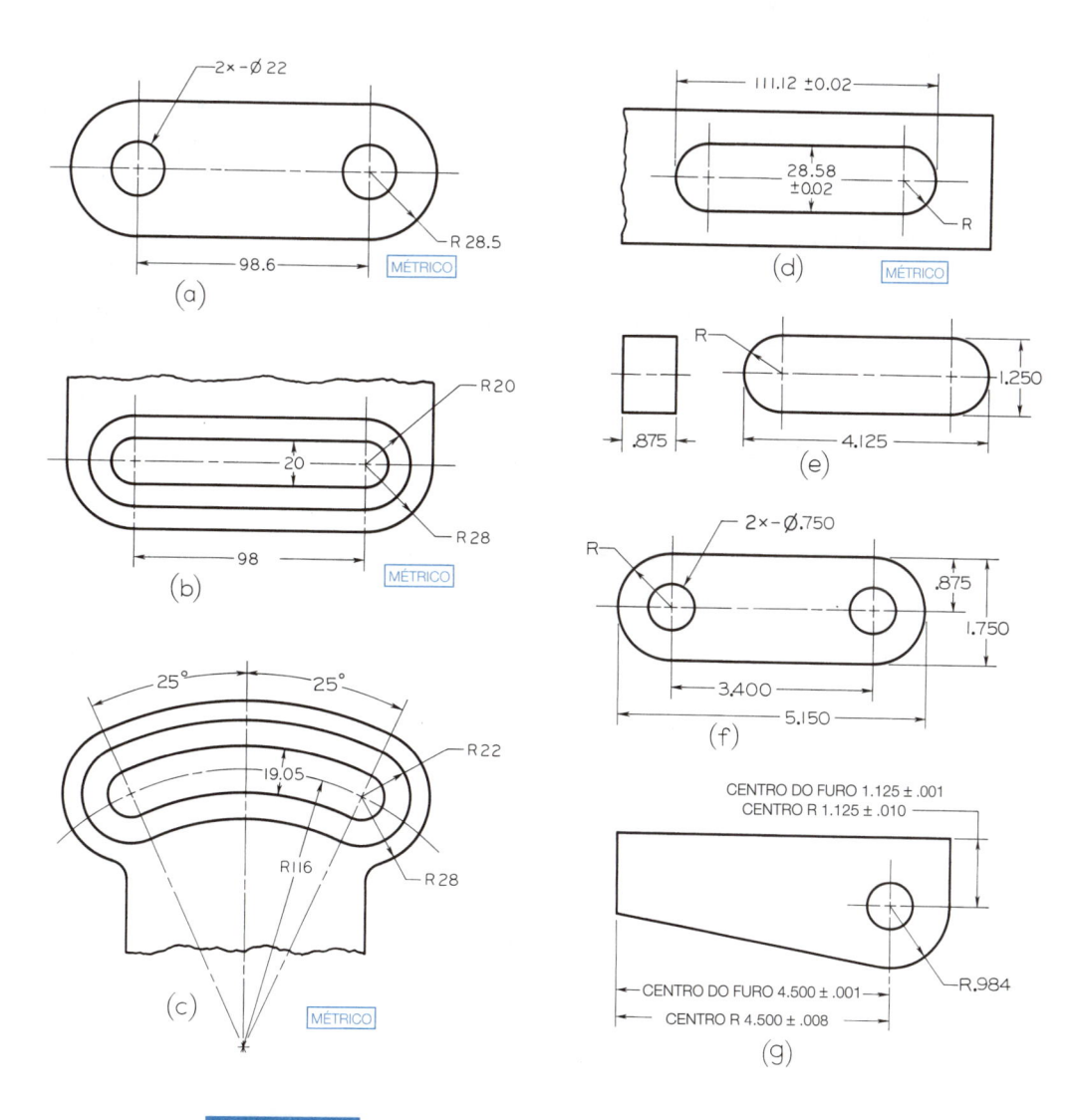

FIGURA 9.43 Cotando formas com extremidades arredondadas.

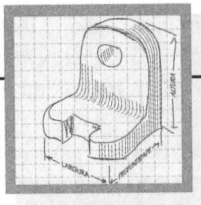

CAD EM SERVIÇO
Cotagem semi-automática usando CAD

COTAS CONTROLAM PEÇAS

Saber cotar é importante porque as cotas fornecidas no desenho controlam como a peça será construída e como serão aplicados os valores de tolerância. Mesmo quando um desenho ou a base de dados de um modelo é exportado para usinagem direta, o torneiro tem que saber quais ajustes ou cotas são críticas e onde a peça pode sofrer variações. Nenhuma peça é criada exatamente na mesma medida das cotas especificadas no desenho, portanto o projetista deve esclarecer quais as tolerâncias possíveis. A cotagem de um desenho de CAD é realizada usando-se uma série de ferramentas de cotagem disponibilizadas pelo *software*. Programas como AutoCAD R. 13 classificam suas ferramentas de cotagem como semi-automáticas porque as linhas de cota, os valores, as setas e as linhas de chamada são criadas automaticamente, mas você ainda tem que escolher onde colocar as cotas no desenho.

(A)

ESTILOS DE COTA

O AutoCAD R. 13 permite criar diferentes famílias de aparências de cotas, chamadas de estilos de cota. Esse recurso é utilizado para mudar a aparência das cotas para diferentes tipos de desenho. Por exemplo, desenhos arquitetônicos possuem um padrão diferente para sua aparência em relação ao padrão de desenhos mecânicos, e desenhos de obras civis poderiam ter ainda outra aparência específica. Para criar estilos de cota e definir sua aparência no AutoCAD R. 13, usa-se a caixa de diálogo "Dimension Styles". Você pode acessá-la rapidamente a partir da "Dimensioning Toolbar" mostrada na Figura A.

rente do estilo-pai. Uma vez que determinada característica de um estilo-filho é feita diferente do estilo-pai, mudanças no estilo-pai não vão mais afetar o estilo-filho. Esses estilos podem ser usados para gerenciar a aparência das cotas no seu desenho de modo que você não precise mexer nas cotas individualmente. Estilos de cota também permitem uma abordagem consistente para controlar a aparência das cotas no desenho, de modo que seja possível saber quais as cotas que precisam ser atualizadas se uma modificação fosse feita. A Figura B mostra a caixa de diálogo que pode ser usada.

ESTILOS PAIS E FILHOS

O AutoCAD R. 13 usa estilos-filho para deixá-lo modificar a aparência dos tipos de cota dentro do estilo; por exemplo, cotas radiais podem ter uma aparência diferente das cotas lineares. Você pode deixar uma aparência diferente para cada um destes tipos de cotas: linear, radial, angular, diâmetro e indicador. Imagine estilos-filho desta forma: se você tem um filho, ele geralmente se parece com você, possui olhos castanhos se você os possui, etc. Mas seu filho poderia resolver tingir o cabelo. Depois disso, mesmo tingindo o seu cabelo, você não conseguirá mudar a aparência do cabelo dele. É essencialmente assim que estilos-filhos de cota funcionam. Pode ser configurado o estilo-filho para um tipo de cota de modo que ele adquira um visual diferente

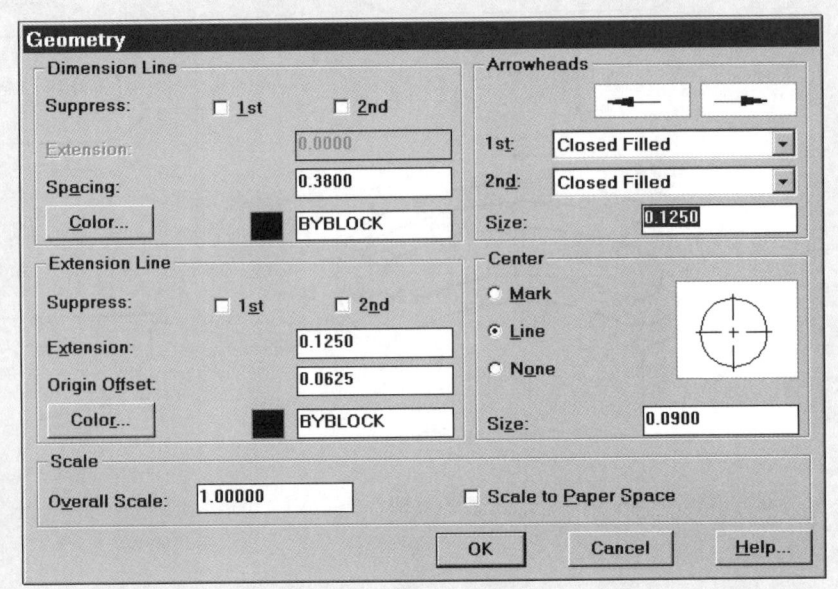

(B)

me mostrado, de modo que o torneiro possa fazer as medições a partir de uma única superfície. Isso é particularmente importante quando um acúmulo de tolerâncias pode causar problemas relacionados ao ajuste das peças ou ao funcionamento.

Não omita as cotas, tais como aquelas mostradas à direita na Figura 9.44b, pensando que a centralização dos furos seriam entendidos devido à simetria. Uma das duas cotas de posição deve ser indicada. Como o criador do desenho, você deve especificar exatamente como a peça deve ser construída ou inspecionada.

Como mostra a Figura 9.44e, quando uma cota se aplica claramente a vários elementos idênticos, ou a uma espessura uniforme, ela não precisa ser repetida, mas o número de lugares com a mesma cota deve ser especificado. Cotas para arredondamentos ou outros elementos não-críticos não precisam ser repetidas, nem é preciso especificar o número de vezes que aparecem. Por exemplo, o raio da extremidade arredondada nas Figuras 9.43a-f não precisa ser repetido.

9.29 MARCAS DE ACABAMENTO

Uma *marca de acabamento* é usada para indicar se uma superfície rugosa de fundição ou forja deve ser usinada ou polida. Para o fabricante do modelo, uma marca de acabamento significa que

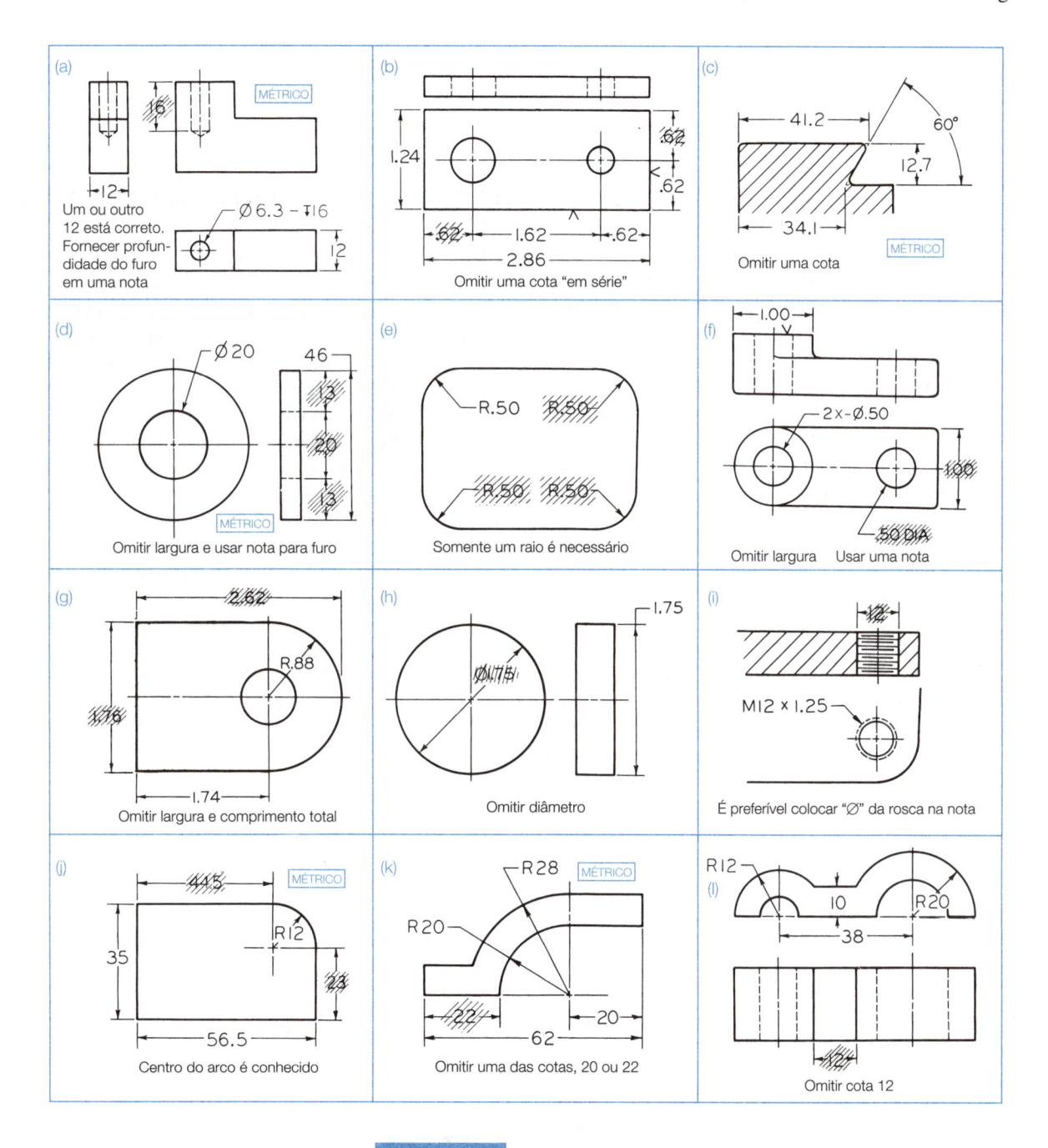

FIGURA 9.44 Cotas supérfluas.

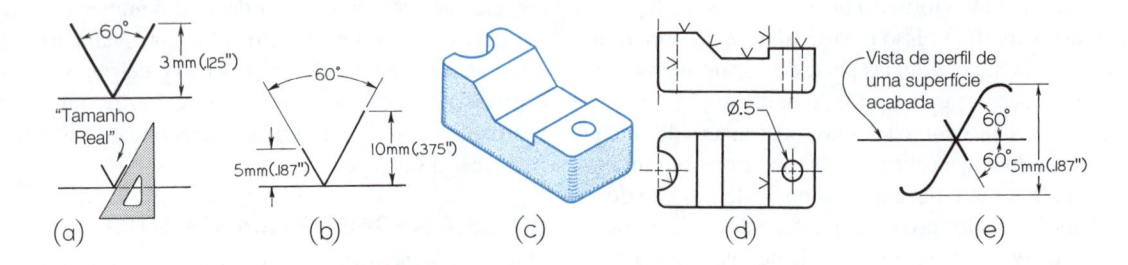

FIGURA 9.45 Marcas de acabamento.

uma porção extra do material deve ser considerada na peça bruta devido à necessidade da usinagem. Nos desenhos das peças a serem usinadas a partir de perfis laminados, marcas de acabamento são geralmente desnecessárias porque as superfícies já estão com acabamento. Analogamente, não é necessário mostrar marcas de acabamento quando a própria cota implica um acabamento de superfície, como ⌀6,22-6,35 (métrico) ou ⌀2,45-2,50 (polegada decimal).

Conforme mostrado na Figura 9.45, existem três estilos de marcas de acabamento: o símbolo genérico ∨, o novo símbolo básico √ e o velho símbolo ⨯ são usados para indicar uma superfície usinada com acabamento ordinário. O símbolo ∨ é parecido com uma letra V maiúscula, feito com aproximadamente 3 mm (1/8") de altura em conformidade com a altura da letra da cota. O símbolo estendido √, preferido pelo ANSI, é parecido com uma letra maiúscula com a perna direita estendida. A perna mais curta é em torno de 5 mm (3/16") de altura e a altura da perna mais longa é em torno de 10 mm (3/8"). O símbolo básico poderia ser alterado para especificar superfícies com texturas mais elaboradas.

O vértice do símbolo ∨ deve ser apontado para o lado interno da peça metálica de maneira similar à lâmina de uma ferramenta. O símbolo √ não é mostrado de cima para baixo (veja Figura 9.46).

A Figura 9.45c mostra uma peça fundida que possui várias superfícies com acabamento. Na Figura 9.45d, duas vistas da mesma peça mostram como as marcas de acabamento são indicadas em um desenho. *A marca de acabamento de uma superfície é mostrada somente na vista em que a superfície está em perfil e é repetida em todas as outras vistas nas quais a superfície aparece como uma linha, mesmo que seja uma linha invisível.*

Se uma peça deve receber o mesmo acabamento em todas as superfícies, as marcas de acabamento podem ser omitidas e uma nota genérica, como ACABAMENTO EM TODAS AS SUPERFÍCIES (*FINISH ALL OVER* – FAO), deve ser colocada na parte inferior da folha do desenho.

Os vários tipos de acabamento são detalhados nos manuais das práticas das oficinas de usinagem. Os seguintes termos estão entre os mais usados: *acabamento em todas as superfícies, acabamento bruto, acabamento com lima, jato de areia, decapagem, raspadura, amolado, retífica, polimento, polimento com camurça, lascas, faceamento pontual, rebaixo de um furo, escareamento, furação, alargamento de furos, mandrilado, roscas, brochamento* e *recartilhamento*. Quando é necessário controlar a textura da superfície acabada para que ela fique diferente de um acabamento ordinário de usinagem, o símbolo √ é usado como base para os símbolos de acabamentos superficiais mais elaborados.

9.30 ASPEREZA, ONDULAÇÃO E CORTES DA SUPERFÍCIE

A demanda pelos automóveis, aeronaves e outras máquinas modernas que podem suportar carregamentos maiores e velocidades mais elevadas com menor atrito e consumo tem aumentado a necessidade por um controle mais preciso da qualidade da superfície pelo projetista, independentemente da dimensão do elemento. Marcas simples de acabamento não são adequadas para especificar acabamento superficial em tais componentes.

O acabamento superficial está intimamente relacionado à função de uma superfície, e uma especificação apropriada das superfícies, como mancais e vedações, é necessária. A especificação da qualidade da superfície deve ser usada somente onde ela for necessária, visto que o custo para produzir uma superfície torna-se maior com o aumento da qualidade. Geralmente, o acabamento superficial ideal é aquele mais grosseiro que atende à função de uma maneira satisfatória.

O sistema de símbolos para textura de superfícies recomendado por ANSI/ASME (Y14.36M-1996) para uso em desenhos, independentemente do sistema de medida usado, é amplamente

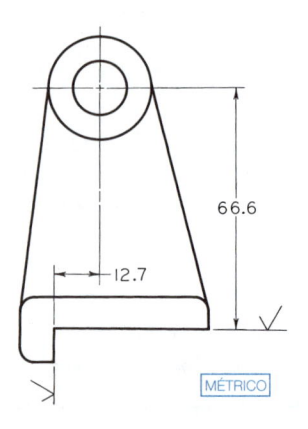

FIGURA 9.46 Cotas para superfícies acabadas.

CAPÍTULO 9 • COTAGEM E PROCESSOS DE FABRICAÇÃO   285

Micrômetros[a] (μm)	Micropolegadas (μpol.)	Micrômetros[a] (μm)	Micropolegadas (μpol.)
0,012	0.5	1,25	50
0,025	1	1,60	63
0,050	2	2,0	80
0,075	3	2,5	100
0,10	4	3,2	125
0,125	5	4,0	180
0,15	6	5,0	200
0,20	8	6,3	250
0,25	10	8,0	320
0,32	13	10,0	400
0,40	16	12,5	500
0,50	20	15	600
0,63	25	20	800
0,80	32	25	1000
1,00	40		

[a] Os micrômetros são iguais a milésimos de milímetros (1μm = 0,001 mm)

TABELA 9.1 *Série preferida de valores médios de aspereza (Ra) (ANSI/ASME Y14.36-1996). Os valores recomendados estão destacados.*

Milímetros (mm)	Polegadas (pol.)	Milímetros (mm)	Polegadas (pol.)
0,08	0.003	2,5	0.1
0,25	0.010	8,0	0.3
0,80	0.030	25,0	1.0

TABELA 9.2 *Valores-padrão do comprimento de corte (ANSI/ASME Y14.36-1996).*

aceito pela indústria norte-americana. Esses símbolos são usados para definir **textura**, **aspereza** e **cortes** deixados por ferramentas. O símbolo básico da textura superficial na Figura 9.47a indica acabamento ou superfície usinada por um processo qualquer, tal como o símbolo genérico V. Modificações do símbolo básico da textura da superfície, mostradas nas Figuras 9.47b-d, definem restrições na remoção do material para o acabamento superficial. Exceto nos lugares em que os valores da textura superficial são especificados como média da aspereza (*roughness average*– Ra), o símbolo deve ser desenhado com uma extensão horizontal, como mostra a Figura 9.47e. Detalhes de construção para os símbolos são dados na Figura 9.47f.

Algumas aplicações dos símbolos para textura superficial são dadas na Figura 9.48a. Observe que os símbolos são lidos a partir da lateral inferior ou da direita do desenho e que eles não são desenhados em um ângulo qualquer ou de cima para baixo.

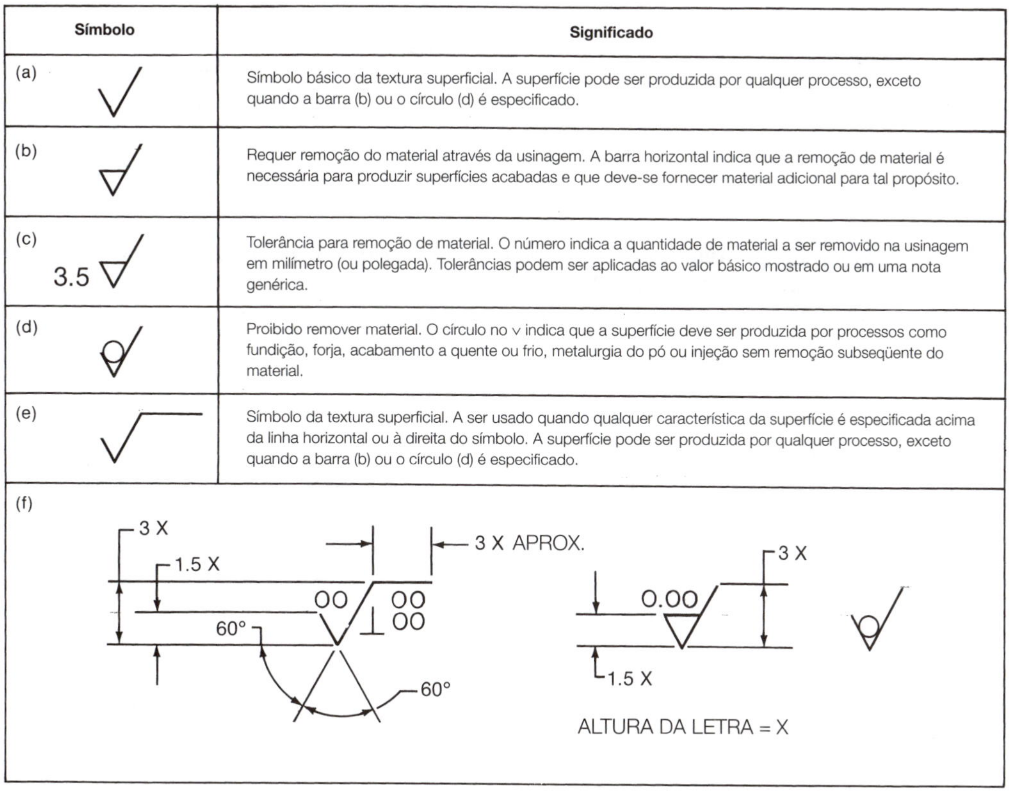

	Símbolo	Significado
(a)	✓	Símbolo básico da textura superficial. A superfície pode ser produzida por qualquer processo, exceto quando a barra (b) ou o círculo (d) é especificado.
(b)	✓ (com barra)	Requer remoção do material através da usinagem. A barra horizontal indica que a remoção de material é necessária para produzir superfícies acabadas e que deve-se fornecer material adicional para tal propósito.
(c)	3.5 ✓	Tolerância para remoção de material. O número indica a quantidade de material a ser removido na usinagem em milímetro (ou polegada). Tolerâncias podem ser aplicadas ao valor básico mostrado ou em uma nota genérica.
(d)	✓ (com círculo)	Proibido remover material. O círculo no v indica que a superfície deve ser produzida por processos como fundição, forja, acabamento a quente ou frio, metalurgia do pó ou injeção sem remoção subseqüente do material.
(e)	✓—	Símbolo da textura superficial. A ser usado quando qualquer característica da superfície é especificada acima da linha horizontal ou à direita do símbolo. A superfície pode ser produzida por qualquer processo, exceto quando a barra (b) ou o círculo (d) é especificado.
(f)	(detalhes de construção: 3X, 1.5X, 60°, ALTURA DA LETRA = X)	

FIGURA 9.47 Símbolos de textura superficial (ANSI/ASME Y14.36M-1996).

Milímetros (mm)	Polegadas (pol.)	Milímetros (mm)	Polegadas (pol.)
0,0005	0.00002	0,025	0.001
0,0008	0.00003	0,05	0.002
0,0012	0.00005	0,08	0.003
0,0020	0.00008	0,12	0.005
0,0025	0.0001	0,20	0.008
0,005	0.0002	0,25	0.010
0,008	0.0003	0,38	0.015
0,012	0.0005	0,50	0.020
0,020	0.0008	0,80	0.030

TABELA 9.3 *Série preferida dos valores máximos de altura da ondulação (ANSI/ASME Y14.36-1996).*

As medidas para aspereza ou ondulação, exceto especificadas de outra forma, aplicam-se à direção que dá a leitura máxima, normalmente através de cortes deixados pelas ferramentas, como mostra a Figura 9.48b. O valores recomendados para a altura da aspereza são dados na Tabela 9.1.

Quando é necessário indicar os valores de aspereza-largura de corte, os valores-padrão usados são listados na Tabela 9.2. Se nenhum valor é especificado, o valor 0,80 é assumido.

Quando os valores máximos de altura da ondulação são necessários, os valores recomendados a serem usados são dados na Tabela 9.3.

Quando é desejável indicar cortes, os símbolos de cortes na Figura 9.49 são adicionados aos símbolos de textura superficial como no exemplo dado. Algumas aplicações dos valores da textura superficial para os símbolos são dados e explicados na Figura 9.50.

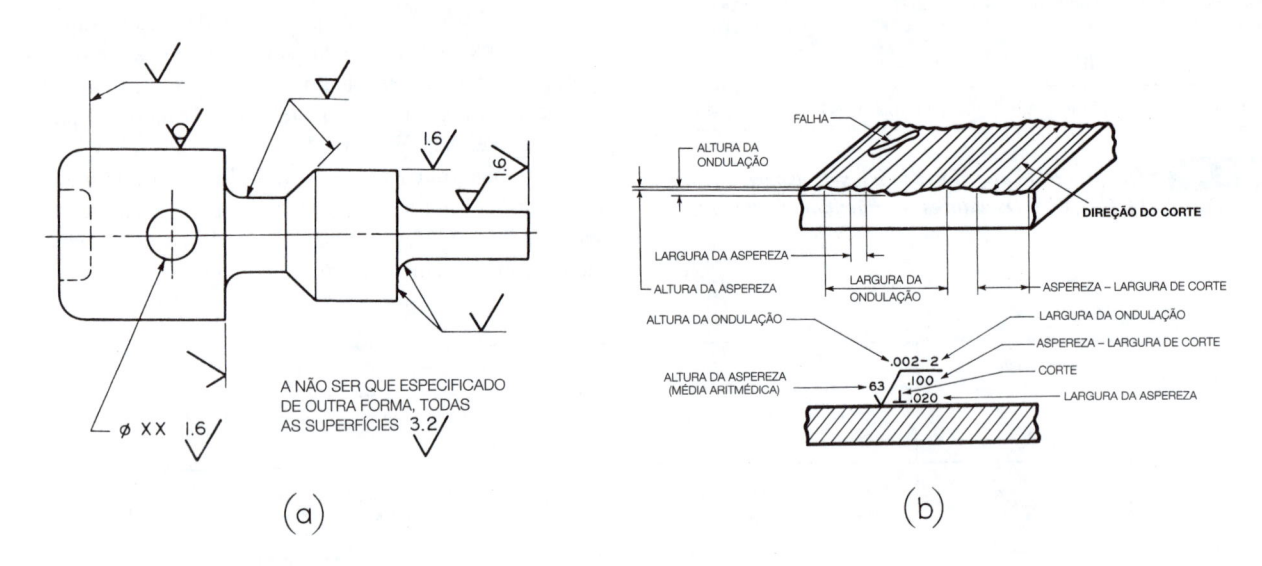

FIGURA 9.48 Aplicação dos símbolos da textura superficial e as características da superfície (ANSI/ASME Y14.36M-1996).

FIGURA 9.49 Símbolos de corte (ANSI/ASME Y14.36M-1996).

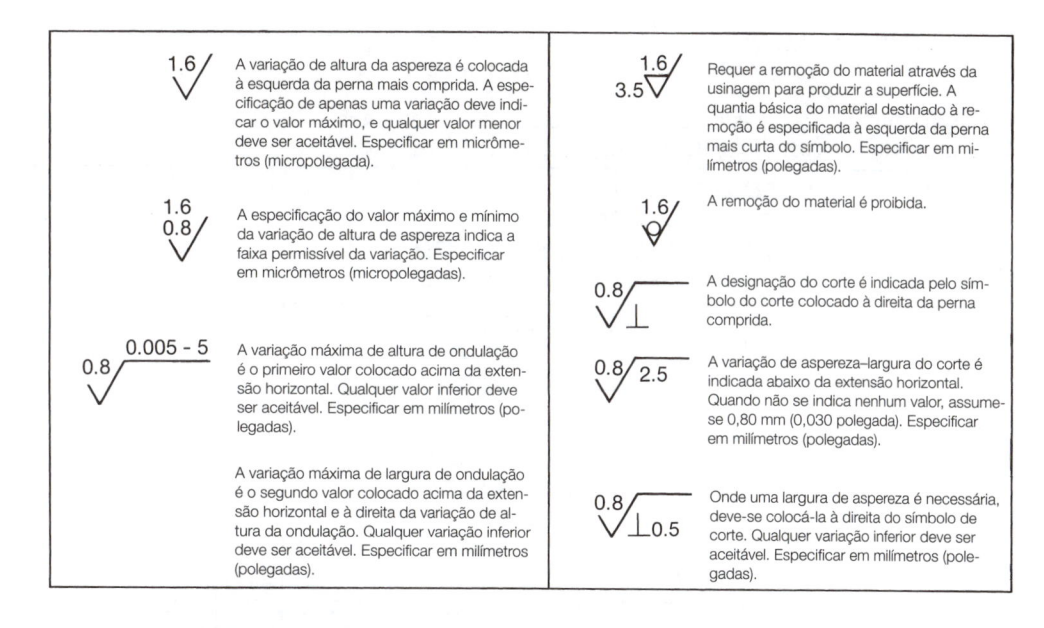

FIGURA 9.50 Aplicação dos valores da textura superficial aos símbolos (ANSI/ASME Y14.36M-1996).

Uma faixa típica de valores de aspereza superficial que poderia ser obtida através de vários métodos de fabricação é mostrada na Figura 9.51. Os valores das alturas de aspereza preferidos são mostrados na parte superior do gráfico.

9.31 NOTAS

Geralmente, é necessário complementar as cotas com notas. As notas devem ser curtas e cuidadosamente redigidas para permitir uma única interpretação. As notas devem ser sempre feitas horizontalmente e arranjadas sistematicamente na folha. Elas não devem ser amontoadas nem colocadas entre as vistas, se possível. As notas são classificadas como *notas genéricas*, quando se aplicam a um desenho inteiro, e como **notas locais**, quando se aplicam a um item específico.

NOTAS GENÉRICAS As notas genéricas devem ser feitas no canto inferior direito do desenho, acima ou à esquerda da legenda, ou em uma posição central abaixo da vista a que elas se aplicam.

EXEMPLOS

ACABAMENTO EM TODAS AS SUPERFÍCIES
ARREDONDAR AS ARESTAS R0.8
AÇO LIGA G33106 –BRINELL 340-380
TODOS OS ÂNGULOS DE SAÍDA SÃO 3°
A NÃO SER QUE ESPECIFICADO
DIMENSÕES VÁLIDAS APÓS GALVANIZAÇÃO

Em desenho de máquinas, a legenda vai conter muitas notas genéricas, incluindo aquelas sobre materiais, tolerâncias gerais, tratamentos térmicos e matrizes.

NOTAS LOCAIS As notas locais aplicam-se somente a operações específicas e são ligadas por um indicador ao ponto no qual a operação é realizada, como mostra a Figura 9.52. O indicador deve ser conectado na frente da primeira letra de uma nota, ou logo após a última palavra, e não em algum lugar intermediário.

Use abreviações comuns na nota, como THD, DIA, MAX. Abreviações menos comuns devem ser evitadas. Todas as abreviações devem seguir as normas técnicas. Veja o Apêndice 5 para abreviações da ANSI.

Em geral, indicadores e notas não devem ser colocados no desenho até que as cotas sejam substancialmente completas. As notas e as letras não devem tocar as linhas do desenho ou da legenda. Se as notas forem colocadas primeiro, elas podem ficar no caminho de cotas necessárias e deverão ser removidas.

Quando usar CAD para adicionar texto em notas de desenho, tenha em mente a escala final em que o desenho será plotado. Você poderá precisar ampliar o texto para torná-las legíveis quando fizer a plotagem para uma escala menor.

9.32 COTAGEM DE ROSCAS

As notas locais podem ser usadas para especificar as medidas das roscas. Para furos com roscas, as notas devem, se possível, ser anexadas às vistas circulares do furo, como mostra a Figura 9.52g. Para roscas externas, as notas geralmente são anexadas às vistas longitudinais, onde as roscas são mais facilmente reconhecidas, como mostra a Figura 9.52v e 9.52w. Para uma discussão detalhada das notas de roscas, veja o Capítulo 11.

9.33 COTAGEM DAS CONICIDADES

Uma *conicidade* é uma superfície cônica em um eixo ou em um furo. O método usual para cotar uma conicidade é indicar o seu

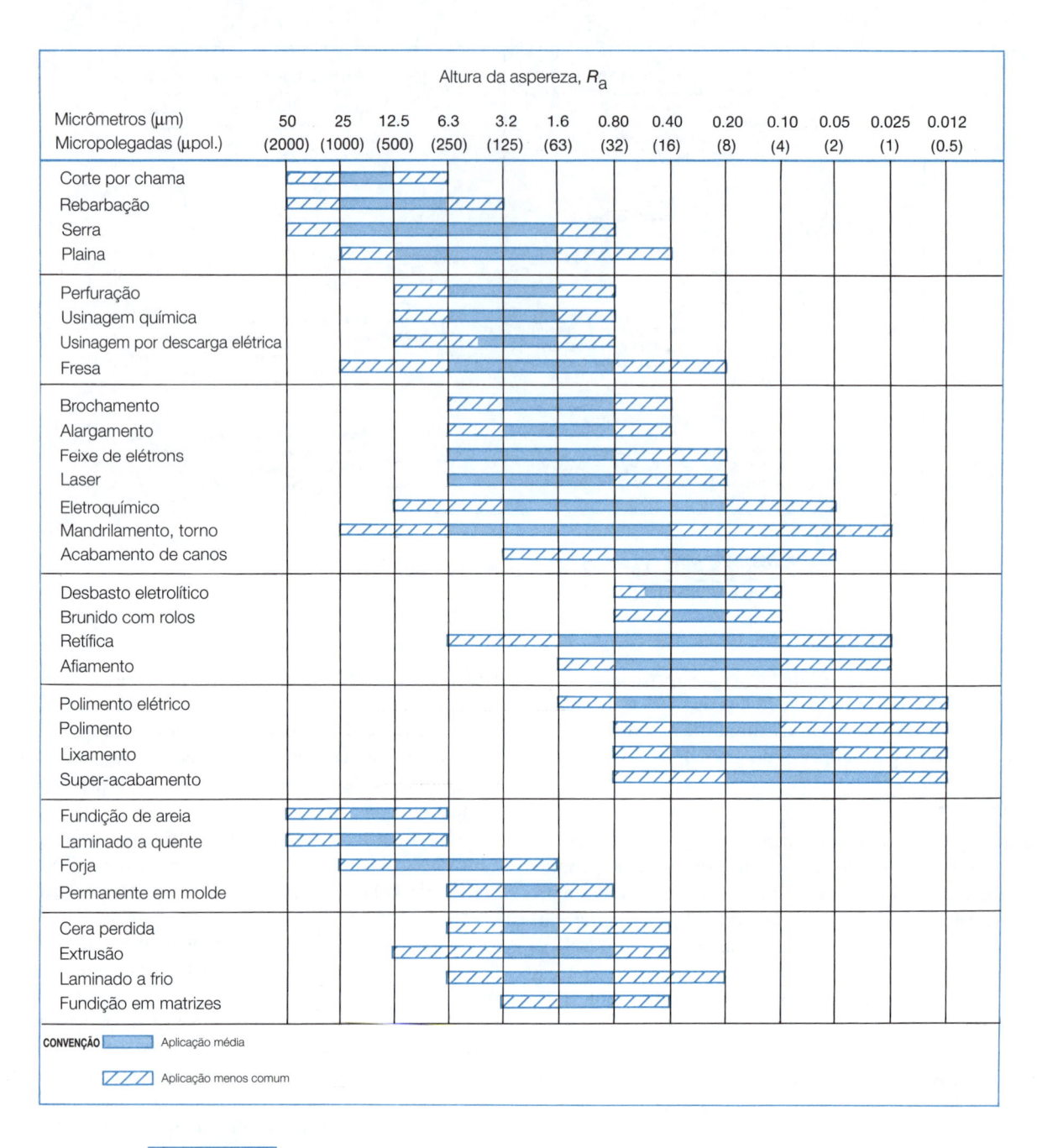

	Altura da aspereza, R_a											
Micrômetros (µm) / Micropolegadas (µpol.)	50 (2000)	25 (1000)	12.5 (500)	6.3 (250)	3.2 (125)	1.6 (63)	0.80 (32)	0.40 (16)	0.20 (8)	0.10 (4)	0.05 (2)	0.025 (1)	0.012 (0.5)
Corte por chama													
Rebarbação													
Serra													
Plaina													
Perfuração													
Usinagem química													
Usinagem por descarga elétrica													
Fresa													
Brochamento													
Alargamento													
Feixe de elétrons													
Laser													
Eletroquímico													
Mandrilamento, torno													
Acabamento de canos													
Desbasto eletrolítico													
Brunido com rolos													
Retífica													
Afiamento													
Polimento elétrico													
Polimento													
Lixamento													
Super-acabamento													
Fundição de areia													
Laminado a quente													
Forja													
Permanente em molde													
Cera perdida													
Extrusão													
Laminado a frio													
Fundição em matrizes													

CONVENÇÃO: Aplicação média / Aplicação menos comum

FIGURA 9.51 Aspereza superficial produzida por métodos usuais de produção (ANSI/ASME B46.1-1985). As faixas mostradas são típicas dos processos listados. Valores mais altos ou mais baixos podem ser obtidos em condições especiais.

valor através de uma nota, como CONICIDADE 0,167 EM DIA (geralmente adiciona-se A AFERIR), e então fornecer o diâmetro em uma das extremidades com o comprimento, ou fornecer o diâmetro em ambas as extremidades e omitir o comprimento. A conicidade em diâmetro significa a variação do diâmetro por unidade de comprimento.

As *conicidades padronizadas de máquinas* são usadas em fusos de máquinas, hastes de ferramentas ou pinos e são descritos em "Machine Tapers" na ANSI/ASME b5.10-1994. Tais conicidades-padrão são cotadas em um desenho através do diâmetro (normalmente da extremidade mais grossa), o comprimento e uma nota, tal como CONICIDADE NO. 4 DA NORMA AMERICANA, como mostra a Figura 9.53a.

Para requisitos não tão críticos, uma conicidade poderia ser cotada através do diâmetro da extremidade mais grossa, o comprimento e o ângulo de inclinação, todos com uma tolerância

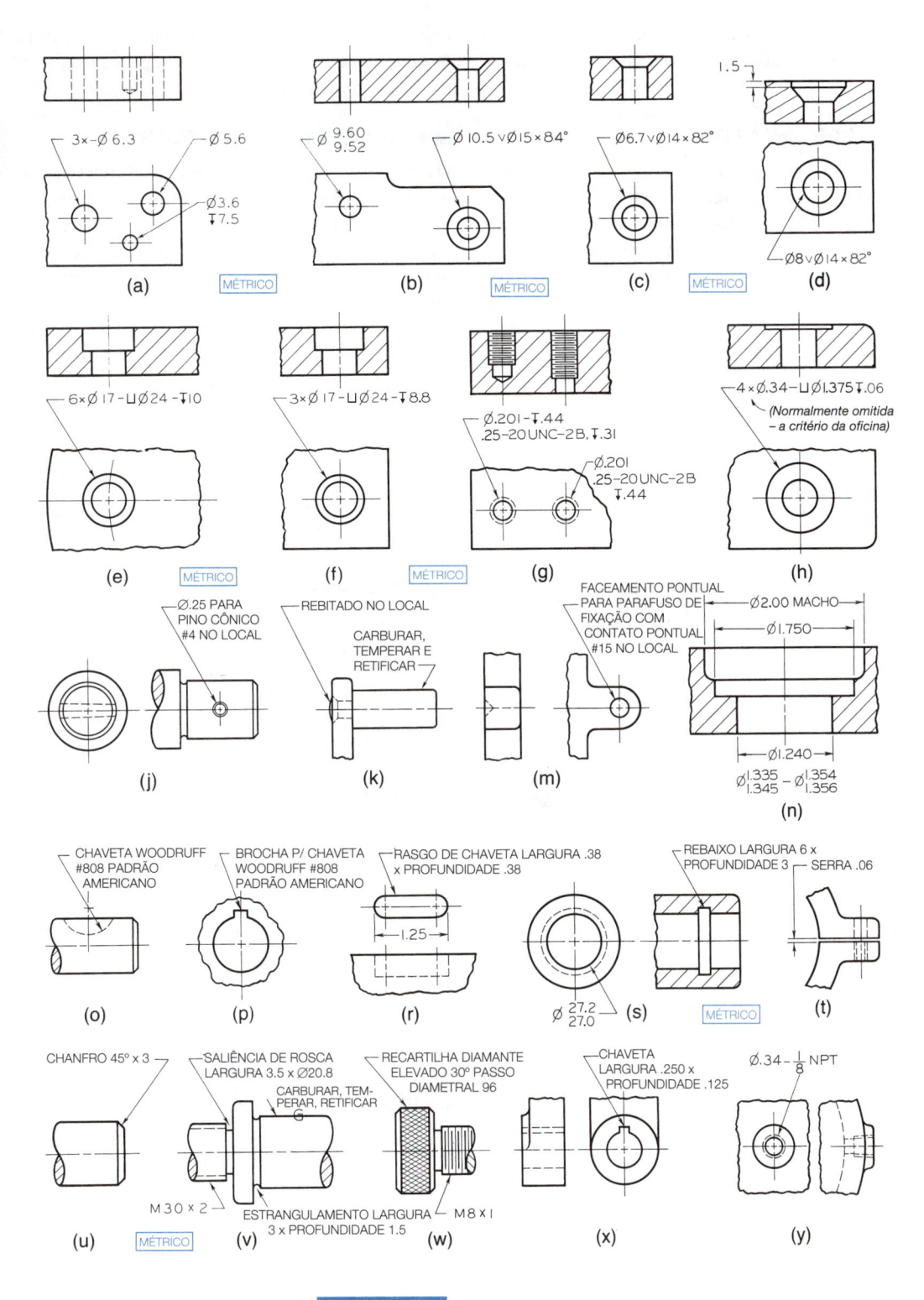

FIGURA 9.52 Anotações locais.

adequada, como mostra a Figura 9.53b. Ou, ainda, o diâmetro em ambas as extremidades mais o comprimento poderiam ser dados com as tolerâncias necessárias.

Para encaixes apertados, o valor da ***conicidade por unidade de diâmetro*** é indicado conforme mostrado nas Figuras 9.53c e 9.53d. Uma linha de aferição é selecionada e posicionada por uma tolerância relativamente generosa, enquanto nas outras cotas são dadas tolerâncias apropriadas conforme requisitado.

9.34 COTAGEM DE CHANFROS

Um *chanfro* é uma aresta biselada ou inclinada. É cotado através do comprimento da saliência e do ângulo, como na Figura 9.54a. Um chanfro de 45 graus também poderia ser cotado de uma maneira similar à mostrada na Figura 9.54a, mas normalmente é cotada por uma nota, com ou sem o termo CHANFRO, como mostra a Figura 9.54b.

9.35 CENTROS DE EIXOS

Centros de eixos são necessários em eixos, fusos e outras peças cônicas ou cilíndricas para torneamento, retificação e outras operações. Poderiam ser cotados conforme mostra a Figura 9.55. Normalmente, os centros são produzidos pela combinação de furação e escareamento.

9.36 COTANDO CHAVETAS

Os métodos de cotagem de rasgos de chavetas são mostrados na Figura 9.56. Observe em ambos os casos o uso de uma cota para centralizar o rasgo de chaveta no eixo ou arruela. O método preferido para cotar a profundidade de rasgo de chaveta é fornecer a medida a partir do fundo do rasgo da chaveta até o lado oposto do eixo ou do furo, conforme mostrado. O método para calcular tal medida é mostrado na Figura 9.56d. Os valores para A poderiam ser encontrados no manual de torneiros.

Para informações gerais sobre chavetas e rasgo de chavetas, veja o Apêndice 22.

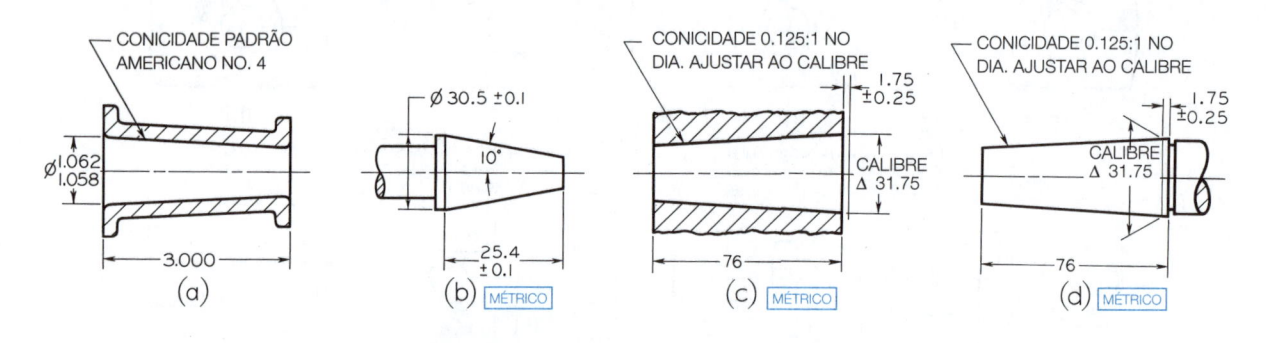

FIGURA 9.53 Cotando as conicidades.

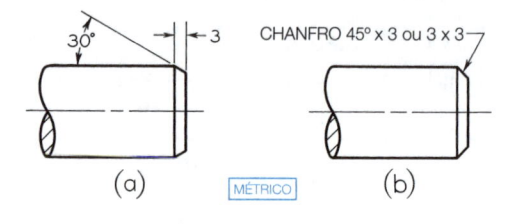

FIGURA 9.54 Cotando chanfros.

FIGURA 9.55 Centro de um eixo.

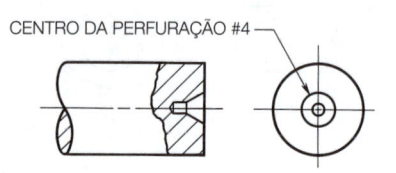

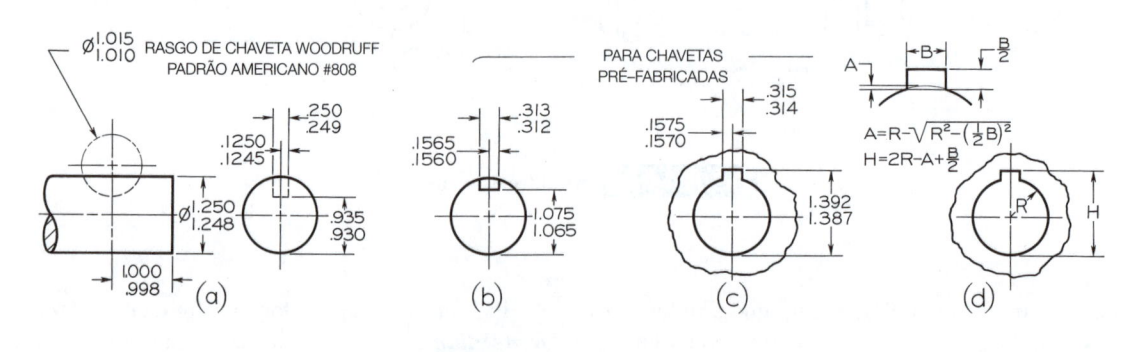

FIGURA 9.56 Cotando chavetas.

9.37 COTAGEM DE SUPERFÍCIES RECARTILHADAS

Uma *superfície recartilhada* é uma superfície tornada áspera para melhorar a empunhadura ou para ser usada no encaixe de duas peças com pressão. Para melhorar a empunhadura, é necessário fornecer somente o passo, o tipo de recartilhamento e a extensão da área recartilhada, como mostram as Figuras 9.57a e 9.57b. Para cotar uma superfície recartilhada para encaixe com pressão, o diâmetro tolerado deve ser dado antes de recartilhamento, como mostra a Figura 9.57c. Deve-se acrescentar uma nota sobre o passo e o tipo de recartilhamento, assim como o diâmetro mínimo após o recartilhamento (veja a norma ANSI/ASME B94.6-1984(R1995)).

9.38 COTAGEM AO LONGO DE SUPERFÍCIES CURVAS

Quando uma medida angular não é satisfatória, pode ser fornecida a medida da corda, como mostrado na Figura 9.58a, ou a medida linear na superfície curva, como mostrado na Figura 9.58b.

9.39 DOBRAS DE CHAPAS METÁLICAS

Na cotagem de chapas metálicas, devem-se considerar tolerâncias para as curvaturas de dobras. A interseção das superfícies planas adjacentes a uma curvatura é chamada de **linha de molde**, e essa linha é utilizada para definir as medidas, em vez do centro do arco, conforme mostra a Figura 9.59. O procedimento a seguir para calcular curvaturas é muito comum. Se as duas superfícies planas internas forem estendidas, sua linha de interseção é chamada de **linha interna de molde** (*inside mold line – IML*), como mostra a Figura 9.60a-c. Analogamente, se as duas superfícies planas externas forem estendidas, elas produzem uma **linha externa de molde** (*outside mold line* – OML). A **linha de centro**

FIGURA 9.57 Cotando superfícies recartilhadas.

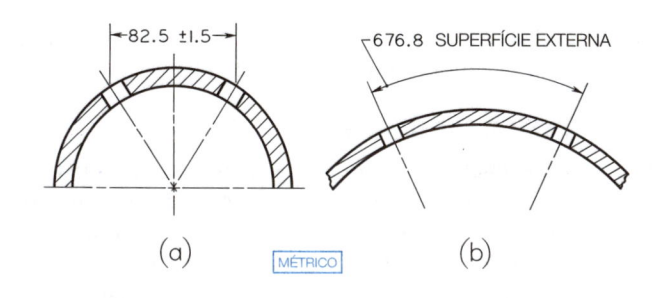

FIGURA 9.58 Cotando ao longo de superfícies curvas.

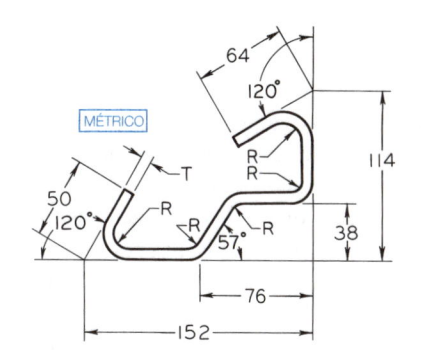

FIGURA 9.59 Cotando perfis.

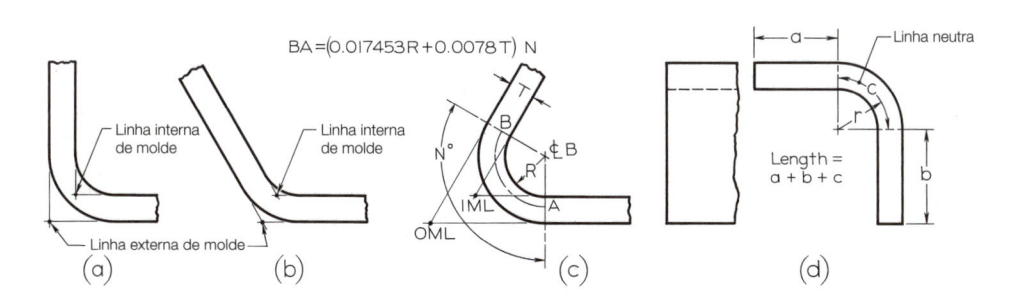

FIGURA 9.60 Dobras.

da curvatura (*centerline of bend* – ℄B) refere-se à máquina na qual a curvatura é feita e está no centro do raio da curvatura.

O comprimento, ou *estendido,* da matriz para dobra é igual à soma dos lados planos do ângulo mais a distância em torno da curvatura medida ao longo da *linha neutra*. A distância em torno da curvatura é chamada de *tolerância para dobra* (*bend allowance*). Quando se dobra uma chapa metálica, ela comprime o lado interno e traciona o lado externo. Em uma região intermediária, o metal não é nem comprimido nem tracionado, chamada de linha neutra, como mostra a Figura 9.60d. A linha neutra é normalmente assumida estando a 0,44 da espessura a partir da superfície interna da chapa metálica.

O comprimento retificado do material ou tolerância para dobra (*bend allowance* – BA) para fazer a curvatura é calculada a partir da fórmula empírica

$$BA = (0{,}017453R + 0{,}0078T)N,$$

onde R = raio da curvatura, T = espessura da chapa e N = número de graus da curvatura, como na Figura 9.60c.

■ 9.40 COTAS TABULARES

Uma série de objetos que possuem as mesmas características, mas variando em medidas, pode ser representada por um desenho, conforme mostra a Figura 9.61. No desenho, os valores das cotas são substituídos por letras, e as cotas são dadas em forma tabular. As cotas de muitas peças padronizadas são dadas dessa maneira em manuais ou catálogos.

■ 9.41 NORMAS

As cotas devem ser fornecidas, onde quer que seja possível, de modo a aproveitar materiais, ferramentas, peças ou gabaritos disponíveis. As medidas para muitos elementos comumente utilizados em máquinas, como parafusos, roscas, pregos, chavetas, arames, tubos, chapas metálicas, correntes, correias, cabos, pinos e formas metálicas laminadas, vêm sendo normalizadas, e o projetista tem que obter suas dimensões nos manuais fornecidos pelas empresas, nos manuais publicados, nas normas ou nos catálogos de fabricantes. Tabelas de alguns dos itens mais comuns são apresentadas nos Apêndices deste livro.

Tais peças normalizadas não são consideradas em desenhos detalhados, a não ser que elas sejam alteradas para o uso: convencionalmente, são mostradas nos desenhos de montagem e nas listas de materiais. As frações comuns são freqüentemente utilizadas para indicar dimensões nominais de peças ou ferramentas normalizadas. Se for utilizado o sistema de polegada decimal, todas essas dimensões são expressas em decimais – por exemplo, BROCA 0,250 em vez de BROCA 1/4. Se for utilizado o sistema inteiramente métrico de cotagem, então a broca métrica preferida, com aproximadamente a mesma medida (0,24800), será indicada como 6,30.

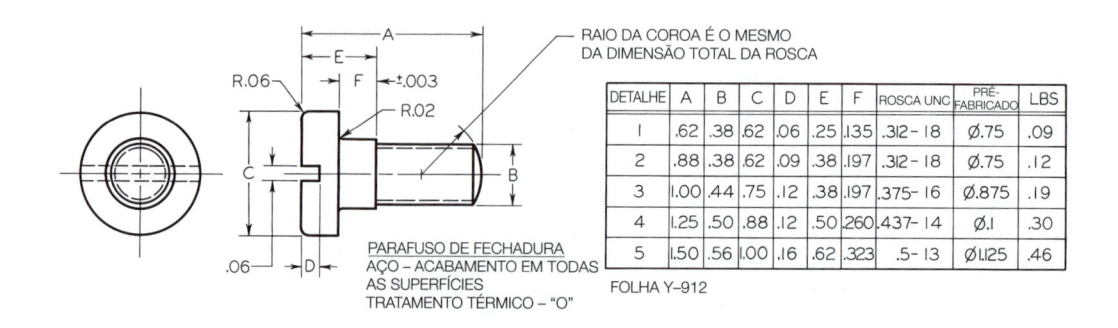

■ 9.42 COTAGEM POR COORDENADAS

Práticas de cotagem por coordenadas são geralmente compatíveis com os requisitos de máquinas de fabricação automática controladas por computador. Entretanto, visando ao projeto para a fabricação automatizada, você deve consultar os manuais dos equipamentos de manufatura antes de fazer os desenhos de fabricação. Aqui estão algumas orientações básicas para a cotagem por coordenadas:

1. Normalmente, exige-se um conjunto de três referências mutuamente perpendiculares ou planos de referências para cotagem por coordenadas. Esses planos devem ser óbvios ou devem estar claramente identificados, conforme mostra a Figura 9.62.
2. O projetista seleciona como origem para cotas aquelas superfícies ou elementos mais importantes ao funcionamento das peças. São selecionados números suficientes desses elementos para posicionar a peça em relação ao conjunto de planos mutuamente perpendiculares. Todas as medidas relacionadas são então tomadas a partir desses planos. Uma cotagem linear sem linhas de cotas é mostrada na Figura 9.63.
3. Todas as cotas devem ser em decimais.
4. Os ângulos devem ser dados, sempre que possível, em graus e em partes decimais de graus.
5. Ferramentas padronizadas, como brocas, alargadores e tarraxas, devem ser especificadas quando necessário.
6. Todas as tolerâncias devem ser determinadas pelos requisitos do projeto da peça, e não pela capacidade de fabricação da máquina de usinagem.

DETALHE	A	B	C	D	E	F	ROSCA UNC	PRÉ-FABRICADO	LBS
1	.62	.38	.62	.06	.25	.135	.312-18	Ø.75	.09
2	.88	.38	.62	.09	.38	.197	.312-18	Ø.75	.12
3	1.00	.44	.75	.12	.38	.197	.375-16	Ø.875	.19
4	1.25	.50	.88	.12	.50	.260	.437-14	Ø.1	.30
5	1.50	.56	1.00	.16	.62	.323	.5-13	Ø1.125	.46

FIGURA 9.61 Cotas tabulares.

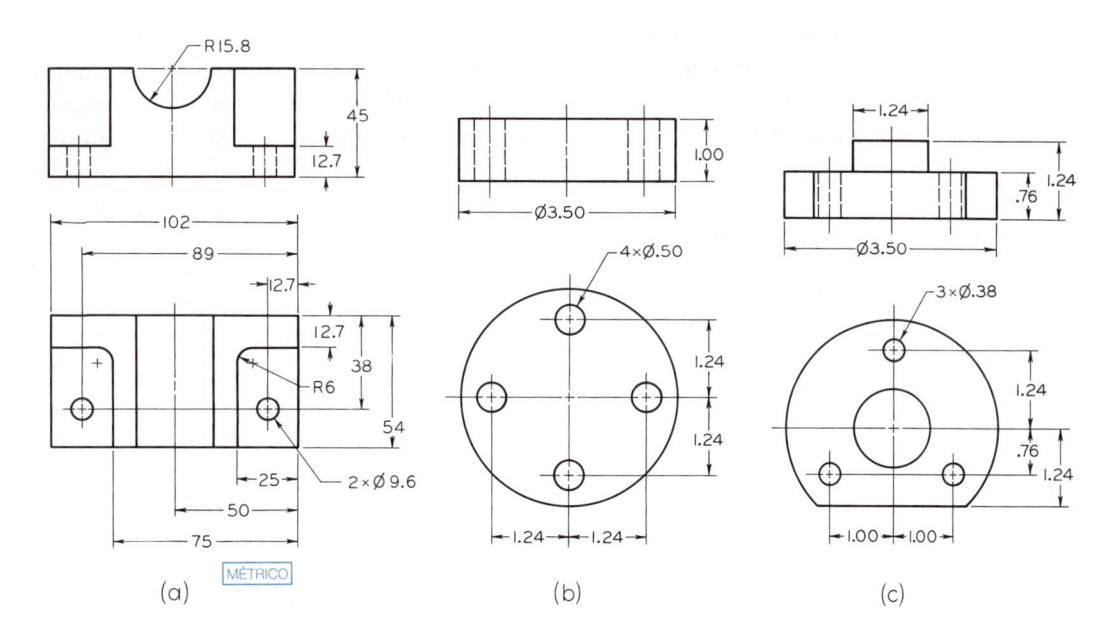

FIGURA 9.62 Cotagem por coordenadas.

9.43 ACERTOS E ERROS DE COTAGEM

A lista de verificação a seguir sintetiza brevemente a maior parte das situações nas quais um iniciante está mais propenso a cometer erros de cotagem. Os estudantes devem verificar o desenho por meio desta lista antes de submetê-lo ao instrutor.

1. Cada cota deve ser dada claramente, de modo que ela possa ser interpretada de uma única maneira.
2. As cotas não devem ser duplicadas, nem fornecer a mesma informação de duas maneiras diferentes – exceto para cotagem dual –, e nenhuma cota deve ser fornecida, a não ser que seja necessária para fabricar ou para inspecionar a peça.
3. As cotas devem ser dadas entre pontos ou superfícies que possuam uma relação funcional entre si ou que controlem a posição das peças de encaixe.
4. As cotas devem ser dadas tomando-se como referência superfícies com acabamento ou linhas de centros relevantes, ao invés de superfícies ásperas, sempre que possível.
5. As cotas devem ser dadas de modo que o torneiro não precise calcular, escalar ou assumir alguma cota.
6. Cote elementos nas vistas em que sua forma seja melhor mostrada.
7. As cotas devem ser posicionadas na vista em que o elemento a ser cotado seja mostrado em verdadeira grandeza.
8. Deve-se evitar cotar linhas escondidas, sempre que possível.

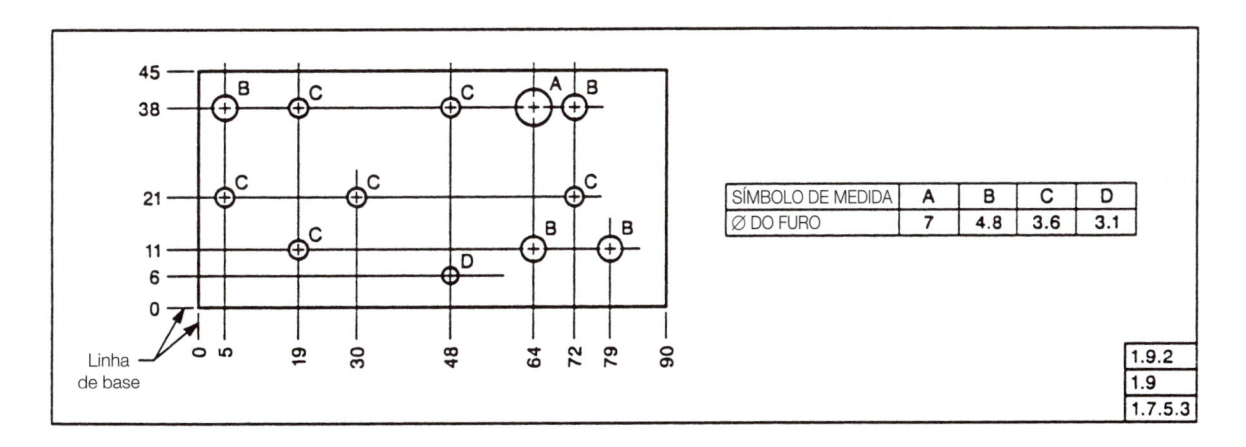

FIGURA 9.63 Cotagem por coordenadas sem linhas de cota (ANSI/ASME Y14.5M-1995).

9. As cotas não devem ser colocadas sobre uma vista a não ser que isso melhore a clareza, e linhas longas de extensão devem ser evitadas.
10. As cotas aplicadas a duas vistas adjacentes devem ser colocadas entre as duas vistas, a não ser que fique mais claro colocar alguma delas no lado externo.
11. As cotas mais longas devem ser colocadas mais externamente em relação às cotas mais curtas, de modo que as linhas de cota não cruzem as linhas de extensão.
12. No desenho de máquinas, todas as unidades devem ser omitidas, exceto quando sejam necessárias para maior clareza – por exemplo, VÁLVULA 1″.
13. Não espere que o pessoal da produção pressuponha que algum elemento seja centrado (como furos em uma placa). Forneça a cota de posição a partir de um lado. Entretanto, se um furo deve ser centrado em uma peça simétrica de fundição grosseira, marque a linha de centro e omita a cota de posição a partir da linha do centro.
14. Uma cota deve ser associada somente a uma vista, não faça linha de extensão ligando duas vistas.
15. Cotas detalhadas devem ser alinhadas em série.
16. Cotas completamente em série devem ser evitadas: é melhor omitir uma delas. Caso contrário, deve-se acresentar uma referência a uma cota de detalhe ou à cota total, colocando-a entre parênteses.
17. Uma linha de cota não deve jamais ser desenhada sobre o valor da cota. O valor da cota jamais deve ser sobreposto a qualquer linha do desenho. A linha pode ser interrompida se for necessário.
18. As linhas de cota devem ser espaçadas uniformemente em todo desenho. Elas devem estar no mínimo a 10 mm do contorno do objeto e 6 mm entre si.
19. Nenhuma linha do desenho deve ser usada como linha de cota ou coincidir com a linha de cota.
20. Uma linha de cota jamais deve ligar-se de uma extremidade a outra com qualquer linha do desenho.
21. Evite cruzar as linhas de cota, se possível.
22. Não se deve cruzar linhas de cota com linhas de extensão, se for possível evitar. (Linhas de extensão podem se cruzar.)
23. Quando uma linha de chamada cruza com outra ou cruza com outra linha visível, não se deve interromper as linhas.
24. Uma linha de centro pode ser estendida e usada como linha de chamada. Nesse caso, ela continua sendo desenhada como linha de centro.
25. Linhas de centro não devem estender-se de uma vista à outra.
26. Os indicadores para notas devem ser linhas retas, sem curvatura e apontados para o centro da vista circular do furo sempre que possível.
27. Os indicadores devem ser inclinados 45, 30 ou 60 graus com a horizontal, mas podem ser feitos em um ângulo conveniente qualquer, exceto na vertical ou horizontal.
28. Os indicadores devem ser estendidos a partir do início ou do fim de uma nota, com um "braço" horizontal estendendo-se a partir da meia altura das letras.
29. Os valores das cotas devem estar aproximadamente centrados entre as setas, exceto no caso de cotas posicionadas em pilhas, quando eles devem ser escalonados.
30. Os valores das cotas devem ter em torno de 3 mm de altura para números inteiros e 6 mm de altura para frações.
31. Os valores das cotas não devem jamais ser amontoados ou colocados de forma que dificulte a leitura.
32. Os valores das cotas não devem ser sobrepostos às linhas ou às áreas seccionais, a não ser que seja estritamente necessário. Nesse caso, uma área em branco deve ser reservada para os valores das cotas.
33. Os valores de cotas para ângulos, de forma geral, devem ser escritos horizontalmente.
34. As barras de fração jamais devem ser inclinadas, exceto em áreas confinadas, como em tabelas.
35. O numerador e o denominador de uma fração jamais devem tocar na barra da fração.
36. As notas devem ser sempre escritas horizontalmente na folha.
37. As notas devem ser breves e claras, e a redação deve ser padronizada na forma.
38. Marcas de acabamento devem ser colocadas na vista em que a superfície acabada esteja em perfil, incluindo arestas e contornos escondidos e vistas circulares de superfícies cilíndricas.
39. Marcas de acabamento podem ser omitidas em furos ou em outros elementos em que existem notas especificando a operação de usinagem.
40. Marcas de acabamento devem ser omitidas para peças feitas de materiais laminados.
41. Se uma peça recebe um mesmo acabamento em todas as superfícies, todas as marcas de acabamento podem ser omitidas e deve-se utilizar uma nota genérica ACABAMENTO EM TODAS AS SUPERFÍCIES.
42. Um cilindro é cotado fornecendo-se o valor de diâmetro e comprimento na vista retangular, exceto quando são utilizadas anotações para furos. Nos casos em que melhora a clareza do desenho, pode-se cotar o diâmetro na vista circular do cilindro.
43. Os processos de fabricação são geralmente determinados pela tolerância especificada, em vez de por uma nota específica no desenho. Quando o processo de fabricação deve ser especificado por algum motivo – como cotas de furos que precisam ser perfurados e alargados – use indicadores que apontem preferencialmente para o centro das vistas circulares dos furos. Especifique o processo de fabricação na ordem em que eles deveriam ser executados.
44. As dimensões de brocas devem ser dadas em decimais, especificando o diâmetro. Para brocas designadas por números ou letras, a medida decimal também deve ser especificada.
45. De maneira geral, um círculo é cotado por seu diâmetro e um arco, por seu raio.
46. Deve-se evitar o uso da linha diagonal para cotar cilindros, exceto para furos muito grandes e para círculos de centros.

Ela pode ser usada em cilindros positivos quando é possível melhorar a clareza do desenho.

47. O valor de uma cota do diâmetro deve ser sempre precedido pelo símbolo ∅.
48. A cota de um raio deve ser sempre precedida pela letra R. As linhas de cotas radiais devem possuir somente uma seta, e ela deve sempre passar ou apontar para o centro do arco e tocá-lo.
49. As posições de cilindros devem ser especificadas pela suas linhas de centro.
50. As posições de cilindros devem ser especificadas na vista circular, se possível.
51. As posições de cilindros devem ser especificadas pelas cotas lineares em vez de pelas cotas angulares, caso a precisão seja importante.
52. Quando existem vários elementos não-críticos (arredondamentos, nervuras, etc.) cujas medidas são obviamente iguais, é necessário fornecer somente cotas típicas ou usar uma nota.
53. Quando não se deve aplicar a escala em uma cota para obter a medida real, a cota deve ser sublinhada com uma linha grossa ou marcada com NÃO APLICAR ESCALA NO DESENHO PARA OBTER MEDIDAS (*NOT TO SCALE* ou NTS).
54. As cotas de encaixe devem ser especificadas em locais correspondentes de ambas as peças de encaixe.
55. As cotas de moldes ou de matrizes devem ser dadas em números com duas casas decimais ou em números inteiros e frações.
56. As cotas decimais devem ser usadas para todas as medidas de usinagem.
57. Devem-se evitar tolerâncias acumulativas nos lugares em que afetam os ajustes nos encaixes das peças.

9.44 ACERTOS E ERROS DA PRÁTICA DO PROJETO

As Figuras 9.64 e 9.65 contêm um número de exemplos nos quais o conhecimento sobre os processos de fabricação e suas limitações é essencial para um bom projeto.

Muitas dificuldades para se conseguir um bom resultado na fundição decorrem da mudança brusca na seção ou na espessura. Na Figura 9.64a, a espessura da nervura é constante, de modo que o metal escoará facilmente para todas as partes. Raios de arredondamentos são iguais à espessura da nervura – uma boa regra genérica a ser seguida. Quando é necessário juntar um membro fino a outro mais grosso, o membro mais fino deve ter sua espessura aumentada gradualmente à medida que se aproxima da interseção, conforme mostra a Figura 9.64b.

Nas Figuras 9.64c, 9.64g e 9.64h, faz-se a remoção da parte interna da peça para produzir paredes com seções mais uniformes. Na Figura 9.64d, uma mudança brusca da seção é evitada fazendo-se as paredes mais finas e formando-se um anel.

As Figuras 9.64e e 9.64f mostram exemplos nos quais o projeto preferível tende a permitir o esfriamento da peça fundida sem gerar tensão interna. O projeto menos desejável é mais suscetível a fissuras à medida que se esfria a peça. Raios curvos são preferíveis aos retos, e um número ímpar de raios é melhor que um número par de raios porque são evitados esforços diretos ao longo dos raios opostos.

O projeto de uma peça poderia causar problemas desnecessários ou gerar despesas extras para a oficina de matrizes e a fundição sem nenhum ganho no proveito do projeto. Por exemplo, nos projetos inadequados apresentados nas Figuras 9.64j e 9.64k, a matriz inteiriça não poderia ser retirada da areia e seria necessária uma matriz feita de duas peças. Nos exemplos preferíveis, o projeto é igualmente funcional e é econômico para as oficinas de modelo e de fundição.

Conforme mostra a Figura 9.65a, consegue-se economizar material usando uma folha mais estreita de chapa metálica através da mudança de disposição dos elementos. No caso apresentado, as peças estampadas poderiam ser dispostas de forma intercalada se a medida W fosse aumentada ligeiramente, conforme mostra a figura. Através de um arranjo desse tipo, freqüentemente se consegue uma grande economia de material.

A dureza máxima que pode ser obtida no tratamento térmico do aço depende da proporção de carbono no aço. A fim de conseguir essa dureza, é necessário um resfriamento rápido, ou têmpera, depois de aquecer o aço até a temperatura exigida. Na prática, muitas vezes não é possível fazer o resfriamento rápido de uma forma uniforme por causa do projeto. No projeto da Figura 9.65b, a peça é maciça e a parte externa será endurecida, mas a parte interna permanecerá mole e relativamente fraca. Conforme mostra o exemplo preferível, uma peça oca pode ser temperada tanto na parte externa como na parte interna. Dessa forma, é possível que um eixo oco temperado seja mais resistente que um eixo maciço temperado.

Conforme mostra a Figura 9.65c, a adição de um entalhe em torno de um eixo próximo a um flange eliminará a dificuldade prática da retífica de precisão. Além de ser mais caro retificar um canto vivo interno, os cantos vivos, muitas vezes, resultam em fissuras e ruptura da peça.

O projeto do lado direito da Figura 9.65d elimina uma solda de reforço dispendiosa que seria exigida pelo projeto apresentado no lado esquerdo. Uma peça metálica inteiriça com um raio generoso está localizada no ponto em que pode ocorrer uma severa concentração de esforços. É possível tornar o projeto do lado esquerdo tão resistente quanto do lado direito, mas seria mais caro e exigiria habilidades e equipamentos especiais.

É difícil perfurar obliquamente uma superfície, como mostra o projeto do lado esquerdo da Figura 9.65e. A perfuração seria muito mais fácil se tivesse uma protuberância, como mostra o projeto da direita.

Na Figura 9.65f, o projeto do lado esquerdo requer perfuração e alargamento com precisão de um furo cego para gerar um fundo plano, que é difícil e dispendioso. É melhor fazer um furo mais profundo do que seria necessário e depois fazer o acabamento, conforme o projeto mostrado na direita, a fim de prover espaços necessários para a ferramenta e os cavacos.

No exemplo superior da Figura 9.65g, a broca e o escareador não poderiam ser usados para o furo localizado no centro da peça por causa da elevação da extremidade da direita. No exemplo aprovado, essa extremidade é reprojetada para permitir o acesso das ferramentas.

No projeto superior da Figura 9.65h, as extremidades da peça não possuem a mesma altura. Como resultado, cada superfície plana deve ser usinada separadamente. No projeto econômico, as extremidades possuem a mesma espessura, as superfícies estão alinhadas horizontalmente e somente duas operações de usinagem seriam necessárias. É sempre uma boa prática de projeto simplificar e limitar a usinagem na medida do possível.

O projeto no lado esquerdo da Figura 9.65j exige que a carcaça seja perfurada em todo o seu comprimento e receba uma bucha de pressão. Se o recesso central fosse feito conforme mostra o pro-

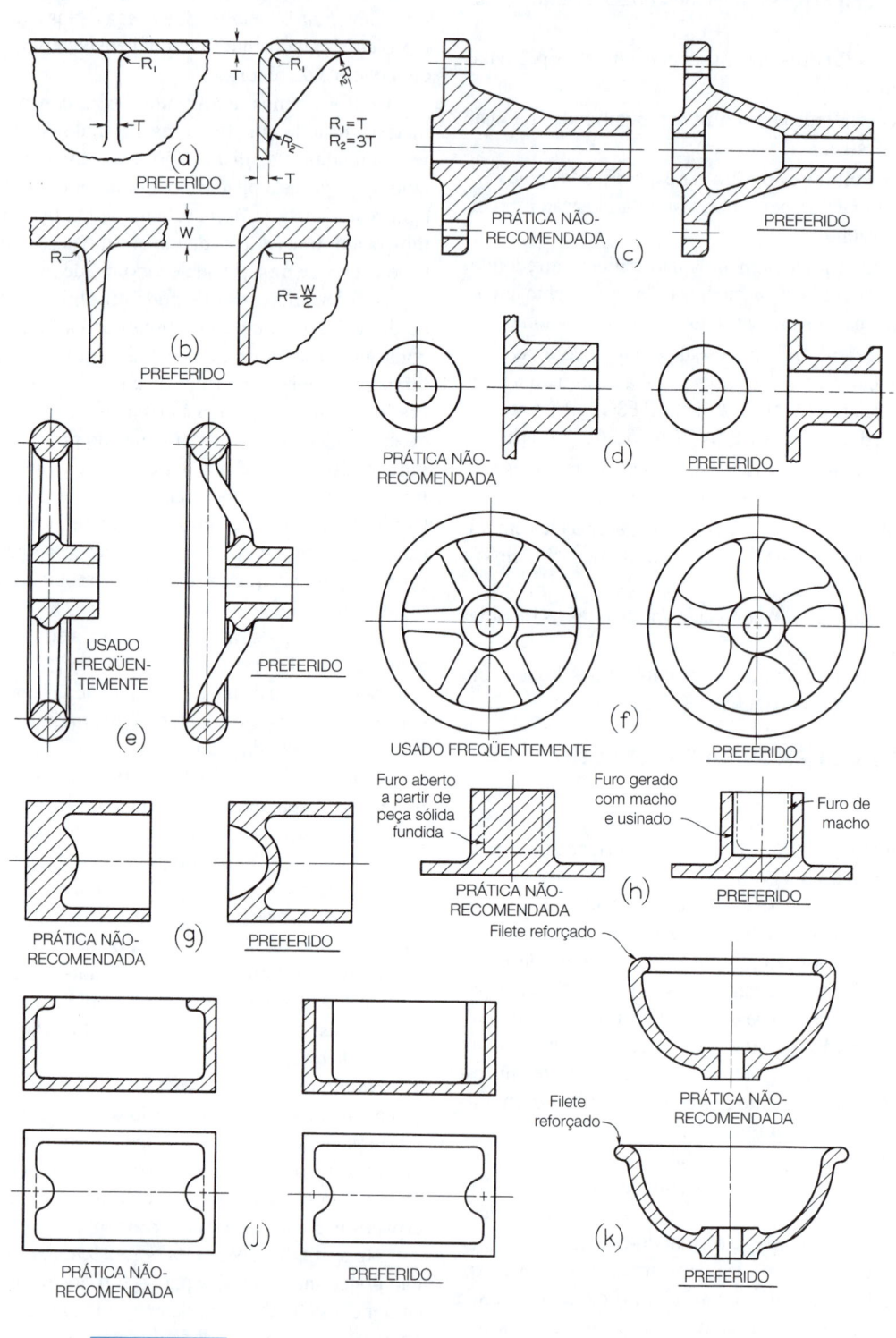

FIGURA 9.64 As práticas recomendadas no projeto de peças fundidas.

jeto da direita, o tempo de usinagem poderia ser reduzido. Isso pressupõe que carregamentos médios seriam aplicados no uso.

Na Figura 9.65k, o parafuso mostrado embaixo apresenta um entalhe circular não mais profundo que a rosca. Isso suaviza a transição do diâmetro menor da rosca ao diâmetro maior do corpo do parafuso, resultando em menor concentração de tensão e um parafuso mais resistente. Geralmente, devem-se evitar cantos vivos internos porque são pontos de concentração de tensão e de possível colapso.

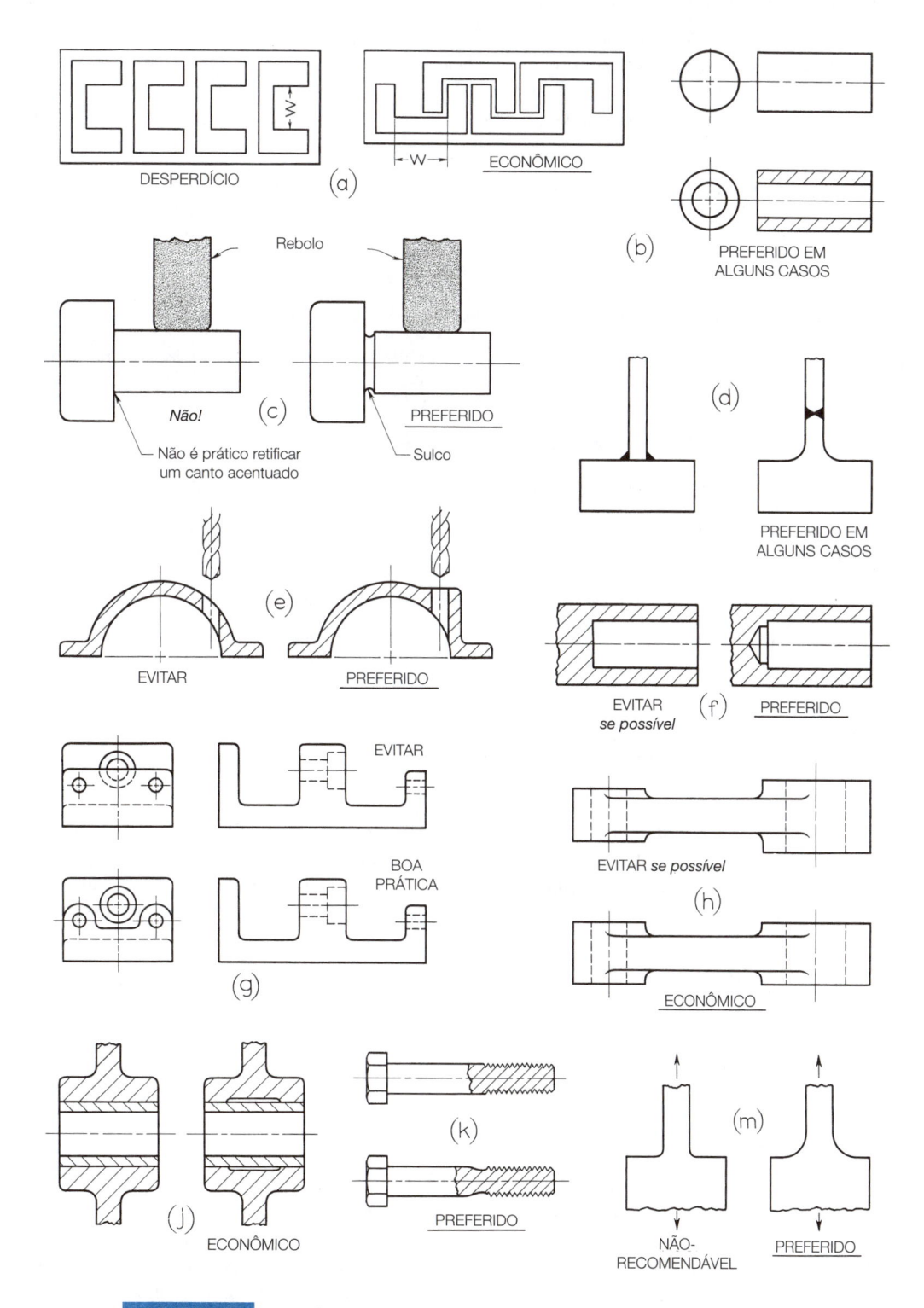

FIGURA 9.65 As práticas recomendadas no projeto de peças fundidas.

Mãos à obra 9.4
Auto-avaliando o processo de cotagem

Algumas das afirmações apresentadas a seguir estão erradas.

Leia cada uma das afirmações apresentadas abaixo e marque Verdadeiro ou Falso.
Confira suas respostas consultando os acertos e erros da página anterior.

Verdadeiro Falso As cotas não devem ser duplicadas, e a mesma informação não deve ser apresentada de duas maneiras diferentes.

Verdadeiro Falso As cotas devem ser colocadas nos locais em que o elemento aparece em verdadeira grandeza.

Verdadeiro Falso O pessoal da linha de produção deve pressupor que um elemento está centralizado.

Verdadeiro Falso Junte as cotas em torno de uma vista quando possível.

Verdadeiro Falso Uma linha de cota jamais deve ser desenhada sobreposta ao valor da cota.

Verdadeiro Falso Uma linha de cota pode ser conectada de uma extremidade a outra com qualquer linha do desenho.

Verdadeiro Falso Linhas de centro não devem se estender de uma vista a outra.

Verdadeiro Falso Os indicadores podem ser desenhados na horizontal ou na vertical.

Verdadeiro Falso A barra de fração jamais deve ser inclinada, exceto em áreas confinadas como tabelas.

Verdadeiro Falso As notas devem ser escritas horizontalmente, verticalmente ou com inclinação de 45 graus na folha de desenho.

Verdadeiro Falso As dimensões das brocas devem ser dadas em decimais, especificando o diâmetro.

Verdadeiro Falso Uma cota de diâmetro deve ser sempre precedida pelo símbolo Ø.

Verdadeiro Falso As posições dos cilindros devem ser sempre especificadas na vista retangular, se possível.

Verdadeiro Falso As cotas em polegadas devem ser usadas para todas as medidas de usinagem.

Na Figura 9.65m, uma placa de aço de 0,2500 está sendo tracionada, conforme mostram as setas. Aumentar o raio do canto interno aumenta a resistência da placa através da distribuição do esforço sobre uma área maior.

PROCESSO DE FABRICAÇÃO

Desenhos de engenharia, independentemente de serem feitos à mão ou criados usando um sistema CAD, representam instruções detalhadas para a fabricação dos objetos descritos. Os desenhos precisam fornecer informações precisas sobre forma, dimensões, material e acabamento. Para cotar melhor os objetos, você deve entender os processos utilizados para a fabricação do objeto desejado. Os processos de fabricação estão mudando constantemente com o desenvolvimento tecnológico que resulta em métodos cada vez mais rápidos, baratos e precisos.

■ 9.45 PROCESSOS DE PRODUÇÃO

Um departamento de fabricação começa com o que poderia ser chamado de *matéria-prima* e a modifica até que esteja de acordo com o desenho de detalhes. Normalmente, a forma da matéria-prima precisa ser alterada.

A mudança da forma e da dimensão de uma peça pode ser feita usando-se um dos seguintes processos: (1) removendo parte do material original, (2) adicionando mais material e (3) redistribuindo o material original. O corte – como torneamento, perfuração ou corte com um sistema a laser – é um processo que remove material. A soldagem, a soldadura forte, a metalização por pulverização e a galvanização são processos que adicionam material. A forjadura, a prensagem, a trefilação, a extrusão, o repuxamento e o processamento de plásticos são processos que redistribuem o material.

■ 9.46 MÉTODOS DE FABRICAÇÃO E O DESENHO

Ao projetar uma peça, é preciso considerar quais materiais e processos de fabricação a serem utilizados. Os processos de fabricação vão determinar a representação dos detalhes da peça, a escolha das cotas e a precisão da usinagem ou do processamento. Os principais processos de conformação de metais são: (1) fundição,

(2) usinagem, (3) soldagem, (4) conformação a partir de chapas e (5) forjamento. O conhecimento desses processos, juntamente com a compreensão da finalidade da peça, vão ajudar a determinar alguns processos básicos de fabricação. Alguns desenhos que refletem esses métodos de fabricação são mostrados na Figura 9.66.

Na fundição em molde de areia, como mostra a Figura 9.66a, todas as superfícies ficam com uma textura áspera, com todos os cantos arredondados. Os cantos vivos indicam que, pelo menos, uma das superfícies recebeu algum acabamento (por exemplo, usinado posteriormente para produzir uma superfície plana), e as marcas de acabamento são mostradas na vista em que a superfície acabada está em perfil.

Nos desenhos de peças usinadas a partir de perfis padronizados, conforme mostra a Figura 9.66b, a maioria das superfícies são representadas como usinadas. Em alguns casos, como na usinagem de eixos, a superfície existente na peça bruta é geralmente precisa o suficiente mesmo sem acabamento adicional. Os cantos geralmente são vivos, mas o arredondamento dos cantos geralmente é feito quando for necessário. Por exemplo, um canto interno poderia ser usinado com um raio para conseguir maior resistência.

Nos desenhos de soldagem, como mostra a Figura 9.66c, as várias partes são cortadas, juntadas e, então, soldadas. Símbolos de soldagem (listados no Apêndice 33) especificam as soldas desejadas. Geralmente, não existem arredondamentos nos cantos, exceto aqueles gerados no próprio processo de soldagem. Algumas superfícies precisam ser usinadas depois da soldagem ou, em alguns casos, antes da soldagem. Observe que são mostradas linhas nos lugares em que as partes separadas são juntadas.

Nos desenhos de chapas metálicas, como mostra a Figura 9.66d, a espessura do material é uniforme e é normalmente dada na nota de especificação do material em vez de usar uma cota no desenho. O raio de curvatura da dobra é especificado de acordo com a prática-padrão. Para cotagem, tanto o sistema de polegada decimal como o sistema métrico poderiam ser utilizados. Tolerâncias extras de material para juntas podem ser necessárias quando se determina a dimensão da peça planificada.

Para peças forjadas, normalmente são feitos desenhos separados para os fabricantes de modelos e para os torneiros. Assim, um desenho de forjamento, como mostra a Figura 9.66e, apresenta somente as informações para produzir a peça forjada, e as cotas fornecidas são aquelas de que o fabricante da matriz necessita. Todos os cantos são arredondados e são mostrados dessa maneira no desenho. O ângulo de saída é desenhado para facilitar a retirada da peça da cavidade do molde e é normalmente especificado em graus em uma nota.

9.47 FUNDIÇÃO EM MOLDE DE AREIA

Embora diversos processos de fundição sejam usados, a *fundição em moldes de areia* é o mais comum. *Moldes de areia* são feitos socando-se a areia em torno de um modelo e depois removendo-

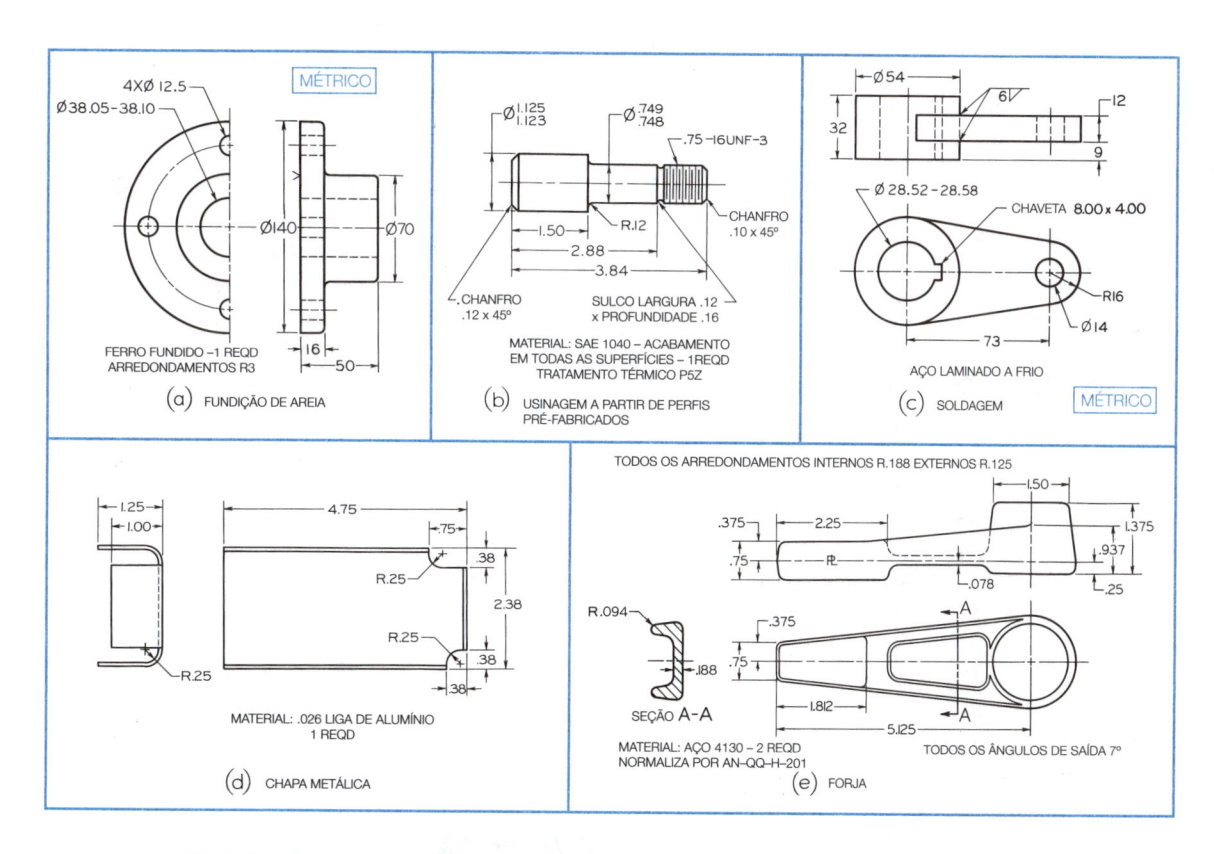

FIGURA 9.66 Comparação de desenhos para diferentes processos de manufatura.

o cuidadosamente, deixando uma cavidade no qual se encaixa perfeitamente o modelo para receber o metal fundido, como mostra a Figura 9.67a. O modelo precisa apresentar uma forma que permita a sua retirada das duas partes do molde. O plano de separação das duas partes é a *linha de divisória* do modelo.

Em cada lado da linha de divisória, as paredes laterais do modelo precisam ser ligeiramente inclinadas para permitir a sua retirada do molde de areia, a não ser que seja usado um modelo segmentado. Essa inclinação é conhecida como *ângulo de saída*. Embora normalmente as inclinações não sejam mostradas e as cotas não lhe sejam dadas no desenho de detalhes, o projeto deve ser feito de tal modo que a inclinação possa ser usinada adequadamente no modelo pelo seu fabricante. Os modelos devem ser feitos ligeiramente maiores, visto que ocorre uma contração durante o esfriamento do metal. O nível de contração depende do tipo de metal que está sendo usado, o que deve ser anotado no desenho.

Uma *marcação do macho* é uma protuberância adicionada a um molde com o propósito de formar uma cavidade no molde dentro da qual uma porção correspondente de um *macho* se apoiará, conforme mostra a Figura 9.67, formando, assim, uma âncora para fixar o macho. Os machos são feitos de areia e são usados para gerar alguma parte oca na peça fundida. O uso mais comum de um macho é estender-se através de uma peça fundida para formar um furo. Quando é necessário um molde de areia de maior estabilidade dimensional e resistência, ou quando a forma da peça fundida interfere na remoção do modelo, usa-se um *macho de areia seca*. Os machos de areia seca são feitos socando-se uma mistura preparada de areia e de substância aglutinante dentro de uma *caixa de macho*; o macho é então removido e cozido em um *forno* para torná-lo suficientemente rígido. Um *macho de areia verde*, que não é cozido, é usado quando é mais prático fazer o macho juntamente com o molde, como no caso do furo central mostrado na Figura 9.68.

Devido à contração e ao ângulo de saída, para furos pequenos é melhor perfurar a peça fundida e, para furos grandes, é melhor usar um macho, gerando-o na fundição para ser perfurado depois.

9.48 O FABRICANTE DO MODELO E O DESENHO

O fabricante do modelo ou projetista do molde recebe o desenho de detalhe que apresenta o objeto de uma forma completa, incluindo todas as cotas e marcas de acabamento. Normalmente, o mesmo desenho é usado pelo fabricante do modelo e pelo torneiro, como mostra a Figura 9.68. Algumas empresas seguem a prática de dimensionar uma cópia do desenho com lápis colorido para fornecer as informações necessárias ao fabricante do modelo. As cotas típicas do modelo precisam ter precisão somente dentro de 1/32 polegada ou 1/16 polegada. Tolerâncias mais críticas são, muitas vezes, necessárias para a usinagem.

As marcas de acabamento são importantes para o fabricante do modelo porque deve ser adicionado material extra a cada superfície que vier a ser usinada. Para peças fundidas de tamanhos pequeno e médio, 1,5 mm (1/16 polegada) a 3 mm (1/8 polegada) são normalmente suficientes; fazem-se tolerâncias maiores se existir a possibilidade de distorção. No flange da Figura 9.68, deve-se acondicionar material extra em todas as superfícies, visto que a nota indica acabamento em todas as superfícies (*finish all over* – FAO).

Algumas vezes, o fabricante do modelo trabalha diretamente a partir do desenho; em outros casos, eles fazem seu próprio leiaute do modelo. Os fabricantes do modelo muitas vezes fazem desenho de leiaute do modelo em tamanho natural em uma prancha de pinho branco ou placa de aço ou alumínio. Madeira ou metal é utilizado no lugar do papel porque é mais durável; além disso, o papel estica ou contrai excessivamente. A matriz é então verificada em relação a este desenho de leiaute do modelo, no qual são apresentados claramente o ângulo de saída, as contrações, as cotas da marcação do macho e outros dados.

9.49 ARREDONDAMENTOS

Os *arredondamentos* de cantos internos e externos devem ser incluídos no modelo de modo a permitir tanto uma resistência maior como uma aparência mais agradável da peça fundida acabada, como mostra a Figura 9.69. Os cristais de metais tendem a arranjar-se perpendicularmente à superfície externa durante o es-

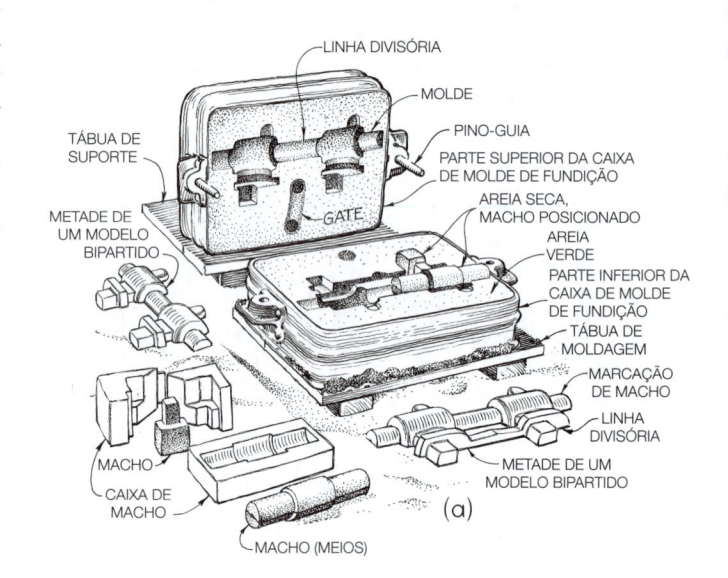

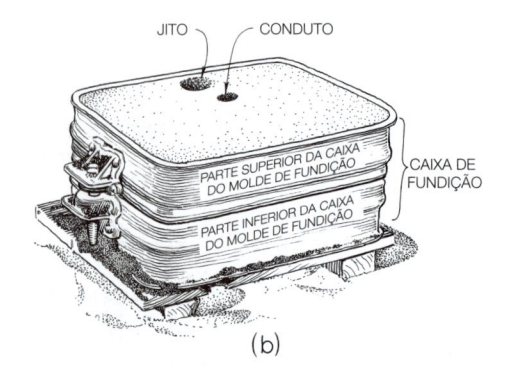

FIGURA 9.67 Fundição de areia de um suporte de mesa.

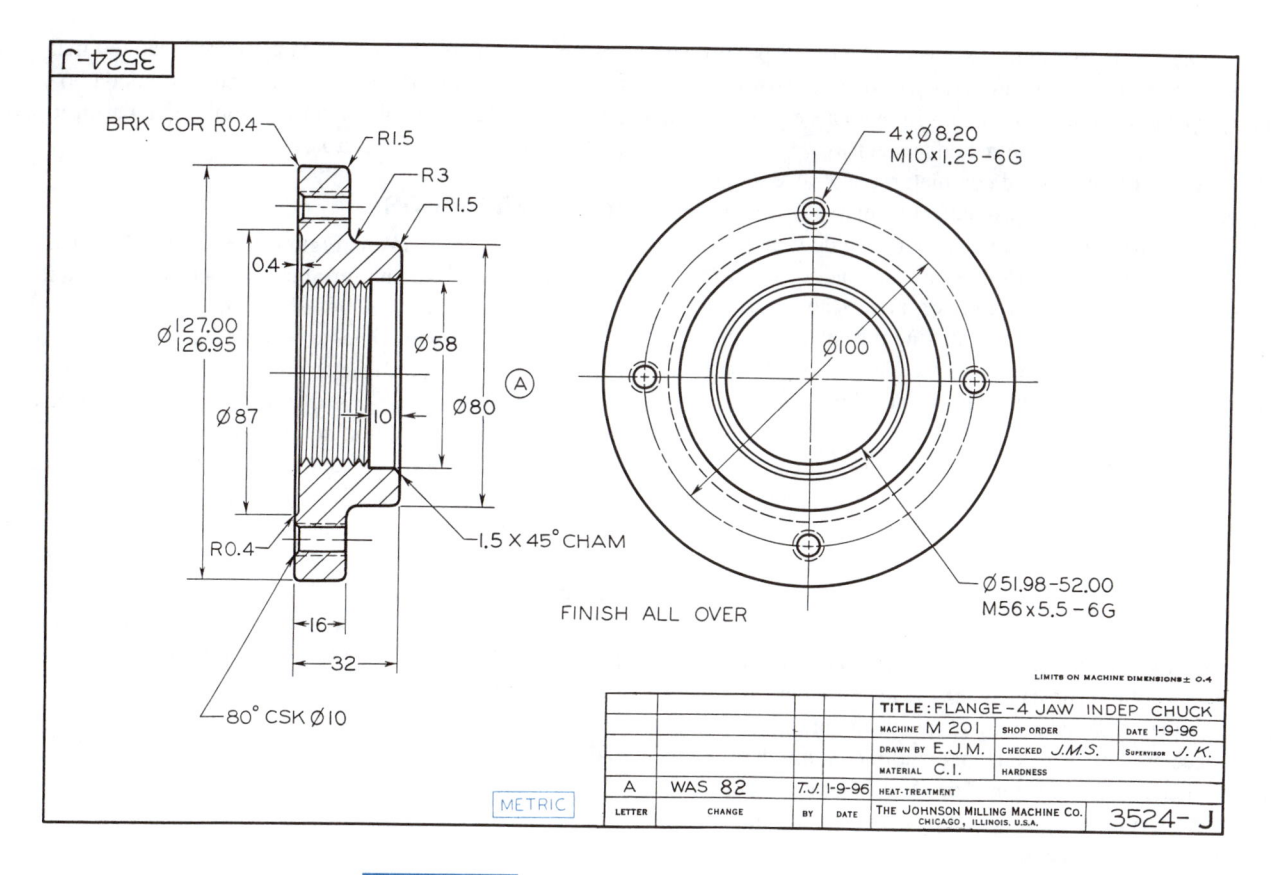

FIGURA 9.68 Um desenho detalhado de execução.

friamento, conforme indicam as Figuras 9.69b e 9.69c. Se os cantos de uma peça fundida fossem arredondados, como na Figura 9.69c, a peça se tornaria muito mais resistente. O esforço que uma peça poderia suportar com segurança algumas vezes pode chegar a dobrar pelo simples aumento do raio de arredondamento do canto interno. Todos os arredondamentos devem ser mostrados no desenho.

9.50 PROCESSOS DE FUNDIÇÃO

O *processo de investimento*, ou processo de cera perdida, produz peças fundidas de precisão e ricas em detalhes. Nesse processo, o modelo de cera é derretido depois que se forma o molde. Desse modo, nenhum detalhe do molde é danificado pela remoção do modelo, conseguindo formas que seriam impossíveis se o modelo tivesse que ser retirado fora do molde.

Outro processo de fundição é a *fundição por centrifugação*, no qual o metal derretido é vazado em um molde giratório. A força centrífuga produz peças fundidas menos porosas que a fundição em molde de areia. Esse processo é extensivamente utilizado para a fabricação de tubos de ferro fundido, engrenagens de aço e discos.

A *fundição sob pressão* força o metal derretido a penetrar no molde sob pressão. As peças produzidas dessa forma possuem dimensões e formas precisas e uma aparência superior do que as peças produzidas por outros processos de fundição. As peças produzidas pela fundição sob pressão normalmente requerem pouca ou nenhuma usinagem para acabamento. Em geral, elas não podem receber tratamento térmico ou ser usadas em altas temperaturas. É o processo de fundição mais rápido e, conseqüentemente, o de menor custo para itens de produção em massa, como blocos de alumínio de motores de automóveis, carburadores, maçaneta de portas e utensílios domésticos.

9.51 METALURGIA DO PÓ

A *metalurgia do pó* é usada para produzir peças metálicas a partir do pó de um ou mais metais ou de uma combinação de metais e não-metais. Consiste em etapas sucessivas de mistura de pós,

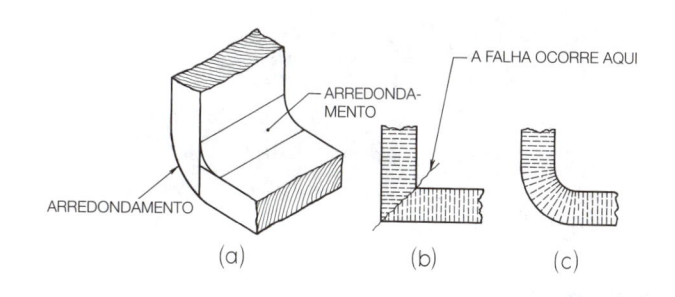

FIGURA 9.69 Arredondamentos.

compressão das misturas a alta pressão em uma forma preliminar e aquecimento em alta temperatura (abaixo do ponto de fusão do metal principal). Isso une as partículas individuais e produz uma peça com superfícies lisas e de medidas precisas.

O processo elimina a perda de material e a necessidade de usinagem, é adequado para produção em massa e fornece um controle melhor da composição e da estrutura de uma peça. As desvantagens incluem alto custo dos moldes usados e da matéria-prima, propriedades físicas inferiores e a restrição do projeto da peça. Os pós não fluem até os cantos nem transmitem pressão como os líquidos; por isso, muitas vezes, as peças precisam ser reprojetadas para serem produzidas por metalurgia do pó.

9.52 EQUIPAMENTOS DE USINAGEM

Alguns dos equipamentos de usinagem mais conhecidos são o torno mecânico, a furadeira de coluna, a fresadora, a plaina limadora, a plaina de mesa, a retificadora e a fresa de broquear.

9.53 TORNO

O *torno*, mostrado na Figura 9.70, é uma das máquinas mais versáteis usadas na oficina de usinagem; ele faz torneamento, perfuração, alargamento, aplainamento, rosqueamento e recartilhamento. A peça bruta é fixada em um mandril com mordentes, que é essencialmente uma morsa giratória. A ferramenta de corte é fixada no porta-ferramentas do torno e é avançada mecanicamente na direção da peça à medida que for necessário.

9.54 FURADEIRA DE COLUNA

A *furadeira de coluna*, mostrada na Figura 9.71, pode ser usada para furação, alargamento, rosqueamento, rebaixo de furo e escareamento.

A *furadeira de coluna radial*, mostrada na Figura 9.72, com cabeçote e broca ajustáveis, é muito versátil e é especialmente adequada para usinagem de grandes serviços. Uma *furadeira de coluna de múltiplas brocas* possui um número de brocas acionadas por um único eixo e é usada para produção em massa. Uma furadeira de coluna de múltiplas brocas é montada no cabeçote de uma furadeira de coluna convencional para permitir perfuração simultânea de até 21 furos.

9.55 FRESADORA

Na *fresadora*, mostrada na Figura 9.73, o corte é realizado avançando-se a peça bruta na ferramenta de corte giratória de múltiplos gumes cortantes. As fresadoras modernas de comando numérico são altamente eficientes. Elas podem ser usadas para usinar chapas, rasgos de chavetas ou para fabricar engrenagens, como mostra a Figura 9.74. Os dispositivos para mudança automática das ferramentas, como aquele mostrado na Figura 9.75, recebem instruções do controlador para efetuar a troca da ferramenta durante o processo de usinagem. A produção em grande escala de engrenagens é muitas vezes feita por ferramentas especiais de usinagem, como fresadoras de engrenagens helicoidais. As fresadoras planas grandes também são máquinas importantes de produção. Em tais fresadoras planas, a ferramenta de corte pontual usada na plaina é substituída pelas ferramentas giratórias da fresa, mostradas na Figura 9.76. Adicionalmente, é mais prático perfurar e alargar em uma fresa do que em uma furadeira de coluna.

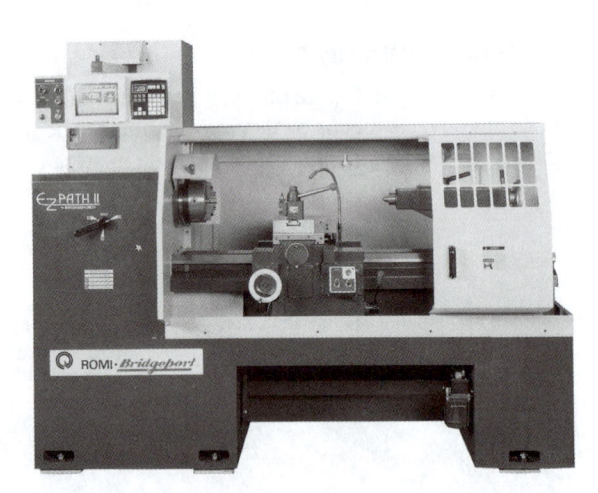

FIGURA 9.70 Torno controlado numericamente. *(Cortesia de Bridgeport Machine, Inc.)*

FIGURA 9.71 Furadeira de coluna. *(Cortesia de Clausing Machine Tools)*

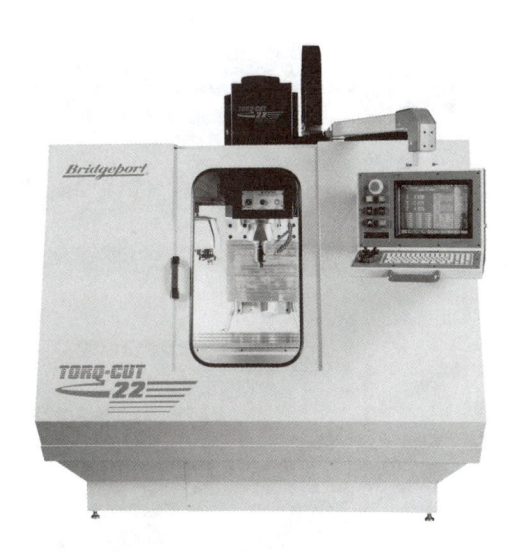

FIGURA 9.73 Fresadora controlada numericamente. *(Cortesia de Bridgeport Machine, Inc.)*

Um sistema de instrumentação baseado em laser, mostrado na Figura 9.77, poderia ser usado para calibrar e posicionar com precisão as ferramentas de usinagem controladas numericamente por computador.

9.56 PLAINA LIMADORA

Em uma *plaina limadora*, a peça bruta é fixa em uma morsa e uma ferramenta de corte dotada de um único gume cortante e não-giratória montada em um cabeçote com movimento de vaivém é forçada a mover-se em uma linha reta passando através da peça bruta. Entre golpes sucessivos da ferramenta, a morsa que segura a peça é avançada mecanicamente na trajetória da ferramenta para o próximo corte. Muitas vezes, plainas limadoras são utilizadas para fazer rasgos de chavetas internos ou externos, cremalheiras, sambladuras e rasgos T.

FIGURA 9.72 Furadeira de coluna radial. *(Cortesia de Clausing Machine Tools)*

FIGURA 9.74 Usinando dentes de uma engrenagem em uma fresadora.

FIGURA 9.75 Dispositivo para mudança automática de ferramentas. *(Cortesia de Bridgeport Machine, Inc.)*

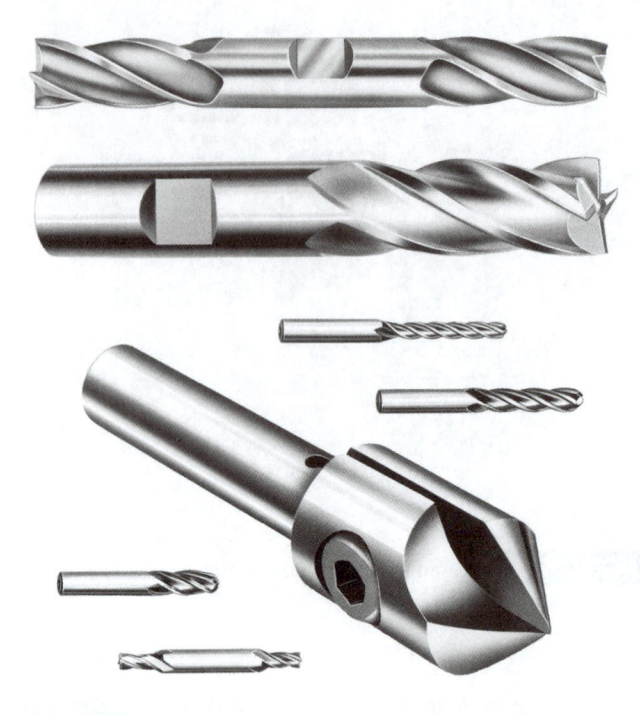

FIGURA 9.76 Fresas típicas. *(Cortesia de Sharpaloy Division, Precision Industries, Inc.)*

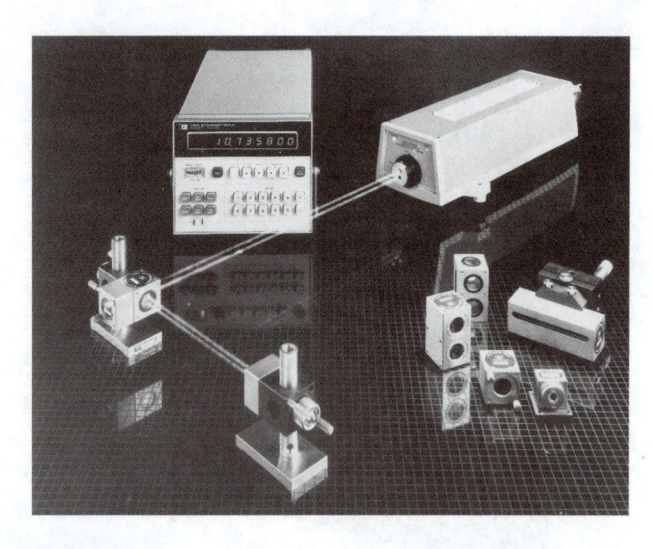

FIGURA 9.77 Sistema de calibração a laser para as ferramentas de usinagem. *(Cortesia de Hewlett-Packard Company)*

■ 9.57 PLAINA DE MESA

Em uma ***plaina de mesa***, conforme mostra a Figura 9.78, a peça bruta é fixada em uma mesa que é movimentada mecanicamente, de modo que o corte é feito entre a ferramenta estacionária e a peça móvel. A máquina possui uma mesa que executa movimento de vaivém e um cabeçote de ferramenta que pode ser ajustado tanto horizontal quanto verticalmente. Plainas de mesa são usadas principalmente para usinar grandes superfícies planas ou superfícies em um número grande de peças, conforme mostrado na figura. Em plainas extremamente grandes, a mesa é estacionária e a ferramenta de corte é deslocada ao longo de uma trajetória através da peça bruta.

■ 9.58 FRESA DE BROQUEAR

A *fresa de broquear vertical* é usada para aplainar, tornear e perfurar peças brutas grandes – que pesam até 20 toneladas. A fresa de broquear vertical possui uma grande mesa giratória e uma ferramenta de corte não-giratória que se move mecanicamente na direção da peça.

A *fresa de broquear horizontal* e a *furadeira de gabarito* são similares às fresadoras em relação à ação de corte que ocorre entre uma ferramenta giratória e uma peça não-giratória.

A furadeira de gabarito de precisão é equipada com uma mesa que pode ser travada em posição enquanto um furo está sendo

FIGURA 9.78 Plaina de mesa.

aberto, mas que poderia ser deslocada entre as operações de corte a fim de posicionar um furo em relação ao outro. A peça bruta não se movimenta; em vez disso, a mesa é posicionada com precisão nas duas direções.

O broqueamento ou mandrilamento é uma operação muito precisa. A precisão para os furos variam de 0,002 mm até 0,0003 mm.

9.59 CENTRAL DE TORNEAMENTO VERTICAL E HORIZONTAL

As *centrais de torneamento vertical e horizontal*, mostradas na Figura 9.79, eliminam a necessidade de operações individuais de

trada permite ao operador indicar a quantidade precisa do metal a ser removido durante cada desbaste ou acabamento e a quantidade de metal a ser removido em cada passada. Ele também permite que o operador indique a quantidade de desbaste a ser feita em cada ciclo. A memória eletrônica compensa automaticamente a perda do abrasivo na roda do esmeril à medida que ocorre a operação.

9.61 BROCHAMENTO

O *brochamento* é similar à operação de limagem de uma única passada. Como a brocha é forçada através da peça, a sucessão de dentes cortantes, de dimensões crescentes, remove progressiva-

FIGURA 9.79 Centro de torneamento vertical e horizontal. *(Cortesia de Ingersoll Milling Machine Co.)*

aplainamento e broqueamento, conforme descrito anteriormente. Os centrais de usinagem controlados por computador não substituem somente as plainas, mas também eliminam a necessidade de deslocar uma peça usinada de uma fresadora para uma furadeira, para uma fresa de broquear e assim por diante.

9.60 RETIFICADORA

Uma *retificadora* é usada para remover pequenas quantidades de material para produzir um acabamento muito preciso e refinado. Durante a retífica, a peça é avançada mecanicamente em direção ao rebolo que gira rapidamente, e a profundidade de corte pode variar de 0,03 mm (0,0010 polegada) a 0,0064 mm (0,000250 polegada).

A retificadora de superfície, mostrada na Figura 9.80, impõe movimento de vaivém à peça fixa em uma mesa que é simultaneamente avançada transversalmente ao rebolo. A unidade mos-

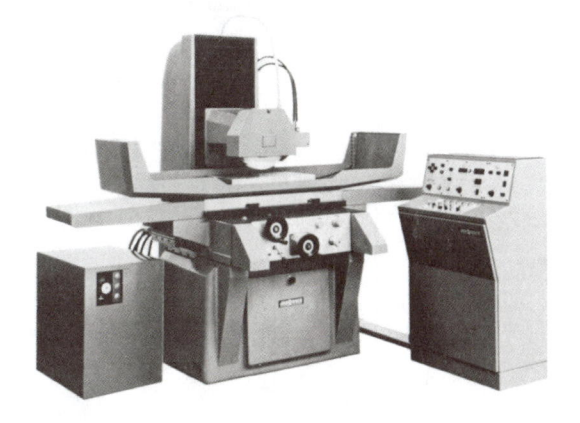

FIGURA 9.80 Retificadora de superfície com controle eletrônico. *(Cortesia de Clausing/Jakobsen)*

mente o metal, alargando e formando desta maneira o corte desejado à medida que a brocha passa através do furo.

Uma brocha típica, juntamente com o desenho ilustrativo do seu uso, é mostrada na Figura 9.81, que ilustra o alargamento interno. Furos quadrados, cilíndricos, hexagonais e de outras formas seccionais são produzidos por esse processo. Um furo inicial, produzido pela furação, puncionagem ou outro meio, é necessário para permitir a entrada da brocha na peça.

O brochamento é um processo de produção em massa no qual normalmente envolve uma grande invesimento, tanto para as brochas como para as máquinas especialmente desenvolvidas para a produção. As peças produzidas por brochamento são extremamente precisas, com furos que estão dentro de 0,013 mm (0,0005 polegada) da medida desejada.

■ 9.62 FUROS

Furos sem acabamento são produzidos em metal através do uso de machos em peças fundidas, puncionagem ou corte por chama. A furação, mostrada na Figura 9.82a, embora superior, não produz um furo extremamente preciso em termos de arredondamento, alinhamento e tamanho. As brocas geralmente abrem furos ligeiramente maiores que a sua medida nominal. Uma broca helicoidal (ver Apêndice 17) é flexível e tende a seguir uma trajetória que lhe oferece menor resistência.

Para peças que requerem maior precisão, a perfuração é seguida pelo broqueamento (como mostra a Figura 9.82b) ou pelo alargamento (como mostram as Figuras 9.82c e 9.82d). Quando um furo precisa receber acabamento por broqueamento, ele é perfurado em medidas ligeiramente inferiores, e o mandril gera um furo que é redondo e bem-alinhado. O alargamento é também usado para aumentar e melhorar a qualidade da superfície de um furo. Os alargadores são ferramentas de acabamento, e conseguem-se melhores resultados limitando o material removido em 0,0040 a 0,0120 no diâmetro.

Perfurar, broquear e então alargar é uma boa prática para produzir furos precisos de bom acabamento. As medidas dos alargadores-padrão estão disponíveis com incremento de 0,4 mm do diâmetro.

O *rebaixamento de furos*, mostrado na Figura 9.82e, é o alargamento na forma cilíndrica de uma porção do comprimento total de um furo para acomodar a cabeça de um parafuso de cabeça cilíndrica ou um parafuso de cobeça com soquete.

O *faceamento pontual* é similar ao rebaixamento de furos, mas é mais ou menos raso, normalmente em torno de 1,5 mm (1/16 polegada) de profundidade ou com profundidade suficiente para aplainar uma superfície áspera, como mostra a Figura 9.82f, ou para dar acabamento à parte superior de uma protuberância com finalidade de formar uma superfície de apoio para o lado inferior da cabeça de um parafuso. Apesar da profundidade de um faceamento pontual ser normalmente 1,5 mm (1/16 polegada), em geral a medida é definida pelo torneiro.

O *escareamento*, mostrado na Figura 9.82.g, é o processo de abrir um orifício cônico em uma das extremidades de um furo, normalmente para acomodar a cabeça de um parafuso de cabeça chata ou para prover um assento para o centro do torno mecânico. A furação e o escareamento podem ser realizados em uma única operação com uma ferramenta chamada de *broca para furação escalonada*.

O *rosqueamento* é a ação de abrir roscas ou filetes em furos pequenos através do uso de tarraxas de um ou vários estilos, como mostra a Figura 9.82h. Antes do rosqueamento, deve ser aberto um furo. Outro meio de se obter um furo com o rosqueado é com o **macho de abrir roscas**, mostrado na Figura 9.83. Usando um macho de abrir roscas, o metal não é removido do furo e sim comprimido. Isso resulta em roscas mais resistentes.

Para a produção de furos, o leiaute é usualmente realizado tratando-se a superfície em primeiro lugar com solução de anil ou outras substâncias adequadas, de modo que os traçados sejam claramente visíveis. Instrumentos pontiagudos denominados riscadores são usados para traçar linhas de centro nas peças. Muitas vezes, uma mesa de superfície lisa e retificada é utilizada para o preparo do trabalho mecânico. Freqüentemente, a peça é presa em um esquadro de ferramenteiro, e as linhas de centro são traçadas com um calibre.

Pequenos anéis de aço temperado podem ser presos temporariamente à peça, de modo que o centro dos anéis coincida com o centro dos furos. A peça é então instalada com o centro de um dos anéis alinhado ao eixo de rotação da placa do torno mecânico. O anel é desparafusado e o furo é aberto, mandrilado e alargado em locais apropriados. Através da repetição deste processo,

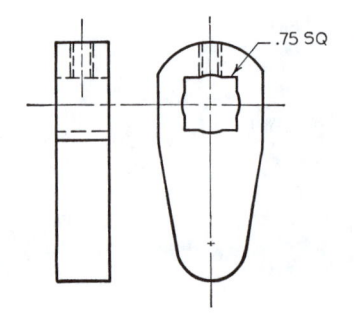

Esta extremidade é menor

Observe que os dentes da direita são mais afiados que os da esquerda

FIGURA 9.81 Brochamento.

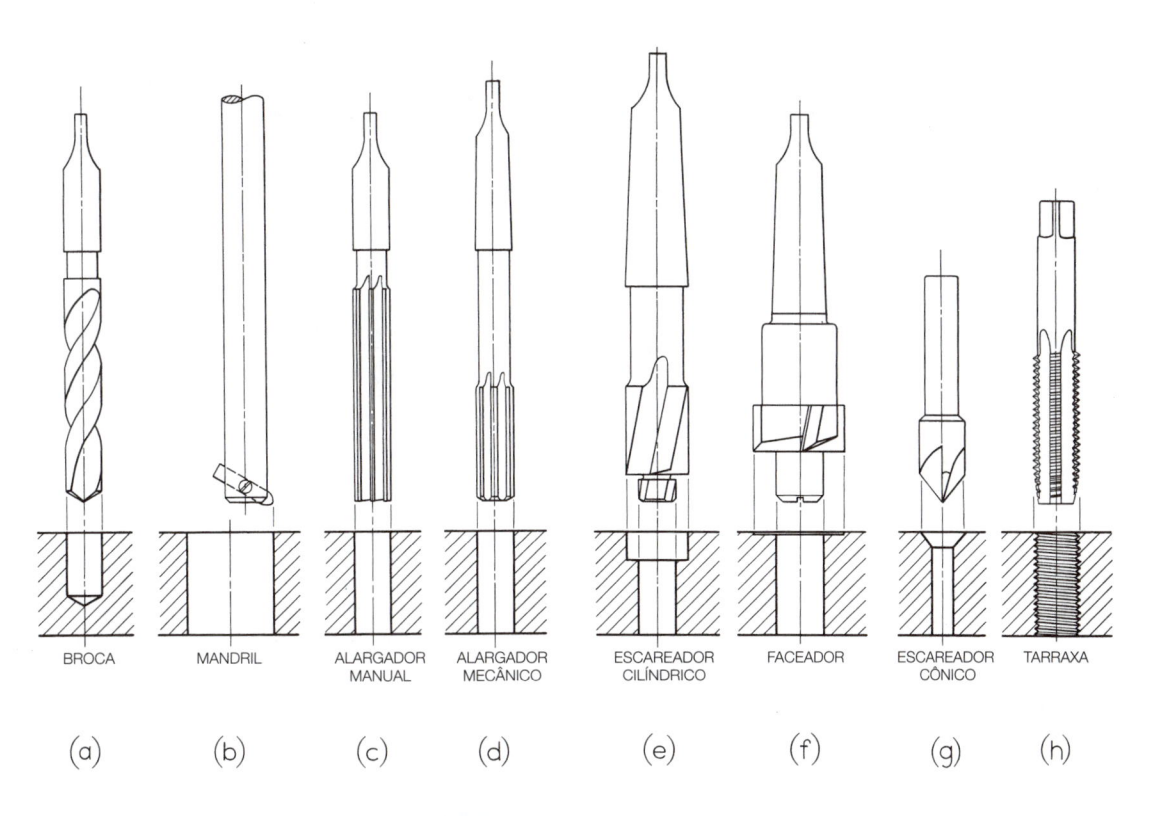

CAPÍTULO 9 • COTAGEM E PROCESSOS DE FABRICAÇÃO 307

FIGURA 9.82 Tipos de furos usinados.

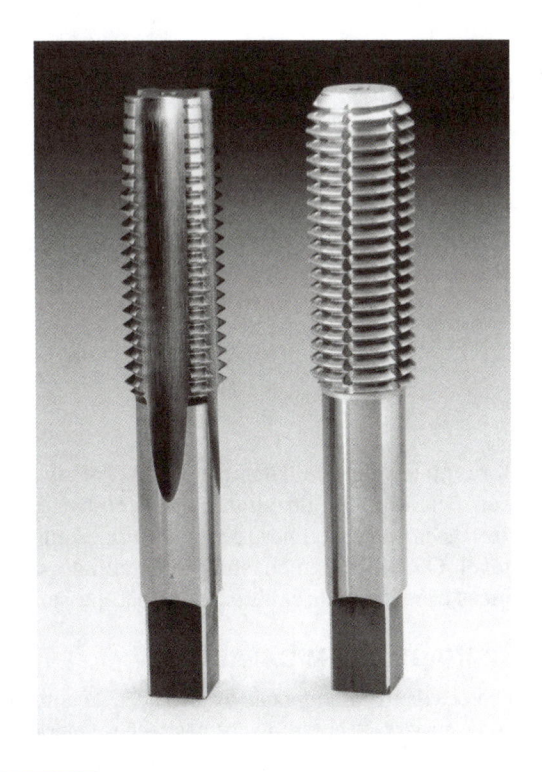

(a) BROCA (b) MANDRIL (c) ALARGADOR MANUAL (d) ALARGADOR MECÂNICO (e) ESCAREADOR CILÍNDRICO (f) FACEADOR (g) ESCAREADOR CÔNICO (h) TARRAXA

FIGURA 9.83 Machos de abrir roscas. *(Cortesia de Cleveland Twist Drill)*

os furos desejados poderiam ser produzidos em seus locais adequados.

9.63 DISPOSITIVOS DE MEDIÇÃO USADOS NA FABRICAÇÃO

Para cotar corretamente, você deve possuir conhecimentos práticos sobre as ferramentas de medição mais comuns. A *régua de aço* ou *escala* dos torneiros, mostrada na Figura 9.84a, é uma ferramenta de medição normalmente utilizada nas oficinas. Para conferir a medida nominal de diâmetros externos, são utilizados o *calibre externo de mola* e a escala de aço, conforme mostram as Figuras 9.84b e 9.84c. Do mesmo modo, o *calibre interno de mola* é usado para conferir as dimensões nominais, como mostrado nas Figuras 9.84d e 9.84e. O *esquadro regulável* pode ser usado para verificar a altura, como mostra a Figura 9.84g, e para uma infinidade de outras medidas.

Para cotas que requerem maior precisão na medição, podem ser utilizados o *paquímetro*, mostrado na Figura 9.84h e 9.84j, ou o micrômetro, mostrado na Figura 9.84k. É uma prática comum verificar medidas de até 0,025 mm (0,0010 polegada) com esses instrumentos, e em algumas instâncias eles são usados para medições diretas de até 0,0025 mm (0,00010 polegada).

Dispositivos de medição computadorizados ampliaram o limite da precisão que podia ser conseguida anteriormente. A Figura 9.85 ilustra micrômetros e paquímetros com leitura digital,

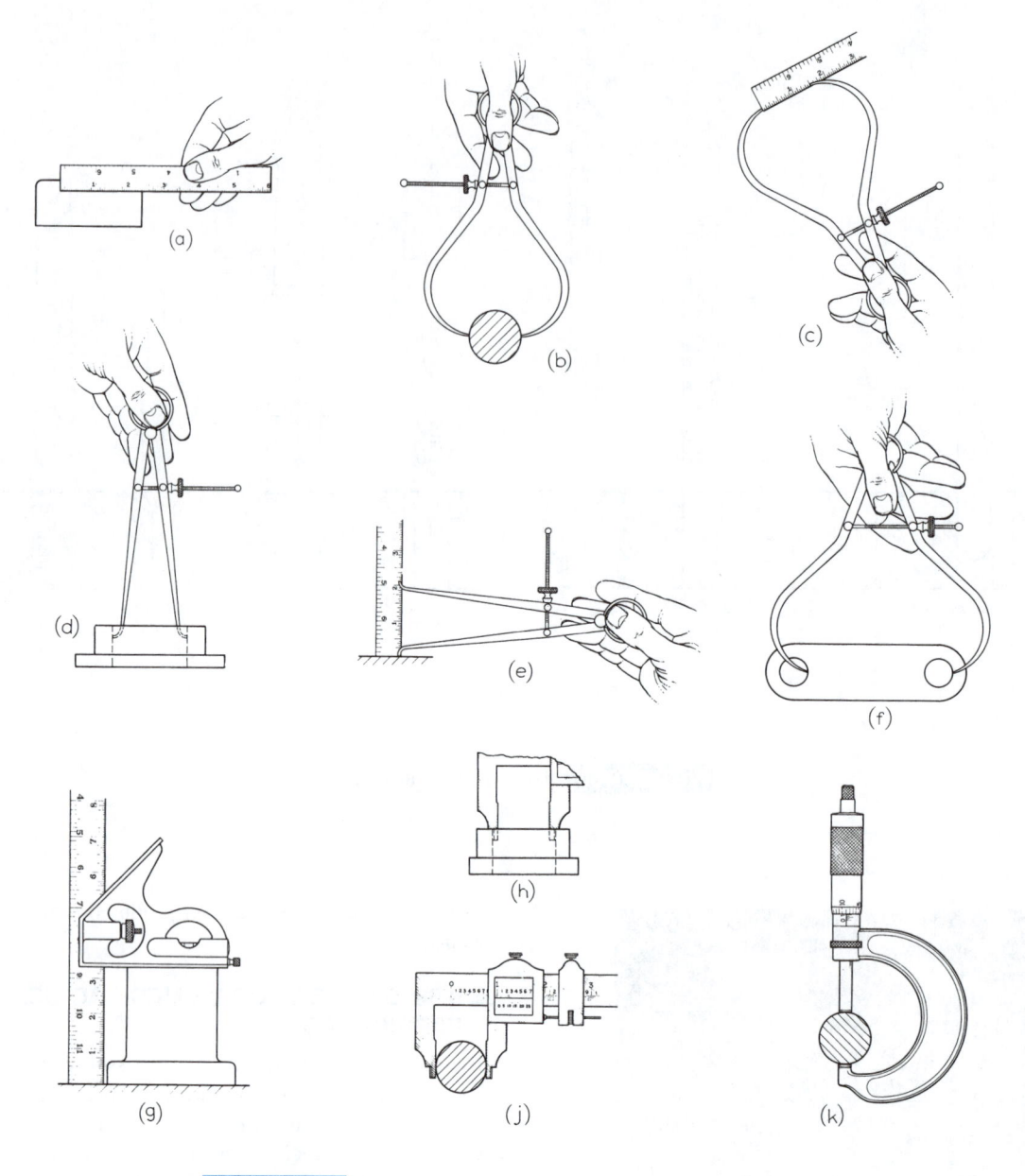

FIGURA 9.84 Dispositivos de medição usados por torneiros.

que contêm microprocessadores. Além de fornecer uma impressão do valor da medição por meio de uma impressora ou de um gravador portátil, o dispositivo também calcula uma lista de parâmetros estatísticos, como média, valores mínimos e máximos e desvio-padrão.

Os dispositivos de medição que são projetados para verificar somente uma cota particular são chamados de *calibre fixo*. Um tipo comum de calibre fixo consiste em dois cilindros cuidadosamente acabados. Para uma determinada faixa de medidas de furo, o cilindro menor entrará no furo, mas o maior não. Se o diâmetro do cilindro grande for feito levemente maior do que o diâmetro máximo aceitável para o furo, e se o diâmetro do cilindro pequeno for feito levemente menor que o diâmetro mínimo aceitável do furo, então o cilindro grande *não entrará jamais* em qualquer furo aceitável e o cilindro pequeno *entrará* em qualquer furo aceitável. O calibre fixo constituído de cilindros com tais características é chamado de calibre "passa-não-passa".

9.64 USINAGEM SEM CAVACOS

Vários processos de manufatura não usam a ação de corte descrita na maioria dos processos apresentados nas seções anteriores.

A *usinagem química* remove o material através de reações químicas na superfície da obra. Uma solução para a gravação – ácida ou básica – é agitada em torno da obra que recebe máscara

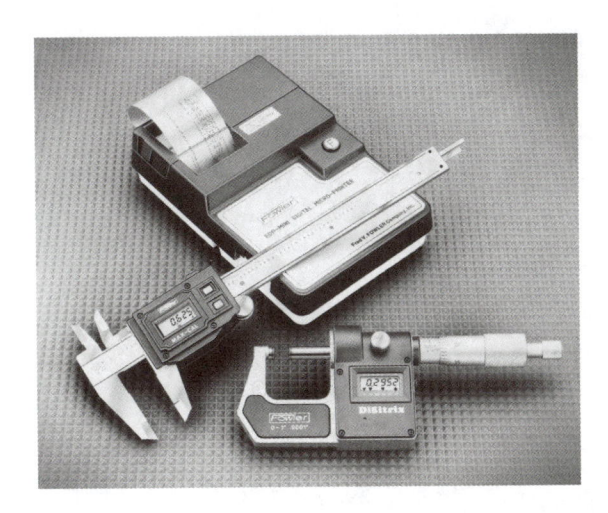

FIGURA 9.85 Sistemas de medição computadorizados. *(Cortesia de Fred V. Fowler Co., Inc.)*

em locais onde não se deseja remover o material. Para um material muito homogêneo, a tolerância que pode ser conseguida com tal operação é de +- 0,08 mm (0,03").

A *usinagem por eletroerosão de descarga eletrônica* utiliza centelha elétrica de alta energia que forma descargas de alta densidade na superfície da peça de trabalho. A tensão térmica, excedendo a resistência do material da peça, gera partículas miúdas que se desprendem da peça. Embora esse processo seja lento, ele permite gerar formas complicadas para serem talhadas em materiais duros, como carboneto de tungstênio.

As *ferramentas de usinagem a laser* estão ajudando projetistas e engenheiros de produção a aumentar a produtividade sobre uma faixa bastante ampla de aplicações de usinagem. Sistemas a laser reduzem custos e melhoram a qualidade de muitos produtos manufaturados que requerem corte, gravação, riscadura, furação, soldagem, picotagem ou tratamento térmico.

O corte de metal é a maior aplicação para sistemas a laser. Os processos a laser oferecem várias vantagens sobre processos típicos do corte, incluindo maior precisão e flexibilidade, custos reduzidos e maior quantidade de material processado por unidade de tempo. O laser produz larguras de corte extremamente estreitas, oferecendo precisão inigualável para corte térmico de furos pequenos, soquetes estreitos e gabaritos posicionados muito próximos uns aos outros. A largura típica do corte é de 0,10 mm a 0,25 mm (0,0040 a 0,0100 polegada) para metais de até 9,5 mm (0,3750 polegada) de espessura.

Um sistema a laser típico inclui o laser, a estação para manuseio da obra, o controle numérico por computador e o dispositivo de distribuição de feixes de laser, conforme mostra a Figura 9.86.

O sistema de furação computadorizado mostrado na Figura 9.87 combina a máquina de punção de precisão com um feixe de laser para produzir furos cilíndricos convencionais ou furos de outras formas. O laser é usado para abrir furos que são impraticáveis ou impossíveis para ferramentas convencionais. O laser pode cortar materiais que não podem ser puncionados com sucesso, como acrílico, placas de circuito impresso, madeira compensada, papelão duro, titânio e borracha.

9.65 SOLDAGEM

A *soldagem* é um processo de junção de metais por fusão. Embora a soldagem a laser esteja se tornando popular em instalações industriais sofisticadas, a soldagem a arco elétrico, a soldagem a gás, a soldagem a resistência e a soldagem a arco em atmosfera de hidrogênio de placas, tubulações e ângulos são mais usualmente empregadas.

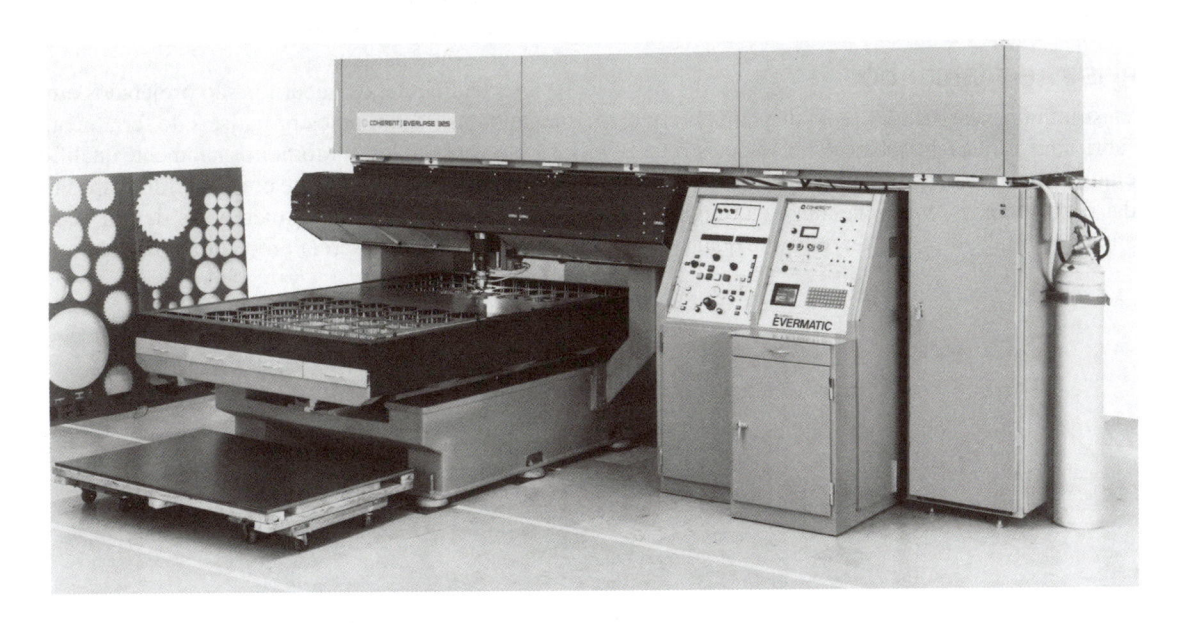

FIGURA 9.86 Centro de processamento a laser. *(Cortesia de Coherent, Inc.)*

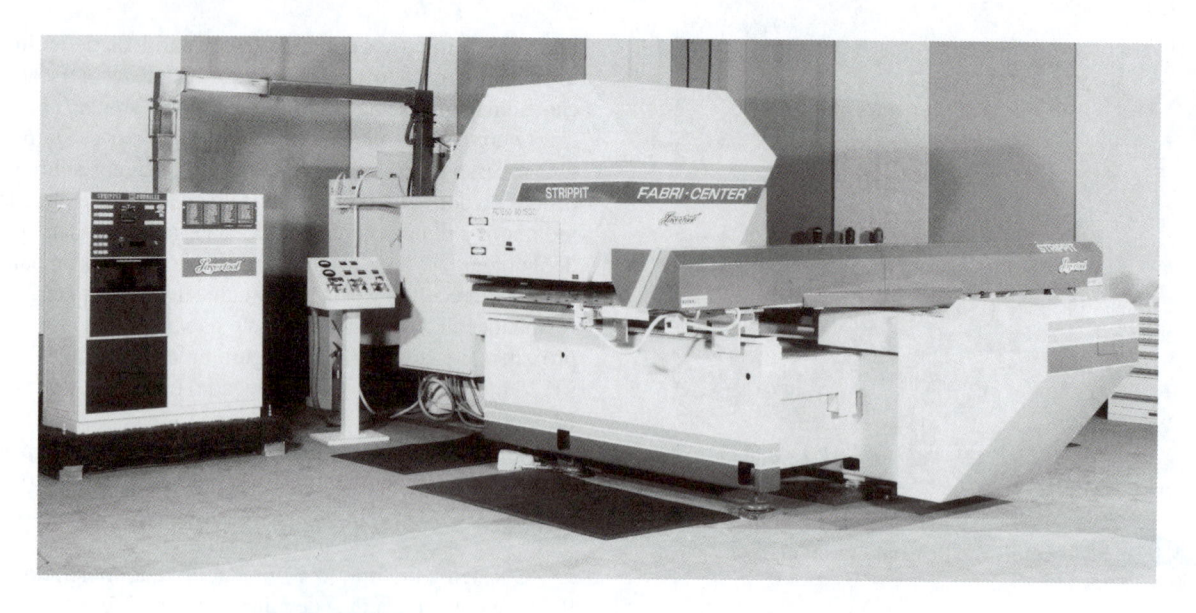

FIGURA 9.87 Sistema de corte e furação a laser controlado numericamente. *(Cortesia de Strippit/Di-Acro Houdaille)*

As estruturas soldadas são construídas, na maioria dos casos, a partir de perfis pré-fabricados, particularmente chapas, tubulações e cantoneiras. Freqüentemente, ambas as operações de tratamento térmico e de usinagem devem ser aplicadas em peças mecânicas soldadas. Visto que a soldagem costuma distorcer uma peça ou estrutura o suficiente para alterar permanentemente as dimensões em que tinha sido cortada, é uma prática usual não soldar um trabalho que requer precisão depois de feita a usinagem de acabamento, a não ser que o volume do material soldado seja muito pequeno em comparação ao volume da peça. Os símbolos de soldagem são mostrados no Apêndice 33.

9.66 PERFIS PRÉ-FABRICADOS

Muitas formas estruturais padronizadas estão disponíveis em dimensões pré-fabricadas para a fabricação de peças ou estruturas. Dentre elas, temos barras de várias formas, chapas, formas estruturais laminadas e extruturadas, conforme mostra a Figura 9.88. O tubo mostrado na Figura 9.88e pode ser redondo, quadrado ou retangular e pode ser formado por extrusão sem costura ou por chapas entortadas e costuradas através de solda.

9.67 GABARITOS

Uma máquina de usinagem de uso geral pode ter sua eficácia em um trabalho específico aumentado por meio de gabaritos. Um *gabarito de guia* (Figura 9.89) é um dispositivo que fixa o trabalho e guia a ferramenta; normalmente, ele não é preso de forma rígida a uma máquina. Um *gabarito de fixação* é rigidamente unido à máquina, tornando-se uma verdadeira extensão dela, e segura a peça em posição para as ferramentas de corte sem agir como uma guia para elas.

Normalmente, os gabaritos são projetados em um departamento de usinagem pelos projetistas de ferramentas. Em geral, eles são construídos por torneiros altamente qualificados usando equipamentos especialmente precisos. Tais dispositivos de usinagem possuem geralmente tolerâncias de um décimo daquelas exigidas das peças a serem produzidas nos gabaritos.

(a) CHAPA (b) BARRA QUADRADA (c) BARRA HEXAGONAL (d) EIXO (e) TUBO (f) CANTONEIRA (g) VIGA I (h) CALHA (j) EXTRUSÃO

Perfis estruturais laminados

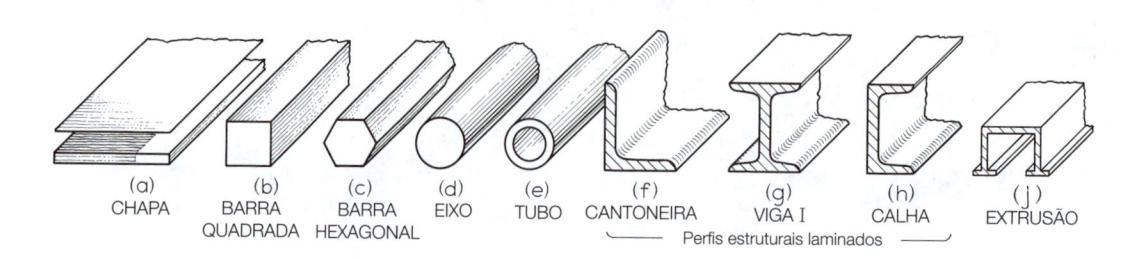

FIGURA 9.88 Formas usuais dos perfis pré-fabricados.

FIGURA 9.89 Uso de gabarito para furação.

■ 9.68 FORJAMENTO

O *forjamento* é o processo de conformação de metais por meio de prensagem ou de martelamento. Geralmente, faz-se o forjamento a quente, quando o metal é previamente aquecido a uma temperatura requerida. Alguns metais mais maleáveis podem ser forjados sem aquecimento, e o processo é conhecido como forjamento a frio. Quando o metal está sob pressão, o material é comprimido e a sua resistência aumenta significativamente. Gerar formas complexas por forjamento é extremamente caro devido ao custo das matrizes. Peças forjadas geralmente são feitas de aço, cobre, latão, bronze, alumínio, magnésio, titânio e outras ligas.

■ 9.69 TRATAMENTO TÉRMICO

No *tratamento térmico*, o calor é usado para alterar a propriedade de metais. Procedimentos diferentes afetam metais de maneiras distintas. O *recozimento* e a *normalização* envolvem o aquecimento até uma faixa de temperatura crítica seguida de um esfriamento lento para amolecer o metal, eliminando as tensões internas geradas por processos de manufatura aplicados anteriormente.

O *endurecimento* requer um aquecimento até uma temperatura acima da temperatura crítica, seguida de um esfriamento rápido – abafamento em óleo, água, salmoura ou, em alguns casos, ar. A *têmpera* reduz tensões internas causadas pelo endurecimento e, ao mesmo tempo, melhora a tenacidade e a maleabilidade. A *têmpera superficial* é uma maneira de endurecer apenas a superfície de uma peça de aço enquanto a região interna da peça permanece inalterada. A têmpera superficial é realizada através de *carburação*, seguida por tratamento térmico, através de *cianuretação*, seguida por tratamento térmico, através de *nitruração*, através de *têmpera por indução* e através de *têmpera a fogo*.

Os lasers são amplamente utilizados para transformações de endurecimento de áreas selecionadas das peças metálicas. O endurecimento a laser aplica menos calor à peça do que métodos tradicionais, e a distorção térmica é reduzida drasticamente.

■ 9.70 PROCESSAMENTO DE PLÁSTICOS

As duas principais famílias de plásticos são os *plásticos de termocura* e *termoplásticos*. Uma vez conformados, os plásticos de termocura não amolecerão quando aquecidos, enquanto que os termoplásticos amolecerão toda vez que o calor for aplicado. Alguns dos materiais termoplásticos comuns são ABS (*acrylonitrile-butadiene-styrene*), acetal, celulóticos, náilon, policarbonatos, PET (*polyethylene-terephthalate*), polipropileno, polietileno, sulfones e vinil. Os plásticos de termocura mais comuns incluem epóxis, melaminas, fenólicos, poliésteres, poliuretanos, silicones e uréias. Poliésteres termoplásticos também são fabricados.

Operações típicas de processamento de plásticos incluem extrusão, moldagem a sopro, moldagem por compressão, moldagem por transferência, moldagem por injeção e *thermoforming*.

■ 9.71 MOLDAGEM POR EXTRUSÃO

Uma máquina de *moldagem por extrusão* transfere granulados sólidos de plástico, corantes e demais aditivos de um alimentador de funil para uma câmara de aquecimento. A rosca de extrusão conduz material à matriz através de um cilindro aquecido. A forma da matriz determina a forma da seção transversal da peça que sofreu extrusão. Algumas aplicações típicas do processo de extrusão incluem fabricações de plásticos peletizados, extrusão de tubos, filmes de sopro e moldagem a sopro.

■ 9.72 MOLDAGEM A SOPRO

Operações de *moldagem a sopro* são classificadas como moldagem a sopro por extrusão, injeção e estiramento. Em uma máquina de *moldagem a sopro por extrusão*, mostrada na Figura 9.90, uma forma preliminar semelhante a um tubo oco é extrudada e o molde é fechado, selando a extremidade inferior do tubo. Quando o ar comprimido entra através do bocal de sopro, a forma preliminar se expande e se acomoda no molde. A peça é esfriada em contato com a superfície do molde e, em seguida, é removida do molde. Recipientes de líquidos, encostos de assentos, peças de brinquedos e garrafas de refrigerantes são formas comuns de moldagem a sopro por extrusão.

Pára-choques e outros componentes externos aerodinâmicos de caminhões, moldados a sopro, são mostrados na Figura 9.91. O desenho do sistema do pára-choque, com suas sete peças diferentes de até 7 pés de comprimento e 75 libras de peso, melhora o consumo de combustível através da redução da turbulência e da resistência do ar.

Na *moldagem a sopro por injeção*, mostrada na Figura 9.92, a forma preliminar semelhante à de um tubo de ensaio gerada pela extrusão é transferida para a estação de moldagem a sopro. Uma vantagem do processo é que não existe rebarba para ser removida, e qualquer detalhe de rosca na boca de uma garrafa depende apenas da qualidade do molde de injeção.

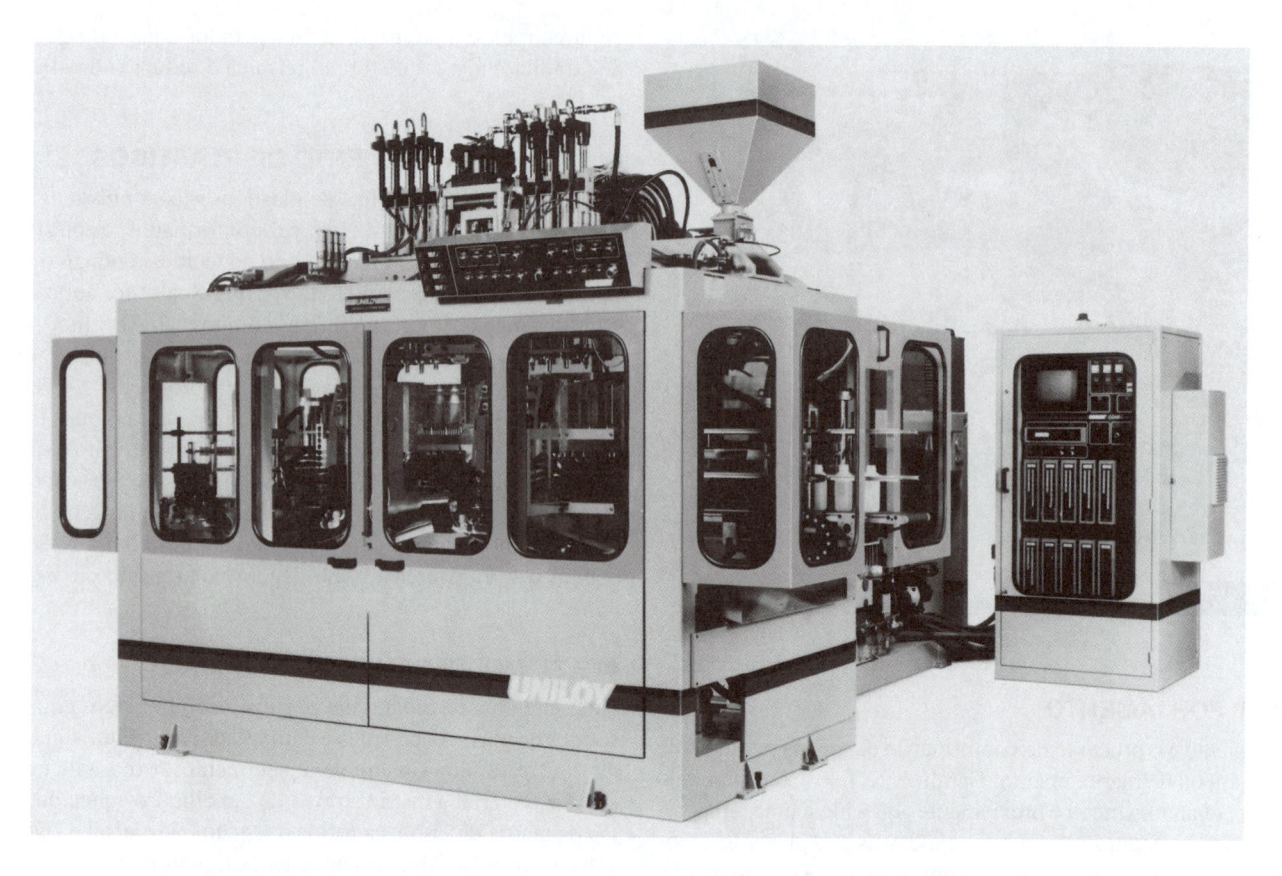

FIGURA 9.90 Máquina de *moldagem a sopro por extrusão*. *(Cortesia de Johnson Controls, Plastics Machinery Division)*

FIGURA 9.91 Pára-choque aerodinâmico moldado por sopro. *(Cortesia da Navistar International Transportation Corp.)*

Na *moldagem a sopro por estiramento*, a forma preliminar é gerada tanto por extrusão quanto por injeção, e é logo esticada e soprada nas direções axial e radial. As vantagens desse processo são uma maior resistência, melhor claridade, aumento da resistência ao impacto e maior rigidez.

9.73 MOLDAGEM POR COMPRESSÃO

Na *moldagem por compressão*, uma carga de material plástico, geralmente plástico de termocura, é colocado em um molde. O molde é fechado, e um êmbolo comprime o material de modo que calor e pressão modificam o plástico, que adquire a forma da cavidade do molde. A pressão é mantida durante o ciclo de cura, depois do qual o êmbolo é removido e a peça é ejetada. Discos previamente conformados e aquecidos são freqüentemente utilizados para melhor controle do volume do material, por meio do qual se reduz a variação na espessura ou na densidade da peça.

9.74 MOLDAGEM POR TRANSFERÊNCIA

Na *moldagem por transferência*, uma quantidade de plástico de termocura é colocada em uma câmara ou pote e, então, é forçada para fora do pote e para dentro das cavidades fechadas onde ocorre a polimerização. Os plásticos usados são geralmente mais

FIGURA 9.92 Máquina de moldagem a sopro por injeção. *(Cortesia de Jomar)*

maleáveis que aqueles usados em moldagem por compressão. Isso permite a produção de peças que possuam nervuras ou seções finas que não podem ser fabricadas através de moldagem por compressão.

■ 9.75 MOLDAGEM POR INJEÇÃO

A *moldagem por injeção*, mostrada na Figura 9.93, usa termoplásticos granulares ou em pó, que são alimentados em um cilindro em que material é preaquecido até sua temperatura de fusão. O plástico derretido é transportado através do cilindro pela rosca e injetado através de um bucal para dentro do molde, onde o plástico se solidifica na forma das cavidades do molde. A prensa é aberta depois do esfriamento do plástico, e então as peças são ejetadas. Devido ao custo relativamente alto dos equipamentos, o processo é, em geral, adequado à produção em massa.

■ 9.76 THERMOFORMING

O *thermoforming* é um processo no qual um ou ambos os lados de uma folha de termoplástico são aquecidos de modo que ela possa ser conformada em vários produtos. Uma vez que a folha aquecida é posicionada e fixa sobre o molde, exerce-se pressão no lado externo da folha, e um vácuo é produzido para evacuar o ar que é preso entre a folha e o molde. Depois do esfriamento do plástico, usa-se ar comprimido para retirar as peças do molde.

A Figura 9.94 mostra uma máquina moldando recipientes de ovos de poliestireno de alto impacto, na velocidade de aproximadamente 200 recipientes por minuto. A seguir, os recipientes são cortados em uma prensa de corte e empilhados automaticamente para embalagem e transporte.

■ 9.77 PROTOTIPAGEM RÁPIDA

Quando protótipos são julgados necessários por várias razões, o computador entra em cena novamente. Muitas empresas estão projetando seus produtos com pacotes de projeto em 3-D e, em seguida, alimentam os dados de CAD em programas que avaliam a geometria do projeto e geram um conjunto separado de dados, os quais depois são usados de vários modos. Os dados gerados podem ser encaminhados a uma máquina de usinagem de comando numérico por computador (CNC) e uma amostra pode ser feita a partir dos dados. Os dados também podem ser repassados para um equipamento de prototipagem rápida que utiliza tecnologias como a estereolitografia (*stereolithography* – SLA), a sinterização seletiva a laser (*selective laser sintering* – SLS), a manufatura por partículas balísticas (*ballistic particle manufacturing* – BPM) e a manufatura de objetos laminados (*laminated object manufacturing* – LOM).

O SLA constrói peças a partir de camadas de fotopolímeros curados a laser. O processo SLS constrói peças camada por camada com laser a partir de materiais pulverizados, como náilon, policarbonatos, ou materal compósito de vidro-náilon. Algumas máquinas de prototipagem rápida constroem objetos pela pulverização de partículas derretidas de um termoplástico. O processo LOM constrói o objeto camada por camada a partir de rolos de materiais laminados similares ao papel.

Além do uso em prototipagem e geração de matrizes de ferramentas de precisão, estes dispositivos estão começando a encontrar aplicações em produções-piloto ou de volume limitado.

FIGURA 9.93 Máquina de *thermoforming*. *(Cortesia de Brown Machine Division, John Brown Plastics Machinery, Inc.)*

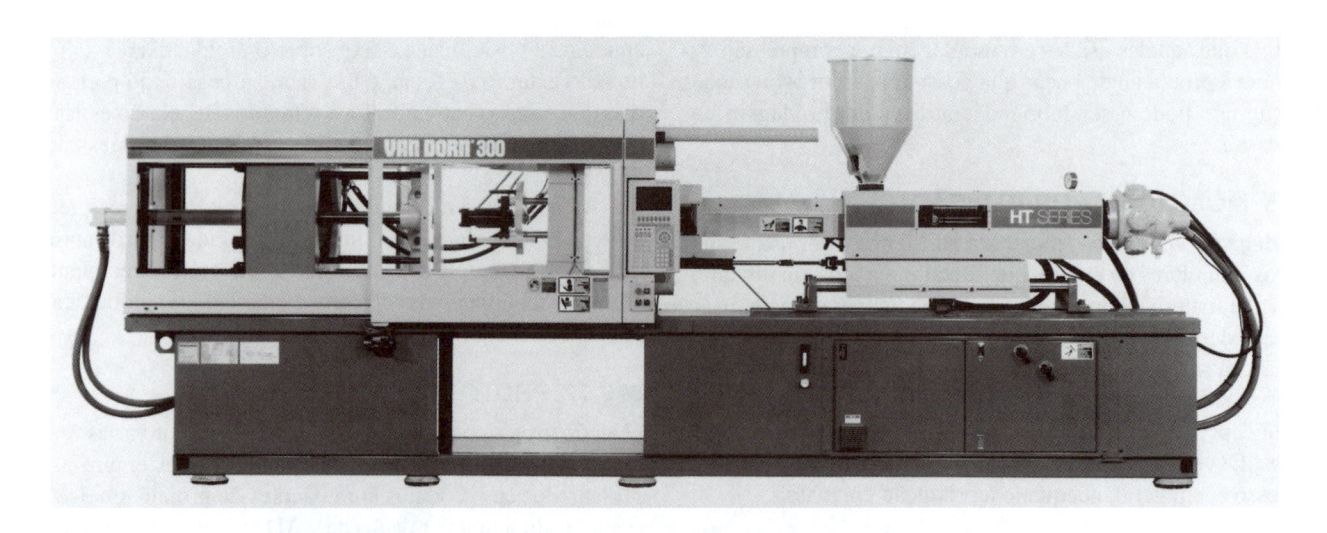

FIGURA 9.94 Máquina de moldagem por injeção. *(Cortesia de Van Dorn Demag Corp.)*

PALAVRAS-CHAVES

ângulo de saída	cotas de encaixe	linha de chamada	plaina de mesa
arredondamento externo	cotas de posição	linha de cota	plaina limadora
arredondamento interno	declividade	linha de molde	polegadas
aspereza	escareamento	linha externa de molde	rebaixo de furo
calibre fixo	esquadros	linha interna de molde	recartilhamento
chanfro	estendido	linha neutra	referencial
circunferência de parafusos	faceamento pontual	macho de abrir roscas	rosqueamento
conicidade	fresa de broquear	marca de acabamento	sistema alinhado
conicidade por unidade de diâmetro	fresadora	matéria-prima	sistema SI
	fundição em molde de areia	metros	sistema unidirecional
conicidade-padrão de usinagem	furadeira de coluna	milímetros	talude
	gabarito de fixação	moldagem por compressão	textura superficial
cortes	gabarito de guia	moldagem por extrusão	*thermoforming*
cota de referência	inclinação	moldagem por injeção	tolerância para dobra
cotagem	indicador	moldagem a sopro	torno
cotagem combinada	jarda	moldagem por transferência	
cotagem completamente decimal	linha de base	notas locais	
	linha de centro	paquímetro	
cotas de dimensão	linha de centro da dobra	pés	

RESUMO DO CAPÍTULO

- A fim de aumentar a clareza, adicionam-se cotas e notas a um desenho para descrever com precisão a dimensão, a posição e o processo de manufatura.

- Aplica-se escala aos desenhos para encaixá-los em uma folha de papel padronizada. Os desenhos criados manualmente são feitos em escala. Em sistemas CAD, os desenhos são feitos em tamanho natural e aplica-se a escala quando são impressos.

- Os três tipos de escala são: métrica, de engenharia e de arquitetura.

- As cotas e as notas são colocadas no desenho de acordo com as normas preestabelecidas.

- As cotas posicionadas incorretamente em um desenho são consideradas um erro, como se os números na cota estivessem errados.

- Técnicas especiais de cotagem são usadas para superfícies que são usinadas por um dos processos de fabricação.

- Atualmente, a maioria das peças são feitas de metal ou de plástico. O processo de transformação das matérias-primas de metal ou plástico em uma peça acabada é chamado de processo de fabricação.

- Na produção em massa, usam-se equipamentos rápidos e precisos para adicionar, remover ou conformar matéria-prima em formas e dimensões específicas.

- O metal pode ter sua forma moldada através da fundição, ou seja, através do preenchimento de um molde por metal fundido. O metal pode ser removido por vários processos de usinagem, sendo os mais comuns o torneamento, a furação e a fresagem.

- O metal pode ser conformado através do forjamento. Calor e pressão podem transformar a matéria-prima em sua forma final através de processos incrementais.

- O plástico pode ser conformado com muito mais facilidade que o metal. Usando plástico, peças pequenas com detalhes geométricos podem ser produzidas em massa com grande precisão e baixo custo.

- Alguns plásticos são derretidos e conformados. Outros processos de conformação de plásticos utilizam pressão para criar a forma final.

- As convenções usadas nos desenhos combinados com notas detalhadas representam os vários processos de fabricação. Esses desenhos e notas são instruções de fabricação que os técnicos da oficina utilizam para criar o objeto desejado.

QUESTÕES DE REVISÃO

1. Ao cotar um desenho, que tipo de linha não deve jamais cruzar com outra?
2. Como é feita a análise geométrica usada na cotagem?
3. Qual é a diferença entre cota de dimensão e cota de posição?
4. Qual é o sistema de cotagem que permite a leitura de cotas a partir do lado inferior e do lado direito? Quando uma cota pode ser lida partindo-se do lado esquerdo?
5. Esboce um exemplo de cota angular.
6. Quando se usam as marcas de acabamento? Desenhe dois tipos.
7. Como é feita a cotagem de cilindros positivos e negativos? Desenhe exemplos.
8. Como são cotados os furos e arcos? Desenhe exemplos.
9. Para que servem as notas e os indicadores?
10. Por que é importante evitar cotas supérfluas?
11. Liste os processos de fabricação aplicados a metais que removem o material para criar uma forma final.
12. Liste vários processos de fabricação que adicionam metal para criar uma forma final.
13. Quais são os processos de fabricação que conformam metais sem adicionar ou remover qualquer material?
14. Quais são os processos básicos de fabricação de plásticos utilizados nas indústrias?
15. Como um desenho de engenharia diferencia um furo feito apenas por furação daquele que foi alargado?
16. Qual é a finalidade do arredondamento dos cantos internos e externos?
17. Quais são as funções dos gabaritos em um processo de fabricação?
18. Qual é a diferença básica entre o processamento de metal e o de plástico?

PROJETOS DE COTAGEM

Você praticará a cotagem usando desenhos de execução apresentados em outros capítulos. Vários projetos especiais de cotagem estão disponíveis aqui, nas Figuras 9.95 e 9.96. Os problemas são elaborados para uma folha A4 e devem ser esboçados e cotados em escala natural.

PROJETO

Projete um quebra-cabeça com peças que podem ser montadas e desmontadas, ou que podem ser encaixadas de várias maneiras. O Cubo de Rubic (*Rubic's Cube*) é um dos exemplos de quebra-cabeça, mas você pode pensar em algo mais simples ou mais complexo. Analise quais materiais e processos deveriam ser usados para produzir em massa o seu quebra-cabeça. Desenhe perspectivas e vistas ortográficas em escala natural, especificando cotas de acordo com as práticas que você aprendeu neste capítulo. Use uma nota genérica para especificar a tolerância, o material e os acabamentos necessários para fabricar as peças.

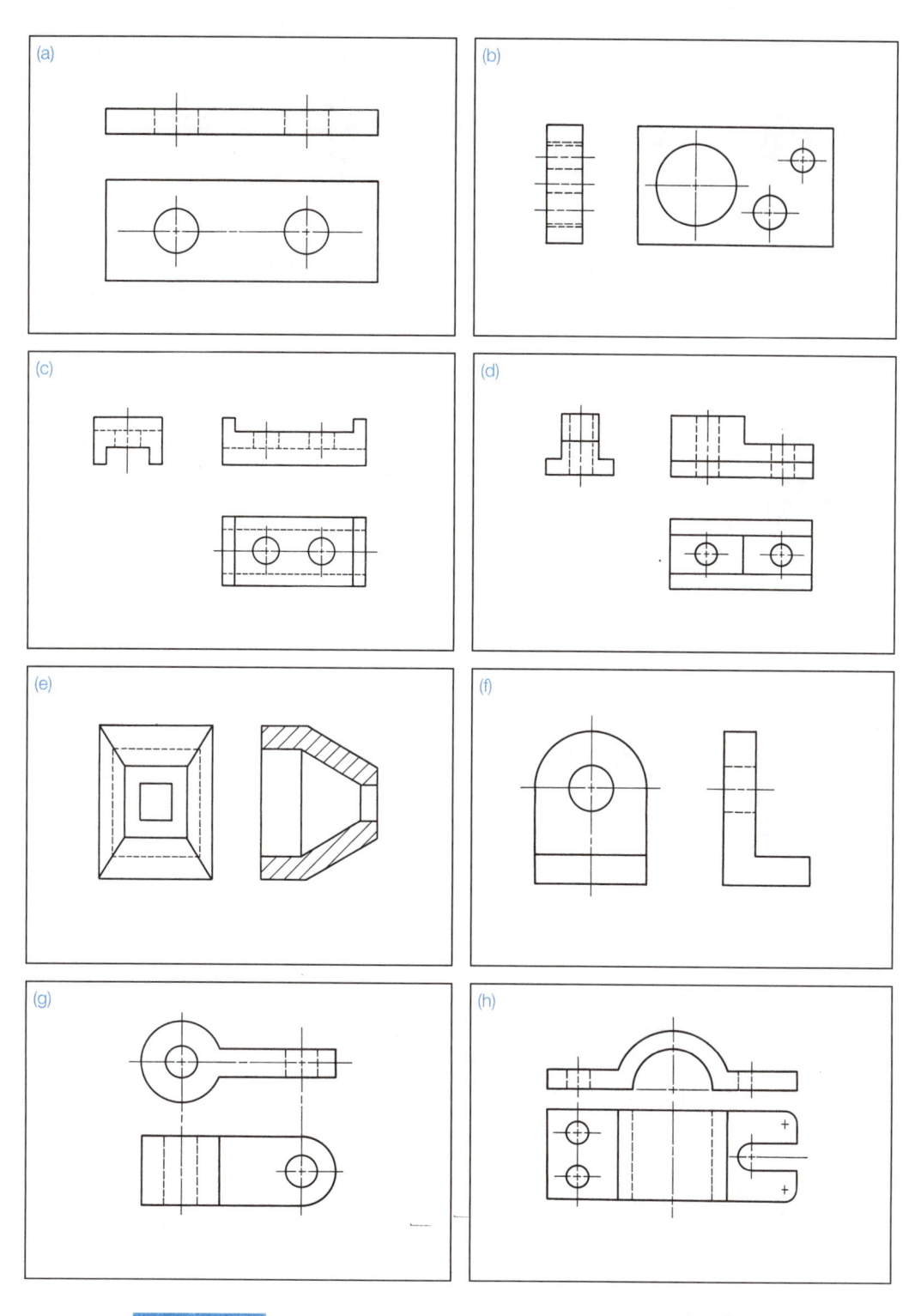

FIGURA 9.95 Usando uma folha A4, desenhe ou utilize CAD para desenhar as peças mostradas. Para determinar as dimensões, tire as medidas da figura. Pressuponha que as peças são mostradas na escala reduzida 1:2. Cote completamente o desenho com milímetros de uma casa decimal ou polegadas de duas casas decimais, em escala natural. Veja a parte interna da contracapa para a conversão de valores em milímetros e polegadas.

(a) (b) (c) (d) (e) (f) (g) (h)

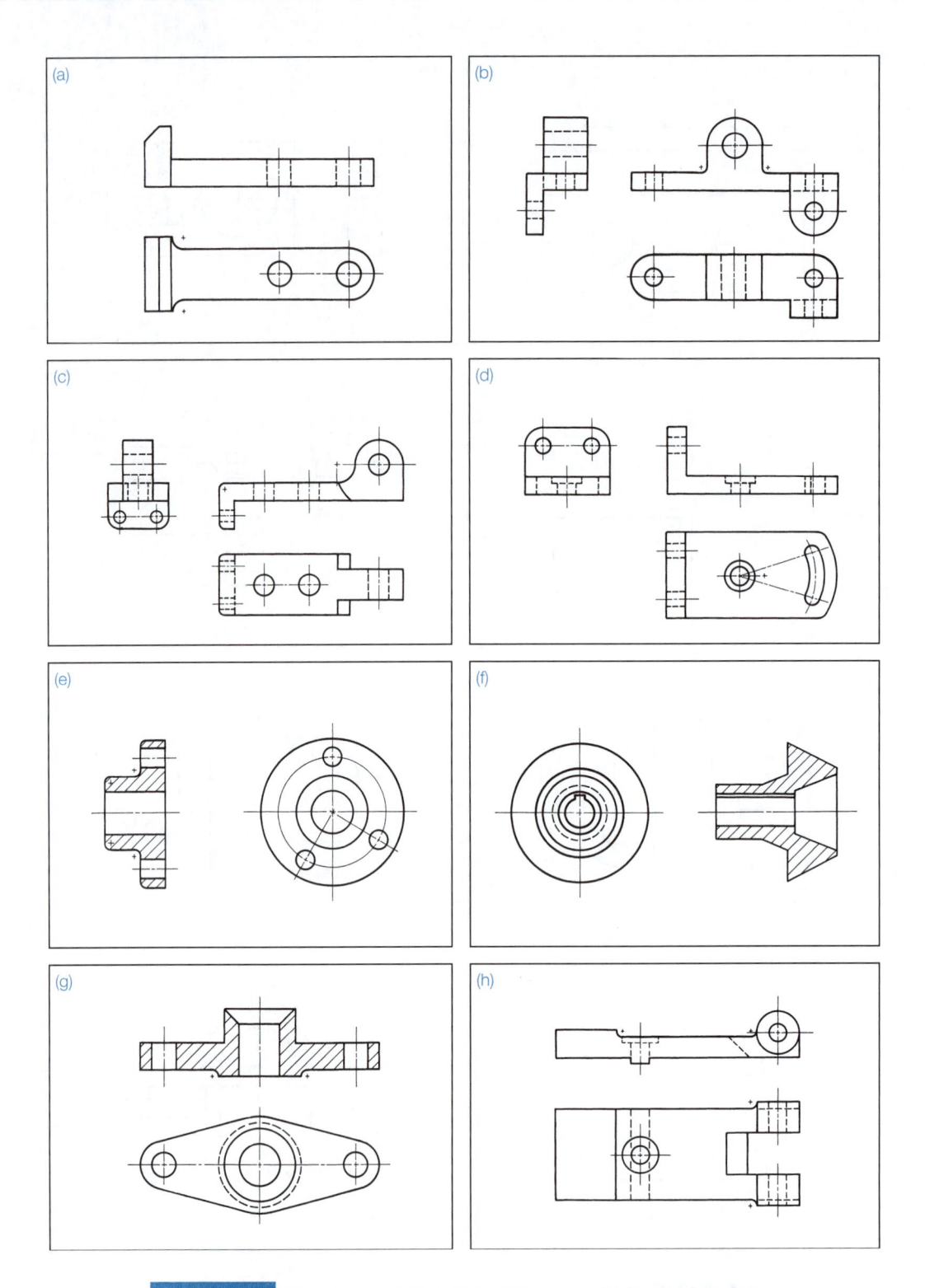

FIGURA 9.96 Usando uma folha A4, desenhe ou use CAD para desenhar as peças mostradas. Para determinar as dimensões, tire as medidas da figura. Pressuponha que as peças são mostradas na escala reduzida 1:2. Cote completamente o desenho com milímetros de uma casa decimal ou polegadas de duas casas decimais, em escala natural. Veja a parte interna da contracapa para a conversão de valores em milímetros e polegadas.

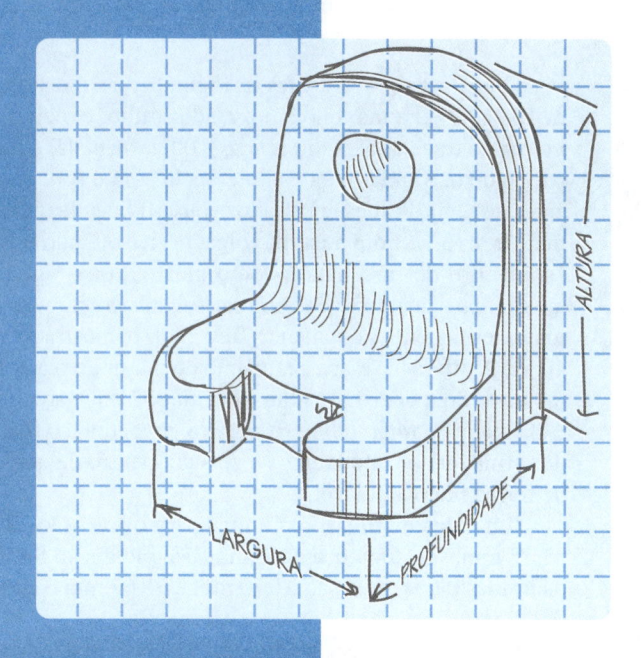

CAPÍTULO 10

TOLERÂNCIAS

OBJETIVOS

Após estudar o conteúdo deste capítulo, você será capaz de:

1. Descrever o tamanho nominal, a tolerância, os limites e a folga admissível entre duas peças ajustáveis.
2. Identificar um ajuste com folga, um ajuste com interferência e um ajuste incerto.
3. Descrever os sistemas furo-base e eixo-base.
4. Cotar partes ajustáveis usando cotagens de limites, tolerâncias unilaterais e tolerâncias bilaterais.
5. Descrever as classes de ajustes e dar exemplos de cada uma.
6. Desenhar símbolos geométricos de tolerância.
7. Especificar tolerâncias de posição e tolerâncias geométricas.

VISÃO GERAL

A manufatura intercambiável permite que peças feitas em diferentes lugares se ajustem quando montadas. É essencial para a produção em massa que todas as peças se ajustem adequadamente, e esta intercambialidade requer controle efetivo das dimensões por parte do engenheiro.

Por exemplo, um fabricante de automóveis subcontrata a fabricação de peças a outras companhias – tanto peças para automóveis novos como peças de reposição para reparos. Todas as peças devem ser suficientemente parecidas para que qualquer uma possa ajustar-se adequadamente em qualquer montagem. As peças podem ser feitas com dimensões muito precisas, até alguns milionésimos de polegada ou milésimos de milímetro – como nos blocos de aferição –, mas peças muito precisas são extremamente caras e ainda haverá alguma variação entre as dimensões exatas e o tamanho real da peça.

Felizmente, não são necessários tamanhos exatos. A precisão necessária de uma peça depende de sua função. Um fabricante de triciclos para crianças sairia rapidamente dos negócios se as peças fossem feitas com a precisão de uma turbina a jato – ninguém estaria disposto a pagar o preço. Fornecer uma tolerância junto com uma cota permite que esta seja especificada com qualquer nível de precisão requerido.

A qualidade na indústria é principalmente um fator da tolerância de fabricação. Produtos com pequena variação na forma e no tamanho são considerados de alta qualidade e podem implicar em preços mais elevados. As perdas ocorrem quando um processo de produção não pode manter a forma e o tamanho dentro dos limites preestabelecidos. Monitorando os processos de manufatura e reduzindo as perdas, uma empresa pode aumentar seus lucros. Essa relação direta com os lucros é a razão pela qual definir tolerâncias é fundamental para o sucesso da indústria.

A definição de tolerâncias é uma extensão do processo de cotagem. As tolerâncias fornecem informações adicionais sobre a forma, o tamanho e a posição de todos os detalhes de um produto. Elas comunicam como fabricar um produto. Os programas CAD geralmente fornecem ferramentas para cotagem, tolerâncias e verificação de ajustes, assim como interferências que podem ajudar a definir tolerâncias.

■ 10.1 COTAGEM DE TOLERÂNCIAS

A *tolerância* é a quantidade total que uma cota específica pode variar (ANSI/ASME Y14.5M-1994). Por exemplo, uma cota dada como 1,625 ± 0,002 significa que a peça fabricada pode ser 1,6270 ou 1,6230 ou qualquer cota entre esses dois *limites*. A tolerância é 0,0040. Como uma precisão maior custa mais caro, especifique a tolerância o mais generosamente possível, mas de forma que permita um funcionamento satisfatório da peça.

As tolerâncias são atribuídas para que quaisquer duas peças montadas se ajustem, como mostra a Figura l0.1a. Neste caso, o tamanho real do furo não pode ser menor que 1,250 polegada e não maior que 1,251 polegada; esses são os limites para a cota, e a diferença entre eles (0,001 polegadas) é a tolerância. Da mesma forma, o eixo deve estar entre os limites 1,248 polegada e 1,247 polegada: a tolerância para o eixo é 0,001 polegada. Uma versão métrica é mostrada na Figura 10.1b.

Uma ilustração das cotas da Figura l0.1a é mostrada na Figura 10.2a. O eixo máximo é mostrado sólido, e o eixo mínimo é mostrado tracejado. A diferença, 0,001 polegada, é a tolerância para o eixo. Similarmente, a tolerância para o furo é a diferença entre os dois limites mostrados, ou 0,001 polegada. O ajuste mais frouxo, ou com máxima folga, ocorre quando o eixo menor está dentro do furo maior, como mostrado na Figura l0.2b. O ajuste mais justo, ou de mínima folga, ocorre quando o eixo maior está dentro do menor furo, como mostrado na Figura 10.2c. A diferença entre o tamanho do maior eixo admissível e o tamanho do menor furo admissível (0,002 polegada, neste caso) é chamada de *folga admissível*. A folga média é 0,003 polegada de forma que qualquer eixo se ajustará dentro de qualquer furo, de forma intercambiável.

Em cotas métricas, os limites para o furo são 31,75 mm e 31,78 mm: sua diferença, 0,03 mm, é a tolerância. Similarmente, os limites para o eixo são 31,70 mm e 31,67 mm e a tolerância é 0,03 mm.

Quando se requer que as peças se ajustem de maneira apropriada mas que não sejam intercambiáveis, nem sempre se definem tolerâncias para as peças, apenas indica-se que devem ser feitas para se ajustarem na montagem, como mostra a Figura 10.3.

■ 10.2 DENOMINAÇÃO DE TAMANHOS

Você deve familiarizar-se com as definições dos termos aplicados na cotagem das tolerâncias (ANSI/ASME Y14.5M-1994). O *tamanho nominal* é usado para identificação geral e é geralmente expresso em frações de polegada. Na Figura 10.1, o tamanho nominal de ambos, furo e eixo, que é 1-1/4 polegada, seria 1,25 polegada ou 31,75 mm.

O *tamanho básico*, ou a *dimensão nominal*, é o tamanho teórico exato a partir do qual os limites do tamanho são determinados, aplicando-se a folga admissível e as tolerâncias. Esse é o tamanho a partir do qual se determinam limites para o tamanho, a forma ou a posição de um detalhe da peça. Na Figura 10.1a, o tamanho básico é o mesmo que o tamanho nominal, 1-1/4 de polegada ou 1,250 polegada (31,75 mm na Figura 10.1b).

O *tamanho real* é o tamanho medido da peça acabada.

A *folga admissível* é o espaço de folga mínima (ou máxima interferência) entre peças ajustáveis. Na Figura l0.2c, a folga admissível é a diferença entre o tamanho do menor furo, 1,250 polegada e o tamanho do maior eixo, 1,248 polegada – ou 0,002 polegada. A folga admissível representa o ajuste mais justo permitido. Para ajustes com folga, essa diferença será positiva, mas para ajustes com interferência, ela será negativa.

■ 10.3 AJUSTES ENTRE PEÇAS

O ajuste é usado para designar a faixa de firmeza ou de liberdade na combinação entre as folgas admissíveis e as tolerâncias de peças montáveis (ANSI B4.1-1967 (R1994) e ANSI B4.2-1978 (R1994)). Existem quatro tipos de ajuste entre peças:

1. *Ajuste com folga*, no qual um membro interno ajusta-se em um membro externo (como um eixo em um furo), sem-

Mãos à obra 10.1
Determinando as folgas máximas e mínimas

Determine a tolerância do furo, a tolerância do eixo, a folga admissível (folga mínima) e a folga máxima para as peças mostradas. Escreva suas respostas nos espaços fornecidos abaixo.

Peça 1 (MÉTRICO): furo ø30.13 / 30.00 ; eixo ø29.89 / 29.79

Peça 2: furo ø1.0007 / 1.0000 ; eixo ø.9996 / .9991

Peça 3: furo ø1.3760 / 1.3750 ; eixo ø1.3746 / 1.3740

tolerância do furo:	tolerância:	tolerância do furo:	tolerância:	tolerância do furo:	tolerância:
tolerância do eixo:	folga máxima:	tolerância do eixo:	folga máxima:	tolerância do eixo:	folga máxima:

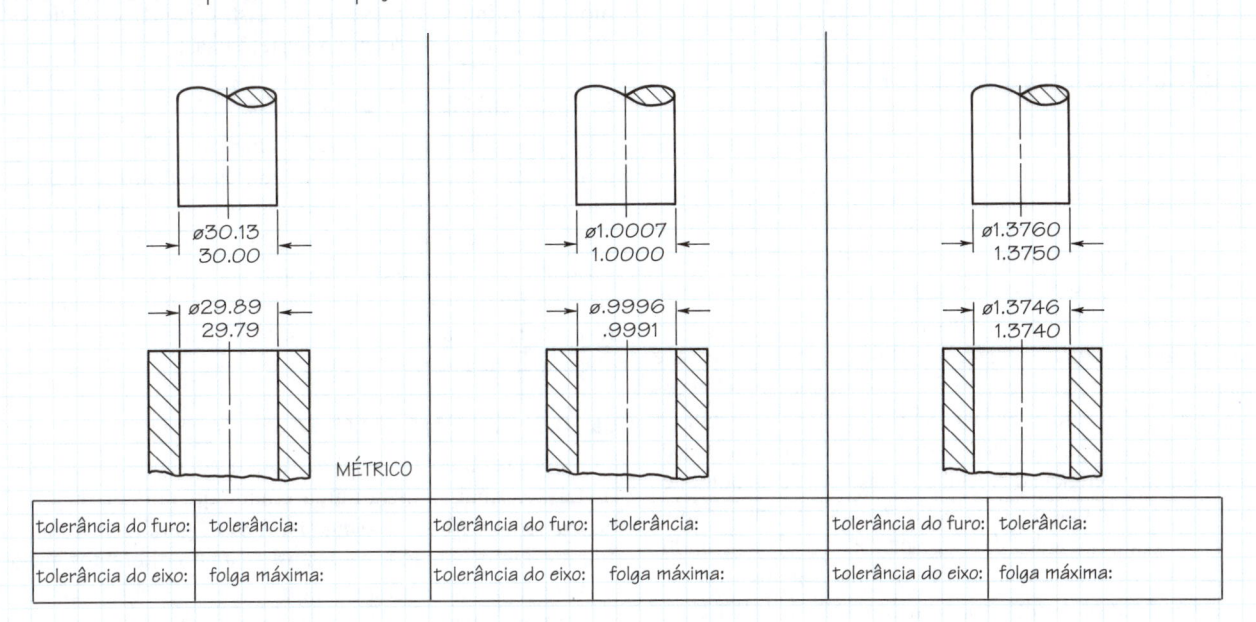

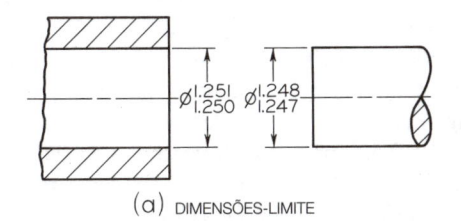

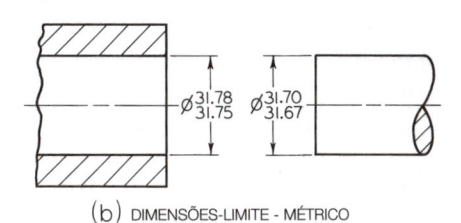

(a) DIMENSÕES-LIMITE — furo ø1.251/1.250 ; eixo ø1.248/1.247

(b) DIMENSÕES-LIMITE - MÉTRICO — furo ø31.78/31.75 ; eixo ø31.70/31.67

FIGURA 10.1 Ajustes entre peças.

(a) eixo 1.247/1.248 ; furo 1.250/1.251

(b) AJUSTE DE FOLGA MÁXIMA — *Menor eixo no maior furo* — ø1.247 / ø1.251

(c) AJUSTE DE FOLGA MÍNIMA — *Maior eixo no menor furo* — ø1.248 / ø1.250 — FOLGA ADMISSÍVEL .50

TOLERÂNCIA DO EIXO = 1.248 − 1.247 = .001
TOLERÂNCIA DO FURO = 1.251 − 1.250 = .001

FOLGA ADMISSÍVEL = 1.250 − 1.248 = .002
FOLGA MÁXIMA = 1.251 − 1247 = .004

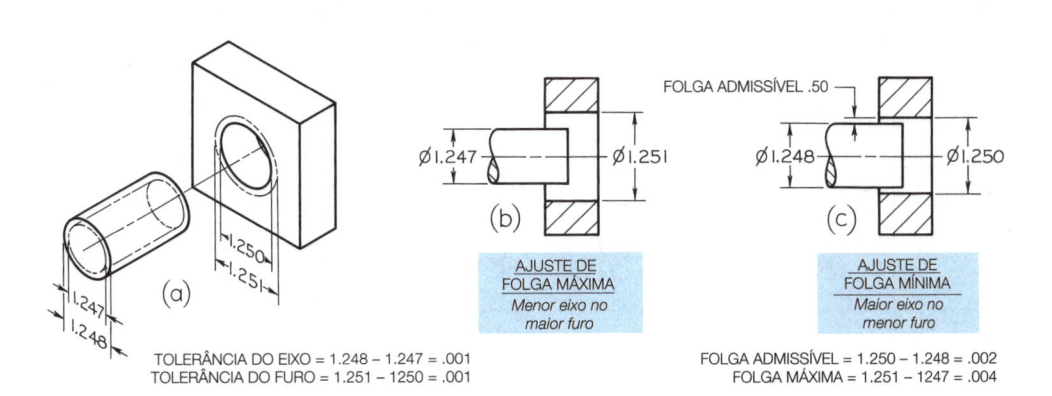

FIGURA 10.2 Cotas-limite.

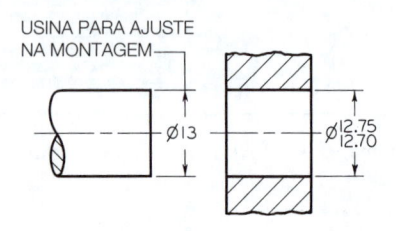

FIGURA 10.3 Ajuste não-intercambiável.

pre havendo espaço ou folga entre as peças. Na Figura 10.2c, o maior eixo é 1,248 polegada e o menor furo é 1,250 polegada, deixando um espaço mínimo (folga mínima) de 0,002 polegada entre as peças. Em um ajuste com folga, a folga mínima é sempre positiva.

2. O *ajuste com interferência*, no qual o membro interno é sempre maior que o membro externo, requer que as peças sejam forçadas para se ajustar. Na Figura 10.4a, o menor eixo é 1,2513 polegada e o maior furo é 1,2506 polegada, sendo que a interferência de metal entre as peças é de pelo menos 0,00070. Para o maior tamanho de eixo e o menor furo, a interferência seria de 0,0019 polegada. Um ajuste com interferência sempre tem uma folga mínima negativa.

3. O *ajuste incerto* resulta tanto em condição de folga como de interferência. Na Figura 10.4b, o menor eixo, 1,2503 polegada, vai se ajustar no maior furo, 1,2506 polegada. Mas o maior eixo, 1,2509 polegada, terá que ser forçado no menor furo, 1,2500 polegada.

4. O *ajuste em linha* é aquele em que os limites são especificados para que resulte uma folga ou contato de superfície quando as peças são montadas.

■ 10.4 MONTAGEM SELETIVA

Se as folgas mínimas e as tolerâncias são especificadas adequadamente, as peças são completamente intercambiáveis. Mas, para ajustes estreitos, é necessário especificar folgas mínimas e tolerâncias muito pequenas, e os custos podem ser muito altos. Para evitar esses gastos, são geralmente empregadas montagens seletivas manuais ou controladas por computador. Na *montagem seletiva*, todas as peças são inspecionadas e classificadas em vários graus de acordo com seu tamanho real, para que eixos "pequenos" sejam montados com furos "pequenos", eixos "médios" com furos "médios", e assim por diante. Dessa forma, ajustes aceitáveis podem ser obtidos com gastos menores do que fabricando-se todas as peças ajustáveis com uma precisão dimensional muito alta. A montagem seletiva é geralmente melhor que a montagem intercambiável para ajustes incertos, já que são permitidas tanto folgas quanto interferências.

■ 10.5 SISTEMA FURO-BASE

Alargadores, brocas e outras ferramentas-padrão são geralmente usadas para fazer furos, e calibradores padronizados de encaixe são usados para verificar o tamanho real. Por outro lado, os eixos são facilmente usinados desbastando-os até o tamanho desejado. Portanto, as cotas com tolerâncias são geralmente definidas no *sistema furo-base*, no qual o mínimo furo é tomado como o furo-base. Então, as folgas mínimas são determinadas e as tolerâncias são aplicadas.

■ 10.6 SISTEMA EIXO-BASE

Em algumas indústrias, tal como a de manufatura de máquinas têxteis, as quais utilizam uma grande quantidade de eixos com acabamento a frio, o *sistema eixo-base* é geralmente empregado. Ele é vantajoso quando várias peças tendo diferentes ajustes devem ser montadas em um único eixo, ou quando o eixo, por algum motivo, não pode ser usinado com facilidade até o tamanho desejado. Esse sistema deve ser usado somente quando houver razão para isso. Nesse sistema, o eixo máximo é tomado como tamanho básico e é definida uma folga mínima para cada peça montada, sendo então aplicadas as tolerâncias.

Na Figura 10.5, o máximo tamanho do eixo, 0,500 polegada, é o tamanho básico. Para um ajuste com folga, é escolhida uma folga mínima de 0,002 polegada, dando um tamanho mínimo do furo de 0,502 polegada. Tolerâncias de 0,003 polegada e 0,001 polegada, respectivamente, são aplicadas para o furo e para o eixo de forma a se obter o máximo furo, 0,505 polegada, e o mínimo eixo, 0,499 polegada. A folga mínima é a diferença entre o menor furo e o maior eixo (0,502 polegada – 0,500 polegada = 0,002 polegada), e a folga máxima é a diferença entre o maior furo e o menor eixo (0,505 polegada – 0,499 polegada = 0,006 polegada).

(a) AJUSTE C/ INTERFERÊNCIA

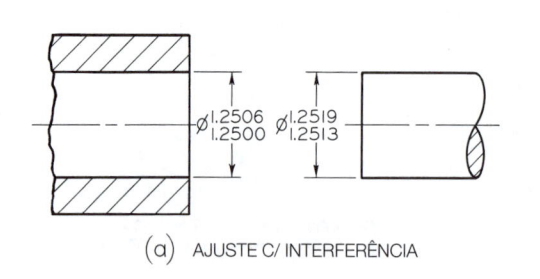

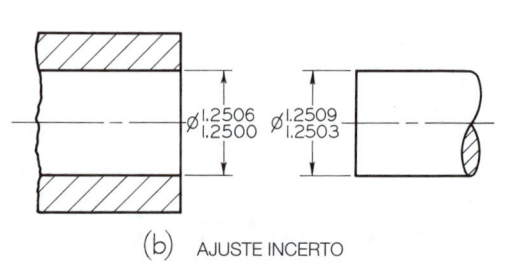

(b) AJUSTE INCERTO

FIGURA 10.4 Ajustes entre peças.

No caso de ajuste com interferência, o tamanho mínimo do furo seria encontrado subtraindo-se a folga mínima desejada do tamanho básico do eixo.

Passo a passo 10.1
Usando o sistema furo-base

1. Determine onde se ajustam as peças montáveis. Como o furo será feito com uma ferramenta de tamanho-padrão, seu tamanho será usado para determinar o ajuste. Na figura mostrada, o tamanho mínimo do furo, 0,500 polegada, é usado como tamanho básico.

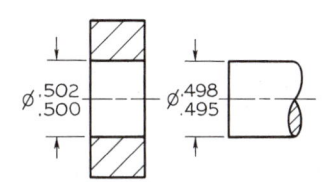

   AJUSTE EIXO-BASE

2. Determine o tipo de ajuste e aplique a folga mínima ao tamanho básico. Para um ajuste com folga, uma folga mínima de 0,002 polegada é subtraída do tamanho básico do furo, fazendo o tamanho máximo do eixo de 0,498 polegada, já que é mais fácil usinar o eixo até desbastá-lo a um tamanho menor do que aplicar a folga mínima ao furo.

3. Aplique as tolerâncias. Tolerâncias de 0,002 polegada e 0,003 polegada, respectivamente, são aplicadas ao furo e ao eixo para se obter o máximo furo de 0,502 polegada e o mínimo eixo de 0,495 polegada. Assim, a folga mínima é a diferença entre o menor furo e o maior eixo (0,500 polegada − 0,4980 polegada = 0,002 polegada), e a folga máxima é a diferença entre o maior furo e o menor eixo (0,502 polegada − 0,495 polegada = 0,007 polegada).

Ajuste com interferência

No caso de um ajuste com interferência, o máximo tamanho do eixo deveria ser encontrado adicionando-se a mínima folga (a máxima interferência) ao tamanho básico do furo.

Na Figura 10.4a, o tamanho básico é 1,2500 polegada. A máxima interferência escolhida foi 0,0019 polegada, que, quando adicionada ao tamanho básico, dá 1,2519 polegada, o maior tamanho do eixo.

10.7 ESPECIFICAÇÃO DE TOLERÂNCIAS

A tolerância de uma cota decimal deve ser dada em forma decimal, como mostrado na Figura 10.6.

Tolerâncias gerais em cotas decimais nas quais não são dadas tolerâncias podem também ser incluídas em um nota impressa, tal como

COTAS DECIMAIS A SEREM MANTIDAS EM ± 001.

Se é dada uma cota de 3,250, deve-se usiná-la entre os limites 3,249 e 3,251 (veja Figura 10.11).

As tolerâncias para cotas métricas podem ser incluídas em uma nota, tal como

COTAS MÉTRICAS A SEREM MANTIDAS EM ± 0,08.

para que, quando um cota de 3,25 for convertida para milímetros, esta seja usinada entre os limites de 82,63 mm e 82,74 mm.

Toda cota em um desenho deve ter uma tolerância diretamente indicada ou em uma nota como tolerância geral, com a exceção de que freqüentemente se pressupõe que materiais comerciais têm tolerâncias definidas por padrões comerciais.

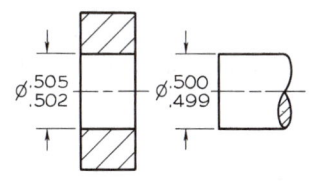

AJUSTE FURO-BASE

FIGURA 10.5 Sistema eixo-base.

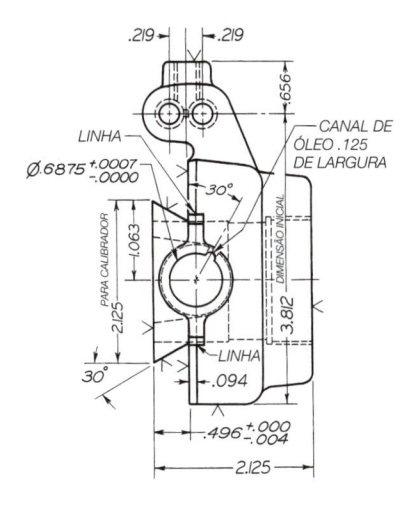

FIGURA 10.6 Cotas decimais com tolerâncias.

É usual indicar uma tolerância geral global para todas as cotas fracionárias por meio de uma anotação impressa na legenda ou imediatamente acima desta, como mostrado na Figura 10.7.

EXEMPLO

TODAS AS DIMENSÕES FRACIONÁRIAS ± 1/64" A MENOS QUE SEJA ESPECIFICADO DE OUTRA FORMA.

Tolerâncias angulares gerais também podem ser dadas como

TOLERÂNCIA ANGULAR ± 1°.

Aqui apresentamos vários métodos de se expressar tolerâncias nas cotas que são aprovados pela ANSI (ANSI/ASME Y14.5M-1994):

1. Cotagem de limites. Neste método preferencial, são especificados os limites máximos e mínimos, como mostrado na Figura 10.8. O valor máximo é colocado acima do valor mínimo, como mostrado na Figura 10.8a. Na forma de uma única linha, o limite inferior precede o limite superior separado por um traço, como mostrado na Figura 10.8b.
2. Cotagem usando mais ou menos. Neste método, o tamanho básico é seguido por uma expressão de mais ou menos para a tolerância. O resultado pode ser ou unilateral, no qual a tolerância somente se aplica a uma direção, de forma que um valor seja zero, ou bilateral, no qual o mesmo valor ou valores diferentes são somados e subtraídos, como mostrado na Figura 10.9. Se forem dados dois números de tolerância diferentes – um mais e outro menos – o mais é colocado sobre o menos. Um dos números pode ser zero. Se o valor mais e o valor menos são os mesmos, é dado um único valor, precedido pelo símbolo de mais ou menos (±), como mostrado na Figura 10.10.

O *sistema unilateral de tolerâncias* permite variações em somente uma direção do tamanho básico. Esse método é vantajoso quando um tamanho crítico é aproximado à medida que o material é removido durante a fabricação, como no caso de ajustes estreitos entre furos e eixos. Na Figura 10.9a, o tamanho básico é 1,878 polegada (47,70 mm). A tolerância de 0,002 polegada (0,05 mm) é toda em uma direção – em direção ao tamanho menor. Se a cota é para o diâmetro de um eixo, o tamanho básico de 1,878 polegada (47,70 mm) está próximo do tamanho crítico, então a tolerância é tomada afastando-se do tamanho crítico. Uma tolerância unilateral é sempre toda positiva ou toda negativa, mas os zeros para o outro valor da tolerância devem ser mostrados como na Figura 10.9a.

O *sistema bilateral de tolerância* permite variações em ambas as direções do tamanho básico. Tolerâncias bidimensionais são geralmente dadas para cotas de posição ou qualquer cota que possa permitir variações em ambas as direções. Na Figura 10.9b, o tamanho básico é 1,876 polegada (47,65 mm), e o tamanho real pode ser maior por 0,002 polegada (0,05 mm) ou menor por 0,001 polegada (0,03

FIGURA 10.7 Notas gerais de tolerância.

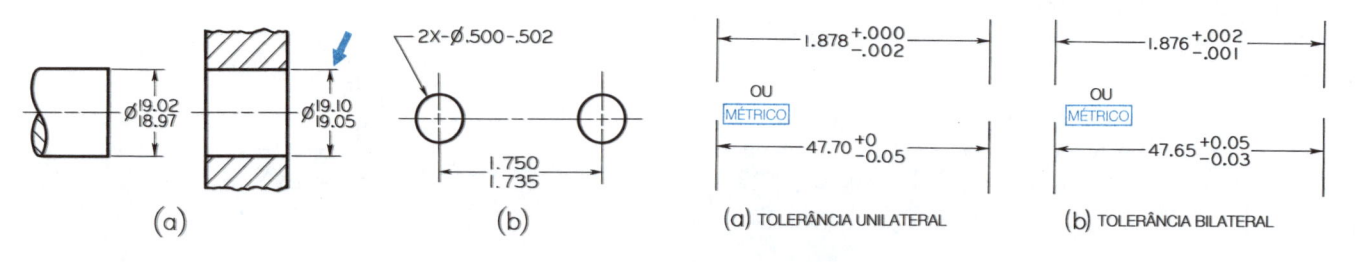

FIGURA 10.8 Método de fornecer limites.

FIGURA 10.9 Expressões de tolerância.

mm). Se são permitidas variações iguais em ambas as direções, utiliza-se o símbolo de mais ou menos (±), como mostrado na Figura 10.10.

Um exemplo típico de cotagem por limites é dado na Figura 10.11.

3. *Cotagem de limite único*. Não é sempre necessário especificar ambos os limites. MIN ou MAX é geralmente colocado depois de um número para indicar cotas mínima ou máxima desejadas onde outros elementos do projeto determinam os outros limites não-especificados. Por exemplo, um comprimento de rosca pode ser cotado como MINTOTPASS ou um raio cotado como R 0,05 MAX. Outras aplicações incluem profundidades de furos, chanfros e assim por diante.

4. *Tolerâncias angulares* são, em geral, bilaterais e são apresentadas em termos de graus, minutos e segundos:

25°±1°, 25° 0′ ± 0° 15′, OU 25°± 0.25°.

10.8 LIMITES E AJUSTES-PADRÃO DA NORMA AMERICANA

O American National Standards Institute editou a ANSI B4.1-1967 (R1994), "Preferred Limits and Fits for Cylindrical Parts" (Ajustes e limites preferenciais para peças cilíndricas), definindo termos e recomendando tamanhos-padrão preferenciais, folgas mínimas, tolerâncias e ajustes em termos de polegadas decimais. Esses padrões dão uma série de classes padronizadas de ajustes em um sistema furo-base unidimensional unilateral de forma que os ajustes conseguidos, usando peças montáveis de uma classe, vão produzir aproximadamente desempenhos similares através de toda a faixa de tamanhos. Essas tabelas fornecem folgas mínimas padrão para qualquer tamanho dado ou tipo de ajuste; também fornecem os limites-padrão para as peças montáveis que produzirão o ajuste.

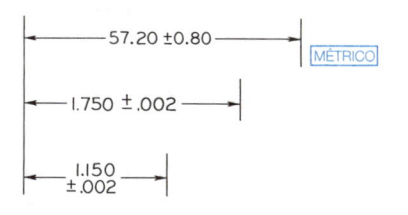

FIGURA 10.10 Tolerâncias bilaterais.

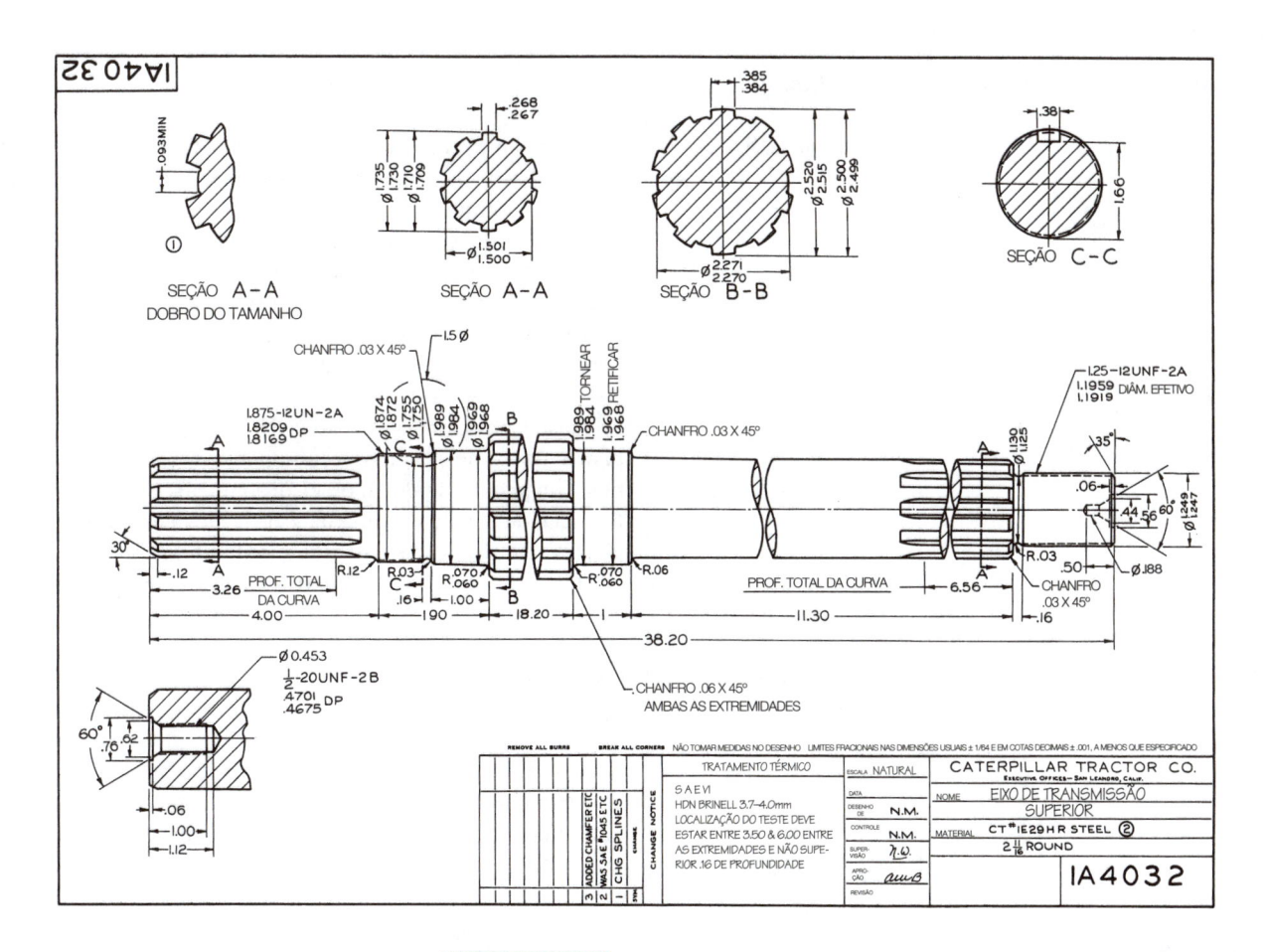

FIGURA 10.11 Cotas-limite.

As tabelas são projetadas para o sistema furo-base (veja Apêndices 6-10). Para obter alguma referência ao sistema métrico de tolerâncias, veja os Apêndices 12-15.

A Tabela 10.1 apresenta os três tipos gerais de ajuste, os cinco subtipos, seus símbolos e descrições.

Nas tabelas para cada classe de ajuste, a faixa nominal de tamanhos de eixos ou furos é dada em polegadas. Para simplificar as tabelas e reduzir o espaço exigido para apresentá-las, os outros valores são dados em *milésimos de polegada*. São dados os limites mínimo e máximo de folga: o número de cima é a menor folga, ou a mínima folga, e o número inferior é a máxima folga, ou o ajuste mais livre. A seguir, sob o título "Limites Padronizados", estão os limites para o furo e para o eixo que devem ser aplicados ao tamanho básico para obter os tamanhos para as peças, usando o sistema furo-base.

10.9 ACÚMULO DE TOLERÂNCIAS

Ao se definir tolerâncias, é muito importante considerar o efeito de uma tolerância sobre a outra. Quando a localização de uma superfície é afetada por mais de um valor de tolerância, as tolerâncias são *cumulativas*. Por exemplo, na Figura 10.12a, se a cota Z é omitida, a superfície A será controlada por ambas as cotas X e Y, e pode haver uma variação total de 0,010 polegada em vez da variação de 0,005 polegada permitida pela cota Y. Se as peças forem feitas com a tolerância mínima de X, Y e Z, a variação total no comprimento da peça será de 0,015 polegada, e a peça poderá ser tão pequena quanto 2,985 polegadas. No entanto, a tolerância na cota total W é somente 0,005 polegada, não permitindo que a peça seja menor que 2,995 polegadas. A peça é controlada de muitas formas diferentes – está superdimensionada.

Em alguns casos, por razões funcionais, será desejável manter todas as três cotas (tais como X, Y e Z mostradas na Figura 10.12a) rigorosamente sem considerar a largura total da peça. Nesses casos, a cota total deve ser considerada como *cota de referência*, sendo colocada entre parênteses. Em outros casos, pode ser desejável manter rigorosamente duas medidas (tais como X e Y na Figura 10.12a) e a largura total da peça. Nesse caso, uma medida tal como Z mostrada na Figura 10.12a deve ser omitida, ou dada apenas como uma cota de referência.

Tipos e subtipos gerais de ajustes

Tipo de ajuste	Símbolo	Subtipo	Descrição
FOLGA	RC	Móvel ou deslizante	Os ajustes móveis ou deslizantes (Apêndice 6) são projetados para fornecer desempenhos similares do deslizamento, com uma folga mínima adequada à lubrificação para toda a faixa de tamanhos. As folgas para as primeiras duas classes, usadas principalmente em ajustes deslizantes, aumenta mais lentamente com o diâmetro do que nas outras classes, de forma que a precisão do posicionamento se mantém, mesmo às custas da liberdade relativa de movimento.
POSICIONAL	LC	Ajuste com folga	Os ajustes posicionais (Apêndices 7-9) são projetados somente para definir a posição das peças montadas; podem fornecer um posicionamento rígido ou preciso, como nos ajustes com interferência, ou dar alguma liberdade de posicionamento, como nos ajustes com folga. Assim, eles são divididos em três grupos: ajustes com folga, ajustes incertos e ajustes com interferência.
	LT	Ajustes incerto, interferência ou folga	
	LN	Ajustes posicionais com interferência	
INTERFERÊNCIA	FN	Ajustes forçado ou a quente	Os ajustes forçados ou a quente (Apêndice 10) constituem um tipo especial de ajuste com interferência, caracterizados por manter uma pressão no encaixe constante para toda a faixa de tamanhos. A interferência, portanto, varia quase diretamente com o diâmetro, e a diferença entre os tamanhos máximo e mínimo é pequena para manter a pressão resultante dentro de limites aceitáveis.

TABELA 10.1 *Tipos de ajuste.*

Como regra, é melhor cotar cada superfície de forma a ser afetada somente por uma cota. Isso pode ser feito referindo-se todas as cotas a uma única superfície de referência, tal como B, como mostrado na Figura 10.12b.

10.10 TOLERÂNCIAS E PROCESSOS DE USINAGEM

As tolerâncias devem ser tão generosas quanto possível e ainda assim permitir o uso satisfatório da peça. Quanto menor a tolerância, mais custosa é a fabricação da peça. Grandes economias podem ser feitas pelo uso de ferramentas mais baratas, de custos menores de mão-de-obra e inspeção e de menor desbaste de material.

A Figura 10.13 mostra um gráfico para ser usado como guia geral, com as tolerâncias alcançadas pelo uso dos processos de usinagem indicados. Pode-se converter para valores métricos multiplicando-se por 25,4 e arredondando para uma casa decimal a menos.

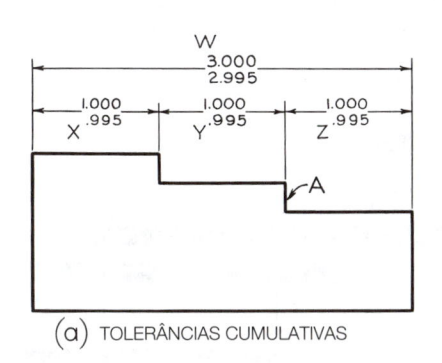

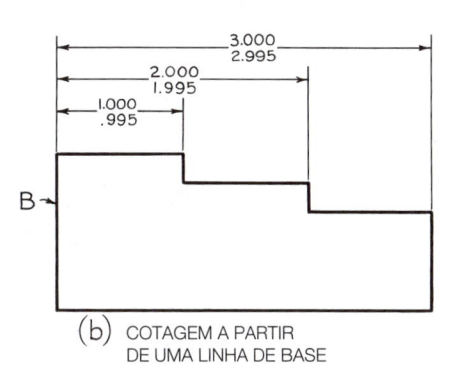

(a) TOLERÂNCIAS CUMULATIVAS

(b) COTAGEM A PARTIR DE UMA LINHA DE BASE

FIGURA 10.12 Tolerâncias cumulativas.

Mãos à obra 10.2
Desenhando cotas com tolerâncias

As cotas dadas para a vista ortográfica única à direita não têm suas tolerâncias mostradas. Siga as diretrizes dadas abaixo para adicionar tolerâncias às cotas usando os métodos de limites de tolerância e a tolerância bilateral.

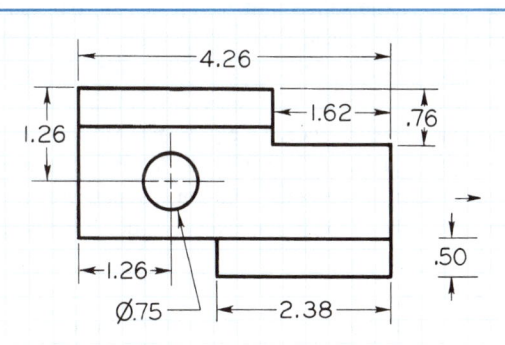

Adicione as cotas dadas usando limites de tolerância de ± 0,01.

Adicione as cotas dadas usando a tolerância bilateral.

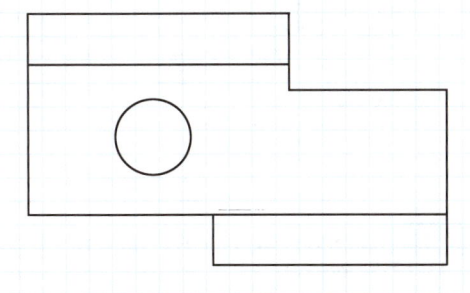

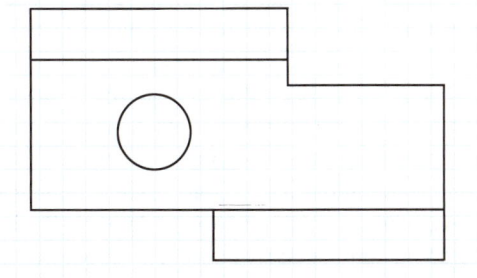

| Tamanho | | Tolerâncias | | | | | | | | |
de	até									
.000	.599	.00015	.0002	.0003	.0005	.0008	.0012	.002	.003	.005
.600	.999	.00015	.00025	.0004	.0006	.001	.0015	.0025	.004	.006
1.000	1.499	.0002	.0003	.0005	.0008	.0012	.002	.003	.005	.008
1.500	2.799	.00025	.0004	.0006	.001	.0015	.0025	.004	.006	.010
2.800	4.499	.0003	.0005	.0008	.0012	.002	.003	.005	.008	.012
4.500	7.799	.0004	.0006	.001	.0015	.0025	.004	.006	.010	.015
7.800	13.599	.0005	.0008	.0012	.002	.003	.005	.008	.012	.020
13.600	20.999	.0006	.001	.0015	.0025	.004	.006	.010	.015	.025

Lapidação
Esmerilhamento, mandrilagem e torno de diamante
Brochamento
Alargamento
Torno, mandril e plaina
Fresamento
Retificação

FIGURA 10.13 Tolerâncias relacionadas aos processos de usinagem.

10.11 SISTEMA MÉTRICO DE TOLERÂNCIAS E AJUSTES

O material precedente sobre limites e ajustes entre peças montáveis aplica-se a ambos os sistemas de medida. Um sistema de limites e ajustes preferenciais da International Organization for Standardization (ISO) está na norma ANSI B4.2. O sistema é especificado para furos, cilindros e eixos, mas também adequa-se ao ajustes entre superfícies paralelas de detalhes como chavetas e entalhes. Os termos seguintes para ajustes métricos, ilustrados na Figura 10.14, são algo similares àqueles dos ajustes em polegadas decimais:

1. A dimensão nominal é o tamanho a partir do qual os limites e afastamentos são fixados. Dimensão nominal, geralmente diâmetros, devem ser selecionados a partir de uma tabela de tamanhos preferenciais, como mostrado na Figura 10.15.
2. Afastamento ou afastamento nominal é a diferença entre a dimensão nominal e os tamanhos do furo e do eixo. É equivalente à tolerância no sistema em polegadas decimais.
3. Afastamento superior é a diferença entre a dimensão nominal e o tamanho máximo permitido da peça. É comparável à tolerância máxima no sistema em polegadas decimais.
4. Afastamento inferior é a diferença entre a dimensão nominal e o tamanho mínimo permitido da peça. É comparável à tolerância mínima no sistema em polegadas decimais.
5. Afastamento fundamental é o desvio mais próximo da dimensão nominal. É comparável à folga mínima no sistema em polegadas decimais.
6. Tolerância é a diferença entre os tamanhos mínimo e máximo da peça.

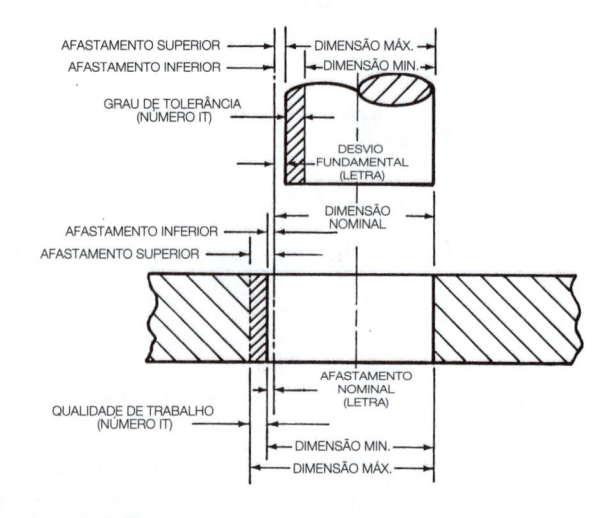

FIGURA 10.14 Termos relacionados a limites e ajustes métricos [ANSI B4.2 – 1978 (R1994)].

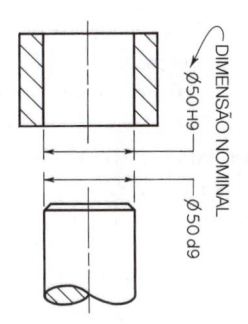

FIGURA 10.15 Métodos para especificar tolerâncias com símbolos para as peças ajustáveis.

7. A qualidade de trabalho (IT, *international tolerance*) é um conjunto de tolerâncias que variam de acordo com a dimensão nominal, fornecendo um nível de precisão uniforme dentro de dimensão nominal. Por exemplo, na cota 50H8 para um ajuste deslizante, a qualidade IT é indicada pelo número 8. (A letra H indica que a tolerância é sobre o furo para a cota de 50 mm.) Ao todo, há 18 qualidades IT – IT01, IT0 e IT1 até IT16 (mostrados nas Figuras 10.16 e 10.17) – para qualidades IT relacionadas aos processos de fabricação e para usos práticos das qualidades IT (veja também o Apêndice 11).
8. Grau de tolerância refere-se à relação entre a tolerância e a dimensão nominal. É estabelecida por uma combinação do afastamento nominal indicado por uma letra e pelo número das qualidades IT. Na cota 50H8, para o ajuste deslizante, o H8 especifica o grau de tolerância, como mostrado na Figura 10.17.
9. O *sistema furo-base de ajustes preferenciais* é um sistema em que o diâmetro básico é o tamanho mínimo. Para o sistema furo-base, que em geral é o preferido, mostrado na Figura 10.15a, o afastamento é especificado pela letra maiúscula H.
10. O *sistema eixo-base de ajustes preferenciais* é um sistema em que o diâmetro básico é o tamanho máximo do eixo. O afastamento nominal é dado pela letra minúscula f, como mostrado na Figura 10.18b.
11. Um *ajuste com interferência* resulta em interferência entre as duas peças montáveis sob todas as condições de tolerância.
12. Um *ajuste incerto* resulta em uma condição de folga ou interferência para as peças montadas.
13. Os *símbolos de tolerância* são usados para especificar as tolerâncias e os ajustes das peças montáveis, como mostrado na Figura l0.18c. Para o sistema furo-base, o 50 indica o diâmetro em milímetros, a letra maiúscula H indica o afastamento nominal para o furo e a letra minúscula f indica o afastamento nominal para o eixo. Os números que seguem as letras indicam a qualidade IT. Note que os símbolos para o furo e o eixo são separados por uma barra. Símbolos de tolerância para um furo de 50 mm de diâmetro podem ser dados de várias maneiras diferentes, todas elas aceitáveis, como mostrado na Figura 10.19. Os valores entre parênteses são apenas para referência e podem ser omitidos. Os valores dos limites superior e inferior podem ser encontrados no Apêndice 12.

10.12 TAMANHOS PREFERENCIAIS

Os tamanhos preferenciais para o cálculo das tolerâncias são dados na Tabela 10.2. Os diâmetros nominais devem ser selecionados da coluna da primeira escolha, já que são tamanhos prontos facilmente encontráveis para produtos circulares, quadrados e hexagonais.

10.13 AJUSTES PREFERENCIAIS

Os símbolos para os ajustes preferencias de ambos os sistemas furo-base ou eixo-base (folga, incerto e interferência) são dados na Tabela 10.3. Os ajustes para as peças montáveis devem ser selecionados desta tabela quando possível.

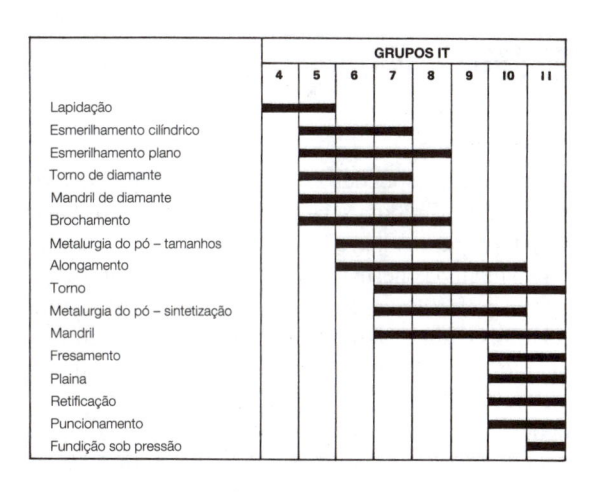

FIGURA 10.16 Tolerâncias fundamentais relacionadas aos processos de fabricação [ANSI B4.2-1978 (R1994)].

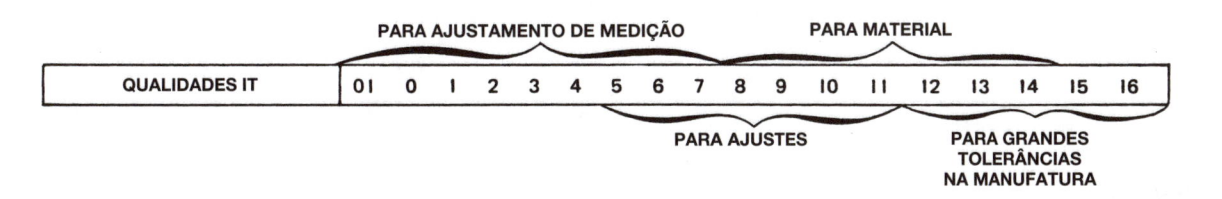

FIGURA 10.17 Uso prático dos graus de tolerância internacional.

Dimensão nominal mm		Dimensão nominal mm		Dimensão nominal mm	
Primeira escolha	Segunda escolha	Primeira escolha	Segunda escolha	Primeira escolha	Segunda escolha
1		10		100	
	1,1		11		110
1,2		12		120	
	1,4		14		140
1,6		16		160	
	1,8		18		180
2		20		200	
	2,2		22		220
2,5		25		250	
	2,8		28		280
3		30		300	
	3,5		35		350
4		40		400	
	4,5		45		450
5		50		500	
	5,5		55		550
6		60		600	
	7		70		700
8		80		800	
	9		90		900
				1000	

TABELA 10.2 *Tamanhos preferenciais [ANSI B4.2-1978 (R1994)].*

Os valores correspondentes aos ajustes são encontrados nos Apêndices 12-15. Embora sejam possíveis diâmetros básicos de segunda e terceira escolha, eles devem ser calculados usando-se tabelas não incluídas neste texto. Para o sistema furo-base que é geralmente preferido, note que os símbolos ISO variam de H11/c11 (ajuste com folga) até H7Iu6 (ajuste forçado). Para o sistema eixo-base, os símbolos preferenciais variam de C11/h11 (ajuste com folga) até U7/h6 (ajuste forçado).

Suponha que você queira usar os símbolos para especificar as cotas para um ajuste giratório (furo-base) para um diâmetro proposto de 48 mm. Devido ao fato de que 48 mm não é listado como um tamanho preferencial na Tabela 10.2, o projeto é alterado para usar o diâmetro aceitável de 50 mm. Para os ajustes preferenciais descritos na Tabela 10.3, o ajuste giratório (furo-base) é

H9/d9. Para determinar os limites de variação superior e inferior para o furo como dado na tabela furo-base preferencial (Apêndice 12), siga através da dimensão nominal de 50 até H9 sob "giratório". Os limites para o furo são 50.000 e 50.062 mm. Então, os limites do afastamento superior e inferior para o eixo são encontrados na coluna d9 sob "giratório". Eles são 49.920 e 49.858 mm, respectivamente. Limites para outros ajustes são estabelecidos de maneira similar.

Limites para a cotagem eixo-base são determinados da mesma forma a partir da tabela eixo-base preferencial no Apêndice 14. Veja as Figuras 10.19 e 10.20 para conhecer métodos aceitáveis de especificação de tolerâncias através de símbolos nos desenhos. Uma nota simples geral para as peças montáveis (ajuste giratório, furo-base) seria ϕ50 H9/d9, como mostrado na Figura 10.20.

■ 10.14 TOLERÂNCIAS GEOMÉTRICAS

As *tolerâncias geométricas* estabelecem as máximas variações permissíveis de uma forma ou de sua posição em relação à geometria perfeita assumida no desenho. O termo geométrica refere-se a várias formas, como um plano, um cilindro, um cone, um quadrado ou um hexágono. Teoricamente, estas são formas perfeitas, mas, por ser impossível produzir formas perfeitas, pode ser necessário especificar a quantidade de variação permitida. Tolerâncias geométricas especificam ou o diâmetro ou a largura de uma zona de tolerância dentro da qual uma superfície ou eixo de um cilindro ou um furo deve estar se a peça estiver satisfazendo a precisão necessária para o funcionamento e o ajuste adequado. Quando tolerâncias de forma não são dadas em um desenho, é costume assumir que, independentemente das variações de forma, a peça se ajustará e funcionará satisfatoriamente.

As tolerâncias de forma e posição (ou localização) controlam características como linearidade, planicidade, paralelismo, perpendicularidade (esquadro), concentricidade, circularidade, deslocamento angular, e assim por diante.

Recomendam-se os métodos de indicação de tolerâncias geométricas através de *símbolos de características geométricas* em vez das tradicionais anotações. Veja a Norma de Cotagens e Tolerâncias [ANSI/ASME Y14.5M-1994] mais recente para uma descrição mais completa.

■ 10.15 SÍMBOLOS PARA TOLERÂNCIAS DE POSIÇÃO E FORMA

Como as anotações tradicionais para especificação de tolerâncias de posição e de forma podem ser confusas ou difíceis de entender, podem precisar de muito espaço e podem não ser entendidas internacionalmente, a maioria das empresas multinacionais ado-

FIGURA 10.18 Aplicação de definições e símbolos para eixos e furos [ANSI B4.2-1978 (R1994)].

(a) FURO — 50H8 (AFASTAMENTO NOMINAL, QUALIDADE IT, GRAU DE TOLERÂNCIA, DIMENSÃO NOMINAL)

(b) EIXO — 50f7 (DESVIO NOMINAL, QUALIDADE IT, GRAU DE TOLERÂNCIA, DIMENSÃO NOMINAL)

(c) AJUSTE — 50H8/f7 (TOLERÂNCIA DO FURO, TOLERÂNCIA DO EIXO, AJUSTE, DIMENSÃO NOMINAL)

tou símbolos para tais especificações (ANSI/ASME Y14.5M-1994). Esses símbolos da ANSI, mostrados na Tabela 10.4, fornecem um meio preciso e conciso de especificação das características geométricas e tolerâncias em um mínimo de espaço. Os símbolos podem ser substituídos por anotações se os requisitos precisos da geometria não puderem ser transmitidos por meio dos símbolos. Para detalhes de construção dos símbolos de tolerância geométrica, veja o Apêndice 38.

FIGURA 10.19 Métodos aceitáveis de indicar símbolos de tolerância (ANSI/ASME Y14.5M-1994).

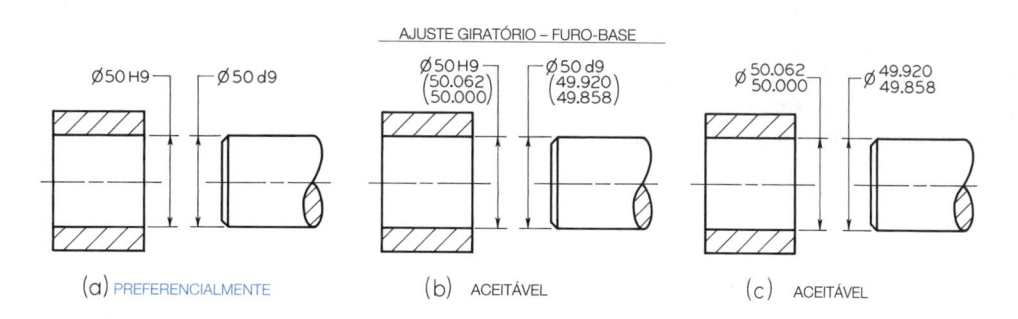

FIGURA 10.20 Métodos para indicar tolerâncias com símbolos para as peças montáveis.

	Símbolos ISO		Descrição
	Furo-base	Eixo-base[a]	
Ajuste com folga	H11/c11	C11/h11	*Ajuste livre* para amplas tolerâncias ou folgas mínimas comerciais em membros externos.
	H9/d9	D9/h9	*Ajuste giratório* não para uso onde a precisão for essencial, mas boa para grandes variações de temperatura, grandes velocidades de movimentação ou pressões radiais elevadas.
	H8/f7	F8/h7	*Ajuste estreito* para movimentação em máquinas de precisão e para posicionamento preciso a velocidades e pressões radiais moderadas.
	H7/g6	G7/h6	*Ajuste deslizante* não projetado para correr livre, mas para mover e rodar livremente e com posicionamento preciso.
Ajuste incerto	H7/h6	H7/h6	*Ajuste de posicionamento com folga* fornece um ajuste suficiente para posicionamento de peças estacionárias, mas que podem ser montadas e desmontadas livremente.
	H7/k6	K7/h6	*Ajuste de posicionamento incerto* para posicionamentos precisos, um compromisso entre folga e interferência.
	H7/n6	N7/h6	*Ajuste de posicionamento incerto* para posicionamentos mais precisos, onde é permitida uma interferência maior.
Ajuste com interferência	H7/p6	P7/h6	*Ajuste de posicionamento com interferência* para peças precisando de rigidez e alinhamento com excelente precisão, mas sem necessidade de pressão de suporte especial.
	H7/s6	S7/h6	*Ajuste com acionamento médio* para peças comuns de aço ou ajustes a quente em seções delicadas, o ajuste mais apertado utilizável com peças de ferro fundido.
	H7/u6	U7/h6	*Ajuste forçado* adequado para peças que podem ser altamente solicitadas ou para ajustes a quente nos quais as grandes forças de pressão requeridas sejam impraticáveis.

[a] Os ajustes incertos e com interferência eixo-base mostrados não são convertidos em condições exatamente iguais às dos ajustes furo-base para dimensões nominais na faixa de 0 a 3 mm. O ajuste com interferência P7/h6 converte-se a um ajuste incerto H7/p6 na faixa de tamanhos acima.

TABELA 10.3 *Ajustes preferenciais [ANSI B4.2 -1978 (R1994)].*

Combinações de vários símbolos e de seus significados são dadas na Figura 10.21. As aplicações dos símbolos nos desenhos estão ilustradas na Figura l0.22. Os símbolos de características geométricas e os símbolos complementares são explicados e ilustrados a seguir com material adaptado do ANSI/ASME Y14.5M-l 994:

1. O **símbolo de cota básica** é indicado pela inclusão do símbolo de moldura envolvente, como mostrado na Figura 10.21a. A cota ou a dimensão nominal é o valor usado para descrever a dimensão teórica exata, a forma ou o posicionamento de um detalhe. Essa é a base a partir da qual as variações são estabelecidas, seja pela especificação de tolerâncias para as cotas, pelas tolerâncias dadas em anotações ou pelo uso de molduras para controle dos detalhes.

2. O **símbolo de especificação de referência** consiste em uma letra maiúscula em uma moldura quadrada e de uma linha de extensão da moldura até o detalhe correspondente, terminando com um triângulo. O triângulo pode ser preenchido ou não, como mostrado na Figura 10.21b. As letras do alfabeto (exceto I, O e Q) são usadas como letras de identificação da referência. Um ponto, uma linha, um plano, um cilindro ou outra forma geométrica tomada como exata para propósitos de cálculo pode servir como referência, a partir da qual a posição ou relação geométrica de um detalhe da peça pode ser estabelecida, como mostrado na Figura 10.23.

3. Os **símbolos suplementares** incluem símbolos para MMC (condição máxima de material – ou mínimo diâmetro do furo, máximo diâmetro do eixo) e LMC (condição mínima de material – ou máximo diâmetro do furo, mínimo diâme-

Símbolos de características geométricas				Símbolos de modificação	
	Tipo de tolerâncias	Característica	Símbolo	Condição	Símbolo
Para características individuais	Forma	Linearidade	—	Na condição de máximo material	Ⓜ
		Planicidade	⌓	Na condição de mínimo material	Ⓛ
		Circularidade	○	Zona de tolerância projetada	Ⓟ
		Cilindricidade	⌭	Condição livre	Ⓕ
Para características individuais ou relacionadas	Perfil	Perfil de uma linha	⌒	Plano tangente	Ⓣ
		Perfil de uma superfície	⌓	Diâmetro	⌀
Para características relacionadas	Orientação	Angularidade	∠	Diâmetro esférico	S⌀
		Perpendicularidade	⊥	Raio	R
		Paralelismo	//	Raio esférico	SR
				Raio controlado	CR
	Posição	Posição	⊕	Referência	( )
		Concentricidade	◎	Comprimento de arco	⌒
		Simetria	≡	Tolerância estatística	⟨ST⟩
	Contato	Contato circular	↗*	Entre	↔
		Contato total	↗↗*		

* AS SETAS PODEM SER CHEIAS OU VAZIAS

TABELA 10.4 *Símbolos de características geométricas e de modificação (ASME Y14.5M-1994).*

tro do eixo), como mostrado na Figura l0.21c. As abreviações MMC e LMC também são usadas nas anotações (veja também a Tabela 10.4).

O símbolo de diâmetro precede a especificação da tolerância em um símbolo de controle das características geométricas, como mostrado na Figura 10.21d. Esse símbolo de diâmetro deve preceder a cota. Para notas descritivas, pode-se usar a abreviação DIA.

4. Os *símbolos combinados* são encontrados quando os símbolos individuais, as letras de referência e as tolerâncias necessárias são combinados em uma única moldura, como mostrado na Figura 10.21e.

Uma tolerância de forma é dada por um símbolo de controle da característica formado por uma moldura em torno do símbolo de característica geométrica mais a tolerância permitida. Uma linha vertical separa o símbolo e a tolerância, como mostrado na Figura 10.21d. Quando necessário, a tolerância deve ser precedida do símbolo para o diâmetro e seguida do símbolo para MMC ou LMC.

A indicação de uma referência é exibida no símbolo de controle da característica colocando a letra que indica referência depois ou do símbolo da característica geométrica ou da tolerância. Linhas verticais separam os itens e, onde aplicável, os itens das letras de indicação de referência incluem os símbolos para MMC ou LMC, como mostrado na Figura 10.21.

10.16 TOLERÂNCIAS POSICIONAIS

A Figura 10.24a mostra um furo posicionado a partir de duas superfícies que formam um ângulo reto uma com a outra. Na Figura 10.24, o centro pode cair em qualquer lugar dentro da zona de tolerância quadrada, cujos lados são iguais às tolerâncias. A variação total ao longo de cada diagonal do quadrado pelo método de coordenadas será 1,4 vez maior do que a tolerância indicada. Quando a posição do furo está deslocada na direção da diagonal, a área da zona de tolerância aumenta em 57 por cento sem exceder a tolerância permitida.

Detalhes posicionados por dimensões radiais e com tolerâncias angulares terão uma zona de tolerância na forma de cunha.

Se quatro furos são cotados com coordenadas retangulares, como na Figura 10.25a, a especificação da tolerância descreve uma zona quadrada na qual o centro do furo deve estar localizado, como mostrado nas Figuras 10.25b e 10.25c. Por causa da forma da zona de tolerância quadrada, a tolerância para a localização do centro do furo é maior na direção diagonal do que a tolerância indicada.

Na Figura 10.25a, o furo A está selecionado como referência e os outros três são posicionados por ele. A zona de tolerância quadrada para o furo A resulta das tolerâncias nas dimensões das duas coordenadas retangulares posicionando-se o furo A. Os tamanhos das zonas de tolerância para os outros três furos resulta das tolerâncias entre os furos, enquanto suas posições variam de acordo com a posição real da referência do furo A. Duas das muitas possíveis disposições da zona são mostradas nas Figuras 10.25b e 10.25c.

Com as cotas mostradas na Figura 10.25a, é difícil dizer se as peças resultantes vão realmente ajustar-se satisfatoriamente na montagem, ainda que elas estejam de acordo com as tolerâncias mostradas no desenho.

As tolerâncias geométricas fornecem um método preciso para a definição das tolerâncias, baseado na geometria dos detalhes, de forma que esses problemas não ocorram. As tolerâncias geométricas usam molduras de controle dos detalhes para definir tolerâncias geométricas específicas. Isto é chamado de *cotagem de posicionamento verdadeiro*. Usando-a, a zona de tolerância

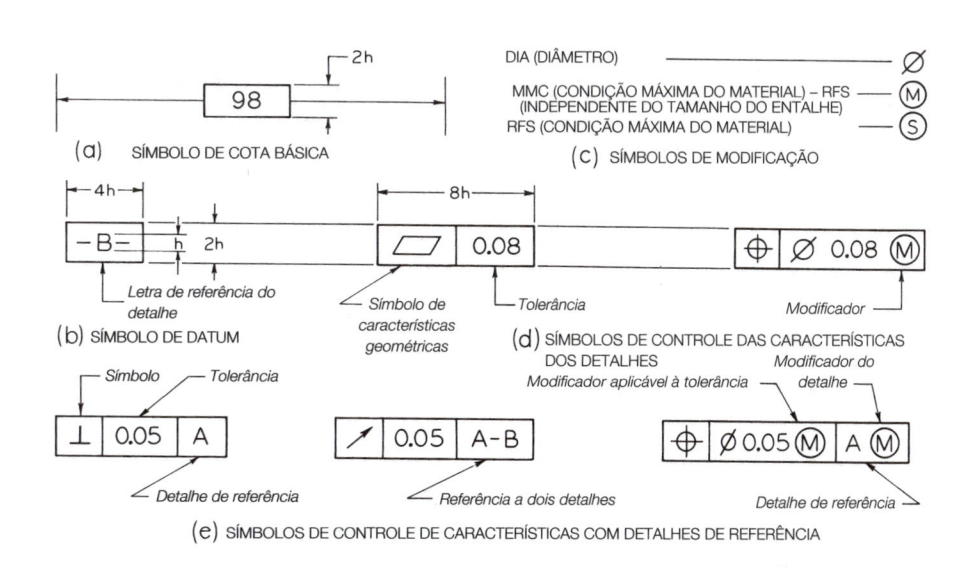

FIGURA 10.21 Uso dos símbolos para tolerância de posicionamento e de forma (ASME Y14.5M-1994).

para cada furo será um círculo, com o tamanho do círculo dependente da quantidade de variação permitida a partir da posição verdadeira.

Os símbolos de controle das características relacionam-se com o detalhe através de um dos vários métodos ilustrados na Figura 10.22.

Os métodos preferidos são os seguintes:

1. Adicionar símbolos a uma nota ou cota relativa ao detalhe.
2. Traçar uma linha do símbolo até a característica.
3. Unir a lateral, a extremidade ou o canto da moldura do símbolo ao lado, ao final ou ao canto de uma linha de extensão da característica.

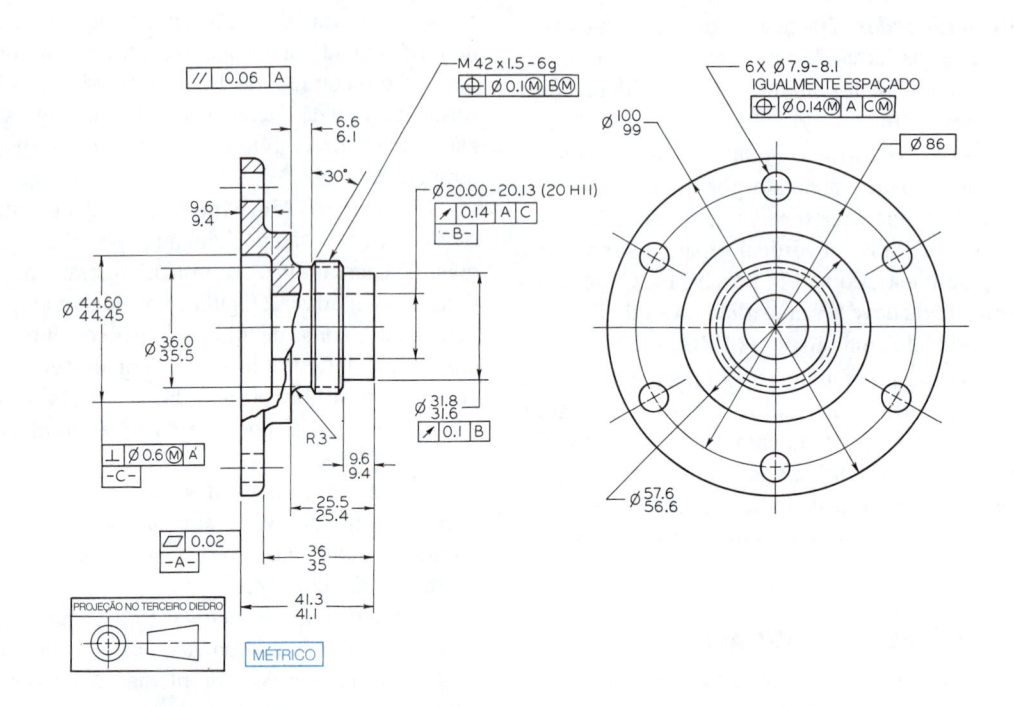

FIGURA 10.22 Aplicação dos símbolos para cotagem de tolerâncias de posição e de forma (ASME Y14.5M-1994).

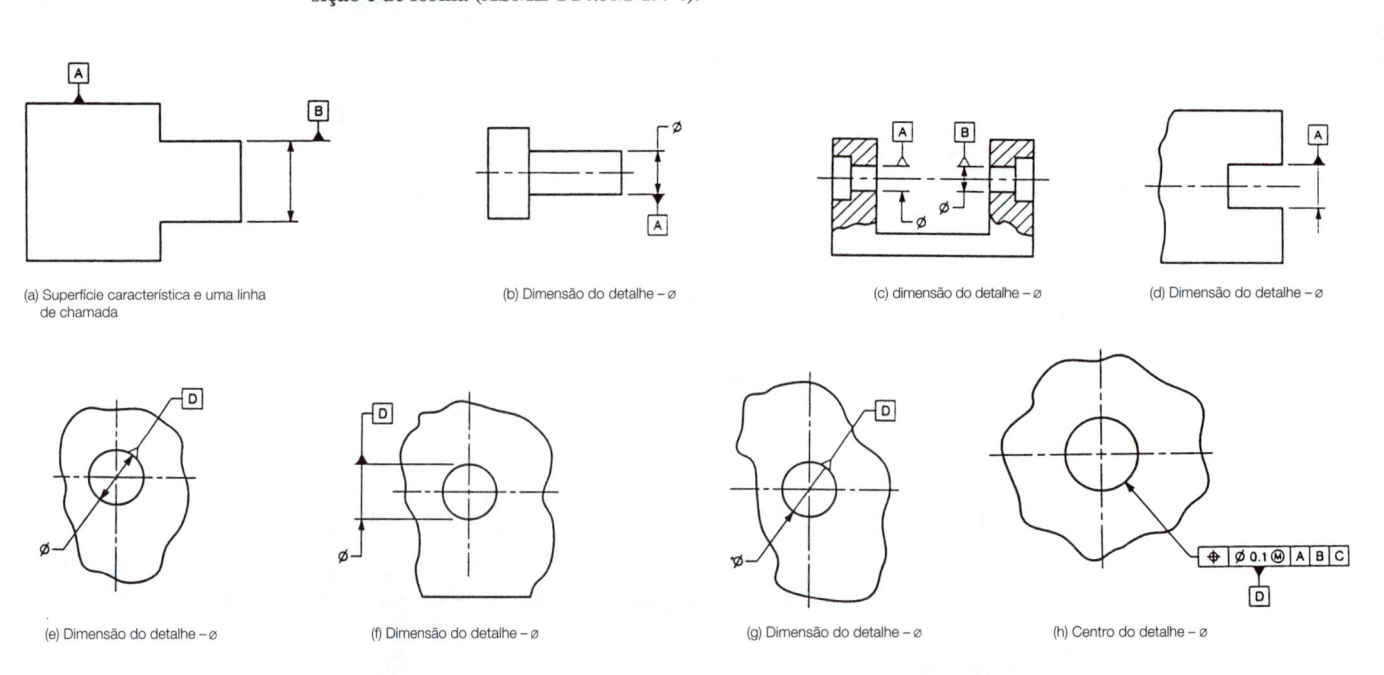

(a) Superfície característica e uma linha de chamada
(b) Dimensão do detalhe – ø
(c) dimensão do detalhe – ø
(d) Dimensão do detalhe – ø
(e) Dimensão do detalhe – ø
(f) Dimensão do detalhe – ø
(g) Dimensão do detalhe – ø
(h) Centro do detalhe – ø

FIGURA 10.23 Colocação do símbolo de referência (ASME Y14.5M-1994).

CAPÍTULO 10 • TOLERÂNCIAS   335

4. Unir a lateral, a extremidade ou o canto da moldura do símbolo à linha de cota pertencente ao detalhe.

Uma cotagem de posicionamento verdadeiro especifica a posição teórica exata de um detalhe. A posição de cada detalhe, como um furo, um rasgo, ou uma protuberância é dada por *cotas nominais* sem tolerâncias identificadas pelo símbolo de moldura envolvente. Para evitar mal-entendidos, uma posição verdadeira deve ser estabelecida com relação a uma referência. Em disposições simples, a escolha de uma referência pode ser óbvia e não necessitar de identificação.

As tolerâncias posicionais são indicadas em uma moldura de controle de detalhe ligado a um outro detalhe no objeto. As tolerâncias posicionais descrevem uma zona cilíndrica para a tolerância como mostrado na Figura 10.26. Essa zona de tolerância

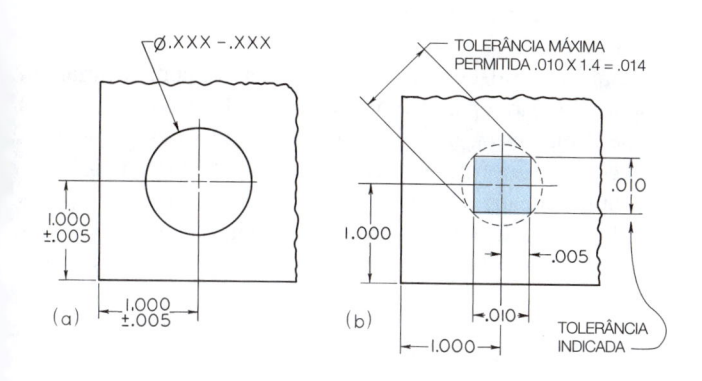

FIGURA 10.24 Zonas de tolerância.

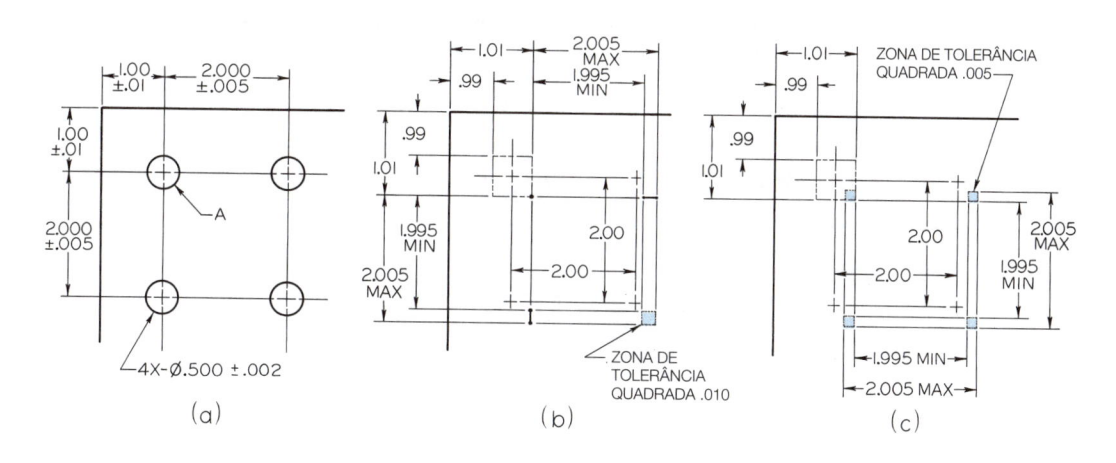

FIGURA 10.25 Zonas de tolerância.

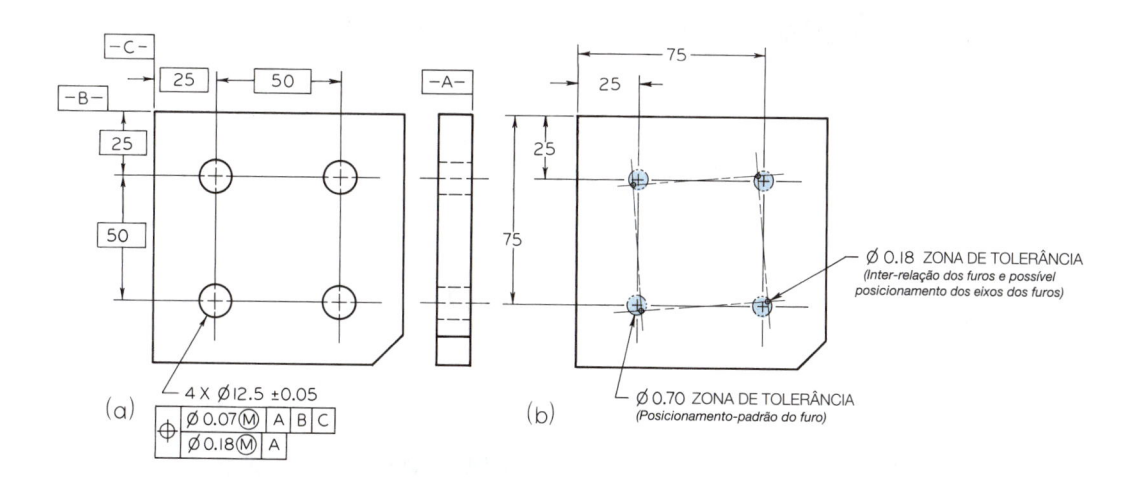

FIGURA 10.26 Cotagem de posicionamento verdadeiro [ANSI Y14.5M-1982 (R1988)].

cilíndrica tem um diâmetro igual à tolerância posicional, e seu comprimento é igual ao do detalhe, a menos que especificado de outra maneira. Seu eixo deve estar dentro desse cilindro, como mostrado na Figura 10.27.

A linha de centro do furo pode coincidir com a linha de centro da zona de tolerância cilíndrica, como mostrado na Figura 10.27a. Pode ser paralela a esta, mas deslocada de forma que permaneça dentro do cilindro de tolerância, como mostrado na Figura 10.27b. Ou pode estar inclinada, enquanto permanece ainda dentro do cilindro de tolerância, como mostrado na Figura 10.27c. Neste último caso, a tolerância posicional também define os limites de variação do perpendicularismo.

Como mostrado na Figura 10.28, a especificação da tolerância posicional indica que todos os elementos na superfície do furo devem estar sobre ou fora de um cilindro cujo diâmetro é igual ao diâmetro mínimo ou ao diâmetro máximo do furo menos a tolerância posicional (diâmetro, ou duas vezes o raio), com a linha de centro do cilindro localizada como uma posição verdadeira.

O uso de cotas nominais sem tolerâncias para localizar detalhes no posicionamento verdadeiro evita a acumulação de tolerâncias mesmo em uma cotagem em cadeia, como mostrado na Figura 10.29.

Enquanto os detalhes, como furos e pinos, podem variar em qualquer direção a partir da posição verdadeira do eixo, outros detalhes, como os rasgos, podem variar em ambos os lados de um plano de posição verdadeira, como mostrado na Figura 10.30.

Como a localização exata de posições verdadeiras são dadas por cotas sem tolerâncias, é importante evitar a aplicação de tolerâncias gerais a estas. Uma anotação deve ser feita no desenho, tal como

TOLERÂNCIAS GERAIS NÃO SE APLICAM ÀS COTAS NOMINAIS.

10.17 CONDIÇÃO DE MÁXIMO MATERIAL

A *condição máxima de material*, ou MMC (*maximum material conditon*), significa que a característica de um produto acabado contém a quantidade máxima de material permitida pela cotagem com a tolerância mostrada para aquela característica. Furos, ras-

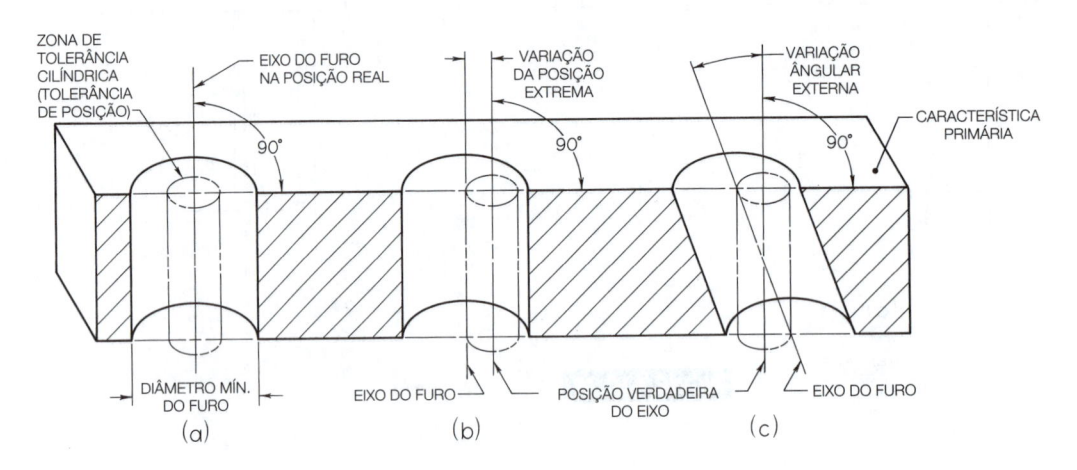

FIGURA 10.27 Zona de tolerância cilíndrica (ASME Y14.5M-1994).

FIGURA 10.28 Interpretação da posição verdadeira (ASME Y14.5M-1994).

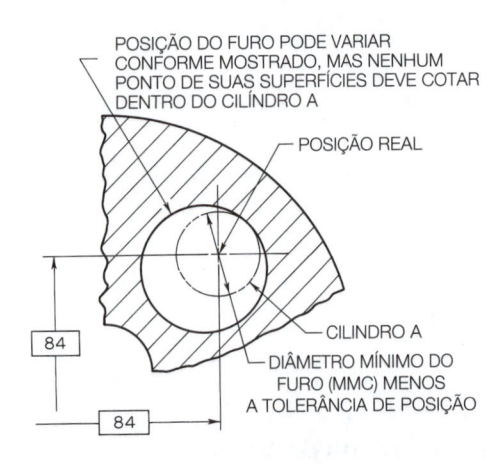

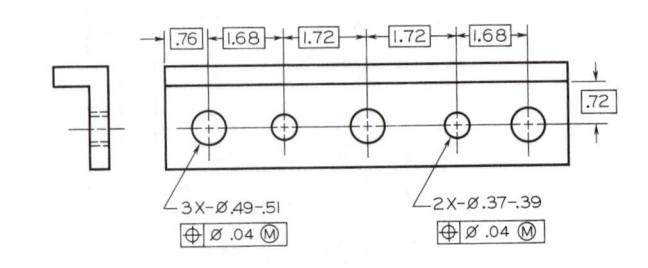

FIGURA 10.29 Sem acúmulo de tolerâncias.

gos e outros detalhes internos estão em MMC quando no tamanho mínimo. Eixos, apoios, pinos e outros detalhes externos estão em MMC quando com seus tamanhos máximos. Um detalhe está em MMC para ambas as peças montáveis quando o maior eixo está no menor furo e ocorre a mínima folga entre as peças.

Ao atribuir tolerância posicional para um furo, considere os tamanhos limites do furo. Se o furo estiver em MMC, ou seu menor tamanho, a tolerância posicional não é afetada, mas se o furo é maior, a tolerância posicional disponível é maior. Na Figura 10.31a, são mostrados dois furos de meia polegada. Se eles forem de exatamente 0,500 polegada de diâmetro (MMC, ou menor tamanho) e estiverem afastados entre si em exatamente 2,000 polegada, um calibrador feito de dois pinos redondos de 0,500 polegada de diâmetro fixados em uma placa a uma distância de 2,000 polegadas, como mostrado na Figura 10.31b, deve ajustar-se a eles. No entanto, a distância de centro a centro entre os furos pode variar de 1,993 polegada até 2,007 polegadas.

Se os furos de 0,500 polegada de diâmetro estiverem em sua posição extrema, como na Figura 10.31c, os pinos terão de ser 0,007 polegada menor, ou 0,493 polegada de diâmetro, para ajustarem-se dentro dos furos. Se os furos de 0,500 polegada de diâmetro estão posicionados afastados da distância máxima, os pinos do calibrador de 0,493 polegada de diâmetro devem tocar os lados internos dos furos; e se os furos estiverem posicionados afastados da distância mínima, os pinos de 0,493 polegada de diâmetro devem tocar as superfícies externas dos furos, como mostrado. Se as tolerâncias de fabricação do calibre não forem consideradas, os pinos do calibre devem ter 0,493 polegada de diâmetro e estar a exatamente 2,000 polegadas de distância se os furos forem de 0,500 polegada de diâmetro, ou MMC.

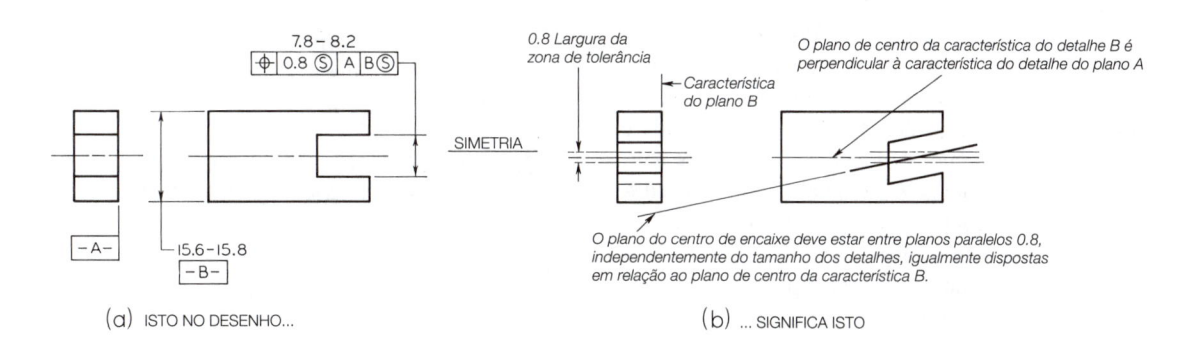

FIGURA 10.30 Tolerância posicional para simetria (ASME Y14.5M-1994).

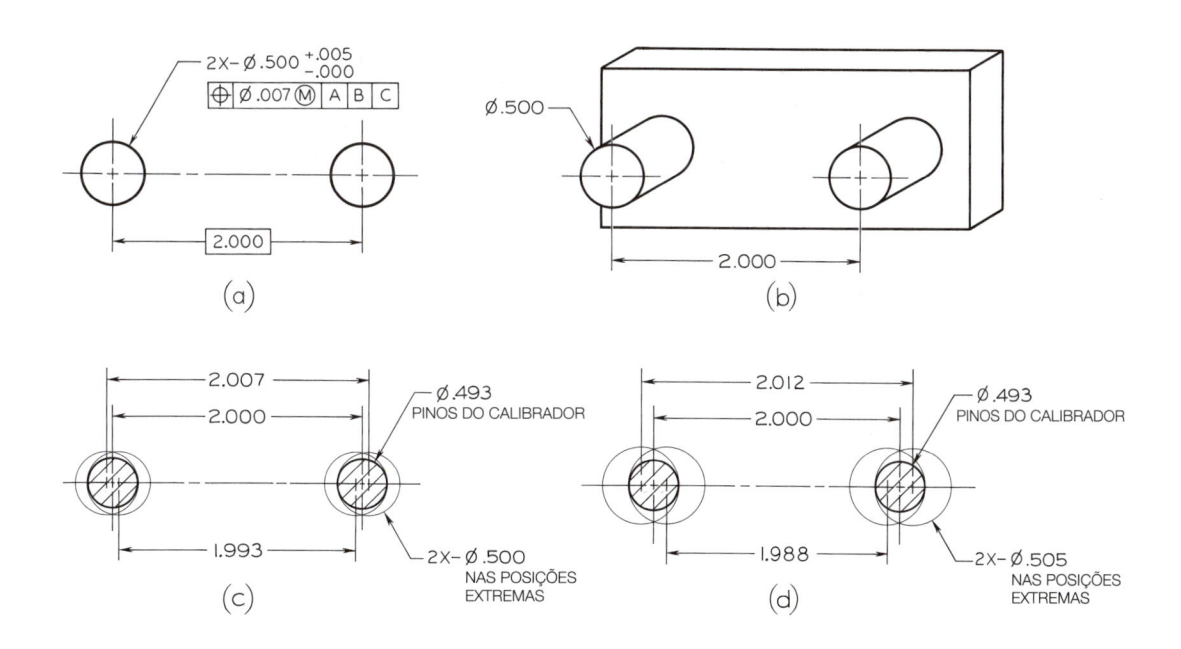

FIGURA 10.31 Condições máxima e mínima de material – padrão com dois furos (ASME Y14.5M-1994).

Se os furos forem de 0,505 polegada de diâmetro – isto é, do tamanho máximo – os mesmos pinos calibradores com diâmetro de 0,493 a 2,000 polegadas de distância vão ajustar-se a eles, com os lados internos dos furos tocando o lado interno dos pinos calibradores e os lados externos dos furos tocando os lados externos dos pinos calibradores, como mostrado na Figura 10.31d. Quando os furos são maiores, eles podem estar mais afastados e ainda ajustarem-se aos pinos. Nesse caso, eles podem estar 2,012 polegadas distante, estando além da tolerância permitida para a distância de centro a centro entre os furos. De maneira semelhante, os furos podem estar tão próximos quanto 1,988 polegada de centro a centro, o que está novamente fora da especificação de tolerância posicional permitida.

Assim, quando os furos forem do tamanho máximo, uma tolerância posicional maior estará disponível. Como todos os detalhes podem variar em tamanho, é necessário deixar claro no desenho para qual dimensão básica a posição verdadeira se aplica. Sempre, à exceção de poucos casos excepcionais, quando o furo é maior, a tolerância posicional adicional está disponível sem prejudicar a funcionalidade. Podem ainda ser montados livremente estando ou não os furos ou outros detalhes dentro das tolerâncias posicionais especificadas. Essa prática tem sido reconhecida e usada na indústria por anos, como se evidencia pelo uso de calibradores com pinos fixos, os quais têm sido comumente usados para inspecionar peças e controlar as condições menos favoráveis de montagem. Assim, tornou-se prática comum para ambos, manufatura e inspeção, assumir que a tolerância aplica-se na MMC e que tolerâncias posicionais maiores são permitidas quando as peças não estão em MMC.

Para evitar interpretações erradas quanto à aplicação da condição máxima de material (MMC), deve-se indicá-la claramente no desenho através da colocação dos símbolos de MMC para cada tolerância aplicável ou por uma descrição apropriada em um documento mencionado no desenho. Quando a MMC não é especificada em um desenho com relação a uma tolerância individual, a uma referência, ou a ambos, as seguintes regras se aplicam:

1. As tolerâncias de posição verdadeira e os detalhes de referência relativos aplicam-se na MMC. Para uma tolerância de posição, RFS (*regardless of feature size*) (qualquer que seja o tamanho do detalhe) pode ser especificada no desenho com relação à tolerância individual, à referência, ou a ambos, quando aplicável.
2. Todas as tolerâncias geométricas aplicáveis – tais como tolerâncias de angularidade, paralelismo, perpendicularidade, concentricidade e simetria, incluindo as referências relacionadas aplicam-se em RFS, quando não são especificados símbolos de modificação. Contato circular, contato total, concentricidade e simetria são aplicáveis somente em RFS e não podem ser modificados para MMC ou LMC. Nenhum elemento do detalhe real vai estender-se além do envelope da forma perfeita em MMC. MMC ou LMC devem ser especificadas no desenho quando for necessário.

10.18 TOLERÂNCIAS DE ÂNGULOS

Tolerâncias bilaterais têm tradicionalmente sido aplicadas a ângulos, como mostrado na Figura 10.32. Usando tolerâncias bilaterais, a zona de tolerância em forma de cunha aumenta na medida em que aumenta a distância do vértice do ângulo.

O uso de tolerâncias angulares pode ser evitado usando-se calibradores. O desbaste cônico é geralmente trabalhado por usinagem para ajustar-se a um calibrador, ou pelo ajuste da outra peça montável.

Se uma superfície angular é posicionada por uma cota linear e uma angular, como mostrado na Figura 10.33a, a superfície deve ficar dentro de uma zona de tolerância, como mostrada na Figura 10.33b. A zona angular será mais larga à medida que aumenta a distância do vértice. Para evitar o acúmulo de tolerâncias adicional afastando-se do vértice do ângulo, recomenda-se o ***método de tolerância de ângulo básico***, mostrado na Figura 10.33c (ASME Y14.5M- 1994). O ângulo é indicado como uma cota básica, e não é especificada nenhuma tolerância de ângulo. A zona de tolerância é agora definida por dois planos paralelos, resultando em um controle angular maior, como mostrado na Figura 10.33d.

10.19 TOLERÂNCIAS DE FORMA PARA CARACTERÍSTICAS INDIVIDUAIS

Linearidade, planicidade, circularidade, cilindricidade e, em alguns casos, perfis são tolerâncias de forma aplicáveis a características individuais independentes do tamanho da característica.

1. A *tolerância de linearidade*, mostrada na Figura 10.34, especifica uma zona de tolerância dentro da qual deve ficar um eixo ou todos os pontos de um elemento considerado. A linearidade é uma condição em que um elemento de uma superfície ou um eixo é uma linha reta.
2. A *tolerância de planicidade* especifica a zona de tolerância definida por dois planos paralelos dentro dos quais uma superfície deve ficar, como mostrado na Figura 10.35. A planicidade é a condição de uma superfície tendo todos os elementos em um plano.

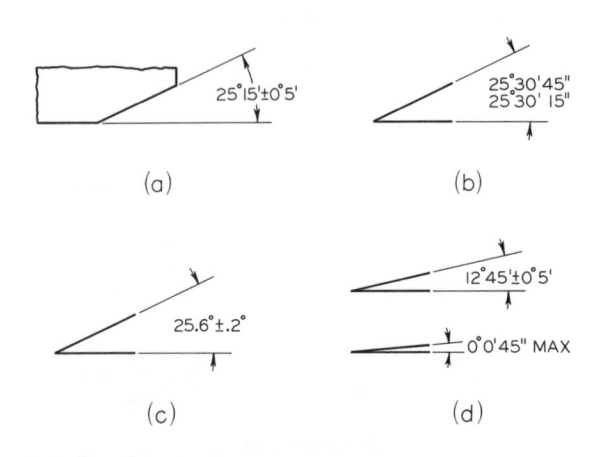

FIGURA 10.32 Tolerâncias de ângulos.

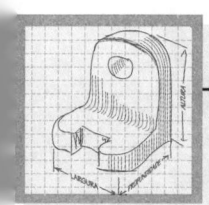

CAD EM SERVIÇO
Tolerância geométrica com o AutoCAD R.14

O AutoCAD R.14 possui caixas de diálogo que permitem que sejam criadas molduras de controle de detalhes para cotagem e definição de tolerâncias geométricas. Quando você escolhe o ícone de tolerâncias na barra de cotagem do AutoCAD, a caixa de diálogo mostrada na Figura A aparece na tela e mostra os símbolos de tolerância-padrão.

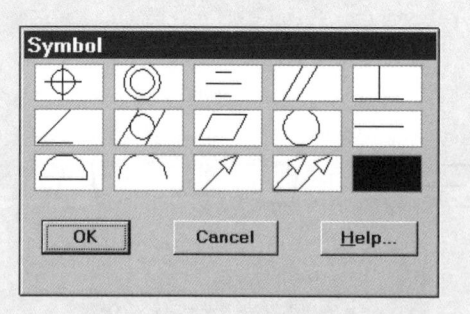

(A)

(C)

Para começar a criar a moldura de controle de características, clica-se duas vezes no símbolo desejado. Por exemplo, pode-se clicar duas vezes no símbolo de tolerância posicional no canto superior esquerdo da caixa de diálogo. Quando tiver selecionado um símbolo, uma nova caixa de diálogo, mostrada na Figura B, aparecerá na tela. Use-a para criar uma moldura de controle de característica simples ou uma pilha de molduras de controle de características empilhada. Pode-se adicionar símbolos de diâmetro, modificadores, referência ou identificadores de referência. O símbolo de diâmetro mostrado na caixa de diálogo de tolerância geométrica foi adicionado clicando-se na caixa vazia abaixo do título "Dia." Um símbolo de diâmetro aparece automaticamente.

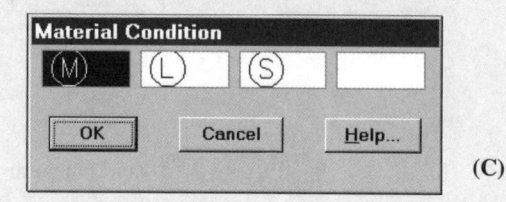

A área à direita do símbolo de diâmetro é uma caixa de texto usada para digitar o valor desejado a ser mostrado para a tolerância.

Para adicionar símbolos modificadores, clique na próxima caixa vazia à direita. A caixa de diálogo de condição de material (Figura C) surge na tela. Pode-se rapidamente escolher o modificador que se quer nesta caixa de diálogo.

As referências podem ser criados com a mesma rapidez clicando-se na caixa apropriada e digitando-se a letra que se quer usar. A referência também pode ter um modificador ao ser usado com certos tipos de tolerância. Novamente, apenas clique na caixa vazia abaixo do modificador e use a caixa de diálogo que aparece para adicionar o símbolo.

Se desejar tolerâncias empilhadas ou uma identificação de referência, continue com o mesmo procedimento básico. Quando você clicar em OK no final do processo, será solicitado que você clique em uma posição para a colocação da tolerância no desenho. Pode-se também utilizar o comando *leader* e selecionar a opção para colocar a tolerância na extremidade de uma linha indicando o detalhe. Usando essas caixas de diálogo, pode-se rapidamente adicionar símbolos de tolerância geométrica, como mostrado na Figura D, aos seus desenhos. Criar os símbolos é fácil, mas deve-se dar especial consideração ao que significa a colocação dos símbolos no desenho. Esteja certo de retratar a intenção do projeto e as tolerâncias que são necessárias para que a peça funcione corretamente no conjunto montado. Especificar tolerâncias restritivas desnecessárias aumenta o custo da peça sem acrescentar funcionalidade ao projeto.

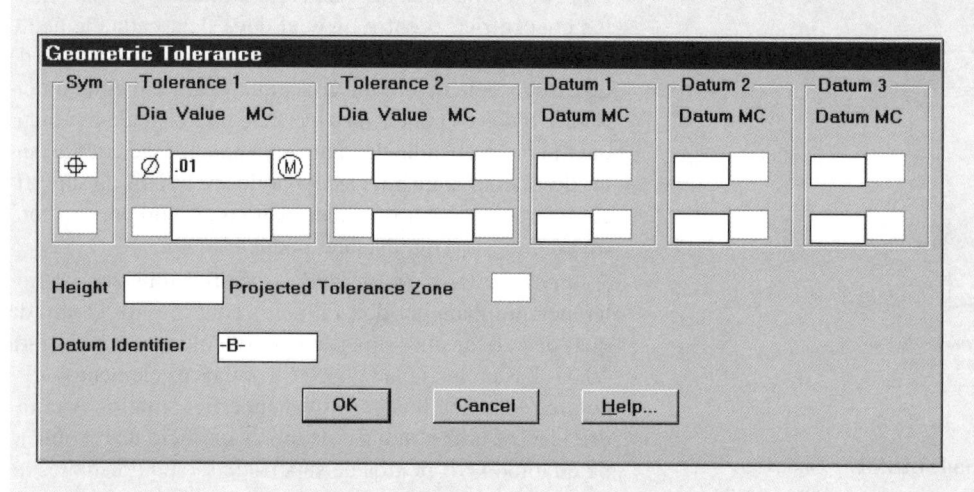

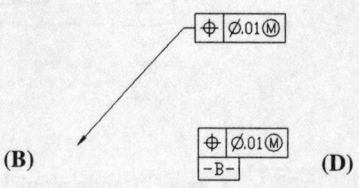

(B)

(D)

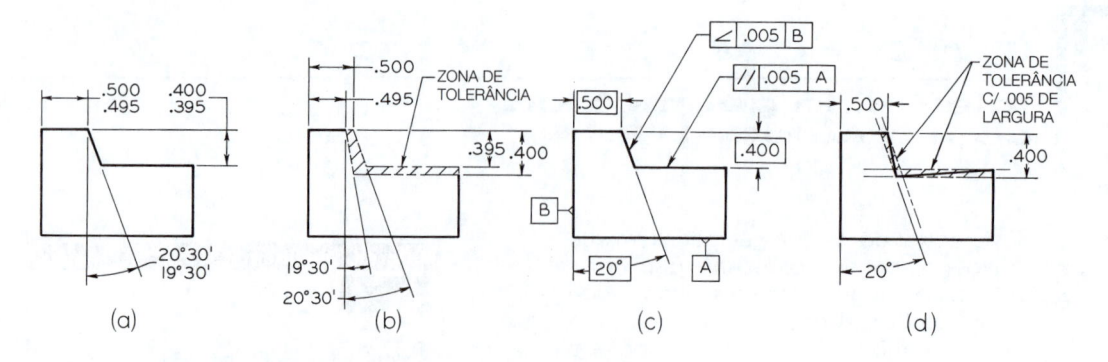

FIGURA 10.33 Zonas angulares de tolerância angular (ASME Y14.5M-1994).

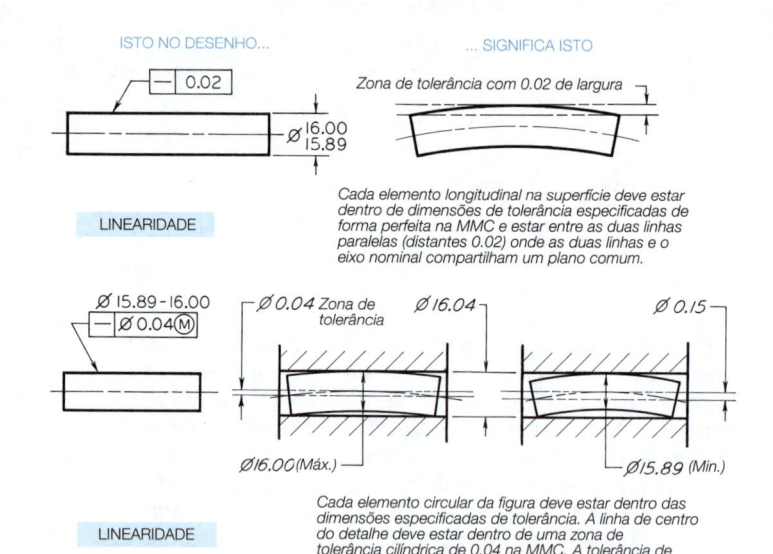

FIGURA 10.34 Especificando linearidade (ASME Y14.5M-1994).

FIGURA 10.35 Especificando planicidade (ASME Y14.5M-1994).

3. A **tolerância de circularidade**, mostrada na Figura 10.36, especifica uma zona de tolerância limitada por dois círculos concêntricos dentro da qual deve ficar cada elemento circular da superfície. A circularidade é uma condição de uma superfície de revolução na qual, para um cone ou cilindro, todos os pontos da superfície interceptada por qualquer plano perpendicular a um eixo comum são eqüidistantes desse eixo. Para uma esfera, todos os pontos da superfície interceptada por qualquer plano passando por um centro comum são eqüidistantes daquele centro.

4. A **tolerância de cilindricidade** especifica uma zona de tolerância limitada por dois cilindros concêntricos dentro da qual deve ficar uma superfície, como mostrado na Figura 10.37. Essa tolerância aplica-se a ambos os elementos, circulares e longitudinais, de uma superfície inteira. A cilindricidade é uma condição de uma superfície de revolução na qual todos os pontos da superfície são eqüidistantes de um eixo comum. Quando não é dada a tolerância de forma,

muitas formas possíveis podem existir, como mostrado na Figura 10.38.

5. A *tolerância de perfil* especifica um limite uniforme ou uma zona ao longo do perfil verdadeiro dentro da qual todos os elementos de uma superfície devem ficar, como mostrado nas Figuras 10.39 e 10.40. Um perfil é a silhueta de um objeto em um dado plano ou figura 2-D. Os perfis são formados projetando-se uma figura 3-D em um plano ou tomando-se planos seccionais da figura, com o perfil resultante composto por elementos como linhas retas, arcos ou outras linhas curvas.

10.20 TOLERÂNCIA DE FORMA PARA CARACTERÍSTICAS RELACIONADAS

Angularidade, paralelismo, perpendicularidade e, em alguns casos, perfis são tolerâncias de forma aplicáveis a características dos detalhes relacionados. Essas tolerâncias controlam a disposição dos detalhes entre si (ASME Y14.5M-1994).

1. A *tolerância de angularidade*, mostrada na Figura 10.41, especifica uma zona de tolerância definida por dois planos paralelos a um ângulo básico especificado (diferente de 90 graus) a partir de um plano ou eixo de referência dentro do qual a superfície ou o eixo do detalhe deve ficar.

2. A *tolerância de paralelismo*, mostrada nas Figuras 10.42-10.44, especifica uma zona de tolerância definida por dois planos paralelos ou linhas paralelas a um plano ou eixo de referência, respectivamente, dentro do qual a superfície ou eixo da característica deve ficar. Além disso, a tolerância de paralelismo pode especificar uma zona de tolerância cilíndrica paralela a um eixo de referência dentro da qual o eixo do detalhe deve ficar.

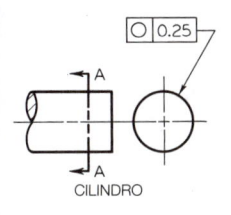

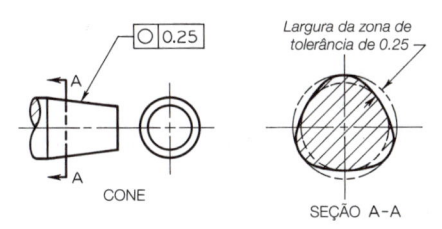

FIGURA 10.36 Especificando circularidade para um cilindro ou cone (ASME Y14.5M-1994).

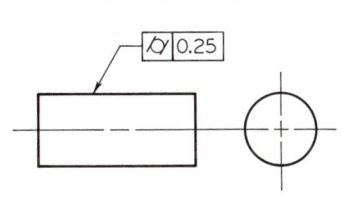

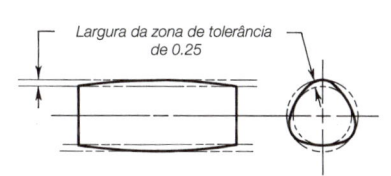

FIGURA 10.37 Especificando cilindricidade (ASME Y14.5M-1994).

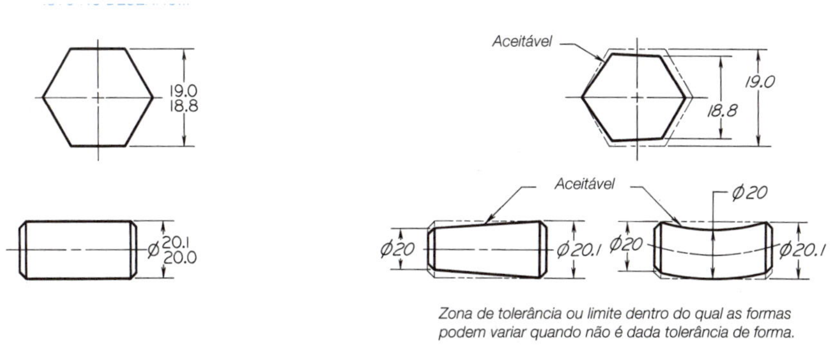

FIGURA 10.38 Variações de forma aceitáveis – sem especificação de tolerância de forma.

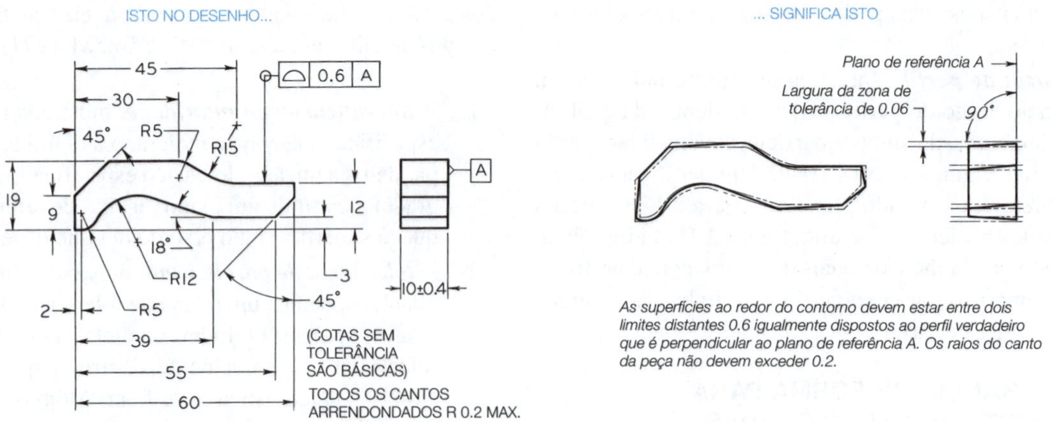

FIGURA 10.39 Especificando o perfil de uma superfície por todo o contorno (ASME Y14.5M-1994).

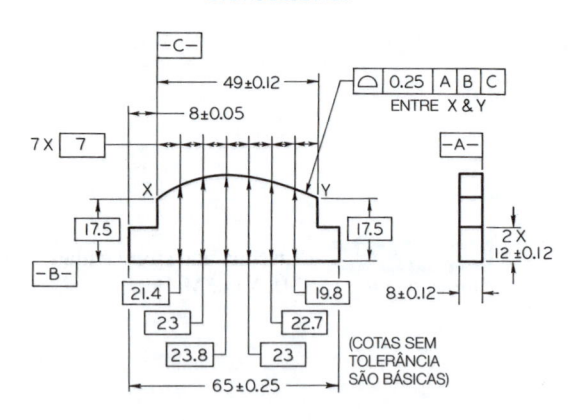

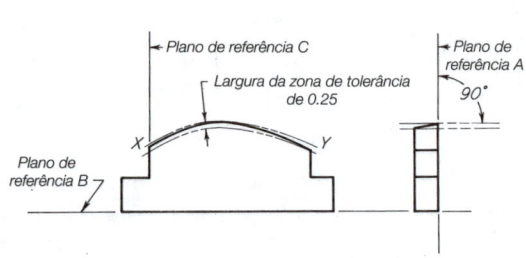

FIGURA 10.40 Especificando o perfil de uma superfície entre pontos (ASME Y14.5M-1994).

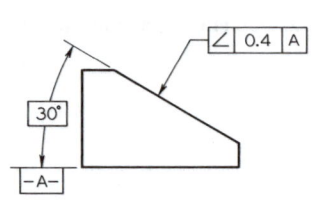

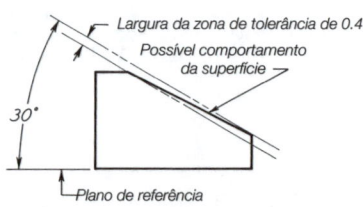

ANGULARIDADE

FIGURA 10.41 Especificando angularidade para uma superfície plana (ASME Y14.5M-1994).

3. **A *tolerância de perpendicularidade*.** A perpendicularidade é a condição de uma superfície, plano médio ou eixo, que está a 90 graus de um plano ou eixo de referência. Uma tolerância de perpendicularidade especifica um dos casos seguintes:

(a) Uma zona de tolerância é definida por dois planos paralelos, perpendiculares a um plano de referência, um eixo de referência ou eixo, dentro do qual a superfície do detalhe deve ficar, como mostrado na Figura 10.45.

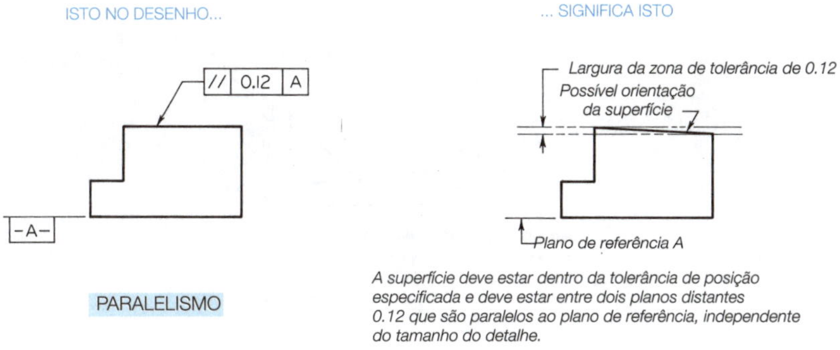

FIGURA 10.42 Especificando paralelismo para uma superfície plana (ASME Y14.5M – 1994).

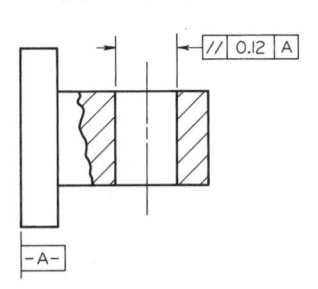

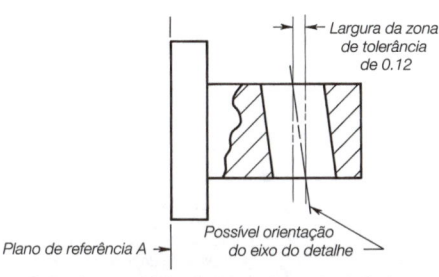

FIGURA 10.43 Especificando paralelismo para o eixo de um detalhe RFS (ASME Y14.5M-1994).

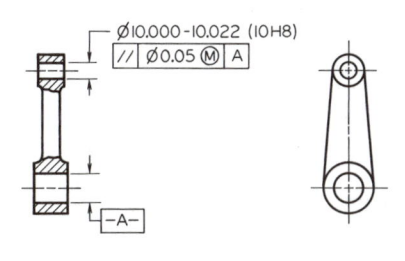

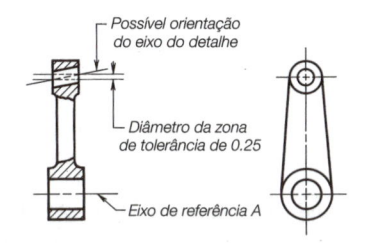

FIGURA 10.44 Especificando paralelismo para o eixo de um detalhe na MMC (ASME Y14.5M-1994).

(b) Uma zona de tolerância cilíndrica, perpendicular a um plano de referência, dentro da qual um eixo do detalhe deve ficar, como mostrado na Figura 10.46.

4. A *tolerância de concentricidade*. Concentricidade é a condição na qual os eixos de todas as seções transversais de elementos de uma superfície de revolução de um detalhe geométrico são comuns ao eixo de um elemento de referência. Uma tolerância de concentricidade especifica uma zona de tolerância cilíndrica cujo eixo coincide com um eixo de referência e dentro da qual todos os eixos de seções transversais do detalhe sendo controlado devem ficar, como mostrado na Figura 10.47.

10.21 COMPUTAÇÃO GRÁFICA

Os programas CAD geralmente permitem que o usuário adicione tolerâncias aos valores de cotagem nos desenhos. Símbolos de tolerância e cotagem geométrica, marcas de acabamentos e outros símbolos-padrão são geralmente disponibilizados como parte dos programas CAD ou como uma biblioteca de símbolos.

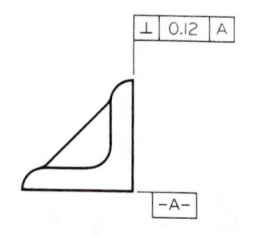

PERPENDICULARIDADE PARA UMA SUPERFÍCIE PLANA

(a)

Possível orientação da superfície

Plano de referência A

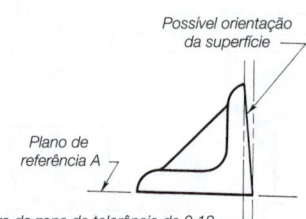

Largura da zona de tolerância de 0.12
A superfície deve estar dentro da tolerância especificada de dimensões entre dois planos paralelos distantes 0.12 que são perpendiculares ao plano de referência A.

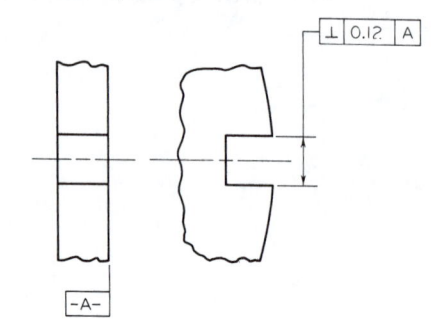

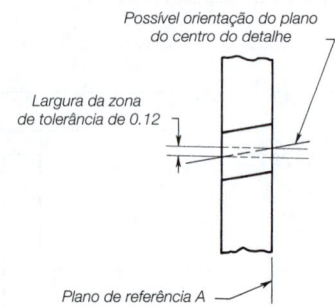

PERPENDICULARIDADE PARA UM PLANO MEDIANO

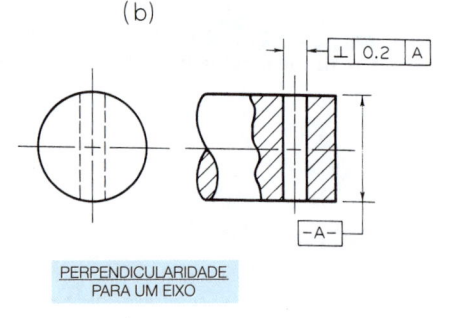

(b)

Possível orientação do plano do centro do detalhe

Largura da zona de tolerância de 0.12

Plano de referência A
O plano de centro do detalhe deve estar dentro da tolerância de posição especificada e entre dois planos paralelos e distantes 0.12, independente do tamanho do detalhe, que é perpendicular ao plano do datum A.

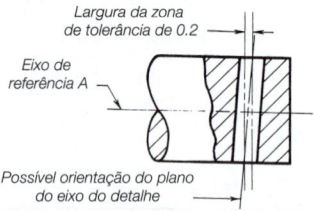

PERPENDICULARIDADE PARA UM EIXO

(c)

Largura da zona de tolerância de 0.2

Eixo de referência A

Possível orientação do plano do eixo do detalhe
O eixo do detalhe deve estar dentro da tolerância de posição especificada e deve estar entre dois planos distantes 0.2, independente do tamanho do detalhe, que é perpendicular ao eixo de referência A.

FIGURA 10.45 Especificando perpendicularidade (ASME Y14.5M-1994).

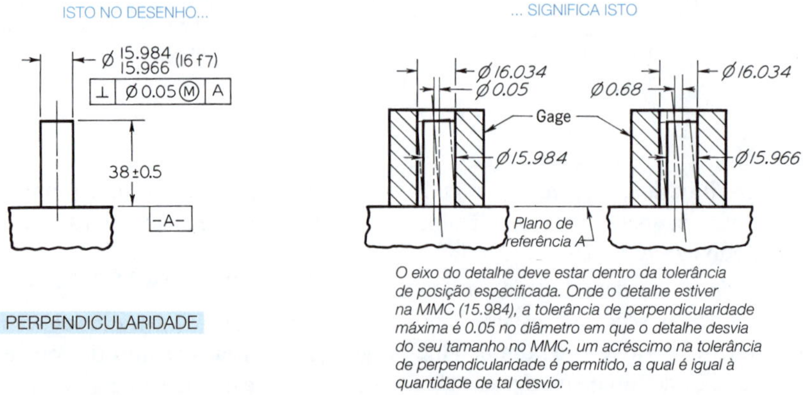

ISTO NO DESENHO... ... SIGNIFICA ISTO

PERPENDICULARIDADE

O eixo do detalhe deve estar dentro da tolerância de posição especificada. Onde o detalhe estiver na MMC (15.984), a tolerância de perpendicularidade máxima é 0.05 no diâmetro em que o detalhe desvia do seu tamanho no MMC, um acréscimo na tolerância de perpendicularidade é permitido, a qual é igual à quantidade de tal desvio.

FIGURA 10.46 Especificando perpendicularidade para um eixo, pino ou protuberância (ASME Y14.5M-1994).

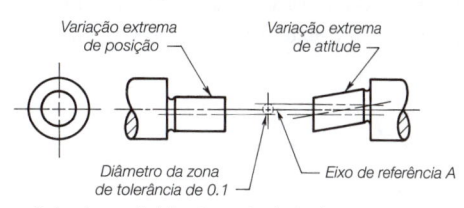

FIGURA 10.47 Especificando concentricidade (ASME Y14.5M-1994).

■ PALAVRAS-CHAVES

afastamento
afastamento fundamental
afastamento inferior
afastamento superior
ajuste com folga
ajuste com interferência
ajuste incerto
ajuste em linha
condição de máximo material
cota de referência
cotagem de limite único
cotagem de limites
cotagem mais ou menos
cotagem por posicionamento verdadeiro

cota nominal
cotas-limite
dimensão nominal
método de tolerância de ângulo básico
mínima folga
montagem seletiva
qualidade de trabalho (IT)
símbolo de cota básica
símbolo de identificação de referência
símbolos combinados
símbolos de características geométricas
símbolos de tolerância
símbolos suplementares

sistema de tolerância unilateral
sistema de tolerâncias bilateral
sistema eixo-base
sistema eixo-base de ajustes preferenciais
sistema furo-base
sistema furo-base de ajustes preferenciais
tamanho básico
tamanho real
tolerância
tolerância de angularidade
tolerância de cilindricidade
tolerância de circularidade

tolerância de concentricidade
tolerância de linearidade
tolerância de paralelismo
tolerância de perfil
tolerância de perpendicularidade
tolerância de planicidade
tolerâncias angulares
tolerâncias geométricas
tolerâncias gerais
zona de tolerância

■ RESUMO DO CAPÍTULO

- A cotagem de tolerâncias descreve os limites máximo e mínimo para um tamanho ou posicionamento de um detalhe geométrico da peça.
- Existem vários modos de se cotar tolerâncias, incluindo cotagem de limites de tolerância, tolerâncias unilaterais, tolerâncias bilaterais e tolerâncias geométricas.
- Os sistemas furo-base de tolerâncias são os sistemas de tolerância mais comumente usados, porque pressupõem que o furo esteja no tamanho nominal e ajuste o eixo para acomodar a tolerância.
- A quantidade de espaço entre duas peças de encaixe na condição máxima de material é chamada de mínima folga.
- As peças de encaixe com folgas mínimas grandes são classificadas como tendo um ajuste com folga ou um ajuste deslizante.

- As peças de encaixe com mínima folga negativa são classificadas como tendo um ajuste com interferência ou ajuste forçado.
- Peças de encaixe são projetadas em torno de um tamanho nominal e uma classe de ajuste. Outras tolerâncias são calculadas a partir desses dois valores.
- Peças de alta qualidade são geralmente cotadas com tolerâncias geométricas para assegurar que o tamanho, a forma e a geometria relativa dos detalhes estejam adequadamente definidos.

■ QUESTÕES DE REVISÃO

1. O que significam os dois números da cotagem de limites?
2. Desenhe três tolerâncias geométricas diferentes em relação a uma referência. Classifique a informação em cada caixa.
3. Por que o sistema furo-base é mais comum do que o sistema eixo-base?
4. Dê cinco exemplos de dimensões nominais do dia-a-dia. Qual é o propósito da dimensão nominal?
5. Dê um exemplo de duas peças que poderiam precisar de um ajuste deslizante e de um ajuste forçado.
6. Liste cinco classes de ajuste.
7. Uma peça pode ter uma folga mínima? Por quê?
8. Duas peças podem ter uma tolerância? Por quê?

■ PROJETOS DE TOLERÂNCIAS

Consulte as Figuras 10.48-10.52.

■ PROJETO

Projete um sistema que será fixado sob o tampo de uma mesa-padrão de madeira de uma escrivaninha para acomodar o teclado de um computador. O sistema deve permitir que o usuário guarde o teclado embaixo da superfície da mesa quando não estiver em uso. Forneça meios para prevenir que o cabo do teclado fique preso ou enroscado. Inclua cotas e tolerâncias detalhadas.

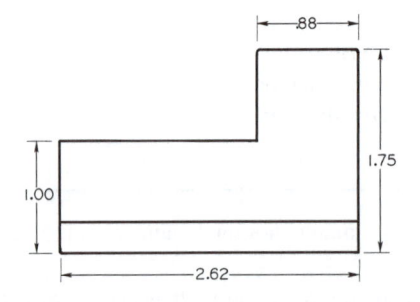

FIGURA 10.48 Proj. 10.1: Desenhe a figura mostrada acima. Use cotagem de limites, tolerâncias bilaterais ou tolerâncias geométricas para adicionar um furo de ϕ 0,375 à extremidade esquerda da peça, posicionado 0,50 polegada da superfície do fundo e 2 polegadas da extremidade direita da peça. O posicionamento deve ter precisão de ± 0,005, e seu tamanho, precisão de ± 0,002.

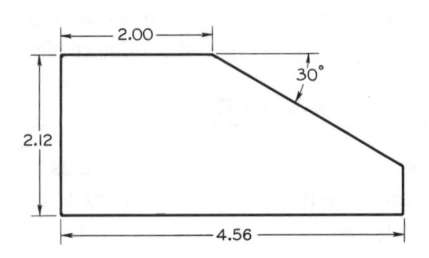

FIGURA 10.49 Proj 10.2: Adicione símbolos de cotagem e tolerância geométrica ao desenho de forma a: a) controlar a planicidade da superfície do fundo para uma tolerância total de 0,001; b) controlar a perpendicularidade das superfícies esquerda e do fundo para 0,003; c) controlar a tolerância para o ângulo de 30° para 0,01.

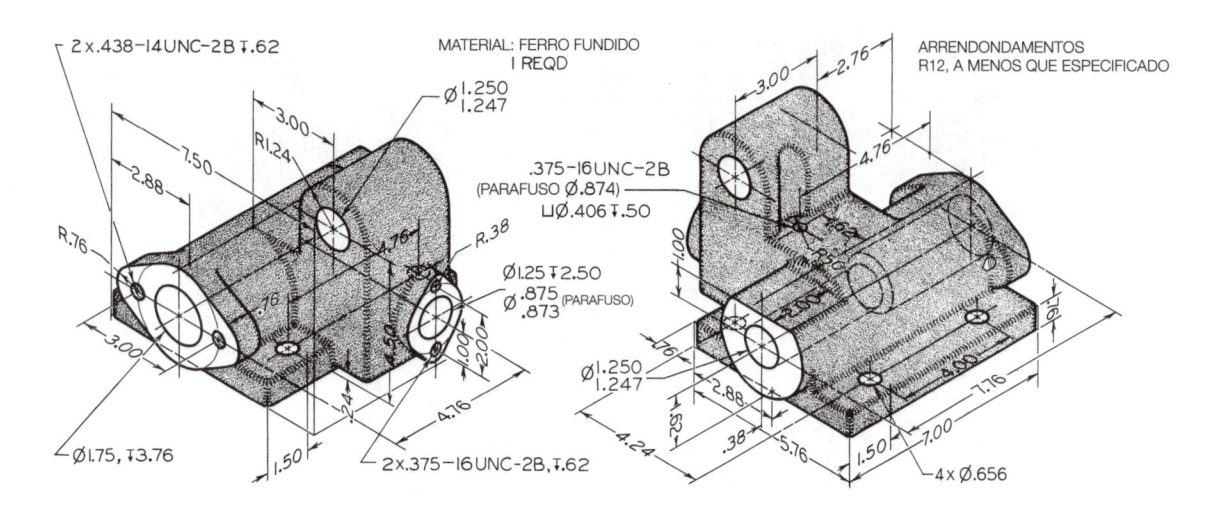

FIGURA 10.50 Caixa de parada automática.
Proj. 10.3: Crie um desenho detalhado para a peça mostrada nas duas vistas isométricas. Use símbolos de cotagem e tolerâncias-padrão para substituir as notas tanto quanto possível.

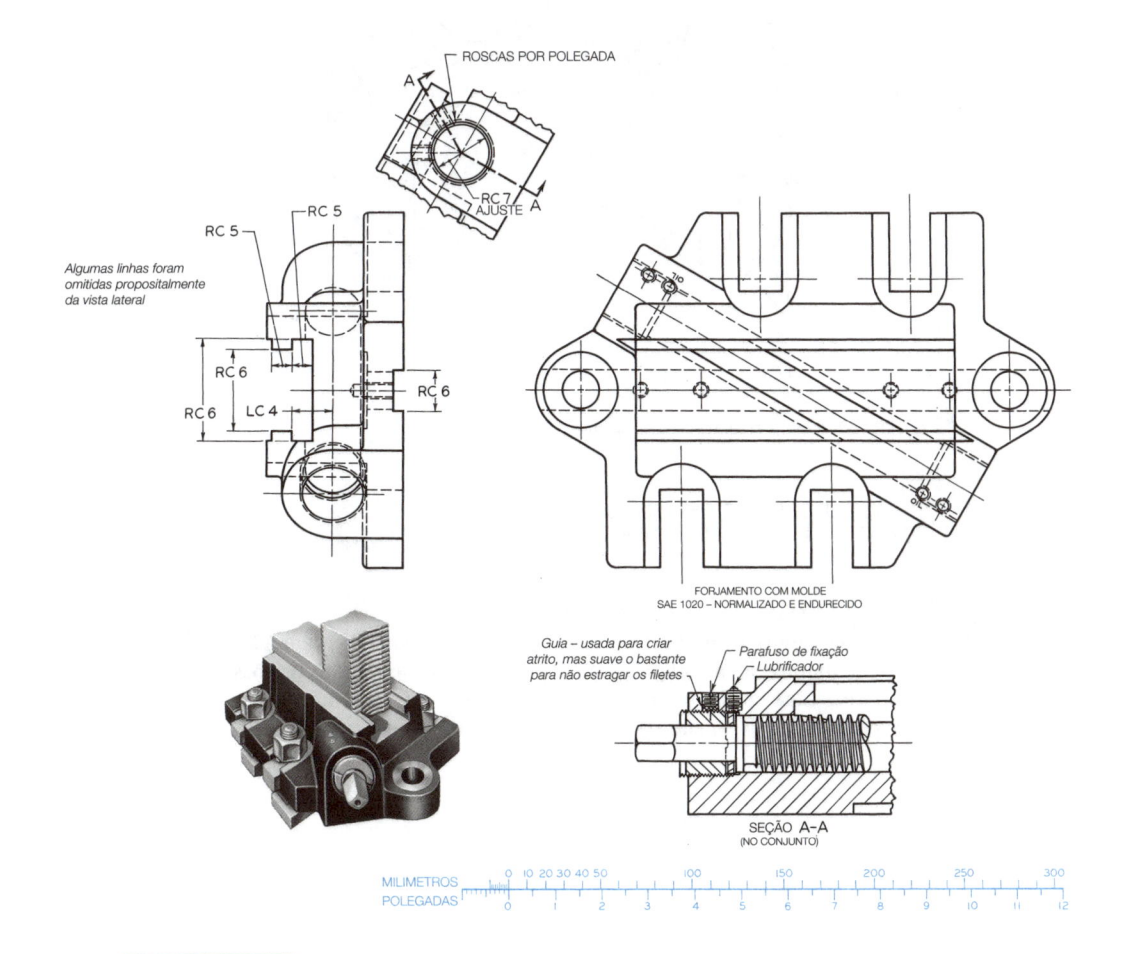

FIGURA 10.51 Base mordente para mordente do mandril.
Proj. 10.4: Dados: vistas frontal, lateral direita e vista auxiliar parcial. Pede-se: vistas superior, lateral esquerda (junto da superior) e vista auxiliar completa com cotas, quando atribuídas. Use cotas métricas ou polegadas decimais. Use as tabelas do American National Standard para indicar os ajustes ou converter para valores métricos. Veja Apêndices 6-15.

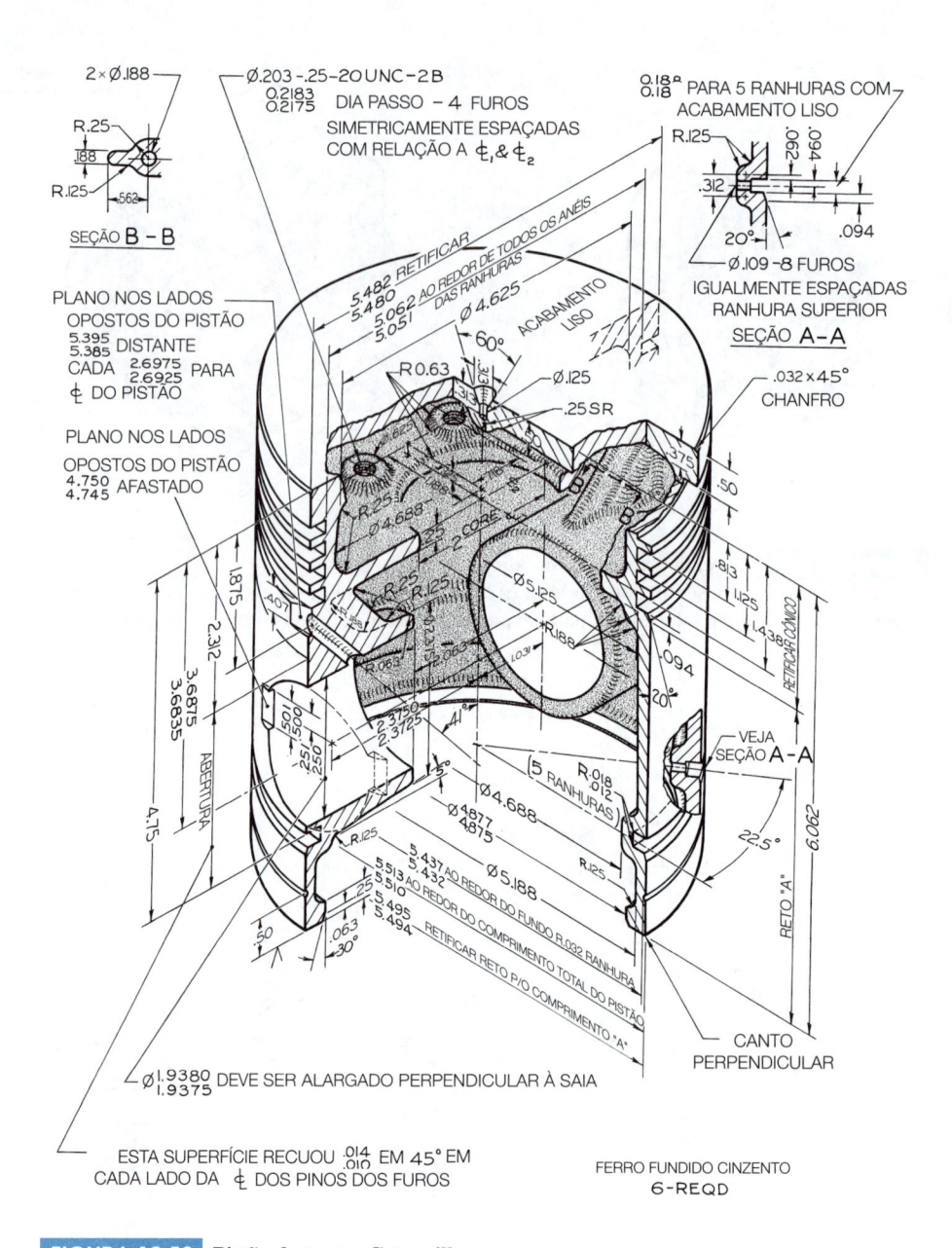

FIGURA 10.52 Pistão do trator Caterpillar

Proj. 10.5: Faça desenhos detalhados em escala natural em papel formato A2. Se designado, use o sistema unidirecional em polegada decimal, converta todas as frações para cotas decimais com duas casas decimais, ou converta todas as cotas para metros. Use símbolos-padrão para cotagem e tolerâncias para substituir as anotações.

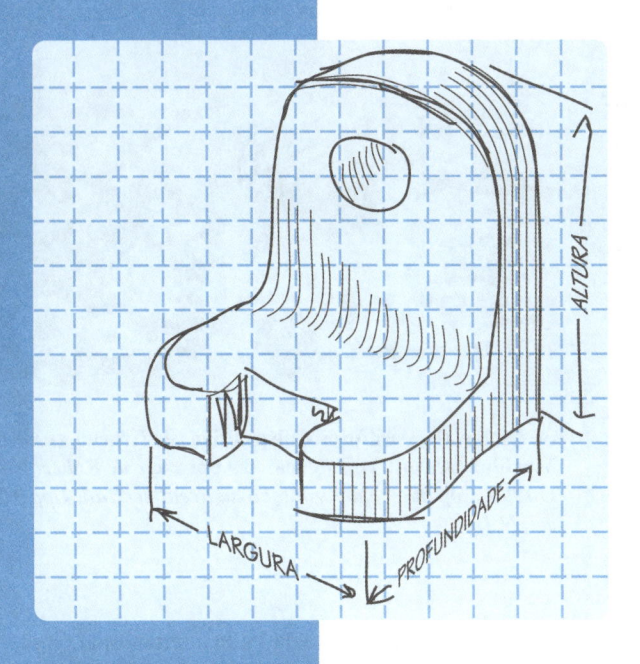

CAPÍTULO 11

ROSCAS, DISPOSITIVOS DE FIXAÇÃO E MOLAS

OBJETIVOS

Após estudar o conteúdo deste capítulo, você será capaz de:

1. Definir e especificar as partes de uma rosca de parafuso.
2. Identificar várias formas de roscas de parafusos.
3. Fazer desenhos de detalhe, esquemáticos e simplificados, de roscas de parafusos.
4. Fazer anotações de especificações típicas de roscas.
5. Identificar vários tipos de dispositivos de fixação e descrever seus usos.
6. Esboçar representações de vários tipos de cabeça de parafuso.
7. Esboçar representações de molas utilizando convenções usuais.

VISÃO GERAL

O desenvolvimento do conceito de rosca de parafuso é atribuído a Arquimedes, que viveu no século III a.C. Ele foi um matemático que escreveu sobre espirais e inventou dispositivos simples aplicando o princípio do parafuso.

No primeiro século a.C, o parafuso tornou-se um elemento familiar, mas era produzido manualmente com madeira ou eixos metálicos. A partir desse ponto, nada mais se ouviu falar dos parafusos até o século XV.

Leonardo da Vinci entendeu o princípio do funcionamento do parafuso e criou esboços mostrando como construí-lo e usá-lo em máquinas. No século XVI, apareceram parafusos em relógios alemães e foram utilizados para fixar armaduras. Em 1569, um francês chamado Besson inventou um torno para usinar parafusos, mas esse método de produção de parafusos só foi difundido um século e meio mais tarde; porcas e parafusos continuaram sendo feitos em grande parte à mão. No século XVIII, durante a revolução industrial, começou a produção industrial de parafusos na Inglaterra.

Roscas e dispositivos de fixação são os principais componentes usados na montagem de máquinas. A forma da rosca helicoidal é chamada de perfil de rosca. O perfil de rosca métrica é o padrão internacional, embora o perfil de rosca unificada seja mais comum nos Estados Unidos. Outros perfis de rosca são utilizados em aplicações específicas. Os programas CAD geralmente descrevem roscas automaticamente. Uma especificação de rosca é uma nota indicadora especial que define o tipo de rosca e o dispositivo de fixação. Isso serve como uma instrução para os técnicos de produção, de modo que o tipo correto de rosca seja criado durante o processo de fabricação.

Para aumentar a velocidade de produção e reduzir custos, muitos tipos novos de dispositivos de fixação são criados todos os dias. Os dispositivos de fixação existentes também são modificados para serem adequados à produção em massa.

(a) Molas. (b) Parafusos e dispositivos de fixação. (*Extraído de: Machine Design: An Integrated Approach, de Robert Norton, C 1996. Copiado com permissão da Prentice-Hall, Upper Saddle River, N.J.*)

Em 1946, um comitê da ISO (International Organization for Standartization) foi constituído para estabelecer um sistema único e internacional para roscas métricas de parafuso. Conseqüentemente, através dos esforços conjuntos do IFI (Industrial Fastener Institute), vários comitês do ANSI (American National Standard Institute) e representações da ISO prepararam um padrão métrico para dispositivos de fixação.*

Atualmente, as roscas de parafusos são vitais para as indústrias. Elas são projetados para as mais diversas finalidades. As três aplicações básicas são as seguintes:

1. unir peças;
2. ajustar peças com referência entre si;
3. transmitir esforços.

■ 11.1 ROSCAS DE PARAFUSOS PADRONIZADAS

Antigamente, não existia o conceito de padronização. As porcas feitas por um fabricante não serviam nos parafusos de outro. Em 1841, Sir Joseph Whitworth começou uma campanha pela padronização de roscas de parafusos, e o padrão proposto por ele foi aceito na Inglaterra.

Em 1864, os Estados Unidos adotaram o padrão de parafusos proposto por William Sellers da Filadélfia, mas o padrão proposto por ele não era compatível com o padrão Whitworth, e vice-versa. Em 1935, a rosca do padrão americano, com os mesmos 60 graus em forma de "V" da rosca do padrão antigo de Sellers, foi adotada nos Estados Unidos, mas continua não existindo uma padronização entre os países. Em tempo de paz, isso era uma bobagem; na primeira guerra mundial, era um sério inconveniente; na segunda guerra mundial, tornou-se um empecilho tão grande que os aliados decidiram fazer alguma coisa. Começaram as discussões entre os americanos, ingleses e canadenses e, em 1948, foi firmado um acordo sobre a unificação das roscas de parafusos norte-americanas e inglesas. Essa nova rosca foi denominada *rosca de parafuso unificada* e representou um compromisso entre o padrão norte-americano e o sistema Whithworth, o que permitiu perfeita intercambiabilidade de roscas nos três países.

■ 11.2 ROSCAS DE PARAFUSOS: TERMINOLOGIA

As seguintes definições aplicam-se a roscas de parafusos em geral. Como orientação, consulte a Figura 11.1. Para informações adicionais a respeito dos termos e definições específicas das roscas unificadas e métricas, consulte as seguintes normas:

ANSI/ASME B1.1-1989;
ANSI/ASME B1.7M-10984 (R1992);
ANSI/ASME B1.13M-1983 (R1989);
ANSI/ASME Y14.6-1978 (R1993);
ANSI/ASME Y14.6aM-1981 (R1993).

ROSCA Crista de seção uniforme na forma de hélice na superfície externa ou interna de um cilindro.

ROSCA EXTERNA Rosca externa ao corpo de um elemento, tal como em um eixo.

---

* Para obter a lista do padrão ANSI de parafusos, dispositivos de fixação e molas, veja o Apêndice 2.

FIGURA 11.1 Nomenclatura de roscas.

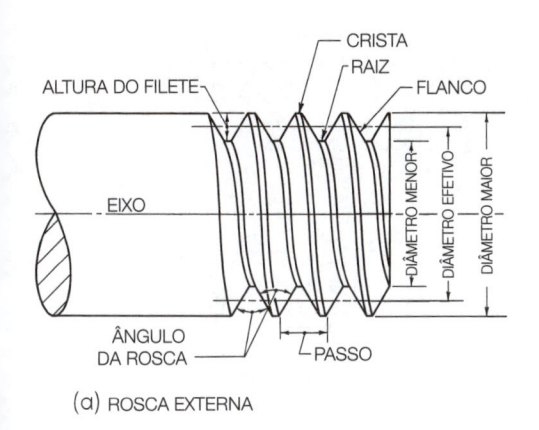

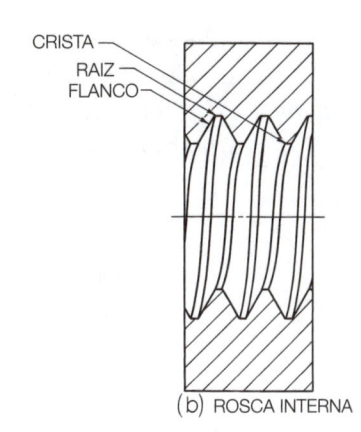

ROSCA INTERNA Rosca interna ao corpo de um elemento, como em um furo.

DIÂMETRO MAIOR O maior diâmetro da rosca de parafuso (tanto para roscas internas como externas).

DIÂMETRO MENOR O menor diâmetro da rosca de parafuso (tanto para roscas internas como externas).

PASSO A distância de um ponto em uma rosca de parafuso ao ponto correspondente na próxima rosca, medida paralelamente ao eixo. O passo (P) é igual a 1 dividido pelo número de roscas por polegada.

DIÂMETRO EFETIVO O diâmetro de um cilindro imaginário cuja superfície intercepta os perfis dos filetes em uma posição tal que a largura das roscas e a largura dos vãos deveriam ser iguais.

AVANÇO Distância que um elemento roscado percorre axialmente em uma rotação completa.

ÂNGULO DA ROSCA O ângulo entre os dois flancos da rosca medido em um plano que passa no eixo do parafuso.

CRISTA A superfície superior que une dois flancos de uma rosca.

RAIZ A superfície inferior que une dois flancos adjacentes de uma rosca.

FLANCO A superfície da rosca que conecta a crista com a raiz.

EIXO DA ROSCA A linha de centro longitudinal que passa através do corpo do parafuso.

ALTURA DO FILETE A distância entre a crista e a raiz da rosca medida em direção normal ao eixo.

PERFIL DA ROSCA Forma seccional da rosca gerada por um plano contendo o eixo do parafuso.

SÉRIE DA ROSCA Número padronizado de roscas por polegada, para vários diâmetros.

11.3 PERFIS DE ROSCA DE PARAFUSO

O perfil de rosca é basicamente a forma da rosca. Vários perfis de rosca são utilizados para diferentes propósitos. Os usos principais das roscas são: unir peças, ajustá-las com referência uma à outra e transmitir esforços. A Figura 11.2 mostra alguns perfis básicos de roscas:

A *rosca em "V"* (60 graus) é útil para certos ajustes por causa do maior atrito gerado entre os flancos da rosca. Este tipo de rosca é também utilizado em conexões de tubulações de cobre.

A *rosca americana*, com raízes e cristas retas, é uma rosca mais resistente. Ela substitui a rosca em "V" para usos em geral.

A *rosca unificada* é a rosca-padrão firmada entre os Estados unidos, o Canadá e a Grã-Bretanha em 1948, a qual substituiu a rosca norte-americana. A crista da rosca externa pode ser reta ou arredondada, enquanto a raiz é arredondada; fora isso, o perfil da rosca é essencialmente o mesmo da rosca norte-americana. Algumas das primeiras roscas norte-americanas estão incluídas no novo padrão, que engloba 11 números diferentes de roscas por polegada para vários diâmetros padronizados, em conjunto com combinações selecionadas de diâmetros e passos especiais. As 11 séries são as séries de roscas grossas (UNC ou NC), recomendadas para uso geral; as séries de roscas finas (UNF ou NF), para uso geral em automóveis, aeronaves ou em aplicações em que se requerem roscas mais finas; as séries extrafinas (UNF ou NF), que são as mesmas das séries extrafinas da SAE, são utilizadas particularmente em aeronaves ou equipamentos aeronáuticos; são usadas geralmente para roscas de chapas de metal de espessuras finas; e oito séries de 4, 6, 8, 12, 16, 20, 28 e 32 roscas de passo constante. As séries 8UN ou 8N, 12UN ou 12N, e 16UN ou 16N são recomendadas para usos correspondentes às velhas roscas norte-americanas 8, 12 e 16 passos. Existem ainda três séries especiais de roscas – UNS, NS e UN – que envolvem combinações especiais de diâmetro, passo e comprimento de contato.

A *série unificada de roscas extrafinas (unified extra fine series* – UNEF) tem mais roscas por polegada para um dado diâme-

FIGURA 11.2 Perfis de rosca de parafuso.

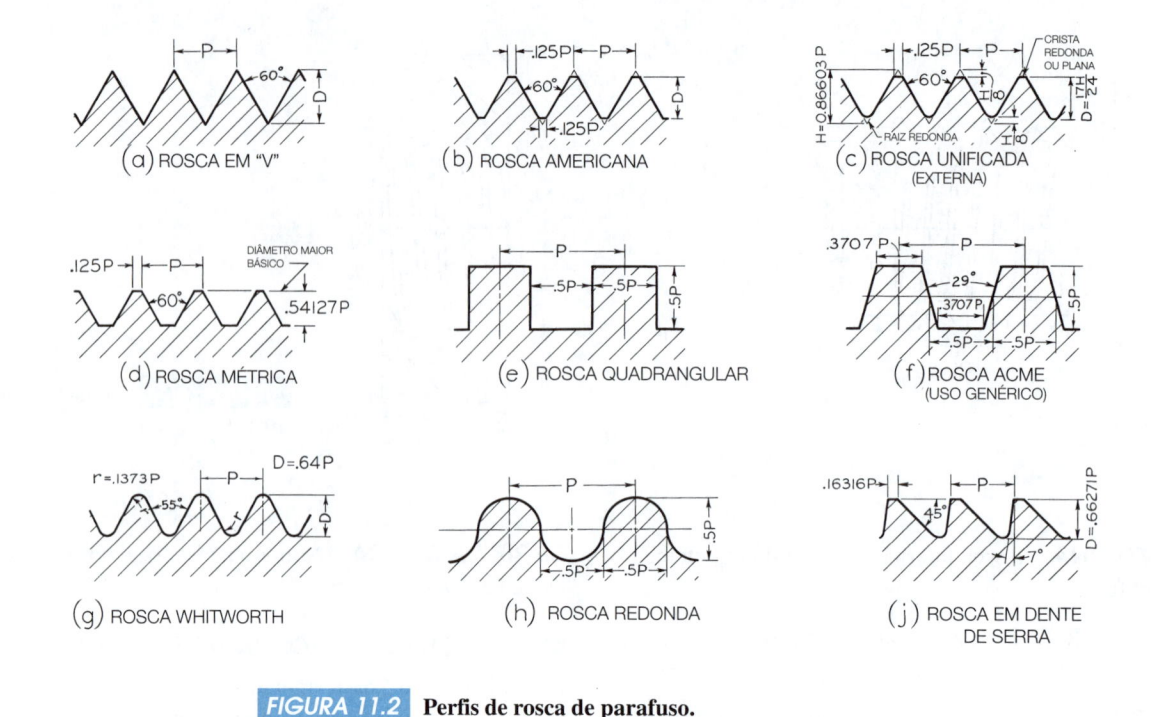

tro que qualquer outra série norte-americana ou unificada. O perfil da rosca é o mesmo da rosca norte-americana. Essas roscas pequenas são usadas em chapas de metal de espessura fina em que o comprimento do contato da rosca é pequeno, nos casos em que são necessários ajustes precisos e onde as vibrações são grandes.

A *rosca métrica* é a rosca-padrão para ser utilizada internacionalmente em parafusos e dispositivos de fixação. A crista e a raiz são retas, mas a rosca externa muitas vezes é arredondada quando produzida por processo de laminação. O perfil é similar ao da rosca norte-americana e unificada, mas possui um filete mais baixo. A preferência pelo sistema métrico para usos comerciais está de acordo com o perfil básico M para roscas métricas da ISO. O desenho desse perfil M é comparável ao da rosca unificada, mas os dois não são intercambiáveis. Para usos comerciais, preferem-se duas séries de roscas métricas – roscas grossas (uso geral) – e roscas finas – em menor quantidade que o anterior.

A *rosca quadrangular* é teoricamente a rosca ideal para transmissão de potência, uma vez que suas faces são praticamente em ângulos retos em relação ao eixo do parafuso, mas, devido à dificuldade de produzi-la e outras desvantagens inerentes (por exemplo, o fato de que as contra-porcas não se libertam com facilidade), a rosca quadrangular tem sido em grande parte substituída pela rosca ACME. Elas não são padronizadas.

A *rosca ACME* é uma modificação da rosca quadrangular e a tem substituído amplamente. Ela é mais resistente que as roscas quadrangulares, é fácil de produzir e tem como vantagens poder ser liberada facilmente de uma contraporca, como em um parafuso-guia de um torno.

Dicas práticas
Chanfros em porcas e parafusos

Porcas e parafusos são normalmente chanfrados (cortados de modo a formar um canto inclinado). Isso facilita a inserção dos parafusos em furos roscados. Além disso, removem-se os cantos vivos das porcas para torná-las mais fáceis de manusear.

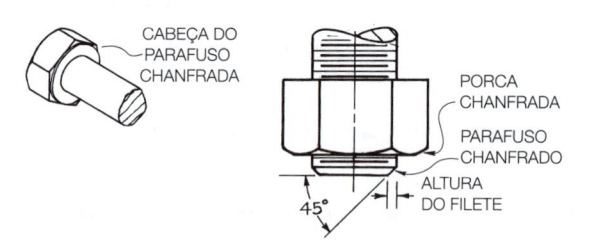

- Os chanfros nos parafusos são normalmente feitos formando-se um ângulo de 45 graus com a altura do filete da rosca.

- O chanfro nas porcas é mostrado como um ângulo de 30 graus.

A *rosca sem-fim padronizada* (não mostrada) é similar à rosca ACME, mas é mais profunda. É utilizada em eixos para transmissão de potência a rodas helicoidais.

A *rosca withworth* era o padrão inglês e foi substituída pela rosca unificada. Os usos da rosca *withworth* são equivalentes aos das roscas norte-americanas.

A *rosca redonda* é normalmente laminada a partir de chapas metálicas, mas algumas vezes são peças fundidas. Em perfis modificados, a rosca redonda é usada em lâmpadas e soquetes, boca de garrafas, etc.

A *rosca em dente de serra* é projetada para transmitir potências em uma única direção. É bastante usada em armas de grande porte, macacos e em outros mecanismos que exigem alta resistência.

11.4 SÉRIES DE ROSCAS

Cinco séries de roscas são utilizadas pelas normas ANSI antigas:

1. *Rosca grossa* – rosca de uso geral utilizada para unir peças. Designação: NC (*national course*).
2. *Rosca fina* – possui grande número de filetes por polegada, são utilizadas extensivamente na indústria automotiva e em aeronaves. Designação: NF (*national fine*).
3. *Rosca de oito passos* – todos os diâmetros possuem oito filetes por polegada. Usadas em parafusos com porca para segurar flanges em tubulações sujeitas à alta pressão, tampas de cilindros reservatórios e fixações similares. Designação: 8N (*national form, 8 threads per inch*).
4. *Rosca de 12 passos* – todos os diâmetros possuem 12 filetes por polegada, usadas em caldeirarias e para porcas delgadas em eixos e buchas, na construção de máquinas. Designação: 12N (*national form, 12 threads per inch*).
5. *Rosca de 16 passos* – todos os diâmetros possuem 16 filetes por polegada; utilizadas quando são necessárias roscas finas independente do diâmetro, como na braçadeira de ajuste e em porcas de retenção de mancais. Designação: 16N (*national form, 16 threads per inch*).

11.5 ESPECIFICAÇÕES DE ROSCAS

Especificações ou notas para roscas métricas de parafuso, unificadas e norte-americanas são mostradas na Figura 11.3. Estas mesmas notas ou símbolos são utilizados em correspondência nas oficinas, em almoxarifados e nas especificações de peças, tarraxas, moldes, ferramentas e calibres.

Roscas métricas de parafuso são designadas basicamente pela letra M seguida pelo tamanho nominal (diâmetro maior básico) e o passo, ambos em milímetros e separados pelo símbolo X. Por exemplo a nota básica para a rosca mostrada na Figura 11.3b é M10 X 1,5, que é adequada para vários propósitos na indústria. Se necessário, a classe de ajuste e LH* para designar a rosca esquerda deve ser acrescentada na nota de especificação. (A ausência de LH indica uma rosca direita RH.)

Se necessário, o comprimento de contato da rosca – a letra S (*short*), N (*normal*) ou L (*long*) – é adicionado à especificação da rosca. Por exemplo, uma nota simples M10 X 1,5-6H/6g-N-LH combina as especificações para ajuste das roscas internas e externas levando-se em conta a direção de rosqueamento para roscas métricas de 10 mm de diâmetro e 1,5 mm de passo com tolerância para usos gerais e comprimento normal de contato.

Em se tratando de uma rosca múltipla, a palavra DUPLA, TRIPLA ou QUÁDRUPLA deve preceder a altura do filete; caso contrário, a rosca é vista como sendo simples.

Uma especificação de rosca para um furo cego roscado é mostrado na Figura 11.3a. A medida da **broca para abrir furo roscado** é escolhida para formar um furo que terá material suficiente para abrir a rosca usando uma tarraxa, de modo a formar um furo roscado. Na prática, a medida e a profundidade da furação são omitidas e deixadas a critério da oficina. Em uma especificação completa, a medida da broca e a profundidade devem ser dadas. Para as medidas destas brocas, veja o Apêndice 16.

As notas de roscas para furos devem ser preferivelmente colocadas na vista em que o furo é mostrado na forma circular. Notas para roscas externas são preferivelmente dadas na vista em que o eixo roscado aparece na forma retangular, como mostra a Figura 11.3b-f. Um exemplo de especificação especial de rosca é 1-7N-LH.

As roscas ACME de uso geral são indicadas pela letra G, e as roscas ACME centralizadas, pela letra C. Notas para roscas típicas são 1-4 ACME-2G ou 1-6 ACME-4C.

São mostradas notas para roscas unificadas nas Figuras 11.3.j e 11.3k. As notas para roscas unificadas distinguem-se das americanas pela colocação da letra U antes das letras que definem as séries, e pelas letras A e B (para rosca externa ou interna, respectivamente) após o numeral que indica a classe de ajuste. Se as letras LH forem omitidas, a rosca é entendida como sendo o lado direito (RH). Algumas notas típicas são:

-20 UNC-2A TRIPLA
-18 UNF-2B
1-16 UN-2A

11.6 AJUSTES DE ROSCAS NORTE-AMERICANAS

Para usos gerais, três classes de ajustes entre roscas de parafusos (entre parafuso e porca) foram estabelecidas pelo ANSI.

Esses ajustes são produzidos pela aplicação das tolerâncias listadas na norma e são as seguintes:

1. *Classe 1* — recomendada somente para roscas de parafusos em que a folga entre as peças de encaixe é essencial para montagens rápidas e onde vibrações e movimentos não são prejudiciais.

---

* N. de T. A sigla LH, de acordo com P-TB-41 da NB (1964), seria RE.

2. *Classe 2* — representa uma elevada qualidade de produtos roscados comerciais e é recomendada para trabalhos de grandes volumes com uso de roscas de parafusos intercambiáveis.
3. *Classe 3* — representa produtos roscados comerciais de excepcional qualidade e é recomendada somente nos casos em que se justifica o alto custo de ferramentas de precisão e inspeção contínua.

As normas para roscas unificadas especificam tolerâncias definindo várias classes de ajuste (grau de afrouxamento ou de aperto) entre as roscas. Nos símbolos para ajustes, a letra A refere-se à rosca externa e B, à rosca interna. Existem três classes de ajustes, cada uma para roscas externas (1A, 2A, 3A) e roscas internas (1B, 2B, 3B). As classes 1A e 1B possuem grandes tolerâncias, facilitando montagens e desmontagens rápidas. As classes 2A e 2B são usadas na produção normal de parafusos e porcas, bem como em uma variedade de aplicações gerais. As classes 3A e 3B são utilizadas para aplicações em que se necessitam de roscas muito bem ajustadas, de grande precisão.

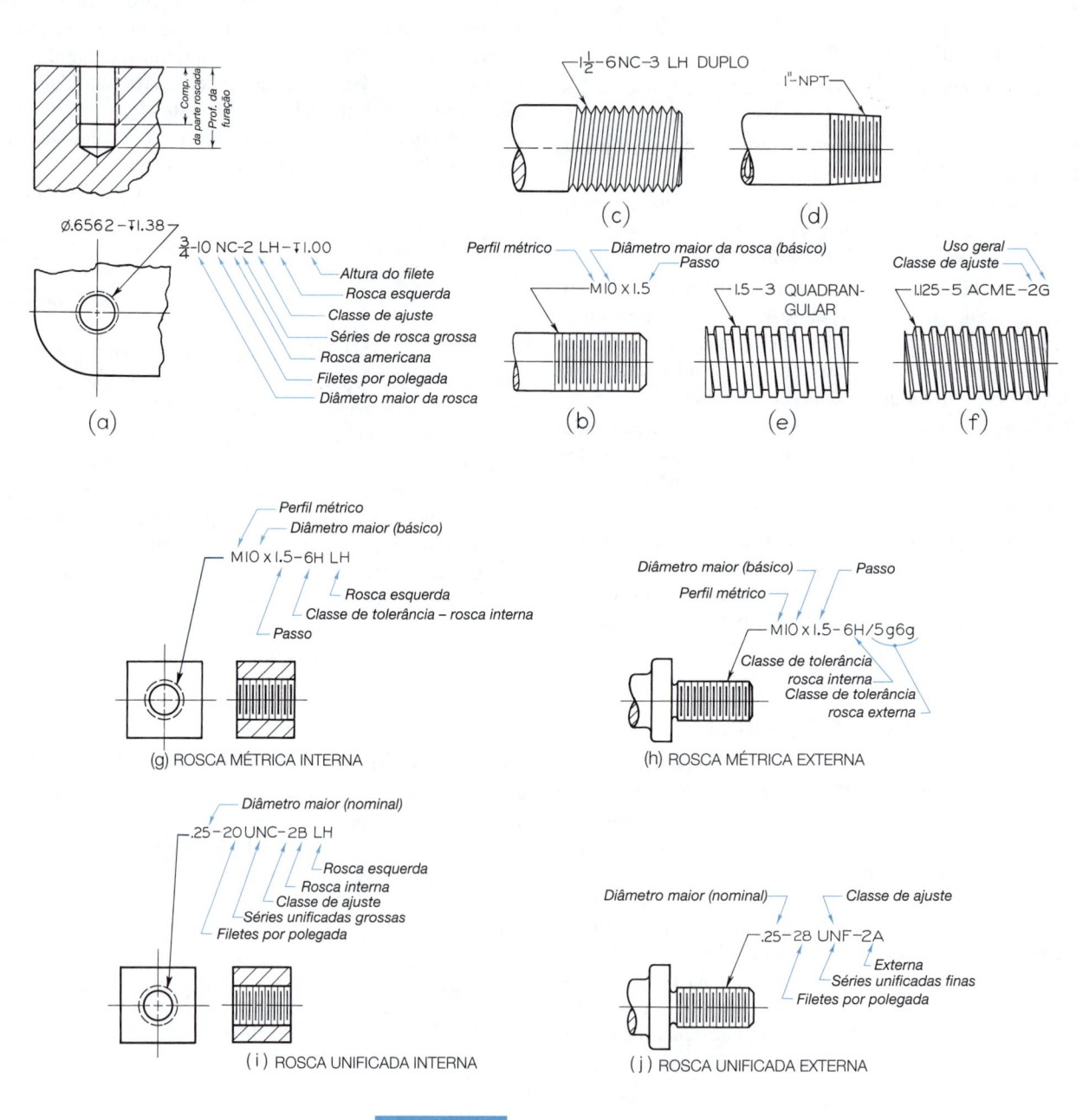

FIGURA 11.3 Notas sobre roscas.

11.7 AJUSTES DE ROSCAS MÉTRICAS E UNIFICADAS

Algumas aplicações específicas de roscas métricas são especificadas pelo grau e pela posição, pela classe da tolerância e pelo comprimento de contato. Existem duas classes genéricas de ajuste de roscas métricas. A primeira é para aplicação em geral, possui tolerância de classe 6H para roscas internas e classe de 6g para roscas externas. O segundo ajuste é utilizado onde são necessários ajustes precisos e possui as classes de tolerância 6H para roscas internas e a classe 5g6g para roscas externas. Geralmente, as roscas métricas da classe de tolerância 6H/6g são pressupostas se a tolerância não for designada, e são utilizadas em aplicações comparáveis às da classe 2A/2B para ajustes em polegadas.

A designação simples de tolerância 6H refere-se ao grau e à posição de tolerância para o diâmetro efetivo, e o diâmetro menor para a rosca interna. A designação simples da tolerância 6g refere-se ao grau e à posição de tolerância para o diâmetro efetivo e o diâmetro maior para a rosca externa. A designação dupla 5g6g indica a tolerância separada de graus para o diâmetro efetivo e para o maior diâmetro da rosca externa.

11.8 PASSOS DE ROSCAS

O *passo* de uma rosca de qualquer perfil é a distância paralela ao eixo entre pontos correspondentes de roscas adjacentes, como mostrado na Figura 11.4.

Para roscas métricas, essa distância é especificada em milímetros. O passo para uma rosca métrica que é incluído com o maior diâmetro na designação da rosca determina as medidas da rosca – por exemplo, M10 x 1,5, como mostrado na Figura 11.4b.

Para roscas dimensionadas em polegadas, o passo é igual a 1 dividido pelo número de filetes por polegada. Veja o Apêndice 16 para obter tabelas de roscas que dão mais informações sobre os números-padrão de filetes por polegada para as várias séries e diâmetros de roscas. Por exemplo, uma rosca grossa unificada de uma polegada de diâmetro possui 8 filetes por polegada, e o passo (P) é igual a 1/8 de polegada (0,125).

Se o parafuso possui somente quatro filetes por polegada, o passo e a rosca em si mesmos tornam-se muito grandes, como mostrado na Figura 11.4a. Se existem 16 filetes por polegada, o passo é somente 1/16 polegada (0,063), e a rosca é relativamente pequena, similar à que é mostrada na Figura 11.4b.

O passo, ou o número de filetes por polegada, pode ser medido com uma escala ou com um *calibre de passo de rosca*.

11.9 ROSCAS DIREITAS E ROSCAS ESQUERDAS

Uma *rosca direita* é uma rosca que avança na porca quando girada no sentido horário, e uma *rosca esquerda* é uma rosca que avança na porca quando girada no sentido anti-horário, como mostrado na Figura 11.5. Uma rosca é sempre considerada como sendo da direita (RH) a não ser que esteja especificado o contrário. A rosca esquerda é sempre rotulada com LH em um desenho.

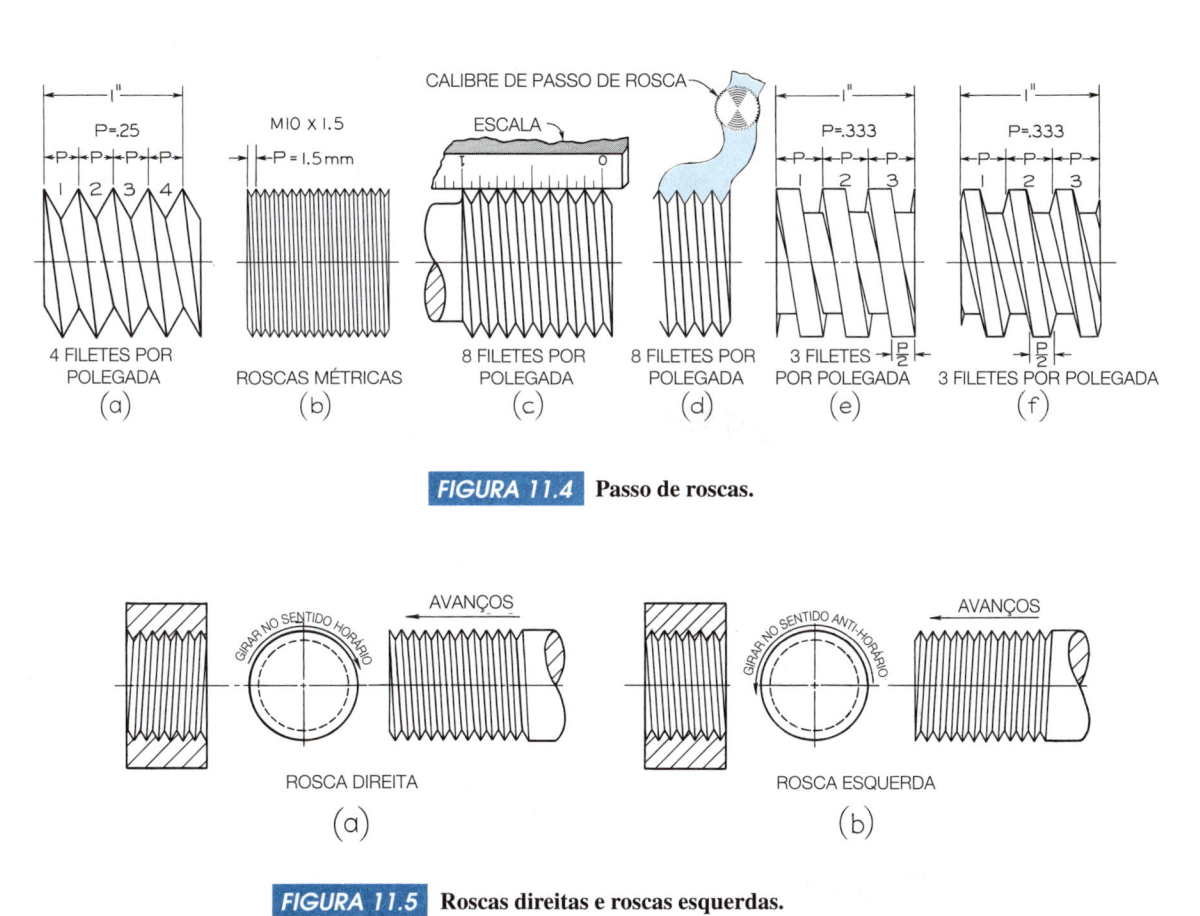

FIGURA 11.4 Passo de roscas.

FIGURA 11.5 Roscas direitas e roscas esquerdas.

11.10 ROSCAS SIMPLES E MÚLTIPLAS

Uma *rosca simples*, como o próprio nome diz, é composta de uma helicóide, e o avanço é sempre igual ao passo. *Roscas múltiplas* são compostas por duas ou mais helicóides postas lado a lado. Como mostrado nas Figuras 11.6a-c, o termo em destaque é a hipotenusa do triângulo reto cujo lado menor é 0,5P para *roscas simples*, P para roscas duplas, 1,5P para roscas triplas, e assim por diante. Isso se aplica a todos os perfis de rosca. Nas *roscas duplas*, o avanço é o dobro do passo; nas *roscas triplas*, o avanço é três vezes o passo, e assim por diante. Em desenhos de roscas simples ou triplas, uma raiz é oposta a uma crista; no caso das roscas duplas ou quádruplas, uma raiz é desenhada no lado oposto da outra raiz. Entretanto, em uma volta, a rosca dupla avança uma distância equivalente a duas vezes de uma rosca simples e, em uma rosca tripla, avança três vezes. Roscas dupla quadrangular direita e tripla ACME direita são mostradas na Figura 11.6d e 11.6e, respectivamente.

As roscas múltiplas são utilizadas quando se desejam movimento rápidos, mas não com muita potência, como em uma caneta esferográfica, em tampas de tubos de pastas de dente, hastes de válvulas e assim por diante. As roscas de hastes de válvulas são freqüentemente roscas múltiplas para oferecer acionamento rápido de abertura e fechamento da válvula. Roscas múltiplas em eixos podem ser reconhecidas e contadas observando-se o número de filetes na extremidade do parafuso.

11.11 SIMBOLOGIA DE ROSCAS

Existem três métodos para representar as roscas de parafuso em desenhos – o esquemático, o simplificado e o detalhado. Os símbolos *esquemático, simplificado* e *detalhado* das roscas podem ser combinados em um único desenho.

As representações esquemática e simplificada, que são as mais comuns, são utilizadas para mostrar roscas de pequeno diâmetro, aproximadamente menor que 1 polegada ou 25 mm no desenho plotado. Os símbolos são os mesmos para todos os perfis de roscas, como a métrica, a unificada, a quadrangular e a ACME, mas as especificações das roscas identificam qual o perfil utilizado.

Uma representação detalhada é uma boa aproximação da aparência exata de uma rosca de parafuso, em que o verdadeiro perfil da rosca é desenhada; mas as curvas helicoidais são substituídas por segmentos de reta. A projeção verdadeira das curvas helicoidais de uma rosca de parafuso demanda muito tempo para ser desenhada, por isso é pouco utilizada na prática.

Não se usam representações detalhadas a não ser quando o diâmetro da rosca no desenho é maior do que 1 polegada ou 25 mm e somente quando é necessário chamar atenção para a rosca. A representação esquemática é mais simples de desenhar e também mostra a aparência da rosca. A representação detalhada é mostrada na Figura 11.7. Independentemente das cristas e raízes serem retas ou arredondadas, elas são representadas por segmentos simples de reta e não por linhas duplas, como na Figura 11.1;

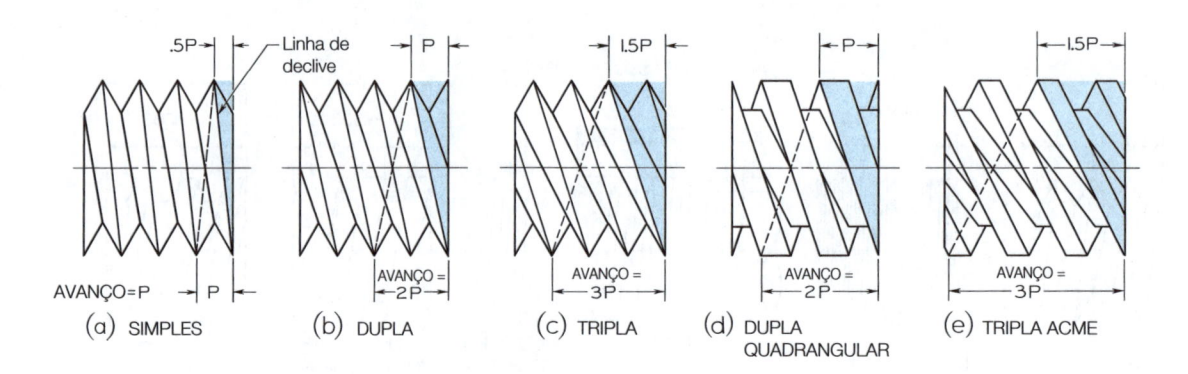

FIGURA 11.6 Roscas múltiplas.

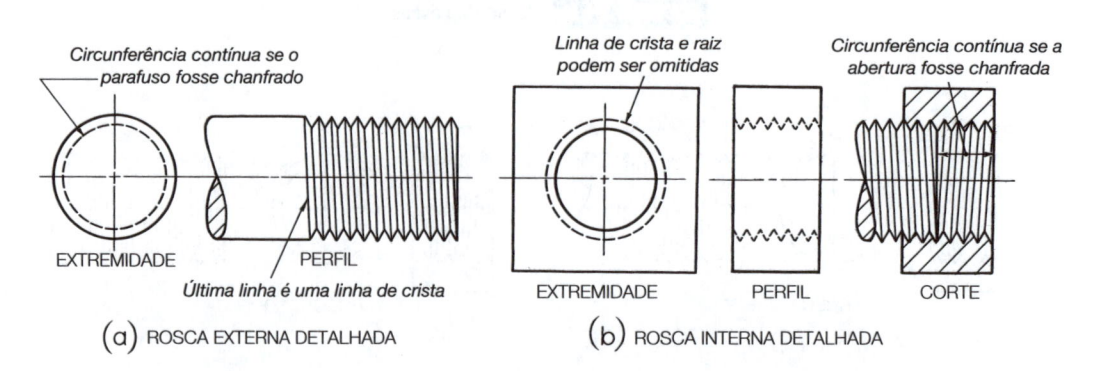

FIGURA 11.7 Roscas métrica, americana e unificada detalhadas.

como conseqüência, as roscas americanas e as unificadas são desenhadas da mesma maneira.

11.12 SIMBOLOGIA PARA ROSCAS EXTERNAS

São mostradas representações simplificadas para roscas externas nas Figuras 11.8a e 11.8b. A parte roscada é indicada por linhas invisíveis (tracejadas) paralelas ao eixo aproximadamente na profundidade da rosca, nas vistas em que o cilindro aparece como retângulo ou círculo. A profundidade mostrada não é sempre a profundidade verdadeira da rosca, apenas uma representação simplificada dela. Use a tabela na Figura 11.10a para ver a aparência geral dessas linhas.

Quando a forma esquemática é mostrada em corte, como na Figura 11.8c, mostram-se os cortes em "V" da rosca para fazer com que a representação se torne fácil de ser interpretada. Não é necessário, entretanto, mostrar os "V"s em escala ou com inclinações verdadeiras. Para desenhar os "V"s, usa-se a representação esquemática da profundidade da rosca, como mostrado na Figura 11.10a, e determina-se o passo desenhando os "V"s em ângulos de 60 graus.

As roscas esquemáticas são indicadas pela alternância de segmentos longos e curtos, como mostra a Figura 11.8d. Os segmentos curtos representam as linhas de raiz e são mais grossas que os segmentos longos, que representam as cristas. Teoricamente, os segmentos de crista devem ser espaçados de acordo com o passo, mas isso é uma coisa tediosa de se fazer e torna o desenho congestionado de linhas, indo contra o propósito de representação esquemática, que é ganhar tempo. Esboce as linhas de crista espaçando-as cuidadosamente a olho, só então adicione os traços mais fortes no meio de duas linhas de crista sucessivas para representar as linhas de raiz. Geralmente, segmentos com espaçamentos menores que 1/16 polegada são difíceis de serem distinguidos. O espaçamento deve ser proporcional aos diâmetros. Para ajudar a ganhar prática na definição das proporções corretas para os símbolos esquemáticos, alguns exemplos são mostrados na Figura 11.10. Você não precisa utilizar essas medidas reais nos esboços esquemáticos de roscas, apenas use-as para praticar o modo como se faz esses desenhos esquemáticos.

11.13 SIMBOLOGIA PARA ROSCAS INTERNAS

São mostradas simbologias para roscas internas na Figura 11.9. Observe que as únicas diferenças entre os símbolos esquemáticos e as representações simplificadas ocorrem em cortes. A representação esquemática das roscas internas em corte nas Figuras 11.9m, 11.9o e 11.9r é exatamente a mesma para a represen-

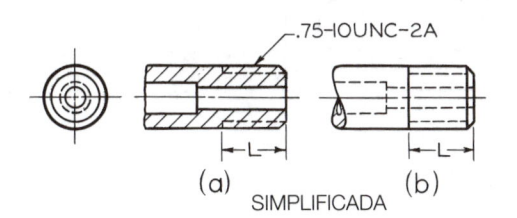

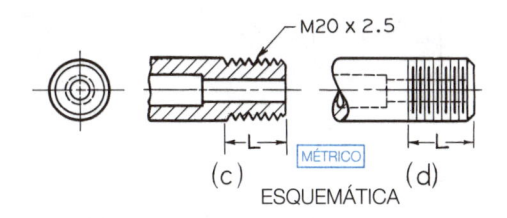

FIGURA 11.8 Simbologia para roscas externas.

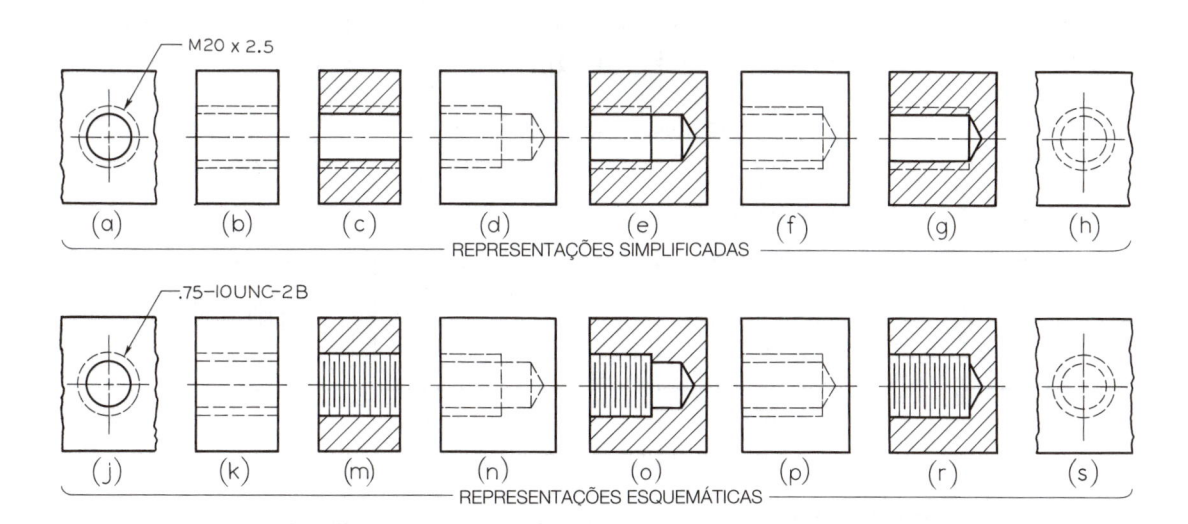

FIGURA 11.9 Simbologia para roscas internas.

tação de roscas externas mostradas na Figura 11.8d. As roscas invisíveis, por qualquer um dos métodos, são mostradas por um par de linhas invisíveis (tracejadas). Os traços das linhas invisíveis devem ser alternados como mostrado.

No caso de furos cegos rosqueados, a profundidade da furação é normalmente desenhada com, no mínimo, três passos esquemáticos além do comprimento da rosca, como mostrado nas Figuras 11.9d, 11.9e, 11.9n e 11.9o. Os símbolos nas Figuras

(a)

DIÂMETRO MAIOR	#5 (.125) à #12 (.216)	.25	.3125	.375	.4375	.5	.5625	.625	.6875	.75	.8125	.875	.9375	I.
ALTURA DO FILETE	.03125	.03125	.03125	.0468	.0468	.0625	.0625	.0625	.0625	.0781	.0937	.0937	.0937	.0937
PASSO	.0468	.0625	.0625	.0625	.0625	.0937	.0937	.0937	.0937	.125	.125	.125	.125	.125

(Para valores métricos: 1" = 25,4mm ou consultar o lado interno da capa)

SIMPLIFICADA – EXTERNA

SIMPLIFICADA – INTERNA

ESQUEMÁTICA – EXTERNA

ESQUEMÁTICA – INTERNA

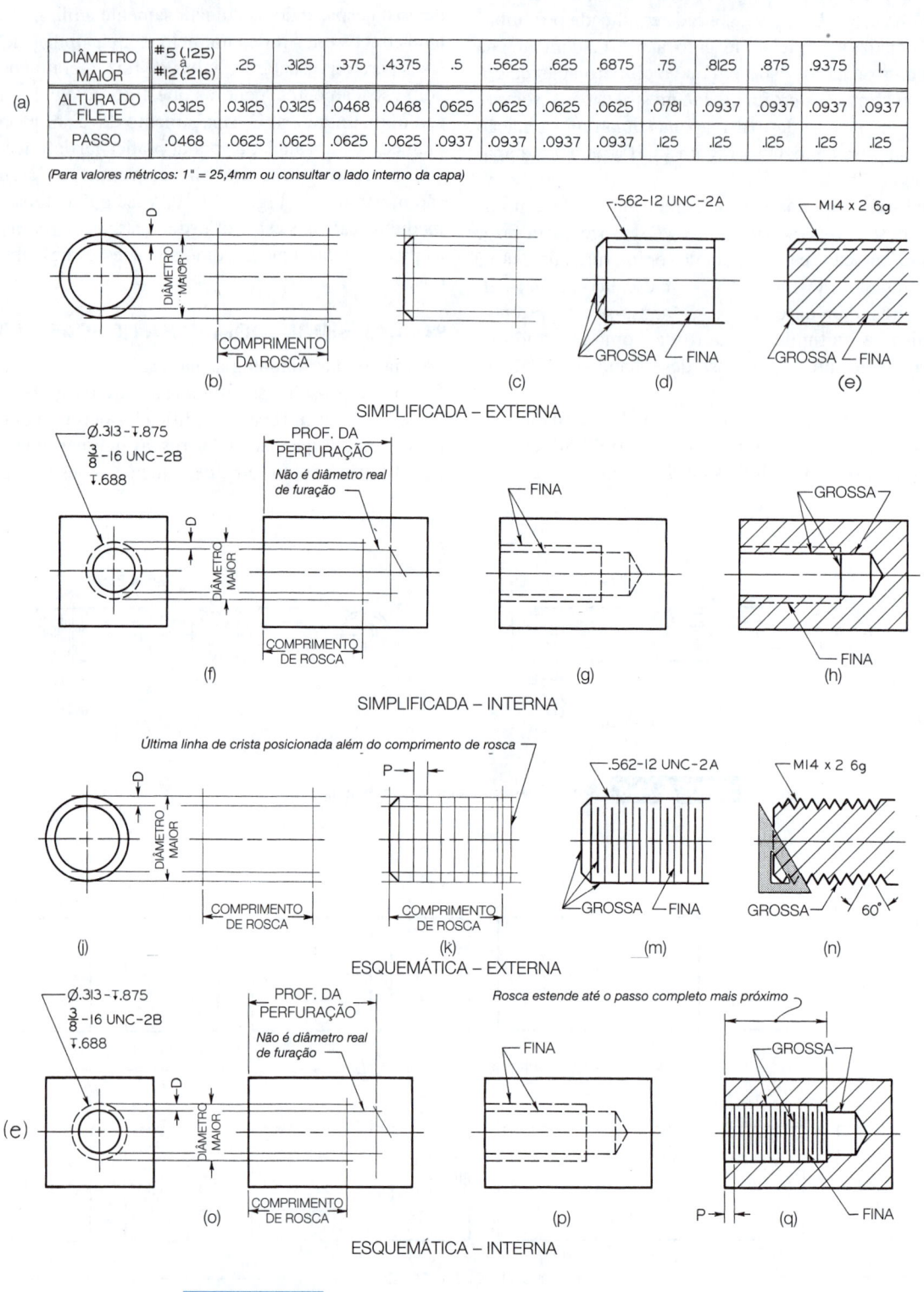

FIGURA 11.10 Para desenhar símbolos de roscas – simplificada e esquemática.

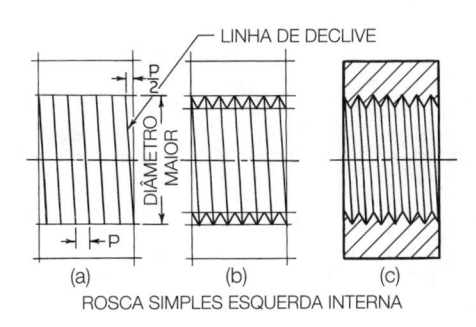

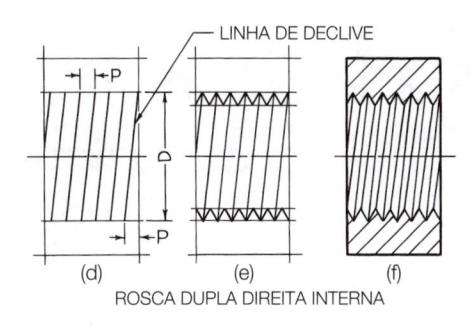

FIGURA 11.11 Representações detalhadas – roscas internas métricas, unificadas e americanas.

11.9f e 11.9p representam o uso da tarraxa de fundo, em que o comprimento da rosca é o mesmo da profundidade da broca. O comprimento da rosca que você desenhar pode ser um pouco maior do que o comprimento real. Se a profundidade do furo rosqueado é conhecida, desenhe o furo para aquela profundidade. Se a nota sobre a rosca omitir essa informação, como acontece muitas vezes na prática, esboce o furo com três passos além do comprimento da rosca. O diâmetro do furo rosqueado é representado aproximadamente, e não na medida verdadeira.

11.14 REPRESENTAÇÕES DETALHADAS: ROSCAS MÉTRICAS, UNIFICADAS E AMERICANAS

A representação detalhada para roscas métricas, unificadas e americanas é a mesma, visto que as cristas e raízes retas são desconsideradas.

As roscas internas detalhadas nas vistas em corte são desenhadas como mostrado na Figura 11.11. Repare que, para roscas esquerdas, as linhas inclinadas estão apontando para cima e para a esquerda (Figuras 11.11a até 11.11c), enquanto que para roscas direitas as linhas inclinadas estão apontado para cima e para a direita (Figuras 11.11d até 11.11f).

A Figura 11.12 é um desenho de montagem mostrando uma rosca externa quadrangular parcialmente parafusada em uma porca. O detalhe da rosca quadrangular em A é o mesmo do mostrado no Passo a passo 11.2. Mas quando são montadas roscas externas e internas, a rosca na porca sobrepõe e cobre metade do V, como mostrado em B.

A construção de uma rosca interna segue o mesmo mostrado na Figura 11.13. Observe que as linhas da rosca representando a metade posterior da rosca interna (visto que a rosca é mostrada em seção) inclinam-se na direção oposta à vista frontal do parafuso.

Os passos para se desenhar uma rosca quadrangular simples e interna em corte são mostrados na Figura 11.13. Repare, na Figura 11.13b, que as cristas são desenhadas opostas às raízes. Esse é o caso tanto de rosca simples como de roscas triplas. Para roscas duplas ou quádruplas, as cristas são opostas. Assim, a construção mostrada na Figura 11.13a e 11.13b é a mesma para qualquer rosca múltipla. A diferença aparece na Figura 11.13c, em que a rosca e os espaços são distinguidos e delineados.

A mesma rosca interna é mostrada na Figura 11.13e para uma vista externa. Os perfis das roscas são desenhados na sua posição normal, mas utilizando-se de linhas escondidas, e as linhas inclinadas são omitidas por simplicidade. A vista da extremidade da mesma rosca interna é mostrada na Figura 11.13f. Repare que os círculos de linha tracejada e de linha contínua são contrários para a vista da extremidade de um eixo.

11.15 REPRESENTAÇÃO DETALHADA DA ROSCA ACME

Representações detalhadas da rosca ACME são utilizadas somente para chamar a atenção quando esses detalhes são importantes e quando o diâmetro maior é superior a 1 polegada ou a 25 mm no desenho. As etapas, mostradas na Figura 11.14, são as seguintes:

1. Faça uma linha de centro e o leiaute do comprimento e diâmetro maior da rosca, como mostrado na Figura 11.14a. Determine P dividindo 1 pelo número de filetes por polegada (veja Apêndice 23). Faça linhas de construção para o diâmetro da raiz, fazendo a profundidade da rosca P/2. Fa-

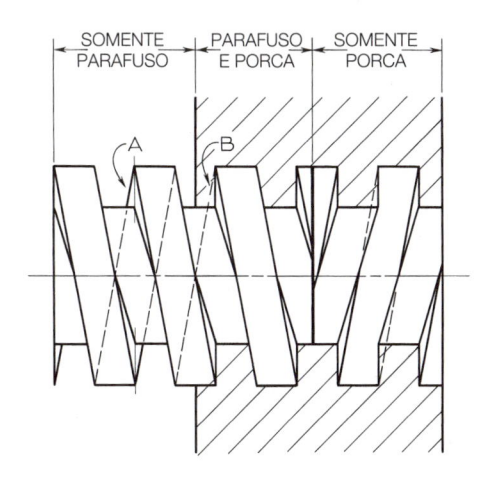

FIGURA 11.12 Roscas quadrangulares na montagem.

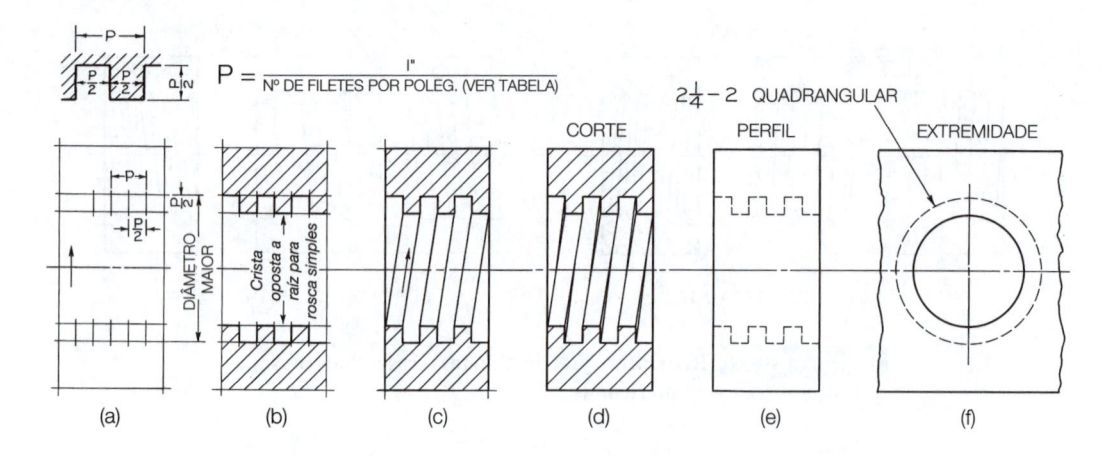

FIGURA 11.13 Representações detalhadas – roscas internas quadrangulares.

ça linhas de construção entre as linhas-guia para as cristas e as raízes.
2. Na linha de construção intermediária, marque espaçamentos, como mostrado na Figura 11.14b.
3. Através de pontos alternados, faça linhas de construção para os lados das roscas com 15 graus (no lugar de 14,5 graus), como mostrado na Figura 11.14c.
4. Faça linhas de construção para o outro lado das roscas, como mostrado na Figura 11.14d. Para roscas simples e triplas, uma crista é oposta a uma raiz, enquanto que, para roscas duplas ou quádruplas, uma crista é oposta a outra crista. Por último, faça o acabamento da parte superior e inferior das roscas.
5. Faça linhas de cristas paralelas entre si (Figura 11.14e).
6. Faça as linhas de raiz paralelas entre si e termine o perfil da rosca (Figura 11.14f). Todas as linhas devem ser finas e escuras. As roscas internas na parte posterior da porca serão inclinadas na direção contrária à das roscas externas do lado frontal do parafuso.

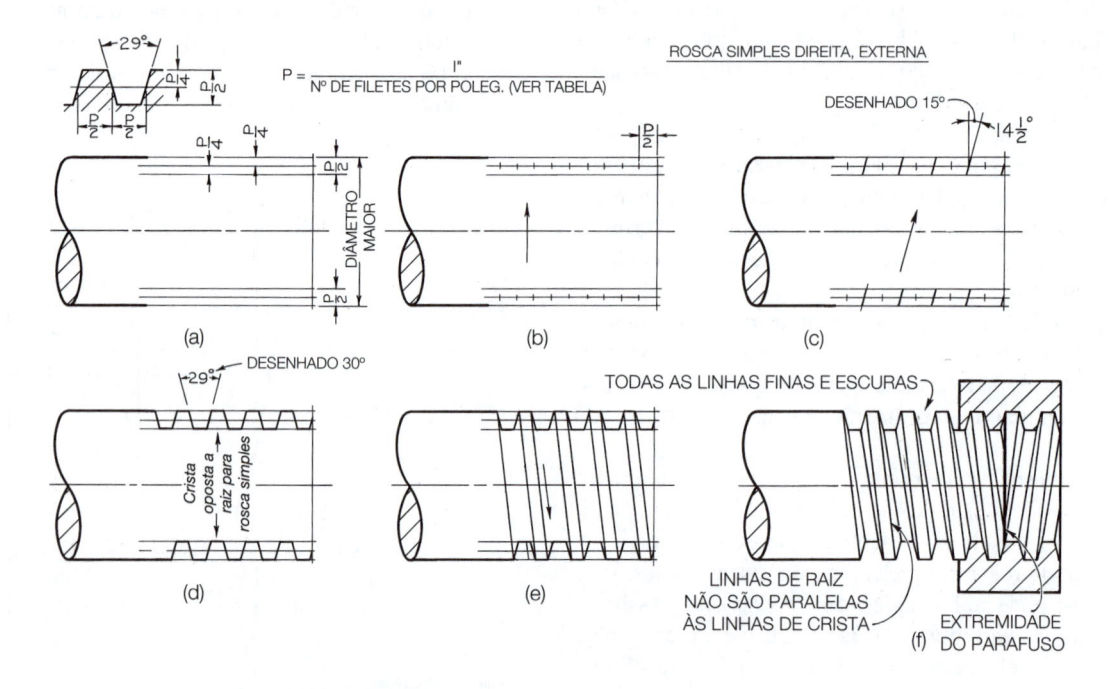

FIGURA 11.14 Representações detalhadas – roscas ACME.

Passo a passo 11.1
Mostrando os detalhes de uma rosca

1. Faça uma linha de centro e defina o comprimento e o diâmetro maior, como mostrado abaixo.

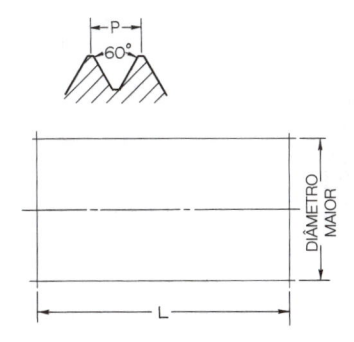

2. Encontre o número de filetes por polegada no apêndice 16 para a rosca americana e para a rosca unificada. Esse número depende do diâmetro maior da rosca e se a rosca é interna ou externa.

   Encontre P (passo) dividindo 1 pelo número de filetes por polegada. O passo para roscas métricas é dado diretamente na especificação da rosca. Por exemplo, a rosca M14 x 2 possui passos de 2 mm.

   Estabeleça a inclinação da rosca fazendo uma linha inclinada igual a 0,5P para roscas simples, P para roscas duplas, 1,5P para roscas triplas e assim por diante. Para roscas direitas e externas, as linhas inclinadas da rosca devem ser orientadas para cima e para esquerda; para roscas externas esquerdas, as linhas inclinadas são orientadas para cima e para direita.

   Visualmente, defina o espaçamento para os passos. Se você estiver utilizando um programa CAD, faça uma única rosca e depois faça cópias múltiplas usando o passo como espaçamento conforme o mostrado abaixo.

3. Pelos pontos de passo, faça as linhas de crista paralelas às linhas inclinadas. As linhas devem ser finas e escuras. Faça dois "V"s para estabelecer a profundidade da rosca e esboçe linhas-guia levemente para delimitar a raiz das roscas, como mostrado.

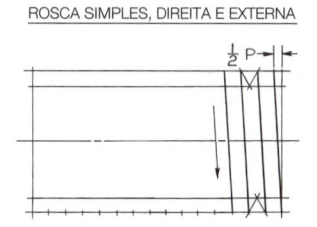

4. Termine a rosca com "V"s de 60 graus. Os "V"s devem ser verticais; não devem inclinar-se com a linha inclinada da rosca.

   Faça linhas de raiz como mostrado abaixo. Linhas de raiz não devem ser paralelas com as linhas de cristas, mas devem ser paralelas entre si.

5. Se a extremidade da rosca é chanfrada (usualmente a 45 graus e às vezes a 30 graus), o chanfro se estende até a profundidade da rosca. O chanfro cria uma nova linha de crista, que liga os dois pontos novos de crista. Ela não é paralela às outras linhas de crista. Quando terminada, todas as linhas de rosca devem ser mostradas através de traços finos mas escuros.

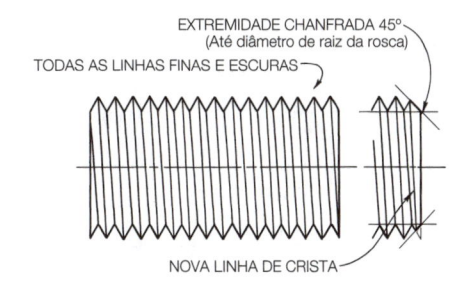

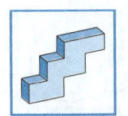

Passo a passo 11.2
Mostrando os detalhes de roscas quadrangulares

A representação detalhada de roscas externas quadrangulares é utilizada somente quando o diâmetro maior é superior a 1 polegada ou a 25 mm, e é importante para mostrar o detalhe da rosca em um esboço final ou em uma plotagem. Os passos para fazer o detalhamento de uma rosca quadrangular são os seguintes:

1. Faça uma linha de centro e defina o comprimento e o diâmetro maior da rosca. Determine P, o passo, dividindo 1 pelo número de filetes por polegada (ver Apêndice 23). Para uma rosca direita simples, as linhas inclinadas devem ser orientadas para cima e para a esquerda. Essa linha é copiada para todas as roscas. Na linha da parte superior, use um espaçamento igual a P/2, como mostrado.

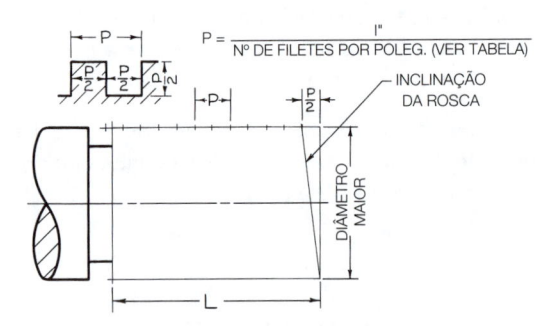

2. Para os pontos na linha da parte superior, desenhe linhas-guia para a raiz da rosca, desenhando a profundidade como mostrado.

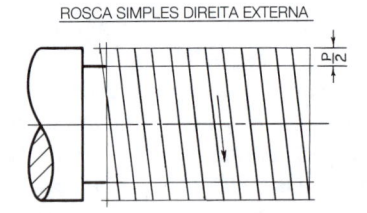

3. Faça as linhas paralelas das arestas visíveis da parte posterior da rosca.

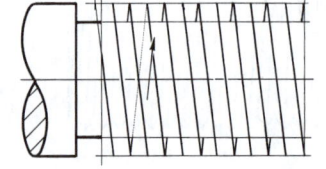

4. Faça as linhas paralelas visíveis das linhas de raiz da rosca.

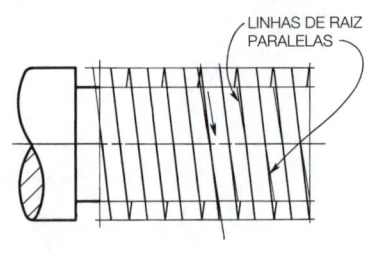

5. Todos os traços devem ser finos e escuros.

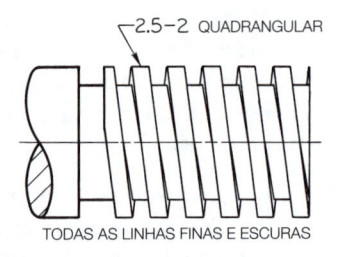

Dicas práticas
Vista da extremidade da rosca

A vista da extremidade do eixo ilustrada no Passo a passo 11.2 é mostrada abaixo. Note que o círculo que representa a raiz é mostrado em linhas tracejadas; não houve nenhuma preocupação em se mostrar a verdadeira projeção.

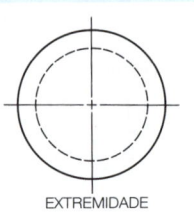

Se a extremidade da rosca fosse chanfrada, uma circunferência de linha contínua estaria desenhada no lugar da circunferência em linhas invisíveis (tracejadas).

CAPÍTULO 11 • ROSCAS, DISPOSITIVOS DE FIXAÇÃO E MOLAS   363

Mãos à obra 11.1
Desenhando a representação simbólica de roscas

1. Desenhe a rosca no esboço abaixo usando uma representação detalhada.

   Simples   Dupla   Tripla

2. Complete os esboços abaixo utilizando representações esquemáticas ou simplificadas, conforme o especificado.

   Esquemática

   Simplificada — Extremidade da haste

3. Esboce vistas em corte e em perfil de roscas simples.

   Simples em corte   Simples em perfil

Vistas da extremidade de eixos e furos com roscas ACME são desenhadas exatamente como aquelas das roscas quadrangulares, como mostrado nas Figuras 11.12 e 11.13.

■ 11.6 USO DE LINHAS-FANTASMA

Usam-se linhas-fantasma para reduzir o tempo gasto quando representamos características idênticas, como mostrado na Figura 11.15. Eixos rosqueados e molas podem ser encurtados sem usar linhas de interrupção tradicionais, mas devem ser corretamente cotados. As linhas-fantasma não são muito utilizadas, exceto em desenhos detalhados.

■ 11.17 ROSCAS EM MONTAGENS

Roscas em desenhos de montagem são representadas como mostrado na Figura 11.16. Costuma-se não seccionar parafusos-prisioneiros ou porcas ou qualquer peça sólida que não precise mostrar algum detalhe interno. Quando as roscas externas ou internas são seccionadas em desenhos de montagens, os "V"s são necessários para mostrar a conexão com a rosca.

■ 11.18 ROSCAS AMERICANAS PARA TUBOS

A norma norte-americana de roscas para tubos (*American National Standard for pipe threads*), originalmente conhecida como padrão Briggs, foi formulada por Robert Briggs em 1882. Dois tipos genéricos de roscas para tubos foram aprovados como padrão americano: *roscas para tubo afilado* e *roscas para tubo reto*.

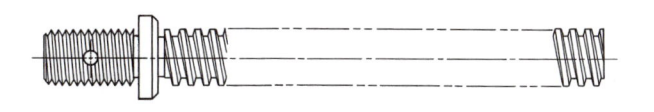

FIGURA 11.15 Uso de linhas-fantasma.

(a) SIMPLIFICADA (b) ESQUEMÁTICA

FIGURA 11.16 Roscas na montagem.

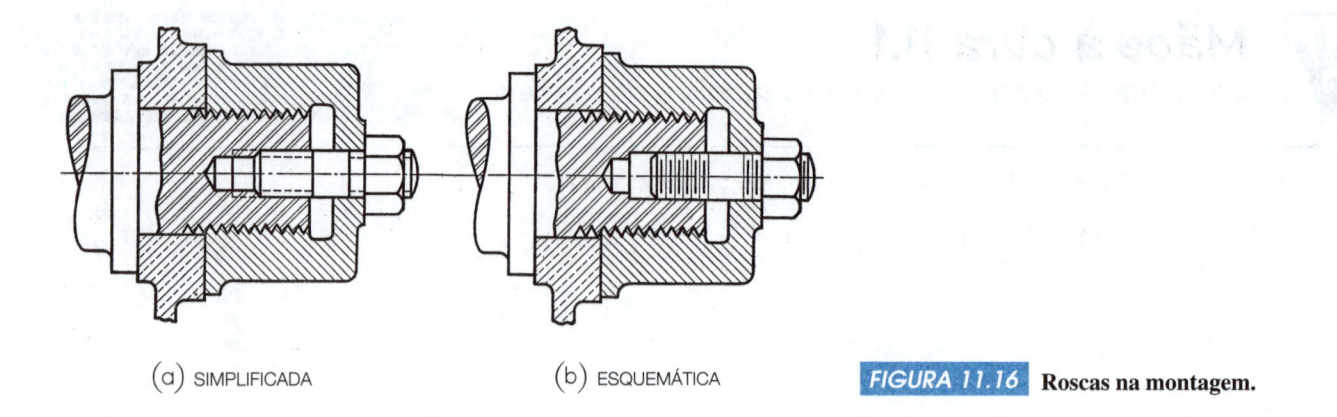

O perfil da rosca para tubo afilado é mostrado na Figura 11.17. A conicidade do tubo afilado padronizado é 1 polegada em 16, ou 0,75" por pé, medido no diâmetro e ao longo do eixo. O ângulo entre os flancos de uma rosca é de 60 graus. A profundidade do V é $0,86660p$, e a profundidade máxima básica da rosca é $0,800p$. Os diâmetros efetivos básicos, E_0 e E_1, e o comprimento básico da rosca afilada externa efetiva, L_2, são determinados pelas fórmulas:

$$E_0 = D - (0,050D + 1,1)1/n$$
$$E_1 = E + 0,0625L_1$$
$$L_2 = (0,80D + 6,8)1/n$$

onde D = diâmetro básico externo do tubo, E_0 = diâmetro efetivo da rosca no final do tubo, E_1 = diâmetro efetivo da rosca na extremidade maior da rosca interna, L_1 = comprimento de contato normal e n = número de filetes por polegada.

O ANSI também recomenda duas roscas modificadas para tubos com afilamento para (1) juntas secas de pressão (conicidade de 0,880 por pé) e (2) juntas de trilhos. A primeira é utilizada para juntas metal-metal, eliminando a necessidade de juntas de vedação, e é usada na refrigeração, em marítimos, automóveis, aeronaves e materiais bélicos. A segunda é usada para prover juntas mecânicas rígidas, através de roscas, como as que são requeridas para juntas de trilhos.

Enquanto se recomendam roscas para tubos afilados para uso geral, existem certos tipos de juntas para as quais as roscas para tubos retos são utilizadas com vantagem. O número de filetes por polegada, o ângulo e a profundidade dos filetes são os mesmos utilizados nas roscas para tubos afilados rosqueados, mas os filetes são abertos paralelamente ao eixo. Roscas de tubos retos são utilizadas para juntas rígidas apertadas com pressão para acoplamento de tubos, encaixe de linhas de combustíveis, óleo, pontos de drenagem, juntas mecânicas de fixação e juntas mecânicas para acoplamento de mangueiras.

As roscas para tubos são representadas por métodos detalhados ou simbólicos de modo similar às representações de roscas unificadas e americanas. A representação simbólica (esquemática ou simplificada) é recomendada para propósitos gerais independentemente dos diâmetros, como mostrado na Figura 11.18. O método detalhado é recomendado somente quando as roscas são grandes e quando é desejável mostrar o perfil da rosca, como em uma vista seccionada de um conjunto.

Como mostrado na Figura 11.18, não é necessário desenhar o afilamento das roscas, a menos que haja alguma razão para que seja enfatizado, visto que as notas das roscas indicam se estas são retas ou afiladas. Se for desejável mostrar o afilamento, ele deve ser exagerado, como mostrado na Figura 11.18, na qual o afilamento é desenhado com 1/16 polegada por polegada *no raio* (ou 6,75 polegadas por 1 pé do diâmetro) em vez do afilamento real de 1/16 polegada no diâmetro. As roscas para tubos afilados da nor-

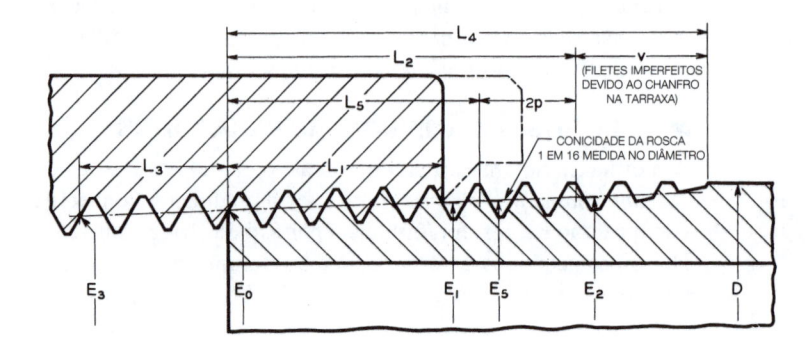

FIGURA 11.17 Norma americana de roscas para tubos afilados (ANSI/ASME) B1.20.1- 1983 (R 1992).

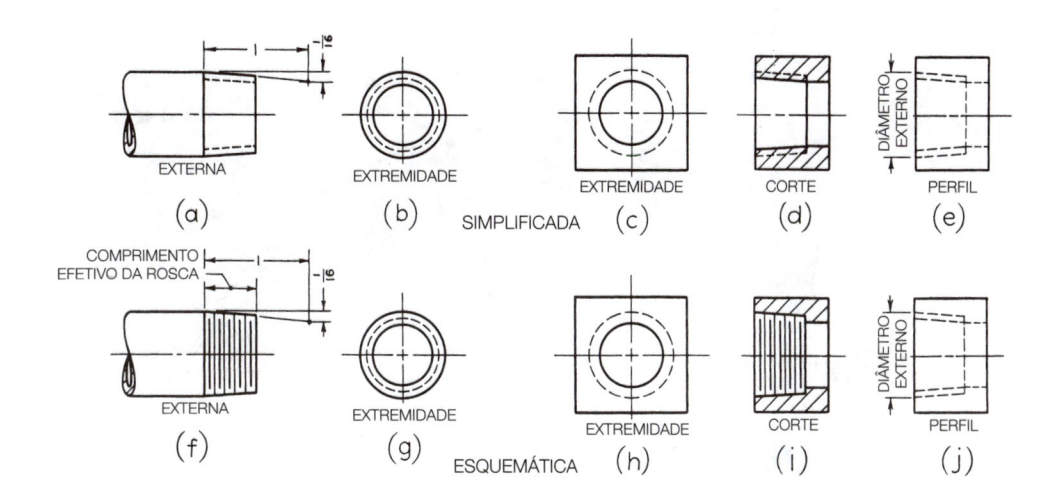

FIGURA 11.18 Representações convencionais de roscas de tubos.

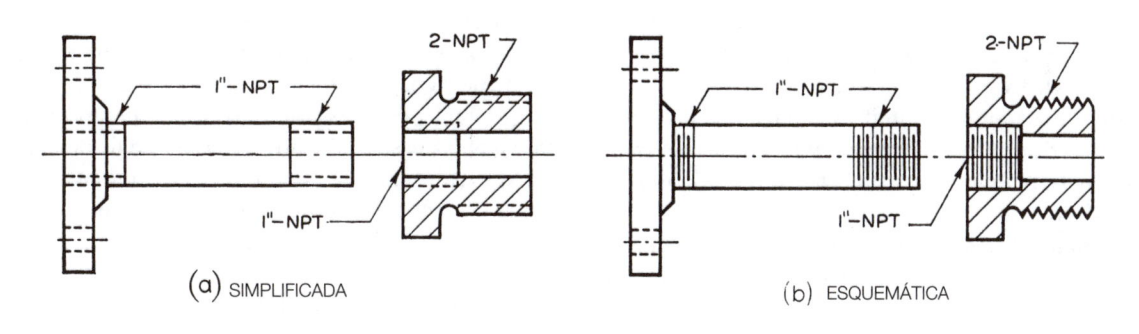

FIGURA 11.19 Representações convencionais de roscas de tubos.

ma americana são indicadas por uma nota que fornece o diâmetro nominal seguido pelas letras NPT (*national pipe taper*), como mostrado na Figura 11.19. Quando as roscas do tubo reto são especificadas, utiliza-se a sigla NPS (*national pipe straight*). Na prática, normalmente o tamanho da broca não é fornecido na nota.

11.19 PARAFUSOS COM PORCA, PARAFUSOS-PRISIONEIROS E PARAFUSOS DE CABEÇA

O termo *parafuso com porca* é geralmente usado para indicar "parafusos passantes" que possuem uma cabeça em uma extremidade, atravessam furos abertos de passagem em duas ou mais peças alinhadas e são rosqueados na outra extremidade de forma a receber uma porca para apertar e segurar as peças juntas, como mostrado na Figura 11.20a.

Um *parafuso de cabeça* sextavada, mostrado na Figura 11.20b, é similar a um parafuso comum, exceto pelo fato de apresentar freqüentemente um comprimento maior da rosca. Ele é utilizado quando uma das peças a ser fixada é rosqueada e age como uma porca. O parafuso de cabeça é apertado com o uso de uma chave inglesa. O parafuso de cabeça não é usado em chapas finas, caso se deseje resistência.

Um *parafuso-prisioneiro*, mostrado na Figura 11.20c, é um bastão de aço rosqueado em uma ou em ambas as extremidades. Se for rosqueado em ambas as extremidades, ele é aparafusado com uma chave de tubos. Se for rosqueado em apenas uma das

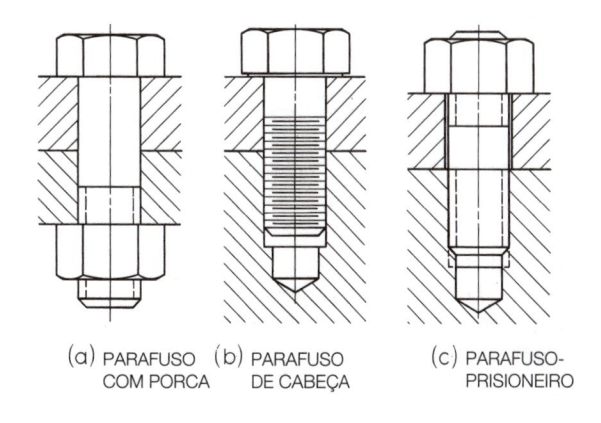

FIGURA 11.20 Parafuso com porca, parafuso de cabeça e parafuso prisioneiro

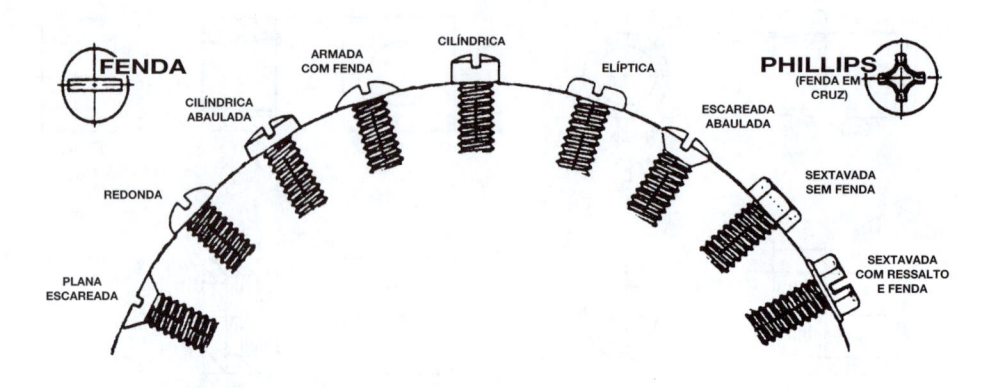

FIGURA 11.21 Tipos de cabeças de parafusos.

extremidades, ele é encaixado com força no lugar. Como regra, um parafuso-prisioneiro atravessa livremente um furo de passagem em uma das peças, é aparafusado na outra peça e usa uma porca na extremidade livre, como mostrado.

Um *parafuso de máquina* é similar a um parafuso de cabeça com fenda, mas é normalmente menor. Ele pode ser utilizado com ou sem porcas. A Figura 11.21 mostra diferentes tipos de cabeças de parafuso.

Um *parafuso de fixação* é um parafuso, com ou sem uma cabeça, que é aparafusado através de uma peça e cuja ponta especial é forçada contra outra peça para evitar movimentos entre as duas partes.

Não se seccionam parafusos, porcas e peças similares quando desenhados em um conjunto montado, porque eles não possuem detalhes internos que mereçam ser mostrados.

11.20 FUROS ROSQUEADOS

O fundo de um furo cego broqueado, formado pela ponta de uma broca giratória, tem a forma de um cone, como mostrado nas Figuras 11.22a e 11.22b. Quando desenhar a ponta cônica do furo, use um ângulo de 30 graus para aproximar-se dos 31 graus gerados pela inclinação da ferramenta.

O comprimento da parte rosqueada é o comprimento das roscas inteiras ou perfeitas. A profundidade da furação não inclui a ponta cônica da broca. Nas Figuras 11.22c e 11.22d, a profundidade da furação mostrada além da parte roscada (letra A) inclui várias roscas imperfeitas produzidas pela extremidade chanfrada do macho de abrir rosca. Essa distância varia de acordo com as dimensões da broca e do tipo de macho de abrir rosca usado no acabamento do furo.

O desenho de um furo rosqueado aberto com um macho de abrir rosca até o fundo do furo é mostrado na Figura 11.22e. Esses furos são difíceis de serem feitos e devem ser evitados sempre que possível. Em seu lugar, utiliza-se uma saliência com diâmetro levemente superior ao diâmetro maior da rosca, como mostrado na Figura 11.22f. Os tamanhos das brocas para roscas unificadas, americanas e roscas métricas são dados no Apêndice 16. Os diâmetros e os comprimentos das brocas poderiam ser indicados na nota sobre a rosca, mas são geralmente deixados para serem definidos pelo pessoal da produção. Visto que o comprimento da parte roscada contém somente roscas perfeitas, é necessário deixar esse comprimento somente um ou dois passos além do comprimento de penetração da rosca. Nas representações simplificada e esquemática, não mostre roscas no fundo dos furos rosqueados para que as extremidades dos parafusos sejam mostradas com clareza, como na Figura 11.19b.

O comprimento da parte rosqueada em um furo com rosca depende do diâmetro maior e do material que está sendo rosqueado. O comprimento mínimo de contato (X), quando ambas as partes são de aço, é igual ao diâmetro (D) da rosca. A Tabela 11.1 mostra diferentes comprimentos de contato para diferentes materiais.

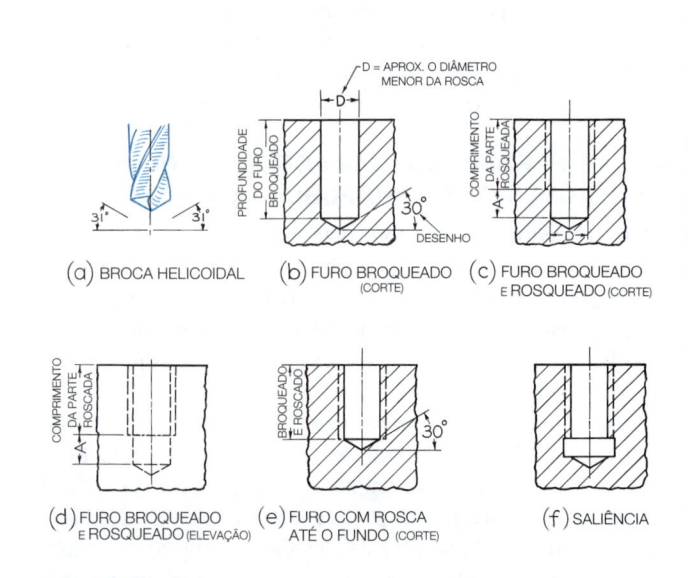

FIGURA 11.22 Furos broqueados e rosqueados.

Dicas práticas
Furos rosqueados

Evitando a quebra de machos de abrir roscas

Uma das causas mais freqüentes da quebra dos machos de abrir roscas é a profundidade insuficiente para o furo rosqueado. Quando a profundidade é insuficiente, o macho de abrir roscas é forçado contra o fundo com cavacos do furo. Não se deve especificar um furo não-passante se um furo passante de comprimento não muito maior puder ser usado no lugar dele. Quando for necessário um furo não-passante, deve-se deixar uma boa folga para a profundidade do furo.

Furos de passagem

Quando um parafuso atravessa um furo de passagem, o furo é geralmente broqueado 0,8 mm (1/32") maior que o diâmetro do parafuso, para parafusos de 3/8" (10 mm) de diâmetro e 1,5 mm (1/16") a mais para diâmetros maiores. Para um trabalho mais preciso, os furos de passagem devem ser somente 0,4 mm (1/64") maior do que o parafuso para parafusos de diâmetro até 3/8" (10 mm) e 0,8 mm (1/32") maior para diâmetro acima de 3/8" (10 mm).

Relações mais precisas podem ser especificadas para condições especiais. A folga em cada lado do parafuso não necessita ser mostrada nos desenhos, a não ser quando for necessário mostrar claramente que não existe contato com a rosca. Nesse caso, as folgas devem ser desenhadas com largura de cerca de 1,2 mm (3/64").

Material do parafuso	Material das peças	Comprimento de contato das roscas
aço	aço	D
aço aço aço	ferro fundido latão bronze	1-1/2D
aço aço aço	alumínio zinco plástico	2D

TABELA 11.1 *Comprimento de contato de roscas para diferentes materiais.*

11.21 PARAFUSOS COM PORCA E PORCAS PADRONIZADAS

Os parafusos com porca e porcas padronizadas pela norma americana[*] são produzidos utilizando-se unidades métricas e polegadas. Parafusos com porca e porcas quadradas mostrados na Figura 11.23 são somente produzidos com medidas em polegadas. Parafusos, parafusos de cabeça e porcas métricos são também produzidos na forma sextavada. As cabeças e porcas quadradas são chanfradas em 30 graus, e as cabeças e porcas sextavadas são chanfradas entre 15 e 30 graus. Ambas são desenhadas em 30 graus para simplicidade.

TIPOS DE PARAFUSOS COM PORCA Parafusos com porca são agrupados de acordo com seu uso: parafusos regulares para uso geral e parafusos para trabalhos pesados ou para facilitar a fixação. Os parafusos quadrados são produzidos somente no tipo regular; parafusos e porcas sextavados e porcas quadradas estão disponíveis em ambos os tipos, regular e para trabalho pesado.

Os sextavados métricos são agrupados de acordo com o uso: parafusos e porcas regulares e pesados para serviços gerais e parafusos e porcas de alta resistência para ligações estruturais.

ACABAMENTO Parafusos com porca e porcas quadradas, parafusos sextavados com porca e porcas sextavadas chatas são produzidos sem acabamento. As superfícies sem acabamento dos parafusos e porcas não são usinadas, exceto as roscas. Parafusos de cabeça sextavada, parafusos sextavados, de alta resistência e todas as porcas sextavadas, exceto porcas sextavadas chata, são, de certa forma, consideradas acabadas e têm a face de apoio anilhada usinada ou formada na face de apoio. A face de apoio anilhada é 1/64" de espessura (desenhado 1/32" para se tornar visível em um desenho plotado), e seu diâmetro é igual a 1,5 vez o diâmetro do corpo para as séries em polegadas.

Para porcas, as superfícies de apoio também podem ser uma superfície circular produzida por chanframento. Parafusos sexta-

PARAFUSO COM CABEÇA E PORCA SEXTAVADAS
(a)

PARAFUSO COM CABEÇA E PORCA QUADRADAS
(b)

FIGURA 11.23 **Parafusos e porcas padronizadas.** *(Cortesia da Cordova Bolt Inc, Buena Park, CA)*

---

[*] As normas ANSI possuem vários parafusos e porcas. Para obter os detalhes completos, veja estas normas.

vados e porcas sextavadas têm tolerâncias menores e aparência mais acabada, mas não são completamente usinadas. Não existe diferença no desenho para os diferentes níveis de acabamento de parafusos e porcas.

PROPORÇÕES As proporções tanto para cotas em polegadas como em milímetros baseiam-se no diâmetro (D) do corpo do parafuso. Estes são mostrados na Figura 11.24.

Para parafusos com porca e porcas sextavadas ou quadradas, as proporções são:

$$W = 1\text{-}1/2\, D \quad H = 2/3\, D \quad T = 7/8\, D$$

onde W = distância entre as faces planas opostas da cabeça, H = altura da cabeça e T = altura da porca.

Para parafusos com porca e porcas hexagonais e porcas quadradas pesados, as proporções são:

$$W = 1\text{-}1/2\, D + 1/8"\ (\text{ou} + 3\ \text{mm})$$
$$H = 2/3\, D \quad T = D$$

A face de apoio anilhada é sempre incluída na altura da cabeça ou da porca de parafusos sextavados com acabamento.

ROSCAS Parafusos quadrados e sextavados com porca, parafusos de cabeça sextavada e porcas acabadas são normalmente da Classe 2 na série em polegadas e podem ter roscas grossas, finas, ou 8 passos. Porcas sem acabamento possuem roscas grossas e são da Classe 2B. Para obter a especificação do diâmetro e do passo de roscas métricas, veja o Apêndice 19.

COMPRIMENTO DE ROSCAS
Para parafusos até 6" (150 mm) de comprimento:

$$\text{Comprimento da rosca} = 2D + 1/4"\ (\text{ou} + 6\ \text{mm})$$

Para parafusos acima de 6" de comprimento,

$$\text{Comprimento da rosca} = 2D + 1/2"\ (\text{ou} + 12\ \text{mm})$$

Dispositivos de fixação demasiadamente curtos para essas fórmulas são rosqueados até a proximidade da cabeça. Para propósito de desenho, usam-se aproximadamente 3 passos. A extremidade pode ser arredondada ou chanfrada, mas é normalmente desenhada com um chanfro de 45 graus a partir da raiz da rosca, como mostra a Figura 11.24.

COMPRIMENTO DE PARAFUSOS COM PORCA Os comprimentos de parafusos com porca não foram padronizados devido à inúmera variedade requerida pela indústria. Parafusos curtos estão disponíveis geralmente em incrementos de comprimentos padronizados de 1/4 pol. (6 mm), enquanto que parafu-

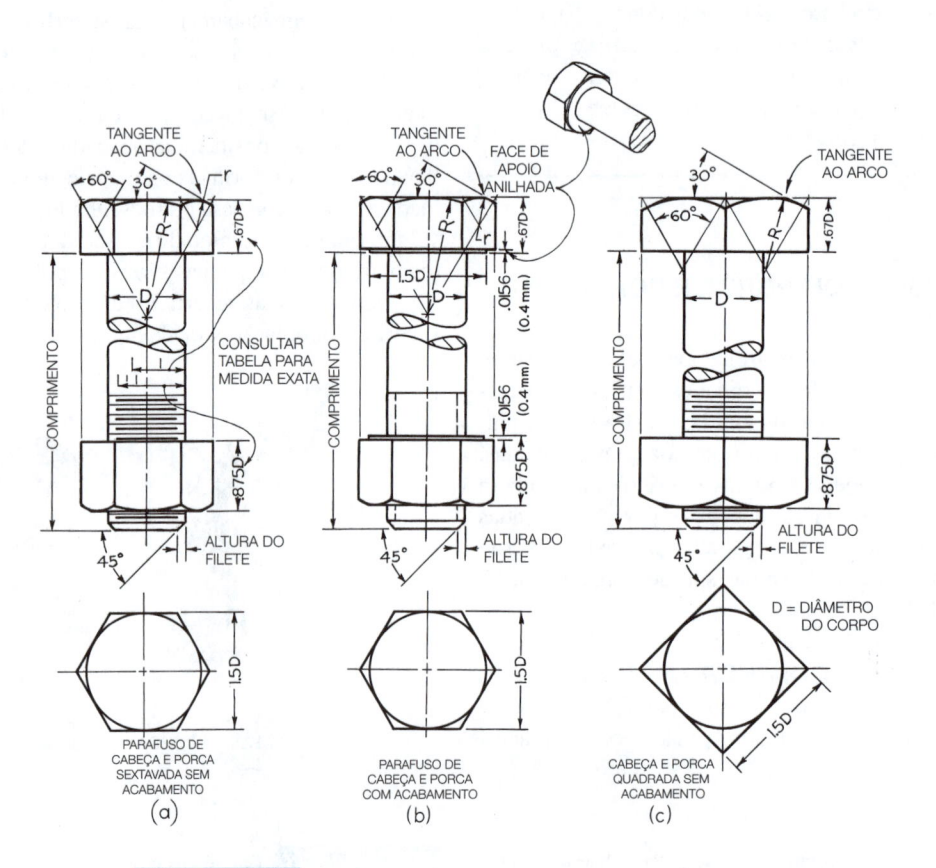

FIGURA 11.24 Proporções dos parafusos com porca (regular).

sos longos vêm em incrementos de 1/2 pol. a 1 pol. (12 a 25 mm). Para obter as medidas de parafusos com porca e porcas padronizadas, veja o Apêndice 19.

11.22 DESENHANDO PARAFUSOS PADRONIZADOS

Desenhos de detalhes mostram todas as informações necessárias definindo a forma, as medidas, o material e o acabamento de uma peça. Parafusos e porcas padronizados normalmente não requerem desenhos de detalhes, a menos que sejam alterados, (por exemplo, quando é adicionado um entalhe na extremidade de um parafuso), pois são normalmente peças disponíveis no mercado e podem ser facilmente adquiridos. Mas muitas vezes você pode precisar mostrá-los em um desenho de montagem, sobre o qual você vai aprender mais no Capítulo 12.

Há gabaritos disponíveis que o ajudam a colocar parafusos rapidamente em esboços, ou você pode usar as cotas mostradas no Apêndice 19 se a precisão for importante, como nas figuras em que se pretende mostrar folgas. Na maioria dos casos, uma representação rápida, na qual as proporções se baseiam no diâmetro do corpo do parafuso, é suficiente, como mostra a Figura 11.24.

Muitos sistemas CAD possuem bibliotecas de dispositivos de fixação que você pode utilizar para adicionar uma grande variedade de porcas e parafusos nos seus desenhos. Geralmente, esses símbolos baseiam-se no diâmetro de 1 polegada, de modo que você pode aplicar fatores de escala rapidamente para inseri-los no desenho. Geralmente, também há outros recursos para modificar o diâmetro e o comprimento e para criar um símbolo para suas especificações. Em modelos 3-D, quando porcas e parafusos são representados, suas roscas raramente são mostradas porque tornam o desenho mais complexo e aumentam o tamanho do arquivo, além de serem difíceis de modelar. A especificação da rosca é anotada no desenho.

Geralmente, cabeças de parafusos e porcas devem ser desenhadas sempre com uma das diagonais que ligam as arestas verticais da cabeça paralela ao plano de projeção, em todas as vistas. Essa violação convencional das projeções é utilizada para evitar e esclarecer eventuais confusões na interpretação de porcas e de cabeças de parafusos quadradas e sextavadas. Cabeças de parafusos e porcas só devem ser desenhadas com as faces planas em perfil quando existe uma razão especial para isso, como mostra a Figura 11.25.

11.23 ESPECIFICAÇÃO PARA PARAFUSOS COM PORCAS E ROSCAS

Para especificar parafusos com porca em listas de materiais, ou algum outro lugar correspondente, as seguintes informações devem ser colocadas na seguinte seqüência*.

1. Dimensões nominais do corpo do parafuso
2. Especificação ou nota sobre rosca
3. Comprimento do parafuso
4. Acabamento do parafuso
5. Tipo da cabeça
6. Nome

> **EXEMPLO (COMPLETO, POLEGADA DECIMAL)**
> PARAFUSO DE CABEÇA SEXTAVADA
> ,75-10UNC-2A X 2,50

> **EXEMPLO (ABREVIADO, POLEGADA DECIMAL)**
> PAR CAB SEX 0,75 X 2,50

> **EXEMPLO (MÉTRICO)**
> PARAFUSO DE CABEÇA SEXTAVADA M8 X 1,25-40

As porcas podem ser especificadas como segue:

> **EXEMPLO (COMPLETO)**
> PORCA QUADRADA 5/8-11 UNC-2B

> **EXEMPLO (ABREVIADO)**
> PORCA QUAD 5/8-11

> **EXEMPLO (MÉTRICO)**
> PORCA SEXTAVADA M8 X 1,25

Tanto para parafusos com porca como para porcas, se forem omitidas as especificações, assume-se que sejam do tipo REGULAR ou de USO GERAL. Se for utilizada a série pesada, a palavra PESADO deve aparecer na especificação. Da mesma maneira, ALTA RESISTÊNCIA ESTRUTURAL deve ser indicada para tais dispositivos métricos de fixação. Entretanto, o número da norma específica da ISO é geralmente incluída na especificação métrica –

---

* N. de T. Na norma brasileira, a seqüência é: tipo de parafuso, nota sobre rosca, material e classe de resistência, acabamento, número de padronização e tratamento superficial quando exigido.

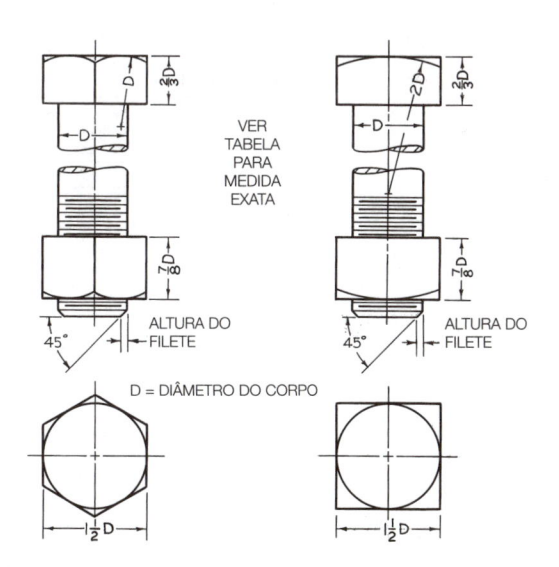

FIGURA 11.25 Parafusos com porca desenhados com as faces planas em perfil.

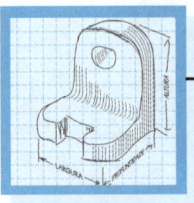

CAD EM SERVIÇO
Bibliotecas de dispositivos de fixação

ENGENHEIROS GASTAM VINTE HORAS POR MÊS REDESENHANDO PEÇAS

Muitos engenheiros gastam mais de vinte horas por mês redesenhando peças padronizadas ou peças adquiridas de fornecedores externos. Eles precisam mostrar como as peças se encaixam na montagem para especificar qual peça deve ser utilizada. Usando uma biblioteca para essas peças padronizadas, consegue-se ganhar tempo considerável na criação de desenhos técnicos e especificações. Alguns fornecedores estão disponibilizando gratuitamente desenhos de suas peças em formatos-padrão. Muitos deles estão disponíveis na Internet. Você também pode adquirir bibliotecas de símbolos padronizados.

MILHARES DE REPRESENTAÇÕES DE PEÇAS DISPONÍVEIS NO PARTSPEC

Um modo de você conseguir desenhos de dispositivos de fixação é utilizar o programa PartSpec da Autodesk. Esse programa é um aplicativo que funciona conjuntamente com AutoCAD versão 12 ou 13. Você pode usá-lo para fazer busca em uma base de dados contendo milhares de peças, em dois CD-ROMs. Uma janela do programa PartSpec com dispositivos de fixação padronizados selecionados é mostrada na Figura A.

Como mostra a Figura A, você pode selecionar entre várias bibliotecas e bancos de dados de fabricantes. Uma vez

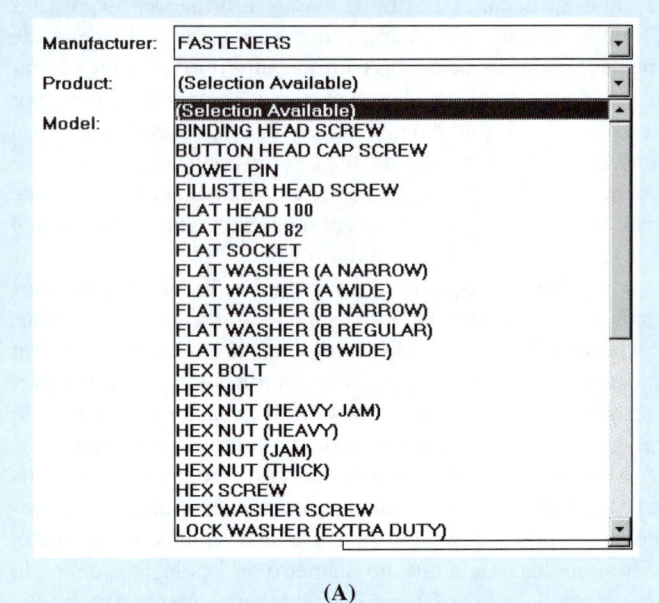

(A)

selecionado uma biblioteca ou um fabricante, você pode escolher na lista de produtos o modelo desejado para o qual os desenhos estão disponíveis nos bancos de dados do

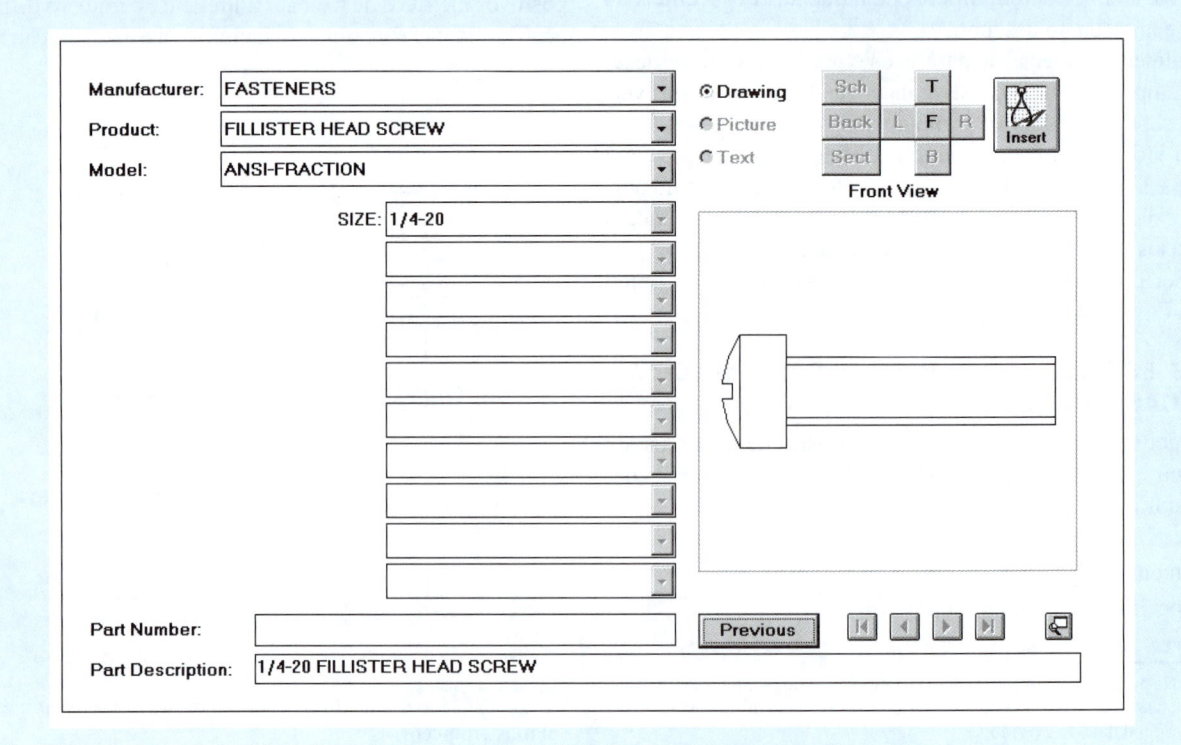

PartSpec. A Figura B mostra um parafuso de cabeça cilíndrico-abaulada (*fillister head screw*), modelo ANSI-fração, tamanho 1/4-20 que é mostrado como o elemento selecionado. A vista frontal do desenho do parafuso de cabeça cilíndrico-abaulada do tamanho especificado é mostrada na caixa de diálogo à direita. Se você quiser inserir a vista mostrada no seu desenho corrente no AutoCAD, você pode clicar no ícone "Insert" posicionado na parte superior à direita. Para selecionar outras vistas disponíveis, você pode clicar nos botões T, F, B, L, R, Back, Sch e Sect para visualizar a vista desejada. As representações utilizadas pelo PartSpec seguem um conjunto de normas que garantem sua aplicabilidade.

Desenhos de fabricantes e informações sobre aquisição

Mais de vinte fabricantes diferentes têm seus produtos representados no banco de dados do PartSpec. Você pode selecionar um fabricante a partir de uma lista disponível, e então selecionar um produto e modelo em particular ou digitar o número ou a descrição de uma peça, utilizados como referência para as buscas nos bancos de dados. Você também pode qualificar a busca com base nas informações detalhadas da peça. Uma vez selecionada uma peça, você pode solicitar mais informações sobre a aquisição, ou especificações do fabricante em formato texto. A Figura C mostra um dispositivo de fixação denominado parafuso-prisioneiro autofixador de cabeça embutida do fabricante Penn Engineering's.

Ganhando tempo na busca de dados sobre materiais com o MaterialSpec

O PartSpec tem um módulo para especificação de materiais chamado *MaterialSpec*. É um banco de dados em CD-ROM contendo materiais de cinco categorias: plásticos, metais, materiais compostos, cerâmicas e especificações militares (MIL5). Você pode escolher materiais por tipo, fabricante, nome ou número da peça, descrição, propriedades ou aplicações. Os módulos adicionais podem ser um recurso muito útil para o trabalho em engenharia. Uma das maiores vantagens do uso de programas CAD é que os desenhos podem ser reutilizados, redimensionados ou reorientados para serem utilizados em diferentes propósitos, resultando em um ganho de tempo considerável. Lembre-se de que a Internet é também uma fonte de informações para desenhos e materiais.

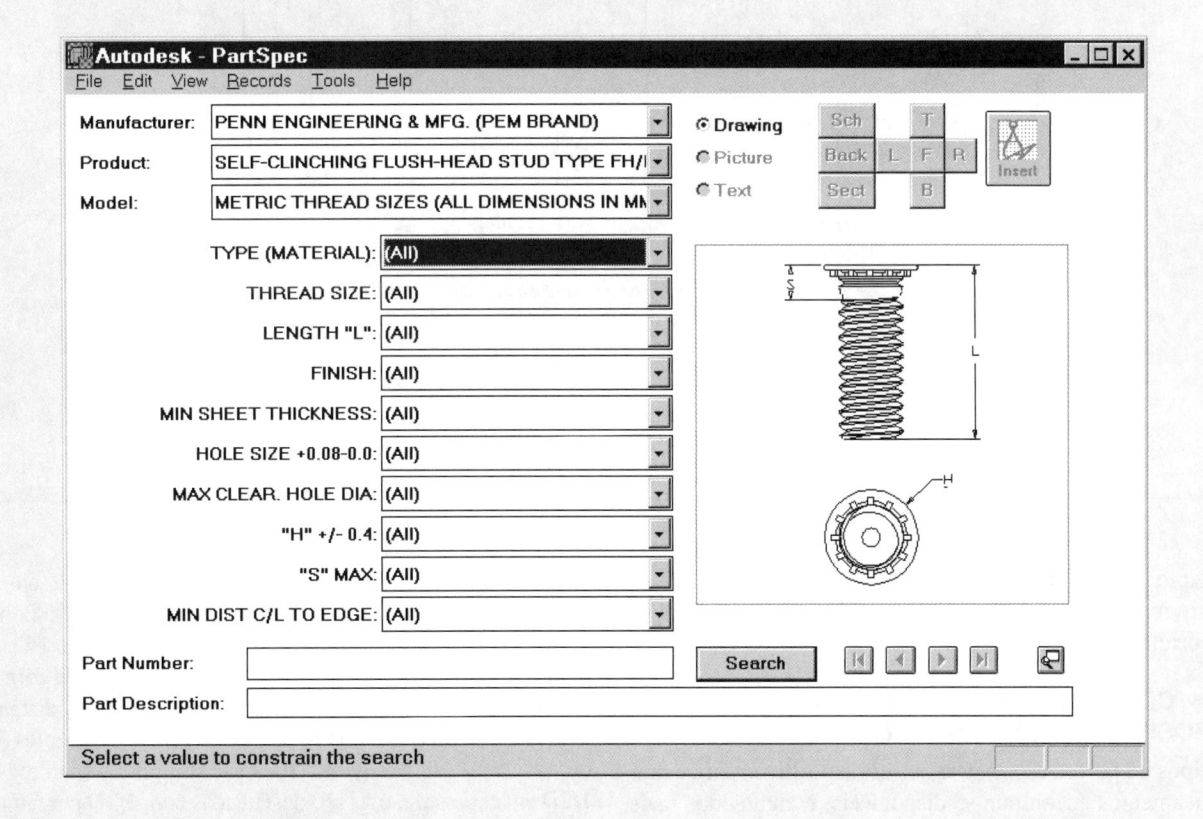

Passo a passo 11.3
Desenhando parafusos com porcas, parafusos de cabeça e porcas sextavadas

1. Determine o diâmetro do parafuso, o comprimento (do lado inferior da face de apoio até a extremidade), a forma da cabeça (quadrada ou sextavada), o tipo (regular ou pesado) e o acabamento antes de começar o desenho.

2. Esboçe a vista superior com traços leves como mostrado, onde D é o diâmetro do parafuso. Projete as arestas do hexágono ou do quadrado na vista frontal. Esboçe as alturas da cabeça e da porca. Adicione a face de apoio anilhada de 1/64" (0,4 mm) se necessário. Seu diâmetro é igual à distância entre as faces planas das cabeças dos parafusos ou porcas. Somente parafusos e porcas métricos e sextavados acabados possuem a face de apoio anilhada. A altura da face de apoio anilhada é de 1/64", mas é mostrado com medida em torno de 1/32" (1 mm) para maior clareza. A altura da cabeça do parafuso e da porca inclui a face de apoio anilhada.

3. Represente as curvas produzidas pelos chanfros na cabeça dos parafusos e nas porcas como arcos circulares, embora eles sejam, na verdade, hipérboles. Nos desenhos de parafusos e porcas pequenas, de aproximadamente 1/2" (12 mm) de diâmetro, em que o chanfro é difícil de se mostrar, deve-se omiti-lo nas vistas.

4. Faça o chanfro da extremidade da rosca do parafuso em 45 graus para mostrar a profundidade esquemática da rosca.

5. Mostre roscas na forma simplificada ou esquemática para diâmetros de 1" (25 mm) ou menos no desenho. A representação detalhada é raramente utilizada porque torna o desenho complexo e toma muito tempo.

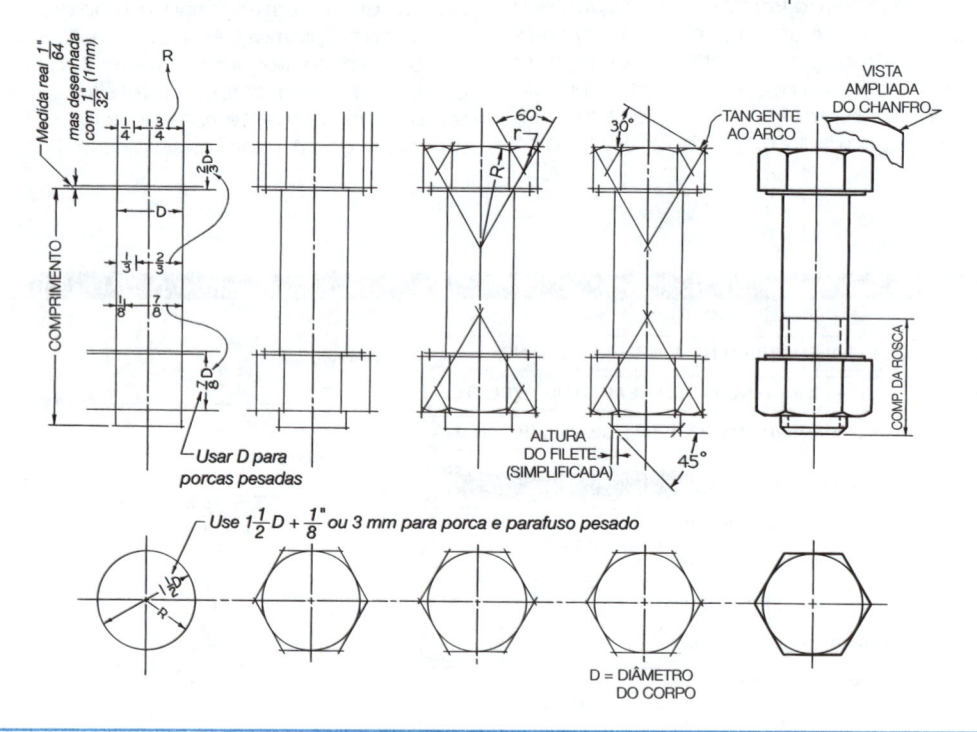

---

por exemplo, PORCA SEXTAVADA ISO 4032 M12 X 1,75. Não é necessário mencionar o acabamento se o dispositivo de fixação estiver corretamente especificado.

11.24 CONTRAPORCAS E OUTROS DISPOSITIVOS DE TRAVAMENTO

Muitos tipos de porcas especiais e outros dispositivos para evitar desrosqueamentos encontram-se disponíveis, e alguns dos mais comuns são mostrados na Figura 11.26. As *contraporcas* da norma norte-americana, como mostrado nas Figuras 11.26a e 11.26b, são semelhantes às porcas retas sextavadas, exceto pelo fato de que elas são mais finas. As aplicações mostradas na Figura 11.26b, na qual a porca maior está em cima e é aparafusada de forma mais apertada, são recomendadas. Elas possuem a mesma distância entre as faces planas das porcas sextavadas correspondentes (1-1/2D ou 1-1/2D + 1/8 polegada). Elas são um pouco maiores do que 1/2D em espessura, mas são desenhadas com 1/2D por simplicidade. Estão disponíveis com ou sem a face de apoio anilhada nos tipos regular e pesado. A parte superior de todas elas são chatas e chanfradas a 30 graus, e as formas acabadas possuem tanto a face de apoio anilhada como a face de apoio chanfrada.

As arruelas, mostradas na Figura 11.26c, e os contrapinos, mostrados nas Figuras 11.26e, 11.26g e 11.26h, são muito comuns (veja os Apêndices 28 e 31). O parafuso de fixação, mostrado na Figura 11.26f, é geralmente feito para pressionar um macho de material leve, como latão, que, por sua vez, consegue pressionar a rosca sem deformá-la. Para usá-lo com contrapinos (veja o Apêndice 31), recomenda-se utilizar uma porca sextavada com fenda (Figura 11.26g), uma porca-castelo sextavada (Figura 11.26h), uma porca sextavada com fenda grossa ou uma porca sextavada com fenda grossa para trabalhos pesados.

Contraporcas e dispositivos métricos de travamento similares também encontram-se à disposição. Veja os catálogos de dispositivos de fixação para obter mais detalhes.

Passo a passo 11.4
Desenhando parafusos com porcas, parafusos de cabeça e porcas quadradas

1. Determine o diâmetro do parafuso, o comprimento (do lado inferior da face de apoio até a extremidade), a forma da cabeça (quadrada ou sextavada), o tipo (regular ou pesado) e o acabamento antes de começar o desenho.

2. Esboçe a vista superior com traços leves como mostrado, onde D é o diâmetro do parafuso. Projete as arestas do hexágono ou quadrado na vista frontal. Esboçe as alturas da cabeça e da porca. Adicione a face de apoio anilhada de 1/64" (0,4 mm) se necessário. Seu diâmetro é igual à distância entre as faces planas das cabeças dos parafusos ou porcas. Somente parafusos e porcas métricos e sextavados acabados possuem a face de apoio anilhada. A altura da face de apoio anilhada é de 1/64", mas é mostrada com medida em torno de 1/32" (1 mm) para maior clareza. A altura da cabeça do parafuso e da porca incluem a face de apoio anilhada.

3. Represente as curvas produzidas pelos chanfros na cabeça dos parafusos e nas porcas como arcos circulares, embora eles sejam, na verdade, hipérboles. Nos desenhos de parafusos e porcas pequenas, de aproximadamente 1/2" (12 mm) de diâmetro, em que o chanfro é difícil de se mostrar, deve-se omiti-lo nas vistas.

4. Faça o chanfro da extremidade da rosca do parafuso em 45 graus para mostrar a profundidade esquemática da rosca.

5. Mostre roscas na forma simplificada ou esquemática para diâmetros de 1" (25 mm) ou menos no desenho. A representação detalhada é raramente utilizada porque torna o desenho complexo e toma muito tempo.

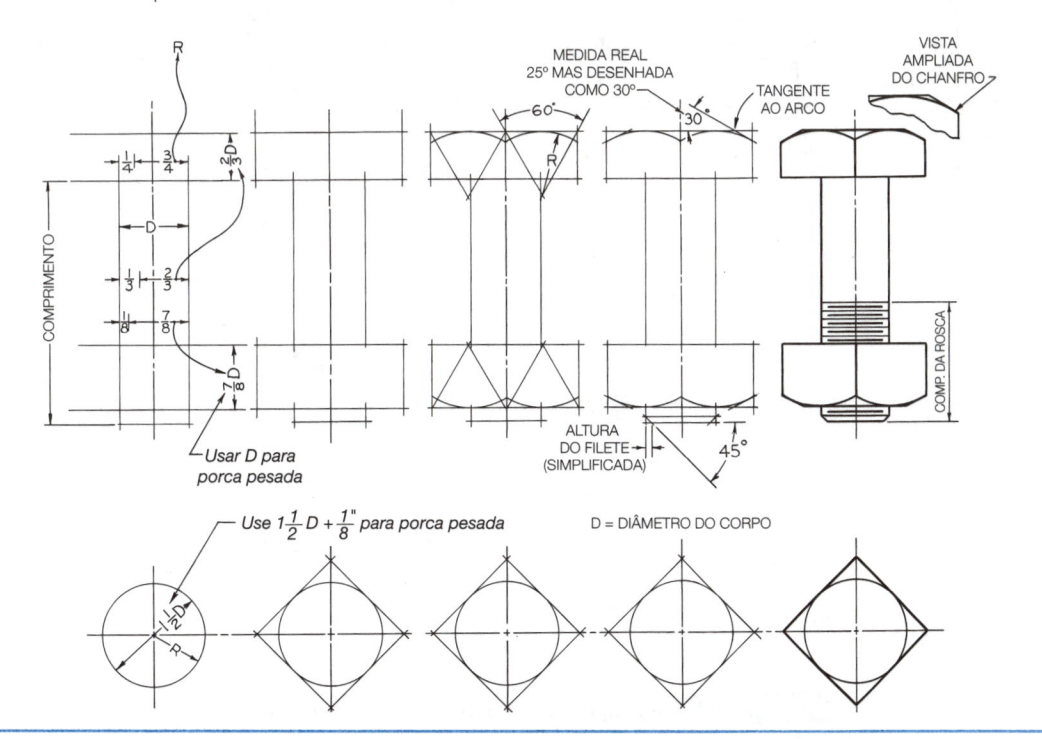

id Toll é uma empresa que oferece *download* livre do seu catálogo na Internet no endereço http://www.reidtool.com/download.htm

■ 11.25 PARAFUSOS DE CABEÇA PADRONIZADOS

Cinco tipos de parafusos de cabeça da norma norte-americana são mostrados na Figura 11.27. Os quatro primeiros têm cabeças padronizadas, enquanto que o parafuso de cabeça com encaixe, como mostra a Figura 11.27e, tem várias formas de arredondamento e encaixe. Parafusos de cabeça são normalmente acabados e são utilizados em ferramentas de máquinas e outras máquinas quando a precisão e a aparência são importantes. As faixas de tamanhos e dimensões exatas são dadas nos Apêndices 19 e 20. Os parafusos de cabeça sextavada e os parafusos de cabeça com encaixe sextavado estão também disponíveis no padrão métrico.

Os parafusos de cabeça normalmente atravessam furos de passagem em uma peça e são rosqueados em outra. O furo de passagem, que é liso e não-roscado, não precisa ser mostrado em desenhos quando sua presença é óbvia.

Os parafusos de cabeça são inferiores aos parafusos-prisioneiros quando são necessárias remoções freqüentes. São utilizados em máquinas que necessitam de ajustes finos. Os parafusos de cabeça com fenda ou com encaixe são usados em situações com pouco espaço disponível para ferramentas de rosqueamento.

Podem-se usar dimensões reais dos parafusos de cabeça em desenhos quando são necessárias medidas exatas. A Figura 11.27 mostra as proporções em termos do diâmetro do corpo (D) que são normalmente utilizadas. Os parafusos de cabeça sextavada são desenhados de modo similar aos parafusos com porcas de cabeça sextavada. Para a representação esquemática, as pontas são chanfradas a 45 graus a partir da profundidade da rosca.

Observe que as fendas de cabeça são desenhadas a 45 graus nas vistas que mostram a forma circular das cabeças, desconsiderando a projeção verdadeira, e que as roscas no fundo dos furos rosqueados são omitidas de modo que a extremidade do parafuso possa ser vista claramente. As notas típicas de parafusos de cabeça são as seguintes:

> **EXEMPLO (COMPLETO)**
> PARAFUSO DE CABEÇA SEXTAVADA
> 0,375-16 UNC-2A X 2,5

> **EXEMPLO (ABREVIADO)**
> PAR CAB SEX 0,375 X 2,50

> **EXEMPLO (MÉTRICO)**
> PAR CAB SEX M20 X 2,5 X 80

■ 11.26 PARAFUSOS PADRONIZADOS DE MÁQUINAS

Os parafusos de máquinas são similares aos parafusos de cabeça, mas são normalmente menores (diâmetros de 0,060 polegada a 0,750 polegada), e as roscas geralmente ocupam todo o compri-

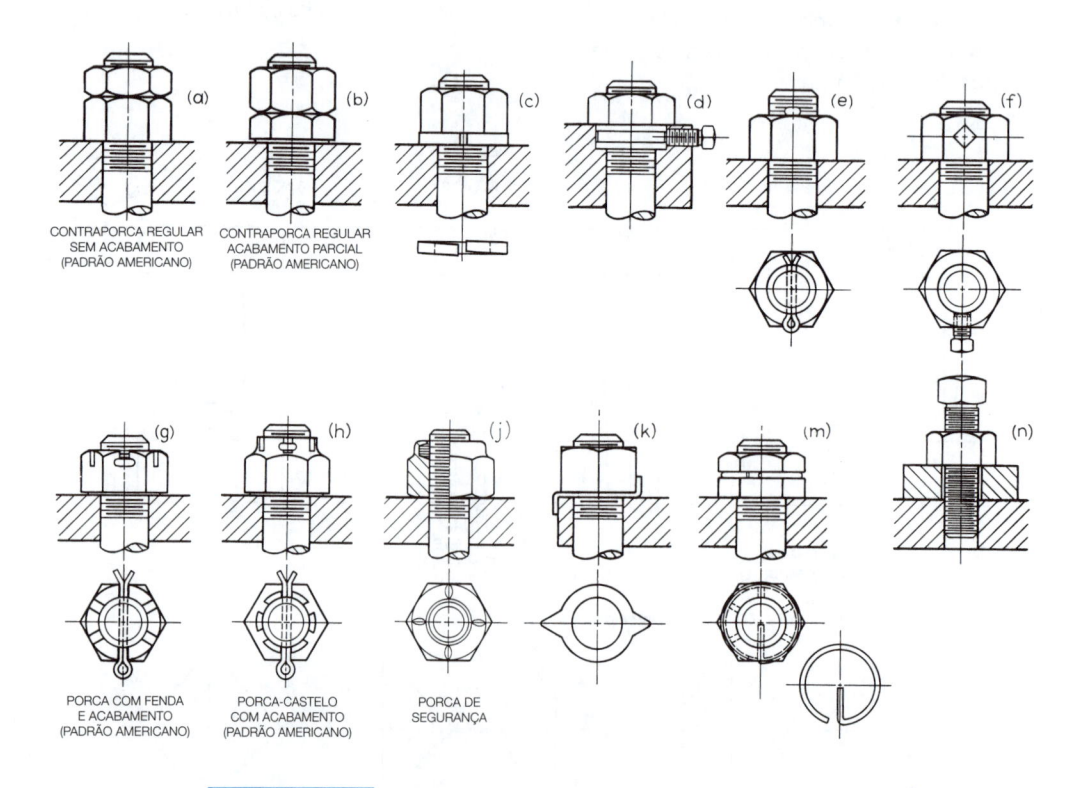

FIGURA 11.26 Contraporcas e dispositivos de travamento.

FIGURA 11.27 Parafusos de cabeça padronizados. Veja Apêndices 19 e 20.

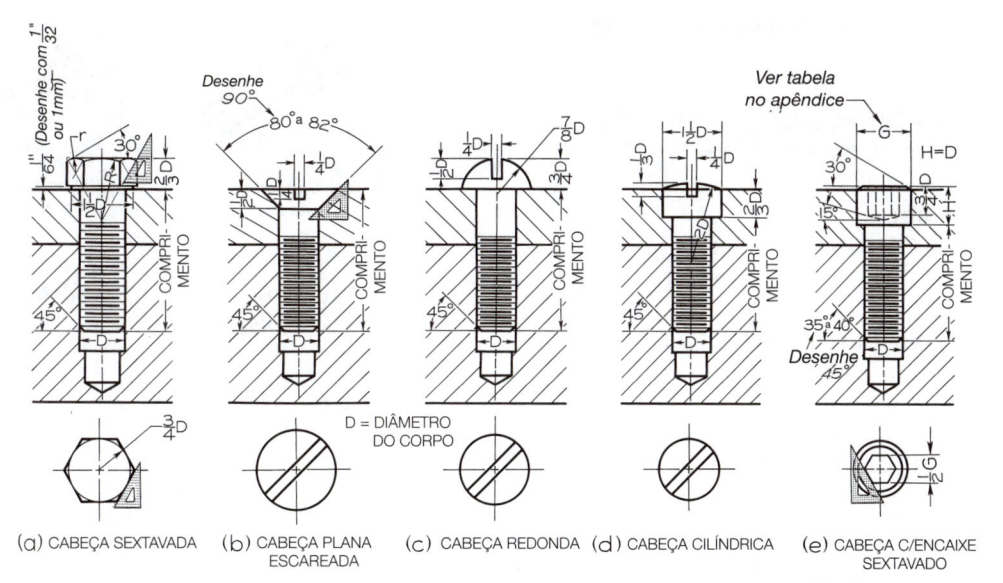

Parafusos de cabeça sextavada: séries grossas, finas ou 8 filetes, 2A. Comprimento de rosca = 2D + $\frac{1}{4}$" até 6" do comprimento e 2D + $\frac{1}{2}$" caso superior a 6". No caso de parafusos demasiadamente curtos para aplicar a fórmula, as roscas se estendem até 2-$\frac{1}{2}$" filetes da cabeça para diâmetros até 1". Comprimento do parafuso não é padronizado. Veja Apêndice 15 para comprimento recomendado para parafusos métricos de cabeça sextavada.

Parafusos de cabeça com fenda: roscas de série grossa, fina, 8 filetes por polegada, 2A. Comprimento de rosca = 2D + $\frac{1}{4}$". Comprimento do parafuso não é padronizado. No caso de parafusos demasiadamente curtos para aplicar a fórmula, a rosca se estende até 2 $\frac{1}{2}$" filetes da cabeça.

Parafusos com encaixe sextavado: roscas de séries grossa ou fina, 8 filetes, 3A. Comprimento de roscas grossas = 2D + $\frac{1}{2}$" onde este deve ser superior a $\frac{1}{2}$L; caso contrário, comprimento da rosca = $\frac{7}{8}$L. Roscas finas = 1 $\frac{1}{2}$ D + $\frac{1}{2}$" onde este deve ser superior a $\frac{3}{8}$ L; caso contrário, comprimento da rosca = $\frac{3}{8}$L. Incrementos no comprimento do parafuso = $\frac{1}{8}$" para parafusos $\frac{1}{4}$" a 1" de comprimento, $\frac{1}{4}$" para parafusos de 1" a 3" de comprimento, e $\frac{1}{2}$" para parafusos de 3 $\frac{1}{2}$" a 6" de comprimento.

mento do corpo. Existem oito formas de cabeças aprovadas pelo ANSI, as quais são mostradas no Apêndice 21. A cabeça sextavada pode ser com fenda, se desejado. Todos os outros estão disponíveis nos tipos com cabeça escatelada ou com cabeça rebaixada. Os parafusos padronizados de máquinas são produzidos com acabamento com brilho natural e sem tratamento térmico, possuindo as extremidades planas, não-chanfradas. Veja o Apêndice 21 para formas e especificações de parafusos métricos de máquinas similares.

Os parafusos de máquinas são utilizados em materiais de espessuras finas, e todos os parafusos pequenos são rosqueados quase até a cabeça. Eles são muito utilizados em armas de fogo, gabaritos, fixações e moldes. Porcas de parafusos de máquina são utilizadas principalmente nos parafusos de cabeça redonda, de cabeça troncônica e de cabeça escareada, possuindo normalmente uma forma sextavada.

As dimensões exatas dos parafusos de máquinas são dadas no Apêndice 21, mas elas são raramente necessárias para roscados de desenho. Os quatro tipos mais comuns de parafusos de máquinas são mostrados na Figura 11.28, com proporções baseadas no diâmetro (D). Furos de passagem e rebaixos de furos devem ser feitos ligeiramente maiores que os parafusos.

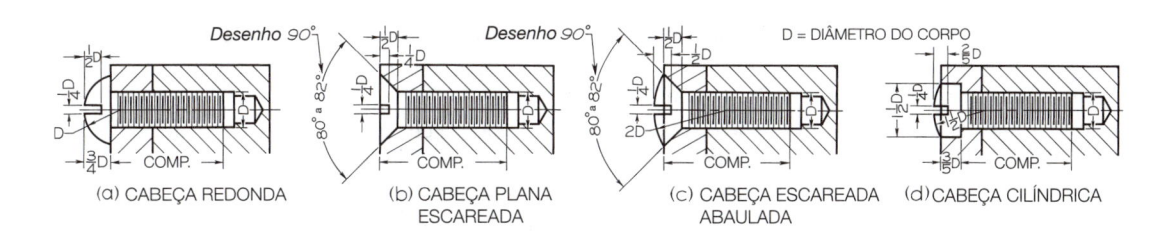

FIGURA 11.28 Parafusos de máquinas padronizados. Veja o Apêndice 21.

Algumas notas típicas para parafusos de máquinas são as seguintes:

EXEMPLO (COMPLETO)
PARAFUSO DE MÁQUINA CABEÇA CILÍNDRICO-ABAULADA. No. 10 (0,1900)-32 NF-3 X 5/8

EXEMPLO (ABREVIADO)
PAR MAQ CAB CIL-ABA No. 10 (0,1900) X 5/8

EXEMPLO (MÉTRICO)
PARAFUSO DE MÁQUINA CABEÇA TRONCÔNICA COM FENDA M8 X 1,25 X 30

11.27 PARAFUSOS DE FIXAÇÃO PADRONIZADOS

Os parafusos de fixação, mostrados na Figura 11.29, são utilizados para evitar movimentos indesejados, normalmente rotações, entre duas peças, tal como o movimento do cubo de uma polia em um eixo. Um parafuso de fixação é aparafusado em uma peça de modo que sua ponta se apóie firmemente contra outra peça. Se a ponta do parafuso de fixação é cavada, como mostra a Figura 11.29e, ou se uma face plana é usinada no eixo, como mostra a Figura 11.29a, o parafuso conseguirá fixar-se mais firmemente. Obviamente, parafusos de fixação não são eficientes quando o esforço é grande ou quando o esforço é aplicado repentinamente. Normalmente, eles são feitos de aço e recebem tratamento para endurecimento.

Parafusos de fixação de cabeças quadradas e parafusos de fixação sem cabeça com fenda da norma norte-americana são mostrados nas Figuras 11.29a e 11.29b. Dois parafusos de fixação de cabeça com encaixe da norma americana são ilustrados nas Figuras 11.29c e 11.29d. Os parafusos de fixação sem cabeça têm aplicações importantes nas indústrias, porque a saliência resultante da montagem usando parafuso de fixação com cabeça tem causado muitos acidentes nas indústrias; isso resultou em legislações proibindo seu uso em vários estados norte-americanos.

Parafusos métricos de fixação sem cabeça com encaixe sextavado estão disponíveis com todos os tipos de pontas. Os diâmetros nominais de parafusos de fixação com encaixe sextavado são: 1,6, 2, 2,5, 3, 4, 5, 6, 8, 10, 12, 16, 20 e 24 mm.

Os parafusos de fixação de cabeças quadradas são produzidos com roscas grossa, fina ou de 8 passos e são da Classe 2A, mas são normalmente fornecidos no tipo grossa, uma vez que o parafuso de fixação de cabeça quadrada é geralmente utilizado em trabalhos que exigem pouca precisão. Os parafusos de fixação sem cabeça e com fenda e os parafusos de fixação de cabeça com encaixe são produzidos com roscas grossa ou fina e são da Classe 3A.

Os diâmetros nominais de parafusos de fixação variam de 0 a 2 polegadas; os comprimentos de parafusos de fixação são padronizados em incrementos de 1/32 polegada a 1 polegada, dependendo do comprimento total do parafuso de fixação.

Os comprimentos dos parafusos métricos de fixação possuem incrementos de 0,5 mm a 4 mm, dependendo novamente do comprimento total do parafuso.

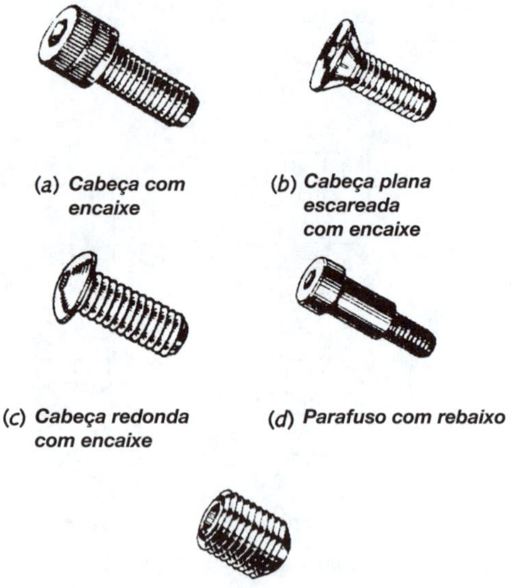

(a) Cabeça com encaixe
(b) Cabeça plana escareada com encaixe
(c) Cabeça redonda com encaixe
(d) Parafuso com rebaixo
(e) Cabeça com rebaixo

FIGURA 11.29 Parafusos de fixação do padrão americano. *(Cortesia da Cordova bolt Inc, Buena Park, CA)*

Os parafusos de fixação são especificados do seguinte modo:

EXEMPLO (COMPLETO)
PARAFUSO DE FIXAÇÃO CABEÇA QUADRADA 0,375 -16 UNC-2A X 0,75 PONTA CHATA

EXEMPLO (ABREVIADO)
PAR FIX CAB QUAD 0,375 – X 1,25 PT CHATA
PAR FIX CAB SEX 0,438 X 0,750 PT CAVADA
PAR FIX S/CAB FENDA 1/4 -20 UNC 2A X 1/2 PT CÔNICA

EXEMPLO (MÉTRICO)
PARAFUSO DE FIXAÇÃO CABEÇA SEXTAVADA M10 X 1,5 X 12

11.28 PARAFUSOS PARA MADEIRA DA NORMA AMERICANA

Parafusos para madeira possuem três tipos de cabeças padronizadas – chata, redondada e abaulada. Dimensões aproximadas suficientes para os propósitos de desenho são mostradas na Figura 11.30.

A cabeça chata com rebaixo tipo philips está também disponível em vários outros tipos de dispositivos de fixação, bem como em parafusos para madeira. Três estilos de seção da cabeça rebaixada foram padronizados pela norma ANSI. Uma chave de fenda especial é utilizada, como mostra a Figura 11.31q, e resulta em montagem mais rápida sem causar danos na cabeça.

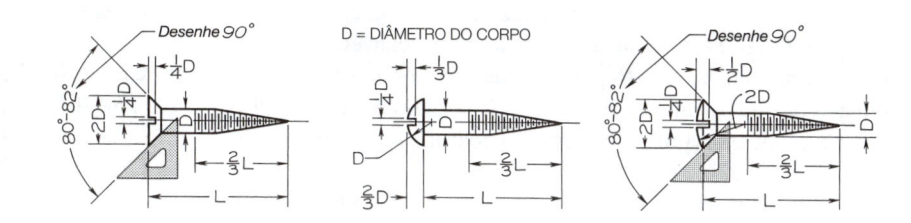

FIGURA 11.30 Parafusos para madeira da norma americana.

11.29 MISCELÂNEA DE DISPOSITIVOS DE FIXAÇÃO

Muitos outros tipos de dispositivos de fixação foram projetados para usos especiais. Alguns dos tipos mais comuns são mostrados na Figura 11.31. Um grande número deles são parafusos com porcas de cabeça redondada, de cabeça abaulada e parafusos escareados da norma norte-americana.

Inserções helicoidais roscadas, como mostra a Figura 11.31p, têm a forma de uma mola, exceto pela seção do arame quando este se conforma às linhas da rosca em um furo. Elas são feitas de bronze fosforoso ou de aço inoxidável e fornecem uma camada de superfície dura, lisa e protetora para roscas em metais moles e plásticos.

11.30 CHAVETA

As *chavetas* são utilizadas para evitar movimentos entre eixos e rodas, junções, manivelas e dispositivos similares ligados a eixos, como mostrado na Figura 11.32. Um *rasgo de chaveta* é produzido em um eixo no cubo ou em peças envoltórias.

Para serviços pesados, utilizam-se chavetas retangulares (chatas ou quadradas), e às vezes duas chavetas retangulares são necessárias para uma conexão. Para conexões mais fortes, *splines* de travamento podem ser usinados no eixo e no furo.

Uma *chaveta quadrada* é mostrada na Figura 11.32a, e uma *chaveta chata*, na Figura 11.32b. As larguras das chavetas são geralmente 1/4 do diâmetro do eixo. Em ambos os casos, metade da chaveta fica enterrada no eixo. A profundidade do rasgo da chaveta é medida lateralmente e não pelo centro, como mostrado na Figura 11.32a. Chavetas quadradas e chatas podem ter a superfície superior inclinada em média com 1/8 polegada por pé; nesse caso, são denominadas chaveta quadrada inclinada ou chaveta chata inclinada.

Uma chaveta retangular que evitar movimentos de rotação mas que permite movimentos relativos na direção longitudinal é

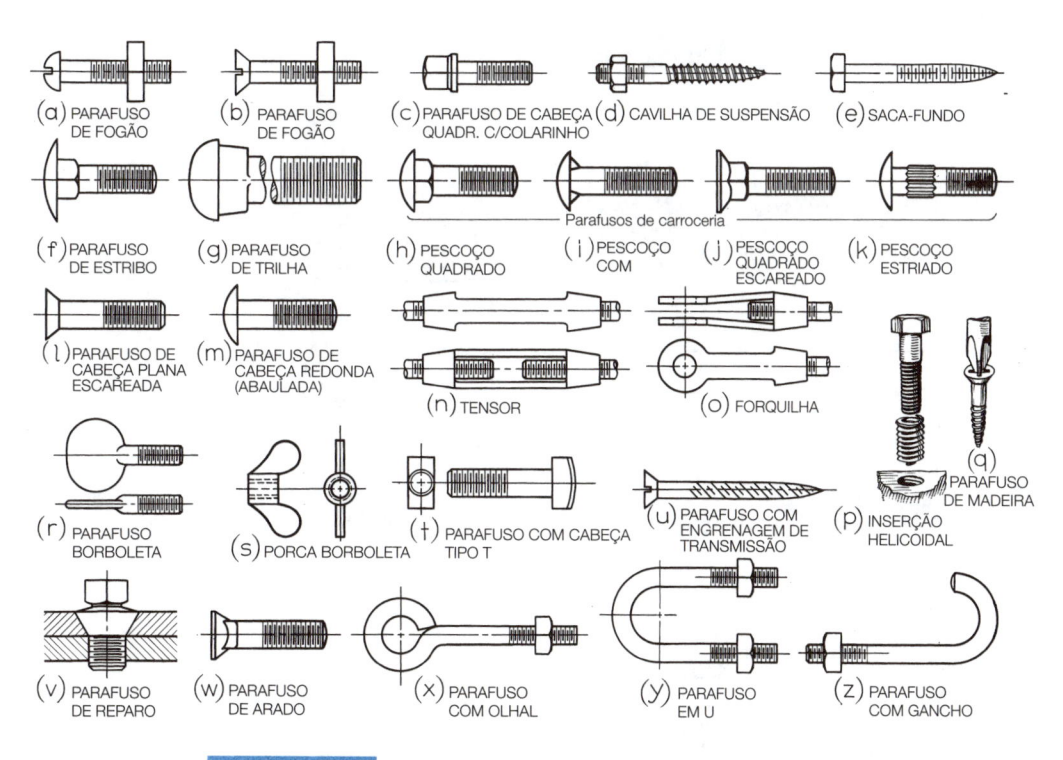

FIGURA 11.31 Miscelânea de parafusos e porcas.

uma *chaveta de cabeça* e é normalmente disponibilizada com *cabeça em cunha* ou fixada de modo que não possa deslizar para fora do rasgo da chaveta. A *chaveta de cabeça em cunha*, mostrada na Figura 11.32c, é exatamente a mesma chaveta quadrada ou chata inclinada, exceto pelo fato de que possui uma cabeça em cunha, que permite fácil remoção. Chavetas chatas e quadradas são produzidas por acabamento a frio e não são usinadas. Para obter as medidas, veja o Apêndice 22.

A chaveta *Pratt & Winthney* (chaveta P&W), mostrada na Figura 11.32d, possui forma retangular com extremidades semicilíndricas. Dois terços da altura da chaveta P&W são afundados dentro do rasgo de chaveta do eixo (veja o Apêndice 26).

A *chaveta Woodruff* tem forma semicircular como mostra a Figura 11.33. A chaveta se encaixa em um rasgo de chaveta semicircular feita com o cortador Woodruff, como mostrado, e a parte superior da chaveta se encaixa em um rasgo retangular. As medidas das chavetas, para um determinado diâmetro de eixo, não são padronizadas. Para situações normais, é satisfatório selecionar uma chaveta cujo comprimento seja aproximadamente igual ao diâmetro do eixo. Para obter as medidas, veja o Apêndice 24.

Estas são algumas especificações típicas para chavetas:

CHAVETA QUADRADA 0,25 x 1,50
CHAVETA WOODRUFF No. 204
CHAVETA CHATA 1/4 x 1/16 x 1_
CHAVETA P&W No. 10

Veja os catálogos de fabricantes para especificações de chavetas métricas correspondentes.

11.31 PINOS

Pinos de ajustagem incluem pinos cônicos, pinos retos, pinos de encaixe, pinos-manilha e contrapinos. Para trabalhos leves, o pino cônico é eficaz para a fixação do cubo ou de braçadeiras em eixos, como mostra a Figura 11.34, na qual o furo que atravessa a braçadeira e o eixo é furado e alargado quando as peças são

(a) CHAVETA QUADRADA (b) CHAVETA CHATA (c) CHAVETA DE CABEÇA EM CUNHA (d) CHAVETA PRATT & WHITNEY

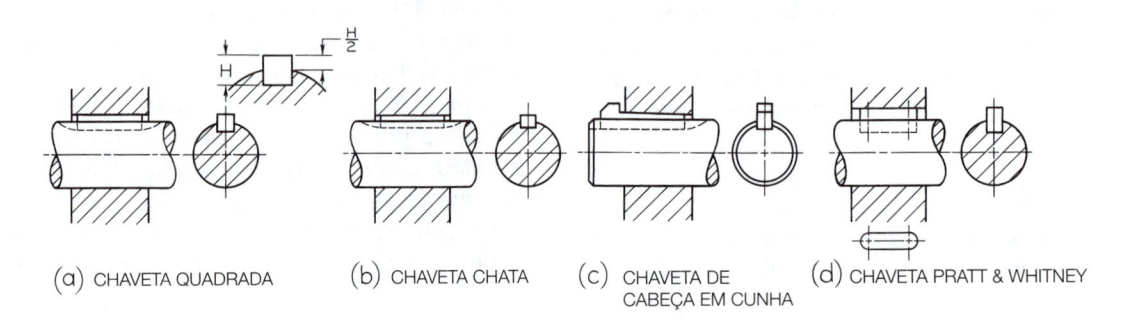

FIGURA 11.32 Chavetas quadradas e chatas.

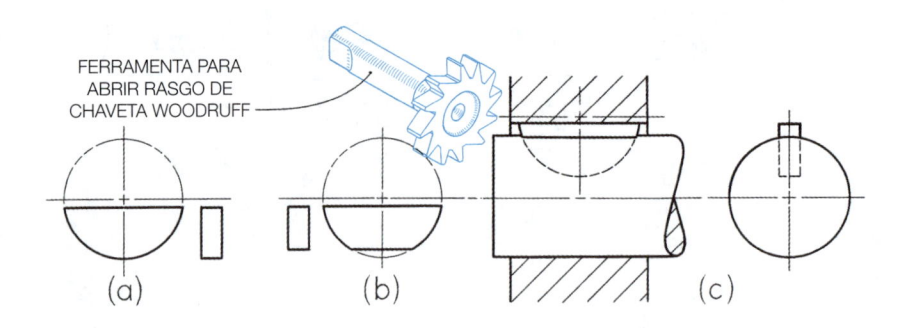

FIGURA 11.33 Chavetas Woodruff e ferramenta para abrir rasgo de chaveta.

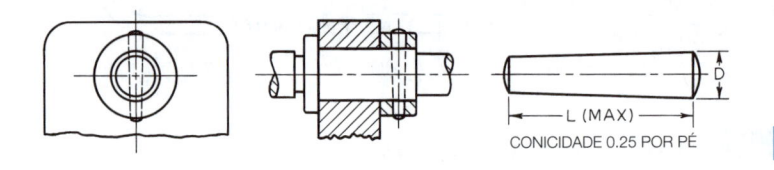

CONICIDADE 0.25 POR PÉ

FIGURA 11.34 Pino cônico.

montadas. Para trabalhos um pouco mais pesados, o pino cônico pode ser usado em uma posição paralela ao eixo de modo análogo às chavetas quadradas (veja o Apêndice 30).

Os pinos de encaixe são de forma cilíndrica ou cônica e normalmente são usados para segurar duas peças na posição fixada ou para preservar o alinhamento. Eles são mais comumente usados quando a precisão no alinhamento é essencial. Os pinos de encaixe são normalmente feitos de aço e são endurecidos e retificados.

O pino-manilha é utilizado em uma forquilha (em U) e é preso no local por um contrapino. Para obter mais informações, inclusive sobre os itens anteriores, veja o Apêndice 31.

11.32 REBITES

Rebites são considerados dispositivos de fixação permanentes, diferentes dos dispositivos de fixações removíveis, como parafusos com porca e parafusos de cabeça. Os rebites são geralmente usados para fixar chapas planas ou peças laminadas e são feitos de ferro forjado, aço carbono, cobre ou ocasionalmente outros metais.

Para unir duas peças metálicas, os furos são puncionados, furados ou puncionados e alargados, todos são um pouco maior do que o diâmetro do corpo do rebite. Os rebites são produzidos em diâmetros que vão de $d = 1,2\sqrt{t}$ até $d = 1,4\sqrt{t}$, onde d é o diâmetro do rebite e t é a espessura da chapa metálica. Diâmetros de rebites maiores são usados para aços e juntas rebitadas simples, e os rebites menores podem ser utilizados para juntas rebitadas múltiplas. Em trabalhos estruturais, é uma prática comum fazer furos de 1,6 mm (1/16 polegada) maiores que o rebite.

Antes de serem colocados nos furos, os rebites são aquecidos ao rubro. Assim que o rebite aquecido ao rubro é inserido, uma barra de encosto com uma depressão na forma da cabeça é colocada junto à cabeça. A máquina de rebitar é, então, utilizada para forçar o rebite e para formar a cabeça cravada. Essa ação causa aumento do diâmetro do corpo do rebite enchendo o furo e fixando as peças firmemente.

Rebites grandes ou parafusos com porcas sextavadas de estruturas são geralmente utilizados em trabalhos estruturais de pontes, edifícios, embarcações e na construção de caldeiras, e são mostrados em suas proporções exatas na Figura 11.35. A cabeça redonda, como mostra a Figura 11.35a, e a cabeça escareada, como mostra a Figura 11.35e, são os rebites mais comuns utilizados em trabalhos estruturais. A cabeça redonda e a cabeça cônica são normalmente usadas na construção de tanques e de caldeiras.

Juntas típicas rebitadas são ilustradas na Figura 11.36. Observe que a vista de perfil de cada rebite mostra a haste do rebite com ambas as cabeças feitas com arcos circulares, e a vista superior de cada rebite é representada somente pelo círculo externo da cabeça.

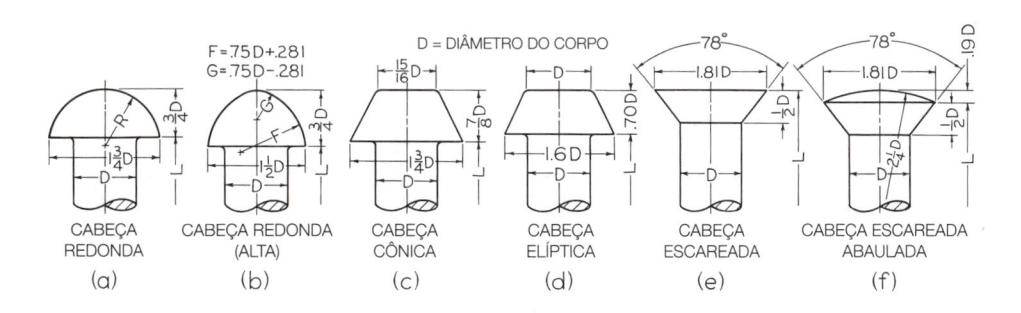

FIGURA 11.35 Rebites grandes padronizados.

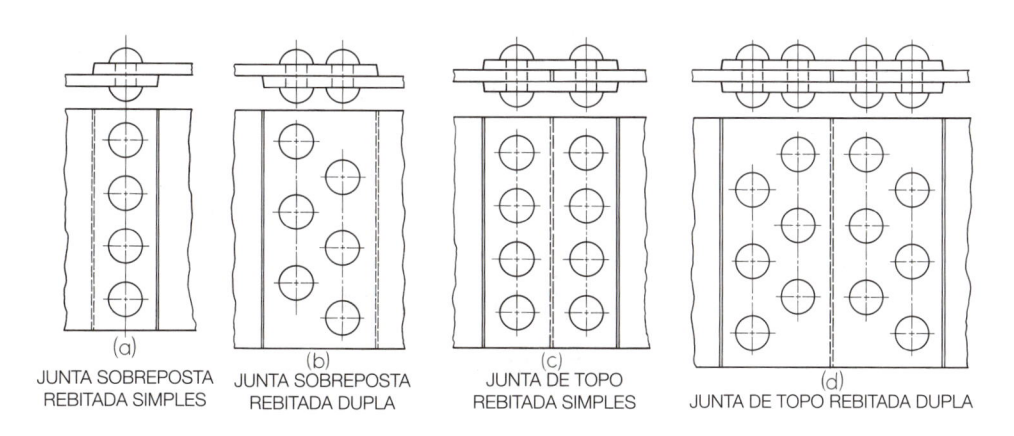

FIGURA 11.36 Juntas rebitadas comuns.

Uma vez que muitas estruturas de engenharia são demasiadamente grandes para serem fabricadas em oficinas, elas são construídas nas maiores unidades possíveis e então transportadas para os locais de construção. As treliças são exemplos comuns disso. Os rebites instalados em oficinas são chamados de *rebites de oficina*, e aqueles instalados em canteiros são chamados de *rebites de campo*. Entretanto, parafusos com porcas feitos de aço para trabalhos pesados são mais usados nas oficinas para trabalhos estruturais. Círculos pretos e sólidos são utilizados para representar rebites de campo, e outros símbolos-padrão são utilizados para mostrar outras características, como mostrado na Figura 11.37.

Para trabalhos leves, utilizam-se rebites pequenos. Os rebites pequenos da norma norte-americana são ilustrados com cotas mostrando suas proporções na Figura 11.38 (ANSI/ASME B18.1.1-1972 (R 1995)). Incluídos na mesma norma estão os rebites de estanho, os rebites de cobre e os rebites de correia. Rebites métricos também encontram-se disponíveis. As cotas para rebites grandes podem ser encontrados na norma ANSI/ASME B18.1.2-1972 (1995)). Para obter maiores detalhes, veja os catálogos dos fabricantes.

Os rebites cegos, usualmente conhecidos como rebites *pop* (Figura 11.39), são geralmente utilizados para a fixação de montagens entre chapas metálicas finas. Os rebites cegos são profundos e são instalados de modo manual ou por ferramentas específicas, como pistolas de rebitagem, que fixam o rebite no centro de um mandril e vão puxando a cabeça para dentro do corpo, expandindo o rebite contra a chapa metálica. Esses rebites estão disponíveis em alumínio, aço, aço inoxidável e plástico. Como qualquer dispositivo de fixação, o projetista deve escolher cuidadosamente o material apropriado para evitar ações corrosivas entre metais não-similares.

■ 11.33 MOLAS

Uma *mola* é um dispositivo mecânico projetado para armazenar energia quando deflexionada e para devolver quantidade equivalente de energia quando solta (ANSI Y.14.13M-1981 (R1992)).

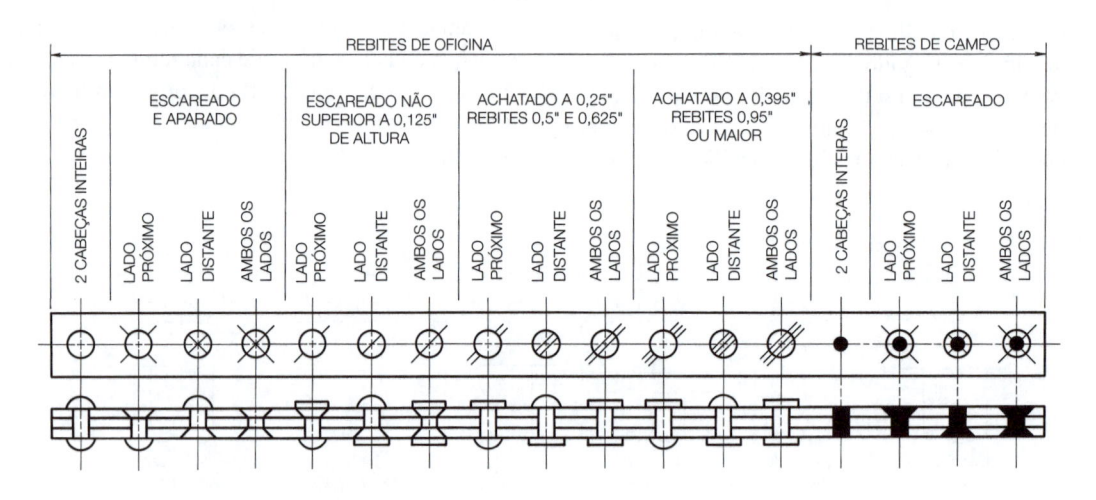

FIGURA 11.37 Símbolos convencionais de rebites.

FIGURA 11.38 Proporções de rebites pequenos da norma americana.

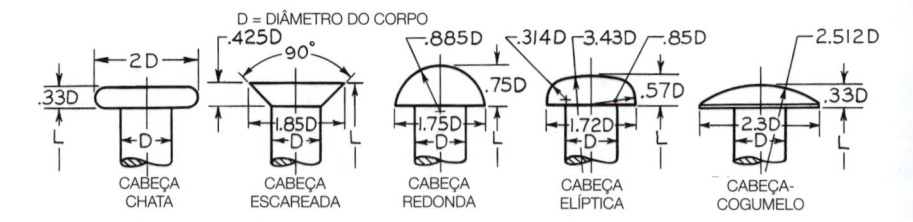

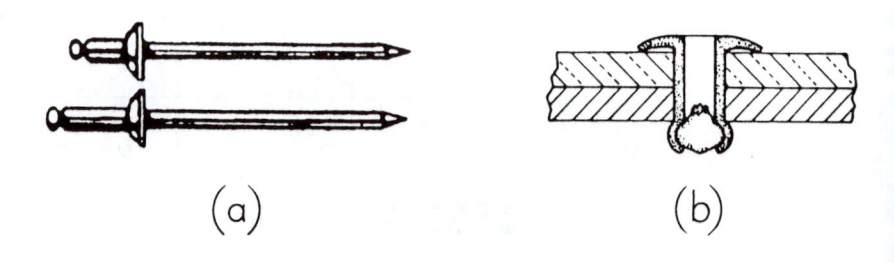

FIGURA 11.39 Rebites cegos (a) antes da instalação e (b) instalado.

As molas são usualmente construídas com aço para molas, os quais podem ser arames para cordas musicais, arame estirado a frio ou arame temperado a óleo. Outros materiais são usados para molas de compressão, incluindo aço inoxidável, liga de cobre-berílio e bronze fosforoso. Adicionalmente, molas de compressão feitas de plástico uretano são utilizadas em aplicações nas quais as molas convencionais são afetadas pela corrosão, vibração, acústica e forças magnéticas. As molas são classificadas como *molas helicoidais*, mostradas na Figura 11.40, ou *molas planas*, mostradas na Figura 11.44. As molas helicoidais são normalmente cilíndricas, mas também podem ser cônicas.

Existem três tipos de molas helicoidais: *molas de compressão*, mostradas na Figura 11.41, que oferecem resistência a esforços de compressão; *molas de tração*, mostradas na Figura 11.42, que resistem a esforços de tração, e *molas de torção*, mostradas na Figura 11.43, que resistem a esforços de torção ou rotação.

Em desenhos de execução, as projeções verdadeiras de molas helicoidais nunca são desenhadas por causa do trabalho dispendioso. Em vez disso, como nos desenhos de roscas de parafusos, utilizam-se representações detalhadas ou esquemáticas. Nelas, segmentos de reta substituem as curvas helicoidais, como mostrado na Figura 11.40.

A mola de arame quadrado é similar à rosca quadrada com o cilindro do eixo removido, como mostrado na Figura 11.40b. É utilizada uma hachura representando o corte se a área da seção for muito grande, como nas Figuras 11.40a e 11.40b. Se forem pequenas, as partes seccionadas devem ser representadas pintadas de preto, como mostrado na Figura 11.40c. No caso de o desenho completo da mola não ser necessário, use linhas-fantasma para ganhar tempo no desenho das espirais, como mostra a Figura 11.40d. Se o desenho da mola for muito pequeno para ser representado com as linhas de contorno do fio de arame, utilize a representação esquemática, como mostrado nas Figuras 11.40e e 11.40f.

As molas de compressão possuem os extremos abertos, como mostrado na Figura 11.40a, ou abertos e fechados, como mostra a Figura 11.41b. Os extremos podem ser nivelados, como

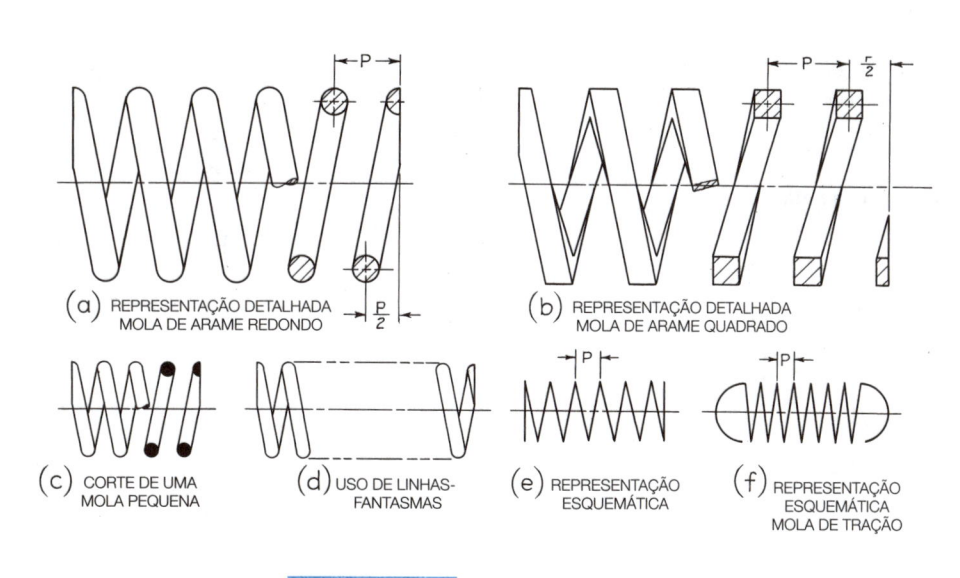

FIGURA 11.40 Molas helicoidais.

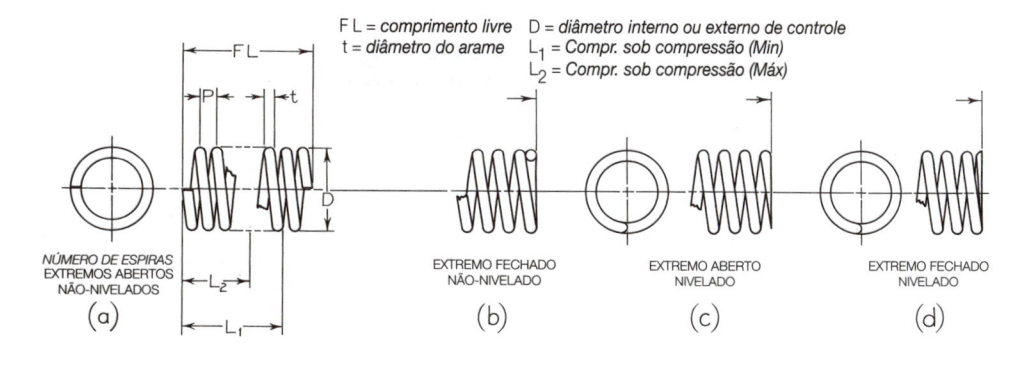

FIGURA 11.41 Molas de compressão.

mostra a Figura 11.40c, ou fechados e nivelados, como mostra 11.41d. As medidas exigidas são indicadas na figura. Quando requerido, RH ou LH também são especificados.

Uma mola de tração pode ter mais de um tipo de extremidade, por isso é necessário desenhá-la ou ao menos desenhar os extremos juntamente com alguns anéis adjacentes, como mostra a Figura 11.42. Um desenho típico de mola de torção é mostrado na Figura 11.43. Um desenho típico de mola plana é mostrado na Figura 11.44. Outros tipos de molas planas são *molas em voluta*, *molas belleville* (parecidas com a arruela) e *molas de folha* (bastante usadas em automóveis).

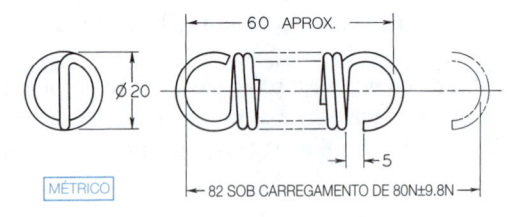

Muitas empresas utilizam formulários de especificações impressas para fornecer informações necessárias sobre a mola, incluindo dados como carregamento para uma deflexão específica, cargas de trabalho, acabamento e tipo de uso.

11.34 DESENHANDO MOLAS HELICOIDAIS

A construção de uma vista esquemática de uma mola de compressão com total de seis espiras é mostrada na Figura 11.45a. Visto que os extremos são fechados, duas das seis espiras são espiras "mortas", deixando somente quatro passos inteiros espaçados ao longo do comprimento da mola, no lado superior.

Se houver seis espiras inteiras, como mostrado na Figura 11.45b, os espaçamentos estarão no lado oposto da mola. A construção de uma mola de tração com seis espiras ativas e extremos em gancho é mostrada na Figura 11.45c.

A Figura 11.46 mostra os passos para o desenho de vistas detalhadas de perfil e de corte de uma mola de compressão. A mola em questão é mostrada em perspectiva na Figura 11.46a. A Figura 11.46b mostra o plano secante atravessando a linha de centro da mola. Na Figura 11.46c, o plano secante foi removido. Os passos da construção da vista em cortes são mostrados nas Fi-

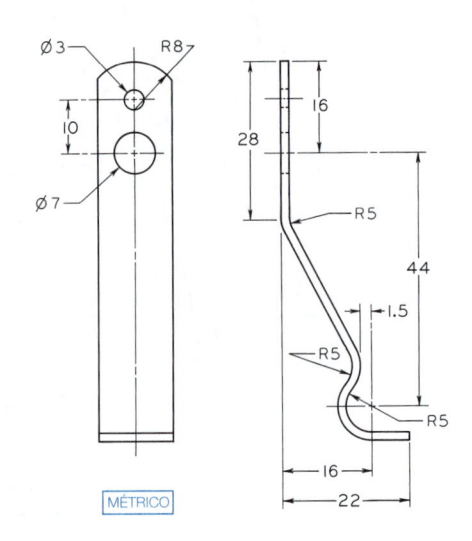

FIGURA 11.42 Desenho de uma mola de tração.

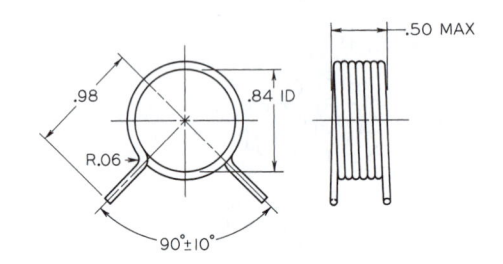

FIGURA 11.43 Desenho de uma mola de torção.

FIGURA 11.44 Mola plana.

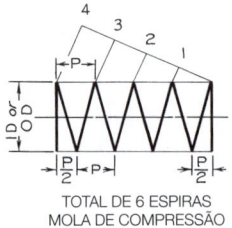

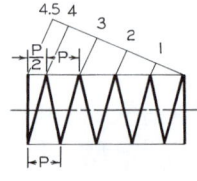

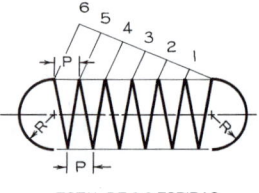

FIGURA 11.45 Representações esquemáticas de molas. *(Cortesia da SDRC, Milford, OH)*

guras 11.46d-f. O correspondente na vista em perfil é mostrado na Figura 11.46g.

Se houver um número fracional de número de espiras, tal como cinco espiras na Figura 11.46h, os semicírculos da seção de arame são colocados nos lados opostos da mola.

11.35 COMPUTAÇÃO GRÁFICA

Representações padronizadas de dispositivos de fixação rosqueados e molas, tanto na forma detalhada como na forma esquemática, estão disponíveis em bibliotecas de símbolos de programas CAD. O uso dessas bibliotecas permite que o projetista ganhe tempo eliminando a necessidade de fazer desenhos demorados de elementos repetitivos à mão e também simplifica a modificação dos desenhos quando necessário.

Em modelagem 3-D, as roscas normalmente não são representadas devido à dificuldade de modelagem e ao tempo de processamento necessário para a visualização e a edição. Em vez disso, o diâmetro nominal de um eixo ou furo rosqueado é normalmente criado com notação para a rosca. Às vezes, a profundidade da rosca é mostrada no desenho 3-D para chamar a atenção sobre a rosca e para ajudar a determinar ajustes e folgas.

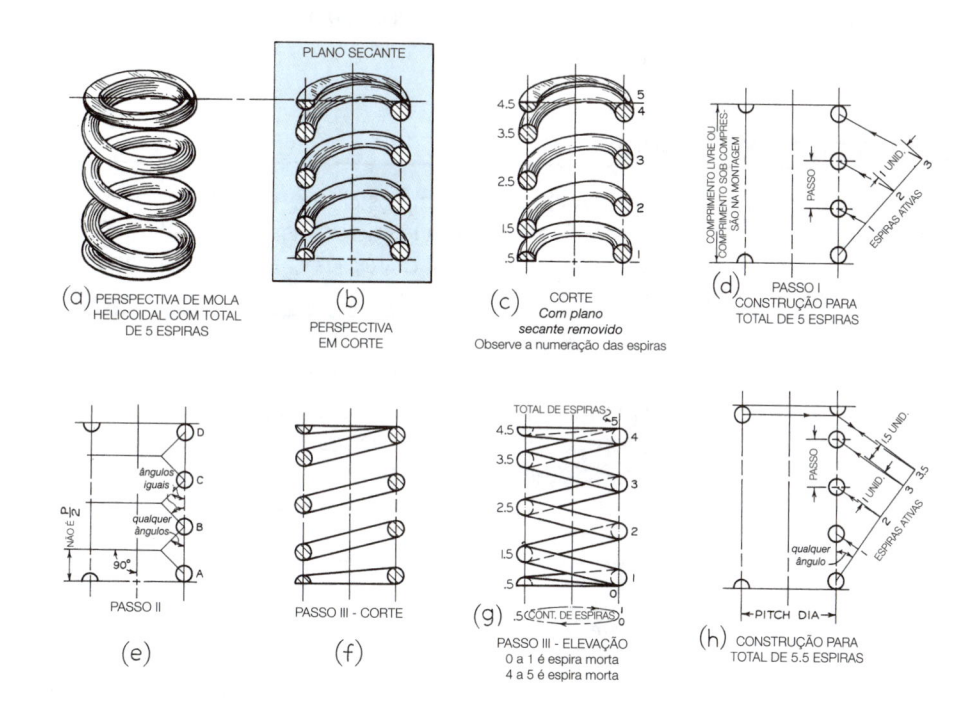

FIGURA 11.46 Etapas para a representação detalhada de molas.

PALAVRAS-CHAVES

broca	parafuso com porca	parafuso de máquinas	rosca direita
chavetas	parafuso com rosca unificada	parafuso-prisioneiro	rosca esquerda
detalhado		passo	rosca múltipla
esquemático	parafuso de cabeça	rasgo de chavetas	rosca simples
mola	parafuso de fixação	rebite	simplificado

RESUMO DO CAPÍTULO

- Existem muitos tipos de roscas; entretanto, as roscas métricas e as unificadas são as mais comuns.
- O método para mostrar roscas em um desenho é chamado de representação de roscas. Os três tipos de representação de roscas são: detalhado, esquemático e simplificado.

- O diâmetro maior, o passo e o perfil são os aspectos mais importantes da especificação de uma rosca.
- As especificações de rosca são feitas usando-se uma nota, e o indicador é normalmente apontado para a vista de perfil, ou a que mostre o furo rosqueado em círculos. A especificação da

rosca chama a atenção dos técnicos de produção para o tipo de rosca que precisa ser produzida.
- A porca e o parafuso ainda são os tipos mais comuns de dispositivos de fixação. Vários tipos novos de dispositivos de fixação estão sendo criados para aperfeiçoar os processos produtivos.
- Chavetas e pinos são dispositivos de fixação especiais que trava uma polia em um eixo.
- A cabeça do parafuso determina qual o tipo de ferramenta necessária para sua instalação.

QUESTÕES DE REVISÃO

1. Desenhe uma rosca de parafuso típica usando a representação detalhada e especifique suas partes.
2. Esboçe uma mola longa e mostre como as linhas-fantasma são usadas para representar a parte intermediária da mola.
3. Desenhe vários tipos de cabeça de parafusos.
4. Liste cinco tipos de parafusos.
5. Por que a representação simplificada de rosca é a mais usual em desenhos?
6. Liste cinco dispositivos de fixação que não possuem roscas.
7. Escreva uma especificação para rosca métrica e uma para rosca unificada e descreva o significado de cada item da especificação.
8. Que tipo de rosca é utilizado em lâmpadas?

PROJETOS DE PARAFUSOS E FIXADORES

Espera-se que os alunos utilizem as informações deste capítulo e as dos catálogos de fabricantes em conjunto com desenhos de execução que estão no final do próximo capítulo, nos quais se requerem vários tipos diferentes de roscas e fixadores. Entretanto, para ajudar, vários projetos são propostos aqui para fixar os tópicos específicos desta área (Figuras 11.47 a 11.50).

PROJETO

Projete um sistema que utiliza roscas para transmitir esforços, a ser usado no auxílio da transferência de um deficiente físico de uma cama para uma cadeira de rodas. Use representações esquemáticas ou detalhadas para mostrar as roscas nos esboços do seu projeto.

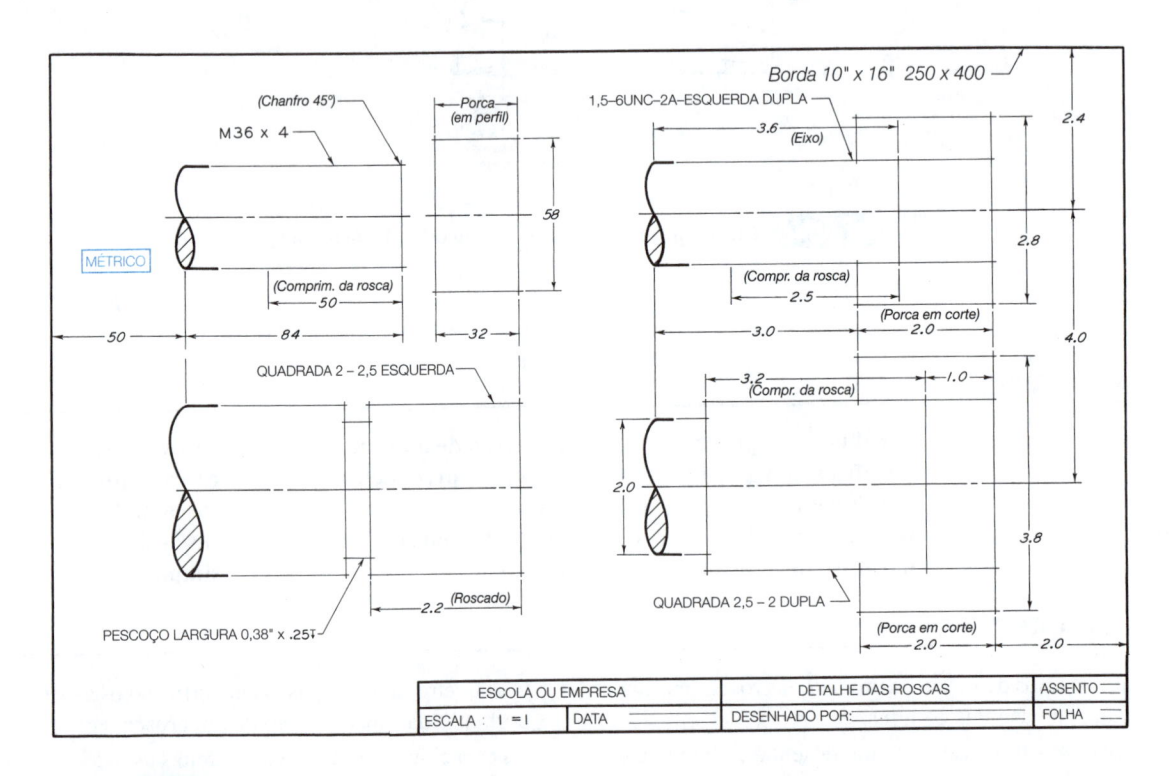

FIGURA 11.47 Desenhe o detalhamento arranjado de roscas como mostrado. Use folha A3. Omita todas as cotas e anotações em letras inclinadas. Coloque somente as notas da rosca e a legenda

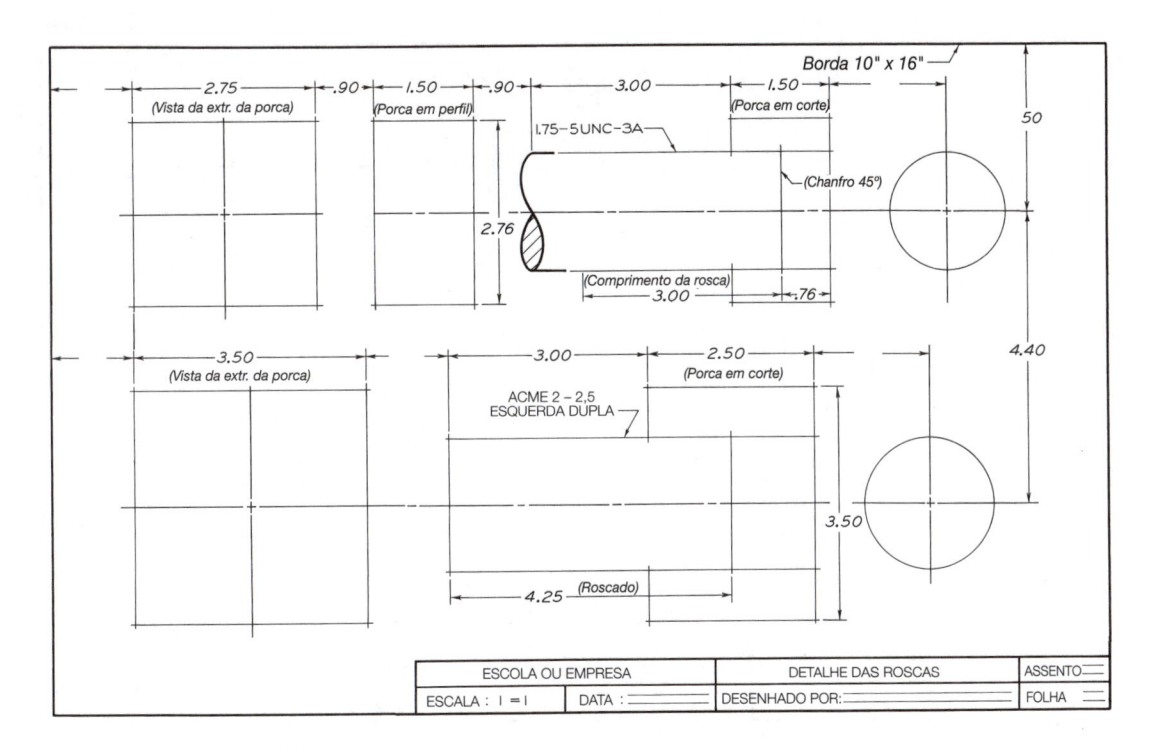

FIGURA 11.48 Desenhe detalhes especificados nas notas indicadas pelas letras inclinadas. Coloque somente as notas das roscas e a legenda.

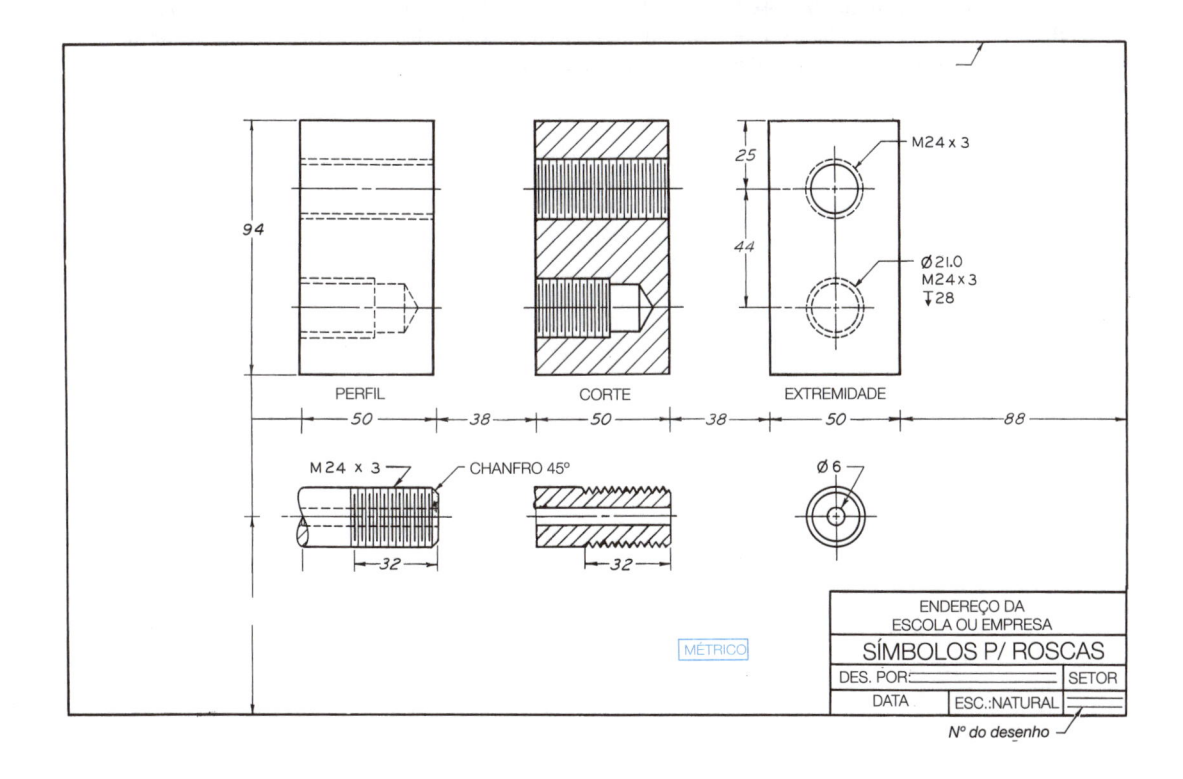

FIGURA 11.49 Desenhe símbolos de roscas especificadas no arranjo mostrado. Desenhe símbolos simplificados ou esquemáticos, conforme indicação do instrutor. Use folha A3. Omita todas as cotas e notas indicadas em letras inclinadas. Coloque somente as notas sobre brocas, roscas, o título das vistas e a legenda.

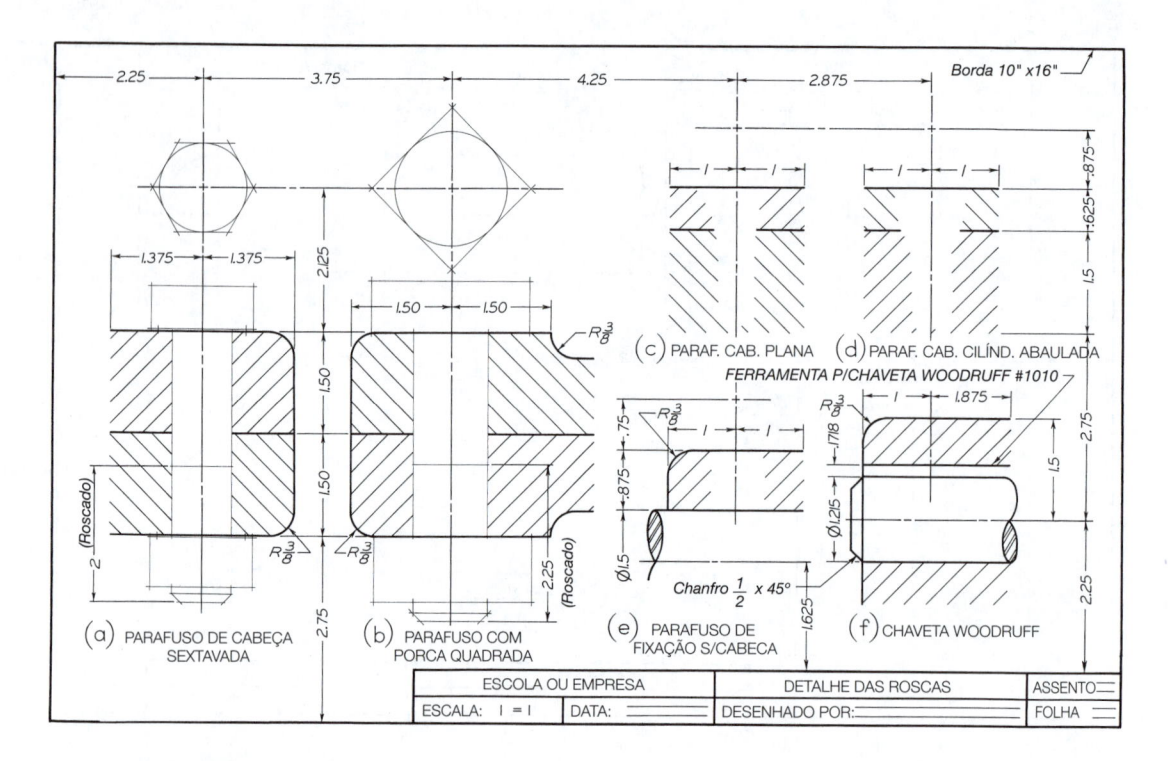

FIGURA 11.50 Desenhe dispositivos de fixação indicados na figura. Em (a), desenhe parafuso de cabeça sextavada 7/8-9 UNC-2A × 4. Em (b), desenhe parafuso com porca de cabeça quadrada 1 1/8-7 UNC-2A × 4 1/4. Em (c), desenhe parafuso de cabeça quadrada 3/8-16 UNC-2A × 1 1/2. Em (d), desenhe parafuso de cilíndrica 7/16-14UNC-2A × 1. Em (e), desenhe parafuso de fixação sem cabeça com fenda 1/2 × 1. Em cabeça (f), desenhe a vista frontal de chaveta Woodruf Nº 1010. Desenhe os símbolos simplificados ou esquemáticos das roscas conforme solicitado.

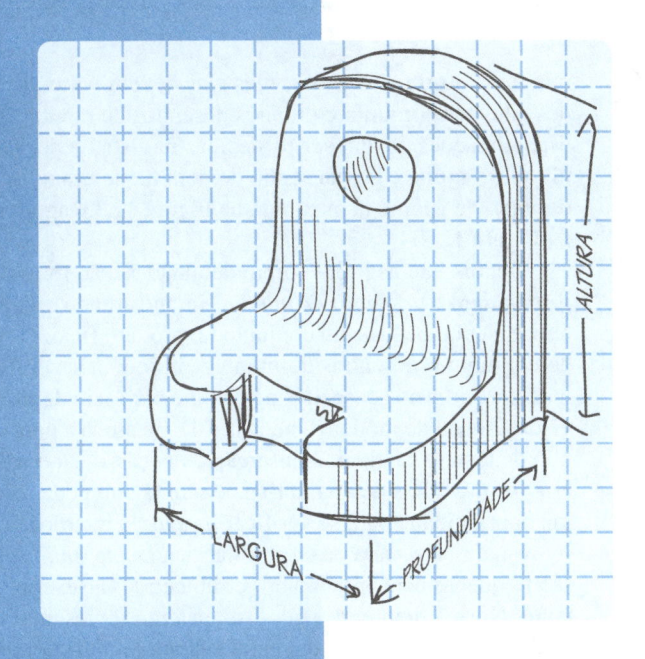

CAPÍTULO 12

DESENHOS DE EXECUÇÃO

OBJETIVOS

Após estudar o conteúdo deste capítulo, você será capaz de:

1. Identificar os elementos de um desenho de detalhe e criar um desenho de detalhe simples.
2. Listar os elementos comumente encontrados nos cabeçalhos e legendas.
3. Criar uma numeração de uma seqüência típica de desenhos.
4. Descrever o processo de revisão de desenhos.
5. Listar as peças de um desenho de conjunto.
6. Descrever os requisitos especiais de um desenho para a obtenção de patentes.

VISÃO GERAL

Os desenhos de execução consistem em desenhos de detalhe, que mostram todas as informações necessárias para manufaturar as peças em desenhos de conjunto e de montagem, que mostram como as peças devem se ajustar. Os desenhos de execução descrevem o trabalho final da criação de peças individuais que devem trabalhar em conjunto. A revisão e aprovação de desenhos são atividades importantes no processo de projeto. Revisões devem ser acompanhadas, identificadas, registradas e armazenadas para referência futura. O armazenamento, eletrônico ou em forma de papel, é uma tarefa importante para a equipe de projeto.

12.1 DESENHOS DE EXECUÇÃO

No projeto de um produto ou sistema, um conjunto de desenhos de execução ou de produção e mais as especificações que fornecem todas as informações necessárias devem ser produzidos, verificados e aprovados. Os desenhos de execução são especificações para a manufatura de um projeto e, portanto, devem ser corretamente feitos e cuidadosamente verificados.

Os leiautes de projetos já aprovados são usados para se desenvolver os desenhos de execução. Um exemplo de desenho de leiaute é mostrado na Figura 12.1. As vistas necessárias para cada peça ser construída são fornecidas juntamente com as cotagens e notas, de modo a fornecer uma descrição completa. Esses desenhos de partes individuais são conhecidos por *desenhos de detalhe*. Não há necessidade de se desenhar peças padronizadas que não sofrem alterações, mas elas devem tanto aparecer nos desenhos de conjunto como nos desenhos de montagem, e suas especificações devem ser fornecidas na lista de peças do desenho de conjunto. Um desenho de detalhe de uma das peças do desenho de leiaute já mostrado na Figura 12.1 é agora mostrado na Figura 12.2.

Depois que as peças forem detalhadas, são feitos *desenhos de conjunto* e *desenhos de montagem*, mostrando como as peças devem ser colocadas em conjunto no produto final. Os desenhos de conjunto e desenhos de montagem podem ser feitos diretamente a partir dos desenhos de detalhe por meio de inserções de vistas 2-D ou de modelos inteiros 3-D, ou ainda a partir do desenho de leiaute original. A inserção de peças 2-D ou 3-D para se criar os desenhos de conjunto e de montagem pode ser uma ótima oportunidade para se verificar os ajustes internos.

Finalmente, para proteger o fabricante, *desenhos de patente* são freqüentemente preparados e submetidos ao escritório de patente. Normalmente, desenhos de patente representam um tipo de desenho de conjunto, em geral em perspectivas sombreadas, e devem seguir as regras do escritório de patentes.

12.2 DESENHOS DE DETALHE

Até aqui você estudou as habilidades necessárias para mostrar corretamente peças individuais para desenhos de detalhe nos projetos. Os desenhos de detalhe devem mostrar todas as informações necessárias para manufaturar a peça. Isso inclui múltiplas vistas que fornecem a descrição da forma, as cotas e as notas, além da especificação de materiais.

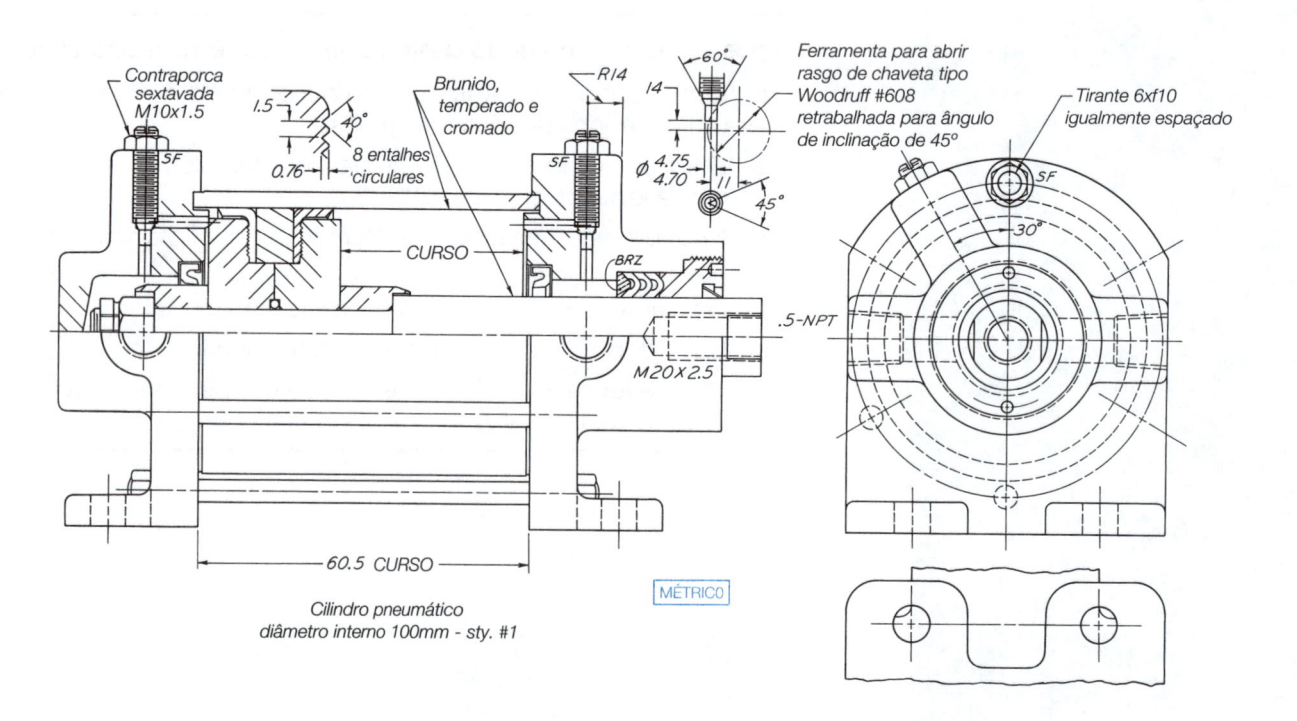

FIGURA 12.1 Leiaute de projeto.

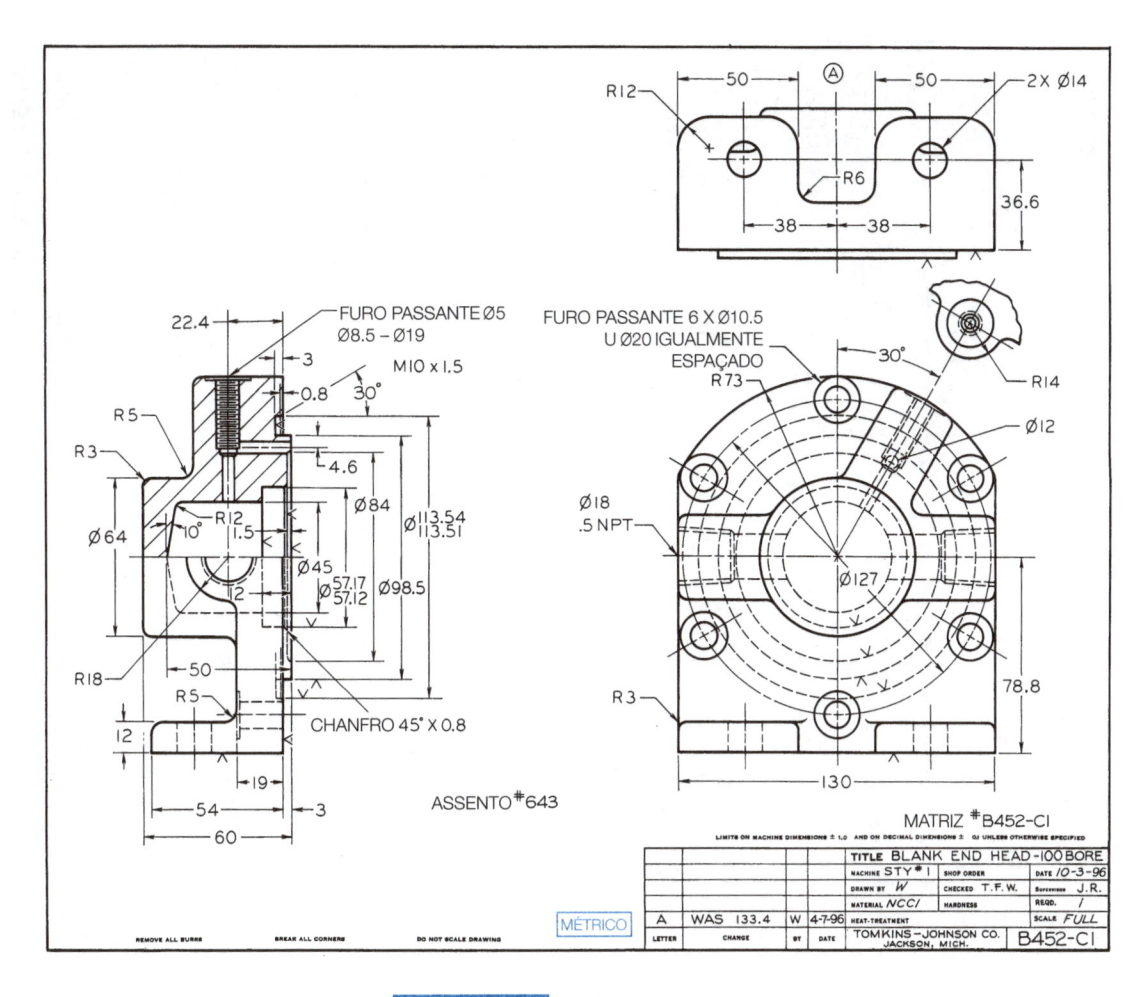

FIGURA 12.2 Desenho de detalhe.

12.3 NÚMERO DE DETALHES POR FOLHA

A maioria das companhias mostram somente um detalhe por folha, não importando quão simples ou pequeno seja. As folhas de tamanho padrão 8-1/2 x 11 polegadas (formato carta) ou 210 mm x 297 mm (formato A4)* são as mais comumente usadas para detalhes, e tamanhos múltiplos desses formatos são usados para detalhes maiores ou para desenhos de conjunto ou desenhos de montagem. Dessa maneira, se a mesma peça for reutilizada em um outro conjunto, não causará confusão. Se a máquina ou estrutura for pequena ou composta de poucas peças, muitas peças por folha ou mesmo todos os detalhes podem ser mostrados em uma única folha.

Quando muitas peças forem desenhadas em uma única folha, você deve planejar cuidadosamente no espaçamento de modo que cada peça seja mostrada claramente. Se possível, a mesma escala deve ser usada para todos os detalhes de uma única folha. Quando isso não for possível, a escala deve ser claramente escrita embaixo de cada detalhe.

12.4 DESENHOS DE CONJUNTO

Um desenho de conjunto mostra a máquina ou a estrutura montada, com todas as peças individuais em suas posições funcionais. Os desenhos de conjunto podem ser de diferentes tipos: (1) de conjunto de projeto ou de leiaute, (2) de conjunto geral, (3) de conjunto para execução, (4) de instalação ou de montagem e (5) de verificação de montagem.

12.5 DESENHO DE CONJUNTO GERAL

Um conjunto de desenhos para a produção inclui os desenhos de detalhe das peças individuais e o desenho de conjunto da unidade final completa. Os desenhos de detalhe de uma biela de automóvel são mostrados nas Figuras 12.3 e 12.4, e o desenho de conjunto correspondente está na Figura 12.5. Tal desenho de conjunto, mostrando somente uma parte de uma grande máquina, é comumente conhecido como desenho de *subconjunto*.

---

* N. de T. A ISO e a ABNT estabeleceram três séries de formatos de papel que seguem as mesmas regras de proporção e subdivisão: a série "A" (A0: 841 x 1.189 mm), "B" (B0: 1.000 x 1.414 mm) e a série "C" (C0: 917 x 1.297 mm). Os Estados Unidos não seguem as normas da ISO quanto aos formatos de papel, definindo seus próprios tamanhos em polegadas.

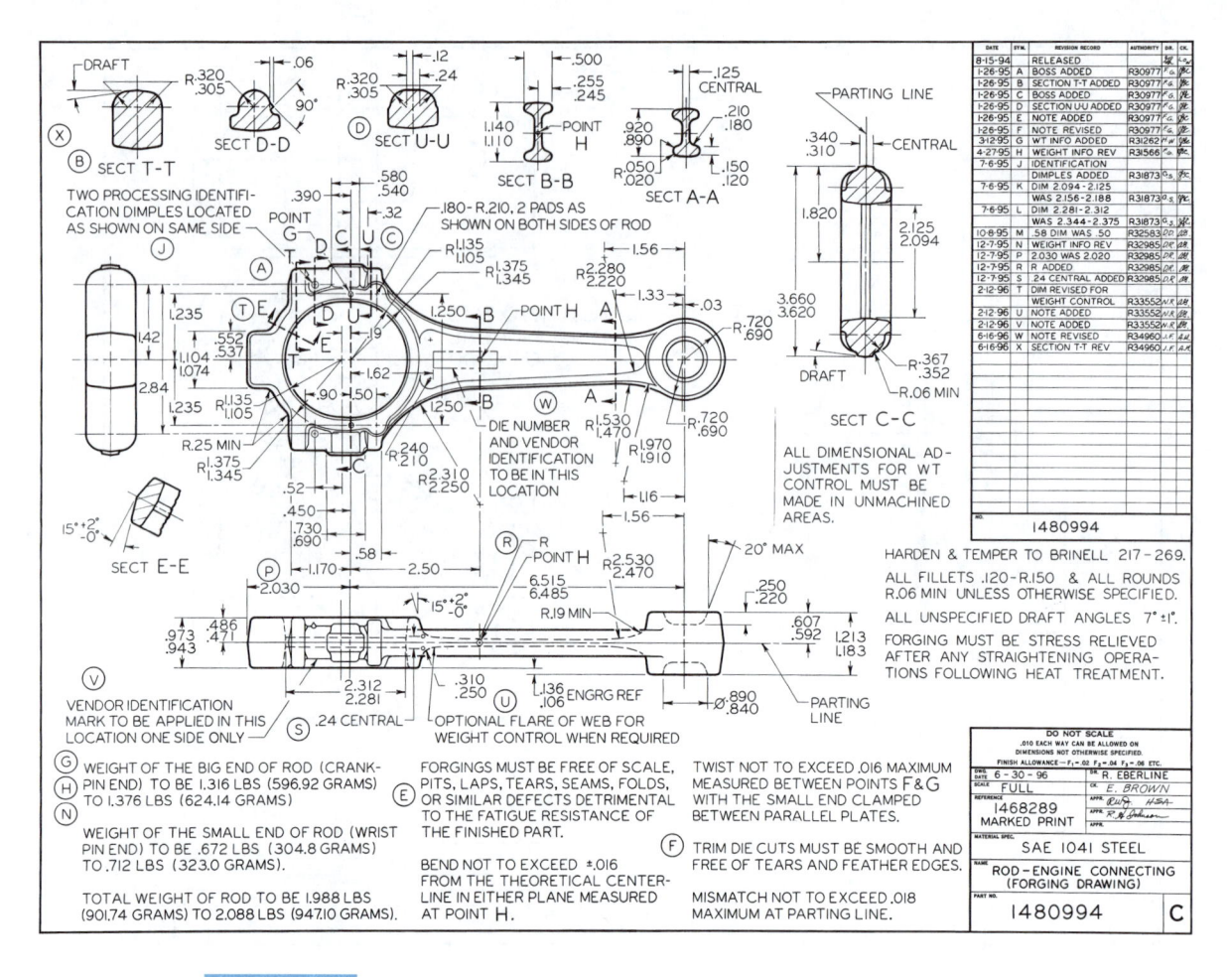

FIGURA 12.3 Desenho de forjaria de uma biela. *(Cortesia da Cadillac Motor Car Division.)*

Um exemplo de um desenho de conjunto completo aparece na Figura 12.6, que mostra a montagem de um esmeril manual. Um exemplo de um subconjunto é mostrado na Figura 12.7.

VISTAS No momento de se selecionar vistas para um desenho de conjunto, tenha em mente que o objetivo do desenho é mostrar como as peças se encaixam e mostrar a função de todo o produto. Os desenhos de conjunto não precisam mostrar detalhes de cada peça individual. O operário de montagem recebe as peças prontas para a montagem. Se alguma informação necessária não estiver disponível diretamente da própria peça, então deve-se verificar nos desenhos de detalhe. Os desenhos de conjunto têm o objetivo de mostrar as *relações* entre as peças e *não suas formas*. A quantidade de vistas deve ser mantida ao mínimo necessário para mostrar como as peças se encaixam. Na Figura 12.5, somente uma vista basta, enquanto que, na Figura 12.6, são necessárias duas vistas.

CORTES Vistas em corte são freqüentemente usadas porque mostram claramente detalhes internos. Qualquer tipo de seção pode ser usado se necessário. Um corte parcial é mostrado na Figura 12.6, e um meio corte, na Figura 12.7.

LINHAS INVISÍVEIS Linhas invisíveis são raramente utilizadas nos desenhos de conjunto porque as peças instaladas internamente ou sobrepostas precisam ser claramente mostradas. Entretanto, as linhas invisíveis devem ser utilizadas quando forem necessárias para melhorar a clareza.

COTAS Em geral, as cotas não são fornecidas nos desenhos de conjunto, pois são mostradas nos desenhos de detalhe. As cotas devem ser dadas quando forem necessárias para mostrar alguma função do objeto como um todo, tais como a máxima altura de um macaco, ou a máxima abertura entre as mordentes de uma morsa paralela, ou alguma distância que deve ser mantida durante a montagem. Quando a usinagem for necessária na operação de montagem, as cotas e as notas necessárias podem ser dadas no desenho de conjunto.

IDENTIFICAÇÃO Peças em um desenho de conjunto são identificadas por círculos contendo os números das peças, que são colocados ao lado das peças e possuem linhas indicadoras com setas apontando para elas, como mostrado na Figura 12.6. Coloque esses rótulos circulares de identificação o mais alinhadamente possível, tanto na horizontal como na vertical, e não de

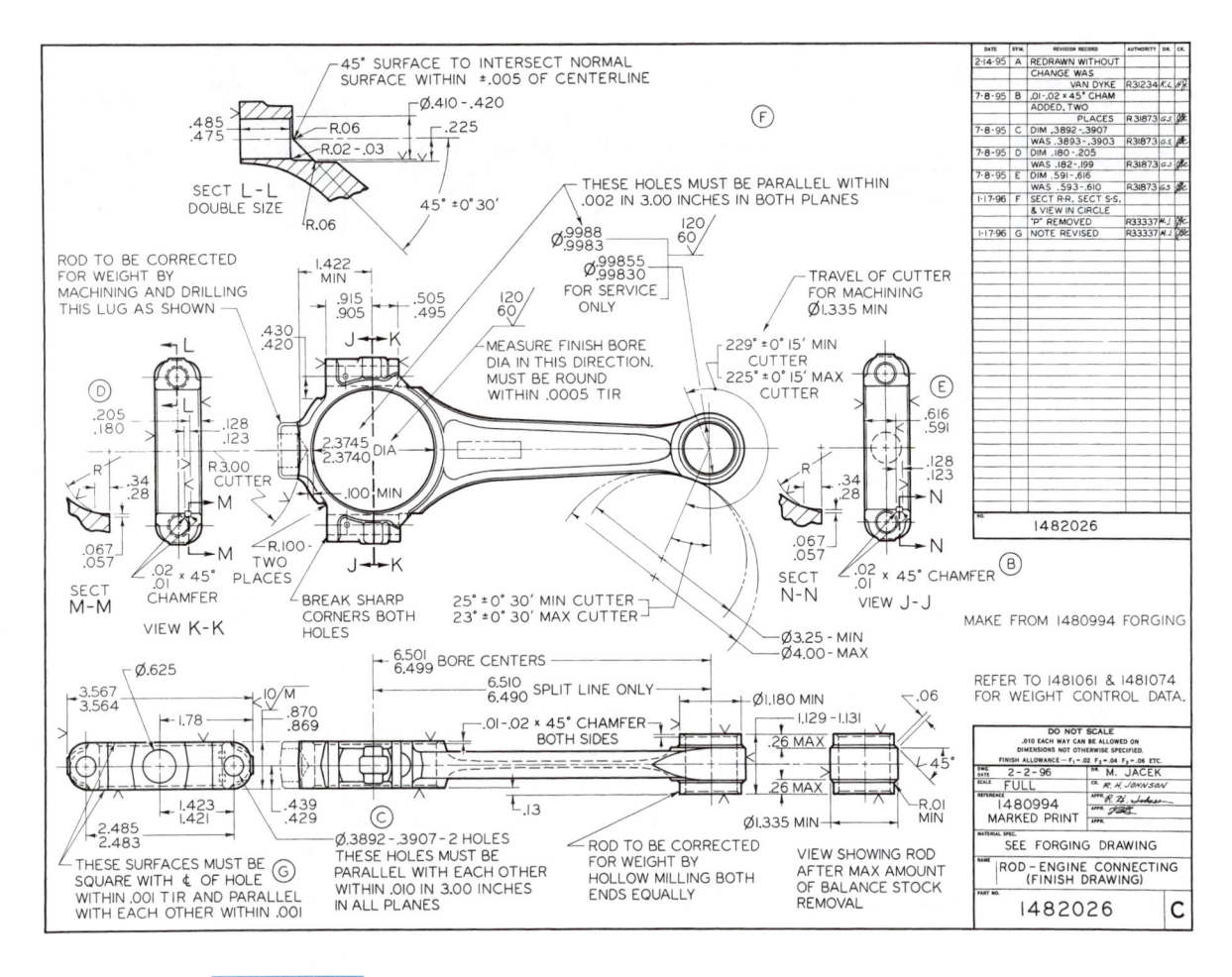

FIGURA 12.4 Desenho de detalhe de uma biela. *(Cortesia de Cadillac Motor Car Division)*

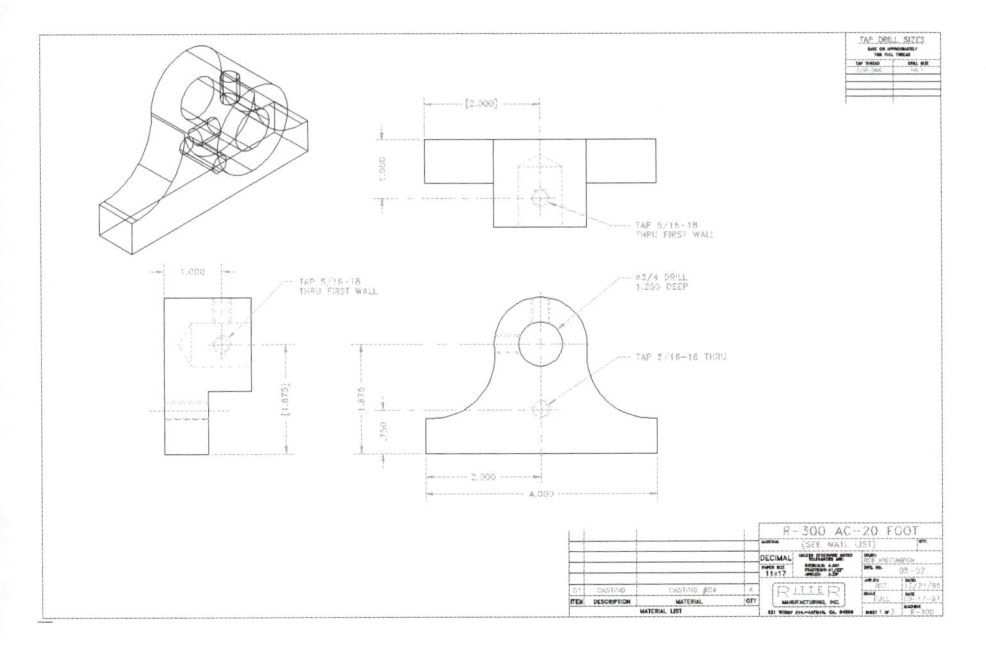

Um detalhe gerado por sistema CAD.
(Cortesia de Ritter Manufacturing)

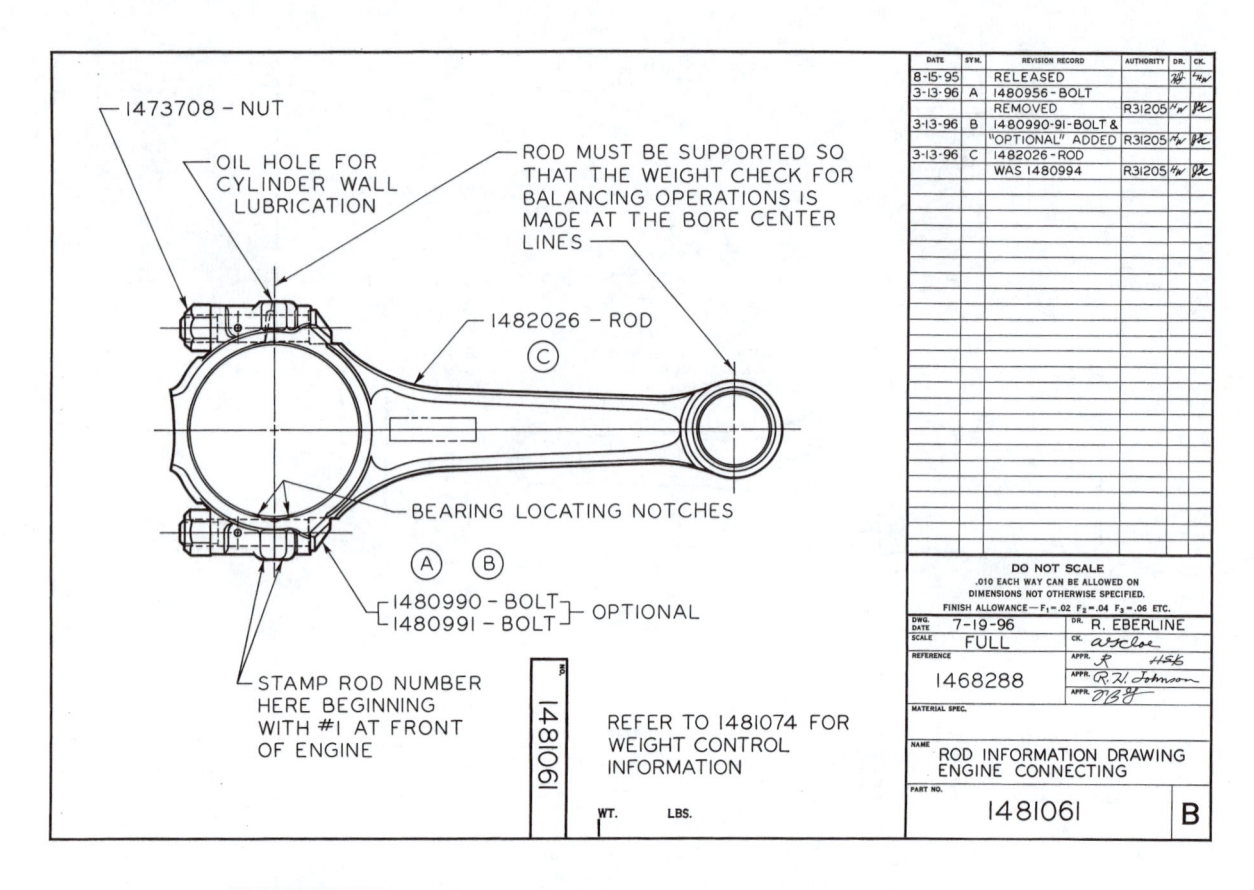

FIGURA 12.5 Desenho de conjunto de uma biela. *(Cortesia de Cadillac Motor Division)*

modo espalhado pela folha de papel. As linhas dos indicadores não podem se cruzar, e as linhas adjacentes devem ser paralelas ou mais ou menos paralelas.

A lista de peças inclui os números das peças ou símbolos, um título descritivo de cada peça, a quantidade de peças por máquina ou unidade completa, o material especificado e, freqüentemente, outras informações adicionais, como números das matrizes, as medidas pré-fabricadas e os pesos.

Outro método de identificação é descrever os nomes das peças, a quantidade delas no conjunto e o número de identificação em uma nota ao fim dos indicadores, como mostrado na Figura 12.7. Entretanto, é mais comum dar somente os números de identificação das peças, juntamente com os indicadores no formato aprovado pela ANSI.

12.6 LISTA DE PEÇAS

Uma lista de materiais, ou *lista de peças*, é uma lista itemizada das várias peças de uma estrutura feitas em um desenho de detalhe ou de conjunto (ANSI Y14.34M-1982(R1988)). Ela pode vir em uma folha separada, mas o caso mais usual é colocá-la na própria folha do desenho de modo a se evitar sua perda. É geralmente colocada no canto direito superior ou inferior do desenho. Um exemplo está na Figura 12.9.

As listas de peças em desenhos de máquinas contêm os números ou símbolos de identificação, o título descritivo de cada peça, a quantidade requerida de cada uma delas, o material especificado e freqüentemente outras informações tais como os números das matrizes, as medidas pré-fabricadas e os pesos.

Em geral, as peças são listadas em ordem de importância. As peças principais de fundição ou de forjaria são listadas primeiro, as peças cortadas a partir de tarugos laminados a frio em segundo lugar e as peças padronizadas como elementos de fixação, buchas e rolamentos, em terceiro. Se a lista de peças estiver imediatamente sobre o quadro de identificação do desenho ou da margem, a ordem dos itens listados deve ser de baixo para cima, como mostrado da Figura 12.9, de modo que novos itens possam ser acrescentados mais tarde, se necessário. Se a lista for colocada no canto superior direito, os itens devem ser postos de cima para baixo.

Cada detalhe no desenho pode ser identificado com a lista de peças pelo emprego de um pequeno círculo, ou rótulo de identificação circular contendo seu número, colocado ao lado do detalhe, como mostrado na Figura 12.9. A Figura 12.8 apresenta dois tamanhos diferentes para as etiquetas de identificação comumente usadas, dependendo do tamanho do desenho.

CAPÍTULO 12 • DESENHOS DE EXECUÇÃO 393

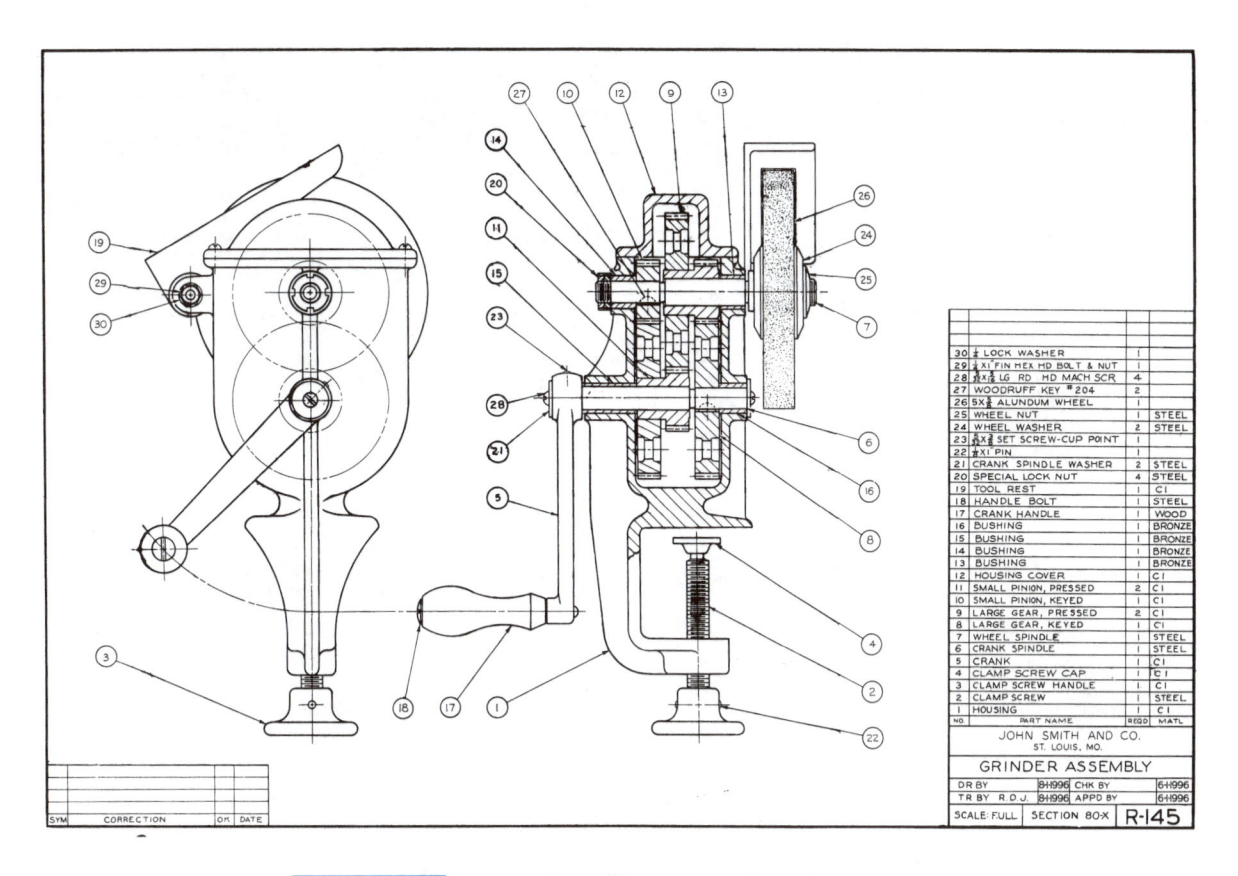

FIGURA 12.6 Desenho de conjunto de um esmeril.

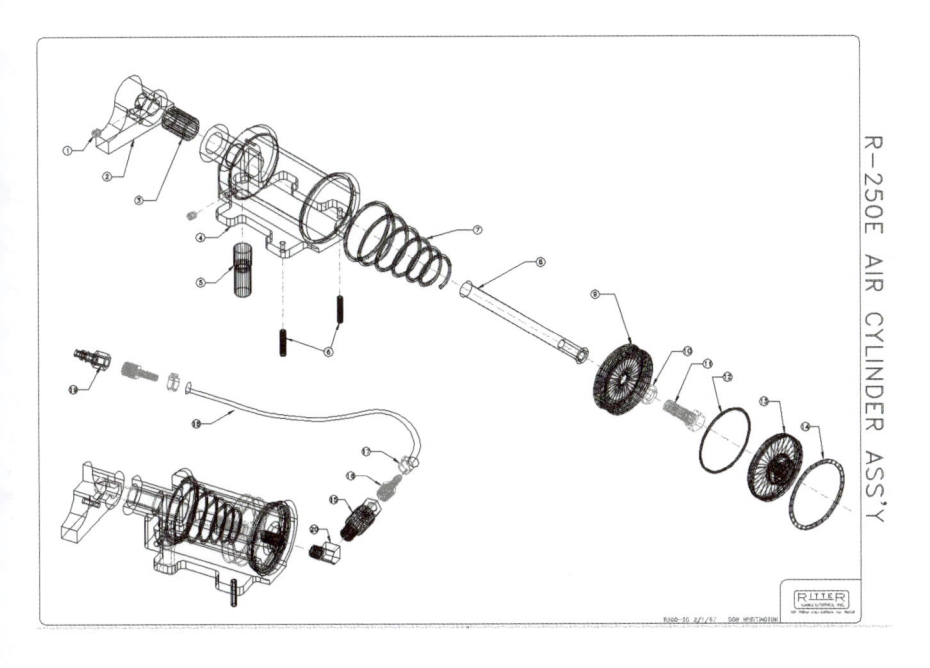

Desenho de montagem gerado por sistemas CAD. *(Cortesia de Ritter Manufacturing e Autodesk)*

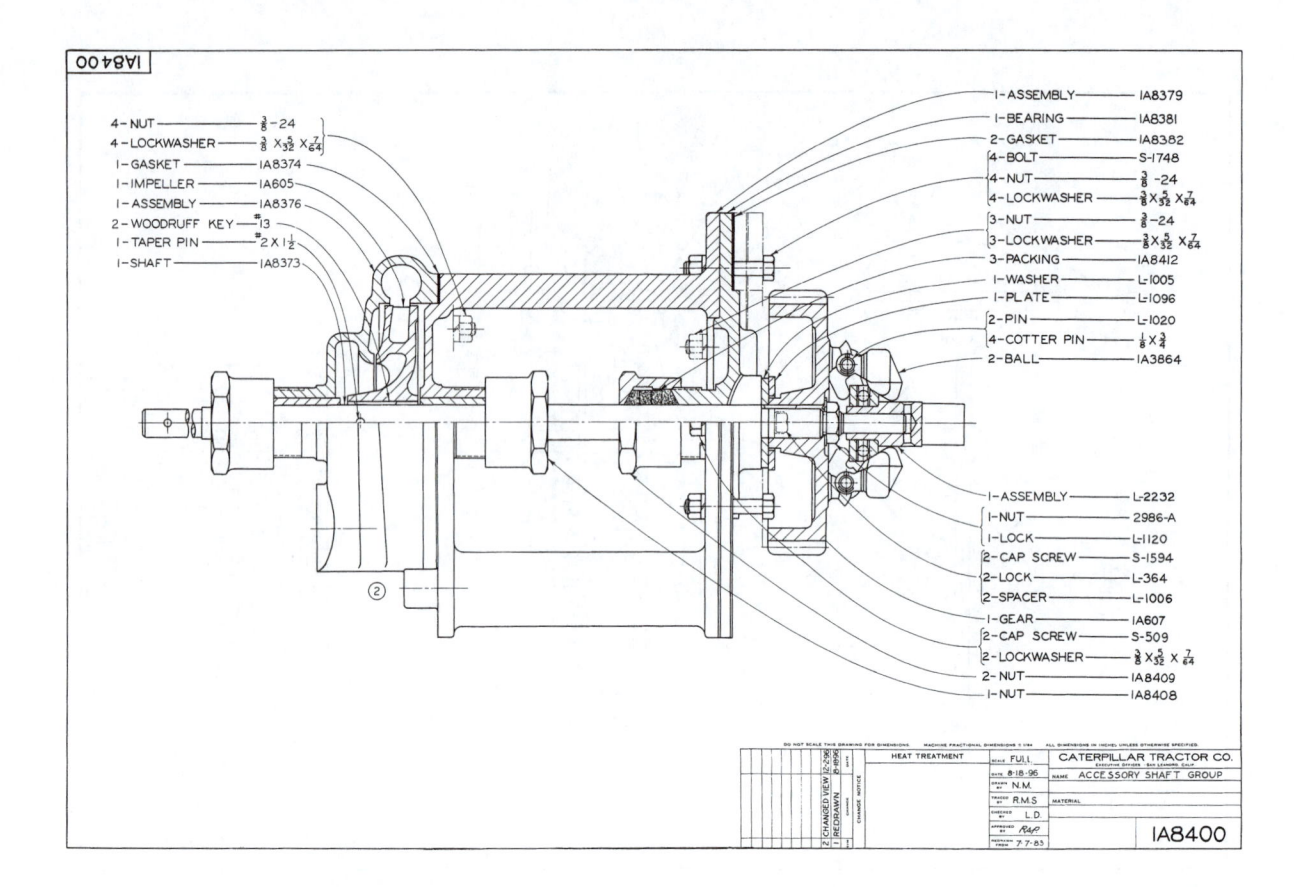

FIGURA 12.7 Subconjunto de grupo de eixo acessório.

Peças padronizadas, compradas ou manufaturadas pela companhia não requerem desenhos de detalhe, mas podem ser mostradas no desenho de conjunto e são incluídas na lista de peças. Peças como porcas, parafusos, rolamentos, pinos e chavetas são identificadas pelo número da peça do desenho de conjunto e especificadas pelo nome, tamanho ou código.

12.7 VISTAS SECCIONAIS NO DESENHO DE CONJUNTO

Nas vistas seccionais, é necessário fazer-se a distinção entre peças adjacentes. Isso é feito desenhando-se as hachuras em direções diferentes em peças diferentes, como mostrado na Figura

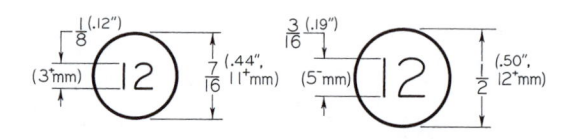

FIGURA 12.8 Números de identificação.

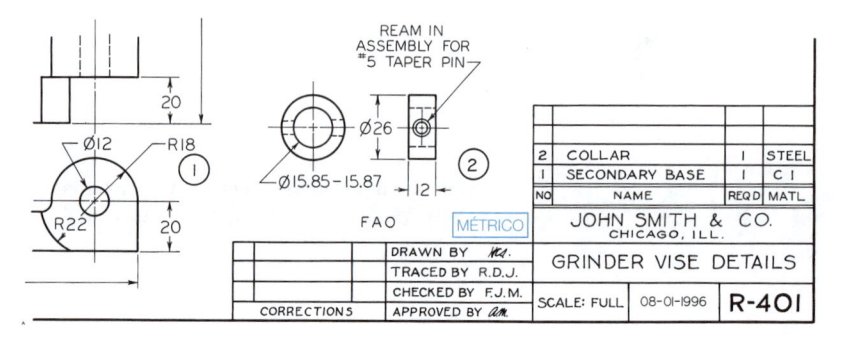

FIGURA 12.9 Identificação de detalhes com a lista de peças.

Mãos à obra 12.1
Hachurando o desenho do conjunto

Um corte pleno é mostrado sem hachuras para ajudar a identificar as diferentes peças do conjunto. Rótulos circulares identificam cada peça. Use a lista de peças e verifique o material de cada peça (retorne ao Capítulo 7 para ver os padrões de hachura). Hachure cada peça usando os padrões corretos para cada material, usando direções diferentes para cada peça diferente. Lembre-se de que as linhas do hachuramento são finas comparadas com as linhas do próprio objeto. Use hachuramento somente nas bordas se a peça for muito grande. Preencha peças pequenas com preto sólido quando a área for muito pequena para se hachurar de forma eficaz. Não hachure porcas e outras peças sólidas.

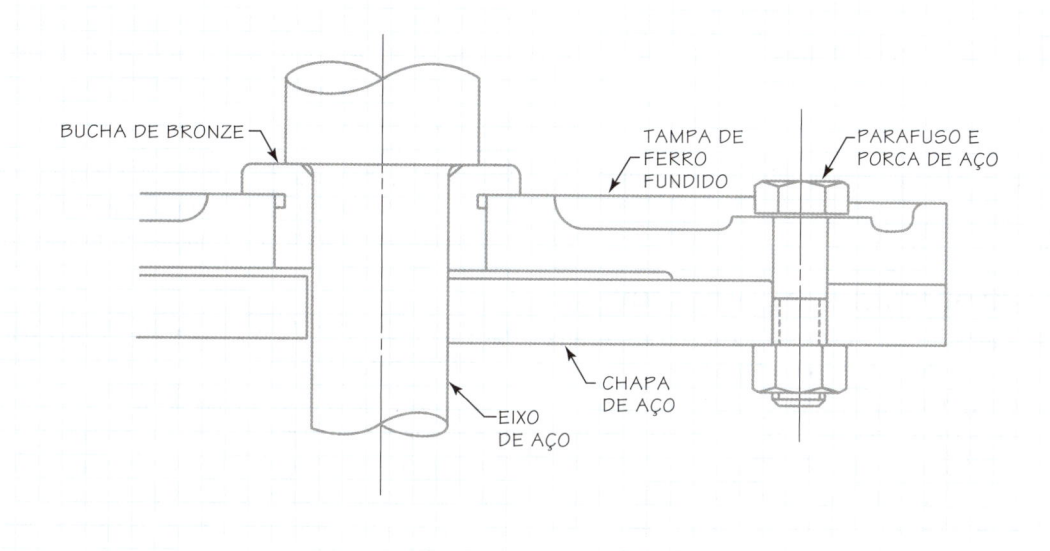

12.10. Em áreas pequenas, é necessário desenhar-se as linhas das hachuras mais densamente. As linhas das hachuras de peças vizinhas não devem coincidir sobre a linha que divide as peças.

Para uso geral, recomenda-se a hachura-padrão para o ferro fundido nos desenhos de conjunto. Quando você quiser dar uma indicação geral sobre o material que está sendo usado, use hachuras simbólicas, como mostrado na Figura 12.11.

Ao hachurar peças relativamente finas, como vedações e peças de folhas de metal, as hachuras não são eficazes e devem ser substituídas pelo escurecimento total da área, como mostrado na Figura 12.12.

Os objetos sólidos, que não possuem detalhes interiores, e portanto não necessitam de vistas seccionais, devem ser mostrados sem cortes. Como exemplo, pode-se mencionar porcas, para-

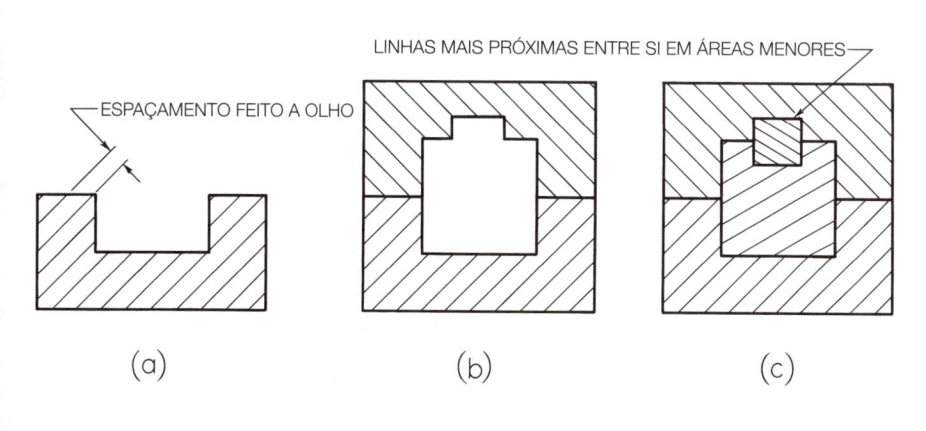

FIGURA 12.10 Hachuras (escala natural).

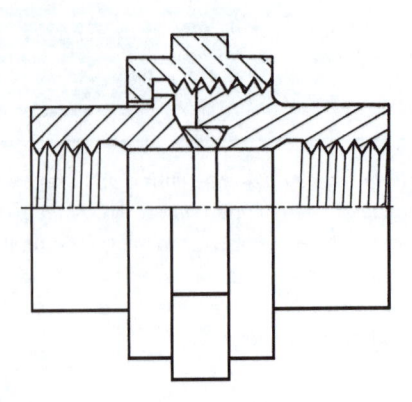

FIGURA 12.11 Hachuramento simbólico.

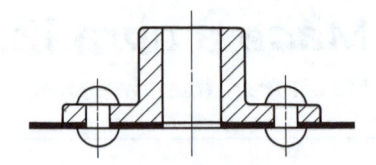

FIGURA 12.12 Hachuramento de peças finas.

fusos, eixos, chavetas, pinos, esferas ou cilindros de rolamentos, dentes de engrenagem, raios e flanges. Vários exemplos são mostrados na Figura 12.13.

12.8 DESENHO DE CONJUNTO PARA EXECUÇÃO

Um desenho de conjunto para execução, mostrado na Figura 12.14, representa uma combinação de desenho de conjunto com o de detalhe. Quando um conjunto é simples o suficiente para que todas as peças sejam mostradas claramente em um único desenho, pode-se usar um desenho combinado. Em alguns casos, todas as peças, com exceção de uma ou duas, podem ser desenhadas e cotadas no próprio desenho de conjunto. Aquelas peças que ficaram de fora são cotadas separadamente na mesma folha de papel. Esse tipo de situação é comum em desenhos de válvulas, subconjuntos de locomotivas, de aeronaves e desenhos de gabaritos.

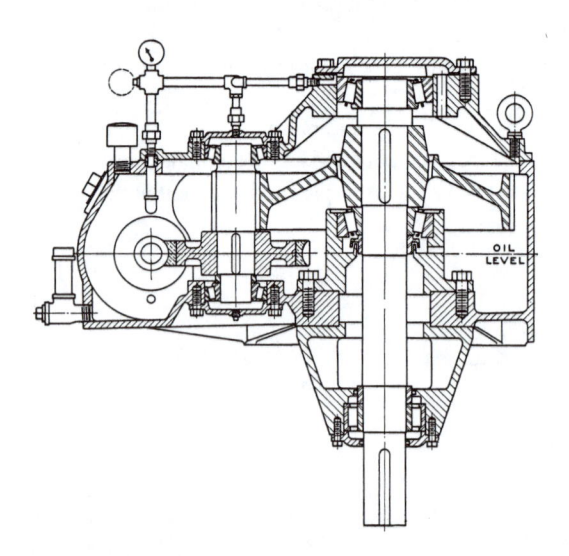

12.9 DESENHOS DE INSTALAÇÃO OU DE MONTAGEM

Um desenho usado para mostrar como instalar ou construir uma máquina ou estrutura é um *desenho de instalação*. Esse tipo de desenho é também freqüentemente conhecido como *desenho de montagem*, porque mostra somente os contornos e as relações entre as superfícies exteriores das peças. Um desenho de instalação típico é mostrado na Figura 12.15. No projeto de uma aeronave, um desenho de instalação dá a informação completa para se posicionar detalhes ou subunidades em suas posições finais no avião.

12.10 DESENHOS PARA VERIFICAÇÃO DE MONTAGEM

Depois que todos os desenhos de detalhe foram feitos, pode ser necessária a confecção do desenho para *verificação de montagem*, especialmente se houve alterações nos detalhes. Desenhos para verificação de montagem devem ser criados da maneira mais precisa possível, usando sistema CAD para se fazer a verificação gráfica dos detalhes e suas relações no todo. Depois que o desenho para a verificação de montagem foi usado para essa finalidade, ele pode ser convertido em um desenho de conjunto geral.

FIGURA 12.13 Vista seccional de conjunto. *(Cortesia de Hewitt-Robins, Inc.)*

Dicas práticas
Desenho de conjunto para execução

Os desenhos de conjunto para execução são um excelente meio de se fornecer informação para o setor da produção quando as peças devem ser fabricadas rapidamente para se atender a uma data-limite, ou quando um projeto precisa ser retrabalhado. Como tais desenhos incluem os desenhos de detalhe e de conjunto, o técnico pode compreender o porquê das tolerâncias escolhidas e como as peças devem trabalhar em conjunto. Esse entendimento do projeto ajuda o técnico a ter certeza de que as peças fabricadas por ele se ajustarão bem no conjunto final.

Os desenhos de detalhe de cada peça podem ser incluídos na mesma folha que o desenho de conjunto para o caso de conjuntos simples ou subconjuntos. Se você fizer isso, certifique-se de que esteja colocando rótulos de identificação corretamente.

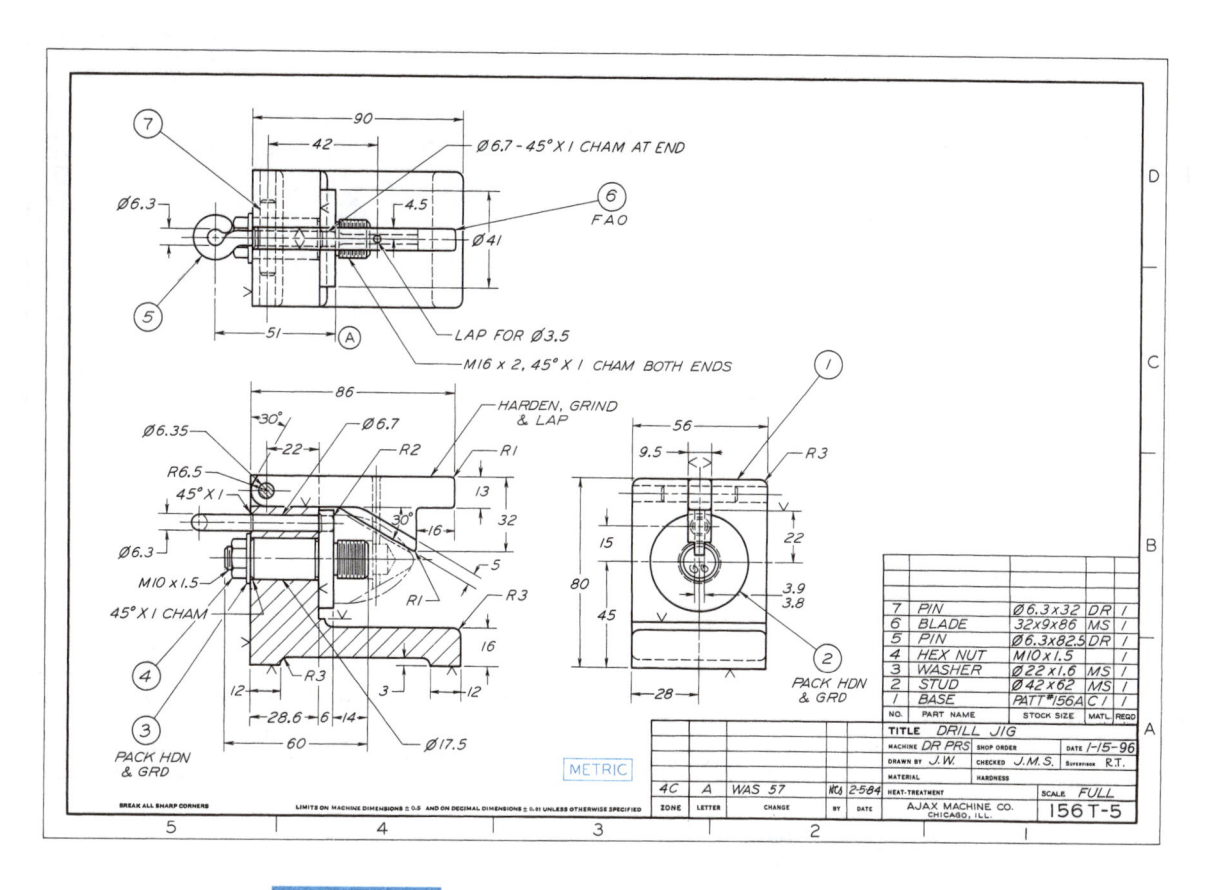

FIGURA 12.14 Desenho de conjunto para execução.

12.11 LEGENDA

A função da legenda é mostrar todas as informações necessárias que não são dadas diretamente no desenho com as cotas e notas. O tipo de título a ser empregado depende do sistema de arquivamento, do processo de fabricação e dos requisitos do produto final. As seguintes informações devem ser geralmente dadas na legenda:

1. Nome descritivo do objeto representado;
2. Nome e endereço do fabricante;
3. Nome e endereço do cliente, se houver;
4. Assinatura do projetista que fez o desenho e a data de término do desenho;
5. Assinatura do revisor do desenho e a data de término da verificação;
6. Assinatura do desenhista-chefe, engenheiro-chefe, ou outro responsável, e a data de aprovação;
7. Escala do desenho;
8. Número do desenho.

Outras informações podem ser dadas, como material, quantidade, tratamento térmico, acabamento, dureza, número da matriz, estimativa de peso, número do desenho que está substituindo ou sendo substituído, símbolo da máquina e muitos outros itens, dependendo da organização da fábrica e das particularidades do produto. Algumas legendas comerciais típicas são mostrado nas Figuras 12.16, 12.17 e 12.18. Veja na parte interna da capa as legendas tradicionais e os papéis aprovados pela ANSI.

A legenda é usualmente colocada ao longo da margem inferior da folha, como mostrado na Figura 12.16, ou no canto inferior direito da folha, como mostrado na Figura 12.18, de modo que o título possa ser facilmente localizado. Algumas vezes, os desenhos são arquivados em gavetas horizontais, e o canto inferior direito da folha é um local que pode ser facilmente encontrado. Mas existem diversos sistemas de arquivamento, e o local da legenda não é sempre padronizado.

As letras técnicas devem ser colocadas em caixa alta, podendo ser escritas à mão em itálico ou por sistemas CAD. O número do desenho deve ser o mais visível possível, sendo seguido do nome do objeto e do nome da companhia. A data, a escala, os nomes do desenhista e do verificador são importantes e, por isso, devem ser escritos de forma clara, mas não devem se sobressair com relação ao número da peça, ao título ou ao nome da companhia. Itens importantes são destacados por letras em negrito, letras maiores, espaçamentos maiores, ou por uma com-

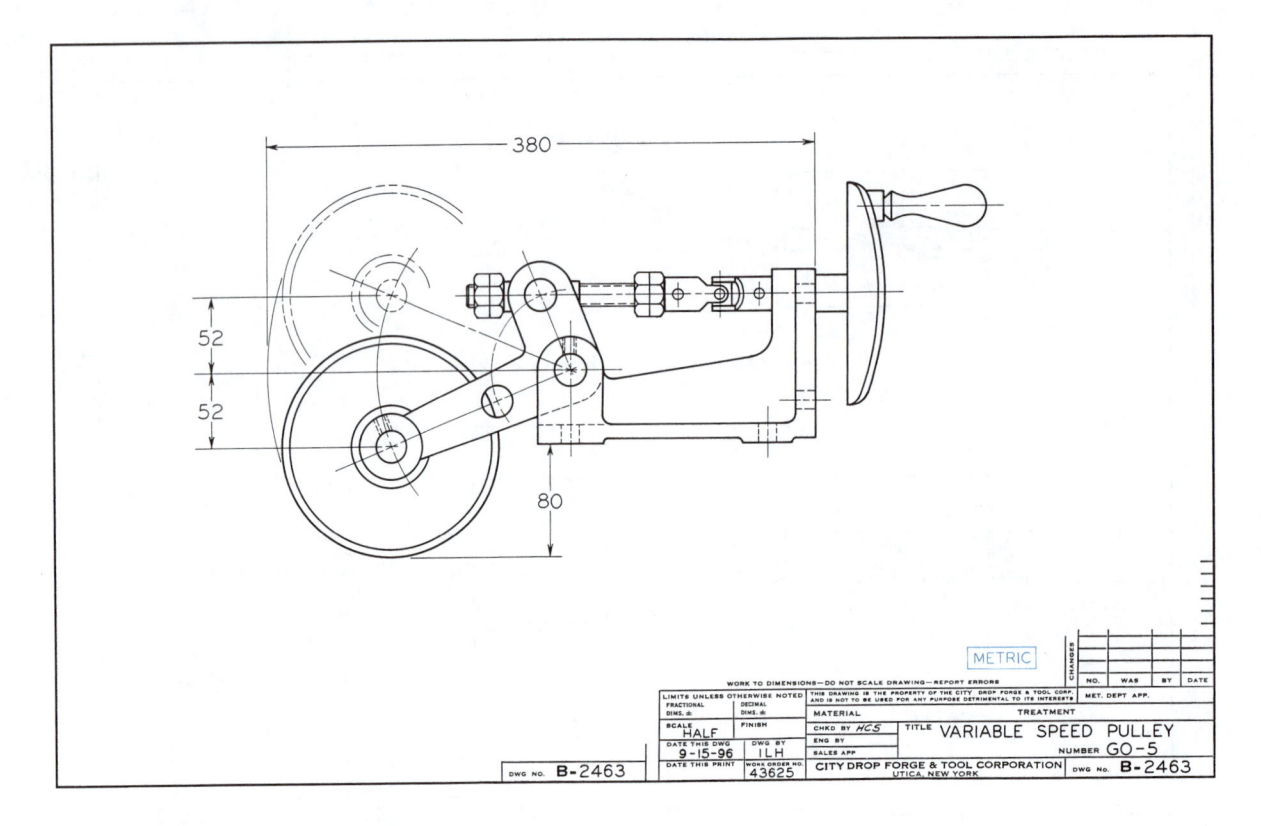

FIGURA 12.15 Desenho de instalação.

FIGURA 12.16 Legenda de cabeçalho.

FIGURA 12.17 Legenda de cabeçalho.

binação desses métodos. Veja o Apêndice 17 para obter medidas de letras.

Muitas companhias têm adotado formatos próprios de legendas ou recomendados pela ANSI e, por isso, possuem-nos em forma pré-impressa, em folhas de tamanho-padrão ou em símbolos em sistemas CAD prontos para serem inseridos.

Desenhos representam fontes importantes de informação com respeito aos produtos de um fabricante e, assim, arquivos

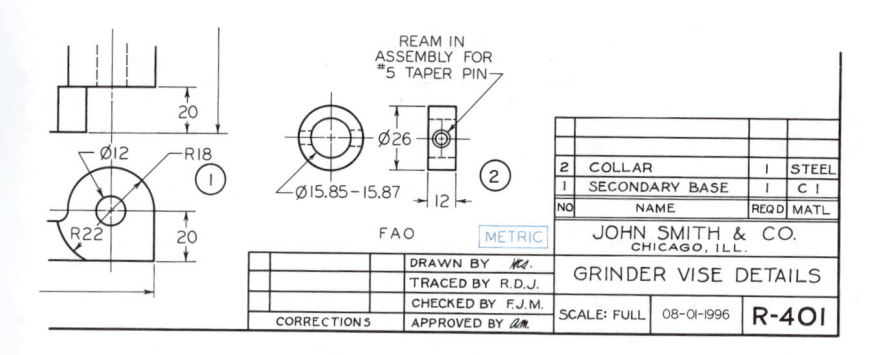

FIGURA 12.18 Identificação de detalhes com lista de peças.

sistemáticos bem-projetados e bem-guardados são mantidos para o arquivamento dos desenhos. Muitas grandes companhias estão usando arquivamento de dados eletrônico para manter seus desenhos e, dessa maneira, não manter cópias em papel. Mas os desenhos eletrônicos devem ser ainda sistematicamente armazenados com cópias de segurança, e a história das revisões deve ser cronologicamente armazenada.

12.12 NÚMEROS DOS DESENHOS

Todo desenho deve ser numerado. Algumas companhias usam sistema serial como 60412, ou um número com prefixo e sufixo para indicar o tamanho do papel, como A60412 ou 60412-A. O tamanho A poderia ser o tamanho padronizado 8-1/2 x 11 polegadas ou 9 x 12 polegadas, e o tamanho B é uma variante do tamanho A. Muitos tipos diferentes de numeração estão em uso, e neles cada parte significa algo diferente, tal como o número do modelo da máquina e a natureza geral ou uso da peça. Em geral, é melhor usar um sistema simples de numeração e não sobrecarregar os números com tantas indicações.

Os números do desenho devem ter 7 mm (0,250 polegada) de altura e ser colocados no canto inferior direito e superior esquerdo da folha.

12.13 ZONEAMENTO

Para facilitar a localização de um item em um desenho grande ou complexo, marcas colocadas a intervalos regularmente espaçados são colocadas ao longo das margens, em geral somente na margem inferior direita. Os intervalos na margem horizontal são marcados da direita para a esquerda com numerais, e os intervalos na vertical são marcados de baixo para cima com letras. O zoneamento em desenhos de engenharia é similar ao zoneamento de mapas que nos ajudam a localizar uma cidade ou uma rua.

12.14 VERIFICAÇÃO

A importância da precisão de um desenho técnico nunca será superestimada. Em escritórios comerciais, às vezes erros causam enormes gastos desnecessários. A assinatura em um desenho identifica quem é o responsável pela precisão de um trabalho.

Em escritórios pequenos, a verificação é usualmente feita pelo projetista. Em escritórios grandes, engenheiros experientes ou técnicos de produção, denominados verificadores, dedicam a maior parte do tempo verificando desenhos para liberação para a manufatura.

O desenho acabado é verificado cuidadosamente pelo desenhista nos itens função, economia e viabiliadade. O verificador final deve ser capaz de descobrir todos os erros remanescentes. Para ser efetiva, a verificação deve ser feita de maneira sistemática. O verificador deve estudar o desenho com atenção particular nos seguintes pontos:

1. Correção do projeto, com relação à função, resistência, uso de materiais, economia, fabricabilidade, capacidade de prestação de serviços, facilidade de montagem, reparo e lubrificação.
2. Escolha das vistas principais, vistas parciais, vistas auxiliares, vistas seccionais e colocação de legendas.
3. Cotagem, especialmente com relação à repetição, ambigüidade, legibilidade, omissões, erros e marcas de acabamento. Deve-se dar atenção especial às tolerâncias.
4. Peças padronizadas. Para economia, deve ser padronizada a maior quantidade de peças possível.
5. Notas, especialmente no que se refere à ortografia, à seleção de palavras e à colocação de legendas.
6. Interferências. Peças móveis deve ser verificadas em toda as posições possíveis para assegurar liberdade de movimento.
7. Informações na legenda.

12.15 REVISÕES

Mudanças nos desenhos são necessárias após mudanças no projeto, mudanças nas ferramentas de fabricação, nos desejos dos clientes, erros no projeto ou na produção. Para que as fontes de todas as mudanças nos desenhos já produzidos possam ser entendidas, verificadas e notadas, deve-se fazer um registro preciso de todas as mudanças em todos os desenhos. O registro deve mostrar a natureza da mudança, por quem foi feita, quando e por quê.

As mudanças são feitas diretamente alterando-se o desenho original, em CAD ou feito à mão, ou alterando-se uma cópia do original. São postas adições no desenho original ou no arquivo CAD. Não se recomenda remover informação riscando o desenho. Se uma cota for mudada e o desenho não for refeito para re-

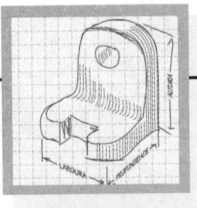

CAD EM SERVIÇO
Sistemas de gerenciamento de desenhos técnicos

Chris Merritt, da CADMAX Consulting, de Atlanta, Georgia, é especializado na criação de sistemas de gerenciamento de documentos técnicos para companhias que utilizam sistemas CAD. "O objetivo de qualquer sistema de gerenciamento de documentos técnicos (TDM, *techinical document management*) é fornecer meios para o usuário criar, buscar, editar, transferir, armazenar, imprimir e plotar documentos de maneira segura, organizada e produtiva", afirma ele.

MUITOS DESENHOS FEITOS EM CAD?

Freqüentemente, quando as companhias mudam para o sistema CAD e mudam os desenhos por alguns anos, eles descobrem repentinamente que têm um número suficente de desenhos para que todos encontrem o que estão procurando. Pode ser difícil lembrar-se dos nomes dos arquivos e da história de revisões dos desenhos. Seria o desenho que você recuperou de fato o mais recente? Mesmo quando as companhias implementam um sistema de designação padrão, a menos que ele tenha algum tipo de sistema de busca e de recuperação automática, os documentos não podem ser localizados efetivamente. Além disso, revisões prévias dos desenhos devem ser armazenadas de modo que possam ser realocadas mais tarde, especialmente se a companhia tem produtos no campo que usaram versões anteriores e que podem precisar de suporte técnico ou de atualizações. A maior parte da documentação de engenharia deve ser armazenada durante toda a vida de um equipamento, ou para sempre.

Chris fala sobre uma companhia que visitou, a qual tinha mais de 18.000 desenhos CAD, 2.000 dos quais foram eliminados no processo de limpeza por serem ou meros exercícios ou desenhos representando equipamentos já removidos ou eliminados. Havia mais de 2.500 desenhos duplicados que deveriam ser resolvidos. Os desenhos estavam em disquetes, PCs dos funcionários e no servidor sem qualquer razão para estarem lá. Ninguém sabia onde as versões mais atuais de vários desenhos poderiam ser localizadas.

POR QUE SISTEMAS TDM FALHAM?

Muitas vezes, os sistemas de gerenciamento de documentos técnicos falham na sua implantação. Freqüentemente, a falta de conhecimento sobre os conceitos básicos de gerenciamento de documentos e o fato de não haver objetivos claros em relação ao uso do sistema levam à falha precoce. Recursos sofisticados que talvez nunca sejam usados são especificados, enquanto que funções que são necessárias todo o dia são negligenciadas. Um problema freqüente é que a pessoa responsável pelo projeto de gerenciamento de documentos técnicos não tem a autoridade necessária dentro da companhia para ganhar a aceitação e forçar as mudanças nos hábitos que são necessários para fazer o sistema de gerenciamento de documentos técnicos funcionar. Além disso, algumas companhias esperam muito tempo na fase de busca de soluções, enquanto seus requisitos para o sistema estão continuamente crescendo e o número de documentos sem gerenciamento está aumentando. A maioria das companhias gasta em torno de dois anos tomando a decisão de implementar um sistema.

SOFTWARE PARA TDM

O AutoManagement-WorkFlow, da empresa Cysco International Inc., é um dos pacotes de gerenciamento de documentos técnicos que Chris recomenda com mais freqüência. É fácil de se personalizar devido à sua linguagem de programação *built-in* e, uma vez colocado em serviço, precisa de muito pouca manutenção. Você pode projetar, testar e prototipar a maioria das funções em um PC *stand alone*. Muita informação em formato eletrônico que você já pode ter coletado pode ser rapidamente transferida para seu banco de dados. Além disso, é relativamente rápido e fácil criar demonstrações das habilidades do *software* com seus dados ou documentos.

OBTENDO RESULTADOS

Para implementar um sistema TDM, os gerentes devem ser favoráveis ao investimento de grande quantidade de tempo na limpeza de arquivos. Isso pode ser mais demorado que colocar o sistema a funcionar, mas o investimento vale a pena. Pode ser tão valioso quanto a própria melhoria na capacidade de gerenciar os documentos que vão sendo gerados.

Um sistema de gerenciamento de documentos técnicos bem-projetado deve ter os seguintes componentes:

- Um diretório consistente para armazenar todos os documentos;
- Uma convenção para colocação de nomes nos documentos;
- Procedimentos estabelecidos para:
  - criação de documentos;
  - procura de documentos;
  - edição de documentos;
  - transferência de documentos de/para o servidor;
  - impressão ou plotagem de documentos.

Parte dos benefícios de se trabalhar com CAD é criar um banco de dados prático documentando os projetos que já foram finalizados. Se você ainda não é capaz de localizar facilmente os arquivos, você ainda não vai perceber muitos dos benefícios de um sistema CAD. Lembre-se de que, quando você justificou os gastos de um sistema CAD, você provavelmente valorizou o tempo economizado por não ter que recriar desenhos, a habilidade de reutilizar desenhos para diferentes objetivos e a habilidade de acessar rapidamente

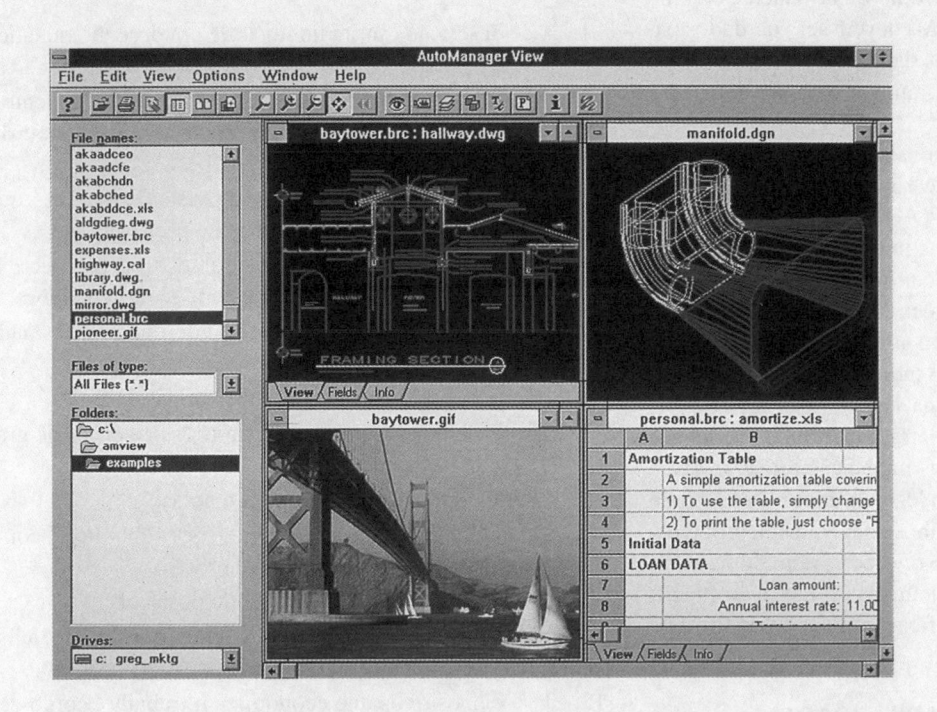

(A) *Cortesia da Cyco International, Inc.*

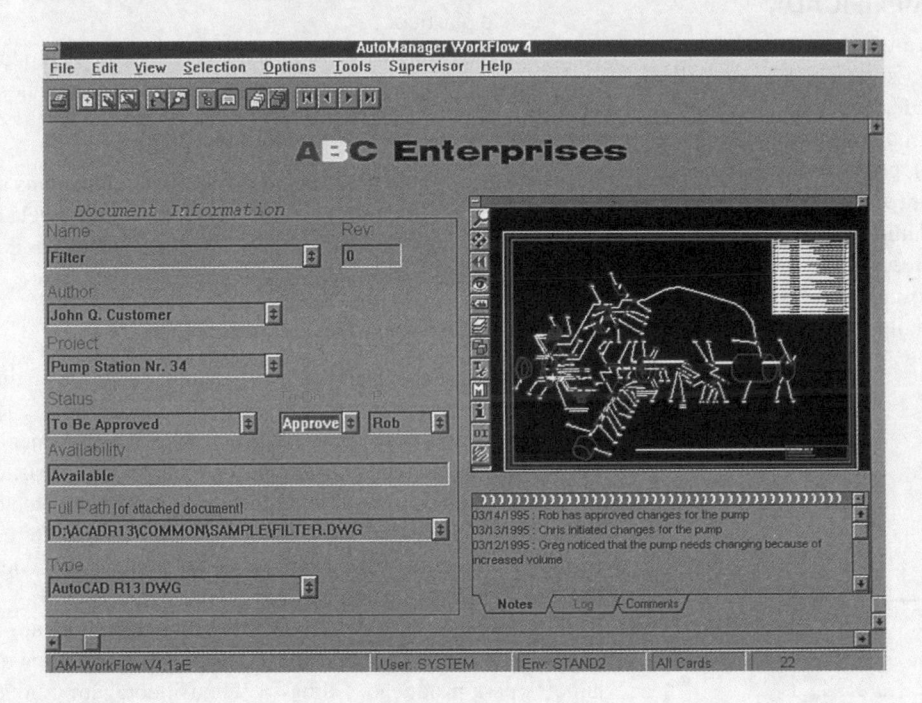

(B) *Cortesia da Cyco International, Inc.*

informações. Se a recuperação de desenhos e a nomenclatura de arquivos for uma bagunça, um sistema de gerenciamento de desenhos bem-projetado pode ser o caminho para se obter alguns dos ganhos não-alcançados que você esperava quando escolheu CAD no princípio.

produzir as dimensões corretas, sublinhe a cota com um traço grosso para indicar que não está em escala. Impressões de cada edição, microfilmes ou registros eletrônicos permanentes (como um arquivo armazenado em CD-ROM) devem ser guardados para mostrar como o desenho era antes da revisão. Novas impressões são produzidas para suplantar as antigas toda vez que se faz uma mudança.

Se é necessária uma mudança considerável, um novo desenho é produzido, e sobre o antigo é carimbada a palavra OBSOLETO. Na legenda, as expressões SUPLANTADO POR... ou SUBSTITUÍDO POR... devem ser colocadas indicando os números do novo desenho. O desenho obsoleto é arquivado. No novo desenho, devem ser colocadas as expressões SUPLANTA... ou SUBSTITUI... indicando o número do desenho antigo.

Vários métodos são usados para indicar a parte do desenho que foi modificada, com um item na legenda das revisões. O mais comum é colocar números ou letras em círculos pequenos ou triângulos perto de locais onde as mudanças foram feitas, e usar os mesmos números ou letras na legenda das revisões, como mostrado na Figura 12.19. Em desenhos com zoneamento, mostre a zona de correção na legenda de revisões. Além do mais, as alterações devem ser descritas suscintamente. A data e as iniciais do nome da pessoa que fez as modificações devem ser fornecidas.

■ 12.16 REPRESENTAÇÃO SIMPLIFICADA

O tempo gasto gerando-se desenhos é um item considerável no custo total de um produto. Quando possível, simplifique o desenho quando puder fazê-lo sem perda de clareza para o usuário.

O manual de desenho da norma americana (*American National Standard Drafting Manual*), publicado pelo American National Standards Institute, incorpora as melhores e as mais representativas práticas nos Estados Unidos. Tais normas advocam simplificações de várias maneiras, como através de vistas parciais, meias vistas, símbolos de rosca, símbolos para tubulações e representações unifilares de molas. Deve-se omitir qualquer linha ou letra que não servir para esclarecer o desenho. Um resumo das práticas de simplificação é o seguinte:

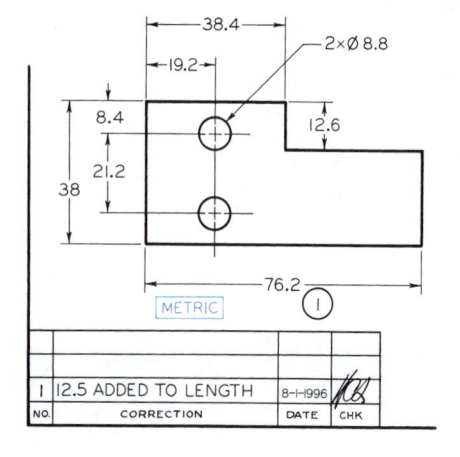

1. Use descrição escrita no lugar de um desenho quando possível;
2. Nunca mostre vistas desnecessárias. Freqüentemente, uma vista pode ser eliminada pelo uso de abreviações ou símbolos como HEX, DIA, QUAD, ∅, □ e ¢;
3. Use vistas parciais no lugar de vistas completas quando possível. Mostre vistas parciais de peças simétricas;
4. Evite desenhos repetidos, elaborados ou perspectivas ao máximo. Use linhas-fantasma para evitar repetições;
5. Quando possível, liste em vez de desenhar peças padronizadas como parafusos, porcas, chavetas e pinos;
6. Omita linhas invisíveis desnecessárias;
7. Use hachuras ao longo de contornos de seções de grandes áreas, se isso puder ser feito sem perda de clareza;
8. Omita duplicação de legendas e notas;
9. Quando possível, use representações simbólicas, como representações de tubulações e de rosca;
10. Faça esboços à mão livre quando possível;
11. Evite o uso de letras escritas à mão. Por exemplo, a lista de peças deve ser datilografada;
12. Use dispositivos que economizam trabalho, como gabaritos de plástico;
13. Use meios eletrônicos ou sistemas de gráfico computacional quando possível para projeto, desenho e trabalhos repetitivos;

Algumas indústrias estão tentando simplificar ainda mais as práticas de desenho. Até que essas práticas sejam aceitas pela indústria como um todo, e com o tempo sejam incorporadas às normas, siga as normas como exemplificado ao longo deste livro.

■ 12.17 DESENHOS PARA PATENTE

O requerimento para patenteamento de uma máquina ou dispositivo deve incluir desenhos para ilustrar e explicar a invenção. É essencial que todo o desenho de patente seja mecanicamente correto e contenha todas as ilustrações de todas as características da invenção. Os estritos requerimentos do Escritório de Patentes dos Estados Unidos auxiliam o escritório na examinação do requerimento e no julgamento quanto a conceder a patente. Um desenho típico para patenteamento é mostrado na Figura 12.20.

Os desenhos para patenteamento são pictoriais e auto-explicativos por natureza, e portanto não são tão detalhados quanto aqueles para produção. Linhas de centro, cotagem e notas não são incluídas. Vistas, detalhes e peças são identificados por números que se referem a descrições e explicações dadas na seção de especificações do requerimento de patente.

Desenhos de patente são feitos com tinta preta nanquim sobre papel branco, liso, de alta gramatura, de dimensão 10x15 polegadas de lado com 1 polegada de margem em todos os lados. Todas as linhas devem ser contínuas e pretas e adequadas para reprodução em tamanhos menores. Sombreamento usando linhas

FIGURA 12.19 Revisões.

5,511,508
PONTOON RUNNER SYSTEM
John M. Wilson, Sr., and Dean R. Wilson, both of Marrero,
La., assignors to Wilco Marsh Buggies & Draglines, Inc., La.
Filed Apr. 21, 1994, Ser. No. 230,618
Int. Cl.^{6} B63B 3/00
U.S. Cl. 114—356   10 Claims

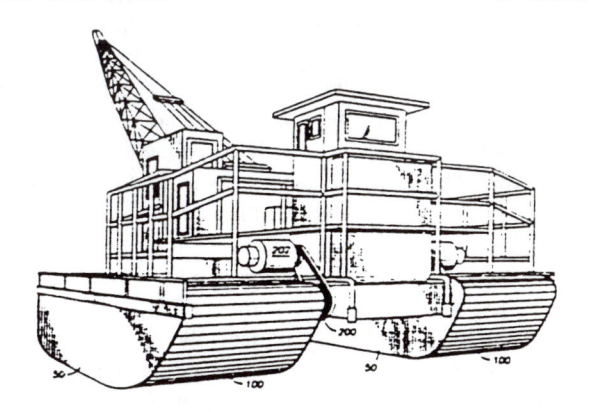

FIGURA 12.20 Desenho em pespectiva para patenteamento.

é feito quando melhora a clareza do desenho. Um espaço de, pelo menos, 1,25 polegada é deixado para o cabeçalho, o título, o nome, o número e outros dados que o Escritório de Patentes deve preencher.

Os desenhos devem conter quantas figuras forem necessárias para mostrar a invenção claramente. Não há restrições no número de folhas. As figuras podem ser do tipo planta, elevação, seccional ou perspectiva de elementos ou vistas detalhadas de proporções ou elementos, e podem ser desenhadas em escalas amplificadas se necessário. As assinaturas requeridas devem ser colocadas no canto inferior direito do desenho, internamente ou externamente à linha de margem.

Devido aos estritos requisitos do Escritório de Patentes norte-americano, caso queira enviar seu trabalho, você deve achar alguém com experiência para orientá-lo durante a execução de seus desenhos. Para ajudá-lo na preparação de desenhos para submissão, o Guide for Patent Draftsmen pode ser obtido do Superintendent of Documents, U.S. Government Printing Office, Washington, DC 20402, EUA.

Você pode encontrar informações sobre leis e regras de patentes consultando a Lei Kuester – a Fonte de Lei da Tecnologia na World Wide Web em http://www.kuesterlaw.com/lawrule/index.html.

■ PALAVRAS-CHAVES

conceitos	desenho de montagem	modelos	refinamento
desenho de conjunto	desenhos de patente	numeração de desenhos	simulação computacional
desenho de detalhe	estágios de projeto	protótipo	título
desenho de execução	legendas	realidade virtual	verificação e prova

■ RESUMO DO CAPÍTULO

- Os desenhos finais criados durante o processo de projeto incluem desenhos de conjunto, de detalhes, de montagem e de patenteamento.
- Os desenhos de conjunto não precisam mostrar todas as vistas necessárias para descrever as funções do dispositivo. Eles são somente necessários para mostrar informação suficiente para que um trabalhador possa montar corretamente as peças.
- Os desenhos de conjunto em geral não mostram as cotas, a menos que sejam fundamentais para a montagem das peças.
- A lista de peças mostra o número da peça colocado no rótulo da peça, uma descrição, o material, a quantidade requerida e outras informações sobre as peças no conjunto.

- Os desenhos de detalhe são normalmente mostrados com uma peça por folha para torná-los fáceis de serem reutilizados. Os desenhos de detalhe mostram as vistas necessárias, as cotas, notas e especificações de materiais necessários para a manufatura de peças individuais.
- Peças pré-fabricadas que podem ser facilmente compradas ou fornecidas não são mostradas em detalhe, a menos que devam ser modificadas para o projeto.
- Há muitas modificações e revisões durante o processo de projeto. Você deve manter um registro de cada versão em que foram feitas modificações.

■ QUESTÕES DE REVISÃO

1. Quais são os requisitos especiais de um desenho para patenteamento?
2. Que tipo de informações são incluídas em um desenho de conjunto?
3. De que maneira um desenho de detalhe é diferente de um desenho de conjunto?
4. Por que os desenhos são numerados? Por que tal numeração é tão importante?

5. Descreva o processo de revisão de desenhos. Por que é tão importante registrar todas as revisões?
6. Como são arquivados desenhos em papel? Como são arquivados desenhos em CAD?
7. Quais são as vantagens do uso de modelamento por computador? Quais são as desvantagens?

PROJETOS DE DESENHOS DE EXECUÇÃO

Os projetos nas Figuras 12.21-79 darão a você prática em fazer desenhos corriqueiros do tipo usado na indústria. Muitos projetos, especialmente aqueles de conjunto, oferecem uma oportunidade excelente para você redesenhar ou melhorar o projeto existente. Devido a variações em tamanhos e em escalas que podem ser usadas, pede-se que você selecione tamanhos de papéis e escalas apropriadas para o desenho final. Leiautes-padrão de papéis são mostrados no verso da contracapa deste livro.

Use o sistema métrico, ou um sistema completo decimal aceitável conforme o solicitado. Os projetos são apresentados em perspectiva. Você não deve seguir sempre a colocação das cotas e marcas de acabamento como mostrado nos desenhos em perspectiva. As cotas dadas são, em muitos casos, aquelas necessárias para a confecção da peça, mas não são em todos os casos aquelas que devem ser mostradas em desenhos de execução. Nos enunciados usando perspectiva, são mostradas as superfícies ásperas ou acabadas, mas as marcas de acabamento são, em geral, omitidas. Você deve acrescentar todas as marcas de acabamento necessárias e colocar todas as cotas nos locais ideais nos desenhos finais.

Cada problema deve ser precedido por um esboço completamente cotado antes de proceder com a criação de um desenho CAD ou de um modelo 3-D. Qualquer estilo de legenda mostrado na parte interna da contracapa pode ser usado ou adaptado de acordo com o que foi pedido pelo seu instrutor.

PROJETO

Apresente um projeto de aperfeiçoamento dos nossos sistemas de transporte aéreo terrestre ou marítimo. Veículos, controles, auto-estradas e aeroportos precisam de melhoramento. Faça um desenho de conjunto mostrando como as partes de seu projeto se encaixam. Use rótulos numerados para identificar as peças e faça-lhes uma lista.

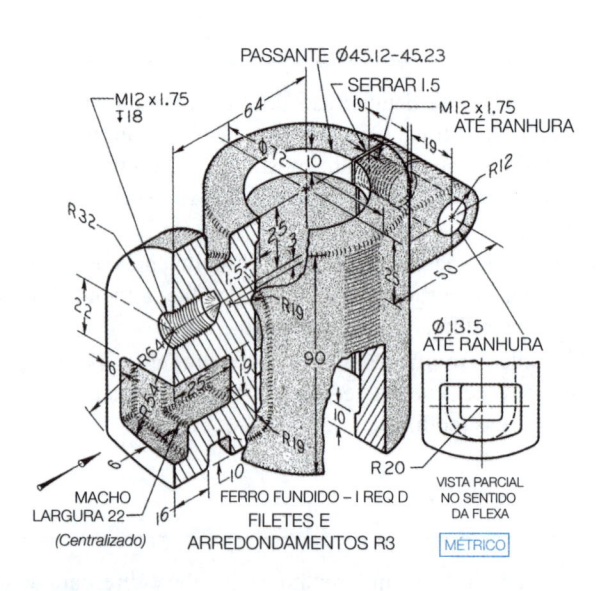

FIGURA 12.21 Suporte de mesa.
Proj. 12.1: Faça um desenho de detalhe usando folha de tamanho A3.

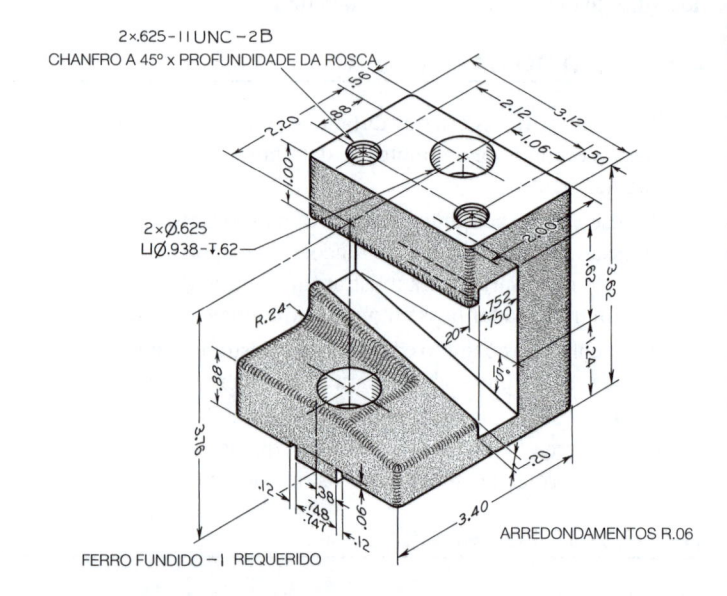

FIGURA 12.22 Encosto de ferramentas.
Proj. 12.2: Faça um desenho de detalhe usando folha tamanho A3. Se solicitado, converta as medidas para o sistema métrico.

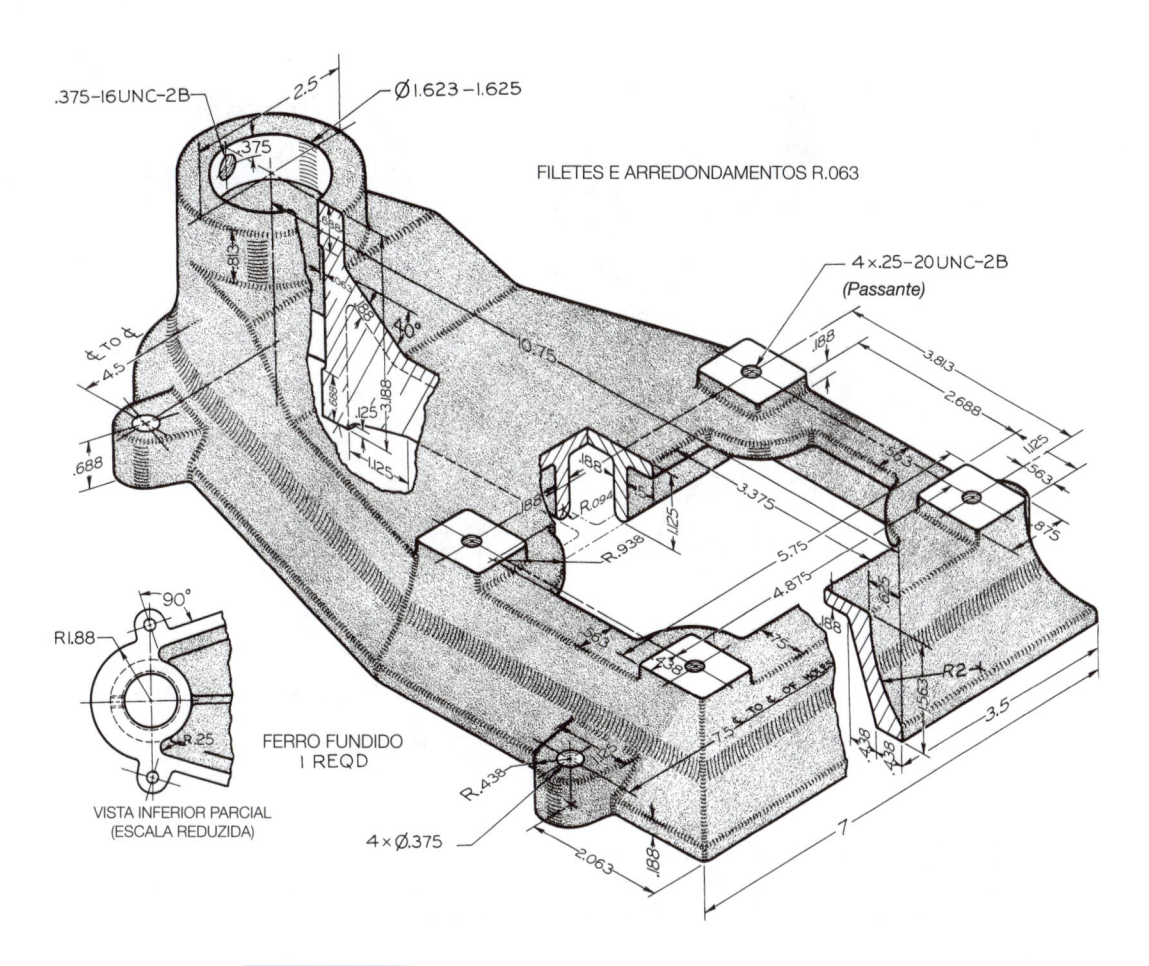

FIGURA 12.23 Base de furadeira de coluna.
Proj.12.3: Faça desenho de detalhe usando folha de tamanho A2.
Use sistema métrico ou sistema de polegada decimal.

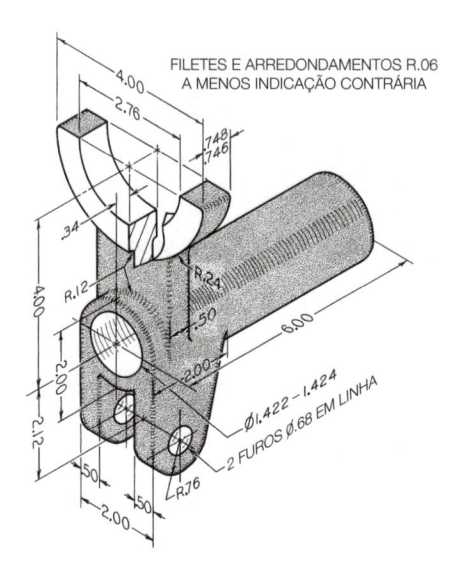

FIGURA 12.24 Garfo de câmbio.
Proj.12.4: Faça desenho de detalhe usando folha tamanho A3. Caso solicitado, converta as medidas para o sistema métrico.

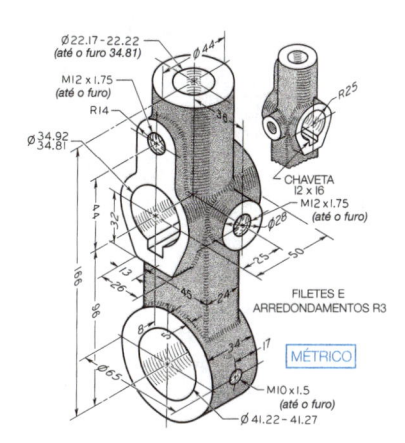

FIGURA 12.25 Braço de polia intermediária.
Proj.12.5: Faça desenho de detalhe usando folha de tamanho A3.

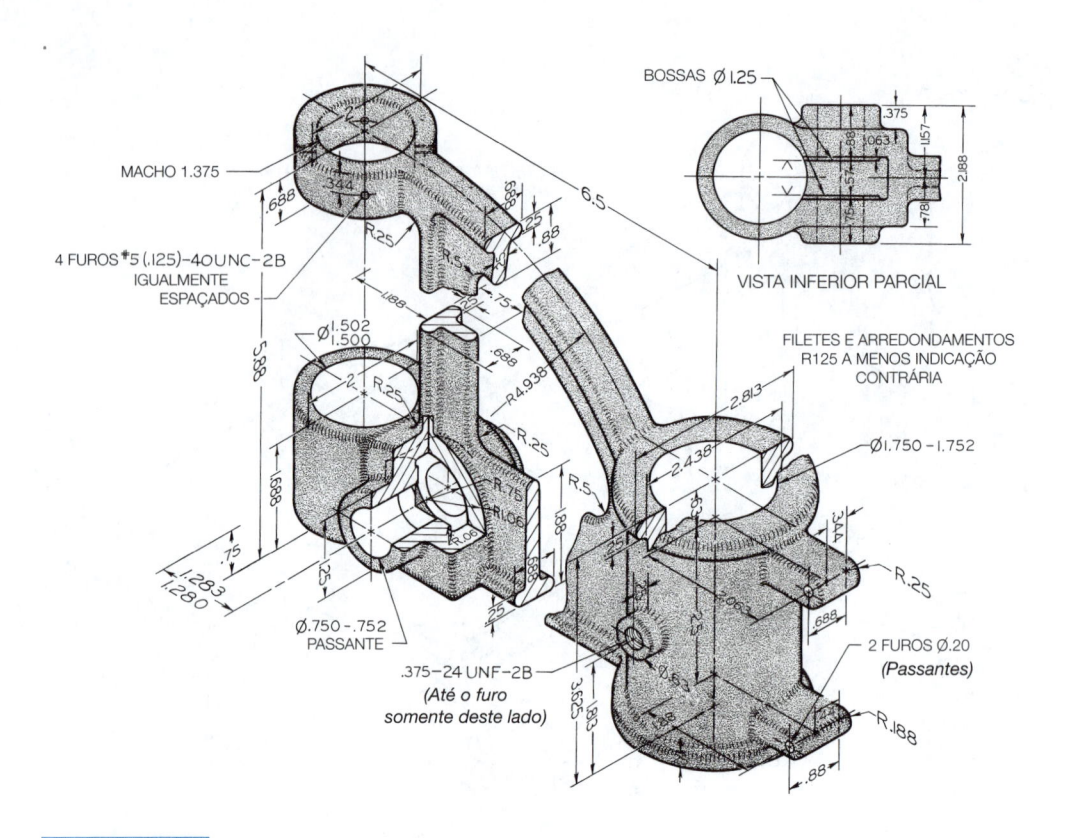

FIGURA 12.26 Suporte de furadeira de coluna.
Proj.12.6: Faça desenho usando folha de tamanho A2. Caso solicitado, converta as medidas para o sistema polegada-decimal, ou desenhe novamente a peça no sistema métrico.

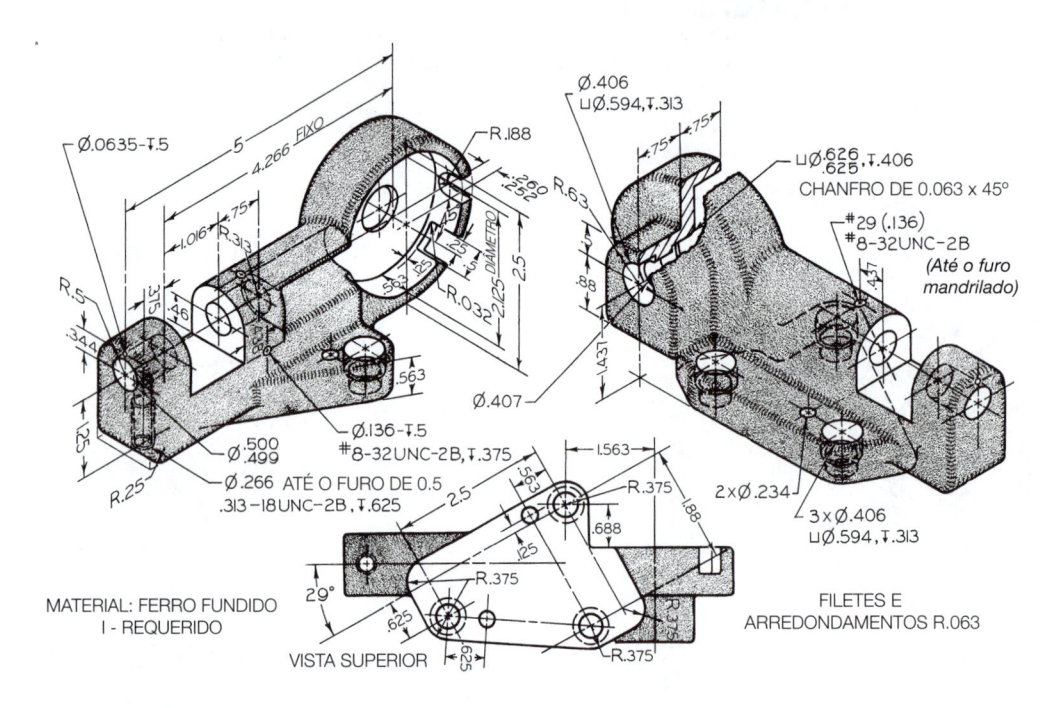

FIGURA 12.27 Suporte de mostrador.
Proj.12.7: Faça desenho de detalhe usando folha de tamanho A2. Caso solicitado, converta as medidas para o sistema de polegada decimal, ou desenhe novamente a peça no sistema métrico.

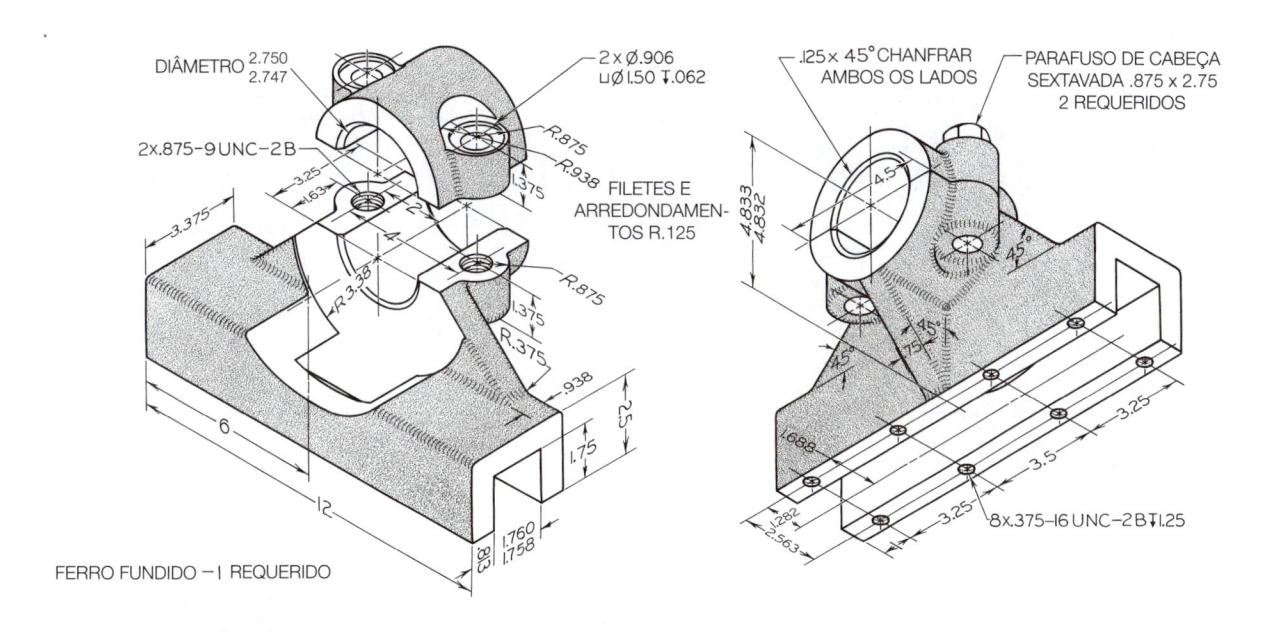

FIGURA 12.28 Mancal corrediço de plataforma.
Proj.12.8 Faça desenho de detalhe usando folha tamanho A3. Caso solicitado, converta as medidas para o sistema de polegada decimal, ou desenhe novamente a peça no sistema métrico.

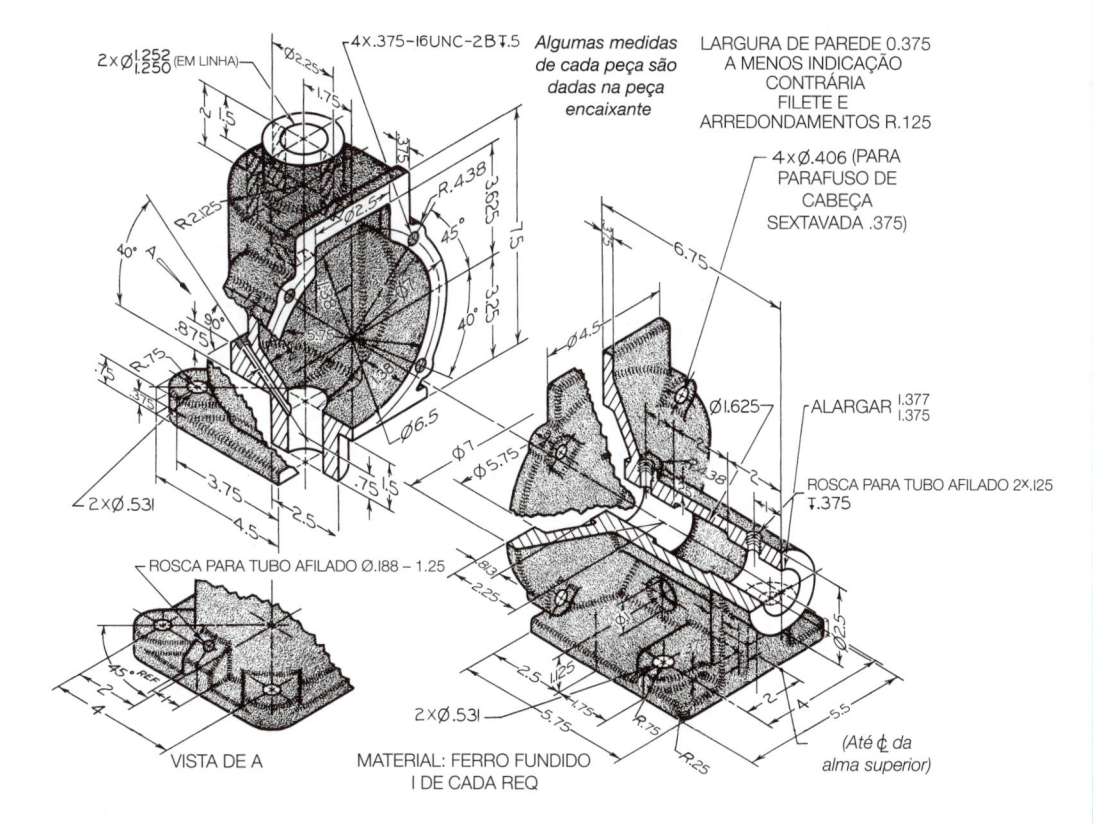

FIGURA 12.29 Carcaça de transportador.
Proj.12.9: Faça desenhos em escala 1:2 usando folha de tamanho A2. Caso solicitado, converta as medidas para o sistema de polegada decimal, ou desenhe novamente a peça no sistema métrico.

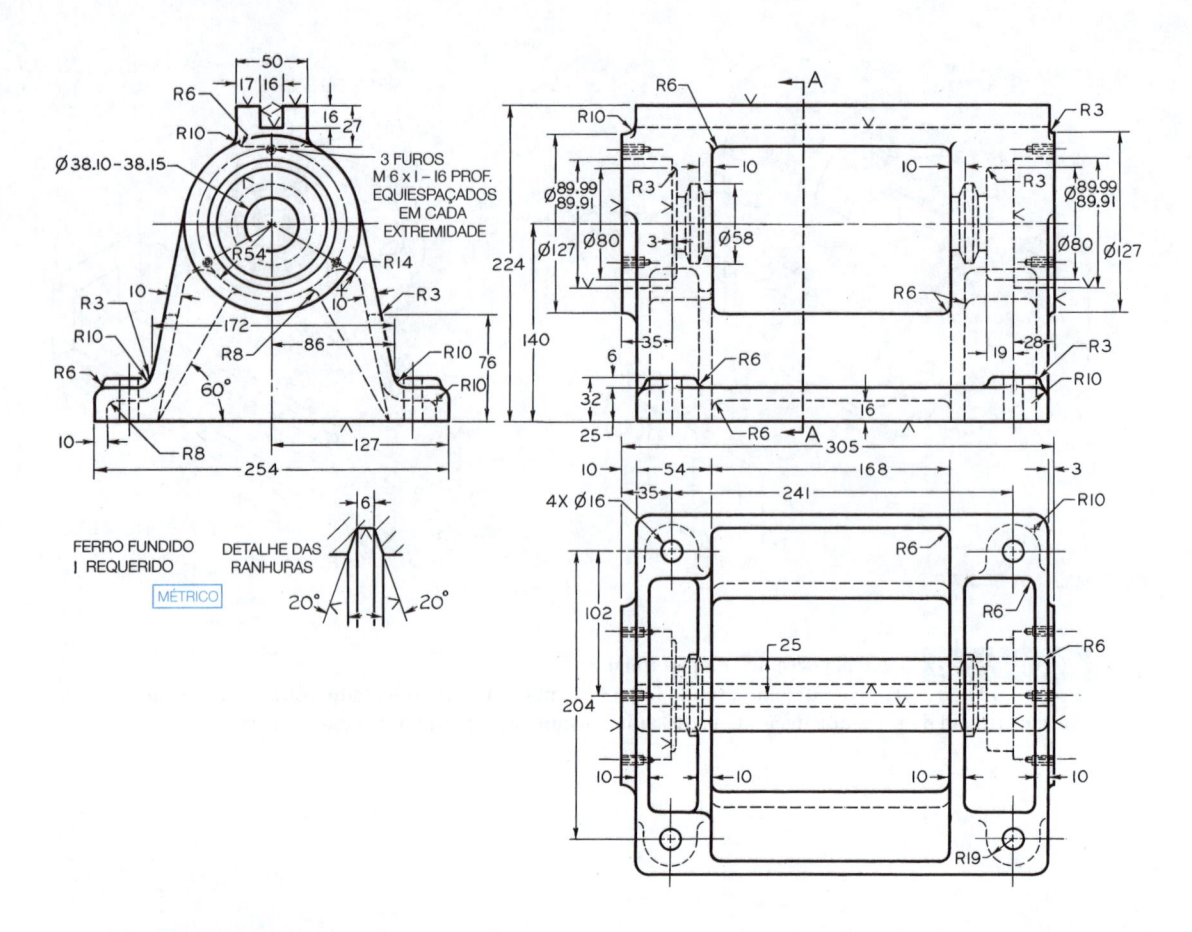

FIGURA 12.30 Carcaça de fuso.
Proj. 12.10 Dado: vistas frontal, lateral esquerda, inferior e vista seccional parcial. **Pede-se:** vista frontal em seção completa, vista superior e vista lateral direita em meia vista segundo A-A. Desenhe em escala 1:2 em folha de tamanho A2. Caso solicitado, faça toda a cotagem.

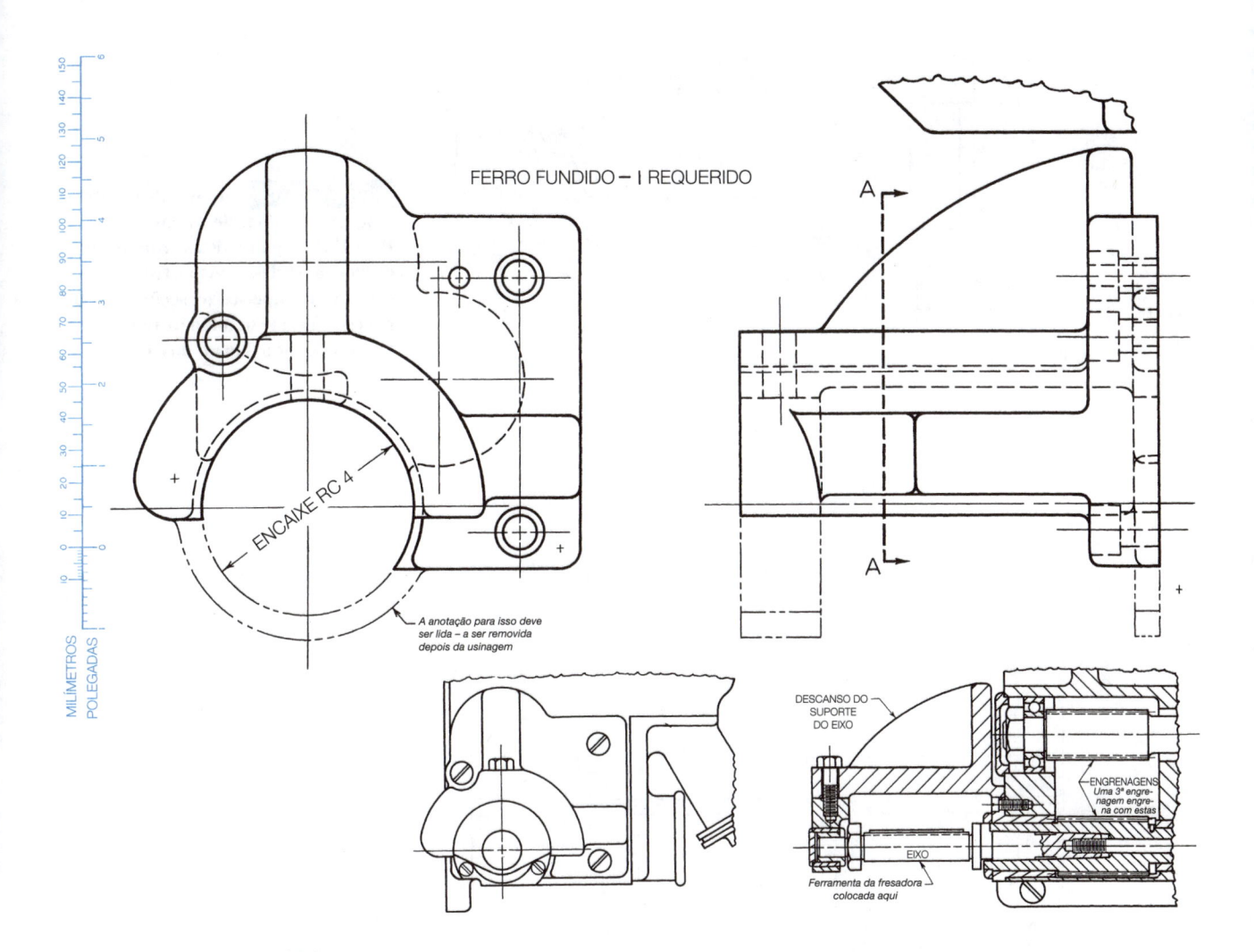

FIGURA 12.31 Suporte de eixo.
Proj.12.11 Dado: vista frontal e lateral direita. Pede-se: vista frontal, lateral esquerda, inferior e a seção A-A. Use as tabelas da American National Standard para os ajustes e, caso solicitado, converta para unidades métricas (Apêndices 6-15). Caso solicitado, faça a cotagem no sistema métrico ou no sistema de polegada decimal.

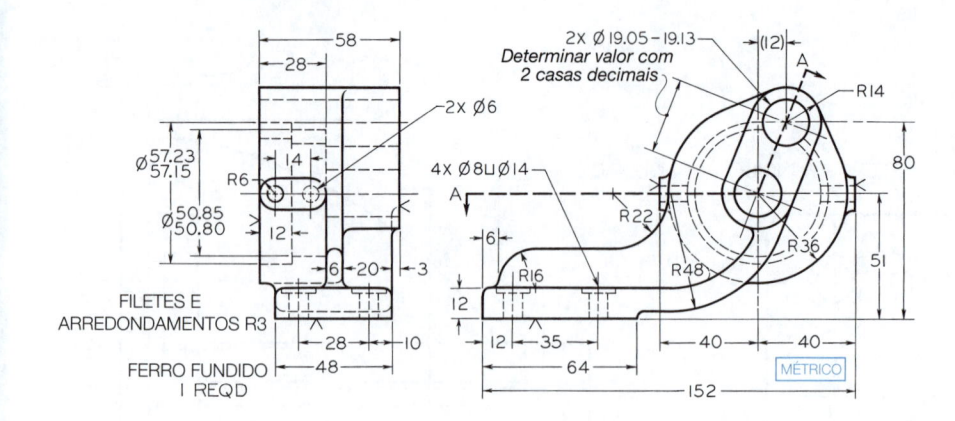

FIGURA 12.32 Suporte de bomba para máquina de abrir de roscas.
Proj.12.12: Dado: vistas frontal e lateral esquerda. Pede-se: vistas frontal, lateral direita e vista superior na seção A-A. Desenhe em escala real em folha de tamanho A3. Caso solicitado, faça todas as cotagens.

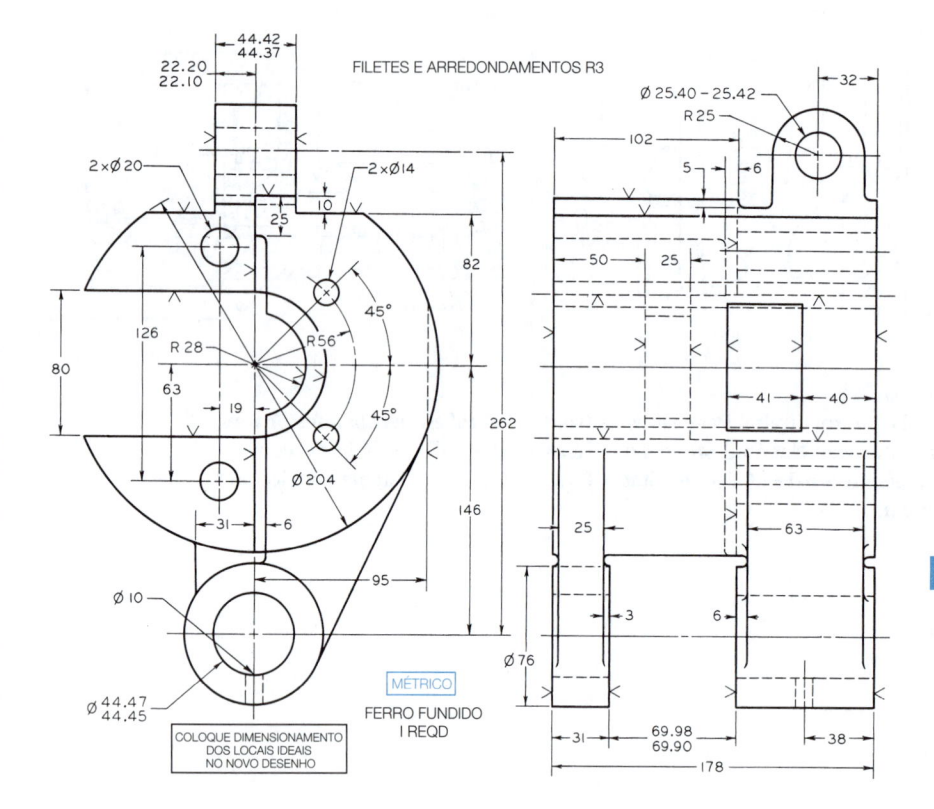

FIGURA 12.33 Base de gabarito de fixação para prensa vertical de 60 toneladas.
Proj. 12.13: Dado: vistas frontal e lateral direita. Pede-se: rotacione a vista frontal em 90 graus no sentido horário; então adicione as vistas superior e lateral esquerda. Desenhe em escala 1:2 em folha de tamanho A2. Caso solicitado, complete com cotas.

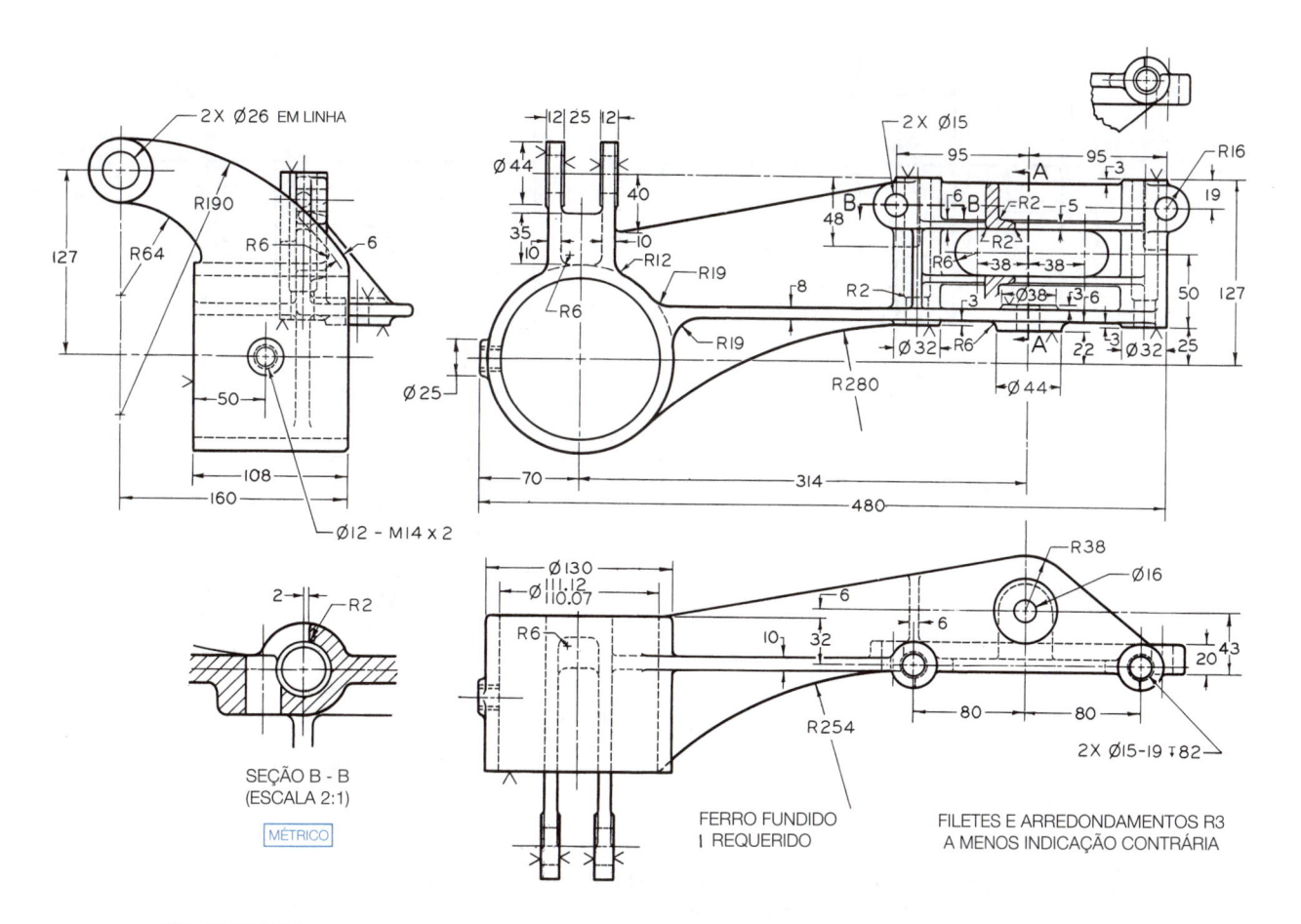

FIGURA 12.34 Suporte.

Proj.12.14: Dados: vistas frontal, lateral esquerda, inferior e uma vista seccional parcial. Pede-se: faça desenho de detalhe. Desenhe vista frontal, superior, lateral direita e as seções A-A e B-B. Desenhe em escala 1:2 em folhas de tamanho A2. Desenhe a seção B-B em escala real. Caso solicitado, complete com cotagem.

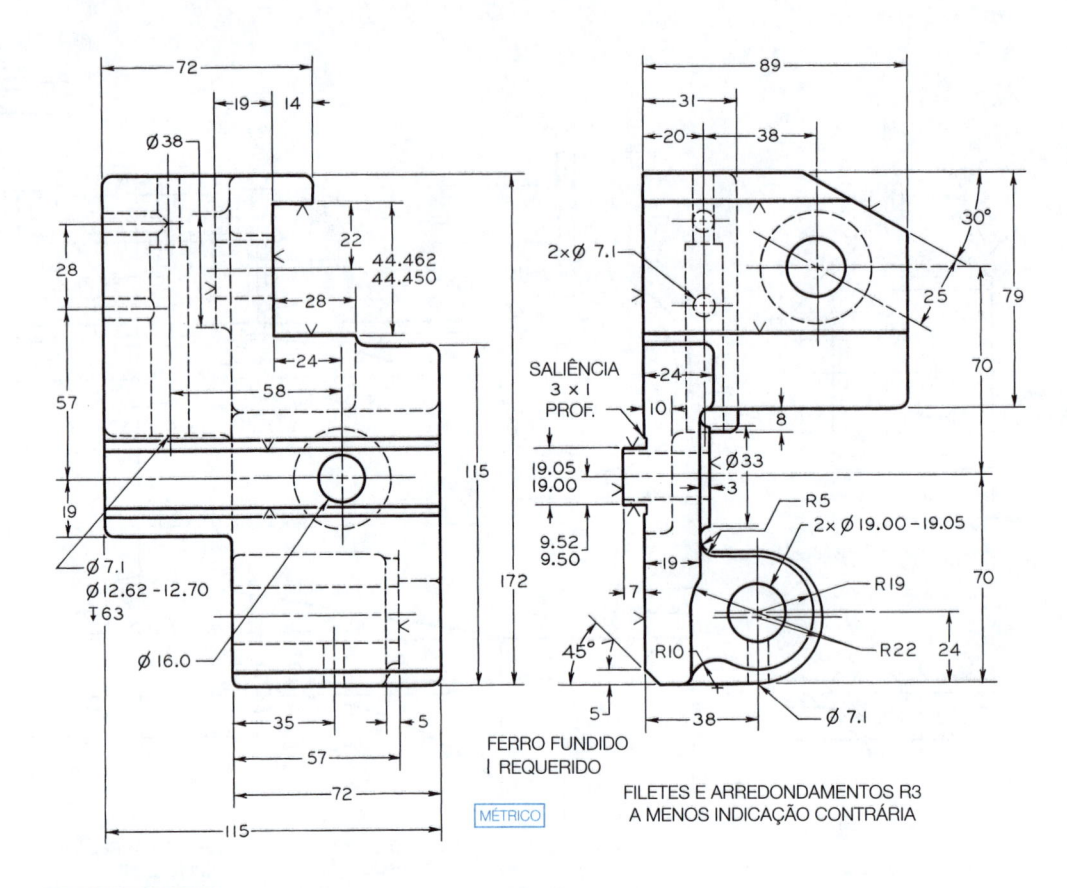

FIGURA 12.35 Suporte de rolamento para abridor de rosca automático.
Proj 12.15: Dado: vistas frontal e lateral esquerda.
Pede-se: rotacione a vista frontal em 90 graus no sentido horário; depois, adicione vista superior e lateral esquerda. Desenhe em escala 1:2 em folha de papel A2. Caso solicitado, complete com cotas.

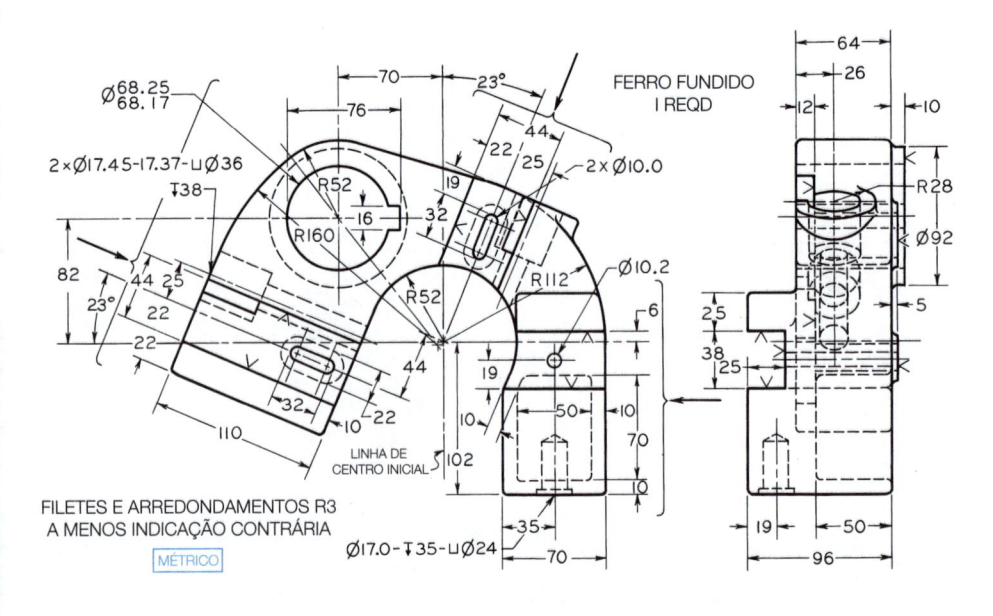

FIGURA 12.36 Guia de suporte para retificadora de engrenagens.
Proj.12.16: Dado: vistas frontal e lateral direita. **Pede-se:** vista frontal, vista lateral direita parcial e duas vistas auxiliares parciais tomadas nas direções das flechas. Desenhe em escala 1:2 em folhas de papel A2. Caso solicitado, complete com cotas.

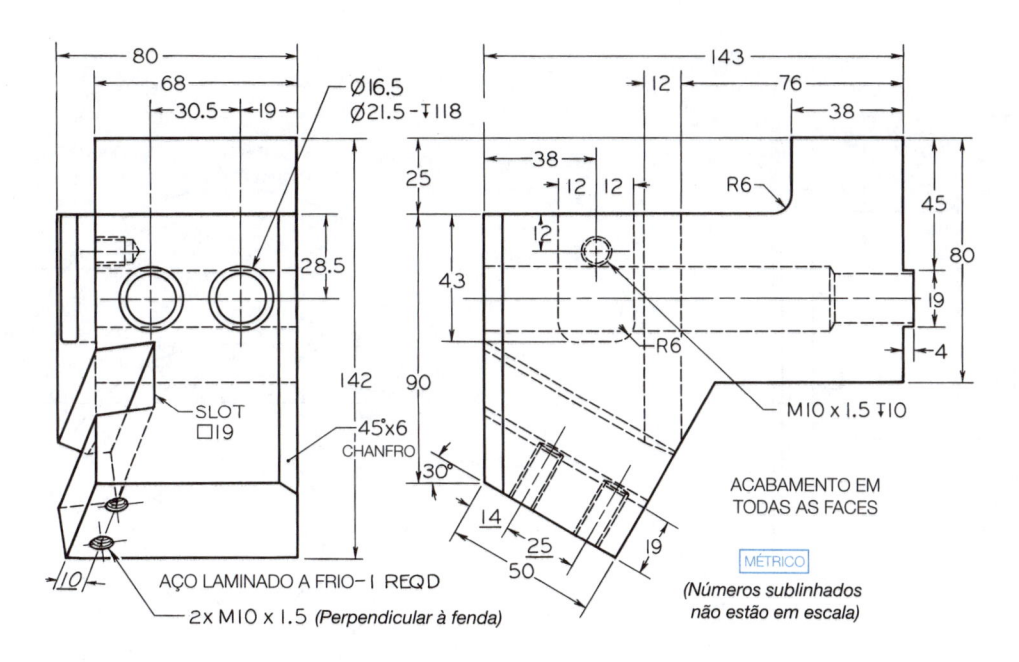

FIGURA 12.37 Suporte de ferramenta posterior.
Proj.12.17: Dado: vistas frontal e lateral esquerda. Pede-se: tome a vista lateral esquerda com a nova vista superior; adicione as vistas frontal e lateral esquerda, espaçadas uma da outra a aproximadamente 215 mm, uma vista auxiliar primária e uma vista auxiliar secundária tirada para mostrar a verdadeira grandeza da fenda de 19 mm. Complete todas as vistas. Desenhe em escala real em folha de papel de tamanho A2. Caso solicitado, complete com as cotas.

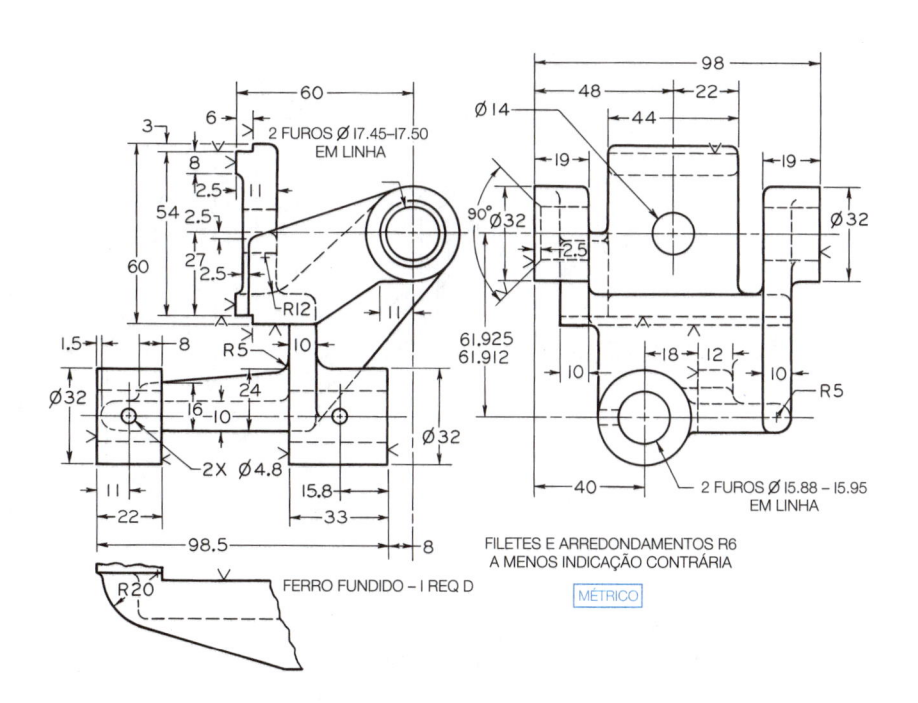

FIGURA 12.38 Suporte para engrenagem helicoidal.
Proj.12.18: Dado: vistas frontal e lateral direita. Pede-se: vistas frontal, superior e lateral esquerda. Desenhe em escala real em folha de papel de tamanho A2. Caso solicitado, complete com as cotas.

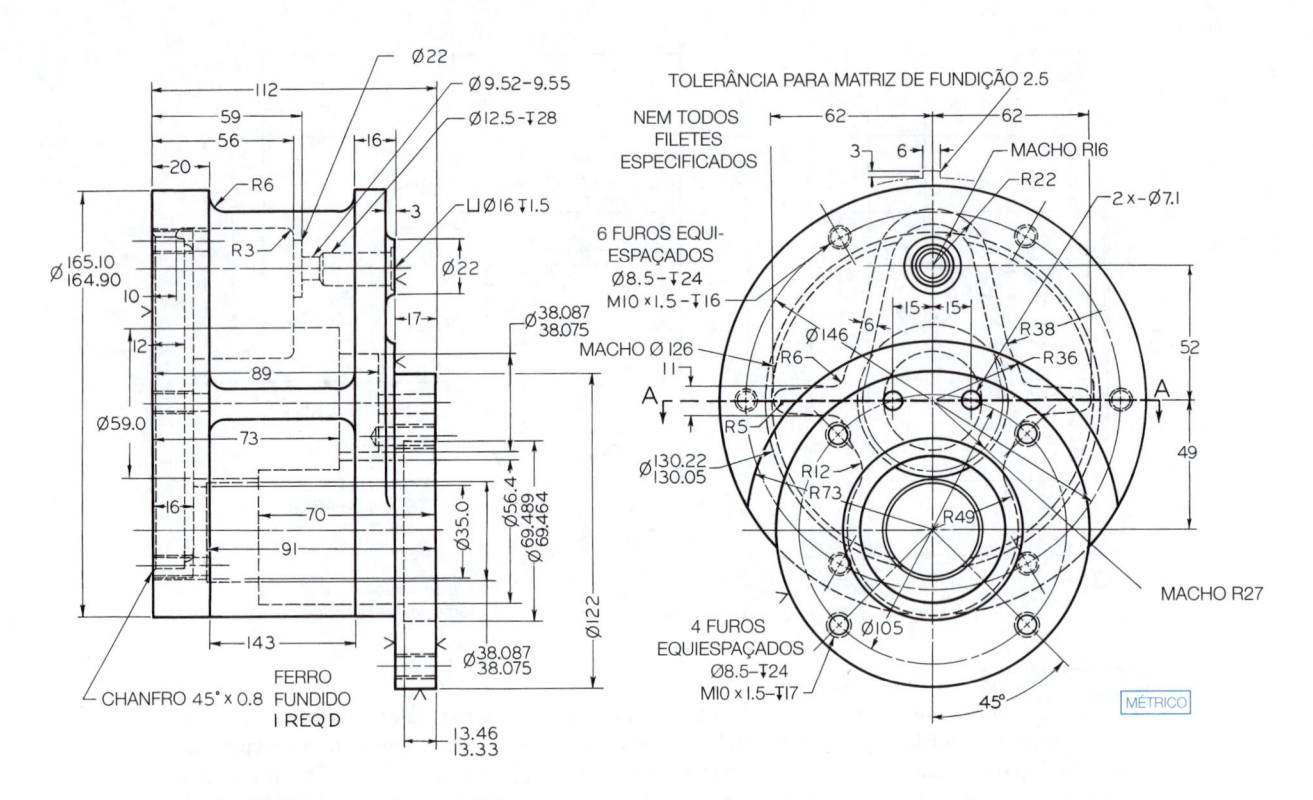

FIGURA 12.39 Carcaça de motor de gerador.
Proj. 12.19: Dado: vistas frontal e lateral esquerda.
Pede-se: vistas frontal, lateral direita em seção completa e o corte da seção A-A. Desenhe em escala real em folha de papel de tamanho A2. Caso solicitado, complete com cotas.

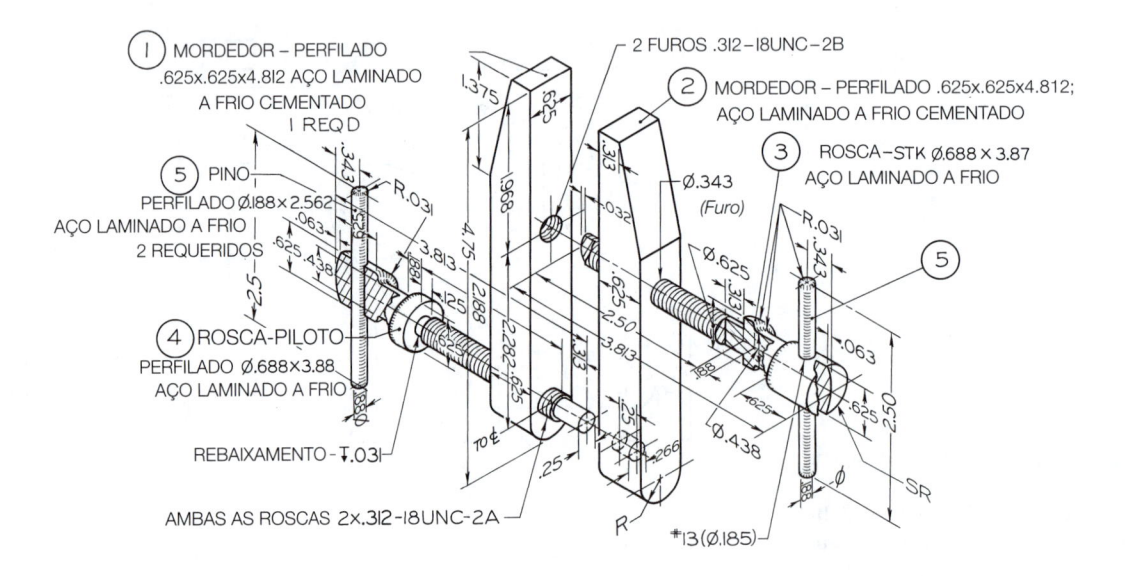

FIGURA 12.40 Grampo.
Proj, 12.20: Faça desenhos de detalhe e de conjunto. Caso solicitado, use cotagem unidirecional, duas casas decimais, sistema de polegada decimal ou desenhe novamente em cotagem métrica.

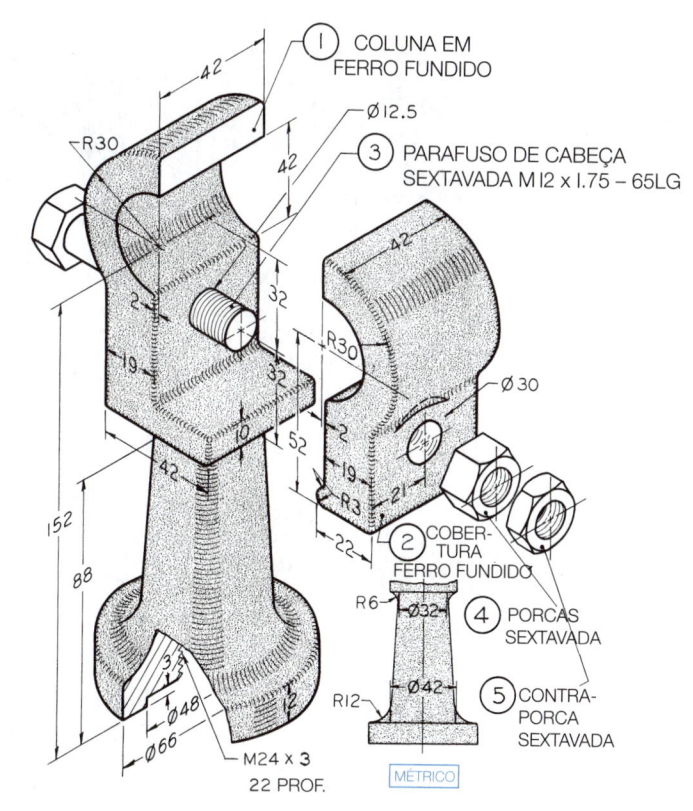

FIGURA 12.41 Coluna de corrimão.
Proj.12.21: (1) Faça desenho de detalhe. Caso solicitado, complete com cotas. (2) Faça desenho de conjunto.

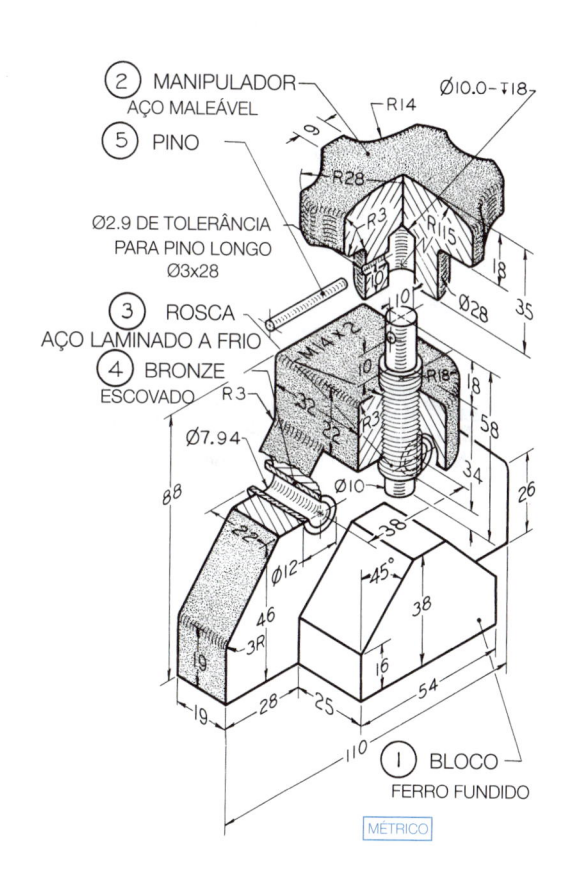

FIGURA 12.42 Gabarito de furação.
Proj.12.22: (1) Faça desenho de detalhes. Caso solicitado, complete com cotas. (2) Faça desenho de conjunto.

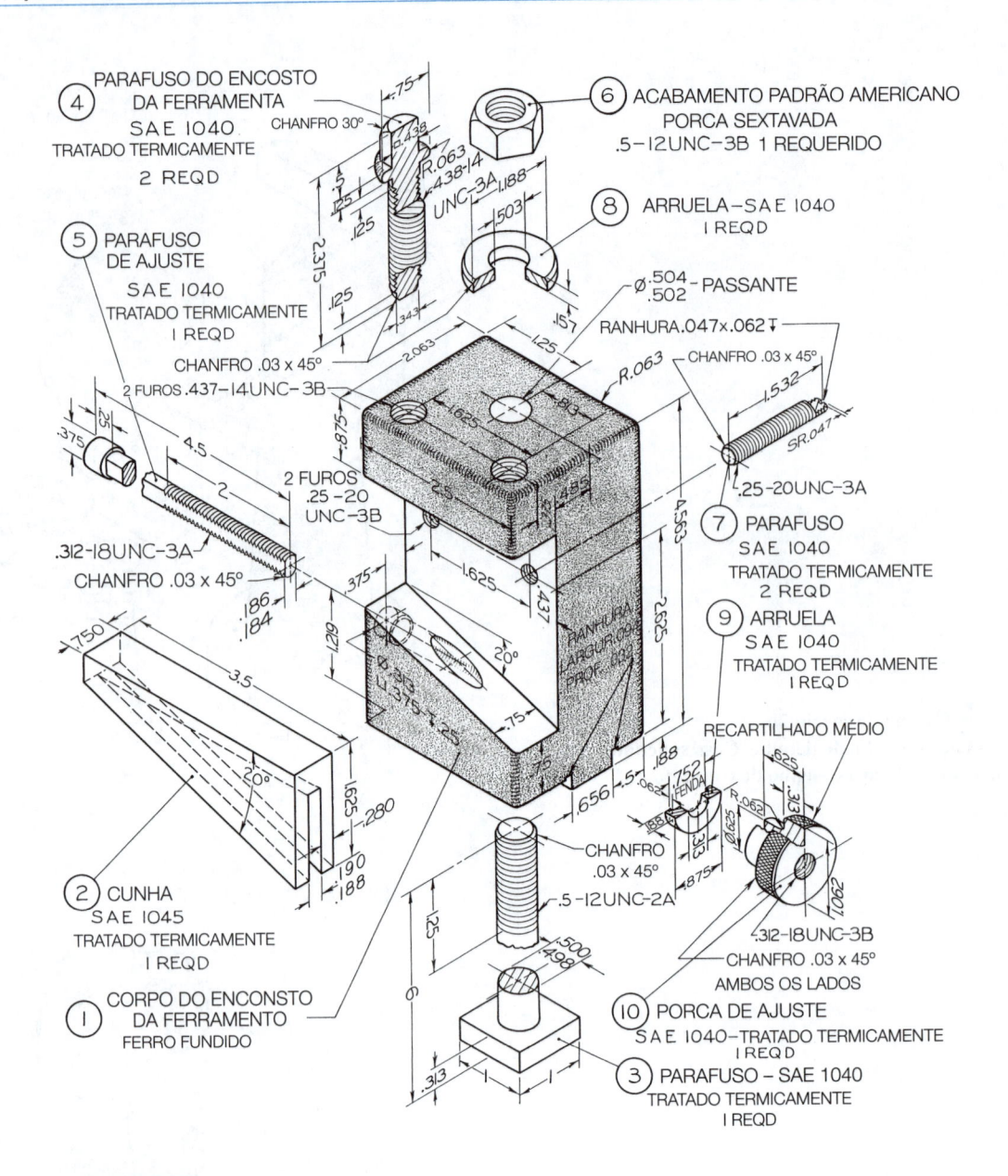

FIGURA 12.43 Suporte de ferramentas.
Proj.12.23: (1) Faça desenho de detalhe. (2) Faça desenho de conjunto. Caso solicitado, use para todas as cotas o sistema de polegada decimal com duas casas decimais unidirecional, ou desenhe novamente com cotas métricas.

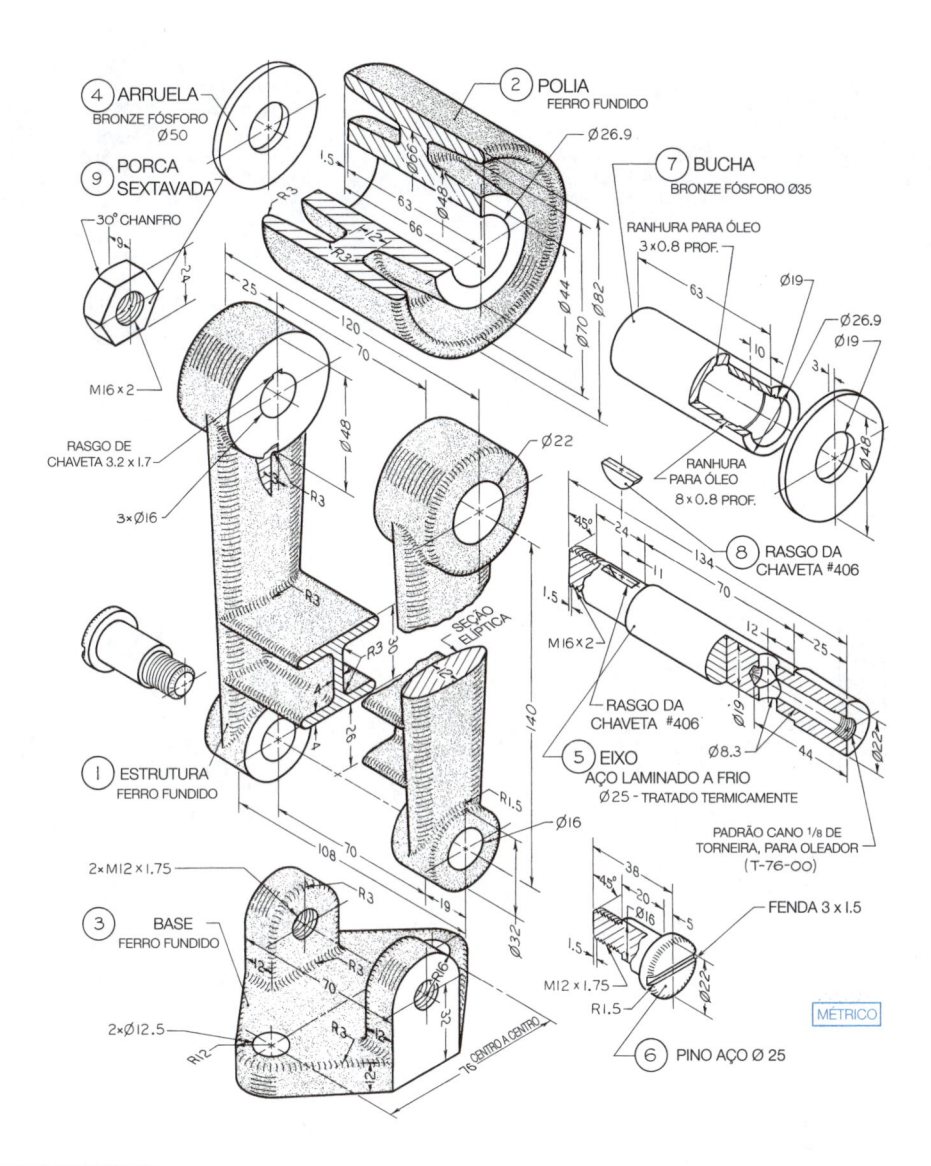

FIGURA 12.44 Esticador de correia.

Proj.12.24: (1) Faça desenho de detalhe. (2) Faça desenho de conjunto. Assume-se que as peças serão feitas em grande quantidade e serão dimensionadas visando à intercambiabilidade nos desenhos de detalhe. Use as tabelas nos Apêndices 12-15 para valores-limite. Projete conforme o seguinte:

a. **Ajuste bucha e polia: ajuste posicionais com interfêrencia.**
b. **Ajuste eixo e bucha: ajuste livre.**
c. **Ajuste eixo e quadro: ajuste deslizante.**
d. **Ajuste pino e quadro: ajuste livre.**
e. **Ajuste comprimento do cubo da polia e mais arruelas no quadro: folga 0,13 e tolerância 0,10.**
f. **Fazer bucha 0,25 mm mais curta que cubo da polia.**
g. **Ajuste suporte e quadro: o mesmo que o item e.**

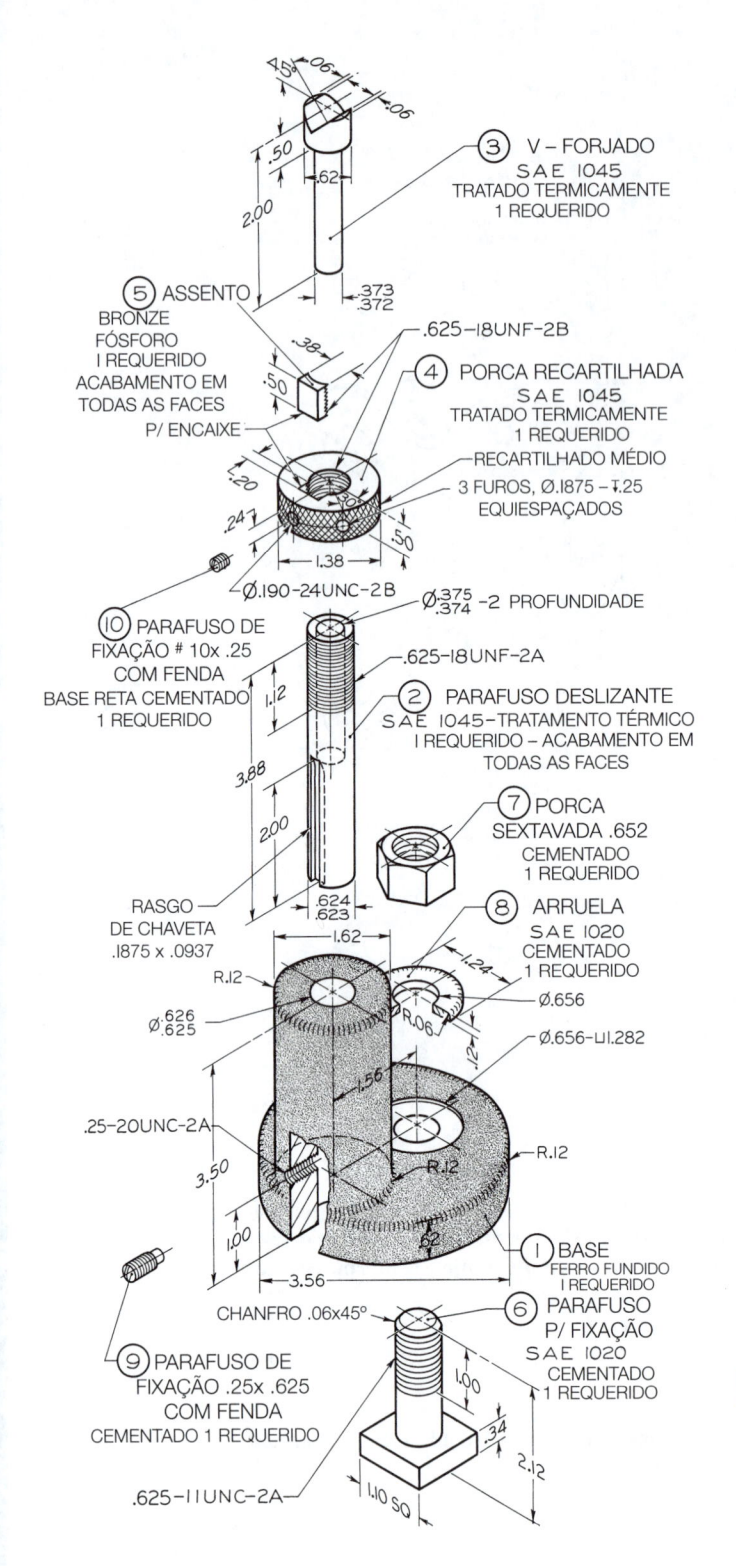

FIGURA 12.45 Macaco de fresagem.
Proj.12.25: (1) Faça desenho de detalhes. (2) Faça desenho de conjunto. Caso solicitado, converta as cotas para sistema métrico ou de polegada decimal.

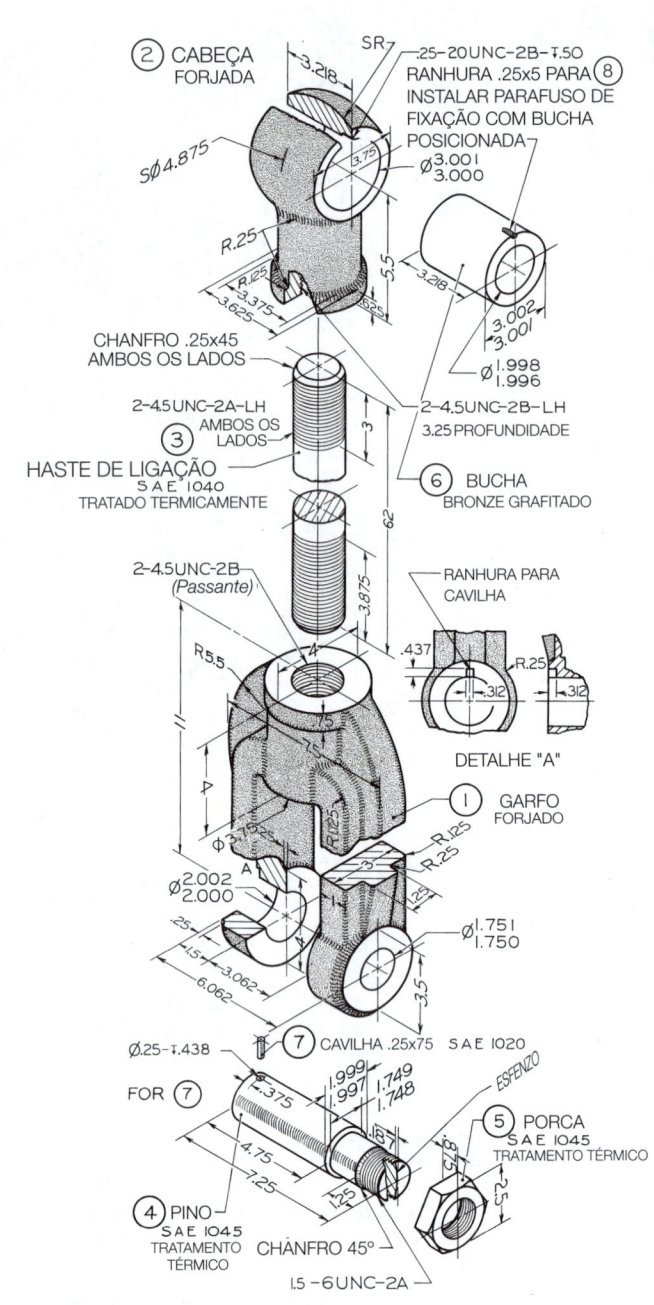

FIGURA 12.46 Barra de conexão.
Proj.12.26: (1) Faça desenho de detalhe. (2) Faça desenho de conjunto. Caso solicitado, converta cotas para sistema métrico ou de polegada decimal.

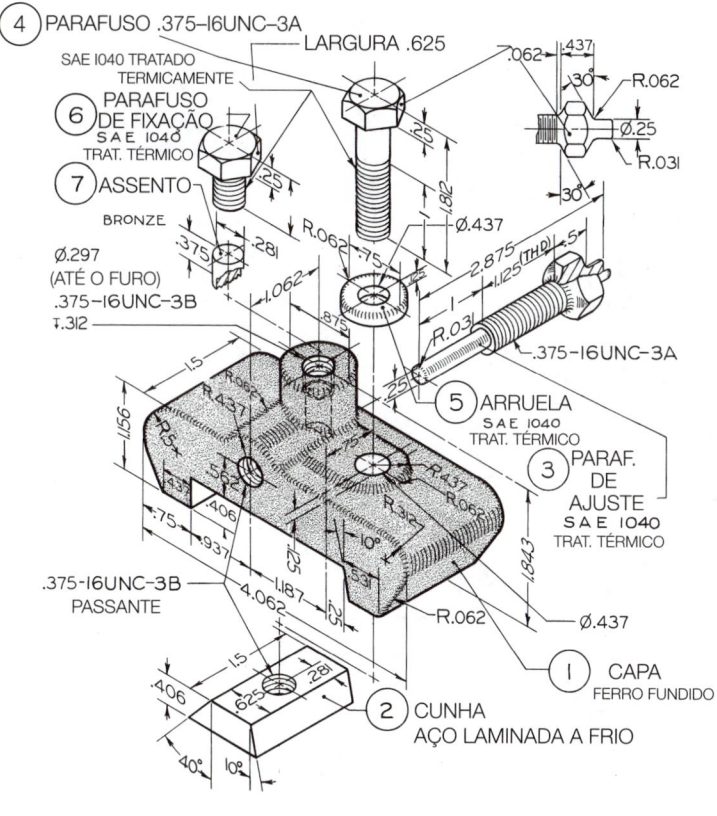

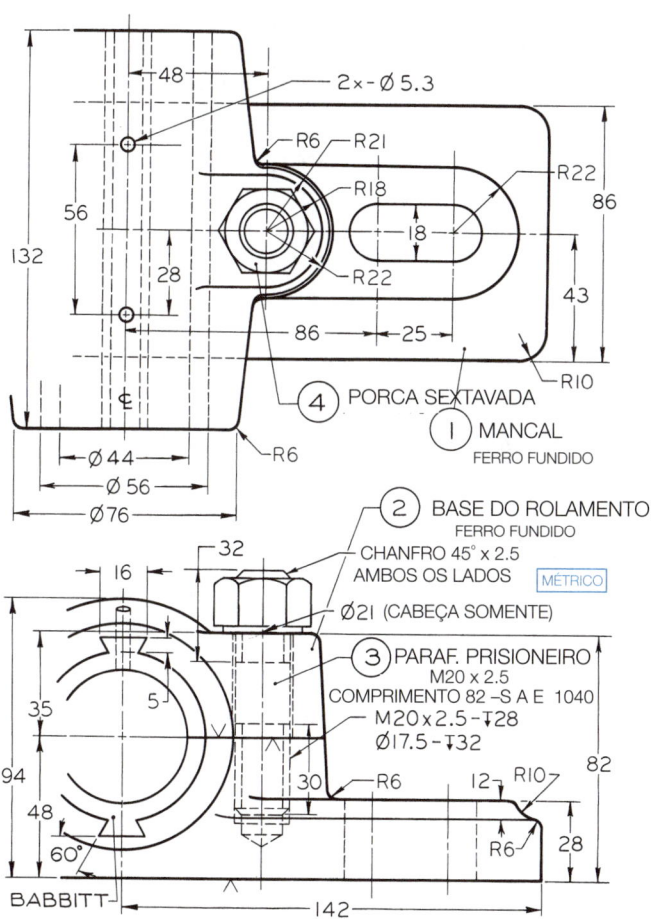

FIGURA 12.47 Batente de grampo.
Proj.12.27: (1) Faça desenho de detalhe. (2) Faça desenho de conjunto. Caso solicitado, converta cotas para o sistema métrico ou de polegada decimal.

FIGURA 12.48 Suporte de mancal.
Proj.12.28: (1) Faça desenho de detalhe. (2) Faça desenho de conjunto. Caso solicitado, complete com cotas.

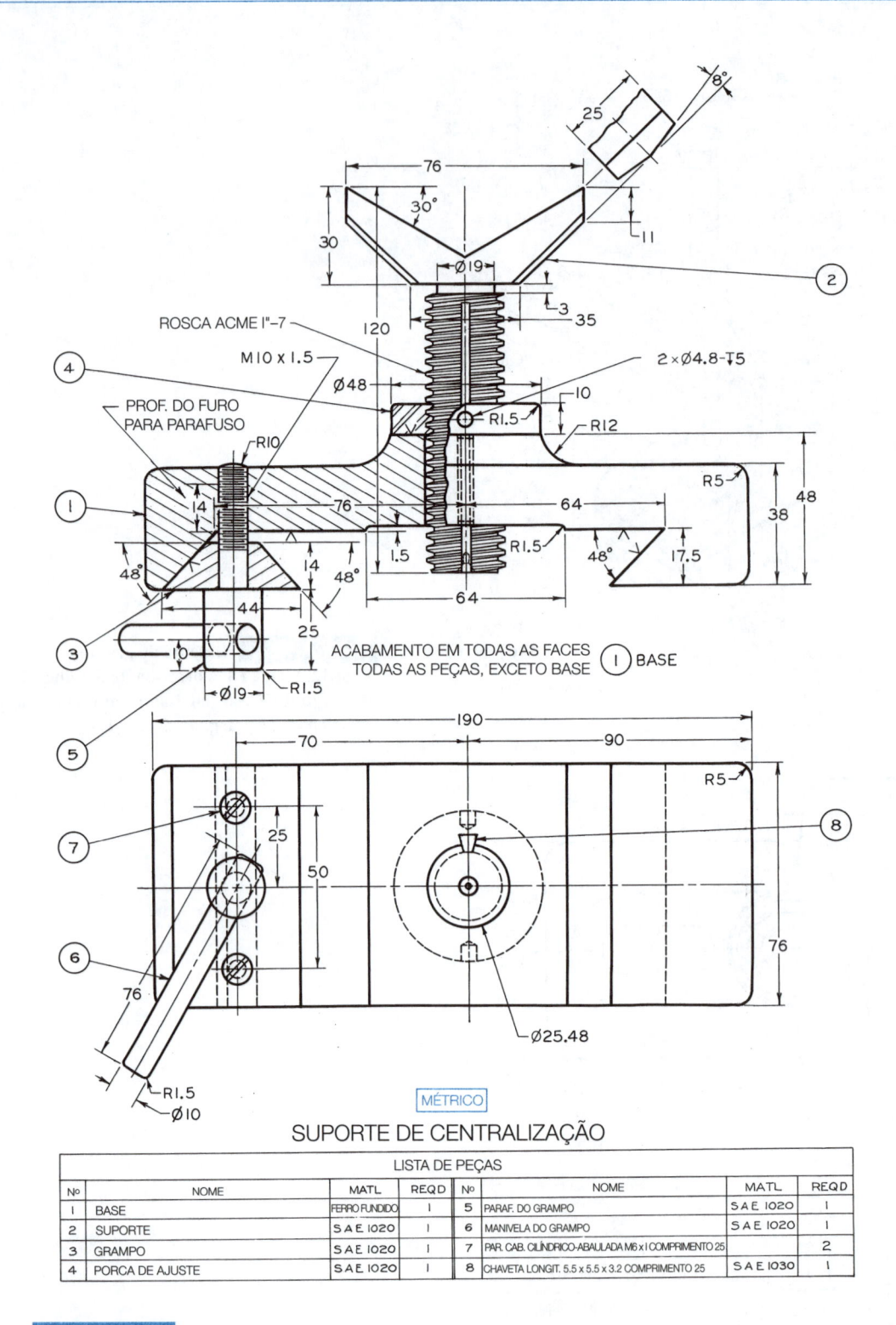

FIGURA 12.49 Suporte para centragem.
Proj.12.29: (1) Faça desenho de detalhe. (2) Faça desenho de conjunto. Caso solicitado, complete com cotas.

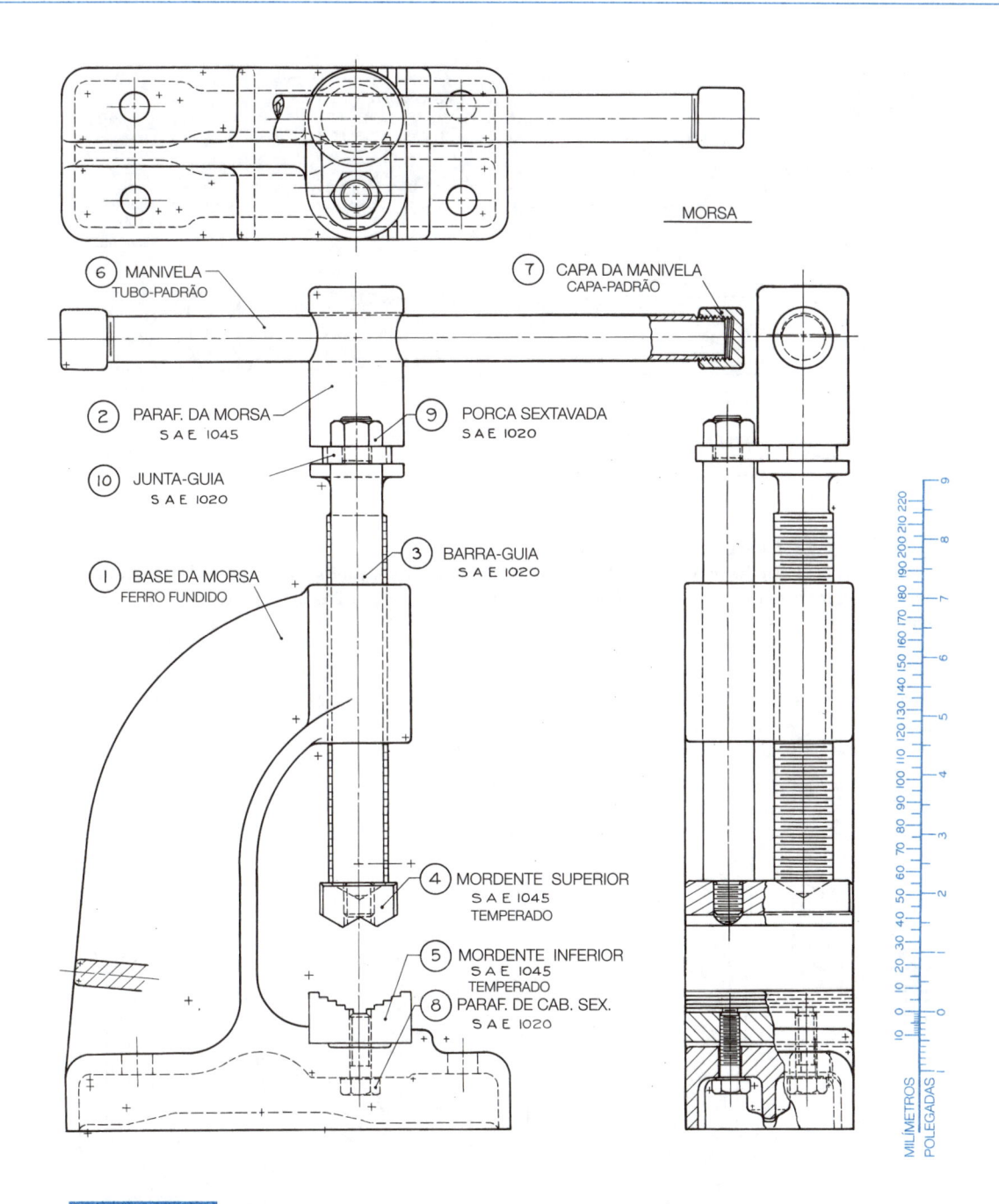

FIGURA 12.50 Morsa para canos.

Proj.12.30: (1) Faça desenho de detalhe. (2) Faça desenho de conjunto. Para obter as cotas, transfira as distâncias a partir da figura usando um pedaço de papel. Use a escala impressa fornecida e leia as medidas em milímetros ou em polegada decimal de acordo com o que foi solicitado. Todas as roscas são de uso geral (veja Apêndice 16) ou roscas unificadas, exceto para as roscas da manivela e seu topo, que estão de acordo com a American National Standard para tubos.

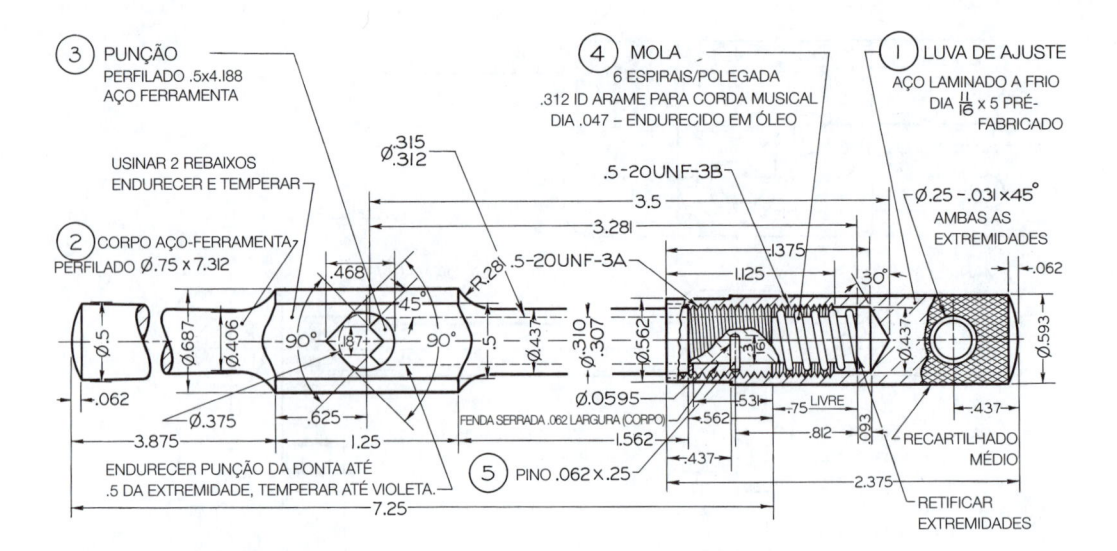

FIGURA 12.51 Chave para abrir roscas.
Proj.12.31: (1) Faça desenho de detalhes. (2) Faça desenho de conjunto. Caso solicitado, use cotas unidirecionais com duas casas decimais para as cotas indicadas por frações, ou desenhe novamente com cotas métricas.

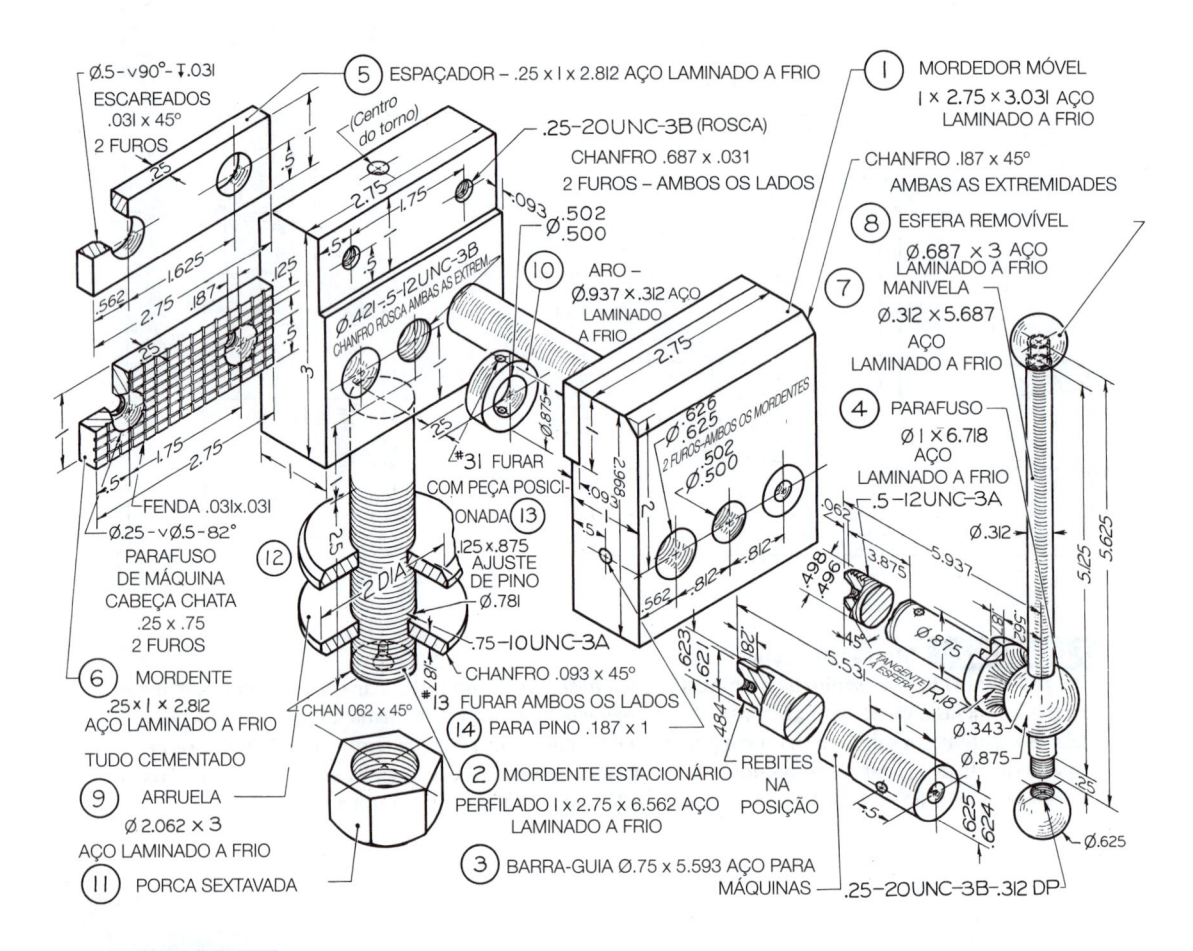

FIGURA 12.52 Morsa.
Proj.12.32: (1) Faça desenho de detalhes. (2) Faça desenho de conjunto. Caso solicitado, use cotas unidirecionais com duas casas decimais para as cotas indicadas por frações, ou desenhe novamente com cotas métricas.

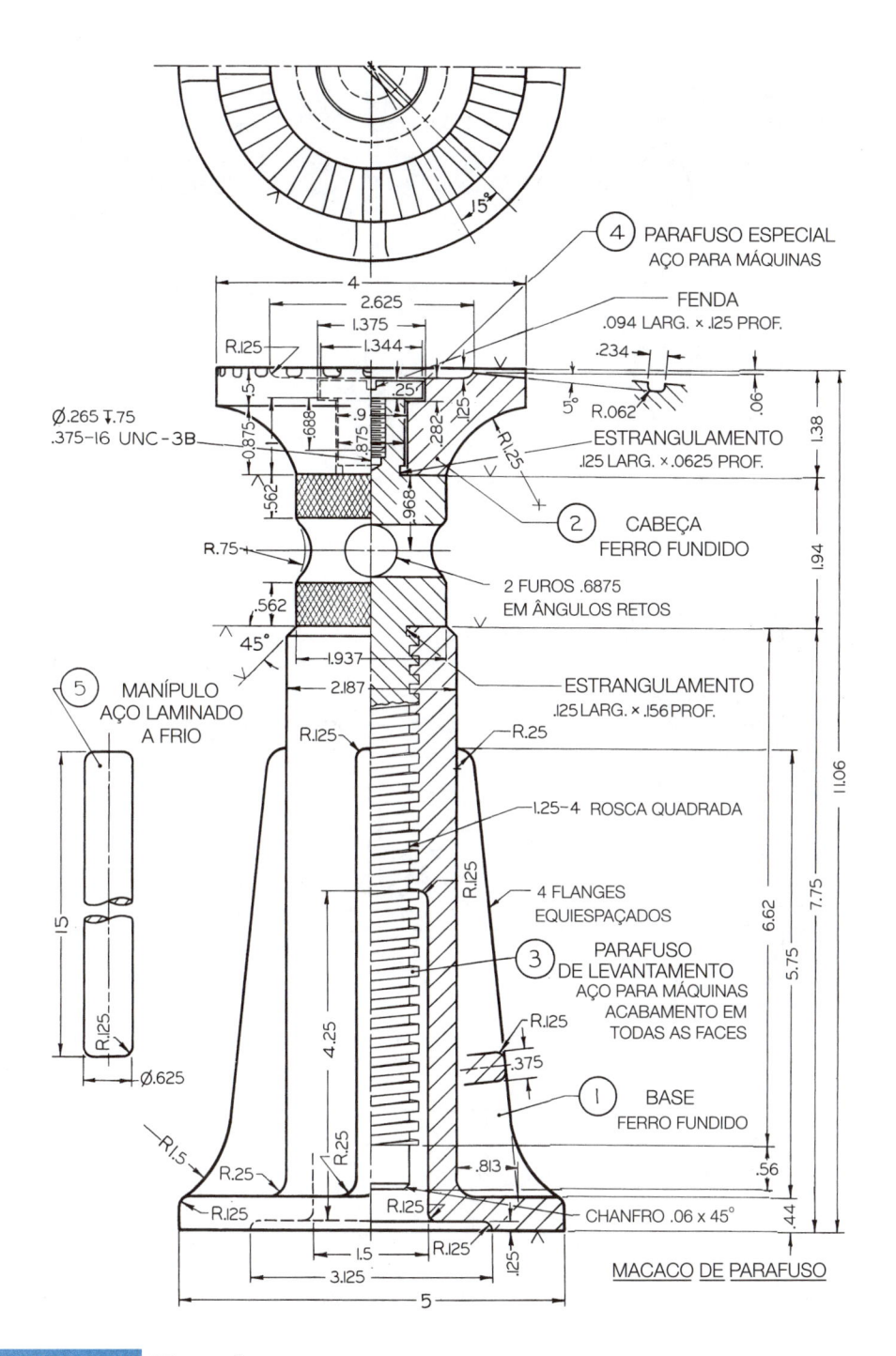

FIGURA 12.53 Macaco de rosca.

Proj.12.33: (1) Faça desenho de detalhes. Veja Figura 12.5, mostrando vistas "dentro de caixas" em folhas de tamanho A2 (veja contracapa interior). (2) Faça desenho de conjunto. Caso solicitado, converta as cotas para sistema de polegada decimal ou desenhe novamente com cotagem métrica.

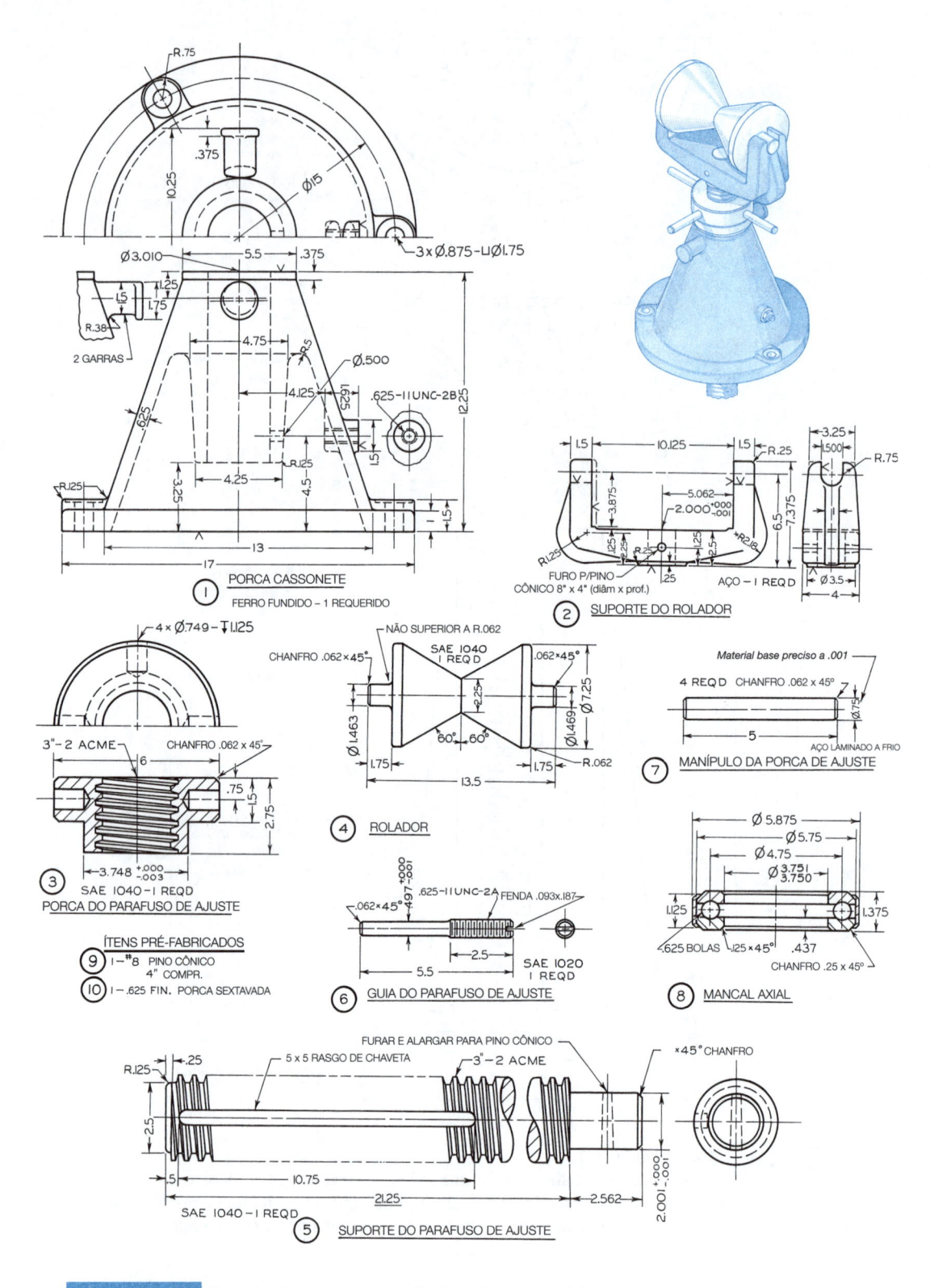

FIGURA 12.54 Suporte de tarugo para máquina de serrar a frio.
Proj.12.34: (1) Faça desenho de detalhes. (2) Faça desenho de conjunto. Caso solicitado, use cotas unidirecionais com duas casas decimais para as cotas indicadas por frações, ou desenhe novamente com cotas métricas.

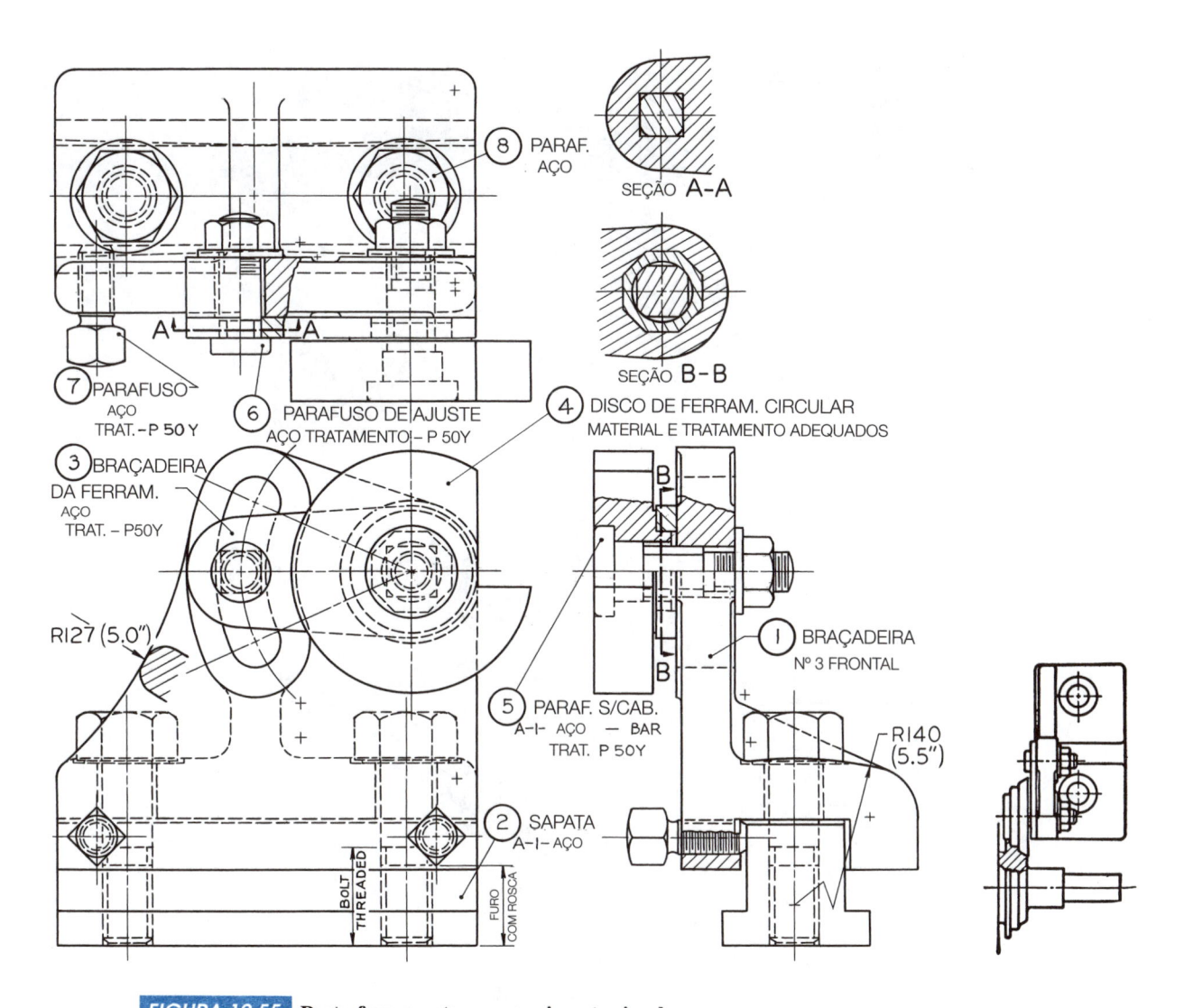

FIGURA 12.55 Porta-ferramenta com movimento circular.
Proj.12.35: (1) Faça desenho de detalhes. (2) Faça desenho de conjunto. Para obter as cotas, meça as distâncias diretamente a partir da figura. Use o sistema métrico ou de polegada decimal para as cotas de acordo com o que foi pedido.

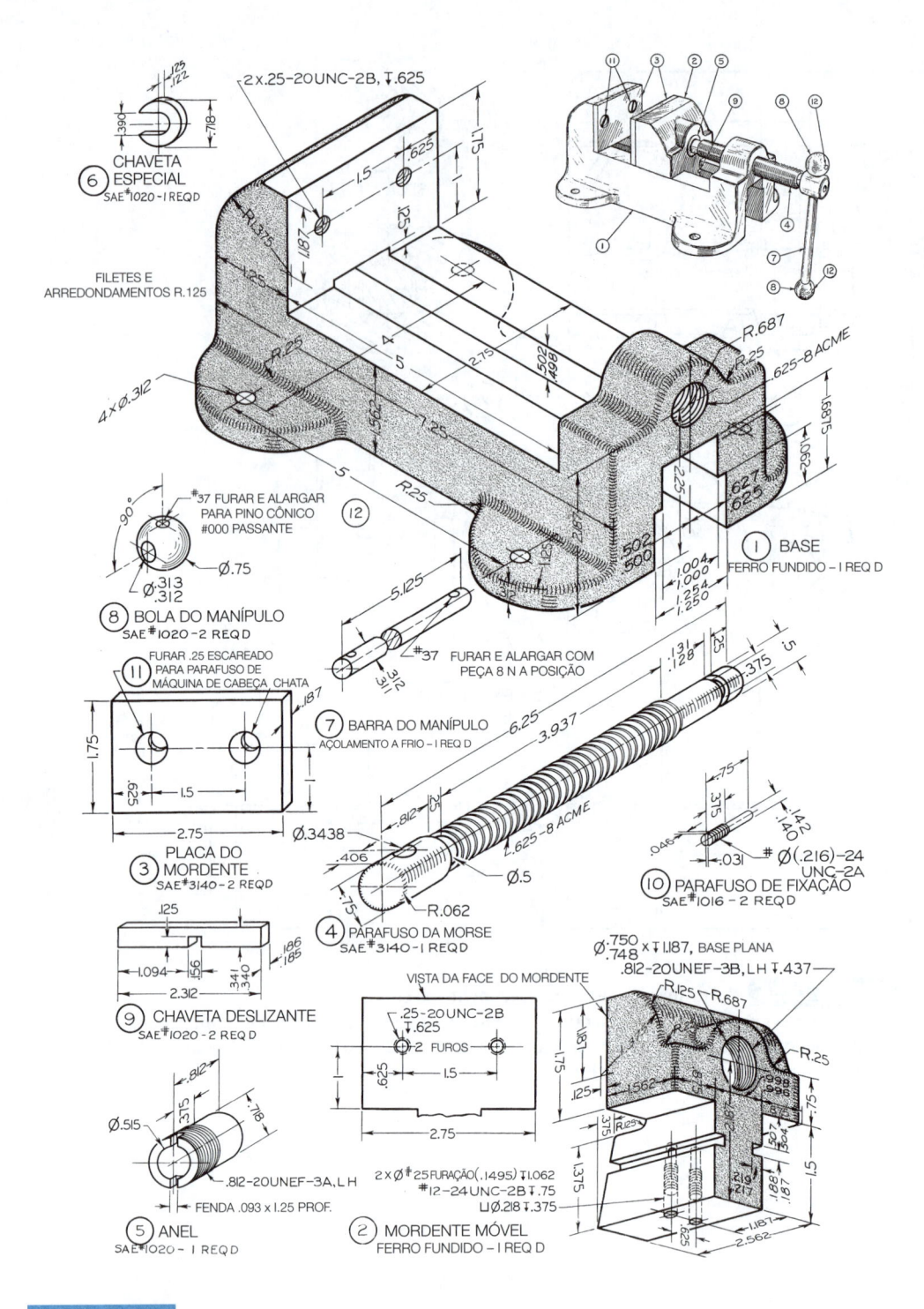

FIGURA 12.56 Morsa.

Proj.12.36: (1) Faça desenho de detalhes. (2) Faça desenho de conjunto. Caso solicitado, converta as cotas para sistema de polegada decimal, ou desenhe novamente com cotas métricas.

CAPÍTULO 12 • DESENHOS DE EXECUÇÃO   427

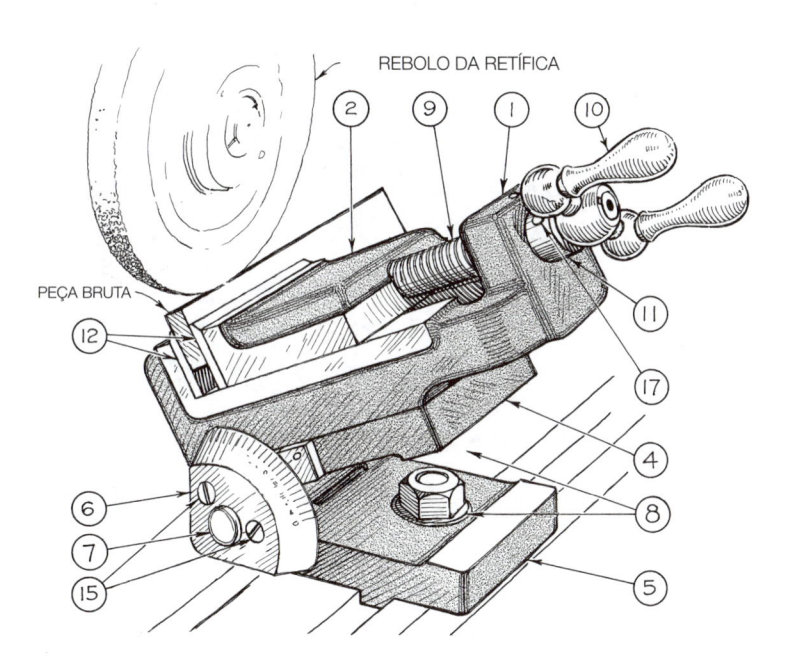

FIGURA 12.57 Morsa de retífica.
Proj.12.37: Veja as Figuras 12.58 e 12.59.

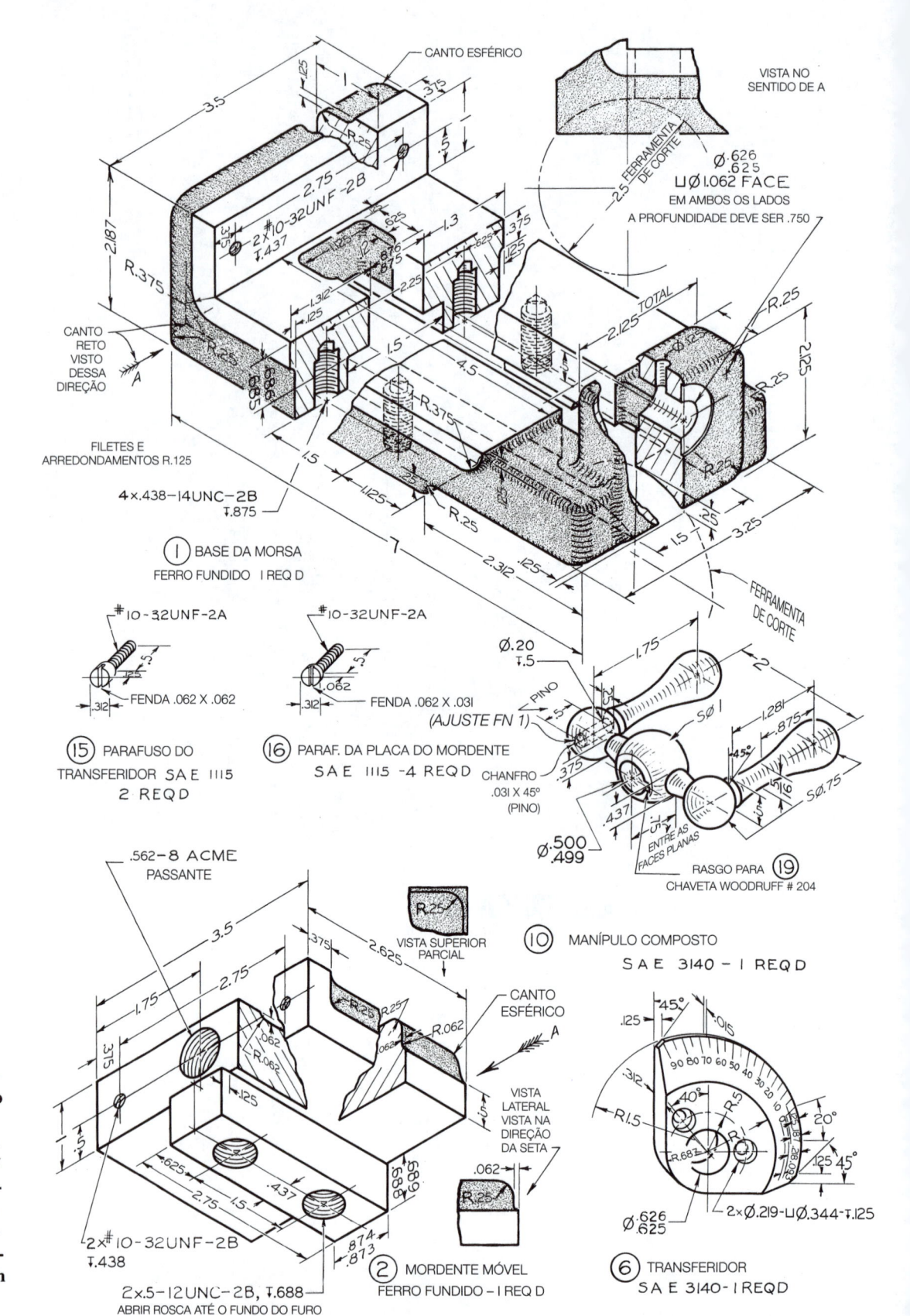

FIGURA 12.58
Morsa de retífica. Proj.12.37, continuação: (1) Faça desenho de detalhes. (2) Faça desenho de conjunto. Veja as Figuras 12.57 e 12.59. Caso solicitado, converta as cotas para o sistema de polegada decimal ou desenhe novamente com cotas métricas.

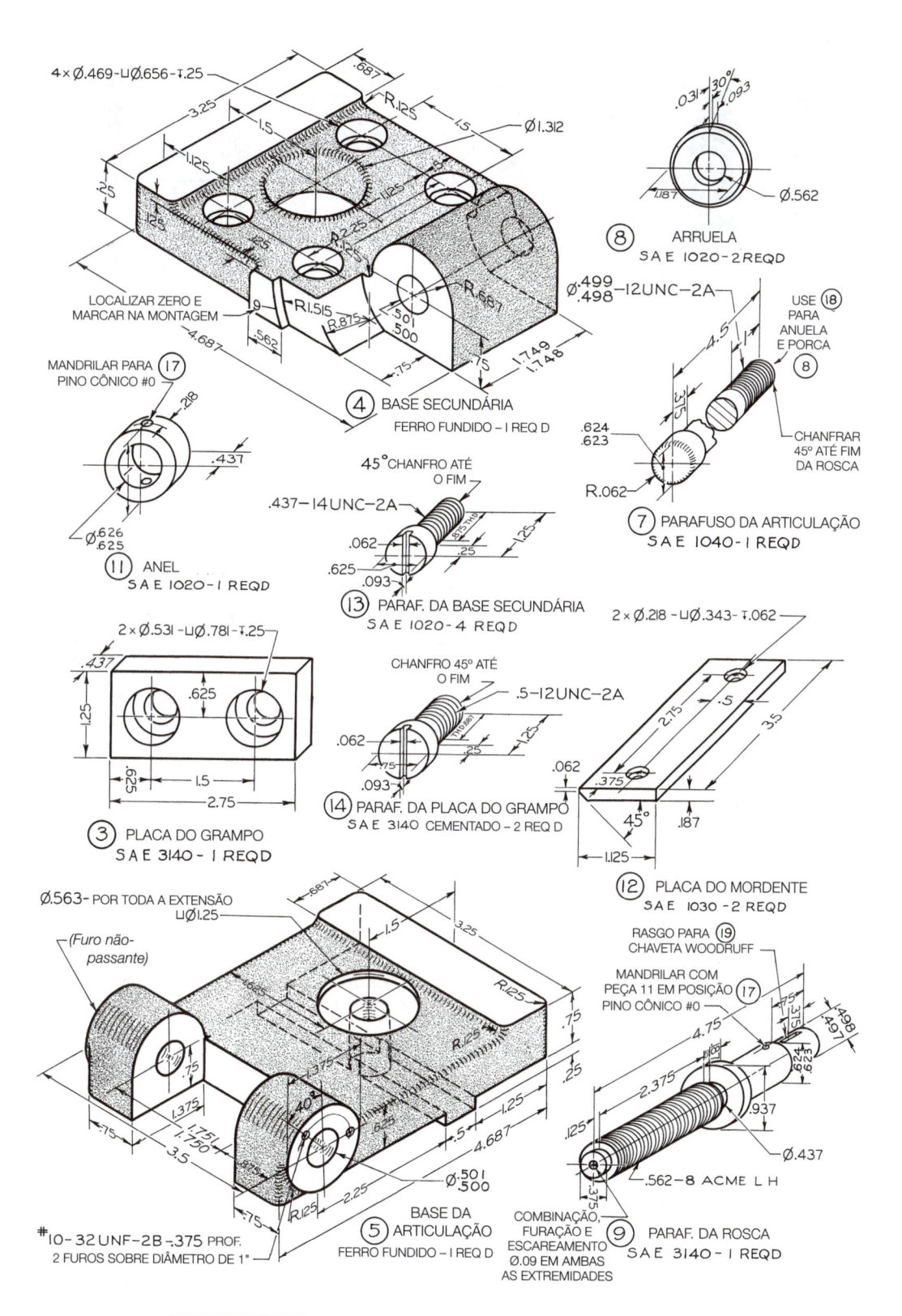

FIGURA 12.59 Morsa de retífica.
Proj.12.37, continuação: Veja a Figura 12.58 para obter instruções.

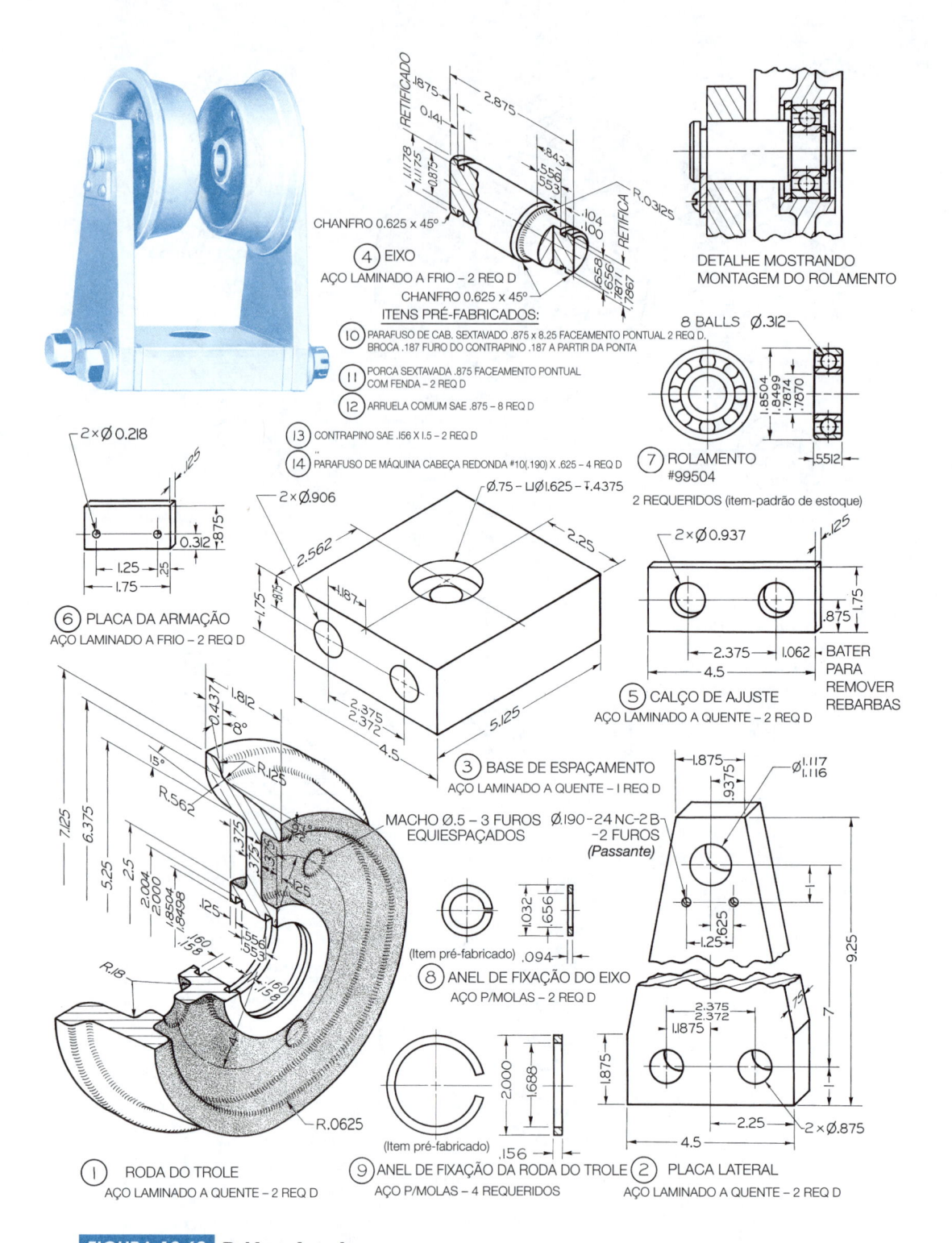

FIGURA 12.60 Roldana de trole.
Proj.12.38: (1) Faça desenho de detalhes, omitindo as peças 7-14. (2) Faça desenho de conjunto. Se pedido, converta as cotas para sistema de polegada decimal, ou desenhe novamente com cotas métricas.

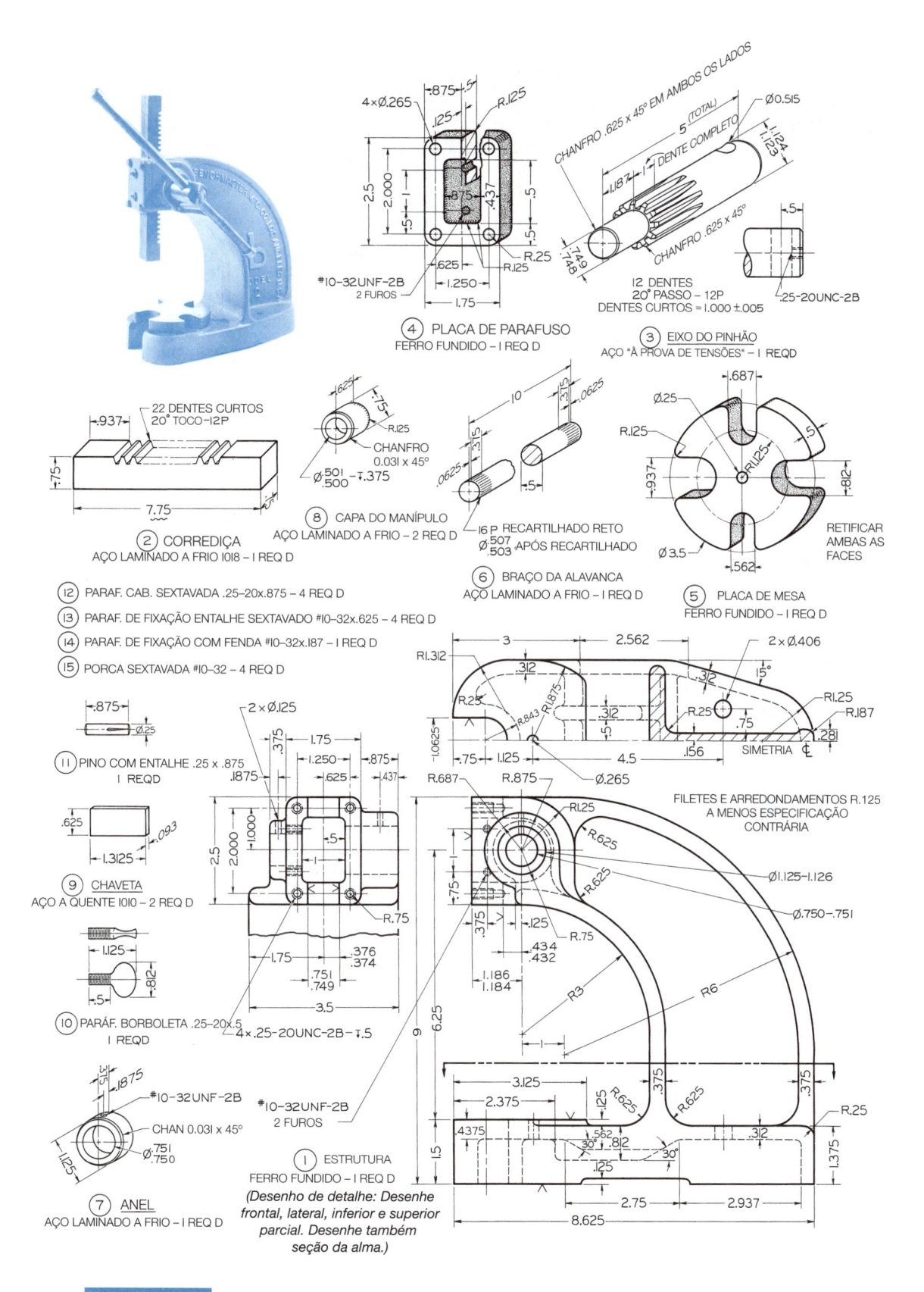

FIGURA 12.61 Prensa.

Proj. 12.39: (1) Faça desenho de detalhes. (2) Faça desenho de conjunto. Caso solicitado, converta cotas para sistema de polegada decimal ou desenhe novamente para cotas métricas.

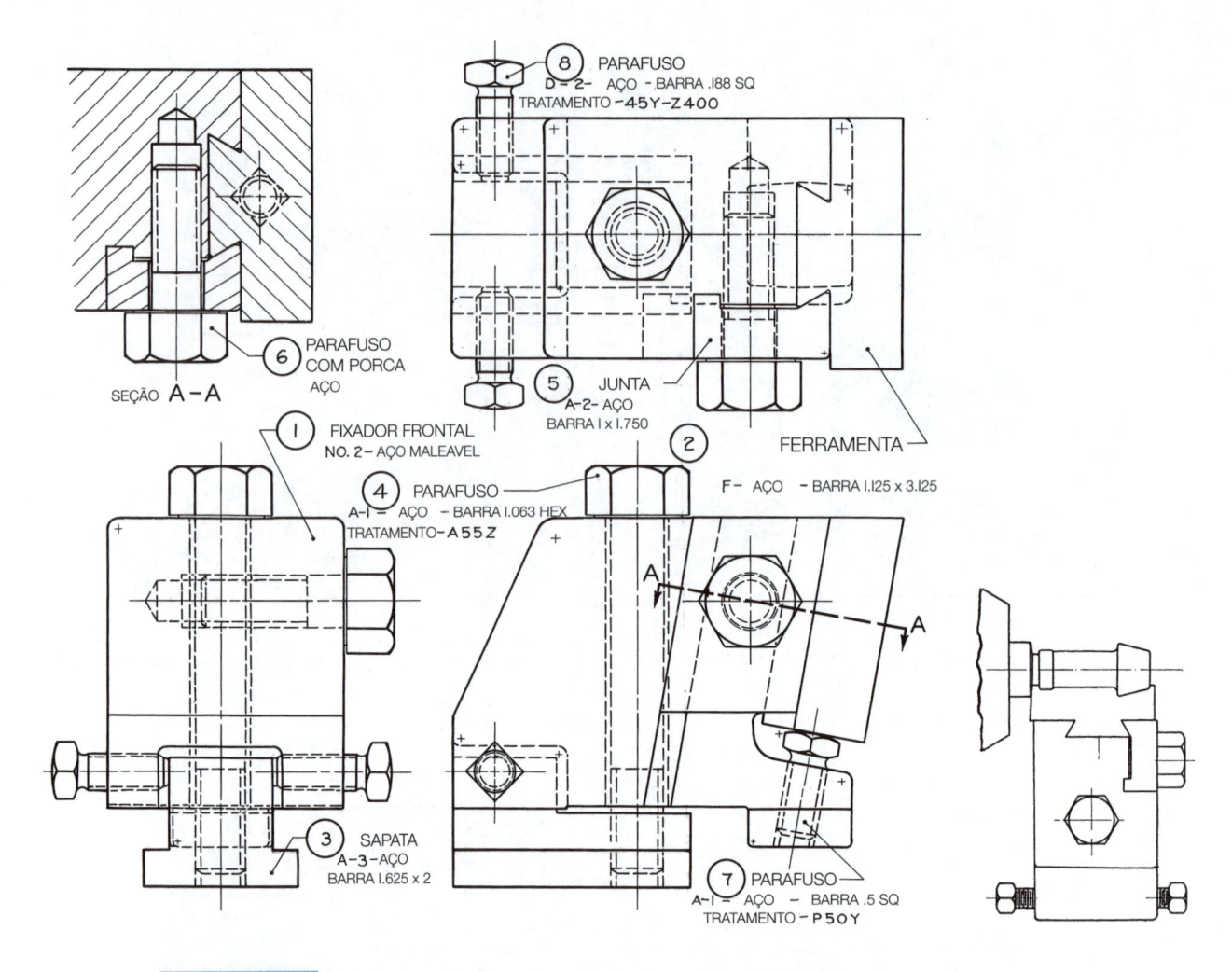

FIGURA 12.62 Porta-ferramentas.

Proj.12.40: (1) Faça desenhos de detalhe usando cotas em polegada decimal ou cotas métricas. (2) Faça desenho de conjunto. O desenho de leiaute acima está em escala 1:2. Para obter as cotas, meça diretamente a partir da figura e dobre as medidas. À esquerda, está mostrada a vista superior do suporte da ferramenta de corte em uso no torno.

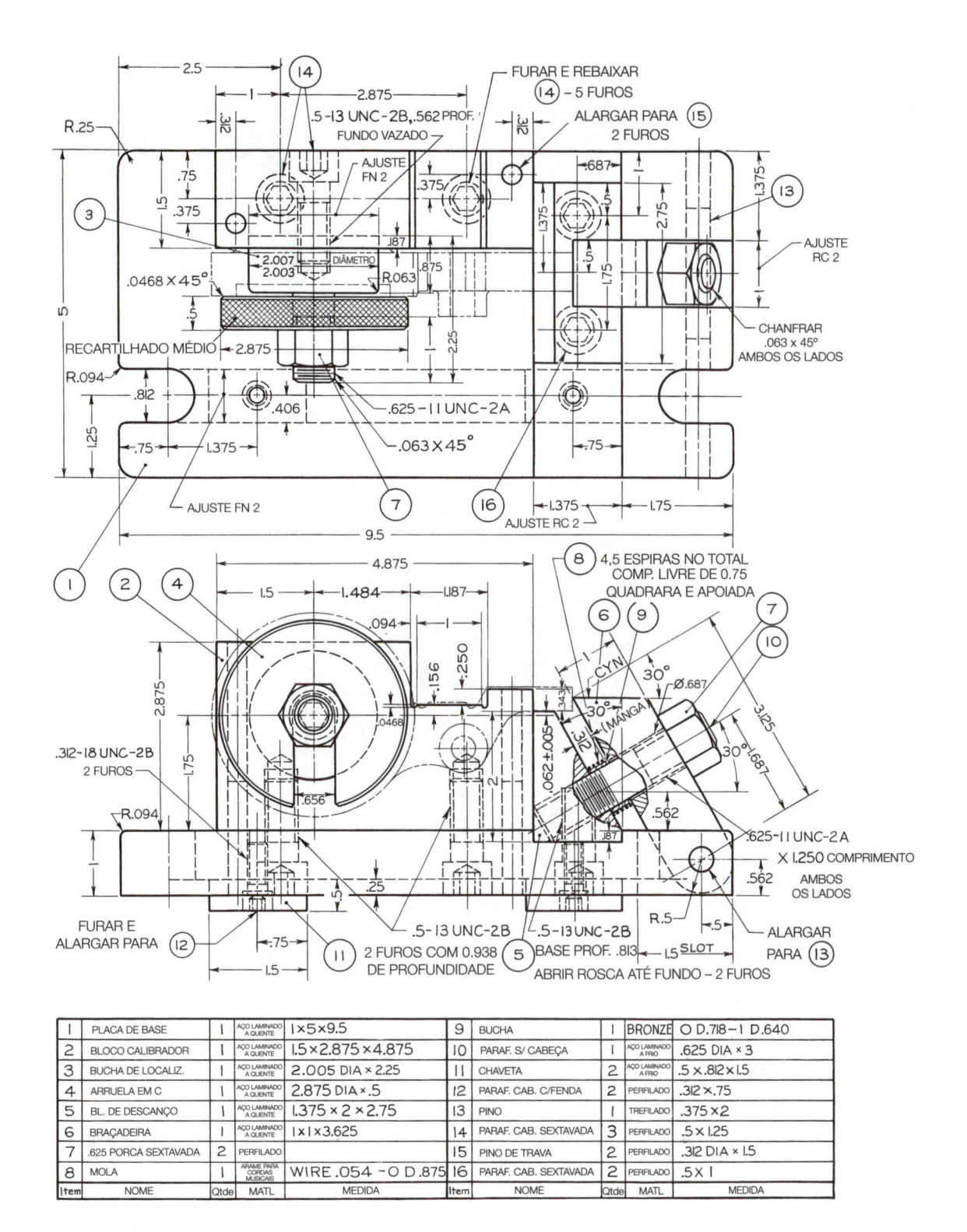

FIGURA 12.63 Gabarito de fixação para usinagem do braço de embreagem.
Proj. 12.41: (1) Faça desenhos de detalhe usando o sistema de polegada decimal ou desenhe novamente para cotagem métrica, caso solicitado. (2) Faça desenho de conjunto.

Item	NOME	Qtde	MATL	MEDIDA	Item	NOME	Qtde	MATL	MEDIDA
1	PLACA DE BASE	1	AÇO LAMINADO A QUENTE	1×5×9.5	9	BUCHA	1	BRONZE	O D.718 – I D.640
2	BLOCO CALIBRADOR	1	AÇO LAMINADO A QUENTE	1.5×2.875×4.875	10	PARAF. S/ CABEÇA	1	AÇO LAMINADO A FRIO	.625 DIA × 3
3	BUCHA DE LOCALIZ.	1	AÇO LAMINADO A QUENTE	2.005 DIA × 2.25	11	CHAVETA	2	AÇO LAMINADO A FRIO	.5 × .812 × 1.5
4	ARRUELA EM C	1	AÇO LAMINADO A QUENTE	2.875 DIA × .5	12	PARAF. CAB. C/FENDA	2	PERFILADO	.312 × .75
5	BL. DE DESCANÇO	1	AÇO LAMINADO A QUENTE	1.375 × 2 × 2.75	13	PINO	1	TREFILADO	.375 × 2
6	BRAÇADEIRA	1	AÇO LAMINADO A QUENTE	1×1×3.625	14	PARAF. CAB. SEXTAVADA	3	PERFILADO	.5 × 1.25
7	.625 PORCA SEXTAVADA	2	PERFILADO		15	PINO DE TRAVA	2	PERFILADO	.312 DIA × 1.5
8	MOLA	1	ARAME PARA CORDAS MUSICAIS	WIRE .054 – O D .875	16	PARAF. CAB. SEXTAVADA	2	PERFILADO	.5 × 1

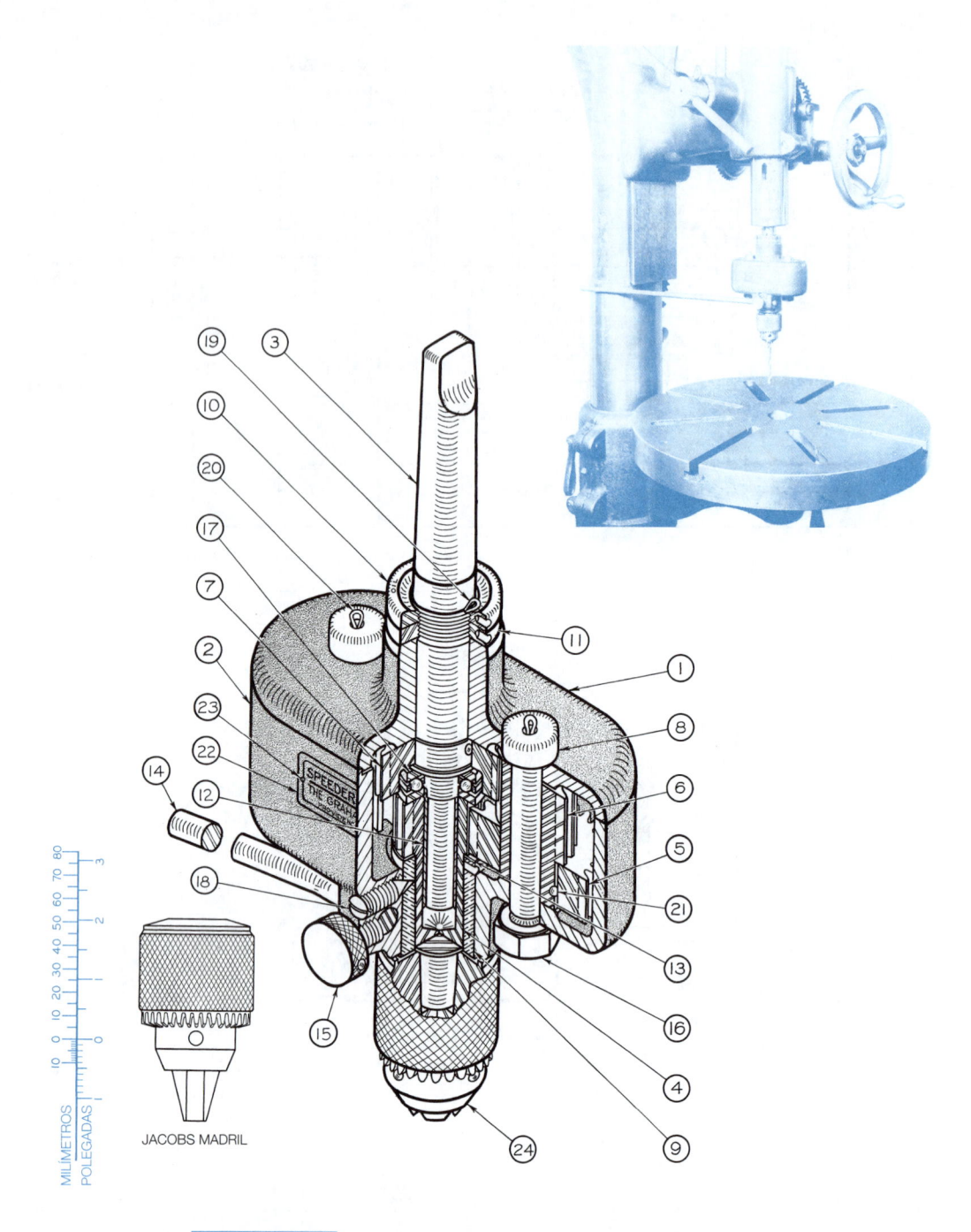

FIGURA 12.64 Incrementador de velocidade de furadeira.
Proj.12.42: Veja as Figuras 12.65 e 12.66.

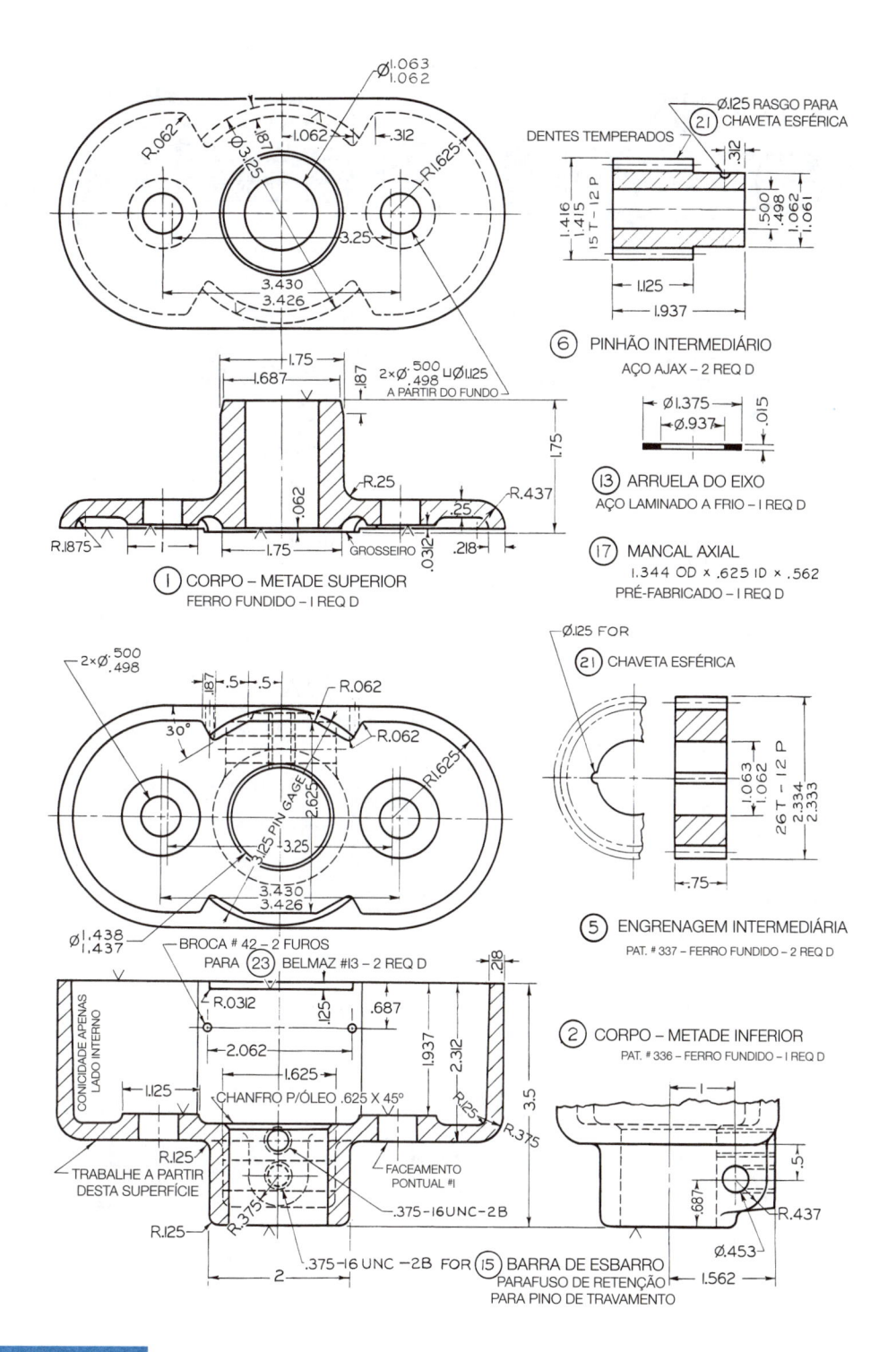

FIGURA 12.65 Incrementador de velocidade de furadeira.
Proj.12.42, continuação: (1) Faça desenho de detalhes. (2) Faça desenho de conjunto. Veja a Figura 12.64. Caso solicitado, converta as cotas para sistema de polegada decimal, ou desenhe novamente com cotas métricas.

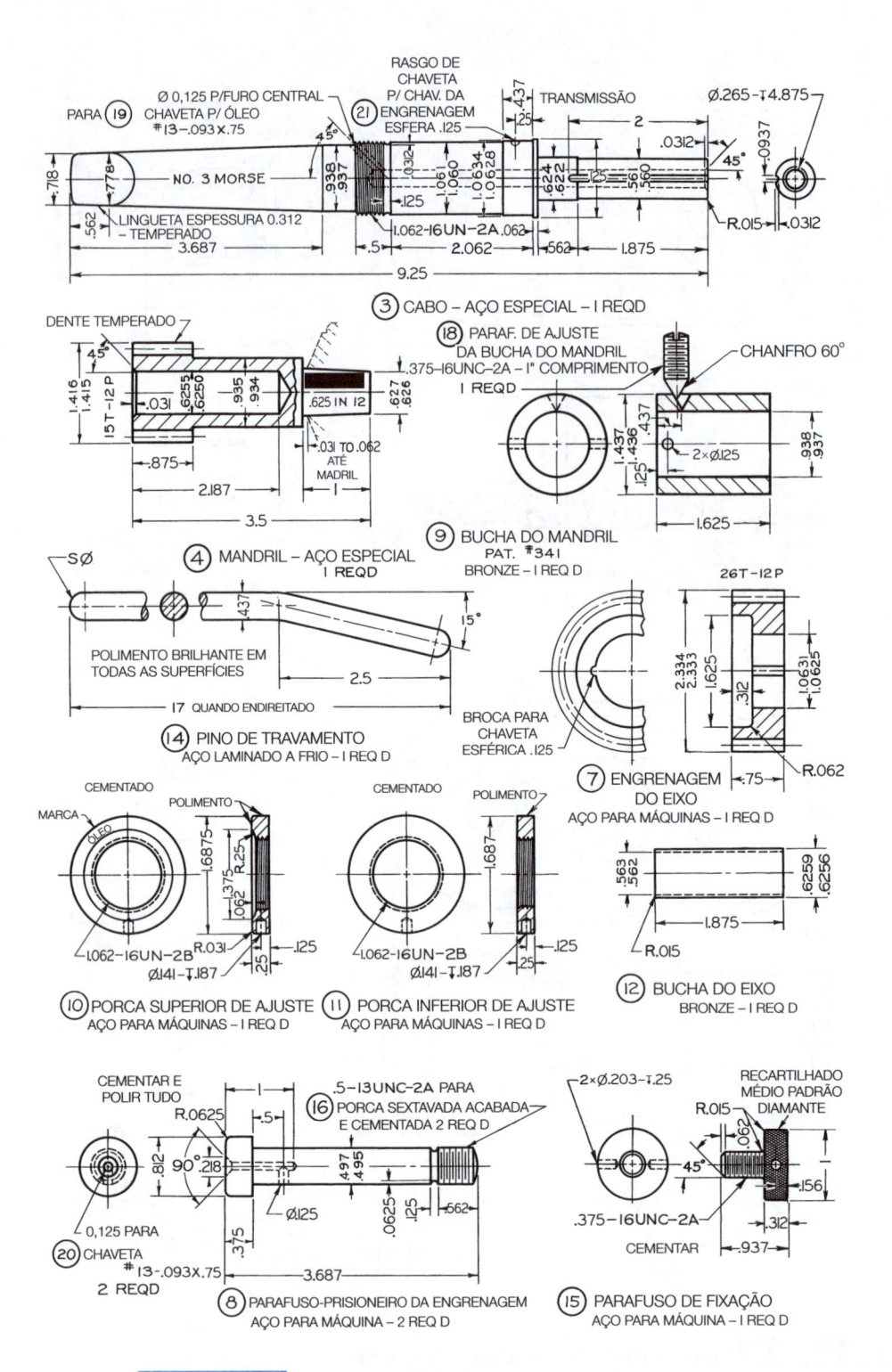

FIGURA 12.66 Incrementador de velocidade de furadeira.
Proj.12.42, continuação: Veja a Figura 12.65 para obter instruções.

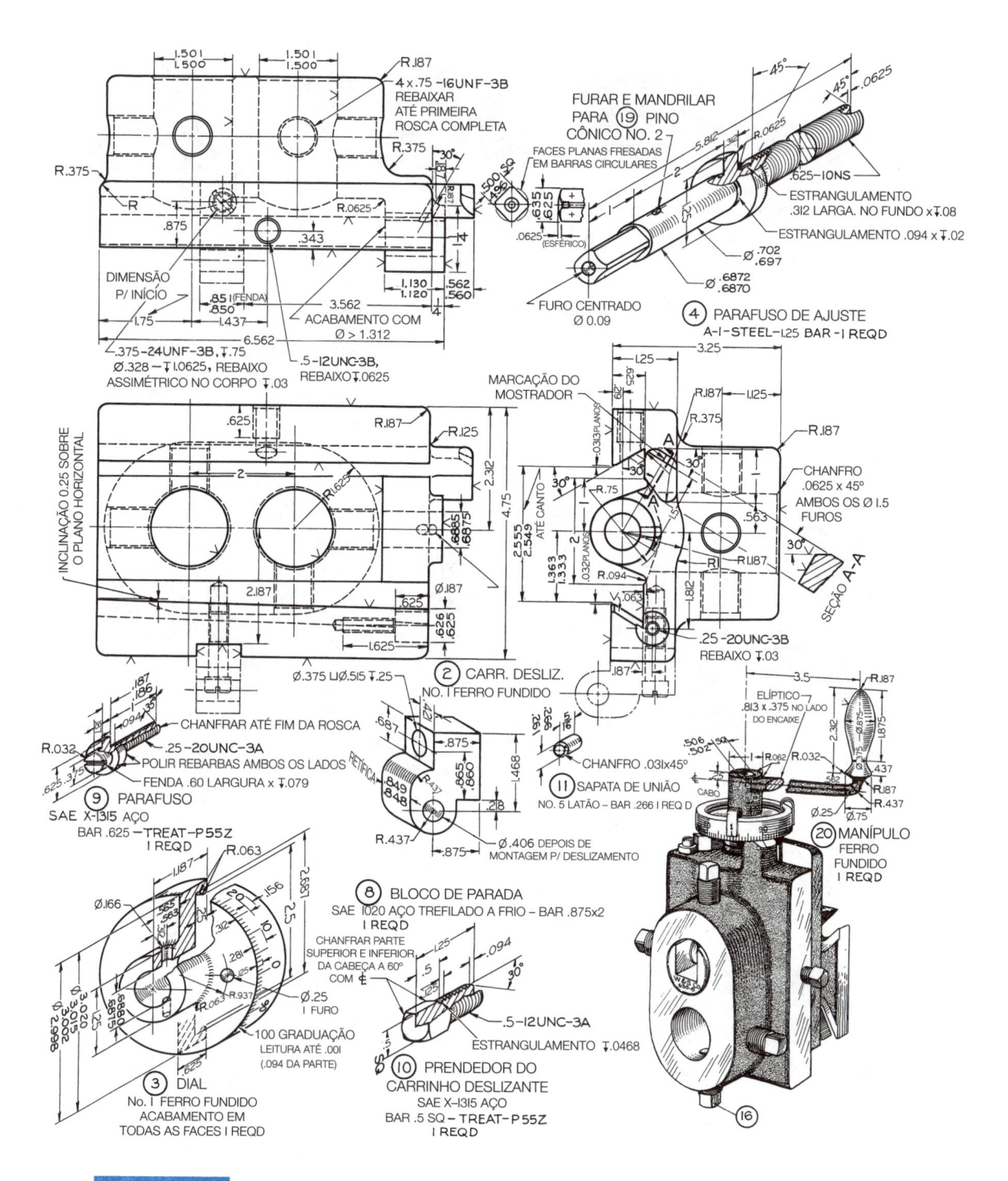

FIGURA 12.67 Corrediça vertical.

Proj.12.43: (1) Faça desenho de detalhes. Caso solicitado, converta as cotas para sistema de polegada decimal, ou desenhe novamente com cotas métricas. (2) Faça desenho de conjunto. Para a peça 2: tome a vista superior dada como vista frontal no novo desenho; a seguir, adicione as vistas superior e lateral direita. Veja também a Figura 12.68. Caso solicitado, use cotagem unidirecional.

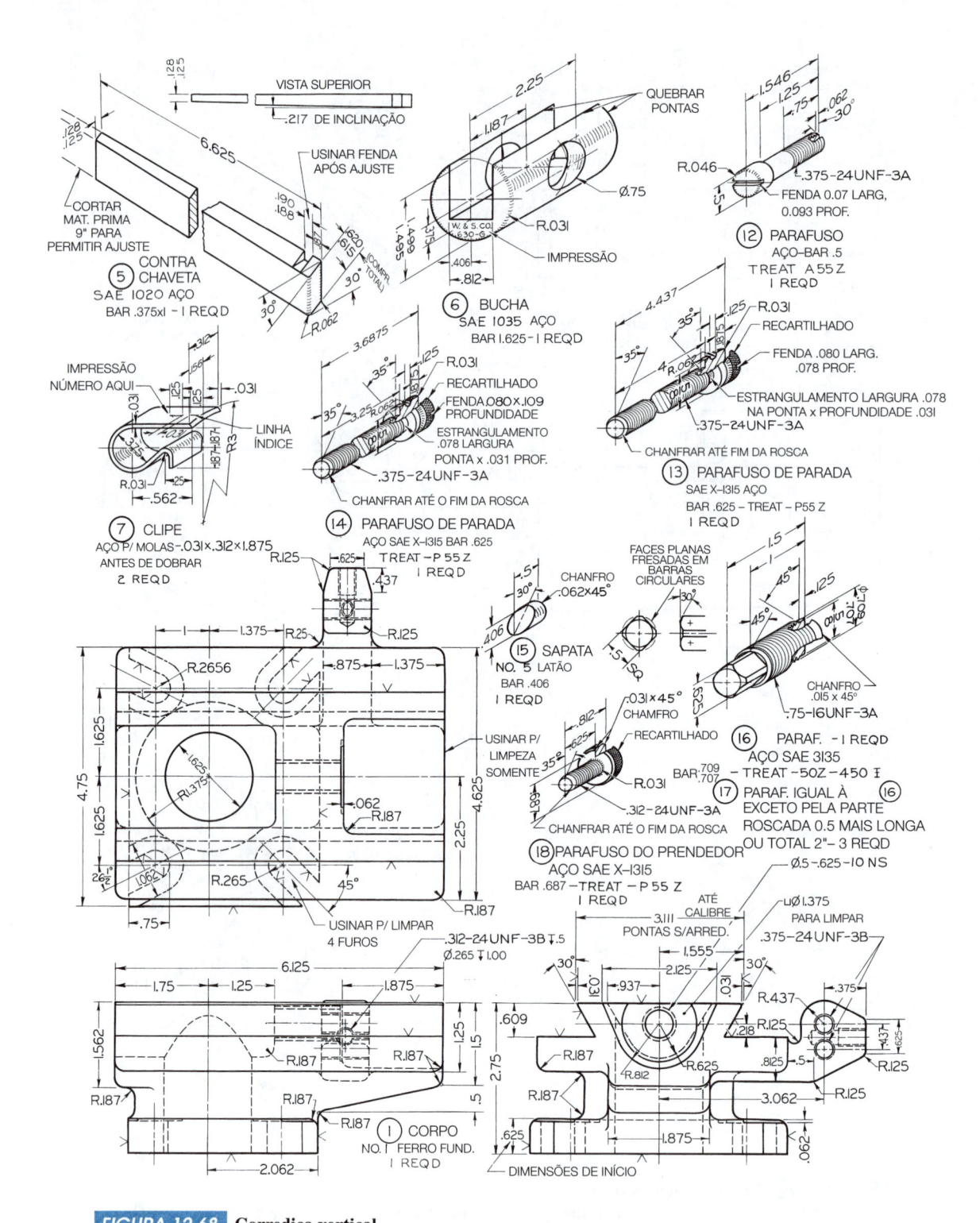

FIGURA 12.68 Corrediça vertical.

Proj.12.43, continuação: Veja a Figura 12.67 para obter instruções. Para a peça 1: tome a vista superior como vista frontal no novo desenho; depois, adicione as vistas superior e lateral direta.

CAPÍTULO 12 • DESENHOS DE EXECUÇÃO 439

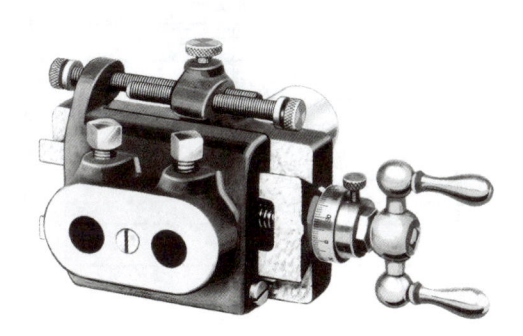

FIGURA 12.69 Corrediça.
Proj.12.44: Faça desenho de conjunto. Veja as Figuras 12.67-12.68.

FIGURA 12.70 Proj.12.45: Lista de ferramentas da corrediça.

Qtde	NOME	No. DA PEÇA	FEITA DA PEÇA No.	No. DE CONTROLE	MATERIAL	PESO ESTIMADO POR PEÇA	DIÂMETRO	COMPRIMENTO	PREÇO	PEÇA USADA EM	NO. REGO ACABAMENTO
1	Corpo	219-12		D-17417	A-3-S D F						
1	Carr. Deslizante	219-6		D-19255	A-3-S D F					219-12	
1	Porca	219-9		E-19256	#10 BZ					219-6	
1	Contra-Chaveta	219-1001		C-11129	S A E 1020					219-6	
1	Paraf. do Carr.	219-1002		C-11129	A-3-S					219-12	
1	Bucha do Mostr.	219-1003		C-11129	A-1-S					219-1002	
1	Porca do Mostr.	219-1004		C-11129	A-1-S					219-1002	
1	Manípulo	219-1011		E-18270	(Buy from Cincinnati Ball Crank Co.)					219-1002	
1	Paraf. Parad. (curto)	219-1012		E-51950	A-1-S					219-6	
1	Paraf.Parad.(compr.)	219-1013		E-51951	A-1-S					219-6	
1	Sapata	219-1015		E-51952	#5 Brass					219-6	
1	Paraf. Manípulo	219-1016		E-62322	X-1315 C F					219-1011	
1	Paraf. Manípulo	219-1017		E-63927	A-1-S					219-6	
1	Mostrador	219-1018		E-39461	A-1-S					219-1002	
2	Paraf.Contra-Chav.	219-1019		E-52777	A-1-S		$\frac{1}{4}$-20	1		219-6	
1	Parafuso	280-1010		E-24962	A-1-S					219-1018	
2	Paraf.Prend.Ferr.	683-F-1002		E-19110	D-2-S					219-6	
1	Paraf.Cab Sestavada	1-A			A-1-S		$\frac{3}{8}$	$1\frac{3}{8}$		219-6 219-9	
1	Chaveta	No.404 Woodruff								219-1002	

LISTA DE PEÇAS — NÚMERO DA FOLHA 2 — FOLHA No. 1 — MÁQUINA No. M-219
NOME No. 4 CORREDIÇA (ESPECIFICAR A MEDIDA DA HASTE REQUERIDA) — NÚMERO DO LOTE — NÚMERO DE PEÇAS

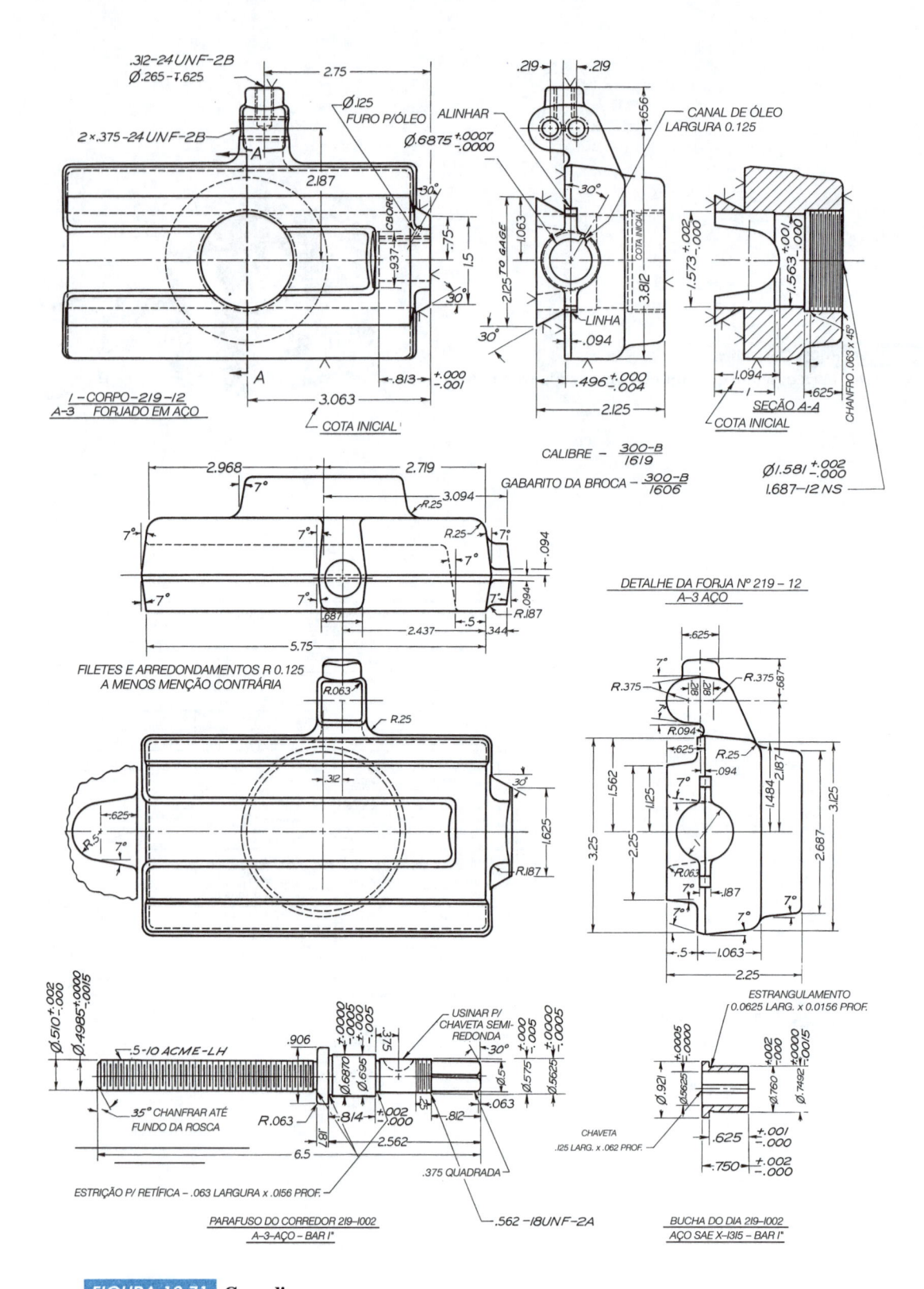

FIGURA 12.71 Corrediça.

Proj. 12.45, continuação: **(1) Faça desenho de detalhe usando cotagem em polegada decimal ou desenhe novamente com cotagem métrica, caso solicitado. (2) Faça desenho de conjunto. Veja a Figura 12.70.**

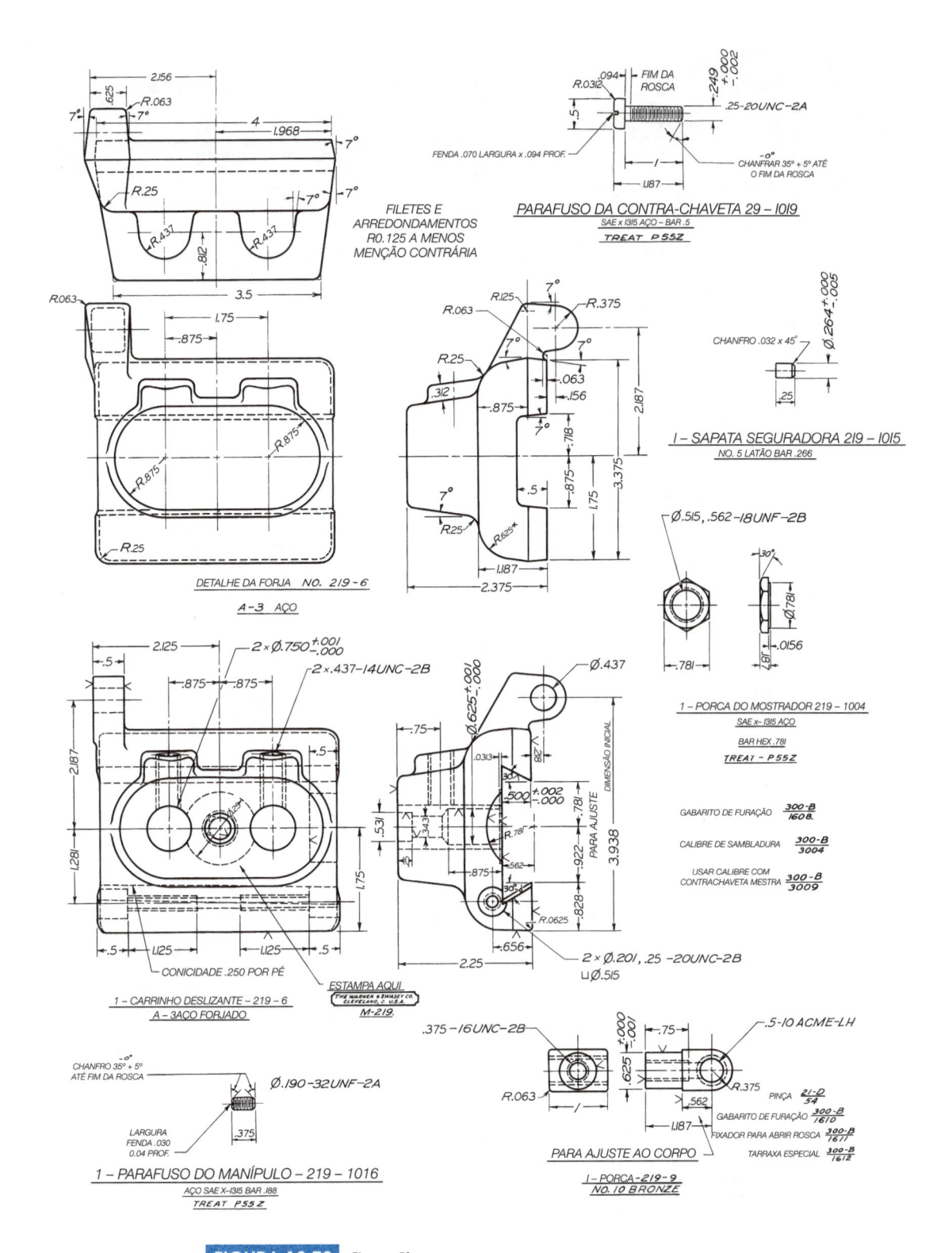

FIGURA 12.72 Corrediça.
Proj.12.45, continuação: veja a Figura 12.71 para obter instruções.

FIGURA 12.73 Corrediça.
Proj.12.45, continuação: veja a Figura 12.71 para obter instruções.

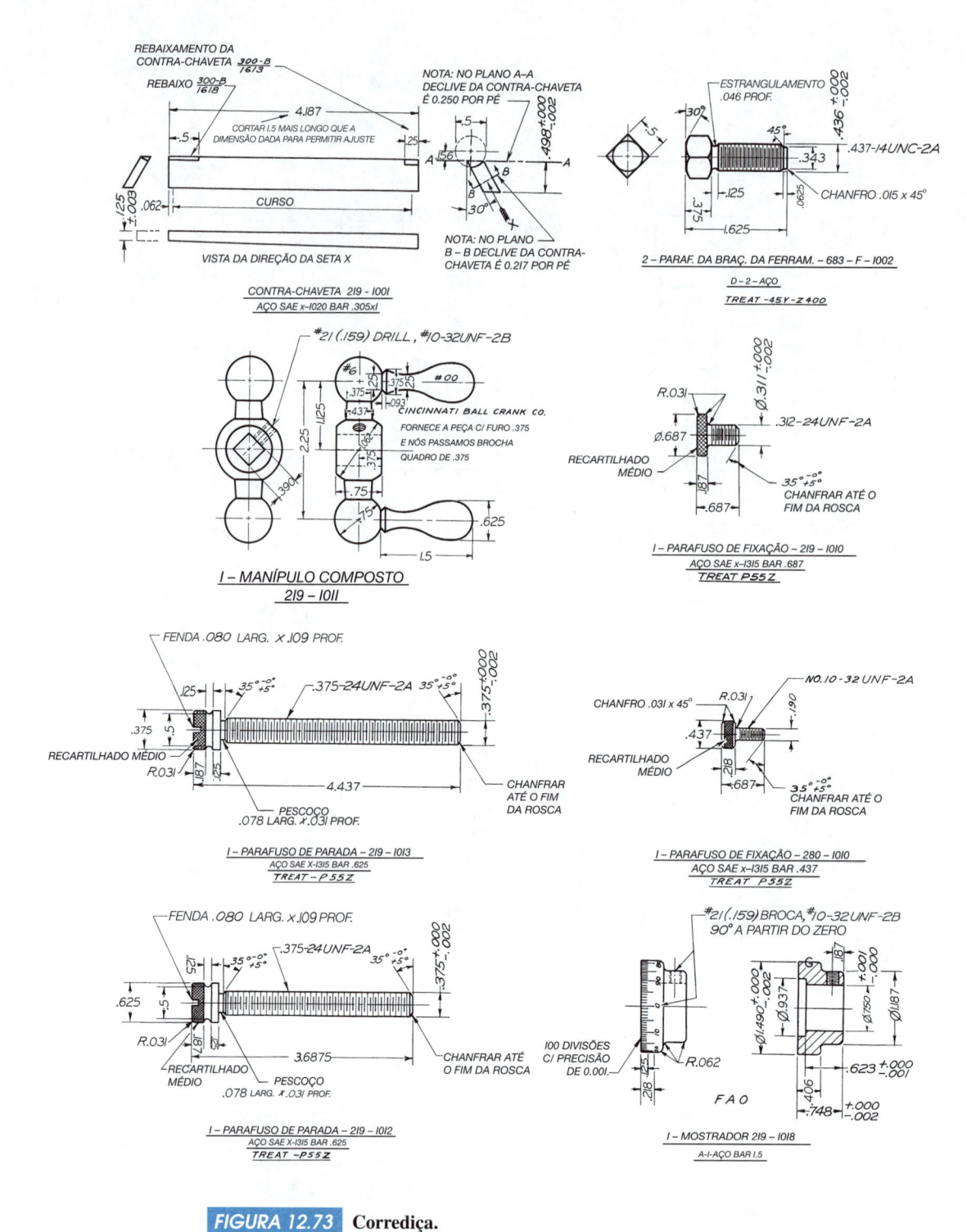

CAPÍTULO 12 • DESENHOS DE EXECUÇÃO 443

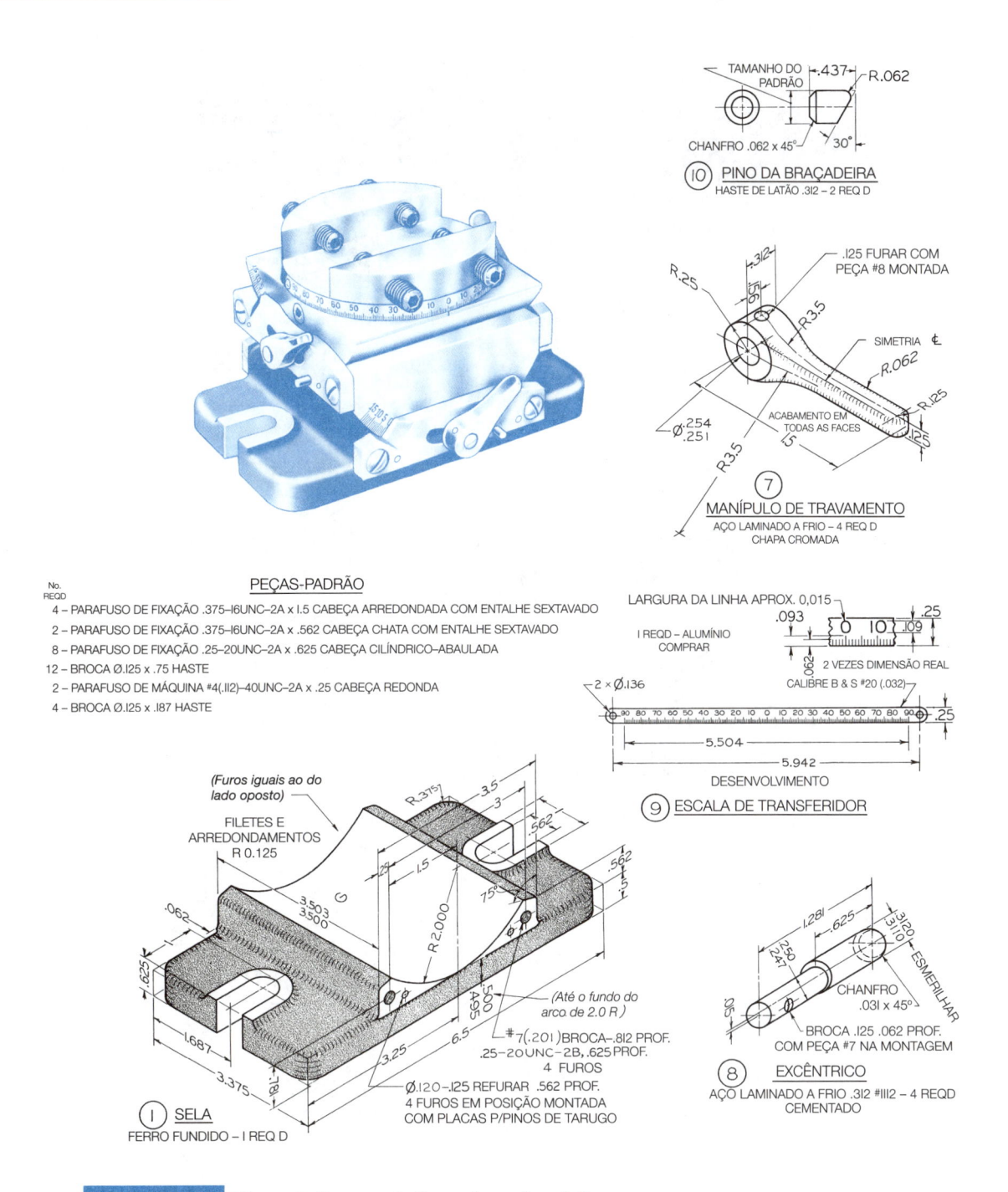

FIGURA 12.74 Morsa de ferramenta "a qualquer ângulo".
Proj.12.46: (1) Faça desenho de detalhes usando o sistema de polegada decimal, ou desenhe novamente com cotas métricas, caso solicitado. (2) Faça desenho de conjunto. Veja a Figura 12.75.

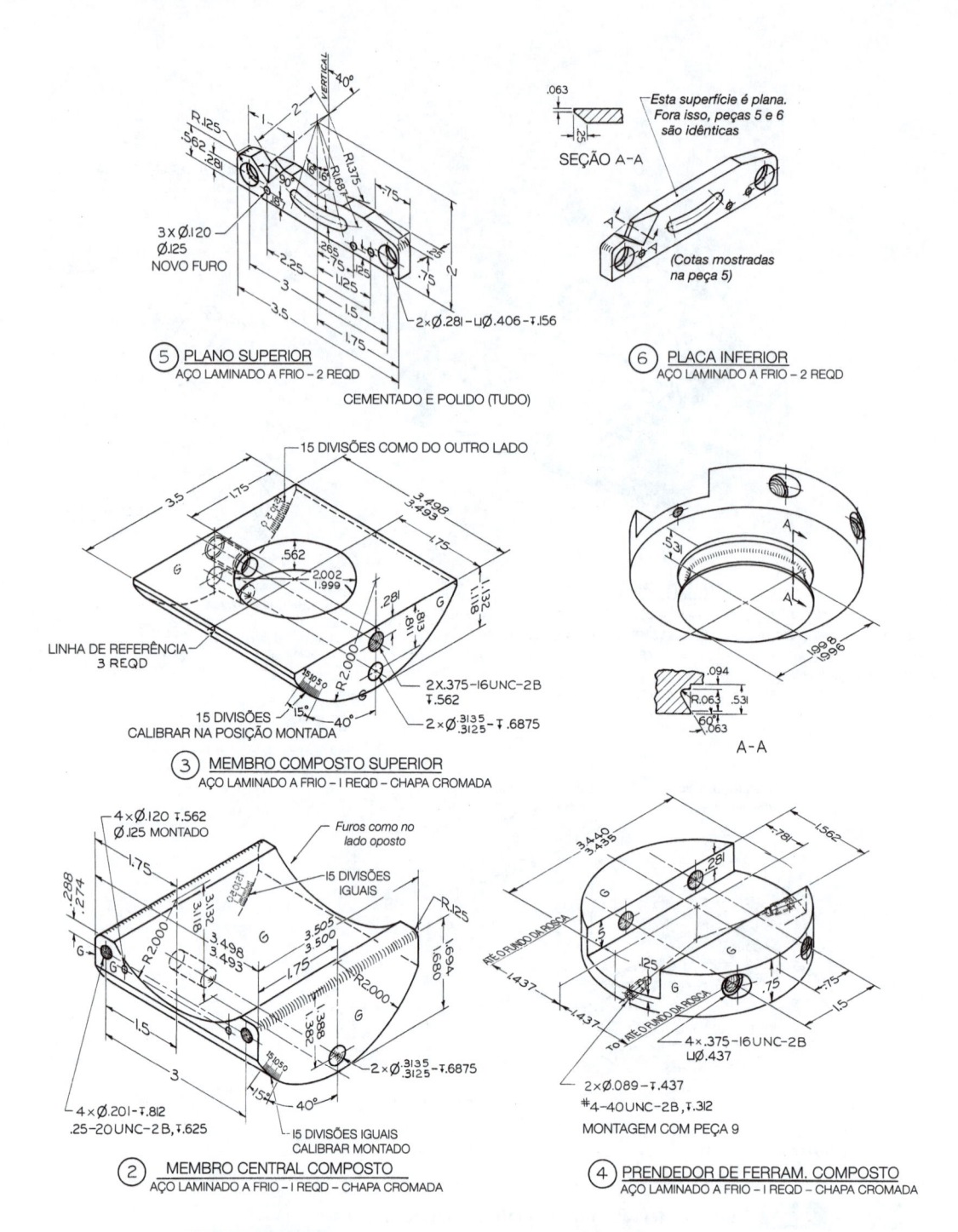

FIGURA 12.75 Morsa de ferramenta "a qualquer ângulo".
Proj.12.46, continuação: veja a Figura 12.74 para obter instruções.

CAPÍTULO 12 • DESENHOS DE EXECUÇÃO 445

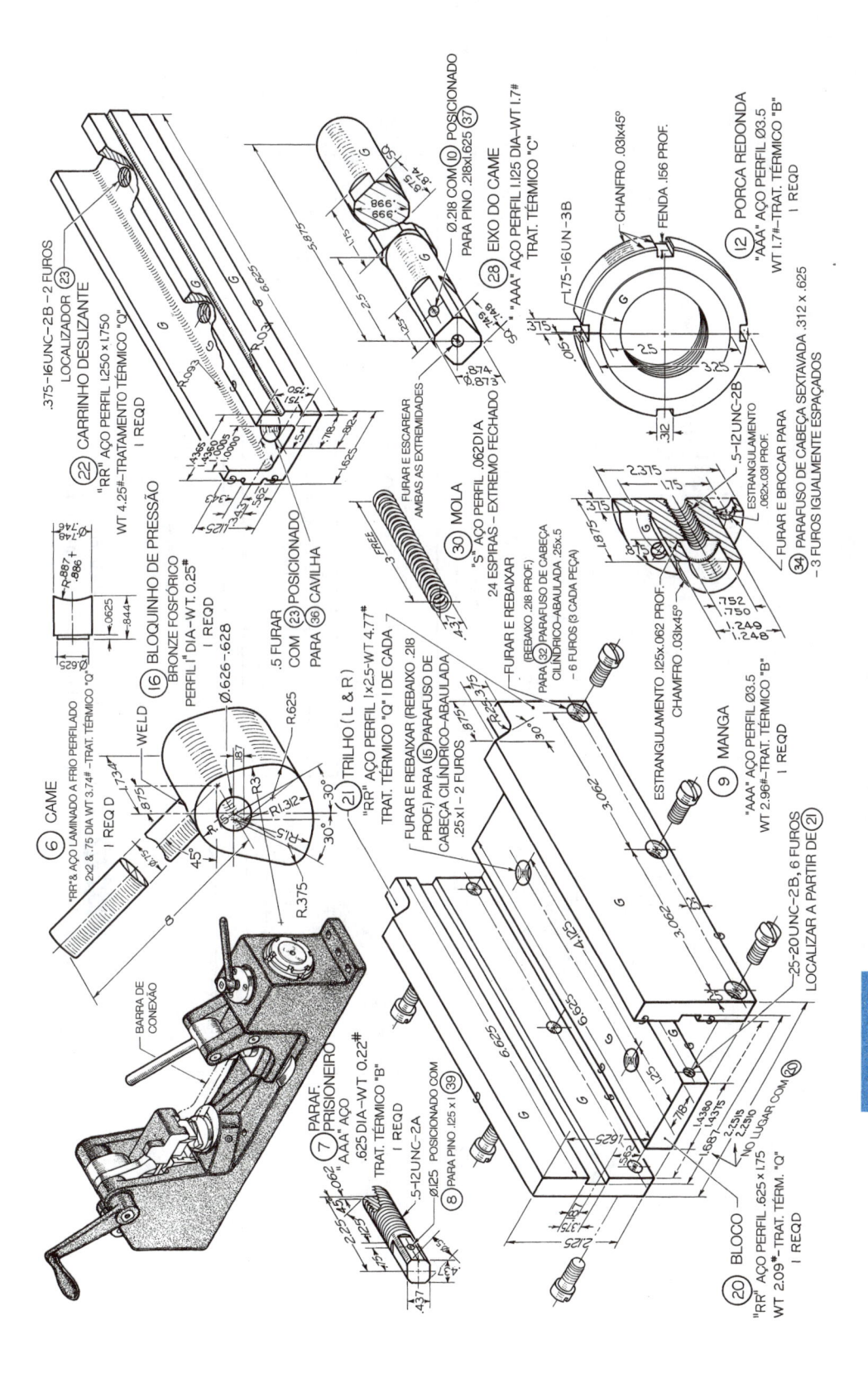

FIGURA 12.76 Suporte para centralização de barra de conexão.
Proj. 12.47: (1) Faça desenho de detalhes usando sistema de polegada decimal, ou desenhe novamente com cotas métricas, caso solicitado. (2) Faça desenho de conjunto. Veja as Figuras 12.77 e 12.78.

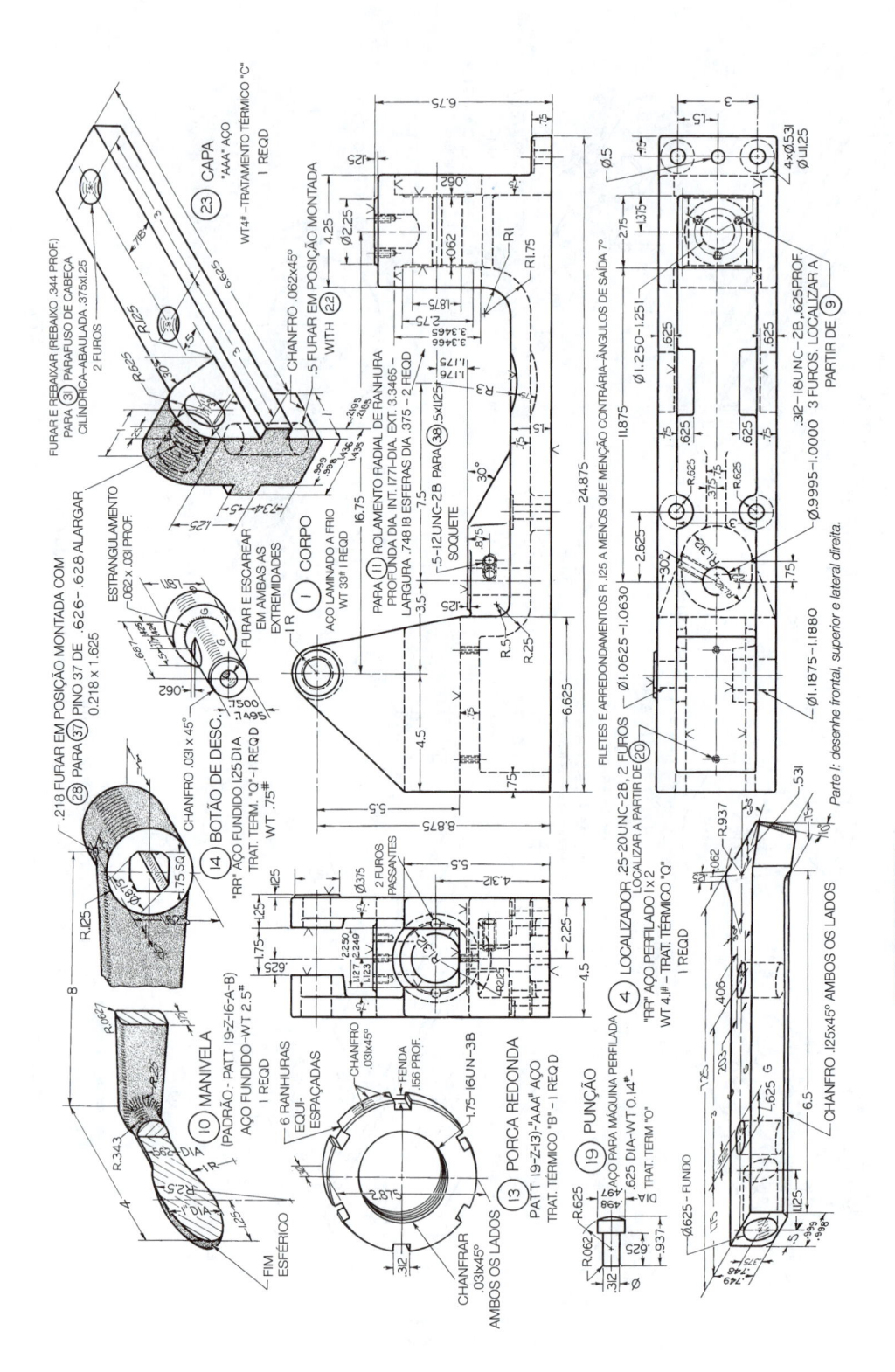

FIGURA 12.77 Suporte para centralização da barra de conexão.
Proj.12.47, continuação: veja a Figura 12.76 para obter instruções.

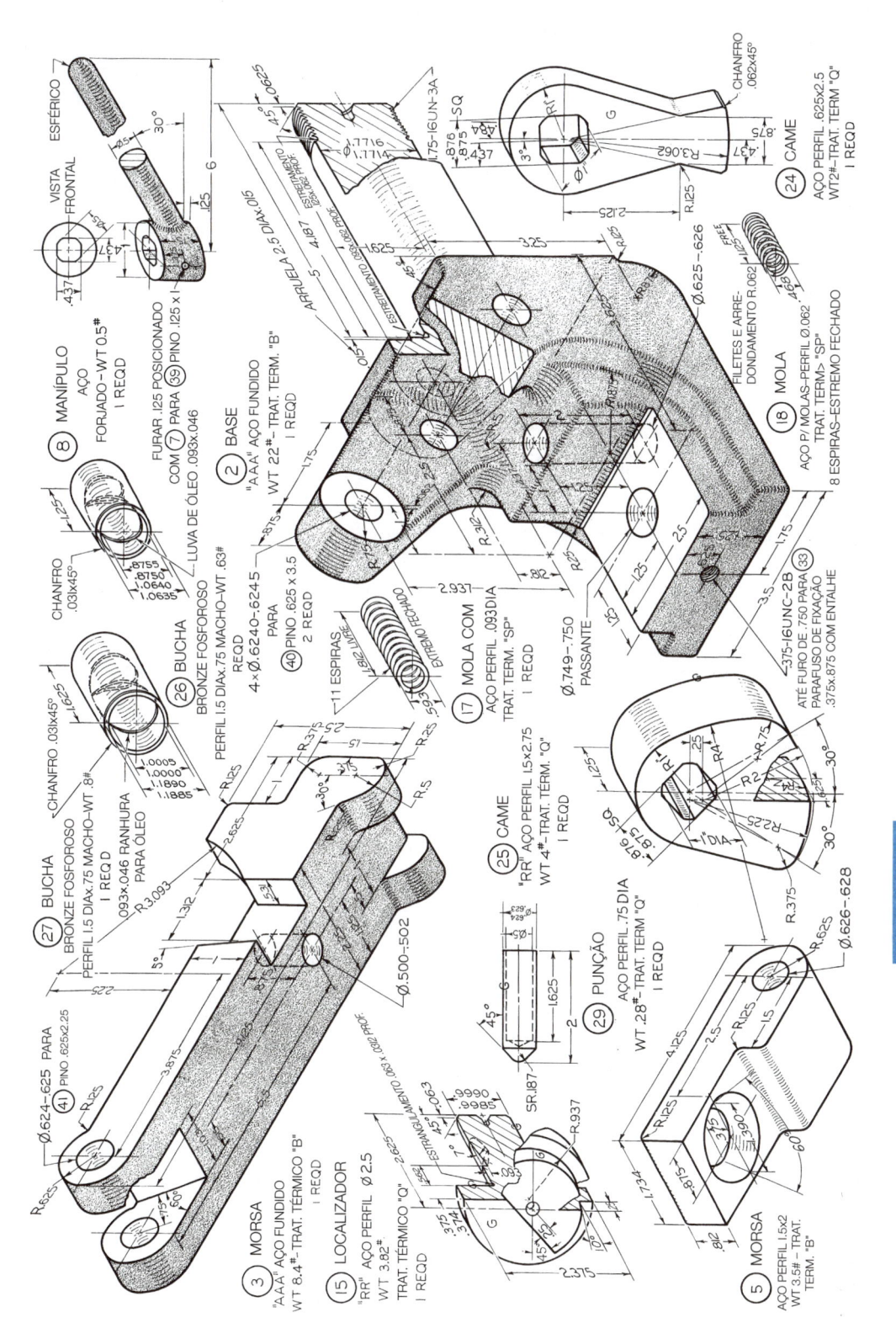

FIGURA 12.78 Suporte para centralização da barra de conexão. Proj.12.47, continuação: veja a Figura 12.76 para obter instruções.

APÊNDICE

1. Normas brasileiras relacionadas ao desenho 450
2. Bibliografia da American National Standards 451
3. Termos técnicos 453
4. Glossário de termos utilizados em CAD/CAM 461
5. Abreviações para uso em desenhos e em texto — norma americana 469
6. Ajustes móveis e deslizantes — norma americana 473
7. Ajustes de posicionamento com folga — norma americana 475
8. Ajustes incertos de posicionamento — norma americana 477
9. Ajustes posicionais com interferência — norma americana 478
10. Ajuste forçado ou a quente — norma americana 479
11. Graus internacionais de tolerância 481
12. Ajustes métricos preferenciais com folga para sistema furo-base — norma americana 482
13. Ajustes métricos preferenciais incertos e com interferências para sistema furo-base — norma americana 484
14. Ajustes métricos preferenciais com folga para sistema eixo-base — norma americana 486
15. Ajustes métricos preferenciais incertos e com interferências para sistema eixo-base — norma americana 488
16. Roscas de parafuso americanas, unificadas e métricas 490
17. Medidas de brocas helicoidais — americanas e métricas 493
18. Roscas Acme, uso geral 494
19. Parafusos com porca, porcas e parafusos de cabeça — quadrados e sextavados — norma americana e métrica 495
20. Parafusos de cabeça, parafusos de cabeça com fenda e parafusos de cabeça com encaixe — norma americana e métrica 498
21. Parafusos de máquina — norma americana e métrica 500
22. Chavetas — quadradas, chatas, inclinadas e com cabeça em cunha 502
23. Roscas de parafuso quadradas Acme 502
24. Chavetas Woodruff — norma americana 503
25. Dimensões Woodruff para diâmetros de eixos diferentes 503
26. Chavetas Pratt & Whitney de extremidades arrendondadas 504
27. Arruelas planas — norma americana 505
28. Arruelas de mola — norma americana 506
29. Arames padronizados 507
30. Pinos cônicos — norma americana 508
31. Contrapinos — norma americana 509
32. Equivalentes métricos 510
33. Símbolos e processos de soldagem — norma da sociedade americana de soldagem (American Welding Society Standard) 511
34. Símbolos topográficos 514
35. Símbolos de tubulação — norma americana 515
36. Símbolos de aquecimento, ventilação e canalizações — norma americana 516
37. Símbolos gráficos para diagramas elétricos da norma americana 517
38. Formas e proporções de símbolos de tolerância geométrica 518
39. Tubos de aço forjado e roscas para tubos afilados — norma americana 519
40. Tubos de ferro fundido, espessuras e pesos — norma americana 520
41. Conexões roscadas de tubos de ferro fundido, 125 lb — norma americana 521
42. Conexões roscadas de tubos de ferro fundido, 250 lb — norma americana 522
43. Flanges para tubos e conexões de ferro fundido, 125 lb — norma americana 523
44. Flanges para tubos de ferro fundido, furos para parafusos com porcas e seus comprimentos, 125 lb — norma americana 524
45. Dimensões de centro de eixos 524
46. Flanges para tubos e conexões de ferro fundido, 250 lb — norma americana 525
47. Flanges de tubos de aço fundido, furos para parafusos com porcas e seus comprimentos, 250 lb — norma americana 526

1 Normas brasileiras relacionadas ao desenho

Código: NBR5261   **Código secundário: SB13**
Data de publicação: 03/1981
Símbolos gráficos de eletricidade – Princípios gerais para desenho de símbolos gráficos

Código: NBR6036   **Código secundário: EB660**
Data de publicação: 05/1980
Blocos para desenho para uso escolar

Código: NBR6409   **Código secundário: NB273**
Data de publicação: 30/05/1997
Tolerâncias geométricas – Tolerâncias de forma, orientação, posição e batimento – Generalidades, símbolos, definições e indicações em desenho

Código: NBR6492   **Código secundário: NB43**
Data de publicação: 07/04/1994
Representação de projetos de arquitetura

Código: NBR7191   **Código secundário: NB16**
Data de publicação: 02/1982
Execução de desenhos para obras de concreto simples ou armado

Código: NBR8196   **Código secundário: NB806**
Data de publicação: 12/1999
Desenho técnico – Emprego de escalas

Código: NBR8402   **Código secundário: NB846**
Data de publicação: 07/03/1994
Execução de caractere para escrita em desenho técnico

Código: NBR8403   **Código secundário: NB847**
Data de publicação: 03/1984
Aplicação de linhas em desenhos – Tipos de linhas – Larguras das linhas

Código: NBR8404   **Código secundário: NB848**
Data de publicação: 03/1984
Indicação do estado de superfícies em desenhos técnicos

Código: NBR8993   **Código secundário: NB877**
Data de publicação: 08/1985
Representação convencional de partes rosqueadas em desenhos técnicos

Código: NBR9964   **Código secundário: SB88**
Data de publicação: 08/1987
Linhas e símbolos em desenhos de estruturas navais

Código: NBR10067   **Código secundário: NB933**
Data de publicação: 07/05/1995
Princípios gerais de representação em desenho técnico

Código: NBR10068   **Código secundário: NB1087**
Data de publicação: 10/1987
Folha de desenho – Leiaute e dimensões

Código: NBR10126   **Código secundário: NB1062**
Data de publicação: 11/1987
Cotagem em desenho técnico

Código: NBR10582   **Código secundário: NB1184**
Data de publicação: 12/1988
Apresentação da folha para desenho técnico

Código: NBR 10647   **Código secundário: TB351**
Data de publicação: 04/1989
Desenho técnico

Código: NBR10726   **Código secundário: NB1129**
Data de publicação: 09/1989
Preparação e apresentação de planos de embarcações para aprovação do proprietário/armador

Código: NBR11145   **Código secundário: NB1276**
Data de publicação: 06/1990
Representação de molas em desenho técnico

Código: NBR11534   **Código secundário: NB1331**
Data de publicação: 04/1991
Representação de engrenagem em desenho técnico

Código: NBR12288   **Código secundário: NB1372**
Data de publicação: 30/04/1992
Representação simplificada de furos de centro em desenho técnico

Código: NBR12298   **Código secundário: NB1382**
Data de publicação: 07/04/1995
Representação de área de corte por meio de hachuras em desenho técnico

Código: NBR12706
Data de publicação: 30/09/1992
Máquinas têxteis e acessórios – Numeração de arcadas para desenho em máquinas Jacquard

Código: NBR13104
Data de publicação: 31/03/1994
Representação de entalhado em desenho técnico

Código: NBR13142
Data de publicação: 12/1999
Desenho técnico – Dobramento de cópia

Código: NBR13272
Data de publicação: 12/1999
Desenho técnico – Elaboração das listas de itens

Código: NBR13273
Data de publicação: 12/1999
Desenho técnico – Referência a itens

Código: NBR13963
Data de publicação: 30/09/1997
Móveis para escritório – Móveis para desenho – Classificação e características físicas e dimensionais

Código: NBR14220-2
Data de publicação: 26/10/1998
Mancais de deslizamento – Buchas formadas Parte 2: Especificação em desenho para a medição dos diâmetros externo e interno

2 Bibliografia da American National Standards

American National Standards Institute, 11 West 42nd St., New York, NY. 10036. Para obter uma listagem completa de padrões, veja o catálogo ANSI da American National Standards.

Abreviações

Abbreviations for Use on Drawings and in Text, ANSI/ASME Y1.1–1989

Arruelas

Lock Washers, Inch, ANSI/ASME B18.21.1–1994
Lock Washers, Metric, ANSI/ASME B18.21.2M–1994
Plain Washers, ANSI B18.22.1–1965 (R1981)
Plain Washers, Metric, ANSI B18.22M–1981

Chavetas e pinos

Clevis Pins and Cotter Pins, ANSI/ASME B18.8.1–1994
Hexagon Keys and Bits (Metric Series), ANSI B18.3.2M–1979 (R1994)
Keys and Keyseats, ANSI B17.1–1967 (R1989)
Pins—Taper Pins, Dowel Pins, Straight Pins, Grooved Pins and Spring Pins (Inch Series), ANSI/ASME B18.8.2–1994
Woodruff Keys and Keyseats, ANSI B17.2–1967 (R1990)

Cotagem e superfície de acabamento

General Tolerances for Metric Dimensioned Products, ANSI B4.3–1978 (R1994)
Preferred Limits and Fits for Cylindrical Parts, ANSI B4.1–1967 (R1994)
Preferred Metric Limits and Fits, ANSI B4.2–1978 (R1994)
Surface Texture, ANSI/ASME B46.1–1995

Engrenagens

Basic Gear Geometry, ANSI/AGMA 115.01–1989
Gear Nomenclature—Terms, Definitions, Symbols, and Abbreviations, ANSI/AGMA 1012–F90
Nomenclature of Gear-Tooth Failure Modes, ANSI/AGMA 110.04–1980 (R1989)
Design Manual for Bevel Gearing, ANSI/AGMA 2005–B88
Tooth Proportions for Fine-Pitch Spur and Helical Gears, ANSI/AGMA 1003–G93

Manual de esboço (Y14)

Casting and Forgings, ANSI/ASME Y14.8M–1989
Decimal Inch, Drawing Sheet Size and Format, ANSI/ASME Y14.1–1995
Dimensioning and Tolerancing, ANSI/ASME Y14.5M–1994
Electrical and Electronics Diagrams, ANSI Y14.15–1966 (R1988)
Electrical and Electronics Diagrams—Supplement, ANSI Y14.15a–1971 (R1988)
Electrical and Electronics Diagrams—Supplement, ANSI Y14.15b–1973 (R1988)
Engineering Drawings, Types, and Applications, ANSI/ASME Y14.24M–1989. Revision of Engineering Drawings, ANSI/ASME Y14.35M–1992
Gear and Spline Drawing Standards—Part 2, Bevel and Hypoid Gears, ANSI Y14.7.2–1978 (R1994)
Gear Drawing Standards—Part 1, for Spur, Helical, Double Helical, and Rack, ANSI/ASME Y14.7.1–1971 (R1993)
Line Conventions and Lettering, ANSI/ASME Y14.2M–1992
Mechanical Spring Representation, ANSI/ASME Y14.13M–1981 (R1992)
Metric Drawing Sheet Size and Format, ANSI/ASME Y14.1M–1995
Multiview and Sectional View Drawings, ANSI/ASME Y14.3M–1994
Parts Lists, Data Lists, and Index Lists, ANSI/ASME Y14.34M–1990
Pictorial Drawing, ANSI/ASME Y14.4M–1989 (R1994)
Screw Thread Representation, ANSI/ASME Y14.6–1978 (R1993)
Screw Thread Representation, Metric, ANSI/ASME Y14.6aM–1981 (R1993)
Surface Texture Symbols, ANSI/ASME Y14.36M–1996

Parafusos e porcas

Bolts, Metric Heavy Hex, ANSI B18.2.3.6M–1979 (R1995)
Bolts, Metric Heavy Hex Structural, ANSI B18.2.3.7M–1979 (R1995)
Bolts, Metric Hex, ANSI B18.2.3.5M–1979 (R1995)
Bolts, Metric Round Head Short Square Neck, ANSI/ASME B18.2.2.1M–1981 (R1995)
Bolts, Metric Round Head Square Neck, ANSI/ASME B18.5.2.2M–1982 (R1993)
Hex Jam Nuts, Metric, ANSI B18.2.4.5M–1979 (R1990)
Hex Nuts, Heavy, Metric, ANSI B18.2.4.6M–1979 (R1990)
Hex Nuts, Slotted, Metric, ANSI/ASME B18.2.4.3M–1979 (R1995)
Hex Nuts, Style 1, Metric, ANSI/ASME B18.2.4.1M–1979 (R1995)
Hex Nuts, Style 2, Metric, ANSI/ASME B18.2.4.2M–1979 (R1995)
Hexagon Socket Flat Countersunk Head Cap Screws (Metric Series), ANSI/ASME B18.3.5M–1986 (R1993)
Mechanical Fasteners, Glossary of Terms, ANSI B18.12–1962 (R1995)
Miniature Screws, ANSI B18.11–1961 (R1992)
Nuts, Metric Hex Flange, ANSI B18.2.4.4M–1982 (R1993)
Plow Bolts, ANSI/ASME B18.9–1958 (R1995)
Round Head Bolts, Metric Round Head Short Square Neck, ANSI/ASME B18.5.2.1M–1981 (R1995)
Screws, Hexagon Socket Button Head Cap, Metric Series, ANSI/ASME B18.3.4M–1986 (R1993)
Screws, Hexagon Socket Head Shoulder, Metric Series, ANSI/ASME B18.3.3M–1986 (R1993)
Screws, Hexagon Socket Set, Metric Series, ANSI/ASME B18.3.6M–1986 (R1993)
Screws, Metric Formed Hex, ANSI/ASME B18.2.3.2M–1979 (R1995)
Screws, Metric Heavy Hex, ANSI/ASME B18.2.3.3M–1979 (R1995)
Screws, Metric Hex Cap, ANSI/ASME B18.2.3.1M–1979 (R1995)
Screws, Metric Hex Flange, ANSI/ASME B18.2.3.4M–1984 (R1995)
Screws, Metric Hex Lag, ANSI B18.2.3.8M–1981 (R1991)
Screws, Metric Machine, ANSI/ASME B18.6.7M–1985 (R1993)
Screws, Socket Head Cap, Metric Series, ANSI/ASME B18.3.1M–1986 (R1993)

Screws, Tapping and Metallic Drive, Inch Series, Thread Forming and Cutting, ANSI B18.6.4–1981 (R1991)
Slotted and Recessed Head Machine Screws and Machine Screw Nuts, ANSI B18.6.3–1972 (R1991)
Slotted Head Cap Screws, Square Head Set Screws, and Slotted Headless Set Screws, ANSI/ASME B18.6.2–1995
Socket Cap, Shoulder, and Set Screws (Inch Series) ANSI/ASME B18.3–1986 (R1995)
Square and Hex Bolts and Screws, Inch Series, ANSI B18.2.1–1981 (R1992)
Square and Hex Nuts (Inch Series) ANSI/ASME B18.2.2–1987 (R1993)
Track Bolts and Nuts, ANSI/ASME B18.10–1982 (R1992)
Wood Screws, Inch Series, ANSI B18.6.1–1981 (R1991)

Pequenas ferramentas e elementos de máquinas

Jig Bushings, ANSI B94.33–1974 (R1994)
Machine Tapers, ANSI/ASME B5.10–1994
Milling Cutters and End Mills, ANSI/ASME B94.19–1985
Reamers, ANSI/ASME B94.2–1995
T-Slots—Their Bolts, Nuts and Tongues, ANSI/ASME B5.1M–1985 (R1992)
Twist Drills, ANSI/ASME B94.11M–1993

Rebites

Large Rivets ($\frac{1}{2}$ Inch Nominal Diameter and Larger), ANSI/ASME B18.1.2–1972 (R1995)
Small Solid Rivets ($\frac{7}{16}$ Inch Nominal Diameter and Smaller), ANSI/ASME B18.1.1–1972 (R1995)
Small Solid Rivets, Metric, ANSI/ASME B18.1.3M–1983 (R1995)

Roscas

Acme Screw Threads, ANSI/ASME B1.5–1988 (R1994)
Buttress Inch Screw Threads, ANSI B1.9–1973 (R1992)
Class 5 Interference–Fit Thread, ANSI/ASME B1.12–1987 (R1992)
Dryseal Pipe Threads (Inch), ANSI B1.20.3–1976 (R1991)
Hose Coupling Screw Threads, ANSI/ASME B1.20.7–1991
Metric Screw Threads—M Profile, ANSI/ASME B1.13M–1995
Metric Screw Threads—MJ Profile, ANSI/ASME B1.21M–1978
Nomenclature, Definitions and Letter Symbols for Screw Threads, ANSI/ASME B1.7M–1984 (R1992)
Pipe Threads, General Purpose (Inch), ANSI/ASME B1.20.1–1983 (R1992)
Stub Acme Threads, ANSI/ASME B1.8–1988 (R1994)
Unified Screw Threads (UN and UNR Thread Form), ANSI/ASME B1.1–1989
Unified Miniature Screw Threads, ANSI B1.10–1958 (R1988)

Símbolos gráficos

Public Fire Safety Symbols, ANSI/NFPA 170–1994
Graphic Symbols for Electrical and Electronics Diagrams, ANSI/IEEE 315–1975 (R1994)
Graphic Symbols for Electrical Wiring and Layout Diagrams Used in Architecture and Building Construction, ANSI Y32.9–1972 (R1989)
Graphic Symbols for Fluid Power Diagrams, ANSI/ASME Y32.10–1967 (R1994)
Graphic Symbols for Grid and Mapping Used in Cable Television Systems, ANSI/IEEE 623–1976 (R1989)
Graphic Symbols for Heat-Power Apparatus, ANSI Y32.2.6M–1950 (R1993)
Graphic Symbols for Heating, Ventilating and Air Conditioning, ANSI Y32.2.4–1949 (R1993)
Graphic Symbols for Logic Functions, ANSI/IEEE 91–1984
Graphic Symbols for Pipe Fittings, Valves, and Piping, ANSI/ASME Y32.2.3–1949 (R1994)
Graphic Symbols for Plumbing Fixtures for Diagrams Used in Architecture and Building Construction, ANSI/ASME Y32.4–1977 (R1994)
Graphic Symbols for Process Flow Diagrams in the Petroleum and Chemical Industries, ANSI Y32.11–1961 (R1993)
Graphic Symbols for Railroad Maps and Profiles, ANSI/ASME Y32.7–1972 (R1994)
Instrumentation Symbols and Identification, ANSI/ISA S5.1–1984 (R1992)
Reference Designations for Electrical and Electronics Parts and Equipment, ANSI/IEEE 200–1975 (R1989)
Symbols for Mechanical and Acoustical Elements as Used in Schematic Diagrams, ANSI Y32.18–1972 (R1993)
Symbols for Welding, Brazing, and Nondestructive Examination, ANSI/AWS A2.4–93

Tubulação

Cast Bronze Threaded Fittings, Class 125 and 250, ANSI/ASME B16.15–1985 (R1994)
Cast Copper Alloy Pipe Flanges and Flanged Fittings, ANSI/ASME B16.24–1991
Cast Iron Pipe Flanges and Flanged Fittings, Class 25, 125, 250 and 800, ANSI/ASME B16.1–1989
Gray Iron Threaded Fittings, ANSI/ASME B16.4–1992
Ductile Iron Pipe, Centrifugally Cast, ANSI/AWWA C151/A21.51–91
Factory-Made Wrought Steel Buttwelding Fittings, ANSI/ASME B16.9–1993
Ferrous Pipe Plugs, Bushings, and Locknuts with Pipe Threads, ANSI/ASME B16.14–1991
Flanged Ductile-Iron Pipe with Threaded Flanges, ANSI/AWWA C115/A21.15–94
Malleable-Iron Threaded Fittings, ANSI/ASME B16.3–1992
Pipe Flanges and Flanged Fittings, ANSI/ASME B16.5–1988
Stainless Steel Pipe, ANSI/ASME B36.19M–1985 (R1994)
Welded and Seamless Wrought Steel Pipe, ANSI/ASME B36.10M–1995

Miscelânea

Knurling, ANSI/ASME B94.6–1984 (R1995)
Preferred Metric Sizes for Flat Metal Products, ANSI/ASME B32.3M–1984 (R1994)
Preferred Metric Equivalents of Inch Sizes for Tubular Metal Products Other Than Pipe, ANSI/ASME B32.6M–1984 (R1994)
Preferred Metric Sizes for Round, Square, Rectangle and Hexagon Metal Products, ANSI B32.4M–1980 (R1994)
Preferred Metric Sizes for Tubular Metal Products Other Than Pipe, ANSI B32.5–1977 (R1994)
Preferred Thickness for Uncoated Thin Flat Metals (Under 0.250 in.), ANSI B32.1–1952 (R1994)
Surface Texture (Surface Roughness, Waviness and Lay), ANSI/ASME B46.1–1995
Technical Drawings, ISO Handbook, 12–1991

3 Termos técnicos

"O começo da sabedoria é chamar as coisas por seus nomes corretos"

– Provérbio chinês

acastelar Dar forma semelhante a um castelo, como em eixo ou porca acastelada.

aço fundido Semelhante a ferro fundido, exceto pelo fato de que o aço foi adicionado à fundição.

aço laminado a frio Aço Siemens-Martin (*open hearth steel*) ou aço Bessemr (*Bessmer steel* – aço preparado pelo processo de Bessmer) contendo 0,12 – 0,20% de carbono que foi laminado enquanto frio para produzir uma tarraxa mais ou menos precisa e regular.

aço Tomás ou aço doce Aço ao carbono comum, com até 0,5% de carbono.

adendado Distância entre o passo circular e o topo do dente de uma engrenagem.

afilamento Forma cônica dada a um eixo ou a um furo. Refere-se também à inclinação de uma superfície plana.

ajuste Grau de precisão do encaixe ente duas partes, como ajuste livre ou ajuste forçado.

alargador cônico Peça utilizada para alargar furos e como um pino do atarraxamento.

alargar Dar acabamento fino a um furo de modo a garantir grande precisão.

alumínio Um metal level, porém relativamente resistente. Com freqüência, faz liga com cobre a fim de aumentar a dureza e a resistência.

ângulo de saída Inclinação das partes de um macho para permitir a retirada fácil do macho da areia em uma fundição, ou a retirada da matriz em uma forjadura.

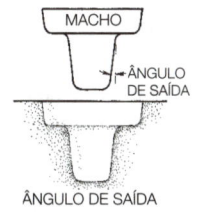

aplainar Dar a uma folha de metal uma superfície aplainada martelando com um martelo liso e de ponta aplainada.

apoio Uma projeção pequena, geralmente para criar uma superfície de rolamento em torno de um ou mais furos.

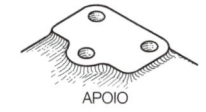

arredondamento Interseção externa e arredondada de duas superfícies.

arruela Um flange redondo ou anel fixo em um eixo para evitar o deslizamento.

base de fundição Seção inferior da caixa do molde de fundição.

bossa Uma projeção cilíndrica em uma peça fundida ou em uma peça forjada.

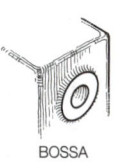

bracha Ferramenta para remoção de material. Possui certa quantidade de dentes cortantes sucessivos, de dimensões crescentes, que são forçados através de um furo ou sobre uma superfície para produzir o formato desejado. Macho.

broca de centralização Uma broca especial para produzir furos de suporte nas extremidades de uma obra a ser montada entre centros.

broca helicoidal Ferramenta utilizada para fazer furos por pressão.

bronze Uma liga de oito a nove partes de cobre e uma parte de estanho.

broquear Alargar o furo com a fresadora.

bucha Revestimento de luva substituível para mancal.

caixa de fundição Uma caixa feita de duas ou mais partes para segurar a areia em um molde de areia.

calço Uma peça fina de metal ou outro material usada como espaçador para ajustar posições relativas entre duas peças.

calibres Instrumentos de diversos tipos para medição do diâmetro.

cantoneira Uma forma estrutural cuja seção é um ângulo reto.

cão Pequena braçadeira ou presilha que impede a peça de rotacionar em um torno mecânico.

carbonar Carburar. Aquecer o aço de baixo teor de carbono até aproximadamente 2000°F (1093°C) em contato com o material que adiciona carbono à superfície do aço e esfriar lentamente, preparando para o tratamento térmico.

cavilha Um pino cilíndrico, usualmente utilizado para evitar o deslizamento entre duas superfícies planas em contato entre si.

cementar Endurecer a superfície externa de um aço carbonado através do aquecimento e esfriamento rápido.

cementer (colorharden) O mesmo que cementer (*caseharden*) exceto pelo fato de que é feita em uma profundidade menor, usualmente só para aparência.

chanfro (1) Canto inclinado, não em ângulo reto com a superfície adjacente. (2) Uma superfície estreita e inclinada ao longo da interseção de duas superfícies.

CHANFRO

chapear Revestir peças de metal com um outro metal, como o cromo ou o níquel, por métodos eletroquímicos.

chaveta Woodruff Chaveta lisa semicircular.

CHAVETA WOODRUFF

chaveta Peça que é inserida parcialmente em um rasgo de um eixo e parcialmente em um rasgo de um furo (cubo), permitindo que o cubo se mova longitudinalmente ao eixo na montagem do conjunto.

circunferência de centros Uma linha de centro circular em um desenho, contendo os centros de furos com relação a um centro comum.

cisalhar Cortar metal por meios de lâminas cortantes em contato com a peça.

contrapino Um pino bipartido utilizado como tranca, usualmente para evitar que uma porca se solte de um parafuso.

coroa Contorno elevado da superfície de uma polia.

cremalheira Uma barra chata com dentes de engrenagem que engata em outra engrenagem.

cunhar Formar um componente em uma operação de estampagem/cunhagem.

cúpula Parte superior da caixa de molde de fundição.

dedendo Distância entre o passo circular e o fundo do dente. O adentado mais o dedendo equivalem à profundidade total do dente.

desenvolvimento Desenho da superfície de um objeto desdobrado ou desenrolado sobre um plano.

desoxidar Limpar peças forjadas ou carcaças com ácido sulfúrico diluído.

encalcadeira Peça de metal utilizada para dar a mesma forma a outra peça por processo de martelamento enquanto a peça a ser formada está presa na estampa ou no molde.

entalhe Raia, ranhura.

escarear Alargar uma porção do comprimento total de um furo para acomodar a cabeça de um parafuso ou de uma cavilha usando o escareador.

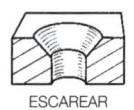

ESCAREAR

escavacar Cercear metal com um corta-frio com talhadeira de cortar metal, de aço altamente temperado.

escleroscópio Um instrumento para medir a dureza de metais.

esfriamento rápido Imergir uma peça aquecida de metal em água ou óleo para provocar aumento de dureza.

estampagem Processo de cortar ou conformar uma peça de metal folheado com uma matriz.

estanho Metal prateado usado em misturas e revestimento outros metais, como chapas de latão.

estrangulamento Entalhe usinado em torno de uma peça cilíndrica.

ESTRANGULAMENTO

estria Entalhe tal como na broca helicoidal (broca de raias e espiral, tranca).

excêntrico Um membro rotativo para transformar o movimento circular em movimento alternado.

faceamento pontual Uma superfície redonda para contato ou rolamento, normalmente produzida com um faceador. A face de contato pode ser no topo de uma saliência ou pode ser rebaixada em relação a uma superfície.

FACEAMENTO PONTUAL

facear Realizar acabamento da superfície usando torno plano em um ângulo perpendicular ou próximo do perpendicular.

FAO (finish all over) Símbolo de acabamento geral. Indica que todas as superfícies devem ser usinadas.

ferragem de fixação Um dispositivo especial para segurar peças brutas em uma ferramenta de máquina, mas não para guiar a ferramenta de corte.

ferro forjado Ferro com baixo teor de carbono que é útil por causa de suas propriedades como ductilidade e maleabilidade.

ferro fundido Ferro derretido e derramado dentro de moldes.

filetamento Interseção interna e arredondada de duas superfícies.

flange Uma aba relativamente fina em torno de uma peça.

FLANGE

folga admissível Espaço de folga mínima entre peças ajustáveis.

forjar a martelo mecânico Forjar uma peça enquanto quente entre dois blocos de matriz de martinete ou com grande pressão.

forjar Forçar metal enquanto ele está quente para adquirir o formato desejado por meio de marteladas ou pressão.

fresar Remover material por meio de um mandril giratório em uma fresadora.

fundição dura Endurecer a superfície externa de ferro fundido através de resfriamento rápido tal como em um molde metálico.

fundição (peça fundida) Objeto metálico produzido pelo derramamento de metal derretido dentro de um molde.

fundição em molde Processo de forçar metal fundido sob pressão para dentro de uma matriz de metal ou molde, produzindo peças fundidas muito precisas e de forma suave.

furadeira de coluna Máquina para perfurar ou realizar outras operações de formação de cavidade.

furar Abrir furo cilíndrico com uma perfuratriz (broca).

gabarito Dispositivo para guiar uma ferramenta durante o corte de uma peça. Geralmente, ele segura a peça bruta em posição.

galvanizar Cobrir uma superfície com uma fina camada de liga derretida, composta principalmente de zinco, para evitar o enferrujamento.

graduar Marcar divisões em uma escala.

intercambiável Refere-se a uma parte feita para limitar dimensões de modo que ela vai se ajustar em qualquer outra parte de encaixe fabricada de forma análoga.

jato de areia Fluxo de areia em alta velocidade com ar comprimido contra um alvo para remoção de impurezas.

jito Canaleta em molde, que dá passagem ao metal derretido.

latão Uma liga de cobre com zinco.

liga antifricção Usada principalmente em mancais, formada na maior parte por estanho e por pequenas quantidades de antimônio e de cobre.

liga Combinação de dois ou mais metais, usualmente um metal mais refinado com um metal menos precioso.

limar Fazer acabamento ou aplainar com uma lima.

macho Elemento feito através de areia seca ou areia verde (areia glauconítica) e colocado em um molde para formar uma cavidade em uma peça fundida.

mancal Membro de suporte para eixo de rotação.

mandril Mecanismo para segurar ferramenta ou obra giratória.

marcação de macho Uma protuberância adicionada a um molde para formar uma cavidade na areia para segurar a extremidade do macho.

matriz de estampa (1) Pedaço de metal endurecido e conformado para cortar ou obter forma desejada a partir de uma folha de metal, pressionando-o contra a matriz. (2) Também usada para talhar pequenas roscas. Pode ser interpretada como o oposto do macho de abrir roscas.

modelo Uma peça, usualmente de madeira, usada na formação de molde para fundição. Quando o molde é de metal, é chamado de *desenvolvimento*.

molde Massa de areia ou de outro material que forma uma cavidade na qual derrama-se metal fundido.

mordente A parte do meio de uma caixa de fundição de três peças usada em moldagem.

munhão Porção giratória de um eixo suportado por um mancal.

nervura Uma chapa relativamente fina que atua como braço ou suporte.

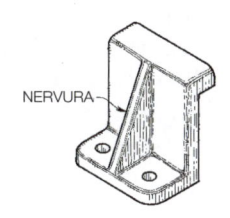

normalizar Aquecer o aço acima de sua temperatura crítica e então resfriá-lo ao ar livre.

passo circular Um círculo imaginário que corresponde à circunferência de fricção de engrenagens.

passo ou afastamento diametral Número de dentes de engrenagem por polegada do passo.

peça fundida maleável Uma peça fundida que foi feita para ser menos quebradiça e dura por recozimento.

pena Ferramenta utilizada para martelar com um martelo de ponta arredondada.

perfilar Cortar de modo desejado pelo movimento de um cortador que gira, geralmente seguindo um molde-mestre como guia.

pinhão A menor das duas engrenagens do acoplamento coroa-pinhão.

pino cônico Um pequeno pino afilado para fixação, geralmente para impedir que uma peça gire em torno do eixo.

plainar Remover material utilizando uma plaina.

polimento Fricção utilizando um material pouco abrasivo para produzir uma superfície polida e bem-acabada.

polir Produzir um acabamento muito preciso através de contato corrediço com uma ferramenta usada no polimento de vidro, ou um pedaço de madeira, couro ou metal mole impregnado com pó abrasivo.

punção Corte de aberturas em formas desejadas com uma ferramenta rígida que tem a mesma forma das produzidas.

ranhura Um rasgo para chavetas que usualmente possui uma série de cortes em torno do eixo ou do furo.

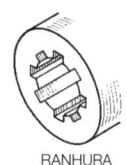

rasgo de chaveta (no cubo) Uma fenda ou rebaixo em um eixo ou fenda no cubo de roda, ou porção em torno de um eixo para receber uma chaveta.

rasgo de chaveta (no eixo) Protuberância irregular de metal, mas não redondo como no caso de um tachão, geralmente com uma cavidade para uma cavilha ou um parafuso.

RASGO DE CHAVETA (NO EIXO)

raspar Remoção de metal por raspagem com um raspador manual, usualmente para dar uniformidade.

rebaixado Um corte com os lados inclinados.

REBAIXADO

rebaixar furo Alargar na forma cilíndrica uma porção do comprimento total de um furo para acomodar a cabeça de um parafuso ou de uma cavilha usando o escareador.

REBAIXAR FURO

rebarba Canto dentado resultante da puncionagem ou do corte, ou excesso de metal ou de vidro que se forma na fundição de peça, no lugar da emenda do molde.

rebitamento Conexão com rebites para fixar peças, colocada a partir de um pino e por martelamento.

recalcar Dar forma de uma cabeça ou alargar a extremidade de uma barra ou haste por pressão ou martelamento.

recartilhar Gravar um padrão de entalhes em uma superfície torneada com uma ferramenta de carretilha para proporcionar melhor empunhadura.

recozimento Aquecimento e esfriamento gradual, a fim de aumentar a maleabilidade.

reforço Partes metálicas que são utilizadas para reforçar a união de outras partes, geralmente por ângulos retos.

relevo Uma peça a certa distância em uma superfície que realiza os mesmos movimentos das máquinas, permitindo maior clareza no trabalho.

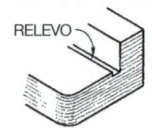

RELEVO

retificar Remover metal por meio de um disco abrasivo, geralmente feito de carborundo. Usado principalmente onde se requer precisão.

rosca acme Rosca de parafuso cujo perfil é uma combinação de quadrado com "V".

roscar Abrir ou entalhar rosca com uma ferramenta de corte.

SAE (Society of Automotive Engineering) Sociedade dos Engenheiros Automotivos.

sherardizar Revestir com zinco por aquecimento em um cilindro com pó do zinco a uma temperatura que varia entre 575 a 850º F (301 a 454ºC).

soldar forte Juntar com solda de latão ou zinco.

solda a arco elétrico Processo de soldagem que utiliza arco elétrico. O material depositado é geralmente o terminal positivo.

soldar Unir peças de metal por pressão ou por processo de soldagem por fusão.

sweat Junção de metal por solda e pela aplicação de calor e pressão.

talhar Remover metal de uma peça bruta com um cortador.

tamborar Limpar ou polir peças fundidas ou forjadas em tambor rotativo preenchido com fragmento de metal.

tarraxa de abrir roscas Usada para abrir roscas internas relativamente pequenas.

têmpera Requeacimento do aço para endurecê-lo e para trazê-lo para o grau de dureza desejado.

temperar a cianeto Endurecer a superfície do aço por meio de aquecimento em contato com um sal de cianeto, seguido por resfriamento rápido.

temperar em feixes Carburar e então cementar.

temperar Aquecer aço acima de uma temperatura crítica e esfriá-lo rapidamente abafando-o na água ou óleo.

teste de Brinell Um método de teste de dureza do metal.

tolerância Variação total levada em conta ou permitida como dimensão-limite de uma peça.

torneamento Formar uma peça no formato desejado pela suave pressão de uma ferramenta de metal sobre a peça bruta que está girando.

tornear Produzir, em um torno, uma superfície cilíndrica paralela a um eixo.

torno mecânico Máquina usada para usinar metal ou outros materiais através da rotação da peça bruta em torno da ferramenta.

tratar termicamente Mudar a propriedade de metais por aquecimento seguido de esfriamento.

trefilar Transformar metal em fios diversamente espessos por estiramento a frio.

trépano Ferramenta que corta um sulco circular em uma superfície plana em uma extremidade de um furo.

vedação Uma peça fina de borracha, metal ou de algum outro material colocado entre superfícies para fazer uma junta estanque.

4 Glossário de termos utilizados em CAD/CAM*

acesso direto Recuperação ou armazenamento de dados no sistema por referência à sua localização em uma fita, disco ou cartucho, sem a necessidade de processamento em uma CPU.

alfanumérico (*ou alfabético*) Termo que significa agrupamento de letras, dígitos e caracteres especiais que são processáveis pelo sistema.

alisamento (*smoothing*) União de curvas e superfícies que resulte uma geometria contínua suave.

analógico Aplica-se a sistemas elétricos ou computadores. Isso denota a capacidade de representar dados continuamente variando quantidades físicas.

anotação Processo de inserção de texto ou notas especiais de identificação (como um marcador) em um desenho construído em um sistema CAD/CAM. O texto pode ser gerado e posicionado no desenho utilizando recursos do sistema.

apagamento seletivo Uma caracterísica de sistemas CAD para apagar porções da imagem mostrada no monitor sem afetar o resto ou ter que redesenhar a imagem toda.

armazenamento auxiliar Área que suplementa os dispositivos de memória principal, como discos flexíveis ou discos rígidos. Contrasta com o armazenamento de arquivos.

armazenamento de massa Memória de grande capacidade auxiliar para armazenar quantias grandes de dados prontamente acessíveis pelo computador. Em geral é um disco ou fita magnética.

armazenamento permanente Um método ou dispositivo para armazenamento de resultados de programas já rodados em mídias como fitas magnéticas ou cartões perfurados.

armazenamento Repositório físico de todas as informações que se relacionam a produtos projetados em um sistema CAD/CAM. Apresenta geralmente a forma de fita ou disco magnético. Também chamado de *memória*.

arquivo de armazenamento Refere-se à memória (ou disco magnético, disquetes, arquivos de impressão) utilizados para armazenar dados do desenho completo ou elementos fora da memória principal.

arquivo de teclas Um arquivo de disco que provê definições do usuário para um menu de uma mesa digitalizadora. Veja *menu*.

arquivo de texto Um arquivo armazenado no sistema em formato texto que pode ser impresso e editado.

arquivo Coleção de informações relacionadas no sistema que pode ser acessada por um nome único. Pode ser armazenada em um disco, fita ou outra forma de armazenamento de massa.

array Um arranjo de elementos ou componentes criado automaticamente em um sistema CAD. O projetista define o elemento a ser reproduzido, então indica o ponto de início, o local e o espaçamento para gerar o arranjo. Uma série de elementos ou conjuntos arranjados em um determinado padrão – isto é, matriz.

ASCII Veja *padrão americano para intercâmbio de informações*.

assembler Um programa de computador que converte (isto é, traduz) as instruções simbólicas de programação, geralmente na forma mnemônica, em um programa executável, codificado em modo binário. Essa conversão é em geral um a um, isto é, uma instrução simbólica é convertida em uma instrução executável.

atributo Uma característica não-gráfica de uma entidade desenhada em um sistema CAD. Por exemplo: entidades de cotagem associadas com elementos geométricos. Mudando uma entidade da associação, produzem-se mudanças automáticas nas entidades associadas; por exemplo, mover uma entidade que causa movimento ou esticamento em outra entidade faz com que a cota seja atualizada automaticamente.

banco de dados Uma grande relação de informações inter-relacionadas armazenada em algum tipo de dispositivo de armazenamento de massa, normalmente um disco. Geralmente, consiste em informação organizada em um número de tipos de registros de tamanho fixo com ligações lógicas entre registros associados. Em geral, inclui instruções do sistema operacional, bibliotecas de componentes padronizados, projetos completados e documentação, código-fonte, programas gráficos e aplicativos, bem como tarefas do usuário atualmente em execução.

benchmark O programa usado para testes, comparação e avaliação em tempo real do desempenho de vários sistemas CAD/CAM antes da escolha e aquisição. Um *benchmark* sintético possui parâmetros preestabelecidos, o que permite testar um conjunto de características e recursos do programa. Um *benchmark* vivo é projetado para o trabalho específico de um usuário em potencial como um modelo do uso do programa.

biblioteca gráfica (*ou biblioteca de partes*) Uma coleção de símbolos-padrão freqüentemente usados, componentes, formas, ou partes armazenadas no banco de dados de CAD como modelos ou blocos de construção para acelerar os trabalhos futuros no sistema de projeto. Geralmente, é uma organização de arquivos com um nome de biblioteca comum.

bit rate A velocidade com a qual os *bits* são transmitidos, normalmente expressa em *bits* por segundo.

bit A menor unidade de informação que pode ser armazenada e processada por um computador digital. Um *bit* pode assumir somente um de dois estados: 0 e 1, por exemplo SIM/NÃO. Os *bits* são organizados em grandes unidades chamadas de *palavras* (capacidade de processamento; 16 *bits*) para acesso das instruções dos computadores.

Os computadores são geralmente categorizados pelo tamanho da palavra em *bits*, isto é, o tamanho máximo de palavras que podem ser processadas como uma unidade durante um ciclo de instrução (ou seja, computadores de 16 *bits* ou de 32 *bits*). O número de *bits* de uma palavra é uma indicação do poder de processamento de um sistema, especialmente para cálculos ou dados com alta precisão.

bits por polegada (*bpi*) O número de *bits* que podem ser armazenados por polegada em um disco magnético. A medida do armazenamento de dados é a capacidade do disco magnético.

boot up Iniciar o sistema.

---

* Extraído de *The CAD/CAM Glossary*, edição de 1983, publicado pela Computervision Corporation, Bedford, MA 01730; reproduzido com permissão da editora.

B-spline Uma seqüência de curvas polinomiais paramétricas (geralmente quadráticas ou cúbicas que formam uma seqüência suave de pontos no espaço de representação 3-D. O modo de definição da curva permite definir seu nível de continuidade matemática, dependendo do grau do polinômio escolhido. Este tipo de representação é utilizada intensivamente em projetos mecânicos, na indústria automotiva e na aeronáutica.

bug Um defeito no projeto ou implementação de um programa de computador ou no projeto do computador que causa resultados errôneos ou maus funcionamentos.

byte Uma seqüência de *bits* adjacentes, normalmente oito, representando um caractere que é operado como uma unidade. É usualmente menor que uma palavra. É a medida de capacidade de memória de um sistema, ou de um armazenamento individual (como um disco de 300 mil *bytes*).

CAD Veja *projeto assistido por computador*.

CAD/CAM Veja *projeto assistido por computador / manufatura assistida por computador*.

CADDS® Marca registrada da empresa Computervision para seu programa CAD.

cadeia, seqüência Seqüência linear de entidades, como caracteres ou elementos físicos, em um desenho auxiliado por computador.

CAE Veja *engenharia auxiliada por computador*.

CAM Veja *manufatura auxiliada por computador*.

CAMACS^{TM} (CAM Programa de comunicação assíncrona) Programa da empresa Computervision que permite aos usuários controlar sistemas dispostos através do envio de dados, ou interagir diretamente no local ou sistemas de fabricação remotos e máquinas. O CAMACS envia dados de sistemas CAD/CAM automaticamente para uma variedade de máquinas e ferramentas, robôs, máquinas medidoras de coordenadas e dispositivos de armazenamento de arquivos.

camadas (layers) Subdivisões lógicas de dados definidas pelo usuário em um banco de dados de CAD/CAM que pode ser visto individualmente no CRT ou podem ser sobrepostas e vistas em grupos. Veja também *layering*.

caminho da ferramenta Linha de centro do caminho descrito pela ferramenta de corte de uma máquina de comando numérico para produzir um elemento projetado em um sistema CAD/CAM. O caminho da ferramenta pode ser criado e exibido interativa ou automaticamente pelo sistema CAD/CAM e reformatado na unidade de comando numérico por meio de um pós-processador, para guiar ou controlar a fabricação do elemento. Veja também *usinagem de superfície*.

caneta eletrônica (stylus) Dispositivo em forma de caneta usado em sistemas CAD para indicar a posição do cursor na tela.

caneta óptica Um dispositivo de entrada para CAD, fotossensível e segurado com a mão, usado em uma tela de CRT para identificar os elementos exibidos ou para designar uma localização na tela onde uma ação deve acontecer.

caractere Um símbolo alfabético, numérico ou gráfico usado como parte da organização, controle ou representação de dados CAD/CAM.

caracteres por segundo (cps) Medida da velocidade com a qual um terminal alfanumérico pode processar os dados.

chip Veja *circuito integrado*.

ciclo Uma seqüência predeterminada de eventos (*hardware* ou *software*) iniciada por um único comando.

cinemática Um processo de engenharia auxiliada por computador (CAE) para plotar ou animar o movimento de partes em uma máquina ou uma estrutura sendo projetada no sistema. Programas de simulação CAE permitem estudar o movimento de mecanismos quanto à interferência, aceleração e determinações de força enquanto na fase de projeto.

cintilação Um efeito visual indesejável em um tubo de raios catódicos CRT quando a taxa de refrescamento é baixa.

circuito integrado (IC) Um complexo minúsculo de componentes eletrônicos e interconexões que correspondem a um circuito que pode variar em complexidade funcional desde uma operação lógica simples até um microprocessador. Um IC normalmente é colocado em um único substrato, como uma placa de silicone. A complexidade da maioria dos projetos de IC e os muitos elementos repetitivos fez do projeto assistido por computador uma necessidade econômica. É também chamado de *chip*.

código Um conjunto de símbolos específicos e regras para representar dados (geralmente instruções) de forma que os dados possam ser compreendidos e executados por um computador. Um código pode estar em linguagem binária (de máquina), linguagem *assembly* (de montagem) ou em linguagem de alto nível. Freqüentemente, refere-se a um código padronizado como ANSI, ASCII, IPC ou o Standard Code for Information Exchange (Código-Padrão para Troca de Informações). Muitos códigos de aplicação para CAD/CAM são escritos em FORTRAN.

comando Um sinal de controle ou instrução para uma CPU ou processador gráfico, normalmente disparado através de um menu/*tablet* e caneta eletrônica ou por um teclado alfanumérico.

compatibilidade A habilidade de um equipamento ou programa, código ou linguagem particular de ser usado em um sistema de CAD/CAM sem modificação prévia ou interfaces especiais. A *compatibilidade ascendente* designa a capacidade de um sistema de fazer interface com novos módulos de equipamentos ou programas ou com melhorias (ou seja, o fabricante do sistema provê cada novo módulo com meios de transferir dados, programas e habilidades de operação do atual sistema do usuário para os novos melhoramentos).

compilador Um programa de computador que converte ou traduz de uma linguagem de alto nível, usada pelo usuário (p. ex., PASCAL, COBOL, VARPRO ou FORTRAN), ou fonte, para uma linguagem que um computador possa entender. A conversão é geral de uma para muitas (isto é, uma instrução do usuário é convertida para muitas instruções de máquina). Um auxílio à programação, o compilador permite que o projetista escreva programas em uma linguagem parecida com o inglês, com poucos comandos, poupando tempo de desenvolvimento.

componente Uma entidade física ou um símbolo usado em CAD para denotar tal entidade. Dependendo da aplicação, um componente pode referir-se a um IC ou a uma peça de um circuito eletrônico (por exemplo, um resistor), ou uma válvula, cotovelo ou junção em um leiaute de planta industrial, ou uma subestação ou cabo em um mapa de rede elétrica. Também aplica-se a submontagens ou a peças pertencentes a montagens de nível maior.

componentes discretos Componentes com uma única capacidade funcional por pacote – por exemplo, transistores e diodos.

computação gráfica Um termo genérico abrangendo qualquer disciplina ou atividade que use computadores para gerar, processar e mostrar imagens gráficas. É a tecnologia essencial de sistemas CAD/CAM. Veja também *projeto assistido por computador*.

computador hospedeiro (host) O computador principal, ou o que controla uma cadeia de multicomputadores. Computadores hospedeiros são geralmente equipados com memória de massa e uma variedade de dispositivos periféricos que incluem fita magnética, impressoras, leitores de cartão e possivelmente outros dispositivos de cópia impressa. Podem ser usados computadores *host* para apoiar, com a sua memória própria e capacidades de processamento, não só programas gráficos de um sistema de CAD/CAM, mas também para as análises de engenharia relacionadas.

comunicação de dados Transmissão de dados (usualmente digitais) de um ponto (como uma estação de trabalho CAD/CAM ou CPU) para outro através de canais de comunicação, como linhas telefônicas.

conector Um ponto de terminação para um sinal entrando ou saindo de uma placa de computador ou de um sistema de cabeamento.

conexões hard-wired Uma técnica de conectar dois sistemas fisicamente por interconexões de circuitos fixos que usam sinais digitais.

configuração Uma combinação particular de um computador, módulos de *hardware* e *software* e periféricos em uma única instalação e interconectados de tal forma a suportar certo(s) aplicativo(s).

conjunto de instruções (1) Todos os comandos para os quais um computador CAD/CAM responderá. (2) O repertório de funções que o computador pode executar.

controle numérico (NC) Uma técnica de ferramentas de máquinas de operação ou equipamento similar em que os movimentos são desenvolvidos em resposta a comandos codificados numericamente. Esses comandos podem ser gerados por um sistema CAD/CAM sobre fitas perfuradas ou outro meio físico de comunicação. Também ocorre para os processos envolvidos na geração de dados ou fitas necessários para guiar uma ferramenta de máquina na fabricação de uma peça.

convenção Metodologia padronizada ou procedimento aceito para a execução de um programa de computador. Em CAD, o termo denota uma regra-padrão ou modo de execução assumido para prover consistência. Por exemplo, uma convenção de desenho pode exigir que todas as dimensões estejam em unidades métricas.

cotagem associativa Uma capacidade dos programas CAD que liga entidades de cotagem a entidades geométricas que estão sendo cotadas. Isso permite que o valor da cota seja atualizado automaticamente quando a entidade geométrica é modificada.

cotagem automática Um recurso de sistemas CAD que permite cotar as dimensões de um desenho automaticamente, colocando o texto da cota, as linhas de cota e os tipos de marcação delimitante (tipos de flechas) onde requerido. No caso de mapas, este recurso possibilita marcar além das características lineares os ângulos e azimutes.

CPU Veja *unidade central de processamento*.

CRT Veja *tubo de raios catódicos*.

cursor Um símbolo visual de posicionamento, usualmente na forma de sublinhado ou par de linhas ortogonais, para indicação de uma posição ou seleção de entidades no monitor. Um cursor de texto indica a entrada alfanumérica; um cursor gráfico indica a próxima entrada gráfica. Um cursor é guiado por uma caneta óptica, *joystick*, teclado, etc., e segue cada movimento do dispositivo de entrada.

curva de aprendizado Um conceito que antecipa a melhoria esperada na produtividade de operador durante um certo tempo. Normalmente aplicada no primeiro 1 a 1 1/2 ano de uma nova instalação para CAD/CAM como parte de um estudo de justificação de custo, ou quando são introduzidos operadores novos. Uma ferramenta administrativa aceita, por predizer exigências da força de trabalho e avaliar programas de treinamento.

dedicado Projetado ou planejado para uma única função ou uso. Por exemplo, uma estação de trabalho pode ser usada exclusivamente para cálculos de engenharia ou para plotagem.

default O valor predeterminado de um parâmetro requerido por uma tarefa ou operação de CAD/CAM. É automaticamente suprido pelo sistema quando aquele valor (por exemplo, texto, altura ou tamanho da grade) não é especificado.

densidade (1) Medida da complexidade de um projeto eletrônico. Por exemplo, a densidade de um IC pode ser medida pelo número de portas ou transistores por unidade de área ou pelo número de polegadas quadradas por componente. (2) Capacidade de armazenamento em fita magnética. A alta capacidade pode atingir 1600 *bits*/polegada; a baixa, 800 *bits*/polegada.

depurar Detectar, localizar e corrigir qualquer erro ou defeito no *software* ou *hardware* de um sistema.

desenvolvimento automático de superfície Capacidade do CAD/CAM para automaticamente desdobrar um projeto 3-D de uma folha de metal em seu correspondente projeto plano. Cálculos para dobragem e esticamento do material são automaticamente realizados para qualquer material especificado. A operação reversa dobra automaticamente um projeto plano em sua versão 3-D. O desenvolvimento de superfície automático elimina grandes gargalos para fabricantes que usam folhas de metal.

diagnosticador Programa de computador projetado para testar o estado de um sistema ou seus componentes-chaves e para detectar e isolar maus funcionamentos.

diagrama de interligação (1) Representação gráfica de todos os circuitos e dispositivos de um sistema elétrico e mecanismos associados ou qualquer parte funcional daquele sistema. Um diagrama de interligação pode conter não apenas componentes do sistema e fios, mas também informações não-gráficas, como número, tamanho, cor e função do fio e número de pinos. (2) Ilustração dos elementos de um dispositivo e sua interconectividade no seu arranjo físico. (3) Desenho que mostra como os circuitos estão ligados. Os diagramas de interligação podem ser elaborados, comentados e documentados em um sistema CAD.

digital Aplicado a um sistema elétrico ou de computação, denota a capacidade de representar dados na forma de dígitos.

digitalizador Um dispositivo de entrada CAD consistindo em uma mesa digitalizadora de dados sobre a qual é montado o desenho ou projeto a ser digitalizado no sistema. O projetista move uma caneta eletrônica para selecionar pontos no desenho e insere dados de coordenadas para linhas e formas simplesmente pressionando o botão de digitalização da caneta.

digitalizar (1) Descrição geral: converter um desenho para forma digital (isto é, coordenadas de posições) de forma que ele possa ser introduzido no banco de dados para processamento posterior. Um digitalizador, disponível em muitos sistemas CAD, implementa o processo de conversão. Esse é um dos métodos principais de introduzir desenhos existentes, gráficos brutos, linhas e formas no sistema. (2) Uso da Computervision: especificar uma posição ou entidade usando uma caneta eletrônica ou outro dispositivo; também um valor de coordenada simples ou apontador de entidade gerado por uma operação de digitalização.

dimensionamento automático Uma capacidade do CAD que permite automaticamente computar e inserir as dimensões de um projeto ou desenho, ou uma secção designada.

dinâmica (movimento) Simulação de movimento usando programas CAD, de forma que o projetista possa ver na tela representações 3-D de partes de uma peça de máquina enquanto elas interagem dinamicamente. Assim, quaisquer problemas de colisão ou de interferência são revelados imediatamente.

dinâmica A capacidade de um sistema CAD de fazer *zoom*, rolar e rotacionar.

diretório Um espaço com nome no disco ou outro dispositivo de armazenamento de massa, no qual são armazenados os nomes de arquivos e algumas informações resumidas sobre eles.

discagem Usada para iniciar a comunicação com um computador através de um telefone, normalmente de uma estação de trabalho para um computador.

disco (armazenamento) Um dispositivo no qual grandes quantidades de informação podem ser armazenadas no banco de dados. Sinônimo de *armazenamento em disco magnético* ou *memória de disco magnético*.

disco magnético Um prato circular plano com uma superfície magnética na qual as informações podem ser armazenadas por magnetização seletiva de porções da superfície plana. Comumente usado para armazenamento temporário durante o projeto auxiliado por computador.

dispositivo periférico Qualquer dispositivo, distinto dos módulos básicos, que fornecem a saída ou a entrada da CPU. Pode incluir impressoras, teclados, *plotters*, terminais gráficos, perfuradoras/leitoras de papel, conversores analógico-digitais, discos rígidos e leitoras de fitas.

dispositivo Um módulo de *hardware* de sistema externo à CPU e projetado para desempenhar uma determinada função – isto é, um CRT, *plotter*, impressora, etc. Veja também *dispositivo periférico*.

dispositivos de entrada Uma variedade de dispositivos (como mesas digitalizadoras de dados ou dispositivos de teclado) que permitem ao usuário comunicar-se com o sistema de CAD/CAM, por exemplo, escolher uma função dentre muitas apresentadas, inserir texto e/ou dados numéricos, modificar a imagem mostrada no CRT ou construir o desenho desejado.

E/S Veja *entrada/saída*.

editar Modificar, refinar ou atualizar um projeto ou texto emergente em um sistema CAD. Isso pode ser feito interativamente.

editor de texto Programa do sistema operacional usado para criar e modificar arquivos de texto no sistema.

elemento A entidade básica de projeto em projeto auxiliado por computador cuja função lógica, posicional, elétrica ou mecânica é identificável.

engenharia assistida por computador (*CAE – Computer Aided Engineering*) Análise de um projeto para verificação de erros básicos ou para otimização da fabricabilidade, do desempenho e da economia (por exemplo, comparando diversos materiais ou projetos possíveis). As informações extraídas do banco de dados do projeto CAD/CAM são usadas para analisar as características funcionais de uma peça, produto ou sistema em projeto e para simular seu desempenho sob várias condições. No projeto eletrônico, a CAE permite aos usuários do sistema Computervision Designer detectar e corrigir falhas de projeto potencialmente custosas. CAE permite a execução de análises complexas de carga e simulação durante a fase de definição do circuito. A CAE pode ser usado para determinar propriedades de secções, momentos de inércia, momentos de torção e cisalhamento, peso, volume, área superficial e centro de gravidade. A CAE pode determinar precisamente cargas, vibração, ruído e vida útil muito cedo no ciclo de projeto de forma que os componentes possam ser otimizados para obedecer àqueles critérios. Talvez a técnica de CAE mais poderosa seja o modelamento por elementos finitos. Veja também *cinemática*.

enlace de dados Linha(s) de comunicação, controles relacionados e interface(s) para a transmissão de dados entre dois ou mais sistemas de computação. Pode incluir *modems*, linhas telefônicas ou meios de transmissão dedicados como cabo ou fibra óptica.

entidade Um primitivo geométrico – o bloco de construção fundamental usado na construção de um projeto ou desenho, como um arco, circunferência, linha, texto, ponto, *spline*, figura ou linha nodal. Também um grupo de primitivos processados como uma unidade identificável. Assim, um quadrado pode ser definido como uma entidade discreta consistindo em quatro primitivos (vetores), apesar de cada lado do quadrado poder ser definido como uma entidade por si só. Veja também *primitivo*.

entrada de dados (input) (1) Os dados fornecidos a um programa de computador para serem processados pelo sistema. (2) O processo de inserir tais dados no sistema.

entrada/saída Expressão utilizada para descrever os dispositivos de comunicações em CAD/CAM, como também o processo pelo qual as comunicações acontecem em um sistema CAD/CAM. Um dispositivo de E/S é que torna possíveis as comunicações entre um dispositivo e o operador de uma estação ou entre dispositivos no sistema (como estações ou controladores). Por extensão, a entrada/saída indica também o processo pelo qual as comunicações ocorrem. A entrada se refere aos dados transmitidos ao processador para manipulação, e a saída se refere aos dados transmitidos do processador para o operador da estação ou para outro dispositivo (isto é, os resultados). Compare com as outras partes principais de um sistema CAD/CAM: a CPU ou unidade de processamento central, que executa aritmética e operações lógicas e dispositivos de armazenamento de dados (como memórias, discos, ou fitas).

escala Representa o sistema de coordenadas de representação de um objeto.

escalar Aumentar ou diminuir o tamanho da imagem da entidade mostrada, sem alterar a sua forma, isto é, trazer para uma escala definida pelo usuário. O escalamento pode ser feito automaticamente por um sistema CAD.

esconder Um comando presente em sistema CAD que faz com que uma entidade predefinida fique temporariamente sem exibição na tela do computador. O oposto deste comando é o comando *não-esconder*.

espelhamento (**mirroring**) Uma ajuda para o projeto em CAD que automaticamente cria uma imagem no espelho de uma entidade gráfica no CRT invertendo a entidade ou utilizando seus eixos *x* ou *y*.

estação de trabalho Os equipamentos e a área de trabalho usados para operações CAD/CAM. É onde o projetista interage com o computador. Geralmente, consiste em um monitor e um dispositivo de entrada de dados, assim como, se possível, uma mesa digitalizadora e uma impressora. Em um sistema de processamento distribuído, uma estação de trabalho pode ter capacidade de processamento local e armazenamento de massa. Também chamada de *terminal* ou de *terminal de projeto*.

estação/terminal inteligente Uma estação em um sistema que pode executar certas funções de processamento de dados de um modo isolado, independentemente de outro computador. Contém um computador embutido, normalmente, um microprocessador ou minicomputador, e memória dedicada.

figura Um símbolo ou uma peça que pode conter entidades primitivas, outras figuras, propriedades não-gráficas e associações. Uma figura pode ser incorporada a outras peças ou figuras.

firmware Programas de computador, instruções ou funções implementadas em *hardware* modificável pelo usuário, isto é, um microprocessador com memória de apenas leitura. Tais programas ou instruções, armazenados permanentemente em memórias programáveis de apenas leitura, constituem uma parte fundamental do sistema de *hardware*. A vantagem é que um programa ou rotina freqüentemente usado pode ser chamado por um comando simples invés de múltiplos comandos como em um programa de *software*.

fita magnética Uma fita com uma superfície magnética na qual as informações podem ser armazenadas por polarização seletiva de porções da superfície. Comumente usada em CAD/CAM para armazenamento *off-line* de arquivos de projeto completos e outros materiais para arquivo.

fonte de linha Veja *fonte, linha*.

fonte Um arquivo de texto escrito em linguagem de alto nível e contendo um programa de computador. É facilmente lido e compreendido pelas pessoas, mas deve ser compilado ou traduzido para *assembler* para gerar instruções reconhecíveis pela máquina. Também conhecido como *código-fonte*. Veja também *linguagem de alto nível*.

fonte, linha Padrão repetitivo usado em CAD para dar às linhas exibidas características que as tornem mais facilmente distinguíveis como linha cheia, tracejada ou pontilhada. Uma fonte de linha pode ser aplicada a imagens gráficas para prover significado, seja gráfico (por exemplo, linhas invisíveis) ou funcional (estradas, trilhas, arames, tubos, etc.). Pode ajudar um desenhista a identificar e definir representações gráficas específicas de entidades que são dependentes da vista. Por exemplo, uma linha pode ser sólida quando desenhada na vista superior de um objeto, mas, quando é usada uma fonte de linha, é pontilhada na vista lateral onde normalmente não é visível.

fonte, texto Conjuntos tipográficos de vários estilos e tamanhos. Em CAD, são usadas fontes para criar textos para desenhos, caracteres especiais como letras gregas e símbolos matemáticos.

FORTRAN **FORmula TRANslation**. Uma linguagem de programação de alto nível usada principalmente para aplicações científicas ou de engenharia.

fracturing A divisão de gráficos IC pelo CAD em áreas simples trapezoidais ou retangulares para geração de padrões.

gabarito Modelo padronizado comumente usado pelo projetista como auxílio ao projeto. Uma vez criado, pode ser inserido em um novo desenho sempre que necessário. Em um ambiente CAD, pode ser parte de uma biblioteca de dados.

gap O espaço (*gap*) entre duas entidades em um projeto auxiliado por computador é o menor segmento de linha que pode ser desenhado do limite de uma entidade a outra e sem cruzar o limite da outra. Programas de CAD/CAM que conferem regras de projeto podem testar os *gaps* automaticamente.

grade Uma cadeia de pontos uniformemente espaçados ou, opcionalmente, linhas que se cruzam exibidas no CRT e usados para localizar com exatidão e digitar uma posição, inserindo elementos de entrada para ajudar na criação do leiaute de um projeto, ou para construir ângulos precisos. Por exemplo, os dados de coordenadas fornecidos pelo digitalizador são calculados automaticamente pela CPU do ponto de grade mais próximo. A grade determina a precisão mínima com que são descritas ou são conectadas as entidades do desenho. No ambiente da cartografia, utiliza-se uma grade para descrever a rede de distribuição de recursos.

gravar (**write**) Transferir informações da memória principal da CPU para um periférico, como um dispositivo de armazenamento de massa, capaz de armazenar grande quantidades de dados.

hard copy Uma cópia em papel de uma imagem exibida no CRT – por exemplo, um desenho, um relatório impresso, uma plotagem, uma lista ou um resumo. A maioria dos sistemas CAD/CAM pode gerar cópias impressas automaticamente por uma impressora *on-line* ou através de um *plotter*.

hardware Os componentes físicos, módulos e periféricos que compõem um sistema – disco de computador, fita magnética, terminais de CRT, *plotters*, etc.

IC Veja *circuito integrado*.

IGES Veja *Initial Graphics Exchange Specification*.

impressora de linha Um dispositivo periférico de CAD/CAM usado para impressão rápida de dados.

inicializar Fixar os contadores, as interrupções e os endereços de um computador em zero – ou outros valores iniciais – no começo, ou em fases predeterminadas, em um programa ou rotina.

Initial Graphics Exchange Specification (IGES) Banco de dados com especificações para CAD/CAM temporário, até que o American National Standards Institute (ANSI) desenvolva suas próprias especificações. O IGES tenta unificar a comunicação de desenho e informação geométrica de produtos entre sistemas de computador.

inserir Criar e colocar entidades, figuras ou informação em um CRT ou em um projeto aparecendo na tela.

instrução de máquina Uma instrução que uma máquina (computador) pode reconhecer e executar.

interativo Representa comunicações de duas vias entre um sistema CAD/CAM ou da estação e seus operadores. Um operador pode modificar ou pode terminar um programa e pode receber realimentação do sistema para direcionamento e verificação. Veja também *realimentação*.

interface (1) Um *hardware* e/ou uma conexão de *software* que permite que dois sistemas, ou um sistema e seus periféricos, operem como um único sistema integrado. (2) Os dispositivos de entrada e as capacidades visuais de realimentação que permitem comunicação bilateral entre o projetista e o sistema. A interface para um computador grande pode ser um vínculo de comunicações (*hardware*) ou uma combinação de *software* e conexões *hard-wired*. Uma interface poderia ser uma porção de armazenagem acessada por dois ou mais programas ou um vínculo entre duas seqüências de dados em um programa.

intermitência Um recurso de sistemas CAD que permite fazer com que entidades gráficas selecionadas fiquem piscando na tela do computador para chamar a atenção do usuário.

ips Veja *polegadas por segundo*.

jaggies Um termo de jargão em CAD usado para referir-se a uma reta ou a linhas curvas que parecem ser denteadas ou serrilhadas na tela do CRT.

janela Uma área limitada, temporária, geralmente retangular no monitor, especificada pelo usuário, para incluir elementos do desenho a serem modificados, editados ou apagados.

joystick Um dispositivo CAD para entrada de dados que emprega uma alavanca controlada pela mão para entrar nas coordenadas de vários pontos manualmente em um projeto que é digitalizado para o sistema.

layering Um método de organizar dados logicamente em um banco de dados CAD/CAM. Classes funcionalmente diferentes de dados (por exemplo, várias entidades gráficas/geométricas) são colocadas em camadas (*layers*) separadas, cada qual podendo ser exibida individualmente ou em qualquer combinação desejada. O uso de camadas ajuda o projetista a distinguir entre tipos diferentes de dados quando cria um produto complexo como uma placa de PC com múltiplas camadas ou um IC.

line smoothing Uma capacidade de mapeamento automatizado para a interpolação e inserção de pontos adicionais ao longo de uma entidade linear que gera uma série de segmentos lineares menores, dando uma aparência de curva suave aos componentes lineares originais. Os pontos ou segmentos adicionais são criados apenas para propósitos de exibição e são interpolados de um conjunto relativamente pequeno de pontos representativos armazenados. Assim, o espaço de armazenamento de dados é minimizado.

linguagem de alto nível Uma linguagem de programanção orientada a problemas que usa palavras, símbolos e declarações de comandos que se assemelham a declarações da língua inglesa. Cada declaração representa, em geral, uma série de instruções de computador. Relativamente fácil de aprender e de usar, uma linguagem de alto nível permite a execução de várias sub-rotinas através de um simples comando. Alguns exemplos são BASIC, FORTRAN, PL/I, PASCAL e COBOL. Uma linguagem de alto nível deve ser traduzida ou compilada em linguagem de máquina antes de poder ser entendida e processada por um computador. Veja também *assembler* e *linguagem de baixo nível*.

linguagem de baixo nível Uma linguagem de programação na qual as declarações se traduzem em uma base de um para um. Veja também *linguagem de máquina*.

linguagem de comandos Uma linguagem de comunicação com um sistema CAD/CAM para executar funções ou tarefas específicas.

linguagem de máquina O conjunto completo de instruções de comando compreensíveis e usados diretamente por um computador quando executa operações.

linguagem-fonte Linguagem simbólica que inclui instruções e fórmulas usadas no processamento computacional. É traduzida para linguagem-objeto (código-objeto) por um *assembler* ou compilador para ser executada por um computador.

linha de comunicação O meio físico, como uma linha telefônica, para conectar um módulo de sistema ou periférico com outro, em um lugar diferente, de forma a transmitir e receber dados. Veja também *enlace de dados*.

linha pré-colocada (**preplaced line or bus**) Uma linha entre um conjunto de pontos do leiaute de uma placa PC que foi definida pelo projetista, devendo ser evitada por um programa de roteamento CAD automático.

macro (1) Uma sucessão de instruções de computador executável como um único comando. Uma operação de múltiplos passos que é freqüentemente usada pode ser organizada em uma macro, determinado-se um novo nome, e permanece no sistema para uso fácil, diminuindo-se o tempo de desenvolvimento de programas. (2) Em sistemas de visualização de projeto de IC por computador, macro se refere à macroexpansão de uma cela. Essa capacidade de sistema permite ao projetista reproduzir os conteúdos de uma cela como primitivos sem o agrupamento da cela original.

mainframe (computador) Uma grande instalação central de computador.

manufatura assistida por computador (**CAM – Computer Aided Manufacturing**) Uso do computador e da tecnologia digital para gerar dados orientados à fabricação. Dados extraídos de um banco de dados CAD/CAM podem auxiliar ou controlar uma parte ou todo um processo de fabricação, incluindo máquinas de controle numérico, programação de peças auxiliada por computador, planejamento de processos auxiliado por computador, robótica e controladores lógicos programáveis. A CAM pode envolver programação da produção, engenharia de manufatura, engenharia industrial, engenharia de instalações físicas, engenharia de confiabilidade (controle de qualidade). As técnicas CAM podem ser usadas para produzir planos de processos para fabricar uma montagem completa, programar robôs e para coordenar a operação de uma planta industrial.

máquina Um computador, uma CPU ou outro processador.

matriz retangular Inserção do mesmo objeto em múltiplos locais no monitor usando a capacidade do sistema de copiar elementos de projeto e colocá-los em intervalos especificados pelo usuário para criar um arranjo retangular ou matriz. Uma característica de circuitos impressos e circuitos integrados.

matriz Um conjunto (arranjo) retangular 2-D ou 3-D de entidades geométricas ou simbólicas idênticas. Uma matriz pode ser gerada automaticamente em um sistema CAD especificando-se a entidade ou o bloco de construção e as localizações desejadas. Esse processo é extensivamente usado em projetos eletroeletrônicos auxiliados por computador.

melhoramentos Melhorias no *hardware* ou *software*, adições ou atualizações em sistemas CAD/CAM.

memória de acesso aleatório (RAM) A principal memória de escrita/leitura que dá ao operador acesso direto às informações armazenadas. O tempo exigido para acessar uma palavra na RAM é igual para qualquer palavra.

memória de trabalho (**working storage**) A parte de armazenamento interno do sistema reservado para resultados intermediários (isto é, enquanto um programa ainda está em andamento). Também chamada de *memória temporária*.

memória principal Um dispositivo de memória para armazenamento de grandes quantidades de dados, isto é, discos rígidos ou disquetes. Estes não são acessados de modo aleatório, como é o caso da memória de operação (RAM).

memória somente de leitura (ROM) Uma memória que não pode ser modificada ou reprogramada. Geralmente usada para controle e execução de programas. Veja também *memória somente de leitura programável*.

memória somente de leitura programável (PROM) Uma memória que, uma vez programada com dados permanentes ou instruções, se torna uma ROM. Veja também *memória somente de leitura*.

memória temporária Posições da memória para armazenamento de resultados imediatos e parciais obtidos durante a execução de um programa.

memória Qualquer forma de armazenamento de dados onde pode se ler e escrever informações. As memórias-padrão incluem RAM, ROM e PROM. Veja também *memória somente de leitura programável; memória de acesso aleatório; memória somente de leitura; armazenamento*.

memória/armazenamento principal O armazenamento do computador para propósitos gerais a partir do qual podem ser executados instruções e dados carregados diretamente em registros operacionais.

menu Um dispositivo comum de entrada para CAD/CAM que consiste em um padrão xadrez de áreas impressas em uma folha de papel ou plástico colocada em cima de uma mesa digitalizadora de dados. Essas áreas foram pré-programadas para representar uma parte de um comando, um comando ou uma série de comandos. Cada área, quando tocada por uma caneta eletrônica, inicia a função particular ou o comando indicado naquela área. Veja também *mesa digitalizadora de dados* e *menus dinâmicos*.

menus dinâmicos Este recurso do terminal Instaview da Computervision permite que uma função ou um comando em particular seja iniciado tocando-se uma caneta eletrônica na palavra-chave apropriada na área de texto da tela.

merge Combinar dois ou mais conjuntos de dados relacionados em um, normalmente em uma sucessão especificada. Isso pode ser feito automaticamente em um sistema CAD/CAM para gerar listas e relatórios.

mesa digitalizadora de dados Um dispositivo de entrada para CAD/CAM que permite ao projetista comunicar-se com o sistema posicionando uma caneta eletrônica na superfície da mesa. Há uma correspondência direta entre um ponto na mesa e pontos endereçáveis na tela do monitor. Geralmente usada para indicar posições no CRT, para digitalizar desenhos ou para seleções em menus. Veja também *mesa digitalizadora*.

mesa digitalizadora gráfica Um dispositivo de entrada em CAD/CAM que permite que ferramentas gráficas e de localização sejam enviadas ao sistema usando-se uma caneta eletrônica sobre a mesa digitalizadora. Veja também *mesa digitalizadora de dados*.

mesa digitalizadora Dispositivo de entrada de dados com o qual um projetista pode digitalizar dados ou comandos de entrada em um sistema CAD/CAM por meio de uma caneta eletrônica. Veja também *mesa digitalizadora de dados*.

microcomputador Um minicomputador menor, de baixo custo, equivalente a um completo. Inclui um microprocessador (CPU), memória e os circuitos de interface necessários. Consiste em um ou mais ICs (chips).

microprocessador O elemento de controle central de um microcomputador, implementado em um único circuito integrado. Executa o seqüenciamento de instruções e processamento, como também todas as computações exigidas. Exige circuitos adicionais para funcionar como um microcomputador. Veja *microcomputador*.

minicomputador Um computador para própósitos gerais, com um único processador de flexibilidade e desempenho de memória limitado.

modelamento geométrico Construção de um modelo matemático ou analítico de um objeto físico ou sistema com o propósito de determinar a resposta daquele objeto ou sistema a um estímulo ou carga. Primeiro, o projetista descreve a forma em projeto usando um modelo geométrico construído no sistema. O computador converte então essa representação pictorial no monitor em um modelo matemático usado posteriormente para outras funções do sistema CAD, como a otimização.

modelamento sólido Um tipo de modelamento 3-D no qual as caracteríticas sólidas do objeto em projeto são construídas no banco de dados de modo que estruturas internas complexas e formas externas possam ser realisticamente representadas. Isso torna o projeto auxiliado por computador e a análise de objetos sólidos mais fáceis, mais claros e mais precisos do que com modelos de arame (*wireframes*).

modelo de arame Técnica do desenho auxiliado por computador para exibir apenas as arestas de objetos 3-D na tela.

modelo geométrico Uma representação 3-D ou 2-D completa, geometricamente precisa de uma forma, uma parte, uma área geográfica, uma planta ou qualquer parte dela projetada em um sistema CAD e armazenada em um banco de dados. Um modelo matemático ou analítico de um sistema físico usado para determinar a resposta daquele sistema a estímulos ou carregamentos. Veja *modelamento geométrico*.

modem (MOdulator–DEModulator) Um dispositivo que converte sinais digitais em sinais analógicos e vice-versa para transmissões à longa distância através de circuitos de comunicação como linhas telefônicas, linhas dedicadas, fibras ópticas ou microondas.

módulo Uma unidade de *software* ou de *hardware* separada e distinta que é parte de um sistema.

monitor alfanumérico (ou monitor alfabético) Dispositivo de uma estação de trabalho que consiste em um CRT no qual os textos podem ser visualizados. Um monitor alfanumérico é capaz de mostrar um conjunto limitado de letras, dígitos e caracteres especiais. Isso permite que o projetista observe os comandos enviados ao sistema e receber as mensagens do sistema.

monitor em cores Um dispositivo de exibição para CAD/CAM. Os monitores de varrredura em cores oferecem uma variedade de cores contrastantes, escolhidas pelo usuário, facilitando a distinção entre vários grupos de elementos de projeto em diferentes camadas de um desenho complexo. A cor acelera o reconhecimento de áreas específicas e submontagens, ajuda o projetista a interpretar superfícies complexas e destaca problemas de interferência. Os monitores em cores podem ser do tipo "por penetração", no qual várias camadas de fósforo produzem cores diferentes (monitor de refrescamento) ou do tipo TV, com canhões de elétrons para as cores vermelha, azul e verde (monitor de varredura).

monitor raster Um monitor CAD no qual toda a superfície é escaneada a uma taxa de refrescamento constante. A imagem brilhante, livre de cintilamento, pode ser seletivamente escrita e apagada. É também conhecida como display digital de TV.

monitor Um dispositivo de estação CAD/CAM para apresentar rapidamente uma imagem gráfica de forma que o projetista possa reagir a ela, fazendo mudanças interativamente em tempo real. Usualmente refere-se a CRT.

mouse Um dispositivo de entrada de dados usado para posicionar o cursor em uma mesa de dados (*tablet* de dados).

multiprocessador Um computador cuja arquitetura consiste em mais de uma unidade de processamento. Ver *unidade central de processamento* e *microcomputador*.

níveis de cinza Em sistemas CAD com uma exibição monocromática, empregam-se variações em nível de brilho (níveis de cinza) para aumentar o contraste entre vários elementos de desenho. Essa característica é muito útil para ajudar o desenhista a discriminar entre entidades complexas em camadas diferentes exibidas no CRT.

off-line Refere-se a dispositivos periféricos que não estão correntemente conectados ao controle direto do computador do sistema.

on-line Refere-se a dispositivos periféricos conectados ao controle direto do computador do sistema, de forma tal que a interação entre o operador e o sistema, o *feedback* e a saída estejam todos em tempo real.

overlay Um segmento de código ou de dados a ser importado para a memória de um computador para substituir um código ou dado existente no momento.

padrão americano para intercâmbio de informações (ASCII) Um padrão da indústria de caracteres utilizados para a troca de informações em sistemas de processamento de dados, de comunicação e de equipamentos associados.

paint Preencher uma figura fechada mostrada em um monitor do tipo *raster* usando uma combinação de padrões ou linhas repetitivos para adicionar significado ou clareza. Veja *fonte, linha*.

palavra Um conjunto de *bits* (em geral 16 a 32) que ocupa uma única posição de armazenamento e é tratado pelo computador como uma unidade. Veja também *bit*.

perfuradora/leitora de fitas de papel Um dispositivo periférico que pode tanto ler como perfurar papéis específicos para este fim, com dados a serem alimentados ou produzidos por um sistema CAD/CAM. Essas fitas são o principal meio de fornecimento de dados para máquinas de comando numérico.

píxel A menor porção de um monitor que pode ser individualmente endereçada. Um ponto individual no monitor. Geralmente, os píxeis podem ser regularmente espaçados, horizontal ou verticalmente, no monitor.

placa de circuito impresso Uma prancha isolante com pistas de circuitos em folhas finas de cobre sobre a qual são montados circuitos integrados e outros componentes necessários para implementar uma ou mais funções eletrônicas. As placas de circuito impresso encaixam-se em um *rack* ou em uma submontagem de equipamentos eletrônicos para prover a lógica para controle de operações de um computador, de um sistema de comunicações, instrumentação ou outros circuitos eletrônicos. O nome vem do fato de que o circuito não é conectado por fios, mas sim por finas pistas de cobre que são prensadas na prancha isolante. O sistema CAD/CAM é extensivamente usado no projeto, em testes e na fabricação de placas de circuito impresso.

placa PC Veja *placa de circuito impresso*.

plotter a tambor Um plotter eletromecânico que desenha uma imagem em papel ou filme montado em um tambor rotatório. Neste dispositivo periférico de CAD, uma combinação de movimento da cabeça de plotagem e rotação do tambor provê o movimento.

plotter de mesa Um dispositivo periférico de CAD/CAM que desenha uma imagem em papel, vidro ou filme montado sobre uma mesa plana. A cabeça de plotagem proporciona todo o movimento.

plotter de pena Um dispositivo de saída eletromecânico que gera uma cópia dos dados gráficos usando uma caneta esferográfica ou pena. É usado quando se exige um desenho bastante preciso. O resultado é um trabalho com uniformidade e densidade excepcionais no traçado de linhas e na precisão posicional, bem como possibilidade para seleção de cores pelo usuário.

plotter eletrostático Veja *plotter matricial*.

plotter fotográfico Um dispositivo de saída que gera resultados de alta qualidade gráfica para a criação de máscaras fotográficas para projeto de placas PC ou de circuitos integrados.

plotter matricial Um periférico CAD para gerar plotagens gráficas. Consiste na combinação de agulhas espaçadas com 100 a 200 agulhas por polegada as quais colocam pontos onde for necessário para gerar o desenho. Por causa de sua alta velocidade, ele é geralmente usado em aplicações de projeto eletrônico. A precisão e resolução não são tão grandes como nos *plotters* de pena. Também chamados de *plotters eletrostáticos*.

plotter Um periférico de saída de uso em sistemas CAD, usado para gerar imagens externas de dados armazenados. Em geral, faz desenhos grandes e precisos, substancialmente melhores que os mostrados no monitor. Os tipos de *plotter* incluem os de tambor, de pena, eletrostáticos e de mesa.

polegadas por segundo (*ips*) Medida da velocidade de um dispositivo (isto é, o número de polegadas de fita magnética que pode ser processado por segundo, ou a velocidade de um *plotter* de caneta).

pós-processador Um programa ou procedimento que formata desenhos ou outros dados processados em um sistema para algum outro propósito. Por exemplo, um pós-processador pode formatar os dados de uma linha de corte de tal forma que uma controladora de uma máquina possa interpretar.

precisão O grau de acurácia. Em geral, refere-se ao número de dígitos significativos de informação à direita do ponto decimal de dados representados no interior do sistema computacional. Portanto, o termo representa o grau de discriminação com que um projeto ou elemento de projeto pode ser descrito no banco de dados.

preenchimento de formas (*shape fill*) A pintura automática de uma área, definida por fronteiras indicadas pelo usuário em um circuito integrado (IC). No caso do leiaute de uma placa de circuito impresso ou de circuito integrado, por exemplo, seria a área a ser preenchida com cobre quando a placa for fabricada. Pode ser feito *on-line* por um sistema CAD.

pré-processador Um programa de computador que toma um conjunto específico de dados de uma fonte externa e o traduz em um formato entendido pelo sistema.

primitivo Um elemento de projeto no menor estágio de complexidade. Uma entidade gráfica fundamental. Pode ser um vetor, um ponto, ou uma seqüência de caracteres. O menor objeto definível no conjunto de instruções do processador do dispositivo de saída gráfico.

processador Qualquer dispositivo que desempenhe uma função específica no *hardware* de um sistema CAD/CAM, mais freqüentemente usado para se referir à CPU. No *software*, esse termo se refere ao conjunto complexo de instruções usadas para a realização de uma função geral. Veja também *unidade central de processamento (CPU)*.

processamento paralelo Execução simultânea de dois ou mais elementos de um único processo em vários processadores de um sistema computacional.

programa aplicativo (*ou pacote*) Um programa de computador ou vários programas que realizam tarefas ou tarefas específicas para uma necessidade particular ou classe de necessidades dos usuários.

programa de computador Um conjunto específico de comandos de *software* em uma forma aceitável para um computador e usado para atingir um determinado resultado. Freqüentemente chamado de *software*.

programa Uma seqüência precisa de conjuntos de instruções que fazem com que o computador realize uma tarefa ou ação particular ou resolva um determinado problema. Um programa completo inclui planos para transcrição de dados, codificação para o computador e planos para absorção de resultados no sistema. Veja também *programa de computador*.

projeto assistido por computador (*CAD – Computer Aided Design*) Processo que usa um sistema de computação para auxiliar na criação, modificação e exibição de um projeto.

projeto assistido por computador/manufatura assistida por computador (*CAD – Computer Aided Design / CAM – Computer Aided Manufacturing*) Refere-se à integração de computadores no ciclo inteiro de projeto até a fabricação de um produto ou planta industrial.

PROM (*Programable Read-Only Memory*) Veja *memória somente de leitura programável*.

prompt Mensagem ou símbolo gerado automaticamente pelo sistema que aparece no monitor para informar o usuário de um erro de procedimento, ou um erro de entrada de dados, ou para indicar a espera de uma nova entrada, opção ou ação. Veja também *tutorial*.

proteção contra gravação Um sistema de segurança em um dispositivo de armazenamento do sistema CAD/CAM que impede que novos dados sejam gravados sobre dados já existentes.

proteção de arquivo Uma técnica para evitar o acesso ou apagamento acidental de dados dentro de um arquivo no sistema.

proteção de senha Sistema de segurança de certos sistemas CAD/CAM que evita o acesso ao sistema ou aos dados nele contidos sem primeiro informar a senha, isto é, uma seqüência especial de caracteres.

puck Um dispositivo manual para entrada de dados que permite que as coordenadas sejam digitalizadas ao sistema a partir de um desenho colocado sobre uma mesa digitalizadora. Um *puck* tem uma janela transparente contendo uma cruz.

RAM (*Random Access Memory*) Veja *memória de acesso aleatório*.

raster scan (*vídeo*) Atualmente, a tecnologia dominante nos monitores CAD. Similar a uma televisão convencional, envolve uma varredurada linha a linha ao longo da superfície da tela do tubo de raios catódicos para a geração de imagens. As características são bom brilho, precisão, apagamento seletivo, capacidade de movimento dinâmico e a possibilidade de cores ilimitadas. O dispositivo pode mostrar uma grande quantidade de informação sem cintilamento, apesar de a resolução não ser tão boa quanto a do vídeo de armazenamento.

realimentação (1) Habilidade de um sistema em responder a um comando do operador em tempo real visualmente ou com mensagem em um monitor alfanumérico ou CRT. Essa mensagem registra o comando, indica quaisquer erros possíveis e simultaneamente mostra o projeto atualizado na tela. (2) O sinal ou os dados realimentados para uma unidade de comando de uma máquina controlada ou o processo para representar sua resposta ao comando. (3) O sinal representando a diferença entre a resposta real e a resposta desejada e usada pela unidade de controle para melhorar o desempenho da máquina ou processo controlado. Veja também *prompt*.

recorte (scissoring) O apagamento automático de todas as partes de um projeto mostrado na tela que caem fora de fronteiras especificadas pelo usuário.

rede (network) Um arranjo de dois ou mais sistemas de computador interconectados que facilita a troca de informações a fim de desempenhar uma função específica. Por exemplo, um sistema CAD/CAM deve ser conectado a um computador *mainframe* para aliviar tarefas analíticas difíceis. Também se refere a uma rede de tubulações em desenhos de plantas assistidos por computador.

rede de computadores Um complexo interconectado de dois ou mais sistemas. Veja também *rede*.

refrescamento (ou refrescamento vetorial) Uma tecnologia CAD de telas que envolve redesenhamento freqüente de uma imagem mostrada no monitor para mantê-la brilhante, nítida e clara. O refrescamento permite um algo grau de mobilidade para a imagem mostrada, bem como uma alta resolução. O apagamento ou a edição seletivos são possíveis a qualquer momento para apagar ou redesenhar toda a imagem. Apesar de serem necessárias grandes quantidades de memória de acesso rápido, imagens complexas e grandes podem cintilar.

registração (registration) O grau de precisão no posicionamento de uma camada ou sobreposição em uma imagem de sistemas CAD, ou arte final, relativo a outra camada. O resultado da registração se reflete na clareza e na nitidez da imagem resultante.

régua elástica (ruber banding) Característica de sistemas CAD que permite a um componente ser puxado ao longo do monitor por meio de uma caneta eletrônica para um local desejado, enquanto estica todas as interconexões para manter continuidade. Durante essa ação, as interconexões associadas com o componente se esticam e se curvam criando visualmente uma espécie de guia para se otimizar a localização do componente.

reinicialização Retorno à operação de um programa após a interupção por intervenção do operador.

repintura (repaint) Função CAD que redesenha automaticamente um projeto mostrado no monitor.

resolução O menor espaço entre dois elementos do monitor que permite que os elementos sejam distinguidos visualmente. A habilidade de se detectar cada detalhe. Por exemplo, a resolução de sistema da ComputerVision é de uma parte em 33,5 milhões. Aplicada a um *plotter* eletrostático, a resolução significa o número de pontos por polegada quadrada.

restore Volta ao estado original um projeto atualmente sendo trabalhado em um sistema CAD/CAM, após ter sido editado ou modificado.

resume Uma função de programas aplicativos que permite ao projetista suspender as operações de processamento de dados em algum ponto e iniciá-las mais tarde a partir do ponto em que o programa foi suspenso.

reticulado Uma chapa fotográfica usada para criar máscaras de circuitos integrados. Veja também *plotter fotográfico*.

robótica Uso de manipuladores controlados por computador para automatizar uma variedade de processos de fabricação como soldagem, pintura, montagem e manipulação de materiais.

rolagem (scroll) Rolagem automática de uma mensagem de texto ou imagem no monitor para permitir a vista seqüencial de uma mensagem ou desenho que é grande demais para ser vista de uma só vez no monitor. Novos dados aparecem nas bordas. Os desenhos podem ser rolados para cima, para baixo, para a esquerda ou para a direita.

ROM (read-only memory) Veja *memória somente de leitura*.

ROM Veja *memória somente de leitura*.

rotacionar Fazer girar uma construção 2-D ou 3-D em torno de um eixo por um ângulo contado a partir da posição original.

rotina Um programa de computador ou sub-rotina de um programa principal. A menor parte do código-fonte de um programa que pode ser compilado independentemente. Veja também *programa de computador* e *fonte*.

saída (output) O resultado final de um processo ou de uma série de processos CAD/CAM. A saída de um ciclo CAD pode ser um trabalho de arte final, uma listagem ou um relatório. A saída de um sistema global do projeto para a fabricação CAD/CAM pode incluir fitas de comando numérico para manufatura.

satélite Um sistema remoto conectado a outro hospedeiro, normalmente maior. Um satélite é diferente de uma estação de trabalho inteligente remota porque este último contém um conjunto completo de processadores, memória e recursos de armazenamento para operar independentemente do hospedeiro. Veja *sistema hospedeiro-satélite*.

símbolo mnemônico Um símbolo facilmente lembrado que ajuda o projetista a comunicar-se com o sistema (por exemplo, uma abreviação como MPQ para multiplique).

símbolo Qualquer sinal, marca, forma ou padrão reconhecível usado como um bloco de construção para projetar estruturas significativas. Um conjunto de entidades gráficas primitivas (linha, ponto, arco, círculo, texto, etc.) que compõem uma construção que possa ser expressa como uma unidade e ter um significado. Os símbolos podem ser combinados ou agrupados de modo a compor outros símbolos e/ou desenhos. Podem ser tão complexos quanto uma placa de circuito impresso ou tão simples quanto uma base. Os símbolos são geralmente usados para representar coisas físicas. Por exemplo, um símbolo pode ser usado para representar todo um dispositivo ou um certo tipo de componente elétrico em um esquema. Para simplificar a preparação de projetos de sistemas de tubulações e diagramas de fluxo, são usados símbolos-padrão para representar diferentes tipos de peças e componentes em comum. Os símbolos representam também as unidades básicas em uma linguagem. A seqüência reconhecível de caracteres END podem informar ao compilador que a rotina que ele compilava está completa. No mapeamento auxiliado por computador, um símbolo pode ser um diagrama, um desenho, uma letra, um caractere, ou abreviações localizadas em mapas e gráficos que, por convenção ou mencionados em uma legenda, significa ou representa uma característica ou propriedade específica. Em um ambiente CAD, as bibliotecas de símbolos contribuem para a rápida manutenção, localização e interpretação de símbolos.

simulação de processo Programa que utiliza um modelo matemático criado para testar numerosas iterações de processos de projeto com visualização em tempo real e realimentação numérica. Os projetistas podem ver no monitor o que está acontecendo em cada estágio do processo de fabricação. Podem, portanto, otimizar um processo e corrigir problemas que possam afetar o processo de fabricação real, o qual deve ocorrer mais adiante.

sintaxe (1) Conjunto de regras que descrevem a estrutura dos comandos permitidos em uma linguagem de computador. Para fazer sentido gramaticalmente, os comandos e as rotinas devem ser escritos de acordo com essas regras. (2) A estrutura de uma linguagem de comando computacional, ou seja, a estrutura da sentença em inglês de uma linguagem de comando CAD/CAM, por exemplo, verbo, substantivo (nome), modificadores.

sistema de gráficos interativo (IGS) ou computação gráfica interativa (ICG) Um sistema CAD/CAM no qual as estações são usadas interativamente para projeto e/ou desenho auxiliado por computador e também para CAM, sob o controle total do operador, e possivelmente também para processamento de texto, geração de mapas e gráficos, ou engenharia assistida por computador (CAE). O projetista (operador) pode intervir para inserir dados e dirigir o curso de qualquer programa e pode receber realimentação visual imediata pelo CRT. É permitida a comunicação bilateral entre o sistema e o projetista. Freqüentemente usado como sinônimo de CAD.

sistema hospedeiro-satélite Uma configuração de sistema CAD/CAM caracterizada por uma estação gráfica com seu próprio computador (geralmente mantendo o arquivo de exibição) que está conectado a outro, normalmente um computador maior para cálculos mais extensos ou manipulação de dados. O computador local para exibição é um satélite do computador principal maior e os dois formam um sistema hospedeiro-satélite.

sistema integrado Um sistema CAD/CAM que integra um ciclo inteiro de desenvolvimento do produto – análise, projeto e fabricação – de forma que todos os processos fluam suavemente da criação à produção.

sistema operacional Um conjunto estruturado de programas de *software* que controlam a operação do computador e dos dispositivos periféricos associados em um sistema CAD/CAM, bem como a execução dos programas de computador e o fluxo de dados para dispositivos periféricos. Pode oferecer suporte para atividades e programas como cronogramas, depuração, controle de entrada/saída, contabilidade, editoração, montagem, compilação, administração de armazenamento de dados, administração de dados e diagnósticos. Um sistema operacional pode atribuir níveis de prioridade de tarefas, dar suporte a sistemas de arquivos, prover *drives* para dispositivos de E/S, dar suporte a comandos de sistemas ou utilitários para programação *on-line*, processamento de comandos e suporte para diagnóstico e rede.

software Uma coleção de programas de computador que inclui programas aplicativos, sistemas operacionais e linguagens.

spline Subconjunto de uma *B-spline* em que uma seqüência de curvas é limitada a um plano. Uma rotina de interpolação executada em um sistema CAD/CAM ajusta interativamente uma curva até que sua curvatura seja contínua por todo o comprimento da curva. Veja também *B-spline*.

strech Comando de desenho e edição dos sistemas CAD que possibilita ao projetista aumentar automaticamente uma entidade na tela além das suas dimensões originais.

subfigura Parte ou elemento em um desenho que pode ser carregado de uma biblioteca CAD e inserido em uma outra posição exibida no monitor.

tarefa (1) Um projeto específico que pode ser executado por um programa CAD/CAM. (2) Uma porção específica de memória atribuída ao usuário para a execução daquele projeto.

taxa de produtividade Um meio de alta aceitação para a avaliação da produtividade de sistemas CAD/CAM (por hora) por comparação entre a produtividade de um grupo de projeto/engenharia antes e depois da instalação do sistema, ou com relação a uma norma-padrão ou potencial máximo. A maneira mais comum de se registrar produtividade é a razão horas manuais reais/horas CAD reais, expresso como 4:1, 6:1, etc.

taxa de refrescamento A taxa usada para redesenhar a imagem mostrada em tubo de raios catódicos de um monitor de refrescamento.

taxa de rendimento O número de unidades de trabalho executadas por um sistema CAD/CAM ou uma estação de trabalho durante um determinado período de tempo. Uma medida quantitativa da produtividade do sistema.

tecla de função Uma área específica em uma digitalizadora de dados, ou uma tecla em uma caixa de tecla de função, usada pelo desenhista para entrar em um comando particular ou outra entrada. Veja também *mesa digitalizadora de dados*.

teclado alfanumérico Dispositivo de uma estação de trabalho que consiste em um conjunto de teclas contendo caracteres que permitem ao projetista comunicar-se com o sistema utilizando, por exemplo, linguagem de comando na língua inglesa.

teclado de função Um dispositivo de entrada localizado em uma estação CAD/CAM e contendo várias teclas de função.

tempo compartilhado O uso das capacidades de processamento e de memória de uma CPU por dois ou mais terminais CAM/CAM para executar diferentes tarefas simultaneamente.

tempo de acesso Uma medida de resposta do sistema. Intervalo de tempo entre o instante de acionamento da consulta até o retorno do resultado da consulta, ou seja, do tempo de leitura. Veja também *tempo de resposta*.

tempo de resposta O tempo entre a inicialização das operações em uma estação de trabalho até o recebimento dos resultados produzidos pelo sistema. Inclui a transmissão de dados para a CPU, processamento, acesso a arquivos e transmissão de dados retornando à estação de trabalho.

tempo de resposta Tempo transcorrido entre o momento em que uma tarefa ou um projeto é introduzido em um sistema CAD/CAM e o momento em que é realizado.

tempo real Refere-se a tarefas ou funções executadas tão rapidamente por um sistema CAD/CAM que a resposta em vários estágios do processo pode ser usada para guiar o projetista durante o trabalho. A resposta imediata do monitor torna possível operações iterativas, em tempo real, de sistemas CAD/CAM.

terminal Veja *estação de trabalho*.

track ball Dispositivo de entrada de dados que consiste em uma esfera encaixada em uma superfície. O projetista pode rotacioná-la em qualquer direção para controlar a posição do cursor na tela, para dar entrada nas coordenadas dos dados em um sistema.

traço Caminho descrito pelo movimento de um elemento pela superfície do monitor, com uma caneta óptica ou eletrônica.

traduzir (1) Converter os dados de saída de um sistema CAD/CAM de uma linguagem para outra; por exemplo, por meio de um pós processador tal como o programa tradutor *IPC-to-Numerics* da Computervision. (2) Por um comando de edição, mover uma entidade CAD por uma distância específica em uma determinada direção.

transformação Processo de modificar uma imagem produzida em um sistema CAD. Também a representação matricial de um espaço geométrico.

transformar Mudar uma imagem exibida em um monitor por escalamento, rotação, translação ou espelhamento, por exemplo.

trap A área em torno da qual se procura uma entidade gráfica a ser editada. Veja também *digitalizar*.

tubo de armazenamento (*DVST – direct-view storage tube*) Um dos dispositivos de saída gráfica mais amplamente usados[*], gera uma imagem durável, sem cintilação, com alta resolução e sem refrescamento. Ele gerencia uma quantidade de dados quase ilimitada. No entanto, a dinâmica é limitada, já que não permite apagamento seletivo. A imagem não é tão brilhante quanto com refrescamento ou matricial.

tubo de raios catódicos (*CRT – cathode ray tube*) O dispositivo principal de exibição em um sistema CAD. Um dispositivo de exibição gráfica para exibir representação de entidades geométricas e desenhos. Pode ser de vários tipos: tubo de armazenamento, de vídeo (*raster scan*) ou de refrescamento. Esses tubos criam imagens por meio de um raio de elétrons controlável que atinge uma tela. O termo CRT é geralmente usado para representar todo o equipamento de exibição.

turnkey Um sistema CAD/CAM para o qual o fornecedor/vendedor assume total responsabilidade pela configuração, instalação e testes, tanto do *hardware* quanto do *software*, e pelo treinamento do usuário. Um sistema equipado com todo o *hardware* e *software* necessário para uma aplicação ou aplicações específicas. Geralmente, implica em um compromisso do vendedor para a instalação do sistema e a manutenção preventiva e corretiva dos equipamentos e programas. Algumas vezes usada para significar *stand-alone* (dedicado), embora esta expressão seja mais aplicável à arquitetura do sistema do que às condições de compra.

tutorial Uma característica dos sistemas CAD/CAM. Se o usuário não está seguro sobre como executar uma tarefa, o sistema fornece orientações através de mensagens.

unidade central de processamento (*CPU – central processing unit*) O "cérebro" de um sistema CAD/CAM. Controla a recuperação, decodificação e processamento de informação, bem como a interpretação e execução de instruções de programa – unidades básicas dos aplicativos e outros programas de computador. Uma CPU é composta por elementos aritméticos, lógicos e de controle.

usinagem de superfície Geração automática de trajetória da ferramenta de comando numérico para cortar formas 3-D. O curso da ferramenta e as formas podem ser construídas usando-se as capacidades de desenho de um sistema CAD/CAM.

utilitários Outro termo para características dos sistemas e/ou capacidades que permitem que o usuário execute certos processos.

verificação (1) Uma mensagem gerada pelo sistema para uma estação de trabalho acusando o recebimento de uma instrução válida ou de dados enviados. (2) O processo de verificação da precisão, viabilidade e/ou fabricabilidade de um projeto que está sendo desenvolvido em um sistema.

vetor Número que tem medida e direção e que, em CAD, é geralmente representado por um segmento de reta orientado.

vídeo de armazenamento Tipo comum de monitor que retém uma imagem na tela por um período considerável de tempo sem que haja necessidade de regeneração. A imagem não oscila independentemente da quantidade de informações exibidas. Entretanto, a exibição tende a ser relativamente lenta para varredura por rastreio, a imagem é repetida e nenhum elemento pode ser modificado ou apagado sem regeneração. Veja também *tubo de armazenamento*.

view port Uma área retangular de uma peça, montagem, etc., selecionada pelo usuário, que apresenta o conteúdo de uma janela no monitor. Veja também *janela*.

zero offset Em uma unidade de comando numérico, permite que o referencial zero em um eixo seja realocado em qualquer lugar dentro de uma determinada faixa, redefinindo, assim, o sistema de coordenadas de referência temporariamente.

zero Origem de todas as coordenadas definidas em um sistema absoluto como a interseção das linhas de referência dos eixos *x*, *y* e *z*.

zoom Ferramenta dos sistemas CAD que permite aumentar ou reduzir proporcionalmente uma figura exibida no monitor.

---

[*] N. de T. Devido ao barateamento das memórias semicondutoras, o uso deste tipo de dispositivo encontra-se, já há vários anos, em franco declínio.

5 Abreviações para uso em desenhos e em texto — Norma Americana

(Selecionadas de ANSI/ASME Y1.1–1989)

A

a bordo	INBD
abertura	BRK
absoluto	ABS
acabamento a frio	CF
acabamento em todas as superfícies	FAO
acabamento	FIN.
acelerado	ACCEL
acessório	ACCESS.
acionamento	DR
aço forjado	FST
aço fundido	CS
aço galvanizado	GS
aço laminado a frio	CRS
aço laminado a quente	HRS
aço para máquina	MS
aço trfilado a frio	CDS
aço	STL
aço-ferramenta	TS
acoplamento	CPLG
acumulado	ACCUM
adaptador	ADPT
adendum	ADD.
adição	ADD.
aeronave	APL
agregado	AGGR
ajuste de transmisão	DF
ajuste	ADJ
alargar	RM
alimentação de caldeira	BF
alimentar	FD
alta pressão	HP
alta velocidade	HS
alteração	ALT
alternado	ALT
altitude	ALT
alumínio	AL
ambas as faces	BF
ambos os caminhos	BW
ambos os lados	BS
ampère	AMP
amplificador	AMPL
ano	YR
antena	ANT.
antepara	BHD
anti-horário	CCW
aparatus	APP
apartamento	APT.
apêndice	APPX
aprovado	APPD
aproximado	APPROX
arame Brown & Sharpe	B&S
arame da norma americana	AWG
arame de cordas musicais	MWG
arame do Birmingham	BWG
ar-condicionado	AIR COND
área	A
armadura	ARM.
arranjo	ARR.
arredondar	RD
arruela	WASH.
artificial	ART.
asbestos	ASB
asfalto	ASPH
assemble	ASSEM
assistente	ASST
associação	ASSN
associado	ASSOC
atômico	AT
audivel	AUD
automático	AUTO
autorizado	AUTH
auto-transformer	AUTO TR
auxiliar	AUX
avanço	ADV
avanço	FWD
avenida	AVE
aviação	AVI
azimute	AZ

B

Babbit	BAB
baixo	DN
balanço	BAL
barômetro	BAR
bench mark	BM
bessemer	BESS
bisel	BEV
blindagem	ARM-PL
bloco	BLK
botão	BUT.
broca	DR
brocha	BRO
bronze	BRZ
bucha	BUSH.

C

cabeça plana	FH
cabinete	CAB.
cada	EA
calcular	CALC
caldeira	BLR
calibrar	CAL
calibre	GA
calor	HT
canal	CHAN
canto	COR
capacidade	CAP
carburador	CARB
carburizar	CARB
carca	LTR
carga	HD
carregador	LBR
catálogo	CAT.
cavalo valor (de caldeira)	BHP
cavalo vapor	HP
cavilha	DWL
cementa	CH
centralizar	CTR
centro a centro	C to C
centro de gravidade	CG
centro de pressão	CP
centro	CTR
cerrado	INCL
chanfro	CHAM
chapa	PL
chapa-base	BP
chaveta	COT
chaveta	K
checar	CHK
chumbagem	PLMB
cianido	CYN
cilíndrico	FIL
cimento	CEM
circuito	CIR
circular	CIR
círculo do passo	PC
circunferência do parafuso	BC
circunferência	CIRC
cobre	COP.
com fenda	SLOT.
combinação	COMB.
combustão	COMB
comercial	COML
companhia	CO
completo	COMPL
comprido	LG
comprimento total	LOA
comprimento	LG
comprimir	COMP
concêntrico	CONC
concreto	CONC
condição	COND
cone Morse	MOR T
conectar	CONN
cônico	TPR
constante	CONST
construção	CONST
consumidor	CUST
conta	ACCT
conta	CTR

contacto	CONT	elevato	ELEV	folga	CL
continuação	CONT	empunhadura	HDL	folha	SH
contrapressão	BP	encaixe	SOC	força	F
contrapunção	CPUNCH	endurecimento	HDN	forja a martelo	DF
copa	COV	engenharia	ENGRG	forja	FORG
cópia heliográfica	BP	engenheiro	ENGR	fornecer	FURN
corda do fundo	BC	entrada	ENT	freio	BK
corda	CHD	entre centros	BC	freqüência de áudio	AF
corporação	CORP	entre perpendiculares	BP	freqüência	FREQ
corrente alternada	AC	entre	BET.	friso	$\frac{1}{2}$RD
corrente	CUR	equação	EQ	frontal	FR
correto	CORR	equipamento	EQUIP	fundição	CSTG
corrugado	CORR	equivalência	EQUIV	fundição	FDRY
corte	SECT	esboço	DFTG	fundo	BOT
cúbico	CU	esboço	SK		
		escarear	CDRILL	**G**	
D		escavar	CSK		
		escritório	OFF.	gabarito	TEMP
decimal	DEC	espaço	SP	galão	GAL
dedendo	DED	especial	SPL	galvanizar	GALV
defletir	DEFL	específico	SP	gaxeta	PKG
densidade	D	esquemático	SCHEM	geral	GEN
dentes	T	esquerda	L	governo	GOVT
departamento	DEPT	estação	STA	graduação	GRAD
depois	AFT.	estacionário	STA	grafite	GPH
descarga	DISCH	estimado	EST	grau	GR
descarga	OUT.	estrutural	STR	graus	(°) DEG
desenho	DWG	exaustão	EXH	gravar	REC
desenvolvimento	DEV	excêntrico	ECC	grossa	RGH
deslizar	SL	exército marinha	AN	grossa	THK
detalhes	DET	existente	EXIST.		
diagonal	DIAG	exterior	EXT	**H**	
diagrama	DIAG	extraforte	X STR		
diâmetro da raiz	RD	extrapesado	X HVY	hangar	HGR
diâmetro efetivo	PD	extrusão	EXTR	hardware	HDW
diâmetro externo	OD			hidráulico	HYD
diâmetro interno	ID	**F**		hora	HR
diâmetro	DIA			horizontal	HOR
dimensão	DIM.	fabricar	FAB		
direito	R	face a face	F to F	**I**	
direto	STR	face do dorso	BF	igual	EQ
distância	DIST	face do fundo	BF	ilustrado	ILLUS
divisão	DIV	face próxima	NF	incluir	INCL
dorso a dorso	B to B	Fahrenheit	F	instrumento	INST
duplicado	DUP	federal	FED.	intercâmbio	EXCH
duplo	DBL	ferro forjado	WI	interior	INT
dureza Brinell	BH	ferro fundido	CI	interno	INT
dureza escleroscópica	SH	ferro galvanizado	GI	interruptor de pressão	PB
dureza Rockwell	RH	ferro maleável	MI	interseção	INT
duro	H	ferro	I	invólucro	HSG
dúzia	DOZ	ferrovia	RR	irregular	IREG
		figura	FIG.		
E		filete	FIL	**J**	
edificações	BLDG	filetes por polegadas	TPI	Jarda	YD
efetive	EFF	flange	FLG	joelho	ELL
eixo	SFT	fletir	BT	jornal	JNL
elementar	ELEM	fluido	FL	junção	JCT
elétrico	ELEC	focos	FOC	junta exército-marinha	JAN
elevação	EL	folga admissível	ALLOW	junta	JT

L

laboratório	LAB
lado distante	FS
lado externo	OF
lado máximo	NS
lado	S
laminado a frio	CR
laminado a quente	HR
laminado	LAM
largura	W
latão	BRS
lateral	LAT
leste	E
libra por polegada quadrada	PSI
libra	LB
liga	ALY
limpar	CLR
linha de centro	CL
linha de referência	REF L
linha	L
linha-base	BL
lista de material	B/M
localização	LOC
logarítmico	LOG.
lubrificado	LUB
lustre	BNH
luz	LT

M

macho e fêmea	T & G
madeira	WD
maleável	MALL
mancal	BRG
manga	SLV
manual	MAN.
manufatura	MFR
manufaturado	MFD
manufaturar	MFG
manutenção	MAINT
mão direita	RH
mão esquerda	LH
máquina	MACH
marca da peça	PC MK
material	MATL
matiz	PATT
máximo	MAX
mecânica	MECH
mecanismo	MECH
média	AVG
médio	MED
mês	MO
metal laminado para recorte	BLK
metal	MET.
metro	M
mil	M
milhas por hora	MPH
milhas	MI
milímetro	MM

mínimo	MIN
minuto	(') MIN
miscelânea	MISC
mola	SPG
momento fletor	M
montado	MTD
montagem	ASSY
montagem	MTG
motor	ENG
motor	MOT
mudança	CHG
múltiplo	MULT

N

nacional	NATL
não escalar	NTS
natural	NAT
negativo	NEG
neutro	NEUT
no centro	OC
nominal	NOM
Norma Americana	AMER NATL STD
norma inglesa	BR STD
normal	NOR
norte	N
número	NO.

O

obsoleto	OBS
octágono	OCT
oeste	W
oposto	OPP
óptica	OPT
original	ORIG

P

pacote	PK
padrão	STD
página	P
parafuso de cabeça	CAP SCR
parafuso de fixação	SS
parafuso	SCR
parágrafo	PAR.
parede	W
passante	THRU
passo circular	CP
passo diametral	DP
passo	P
patente	PAT.
pé	(') FT
peça	PT
pedaço	PC
pequeno	SM
perfil	PF
perfis pré fabricados	STK
permanente	PERM
perpendicular	PERP

pés cúbicos	CU FT
pés	(') FT
pesado	HVY
peso	WT
pingente	D
pinta	PT
piso	FL
placa	BD
plano	F
plástico	PLSTC
polegada cúbica	CU IN.
polegada	(") IN.
polegadas por segundo	IPS
polímetro	POL
ponto da curva	PC
ponto de ebulição	BP
ponto de interseção	PI
ponto de tangência	PT
ponto de trabalho	WP
ponto	PT
porca-castelo	CAS NUT
posição	POS
potência ao freio	BHP
potência	PWR
potencial	POT.
pré-fabricado	PREFAB
preferencial	PFD
preparar	PREP
pressão do trabalho	WP
pressão	PRESS.
processo	PROC
produção	PROD
programação	SCH
projeto	DSGN
propulsor	PROP
publicação	PUB
punição a frio	CP

Q

quadrado	SQ
quadrante	QUAD
qualidade	QUAL
quantidade	AMT
quarto	QTR

R

radial	RAD
raio	R
raiz quadrada média	RMS
rasgo de chaveta	KST
rasgo de chaveta	KWY
rato externo	OR
real	ACT.
rebaixo raso	SF
rebaixo	CBORE
rebite	RIV
rebordo	SHLD
recebido	RECD

recozer	ANL	sentido horário	CW	**U**		
reduzir	RED.	separa	SEP	ultimato	ULT	
reforçado	REINF	sextavado	HEX	único	S	
regeneração	BF	símbolos	SYM	unidade térmica inglesa	BTU	
regulador	GOV	sistema	SYS	unidade	U	
remover	REM	solda a arco	ARC/W	universal	UNIV	
requer	REQ	soldadura forte	BRZG			
requerido	REQD	substituto	SUB	**V**		
retângulo	RECT	sulco	GRV			
retífica	GRD	sumário	SUM.	vácuo	VAC	
retorno	RET.	superfície	SUR	válvula de retenção	CV	
reversa	REV	suporte	BRKT	válvula	V	
revestido	CTD	suporte	SUP.	variável	VAR	
revolução	REV			vedação	GSKT	
rolamento de cilindros	RB	**T**		veículo	CRG	
rolamento de esfera	BB			versão	REL	
rosca	THD	tangente	TAN.	versus	VS	
rotações por minuto	RPM	técnico	TECH	vertical	VERT	
rua	ST	tempo	T	vidro	GL	
		tensão	TENS.	voltagem	V	
S		terminal	TERM.	volume	VOL	
		terra	GRD			
sala	RM	típica	TYP	**W**		
saliência	REL	tolerância	TOL			
sambladura	DVTL	total	OA	watt	W	
seção	XSECT	total	TOT	Woodruff	WDF	
seguido	SEC	trabalhado	WRT			
sem cabeça	HDLS	transferidor	TRANS			
semana	WK	tratado a quente	HT TR			
semi-aço	SS	trefilado a frio	CD			

6 Ajustes móveis e deslizantes[a] — norma americana

RC 1   *Ajustes deslizantes estreitos* têm por finalidade a localização precisa das peças que devem ser montadas sem jogo perceptível.
RC 2   *Ajustes deslizantes* têm por finalidade a localização precisa, mas com folga máxima maior do que a classe RC 1. As peças feitas com este ajuste movem-se e giram com facilidade, mas não se destinam a funcionar livremente e, tratando-se de tamanhos maiores, poderão desgastar-se com pequenas mudanças de temperatura.
RC 3   *Ajuste móvel de precisão* representa mais ou menos os ajustes que devem correr mais livremente e destinam-se a trabalhos de precisão em baixas velocidades e pressão leve de munhão, mas não são convenientes em caso de alterações notáveis de temperatura.
RC 4   *Ajuste móvel estreito* destina-se principalmente a ajustes de máquinas precisas com velocidades moderadas de superfícies e pressões moderadas de munhão onde se deseja a colocação precisa e um jogo mínimo.

Sistema furo-base. Os limites estão em milésimos de polegada.
Os limites para furo e eixo são aplicados algebricamente ao tamanho básico para se obter os limites de tamanho para as peças.
Os dados em **negrito** estão de acordo com a convenção ABC.
Os símbolos H5, g5, etc., são designações do furo e do eixo usados no sistema ABC.

Faixa de tamanho nominal em polegadas Acima de	Classe RC 1			Classe RC 2			Classe RC 3			Classe RC 4		
	Limites de folga	Limites normais de tolerância		Limites de folga	Limites normais de tolerância		Limites de folga	Limites normais de tolerância		Limites de folga	Limites normais de tolerância	
		Furo H5	Eixo g4		Furo H6	Eixo g5		Furo H7	Eixo f6		Furo H8	Eixo f7
0–0.12	0.1 / 0.45	+0.2 / −0	−0.1 / −0.25	0.1 / 0.55	+0.25 / −0	−0.1 / −0.3	0.3 / 0.95	+0.4 / −0	−0.3 / −0.55	0.3 / 1.3	+0.6 / −0	−0.3 / −0.7
0.12–0.24	0.15 / 0.5	+0.2 / −0	−0.15 / −0.3	0.15 / 0.65	+0.3 / −0	−0.15 / −0.35	0.4 / 1.12	+0.5 / −0	−0.4 / −0.7	0.4 / 1.6	+0.7 / −0	−0.4 / −0.9
0.24–0.40	0.2 / 0.6	+0.25 / −0	−0.2 / −0.35	0.2 / 0.85	+0.4 / −0	−0.2 / −0.45	0.5 / 1.5	+0.6 / −0	−0.5 / −0.9	0.5 / 2.0	+0.9 / −0	−0.5 / −1.1
0.40–0.71	0.25 / 0.75	+0.3 / −0	−0.25 / −0.45	0.25 / 0.95	+0.4 / −0	−0.25 / −0.55	0.6 / 1.7	+0.7 / −0	−0.6 / −1.0	0.6 / 2.3	+1.0 / −0	−0.6 / −1.3
0.71–1.19	0.3 / 0.95	+0.4 / −0	−0.3. / −0.55	0.3 / 1.2	+0.5 / −0	−0.3 / −0.7	0.8 / 2.1	+0.8 / −0	−0.8 / −1.3	0.8 / 2.8	+1.2 / −0	−0.8 / −1.6
1.19–1.97	0.4 / 1.1	+0.4 / −0	−0.4 / −0.7	0.4 / 1.4	+0.6 / −0	−0.4 / −0.8	1.0 / 2.6	+1.0 / −0	−1.0 / −1.6	1.0 / 3.6	+1.6 / −0	−1.0 / −2.0
1.97–3.15	0.4 / 1.2	+0.5 / −0	−0.4 / −0.7	0.4 / 1.6	+0.7 / −0	−0.4 / −0.9	1.2 / 3.1	+1.2 / −0	−1.2 / −1.9	1.2 / 4.2	+1.8 / −0	−1.2 / −2.4
3.15–4.73	0.5 / 1.5	+0.6 / −0	−0.5 / −0.9	0.5 / 2.0	+0.9 / −0	−0.5 / −1.1	1.4 / 3.7	+1.4 / −0	−1.4 / −2.3	1.4 / 5.0	+2.2 / −0	−1.4 / −2.8
4.73–7.09	0.6 / 1.8	+0.7 / −0	−0.6 / −1.1	0.6 / 2.3	+1.0 / −0	−0.6 / −1.3	1.6 / 4.2	+1.6 / −0	−1.6 / −2.6	1.6 / 5.7	+2.5 / −0	−1.6 / −3.2
7.09–9.85	0.6 / 2.0	+0.8 / −0	−0.6 / −1.2	0.6 / 2.6	+1.2 / −0	−0.6 / −1.4	2.0 / 5.0	+1.8 / −0	−2.0 / −3.2	2.0 / 6.6	+2.8 / −0	−2.0 / −3.8
9.85–12.41	0.8 / 2.3	+0.9 / −0	−0.8 / −1.4	0.8 / 2.9	+1.2 / −0	−0.8 / −1.7	2.5 / 5.7	+2.0 / −0	−2.5 / −3.7	2.5 / 7.5	+3.0 / −0	−2.5 / −4.5
12.41–15.75	1.0 / 2.7	+1.0 / −0	−1.0 / −1.7	1.0 / 3.4	+1.4 / −0	−1.0 / −2.0	3.0 / 6.6	+2.2 / −0	−3.0 / −4.4	3.0 / 8.7	+3.5 / −0	−3.0 / −5.2

[a] Retirado de ANSI B4.1–1967 (Rl994). Para diâmetros maiores, ver a norma.

6 Ajustes móveis e deslizantes[a] — Norma americana (continuação)

RC 5
RC 6 } *Ajustes móveis médios* destinam-se a velocidades de funcionamento mais elevadas ou a pressões maiores de munhão, ou então ambas as coisas.

RC 7 *Ajustes móveis livres* destinam-se ao uso nos casos em que a precisão não é essencial ou onde há probabilidade de grandes variações de temperatura ou então em ambas as condições.

RC 8
RC 9 } *Ajustes móveis frouxos* destinam-se ao uso nos casos em que possam ser necessárias grandes tolerâncias comerciais, juntamente com uma folga no membro externo.

Faixa de tamanho nominal em polegadas Acima de	Classe RC 5			Classe RC 6			Classe RC 7			Classe RC 8			Classe RC 9		
	Limites de folga	Limites normais de tolerância		Limites de folga	Limites normais de tolerância		Limites de folga	Limites normais de tolerância		Limites de folga	Limites normais de tolerância		Limites de folga	Limites normais de tolerância	
		Furo H8	Eixo e7		Furo H9	Eixo e8		Furo H9	Eixo d8		Furo H10	Eixo c9		Furo H11	Eixo
0–0.12	0.6 / 1.6	+0.6 / −0	−0.6 / −1.0	0.6 / 2.2	+1.0 / −0	−0.6 / −1.2	1.0 / 2.6	+1.0 / −0	−1.0 / −1.6	2.5 / 5.1	+1.6 / −0	−2.5 / −3.5	4.0 / 8.1	+2.5 / −0	−4.0 / −5.6
0.12–0.24	0.8 / 2.0	+0.7 / −0	−0.8 / −1.3	0.8 / 2.7	+1.2 / −0	−0.8 / −1.5	1.2 / 3.1	+1.2 / −0	−1.2 / −1.9	2.8 / 5.8	+1.8 / −0	−2.8 / −4.0	4.5 / 9.0	+3.0 / −0	−4.5 / −6.0
0.24–0.40	1.0 / 2.5	+0.9 / −0	−1.0 / −1.6	1.0 / 3.3	+1.4 / −0	−1.0 / −1.9	1.6 / 3.9	+1.4 / −0	−1.6 / −2.5	3.0 / 6.6	+2.2 / −0	−3.0 / −4.4	5.0 / 10.7	+3.5 / −0	−5.0 / −7.2
0.40–0.71	1.2 / 2.9	+1.0 / −0	−1.2 / −1.9	1.2 / 3.8	+1.6 / −0	−1.2 / −2.2	2.0 / 4.6	+1.6 / −0	−2.0 / −3.0	3.5 / 7.9	+2.8 / −0	−3.5 / −5.1	6.0 / 12.8	+4.0 / −0	−6.0 / −8.8
0.71–1.19	1.6 / 3.6	+1.2 / −0	−1.6 / −2.4	1.6 / 4.8	+2.0 / −0	−1.6 / −2.8	2.5 / 5.7	+2.0 / −0	−2.5 / −3.7	4.5 / 10.0	+3.5 / −0	−4.5 / −6.5	7.0 / 15.5	+5.0 / −0	−7.0 / −10.5
1.19–1.97	2.0 / 4.6	+1.6 / −0	−2.0 / −3.0	2.0 / 6.1	+2.5 / −0	−2.0 / −3.6	3.0 / 7.1	+2.5 / −0	−3.0 / −4.6	5.0 / 11.5	+4.0 / −0	−5.0 / −7.5	8.0 / 18.0	+6.0 / −0	−8.0 / −12.0
1.97–3.15	2.5 / 5.5	+1.8 / −0	−2.5 / −3.7	2.5 / 7.3	+3.0 / −0	−2.5 / −4.3	4.0 / 8.8	+3.0 / −0	−4.0 / −5.8	6.0 / 13.5	+4.5 / −0	−6.0 / −9.0	9.0 / 20.5	+7.0 / −0	−9.0 / −13.5
3.15–4.73	3.0 / 6.6	+2.2 / −0	−3.0 / −4.4	3.0 / 8.7	+3.5 / −0	−3.0 / −5.2	5.0 / 10.7	+3.5 / −0	−5.0 / −7.2	7.0 / 15.5	+5.0 / −0	−7.0 / −10.5	10.0 / 24.0	+9.0 / −0	−10.0 / −15.0
4.73–7.09	3.5 / 7.6	+2.5 / −0	−3.5 / −5.1	3.5 / 10.0	+4.0 / −0	−3.5 / −6.0	6.0 / 12.5	+4.0 / −0	−6.0 / −8.5	8.0 / 18.0	+6.0 / −0	−8.0 / −12.0	12.0 / 28.0	+10.0 / −0	−12.0 / −18.0
7.09–9.85	4.0 / 8.6	+2.8 / −0	−4.0 / −5.8	4.0 / 11.3	+4.5 / −0	−4.0 / −6.8	7.0 / 14.3	+4.5 / −0	−7.0 / −9.8	10.0 / 21.5	+7.0 / −0	−10.0 / −14.5	15.0 / 34.0	+12.0 / −0	−15.0 / −22.0
9.85–12.41	5.0 / 10.0	+3.0 / −0	−5.0 / −7.0	5.0 / 13.0	+5.0 / −0	−5.0 / −8.0	8.0 / 16.0	+5.0 / −0	−8.0 / −11.0	12.0 / 25.0	+8.0 / −0	−12.0 / −17.0	18.0 / 38.0	+12.0 / −0	−18.0 / −26.0
12.41–15.75	6.0 / 11.7	+3.5 / −0	−6.0 / −8.2	6.0 / 15.5	+6.0 / −0	−6.0 / −9.5	10.0 / 19.5	+6.0 / −0	−10.0 / 13.5	14.0 / 29.0	+9.0 / −0	−14.0 / −20.0	22.0 / 45.0	+14.0 / −0	−22.0 / −31.0

[a] Retirado de ANSI B4.1–1967 (R1994). Para diâmetros maiores, ver a norma.

7 Ajustes de posicionamento com folga[a] — Norma Americana

LC *Ajustes de posicionamento com folga* destinam-se a peças normalmente estacionárias, mas que possam ser livremente montadas ou desmontadas. Vão desde os ajustes sem folga de peças que exigem precisão de posicionamento até os ajustes médios de folga para peças como espichos ou ponta de encaixe, e ajustes mais frouxos em que a liberdade de montagem é de primeira importância.

Sistema furo-base. Os limites estão em milésimos de polegada.
Os limites para furo e eixo são aplicados algebricamente ao tamanho básico para se obter os limites de tamanho para as peças.
Os dados em **negrito** estão de acordo com a convenção ABC.
Os símbolos H6, H5, etc., são designações do furo e do eixo usados no sistema ABC.

Faixa de tamanho nominal em polegadas Acima De	Classe LC 1			Classe LC 2			Classe LC 3			Classe LC 4			Classe LC 5		
	Limites de folga	Limites normais de tolerância		Limites de folga	Limites normais de tolerância		Limites de folga	Limites normais de tolerância		Limites de folga	Limites normais de tolerância		Limites de folga	Limites normais de tolerância	
		Furo H6	Eixo h5		Furo H7	Eixo h6		Furo H8	Eixo h7		Furo H10	Eixo h9		Furo H7	Eixo g6
0–0.12	0 / 0.45	+0.25 / −0	+0 / −0.2	0 / 0.65	+0.4 / −0	+0 / −0.25	0 / 1	+0.6 / −0	+0 / −0.4	0 / 2.6	+1.6 / −0	+0 / −1.0	0.1 / 0.75	+0.4 / −0	−0.1 / −0.35
0.12–0.24	0 / 0.5	+0.3 / −0	+0 / −0.2	0 / 0.8	+0.5 / −0	+0 / −0.3	0 / 1.2	+0.7 / −0	+0 / −0.5	0 / 3.0	+1.8 / −0	+0 / −1.2	0.15 / 0.95	+0.5 / −0	−0.15 / −0.45
0.24–0.40	0 / 0.65	+0.4 / −0	+0 / −0.25	0 / 1.0	+0.6 / −0	+0 / −0.4	0 / 1.5	+0.9 / −0	+0 / −0.6	0 / 3.6	+2.2 / −0	+0 / −1.4	0.2 / 1.2	+0.6 / −0	−0.2 / −0.6
0.40–0.71	0 / 0.7	+0.4 / −0	+0 / −0.3	0 / 1.1	+0.7 / −0	+0 / −0.4	0 / 1.7	+1.0 / −0	+0 / −0.7	0 / 4.4	+2.8 / −0	+0 / −1.6	0.25 / 1.35	+0.7 / −0	−0.25 / −0.65
0.71–1.19	0 / 0.9	+0.5 / −0	+0 / −0.4	0 / 1.3	+0.8 / −0	+0 / −0.5	0 / 2	+1.2 / −0	+0 / −0.8	0 / 5.5	+3.5 / −0	+0 / −2.0	0.3 / 1.6	+0.8 / −0	−0.3 / −0.8
1.19–1.97	0 / 1.0	+0.6 / −0	+0 / −0.4	0 / 1.6	+1.0 / −0	+0 / −0.6	0 / 2.6	+1.6 / −0	+0 / −1	0 / 6.5	+4.0 / −0	+0 / −2.5	0.4 / 2.0	+1.0 / −0	−0.4 / −1.0
1.97–3.15	0 / 1.2	+0.7 / −0	+0 / −0.5	0 / 1.9	+1.2 / −0	+0 / −0.7	0 / 3	+1.8 / −0	+0 / −1.2	0 / 7.5	+4.5 / −0	+0 / −3	0.4 / 2.3	+1.2 / −0	−0.4 / −1.1
3.15–4.73	0 / 1.5	+0.9 / −0	+0 / −0.6	0 / 2.3	+1.4 / −0	+0 / −0.9	0 / 3.6	+2.2 / −0	+0 / −1.4	0 / 8.5	+5.0 / −0	+0 / −3.5	0.5 / 2.8	+1.4 / −0	−0.5 / −1.4
4.73–7.09	0 / 1.7	+1.0 / −0	+0 / −0.7	0 / 2.6	+1.6 / −0	+0 / −1.0	0 / 4.1	+2.5 / −0	+0 / −1.6	0 / 10	+6.0 / −0	+0 / −4	0.6 / 3.2	+1.6 / −0	−0.6 / −1.6
7.09–9.85	0 / 2.0	+1.2 / −0	+0 / −0.8	0 / 3.0	+1.8 / −0	+0 / −1.2	0 / 4.6	+2.8 / −0	+0 / −1.8	0 / 11.5	+7.0 / −0	+0 / −4.5	0.6 / 3.6	+1.8 / −0	−0.6 / −1.8
9.85–12.41	0 / 2.1	+1.2 / −0	+0 / −0.9	0 / 3.2	+2.0 / −0	+0 / −1.2	0 / 5	+3.0 / −0	+0 / −2.0	0 / 13	+8.0 / −0	+0 / −5	0.7 / 3.9	+2.0 / −0	−0.7 / −1.9
12.41–15.75	0 / 2.4	+1.4 / −0	+0 / −1.0	0 / 3.6	+2.2 / −0	+0 / −1.4	0 / 5.7	+3.5 / −0	+0 / −2.2	0 / 15	+9.0 / −0	+0 / −6	0.7 / 4.3	+2.2 / −0	−0.7 / −2.1

[a] Retirado de ANSI B4.1–1967 (R1994). Para diâmetros maiores, ver a norma.

7 Ajustes de posicionamento com folga[a] — Norma americana (continuação)

Faixa de tamanho nominal em polegadas Acima De	Classe LC 6			Classe LC 7			Classe LC 8			Classe LC 9			Classe LC 10			Classe LC 11		
	Limites de folga	Furo H9	Eixo f8	Limites de folga	Furo H10	Eixo e9	Limites de folga	Furo H10	Eixo d9	Limites de folga	Furo H11	Eixo c10	Limites de folga	Furo H12	Eixo	Limites de folga	Furo H13	Eixo
0–0.12	0.3 / 1.9	+1.0 / −0	−0.3 / −0.9	0.6 / 3.2	+1.6 / −0	−0.6 / −1.6	1.0 / 3.6	+1.6 / −0	−1.0 / −2.0	2.5 / 6.6	+2.5 / −0	−2.5 / −4.1	4 / 12	+4 / −0	−4 / −8	5 / 17	+6 / −0	−5 / −11
0.12–0.24	0.4 / 2.3	+1.2 / −0	−0.4 / −1.1	0.8 / 3.8	+1.8 / −0	−0.8 / −2.0	1.2 / 4.2	+1.8 / −0	−1.2 / −2.4	2.8 / 7.6	+3.0 / −0	−2.8 / −4.6	4.5 / 14.5	+5 / −0	−4.5 / −9.5	6 / 20	+7 / −0	−6 / −13
0.24–0.40	0.5 / 2.8	+1.4 / −0	−0.5 / −1.4	1.0 / 4.6	+2.2 / −0	−1.0 / −2.4	1.6 / 5.2	+2.2 / −0	−1.6 / −3.0	3.0 / 8.7	+3.5 / −0	−3.0 / −5.2	5 / 17	+6 / −0	−5 / −11	7 / 25	+9 / −0	−7 / −16
0.40–0.71	0.6 / 3.2	+1.6 / −0	−0.6 / −1.6	1.2 / 5.6	+2.8 / −0	−1.2 / −2.8	2.0 / 6.4	+2.8 / −0	−2.0 / −3.6	3.5 / 10.3	+4.0 / −0	−3.5 / −6.3	6 / 20	+7 / −0	−6 / −13	8 / 28	+10 / −0	−8 / −18
0.71–1.19	0.8 / 4.0	+2.0 / −0	−0.8 / −2.0	1.6 / 7.1	+3.5 / −0	−1.6 / −3.6	2.5 / 8.0	+3.5 / −0	−2.5 / −4.5	4.5 / 13.0	+5.0 / −0	−4.5 / −8.0	7 / 23	+8 / −0	−7 / −15	10 / 34	+12 / −0	−10 / −22
1.19–1.97	1.0 / 5.1	+2.5 / −0	−1.0 / −2.6	2.0 / 8.5	+4.0 / −0	−2.0 / −4.5	3.0 / 9.5	+4.0 / −0	−3.0 / −5.5	5 / 15	+6 / −0	−5 / −9	8 / 28	+10 / −0	−8 / −18	12 / 44	+16 / −0	−12 / −28
1.97–3.15	1.2 / 6.0	+3.0 / −0	−1.2 / −3.0	2.5 / 10.0	+4.5 / −0	−2.5 / −5.5	4.0 / 11.5	+4.5 / −0	−4.0 / −7.0	6 / 17.5	+7 / −0	−6 / −10.5	10 / 34	+12 / −0	−10 / −22	14 / 50	+18 / −0	−14 / −32
3.15–4.73	1.4 / 7.1	+3.5 / −0	−1.4 / −3.6	3.0 / 11.5	+5.0 / −0	−3.0 / −6.5	5.0 / 13.5	+5.0 / −0	−5.0 / −8.5	7 / 21	+9 / −0	−7 / −12	11 / 39	+14 / −0	−11 / −25	16 / 60	+22 / −0	−16 / −38
4.73–7.09	1.6 / 8.1	+4.0 / −0	−1.6 / −4.1	3.5 / 13.5	+6.0 / −0	−3.5 / −7.5	6 / 16	+6 / −0	−6 / −10	8 / 24	+10 / −0	−8 / −14	12 / 44	+16 / −0	−12 / −28	18 / 68	+25 / −0	−18 / −43
7.09–9.85	2.0 / 9.3	+4.5 / −0	−2.0 / −4.8	4.0 / 15.5	+7.0 / −0	−4.0 / −8.5	7 / 18.5	+7 / −0	−7 / −11.5	10 / 29	+12 / −0	−10 / −17	16 / 52	+18 / −0	−16 / −34	22 / 78	+28 / −0	−22 / −50
9.85–12.41	2.2 / 10.2	+5.0 / −0	−2.2 / −5.2	4.5 / 17.5	+8.0 / −0	−4.5 / −9.5	7 / 20	+8 / −0	−7 / −12	12 / 32	+12 / −0	−12 / −20	20 / 60	+20 / −0	−20 / −40	28 / 88	+30 / −0	−28 / −58
12.41–15.75	2.5 / 12.0	+6.0 / −0	−2.5 / −6.0	5.0 / 20.0	+9.0 / −0	−5 / −11	8 / 23	+9 / −0	−8 / −14	14 / 37	+14 / −0	−14 / −23	22 / 66	+22 / −0	−22 / −44	30 / 100	+35 / −0	−30 / −65

[a] Retirado de ANSI B4.1–1967 (R1994). Para diâmetros maiores, ver a norma.

8 Ajustes incertos de posicionamento[a] — Norma americana

LT   *Ajustes incertos* representam um compromisso entre ajustes com folga e ajustes com interferência, para aplicações nas quais a precisão de posicionamento é importante, mas só é permissível uma pequena quantidade de folga ou de interferência.

Sistema furo-base. Os limites estão em milésimos de polegada.
Os limites para furo e eixo são aplicados algebricamente ao tamanho básico para se obter os limites de tamanho para as peças.
Os dados em **negrito** estão de acordo com a convenção ABC.
"Ajuste" representa a interferência máxima (valores negativos) e a folga máxima (valores positivos).
Os símbolos H7, js6, etc., são designações do furo e do eixo usados no sistema ABC.

Faixa de tamanho nominal em polegadas	Classe LT 1			Classe LT 2			Classe LT 3			Classe LT 4			Classe LT 5			Classe LT 6		
		Limites normais de tolerância			Limites normais de tolerância			Limites normais de tolerância			Limites normais de tolerância			Limites normais de tolerância			Limites normais de tolerância	
Acima De	Ajuste	Furo H7	Eixo js6	Ajuste	Furo H8	Eixo js7	Ajuste	Furo H7	Eixo k6	Ajuste	Furo H8	Eixo k7	Ajuste	Furo H7	Eixo n6	Ajuste	Furo H7	Eixo n7
0–0.12	−0.10	+0.4	+0.10	−0.2	+0.6	+0.2							−0.5	+0.4	+0.5	−0.65	+0.4	+0.65
	+0.50	−0	−0.10	+0.8	−0	−0.2							+0.15	−0	+0.25	+0.15	−0	+0.25
0.12–0.24	−0.15	+0.5	+0.15	−0.25	+0.7	+0.25							−0.6	+0.5	+0.6	−0.8	+0.5	+0.8
	+0.65	−0	−0.15	+0.95	−0	−0.25							+0.2	−0	+0.3	+0.2	−0	+0.3
0.24–0.40	−0.2	+0.6	+0.2	−0.3	+0.9	+0.3	−0.5	+0.6	+0.5	−0.7	+0.9	+0.7	−0.8	+0.6	+0.8	−1.0	+0.6	+1.0
	+0.8	−0	−0.2	+1.2	−0	−0.3	+0.5	−0	+0.1	+0.8	−0	+0.1	+0.2	−0	+0.4	+0.2	−0	+0.4
0.40–0.71	−0.2	+0.7	+0.2	−0.35	+1.0	+0.35	−0.5	+0.7	+0.5	−0.8	+1.0	+0.8	−0.9	+0.7	+0.9	−1.2	+0.7	+1.2
	+0.9	−0	−0.2	+1.35	−0	−0.35	+0.6	−0	+0.1	+0.9	−0	+0.1	+0.2	−0	+0.5	+0.2	−0	+0.5
0.71–1.19	−0.25	+0.8	+0.25	−0.4	+1.2	+0.4	−0.6	+0.8	+0.6	−0.9	+1.2	+0.9	−1.1	+0.8	+1.1	−1.4	+0.8	+1.4
	+1.05	−0	−0.25	+1.6	−0	−0.4	+0.7	−0	+0.1	+1.1	−0	+0.1	+0.2	−0	+0.6	+0.2	−0	+0.6
1.19–1.97	−0.3	+1.0	+0.3	−0.5	+1.6	+0.5	−0.7	+1.0	+0.7	−1.1	+1.6	+1.1	−1.3	+1.0	+1.3	−1.7	+1.0	+1.7
	+1.3	−0	−0.3	+2.1	−0	−0.5	+0.9	−0	+0.1	+1.5	−0	+0.1	+0.3	−0	+0.7	+0.3	−0	+0.7
1.97–3.15	−0.3	+1.2	+0.3	−0.6	+1.8	+0.6	−0.8	+1.2	+0.8	−1.3	+1.8	+1.3	−1.5	+1.2	+1.5	−2.0	+1.2	+2.0
	+1.5	−0	−0.3	+2.4	−0	−0.6	+1.1	−0	+0.1	+1.7	−0	+0.1	+0.4	−0	+0.8	+0.4	−0	+0.8
3.15–4.73	−0.4	+1.4	+0.4	−0.7	+2.2	+0.7	−1.0	+1.4	+1.0	−1.5	+2.2	+1.5	−1.9	+1.4	+1.9	−2.4	+1.4	+2.4
	+1.8	−0	−0.4	+2.9	−0	−0.7	+1.3	−0	+0.1	+2.1	−0	+0.1	+0.4	−0	+1.0	+0.4	−0	+1.0
4.73–7.09	−0.5	+1.6	+0.5	−0.8	+2.5	+0.8	−1.1	+1.6	+1.1	−1.7	+2.5	+1.7	−2.2	+1.6	+2.2	−2.8	+1.6	+2.8
	+2.1	−0	−0.5	+3.3	−0	−0.8	+1.5	−0	+0.1	+2.4	−0	+0.1	+0.4	−0	+1.2	+0.4	−0	+1.2
7.09–9.85	−0.6	+1.8	+0.6	−0.9	+2.8	+0.9	−1.4	+1.8	+1.4	−2.0	+2.8	+2.0	−2.6	+1.8	+2.6	−3.2	+1.8	+3.2
	+2.4	−0	−0.6	+3.7	−0	−0.9	+1.6	−0	+0.2	+2.6	−0	+0.2	+0.4	−0	+1.4	+0.4	−0	+1.4
9.85–12.41	−0.6	+2.0	+0.6	−1.0	+3.0	+1.0	−1.4	+2.0	+1.4	−2.2	+3.0	+2.2	−2.6	+2.0	+2.6	−3.4	+2.0	+3.4
	+2.6	−0	−0.6	+4.0	−0	−1.0	+1.8	−0	+0.2	+2.8	−0	+0.2	+0.6	−0	+1.4	+0.6	−0	+1.4
12.41–15.75	−0.7	+2.2	+0.7	−1.0	+3.5	+1.0	−1.6	+2.2	+1.6	−2.4	+3.5	+2.4	−3.0	+2.2	+3.0	−3.8	+2.2	+3.8
	+2.9	−0	−0.7	+4.5	−0	−1.0	+2.0	−0	+0.2	+3.3	−0	+0.2	+0.6	−0	+1.6	+0.6	−0	+1.6

[a] Retirado de ANSI B4.1–1967 (R1994). Para diâmetros maiores, ver a norma.

9 AJUSTES POSICIONAIS COM INTERFERÊNCIA[a] — NORMA AMERICANA

LN *Ajustes posicionais com interferência* são usados quando a precisão de posicionamento é de primeira importância e também em peças que exigem rigidez e alinhamento sem requisitos especiais de pressão de furo. Estes ajustes não se destinam a peças de transmissão de carga de atrito de uma peça para outra, em função do aperto do ajuste, uma vez que estas condições são satisfeitas pelo uso de ajuste forçado.

Sistema furo-base. Os limites estão em milésimos de polegada.
Os limites para furo e eixo são aplicados algebricamente ao tamanho básico para se obter os limites de tamanho para as peças.
Os dados em **negrito** estão de acordo com a convenção ABC.
Os símbolos H7, p6, etc., são designações do furo e do eixo usados no sistema ABC.

Faixa de tamanho nominal em polegadas Acima de	Classe LN 1			Classe LN 2			Classe LN 3		
	Limites de interferência	Limites normais de tolerância		Limites de interferência	Limites normais de tolerância		Limites de interferência	Limites normais de tolerância	
		Furo H6	Eixo n5		Furo H7	Eixo p6		Furo H7	Eixo r6
0–0.12	0 / 0.45	+0.25 / −0	+0.45 / +0.25	0 / 0.65	+0.4 / −0	+0.65 / +0.4	0.1 / 0.75	+0.4 / −0	+0.75 / +0.5
0.12–0.24	0 / 0.5	+0.3 / −0	+0.5 / +0.3	0 / 0.8	+0.5 / −0	+0.8 / +0.5	0.1 / 0.9	+0.5 / 0	+0.9 / +0.6
0.24–0.40	0 / 0.65	+0.4 / −0	+0.65 / +0.4	0 / 1.0	+0.6 / −0	+1.0 / +0.6	0.2 / 1.2	+0.6 / −0	+1.2 / +0.8
0.40–0.71	0 / 0.8	+0.4 / −0	+0.8 / +0.4	0 / 1.1	+0.7 / −0	+1.1 / +0.7	0.3 / 1.4	+0.7 / −0	+1.4 / +1.0
0.71–1.19	0 / 1.0	+0.5 / −0	+1.0 / +0.5	0 / 1.3	+0.8 / −0	+1.3 / +0.8	0.4 / 1.7	+0.8 / −0	+1.7 / +1.2
1.19–1.97	0 / 1.1	+0.6 / −0	+1.1 / +0.6	0 / 1.6	+1.0 / −0	+1.6 / +1.0	0.4 / 2.0	+1.0 / −0	+2.0 / +1.4
1.97–3.15	0.1 / 1.3	+0.7 / −0	+1.3 / +0.7	0.2 / 2.1	+1.2 / −0	+2.1 / +1.4	0.4 / 2.3	+1.2 / −0	+2.3 / +1.6
3.15–4.73	0.1 / 1.6	+0.9 / −0	+1.6 / +1.0	0.2 / 2.5	+1.4 / −0	+2.5 / +1.6	0.6 / 2.9	+1.4 / −0	+2.9 / +2.0
4.73–7.09	0.2 / 1.9	+1.0 / −0	+1.9 / +1.2	0.2 / 2.8	+1.6 / −0	+2.8 / +1.8	0.9 / 3.5	+1.6 / −0	+3.5 / +2.5
7.09–9.85	0.2 / 2.2	+1.2 / −0	+2.2 / +1.4	0.2 / 3.2	+1.8 / −0	+3.2 / +2.0	1.2 / 4.2	+1.8 / −0	+4.2 / +3.0
9.85–12.41	0.2 / 2.3	+1.2 / −0	+2.3 / +1.4	0.2 / 3.4	+2.0 / −0	+3.4 / +2.2	1.5 / 4.7	+2.0 / −0	+4.7 / +3.5

[a] Retirado de ANSI B4.1–1967 (R1994). Para diâmetros maiores, ver a norma.

10 Ajuste forçado ou a quente[a] — norma americana

FN 1 *Ajustes com acionamento leve* são aqueles que requerem pressões leves de montagem e produzem montagens mais ou menos permanentes. Eles servem para seções finais ou para ajustes longos ou em membros externos de ferro fundido.

FN 2 *Ajustes com acionamento médio* servem para peças comuns de aço, ou para ajustes a quente em seções leves. São mais ou menos os ajustes mais apertados que podem ser usados como membros externos de ferro fundido de alto grau.

FN 3 *Ajustes com acionamento pesado* servem para peças mais pesadas de aço ou para ajustes a quente em seções médias.

FN 4
FN 5 } *Ajustes forçados* servem para peças que possam ser de alta resistência ou para ajustes a quente quando não existem as forças necessárias de forte compressão.

Sistema furo-base. Os limites estão em milésimos de polegada.
Os limites para furo e eixo são aplicados algebricamente ao tamanho básico para se obter os limites de tamanho para as peças.
Os dados em **negrito** estão de acordo com a convenção ABC.
Os símbolos H7, s6, etc., são designações do furo e do eixo usados no sistema ABC.

Faixa de tamanho nominal em polegadas Acima de	Classe FN 1			Classe FN 2			Classe FN 3			Classe FN 4			Classe FN 5		
	Limites interferência	Limites normais de tolerância		Limites interferência	Limites normais de tolerância		Limites interferência	Limites normais de tolerância		Limites interferência	Limites normais de tolerância		Limites interferência	Limites normais de tolerância	
		Furo H6	Eixo		Furo H7	Eixo s6		Furo H7	Eixo t6		Furo H7	Eixo u6		Furo H8	Eixo x7
0–0.12	0.05 / 0.5	+0.25 / −0	+0.5 / +0.3	**0.2 / 0.85**	**+0.4 / −0**	**+0.85 / +0.6**				0.3 / 0.95	+0.4 / −0	+0.95 / +0.7	0.3 / 1.3	+0.6 / −0	+1.3 / +0.9
0.12–0.24	0.1 / 0.6	+0.3 / −0	+0.6 / +0.4	**0.2 / 1.0**	**+0.5 / −0**	**+1.0 / +0.7**				0.4 / 1.2	+0.5 / −0	+1.2 / +0.9	0.5 / 1.7	+0.7 / −0	+1.7 / +1.2
0.24–0.40	0.1 / 0.75	+0.4 / −0	+0.75 / +0.5	**0.4 / 1.4**	**+0.6 / −0**	**+1.4 / +1.0**				0.6 / 1.6	+0.6 / −0	+1.6 / +1.2	0.5 / 2.0	+0.9 / −0	+2.0 / +1.4
0.40–0.56	0.1 / 0.8	+0.4 / −0	+0.8 / +0.5	**0.5 / 1.6**	**+0.7 / −0**	**+1.6 / +1.2**				0.7 / 1.8	+0.7 / −0	+1.8 / +1.4	0.6 / 2.3	+1.0 / −0	+2.3 / +1.6
0.56–0.71	0.2 / 0.9	+0.4 / −0	+0.9 / +0.6	**0.5 / 1.6**	**+0.7 / −0**	**+1.6 / +1.2**				0.7 / 1.8	+0.7 / −0	+1.8 / +1.4	0.8 / 2.5	+1.0 / −0	+2.5 / +1.8
0.71–0.95	0.2 / 1.1	+0.5 / −0	+1.1 / +0.7	**0.6 / 1.9**	**+0.8 / −0**	**+1.9 / +1.4**				0.8 / 2.1	+0.8 / −0	+2.1 / +1.6	1.0 / 3.0	+1.2 / −0	+3.0 / +2.2
0.95–1.19	0.3 / 1.2	+0.5 / −0	+1.2 / +0.8	**0.6 / 1.9**	**+0.8 / −0**	**+1.9 / +1.4**	0.8 / 2.1	+0.8 / −0	+2.1 / +1.6	1.0 / 2.3	+0.8 / −0	+2.3 / +1.8	1.3 / 3.3	+1.2 / −0	+3.3 / +2.5
1.19–1.58	0.3 / 1.3	+0.6 / −0	+1.3 / +0.9	**0.8 / 2.4**	**+1.0 / −0**	**+2.4 / +1.8**	1.0 / 2.6	+1.0 / −0	+2.6 / +2.0	1.5 / 3.1	+1.0 / −0	+3.1 / +2.5	1.4 / 4.0	+1.6 / −0	+4.0 / +3.0

[a] Retirado de ANSI B4.1–1967 (R1994).

10 Ajuste forçado ou a quente[a] — Norma americana (continuação)

Faixa de tamanho nominal em polegadas Acima de	Classe FN 1 Limites de Interferência	Classe FN 1 Limites normais de tolerância Furo H6	Classe FN 1 Limites normais de tolerância Eixo	Classe FN 2 Limites de Interferência	Classe FN 2 Limites normais de tolerância Furo H7	Classe FN 2 Limites normais de tolerância Eixo s6	Classe FN 3 Limites de Interferência	Classe FN 3 Limites normais de tolerância Furo H7	Classe FN 3 Limites normais de tolerância Eixo t6	Classe FN 4 Limites de Interferência	Classe FN 4 Limites normais de tolerância Furo H7	Classe FN 4 Limites normais de tolerância Eixo u6	Classe FN 5 Limites de Interferência	Classe FN 5 Limites normais de tolerância Furo H8	Classe FN 5 Limites normais de tolerância Eixo x7
1.58–1.97	0.4 / 1.4	+0.6 / –0	+1.4 / –1.0	0.8 / 2.4	+1.0 / –0	+2.4 / +1.8	1.2 / 2.8	+1.0 / –0	+2.8 / +2.2	1.8 / 3.4	+1.0 / –0	+3.4 / +2.8	2.4 / 5.0	+1.6 / –0	+5.0 / +4.0
1.97–2.56	0.6 / 1.8	+0.7 / –0	+1.8 / +1.3	0.8 / 2.7	+1.2 / –0	+2.7 / +2.0	1.3 / 3.2	+1.2 / –0	+3.2 / +2.5	2.3 / 4.2	+1.2 / –0	+4.2 / +3.5	3.2 / 6.2	+1.8 / –0	+6.2 / +5.0
2.56–3.15	0.7 / 1.9	+0.7 / –0	+1.9 / +1.4	1.0 / 2.9	+1.2 / –0	+2.9 / +2.2	1.8 / 3.7	+1.2 / –0	+3.7 / +3.0	2.8 / 4.7	+1.2 / –0	+4.7 / +4.0	4.2 / 7.2	+1.8 / –0	+7.2 / +6.0
3.15–3.94	0.9 / 2.4	+0.9 / –0	+2.4 / +1.8	1.4 / 3.7	+1.4 / –0	+3.7 / +2.8	2.1 / 4.4	+1.4 / –0	+4.4 / +3.5	3.6 / 5.9	+1.4 / –0	+5.9 / +5.0	4.8 / 8.4	+2.2 / –0	+8.4 / +7.0
3.94–4.73	1.1 / 2.6	+0.9 / –0	+2.6 / +2.0	1.6 / 3.9	+1.4 / –0	+3.9 / +3.0	2.6 / 4.9	+1.4 / –0	+4.9 / +4.0	4.6 / 6.9	+1.4 / –0	+6.9 / +6.0	5.8 / 9.4	+2.2 / –0	+9.4 / +8.0
4.73–5.52	1.2 / 2.9	+1.0 / –0	+2.9 / +2.2	1.9 / 4.5	+1.6 / –0	+4.5 / +3.5	3.4 / 6.0	+1.6 / –0	+6.0 / +5.0	5.4 / 8.0	+1.6 / –0	+8.0 / +7.0	7.5 / 11.6	+2.5 / –0	+11.6 / +10.0
5.52–6.30	1.5 / 3.2	+1.0 / –0	+3.2 / +2.5	2.4 / 5.0	+1.6 / –0	+5.0 / +4.0	3.4 / 6.0	+1.6 / –0	+6.0 / +5.0	5.4 / 8.0	+1.6 / –0	+8.0 / +7.0	9.5 / 13.6	+2.5 / –0	+13.6 / +12.0
6.30–7.09	1.8 / 3.5	+1.0 / –0	+3.5 / +2.8	2.9 / 5.5	+1.6 / –0	+5.5 / +4.5	4.4 / 7.0	+1.6 / –0	+7.0 / +6.0	6.4 / 9.0	+1.6 / –0	+9.0 / +8.0	9.5 / 13.6	+2.5 / –0	+13.6 / +12.0
7.09–7.88	1.8 / 3.8	+1.2 / –0	+3.8 / +3.0	3.2 / 6.2	+1.8 / –0	+6.2 / +5.0	5.2 / 8.2	+1.8 / –0	+8.2 / +7.0	7.2 / 10.2	+1.8 / –0	+10.2 / +9.0	11.2 / 15.8	+2.8 / –0	+15.8 / +14.0
7.88–8.86	2.3 / 4.3	+1.2 / –0	+4.3 / +3.5	3.2 / 6.2	+1.8 / –0	+6.2 / +5.0	5.2 / 8.2	+1.8 / –0	+8.2 / +7.0	8.2 / 11.2	+1.8 / –0	+11.2 / +10.0	13.2 / 17.8	+2.8 / –0	+17.8 / +16.0
8.86–9.85	2.3 / 4.3	+1.2 / –0	+4.3 / +3.5	4.2 / 7.2	+1.8 / –0	+7.2 / +6.0	6.2 / 9.2	+1.8 / –0	+9.2 / +8.0	10.2 / 13.2	+1.8 / –0	+13.2 / +12.0	13.2 / 17.8	+2.8 / –0	+17.8 / +16.0
9.85–11.03	2.8 / 4.9	+1.2 / –0	+4.9 / +4.0	4.0 / 7.2	+2.0 / –0	+7.2 / +6.0	7.0 / 10.2	+2.0 / –0	+10.2 / +9.0	10.0 / 13.2	+2.0 / –0	+13.2 / +12.0	15.0 / 20.0	+3.0 / –0	+20.0 / +18.0
11.03–12.41	2.8 / 4.9	+1.2 / –0	+4.9 / +4.0	5.0 / 8.2	+2.0 / –0	+8.2 / +7.0	7.0 / 10.2	+2.0 / –0	+10.2 / +9.0	12.0 / 15.2	+2.0 / –0	+15.2 / +14.0	17.0 / 22.0	+3.0 / –0	+22.0 / +20.0
12.41–13.98	3.1 / 5.5	+1.4 / –0	+5.5 / +4.5	5.8 / 9.4	+2.2 / –0	+9.4 / +8.0	7.8 / 11.4	+2.2 / –0	+11.4 / +10.0	13.8 / 17.4	+2.2 / –0	+17.4 / +16.0	18.5 / 24.2	+3.5 / +0	+24.2 / +22.0

[a] Retirado de ANSI B4.1–1967 (R1994). Para diâmetros maiores, ver a norma.

11 Graus internacionais de tolerância[a]

As dimensões estão em milímetros.

Tamanhos nominais		\multicolumn{19}{c}{Graus de tolerância[b]}
Acima de	Até e incluindo	IT01	IT0	IT1	IT2	IT3	IT4	IT5	IT6	IT7	IT8	IT9	IT10	IT11	IT12	IT13	IT14	IT15	IT16
0	3	0,0003	0,0005	0,0008	0,0012	0,002	0,003	0,004	0,006	0,010	0,014	0,025	0,040	0,060	0,100	0,140	0,250	0,400	0,600
3	6	0,0004	0,0006	0,001	0,0015	0,0025	0,004	0,005	0,008	0,012	0,018	0,030	0,048	0,075	0,120	0,180	0,300	0,480	0,750
6	10	0,0004	0,0006	0,001	0,0015	0,0025	0,004	0,006	0,009	0,015	0,022	0,036	0,058	0,090	0,150	0,220	0,360	0,580	0,900
10	18	0,0005	0,0008	0,0012	0,002	0,003	0,005	0,008	0,011	0,018	0,027	0,043	0,070	0,110	0,180	0,270	0,430	0,700	1,100
18	30	0,0006	0,001	0,0015	0,0025	0,004	0,006	0,009	0,013	0,021	0,033	0,052	0,084	0,130	0,210	0,330	0,520	0,840	1,300
30	50	0,0006	0,001	0,0015	0,0025	0,004	0,007	0,011	0,016	0,025	0,039	0,062	0,100	0,160	0,250	0,390	0,620	1,000	1,600
50	80	0,0008	0,0012	0,002	0,003	0,005	0,008	0,013	0,019	0,030	0,046	0,074	0,120	0,190	0,300	0,460	0,740	1,200	1,900
80	120	0,001	0,0015	0,0025	0,004	0,006	0,010	0,015	0,022	0,035	0,054	0,087	0,140	0,220	0,350	0,540	0,870	1,400	2,200
120	180	0,0012	0,002	0,0035	0,005	0,008	0,012	0,018	0,025	0,040	0,063	0,100	0,160	0,250	0,400	0,630	1,000	1,600	2,500
180	250	0,002	0,003	0,0045	0,007	0,010	0,014	0,020	0,029	0,046	0,072	0,115	0,185	0,290	0,460	0,720	1,150	1,850	2,900
250	315	0,0025	0,004	0,006	0,008	0,012	0,016	0,023	0,032	0,052	0,081	0,130	0,210	0,320	0,520	0,810	1,300	2,100	3,200
315	400	0,003	0,005	0,007	0,009	0,013	0,018	0,025	0,036	0,057	0,089	0,140	0,230	0,360	0,570	0,890	1,400	2,300	3,600
400	500	0,004	0,006	0,008	0,010	0,015	0,020	0,027	0,040	0,063	0,097	0,155	0,250	0,400	0,630	0,970	1,550	2,500	4,000
500	630	0,0045	0,006	0,009	0,011	0,016	0,022	0,030	0,044	0,070	0,110	0,175	0,280	0,440	0,700	1,100	1,750	2,800	4,400
630	800	0,005	0,007	0,010	0,013	0,018	0,025	0,035	0,050	0,080	0,125	0,200	0,320	0,500	0,800	1,250	2,000	3,200	5,000
800	1000	0,0055	0,008	0,011	0,015	0,021	0,029	0,040	0,056	0,090	0,140	0,230	0,360	0,560	0,900	1,400	2,300	3,600	5,600
1000	1250	0,0065	0,009	0,013	0,018	0,024	0,034	0,046	0,066	0,105	0,165	0,260	0,420	0,660	1,050	1,650	2,600	4,200	6,600
1250	1600	0,008	0,011	0,015	0,021	0,029	0,040	0,054	0,078	0,125	0,195	0,310	0,500	0,780	1,250	1,950	3,100	5,000	7,800
1600	2000	0,009	0,013	0,018	0,025	0,035	0,048	0,065	0,092	0,150	0,230	0,370	0,600	0,920	1,500	2,300	3,700	6,000	9,200
2000	2500	0,011	0,015	0,022	0,030	0,041	0,057	0,077	0,110	0,175	0,280	0,440	0,700	1,100	1,750	2,800	4,400	7,000	11,000
2500	3150	0,013	0,018	0,026	0,036	0,050	0,069	0,093	0,135	0,210	0,330	0,540	0,860	1,350	2,100	3,300	5,400	8,600	13,500

[a] Retirado de ANSI B4.2–1978 (R1994).
[b] Os valores IT para graus de tolerância maiores que IT16 podem ser calculados usando-se a fórmula: IT17 = IT × 10, IT18 = IT13 × 10, etc.

12 Ajustes métricos preferenciais com folga para sistema furo-base[a] — Norma Americana

As medidas estão em milímetros.

Dimensão nominal		Livre			Giratório			Estreito			Deslizante			Posicionamento com folga		
		Furo H11	Eixo c11	Ajuste	Furo H9	Eixo d9	Ajuste	Furo H8	f7	Ajuste	Furo H7	Eixo g6	Ajuste	Furo H7	Eixo h6	Ajuste
1	Máx	1,060	0,940	0,180	1,025	0,980	0,070	1,014	0,994	0,030	1,010	0,998	0,018	1,010	1,000	0,016
	Mín	1,000	0,880	0,060	1,000	0,955	0,020	1,000	0,984	0,006	1,000	0,992	0,002	1,000	0,994	0,000
1,2	Máx	1,260	1,140	0,180	1,225	1,180	0,070	1,214	1,194	0,030	1,210	1,198	0,018	1,210	1,200	0,016
	Mín	1,200	1,080	0,060	1,200	1,155	0,020	1,200	1,184	0,036	1,200	1,192	0,002	1,200	1,194	0,000
1,6	Máx	1,660	1,540	0,180	1,625	1,580	0,070	1,614	1,594	0,030	1,610	1,598	0,018	1,610	1,600	0,016
	Mín	1,600	1,480	0,060	1,600	1,555	0,020	1,600	1,584	0,006	1,600	1,592	0,002	1,600	1,594	0,000
2	Máx	2,060	1,940	0,180	2,025	1,980	0,070	2,014	1,994	0,030	2,010	1,998	0,018	2,010	2,000	0,016
	Mín	2,000	1,880	0,060	2,000	1,955	0,020	2,000	1,984	0,006	2,000	1,992	0,002	2,000	1,994	0,000
2,5	Máx	2,560	2,440	0,180	2,525	2,480	0,070	2,514	2,494	0,030	2,510	2,498	0,018	2,510	2,500	0,016
	Mín	2,500	2,380	0,060	2,500	2,455	0,020	2,500	2,484	0,006	2,500	2,492	0,002	2,500	2,494	0,000
3	Máx	3,060	2,940	0,180	3,025	2,980	0,070	3,014	2,994	0,030	3,010	2,998	0,018	3,010	3,000	0,016
	Mín	3,000	2,880	0,060	3,000	2,955	0,020	3,000	2,984	0,006	3,000	2,992	0,002	3,000	2,994	0,000
4	Máx	4,075	3,930	0,220	4,030	3,970	0,090	4,018	3,990	0,040	4,012	3,996	0,024	4,012	4,000	0,020
	Mín	4,000	3,855	0,070	4,000	3,940	0,030	4,000	3,978	0,010	4,000	3,988	0,004	4,000	3,992	0,000
5	Máx	5,075	4,930	0,220	5,030	4,970	0,090	5,018	4,990	0,040	5,012	4,996	0,024	5,012	5,000	0,020
	Mín	5,000	4,855	0,070	5,000	4,940	0,030	5,000	4,978	0,010	5,000	4,988	0,004	5,000	4,992	0,000
6	Máx	6,075	5,930	0,220	6,030	5,970	0,090	6,018	5,990	0,040	6,012	5,996	0,024	6,012	6,000	0,020
	Mín	6,000	5,855	0,070	6,000	5,940	0,030	6,000	5,978	0,010	6,000	5,988	0,004	6,000	5,992	0,000
8	Máx	8,090	7,920	0,260	8,036	7,960	0,112	8,022	7,987	0,050	8,015	7,995	0,029	8,015	8,000	0,024
	Mín	8,000	7,830	0,080	8,000	7,924	0,040	8,000	7,972	0,013	8,000	7,986	0,005	8,000	7,991	0,000
10	Máx	10,090	9,920	0,260	10,036	9,960	0,112	10,022	9,987	0,050	10,015	9,995	0,029	10,015	10,000	0,024
	Mín	10,000	9,830	0,080	10,000	9,924	0,040	10,000	9,972	0,013	10,000	9,986	0,005	10,000	9,991	0,000
12	Máx	12,110	11,905	0,315	12,043	11,950	0,136	12,027	11,984	0,061	12,018	11,994	0,035	12,018	12,000	0,029
	Mín	12,000	11,795	0,095	12,000	11,907	0,050	12,000	11,966	0,016	12,000	11,983	0,006	12,000	11,989	0,000
16	Máx	16,110	15,905	0,315	16,043	15,950	0,136	16,027	15,984	0,061	16,018	15,994	0,035	16,018	16,000	0,029
	Mín	16,000	15,795	0,095	16,000	15,907	0,050	16,000	15,966	0,016	16,000	15,983	0,006	16,000	15,989	0,000
20	Máx	20,130	19,890	0,370	20,052	19,935	0,169	20,033	19,980	0,074	20,021	19,993	0,041	20,021	20,000	0,034
	Mín	20,000	19,760	0,110	20,000	19,883	0,065	20,000	19,959	0,020	20,000	19,980	0,007	20,000	19,987	0,000
25	Máx	25,130	24,890	0,370	25,052	24,935	0,169	25,033	24,980	0,074	25,021	24,993	0,041	25,021	25,000	0,034
	Mín	25,000	24,760	0,110	25,000	24,883	0,065	25,000	24,959	0,020	25,000	24,980	0,007	25,000	24,987	0,000
30	Máx	30,130	29,890	0,370	30,052	29,935	0,169	30,033	29,980	0,074	30,021	29,993	0,041	30,021	30,000	0,034
	Mín	30,000	29,760	0,110	30,000	29,883	0,065	30,000	29,959	0,020	30,000	29,980	0,007	30,000	29,987	0,000

[a] Retirado de ANSI B4.2–1978 (R1994).

12 AJUSTES MÉTRICOS PREFERENCIAIS COM FOLGA PARA SISTEMA FURO-BASE[a] — NORMA AMERICANA (CONTINUAÇÃO)

As medidas estão em milímetros.

Dimensão nominal		Livre			Giratório			Estreito			Deslizante			Posicionamento com folga		
		Furo H11	Eixo c11	Ajuste	Furo H9	Eixo d9	Ajuste	Furo H8	Eixo f7	Ajuste	Furo H7	Eixo g6	Ajuste	Furo H7	Eixo h6	Ajuste
40	Máx	40,160	39,880	0,440	40,062	39,920	0,204	40,039	39,975	0,089	40,025	39,991	0,050	40,025	40,000	0,041
	Mín	40,000	39,720	0,120	40,000	39,858	0,080	40,000	39,950	0,025	40,000	39,975	0,009	40,000	39,984	0,000
50	Máx	50,160	49,870	0,450	50,062	49,920	0,204	50,039	49,975	0,089	50,025	49,991	0,050	50,025	50,000	0,041
	Mín	50,000	49,710	0,130	50,000	49,858	0,080	50,000	49,950	0,025	50,000	49,975	0,009	50,000	49,984	0,000
60	Máx	60,190	59,860	0,520	60,074	59,900	0,248	60,046	59,970	0,106	60,030	59,990	0,059	60,030	60,000	0,049
	Mín	60,000	59,670	0,140	60,000	59,826	0,100	60,000	59,940	0,030	60,000	59,971	0,010	60,000	59,981	0,000
80	Máx	80,190	79,950	0,530	80,074	79,900	0,248	80,046	79,970	0,106	80,030	79,990	0,059	80,030	80,000	0,049
	Mín	80,000	79,660	0,150	80,000	79,826	0,100	80,000	79,940	0,030	80,000	79,971	0,010	80,000	79,981	0,000
100	Máx	100,220	99,830	0,610	100,087	99,880	0,294	100,054	99,964	0,125	100,035	99,988	0,069	100,035	100,000	0,057
	Mín	100,000	99,610	0,170	100,000	99,793	0,120	100,000	99,929	0,036	100,000	99,966	0,012	100,000	99,978	0,000
120	Máx	120,220	119,820	0,620	120,087	119,880	0,294	120,054	119,964	0,125	120,035	119,988	0,069	120,035	120,000	0,057
	Mín	120,000	119,600	0,180	120,000	119,793	0,120	120,000	119,929	0,036	120,000	119,966	0,012	120,000	119,978	0,000
160	Máx	160,250	159,790	0,710	160,100	159,855	0,345	160,063	159,957	0,146	160,040	159,986	0,079	160,040	160,000	0,065
	Mín	160,000	159,540	0,210	160,000	159,755	0,145	160,000	159,917	0,043	160,000	159,961	0,014	160,000	159,975	0,000
200	Máx	200,290	199,760	0,820	200,115	199,830	0,400	200,072	199,950	0,168	200,046	199,985	0,090	200,046	200,000	0,075
	Mín	200,000	199,470	0,240	200,000	199,715	0,170	200,000	199,904	0,050	200,000	199,956	0,015	200,000	199,971	0,000
250	Máx	250,290	249,720	0,860	250,115	249,830	0,400	250,072	249,950	0,168	250,046	249,985	0,090	250,046	250,000	0,075
	Mín	250,000	249,430	0,280	250,000	249,715	0,170	250,000	249,904	0,050	250,000	249,956	0,015	250,000	249,971	0,000
300	Máx	300,320	299,670	0,970	300,130	299,810	0,450	300,081	299,944	0,189	300,052	299,983	0,101	300,052	300,000	0,084
	Mín	300,000	299,350	0,330	300,000	299,680	0,190	300,000	299,892	0,056	300,000	299,951	0,017	300,000	299,968	0,000
400	Máx	400,360	399,600	1,120	400,140	399,790	0,490	400,089	399,938	0,208	400,057	399,982	0,111	400,057	400,000	0,093
	Mín	400,000	399,240	0,400	400,000	399,650	0,210	400,000	399,881	0,062	400,000	399,946	0,018	400,000	399,964	0,000
500	Máx	500,400	499,520	1,280	500,155	499,770	0,540	500,097	499,932	0,228	500,063	499,980	0,123	500,063	500,000	0,103
	Mín	500,000	499,120	0,480	500,000	499,615	0,230	500,000	499,869	0,068	500,000	499,940	0,020	500,000	499,960	0,000

[a] Retirado de ANSI B4.2–1978 (R1994).

13 Ajustes métricos preferenciais incertos e com interferências para sistema furo-base[a] — Norma Americana

As medidas estão em milímetros.

Dimensão nominal		Posicionamento incerto			Posicionamento incerto			Posicionamento com interferência			Acionamento médio			Forçado		
		Furo H7	Eixo k6	Ajuste	Furo H7	Eixo n6	Ajuste	Furo H7	Eixo p6	Ajuste	Furo H7	Eixo a6	Ajuste	Furo H7	Eixo u6	Ajuste
1	Máx	1,010	1,006	0,010	1,010	1,010	0,006	1,010	1,012	0,004	1,010	1,020	−0,004	1,010	1,024	−0,008
	Mín	1,000	1,000	−0,006	1,000	1,004	−0,010	1,000	1,006	−0,012	1,000	1,014	−0,020	1,000	1,018	−0,024
1,2	Máx	1,210	1,206	0,010	1,210	1,210	0,006	1,210	1,212	0,004	1,210	1,220	−0,004	1,210	1,224	−0,008
	Mín	1,200	1,200	−0,006	1,200	1,204	−0,010	1,200	1,206	−0,012	1,200	1,214	−0,020	1,200	1,218	−0,024
1,6	Máx	1,610	1,606	0,010	1,610	1,610	0,006	1,610	1,612	0,004	1,610	1,620	−0,004	1,610	1,624	−0,008
	Mín	1,600	1,600	−0,006	1,600	1,604	−0,010	1,600	1,606	−0,012	1,600	1,614	−0,020	1,600	1,618	−0,024
2	Máx	2,010	2,006	0,010	2,010	2,010	0,006	2,010	2,012	0,004	2,010	2,020	−0,004	2,010	2,024	−0,008
	Mín	2,000	2,000	−0,006	2,000	2,004	−0,010	2,000	2,006	−0,012	2,000	2,014	−0,020	2,000	2,018	−0,024
2,5	Máx	2,510	2,506	0,010	2,510	2,510	0,006	2,510	2,512	0,004	2,510	2,520	−0,004	2,510	2,524	−0,008
	Mín	2,500	2,500	−0,006	2,500	2,504	−0,010	2,500	2,506	−0,012	2,500	2,514	−0,020	2,500	2,518	−0,024
3	Máx	3,010	3,006	0,010	3,010	3,010	0,006	3,010	3,012	0,004	3,010	3,020	−0,004	3,010	3,024	−0,008
	Mín	3,000	3,000	−0,006	3,000	3,004	−0,010	3,000	3,006	−0,012	3,000	3,014	−0,020	3,000	3,018	−0,024
4	Máx	4,012	4,009	0,011	4,012	4,016	0,004	4,012	4,020	0,000	4,012	4,027	−0,007	4,012	4,031	−0,011
	Mín	4,000	4,001	−0,009	4,000	4,008	−0,016	4,000	4,012	−0,020	4,000	4,019	−0,027	4,000	4,023	−0,031
5	Máx	5,012	5,009	0,011	5,012	5,016	0,004	5,012	5,020	0,000	5,012	5,027	−0,007	5,012	5,031	−0,011
	Mín	5,000	5,001	−0,009	5,000	5,008	−0,016	5,000	5,012	−0,020	5,000	5,019	−0,027	5,000	5,023	−0,031
6	Máx	6,012	6,009	0,011	6,012	6,016	0,004	6,012	6,020	0,000	6,012	6,027	−0,007	6,012	6,031	−0,011
	Mín	6,000	6,001	−0,009	6,000	6,008	−0,016	6,000	6,012	−0,020	6,000	6,019	−0,027	6,000	6,023	−0,031
8	Máx	8,015	8,010	0,014	8,015	8,019	0,005	8,015	8,024	0,000	8,015	8,032	−0,008	8,015	8,037	−0,013
	Mín	8,000	8,001	−0,010	8,000	8,010	−0,019	8,000	8,015	−0,024	8,000	8,023	−0,032	8,000	8,028	−0,037
10	Máx	10,015	10,010	0,014	10,015	10,019	0,005	10,015	10,024	0,000	10,015	10,032	−0,008	10,015	10,037	−0,013
	Mín	10,000	10,001	−0,010	10,000	10,010	−0,019	10,000	10,015	−0,024	10,000	10,023	−0,032	10,000	10,028	−0,037
12	Máx	12,018	12,012	0,017	12,018	12,023	0,006	12,018	12,029	0,000	12,018	12,039	−0,010	12,018	12,044	−0,015
	Mín	12,000	12,001	−0,012	12,000	12,012	−0,023	12,000	12,018	−0,029	12,000	12,028	−0,039	12,000	12,033	−0,044
16	Máx	16,018	16,012	0,017	16,018	16,023	0,006	16,018	16,029	0,000	16,018	16,039	−0,010	16,018	16,044	−0,015
	Mín	16,000	16,001	−0,012	16,000	16,012	−0,023	16,000	16,018	−0,029	16,000	16,028	−0,039	16,000	16,033	−0,044
20	Máx	20,081	20,015	0,019	20,021	20,028	0,006	20,021	20,035	−0,001	20,021	20,048	−0,014	20,021	20,054	−0,020
	Mín	20,000	20,002	−0,015	20,000	20,015	−0,028	20,000	20,022	−0,035	20,000	20,035	−0,048	20,000	20,041	−0,054
25	Máx	25,021	25,015	0,019	25,021	25,028	0,006	25,021	25,035	−0,001	25,021	25,048	−0,014	25,021	25,061	−0,027
	Mín	25,000	25,002	−0,015	25,000	25,015	−0,028	25,000	25,022	−0,035	25,000	25,035	−0,048	25,000	25,048	−0,061
30	Máx	30,021	30,015	0,019	30,021	30,028	0,006	30,021	30,035	−0,001	30,021	30,048	−0,014	30,021	30,061	−0,027
	Mín	30,000	30,002	−0,015	30,000	30,015	−0,028	30,000	30,022	−0,035	30,000	30,035	−0,048	30,000	30,048	−0,061

[a] Retirado de ANSI B4.2-1978 (R1994).

13 Ajustes métricos preferenciais incertos e com interferências para sistema furo-base[a] — Norma americana (continuação)

As medidas estão em milímetros.

Dimensão nominal		Posicionamento incerto			Posicionamento incerto			Posicionamento com interferência			Acionamento médio			Forçado		
		Furo H7	Eixo k6	Ajuste	Furo H7	Eixo n6	Ajuste	Furo H7	Eixo p6	Ajuste	Furo H7	Eixo s6	Ajuste	Furo H7	Eixo u6	Ajuste
40	Máx	40,025	40,018	0,023	40,025	40,033	0,08	40,025	40,042	−0,001	40,025	40,059	−0,018	40,025	40,076	−0,035
	Mín	40,000	40,002	−0,018	40,000	40,017	−0,033	40,000	40,026	−0,042	40,000	40,043	−0,059	40,000	40,060	−0,076
50	Máx	50,025	50,018	0,023	50,025	50,033	0,008	50,025	50,042	−0,001	50,025	50,059	−0,018	50,025	50,086	−0,045
	Mín	50,000	50,002	−0,018	50,000	50,017	−0,033	50,000	50,026	−0,042	50,000	50,043	−0,059	50,000	50,070	−0,086
60	Máx	60,030	60,021	0,028	60,030	60,039	0,010	60,030	60,051	−0,002	60,030	60,072	−0,023	60,030	60,106	−0,057
	Mín	60,000	60,002	−0,021	60,000	60,020	−0,039	60,000	60,032	−0,051	60,000	60,053	−0,072	60,000	60,087	−0,106
80	Máx	80,030	80,021	0,028	80,030	80,039	0,010	80,030	80,051	−0,002	80,030	80,078	−0,029	80,030	80,121	−0,072
	Mín	80,000	80,002	−0,021	80,000	80,020	−0,039	80,000	80,032	−0,051	80,000	80,059	−0,078	80,000	80,102	−0,121
100	Máx	100,035	100,025	0,032	100,035	100,045	0,012	100,035	100,059	−0,002	100,035	100,093	−0,036	100,035	100,146	−0,089
	Mín	100,000	100,003	−0,025	100,000	100,023	−0,045	100,000	100,037	−0,059	100,000	100,071	−0,093	100,000	100,124	−0,146
120	Máx	120,035	120,025	0,032	120,035	120,045	0,012	120,035	120,059	−0,002	120,035	120,101	−0,044	120,035	120,166	−0,109
	Mín	120,000	120,003	−0,025	120,000	120,023	−0,045	120,000	120,037	−0,059	120,000	120,079	−0,101	120,000	120,144	−0,166
160	Máx	160,040	160,028	0,037	160,040	160,052	0,013	160,040	160,068	−0,003	160,040	160,125	−0,060	160,040	160,215	−0,150
	Mín	160,000	160,003	−0,028	160,000	160,027	−0,052	160,000	160,043	−0,068	160,000	160,100	−0,125	160,000	160,190	−0,215
200	Máx	200,046	200,033	0,042	200,046	200,060	0,015	200,046	200,079	−0,004	200,046	200,151	−0,076	200,046	200,265	−0,190
	Mín	200,000	200,004	−0,033	200,000	200,031	−0,060	200,000	200,050	−0,079	200,000	200,122	−0,151	200,000	200,236	−0,265
250	Máx	250,046	250,033	0,042	250,046	250,060	0,015	250,046	250,079	−0,004	250,046	250,169	−0,094	250,046	250,313	−0,238
	Mín	250,000	250,004	−0,033	250,000	250,031	−0,060	250,000	250,050	−0,079	250,000	250,140	−0,169	250,000	250,284	−0,313
300	Máx	300,052	300,036	0,048	300,052	300,066	0,018	300,052	300,088	−0,004	300,052	300,202	−0,118	300,052	300,382	−0,298
	Mín	300,000	300,004	−0,036	300,000	300,034	−0,066	300,000	300,056	−0,088	300,000	300,170	−0,202	300,000	300,350	−0,382
400	Máx	400,057	400,040	0,053	400,057	400,073	0,020	400,057	400,098	−0,005	400,057	400,244	−0,151	400,057	400,471	−0,378
	Mín	400,000	400,004	−0,040	400,000	400,037	−0,073	400,000	400,062	−0,098	400,000	400,208	−0,244	400,000	400,435	−0,471
500	Máx	500,063	500,045	0,058	500,063	500,080	0,023	500,063	500,108	−0,005	500,063	500,292	−0,189	500,063	500,580	−0,477
	Mín	500,000	500,005	−0,045	500,000	500,040	−0,080	500,000	500,068	−0,108	500,000	500,252	−0,292	500,000	500,540	−0,580

[a] Retirado de ANSI B4.2–1978 (R1994).

14 Ajustes métricos preferenciais com folga para sistema eixo-base[a] — Norma Americana

As medidas estão em milímetros.

Dimensão nominal		Livre			Giratório			Estreito			Deslizante			Posicionamento com folga		
		Furo C11	Eixo h11	Ajuste	Furo D9	Eixo h9	Ajuste	Furo F8	Eixo h7	Ajuste	Furo G7	Eixo h6	Ajuste	Furo H7	Eixo h6	Ajuste
1	Máx	1,120	1,000	0,180	1,045	1,000	0,070	1,020	1,000	0,030	1,012	1,000	0,018	1,010	1,000	0,016
	Mín	1,060	0,940	0,060	1,020	0,975	0,020	1,006	0,990	0,006	1,002	0,994	0,002	1,000	0,994	0,000
1,2	Máx	1,320	1,200	0,180	1,245	1,200	0,070	1,220	1,200	0,030	1,212	1,200	0,018	1,210	1,200	0,016
	Mín	1,260	1,140	0,060	1,220	1,175	0,020	1,206	1,190	0,006	1,202	1,194	0,002	1,200	1,194	0,000
1,6	Máx	1,720	1,600	0,180	1,645	1,600	0,070	1,620	1,600	0,030	1,612	1,600	0,018	1,610	1,600	0,016
	Mín	1,660	1,540	0,060	1,620	1,575	0,020	1,606	1,590	0,006	1,602	1,594	0,002	1,600	1,594	0,000
2	Máx	2,120	2,000	0,180	2,045	2,000	0,070	2,020	2,000	0,030	2,012	2,000	0,018	2,010	2,000	0,016
	Mín	2,060	1,940	0,060	2,020	1,975	0,020	2,006	1,990	0,006	2,002	1,994	0,002	2,000	1,994	0,000
2,5	Máx	2,620	2,500	0,180	2,545	2,500	0,070	2,520	2,500	0,030	2,512	2,500	0,018	2,510	2,500	0,016
	Mín	2,560	2,440	0,060	2,520	2,475	0,020	2,506	2,490	0,006	2,502	2,494	0,002	2,500	2,494	0,000
3	Máx	3,120	3,000	0,180	3,045	3,000	0,070	3,020	3,000	0,030	3,012	3,000	0,018	3,010	3,000	0,016
	Mín	3,060	2,940	0,060	3,020	2,975	0,020	3,006	2,990	0,006	3,002	2,994	0,002	3,000	2,994	0,000
4	Máx	4,145	4,000	0,220	4,060	4,000	0,090	4,028	4,000	0,040	4,016	4,000	0,024	4,012	4,000	0,020
	Mín	4,070	3,925	0,070	4,030	3,970	0,030	4,010	3,988	0,010	4,004	3,992	0,004	4,000	3,992	0,000
5	Máx	5,145	5,000	0,220	5,060	5,000	0,090	5,028	5,000	0,040	5,016	5,000	0,024	5,012	5,000	0,020
	Mín	5,070	4,925	0,070	5,030	4,970	0,030	5,010	4,988	0,010	5,004	4,992	0,004	5,000	4,992	0,000
6	Máx	6,145	6,000	0,220	6,060	6,000	0,090	6,028	6,000	0,040	6,016	6,000	0,024	6,012	6,000	0,020
	Mín	6,070	5,925	0,070	6,030	5,970	0,030	6,010	5,988	0,010	6,004	5,992	0,004	6,000	5,992	0,000
8	Máx	8,170	8,000	0,260	8,076	8,000	0,112	8,035	8,000	0,050	8,020	8,000	0,029	8,015	8,000	0,024
	Mín	8,080	7,910	0,080	8,040	7,964	0,040	8,013	7,985	0,013	8,005	7,991	0,005	8,000	7,991	0,000
10	Máx	10,170	10,000	0,260	10,076	10,000	0,112	10,035	10,000	0,050	10,020	10,000	0,029	10,015	10,000	0,024
	Mín	10,080	9,910	0,080	10,040	9,964	0,040	10,013	9,985	0,013	10,005	9,991	0,005	10,000	9,991	0,000
12	Máx	12,205	12,000	0,315	12,093	12,000	0,136	12,043	12,000	0,061	12,024	12,000	0,035	12,018	12,000	0,029
	Mín	12,095	11,890	0,095	12,050	11,957	0,050	12,016	11,982	0,016	12,006	11,989	0,006	12,000	11,989	0,000
16	Máx	16,205	16,000	0,315	16,093	16,000	0,136	16,043	16,000	0,061	16,024	16,000	0,035	16,018	16,000	0,029
	Mín	16,095	15,890	0,095	16,050	15,957	0,050	16,016	15,982	0,016	16,006	15,989	0,006	16,000	15,989	0,000
20	Máx	20,240	20,000	0,370	20,117	20,000	0,169	20,053	20,000	0,074	20,028	20,000	0,041	20,021	20,000	0,034
	Mín	20,110	19,870	0,110	20,065	19,948	0,065	20,020	19,979	0,020	20,007	19,987	0,007	20,000	19,987	0,000
25	Máx	25,240	25,000	0,370	25,117	25,000	0,169	25,053	25,000	0,074	25,028	25,000	0,041	25,021	25,000	0,034
	Mín	25,110	24,870	0,110	25,065	24,948	0,065	25,020	24,979	0,020	25,007	24,987	0,007	25,000	24,987	0,000
30	Máx	30,240	30,000	0,370	30,117	30,000	0,169	30,053	30,000	0,074	30,028	30,000	0,041	30,021	30,000	0,034
	Mín	30,110	29,870	0,110	30,065	29,948	0,065	30,020	29,979	0,020	30,007	29,987	0,007	30,000	29,987	0,000

[a] Retirado de ANSI B4.2–1978 (R1994).

14 Ajustes métricos preferenciais com folga para sistema eixo-base[a] — Norma americana (continuação)

As medidas estão em milímetros.

Dimensão nominal		Livre Furo C11	Livre Eixo h11	Ajuste	Giratório Furo D9	Giratório Eixo h9	Ajuste	Estreito Furo F8	Estreito Eixo h7	Ajuste	Deslizante Furo G7	Deslizante Eixo h6	Ajuste	Posicionamento com folga Furo H7	Posicionamento com folga Eixo h6	Ajuste
40	Máx	40,280	40,000	0,440	40,142	40,000	0,204	40,064	40,000	0,089	40,034	40,000	0,050	40,025	40,000	0,041
	Mín	40,120	39,840	0,120	40,080	39,938	0,080	40,025	39,975	0,025	40,009	39,984	0,009	40,000	39,984	0,000
50	Máx	50,290	50,000	0,450	50,142	50,000	0,204	50,064	50,000	0,089	50,034	50,000	0,050	50,025	50,000	0,041
	Mín	50,130	49,840	0,130	50,080	49,938	0,080	50,025	49,975	0,025	50,009	49,984	0,009	50,000	49,984	0,000
60	Máx	60,330	60,000	0,520	60,174	60,000	0,248	60,076	60,000	0,106	60,040	60,000	0,059	60,030	60,000	0,049
	Mín	60,140	59,810	0,140	60,100	59,926	0,100	60,030	59,970	0,030	60,010	59,981	0,010	60,000	59,981	0,000
80	Máx	80,340	80,000	0,530	80,174	80,000	0,248	80,076	80,000	0,106	80,040	80,000	0,059	80,030	80,000	0,049
	Mín	80,150	79,810	0,150	80,100	79,926	0,100	80,030	79,970	0,030	80,010	79,981	0,010	80,000	79,981	0,000
100	Máx	100,390	100,000	0,610	100,207	100,000	0,294	100,090	100,000	0,125	100,047	100,000	0,069	100,035	100,000	0,057
	Mín	100,170	99,780	0,170	100,120	99,913	0,120	100,036	99,965	0,036	100,012	99,978	0,012	100,000	99,978	0,000
120	Máx	120,400	120,000	0,620	120,207	120,000	0,294	120,090	120,000	0,125	120,047	120,000	0,069	120,035	120,000	0,057
	Mín	120,180	119,780	0,180	120,120	119,913	0,120	120,036	119,965	0,036	120,012	119,978	0,012	120,000	119,978	0,000
160	Máx	160,460	160,000	0,710	160,245	160,000	0,345	160,106	160,000	0,146	160,054	160,000	0,079	160,040	160,000	0,065
	Mín	160,210	159,750	0,210	160,145	159,900	0,145	160,043	159,960	0,043	160,014	159,975	0,014	160,000	159,975	0,000
200	Máx	200,530	200,000	0,820	200,285	200,000	0,400	200,122	200,000	0,168	200,061	200,000	0,090	200,046	200,000	0,075
	Mín	200,240	199,710	0,240	200,170	199,885	0,170	200,050	199,954	0,050	200,015	199,971	0,015	200,000	199,971	0,000
250	Máx	250,570	250,000	0,860	250,285	250,000	0,400	250,122	250,000	0,168	250,061	250,000	0,090	250,046	250,000	0,075
	Mín	250,280	249,710	0,280	250,170	249,885	0,170	250,050	249,954	0,050	250,015	249,971	0,015	250,000	249,971	0,000
300	Máx	300,650	300,000	0,970	300,320	300,000	0,450	300,137	300,000	0,189	300,069	300,000	0,101	300,052	300,000	0,084
	Mín	300,330	299,680	0,330	300,190	299,870	0,190	300,056	299,948	0,056	300,017	299,968	0,017	300,000	299,968	0,000
400	Máx	400,760	400,000	1,120	400,350	400,000	0,490	400,151	400,000	0,208	400,075	400,000	0,111	400,057	400,000	0,093
	Mín	400,400	399,640	0,400	400,210	399,860	0,210	400,062	399,943	0,062	400,018	399,964	0,018	400,000	399,964	0,000
500	Máx	500,880	500,000	1,280	500,385	500,000	0,540	500,165	500,000	0,228	500,083	500,000	0,123	500,063	500,000	0,103
	Mín	500,480	499,600	0,480	500,230	499,845	0,230	500,068	499,937	0,068	500,020	499,960	5,020	500,000	499,960	0,000

[a] Retirado de ANSI B4.2–1978 (R1994).

15 Ajustes métricos preferenciais incertos e com interferências para sistema eixo-base[a] — Norma Americana

As medidas estão em milímetros.

Dimensão nominal		Posicionamento incerto			Posicionamento incerto			Posicionamento com interferência			Acionamento médio			Forçado		
		Furo K7	Eixo h6	Ajuste	Furo N7	Eixo h6	Ajuste	Furo P7	Eixo h6	Ajuste	Furo S7	Eixo h6	Ajuste	Furo U7	Eixo h6	Ajuste
1	Máx	1,000	1,000	0,006	0,996	1,000	0,002	0,994	1,000	0,000	0,986	1,000	−0,008	0,982	1,000	−0,012
	Mín	0,990	0,994	−0,010	0,986	0,994	−0,014	0,984	0,994	−0,016	0,976	0,994	−0,024	0,972	0,994	−0,028
1,2	Máx	1,200	1,200	0,006	1,196	1,200	0,002	1,194	1,200	0,000	1,186	1,200	−0,008	1,182	1,200	−0,012
	Mín	1,190	1,194	−0,010	1,186	1,194	−0,014	1,184	1,194	−0,016	1,176	1,194	−0,024	1,172	1,194	−0,028
1,6	Máx	1,600	1,600	0,006	1,596	1,600	0,002	1,594	1,600	0,000	1,586	1,600	−0,008	1,582	1,600	−0,012
	Mín	1,590	1,594	−0,010	1,586	1,594	−0,014	1,584	1,594	−0,016	1,576	1,594	−0,024	1,572	1,594	−0,028
2	Máx	2,000	2,000	0,006	1,996	2,000	0,002	1,994	2,000	0,000	1,986	2,000	−0,008	1,982	2,000	−0,012
	Mín	1,990	1,994	−0,010	1,986	1,994	−0,014	1,984	1,994	−0,016	1,976	1,994	−0,024	1,972	1,994	−0,028
2,5	Máx	2,500	2,500	0,006	2,496	2,500	0,002	2,494	2,500	0,000	2,486	2,500	−0,008	2,482	2,500	−0,012
	Mín	2,490	2,494	−0,010	2,486	2,494	−0,014	2,484	2,494	−0,016	2,476	2,494	−0,024	2,472	2,494	−0,028
3	Máx	3,000	3,000	0,006	2,996	3,000	0,002	2,994	3,000	0,000	2,986	3,000	−0,008	2,982	3,000	−0,012
	Mín	2,990	2,994	−0,010	2,986	2,994	−0,014	2,984	2,994	−0,016	2,976	2,994	−0,024	2,972	2,994	−0,028
4	Máx	4,003	4,000	0,011	3,996	4,000	0,004	3,992	4,000	0,000	3,985	4,000	−0,007	3,981	4,000	−0,011
	Mín	3,991	3,992	−0,009	3,984	3,992	−0,016	3,980	3,992	−0,020	3,973	3,992	−0,027	3,969	3,992	−0,031
5	Máx	5,003	5,000	0,011	4,996	5,000	0,004	4,992	5,000	0,000	4,985	5,000	−0,007	4,981	5,000	−0,011
	Mín	4,991	4,992	−0,009	4,984	4,992	−0,016	4,980	4,992	−0,020	4,973	4,992	−0,027	4,969	4,992	−0,031
6	Máx	6,003	6,000	0,011	5,996	6,000	0,004	5,992	6,000	0,000	5,985	6,000	−0,007	5,981	6,000	−0,011
	Mín	5,991	5,992	−0,009	5,984	5,992	−0,016	5,980	5,992	−0,020	5,973	5,992	−0,027	5,969	5,992	−0,031
8	Máx	8,005	8,000	0,014	7,996	8,000	0,005	7,991	8,000	0,000	7,983	8,000	−0,008	7,978	8,000	−0,013
	Mín	7,990	7,991	−0,010	7,981	7,991	−0,019	7,976	7,991	−0,024	7,968	7,991	−0,032	7,963	7,991	−0,037
10	Máx	10,005	10,000	0,014	9,996	10,000	0,005	9,991	10,000	0,000	9,983	10,000	−0,008	9,978	10,000	−0,013
	Mín	9,990	9,991	−0,010	9,981	9,991	−0,019	9,976	9,991	−0,024	9,968	9,991	−0,032	9,963	9,991	−0,037
12	Máx	12,006	12,000	0,017	11,995	12,000	0,006	11,989	12,000	0,000	11,979	12,000	−0,010	11,974	12,000	−0,015
	Mín	11,988	11,989	−0,012	11,977	11,989	−0,023	11,971	11,989	−0,029	11,961	11,989	−0,039	11,956	11,989	−0,044
16	Máx	16,006	16,000	0,017	15,995	16,000	0,006	15,989	16,000	0,000	15,979	16,000	−0,010	15,974	16,000	−0,015
	Mín	15,988	15,989	−0,012	15,977	15,989	−0,023	15,971	15,989	−0,029	15,961	15,989	−0,039	15,956	15,989	−0,044
20	Máx	20,006	20,000	0,019	19,993	20,000	0,006	19,986	20,000	−0,001	19,973	20,000	−0,014	19,967	20,000	−0,020
	Mín	19,985	19,987	−0,015	19,972	19,987	−0,028	19,965	19,987	−0,035	19,952	19,987	−0,048	19,946	19,987	−0,054
25	Máx	25,006	25,000	0,019	24,993	25,000	0,006	24,986	25,000	−0,001	24,973	25,000	−0,014	24,960	25,000	−0,027
	Mín	24,985	24,987	−0,015	24,972	24,987	−0,028	24,965	24,987	−0,035	24,952	24,987	−0,048	24,939	24,987	−0,061
30	Máx	30,006	30,000	0,019	29,993	30,000	0,006	29,986	30,000	−0,001	29,973	30,000	−0,014	29,960	30,000	−0,027
	Mín	29,985	29,987	−0,015	29,972	29,987	−0,028	29,965	29,987	−0,035	29,952	29,987	−0,048	29,939	29,987	−0,061

[a] Retirado de ANSI B4.2-1978 (R1994).

15 Ajustes métricos preferenciais incertos e com interferências para sistema eixo-base[a] — Norma Americana (continuação)

As medidas estão em milímetros.

Dimensão nominal		Posicionamento incerto			Posicionamento incerto			Posicionamento com interferência			Acionamento médio			Forçado		
		Furo K7	Eixo h6	Ajuste	Furo N7	Eixo h6	Ajuste	Furo P7	Eixo h6	Ajuste	Furo S7	Eixo h6	Ajuste	Furo U7	Eixo h6	Ajuste
40	Máx	40,007	40,000	0,023	39,992	40,000	0,008	39,983	40,000	−0,001	39,966	40,000	−0,018	39,949	40,000	−0,035
	Mín	39,982	39,984	−0,018	39,967	39,984	−0,033	39,958	39,984	−0,042	39,941	39,984	−0,059	39,924	39,984	−0,076
50	Máx	50,007	50,000	0,023	49,992	50,000	0,008	49,983	50,000	−0,001	49,966	50,000	−0,018	49,939	50,000	−0,045
	Mín	49,982	49,984	−0,018	49,967	49,984	−0,033	49,958	49,984	−0,042	49,941	49,984	−0,059	49,914	49,984	−0,086
60	Máx	60,009	60,000	0,028	59,991	60,000	0,010	59,979	60,000	−0,002	59,958	60,000	−0,023	59,924	60,000	−0,057
	Mín	59,979	59,981	−0,021	59,961	59,981	−0,039	59,949	59,981	−0,051	59,928	59,981	−0,072	59,894	59,981	−0,106
80	Máx	80,009	80,000	0,028	79,991	80,000	0,010	79,979	80,000	−0,002	79,952	80,000	−0,029	79,909	80,000	−0,072
	Mín	79,979	79,981	−0,021	79,961	79,981	−0,039	79,949	79,981	−0,051	79,922	79,981	−0,078	79,879	79,981	−0,121
100	Máx	100,010	100,000	0,032	99,990	100,000	0,012	99,976	100,000	−0,002	99,942	100,000	−0,036	99,889	100,000	−0,089
	Mín	99,975	99,978	−0,025	99,955	99,978	−0,045	99,941	99,978	−0,059	99,907	99,978	−0,093	99,854	99,978	−0,146
120	Máx	120,010	120,000	0,032	119,990	120,000	0,012	119,976	120,000	−0,002	119,934	120,000	−0,044	119,869	120,000	−0,109
	Mín	119,975	119,978	−0,025	119,955	119,978	−0,045	119,941	119,978	−0,059	119,899	119,978	−0,101	119,834	119,978	−0,166
160	Máx	160,012	160,000	0,037	159,988	160,000	0,013	159,972	160,000	−0,003	159,915	160,000	−0,060	159,825	160,000	−0,150
	Mín	159,972	159,975	−0,028	159,948	159,975	−0,052	159,932	159,975	−0,068	159,875	159,975	−0,125	159,785	159,975	−0,215
200	Máx	200,013	200,000	0,042	199,986	200,000	0,015	199,967	200,000	−0,004	199,895	200,000	−0,076	199,781	200,000	−0,190
	Mín	199,967	199,971	−0,033	199,940	199,971	−0,060	199,921	199,971	−0,079	199,849	199,971	−0,151	199,735	199,971	−0,265
250	Máx	250,013	250,000	0,042	249,986	250,000	0,015	249,967	250,000	−0,004	249,877	250,000	−0,094	249,733	250,000	−0,238
	Mín	249,967	249,971	−0,033	249,940	249,971	−0,060	249,921	249,971	−0,079	249,831	249,971	−0,169	249,687	249,971	−0,313
300	Máx	300,016	300,000	0,048	299,986	300,000	0,018	299,964	300,000	−0,004	299,850	300,000	−0,118	299,670	300,000	−0,298
	Mín	299,964	299,968	−0,036	299,934	299,968	−0,066	299,912	299,968	−0,088	299,798	299,968	−0,202	299,618	299,968	−0,382
400	Máx	400,017	400,000	0,053	399,984	400,000	0,020	399,959	400,000	−0,005	399,813	400,000	−0,151	399,586	400,000	−0,378
	Mín	399,960	399,964	−0,040	399,927	399,964	−0,073	399,902	399,964	−0,098	399,756	399,964	−0,244	399,529	399,964	−0,471
500	Máx	500,018	500,000	0,058	499,983	500,000	0,023	499,955	500,000	−0,005	499,771	500,000	−0,189	499,483	500,000	−0,477
	Mín	499,955	499,960	−0,045	499,920	499,960	−0,080	499,892	499,960	−0,108	499,708	499,960	−0,292	499,420	499,960	−0,580

[a] Retirado de ANSI B4.2-1978 (R1994).

16 Roscas de parafuso americanas, unificadas e métricas

ROSCAS UNIFICADAS E ROSCAS AMERICANAS[a]

Diâmetro nominal	Grossa[b] NC UNC		Fina[b] NF UNF		Extrafina[c] NEF UNEF		Diâmetro nominal	Grossa[b] NC UNC		Fina[b] NF UNF		Extrafina[c] NEF UNEF	
	Filetes por polegada	Broca[d]	Filetes por polegada	Broca[d]	Filetes por polegada	Broca[d]		Filetes por polegada	Broca[d]	Filetes por polegada	Broca[d]	Filetes por polegada	Broca[d]
0 (.060)			80	$\frac{3}{64}$			1	8	$\frac{7}{8}$	12	$\frac{59}{64}$	20	$\frac{61}{64}$
1 (.073)	64	No. 53	72	No. 53	...	...	$1\frac{1}{16}$	...	...	...	...	18	1
2 (.086)	56	No. 50	64	No. 50	...	...	$1\frac{1}{8}$	7	$\frac{63}{64}$	12	$1\frac{3}{64}$	18	$1\frac{5}{64}$
3 (.099)	48	No. 47	56	No. 45	...	...	$1\frac{3}{16}$	...	...	...	...	18	$1\frac{9}{64}$
4 (.112)	40	No. 43	48	No. 42	...	...	$1\frac{1}{4}$	7	$1\frac{7}{64}$	12	$1\frac{11}{64}$	18	$1\frac{3}{16}$
5 (.125)	40	No. 38	44	No. 37	...	...	$1\frac{5}{16}$	...	...	...	...	18	$1\frac{17}{64}$
6 (.138)	32	No. 36	40	No. 33	...	...	$1\frac{3}{8}$	6	$1\frac{7}{32}$	12	$1\frac{19}{64}$	18	$1\frac{5}{16}$
8 (.164)	32	No. 29	36	No. 29	...	...	$1\frac{7}{16}$	...	...	...	...	18	$1\frac{3}{8}$
10 (.190)	24	No. 25	32	No. 21	...	...	$1\frac{1}{2}$	6	$1\frac{11}{32}$	12	$1\frac{27}{64}$	18	$1\frac{7}{16}$
12 (.216)	24	No. 16	28	No. 14	32	No. 13	$1\frac{9}{16}$	...	...	...	...	18	$1\frac{1}{2}$
$\frac{1}{4}$	20	No. 7	28	No. 3	32	$\frac{7}{32}$	$1\frac{5}{8}$	...	...	...	...	18	$1\frac{9}{16}$
$\frac{5}{16}$	18	F	24	I	32	$\frac{9}{32}$	$1\frac{11}{16}$	...	...	...	...	18	$1\frac{5}{8}$
$\frac{3}{8}$	16	$\frac{5}{16}$	24	Q	32	$\frac{11}{32}$	$1\frac{3}{4}$	5	$1\frac{9}{16}$	...	...	...	...
$\frac{7}{16}$	14	U	20	$\frac{25}{64}$	28	$\frac{13}{32}$	2	$4\frac{1}{2}$	$1\frac{25}{32}$	...	...	...	...
$\frac{1}{2}$	13	$\frac{27}{64}$	20	$\frac{29}{64}$	28	$\frac{15}{32}$	$2\frac{1}{4}$	$4\frac{1}{2}$	$2\frac{1}{32}$	...	...	...	...
$\frac{9}{16}$	12	$\frac{31}{64}$	18	$\frac{33}{64}$	24	$\frac{33}{64}$	$2\frac{1}{2}$	4	$2\frac{1}{4}$	...	...	...	...
$\frac{5}{8}$	11	$\frac{17}{32}$	18	$\frac{37}{64}$	24	$\frac{37}{64}$	$2\frac{3}{4}$	4	$2\frac{1}{2}$	...	...	...	...
$\frac{11}{16}$	...	...	...	...	24	$\frac{41}{64}$	3	4	$2\frac{3}{4}$	...	...	...	...
$\frac{3}{4}$	10	$\frac{21}{32}$	16	$\frac{11}{16}$	20	$\frac{45}{64}$	$3\frac{1}{4}$	4	...	...	...	...	...
$\frac{13}{16}$	...	...	...	...	20	$\frac{49}{64}$	$3\frac{1}{2}$	4	...	...	...	...	...
$\frac{7}{8}$	9	$\frac{49}{64}$	14	$\frac{13}{16}$	20	$\frac{53}{64}$	$3\frac{3}{4}$	4	...	...	...	...	...
$\frac{15}{16}$	...	...	...	...	20	$\frac{57}{64}$	4	4	...	...	...	...	...

[a] ANSI/ASME B1.1–1989. Para séries de roscas de 8, 12 e 16 passos, veja a próxima página.
[b] Classes 1A, 2A, 3A, 1B, 2B, 3B, 2 e 3.
[c] Classes 2A, 2B, 2 e 3.
[d] Para aproximadamente 75% de profundidade da rosca. Para medidas decimais de numeração e designação de brocas, veja o Apêndice 18.

16 Roscas de parafuso americanas, unificadas e métricas (continuação)

ROSCAS UNIFICADAS E ROSCAS AMERICANAS[a] (continuação)

Dâmetro nominal	Séries de 8 passos[b] 8N e 8UN Filetes por polegada	Broca[c]	Séries de 12 passos[b] 12N e 12UN Filetes por polegada	Broca[c]	Séries de 16 passos[b] 16N e 16UN Filetes por polegada	Broca[c]	Dâmetro nominal	Séries de 8 passos[b] 8N e 8UN Filetes por polegada	Broca[c]	Séries de 12 passos[b] 12N e 12UN Filetes por polegada	Broca[c]	Séries de 16 passos[b] 16N e 16UN Filetes por polegada	Broca[c]
$\frac{1}{2}$	...	...	12	$\frac{27}{64}$	...	...	$2\frac{1}{16}$	...	...	...	...	**16**	2
$\frac{9}{16}$	...	...	12[e]	$\frac{31}{64}$	...	...	$2\frac{1}{8}$	...	...	12	$2\frac{3}{64}$	16	$2\frac{1}{16}$
$\frac{5}{8}$	...	...	12	$\frac{35}{64}$	...	...	$2\frac{3}{16}$	...	...	...	...	**16**	$2\frac{1}{8}$
$\frac{11}{16}$	...	...	12	$\frac{39}{64}$	...	...	$2\frac{1}{4}$	8	$2\frac{1}{8}$	12	$2\frac{17}{64}$	16	$2\frac{3}{16}$
$\frac{3}{4}$	...	...	12	$\frac{43}{64}$	16[e]	$\frac{11}{16}$	$2\frac{5}{16}$	...	...	...	...	**16**	$2\frac{1}{4}$
$\frac{13}{16}$	...	...	12	$\frac{47}{64}$	16	$\frac{3}{4}$	$2\frac{3}{8}$	...	...	12	$2\frac{19}{64}$	16	$2\frac{5}{16}$
$\frac{7}{8}$	...	...	12	$\frac{51}{64}$	16	$\frac{13}{16}$	$2\frac{7}{16}$	...	...	...	...	**16**	$2\frac{3}{8}$
$\frac{15}{16}$	...	...	12	$\frac{55}{64}$	16	$\frac{7}{8}$	$2\frac{1}{2}$	8	$2\frac{3}{8}$	12	$2\frac{27}{64}$	16	$2\frac{7}{16}$
1	8[e]	$\frac{7}{8}$	12	$\frac{59}{64}$	16	$\frac{15}{16}$	$2\frac{5}{8}$	...	...	12	$2\frac{35}{64}$	16	$2\frac{9}{16}$
$1\frac{1}{16}$	...	...	12	$\frac{63}{64}$	16	1	$2\frac{3}{4}$	8	$2\frac{5}{8}$	12	$2\frac{43}{64}$	16	$2\frac{11}{16}$
$1\frac{1}{8}$	8	1	12[e]	$1\frac{3}{64}$	16	$1\frac{1}{16}$	$2\frac{7}{8}$	...	...	12	...	16	...
$1\frac{3}{16}$	...	...	12	$1\frac{7}{64}$	16	$1\frac{1}{8}$	3	8	$2\frac{7}{8}$	12	...	16	...
$1\frac{1}{4}$	8	$1\frac{1}{8}$	12	$1\frac{11}{64}$	16	$1\frac{3}{16}$	$3\frac{1}{8}$	...	...	12	...	16	...
$1\frac{5}{16}$	...	...	12	$1\frac{15}{64}$	16	$1\frac{1}{4}$	$3\frac{1}{4}$	8	...	12	...	16	...
$1\frac{3}{8}$	8	$1\frac{1}{4}$	12[e]	$1\frac{19}{64}$	16	$1\frac{5}{16}$	$3\frac{3}{8}$	...	...	12	...	16	...
$1\frac{7}{16}$	...	...	12	$1\frac{23}{64}$	16	$1\frac{3}{8}$	$3\frac{1}{2}$	8	...	12	...	16	...
$1\frac{1}{2}$	8	$1\frac{3}{8}$	12[e]	$1\frac{27}{64}$	16	$1\frac{7}{16}$	$3\frac{5}{8}$	...	...	12	...	16	...
$1\frac{9}{16}$	...	...	...	...	16	$1\frac{1}{2}$	$3\frac{3}{4}$	8	...	12	...	16	...
$1\frac{5}{8}$	8	$1\frac{1}{2}$	12	$1\frac{35}{64}$	16	$1\frac{9}{16}$	$3\frac{7}{8}$	...	...	12	...	16	...
$1\frac{11}{16}$	...	...	...	...	16	$1\frac{5}{8}$	4	8	...	12	...	16	...
$1\frac{3}{4}$	8	$1\frac{5}{8}$	12	$1\frac{43}{64}$	16[e]	$1\frac{11}{16}$	$4\frac{1}{4}$	8	...	12	...	16	...
$1\frac{13}{16}$	...	...	...	...	16	$1\frac{3}{4}$	$4\frac{1}{2}$	8	...	12	...	16	...
$1\frac{7}{8}$	8	$1\frac{3}{4}$	12	$1\frac{51}{64}$	16	$1\frac{13}{16}$	$4\frac{3}{4}$	8	...	12	...	16	...
$1\frac{15}{16}$	...	...	...	...	16	$1\frac{7}{8}$	5	8	...	12	...	16	...
2	8	$1\frac{7}{8}$	12	$1\frac{59}{64}$	16[e]	$1\frac{15}{16}$	$5\frac{1}{4}$	8	...	12	...	16	...

[a] ANSI/ASME B1.1–1989.
[b] Classes 2A, 3A, 2B, 3B, 2 e 3.
[c] Para aproximadamente 75% da profundidade da rosca.
[d] As letras em negrito indicam somente roscas americanas.
[e] Esta é a medida-padrão das séries de roscas grossas, finas e extrafinas unificadas ou americanas. Veja a página anterior.

16 Roscas de parafuso americanas, unificadas e métricas (continuação)

ROSCAS MÉTRICAS[a]

As medidas preferenciais para roscas e dispositivos comerciais de fixação são mostradas em **negrito**.

Grossa (uso geral)		Fina	
Medida nominal e passo de rosca	Diâmetro da broca, mm	Medida nominal e passo de rosca	Diâmetro da broca, mm
M1.6 × 0.35	1,25	—	—
M1.8 × 0.35	1,45	—	—
M2 × 0.4	1,6	—	—
M2.2 × 0.45	1,75	—	—
M2.5 × 0.45	2,05	—	—
M3 × 0.5	2,5	—	—
M3.5 × 0.6	2,9	—	—
M4 × 0.7	3,3	—	—
M4.5 × 0.75	3,75	—	—
M5 × 0.8	4,2	—	—
M6 × 1	5,0	—	—
M7 × 1	6,0	—	—
M8 × 1.25	6,8	**M8 × 1**	7,0
M9 × 1.25	7,75	—	—
M10 × 1.5	8,5	**M10 × 1.25**	8,75
M11 × 1.5	9,50	—	—
M12 × 1.75	10,30	**M12 × 1.25**	10,5
M14 × 2	12,00	**M14 × 1.5**	12,5
M16 × 2	14,00	**M16 × 1.5**	14,5
M18 × 2.5	15,50	**M18 × 1.5**	16,5
M20 × 2.5	17,5	**M20 × 1.5**	18,5
M22 × 25[b]	19,5	**M22 × 1.5**	20,5
M24 × 3	21,0	**M24 × 2**	22,0
M27 × 3[b]	24,0	**M27 × 2**	25,0
M30 × 3.5	26,5	**M30 × 2**	28,0
M33 × 3.5	29,5	**M30 × 2**	31,0
M36 × 4	32,0	**M36 × 2**	33,0
M39 × 4	35,0	M39 × 2	36,0
M42 × 4.5	37,5	**M42 × 2**	39,0
M45 × 4.5	40,5	M45 × 1.5	42,0
M48 × 5	43,0	**M48 × 2**	45,0
M52 × 5	47,0	M52 × 2	49,0
M56 × 5.5	50,5	**M56 × 2**	52,0
M60 × 5.5	54,5	M60 × 1.5	56,0
M64 × 6	58,0	**M64 × 2**	60,0
M68 × 6	62,0	M68 × 2	64,0
M72 × 6	66,0	**M72 × 2**	68,0
M80 × 6	74,0	**M80 × 2**	76,0
M90 × 6	84,0	**M90 × 2**	86,0
M100 × 6	94,0	**M100 × 2**	96,0

[a] ANSI/ASME B1.13M–1995.
[b] Somente para dispositivos de fixação feitos de aço estrutural de alta resistência.

17 MEDIDAS DE BROCAS HELICOIDAIS — AMERICANAS E MÉTRICAS

MEDIDAS DE BROCAS DA NORMA AMERICANA[a]

Todas as medidas estão em polegadas.

As brocas designadas por frações comuns estão disponíveis em diâmetros $\frac{1}{16}$" a $\frac{3}{4}$" com incremento de $\frac{1}{64}$", $1\frac{3}{4}$ a $2\frac{1}{4}$ com incremento de $\frac{1}{32}$", $2\frac{1}{4}$" a 3" com incremento de $\frac{1}{16}$", e 3" a $3\frac{1}{2}$" com incremento de $\frac{1}{8}$". As brocas maiores que $3\frac{1}{2}$" são raramente utilizadas e são consideradas brocas especiais.

Medida	Diâmetro da broca	Medida	Diâmetro da broca	Medida	Diâmetro da broca	Medida	Diâmetro da broca	Medida	Diâmetro da broca	Medida	Diâmetro da broca
1	.2280	17	.1730	33	.1130	49	.0730	65	.0350	81	.0130
2	.2210	18	.1695	34	.1110	50	.0700	66	.0330	82	.0125
3	.2130	19	.1660	35	.1100	51	.0670	67	.0320	83	.0120
4	.2090	20	.1610	36	.1065	52	.0635	68	.0310	84	.0115
5	.2055	21	.1590	37	.1040	53	.0595	69	.0292	85	.0110
6	.2040	22	.1570	38	.1015	54	.0550	70	.0280	86	.0105
7	.2010	23	.1540	39	.0995	55	.0520	71	.0260	87	.0100
8	.1990	24	.1520	40	.0980	56	.0465	72	.0250	88	.0095
9	.1960	25	.1495	41	.0960	57	.0430	73	.0240	89	.0091
10	.1935	26	.1470	42	.0935	58	.0420	74	.0225	90	.0087
11	.1910	27	.1440	43	.0890	59	.0410	75	.0210	91	.0083
12	.1890	28	.1405	44	.0860	60	.0400	76	.0200	92	.0079
13	.1850	29	.1360	45	.0820	61	.0390	77	.0180	93	.0075
14	.1820	30	.1285	46	.0810	62	.0380	78	.0160	94	.0071
15	.1800	31	.1200	47	.0785	63	.0370	79	.0145	95	.0067
16	.1770	32	.1160	48	.0760	64	.0360	80	.0135	96	.0063
										97	.0059

MEDIDAS EM LETRAS

A	.234	G	.261	L	.290	Q	.332	V	.377
B	.238	H	.266	M	.295	R	.339	W	.386
C	.242	I	.272	N	.302	S	.348	X	.397
D	.246	J	.277	O	.316	T	.358	Y	.404
E	.250	K	.281	P	.323	U	.368	Z	.413
F	.257								

[a] ANSI/ASME B94.11M–1993.

17 MEDIDAS DE BROCAS HELICOIDAIS — AMERICANAS E MÉTRICAS (CONTINUAÇÃO)

MEDIDAS DE BROCAS MÉTRICAS
A equivalência de polegada decimal é só para referência.

Diâmetro da broca		Diâmetro da broca		Diâmetro da broca		Diâmetro da broca		Diâmetro da broca		Diâmetro da broca	
mm	pol.	mm	pol.	mm	pol.	mm	pol.	mm	pol.	mm	pol.
0,40	.0157	1,95	.0768	4,70	.1850	8,00	.3150	13,20	.5197	25,50	1.0039
0,42	.0165	2,00	.0787	4,80	.1890	8,10	.3189	13,50	.5315	26,00	1.0236
0,45	.0177	2,05	.0807	4,90	.1929	8,20	.3228	13,80	.5433	26,50	1.0433
0,48	.0189	2,10	.0827	5,00	.1969	8,30	.3268	14,00	.5512	27,00	1.0630
0,50	.0197	2,15	.0846	5,10	.2008	8,40	.3307	14,25	.5610	27,50	1.0827
0,55	.0217	2,20	.0866	5,20	.2047	8,50	.3346	14,50	.5709	28,00	1.1024
0,60	.0236	2,25	.0886	5,30	.2087	8,60	.3386	14,75	.5807	28,50	1.1220
0,65	.0256	2,30	.0906	5,40	.2126	8,70	.3425	15,00	.5906	29,00	1.1417
0,70	.0276	2,35	.0925	5,50	.2165	8,80	.3465	15,25	.6004	29,50	1.1614
0,75	.0295	2,40	.0945	5,60	.2205	8,90	.3504	15,50	.6102	30,00	1.1811
0,80	.0315	2,45	.0965	5,70	.2244	9,00	.3543	15,75	.6201	30,50	1.2008
0,85	.0335	2,50	.0984	5,80	.2283	9,10	.3583	16,00	.6299	31,00	1.2205
0,90	.0354	2,60	.1024	5,90	.2323	9,20	.3622	16,25	.6398	31,50	1.2402
0,95	.0374	2,70	.1063	6,00	.2362	9,30	.3661	16,50	.6496	32,00	1.2598
1,00	.0394	2,80	.1102	6,10	.2402	9,40	.3701	16,75	.6594	32,50	1.2795
1,05	.0413	2,90	.1142	6,20	.2441	9,50	.3740	17,00	.6693	33,00	1.2992
1,10	.0433	3,00	.1181	6,30	.2480	9,60	.3780	17,25	.6791	33,50	1.3189
1,15	.0453	3,10	.1220	6,40	.2520	9,70	.3819	17,50	.6890	34,00	1.3386
1,20	.0472	3,20	.1260	6,50	.2559	9,80	.3858	18,00	.7087	34,50	1.3583
1,25	.0492	3,30	.1299	6,60	.2598	9,90	.3898	18,50	.7283	35,00	1.3780
1,30	.0512	3,40	.1339	6,70	.2638	10,00	.3937	19,00	.7480	35,50	1.3976
1,35	.0531	3,50	.1378	6,80	.2677	10,20	.4016	19,50	.7677	36,00	1.4173
1,40	.0551	3,60	.1417	6,90	.2717	10,50	.4134	20,00	.7874	36,50	1.4370
1,45	.0571	3,70	.1457	7,00	.2756	10,80	.4252	20,50	.8071	37,00	1.4567
1,50	.0591	3,80	.1496	7,10	.2795	11,00	.4331	21,00	.8268	37,50	1.4764
1,55	.0610	3,90	.1535	7,20	.2835	11,20	.4409	21,50	.8465	38,00	1.4961
1,60	.0630	4,00	.1575	7,30	.2874	11,50	.4528	22,00	.8661	40,00	1.5748
1,65	.0650	4,10	.1614	7,40	.2913	11,80	.4646	22,50	.8858	42,00	1.6535
1,70	.0669	4,20	.1654	7,50	.2953	12,00	.4724	23,00	.9055	44,00	1.7323
1,75	.0689	4,30	.1693	7,60	.2992	12,20	.4803	23,50	.9252	46,00	1.8110
1,80	.0709	4,40	.1732	7,70	.3031	12,50	.4921	24,00	.9449	48,00	1.8898
1,85	.0728	4,50	.1772	7,80	.3071	12,50	.5039	24,50	.9646	50,00	1.9685
1,90	.0748	4,60	.1811	7,90	.3110	13,00	.5118	25,00	.9843		

18 ROSCAS ACME, USO GERAL[a]

Medida	Filetes por polegadas	Medida	Filetes por polegadas	Medida	Filetes por polegadas	Medida	Filetes por polegadas
$\frac{1}{4}$	16	$\frac{3}{4}$	6	$1\frac{1}{2}$	4	3	2
$\frac{5}{16}$	14	$\frac{7}{8}$	6	$1\frac{3}{4}$	4	$3\frac{1}{2}$	2
$\frac{3}{8}$	12	1	5	2	4	4	2
$\frac{7}{16}$	12	$1\frac{1}{8}$	5	$2\frac{1}{4}$	3	$4\frac{1}{2}$	2
$\frac{1}{2}$	10	$1\frac{1}{4}$	5	$2\frac{1}{2}$	3	5	2
$\frac{5}{8}$	8	$1\frac{3}{8}$	4	$2\frac{3}{4}$	3	...	...

[a] ANSI/ASME B1.5–1988 (R1994).

19 Parafusos com porca, porcas e parafusos de cabeça — quadrados e sextavados — norma americana e métrica

PARAFUSOS COM PORCAS E PORCAS QUADRADAS[a] E SEXTAVADAS[b] DA
NORMA AMERICANA[c]

O **negrito** indica características unificadas dimensionalmente com normas britânicas e canadenses.
Todas as dimensões estão em polegadas.

Dimensão nominal D Diâmetro do corpo do parafuso		Parafusos com porcas regulares					Parafusos com porcas pesadas		
		Largura entre as faces paralelas W		Altura H			Largura entre as faces paralelas W	Altura H	
				Quadrada (sem acabamento)	Sextavada (sem acabamento)	Parafuso de cabeça sext.[c] (com acabamento)		Sextavada (sem acabamento)	Parafuso sextavado (com acabamento)
		Quadrada	Sextavada						
$\frac{1}{4}$	**0.2500**	$\frac{3}{8}$	$\frac{7}{16}$	$\frac{11}{64}$	$\frac{11}{64}$	$\frac{5}{32}$	...	...	...
$\frac{5}{16}$	**0.3125**	$\frac{1}{2}$	$\frac{1}{2}$	$\frac{13}{64}$	$\frac{13}{64}$	$\frac{13}{64}$	...	...	...
$\frac{3}{8}$	**0.3750**	$\frac{9}{16}$	$\frac{9}{16}$	$\frac{1}{4}$	$\frac{1}{4}$	$\frac{15}{64}$	...	...	...
$\frac{7}{16}$	**0.4375**	$\frac{5}{8}$	$\frac{5}{8}$	$\frac{19}{64}$	$\frac{19}{64}$	$\frac{9}{32}$	...	...	...
$\frac{1}{2}$	**0.5000**	$\frac{3}{4}$	$\frac{3}{4}$	$\frac{21}{64}$	$\frac{21}{64}$	$\frac{5}{16}$	$\frac{7}{8}$	$\frac{11}{32}$	$\frac{5}{16}$
$\frac{9}{16}$	**0.5625**	...	$\frac{13}{16}$	...	...	$\frac{23}{64}$	...	...	...
$\frac{5}{8}$	**0.6250**	$\frac{15}{16}$	$\frac{15}{16}$	$\frac{27}{64}$	$\frac{27}{64}$	$\frac{25}{64}$	$1\frac{1}{16}$	$\frac{27}{64}$	$\frac{25}{64}$
$\frac{3}{4}$	**0.7500**	$1\frac{1}{8}$	$1\frac{1}{8}$	$\frac{1}{2}$	$\frac{1}{2}$	$\frac{15}{32}$	$1\frac{1}{4}$	$\frac{1}{2}$	$\frac{15}{32}$
$\frac{7}{8}$	**0.8750**	$1\frac{5}{16}$	$1\frac{5}{16}$	$\frac{19}{32}$	$\frac{19}{32}$	$\frac{35}{64}$	$1\frac{7}{16}$	$\frac{37}{64}$	$\frac{35}{64}$
1	**1.000**	$1\frac{1}{2}$	$1\frac{1}{2}$	$\frac{21}{32}$	$\frac{21}{32}$	$\frac{39}{64}$	$1\frac{5}{8}$	$\frac{43}{64}$	$\frac{39}{64}$
$1\frac{1}{8}$	**1.1250**	$1\frac{11}{16}$	$1\frac{11}{16}$	$\frac{3}{4}$	$\frac{3}{4}$	$\frac{11}{16}$	$1\frac{13}{16}$	$\frac{3}{4}$	$\frac{11}{16}$
$1\frac{1}{4}$	**1.2500**	$1\frac{7}{8}$	$1\frac{7}{8}$	$\frac{27}{32}$	$\frac{27}{32}$	$\frac{25}{32}$	2	$\frac{27}{32}$	$\frac{25}{32}$
$1\frac{3}{8}$	**1.3750**	$2\frac{1}{16}$	$2\frac{1}{16}$	$\frac{29}{32}$	$\frac{29}{32}$	$\frac{27}{32}$	$2\frac{3}{16}$	$\frac{29}{32}$	$\frac{27}{32}$
$1\frac{1}{2}$	**1.5000**	$2\frac{1}{4}$	$2\frac{1}{4}$	1	1	$\frac{15}{16}$	$2\frac{3}{8}$	1	$\frac{15}{16}$
$1\frac{3}{4}$	**1.7500**	...	$2\frac{5}{8}$	...	$1\frac{5}{32}$	$1\frac{3}{32}$	$2\frac{3}{4}$	$1\frac{5}{32}$	$1\frac{3}{32}$
2	**2.0000**	...	3	...	$1\frac{11}{32}$	$1\frac{7}{32}$	$3\frac{1}{8}$	$1\frac{11}{32}$	$1\frac{7}{32}$
$2\frac{1}{4}$	**2.2500**	...	$3\frac{3}{8}$	...	$1\frac{1}{2}$	$1\frac{3}{8}$	$3\frac{1}{2}$	$1\frac{1}{2}$	$1\frac{3}{8}$
$2\frac{1}{2}$	**2.5000**	...	$3\frac{3}{4}$	...	$1\frac{21}{32}$	$1\frac{17}{32}$	$3\frac{7}{8}$	$1\frac{21}{32}$	$1\frac{17}{32}$
$2\frac{3}{4}$	**2.7500**	...	$4\frac{1}{8}$	...	$1\frac{13}{16}$	$1\frac{11}{16}$	$4\frac{1}{4}$	$1\frac{13}{16}$	$1\frac{11}{16}$
3	**3.0000**	...	$4\frac{1}{2}$	...	2	$1\frac{7}{8}$	$4\frac{5}{8}$	2	$1\frac{7}{8}$
$3\frac{1}{4}$	**3.2500**	...	$4\frac{7}{8}$	...	$2\frac{3}{16}$	...	...	...	...
$3\frac{1}{2}$	**3.5000**	...	$5\frac{1}{4}$	...	$2\frac{5}{16}$	...	...	...	...
$3\frac{3}{4}$	**3.7500**	...	$5\frac{5}{8}$	...	$2\frac{1}{2}$	...	...	...	...
4	**4.0000**	...	6	...	$2\frac{11}{16}$	...	...	...	...

[a] ANSI B18.2.1–1981 (R1992).
[b] ANSI/ASME B18.2.2.–1987 (R1993).
[c] Os parafusos de cabeça sextavada e parafusos sextavados com porcas com acabamento são combinados em um único produto.

19 Parafusos com porca, porcas e parafusos de cabeça — quadrados e sextavados — norma americana e métrica (continuação)

PARAFUSOS COM PORCAS E PORCAS QUADRADAS E SEXTAVADAS DA NORMA AMERICANA (continuação)

Veja ANSI B18.2.2 para obter informações sobre contraporcas, porcas altas, porcas altas com fenda e porcas-castelo.

Dimensão nominal D Diâmetro do corpo do Parafuso		Parafusos com porcas regulares					Porcas pesadas			
		Largura entre as faces paralelas W		Espessura T			Largura entre as faces paralelas W	Espessura T		
		Quadrada	Sextavada	Quadrada (sem acabamento)	Face hexagonal (sem acabamento)	Sextavada (com acabamento)		Quadrada (sem acabamento)	Face hexagonal (sem acabamento)	Sextavada (com acabamento)
$\frac{1}{4}$	0.2500	$\frac{7}{16}$	$\frac{7}{16}$	$\frac{7}{32}$	$\frac{7}{32}$	$\frac{7}{32}$	$\frac{1}{2}$	$\frac{1}{4}$	$\frac{15}{64}$	$\frac{15}{64}$
$\frac{5}{16}$	0.3125	$\frac{9}{16}$	$\frac{1}{2}$	$\frac{17}{64}$	$\frac{17}{64}$	$\frac{17}{64}$	$\frac{9}{16}$	$\frac{5}{16}$	$\frac{19}{64}$	$\frac{19}{64}$
$\frac{3}{8}$	0.3750	$\frac{5}{8}$	$\frac{9}{16}$	$\frac{21}{64}$		$\frac{21}{64}$	$\frac{11}{16}$	$\frac{3}{8}$	$\frac{23}{64}$	$\frac{23}{64}$
$\frac{7}{16}$	0.4375	$\frac{3}{4}$	$\frac{11}{16}$	$\frac{3}{8}$	$\frac{3}{8}$	$\frac{3}{8}$	$\frac{3}{4}$	$\frac{7}{16}$	$\frac{27}{64}$	$\frac{27}{64}$
$\frac{1}{2}$	0.5000	$\frac{13}{16}$	$\frac{3}{4}$	$\frac{7}{16}$	$\frac{7}{16}$	$\frac{7}{16}$	$\frac{7}{8}$ a	$\frac{1}{2}$	$\frac{31}{64}$	$\frac{31}{64}$
$\frac{9}{16}$	0.5625	...	$\frac{7}{8}$	...	$\frac{31}{64}$	$\frac{31}{64}$	$\frac{15}{16}$	...	$\frac{35}{64}$	$\frac{35}{64}$
$\frac{5}{8}$	0.6250	1	$\frac{15}{16}$	$\frac{35}{64}$	$\frac{35}{64}$	$\frac{35}{64}$	$1\frac{1}{16}$ a	$\frac{5}{8}$	$\frac{39}{64}$	$\frac{39}{64}$
$\frac{3}{4}$	0.7500	$1\frac{1}{8}$	$1\frac{1}{8}$	$\frac{21}{32}$	$\frac{41}{64}$	$\frac{41}{64}$	$1\frac{1}{4}$ a	$\frac{3}{4}$	$\frac{47}{64}$	$\frac{47}{64}$
$\frac{7}{8}$	0.8750	$1\frac{5}{16}$	$1\frac{5}{16}$	$\frac{49}{64}$	$\frac{3}{4}$	$\frac{3}{4}$	$1\frac{7}{16}$ a	$\frac{7}{8}$	$\frac{55}{64}$	$\frac{55}{64}$
1	1.0000	$1\frac{1}{2}$	$1\frac{1}{2}$	$\frac{7}{8}$	$\frac{55}{64}$	$\frac{55}{64}$	$1\frac{5}{8}$ a	1	$\frac{63}{64}$	$\frac{63}{64}$
$1\frac{1}{8}$	1.1250	$1\frac{11}{16}$	$1\frac{11}{16}$	1	1	$\frac{31}{32}$	$1\frac{13}{16}$ a	$1\frac{1}{8}$	$1\frac{1}{8}$	$1\frac{7}{64}$
$1\frac{1}{4}$	1.2500	$1\frac{7}{8}$	$1\frac{7}{8}$	$1\frac{3}{32}$	$1\frac{3}{32}$	$1\frac{1}{16}$	2 a	$1\frac{1}{4}$	$1\frac{1}{4}$	$1\frac{7}{32}$
$1\frac{3}{8}$	1.3750	$2\frac{1}{16}$	$2\frac{1}{16}$	$1\frac{13}{64}$	$1\frac{13}{64}$	$1\frac{11}{64}$	$2\frac{3}{16}$ a	$1\frac{3}{8}$	$1\frac{3}{8}$	$1\frac{11}{32}$
$1\frac{1}{2}$	1.5000	$2\frac{1}{4}$	$2\frac{1}{4}$	$1\frac{5}{16}$	$1\frac{5}{16}$	$1\frac{9}{32}$	$2\frac{3}{8}$ a	$1\frac{1}{2}$	$1\frac{1}{2}$	$1\frac{15}{32}$
$1\frac{5}{8}$	1.6250	...	...	...	...	...	$2\frac{9}{16}$	...	...	$1\frac{19}{32}$
$1\frac{3}{4}$	1.7500	...	...	...	...	...	$2\frac{3}{4}$	...	$1\frac{3}{4}$	$1\frac{23}{32}$
$1\frac{7}{8}$	1.8750	...	...	...	...	...	$2\frac{15}{16}$	...	...	$1\frac{27}{32}$
2	2.0000	...	...	...	...	...	$3\frac{1}{8}$	...	2	$1\frac{31}{32}$
$2\frac{1}{4}$	2.2500	...	...	...	...	...	$3\frac{1}{2}$	...	$2\frac{1}{4}$	$2\frac{13}{64}$
$2\frac{1}{2}$	2.5000	...	...	...	...	...	$3\frac{7}{8}$	...	$2\frac{1}{2}$	$2\frac{29}{64}$
$2\frac{3}{4}$	2.7500	...	...	...	...	...	$4\frac{1}{4}$	...	$2\frac{3}{4}$	$2\frac{45}{64}$
3	3.0000	...	...	...	...	...	$4\frac{5}{8}$	...	3	$2\frac{61}{64}$
$3\frac{1}{4}$	3.2500	...	...	...	...	...	5	...	$3\frac{1}{4}$	$3\frac{3}{16}$
$3\frac{1}{2}$	3.5000	...	...	...	...	...	$5\frac{3}{8}$	...	$3\frac{1}{2}$	$3\frac{3}{16}$
$3\frac{3}{4}$	3.7500	...	...	...	...	...	$5\frac{3}{4}$	...	$3\frac{3}{4}$	$3\frac{11}{16}$
4	4.0000	...	...	...	...	...	$6\frac{1}{8}$	...	4	$3\frac{15}{16}$

a Características não-unificadas para porcas quadradas pesadas.

19 Parafusos com porca, porcas e parafusos de cabeça — quadrados e sextavados — norma americana e métrica (continuação)

PARAFUSOS COM PORCAS SEXTAVADAS MÉTRICAS, PARAFUSO DE CABEÇA SEXTAVADA MÉTRICA, PARAFUSO PARA ESTRUTURAS MÉTRICAS E PORCAS SEXTAVADAS MÉTRICAS

Dimensão nominal D, mm	Largura entre as faces paralelas W (máx)		Espessura T (máx)			
Diâmetro do corpo e passo da rosca	Parafusos[a] com porca, parafusos de cabeça[b] e porcas[c]	Parafusos[a] com porcas sextavadas e porcas[b] sextavadas pesadas e estruturais	Parafuso com porca (sem acabamento)	Parafuso de cabeça (com acabamento)	Porcas (com ou sem acabamento)	
					Estilo 1	Estilo 2
M5 × 0.8	8,0		3,88	3,65	4,7	5,1
M6 × 1	10,0		4,38	4,47	5,2	5,7
M8 × 1.25	13,0		5,68	5,50	6,8	7,5
M10 × 1.5	16,0		6,85	6,63	8,4	9,3
M12 × 1.75	18,0	21,0	7,95	7,76	10,8	12,0
M14 × 2	21,0	24,0	9,25	9,09	12,8	14,1
M16 × 2	24,0	27,0	10,75	10,32	14,8	16,4
M20 × 2.5	30,0	34,0	13,40	12,88	18,0	20,3
M24 × 3	36,0	41,0	15,90	15,44	21,5	23,9
M30 × 3.5	46,0	50,0	19,75	19,48	25,6	28,6
M36 × 4	55,0	60,0	23,55	23,38	31,0	34,7
M42 × 4.5	65,0		27,05	26,97	...	...
M48 × 5	75,0		31,07	31,07	...	...
M56 × 5.5	85,0		36,20	36,20	...	...
M64 × 6	95,0		41,32	41,32	...	...
M72 × 6	105,0		46,45	46,45	...	...
M80 × 6	115,0		51,58	51,58	...	...
M90 × 6	130,0		57,74	57,74	...	...
M100 × 6	145,0		63,90	63,90	...	...

PARAFUSOS COM PORCAS SEXTAVADAS (COM ACABAMENTO) E PORCAS SEXTAVADAS DE ALTA RESISTÊNCIA PARA ESTRUTURAS[c]

M16 × 2	27,0	...	10,75	...	...	17,1
M20 × 2.5	34,0	...	13,40	...	...	20,7
M22 × 2.5	36,0	...	14,9	...	...	23,6
M24 × 3	41,0	...	15,9	...	...	24,2
M27 × 3	46,0	...	17,9	...	...	27,6
M30 × 3.5	50,0	...	19,75	...	...	31,7
M36 × 4	60,0	...	23,55	...	...	36,6

[a] ANSI/ASME B18.2.3.5M–1979 (R1995), B18.2.3.6M–1979 (R1995), B18.2.3.7M–1979 (R1995).
[b] ANSI/ASME B18.2.3.1M–1979 (R1995).
[c] ANSI/ASME B18.2.4.1M–1979 (R1995), B18.2.4.2M–1979 (R1995).

20 Parafusos de cabeça, parafusos de cabeça com fenda[a] e parafusos de cabeça com encaixe[b] — Norma Americana e Métrica

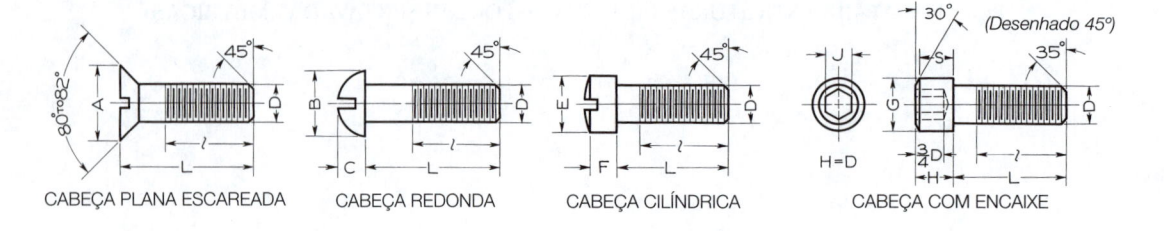

Dimensão nominal D	Cabeça plana escareada A	Cabeça redonda[a] B		Cabeça cilíndrica[a]		Cabeça com encaixe[b]		
		B	C	E	F	G	J	S
0 (.060)	...	...	...	...	...	.096	.05	.054
1 (.073)	...	...	...	...	...	.118	$\frac{1}{16}$	.066
2 (.086)	...	...	...	...	...	.140	$\frac{5}{64}$	.077
3 (.099)	...	...	...	...	...	.161	$\frac{5}{64}$	.089
4 (.112)	...	...	...	...	...	.183	$\frac{3}{32}$	.101
5 (.125)	...	...	...	...	...	.205	$\frac{3}{32}$	.112
6 (.138)	...	...	...	...	...	.226	$\frac{7}{64}$	.124
8 (.164)	...	...	...	...	...	.270	$\frac{9}{64}$	.148
10 (.190)	...	...	...	...	...	.312	$\frac{5}{32}$	.171
$\frac{1}{4}$	.500	.437	.191	.375	.172	.375	$\frac{3}{16}$	.225
$\frac{5}{16}$	.625	.562	.245	.437	.203	.469	$\frac{1}{4}$	.281
$\frac{3}{8}$	.750	.675	.273	.562	.250	.562	$\frac{5}{16}$	.337
$\frac{7}{16}$	.812	.750	.328	.625	.297	.656	$\frac{3}{8}$	.394
$\frac{1}{2}$	.875	.812	.354	.750	.328	.750	$\frac{3}{8}$	.450
$\frac{9}{16}$	1.000	.937	.409	.812	.375	...	...	...
$\frac{5}{8}$	1.125	1.000	.437	.875	.422	.938	$\frac{1}{2}$	.562
$\frac{3}{4}$	1.375	1.250	.546	1.000	.500	1.125	$\frac{5}{8}$	.675
$\frac{7}{8}$	1.625	...	...	1.125	.594	1.312	$\frac{3}{4}$	.787
1	1.875	...	...	1.312	.656	1.500	$\frac{3}{4}$	.900
$1\frac{1}{8}$	2.062	...	...	...	...	1.688	$\frac{7}{8}$	1.012
$1\frac{1}{4}$	2.312	...	...	...	...	1.875	$\frac{7}{8}$	1.125
$1\frac{3}{8}$	2.562	...	...	...	...	2.062	1	1.237
$1\frac{1}{2}$	2.812	...	...	...	...	2.250	1	1.350

[a] ANSI/ASME B18.6.2–1995.
[b] ANSI/ASME B18.3–1986 (R1995). Para parafusos com cabeças sextavadas, veja o Apêndice 20.

20 Parafusos de cabeça, parafusos de cabeça com fenda[a] e parafusos de cabeça com encaixe[b] — norma americana e métrica (continuação)

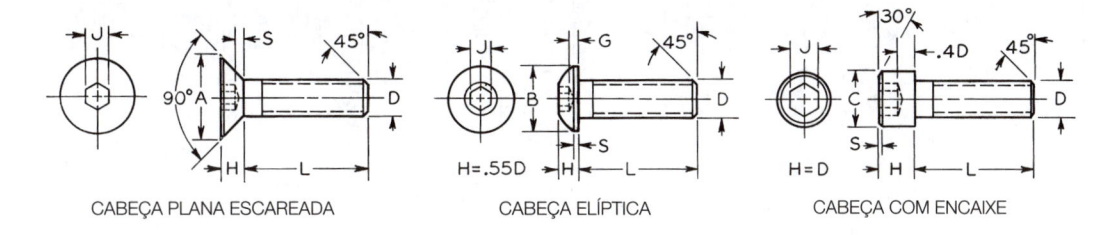

CABEÇA PLANA ESCAREADA CABEÇA ELÍPTICA CABEÇA COM ENCAIXE

Parafusos métricos de cabeça com encaixe									
Dimensão nominal D	Cabeça plana escareada[a]			Cabeça elíptica[a]			Cabeça com encaixe[b]		Medida do encaixe sextavado
	A (máx)	H	S	B	S	G	C	S	J
M1.6 × 0.35	...	...	...	...	...	...	3,0	0,16	1,5
M2 × 0.4	...	...	...	...	...	...	3,8	0,2	1,5
M2.5 × 0.45	...	...	...	...	...	...	4,5	0,25	2,0
M3 × 0.5	6,72	1,86	0,25	5,70	0,38	0,2	5,5	0,3	2,5
M4 × 0.7	8,96	2,48	0,45	7,6	0,38	0,3	7,0	0,4	3,0
M5 × 0.8	11,2	3,1	0,66	9,5	0,5	0,38	8,5	0,5	4,0
M6 × 1	13,44	3,72	0,7	10,5	0,8	0,74	10,0	0,6	5,0
M8 × 1.25	17,92	4,96	1,16	14,0	0,8	1,05	13,0	0,8	6,0
M10 × 1.5	22,4	6,2	1,62	17,5	0,8	1,45	16,0	1,0	8,0
M12 × 1.75	26,88	7,44	1,8	21,0	0,8	1,63	18,0	1,2	10,0
M14 × 2	30,24	8,12	2,0	...	...	...	21,0	1,4	12,0
M16 × 2	33,6	8,8	2,2	28,0	1,5	2,25	24,0	1,6	14,0
M20 × 2.5	40,32	10,16	2,2	...	...	...	30,0	2,0	17,0
M24 × 3	...	...	...	...	...	...	36,0	2,4	19,0
M30 × 3.5	...	...	...	...	...	...	45,0	3,0	22,0
M36 × 4	...	...	...	...	...	...	54,0	3,6	27,0
M42 × 4.5	...	...	...	...	...	...	63,0	4,2	32,0
M48 × 5	...	...	...	...	...	...	72,0	4,8	36,0

[a] ANSI/ASME B18.3.4M–1986 (R1993).
[b] ANSI/ASME B18.3.1M–1986 (R1993).

21 Parafusos de máquina — norma americana e métrica

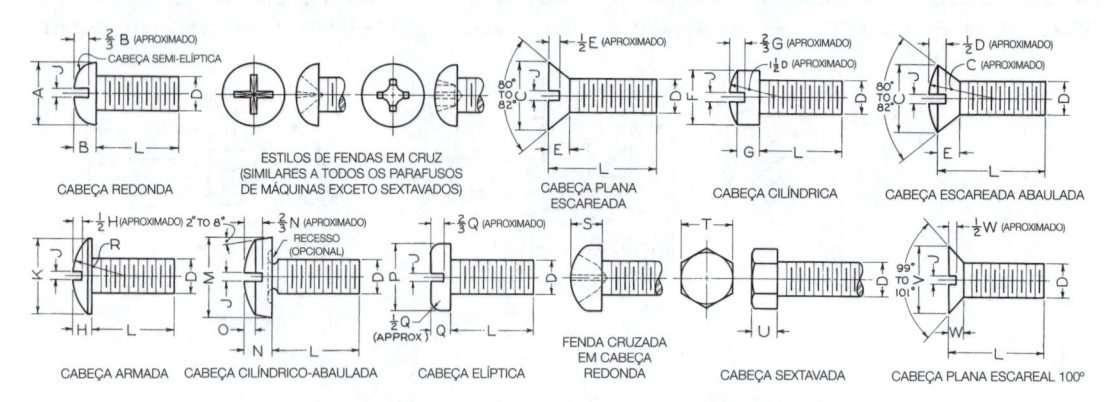

PARAFUSOS[a] DE MÁQUINA NA NORMA AMERICANA

Comprimento de rosca: em parafusos de 2" de comprimento e menor, a rosca se estende até dentro de dois filetes da cabeça, e mais próximo se praticável; os parafusos mais compridos possuem comprimento mínimo de $1\frac{3}{4}"$.

Pontas: os parafusos de máquinas são regularmente feitos com pontas chatas e planas, sem chanfro.

Roscas: séries de roscas grossas e finas, ajuste Classe 2.

Cabeça com fenda: dois estilos de fendas cruzadas estão disponíveis em todos os parafusos, exceto os de cabeça sextavada.

Dimensão nominal	Diâmetro máximo D	Cabeça redonda		Cabeça plana e oval		Cabeça cilíndrica		Cabeça armada			Largura da fenda
		A	B	C	E	F	G	K	H	R	J
0	0.060	0.113	0.053	0.119	0.035	0.096	0.045	0.131	0.037	0.087	0.023
1	0.073	0.138	0.061	0.146	0.043	0.118	0.053	0.164	0.045	0.107	0.026
2	0.086	0.162	0.069	0.172	0.051	0.140	0.062	0.194	0.053	0.129	0.031
3	0.099	0.187	0.078	0.199	0.059	0.161	0.070	0.226	0.061	0.151	0.035
4	0.112	0.211	0.086	0.225	0.067	0.183	0.079	0.257	0.069	0.169	0.039
5	0.125	0.236	0.095	0.252	0.075	0.205	0.088	0.289	0.078	0.191	0.043
6	0.138	0.260	0.103	0.279	0.083	0.226	0.096	0.321	0.086	0.211	0.048
8	0.164	0.309	0.120	0.332	0.100	0.270	0.113	0.384	0.102	0.254	0.054
10	0.190	0.359	0.137	0.385	0.116	0.313	0.130	0.448	0.118	0.283	0.060
12	0.216	0.408	0.153	0.438	0.132	0.357	0.148	0.511	0.134	0.336	0.067
$\frac{1}{4}$	0.250	0.472	0.175	0.507	0.153	0.414	0.170	0.573	0.150	0.375	0.075
$\frac{5}{16}$	0.3125	0.590	0.216	0.635	0.191	0.518	0.211	0.698	0.183	0.457	0.084
$\frac{3}{8}$	0.375	0.708	0.256	0.762	0.230	0.622	0.253	0.823	0.215	0.538	0.094
$\frac{7}{16}$	0.4375	0.750	0.328	0.812	0.223	0.625	0.265	0.948	0.248	0.619	0.094
$\frac{1}{2}$	0.500	0.813	0.355	0.875	0.223	0.750	0.297	1.073	0.280	0.701	0.106
$\frac{9}{16}$	0.5625	0.938	0.410	1.000	0.260	0.812	0.336	1.198	0.312	0.783	0.118
$\frac{5}{8}$	0.625	1.000	0.438	1.125	0.298	0.875	0.375	1.323	0.345	0.863	0.133
$\frac{3}{4}$	0.750	1.250	0.547	1.375	0.372	1.000	0.441	1.573	0.410	1.024	0.149

Dimensão nominal	Diâmetro máximo D	Cabeça cilíndrico-abaulado			Cabeça elíptica			Cabeça sextavada		Cabeça plana escareada 100°		Largura da fenda
		M	N	O	P	Q	S	T	U	V	W	J
2	0.086	0.181	0.050	0.018	0.167	0.053	0.062	0.125	0.050	...	...	0.031
3	0.099	0.208	0.059	0.022	0.193	0.060	0.071	0.187	0.055	...	...	0.035
4	0.112	0.235	0.068	0.025	0.219	0.068	0.080	0.187	0.060	0.225	0.049	0.039
5	0.125	0.263	0.078	0.029	0.245	0.075	0.089	0.187	0.070	...	...	0.043
6	0.138	0.290	0.087	0.032	0.270	0.082	0.097	0.250	0.080	0.279	0.060	0.048
8	0.164	0.344	0.105	0.039	0.322	0.096	0.115	0.250	0.110	0.332	0.072	0.054
10	0.190	0.399	0.123	0.045	0.373	0.110	0.133	0.312	0.120	0.385	0.083	0.060
12	0.216	0.454	0.141	0.052	0.425	0.125	0.151	0.312	0.155	...	...	0.067
$\frac{1}{4}$	0.250	0.513	0.165	0.061	0.492	0.144	0.175	0.375	0.190	0.507	0.110	0.075
$\frac{5}{16}$	0.3125	0.641	0.209	0.077	0.615	0.178	0.218	0.500	0.230	0.635	0.138	0.084
$\frac{3}{8}$	0.375	0.769	0.253	0.094	0.740	0.212	0.261	0.562	0.295	0.762	0.165	0.094
$\frac{7}{16}$	.4375	...	...	...	.865	.247	.305	...	...	...	...	.094
$\frac{1}{2}$	.500	...	...	...	.987	.281	.348	...	...	...	...	.106
$\frac{9}{16}$	.5625	...	...	...	1.041	.315	.391	...	...	...	...	.118
$\frac{5}{8}$	.625	...	...	...	1.172	.350	.434	...	...	...	...	.133
$\frac{3}{4}$	.750	...	...	...	1.435	.419	.521	...	...	...	...	.149

21 Parafusos de máquina — norma americana e métrica (continuação)

PARAFUSOS MÉTRICOS DE MÁQUINAS

Comprimento de rosca: em parafusos de 36 mm de comprimento ou menor, as roscas se estendem até um filete da cabeça; em parafusos mais compridos, a rosca se estende até dentro de dois filetes da cabeça.
Pontas: os parafusos de máquinas são regularmente feitos com pontas chatas e planas, sem chanfro.
Roscas: são dadas roscas de séries grossas (uso geral).
Cabeça com fenda: dois estilos de fendas cruzadas estão disponíveis em todos os parafusos, exceto os de cabeça sextavada.

Dimensão nominal e passo da rosca	Diâmetro máximos, mm	Cabeça plana e oval		Cabeça elíptica			Cabeça sextavada		Largura da fenda
		C	E	P	Q	S	T	U	J
M2 × M	2,0	3,5	1,2	4,0	1,3	1,6	3,2	1,6	0,7
M2.5 × 0.45	2,5	4,4	1,5	5,0	1,5	2,1	4,0	2,1	0,8
M3 × 0.5	3,0	5,2	1,7	5,6	1,8	2,4	5,0	2,3	1,0
M3.5 × 0.6	3,5	6,9	2,3	7,0	2,1	2,6	5,5	2,6	1,2
M4 × 0.7	4,0	8,0	2,7	8,0	2,4	3,1	7,0	3,0	1,5
M5 × 0.8	5,0	8,9	2,7	9,5	3,0	3,7	8,0	3,8	1,5
M6 × 1	6,0	10,9	3,3	12,0	3,6	4,6	10,0	4,7	1,9
M8 × 1.25	8,0	15,14	4,6	16,0	4,8	6,0	13,0	6,0	2,3
M10 × 1.5	10,0	17,8	5,0	20,0	6,0	7,5	15,0	7,5	2,8
M12 × 1.75	12,0	...	...	...	...	...	18,0	9,0	...

Dimensão nominal	Comprimento dos parafusos métricos de máquina – L																		
	2.5	3	4	5	6	8	10	13	16	20	25	30	35	40	45	50	55	60	65	70	80	90
M2 × 0.4	PH	A	A	A	A	A	A	A	A													
M2.5 × 0.45		PH	A	A	A	A	A	A	A	A												
M3 × 0.5			PH	A	A	A	A	A	A	A	A											
M3.5 × 0.6				PH	A	A	A	A	A	A	A	A										
M4 × 0.7				PH	A	A	A	A	A	A	A	A	A									
M5 × 0.8					PH	A	A	A	A	A	A	A	A	A	A							
M6 × 1						A	A	A	A	A	A	A	A	A	A	A	A					
M8 × 1.25						A	A	A	A	A	A	A	A	A	A	A	A	A	A			
M10 × 1.5							A	A	A	A	A	A	A	A	A	A	A	A	A	A		
M12 × 1.75								A	A	A	A	A	A	A	A	A	A	A	A	A	A	

Comprimento mínimo de rosca — 28 mm
Comprimento mínimo de rosca — 38 mm

[a]PH = Comprimentos recomendados somente para parafusos métricos de cabeça elíptica e sextavada.
A = Comprimentos recomendados para parafusos métricos de todos os estilos de cabeça.

22 Chavetas — quadradas, chatas, inclinadas[a] e com cabeça em cunha

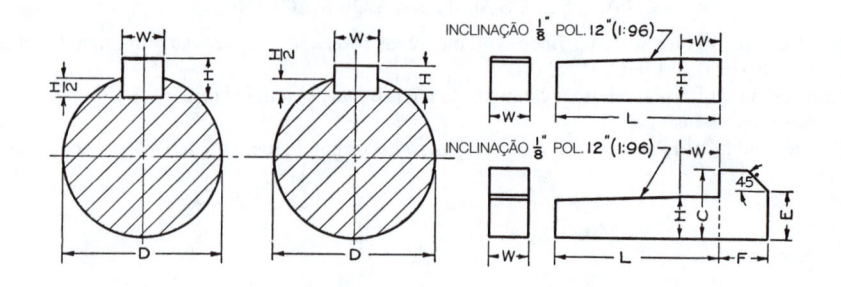

Diâmetro do eixo	Chaveta quadrada	Chaveta chata	Chaveta inclinada com cabeça em cunha					
			Quadrada			Chata		
			Altura	Compri-mento	Altura até chanfro	Altura	Compri-mento	Altura até chanfro
D	W = H	W × H	C	F	E	C	F	E
$\frac{1}{2}$ para $\frac{9}{16}$	$\frac{1}{8}$	$\frac{1}{8} \times \frac{3}{32}$	$\frac{1}{4}$	$\frac{7}{32}$	$\frac{5}{32}$	$\frac{3}{16}$	$\frac{1}{8}$	$\frac{1}{8}$
$\frac{5}{8}$ para $\frac{7}{8}$	$\frac{3}{16}$	$\frac{3}{16} \times \frac{1}{8}$	$\frac{5}{16}$	$\frac{9}{32}$	$\frac{7}{32}$	$\frac{1}{4}$	$\frac{3}{16}$	$\frac{5}{32}$
$\frac{15}{16}$ para $1\frac{1}{4}$	$\frac{1}{4}$	$\frac{1}{4} \times \frac{3}{16}$	$\frac{7}{16}$	$\frac{11}{32}$	$\frac{11}{32}$	$\frac{5}{16}$	$\frac{1}{4}$	$\frac{3}{16}$
$1\frac{5}{16}$ para $1\frac{3}{8}$	$\frac{5}{16}$	$\frac{5}{16} \times \frac{1}{4}$	$\frac{9}{16}$	$\frac{13}{32}$	$\frac{13}{32}$	$\frac{3}{8}$	$\frac{5}{16}$	$\frac{1}{4}$
$1\frac{7}{16}$ para $1\frac{3}{4}$	$\frac{3}{8}$	$\frac{3}{8} \times \frac{1}{4}$	$\frac{11}{16}$	$\frac{15}{32}$	$\frac{15}{32}$	$\frac{7}{16}$	$\frac{3}{8}$	$\frac{5}{16}$
$1\frac{13}{16}$ para $2\frac{1}{4}$	$\frac{1}{2}$	$\frac{1}{2} \times \frac{3}{8}$	$\frac{7}{8}$	$\frac{19}{32}$	$\frac{5}{8}$	$\frac{5}{8}$	$\frac{1}{2}$	$\frac{7}{16}$
$2\frac{5}{16}$ para $2\frac{3}{4}$	$\frac{5}{8}$	$\frac{5}{8} \times \frac{7}{16}$	$1\frac{1}{16}$	$\frac{23}{32}$	$\frac{3}{4}$	$\frac{3}{4}$	$\frac{5}{8}$	$\frac{1}{2}$
$2\frac{7}{8}$ para $3\frac{1}{4}$	$\frac{3}{4}$	$\frac{3}{4} \times \frac{1}{2}$	$1\frac{1}{4}$	$\frac{7}{8}$	$\frac{7}{8}$	$\frac{7}{8}$	$\frac{3}{4}$	$\frac{5}{8}$
$3\frac{3}{8}$ para $3\frac{3}{4}$	$\frac{7}{8}$	$\frac{7}{8} \times \frac{5}{8}$	$1\frac{1}{2}$	1	1	$1\frac{1}{16}$	$\frac{7}{8}$	$\frac{3}{4}$
$3\frac{7}{8}$ para $4\frac{1}{2}$	1	$1 \times \frac{3}{4}$	$1\frac{3}{4}$	$1\frac{3}{16}$	$1\frac{3}{16}$	$1\frac{1}{4}$	1	$\frac{13}{16}$
$4\frac{3}{4}$ para $5\frac{1}{2}$	$1\frac{1}{4}$	$1\frac{1}{4} \times \frac{7}{8}$	2	$1\frac{7}{16}$	$1\frac{7}{16}$	$1\frac{1}{2}$	$1\frac{1}{4}$	1
$5\frac{3}{4}$ para 6	$1\frac{1}{2}$	$1\frac{1}{2} \times 1$	$2\frac{1}{2}$	$1\frac{3}{4}$	$1\frac{3}{4}$	$1\frac{3}{4}$	$1\frac{1}{2}$	1

[a] As chavetas quadrada e chata inclinadas possuem as mesmas dimensões das chavetas sem inclinação, com a adição de inclinação na parte superior. As chavetas com cabeça em cunha quadrada e chata possuem as mesmas medidas das chavetas inclinadas, com a adição de cabeça com forma de cunha.

Comprimentos de chavetas inclinadas e chavetas com cabeça em cunha disponíveis: o comprimento mínimo é igual a 4W, e o máximo, a 16W. O incremento é de 2W.

23 Roscas de parafuso[a] quadradas Acme

Medida	Filetes por polegadas	Medida	Filetes por polegadas	Medida	Filetes por polegadas	Medida	Filetes por polegadas
$\frac{3}{8}$	12	$\frac{7}{8}$	5	2	$2\frac{1}{2}$	$3\frac{1}{2}$	$1\frac{1}{3}$
$\frac{7}{16}$	10	1	5	$2\frac{1}{4}$	2	$3\frac{3}{4}$	$1\frac{1}{3}$
$\frac{1}{2}$	10	$1\frac{1}{8}$	4	$2\frac{1}{2}$	2	4	$1\frac{1}{3}$
$\frac{9}{16}$	8	$1\frac{1}{4}$	4	$2\frac{3}{4}$	2	$4\frac{1}{4}$	$1\frac{1}{3}$
$\frac{5}{8}$	8	$1\frac{1}{2}$	3	3	$1\frac{1}{2}$	$4\frac{1}{2}$	1
$\frac{3}{4}$	6	$1\frac{3}{4}$	$2\frac{1}{2}$	$3\frac{1}{4}$	$1\frac{1}{2}$	acima de $4\frac{1}{2}$	1

[a] Veja o Apêndice 19 para obter informações sobre roscas Acme de uso geral.

24 Chavetas Woodruff[a] — norma americana

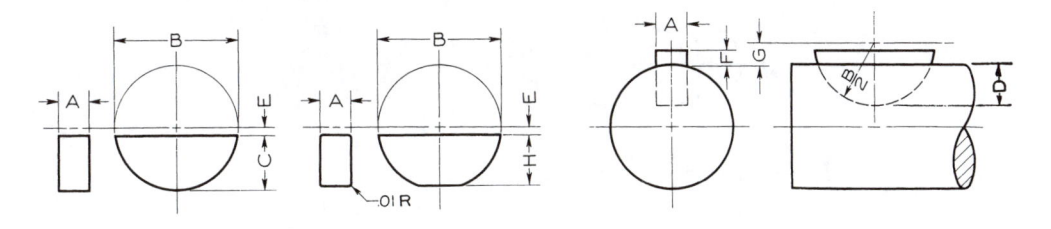

Chaveta N° [b]	Dimensões nominais				Dimensões máximas			Chaveta N° [b]	Dimensões nominais				Dimensões máximas		
	A × B	E	F	G	H	D	C		A × B	E	F	G	H	D	C
204	$\frac{1}{16} \times \frac{1}{2}$	$\frac{3}{64}$	$\frac{1}{32}$	$\frac{5}{64}$	.194	.1718	.203	808	$\frac{1}{4} \times 1$	$\frac{1}{16}$	$\frac{1}{2}$	$\frac{3}{16}$	.428	.3130	.438
304	$\frac{3}{32} \times \frac{1}{2}$	$\frac{3}{64}$	$\frac{3}{64}$	$\frac{3}{32}$	.194	.1561	.203	809	$\frac{1}{4} \times 1\frac{3}{8}$	$\frac{5}{64}$	$\frac{1}{2}$	$\frac{13}{64}$	.475	.3590	.484
305	$\frac{3}{32} \times \frac{5}{8}$	$\frac{1}{16}$	$\frac{3}{64}$	$\frac{7}{64}$	.240	.2031	.250	810	$\frac{1}{4} \times 1\frac{1}{4}$	$\frac{5}{64}$	$\frac{1}{2}$	$\frac{3}{16}$	.537	.4220	.547
404	$\frac{1}{8} \times \frac{5}{8}$	$\frac{3}{64}$	$\frac{1}{16}$	$\frac{7}{64}$	.194	.1405	.203	811	$\frac{7}{4} \times 1\frac{3}{8}$	$\frac{3}{32}$	$\frac{1}{2}$	$\frac{7}{32}$	.584	.4690	.594
405	$\frac{1}{8} \times \frac{3}{4}$	$\frac{1}{16}$	$\frac{1}{16}$	$\frac{1}{8}$	.240	.1875	.250	812	$\frac{1}{4} \times 1\frac{1}{2}$	$\frac{7}{64}$	$\frac{1}{2}$	$\frac{5}{64}$	.631	.5160	.641
406	$\frac{5}{32} \times \frac{5}{8}$	$\frac{1}{16}$	$\frac{1}{16}$	$\frac{1}{8}$	.303	.2505	.313	1008	$\frac{5}{16} \times 1$	$\frac{1}{16}$	$\frac{5}{32}$	$\frac{7}{32}$	.428	.2818	.438
505	$\frac{5}{32} \times \frac{3}{4}$	$\frac{1}{16}$	$\frac{5}{64}$	$\frac{9}{64}$	.240	.1719	.250	1009	$\frac{5}{16} \times 1\frac{3}{8}$	$\frac{5}{64}$	$\frac{5}{32}$	$\frac{15}{64}$	.475	.3278	.484
506	$\frac{5}{32} \times \frac{7}{8}$	$\frac{1}{16}$	$\frac{5}{64}$	$\frac{9}{64}$	.303	.2349	.313	1010	$\frac{5}{16} \times 1\frac{1}{4}$	$\frac{5}{64}$	$\frac{5}{32}$	$\frac{15}{64}$	.537	.3908	.547
507	$\frac{3}{16} \times \frac{3}{4}$	$\frac{1}{16}$	$\frac{5}{64}$	$\frac{9}{64}$	.365	.2969	.375	1011	$\frac{5}{16} \times 1\frac{3}{8}$	$\frac{3}{32}$	$\frac{5}{32}$	$\frac{8}{32}$	.584	.4378	.594
606	$\frac{3}{16} \times \frac{7}{8}$	$\frac{1}{16}$	$\frac{3}{32}$	$\frac{5}{32}$	.303	.2193	.313	1012	$\frac{5}{16} \times 1\frac{1}{2}$	$\frac{7}{64}$	$\frac{5}{32}$	$\frac{17}{64}$	.631	.4848	.641
607	$\frac{3}{16} \times \frac{7}{8}$	$\frac{1}{16}$	$\frac{3}{32}$	$\frac{5}{32}$	.365	.2813	.375	1210	$\frac{3}{8} \times 1\frac{1}{4}$	$\frac{5}{64}$	$\frac{3}{16}$	$\frac{17}{64}$	.537	.3595	.547
608	$\frac{3}{16} \times 1$	$\frac{1}{16}$	$\frac{3}{32}$	$\frac{5}{32}$	.428	.3443	.438	1211	$\frac{3}{8} \times 1\frac{3}{8}$	$\frac{3}{32}$	$\frac{3}{16}$	$\frac{9}{32}$	.584	.4065	.594
609	$\frac{3}{16} \times 1\frac{1}{8}$	$\frac{5}{64}$	$\frac{3}{32}$	$\frac{11}{64}$	.475	.3903	.484	1212	$\frac{3}{8} \times 1\frac{1}{2}$	$\frac{7}{64}$	$\frac{3}{16}$	$\frac{19}{64}$	.631	.4535	.641
807	$\frac{1}{4} \times \frac{7}{8}$	$\frac{1}{16}$	$\frac{1}{8}$	$\frac{3}{16}$	.365	.2500	.375	...	....	...	...	...	...	...	...

[a] ANSI B17.2–1967 (R1990).
[b] Os números das chavetas indicam suas dimensões nominais. Os dois últimos dígitos fornecem o diâmetro nominal B em 8 avos de uma polegada, e o dígito antes do dois fornece a largura nominal A em um trinta e dois avos de uma polegada.

25 Dimensões Woodruff para diâmetros de eixos diferentes[a]

Diâmetro do eixo	$\frac{5}{16}$ a $\frac{3}{8}$	$\frac{7}{16}$ a $\frac{1}{2}$	$\frac{9}{16}$ a $\frac{3}{4}$	$\frac{13}{16}$ a $\frac{15}{16}$	1 a $1\frac{3}{16}$	$1\frac{1}{4}$ a $1\frac{7}{16}$	$1\frac{1}{2}$ a $1\frac{3}{4}$	$1\frac{13}{16}$ a $2\frac{1}{8}$	$2\frac{3}{16}$ a $2\frac{1}{2}$
Números de chaveta	204	304 305	404 405 406	505 506 507	606 607 608 609	807 808 809	810 811 812	1011 1012	1211 1212

[a] Tamanhos sugeridos; não-padronizados.

26 Chavetas Pratt & Whitney de extremidades arredondadas

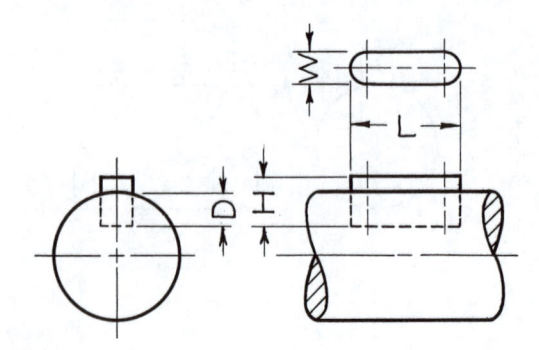

CHAVETAS FEITAS COM EXTREMIDADES REDONDAS E RASGOS DE CHAVETAS ABERTAS EM PRESAS PARA RANHURA

O comprimento máximo da fenda é 4"+W. Observe que a chaveta é colocada com $\frac{2}{3}$ de sua altura dentro do eixo em todos os casos.

Nº de chaveta	L[a]	W ou D	H	Nº de chaveta	L[a]	W ou D	H
1	$\frac{1}{2}$	$\frac{1}{16}$	$\frac{3}{32}$	22	$1\frac{3}{8}$	$\frac{1}{4}$	$\frac{3}{8}$
2	$\frac{1}{2}$	$\frac{3}{32}$	$\frac{9}{64}$	23	$1\frac{1}{38}$	$\frac{5}{16}$	$\frac{15}{32}$
3	$\frac{1}{2}$	$\frac{1}{8}$	$\frac{3}{16}$	F	$1\frac{3}{8}$	$\frac{3}{8}$	$\frac{9}{16}$
4	$\frac{5}{8}$	$\frac{3}{32}$	$\frac{9}{64}$	24	$1\frac{1}{2}$	$\frac{1}{4}$	$\frac{3}{8}$
5	$\frac{5}{8}$	$\frac{1}{8}$	$\frac{3}{16}$	25	$1\frac{1}{2}$	$\frac{5}{16}$	$\frac{15}{32}$
6	$\frac{5}{8}$	$\frac{5}{32}$	$\frac{15}{64}$	G	$1\frac{1}{2}$	$\frac{3}{8}$	$\frac{9}{16}$
7	$\frac{3}{4}$	$\frac{1}{8}$	$\frac{3}{16}$	51	$1\frac{3}{4}$	$\frac{1}{4}$	$\frac{3}{8}$
8	$\frac{3}{4}$	$\frac{5}{32}$	$\frac{15}{64}$	52	$1\frac{3}{4}$	$\frac{5}{16}$	$\frac{15}{32}$
9	$\frac{3}{4}$	$\frac{3}{16}$	$\frac{9}{32}$	53	$1\frac{3}{4}$	$\frac{3}{8}$	$\frac{9}{16}$
10	$\frac{7}{8}$	$\frac{5}{32}$	$\frac{15}{64}$	26	2	$\frac{3}{16}$	$\frac{9}{32}$
11	$\frac{7}{8}$	$\frac{3}{16}$	$\frac{9}{32}$	27	2	$\frac{1}{4}$	$\frac{3}{8}$
12	$\frac{7}{8}$	$\frac{7}{32}$	$\frac{21}{64}$	28	2	$\frac{5}{16}$	$\frac{15}{32}$
A	$\frac{7}{8}$	$\frac{1}{4}$	$\frac{3}{8}$	29	2	$\frac{3}{8}$	$\frac{9}{16}$
13	1	$\frac{3}{16}$	$\frac{9}{32}$	54	$2\frac{1}{4}$	$\frac{1}{4}$	$\frac{3}{8}$
14	1	$\frac{7}{32}$	$\frac{21}{64}$	55	$2\frac{1}{4}$	$\frac{5}{16}$	$\frac{15}{32}$
15	1	$\frac{1}{4}$	$\frac{3}{8}$	56	$2\frac{1}{4}$	$\frac{3}{8}$	$\frac{9}{16}$
B	1	$\frac{5}{16}$	$\frac{15}{32}$	57	$2\frac{1}{4}$	$\frac{7}{16}$	$\frac{21}{32}$
16	$1\frac{1}{8}$	$\frac{3}{16}$	$\frac{9}{32}$	58	$2\frac{1}{2}$	$\frac{5}{16}$	$\frac{15}{32}$
17	$1\frac{1}{8}$	$\frac{7}{32}$	$\frac{21}{64}$	59	$2\frac{1}{2}$	$\frac{3}{8}$	$\frac{9}{16}$
18	$1\frac{1}{8}$	$\frac{1}{4}$	$\frac{3}{8}$	60	$2\frac{1}{2}$	$\frac{7}{16}$	$\frac{21}{32}$
C	$1\frac{1}{8}$	$\frac{5}{16}$	$\frac{15}{32}$	61	$2\frac{1}{2}$	$\frac{1}{2}$	$\frac{3}{4}$
19	$1\frac{1}{8}$	$\frac{3}{16}$	$\frac{9}{32}$	30	3	$\frac{3}{8}$	$\frac{9}{16}$
20	$1\frac{1}{4}$	$\frac{7}{32}$	$\frac{21}{64}$	31	3	$\frac{7}{16}$	$\frac{21}{32}$
21	$1\frac{1}{4}$	$\frac{1}{4}$	$\frac{3}{8}$	32	3	$\frac{1}{2}$	$\frac{3}{4}$
D	$1\frac{1}{4}$	$\frac{5}{16}$	$\frac{15}{32}$	33	3	$\frac{9}{16}$	$\frac{27}{32}$
E	$1\frac{1}{4}$	$\frac{3}{8}$	$\frac{9}{16}$	34	3	$\frac{5}{8}$	$\frac{15}{16}$

[a] O comprimento L pode variar da tabela, mas é igual a, no mínimo, 2W.

27 ARRUELAS[a] PLANAS — NORMA AMERICANA

Para listas de peças, etc, forneça o diâmetro interno, diâmetro externo e a espessura; por exemplo, ARRUELA PLANA .344 × .688 × .065 TIPO A.

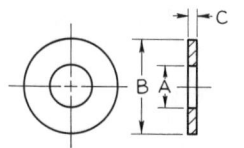

DIMENSÕES PREFERENCIAIS DE ARRUELAS PLANAS TIPO A[b]

Dimensão nominal[c] da arruela			Diâmetro interno A	Diâmetro externo B	Espessura nominal C
...	...		0.078	0.188	0.020
...	...		0.094	0.250	0.020
...	...		0.125	0.312	0.032
Nº 6	0.138		0.156	0.375	0.049
Nº 8	0.164		0.188	0.438	0.049
Nº 10	0.190		0.219	0.500	0.049
$\frac{3}{16}$	0.188		0.250	0.562	0.049
Nº 12	0.216		0.250	0.562	0.065
$\frac{1}{4}$	0.250	N	0.281	0.625	0.065
$\frac{1}{4}$	0.250	W	0.312	0.734	0.065
$\frac{5}{16}$	0.312	N	0.344	0.688	0.065
$\frac{5}{16}$	0.312	W	0.375	0.875	0.083
$\frac{3}{8}$	0.375	N	0.406	0.812	0.065
$\frac{3}{8}$	0.375	W	0.438	1.000	0.083
$\frac{7}{16}$	0.438	N	0.469	0.922	0.065
$\frac{7}{16}$	0.438	W	0.500	1.250	0.083
$\frac{1}{2}$	0.500	N	0.531	1.062	0.095
$\frac{1}{2}$	0.500	W	0.562	1.375	0.109
$\frac{9}{16}$	0.562	N	0.594	1.156	0.095
$\frac{9}{16}$	0.562	W	0.625	1.469	0.109
$\frac{5}{8}$	0.625	N	0.656	1.312	0.095
$\frac{5}{8}$	0.625	W	0.688	1.750	0.134
$\frac{3}{4}$	0.750	N	0.812	1.469	0.134
$\frac{3}{4}$	0.750	W	0.812	2.000	0.148
$\frac{7}{8}$	0.875	N	0.938	1.750	0.134
$\frac{7}{8}$	0.875	W	0.938	2.250	0.165
1	1.000	N	1.062	2.000	0.134
1	1.000	W	1.062	2.500	0.165
$1\frac{1}{8}$	1.125	N	1.250	2.250	0.134
$1\frac{1}{8}$	1.125	W	1.250	2.750	0.165
$1\frac{1}{4}$	1.250	N	1.375	2.500	0.165
$1\frac{1}{4}$	1.250	W	1.375	3.000	0.165
$1\frac{3}{8}$	1.375	N	1.500	2.750	0.165
$1\frac{3}{8}$	1.375	W	1.500	3.250	0.180
$1\frac{1}{2}$	1.500	N	1.625	3.000	0.165
$1\frac{1}{2}$	1.500	W	1.625	3.500	0.180
$1\frac{5}{8}$	1.625		1.750	3.750	0.180
$1\frac{3}{4}$	1.750		1.875	4.000	0.180
$1\frac{7}{8}$	1.875		2.000	4.250	0.180
2	2.000		2.125	4.500	0.180
$2\frac{1}{4}$	2.250		2.375	4.750	0.220
$2\frac{1}{2}$	2.500		2.625	5.000	0.238
$2\frac{3}{4}$	2.750		2.875	5.250	0.259
3	3000		3.125	5.500	0.284

[a] Retirado de ANSI B18.22.1–1965 (R1981). Para obter a listagem completa, consulte a norma.
[b] As dimensões preferenciais representam a maior parte das séries anteriormente especificadas "Standard Plate" e "SAE". Onde existirem dimensões comuns nas duas séries, a dimensão "SAE" é especificada como N (*narrow* – estreito) e o "Standard Plate" W (*wide* – largo).
[c] As dimensões nominais de arruelas destinam-se ao uso com parafusos de dimensões nominais comparáveis.

28 ARRUELAS[a] DE MOLA — NORMA AMERICANA

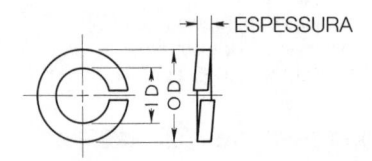

Para obter a lista de peças, etc., forneça dimensão nominal e séries; por exemplo, ARRUELA DE MOLA $\frac{1}{4}$ REGULAR

SÉRIES PREFERENCIAIS

Dimensão nominal da arruela[b]	Diâmetro interno Mín.	Regular		Serviço extra		Flange alto	
		Diâmetro externo Máx.	Espessura Mín.	Diâmetro externo Máx.	Espessura Mín.	Diâmetro externo Máx.	Espessura Mín.
N° 2	0.086	0.088	0.172	0.020	0.208	0.027	...	...
N° 3	0.099	0.101	0.195	0.025	0.239	0.034	...	...
N° 4	0.112	0.115	0.209	0.025	0.253	0.034	0.173	0.022
N° 5	0.125	0.128	0.236	0.031	0.300	0.045	0.202	0.030
N° 6	0.138	0.141	0.250	0.031	0.314	0.045	0.216	0.030
N° 8	0.164	0.168	0.293	0.040	0.375	0.057	0.267	0.047
N° 10	0.190	0.194	0.334	0.047	0.434	0.068	0.294	0.047
N° 12	0.216	0.221	0.377	0.056	0.497	0.080	...	...
$\frac{1}{4}$	0.250	0.255	0.489	0.062	0.535	0.084	0.365	0.078
$\frac{5}{16}$	0.312	0.318	0.586	0.078	0.622	0.108	0.460	0.093
$\frac{3}{8}$	0.375	0.382	0.683	0.094	0.741	0.123	0.553	0.125
$\frac{7}{16}$	0.438	0.446	0.779	0.109	0.839	0.143	0.647	0.140
$\frac{1}{2}$	0.500	0.509	0.873	0.125	0.939	0.162	0.737	0.172
$\frac{9}{16}$	0.562	0.572	0.971	0.141	1.041	0.182	...	...
$\frac{5}{8}$	0.625	0.636	1.079	0.156	1.157	0.202	0.923	0.203
$\frac{11}{16}$	0.688	0.700	1.176	0.172	1.258	0.221	...	...
$\frac{3}{4}$	0.750	0.763	1.271	0.188	1.361	0.241	1.111	0.218
$\frac{13}{16}$	0.812	0.826	1.367	0.203	1.463	0.261	...	...
$\frac{7}{8}$	0.875	0.890	1.464	0.219	1.576	0.285	1.296	0.234
$\frac{15}{16}$	0.938	0.954	1.560	0.234	1.688	0.308	...	...
1	1.000	1.017	1.661	0.250	1.799	0.330	1.483	0.250
$1\frac{1}{16}$	1.062	1.080	1.756	0.266	1.910	0.352	...	...
$1\frac{1}{8}$	1.125	1.144	1.853	0.281	2.019	0.375	1.669	0.313
$1\frac{3}{16}$	1.188	1.208	1.950	0.297	2.124	0.396	...	...
$1\frac{1}{4}$	1.250	1.271	2.045	0.312	2.231	0.417	1.799	0.313
$1\frac{5}{16}$	1.312	1.334	2.141	0.328	2.335	0.438	...	...
$1\frac{3}{8}$	1.375	1.398	2.239	0.344	2.439	0.458	2.041	0.375
$1\frac{7}{16}$	1.438	1.462	2.334	0.359	2.540	0.478	...	...
$1\frac{1}{2}$	1.500	1.525	2.430	0.375	2.638	0.496	2.170	0.375

[a] Retirado de ANSI/ASME B18.21.1–1994. Para obter a listagem completa, consulte a norma.
[b] As dimensões nominais das arruelas destinam-se ao uso com parafusos de dimensões nominais comparáveis.

29 ARAMES PADRONIZADOS[a]

As dimensões dos tamanhos estão em partes decimais de uma polegada.[b]

Nº de arames	Americana ou Brown & Sharpe para metais não-forrosos	Birmingham, ou arame de aço	Arame de aço padronizado S. & W. Co. (Washburn & Moen)	Arame para cordas musicais da S. & W. Co.	Arame imperial	Arame de aço[c]	Folha de calibre da fabricante de aço[b]	Nº de arames
7–0's	.651354	...	.4900	...	.500	...	...	7–0's
6–0's	.580049	...	.4615	.004	.464	...	...	6–0's
5–0's	.516549	.500	.4305	.005	.432	...	...	5–0's
4–0's	.460	.454	.3938	.006	.400	...	...	4–0's
000	.40964	.425	.3625	.007	.372	...	...	000
00	.3648	.380	.3310	.008	.348	...	...	00
0	.32486	.340	.3065	.009	.324	...	...	0
1	.2893	.300	.2830	.010	.300	.227	...	1
2	.25763	.284	.2625	.011	.276	.219	...	2
3	.22942	.259	.2437	.012	.252	.212	.2391	3
4	.20431	.238	.2253	.013	.232	.207	.2242	4
6	.16202	.203	.1920	.016	.192	.201	.1943	6
7	.14428	.180	.1770	.018	.176	.199	.1793	7
8	.12849	.165	.1620	.020	.160	.197	.1644	8
9	.11443	.148	.1483	.022	.144	.194	.1495	9
10	.10189	.134	.1350	.024	.128	.191	.1345	10
11	.090742	.120	.1205	.026	.116	.188	.1196	11
12	.080808	.109	.1055	.029	.104	.185	.1046	12
13	.071961	.095	.0915	.031	.092	.182	.0897	13
14	.064084	.083	.0800	.033	.080	.180	.0747	14
15	.057068	.072	.0720	.035	.072	.178	.0763	15
16	.05082	.065	.0625	.037	.064	.175	.0598	16
17	.045257	.058	.0540	.039	.056	.172	.0538	17
18	.040303	.049	.0475	.041	.048	.168	.0478	18
19	.03589	.042	.0410	.043	.040	.164	.0418	19
20	.031961	.035	.0348	.045	.036	.161	.0359	20
21	.028462	.032	.0317	.047	.032	.157	.0329	21
22	.025347	.028	.0286	.049	.028	.155	.0299	22
23	.022571	.025	.0258	.051	.024	.153	.0269	23
24	.0201	.022	.0230	.055	.022	.151	.0239	24
25	.0179	.020	.0204	.059	.020	.148	.0209	25
26	.01594	.018	.0181	.063	.018	.146	.0179	26
27	.014195	.016	.0173	.067	.0164	.143	.0164	27
28	.012641	.014	.0162	.071	.0149	.139	.0149	28
29	.011257	.013	.0150	.075	.0136	.134	.0135	29
30	.010025	.012	.0140	.080	.0124	.127	.0120	30
31	.008928	.010	.0132	.085	.0116	.120	.0105	31
32	.00795	.009	.0128	.090	.0108	.115	.0097	32
33	.00708	.008	.0118	.095	.0100	.112	.0090	33
34	.006304	.007	.0104	...	.0092	.110	.0082	34
35	.005614	.005	.0095	...	.0084	.108	.0075	35
36	.005	.004	.0090	...	.0076	.106	.0067	36
37	.004453	...	.0085	...	.0068	.103	.0064	37
38	.003965	...	.0080	...	.0060	.101	.0060	38
39	.003531	...	.0075	...	.0052	.099	...	39
40	.003144	...	.0070	...	.0048	.097	...	40

[a] Cortesia da Brown & Sharpe Mfg. Co.
[b] Atualmente usado por fabricantes de aço no lugar do velho U.S. Standart Gage.
[c] A diferença entre arames de ferro e de aço deve ser observada; o primeiro, sendo comumente conhecido como English Standard Wire, ou Birmingham Gage, designa dimensões de arames macios, e o segundo está sendo usado em medições de arames de aços trefilados.

30 Pinos cônicos[a] — NORMA AMERICANA

Para achar o diâmetro menor do pino, multiplique o comprimento por .02083 e subtraia o resultado do diâmetro maior.
Todas as medidas são dadas em polegadas.
Os alargadores padronizados estão disponíveis para pinos dados acima da linha escura.

CONICIDADE .25 POR PÉ

Número	7/0	6/0	5/0	4/0	3/0	2/0	0	1	2	3	4	5	6	7	8
Dimensão (extremidade mais larga)	.0625	.0780	.0940	.1090	.1250	.1410	.1560	.1720	.1930	.2190	.2500	.2890	.3410	.4090	.4920
Diâmetro do eixo (aprox)[b]		7/32	1/4	5/16	3/8	7/16	1/2	9/16	5/8	3/4	13/16	7/8	1	1 1/4	1 1/2
Dimensões da broca (antes de alargar)[b]	.0312	.0312	.0625	.0625	.0781	.0938	.0938	.1094	.1250	.1250	.1562	.1562	.2188	.2344	.3125
Comprimento L															
.250	X	X	X	X	X	X	X								
.375	X	X	X	X	X	X	X								
.500	X	X	X	X	X	X	X	X							
.625	X	X	X	X	X	X	X	X							
.750	X	X	X	X	X	X	X	X	X						
.875	X	X	X	·	X	X	X	X	X						
1.000	X	X	X	X	X	X	X	X	X	X					
1.250	·	X	·	X	X	X	X	X	X	X	X				
1.500	·	X	X	X	X	X	X	X	X	X	X	X			
1.750	·	·	·	·	·	X	X	X	X	X	X	X	X		
2.000	·	·	·	·	·	X	X	X	X	X	X	X	X	X	X
2.250	·	·	·	·	·	·	·	X	X	X	X	X	X	X	X
2.500	·	·	·	·	·	·	·	X	X	X	X	X	X	X	X
2.750	·	·	·	·	·	·	·	·	X	X	X	X	X	X	X
3.000	·	·	·	·	·	·	·	·	X	X	X	X	X	X	X
3.250	·	·	·	·	·	·	·	·	·	X	X	X	X	X	X
3.500	·	·	·	·	·	·	·	·	·	X	X	X	X	X	X
3.750	·	·	·	·	·	·	·	·	·	X	·	X	X	X	X
4.000	·	·	·	·	·	·	·	·	·	X	·	X	X	X	X
4.250	·	·	·	·	·	·	·	·	·	·	·	X	X	X	X
4.500	·	·	·	·	·	·	·	·	·	·	·	·	X	X	X

[a] ANSI/ASME B18.8.2–1994. Para os N° 9 e 10, consulte a norma. Os pinos N° 11 (tamanho .8600), 12 (tamanho 1.032), 13 (tamanho 1.241) e 14 (tamanho 1.523) são tamanhos especiais; por isso, seus comprimentos são especiais.
[b] Dimensões sugeridas; não são da norma americana.

31 Contrapinos[a] — norma americana

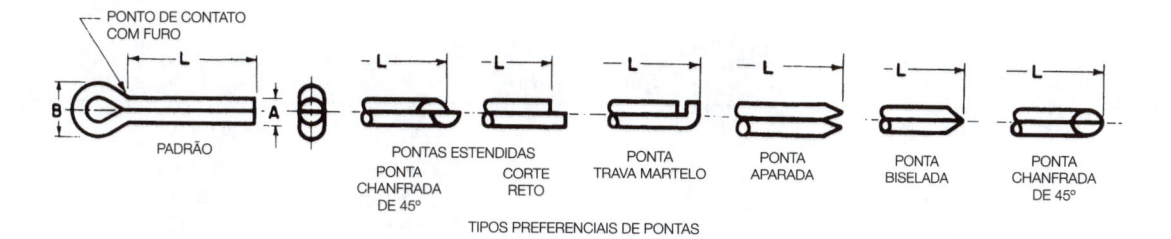

Todas as medidas são dadas em polegadas.

Dimensões nominais ou diâmetro do pino	Diâmetro A Máx.	Diâmetro A Mín.	Diâmetro externo do olho B, Mín.	Comprimento da ponta estendida, Mín.	Dimensões recomendadas do furo
1/32 .031	.032	.028	.06	.01	.047
3/64 .047	.048	.044	.09	.02	.062
1/16 .062	.060	.056	.12	.03	.078
5/64 .078	.076	.072	.16	.04	.094
3/32 .094	.090	.086	.19	.04	.109
7/64 .109	.104	.100	.22	.05	.125
1/8 .125	.120	.116	.25	.06	.141
9/64 .141	.134	.130	.28	.06	.156
5/32 .156	.150	.146	.31	.07	.172
3/16 .188	.176	.172	.38	.09	.203
7/32 .219	.207	.202	.44	.10	.234
1/4 .250	.225	.220	.50	.11	.266
5/16 .312	.280	.275	.62	.14	.312
3/8 .375	.335	.329	.75	.16	.375
7/16 .438	.406	.400	.88	.20	.438
1/2 .500	.473	.467	1.00	.23	.500
5/8 .625	.598	.590	1.25	.30	.625
3/4 .750	.723	.715	1.50	.36	.750

[a] ANSI/ASME B18.8.1–1994.

32 Equivalentes métricos

Comprimento	
Inglês para métrico	**Métrico para inglês**
1 polegada = 2,540 centímetros	1 milímetro = 0,039 polegada
1 pé = 0,305 metro	1 centímetro = 0,394 polegada
1 jarda = 0,914 metro	1 metro = 3,281 pés ou 1,094 jardas
1 milha = 1,609 quilômetro	1 quilômetro = 0,621 milha
Área	
1 polegada^2 = 6,451 centímetros^2	1 milímetro^2 = 0,00155 polegada^2
1 pé^2 = 0,093 metro^2	1 centímetro^2 = 0,155 polegada^2
1 jarda^2 = ,836 metro^2	1 metro^2 = 10,764 pés^2 ou 1,196 jarda^2
1 acre^2 = 4.046,873 metros^2	1 quilômetro^2 = 0,386 milha^2 ou 247,04 acre^2
Volume	
1 polegada^3 = 16,387 centímetros^3	1 centímetro^3 = 0,061 polegada^3
1 pé^3 = 0,028 metro^3	1 metro^3 = 35,314 pés^3 ou 1,308 jarda^3
1 jarda^3 = 0,764 metro^3	1 litro = 0,2642 galão
1 quarto = 0,946 litro	1 litro = 1,057 quartos
1 galão = 0,003785 metro^3	1 metro^3 = 264,02 galões
Peso	
1 onça = 28,349 gramas	1 grama = 0,035 onça
1 libra = 0,454 quilograma	1 quilograma = 2,205 libras
1 tonelada = 0,907 tonelada métrica	1 tonelada métrica = 1,102 tonelada
Velocidade	
1 pé/segundo = 0,305 metro/segundo	1 metro/segundo = 3,281 pés/segundo
1 milha/hora = 0,447 metro/segundo	1 quilômetros/hora = 0,621 milha/segundo
Aceleração	
1 polegada/segundo^2 = 0,0254 metro/segundo^2	1 metro/segundo^2 = 3,278 pés/segundo^2
1 pé/segundo^2 = 0,305 metro/segundo^2	
Força	

N (newton) = unidade básica de força, Kg–m/s^2. A massa de 1 quilograma (1Kg) exerce uma força gravitacional de 9,8 N (teoricamente, 9,80665 N) ao nível médio do mar.

33 Símbolos e processos de soldagem — norma[a] da Sociedade Americana de Soldagem (American Welding Society Standard)

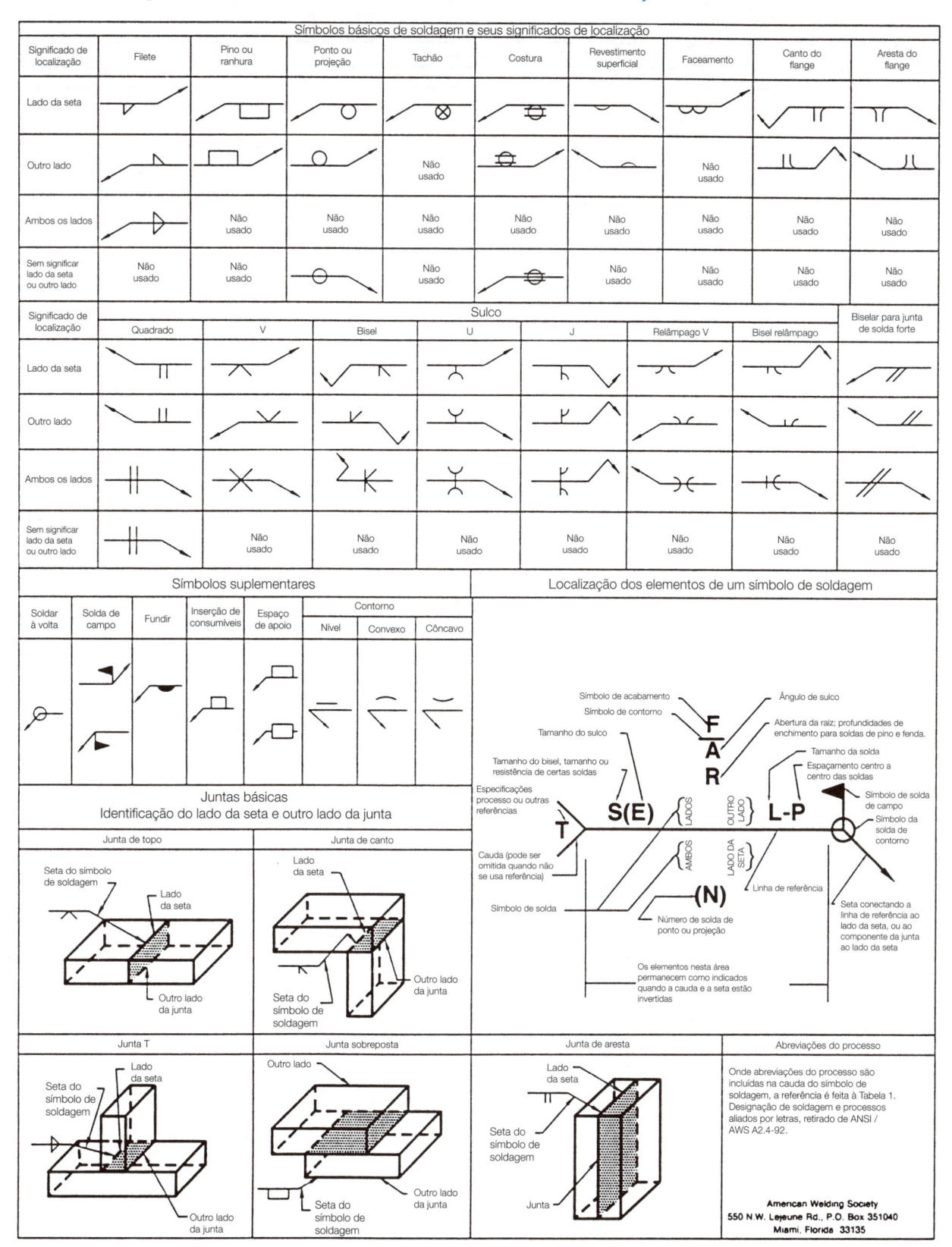

[a] ANSI/AWS A2.4–93.

33 Símbolos e processos de soldagem — Norma da Sociedade Americana de Soldagem (American Welding Society Standard) (continuação)

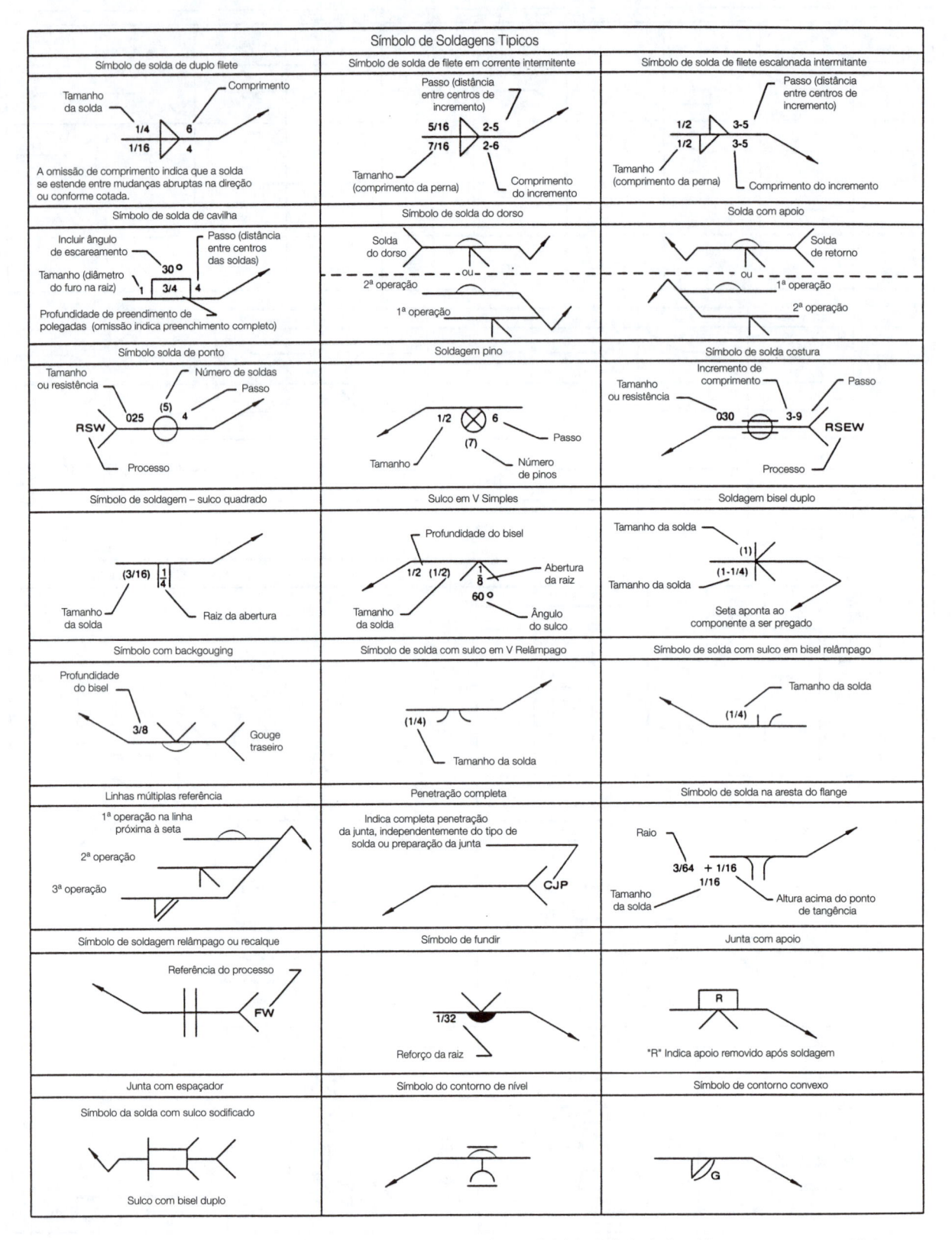

*Estes diagramas destinam-se somente à exemplificação. O único padrão completo e oficial de simbologia de soldagem encontra-se em A2.4.

33 Símbolos e processos de soldagem — Norma da Sociedade Americana de Soldagem (American Welding Society Standard) (continuação)

Diagrama-mestre de soldagem e processos aliados

Soldagem a arco:
- hidrogênio atômico .... AHW
- metal sem revestimento .... BMAW
- arco de cabrono .... CAW
  - — gás .... CAW-G
  - — blindado .... CAW-S
  - — gêmeo .... CAW-T
- eletrogás .... EGW
- fluído .... FCAW
- metal em gás .... GMAW
  - — arco pulsado .... GMAW-P
  - — arco de curto-circuito ... GMAW-S
- gás tungstênio .... GTAW
  - — arco pulsado .... GTAW-P
- arco de plasma .... PAW
- metal blindado .... SMAW
- arco-pino .... SW
- solda de arco submerso ..... SAW
  - — série .... SAW-S

Soldagem no estado sólido:
- coextrusão .... CEW
- a frio .... CW
- difusão .... DFW
- explosão .... EXW
- martelo .... FOW
- ficção .... FRW
- pressão a quente .... HPW
- laminação .... ROW
- ultra-som .... USW

Soldagem forte:
- bloco .... BB
- difusão .... CAB
- imersão .... DB
- exotérmico .... EXB
- fluxo .... FLOW
- forno .... FB
- indução .... IB
- infravermelho .... IRB
- resistência .... RB
- maçarico .... TB
- arco carbono gêmeo .... TCAB

Soldagem a resistência:
- imersão .... DS
- forno .... FS
- indução .... IS
- infravermelho .... IRS
- ferro .... INS
- resistência .... RS
- maçarico .... TS
- por ondas .... WS

- relâmpago .... FW
- projeção .... PW
- costura .... RSEW
  - — alta freqüência .... RSEW-HF
  - — indução .... RSEW-I
- ponto resistente .... RSW
- recalque .... UW
  - — alta freqüência .... UW-HF
  - — indução .... UW-I

Solda a gás:
- feixe de elétron .... EBW
  - — alto vácuo .... EBW-HV
  - — médio vácuo .... EBW-MV
  - — não vácuo .... EBW-NV
- escória elétrica .... ESW
- fluxo .... FLOW
- indução .... IW
- feixe de laser .... LBW
- percussão .... PEW
- termite .... TW

- ar-acetileno .... AAW
- oxiacetileno .... OAW
- oxihidrogênio .... OHW
- gás comprimido .... PGW

Pulverização térmica:
- pulverização por arco .... ASP
- pulverização por chama .... FLSP
- pulverização por plasma ... PSP

Corte arco:
- arco ar carbono .... CAC-A
- arco carbono .... CAC
- arco gás metal .... GMAC
- arco gás tungstênio .... GTAC
- arco plasma .... PAC
- arco metal blindado .... SMAC

Corte oxigênio:
- por fluxo .... FOC
- por pó metálico .... POC
- oxigênio .... OFC
  - — oxiacetileno .... OFC-A
  - — oxihidrogênio .... OFC-H
  - — oxigênio gás natural ... OFC-N
  - — oxipropano .... OFC-P
- arco oxigênio .... AOC
- lanca de oxigênio .... LOC

Outros cortes:
- feixe de elétros .... EBC
- feixe de laser .... LBC
  - — ar .... LBC-A
  - — evaporativo .... LBC-EV
  - — gás inerte .... LBC-IG
  - — oxigênio .... LBC-O

[a] ANSI/AWS A3.0–94.

34 Símbolos topográficos

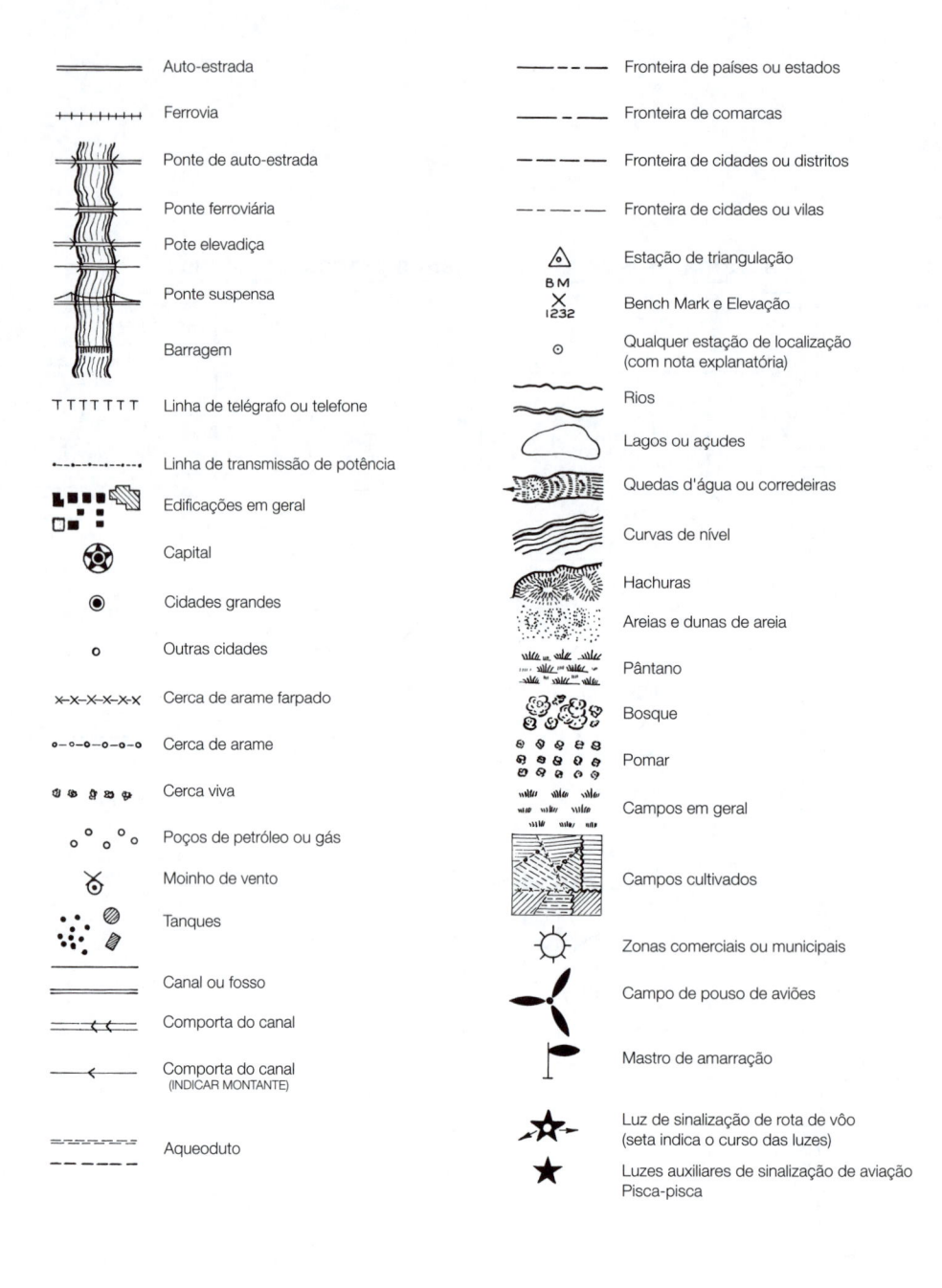

Auto-estrada	Fronteira de países ou estados
Ferrovia	Fronteira de comarcas
Ponte de auto-estrada	Fronteira de cidades ou distritos
Ponte ferroviária	Fronteira de cidades ou vilas
Pote elevadiça	Estação de triangulação
Ponte suspensa	Bench Mark e Elevação
Barragem	Qualquer estação de localização (com nota explanatória)
Linha de telégrafo ou telefone	Rios
Linha de transmissão de potência	Lagos ou açudes
Edificações em geral	Quedas d'água ou corredeiras
Capital	Curvas de nível
Cidades grandes	Hachuras
Outras cidades	Areias e dunas de areia
Cerca de arame farpado	Pântano
Cerca de arame	Bosque
Cerca viva	Pomar
Poços de petróleo ou gás	Campos em geral
Moinho de vento	Campos cultivados
Tanques	Zonas comerciais ou municipais
Canal ou fosso	Campo de pouso de aviões
Comporta do canal	Mastro de amarração
Comporta do canal (INDICAR MONTANTE)	Luz de sinalização de rota de vôo (seta indica o curso das luzes)
Aqueoduto	Luzes auxiliares de sinalização de aviação Pisca-pisca

35 Símbolos de tubulação — norma americana

	FLANGE	ROSCA	PONTA E BOLSA	SOLDA AUTÓGENA	SOLDA COMUM
1. Junta					
2. Joelho — 908					
3. Joelho — 458					
4. Joelho — Virado para cima					
5. Joelho — Virado para baixo					
6. Joelho — Curva					
7. Joelho de redução					
8. T					
9. T — Virado para cima					
10. T — Virado para baixo					
11. T duplo — Virado para cima					
12. Cruzeta					
13. Redução — Concêntrica					
14. Redução — Excêntrica					
15. Ípsilon					
16. Registro gaveta — Elev.					
17. Registro de globo — Elev.					
18. Válvula de retenção					
19. Registro de passagem					
20. Válvula de segurança					
21. Juntas de dilatação					
22. União					
23. Manga					
24. Bucha					

[a] ANSI/ASME Y32.2.3–1949 (R1994).

36 Símbolos de aquecimento, ventilação e canalizações[a] — Norma americana

Símbolo	Descrição	Símbolo	Descrição
—#—#—	Vapor de alta pressão	———————	Esgoto
—/—/—	Retorno de pressão média	—··—··—	Água fria
—FOF—	Fluxo de óleo combustível	—···—···—	Água quente
—A—	Ar comprimido	—····—····—	Retorno de água quente
—RD—	Descarga de refrigerante	—F——F—	Hidrantes
---RS---	Secção de refrigerante	—G——G—	Gás
—B—	Água salgada	—S—	Suplimento principal para sistema automático – extinção de incêndio
(símbolo)	Radiator de parede (planta)	(símbolo elevação)	Registro de borboleta
(símbolo)	Radiator de parede no teto (planta)	(símbolo)	Registro de fletor
(símbolo)	Aquecedor (hélice) planta		
(símbolo)	Aquecedor (centrifuga) planta	(símbolo)	Palhetas
—⊗—	Sifão do termostato		
—⊙—	Bóia do termostato		
(símbolo)	Termomêtro	(símbolo com M)	Registros automáticos
(T)	Termostato		
20×12	Ducto (planta) (1º valor largura, 2º valor profundidade)		
⇉D⇉	Declive em relação ao fluxo de ar	(símbolo)	Conexão de lona
S ← 12×20	Ducto da admissão (corte)		
E ← 12×20	Ducto de exaustão (corte)		
R ← 12×20	Ducto de recirculação (corte)	(símbolo)	Ventilador e motor com guarda-correia
FA ← 12×20	Ducto de ar fresco (corte)		
‖→	Entrada de ar		
‖←#	Saída de ar	(símbolo)	Persianas e grades de tomada de ar
(símbolo) planta	Registro de borboleta		

[a] ANSI/ASME Y32.2.3–1949 (R1994) e ANSI Y32.2.4–1949 (R1993).

37 Símbolos gráficos para diagramas elétricos da norma americana[a]

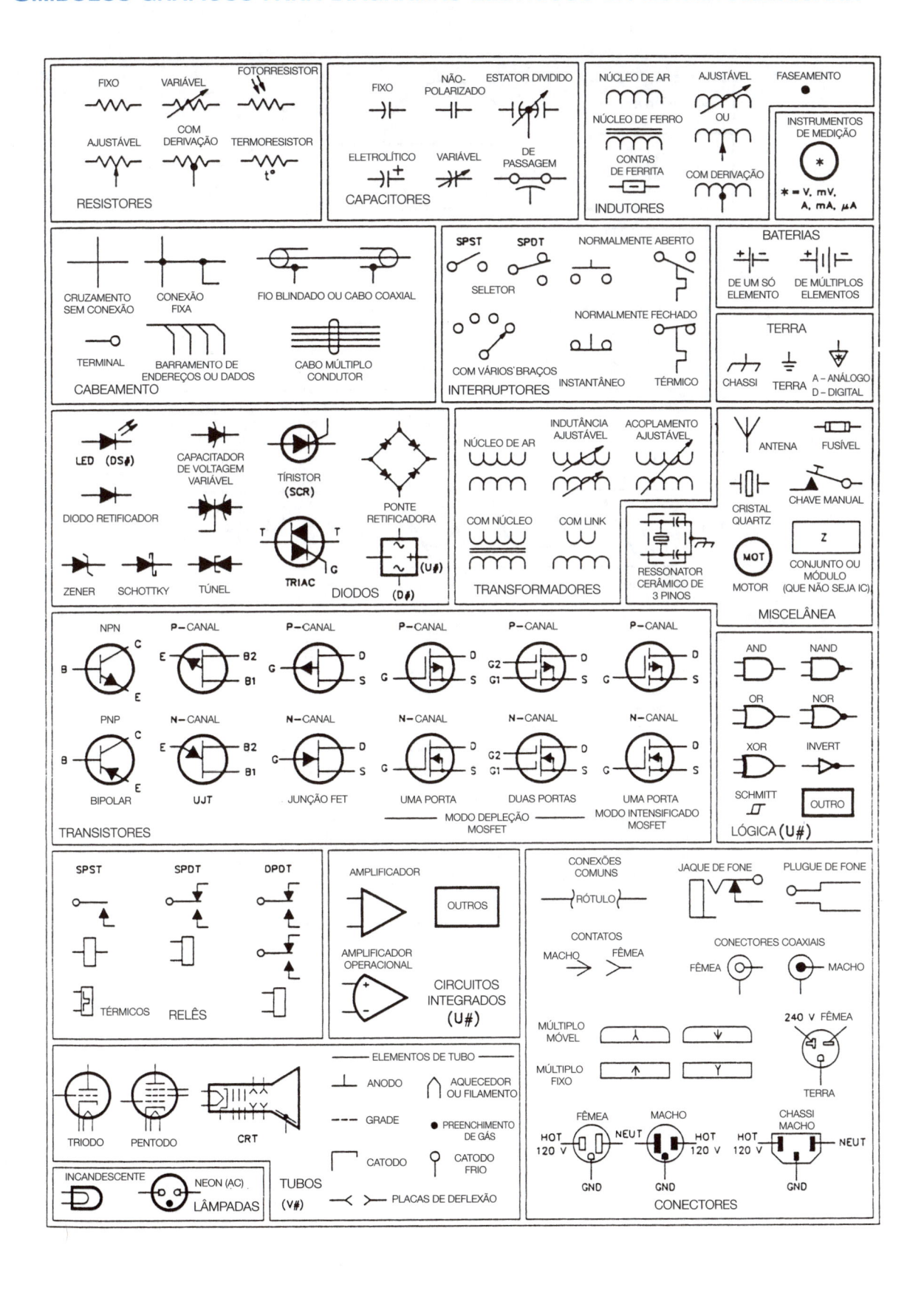

38 Formas e proporções de símbolos de tolerância geométrica[a]

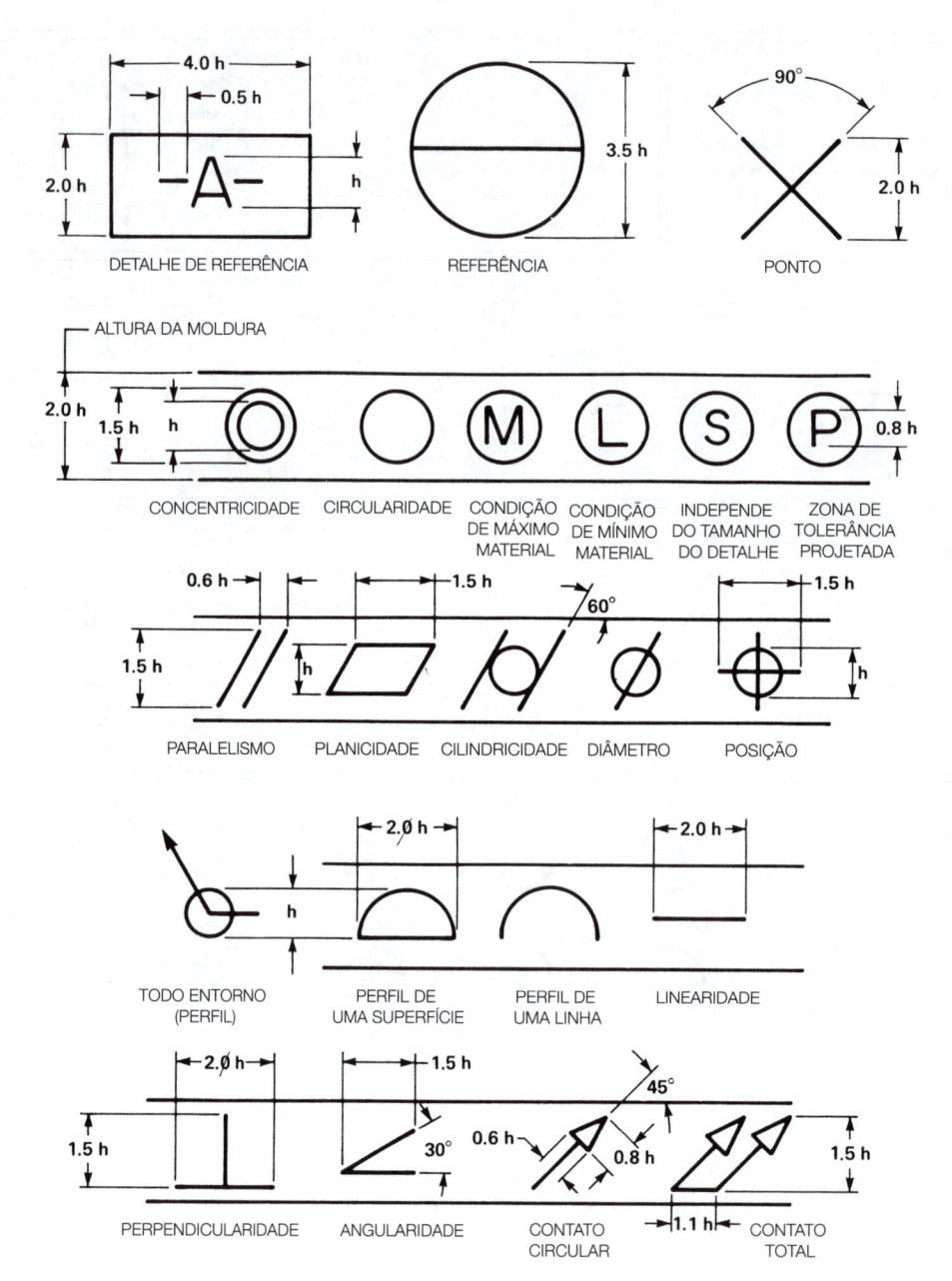

[a] ANSI/ASME Y14.5M–1994.

39 TUBOS DE AÇO FORJADO[a] E ROSCAS PARA TUBOS AFILADOS[b] — NORMA AMERICANA

Todas as medidas estão em polegadas, exceto aquelas nas duas últimas colunas.

Dimensão nominal de tubo	D Diâmetro externo do tubo	Filetes por polegada	L_1[c] Comprimento de contato entre rosca externa e interna	L_2[c] Comprimento efetivo da rosca	Espessura nominal da parede										Comprimento do tubo, pés por superfície externa, pés ao quadrado[f]	Comprimento do tubo de peso padronizado, pés, contendo 1 pé cúbico[f]
					Sched. 10	Sched. 20[d]	Sched. 30[d]	Sched. 40[d]	Sched. 60[d]	Sched. 80[d]	Sched. 100	Sched. 120	Sched. 140	Sched. 160		
$\frac{1}{8}$	.405	27	.1615	.2639	...	...	...	.068	...	.095	...	...	...	...	9,431	2.533,8
$\frac{1}{4}$	.540	18	.2278	.4018	...	...	...	.088	...	.119	...	...	...	...	7,073	1.383,8
$\frac{3}{8}$	.675	18	.240	.4078	...	...	...	.091	...	.126	...	...	...	...	5,658	754,36
$\frac{1}{2}$	.840	14	.320	.5337	...	...	...	.109	...	.147	...	...	...	.188	4,547	473,91
$\frac{3}{4}$	1.050	14	.339	.5457	...	...	...	.113	...	.154	...	...	...	.219	3,637	270,03
1	1.315	11.5	.400	.6828	...	...	...	.133	...	.179	...	...	...	.250	2,904	166,62
$1\frac{1}{4}$	1.660	11.5	.420	.7068	...	...	...	.140	...	.191	...	...	...	.250	2,301	96,275
$1\frac{1}{2}$	1.900	11.5	.420	.7235	...	...	...	.145	...	.200	...	...	...	.281	2,010	70,733
2	2.375	11.5	.436	.7565	...	...	...	.154	...	.218	...	...	...	.344	1,608	42,913
$2\frac{1}{2}$	2.875	8	.682	1.1375	...	...	...	.203	...	.276	...	...	...	.375	1,328	30,077
3	3.500	8	.766	1.2000	...	...	...	.216	...	.300	...	...	...	.438	1,091	19,479
$3\frac{1}{2}$	4.000	8	.821	1.2500	...	...	...	.226	...	.318	...	...	...	...	0,954	14,565
4	4.500	8	.844	1.3000	...	...	...	.237	...	.337	...	.438	...	.531	0,848	11,312
5	5.563	8	.937	1.4063	...	...	...	.258	...	.375	...	.500	...	.625	0,686	7,199
6	6.625	8	.958	1.5125	...	...	...	.280	...	.432	...	.562	...	.719	0,576	4,984
8	8.625	8	1.063	1.7125	...	.250	.277	.322	.406	.500	.594	.719	.812	.906	0,443	2,878
10	10.750	8	1.210	1.9250	...	.250	.307	.365	.500	.594	.719	.844	1.000	1.125	0,355	1,826
12	12.750	8	1.360	2.1250	...	.250	.330	.406	.562	.688	.844	1.000	1.125	1.312	0,299	1,273
14 OD	14.000	8	1.562	2.2500	.250	.312	.375	.438	.594	.750	.938	1.094	1.250	1.406	0,273	1,065
16 OD	16.000	8	1.812	2.4500	.250	.312	.375	.500	.656	.844	1.031	1.219	1.438	1.594	0,239	0,815
18 OD	18.000	8	2.000	2.6500	.250	.312	.438	.562	.750	.938	1.156	1.375	1.562	1.781	0,212	0,644
20 OD	20.000	8	2.125	2.8500	.250	.375	.500	.594	.812	1.031	1.281	1.500	1.750	1.969	0,191	0,518
24 OD	24.000	8	2.375	3.2500	.250	.375	.562	.688	.969	1.219	1.531	1.812	2.062	2.344	0,159	0,358

[a] ANSI/ASME B36.10M–1995.
[b] ANSI/ASME B1.20.1–1983 (R1992).
[c] Consulte a §11.18 e a Fig. 11.18.
[d] Os valores em negrito correspondem a tubos "padronizados".
[e] Os valores em negrito correspondem a tubos "extrafortes".
[f] Valores calculados para tubo Schedule 40.

40 TUBOS DE FERRO FUNDIDO, ESPESSURAS E PESOS — NORMA AMERICANA

Tamanho, polegadas	Espessura, polegadas	Diâmetro externo, polegadas	Comprimento aplicado de 16 pés		Tamanho, polegadas	Espessura, polegadas	Diâmetro externo, polegadas	Comprimento aplicado de 16 pés	
			Média por pé[b]	Por comprimento				Média por pé[b]	Por comprimento
			Peso (lb) baseado na					Peso (lb) baseado na	
Classe 50: Pressão 50 psi — Altura de carga 115 pés					Classe 200: Pressão 200 psi — Altura de carga 462 pés				
3	.32	3.96	12.4	195	8	.41	9.05	37.0	590
4	.35	4.80	16.5	265	10	.44	11.10	49.1	785
6	.38	6.90	25.9	415	12	.48	13.20	63.7	1,020
8	.41	9.05	37.0	590	14	.55	15.30	84.4	1,350
10	.44	11.10	49.1	785	16	.58	17.40	101.6	1,625
12	.48	13.20	63.7	1,020	18	.63	19.50	123.7	1,980
14	.48	15.30	74.6	1,195	20	.67	21.60	145.9	2,335
16	.54	17.40	95.2	1,525	24	.79	25.80	205.6	3,290
18	.54	19.50	107.6	1,720	30	.92	32.00	297.8	4,765
20	.57	21.60	125.9	2,015	36	1.02	38.30	397.1	6,355
24	.63	25.80	166.0	2,655	42	1.13	44.50	512.3	8,195
30	.79	32.00	257.6	4,120	48	1.23	50.80	637.2	10,195
36	.87	38.30	340.9	5,455	Classe 250: Pressão 250 psi — Altura de carga 577 pés				
42	.97	44.50	442.0	7,070	3	.32	3.96	12.4	195
48	1.06	50.80	551.6	8,825	4	.35	4.80	16.5	265
Classe 100: Pressão 100 psi — Altura de carga 231 pés					6	.38	6.90	25.9	415
3	.32	3.96	12.4	195	8	.41	9.05	37.0	590
4	.35	4.80	16.5	265	10	.44	11.10	49.1	785
6	.38	6.90	25.9	415	12	.52	13.20	68.5	1,095
8	.41	9.05	37.0	590	14	.59	15.30	90.6	1,450
10	.44	11.10	49.1	785	16	.63	17.40	110.4	1,765
12	.48	13.20	63.7	1,020	18	.68	19.50	133.4	2,135
14	.51	15.30	78.8	1,260	20	.72	21.60	156.7	2,505
16	.54	17.40	95.2	1,525	24	.79	25.80	205.6	3,290
18	.58	19.50	114.8	1,835	30	.99	32.00	318.4	5,095
20	.62	21.60	135.9	2,175	36	1.10	38.30	425.5	6,810
24	.68	25.80	178.1	2,850	42	1.22	44.50	549.5	8,790
30	.79	32.00	257.6	4,120	48	1.33	50.80	684.5	10,950
36	.87	38.30	340.9	5,455	Classe 300: Pressão 300 psi — Altura de carga 693 pés				
42	.97	44.50	442.0	7,070	3	.32	3.96	12.4	195
48	1.06	50.80	551.6	8,825	4	.35	4.80	16.5	265
Classe 150: Pressão 150 psi — Altura de carga 346 pés					6	.38	6.90	25.9	415
3	.32	3.96	12.4	195	8	.41	9.05	37.0	590
4	.35	4.80	16.5	265	10	.48	11.10	53.1	850
6	.38	6.90	25.9	415	12	.52	13.20	68.5	1,095
8	.41	9.05	37.0	590	14	.59	15.30	90.6	1,450
10	.44	11.10	49.1	785	16	.68	17.40	118.2	1,890
12	.48	13.20	63.7	1,020	18	.73	19.50	142.3	2,275
14	.51	15.30	78.8	1,260	20	.78	21.60	168.5	2,695
16	.54	17.40	95.2	1,525	24	.85	25.80	219.8	3,515
18	.58	19.50	114.8	1,835	Classe 350: Pressão 350 psi — Altura de carga 808 pés				
20	.62	21.60	135.9	2,175	3	.32	3.96	12.4	195
24	.73	25.80	190.1	3,040	4	.35	4.80	16.5	265
30	.85	32.00	275.4	4,405	6	.38	6.90	25.9	415
36	.94	38.30	365.9	5,855	8	.41	9.05	37.0	590
42	1.05	44.50	475.3	7,605	10	.52	11.10	57.4	920
48	1.14	50.80	589.6	9,435	12	.56	13.20	73.8	1,180
Classe 200: Pressão 200 psi — Altura de carga 462 pés					14	.64	15.30	97.5	1,605
3	.32	3.96	12.4	195	16	.68	17.40	118.2	1,945
4	.35	4.80	16.5	265	18	.79	19.50	152.9	2,520
6	.38	6.90	25.9	415	20	.84	21.60	180.2	2,970
					24	.92	25.80	236.3	3,895

[a] Peso médio por pé baseado no cálculo de peso de tubos antes do arredondamento.

41 Conexões roscadas de tubos de ferro fundido[a], 125 LB — Norma Americana

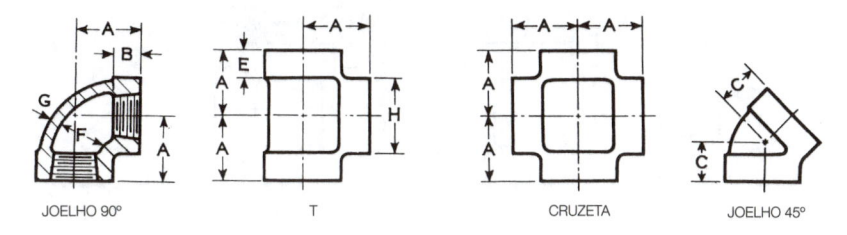

DIMENSÕES DE JOELHOS 90° E 45°, Ts E CRUZETAS (MEDIDAS EM LINHAS RETAS)

Todas as medidas dadas em polegadas.
Os acessórios que possuem roscas direita e esquerda deveriam possuir quatro ou mais nervuras ou a letra "L" gravada sobre a ligadura na extremidade com rosca esquerda.

Dimensão nominal de tubo	Centro até extremidade, T e cruzetas A	Centro até extremidade Joelho 45° C	Comprimento da rosca, Mín. B	Largura da ligadura Mín. E	Diâmetro interno F Máx.	Diâmetro interno F Mín.	Espessura do metal G	Diâmetro da ligadura, Mín. H
1/4	.81	.73	.32	.38	.58	.54	.11	.93
3/8	.95	.80	.36	.44	.72	.67	.12	1.12
1/2	1.12	.88	.43	.50	.90	.84	.13	1.34
3/4	1.31	.98	.50	.56	1.11	1.05	.15	1.63
1	1.50	1.12	.58	.62	1.38	1.31	.17	1.95
1 1/4	1.75	1.29	.67	.69	1.73	1.66	.18	2.39
1 1/2	1.94	1.43	.70	.75	1.97	1.90	.20	2.68
2	2.25	1.68	.75	.84	2.44	2.37	.22	3.28
2 1/2	2.70	1.95	.92	.94	2.97	2.87	.24	3.86
3	3.08	2.17	.98	1.00	3.60	3.50	.26	4.62
3 1/2	3.42	2.39	1.03	1.06	4.10	4.00	.28	5.20
4	3.79	2.61	1.08	1.12	4.60	4.50	.31	5.79
5	4.50	3.05	1.18	1.18	5.66	5.56	.38	7.05
6	5.13	3.46	1.28	1.28	6.72	6.62	.43	8.28
8	6.56	4.28	1.47	1.47	8.72	8.62	.55	10.63
10	8.08[b]	5.16	1.68	1.68	10.85	10.75	.69	13.12
12	9.50[b]	5.97	1.88	1.88	12.85	12.75	.80	15.47

[a] Retirado de ANSI/ASME B16.4–1992.
[b] Aplicável somente a joelhos e Ts.

42 CONEXÕES ROSCADAS DE TUBOS DE FERRO FUNDIDO[a], 250 LB — NORMA AMERICANA

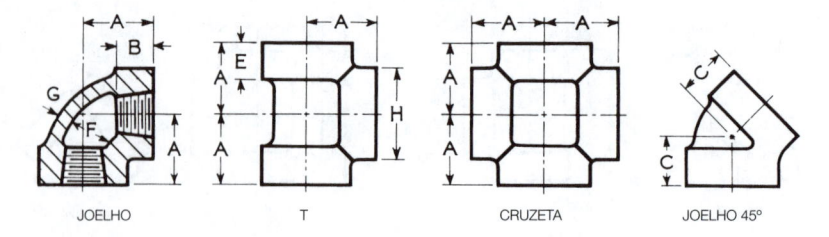

DIMENSÕES DE JOELHOS 90° E 45°, Ts E CRUZETAS (MEDIDAS EM LINHAS RETAS)
Todas as medidas dadas em polegadas.
O padrão de 250 lb para conexões roscadas trata apenas das dimensões de joelhos, Ts e cruzetas de 90° e 45°.

Dimensão nominal de tubo	Centro até extremidade, T e cruzeta A	Centro até extremidade Joelho 45° C	Comprimento da rosca, Mín. B	Largura da ligadura Mín. E	Diâmetro interno F		Espessura do metal G	Diâmetro da ligadura, Mín. H
					Máx.	Mín.		
1/4	.94	.81	.43	.49	.58	.54	.18	1.17
3/8	1.06	.88	.47	.55	.72	.67	.18	1.36
1/2	1.25	1.00	.57	.60	.90	.84	.20	1.59
3/4	1.44	1.13	.64	.68	1.11	1.05	.23	1.88
1	1.63	1.31	.75	.76	1.38	1.31	.28	2.24
1 1/4	1.94	1.50	.84	.88	1.73	1.66	.33	2.73
1 1/2	2.13	1.69	.87	.97	1.97	1.90	.35	3.07
2	2.50	2.00	1.00	1.12	2.44	2.37	.39	3.74
2 1/2	2.94	2.25	1.17	1.30	2.97	2.87	.43	4.60
3	3.38	2.50	1.23	1.40	3.60	3.50	.48	5.36
3 1/2	3.75	2.63	1.28	1.49	4.10	4.00	.52	5.98
4	4.13	2.81	1.33	1.57	4.60	4.50	.56	6.61
5	4.88	3.19	1.43	1.74	5.66	5.56	.66	7.92
6	5.63	3.50	1.53	1.91	6.72	6.62	.74	9.24
8	7.00	4.31	1.72	2.24	8.72	8.62	.90	11.73
10	8.63	5.19	1.93	2.58	10.85	10.75	1.08	14.37
12	10.00	6.00	2.13	2.91	12.85	12.75	1.24	16.84

[a] Retirado de ANSI/ASME B16.4–1992.

43 FLANGES PARA TUBOS E CONEXÕES DE FERRO FUNDIDO[a], 125 LB — NORMA AMERICANA

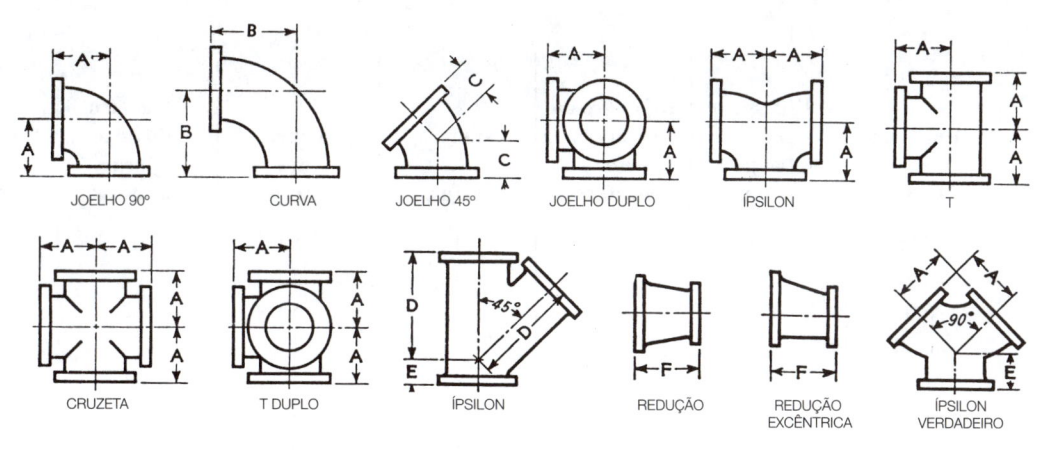

MEDIDAS DE JOELHOS, CURVAS, IPSILONES, Ts, CRUZETA E REDUÇÕES
Todas as medidas em polegadas.

Dimensão nominal do tubo	Diâmetro interno da conexão	Centro até face, Joelhos de 90°, Ts, Cruzetas, Joelhos Duplos, ipsilones e ipsilones "verdadeiros" A	Centro até face curvas B	Centro até face, Joelho 45° C	Centro Até Face, ípsilon D	Centro próximo até face, ípsilon E	Centro até face F	Diâmetro do flange	Espessura do flange, Mín.	Espessura da parede
1	1.00	3.50	5.00	1.75	5.75	1.75	…	4.25	.44	.31
1¼	1.25	3.75	5.50	2.00	6.25	1.75	…	4.62	.50	.31
1½	1.50	4.00	6.00	2.25	7.00	2.00	…	5.00	.56	.31
2	2.00	4.50	6.50	2.50	8.00	2.50	5.0	6.00	.62	.31
2½	2.50	5.00	7.00	3.00	9.50	2.50	5.5	7.00	.69	.31
3	3.00	5.50	7.75	3.00	10.00	3.00	6.0	7.50	.75	.38
3½	3.50	6.00	8.50	3.50	11.50	3.00	6.5	8.50	.81	.44
4	4.00	6.50	9.00	4.00	12.00	3.00	7.0	9.00	.94	.50
5	5.00	7.50	10.25	4.50	13.50	3.50	8.0	10.00	.94	.50
6	6.00	8.00	11.50	5.00	14.50	3.50	9.0	11.00	1.00	.56
8	8.00	9.00	14.00	5.50	17.50	4.50	11.0	13.50	1.12	.62
10	10.00	11.00	16.50	6.50	20.50	5.00	12.0	16.00	1.19	.75
12	12.00	12.00	19.00	7.50	24.50	5.50	14.0	19.00	1.25	.81
14 OD	14.00	14.00	21.50	7.50	27.00	6.00	16.0	21.00	1.38	.88
16 OD	16.00	15.00	24.00	8.00	30.00	6.50	18.0	23.50	1.44	1.00
18 OD	18.00	16.50	26.50	8.50	32.00	7.00	19.0	25.00	1.56	1.06
20 OD	20.00	18.00	29.00	9.50	35.00	8.00	20.0	27.50	1.69	1.12
24 OD	24.00	22.00	34.00	11.00	40.50	9.00	24.0	32.00	1.88	1.25
30 OD	30.00	25.00	41.50	15.00	49.00	10.00	30.0	38.75	2.12	1.44
36 OD	36.00	28.00	49.00	18.00	…	…	36.0	46.00	2.38	1.62
42 OD	42.00	31.00	56.50	21.00	…	…	42.0	53.00	2.62	1.81
48 OD	48.00	34.00	64.00	24.00	…	…	48.0	59.50	2.75	2.00

[a] ANSI/ASME B16.1–1989.

44 Flanges para tubos de aço fundido, furos para parafusos e seus comprimentos[a], 125 lb — Norma Americana

Dimensão nominal do tubo	Diâmetro de flange	Espessura do flange, Mín.	Diâmetro da circunferência dos parafusos	Número de parafusos	Diâmetro dos parafusos	Diâmetro do furo para parafusos	Comprimento dos parafusos
1	4.25	.44	3.12	4	.50	.62	1.75
$1\frac{1}{4}$	4.62	.50	3.50	4	.50	.62	2.00
$1\frac{1}{2}$	5.00	.56	3.88	4	.50	.62	2.00
2	6.00	.62	4.75	4	.62	.75	2.25
$2\frac{1}{2}$	7.00	.69	5.50	4	.62	.75	2.50
3	7.50	.75	6.00	4	.62	.75	2.50
$3\frac{1}{2}$	8.50	.81	7.00	8	.62	.75	2.75
4	9.00	.94	7.50	8	.62	.75	3.00
5	10.00	.94	8.50	8	.75	.88	3.00
6	11.00	1.00	9.50	8	.75	.88	3.25
8	13.50	1.12	11.75	8	.75	.88	3.50
10	16.00	1.19	14.25	12	.88	1.00	3.75
12	19.00	1.25	17.00	12	.88	1.00	3.75
14 OD	21.00	1.38	18.75	12	1.00	1.12	4.25
16 OD	23.50	1.44	21.25	16	1.00	1.12	4.50
18 OD	25.00	1.56	22.75	16	1.12	1.25	4.75
20 OD	27.50	1.69	25.00	20	1.12	1.25	5.00
24 OD	32.00	1.88	29.50	20	1.25	1.38	5.50
30 OD	38.75	2.12	36.00	28	1.25	1.38	6.25
36 OD	46.00	2.38	42.75	32	1.50	1.62	7.00
42 OD	53.00	2.62	49.50	36	1.50	1.62	7.50
48 OD	59.50	2.75	56.00	44	1.50	1.62	7.75

[a] ANSI B16.1–1989.

45 Dimensões de centro de eixos

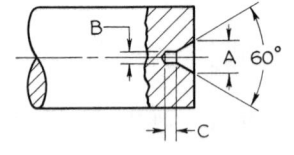

Diâmetro do eixo D	A	B	C	Diâmetro do eixo D	A	B	C
$\frac{3}{16}$ para $\frac{7}{32}$	$\frac{5}{64}$	$\frac{3}{64}$	$\frac{1}{16}$	$1\frac{1}{8}$ para $1\frac{15}{32}$	$\frac{5}{16}$	$\frac{5}{32}$	$\frac{5}{32}$
$\frac{1}{4}$ para $\frac{11}{32}$	$\frac{3}{32}$	$\frac{3}{64}$	$\frac{1}{16}$	$1\frac{1}{2}$ para $1\frac{31}{32}$	$\frac{1}{8}$	$\frac{3}{32}$	$\frac{5}{32}$
$\frac{3}{8}$ para $\frac{17}{32}$	$\frac{1}{8}$	$\frac{1}{16}$	$\frac{5}{64}$	2 para $2\frac{31}{32}$	$\frac{7}{16}$	$\frac{7}{32}$	$\frac{7}{16}$
$\frac{9}{16}$ para $\frac{25}{32}$	$\frac{3}{16}$	$\frac{5}{64}$	$\frac{3}{32}$	3 para $3\frac{31}{32}$	$\frac{1}{2}$	$\frac{7}{32}$	$\frac{7}{32}$
$\frac{13}{16}$ para $1\frac{3}{32}$	$\frac{1}{4}$	$\frac{3}{32}$	$\frac{3}{32}$	4 e superior	$\frac{9}{16}$	$\frac{7}{32}$	$\frac{7}{32}$

46 Flanges para tubos e conexões de ferro fundido[a], 250 lb — Norma Americana

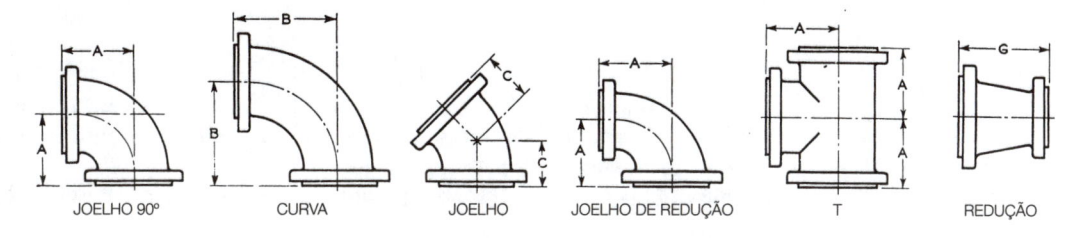

MEDIDAS DE JOELHOS, Ts E REDUÇÕES
Todas as medidas estão dadas em polegadas.

Dimensão nominal do tubo	Diâmetro interno da conexão, Mín.	Espessura da parede	Diâmetro do flange	Espesura do flange Mín.	Diâmetro da face elevada	Centro até face Joelho e T A	Centro até face, Curva B	Centro até face, Joelho 45° C	Face até face, Redução G
1	1.00	.44	4.88	.69	2.69	4.00	5.00	2.00	...
1¼	1.25	.44	5.25	.75	3.06	4.25	5.50	2.50	...
1½	1.50	.44	6.12	.81	3.56	4.50	6.00	2.75	...
2	2.00	.44	6.50	.88	4.19	5.00	6.50	3.00	5.00
2½	2.50	.50	7.50	1.00	4.94	5.50	7.00	3.50	5.50
3	3.00	.56	8.25	1.12	5.69	6.00	7.75	3.50	6.00
3½	3.50	.56	9.00	1.19	6.31	6.50	8.50	4.00	6.50
4	4.00	.62	10.00	1.25	6.94	7.00	9.00	4.50	7.00
5	5.00	.69	11.00	1.38	8.31	8.00	10.25	5.00	8.00
6	6.00	.75	12.50	1.44	9.69	8.50	11.50	5.50	9.00
8	8.00	.81	15.00	1.62	11.94	10.00	14.00	6.00	11.00
10	10.00	.94	17.50	1.88	14.06	11.50	16.50	7.00	12.00
12	12.00	1.00	20.50	2.00	16.44	13.00	19.00	8.00	14.00
14 OD	13.25	1.12	23.00	2.12	18.94	15.00	21.50	8.50	16.00
16 OD	15.25	1.25	25.50	2.25	21.06	16.50	24.00	9.50	18.00
18 OD	17.00	1.38	28.00	2.38	23.31	18.00	26.50	10.00	19.00
20 OD	19.00	1.50	30.50	2.50	25.56	19.50	29.00	10.50	20.00
24 OD	23.00	1.62	36.00	2.75	30.31	22.50	34.00	12.00	24.00
30 OD	29.00	2.00	43.00	3.00	37.19	27.50	41.50	15.00	30.00

[a] ANSI B16.1–1989.

47 Flanges de tubos de aço fundido, furos para parafusos e seus comprimentos[a], 250 LB — Norma americana

Dimensão nominal do tubo	Diâmetro do flange	Espessura do flange, Mín.	Diâmetro da face elevada	Diâmetro da circunferência do parafuso	Diâmetro dos furos para parafusos	Número de parafusos	Tamanho dos parafusos	Comprimento dos parafusos	Comprimento da porta roscada com 2 porcas
1	4.88	.69	2.69	3.50	.75	4	.62	2.50	...
$1\frac{1}{4}$	5.25	.75	3.06	3.88	.75	4	.62	2.50	...
$1\frac{1}{2}$	6.12	.81	3.56	4.50	.88	4	.75	2.75	...
2	6.50	.88	4.19	5.00	.75	8	.62	2.75	...
$2\frac{1}{2}$	7.50	1.00	4.94	5.88	.88	8	.75	3.25	...
3	8.25	1.12	6.69	6.62	.88	8	.75	3.50	...
$3\frac{1}{2}$	9.00	1.19	6.31	7.25	.88	8	.75	3.50	...
4	10.00	1.25	6.94	7.88	.88	8	.75	3.75	...
5	11.00	1.38	8.31	9.25	.88	8	.75	4.00	...
6	12.50	1.44	9.69	10.62	.88	12	.75	4.00	...
8	15.00	1.62	11.94	13.00	1.00	12	.88	4.50	...
10	17.50	1.88	14.06	15.25	1.12	16	1.00	5.25	...
12	20.50	2.00	16.44	17.75	1.25	16	1.12	5.50	...
14 OD	23.00	2.12	18.94	20.25	1.25	20	1.12	6.00	...
16 OD	25.50	2.25	21.06	22.50	1.38	20	1.25	6.25	...
18 OD	28.00	2.38	23.31	24.75	1.38	24	1.25	6.50	...
20 OD	30.50	2.50	25.56	27.00	1.38	24	1.25	6.75	...
24 OD	36.00	2.75	30.31	32.00	1.62	24	1.50	7.50	9.50
30 OD	43.00	3.00	37.19	39.25	2.00	28	1.75	8.50	10.50

[a] ANSI B16.1–1989.

ÍNDICE

A

Acúmulo de, 325-327
Ajuste:
    com acionamento médio, 331
    com folga, 320, 322
    com interferência, 320, 322, 328-330
    de posicionamento
        com folga, 331
        com interferência, 331
        incerto, 331
    deslizante, 331
    em linha, 320, 322
    estreito, 331
    forçado, 331
    giratório, 331
    incerto, 320, 322, 328-330
    livre, 331
Ajustes preferenciais, 329-331
Ajustes, sistema métrico de, 327-330
Alargamento, 306-307
    interno, 305-306
Algoritmo de *ray tracing*, 176-177, 179
Alinhamento de vistas, 135, 137
Altura, 105-107
    do filete, roscas de parafuso, 350-351
American National Standard Drafting Manual-Y14, 26-27, 402-403
American National Standards Institute (ANSI), 26-27, 259
    ajustes de roscas, 353-355
    contraporcas, 372-374
    limites e ajustes, 324-326
    parafusos para madeira, 376-377
    roscas para tubos, 363-365
American Society for Engineering Education (ASEE), 26-27
American Society Mechanical Engineers (ASME), 26-27
Análise por método de elementos finitos, 28, 35-37
Anéis de aço temperado, 306-307
Angulares, 324-326
Ângulo da rosca, roscas de parafuso, 350-351
Ângulo de saída, 299-300
Ângulos, 79-80, 115-117, 338, 340
    bissetriz de um, 80-82
    cotando, 269-270
    diédricos, 231-232
    em vista isométrica, 163-165
    escolhendo para as fugantes, 168-169
    tolerâncias de, 338, 340
Arcos, 80-81
    cotando, 269-270
    em vista isométrica, 160, 162
    esboçando, 58-60, 62
Arestas, 115-117
    e vistas em corte, 189-190, 192
    inclinadas, 115-117, 119
    normais, 115-116
    por convenção, 133-135
    quaisquer, 115-117
Armazenamento óptico, 45-47
Arredondamentos, 130-131, 133, 301-302
    cotando, 269-270
Arredondamentos internos, 130-131, 133, 301-302
    cotagem, 269-270
As seis vistas principais, 105-107
AutoCAD (release 26-27), 100-101, 282
AutoCAD (release 28), Tolerância Geométrica com o, 339
Avanço, roscas de parafuso, 350-351

B

Babbage, 34-35
Bainhas, para chapas de metal, 233-235, 237
Barramento, 37-38
Base de dados única, 28
Berol rapidesign 925, 68-70
Biblioteca de dispositivos de fixação, 370-371
BIOS, 38, 40
Bits, 36-38
Briggs, Robert, 363-364
Broca para abrir furo roscado, 353-355
Brochamento, 305-306
Byte, 37-38

C

Cabeças de parafusos, tipos de, 366
CADMAX Consulting, 400
Caixa:
    de machos, 299-300
    de projeção, 107-110
Calibre:
    "passa-não-passa", 307-309
    externo de mola, 307-308
    fixo, 307-309
    interno de mola, 307-308
Caneta óptica, 41-42
    Mouse, 38, 40-41
    tecnologia de reconhecimento de voz, 41-42, 44
    telas sensíveis ao toque, 41-42
    trackball, 40-42
Carburação, 311-312
Carro lunar, 17-19
CD-ROM, 45-47
Central de torneamento vertical e horizontal, 305
Centros dos eixos, 290-291
Chanfro
    cotagem de, 287-290
    em porcas e parafusos, 352-353
Chapa metálica:
    bainhas e juntas para, 233-235, 237
    leiaute automático de peças de, 239-243
Chaveta:
    chata, 377-378
    de cabeça, 377-378
    de cabeça em cunha, 377-378
    Pratt & Winthney (P&W), 377-378
    quadradas, 377-378
    Woodruff, 377-378
Chavetas, 377-378
    quadradas, 377-378
Cianuretação, 311-312
Ciclóide, desenhando uma, 93-95
Cilindricidade, 340-341
Cilindros, 94-95, 128-131, 133
    cotas de dimensão de, 270, 272-273
    e elipses, 128-130
    interseções e tangência, 129-131
Circularidade, 338, 340-341
Círculo(s), 80-81
    centro de, 84-85
    construção, 82-85
    desenhando, 58-60, 62
    envolvente de, desenhando, 92-93
    por três pontos, 82-84

Circunferência, 80-81
    de parafusos, 274, 276
    maior, 242-244
Com dois pontos de fuga, 172-175
Com três pontos de fuga, 173-175
Com um ponto de fuga, 172-175
Composição, 71-73
Computadores
    hardware, 34-35
    sistemas operacionais, 34-35
    sistemas/ componentes, 34-35
    software, 34-35
    tipos de, 34-37
    analógicos, 34-35
    digitais, 34-35
Conceitos e idéias, 18-20
Concepção de projetos, 16-17
Condição de máximo material, 336-338, 340
Cone, 94-95
Conicidade por unidade de diâmetro, 287-290
Conicidades:
    padronizadas de máquinas, 287-290
    cotagem das, 287-290
Contornos e arestas invisíveis, 123-126
    nas vistas auxiliares, 226-228
    nas vistas em corte, 189-190, 192
    nos desenho de pespectiva, 160, 162-163
Contraporcas, 372-373
Contraporcas/dispositivos de travamento, 372-374
Controle numérico, 35-37
Convenções de rotação, 140-142
Cópias impressas, 42, 44
Corte:
    de metal, 307-309
    em perspectiva isométrica, 206-207
    pleno, 188, 195-197
Cortes:
    auxiliares, 226-228
    compostos, 199-201
    em perspectiva cavaleira, 206-207
    parciais, 197-199
    rebatidos, 199, 201, 204-205
Cotagem
    combinada, 263-264
    completamente métrica, 263-264
    de limite único, 324-326
    de posicionamento verdadeiro, 333-337
    decimal completa, 263-264
    dual, 264-267
    em isométrica, 165-167
    por coordenadas, 292-293
    semi-automática usando CAD, 282
Cotas, 259-283
    acertos e erros da prática do projeto, 295-298
    acertos e erros, 293-295
    ângulos, 269-270
    arcos, 269-270
    arredondamentos externos, 269-270
    arredondamentos internos, 269-270
    auto-avaliação sobre cotagem, 295, 298
    centros dos eixos, 290-291

chanfros, 287-290
chavetas, 290-291
com notas, 285-287
conicidades, 287-290
corda, 290-291
curvas, 278-280
de ajuste, 277-280
de dimensão, 270, 272-278
    cilindros, 270, 272-273
    furos, 272-274
    prismas, 270, 272
de forjamento, 278-280
de modelagem, 278-280
de posição, 270, 272-276
de referência, 274, 276, 325-327
decimal, 262-264
decomposição geométrica, 269-270, 272
dobras de chapas metálicas, 290-292
dual, 264-267
escolha das, 259-260
formas com extremidades arredondadas, 280-283
fracional, 262-263
indicadores, 261-262
lineares, ao longo de superfícies curvas, 290-291
linhas de chamada, 260-261
    posicionamento das, 267-269
linhas usadas na, 260-261
marcas de acabamento, 281, 283-286
métricas, 262-263
metros, 264-267
milímetros, 264-267
normas, 291-292
orientação das cotas, 262-263
para usinagem, 278-280
pés, 264-267
polegadas, 264-267
posicionamento de, 259-260, 267-269
roscas, 285-287
setas, 260-262
símbolos, 274-278
símbolos da textura superficial / características da superfície, 284-287
superfícies recartilhadas, 290-291
supérfluas, 281, 283-284
tabulares, 291-292
técnica de cotagem, 265
    aprender, 259-261
tolerânica, 260-262
valores das cotas, 264-267
    arredondamento, 263-264
Crista, roscas de parafuso, 350-351
Cumulativas, 326-327
Curvas, 127-128
    cotagem de, 278-280
    em vistas isométricas, 165-167
    plotando, 223-226
Curvas tangentes, traçando, 88, 90

D

Da Vinci, Leonardo, 25-26
De fixação, 309-311

De forma:
    para características individuais, 338, 340-342
    para características relacionadas, 341-345
De letras/ palavras, 71-73
De posição e forma, símbolos para, 330-333
Decomposição geométrica, cotagem por, 269-270, 272
Denominação de tamanhos, 320, 322
Descrição da contagem, 259
Desenhando, 363-364
    cotas com, 327-328
    uma vista auxiliar, 220
Desenho:
    assistido por computador (CAD), 16, 26-27, 28, 35-37
        configurações de sistemas, 36-50
        veja também sistemas CAD
    de conjunto geral, 389-392, 394
        cortes, 390, 392
        cotas, 390, 392-393
        identificação, 393
        linhas invisíveis, 390, 392
        vistas, 390-392
    de engenharia, 26-27
    de leiaute, 20-21
    de pespectiva, 154-186
        computação gráfica, 175, 177
        conjuntos explodidos, 166-168
        contornos e arestas invisíveis, 160, 162-163
        linhas de centro, 160, 162-163
        sombreado, 175, 177
    mecânico, 26-27
    técnico, 24-27
        moderno, 25-27
        os primeiros, 24-26
Desenhos:
    e métodos de fabricação, 298-300
    leitura, 26-29
    comunicação através de, 24-25
    de conjunto, 388-389
    de detalhe, 388-389
    de execução, 387-447
        desenho de conjunto para execução, 395-397
        desenho para patente, 388-389
        legenda, 397-399
        lista de peças, 392, 394-396
        numeração, 397-399
        representação simplificada, 402-403
        revisando, 399, 402-403
        verificação, 399, 402
        vistas seccionais do conjunto, 395-397
    de instalação ou de montagem, 396-399
    para patente, 388-389, 402-404
    para verificação de montagem, 396-397
Desenvolvimento(s), *veja também* Interseções; Sólidos
Desenvolvimento (s):
    aplicações práticas de, 233-235, 237
    de um plano e um cilindro oblíquo, 238, 241-242
    de uma coifa e uma chaminé, 241, 243

de uma peça de transição conectando tubulações retangulares no mesmo eixo, 242-244
  definição de, 232-234
  e interseções, 232-246
  terminologia, 232-234
  triangulação, 241-244
Diagramas de corpo livre, 27, 29
  efetivo, roscas de parafuso, 350-351
  maior, roscas de parafuso, 350-351
  menor, roscas de parafuso, 350-351
Diferença, 95-96
Dimensão nominal, 320, 322
Dimensões-limite, 320
Discos:
  ópticos, 45-47
  rígidos, 44-46
  Zip, 45-47
Dispositivos de armazenamento de dados, 44-48
  CD-ROM, 45-47
  discos, 44-47
  fita magnética, 45-48
Dispositivos de entrada, 38, 40-42, 44
  joystick, 41-42
  tablet de digitalização, 40-41
  teclado, 38, 40
Dispositivos de fixação, 364-378
  computação gráfica, 382-384
  contraporcas e outros dispositivos de travamento, 372-374
  miscelânia de, 376-378
  parafuso de máquina, 366, 374-376
  parafusos com porca, 364-369, 372
  parafusos de cabeça, 364-366, 369, 372-375
Dispositivos de saída, 42, 44-46
  impressoras a jato de tinta, 42, 44-45
  impressoras laser, 42, 44-45
  impressoras matriciais, 42, 44-46
  plotagem matricial, 42, 44-45
  plotters de pena, 42-45
  plotters eletrostáticos, 42, 44-45
Disquetes, 44-46
Dobras de chapas metálicas, 290-292

E

Eixo, 94-95
  da rosca, rosca de parafuso, 350-351
Eixos isométricos, posições de, 168-169
Elemento, 232-234
Elipse(s):
  cilindros e, 128-130
  construção pelo círculo concêntrico, 88, 91
  construindo uma, 86-91
  encontrando os eixos de uma, dados os diâmetros conjugados, 86-91
  esboçando, 58-61
  falsa, desenhando uma, 88, 91
  isométricas, 160-162
  plotadas, 223-225
  usando gabaritos de, 92-93

Elipsóide, 233-234
  prolato, 94-95
Endurecimento, 311-312
Engenharia assistida por computador (CAE), 34-35
Epiciclóides, 93-95
Equador, 242-244
Equipamentos de usinagem, 301-305
  central de torneamento vertical e horizontal, 305
  fresa de broquear, 303-305
  fresadora, 302-304
  furadeira de coluna, 302-303
  plaina de mesa, 303-305
  plaina limadora, 303-305
  retificadora, 305
  torno, 301-302
Esboço:
  da idéia inicial, 16
  de leiaute, 20-21
  técnico, 26-27, 54-60, 63
    circunferências, arcos, 58-60
    elipses, 58-60
    escala, 54-56
    estilos de linhas, 56-59
    instrumentos, 54-56
    modelamento paramétrico, 72
    técnicas de linhas, 54-57
    tipos de, 54-56
Esboços:
  escala dos arquitetos, 141, 147
  escala dos engenheiros mecânicos, 144-145, 147
Escala:
  do desenho, 259-260
  e esboços técnicos, 54-56, 142, 144, 153
  especificando, 144-145, 147
Escalas:
  de polegadas e pés, 141, 147
  decimais, 142, 144
  métricas, 141-147
Escareamento, 306-307
Esfera, 94-95
  em isométrica, 165-167
Espaçamento:
  de palavras, 71-73
  entre vistas, 109-110
Especificação:
  de tolerâncias, 323-326
  para porcas e roscas, 368-369, 372
Espiral de Arquimedes, 91-93
Esquadro regulável, 307-309
Estendido, 291-292
Estilos de linhas, 56-59
Estilos-filho, AutoCAD (versão 26-27), 282
Estilos-pai, AutoCAD (versão 26-27), 282
Evolvente, desenhando, 92-93
Extrusão, 95-96

F

Fabricação, dispositivos de medição usados, 307-309
Fabricante do modelo e o desenho, 299-301

Face elíptica inclinada, mostrando em verdadeira grandeza, 223-224
Faceamento pontual, 306-307
Faces, 93-95, 113-116, 118-120
  curvas, 127-128
  identificando, 119-122
  inclinadas, 114-115
  normais, 114-115
  quaisquer, 115-116
    verdadeira grandeza de, 228, 230-232
Ferramentas de usinagem a laser, 307-310
Fita magnética, 45-48
Flanco, roscas de parafuso, 350-351
Flash ROM, 38, 40
Flat shading, 176
Folga admissível, 320, 322
Folga para dobra, 291-292
Forjamento, 311-312
Formas de extremidades arredondadas, cotando, 280-283
Formatos de papel, 141-142
Forno de machos, 299-300
Frações, linhas-guia para, 68-70
Fresa de broquear, 303-305
  vertical, 303-305
  horizontal, 303-305
Fresadora, 302-304
Fresadoras de engrenagens helicoidais, 302-304
Fundição:
  em molde de areia, 299-300
  por centrifugação, 301-302
  sob pressão, 301-302
Furadeira:
  de coluna, 302-303
  de coluna de múltiplas brocas, 302-303
  de coluna radial, 302-303
  de gabarito, 303-305
Furo de machos, 299-300
Furos, 306-307
  cotando as dimensões, 272-274
  representando, 132
  rosqueados, 366

G

Gabaritos de guia, 309-311
Gaveteiro, esboçando, 59-60, 63
Geometria descritiva, 25-29
Geratriz, 232-234
Gouraud shading, 176
Gráfica computacional, 16, 26-27
  desenho de pespectiva, 175, 177
  vistas auxiliares, 245-246
  vistas em corte, 206-207
Grau de tolerância, 328-330
Gudea, 24-25

H

Habilidade gráfica, 16-17
  benefícios da, 27-29
Hachurado externo, 191-192, 194

Hachuras, 189-196
   e cotas, 191-192, 194
   hachurado externo, 191-192, 194
   métodos de, 196
   padrões de hachuras, 190-191
Hardware, 34-35
Hélice, desenhando uma, 91-93
Hiperbolóides, 233-234
Hipociclóides, 93-95

I

IBM Thinkpad, 21-24
IGES (Initial Graphics Exchange Especification), 49
Impressoras a jato de tinta, 42, 44-45
Impressoras laser, 42, 44-45
Inclinados, 67-69
Indicadores, 350-351
Industrial Fastener Institute (IFI), 350
Instrumentos de desenho, 24-25
Interna, 357-359
International Organization for Standardization (ISO) 259, 327-328, 350
Interseção(ões):
   de um plano e um cilindro, e desenvolvendo o cilindro, 237-238
   de um plano e um cone, e o desenvolvimento, 238, 241-242
   de um plano e um prisma oblíquo e desenvolvendo o prisma, 238
   de um plano e um prisma desenvolvendo o prisma, 233-237
   de um plano e uma esfera, e desenvolvimento aproximado da esfera, 242-245
   de um plano e uma pirâmide, e o desenvolvimento resultante, 238, 241-242
   definição de, 232-234
   princípios de, 233-235, 237
   um plano e um cilindro oblíquo, 238, 241-242
Irregulares, objetos, 163-164
   esboçando, 63-64

J

Jarda, 259
Joystick, 41-42
Juntas, para chapas de metal, 233-235, 237

L

La géométrie descriptive (Monge), 25-26
Largura, 105-107
Leitura
   de cópias heliográficas, 26-27
   de desenhos, 26-29, 121-122
Letras e numerais
   inclinados, 67-69
   verticais, 65-66
Letreiros, 63-73
   a lápis, 65-67
   à mão livre, 63-65
   espaçamento de letras/palavras, 67
   estáveis, criando letras que parecem, 70-71
   frações, 68-70
   inclinados, 67-69
   linhas-guia, 68-70
   números inteiros, 68-70
   padrões de, 63-65
   por computador, 63-65
   praticando, 67
   técnicas de, 63-65
   títulos, 71, 73
   títulos de desenhos de execução, 397-399
   verticais, 65-67
Life-link international, 203
Linearidade, 338, 340
Linha:
   de base, 274-276
   de molde, 290-291
   de rebatimento, usando uma, 111
   de terra, 171-173
   externa de molde, 291-292
   interna de molde, 290-291
   neutra, 291-292
Linha(s), 79
   de centro, 127-128, 260-261
   de dobra, 291-292
   dividindo em partes proporcionais, 83
   estilos de, 56-59
   evolvente, desenhando, 92-93
   paralelas, 79
   precedência de, 122, 124
   significado de, 116, 118-120
   técnicas de, 54-57
   usadas na cotagem, 260-261
   verdadeira grandeza de, 54-57
   vista de topo de, 228, 230-231
Linhas:
   lista de peças, 392, 394-396
   fugantes:
      comprimento das, 168, 170-171
      escolhendo o ângulo das, 168-169
   à mão livre, desenhando, 54-57
   de centro, em desenho de perspectiva, 160, 162-163
   de chamada, 260-261
   de cota, 260-261
      posicionamento das, 267-269
   de dobra, 218-219
   de ruptura convencionais, 205-206
   de visada, 27, 29
   -fantasma, 363-364
   finas, 56, 58-59
   grossas, 56, 58-59
Lockheed Martin Missiles & Space, Marine Systems Group, 23-24
Looping, 16-17

M

Macho:
   de abrir roscas, 306-307
   de areia verde, 299-300
   de areia seca, 299-300

Manual de padronização de engenharia, 20-21
Manufatura assistida por computador (CAM), 34-35
Manufatura integrada por computador (CIM), 34-35
Marcação do macho, 299-300
Marcas de acabamento, 281, 283-286, 300-301
Marine Systems Group, Lockheed Martin Missiles & Space, 23-24
Matéria-prima, 295-298
Materiais para desenho, 141-142
Mediatriz, construindo, 82-84
Medições precisas, 144-145, 147
Medida da corda, 290-291
Meias vistas auxiliares, 224-228
Meio corte, 192-194, 197
Memória apenas de leitura (*read only memory* – ROM), 37-39
Memória de acesso aleatório (*random access memory* – RAM), 37-38
Meridiano, 242-244
Metalurgia do pó, 301-302
Método:
   de colchetes, de cotagem dual, 264-267
   de posição, cotagem dual, 264-267
   de projeção, 105-108
   de tolerância de ângulo básico, 338, 340
   do calibrador, para desenhar elipse, 61
   policilíndrico, 244-245
   policônico, 244-245
Metros, 259, 264-267
Micrômetro, 307-309
Milar, 141-142
Milímetros, 264-267
Miscelânia de dispositivos de fixação, 376-378
Modelamento paramétrico, 28, 72
Modelo 3-D, vistas ortográficas de um, 123
Modelos, 16-17, 20-23, 119-122
   paramétricos, 72
Mola de compressão, 381-382
Molas, 380-382
   computação gráfica, 382-383
   belleville, 381-382
   de folha, 381-382
   de torção, 381-382
   de tração, 381-382
   em voluta, 381-382
   helicoidais, 381-383
      desenhando, 382-383
   planas, 381-382
Moldagem:
   por compressão, 311-312
   por extrusão, 311-312
   por injeção, 312-313
   por transferência, 312-313
Moldagem a sopro, 311-312
   por estiramento, 311-312
   por extrusão, 311-312
   por injeção, 311-313
Monge, Gaspar, 25-26

Monitores de varredura matricia, 38, 40
Montagem seletiva, 320, 322
Mouse, 38, 40-41

N

Nervuras em cortes, 199, 201, 204-205
Nitruração, 311-312
Normalização, 311-312
Normas, 16
    cotagem, 291-292
    de desenho, 26-27
Notas:
    cotas com, 285-287
    genéricas, 285-287
    locais, 285-287
Numerais:
    números dos desenhos, 397-399
    números inteiros, linhas-guia para, 68-70

O

Object Snaps, 97-100-101
Objetos:
    descrição da dimensão, 259
    vistas de, 105
Oblato, elipsóide, 94-95
Operadores booleanos, 95-96, 98
Os primeiros desenhos técnicos, 24-26

P

Padrão Briggs, 363-364
Padronizadas, 366-370
Padronizados, 375-377
Palavra, 36-38
Papel isométrico, desenhando em, 160, 162-163
Papel quadriculado azul, 141-142
Paquímetro, 307-309
Parafuso de cabeça, 364-366
    padronizado, 373-375
    quadrada, desenhando, 372-373
    sextavada, desenhando, 369, 372
Parafusos com porca, 364-369, 372
    acabamento, 366-368
    comprimento, 368-369
    comprimentos de rosca, 367-368
    especificação para, 368-369, 372
    padronizados, 366-370
        desenhando, 368-369
    proporções, 367-368
    quadrados, desenhando, 372-373
    roscas, 367-368
    sextavados, desenhando, 369, 372
    tipos de, 366-367
Parafusos de fixação, 366
Parafusos de máquina, 366
    padronizados, 374-376
Parafusos para madeira, 376-377
Parafusos-prisioneiros, 364-366
Paralelepípedo, 93-95
Paralelogramo, 79-80
Parciais, 224-227

Passo, roscas de parafuso,350-351, 355-356
Passos de roscas, 355-356
Peças de transição, 241-243
Peças simétricas, 140-141
Perfil, 341-342
Perfil de roscas, roscas de parafusos, 350-351
Perfis pré-fabricados, 301-302
Perspectiva
    cabinet, 168, 170-171
    cavaleira, 618
        criando, 170-171
Perspectiva cônica:
    angular, 172-173
    axonométricas, 54-56, 155-177, 179
    cavaleiras, 54-56, 146, 166-169
    com dois pontos de fuga, 172-173,175, 177
    com três pontos de fuga, 173-174
    com um ponto de fuga, 172-173
    isométrica, 155-177, 179
        em corte pleno, 206-207
        em meio corte, 206-207
    paralela, 172-173
Perspectivas cônicas, 54-56, 155, 171-175, 177
    desenhos de, 171-173
    princípios gerais, 171-173
    dimétricas, 155
    trimétricas, 155
Pés, 264-267
Phong shading, 176-177, 179
Pi (π), 80-81
Pino cônico, 378-380
Pino-manilha, 378-380
Pinos, 378-380
    de encaixe, 378-380
Pirâmide, 93-95
Píxeis, 38, 40
Placa-mãe, 37-38
Placas de circuito impresso, 34-35
Plaina de mesa, 303-305
Plaina limadora, 303-305
Planicidade, 338, 340
Plano, 113-115
    definição de, 233-234
    vistas de topo de, 228, 230-232
    secante, 188
    auxiliar, 218-219
    de projeção, 27, 29, 107-108
    de referência, 218-219, 221
    do desenho, 171-173
    do horizonte, 27, 29, 171-173
    geometral, 171-173
Planos paralelos, 117, 119
Plásticos de termocura/termoplásticos, 311-312
Plotters:
    de pena, 42, 44-45
    eletrostáticos, 42, 44-45
Polegadas, 264-267
Poliedro regular, 93-95, 233-234

Poliedros, 93-95, 233-234
    desenvolvimento de, 233-235, 237
Polígono regular, 80-81
Polígonos, 80-81
    circunscritos, 80-81
    inscritos, 80-81
Pólos, 94-95
Ponto:
    de fuga, 172-173
    de vista, 171-173
Pontos, 79, 116, 118
Porcas, 366-370, 368-373
    parafusos de fixação, 364-366
    parafusos para madeira, 376-377
    parafusos-prisioneiro, 375-377
    parafusos, 364-366
    posicionais, 333-337
    precedência de, 122, 124
    primária, 218-219
Princípios do projeto, 16
Prisma truncado, 93-95
Prismas, 93-95
    cotas de dimensão, 270, 272
Processamento
    de imagens, 36-37
    de plásticos, 311-312
Processo de investimento, 301-302
Processo de projeto, 16-17
    conceitos e idéias, 18-20
    de um novo produto, 21-24
    identificação do problema, 17-19
    modelos e protótipos, 20-23
    soluções de compromisso, 19-21
Processos:
    de fundição, 301-302
    de produção, 295-298
    de usinagem, 327-328
Processos/métodos de fabricação, 295-302
    arredondamentos externos, 301-302
    arredondamentos internos, 301-302
    brochamento, 305-306
    dispositivos de medição usados em manufatura, 307-309
    e o desenho, 298-300
    fabricante do modelo, e o desenho, 299-301
    forjamento, 311-312
    fundição em molde de areia, 299-300
    furos, 306-307
    gabarito de fixação, 309-311
    gabarito de guia, 309-311
    metalurgia do pó, 301-302
    moldagem a sopro, 311-312
    moldagem por compressão, 311-312
    moldagem por extrusão, 311-312
    moldagem por injeção, 312-314
    moldagem por transferência, 312-313
    perfis pré-fabricados, 309-311
    processamento de plásticos, 311-312
    prototipagem rápida, 313-315
    soldagem, 309-311
    thermoforming, 313-314
    tratamento térmico, 311-312

usinagem sem cavacos, 307-310
Profundidade, 105-107
Programas aplicativos, 34-35
Projeção:
    cilíndrica, 27, 29
    cônica, 27, 29
    no primeiro diedro, 135, 137-140
    no terceiro diedro, 135, 137-140
    ortográfica, 107-155
Projeções, 25-27, 29-30
    classificação por, 30
Projetando uma terceira vista, 122, 124, 124-125
Projetando, usando um plano de referência, 222
    construção reversa, 224-226
    de largura, 223-225
    desenhando, 220
    planos de referência, 218-219, 221, 222
    secundária, 218-219
    sucessivas, 226-228, 230
    uso de, 227-228, 230-232
        verdadeira grandeza de uma face qualquer, 228, 230-232
        verdadeira grandeza de uma reta, 227-230
        vista de perfil de um plano, 228, 230-232
        vista de topo de uma reta, 228, 230-231
Projetantes, 107-108, 171-173
Projetista de molde, e o desenho, 299-301
Projeto assistido por computador (CAD), 16, 26-28
    veja também sistemas CAD
    científico, 16
    de um novo produto, 21-24
        conceitos e idéias, 21-23
        identificação do problema, 21-23
        protótipos, 22-24
        solução de compromisso, 21-24
    empírico, 16
Proporções, mantendo as, 59-60, 63-64
Prototipagem rápida, 27-29, 313-315
Protótipos, 16-17, 20-24
Puck, 40-41

Q

Quadrado, evolvente de, desenhando, 92-93
Quadrados, desenhando, 372-373
Quadriláteros, 79-81
Qualidade de trabalho, 328-330

R

Raios visuais, 171-173
Raiz, roscas de parafuso, 350-351
Rasgo de chaveta (do cubo), 377-378
    cotando, 290-291
Rasgo de chaveta (do eixo), 377-378
Rasterização, 42, 44-45
Rebaixamento de furos, 306-307

Rebites, 378-381
    cegos, 380-381
    de campo, 378-380
    de oficina, 378-380
    métricos, 379-380
    pop, 380-381
Recozimento, 311-312
Redes locais (Lans), 35-37
Referência, 274-276
Régua de aço, 307-309
Renderização, 176
    representação detalhada da, 359-360, 364
    representação esquemática, 356-357
    representação gráfica para engenharia ou representação gráfica de projetos de engenharia, 26-27
Retificadora, 305
Revolução, 95-96
Rosca:
    ACME, 352-353
    de 12 filetes, 265
    de 16 filetes, 352-353
    de 8 filetes, 352-353
    de parafuso unificada, 350
    em "V", 351-352
    em dente de serra, 352-353
    externa:
        simbologia para, 357-358
    fina, 352-353
    grossa, 352-353
    interna:
        simbologia, 357-359
    quadrangular, 352-353
        representação detalhada de, 362
    redonda, 352-353
    sem-fim padronizada, 352-353
    unificada, 350
        ajustes, 353-355
    Withworth, 352-353
Roscas:
    cotagem de, 283
    direitas, 355-356
    em montagens, 363-364
    esquerdas, 355-356
    linhas-fantasma, uso de, 363-364
    métricas, 352-355, 359
        ajustes de, 353-355
    múltiplas, 355-357
    para tubo afilado, 363-365
    para tubo reto, 363-365
    para tubos, norma americana, 363-365
    passo, 355-356
    rosca americana, 351-359
        ajustes de, 353-355
    simples, 355-356
    simbologia, 82-87
    desenhando, 363-364
Roscas de parafusos:
    definição de, 350-351
    em isométrica, 165-167
    especificação de roscas, 353-355
    padronizadas, 350

    perfis, 351-353
    séries de roscas, 352-353
    terminologia, 350-351
    unificadas, 350-352
        ajustes de, 353-355
Rosqueamento, 306-307
Runouts, 131, 133-134

S

Sage, 35-37
Seção:
    dentro das vistas, 197-199
    fora da vista, 123-200
Segunda vista prévia, 218-219, 221
Sellers, William, 350
Série unificada de roscas extrafinas, 352-353
Séries:
    de rosca fina, 351-352
    de rosca grossa, 351-352
    de roscas, roscas de parafusos, 350-351
    extrafinas, 351-352
Setas, 260-262
Sextavadas, desenhando, 369, 372
    significado de, 116, 118-120
Simbologia de roscas, 356-359
    externa, 357-358
    representação esquemática, 356-357
Símbolos:
    combinados, 332-333
    de características geométricas, 330-332
    de cota básica, 332-333
    de especificação de referência, 332-333
    de textura superficial, 284-287
    de tolerância, 329-330
    suplementares, 332-333
Single inline memory (SIMM – memória em linha simples), 37-38
Sistema:
    alinhado, valores da cota, 262-263
    bilateral de tolerância, 323-326
    eixo-base, 322-323
    eixo-base de ajustes preferenciais, 328-330
    furo-base, 322-323
    furo-base de ajustes preferenciais, 328-330
    Internacional de Unidades (Sistema SI), 259
    unidirecional, valores da cota, 262-263
    unilateral de tolerâncias 323-324
Sistemas:
    CAD, 36-50, 259
    de gerenciamento de desenhos técnicos, 400
    decimais, 263-264
    operacionais, 34-35
Sketchpad, 35-37
Society of Automotive Engineers (SAE), 26-27
Software, 34-35
    AutoCAD Mechanical Desktop, 72
    CAD, 46-48

CATIA CAD/CAM da IBM, 21-24
Soldagem, 309-311
Sólido de revolução, 233-234
Sólidos, 93-98, 233-234
    modelamento, 94-96, 100
    operadores booleanos, 95-96, 98
Sombreado, 175, 177
Sombreamento fotorrealístico, 176-177, 179
Stylus, 40-41
Subconjunto, 389-392, 394
Superfície:
    curva reversa
    curva simples, 233-234
    definição de, 233-234
    desenvolvimento de, 233-235, 237
    de dupla curvatura, definição de 233-234
    desenvolvível, definição de, 233-234
    regrada, 232-234
Superfícies:
    curvas, 127-128
    recartilhadas, cotagem de, 290-291
Sutherland, Ivan, 35-37

T

Tablet de digitalização, 40-41
Talento artístico, e desenho técnico, 27-29
Tamanho:
    nominal, 320, 322 (320)
    real, 320, 322
Tamanhos preferenciais, 329-330
Tangência, 84-88, 90
    arco:
        desenhando um arco tangente a duas retas ortogonais, 84-86
        desenhando um arco tangente a duas retas que formam entre si ângulos agudo ou obtuso, 85-86
        traçando arcos tangentes concordantes em uma curva, 85-86, 88
        traçando um arco tangente a dois arcos, 85-86, 88
        traçando um arco tangente a um arco e a uma linha reta, 89
    "arco de gola", concordante com duas linhas paralelas, 85-88, 90
    círculo, desenhando uma tangente em um ponto, 84-85
    retas concorrentes, concordando duas, 86-88, 90
Teclado, 38, 40
Técnicas de linhas, esboço à mão livre, 54-57
Tecnologia de reconhecimento de voz
Tecnologia do circuito integrado (CI), 34-35
Telas sensíveis ao toque, 41-42
Têmpera, 311-312
    a fogo, 311-312
    por indução, 311-312
    superficial, 311-312
Thermoforming, 313-314
Títulos, letreiro, 71, 73

Tolerância:
    de angularidade, 341-343
    de cilindricidade, 340-341
    de circularidade, 338, 340-341
    de concentricidade, 341-345
    de forma:
        para características individuais, 338, 340-342
        para características relacionadas, 341-345
    de linearidade, 338, 340
    de paralelismo, 341-343
    de perfil, 340-342
    de perpendicularidade, 341-342, 344
    de planicidade, 338, 340
Tolerâncias, 319-347, 260-262
    ajustes entre peças montáveis, 320, 322
    ajustes preferenciais, 329-330
    angulares, 324-326
    condição de máximo material, 336-337
    denominação de tamanhos, 320, 322
    especificação de, 323-326
    folga admissível, 320
    folgas máximas e mínimas, determinando, 321
    geométricas, 329-337
    gerais, 323-324
    limites e ajustes da norma americana, 324-326
    montagem seletiva, 320-322
    posicionais, 333-337
    sistema eixo-base, 322-323
    sistema furo-base, 322-323
    tamanhos preferenciais, 329-330
Torno, 301-302
Toro, 94-95, 233-234
Trackball, 40-42
Traços, acentuando os, 126
Tratamento térmico, 311-312
Três dimensões principais, 105-107
Três vistas, esboçando, 136
Triangulação, 241-244
Triângulo(s), 79-80
    evolvente de, desenhar, 92-93
    retângulo, traçando, dados a hipotenusa e um lado, 80-82
    traçando, dadas as medidas dos lados, 80-82

U

União, 95-96
Unidade Central de Processamento (CPU), 36-38, 40
    comprando, 49-50
    construções e, 80-98
    dispositivos de entrada, 38, 40-42, 44
    dispositivos de exibição, 38, 40
    dispositivos de saída, 42, 44-46
    e desenho de pespectiva, 166-168
    filmes gerados por computador, 39
    leasing, 49-50

    selecionando, 49-50
    software, 46-48
    usando, 48
Usinagem:
    por descarga elétrica, 307-309
    química, 307-309
    sem cavacos, 307-310

V

Valores das cotas, 264-267
    arredondamento dos, 263-264
    veja também Esboço técnico
Velino, 141-142
Verdadeira grandeza, 218-219
    de uma face qualquer, 228, 230-232
    de uma reta, 227-230
Verticais, 65-67
Vértice, 93-95
Vértices, 116, 118, 127
VGA (video graphics array), 38, 40
Vista auxiliar:
    secundária, 218-219
    primária, 218-219
Vista de topo:
    de um plano, 228, 230-232
    de uma reta, 228, 230-231
Vista isométrica
    ângulos em, 163-164
    arcos em, 160, 162
    cotagem em isométrica, 165-167
    curvas em, 165-167
    esfera em, 165-167
    faces normal e inclinada em, 156-159
    faces quaisquer em, 156-160
    superfícies roscadas em, 165-167
Vista(s) auxiliar(es), 217-257
    ângulos diédricos, 231-232
    computação gráfica, 245-246
    cortes auxiliares, 226-228
    curvas, plotando, 223-226
    de altura, 221, 223-225
    de largura, 223-225
    de profundidade, 221, 223
    desenhando, 218-219, 221
    linhas de dobra, 218-219
    linhas invisíveis nas, 226-228
    meia, 224-228
    sucessivas, 226-228, 230
Vistas deslocadas, 134-135, 137
Vistas desnecessárias, cancelando as, 135, 137-139
Vistas em corte, 187-208
    ache os erros nas, 189-190, 192
    computação gráfica, 206-207
    corte em perspectiva isométrica, 206-207
    corte pleno, 188
    cortes compostos, 199-201
    cortes em perspectiva cavaleira, 206-207
    cortes parciais, 197-199
    cortes rebatidos, 199, 201, 204-205
    interseções em, 204-206

linha de corte, 188-193
linhas de ruptura convencionais, 205-206
meio corte, 192-194, 197
nervuras em cortes, 199, 201, 204-205
seção dentro das vistas, 197-199
seção fora da vista, 197-200
visualizando, 192-194, 197
Vistas necessárias, 110, 112-135
Vistas ortográficas, 54-56, 105-145, 147, 155
 ajustando as vistas no papel, 141-142
 alinhamento de vistas, 135, 137
 altura, 105-107
 ângulos, 115-117
 arestas, 115-117
 caixa de projeção, 107-110
 contornos e arestas invisíveis, 123-126
 de um modelo 3-D, 141-142
 interpretando vistas, 118-122
 linhas de centro, 127-128
 profundidade, 105-107
  transferindo medidas de, 109-110
 projeções no primeiro diedro, 135, 137-140
 superfícies cilíndricas, 128-131, 133
 vista frontal, orientação da, 112-113
 vistas adjacentes, 118-120
Vistas parciais, 134-135, 137, 204-205
 auxiliares, 224-227
Vistas seccionais no desenho de conjunto, 394-396
Visualização, 113-114
 largura, 105-107

W
Washington, George, 24-25
World Wide Web
 materiais gráficos de engenharia, 71-73
 PC Webopaedia, 34-35
 recursos para engenharia e projeto, 19-20
 recursos para letreiros e esboços, 46-48 (71-73)
 site da ANSI, 26-27
 site de Reid Tool, 373-374
 site de Thomas Register, 233-235, 237
 vistas em corte, exemplos de, 192-194, 197

Z
Zoneamento, 399, 402

Folha de trabalho 2.1
Lista de avaliação de CAD

Item	S/N	Tamanho/Tipo	Comentários	Cust.
Processador central				
memória (mb)				
comprimento da palavra (16/32 bit)				
cachê				
velocidade (MHz/Mips)				
tipo de barramento (eisa, vesa, pci)				
expansão/upgrade				
Sistema operacional				
32 bit				
multitarefa				
disponibilidade de software				
Dispositivos de entrada de dados				
mouse				
trackball				
digitalizador				
caneta óptica				
touch pad				
Monitor				
monocromático				
colorido				
tamanho da tela				
resolução				
Placa de vídeo				
memória				
software de suporte				
suporte para 2 monitores				
Armazenamento, disco rígido				
interface				
tempo de acesso				
capacidade				
expansão				
removível				
Manutenção				
hardware				
software				

Folha de trabalho 2.1 cont.
Lista de avaliação de CAD

Item	S/N	Tamanho/Tipo	Comentários	Cust.
Armazenamento, disco flexível				
tipo				
tempo de acesso				
capacidade				
removível				
CD-ROM				
interface				
velocidade				
capacidade				
leitura/escrita				
Sistema de backup				
tipo				
capacidade				
velocidade				
automação				
Dispositivo de saída				
tipo				
fornecido juntamente com o sistema?				
mídia				
custo por folha				
velocidade				
resolução/precisão				
colorido				
Notas				

Folha de trabalho 3.1
Desenhando linhas à mão livre

Usando os espaços à direita, desenhe à mão livre linhas de cada tipo mostradas abaixo. A primeira linha de construção já está feita para você.

⊂ LINHA DE CONSTRUÇÃO

LINHA VISÍVEL

– – – – – LINHA INVISÍVEL – – – – –

←——15——→
LINHA DE COTA

LINHA DE CHAMADA

— - — LINHA DE CENTRO — - —

↑ – - – LINHA-FANTASMA – - – ↑

↑ — - - — LINHA DO PLANO DE CORTE — - - — ↑

linha de construção	linha de construção
linha visível	linha visível
linha invisível	linha invisível
linha de cota	linha de cota
linha de chamada	linha de chamada
linha de centro	linha de centro
linha-fantasma	linha-fantasma
linhas do plano de corte	linhas do plano de corte

Desenhando linhas inclinadas

Para linhas inclinadas, mudar posição com relação ao papel ou girar um pouco o papel. Realize os mesmos movimentos para linhas horizontais e verticais.

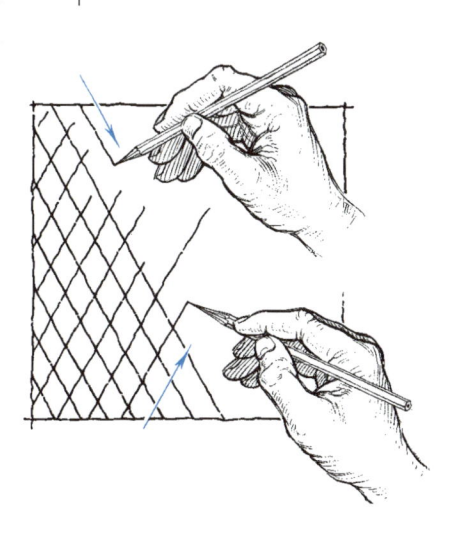

Complete a série de linhas inclinadas da figura abaixo.

Folha de trabalho 3.2
Desenhando círculos e elipses

Use as linhas de construção fornecidas abaixo para começar a desenhar círculos e elipses. Pratique esta técnica e as outras que você aprendeu para criar círculos e elipses em uma folha em branco.

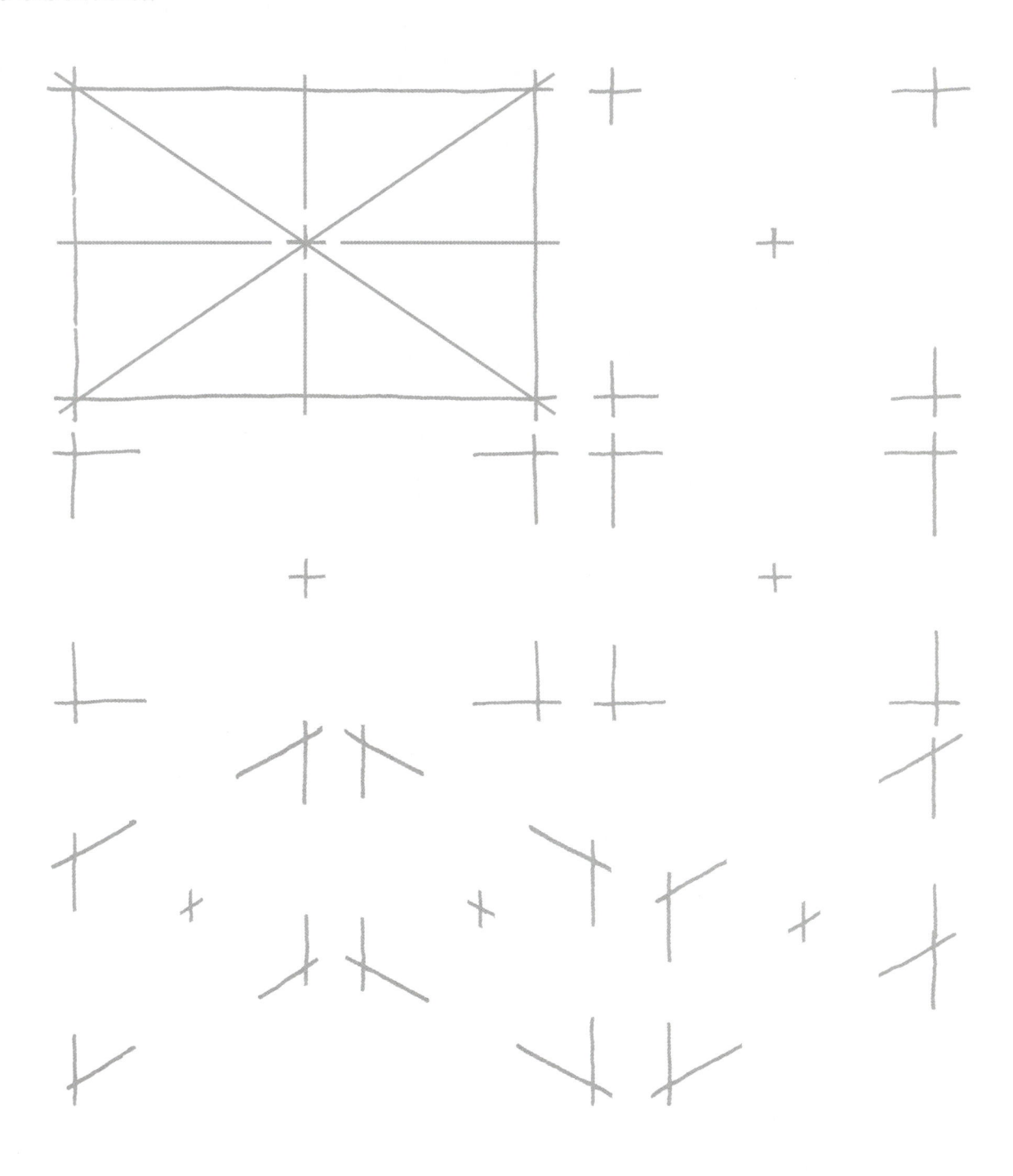

Folha de trabalho 3.3
Pratique técnicas para linha e curva

Desenhe as figuras abaixo no quadriculado fornecido.

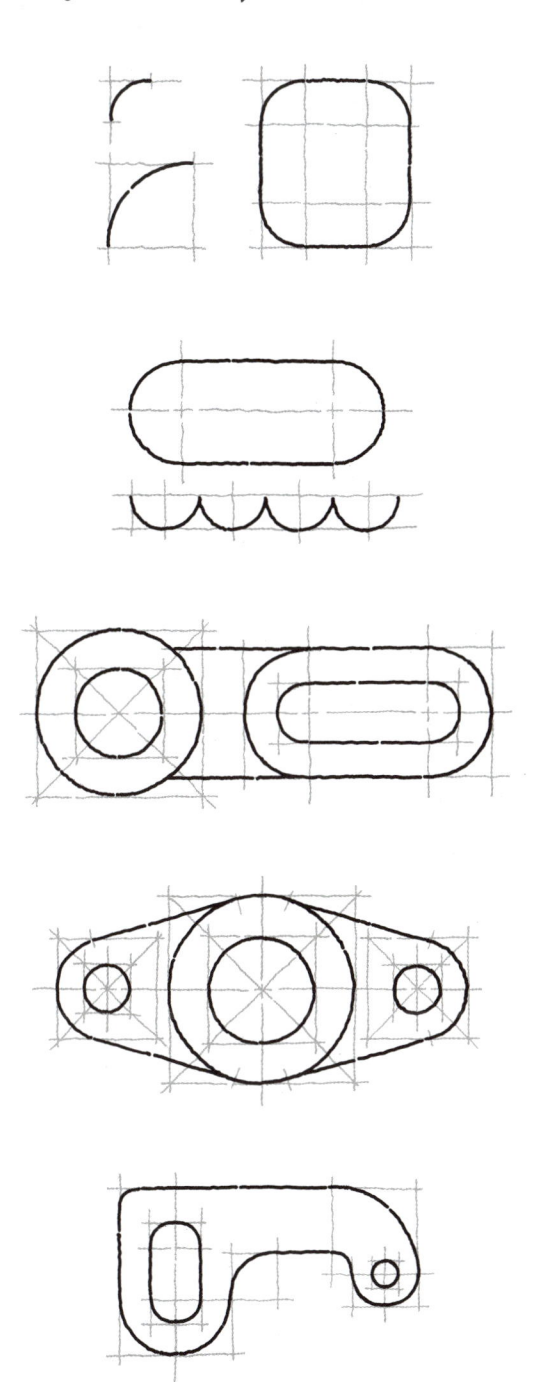

FOLHA DE TRABALHO 3.4

Folha de trabalho 3.4
Aplicando método de quadriculados

Transfira o desenho do carro mostrado à direita para o quadriculado maior abaixo usando o método de quadriculados.

Mantenha o jeito como as linhas entram e saem de cada quadriculado.

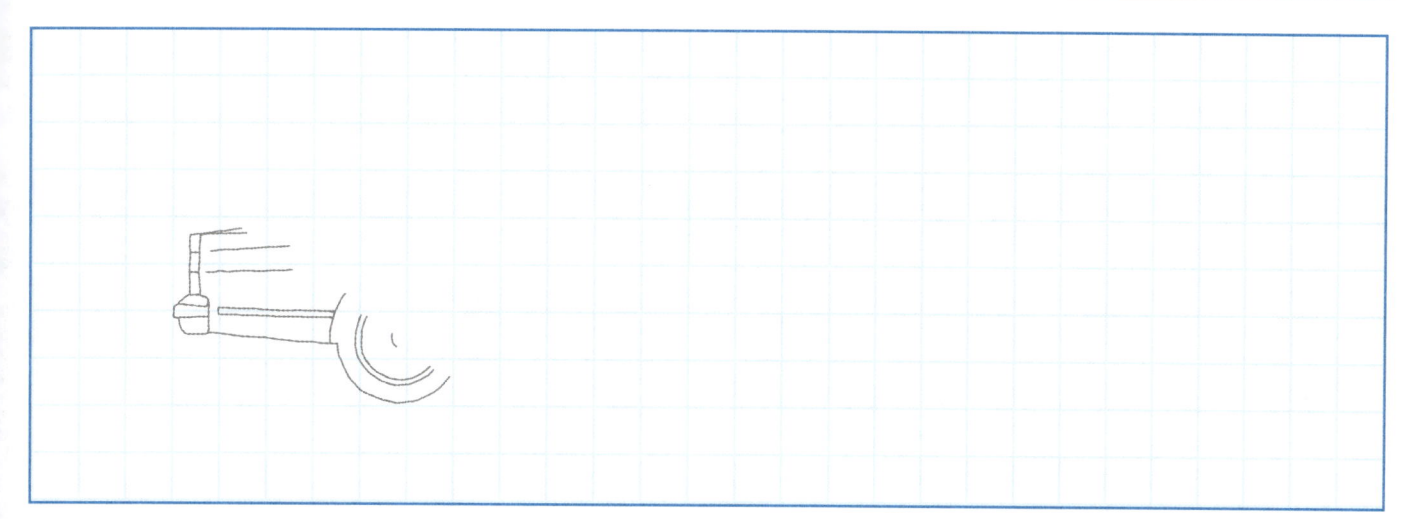

Corte uma pequena figura de uma revista ou jornal e fixe-o no retângulo ao lado.

Usando as marcas como guias, desenhe quadriculados de 1/8 polegada sobre a figura.

Utilize o mesmo processo do exercício da parte superior desta folha para transferir e ampliar a figura no quadriculado abaixo.

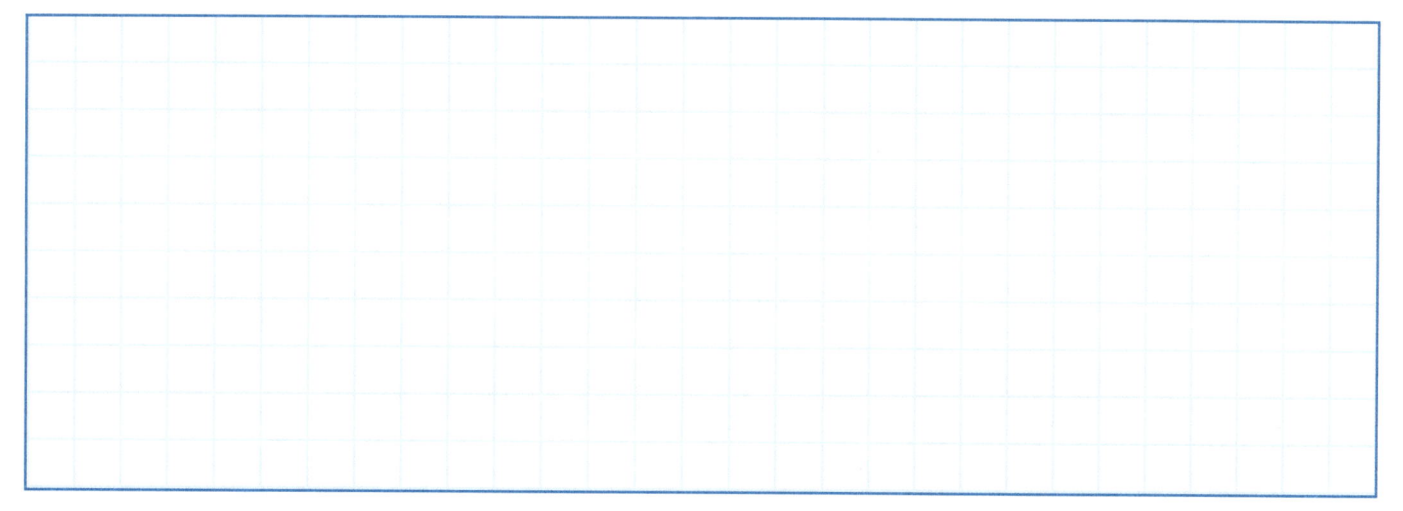

FOLHA DE TRABALHO 3.5

Folha de trabalho 3.5
Prática de letreiros verticais

Repita cada letra no quadriculado azul fornecido, tomando cuidado com relação à proporção e à direção do rabisco mostrado no exemplo. Depois, repita a letra mais uma vez no espaço em branco.

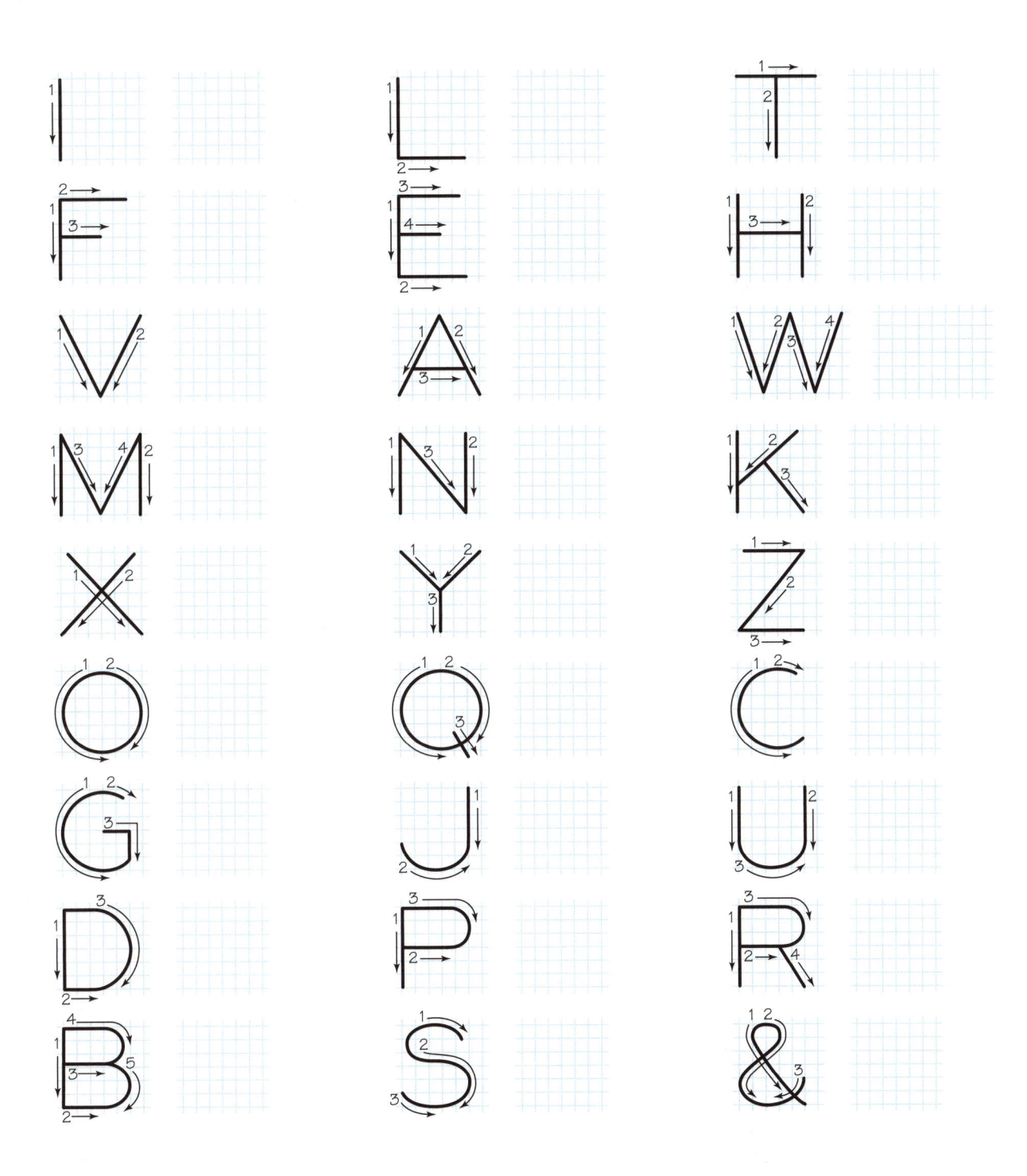

Folha de trabalho 5.1
Caixa de projeção

Orientações

O gabarito à direita mostra os planos de vista para as seis vistas rebatidas em um mesmo plano. Corte a linha contínua e dobre as linhas tracejadas para fazer a caixa. Os planos das vistas frontal e posterior foram rotulados para você. Rotule as vistas superior, lateral direita, lateral esquerda e inferior.

1. Rótulos planos de vistas com as dimensões principais que serão mostradas em cada vista. (Por exemplo, a vista frontal vai mostrar a altura e a largura de um objeto colocado dentro da caixa.)

2. Você poderia imaginar uma maneira diferente de cortar e dobrar a caixa, de modo que as vistas frontal e lateral direita ficassem alinhadas?

… FOLHA DE TRABALHO 8.1

Folha de trabalho 8.1
Caixa de projeção para vistas auxiliares

Orientações

Corte a representação em papel, mostrada abaixo, de uma caixa de projeção com uma vista auxiliar.

Coloque as denominações "plano horizontal", "plano frontal" e "plano auxiliar" nos planos apropriados. Rotule os planos de vistas com as dimensões principais que serão mostradas em cada vista. (Por exemplo, o plano frontal mostrará a altura e a largura de um objeto colocado dentro da caixa.)

Gere uma vista auxiliar do objeto mostrado em perspectiva no canto superior direito a partir das duas vistas fornecidas.

Dobre as linhas tracejadas e use um pedacinho de fita adesiva para juntar os planos de vista superior e auxiliar. Depois, use a caixa para ajudá-lo a responder as seguintes questões:

1. Por que a medida de profundidade deve ser a mesma na vista superior auxiliar?

2. Por que você pode desenhar linhas de chamada entre as vistas frontal e auxiliar?

3. Esta caixa poderia ser cortada e dobrada de uma maneira diferente, de modo que você possa gerar projeções a partir da vista superior?

4. Quantas outras vistas auxiliares que mostram a dimensão de profundidade você poderia construir?

5. Esta caixa consegue mostrar a verdadeira grandeza para todos os objetos?

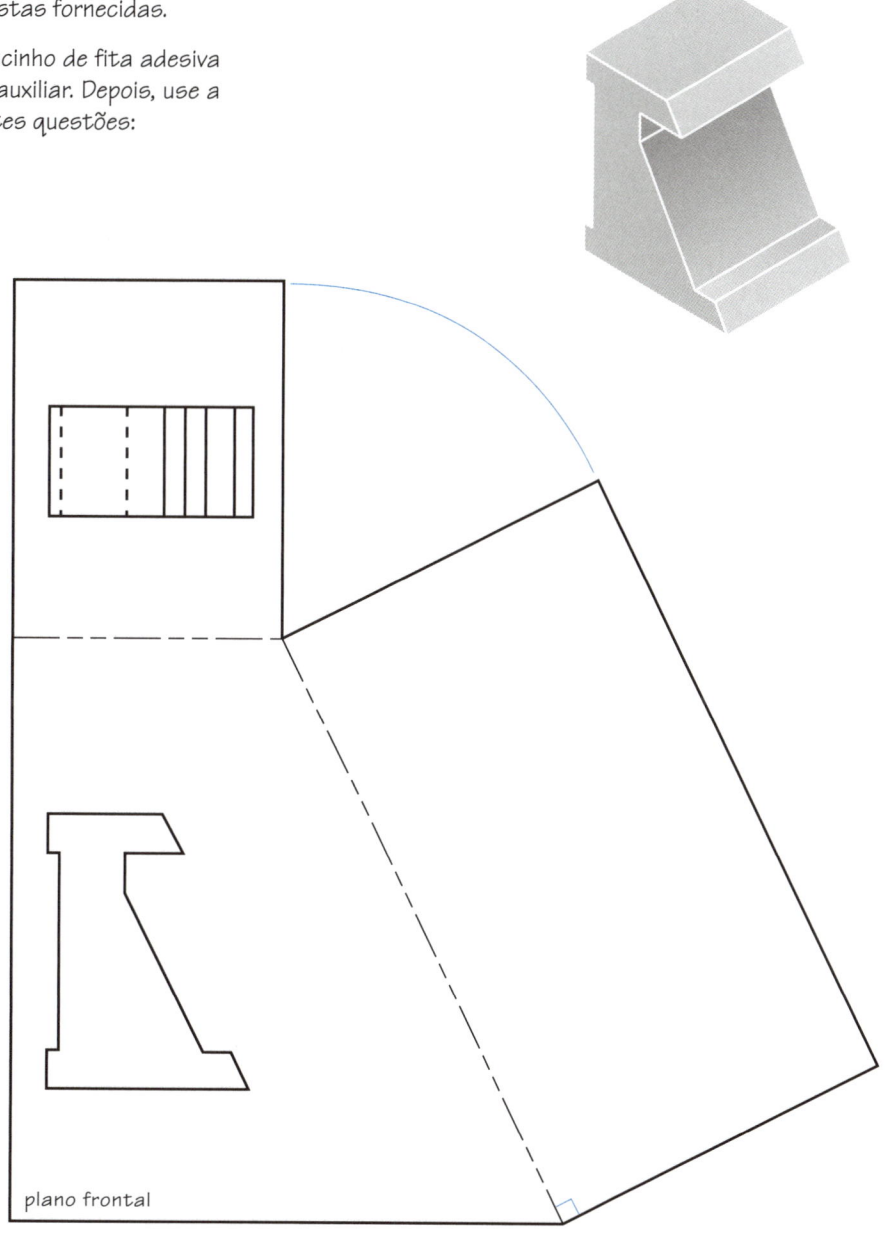

plano frontal

Folha de trabalho 8.2
Desenvolvendo um prisma

O desenvolvimento de um prisma explicado no Passo a passo 8.4 é mostrado abaixo. Recorte as linhas contínuas e dobre as linhas tracejadas para criar o prisma. São colocadas orelhas para ajudá-lo a colar e juntar as faces.

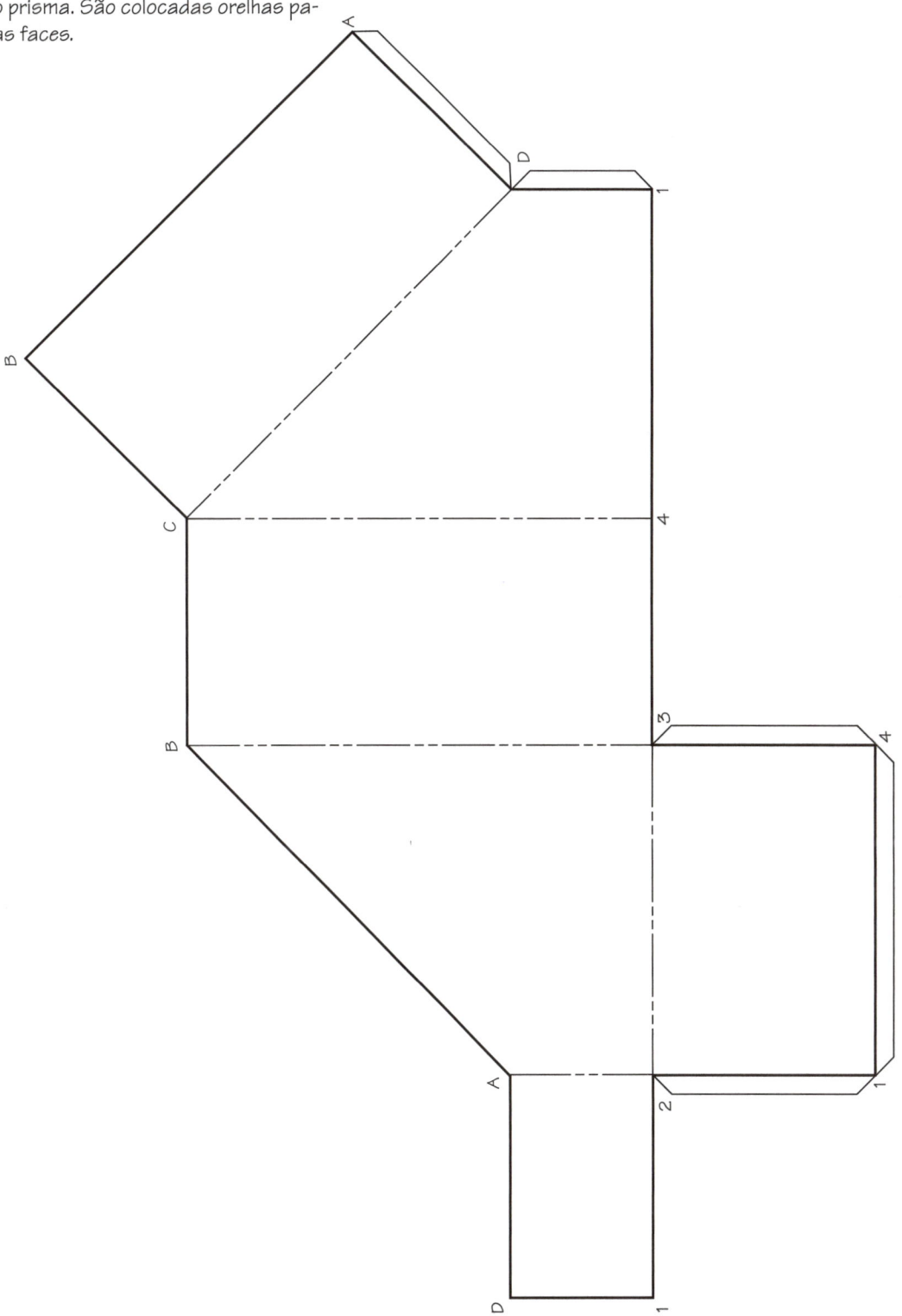

FOLHA DE TRABALHO 8.3

Folha de trabalho 8.3
Desenvolvendo um cilindro

O desenvolvimento de um cilindro explicado na Seção 8.28 é mostrado abaixo. Recorte nas linhas contínuas e dobre nas linhas tracejadas para criar o cilindro. São colocadas orelhas para ajudá-lo a colar e juntar as superfícies.

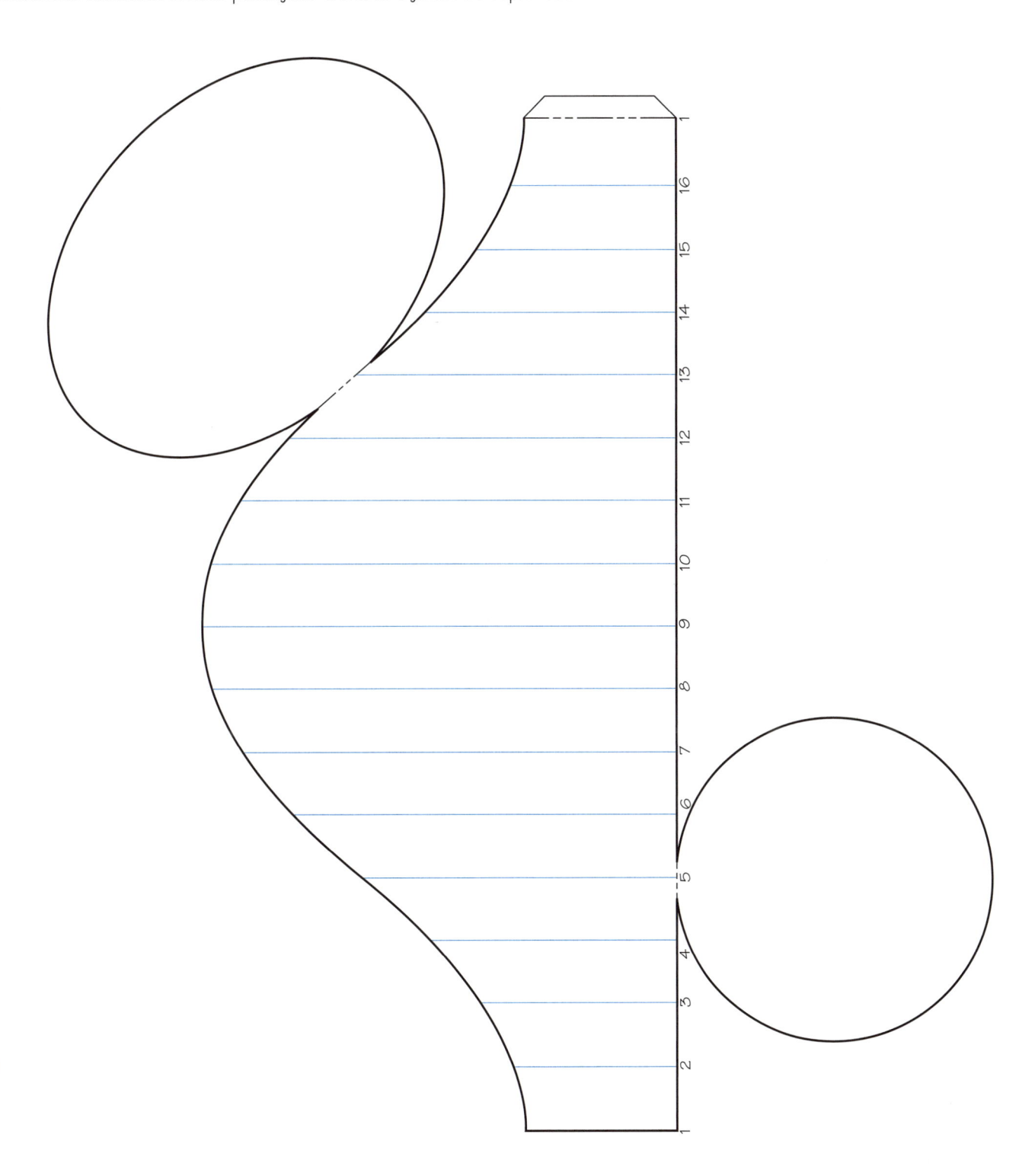

Guias para letreiros
Letreiro de 1/8 polegada e 1/4 polegada

Destaque esta folha e utilize-a como guia sob uma folha de papel branco. Guarde a folha para usá-la novamente ao longo do livro.

LINHAS DE GUIA PARA LETREIROS

Folha quadriculada
Quadriculado de 1/8 polegada

Destaque esta folha e utilize-a como guia sob uma folha de papel branco. Guarde a folha para usá-la novamente ao longo do livro.

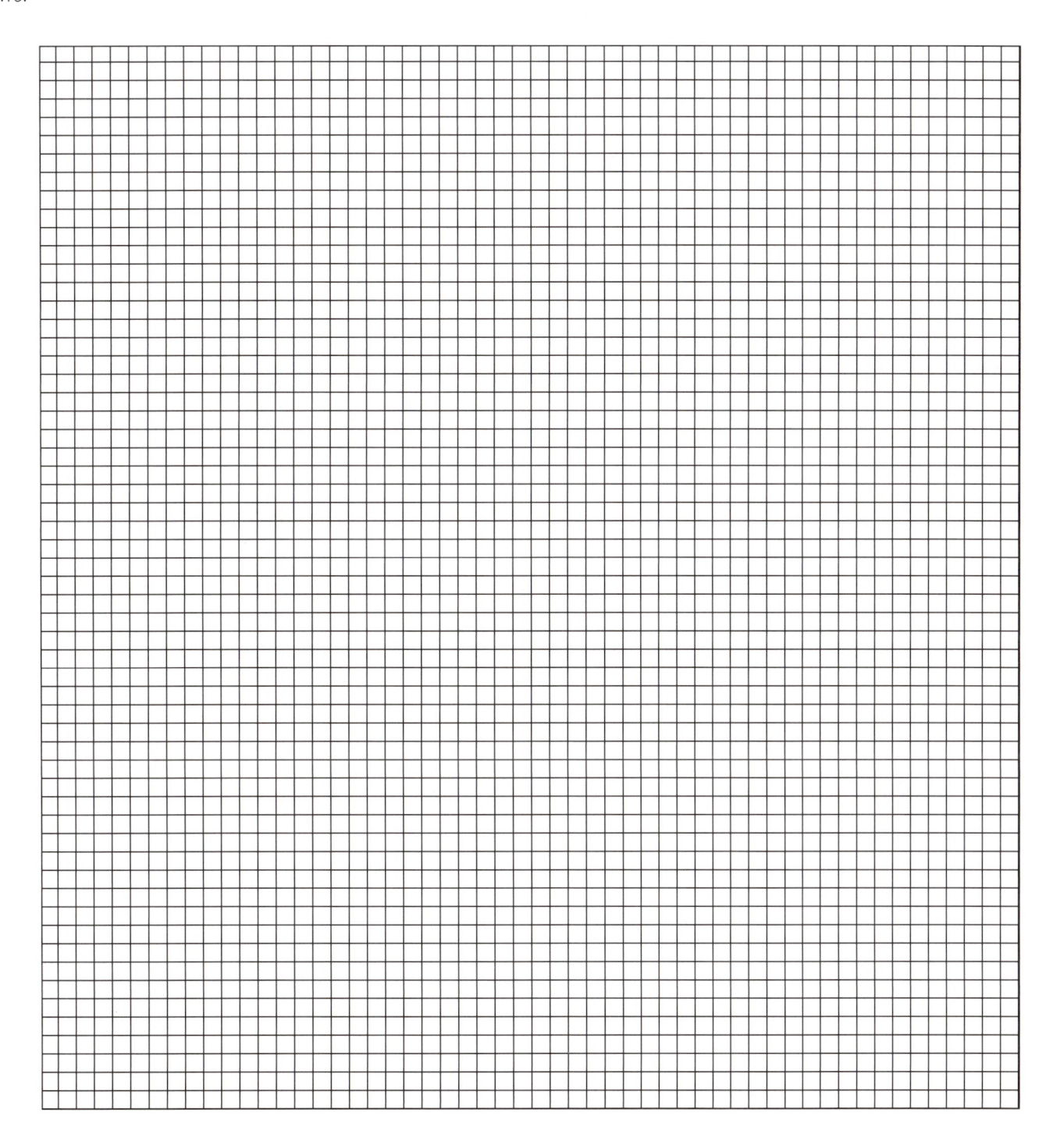

Folha quadriculada
Quadriculado de 5 mm

Destaque esta folha e utilize-a como guia sob uma folha de papel branco. Guarde a folha para usá-la novamente ao longo do livro.

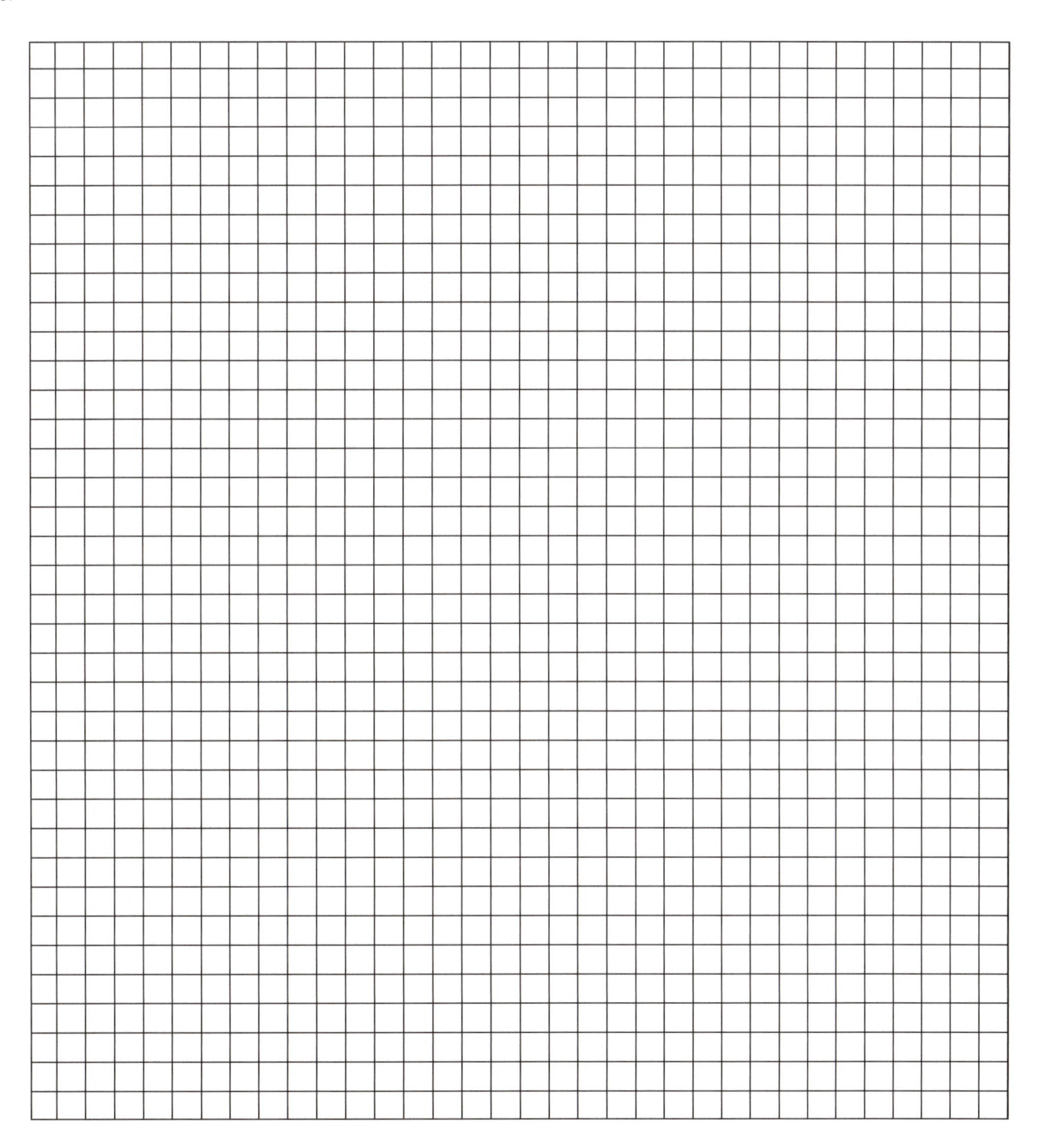

Folha isométrica
Isométrica de 1/8 polegada

Destaque esta folha e utilize-a como guia sob uma folha de papel branco. Guarde a folha para usá-la novamente ao longo do livro.

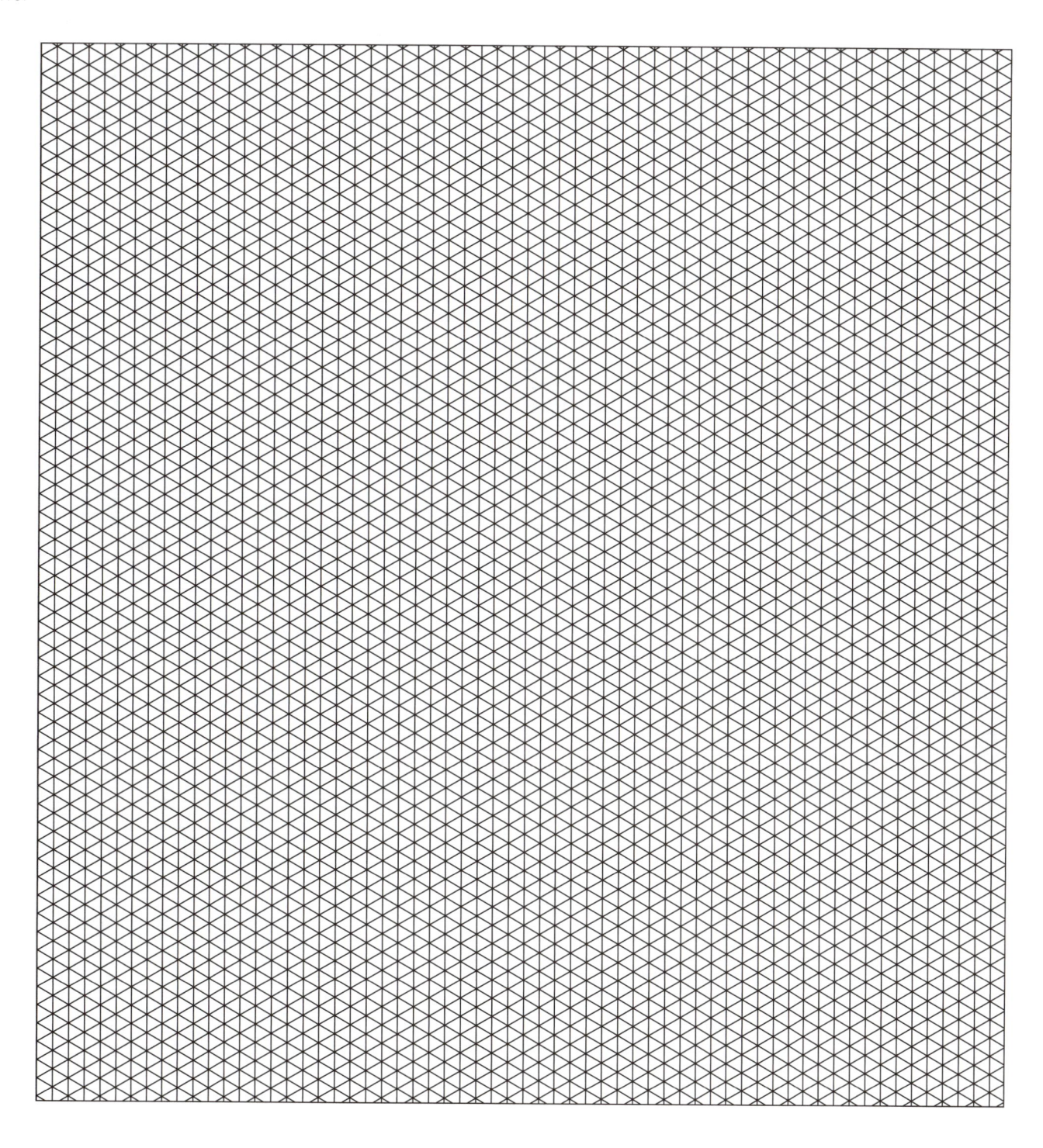

Folha isométrica
Isométrico de 5 mm

Destaque esta folha e utilize-a como guia sob uma folha de papel branco. Guarde a folha para usá-la novamente ao longo do livro.

PAPEL ISOMÉTRICO

TAMANHOS DE PAPEL

O leiaute e as dimensões do papel de desenho são regulados pela norma **NBR 10068** da ABNT.

Os desenhos devem ser executados na folha de menor tamanho possível, sempre preservando a clareza e a legibilidade.

A folha de desenho pode ser utilizada tanto na posição horizontal quanto vertical.

Os tamanhos principais de folha de desenho constituem a chamada série "A". Todos os papéis desta série são **retangulares** e seus lados mantêm a mesma **proporção** que o lado e a diagonal de um quadrado ($1/\sqrt{2}$). O tamanho básico desta série é denominado **A0** e possui **1m^2** de área (Figura 1a).

Os demais formatos da série "A" são obtidos pela bipartição ou duplicação sucessiva do formato básico A0. A bipartição é sempre feita dividindo-se o lado maior do papel ao meio (Figura 1b).

Pelo modo como são derivados os vários tamanhos de papel, todos os formatos são geometricamente semelhantes, facilitando a ampliação ou redução quando se duplica um desenho ou documento (Figura 2).

Veja na Tabela 1 as designações e as dimensões dos formatos da série "A".

A ISO e a ABNT também estabeleceram duas outras séries de formatos de papel que seguem as mesmas regras de proporção e subdivisão: a série "B" (B0: 1.000 x 1.414 mm) e a série "C" (C0: 917 x 1.297 mm). Os Estados Unidos não seguem as normas da ISO quanto aos formatos de papel, definindo seus próprios tamanhos em polegadas.

MARGENS

As folhas de desenho devem possuir uma margem em seus quatro lados (Figura 3). A margem do lado esquerdo tem sempre a dimensão de 25 mm. As margens direita, superior e inferior variam conforme o tamanho do papel (veja Tabela 1).

Não se desenha ou escreve fora do perímetro das margens (exceto marcas de malha de referência, marcas de centro e escala métrica).

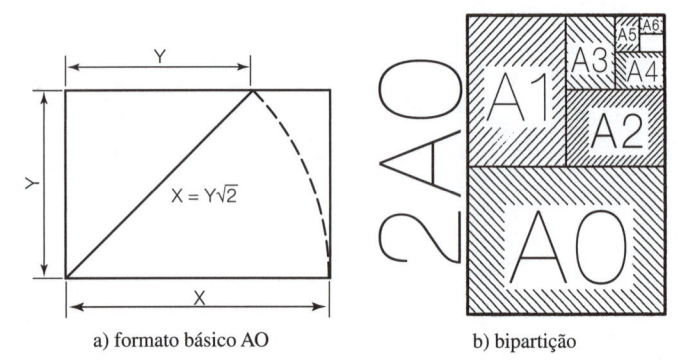

Figura 1 - Os formatos da série "A".

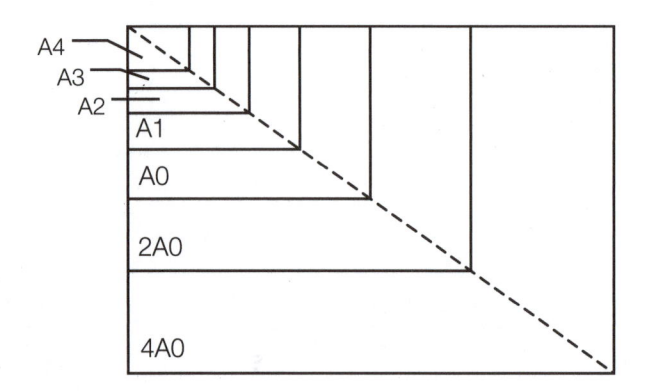

Figura 2 - Os formatos da série "A" são geometricamente semelhantes.

CONTEÚDO DA FOLHA DE DESENHO

Segundo a Norma Brasileira **NBR 10582**, a folha de desenho deve ter espaços para o desenho, para o texto e para a legenda, conforme ilustra a Figura 3.

O desenho principal deve ser posicionado à *esquerda e acima* no *espaço de desenho*.

No *espaço de texto* devem ser colocadas todas as informações para o completo entendimento dos desenhos da folha. O espaço de texto é sempre colocado à direita ou na parte de baixo da folha. Todo o texto contido na folha de desenho deve ser feito em letras técnicas segundo a **NBR8402**.

As dimensões do espaço de texto estão indicadas na Tabela 2.

O espaço de texto pode conter as seguintes informações:

- *explanação*: informações necessárias para a *leitura* dos desenhos (símbolos especiais, designação, abreviaturas, tipos de dimensões, etc.);
- *instrução*: informações necessárias para a execução do desenho (material, acabamento, local de montagem, número de peças, dimensões combinadas, etc). Veja modelo de lista de peças na Figura 4;
- *referência*: informações referentes a outros documentos e/ou desenhos;
- *localização da planta de situação*: indica plano esquemático do terreno/construção, norte, marcação da área, corte esquemático da construção com indicação do andar, etc.

FORMATO		MARGENS* (mm)	ÁREA	USO COMUM
4 A0		20	4 m^2	grandes peças em escala natural
2 A0		15	2 m^2	
A0		10	1 m^2	formato básico
A1		10	0,5 m^2	
A2		7	0,25 m^2	
A3		7	0,125 m^2	
A4		7	0,062 m^2	folha sulfite comum
A5		–	0,031 m^2	receita médica, duplicada
1/2 A5		–	0,015 m^2	talão de cheque
A6		–	0,015 m^2	cartão-postal
A7		–	0,007 m^2	cartão de visitas

Tabela 1 - As dimensões dos papéis da série "A"

POSIÇÃO	ALTURA	LARGURA
margem inferior	variável	a mesma da legenda ou, no mínimo, 100 mm
margem direita	a mesma da folha	mínimo de 100 mm

Tabela 2 - Dimensões do espaço de texto.

---

* A margem esquerda é sempre de 25 mm em todos os formatos.